钢多高层结构设计手册

《钢多高层结构设计手册》编委会

中国计划出版社

图书在版编目（CIP）数据

钢多高层结构设计手册 / 《钢多高层结构设计手册》编委会编著. --北京：中国计划出版社，2018.8(2020.3重印)
ISBN 978-7-5182-0837-1

Ⅰ. ①钢… Ⅱ. ①钢… Ⅲ. ①钢结构－多层结构－结构设计－手册②钢结构－高层结构－结构设计－手册 Ⅳ. ①TU391-62

中国版本图书馆CIP数据核字(2018)第053824号

钢多高层结构设计手册
《钢多高层结构设计手册》编委会　编著

中国计划出版社出版发行
网址：www.jhpress.com
地址：北京市西城区木樨地北里甲11号国宏大厦C座3层
邮政编码：100038　电话：(010) 63906433（发行部）
北京市科星印刷有限责任公司印刷

787mm×1092mm　1/16　31.5印张　798千字
2018年8月第1版　2020年3月第2次印刷
印数3001—4500册

ISBN 978-7-5182-0837-1
定价：98.00元

《钢多高层结构设计手册》编委会

前　言

本手册是根据我国钢结构的发展和设计应用需要而编制的钢多高层民用建筑结构设计手册。与2018年中国计划出版社出版的《新钢结构设计手册》不同，由基本理论、基本构件转化为整体结构；由单层工业房屋转为多高层民用建筑；抗震和抗风问题突出；结构的内力分析、连续和整体性问题更加重要。本书在介绍新版《钢结构设计标准》GB 50017—2017的同时，对于规范的理解、应用和存在问题提出若干建议。重点为多、高层结构设计的基本概念：选材、结构布置、体系、荷载、内力、位移；构件和节点性能化设计的特殊要求。此外，还介绍了近年新兴的组合楼盖、钢管混凝土柱等。为便于理解、应用，书中列有构件和节点设计实例和工程概况。

本手册共分19章：

第1章　汪一骏
第2、4、8章　张作运、周廷垣
第3章　姜兰潮、汪一骏
第5章　汪一骏
第6章　庞翠翠
第7章　纪福宏、郭惠琴
第9章　庞翠翠、汪一骏
第10章　张利军、汪一骏
第11章　张利军、汪一骏
第12章　姜兰潮、汪一骏、陈水荣、王雨苗
第13章　汪一骏
第14章　张作运、周廷垣
第15章　汪一骏、姜兰潮
第16、17章　纪福宏、郭惠琴
第18、19章　张利军、汪一骏

2018年中国计划出版社出版的《新钢结构设计手册》除钢材与基本构件外，主要包括单层工业房屋：屋架、吊车梁、柱、墙架及门式刚架。书中附有大量图表，便于直接查用。该手册可与本书配套使用。

全书由汪一骏统稿和解答。因编者水平有限，书中如有疏漏和不妥之处，望批评指正。编写中承蒙柴昶、王玉银等专家领导的指正和帮助，在此深表谢意。

主要编写者单位： 中国建筑标准设计研究院有限公司
北京交通大学土木建筑工程学院
北京交大建筑勘察设计院有限公司
中国中元国际工程有限公司
中国京冶工程技术有限公司

目　录

1 设计基本原则与结构选材

1.1 概　　述

1.1.1 高层建筑钢结构的应用概况。

国内外的建设经验表明，高层建筑钢结构的应用与发展既是一个国家经济实力壮大的标志，也是其科技水平提高、材料工艺与建筑技术进入高科技阶段的体现。我国在借鉴国外经验的基础上及经济建设发展的促进下，于20世纪90年代初期与末期分别形成了两个高层钢结构建设的高峰期，至今已建成（或在建）的高层钢结构（或钢－混体系结构）超过70幢，总面积约600万m^2。其中金茂大厦88层、总高度421m，居世界最高建筑的第4位，而正在上海浦东兴建的上海环球贸易中心，将以492m总高度超过马来西亚双塔建筑，暂居世界第一高度。此外，已建成的深圳赛格大厦已以70层及278.6m的总高度，成为世界上最高的钢管混凝土超高层建筑。这一切均表明我国在高层钢结构的建造技术方面已进入世界的前列。在钢材材料、设计研究、加工安装、规范、标准等方面基本上达到了与国际先进水平接轨的程度。目前已有《高层民用建筑钢结构技术规程》JGJ 99—2015可供设计施工依循，同时按《高层建筑结构用钢板》YB 4104供货的国产高性能优质钢板、厚板已基本上可满足高层钢结构的用材要求。

1.1.2 高层建筑钢结构的综合特性。

1　1995年10月“世界高层建筑与城市住宅委员会（CTBUH）”发布了世界上超过200m的100幢超高层建筑排名榜，统计分析表明以下各点：

（1）随着技术、经济的发展，世界上超高层建筑持续增加，尤以20世纪70年代以后更为显著；

（2）100栋中，高度300～450m的为20栋，200～300m的为80栋，由此可知，这一高度范围是综合使用功能、技术经济特征等更为适合的区间；

（3）结构用材料及结构体系向多样化及优化方面发展。按所用材料分析，钢筋混凝土结构占90%（18栋），钢－混凝土组合体系结构约为27.6%（24栋），钢结构为52.4%（45栋）。

2　值得注意的是，近年来在高层建筑中，钢－混凝土混合结构体系应用的迅速增加，它包括钢框－钢筋混凝土墙（筒）等组合的结构体系，也包括型钢混凝土、钢管混凝土、组合楼盖等组合构件。在我国近年所建的超高层钢与钢－混结构中，后者的比重多达80%以上，现居世界第4高度的上海金茂大厦也采用了钢框（巨柱）－钢筋混凝土核心筒体系。

3　从上述分析，超高层建筑中，钢结构体系（包括组合结构体系）约占80%，这表明了钢结构体系在超高层建筑中已占有绝对的主导地位，在地震设防区及非地震区的超高层建筑宜分别首选钢结构体系及混合结构体系，已被认可为普遍的设计原则。这当然还是由此类体系的优良综合特性所决定的。几种不同材料结构体系的综合特性比较如表1－1所示。

1.1.3 高层钢结构的综合经济分析。

在高层钢结构的应用发展过程中，其工程造价与经济性，一直是备受关注的课题之一。根据国内外的建设经验，可以作以下简要的归纳与分析。

表 1－1 不同结构材料的结构体系综合特性比较

特性		结构类别		
		钢结构	钢筋混凝土结构	钢－钢筋混凝土混合结构
建筑功能	体现现代建筑风格	较好	一般	稍好
	利于建筑特色构造与造型	较好	一般	稍好
	提供较大建筑空间	较好	一般	稍好
结构性能	承载强度	高	较高	较高
	抗震性能	好	一般	较好
	高强轻质特性	好	较差	稍好
	截面尺寸	较小	较大	稍大
	防火性能	较差	较好	较好
施工特点	施工技术难度	较大	一般	较大
	现场施工方便程度	较方便	一般	稍大
	建造速度	较快	一般	较快
技术经济特性	重量及荷载	轻	一般	较轻
	用钢量	较高	较低	稍高
	建造费用	稍高	稍低	稍低
	对软弱地基的适应性	较好	一般	稍好

1 对工程造价的评估分析必须是按动态的和综合的进行分析。

传统的造价分析方法是只比较建设期间结构本体一次投资的直接费用，这显然是很不合理的。高层结构经济性的影响因素很多，其合理的评估方法还应充分考虑由于采用钢结构加快进度、缩短贷款期，减少贷款利息及提前使用收益等动态影响，以及因减轻结构自重而导致基础和地基处理费用和抗震设防费用降低的影响，还有增加使用面积与车位数等的影响，这样的评估分析结论才是合理与客观的。尽管这样进行一个较准确的评估分析是一件繁复的工作，但动态的、综合的经济评估概念已逐渐为人们所共识。这是一个重要的进步。

2 根据上述动态的、综合的分析原则，以及当前钢结构应用技术的发展与进步情况，可以认为在良好的设计、施工及管理条件下，钢结构（含组合结构）的综合造价也可能是经济的，表 1－2、表 1－3 分别列出了某工程实例的经济比较分析，可供参考。

表 1－2 国内某工程实例结构造价、经济分析比较

项目		某钢结构高层商务大厦		某钢筋混凝土高层写字楼	
建筑概况		23 层、高 98.8m、建筑面积 23700m² 钢框－钢筋混凝土核心筒体系		20 层、高 73.0m、建筑面积 17900m² 钢筋混凝土框剪结构体系	
结构造价	地下结构	总计（万元） 362	单方（元/m²） 153	总计（万元） 384	单方（元/m²） 215
	上部结构	1755	740	956	534
	总造价	2117	893	1340	749
由工期加快的效益	利息（万元）	－129		—	
	租金（万元）	－215		—	
有效面积增加收益（万元）		－118		—	
综合分析后成本（万元）		1655 万元（单方 698 元/m²）		1340 万元（单方 749 元/m²）	

表 1－3　国外工程结构造价经济分析比较

工程名称和概况	总造价	钢结构造价	RC 结构造价	采用钢结构缩短总工期	采用钢结构降低工程总造价
芝加哥 Madisen 广场办公楼，45 层全钢结构	1 亿美元	2000 万美元	1900 万美元	5 个月	7.7% 775 万美元
新加坡某办公楼，18 层，全钢结构	1300 万美元	290 万美元	270 万美元	5 个月	8.4% 110 万美元
悉尼 Huter 大街办公楼，17 层，钢框架＋RC 井筒	—	112 美元/m^2	110 美元/m^2	13 个星期	40.5 万美元＋提前租金收入 85 万美元
伦敦某办公楼，10 层，建筑面积 3.1 万 m^2	6231 万英镑	1522.5 万英镑	1485.9 万英镑	26 个星期	7.4% （461.9 万英镑）

1.2　多高层钢结构的特点

1.2.1　结构技术经济性能的特点。

1　钢结构材料轻质高强、承载力高而自重轻。

钢结构材料与钢筋混凝土相比，具有显著的轻质高强特点，其强度重量比指数是钢筋混凝土的 5 倍以上。目前随着钢铁材料的发展，实际工程已可应用屈服强度为 440N/mm^2（实际常用为 345N/mm^2）的高性能优质钢，强重比性能更为优异。轻质高强混凝土结构带来多方面的优化效果，首先是显著减轻结构的自重。统计分析表明，高层钢结构的自重（包括钢结构骨架与混凝土楼板）为 6～8kN/m^2，仅为钢筋混凝土高层结构自重12～14kN/m^2 的一半即 60% 左右，这相当于 70～75 层的高层钢结构其上部结构重力荷载，可等同于 50 层高的高层钢筋混凝土结构。这也说明，为什么在一定高度以上的超高层结构中，钢筋混凝土结构已不可行，而钢结构却成为主导的体系。关于不同方案的结构自重比较示例可见表 1－4。

表 1－4　上海静安－希尔顿酒店三种结构方案自重对比

结构方案	总重量（t）	单位面积重量（t/m^2）	百分比（%）	基底单位面积荷载（kN/m^2）
钢结构	54626	1.05	100	450（58%）
钢－钢筋混凝土混合结构	66434	1.28	122	550（71%）
钢筋混凝土结构	94111	1.8	171	770（100%）

2　高层钢结构的自重减轻可显著减小基础的负荷和地震作用，从而降低基础及结构工程的造价。

以总面积 8 万 m^2 的 50 层高层结构为例，其荷载减轻的估算如下：

（1）总重减少约 40000t；

（2）每根底柱上的竖向荷载约可减少 5000～6000kN；

（3）地基上单位面积的负荷约可减少 25% 以上；

(4) 地震作用可减小 20% ~30% (综合考虑阻尼比、质点质量、刚度与周期等影响),由表 1-4 知地基上负荷可减少约 40%,当为软土地基或人工地基的条件时,这种降低工程造价的影响将更为显著。

3　钢结构钢材在具有高强度的同时还具有高延性、高韧性。

优质结构钢的强屈比均可保证大于 1.2。按抗震设计规定弹性计算阶段的高层结构层间位移限值,对钢筋混凝土结构规定为 $h/800$,而对钢结构则可放宽到 $h/300$,二者相差 2.6 倍。可见在地震作用下,由于钢结构有良好延性的优势特征,不仅因吸能而减弱地震作用,而且属较理想的弹塑性结构,具有良好的适应强震变形能力。

4　减小结构尺寸增加使用面积。

由于钢材轻质高强,其梁柱截面尺寸相对较小因而占用的建筑面积也小,相当于增加了使用面积。如长富宫 25 层建在 8 度设防区,采用全钢框体系,其钢箱形柱截面仅 450mm×450mm (底层板厚 70mm)。而同样条件的钢筋混凝土柱至少需边宽为 800 ~900mm 的截面。由表 1-5 可知,这种截面减小使用面积的增加率平均可达 4% 以上,对一个 50000m^2 的高层建筑则相当于可增加 2000m^2 以上的使用面积。

表 1-5　不同结构形式的结构占有面积比较

建筑名称	结构形式	建筑楼层数	结构占用面积 (%)
上海新锦江饭店	全钢结构	44	3.2
天津第一饭店	钢筋混凝土框剪结构	20	7.0
汕头国际信托中心	钢筋混凝土框筒结构	26	6.0
香港政府大厦	钢筋混凝土框筒混合结构	54	7.1
上海静安-希尔顿酒店	钢结构	43	2.5
	钢-钢筋混凝土混合结构		3.3
	钢筋混凝土结构		9

5　施工速度快、周期短。

钢结构构件均在工厂制作加工,现场安装,干作业比重大,基本不受气候的影响。配套的组合楼盖或型钢混凝土构件等均可同步多工序作业,由表 1-6 可知,30 ~50 层的高层钢结构可较混凝土高层结构减少工期 20% ~30% (6 ~12 个月)。

表 1-6　我国几幢高层建筑施工工期比较

工程名称	层数 (地上/地下)	总建筑面积 (m^2)	结构形式	施工周期 (日历月)
上海瑞金大厦	29/1	36167	S	20
北京香格里拉饭店	26/2	56710	SRC	24
上海静安-希尔顿酒店	43/1	52000	S	30
北京长富宫中心	25/3	50516	S	30
北京国际饭店	27/3	97000	RC	43
北京国际大厦	29/3	47700	RC	36
南京金陵饭店	33/1		RC	37

注:S 为钢结构;SRC 为型钢混凝土结构;RC 为钢筋混凝土结构。

6 便于大柱网大开间的建筑布置或转换层设备层、共享空间等建筑特殊平面与空间布置。还便于设备管线的穿越设置。

经验表明，当考虑经济性及构件截面尺寸、净空尺寸、结构重量、车库停车数等综合因素时，高层钢结构的合理柱距可用到8～10m，能更好地满足建筑对大开间布置的要求，也可满足地下车库柱间可停3辆车的要求，这是对同样条件下混凝土结构难以做到的。此外，集中荷载很大的转换层或设备层均可通过设置钢结构层间桁架来妥善解决，而这种桁架还可兼作腰带（腰桁架）、帽带（帽桁架）完善与加强整个结构体系。

7 防锈、防火性能差，需特别处理防护。

钢结构耐锈蚀能力及耐火能力差（其自身耐火时限仅为15min）是主要缺陷，这是其材料自身特性所决定的。在应用中，应按设防标准采取防锈涂料及防火涂料（或外包板材）防护。目前已有相应的防护规范、配套材料可应用，也可采用耐候钢、耐火钢或钢管（型钢）混凝土构件，提高结构的耐火性能。采用防护措施也会增加钢结构的造价。

1.2.2 高层钢结构荷载的特点

1 水平荷载是设计控制荷载。与其他高层结构一样，由于建筑高度显著增加，风荷载或地震作用等水平荷载成为设计高层钢结构的控制性荷载，从而对结构材料用量也有着极大的影响。房屋高度增加，受风及地震的作用更大。荷载对用钢量的影响可见图1－1。

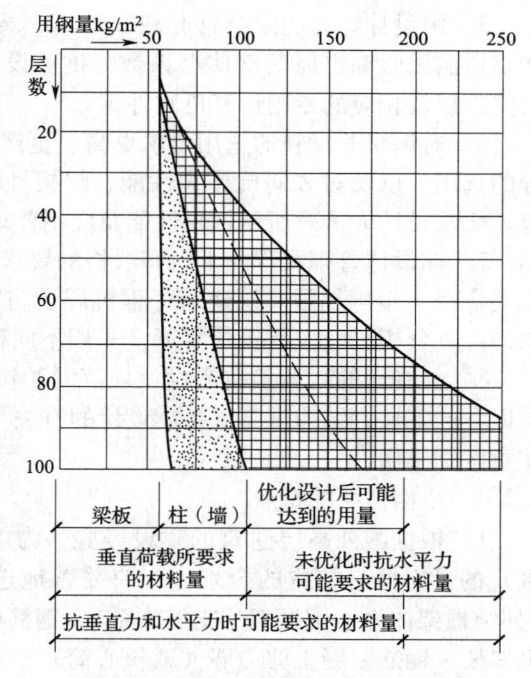

图1－1 荷载与设计用钢量的关系曲线

2 风荷载和地震作用虽然都是控制水平荷载，但由于两者性质不同，设计时应特别注意其各自的特性与计算要求，以及有关相互组合的规定，考虑增大系数（转换层等处）的规定等。

（1）风荷载是直接施加于建筑物表面的风压，其值和建筑物的体型、高度以及地形地貌有关。而地震作用却是地震时的地面运动迫使上部结构发生振动时产生并作用于自身的惯性力，故其作用力与建筑物的质量、自振特性、场地土条件等有关。

（2）高层钢结构属于柔性建筑，自振周期较长，易与风荷载波动中的短周期成分产生共振，因而风荷载对高层建筑有一定的动力作用。但可在风荷载计算中引入风振系数β后，仍按静载处理一样来简化计算。而地震作用的波动对结构的动力反应影响很大，必须用考虑动力效应的方法计算。

（3）风荷载作用时间长、频率高，因此，在风荷载作用下，要求结构处于弹性阶段，不允许出现较大的变形。而地震作用发生的概率很小，持续时间很短，因此，对抗震设计允许结构有较大的变形，允许某些结构部位进入塑性状态，从而使周期加长，阻尼加大，以吸收能量，达到“小震不损，中震可修，大震不倒”的设防要求。

3 对风及地震作用的计算应考虑其工况组合，而抗震承载力计算应考虑抗震调整系数等特殊规定。

1.2.3　高层钢结构设计的特点。

1　设计应遵照专门设计规程《高层民用建筑钢结构技术规程》JGJ 99—2015 进行。应严格要求合理的结构布置与结构体系的选用（如控制结构的偏心率与高宽比等），以及合理的技术经济性能。

2　结构的抗震设计应进行两阶段设计，第一阶段设计按多遇地震计算地震作用，第二阶段按罕遇地震计算地震作用，并分别验算其位移限值及层间侧移延性比等限值的要求。

3　严格要求对侧移变形的控制。为了避免过大的 $P-\Delta$ 效应以及舒适度与围护结构不严重损坏等要求，结构设计必须满足规定的顶点位移与层间位移限值要求，致使结构的侧向刚度往往是设计中的控制指标。此外，为参照考虑舒适度的要求及避免横向风振的发生，还应验算风荷载作用下的结构顶点加速度与临界风速等。

4　结构抗震设计对节点抗震承载力验算及构件长细比、板件宽（高）厚比、焊透要求、支撑要求等抗震构造措施，在新的“抗震规范”中均有严格的、专门的要求。

5　因设计计算的复杂性与较高难度，要求采用更加准确与完善的计算方法与手段，如以风洞试验确定风荷载体型系数，抗震设计需采用震型分解法、弹塑性分析、时程分析法，以及相应的专用计算机软件等。

6　对钢材等材料的选用要求更高、更严格。如对厚板、H 型钢、栓钉、高强度螺栓等的选用，以及对 Z 向抗撕裂性能、焊接性能、冲击韧性、延性性能等技术性能的选用等。要求设计人员对所用钢材性能及应用要求有更多的了解。

7　在设计管理及程序上也有严格的要求。如对超规超限的高层钢结构抗震设计，其方案应经“全国超限高层建筑工程抗震设防审查专家委员会”审查通过，同时高层钢结构的计算分析一般应有校核复算（采用不同程序）。

8　新修订的《建筑抗震设计规范（2016 年版）》GB 50011—2010 明确对 12 层及 12 层以下的多层钢结构规定了抗震设计的有关参数（阻尼比、长细比、板件宽厚比等），需注意区别采用。

1.2.4　结构体系的特点。

1　根据国外高层建筑的建设经验，为了保证高层钢结构承载（竖向荷载与水平荷载）的可靠性与结构的合理性，应妥善地选用与配置适用于使用条件的承重结构体系（如纯框架体系、钢框架－支撑体系）、钢筒中筒体系（密柱外筒与密柱内筒相组合）及钢框架－钢筋混凝土剪力墙（或核心筒）组合结构体系等。

《高层民用建筑钢结构技术规程》JGJ 99—2015 规定了可采用的结构体系及其适用高度与高宽比，见表 1－7。

2　抗震高层钢结构的体系和布置应符合下列规定：

（1）应具有明确的计算简图和合理的地震作用传递途径；

（2）宜有避免因部分结构或构件破坏而导致整个体系丧失抗震能力的多道设防；

（3）应具有必要的刚度和承载力，良好的变形能力和耗能能力；

（4）宜具有均匀的刚度和承载力分布，避免因局部削弱或突变形成薄弱部位，产生过大的应力集中或塑性变形集中；对可能出现的薄弱部位，应采取加强措施。

3　当采用钢框架－混凝土筒（墙）混合结构体系时，其抗震设防应考虑双重抗侧力体系，其层间位移的限值应有专门的考虑。

表 1–7　高层建筑钢结构体系及钢框架–混凝土结构体系的适用高度与高宽比

结构种类	结构体系	非抗震设防		抗震设防，烈度为					
				6、7		8		9	
		适用高度（m）	高宽比	适用高度（m）	高宽比	适用高度（m）	高宽比	适用高度（m）	高宽比
钢结构	框架	110	5	110	5	90	4	70	3
	框架–支撑（剪力墙板）	260	6	220	6	200	5	140	4
	各类筒体	360	6.5	300	6	260	5	180	5
有混凝土剪力墙（筒）的钢结构	钢框架–混凝土剪力墙 钢框架–混凝土核心筒	220	5	180	5	100	4	70	4 4
	钢框筒–混凝土核心筒	220	6	180	5	150	5	70	4

注：1　表中适用高度等指规则结构的高度，为从室外地坪算起至建筑檐口的高度。
　　2　当塔形建筑的底部有大底盘时，高宽比采用的高度应从大底盘的顶部算起。

1.3　多高层钢结构的设计总则

多高层钢结构建筑不仅造价高，而且重要性等级、安全等级及抗震设防类别等也都要求有较高的保证等级，同时其设计、建造的难度也较大，故其设计应严格遵循《钢结构设计标准》GB 50017—2017、《高层民用建筑钢结构技术规程》JGJ 99—2015 等规范、规程的规定与以下主要原则：

1　妥善地确定设计项目的安全等级及抗覆设防类别；

2　结构计算应充分考虑风、地震等作用的效应及其动力影响，必要时应经专门风洞试验提供风荷载计算的有关参数，或合理地选取供时程分析时需输入的典型地震波波型；

3　抗震设防的高层钢结构，应分别计算非地震作用工况组合与地震作用工况组合的两种工况，对后者的抗震设计应符合表 1–8 的要求。同时高层钢结构的抗震设计必须经"全国超限高层建筑工程抗震设防审查专家委员会"审查通过。

表 1–8　不同抗震设防类别高层钢结构的功能与设计要求

设计要求 / 类别	使用功能与重要性	地震作用	抗震措施
甲类	重大建筑工程和地震时可能发生严重次生灾害的建筑	1. 应按高于本地区抗震设防的烈度计算，其值应按批准的地震安全性评价结果确定； 2. 地震作用应按专门研究确定的地震的参数进行计算	1. 6～8 度时，抗震措施应提高 1 度设防； 2. 9 度时，应符合比 9 度设防更高的要求

续表 1－8

类别＼设计要求	使用功能与重要性	地震作用	抗震措施
乙类	地震时使用功能不能中断或需尽快恢复的建筑	地震作用应按符合本地区设防烈度的要求计算	1. 6～8 度时，抗震措施应提高 1 度设防； 2. 9 度时，应符合比 9 度设防更高的要求
丙类	属于除甲、乙、丁类以外的一般建筑	1. 地震作用计算应符合本地区设防烈度的要求； 2. 按 6 度设防并位于Ⅰ～Ⅲ类场地上的丙类建筑可不计算地震作用	抗震措施应按符合本地区设防烈度的要求设防

注：按 6 度设防的建筑可不进行罕遇地震作用下的结构计算。

4　高层钢结构的设计应做好前期的方案比选及设计优化等工作。应根据工程的条件与特点，综合考虑建筑的使用功能、荷载性能、制作安装、材料供应等因素，择优选择抗震和抗风性能良好，而又经济合理的结构体系和结构形式，对高烈度设防的高层钢结构，宜选用钢框－支、钢框－筒或钢筒中筒等钢结构体系。同时应与建筑师充分沟通合作，共同商定符合抗震、抗风原则的结构平面与立面布置。

5　当采用钢框架－混凝土筒（墙）混合结构体系时，应遵守以下主要规定：

（1）钢结构框架抗震设计应考虑双重抗侧力体系设防原则，其所承担的地震剪力不应小于相关规范规定的限值。

（2）混合结构体系的适用最大高度，当为混凝土剪力墙时不宜超过 180m（7 度设防）或 100m（8 度设防）；当为混凝土核心筒时不宜超过 200m（7 度设防）或 120m（8 度设防）。

（3）结构总高度 $H \leqslant 100$m 时，在风荷载及多遇地震作用下的最大层间相对位移（弹性方法计算）不宜超过 1/800；当 $H \geqslant 200$m 时，不宜超过 1/500，中间限值可按线性插入取值。

6　结构设计应正确合理地选材，原则上尽量选用国产钢材。对设防烈度为 8 度或以上的超高层建筑，其主要承重钢结构（框架梁、柱等）所用钢材级别不宜低于 Q345－C 级钢，所用的厚板（$t \geqslant 40$mm 或 50mm）宜选用按《高层建筑用钢板》YB 4104 供货的高性能优质板材。

7　高层钢结构的设计尚应同时遵循多种相关专门设计规范、规程的规定，主要如《钢－混凝土组合楼盖设计施工规程》YD 9238、《型钢混凝土组合结构技术规程》JGJ 138、《钢骨混凝土结构设计规程》YB 9082、《钢管混凝土结构设计与施工规程》CECS 28：90、《钢结构高强度螺栓连接技术规程》JGJ 82、《钢结构防火涂料应用技术规程》CECS 24：90、《钢结构工程施工质量验收规范》GB 50205 等。钢框架－混凝土筒（墙）结构体系的设计，也可参考上海的高层建筑钢－混凝土混合结构设计规程进行。

1.4　多高层钢结构的钢材选用

1.4.1　高层钢结构用钢的材性要求。

由于承载性能的特点，高层钢结构的承重框架，抗侧力支撑等主要承重构件不仅要求较厚、大的截面规格，而且要求较高的材料性能保证：

1　要求具有良好的延性。钢材的强屈比不应小于1.2，并有明显的屈服台阶，伸长率应大于20%。偏心支撑框架消能梁段钢材屈服强度不应大于345MPa。

2　钢材应具有较小的厚度效应（即随厚度增加而强度折减的效应），其强度折减幅度最大不宜大于10%。

3　钢材应具有适应承受动力性质荷载的性能，满足冲击韧性的要求。

4　具有良好的焊接性能，应保证良好的焊接接头与母材相匹配的性能及焊接工艺性能。

5　对沿厚度方向受拉的厚板，尚应保证Z向抗撕裂性能。必要时可要求厚板以正火状态或控轧状态交货，以保证综合的优良性能及细晶粒、低残余应力等附加性能。

6　高层钢结构外露承重构件还应具有较好的耐锈蚀性能，即耐候钢按专门的钢结构防火设计规范设计的高层钢结构可要求钢材有一定的耐火性能（在650℃作用的耐火时限内屈服强度降幅小于1/3），即耐火钢。

1.4.2　高层钢结构用钢材及连接材料的选用。

1　高层钢结构除次要结构构件（楼盖次梁、墙架、楼梯等）可按一般钢结构选材外，其主要承重构件（主框架、抗侧力支撑、筒体柱梁构件等）可按上述要求及以下规定选用钢材。

（1）用作框架梁及支撑等构件的热轧H型钢一般应采用符合《碳素结构钢》GB/T 700的Q235（C、D级）钢及《低合金高强度结构钢》GB/T 1591的Q345（C、D、E级）钢；当抗震设防烈度或重要性类别较高时，应选用其中较高的质量等级。

（2）用作框架柱、大梁等焊接型材（箱形、H形）的板材，特别是厚板（$t=50\sim100$mm）板材，一般应选用符合《高层建筑结构用钢板》YB 4104专用标准（表1－9）的优质碳素钢Q235GJ（C、D、E级）或优质低合金钢Q345GJ（C、D、E级）。当抗震设防烈度或重要性类别较高时，应选用其中较高的质量等级。其焊接性能可由该标准规定的碳当量或焊接裂纹敏感指数限值等予以保证。

（3）对厚度$t\geqslant40$mm的厚板，并当有沿厚度方向的撕裂拉力作用时，应采用同样、按《高层建筑结构用钢板》YB 4104—2000标准供货的高性能Z向钢Q235GJZ（Z15、Z25、Z35级）钢及Q345GJZ钢。其Z向性能一般可选用Z15级，当抗震设防烈度更高且重要性类别亦较高时，可选用Z25级。当有更高要求时，也可以采用Z35级。

《高层建筑结构用钢板》YB 4104主要性能列于表1－9。

（4）选用Q235GJ（Z）、Q345GJ（Z）钢板的注意事项：

1）选用Q235GJ（Z）钢或Q345GJ（Z）钢时，其强度设计值可较一般Q235钢或Q345钢提高应用。在目前暂无相应规范规定的情况下，当材质完全符合《高层建筑结构用钢板》YB 4104标准时，Q235GJ（Z）的强度提高系数可采用1.04（对61～100mm厚板）；Q345GJ（Z）的强度提高系数可分别采用1.05（厚>16～35mm时）、1.10（厚>35～50mm时）及1.15（厚>50～100mm时）。此时对50～100mm的厚板可要求逐张检验。

表 1-9 Q235GJ（Z）、Q345GJ（Z）钢的性能（YB 4104）

	牌号	质量等级	屈服点 σ_s（f_y）（N/mm²） 钢板厚度（mm）				抗拉强度 σ_b（f_u）（N/mm²）	伸长率 δ_5（%）	冲击功 A_{kV}纵向		180°弯曲试验 钢板厚度（mm）		屈强比 σ_s/σ_b
			6~16	>16~35	>35~50	>50~100		不小于	温度（℃）	（J）不小于	≤16	>16~100	不大于
力学性能	Q235GJ	C	≥235	235~345	225~335	215~325	400~510	23	0	34	2a	3a	0.80
		D							-20				
		E							-40				
	Q345GJ	C	≥345	345~455	335~445	325~435	490~610	22	0	34	2a	3a	0.80
		D							-20				
		E							-40				
	Q235GJZ	C	—	235~345	225~335	215~325	400~510	23	0	34	2a	3a	0.80
		D							-20				
		E							-40				
	Q345GJZ	C	—	345~455	355~445	325~435	490~610	22	0	34	2a	3a	0.80
		D							-20				
		E							-40				

	牌号	质量等级	厚度（mm）	化学成分（%）								
				C	Si	Mn	P	S	V	Nb	Ti	Als
化学成分	Q235GJ	C	6~100	≤0.20	≤0.35	0.60~1.20	≤0.025	≤0.015	—	—	—	≥0.015
		D E		≤0.18								
	Q345GJ	C	6~100	≤0.20	≤0.55	≤1.60	≤0.025	≤0.015	0.02~0.15	0.015~0.060	0.01~0.10	≥0.015
		D E		≤0.18								

续表 1－9

	牌号	质量等级	厚度（mm）	化学成分（%）								
				C	Si	Mn	P	S	V	Nb	Ti	Als
化学成分	Q235GJZ	C	＞16～100	≤0.20	≤0.35	0.60～1.20	≤0.020	Z15≤0.10 Z25≤0.007 Z35≤0.005	—	—	—	≥0.015
		D E		≤0.18								
	Q345GJZ	C	＞16～100	≤0.20	≤0.55	≤1.50	≤0.020		0.02～0.15	0.015～0.060	0.01～0.10	≥0.015
		D E		≤0.18								

	牌号	交货状态	碳当量 C_{eq}		焊接裂纹敏感性指数 P_{cm}	
			≤50（mm）	＞50～100（mm）	≤50（mm）	＞50～100（mm）
碳当量焊接裂纹敏感指数	Q235GJ Q235GJZ	热轧或正火	≤0.36	≤0.36	≤0.26	
	Q345GJ Q345GJZ	热轧或正火	≤0.42	≤0.44	≤0.29	
		TMCP	≤0.38	≤0.40	≤0.24	≤0.26

厚度方向断面收缩率 ϕ_z%	Z15	三个试样平均值 $\phi_z \geq 15$	单个试样值≥$\phi_z \geq 10$
	Z25	三个试样平均值 $\phi_z \geq 25$	单个试样值≥$\phi_z \geq 15$
	Z35	三个试样平均值 $\phi_z \geq 35$	单个试样值≥$\phi_z \geq 25$

2）对碳当量（C_{eq}）及焊接裂纹敏感性指数（P_{cm}）两项指标，一般以前者为交货指标。必要时再协议要求补充后者为交货条件。

3）交货状态一般为热轧状态交货，当有特殊要求时亦可要求为正火式控轧（TMCP）状态交货。

（5）外露部分的结构构件宜选用符合《焊接结构用耐候钢》GB 4172 的 Q235NH（C、D、E 级）或 Q345NH（C、D、E 级）耐候钢，应用时可按上条所述考虑强度设计值的提高系数，Q355NH 钢可按 Q345 钢比照应用。焊接结构耐候钢的力学性能及化学成分可见表 1－10。有关构件和连接的钢材强度设计值见参考文献［1］［15］。

表 1－10　焊接结构用耐候钢的力学性能及化学成分（GB 4172）

	牌号	钢材厚度（mm）	屈服点 σ_s（f_y）（N/mm²）不小于	抗拉强度 σ_b（f_y）（N/mm²）	δ_s 断后伸长率不小于（%）	180° 弯曲试验	V 型冲击试验 试样方向	质量等级	温度（℃）	冲击功（J）不小于
机械性能	Q235NH	≤16	235	360～490	25	$d=a$	纵向	C D	0 －20	34
		＞16～40	225		25	$d=2a$				
		＞40～60	215		24			E	－40	27
		＞60	215		23					
	Q295NH	≤16	295	420～560	24	$d=2a$		C E	0 －20	34
		＞16～40	285		24	$d=3a$				
		＞40～60	275		23			E	－40	27
		＞60～100	255		22					
	Q355NH	≤16	355	490～630	22	$d=2a$		C E	0 －20	34
		＞16～40	345		22	$d=3a$				
		＞40～60	335		21			E	－40	27
		＞60～100	325		20					

	牌号	统一数字代号	化学成分（%） C	Si	Mn	P	S	Cu	Cr	V
化学成分	Q235NH	L52530	≤0.15	0.15～0.40	0.20～0.60	≤0.035	≤0.035	0.20～0.50	0.40～0.80	—
	Q295NH	L52950	≤0.15	0.15～0.50	0.60～1.00	≤0.035	≤0.035	0.20～0.50	0.40～0.80	—
	Q355NH	L53550	≤0.16	≤0.50	0.90～1.50	≤0.035	≤0.035	0.20～0.50	0.40～0.80	0.02～0.10

注：d 为弯心直径；a 为钢材厚度。

（6）当按抗火设计方法（如《建筑钢结构防火技术规范》CECS 200—2006 规定的设计方法）设计并有技术经济依据时，也可在主要承重构件中采用耐火钢，其特性可保证在600℃温度作用下屈服强度降低不到1/3，因而可减少或取消防火涂料，同时耐火钢也多具有耐候性能。由武汉钢铁公司生产的高性能耐火耐候（Z向）钢性能可见表1-11。设计选用时应提出具体技术要求与厂方共同商定钢材供货条件，同时根据钢材质量情况，通过必要的程序妥善确定钢材的强度设计值。

表1-11 武钢高性能耐火耐候Z向钢性能

牌号	交货状态	板厚（mm）	屈服点 σ_s（f_y）（N/mm²）	抗拉强度 σ_b（f_u）（N/mm²）	伸长率 δ_s（%）	600℃时屈服点 σ_s^t（N/mm²）	冲击功0℃ A_{kv}（J）	冷弯180°	厚度方向断面收缩率 ϕ（%）
WGJ510 C2	热轧或正火+回火	≤16	≥325	≥510	≥19	≥217	≥47	$d=a$	≥35%
		>16~36	≥315	≥490		≥210		$d=3a$	
		>36~60	≥305	≥470	≥19	≥204			

注：d为弯心直径；a为钢材厚度。

（7）在选用Q235-A级及B级钢时宜优先选用镇静钢（加代号Z）。同时焊接结构应选用Q235-B级钢。

2 高层钢结构连接材料的选用。

（1）高强度螺栓连接。

高层钢结构的传力螺栓连接一般均宜选用高强度螺栓连接。高强度螺栓的强度级别宜选用10.9级，螺栓类型可选用扭剪型螺栓（符合《钢结构用扭剪型高强度螺栓连接副》GB/T 3632标准，其最大直径为M24并只有10.9强度级别），也可用大六角型螺栓（符合《钢结构用高强度大六角头、大六角螺母、垫圈技术条件》GB/T 1231的标准）。每个高强度螺栓都按照一个连接副（包括螺头及配套的螺母、垫圈）供货。在设计说明或图纸上应明确说明所要求高强度螺栓强度级别（不必注明钢种或钢号）、直径、类别、抗滑移系数（不必注明摩擦面处理方法）、预拉力等，同时还应注明高强度螺栓的材料复验及其连接的工程质量验收均应严格按《钢结构高强度螺栓连接的设计、施工及验收规程》JGJ 82及《钢结构工程施工质量验收规范》GB 50205进行。

高强度螺栓连接的类型均应选用摩擦型连接，同时对Q345、Q390、Q420钢的最大抗滑移系数宜在0.45~0.5间选用。

（2）焊接连接。

1）高层钢结构构件与节点大量采用了焊接连接，而且具有匹配母材质量等级高、母材厚度大、熔透部位多、焊接接头承载性能要求高等特点，焊接材料必须按与母材性能相匹配来选用。当采用手工焊，埋弧自动焊或CO_2气体保护焊时焊条、焊丝、焊剂等材料的匹配选用及相应的材料标准可分别见表1-12~表1-14。

2）设计图纸或说明中应仔细注明焊接材料的有关事项如下：

①匹配选用的焊接材料型号、标准；

②熔透焊的部位、焊缝质量等级的要求（可参考表1-15）；

③特殊的材料订货要求（协议订货）及施工要求（如需作焊接工艺评定或全熔透焊缝的V形切口冲击韧性试验等）。

表 1-12 常用结构钢材手工电弧焊接材料的选配

钢材							手工电弧焊焊条				
牌号	等级	抗拉强度③ σ_b (f_u) (N/mm²)	屈服强度③ σ_s(N/mm²) $\delta \leqslant 16$ (mm)	屈服强度③ σ_s(N/mm²) $\delta > 50 \sim 100$	冲击功③ T (℃)	冲击功③ A_{kv} (J)	型号示例	熔敷金属性能③ 抗拉强度 $\sigma_b(f_u)$ (N/mm²)	熔敷金属性能③ 屈服强度 $\sigma_s(f_y)$ (N/mm²)	熔敷金属性能③ 延伸率 δ_5 (%)	熔敷金属性能③ 冲击功≥27J时试验温度 (℃)
Q235	A	375~460	235	205④	—	—	E4303①	420	330	22	0
	B				20	27	E4303①				0
	C				0	27	E4328、E4315、E4316				-20
	D				-20	27					-30
Q295	A	390~570	295	235	—	—	E4303①	420	330	22	0
	B				20	34	E4315 E4316 E4328				-30 -20
Q345	A	470~630	345	275			E5003①	490	390	20	0
	B				20	34	E5003① E5015 E5016 E5018			22	-30
	C				0	34	E5015 E5016 E5018				
	D				-20	34					
	E				-40	27	②				②
Q390	A	490~650	390	330	—	—	E5015 E5016	490	390	22	-30
	B				20	34					
	C				0	34	E5515-D3、-G E5516-D3、-G	540	440	17	
	D				-20	34					
	E				-40	27	②				②
Q420	A	520~680	420	360	—	—	E5515-D3、-G E5516-D3、-G	540	440	17	-30
	B				20	34					
	C				0	34					
	D				-20	34					
	E				-40	27	②				②
Q460	C	550~720	460	400	0	34	E6015-D1、-G E5516-D1、-G	590	490	15	-30
	D				-20	34					
	E				-40	27	②				②

注：1 ①用于一般结构；②由供需双方协议；③表中钢材及焊材熔敷金属机械性能的单值均为最小值；④为板厚 $\delta > 50 \sim 100$mm 时的值 σ_s 值。

2 手工焊焊条应符合《碳钢焊条》GB/T 5117 及《低合金钢焊条》GB/T 5118 的规定。

表1-13 常用结构钢埋弧焊焊接材料的选配

钢材		焊剂型号-焊丝牌号示例
牌号	等级	
Q235	A、B、C	F4A0-H08A
	D	F4A2-H08A
Q295	A	F5004-H08A①、F5004-H08MnA②
	B	F5014-H08A①、F5014-H08MnA②
Q345	A	F5004-H08A①、F5004-H08MnA②、F5004-H10Mn2②
	B	F5014-H08A①、F5014-H08MnA②、F5014-H10Mn2② F5011-H08A①、F5011-H08MnA②、F5011-H10Mn2②
	C	F5024-H08A①、F5024-H08MnA②、F5024-H10Mn2② F5021-H08A①、F5021-H08MnA②、F5021-H10Mn2②
	D	F5034-H08A①、F5034-H08MnA②、F5034-H10Mn2② F5031-H08A①、F5031-H08MnA②、F5031-H10Mn2②
	E	F5041③
Q390	A、B	F5011-H08MnA①、F5011-H10Mn2②、F5011-H08MnMoA②
	C	F5021-H08MnA①、F5021-H10Mn2②、F5021-H08MnMoA②
	D	F5031-H08MnA①、F5031-H10Mn2②、F5031-H08MnMoA②
	E	F5041③
Q420	A、B	F6011-H10Mn2②、F6011-H08MnMoA②
	C	F6021-H10Mn2②、F6021-H08MnMoA②
	D	F6031-H10Mn2②、F6031-H08MnMoA②
	E	F6041③
Q460	C	F6021-H08MnMoA②
	D	F6031-H08Mn2MoVA②
	E	F6041③

注：1 ①薄板I形坡口对接；②中、厚板坡口对接；③供需双方协议。

2 埋弧焊的焊丝、焊剂应如表所列配套选用，并符合《埋弧焊用碳钢焊丝和焊剂》GB/T 5293、《埋弧焊用低合金钢焊丝和焊剂》GB/T 12470的规定。焊丝应符合《熔化焊用钢丝》GB/T 14957的规定。

表 1-14 常用结构钢材 $CO_2$①气体保护焊实芯焊丝的选配

钢材		焊牌型号示例	熔敷金属性能④				
牌号	等级		抗拉强度 σ_b (f_u)（N/mm^2）	屈服强度 σ_s (f_y)（N/mm^2）	延伸率 δ_5（%）	冲击功 T（℃）	A_{kv}（J）
Q235	A	ER49-1②	490	372	20	常温	47
	B						
	C	ER50-6	500	420	22	-29	27
	D					-18	
Q295	A	ER49-1② ER49-6	490	372	20	常温	47
	B	ER50-3 ER50-6	500	420	22	-18	27
Q345	A	ER49-1②	490	372	20	常温	47
	B	ER50-3	500	420	22	-20	27
	C	ER50-2	500	420	22	-29	27
	D						
	E	③	③			③	
Q390	A	ER50-3	500	420	22	-18	27
	B						
	C						
	D	ER50-2	500	420	22	-29	27
	E	③	③			③	
Q420	A	ER55-D2	550	470	17	-29	27
	B						
	C						
	D						
	E	③	③			③	
Q460	C	ER55-D2	550	470	17	-29	27
	D						
	E	③	③			③	

注：1 ①含 Ar-CO_2混合气体保护焊；②用于一般结构，其他用于重大结构；③按供需协议；④表中焊材熔敷金属机械性能的单值均为最小值。

2 焊丝应符合《熔化焊用钢丝》GB/T 14957、《气体保护电弧焊用碳钢、低合金钢焊丝》GB/T 8110 的规定。

3 所用 CO_2应符合《焊接用二氧化碳》HG/T 2537 的规定。

表 1－15 焊缝的质量等级要求

<table>
<tr><th>序号</th><th colspan="2">焊 缝 类 别</th><th>焊接要求</th><th>质量等级</th></tr>
<tr><td rowspan="2">1</td><td colspan="2">需进行疲劳计算的构件，其对接焊缝均应焊透，其中：
1）横向对接焊缝或受轴力的 T 形对接与角接组合焊缝，受拉时</td><td rowspan="5">熔透焊缝</td><td>一级</td></tr>
<tr><td colspan="2">2）横向对接焊缝或受轴力的 T 形对接组与角接组合焊缝，受压时
3）纵向对接焊缝</td><td>二级</td></tr>
<tr><td rowspan="2">2</td><td rowspan="2">要求焊透的对接焊缝或 T 形对接与角接组合焊缝</td><td>受拉时</td><td>不低于二级</td></tr>
<tr><td>受压时</td><td>二级</td></tr>
<tr><td>3</td><td colspan="2">重级工作制及起重量 $Q \geqslant 50\text{t}$ 中级工作制吊车梁的腹板与上翼缘之间的 T 形接头焊缝</td><td>不低于二级</td></tr>
<tr><td rowspan="3">4</td><td colspan="2" rowspan="3">梁、柱腹板与翼缘之间不要求焊透的 T 形接头焊缝或构件端部连接的角焊缝，其中：
1）对吊车梁或较重要构件的连接焊缝
2）一般构件</td><td rowspan="3">非熔透焊缝</td><td>三级，外观缺陷</td></tr>
<tr><td>二级</td></tr>
<tr><td>三级</td></tr>
</table>

2 结构布置及结构体系

2.1 结构类型及结构体系的分类

多高层建筑结构采用钢或钢与混凝土组合成结构体系时，常按两种方法进行分类：一种方法是根据主要结构所用的材料或由不同材料组合划分成各种类型和类别；另一种是根据抗侧力结构的力学模型及其受力特性划分成各种结构体系和类别。同一结构单元宜采用相同的结构形式。

2.1.1 按采用的材料区分的结构类型。

1 主要结构类型及其特点。

按采用的材料区分的多高层建筑钢结构类型主要由钢结构、钢－混凝土结构、钢骨混凝土结构和钢管混凝土结构四种：

(1) 钢结构。

这类结构的梁、柱及支撑（包括用于钢框架柱间作为等效支撑的嵌入式墙板）等主要构件均采用钢材的结构。

钢结构具有以下特点：

1) 综合经济效益方面。

①自重轻。钢结构多高层建筑的自重为 8～11kN/m^2，钢筋混凝土多高层建筑的自重一般为 15～18kN/m^2，前者比后者减轻自重 40% 以上（表 2－1）。

表 2－1 43 层希尔顿酒店三种结构类型方案的比较

结构类型	建筑总重（kN）	单位面积自重（kN/m^2）		基底压力（kN/m^2）	结构面积（m^2）	$\frac{结构面积}{建筑总面积}$
钢筋混凝土结构	941000	18.0	100%	770	4700	9%
钢结构	546000	10.5	58%	450	1320	2.5%
钢－混凝土结构	664000	12.8	71%	550	1730	3.3%

建筑自重减轻，地震作用变小，使构件内力减小。此外，对于软弱地基，上部结构减轻，还可使基础造价大幅度地降低。

②结构面积小。由于钢结构强度高，钢柱截面的外轮廓面积仅为钢筋混凝土柱的 1/3（表 2－1），据统计，钢柱和钢筋混凝土柱的结构面积分别约占建筑面积的 3% 和 7%。现以 8 万 m^2 的楼房为例，若采用钢结构，可增加有效使用面积 3200m^2。

③工期短。由于工厂化程度高，施工速度比钢筋混凝土结构约快 1.5 倍。一般多高层建筑，每 4 天完成一层；钢筋混凝土多高层建筑，则需 6 天才能完成一层。一幢 40 层楼房，若采用钢结构，工期可缩短 3 个月。

④降低层高。高层建筑内部管道较多，而钢梁允许在腹板上开洞，用以穿越管道，层高降低。在建筑总高度相同的情况下，采用钢结构，可以增加层数。

⑤根据我国某些多高层建筑的经济分析，对于 50 层左右的高层建筑，考虑了自重轻、截面小、施工速度快等综合因素后，采用钢结构与采用钢筋混凝土结构，两者的工程投

资基本上持平。层数再多，钢结构可更经济。

2）结构性能方面。

①延性大。与钢筋混凝土结构相比较，钢结构的延性大，能减轻地震反应，是较理想的弹塑性的结构，抗震性能好，特别适用于地震区的多高层建筑。

1976 年我国唐山地震，1985 年墨西哥地震和 1995 年日本阪神地震，都证明钢结构具有较强的抵抗强烈地震的变形能力，其破坏率和破坏程度均远低于钢筋混凝土结构房屋。

②钢结构的承载能力大，梁截面高度相同的情况下，钢结构的柱网尺寸可以比钢筋混凝土结构加大 50% 左右，提高了建筑布置的灵活性。

③自重轻、地震作用效应小。钢结构多高层建筑的地上部分自重约为钢筋混凝土结构的 60%，使基础荷载大为减小，降低了基础的造价。由于自重较轻，更易于采用调频质量阻尼器等消能装置，以减弱结构振动，提高建筑的抗震性能。

（2）钢 – 混凝土混合结构。

这类结构是由钢和混凝土构件组合而成的结构，主要有钢框架（或型钢混凝土框架）– 混凝土抗震墙体系和钢框架筒 – 混凝土核心筒体系（筒中筒体系），典型的组合是外框架采用钢框架（或型钢混凝土框架），内筒采用钢筋混凝土结构，形成钢框架 – 混凝土核心筒体系。设防烈度为 8 度时钢框架 – 钢筋混凝土核心筒体可适用 120m 高房屋，型钢框架 – 钢筋混凝土核心筒体可适用 150m 高房屋，是我国目前常用的结构体系。

钢 – 混凝土结构中，内外筒间的楼面结构，为了方便加快施工，常采用在钢梁上铺设压型钢板，再在该钢板上浇筑混凝土板形成组合楼板，也可采用现浇混凝土楼板。但由于内筒为钢筋混凝土结构，内筒中的楼板可考虑两种方案，一般采用普通钢筋混凝土梁板结构，也可采用和内外筒间相同的楼面结构。

钢 – 混凝土结构，同样具有结构自重轻，施工速度快的特点，这是优于混凝土结构的重要方面；而在造价方面又低于全钢结构。也就是说，混合结构兼有钢和混凝土两类结构的优点。单就经济效益而言，它是一种优化的结构类型。

北京财富中心办公楼为框架 – 混凝土核心筒体系，高 165m，一级框架，特一级剪力墙，利用钢梁与核心筒铰接的特点，沿核心筒四周一端设 1600m 宽的缺口，以利公用专业布线，达到降低层高的目的。钢材用量 77kg/m^2，钢筋用量 50kg/m^2。

1）钢 – 混凝土混合结构的特点。

①受力特点。

a 在钢框架 – 混凝土核心筒钢框架 – 混凝土抗震墙结构中，钢筋混凝土核心筒或抗震墙的侧移刚度远远大于外圈钢框架，几乎全部承担了作用于高层建筑上的水平荷载，高材料强度的外圈钢框架则用来承担竖向荷载和少量的水平荷载；利用能跨越较大跨度的钢梁，作为核心筒与外框架之间楼盖的承重构件，框架梁和柱采用刚接，而梁和混凝土筒体（墙）的连接可采用刚接或铰接；框 – 筒体系中，当柱用 H 形截面时，一般将柱强轴方向布置在外围框架平面内，而角柱宜采用方形、圆形或十字形截面。使不同类型的构件均能发挥各自的特长。

b 在筒中筒体系中，外圈钢框筒已成为具有空间受力特性的立体构件，具有较大的抗推刚度，因而除了承担竖向荷载之外，还将分担 30% ~ 40% 的水平荷载。

②抗风能力。

由于全钢结构侧移刚度较小，全钢结构的多高层建筑在风荷载的作用下，其高横风向振动加速度有可能超过容许值，使建筑内人员产生风振不适感，需要采取附加的减振措施。而采用钢-混凝土结构，由于钢筋混凝土墙、筒的巨大侧移刚度，从而具有较大的抗风能力，其顺风向、横风向振动加速度均较易于控制在容许限值以内，建筑内人员不致感到不适。

③抗震能力。

钢-混凝土混合结构中的钢框架-混凝土核心筒和钢框架-混凝土剪力墙体系，主要是依靠钢筋混凝土核心筒或剪力墙来抵抗侧力，因此，其抗震能力仅稍强于钢筋混凝土结构。

混合结构中的筒中筒体系，因为外圈钢框筒承担了相当部分的地震倾覆力矩和一部分水平地震剪力，使混凝土核心筒所受地震剪力得以减小。不仅如此，更主要的是，核心筒承担的地震倾覆力矩较大幅度地削减后，受压区压应力的下降减少了受压墙肢发生脆性压剪破坏的危险性；受压墙肢和受拉墙肢应力差的减小，改善了地震剪力在墙肢间的不均匀分配，从而提高了核心筒的总体受剪承载力。所以，钢框架筒-混凝土核心筒（筒中筒）体系的抗震性能介于钢结构与钢筋混凝土结构之间。

④结构造价介于钢结构和钢筋混凝土结构之间。

⑤施工速度比钢筋混凝土结构有所加快。

⑥结构面积小于钢筋混凝土结构。

⑦防护、防火维护费用较少。

2）存在的主要问题。

①在水平地震作用下，因混凝土结构内筒的刚度退化，将加大作用在钢框架上的剪力；

②钢-混凝土混合结构的抗震性能有待进一步分析研究，如何提高钢框架部分承受水平剪力的能力，和提高混凝土部分延性的措施。

③混凝土内筒的施工误差限值大于钢结构，不同材料构件的竖向压缩差异不容忽视。

④外框架与内筒竖向荷载差异较大，易引起地基不均匀变形。

⑤钢框架梁与内筒（墙）的连接节点较复杂。

（3）钢骨混凝土（SRC）结构。

钢骨混凝土（SRC）结构（过去称为埋入式的钢骨混凝土）是由钢骨混凝土柱、钢骨混凝土梁所组成，在某些高层建筑中，也设置钢骨混凝土墙或钢骨混凝土筒。例如海南中环广场，由于核心筒不居中，平面不规则，导致结构扭转效应明显。因此，采用了钢骨混凝土框架-钢骨混凝土内筒结构体系，并在外墙结合建筑造型设置抗震墙以及多种措施，增加结构的抗扭刚度，同时，提高了结构的抗震延性。

钢骨混凝土柱是在钢筋混凝土柱内埋设型钢芯柱。型钢芯柱可以是：热轧或焊接H型钢［图2-1（a）］；十字形截面［图2-1（b）］；方钢管［图2-1（c）］；圆钢管［图2-1（d）］；由工字型钢和焊接成的T形截面［图2-1（e）］。

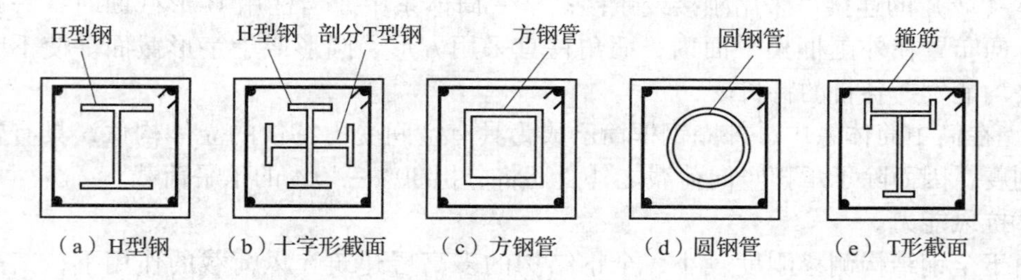

图2-1 钢骨混凝土柱的芯柱截面形式

钢骨混凝土梁是在钢筋混凝土梁内埋设工字形型钢［图2－2（a）］或型钢桁架［图2－2（b）］，后者仅用于大跨度梁。

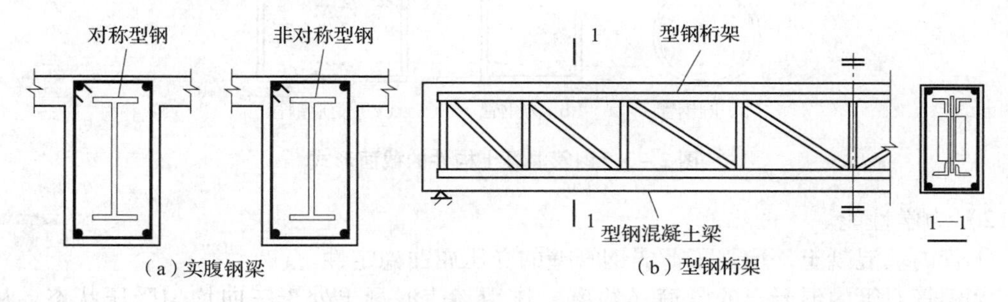

图2－2 钢骨混凝土梁的构成

多高层建筑的上部结构较少用单一的钢骨混凝土构件构成各类结构体系，常用钢骨混凝土的柱和筒体等竖向构件与钢梁等构成各类结构体系，常见用于作为过渡层、外筒结构柱、外框架柱及设有钢框架梁的内筒。

1）结构特点。

①截面尺寸小。钢筋混凝土柱受到轴压比及配筋率限值的制约，提高承载力的唯一途径是加大截面尺寸；而钢骨混凝土柱可以不受含钢率的限制，承载力相同的情况下，截面面积可以减小。

②构件延性好。由于柱内型钢的作用，钢骨混凝土柱的延性远高于钢筋混凝土柱。1995年日本阪神地震表明：钢筋混凝土结构高层建筑的破坏率高，破坏程度严重，而钢骨混凝土结构的高层建筑，破坏较轻微。

③耐火性好。型钢芯柱有较厚的混凝土保护层，因而其耐火极限和防腐蚀性均高于钢结构。

④兼作模板支架。钢骨混凝土结构中的型钢，在混凝土尚未浇灌之前即已形成钢构架，已具有相当大的承载力，可用作其上若干层楼板平行施工的模板支架和操作平台，因而施工速度较钢筋混凝土结构快，稍慢于全钢结构。

2）适用范围。

①要求柱具有高承载力的大柱网多高层建筑中。

②转换层下面扩大柱网的楼层柱及转换层的托柱大梁。

③地震区超过钢筋混凝土结构适用最大高度限值的建筑。

④有抗震设防要求时，结构类型高位转换时的底部框支层结构。

⑤上部钢结构向地下室混凝土结构过渡的地上一、二层的框架柱，以避免钢柱与混凝土柱的复杂连接，并缓解结构底部楼层刚度的突变。

（4）钢管混凝土（CFT）结构。

1）构件组成。

①钢管混凝土构件是指在薄壁圆钢管、方形或矩形钢管内灌填素混凝土所形成的组合杆件（图2－3）。必要时也可在管内配置纵向钢筋和箍筋。例如柱承受特别大的压力，或压力小而弯矩大，以及除压力外，还可能承受很大的拉力时。当截面很大时，可在管内设膈板或加劲肋。

②圆钢管多采用钢板以螺旋方式卷制焊接而成，方钢管或矩形钢管则采用四块钢板拼合焊接而成。当用于斜柱时，宜采用圆管截面。

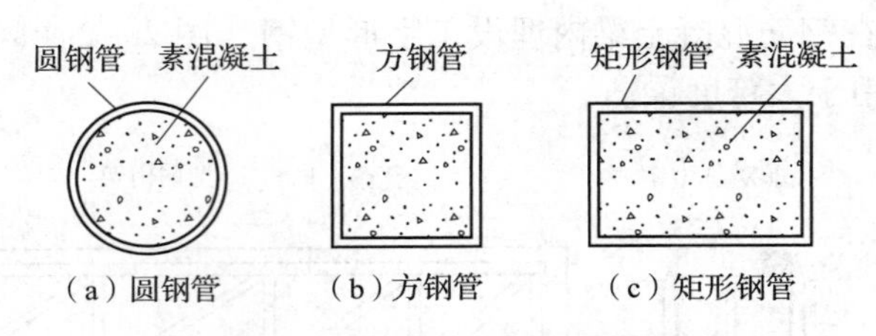

图 2-3　钢管混凝土构件的截面形式

2）力学性能。

①管内填混凝土，增强了薄弱钢管壁的受压屈曲稳定性。

②钢管对管内混凝土的紧箍（约束）作用，使混凝土处于三向均匀受压状态，从而具有更高的抗压强度和变形能力。

③采用高性能的高强混凝土，将进一步提高钢管混凝土构件的承载力和延性。配置高性能高强混凝土的基本要求是：

a　掺入适量的微硅粉$\left(\text{粒径为水泥粒径的}\frac{1}{100}\sim\frac{1}{50}\right)$，制成高密度混凝土；

b　采用高效减水剂，使水灰比降至 0.38 以下；

c　粗骨料的粒径≤25mm，并控制其压碎指标≤5%。

3）结构特点。

①承载力高。由于钢管的紧箍效应，核心混凝土的强度大大提高，而钢管又能充分发挥作用，钢管混凝土构件的受压承载力可达到钢管和混凝土单独承载力之和的 1.7～2.0 倍；受剪承载力也相应提高。与钢筋混凝土柱相比较，构件截面面积可减小 60% 以上，从而增大了建筑使用面积。

②延性好。管内混凝土因受到钢管的强力约束，延性性能显著改善，不但在使用阶段扩大了弹性工作阶段，而且破坏时产生了很大的塑性变形，混凝土的破坏特征由脆性转变为延性破坏，与普通钢筋混凝土杆件相比较，钢管混凝土构件的极限应变值约增大 10 倍。

③轴压比不限。因为承载力高，延性好，对钢管混凝土柱可以不限制轴压比。

④耗能容量大。钢管混凝土构件在压、弯、剪往复荷载作用下，荷载-位移曲线的滞回环十分饱满，表明刚度无退化，耗能容量大，抗震性能好。

⑤用钢量少。与钢柱相比，钢管混凝土柱可节约钢材 50%，降低造价 45%。与钢筋混凝土柱相比，用钢量仅有少量增加。

⑥钢板较薄，所用钢材不仅价格较低，焊接也较容易。

⑦耐火性能好。火灾时，钢管内比热较大的混凝土能吸收较多热量，从而使钢管的耐火极限时间延长。与钢结构相比，达到相同耐火极限，钢管混凝土杆件可节约防火涂料 60% 以上。

⑧防锈问题，与钢构件相比，因管内有混凝土，防锈面积少一半，因而防锈费用低于钢结构。

⑨施工简单。与钢筋混凝土相比，省去绑扎钢筋骨架、支模、拆模等工序，而且地下室结构类型可以采用逆作业法施工，使工期缩短较多。

2　不同结构类型及不同材料构成的组合结构体系。

（1）上部为钢结构下部为钢骨混凝土结构。

在下部采用钢骨混凝土结构具有下列优点：

1）作为上部钢结构向下过渡的结构。

上部钢结构通过钢骨混凝土结构向下部钢筋混凝土结构过渡时，不仅在构造上较为简单，更主要的是改善结构传力特性使结构延性和结构刚度等方面起到具有连续性及缓变的作用。

2）作为与裙房结构的连接结构。

工程中层数不多的裙房结构常采用钢筋混凝土结构。当其与多高层部分的结构相连而不设缝时，如高层部分在裙房结构高度范围内采用钢骨混凝土结构，则使两者之间的连接简便。

3）提高下部几层结构的层间侧向刚度；

4）提高下部几层结构的防火能力。

（2）钢框架－钢骨混凝土内筒结构。

钢框架－钢骨混凝土内筒结构与钢框架－钢筋混凝土内筒结构相比，在框架与内筒的屈服强度延性和刚度方面的匹配关系等均有较大的改善，也便于楼面钢梁与钢暗柱的安装就位。同时因内筒中的钢暗柱与钢连梁可成为施工用结构，与外框架同步施工节点构造简单，从而缩短施工周期。

（3）钢骨混凝土柱和钢梁组合成框架结构。

采用钢骨混凝土柱与钢梁组合成框架，钢梁再与内筒组成一抗侧力结构。在多高层建筑上部结构中出于构造原因，较少采用钢骨混凝土梁，一是这类梁中的型钢保护层厚度宜不小于100mm，使梁的截面高度常大于H型钢组合梁，在相同的层高下不能增加建筑的净层高；二是难以采用压型钢板组合楼板；三是钢骨混凝土梁中的钢筋需穿越型钢柱腹板等，其构造复杂，影响施工进度。采用钢梁则可消除上述缺陷，并可保留钢骨混凝土柱的下列优点：柱刚度较大，造价低、防火性能较好而且便于对柱进行外包装修等。

（4）钢管混凝土柱与钢梁组合成框架结构。

这类结构的最大优点是减少柱子的截面尺寸和材料用量，连接相对简单。

2.1.2 钢结构体系的选型和布置要求。

1　多高层建筑钢结构设计，一般宜分别按房屋层数不超过12层和超过12层考虑。除应遵守规范规程相应的规定之外，应与建筑设计紧密配合。根据多高层建筑的特点，和建筑平、立面布置及体型变化的规则性，综合考虑使用功能、荷载性质、材料供应、制作安装、施工条件等因素，以及所设计房屋的高度和抗震设防烈度，合理选用抗震和抗风性能好又经济合理的结构体系，并力求构造和节点设计简单合理、施工方便。有抗震设防要求更应从设计概念上考虑所选择的结构体系具有多道抗震防线，使结构体系适应由支撑→梁→柱的屈服顺序机制，或耗能梁段→支撑→梁→柱的屈服顺序机制，并要避免结构刚度在水平和竖向突变等。

为满足侧移限值的要求，多高层建筑钢结构可根据需要设置腰桁架和（或）帽桁架，形成带加劲框架－支撑体系或带刚臂的结构体系。此类桁架宜结合设备层或避难层设置，横贯楼层布置，并应有足够的刚度。

支撑和延性墙板可根据具体情况选用中心支撑、偏心支撑、内藏钢板支撑的钢筋混凝土板、带缝混凝土剪力墙板或钢板剪力墙等。

多高层建筑钢结构、钢混结构和钢骨混凝土结构按其抗侧力构件的类型可选用以下体系：

表2－2　多高层钢结构体系分类

结构体系		支撑、墙体和筒形式	抗侧力体系类别
框架、轻型框架			单重
框－排架		纵向柱间支撑	单重
支撑结构	中心支撑	普通钢支撑，消能支撑（防屈曲支撑等）	单重
	偏心支撑	普通钢支撑	单重
框架－支撑、轻型框架－支撑	中心支撑	普通钢支撑，消能支撑（防屈曲支撑等）	单重或双重
	偏心支撑	普通钢支撑	单重或双重
框架－延性墙板		钢板墙，延性墙板	单重或双重
钢框架－混凝土核心筒		混凝土剪力墙	单重或双重
钢框架－混凝土剪力墙		混凝土剪力墙	单重或双重
钢骨混凝土框架－混凝土剪力墙		混凝土剪力墙	单重或双重
筒体结构	筒体	普通桁架筒 密柱深梁筒 斜交网格筒 剪力墙板筒	单重
	框架－筒体		单重或双重
	筒中筒		双重
	束筒		双重
巨型结构	巨型框架		单重
	巨型框架－支撑		单重或双重
	巨型支撑		单重或双重

注：1．框－排架结构包括由框架与排架侧向连接组成的侧向框－排架结构和下部为框架上部顶层为排架的竖向框－排架结构。
2　延性墙板详见第4款第（8）项。

2　宜选用成熟的结构体系，当采用新型结构体系时，设计计算和论证应充分，必要时应进行模型试验。

3　钢结构的布置，建筑和结构需密切配合，尽量避免出现复杂的高层建筑，一般应符合下列要求。

（1）应具备合理的竖向和水平荷载传递途径。

（2）应具有足够冗余度，避免因部分结构或构件破坏导致整个结构体系丧失承载能力。

（3）竖向和水平荷载引起的构件和结构的振动，应满足正常使用舒适度要求。

（4）高层钢结构宜选用风压较小的平面形状和横风向振动效应较小的建筑体型，并应考虑相邻高层建筑对风荷载的影响。

(5) 隔墙、外围护等宜采用轻质材料。

4 抗震设计时多高层建筑钢结构的体系和布置，应符合下列要求：

(1) 应具有明确的计算简图和合理的地震作用传递途径；并使各方向的水平地震作用都能由该方向的抗侧构件承担。

(2) 宜有多道抗震防线，应避免因部分结构或构件破坏而导致整个体系丧失抗震能力和对重力的承载能力。

(3) 应具备必要的刚度和承载力、良好的结构整体稳定性和构件稳定性。

(4) 应具有必要的抗震承载能力、良好的变形和耗能能力。

(5) 建筑平面宜简单、规则，结构平面布置宜对称，水平荷载的合力作用线宜接近抗侧力结构的刚度中心，各部分的刚度、质量和承载力宜均匀、连续，避免因局部削弱或突变形成薄弱部位，产生过大的应力集中或塑性变形集中；对可能出现的薄弱部位，应采取措施提高其抗震能力。

结构竖向体形应力求规则、均匀，避免有过大的外挑和内收；结构竖向布置宜使侧向刚度和受剪承载力沿竖向均匀变化，避免因突变导致过大的应力集中和塑性变形集中。

抗侧力构件在竖向应沿高度连续布置，各抗侧构件所负担的楼层质量沿高度方向不宜突变。各抗侧力构件的抗侧刚度和承载力应由上而下逐渐加大，除底部楼层和外伸刚臂所在楼层外，支撑的形式和布置在竖向宜一致。

抗侧力构件在平面的布置应力求使各楼层抗侧刚度中心与楼层水平剪力的合力中心相重合，以减小结构扭转振动效应，嵌入式墙板具有较大受剪承载力，宜尽可能布置在结构平面周边。核心筒应尽量布置在结构中部或对称布置。支撑布置平面上宜均匀、分散，沿竖向宜连续布置，不连续时应适当增加错开支撑及错开支撑之间的上下楼层水平刚度；设置地下室时，支撑应延伸至基础。

(6) 避免结构发生整体失稳。

(7) 多高层钢结构在两个主轴方向的动力特性宜相近。

(8) 宜根据具体情况积极采用轻质高强材料，以减轻结构自重，外墙宜用活动连接，以避免围护结构产生裂纹和增加侧向刚度变化的不利影响。

(9) 采用框架结构体系时，高层建筑不应采用单跨结构，多层的甲、乙类建筑不宜采用单跨结构。

(10) 可采用消能减震手段，提高结构抗震性能。

(11) 对于施工过程对构件内力分布影响显著的结构，结构分析时应考虑施工过程对结构刚度形成的影响，必要时应进行施工模拟分析。

2.2 结构体系的组成

2.2.1 全钢结构的各类结构体系。

常用的钢结构体系主要有下列几种：

1 纯框架结构体系。

纯框架体系是指沿纵横方向均由框架作为承重和抵抗水平抗侧力的主要构件所组成的结构体系。框架的梁柱宜采用刚性连接。钢框架结构一般可分为无支撑框架和有支撑框架两种形式，层数不超过12层时可采用一个方向为纯框架，另一方向为支撑框架的体系。

无支撑的纯框架体系，由钢柱和钢梁组成，在地震区框架的纵、横梁与柱一般采用刚性连接，纵横两方向形成空间体系，有一定的整体的空间作用功能，有较强的侧向刚度和延性，承担两个主轴方向的地震作用。

纯框架体系的主要特点是：

（1）可以形成较大使用空间，平面布置灵活，适应多种类型使用功能，结构各部分刚度比较均匀，构件易于标准化和定型化，构造简单，易于施工。对于层数不多的房屋而言，框架体系是一种比较经济合理的结构体系，常用于层数不超过30层的高层建筑。

（2）重力二阶效应影响。钢框架的侧向刚度较柔，在风荷载或水平地震作用下将产生较大的水平位移Δ。由于结构上的竖向荷载P的作用，使结构又进一步增加侧移值且引起结构的各构件产生附加内力。这种使框架产生几何非线性的效应，称之为重力二阶效应（简称$P-\Delta$效应）。由于$P-\Delta$效应的影响，将降低结构的承载力和结构的整体稳定。

（3）由于框架结构体系柱与各层梁为刚性连接，改变了悬臂柱的受力状态，从而使柱所承受的弯矩大幅度减小，使结构具有较大延性，自振周期较长。自重较轻，对地震作用敏感小，是一种较好的抗震结构形式。但由于地震时侧向位移大，容易引起非结构性构件的破坏。

（4）框架节点域剪切变形对水平位移的影响。钢框架柱的翼板、腹板和水平加劲板的厚度均较薄，框架梁柱节点域存在着不可忽视的剪切变形（图2-4），使框架的水平位移增大10%~20%。其影响程度取决于梁的抗弯刚度、节点域的剪切刚度、梁腹板高度，以及梁柱的刚度比等。因此，设计时应计入节点域剪切变形对钢结构的水平位移影响。节点域剪切变形对内力的影响，一般在10%以内，因而可不计其影响。当框架结构设有支撑时，节点域剪切变形将随支撑体系侧向刚度的增加而锐减。

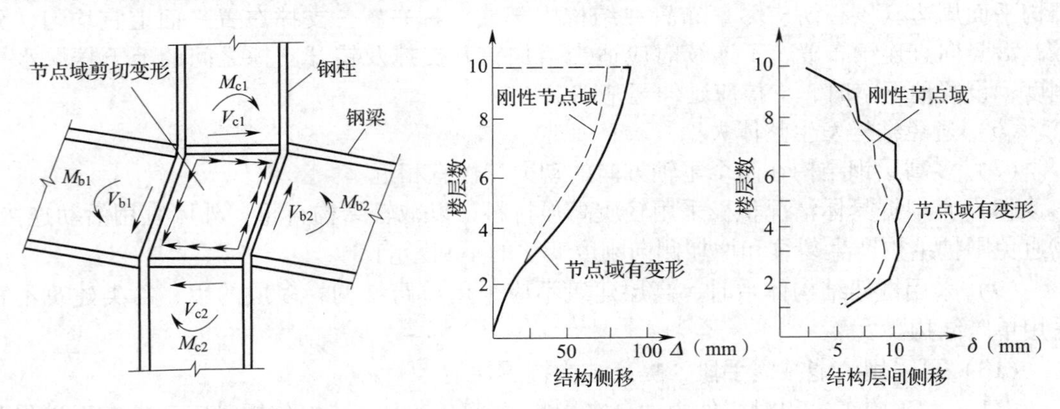

图2-4 框架节点域的剪切变形

（5）框架结构体系的抗侧能力主要决定于梁和柱的受弯能力，若房屋数层过多，侧力增大，而要提高抗侧刚度，只有加大梁、柱截面，但过大的截面将会使框架失去其经济合理性。因此，建筑抗震设计规范给出了多层和高层钢结构房屋的适用最大高宽比限值和不同抗震设防烈度、结构类型的适用最大高度。

（6）抗弯框架的塑性铰应在梁或柱截面上形成。当在节点中形成时，应确保节点是延性破坏。无法确定其是否是延性破坏时应进行试验验证。

（7）当潜在塑性耗能区位于梁中时，框架梁应符合下列规定：

当采用A、B类截面时，承受的轴力不应大于轴向塑性承载力（Af_y）的15%，剪力不应大于截面塑性抗剪承载力的50%；当框架梁采用C、D类截面时，承受的轴力不应大于轴向弹性承载力（Af）的15%，剪力不应大于截面弹性抗剪承载力的50%。

（8）如塑性铰在柱中形成，除底层外，该层柱上下框架梁应按照简支梁核算其跨中截面的抗弯承载力，此时可按照钢－混凝土组合梁计算。

2 框架－支撑体系。

框架－支撑体系是在框架体系中的部分框架柱之间设置竖向支撑，形成若干榀带竖向支撑的支撑框架［图2－5（b）及图2－5（c）］；或在框架体系中内部设置若干榀仅承担竖向荷载的带竖向支撑的排架结构，周边则为刚接框架［图2－5（a）及图2－5（d）］。此类结构水平荷载主要由支撑来承担，在水平荷载作用下，通过刚性楼板或弹性楼板的变形协调与刚接框架共同工作，形成一双重抗侧力结构的结构体系。框架是剪切型构件，底部层间位移大，而支撑为弯曲型竖构件，底部层间位移小，由于框架和支撑的变形协调使层间位移及整个结构体系的最大侧移有所减小。特别是当支撑桁架的高宽比小于12时，可有效地承受剪力，大大减小结构的水平位移。在设计中除满足强度要求外尚须验算竖向支撑桁架在使用条件下的变形，以限制整个结构的位移。框架梁柱节点也比较简单，一般用钢量比纯框架结构要省。

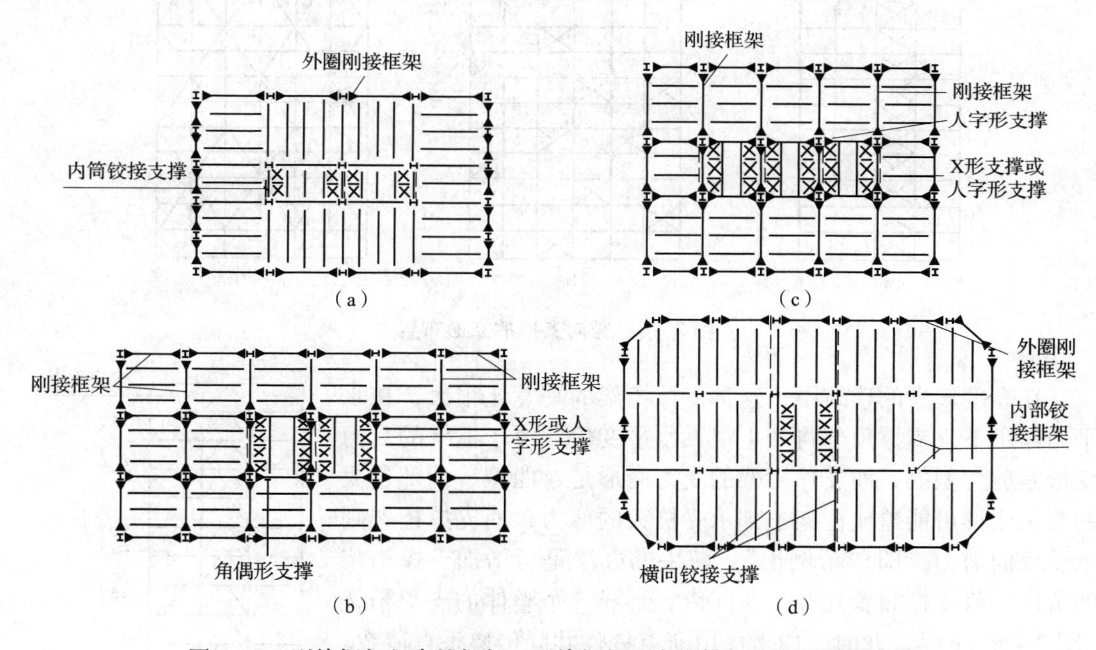

图2－5 刚接框架与支撑框架，刚接框架与支撑排架的平面布置方案

这类体系具有良好的抗震特性和较大的侧向刚度，支撑结构起着剪力墙的水平抗侧作用，承担大部分水平侧力，可用于30～40层的高层钢结构。在罕遇地震作用下，支撑框架是这一体系中的第一道抗震防线；为避免支撑框架与框架同时遭受严重破坏，宜要求支撑框架比作为第二道防线的框架有更大的侧向刚度。对此，参考钢筋混凝土框剪结构体系中对剪力墙的刚度要求，即剪力墙所承担的倾覆力矩要大于总倾覆力矩的50%，相应地也宜要求支撑框架所承担的倾覆力矩大于总倾覆力矩的50%，并以此衡量对支撑框架的侧向刚度要求。在侧力作用下，支撑构件只承受轴向拉或压应力，无论是从强度或变形的角度看，它都是十分有效的。当房屋层数更多时，由于高宽比超过一定限度，水平荷载倾覆力矩引起的支撑柱的轴压应力很大，结构侧移较大，宜采用加劲框架－支撑体系。

抗震的框架－支撑结构中，梁与柱的连接原则上应采用刚接，以便形成双重抗侧力体系。但除了非地震区外，不宜采用梁柱在双向全部铰接的体系。6 度区则可根据工程具体情况，部分跨间或某一方向梁柱连接可采用铰接，而水平力主要由支撑承担。

（1） 框架－支撑体系中支撑的布置要求：

1）支撑一般沿房屋的两个方向布置，以抵抗两个方向的侧向力，也可在一个方向设置支撑，另一方向采用纯框架。限于建筑立面的造型要求，支撑不宜布置在建筑物的周边，在平面上一般布置在核心区周围。在矩形平面建筑中则布置在结构的短边框架平面内。

2）支撑一般沿同一竖向柱距内连续布置［图 2－6（a）］。在抗震建筑中，竖向连续布置能较好地满足关于层间刚度变化均匀的要求。当受建筑立面布置条件限制时，在非抗震设计中亦可在各层间交错布置支撑［图 2－6（b）］，此时，要求每层楼盖应有足够的刚度。

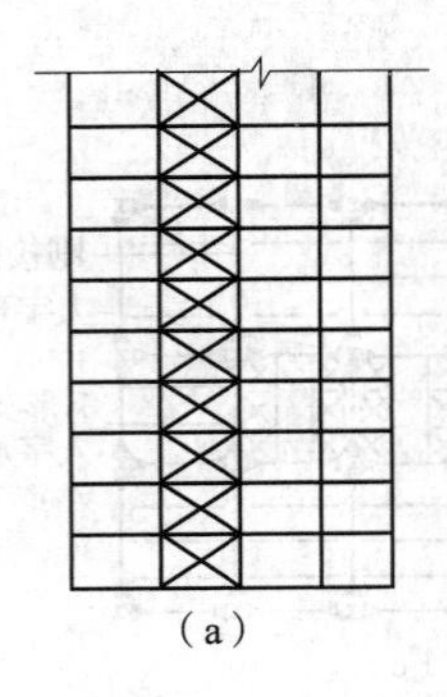
（a）
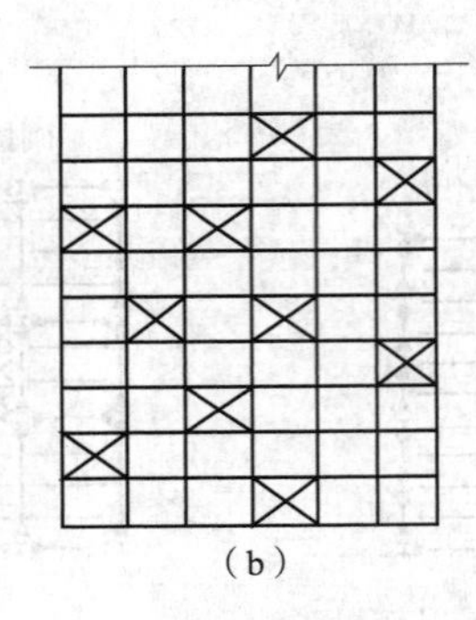
（b）
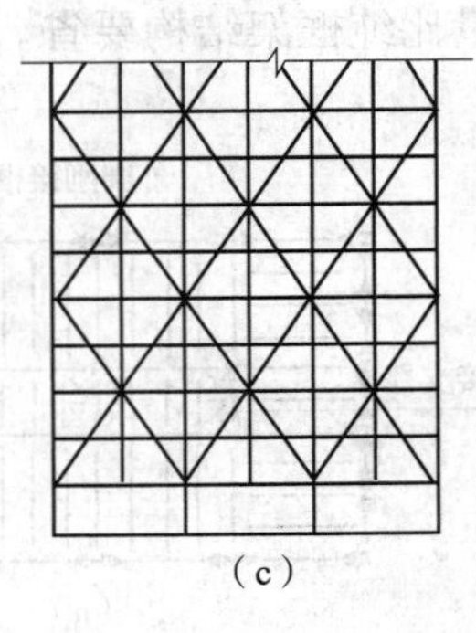
（c）

图 2－6　竖向支撑的立面布置

在高度较大的建筑中，这种支撑桁架的高宽比很大，在水平力作用下，支撑顶部将产生很大水平变位。由于框架的受力变形是剪切型的，而支撑桁架的受力变形是弯曲型，顶部过大的弯曲变形可能迫使框架上部承受极大的剪力，而支撑桁架则承受反向剪力，即“帮倒忙”。解决的办法是可增加支撑桁架的宽度，将支撑布置在几个跨间内，形成一个整体的支撑桁架［图 2－6（c）］，此时，应考虑由所有杆件共同传递垂直荷载。

（2）支撑竖向布置应遵循下列原则：

在一个工程中自上而下宜选用一种支撑类型，以使支撑框架的侧向刚度和内力分布不出现突变。但由于建筑布置的变化、层高的加大或结构类型及结构体系的改变，需变换上下楼层段的支撑类型时竖向可采用不同支撑类型（图 2－7），而且宜采取适当措施以适应这一变换。抗震设防时，不得采用 K 形斜杆体系支撑。

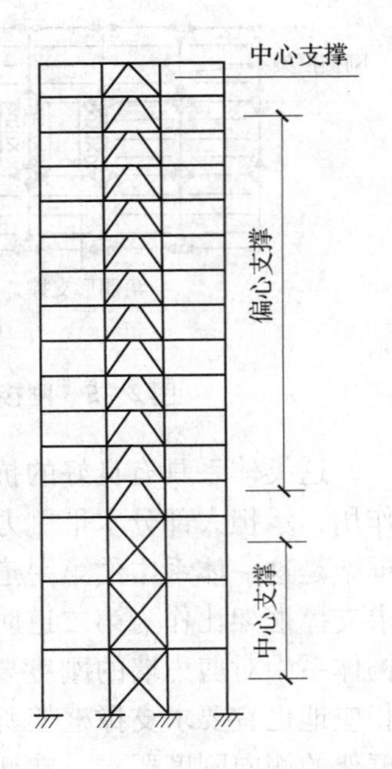

图 2－7　上下不同支撑类型的组合示例

1）上部为偏心支撑，下部为中心支撑。

当高层建筑采用偏心支撑时，其底层可用中心支撑，但需使其承载力比它的上一层承载力大 50%。

2）上部为嵌入式墙板，下部为中心支撑。

当底部几层的层高较高或建筑功能要求无法设置嵌入式墙板而采用钢的中心支撑时，应适当加大钢支撑的刚度，以使上下段保持刚度缓变，也可参照对上部为偏心支撑下部为中心支撑的相应规定，提高下部中心支撑的承载力。

3）上部为钢支撑、地下室部分为混凝土剪力墙。

上部竖向支撑应连续布置，地下室的剪力墙则应延伸至基础，但在构造上宜在混凝土墙内适当布置暗藏的钢支撑，以使应力在上部钢支撑与剪力墙交接节点处平缓过渡，避免应力集中和应力突变。

4）多列组合式支撑。

采用沿一柱距内自上而下连续布置成单列式支撑框架，由于支撑宽度为一个柱距，当柱距较小时，其侧向刚度较小。采用多列式竖向支撑布置可改进上述单列式刚度不足的缺陷。

5）抗震设防时，支撑框架在结构平面的两个方向的布置宜尽量对称，支撑框架之间楼盖长宽比不宜大于3。

6）在支撑框架平面内，支撑中心线与梁柱中心线应位于一个平面上，中心支撑框架的支撑中心线应交汇于梁柱中心线的交点。确有困难时，偏离中心不应超过支撑杆件宽度，并应计算由此产生的附加弯矩。

（3）支撑的构造。

支撑桁架的形式有中心支撑、偏心支撑和嵌入式墙板及其他消能支撑。不超过12层的钢结构宜采用中心支撑。

当多高层建筑上层采用偏心支撑，底层采用中心支撑时，其承载力应比它的上一层承载力大50%。当用一般的偏心支撑仍满足不了结构的抗侧要求时，可用嵌入式墙板等其他消能支撑。

1）中心支撑。

中心支撑的每个节点处，各杆件的轴心线要汇于一点，中心支撑根据斜杆的不同布置，可形成十字交叉斜杆［图2-8（a)］、单斜杆［图2-8（b)］、人字形斜杆［图2-8（c)］或K形斜杆［图2-8（d)］，以及V形斜杆［图2-8（e)］等支撑类型。支撑斜杆的轴线应交汇于梁、柱杆件轴线的交点，确有困难时，偏离中心的距离不应超过支撑杆件的宽度，并应计入由此产生的附加弯矩。

在风荷载作用下，图2-8中所示的各类中心支撑，均具有较大的侧向刚度，对减小结构的水平位移和改善结构的内力分布是有效的。但在水平地震作用下：

①中心支撑容易产生侧向屈曲，支撑斜杆重复压曲后，其受压承载力急剧降低；

②支撑的两侧柱子产生压缩变形和拉伸变形时，由于支撑的端节点实际构造做法并非铰接，而导致引发支撑产生很大的附加内力及应力；

③往复的水平地震作用，斜杆会从受压的压曲状态变为受拉的拉伸状态，这将对结构产生冲击性作用力，使支撑及其节点和相邻的构件产生很大的附加应力；

④使同一层支撑框架内的斜杆轮流压曲又不能恢复（拉直），楼层的受剪承载力迅速降低。

对于地震区建筑不宜采用图2-8所示的K形中心支撑。

图2-8（b）所示的单斜杆支撑且只能受拉不能受压，抗震设计应按图2-9所示成对地设置不同倾斜方向的单斜杆，且每层中不同方向单斜杆的截面面积在水平方向的投影面积之差不得大于10%。

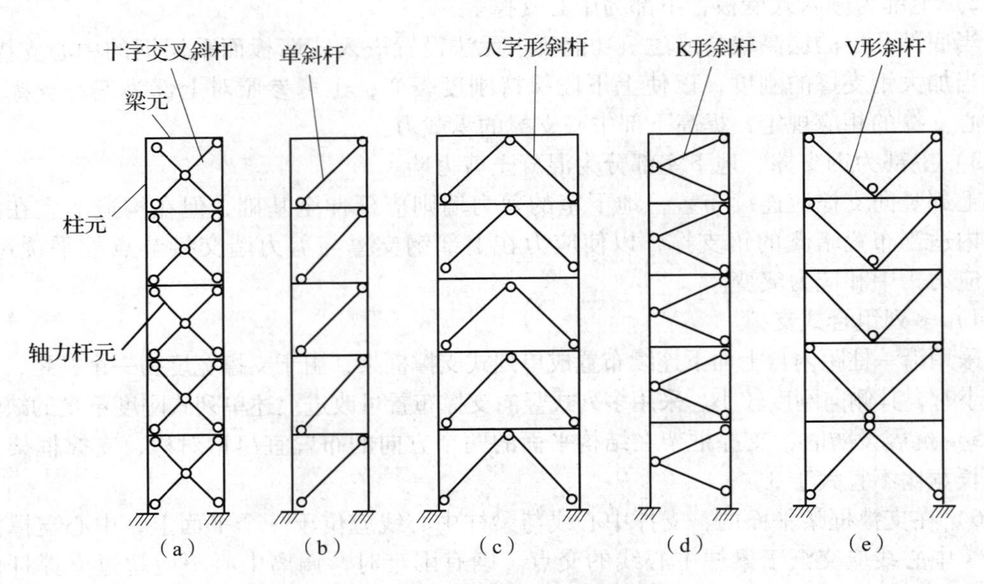

图 2-8　中心支撑类型（支撑框架）

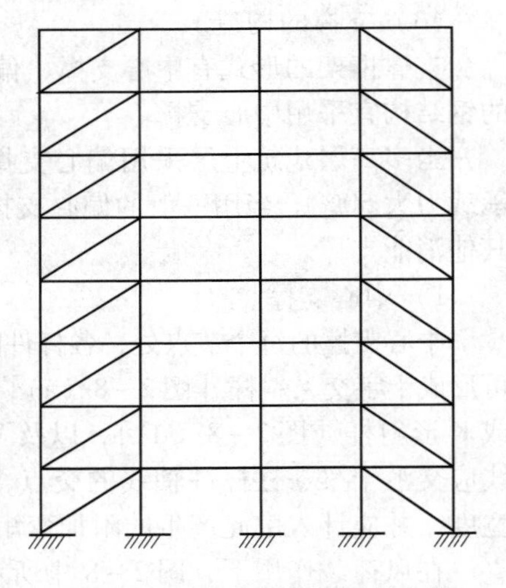

图 2-9　对称布置的单斜杆支撑

在抗震设防结构中，超过 12 层时，支撑宜采用 H 型钢制作，两端与框架可采用圆弧构造相连，做成刚架节点。梁柱在 H 型钢支撑翼缘连接处应设置加劲肋，其典型构造见图 2-10，图中 V 形支撑为了保持在 x 与 y 方向长细比相接近，在拼接处进行截面转换，并设置角撑（再分杆）以达到此目的。

2）偏心支撑。

所谓偏心支撑是指在构造上使支撑轴线偏离梁和柱轴线的支撑，一般在框架中支撑斜杆的两端，应至少有一端与梁相交（不在柱节点处），另一端交在梁与柱交点处［图 2-11（b）］，或偏离梁柱一段长度与另一根梁连接，在支撑斜杆杆端与柱之间构成一耗能梁段叫偏心支撑［图 2-11（b）］，或者在支撑斜杆的两端都交在梁上，即在梁柱节点外［图 2-11（c）］。还有一种是支撑两斜杆的一端都交在梁跨中，另一端则交在离梁柱交点一定距离的梁上，形成消能梁段［图 2-11（d）、（e）］。偏心支撑在轻微和中等侧向力作用下的弹性阶段具有很大的刚度，而在强烈地震时通过耗能梁段的非弹性变形耗能，具有很好的延性。

高层建筑采用偏心支撑框架时，顶层可不设耗能梁段，因为顶层的地震剪力较小，在地震作用下符合承载力要求的支撑斜杆不至于屈曲。在设置偏心支撑的框架跨，当首层的弹性承载力为其余各层承载力的 1.5 倍及以上时，首层可采用中心支撑。

高层房屋的支撑宜采用焊接 H 型钢或轧制 H 型钢。对偏心支撑框架作内力分析时，可假定支撑斜杆的两端为铰接，但在构造上则应设计成与耗能梁段及柱刚接。

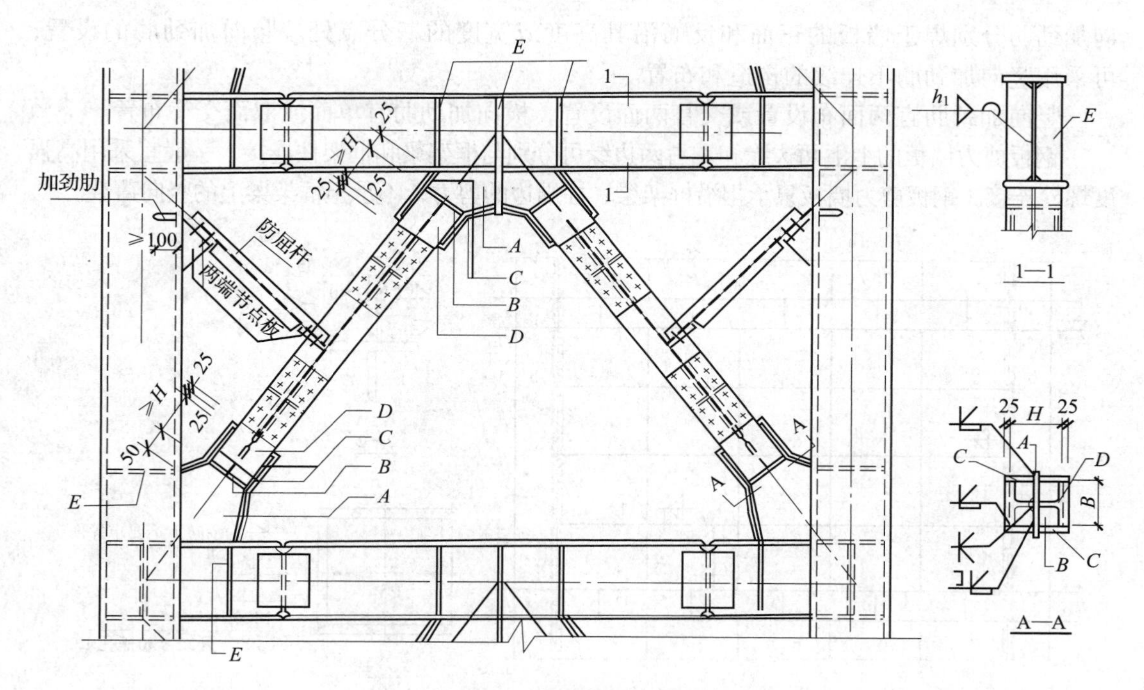

图2－10　中心支撑典型做法

注：板号Ⓐ～Ⓒ及Ⓔ，板厚≥t_f；零件号Ⓓ为H型钢，同斜杆截面。

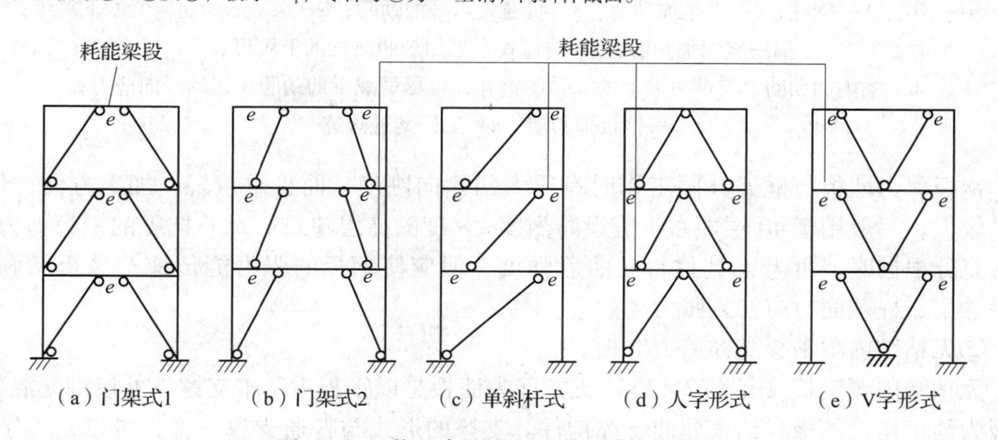

图2－11　偏心支撑类型（偏心支撑框架）

3）延性墙板。

由于中心支撑和偏心支撑受杆件的长细比限制，截面尺寸较大，受压时也易失稳屈曲；在强风区或高烈度的地震区的高层建筑结构，一般的钢框架结构支撑体系满足不了要求时，为提高结构的侧向刚度，可在工程中采用延性墙板作为等效支撑或剪切板，即形成钢框架－延性墙板体系，提高结构的抗侧刚度和水平抗剪承载力，延性墙板主要有下述三种。

①钢板剪力墙板。

钢板剪力墙板（见图2－12）采用厚钢板或带加劲肋的钢板制成。非抗震设计及抗震等级为四级的高层钢结构，采用钢板剪力墙时，可以不设加劲肋；三级及以上时，宜采用带竖向和/或水平加劲肋的钢板剪力墙，以增强钢板的稳定性和刚度。水平加劲肋和竖向加劲肋分别焊于墙板的正面和反面沿其高度或宽度的三分点处。竖向加劲肋的设置，可采用竖向加劲肋不连续的构造和布置。

竖向加劲肋宜两面布设置或交替两面设置，横向加劲肋宜单面或双面交替布置。

钢板剪力墙板的上下两边缘和左右两边缘可分别与框架梁和框架柱连接，一般宜采用高强度螺栓连接。钢板剪力墙板只承担沿框架梁、柱周边的剪力，不承担框架梁上的竖向荷载。

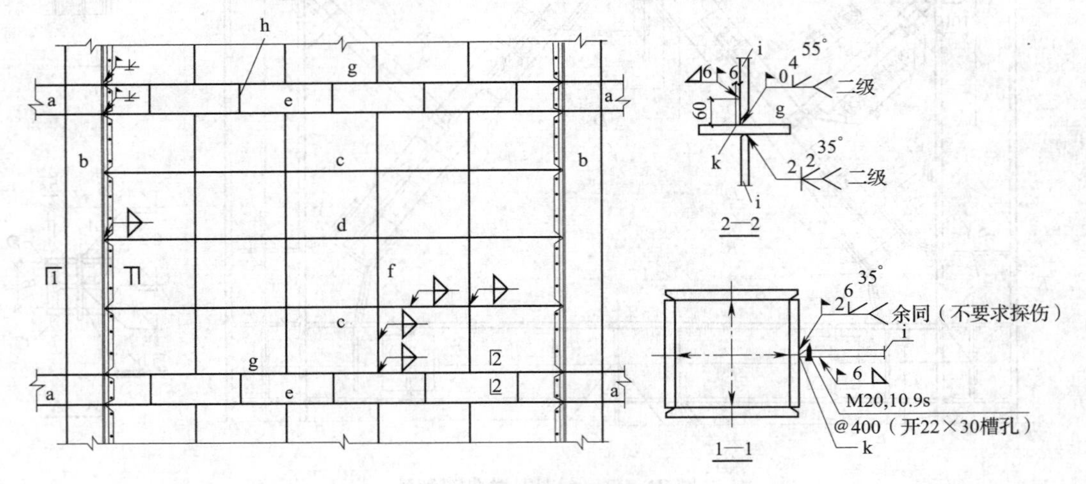

图 2-12　钢板剪力墙墙板

a—钢梁；b—钢柱；c—水平加劲肋；d—贯通式水平加劲肋；e—水平加劲肋兼梁的下翼缘；
f—竖向加劲肋；g—贯通式水平加劲肋兼梁的上翼缘；
h—梁内加劲肋，与剪力墙上的加劲肋错开，可尽量减少加劲肋承担的竖向应力；
i—钢板剪力墙；k—工厂熔透焊缝

钢板剪力墙板与框架共同工作时有很大的侧向刚度，而且重量轻、加工方便，但用钢量较大。一般用于40层左右抗震设防烈度≤8度的高层建筑。对非抗震的钢板剪力墙，当有充分根据时，可考虑其材料屈曲后强度，但应使钢板的张力能传递给楼板梁和柱，且设计梁、柱截面时应计入张力场效应。

②无粘结内藏钢板支撑剪力墙板。

无粘结内藏钢板（见图2-13）支撑剪力墙板是以钢板为基本支撑、外包钢筋混凝土墙板为约束构件的板式约束屈曲支撑构件。支撑的形式与普通支撑一样，可以是人字形、V字形、交叉形或单斜杆形。内藏钢板支撑按其与框架的连接方式宜做成中心支撑。若采用单斜杆支撑，应在相应柱间成对对称布置。

预制墙板仅在钢板支撑斜杆的上下端节点处与钢框架梁相连，其他部位与钢框架的梁或柱均不相连，并与框架梁柱间留有缝隙，使墙体在钢框架产生一定侧移时才起作用，以吸引更多地震能量，此类支撑实际上这是一种受力较明确的钢支撑。一般可用在50层的高层建筑结构中，由于钢支撑有外包混凝土，故不考虑其在平面内和平面外的屈曲，内藏钢板支撑的净截面积，根据无粘结内藏钢板支撑剪力墙板所承受的楼层剪力按强度条件选择。

无粘结内藏钢板支撑剪力墙板制作中，应对内藏钢板表面的无粘结材料的性能和敷设工艺进行专门的验证。无粘结材料应沿支撑轴向均匀地设置在支撑钢板和墙板孔壁之间。

剪力墙板仅承担水平剪力，不承担竖向荷载。由于外包配双层钢筋网的混凝土，相应提高了结构的初始刚度，减小了水平位移。罕遇地震时混凝土开裂，侧向刚度减小，也起到抗震的耗能作用，而此时钢板支撑仍能提供必要的承载力和侧向刚度。

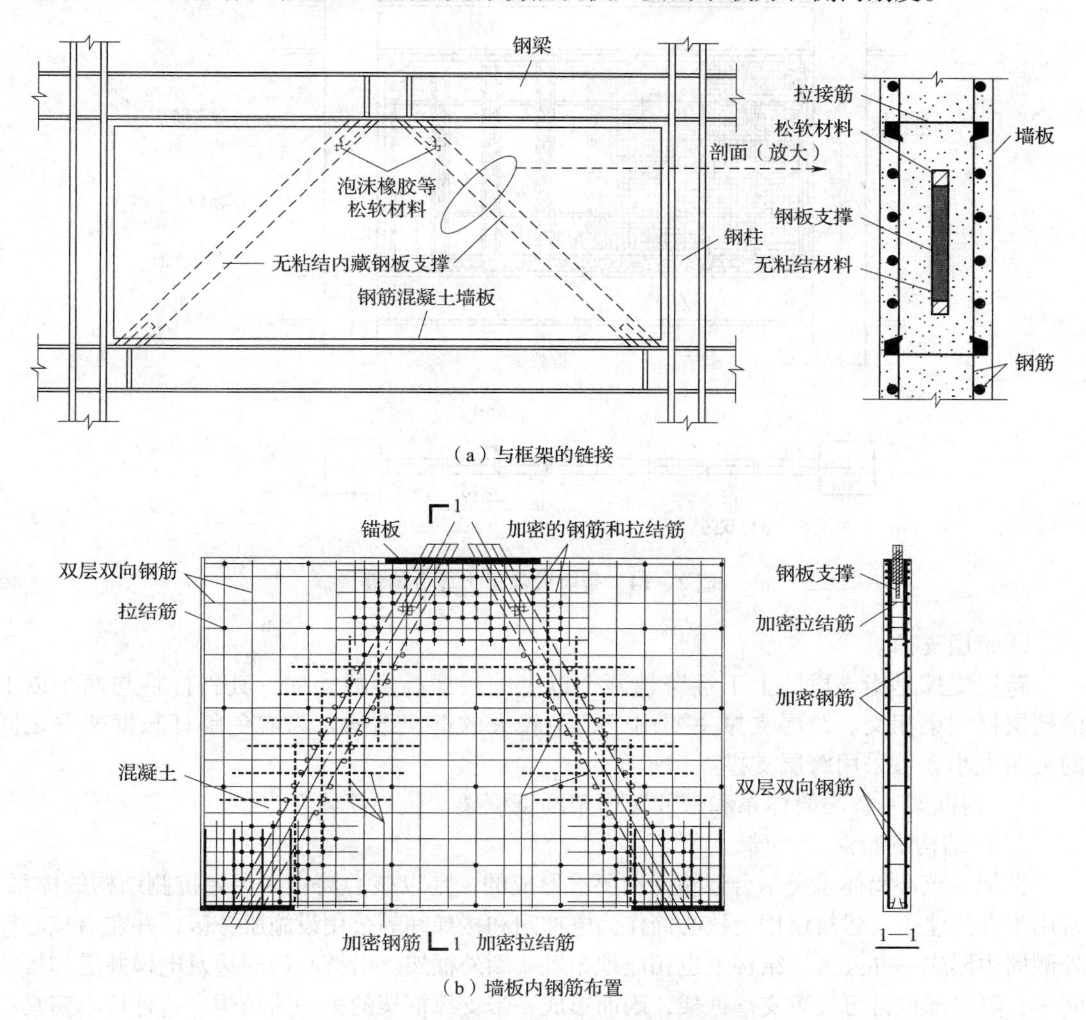

图 2－13 无粘结内藏钢板支撑剪力墙板示意图

③带竖缝混凝土剪力墙板。

带竖缝混凝土剪力墙板是由预制板构成嵌固于框架梁柱之间（图 2－14）。它仅承担水平荷载产生的水平剪力，不承担竖向荷载产生的压力。这种墙板具有较大的初始刚度，刚度退化系数小，延性好，在反复荷载作用下墙肢的裂缝还有一定的可恢复性，抗震性能好。墙板中的竖缝宽度约为 10mm，缝的竖向长度约为墙板净高的一半，缝的间距约为缝长的一半。缝的填充材料宜用延性好、易滑动的耐火材料（如石棉板）。缝两侧配置较大直径的抗弯钢筋。墙板与钢框架柱之间也有缝隙，无任何连接件。墙板的上边缘以连接件与钢框架梁用高强度螺栓进行连接，墙板下边缘留有齿槽，可相应地嵌入事先焊在钢梁上的栓钉之间，现浇混凝土楼板时，墙板下边缘全长埋入楼板内。

多遇地震时，墙板处于弹性阶段，侧向刚度大，墙板如同由竖肋组成的框架板承担水平剪力。罕遇地震时，墙板处于弹塑性阶段而产生裂缝，竖肋弯曲屈服后刚度降低，变形增大，起到抗震耗能作用。用于高烈度设防区的超高层建筑房屋，具有更好的抗震性能。

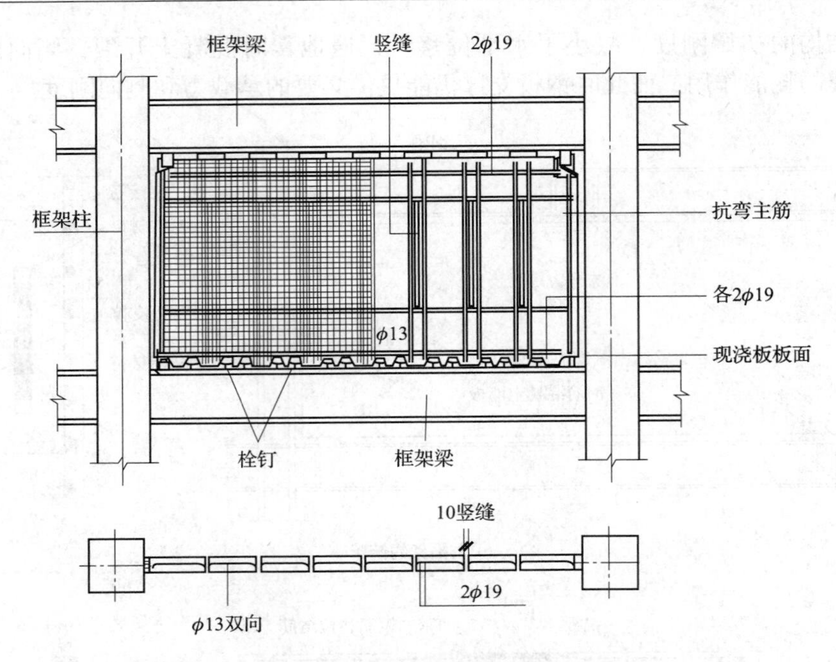

图 2－14　带竖缝混凝土剪力墙板

④跨层支撑。

跨层支撑是指支撑的上下端跨越两个以上的楼层高度的支撑，其斜杆将与两个以上的楼层框架梁相交。跨层支撑主要用于柱距较大的框架结构。为避免斜杆与框架梁之间的夹角太小，可采用跨层支撑。

3　钢框架－核心筒体系和带伸臂桁架的钢框架－核心筒体系。

（1）结构的特点。

框架－核心筒体系是结合建筑使用要求形成的，是以核心筒作为主要抗侧结构的体系，常用于办公建筑。建筑使用上核心筒作为电梯间和楼梯间等公用设施服务区，并在沿核心筒外侧周边形成一办公区，结构上也相应地布置一圈外框架。沿核心筒周边及电梯井道和楼梯间等长隔墙部位常可设置支撑框架，因而形成一带支撑框架的核心筒结构，这种核心筒具有较大的侧向刚度，核心筒与外框架的组合则构成框架－核心筒体系。在这一体系中，核心筒是主要抗侧力结构。框架－核心筒体系也是双重抗侧力结构的结构体系。核心筒的梁、柱节点可采用刚接连接或铰接连接，如为刚接并在一些框架柱之间设置竖向支撑则形成支撑框架［图2－5（c）］，如为铰接则可形成相应的支撑排架［图2－5（a）］。

由于框架－支撑体系是与框架－核心筒体系的受力特性和变形特征基本相同，当梁柱采用铰接时，则水平荷载全部由核心筒承担，因此，相应地存在侧向刚度不足及内筒构件内力偏大的缺陷，其主要原因有下列三方面。

1）内筒虽作为主要抗侧力结构，但内筒的宽度较窄，甚至有时还不足建筑宽度的1/3，其高宽比值很大；

2）这种体系支撑框架的设置常受建筑使用要求的限制，如因电梯间、楼梯间及设备间等由于使用要求未能布置有效的支撑框架及必要的榀数；

3）未能发挥外框架抵抗侧向力的作用。这是由于外框架与内筒之间的跨度常较大，横梁截面高度较小，难以使外框架柱与内筒支撑框架具有良好的共同工作条件，而且沿外框架柱轴线上的柱距也很大。因此外框架只能承担较小的水平剪力，成为主要承担竖向荷载的结构，因而对整个建筑刚度提高有限。同时，若竖向支撑的高宽比过大，在水平力作用下，支撑顶部将产生很大的水平变位。

带伸臂桁架的钢框架-核心筒体系是针对上述钢框架-核心筒体系的缺陷而改进的一种体系。在不改变框架-核心筒体系结构布置的前提下，通过设置伸臂桁架及腰桁架或帽架使外框架参与整体抗弯作用，从而提高结构侧向刚度，减小结构水平位移，也减少核心筒所承担的在数值上过大的倾覆力矩。另外，设置帽架后，还可以限制内外柱的变位差，并承担温度应力，与框架支撑体系相比，抗侧刚度可提高20%~25%。

（2）伸臂桁架及腰桁架的设置。

除在顶层设置帽架外，还可以在中间某层设伸臂桁架或腰桁架。

较高的高层建筑一般都需设置设备层或避难层。因此可以利用这些楼层位置设置伸臂桁架及腰桁架或帽桁架。伸臂桁架应置于核心筒支撑框架平面内，并与外框架柱直接相连，形成外框架柱、伸臂桁架与核心筒支撑框架等三者起整体作用和连续受力的结构（图2-15），对于图2-15中双列支撑框架，宜在其间设置延续桁架。伸臂桁架的高度为设备层的层高，其腹杆布置需考虑便于人员的通行及管道的穿越。一般在房屋高度中部增设腰桁架梁或外伸刚臂的框架体系，对风力控制的结构效果好，但对抗震效果欠佳不宜用于强震区。

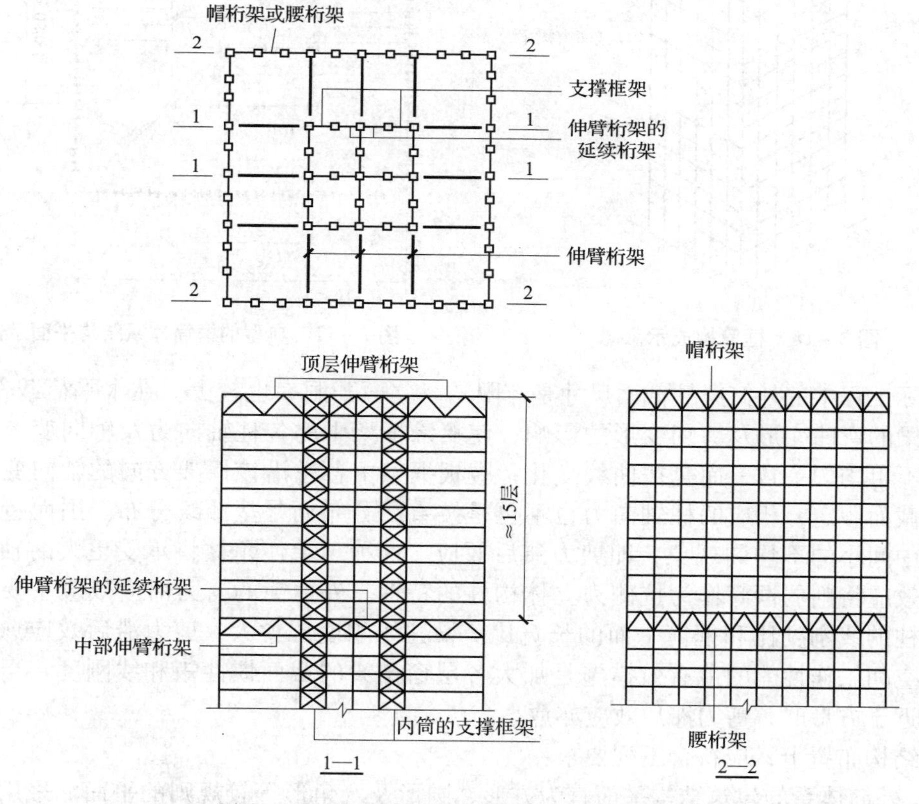

图2-15　带伸臂桁架的钢框架-核心筒体系

设置伸臂桁架及腰桁架或帽桁架的楼层常称水平加强层或称刚臂。

水平加强层的设置位置及楼层数量，一方面需考虑利用设备层及避难层，另一方面宜进行优化比较确定。优化的主要目标是有效地减小水平位移和层间位移，以及减小内筒所承担的倾覆力矩或支撑框架的杆件内力。伸臂桁架的间距可为 12～15 层。当仅设一道时，理论分析其最佳位置是离顶端 0.455H（H 为房屋总高）左右处。

抗震设计时，应考虑设置水平加强层后，其对抗侧力结构产生刚度突变的后果，必要时，宜适当提高水平加强层相邻层重要杆件的承载力和抗震构造措施。

4　筒体结构体系。

（1）框筒体系（图 2－16）。

框筒体系是由密柱深梁构成的外筒结构，它承担全部水平荷载。内筒是梁柱铰接相连的结构，它仅按荷载面积比例承担竖向荷载，不承担水平荷载。整个结构无须设置支撑等抗侧力构件，柱网不必正交，可随意布置，柱距可以加大，从而提供较大的灵活空间（图 2－17）。外筒的柱距宜为 3～4m，框架梁的截面高度也可按窗台高度构成截面高度很大的窗裙梁。

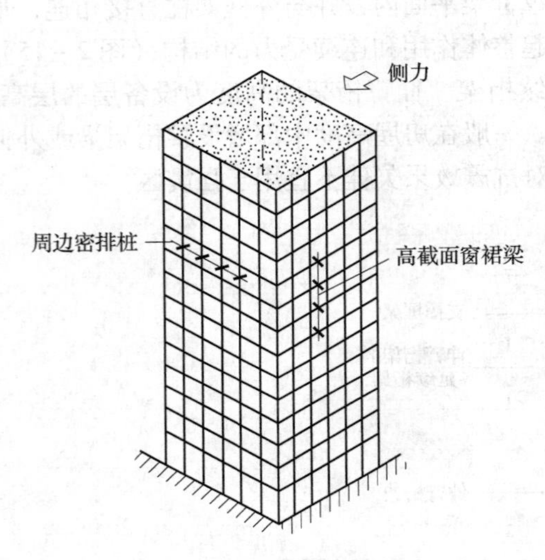

图 2－16　框筒构成示意图

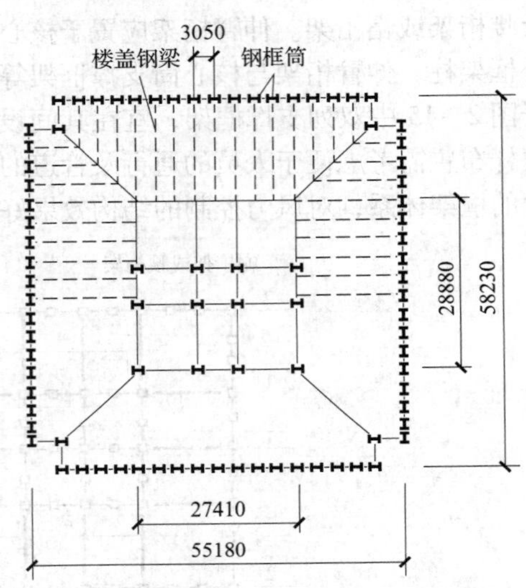

图 2－17　典型的框筒体系结构平面示例

实际工程中的外筒梁柱截面尺寸是有限的，立面开洞率也较大。在水平荷载作用下，由于裙梁的弯曲变形及剪切变形的影响，使翼缘框架中的各柱轴向力及轴向变形沿该框架方向不再均匀一致，而是按曲线变化；腹板框架中各柱沿该框架方向的轴向变形不再符合平截面假定，相应的柱轴向力也不再是按直线分布而是呈曲线分布。因而造成应力两边大中间小的不均匀现象，即剪力滞后效应。这种现象使角柱将承受更大的轴力。剪力滞后效应将削弱框筒作为抗侧力立体构件的特性。外框筒的剪力滞后效应主要取决于框筒梁柱的线刚度比和框筒平面的长宽比。梁柱线刚度比愈大，剪力滞后效应愈小。改善框筒空间工作性能的最有效措施是加大各层窗裙梁的截面惯性矩和线刚度。当框筒平面愈接近于方形时，剪力滞后效应亦愈小。

在结构布置上，应符合下列要求：

1）外筒体系的建筑结构平面宜为方形、圆形及八角形等较规则的平面。采用矩形平面时，长宽比不宜大于 1.5，否则由于剪力滞后将变得不经济。

2）高宽比不宜小于 4，但也不宜太大，一般不超过 6.5。因外筒结构如悬臂梁一样受力，高宽比太小结构优越性显示不出来，而太大时则顶部水平变位要求将难以满足。

3）框筒一般为密柱深梁，柱距大多为 3～4m，柱的强轴方向应位于所在的框架内。

由于柱较密，柱截面一般不大，钢板也不太厚，有利于制作和安装，同时，可以将梁的拼接设在跨中。

4）钢框筒的开洞率一般取30%左右，过大则不能充分发挥立体构件的性能。

5）核心区宽度与总宽度之比一般为1/3～1/2，角部常常作为凹角或切角，这样可以减小角柱的高峰内力，也有助于美化建筑造型（图2－18）。

6）对于不规则的建筑（图2－19），只要在柱距、梁高、长宽比、高宽比与主要方面符合框筒的基本要求，同样可以采用框筒体系，不过框筒形状的突变会加重剪力滞后效应。

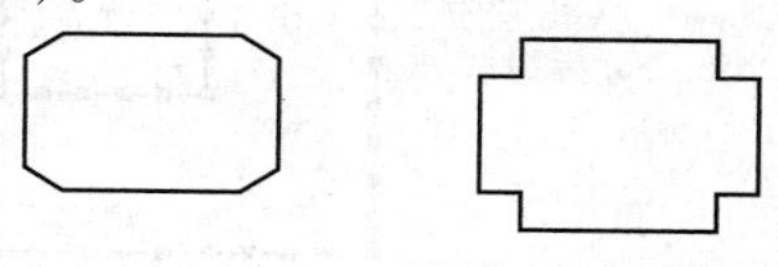

图2－18　框筒结构角部处理

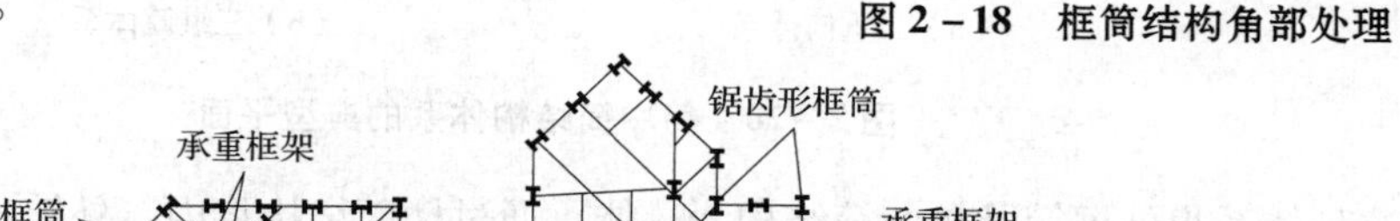

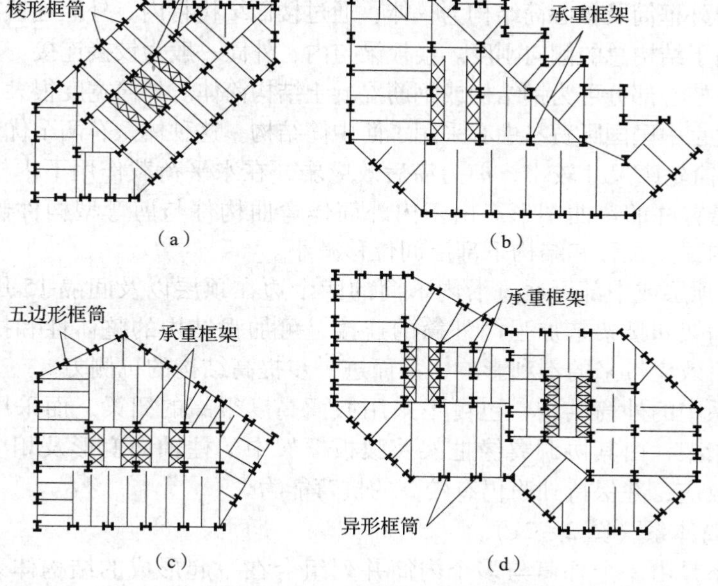

图2－19　几种不规则建筑平面的筒体系结构布置

框筒的梁与柱采用刚接连接，形成刚接框架。柱的截面可采用矩形的箱形截面，此时截面的长边应平行于外筒的轴线方向，也可采用焊接H型钢，其截面的强轴方向应垂直于外筒的周边轴线方向。由于窗裙梁的截面很高，因此在外立面方位上形成宽柱高梁的筒体，结构构件的投影面积较大，窗洞的开洞率较小。但是，对于利用窗台高度的高截面钢裙梁也要防止其受压翼缘及腹板的失稳，以及要便于建筑装修。

（2）筒中筒体系（图2－20）。

筒中筒体系由外筒和内筒通过有效的连接组成一个共同工作的空间结构体系。外筒结构的梁柱布置及截面形状等可同上述的外筒体系。内筒可采用梁柱刚接的支撑框架，或梁柱铰接的支撑排架，以与外筒共同工作。由于外筒的侧向刚度大于内筒甚多，可显著减小剪力滞后效应，相比之下外筒是主要抗侧力结构，但内筒框架设置竖向支撑，因此内筒也将承担较大的水平剪力。

筒中筒的建筑结构平面可为方形、圆形及八角形等较规则的平面，而且内筒可采用与外筒不同的平面，如外圆里方等不同平面形状的组合。

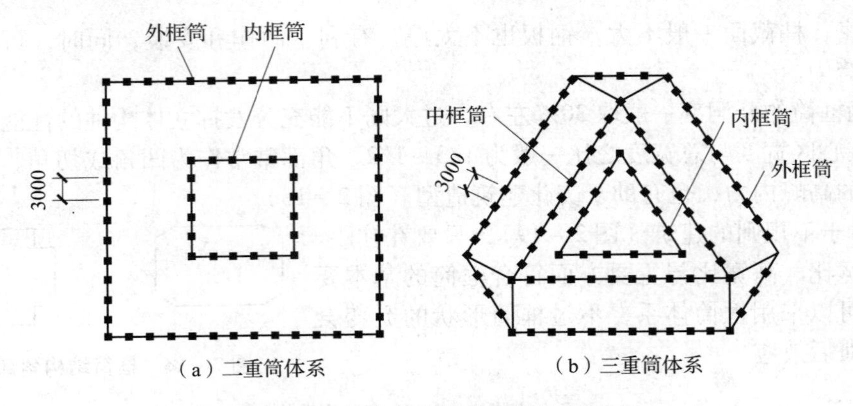

（a）二重筒体系　　（b）三重筒体系

图 2－20　筒中筒结构体系的典型平面

这种体系集外框筒及核心筒结构为一体，通过楼面结构将内、外筒连接在一起共同抵抗侧力，从而提高了结构总的侧向刚度。楼板梁与内、外筒一般为铰接连接。其外围多为密柱深梁的钢框筒，核心部分可为钢结构或钢筋混凝土结构筒体。外筒宽度很大，可以有效地承受层间剪力。北京中国国际贸易中心采用了筒中筒结构。这种体系有两个优点：

1）由于内筒轮廓尺寸较小，剪力滞后效应弱，在水平荷载作用下内框筒的侧向变形曲线更接近于悬臂柱的弯曲图形。由于内外筒体弯曲构件与剪弯型构件侧向变形的相互协调，能使结构顶点位移和结构下部层间位移减小。

2）在房屋顶层或中部可通过沿内框筒的四个边在顶层以及间隔 15 层左右的设备层或避难层设置帽架和腰架来加强内外筒的连接，可加强结构的整体性和抗弯能力以弥补外框筒剪力滞后效应带来的不利影响，从而进一步提高结构的抗侧力。

筒中筒体系中的外筒结构，也可不采用截面高度很高的裙梁，而采用一般截面高度的梁，另设腰桁架，由其协调翼缘框架及腹板框架中的柱轴向变形及相应的轴向力，以减少剪力滞后效应，并保持外筒仍有较高的抗弯能力。

（3）成束筒体系（图 2－21）。

成束筒体系是由一个外筒与多个内筒并列组合在一起形成的结构体系，因此外筒与内筒不再如同各自独立的筒体，而是沿纵横向均有多榀腹板框架的筒体结构腹板框架可以是密柱深梁组成的框架，它具有更好的整体性和更大的整体侧向刚度。图 2－22 是采用成束结构体系的工程实例。

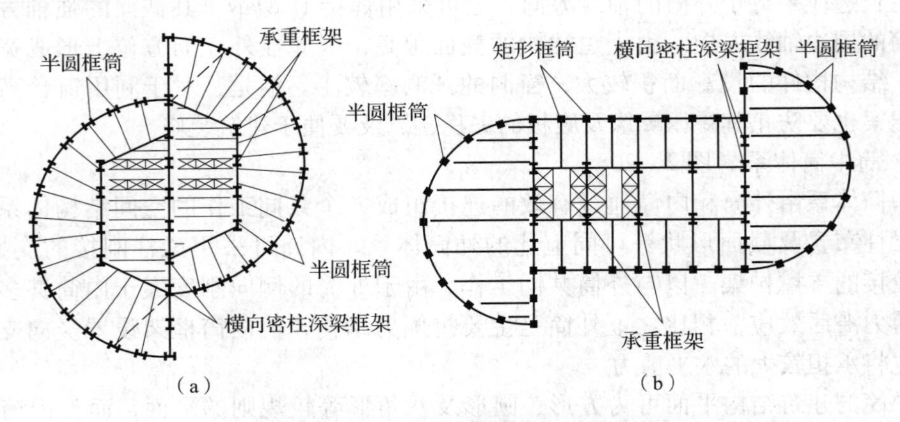

（a）　　（b）

图 2－21　复杂平面的成束筒体系

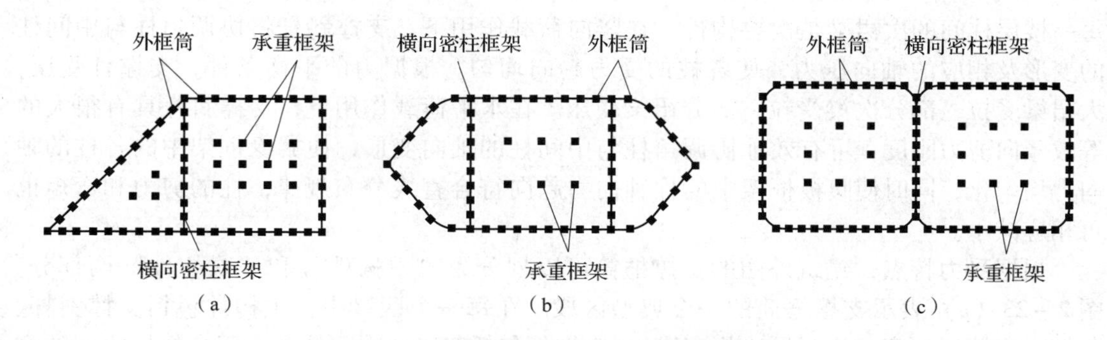

图 2-22 采用成束结构体系的工程实例

由于成束筒在纵横方向有多榀腹板框架，剪力滞后效应大有改善，因此外筒和内筒的柱距可适当增大，裙梁的截面高度也可小一些，相应的洞口开洞率也可加大。

成束筒的每个框筒单元的建筑结构平面可为方形三角形、圆形及八角形等较规则的平面，也可用于平面尺寸长宽比大于 1.5 的矩形平面，但需沿长向增设一些横向腹板框架。筒结构体系的使用功能比其框筒灵活，每个筒单元可以根据楼层使用功能而变化，而对整个结构体系的完整性影响不大。

（4）巨型支撑外筒体系。

巨型支撑外筒体系是在稀柱浅梁外框架结构和密柱深梁外框架结构（稀柱板筒）基础上发展起来的适合于高层建筑要求的一种结构体系。图 2-23 是这类结构体系的一个实例。支撑强化了稀柱框筒的受力性能，降低了剪力滞后效应，提高了抗侧刚度和水平承载力。巨型支撑外筒体系中的外筒为承担全部水平荷载的抗侧力结构，承担由水平荷载产生的水平弯矩和倾覆力矩，内筒不承担水平荷载，竖向荷载则由外筒框架和内部的承重框架共同承担，并按各自的荷载从属面积比例分担。在一些巨型支撑外筒结构体系中的巨型支撑作用，不仅是承担水平荷载的主要构件，也是与外筒中梁、柱构件共同承担竖向荷载的构件，更重要的它是外筒中对所有柱进行变形协调的构件。因此这类巨型支撑的作用与一般支撑框架中的支撑作用大不相同，后者基本上仅承担水平荷载作用下的水平剪力。

稀柱浅梁的外框架结构，柱距较大，角柱无须采用大截面尺寸，也无须采用截面高大的裙梁，使建筑物有开阔的视野、观感舒畅的感觉，符合建筑设计和使用方面的要求。但它的整体抗弯能力和侧向刚度均很差。巨型支撑外筒体系既保留上述稀柱浅梁外框架结构的可取之处，又消除其结构上受力特性和侧向刚度均较差的缺陷。

密柱深梁外筒体系中，由于其柱距较小，裙梁截面高度较大和立面开洞率较小等原因，使首层入口的使用功能和观感等方面受到一定程度的影响。在结构受力特性方面，剪力滞后效应使一部分柱及裙梁未能充分地发挥作用，而角柱的轴向力和相应的柱截面也较大。巨型支撑外筒体系则是框柱上在外筒加上巨型支撑，使其与翼缘框架及腹板框架中的柱和部分裙梁共同工作，在很大程度上消除剪力滞后效应，这样柱的轴向力值均匀化，相应的柱截面尺寸可基本相同，并可避免采用截面高度较大的裙梁和较小的柱距。

巨型支撑外筒体系中巨型支撑的宽度为建筑平面的宽度（或长度），跨越楼层的高度可为 10~20 层。十字交叉的斜杆与主裙梁之间的夹角可定为 45°左右。支撑斜杆与主裙梁相交于角柱，并与另一侧面的支撑斜杆及主裙梁相交于同一点，以形成传力路线连续的、如同空间桁架的抗侧力结构。主裙梁位于支撑斜杆的上下端。支撑斜杆与所有柱及主裙梁位于同一结构竖向平面内。支撑斜杆、柱及主裙梁是巨型支撑外筒的主要构件，每一楼层柱间的次裙梁是次要构件。在竖向荷载作用下，支撑斜杆将协调角柱与中间柱的变形及相应的轴向压力，使各柱的受力趋向均匀。根据力的平衡条件，支撑杆受压，大裙梁受拉，部分次梁受拉，部分裙梁受压。在水平荷载作用下，支撑斜杆具有很大的等效竖向剪力刚度，可有效地协调角柱与中间柱的轴向变形，使翼缘框架中的各柱的轴向力均匀化，同时使腹板框架中的柱轴向力趋向符合直线分布规律，柱的剪力和弯矩也可相应减小。

根据受力特点，建筑外圈的支撑框筒可以划分为“主构件”和“次构件”两部分。图2－23（a）表示支撑框筒的一个典型区段。在每一个区段中，主构件包括支撑斜杆、角柱和主楼层的窗裙梁（图中粗实线）；次构件包括四边各中间柱和介于主楼层之间的窗裙梁（图中细实线）。图2－23（b）表示支撑中心节点的构造示意。

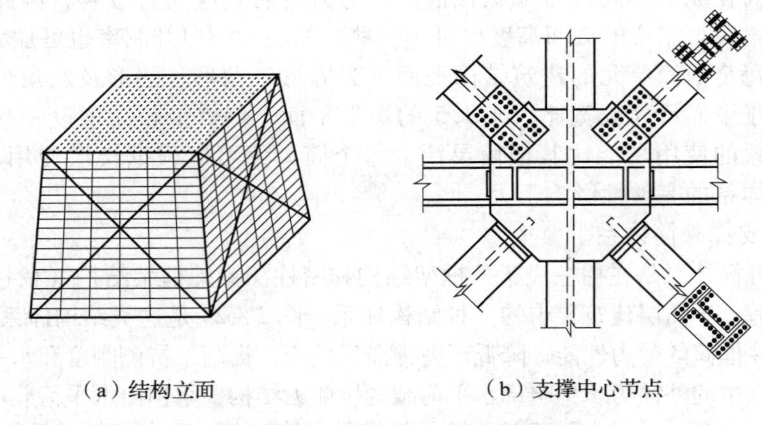

（a）结构立面　（b）支撑中心节点

图2－23　支撑框筒的一个典型区段

由于三角形杆系支撑具有几何不变性，支撑框筒有着很大的水平和竖向抗剪刚度，水平荷载下整个结构体系所产生的侧移中，支撑框筒整体弯曲产生的侧移占80%以上，而支撑框筒整体剪切变形所产生的侧移，仅占20%以下。

图2－24为第一国际广场大厦的巨型支撑外筒体系的一个工程布置实例。

支撑斜杆、柱、主裙梁及次裙梁宜采用焊接H型钢，以利简化节点连接构造。这种结构的柱宜上下贯通，以使柱直接承担竖向荷载，并有利于构件安装。

（5）巨型框架体系。

在实际工程中，结构体系的选择常与建筑使用功能要求密切相关。高层建筑中有相当一部分为多功能建筑，在它的下部若干层高度范围内，需设置大空间的无柱中庭、展览厅和多功能厅等。在这些部位，外框架－内筒体系或筒中筒体系等常难以适应建筑功能要求，即使采用转换桁架等结构仍难能符合要求。但是，在一般情况中，巨型框架体系则能适应这一建筑功能要求。巨型框架体系主要用于较规则的方形及矩形建筑平面。

巨型框架体系是由柱距较大的格构式立体桁架柱及立体桁架梁构成巨型框架主体，配以局部小框架而组成的结构体系。所谓巨型框架，可以说是把一般框架按照模型相似原理比例放大而成，但与一般框架的梁和柱为实腹截面杆件的情况不同，巨型框架的梁和柱均是格构成的空间杆件。巨型框架的纵、横向跨度根据建筑使用要求而定。巨型框架的“巨梁”通常是每隔12～15个楼层设置一道。

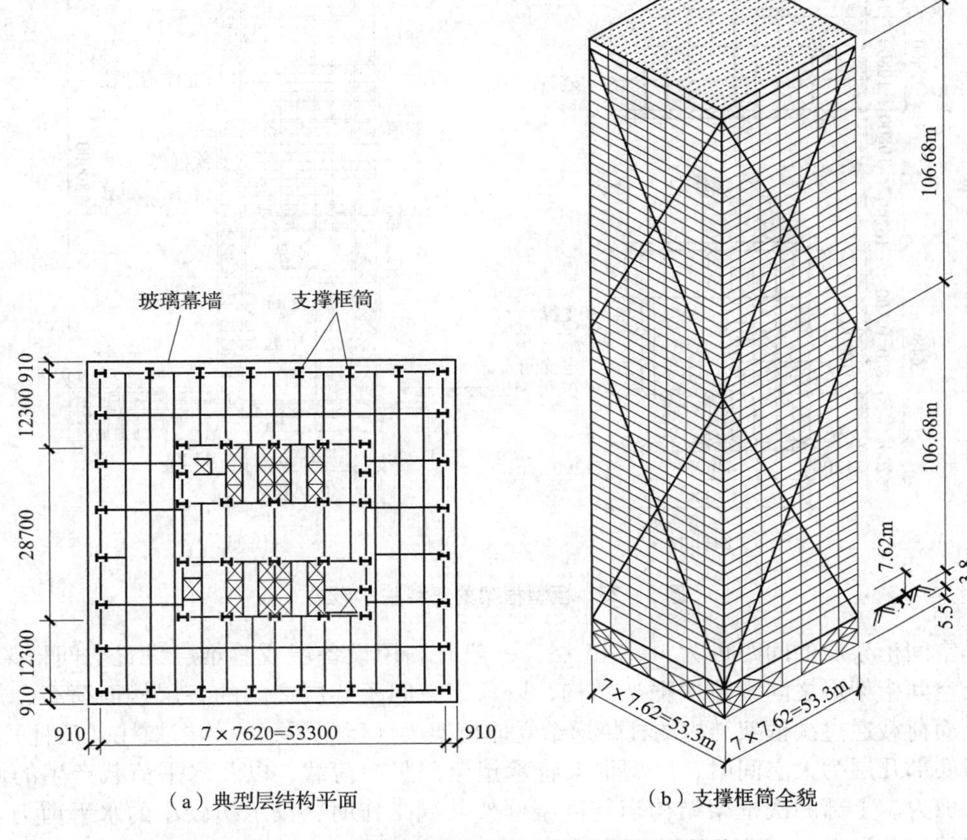

（a）典型层结构平面　（b）支撑框筒全貌

图 2-24　第一国际广场大厦的巨型支撑外筒体系

搁置在巨型框架“巨梁”上，承受若干楼层重力荷载的小框架，是由通常的实腹柱和实腹梁组成。

作用于楼房上的水平荷载所产生的水平剪力和倾覆力矩，全部由巨型框架承担。

在局部范围内设置的小框架，仅承担所辖范围的楼层重力荷载。

巨型框架的“巨梁”“巨柱”，还要承受侧力在框架各节间引起的杆端弯矩。

巨型框架依其杆件形式可划分为以下三种基本类型：

（1）支撑型。巨型框架的“巨柱”，一般由四片竖向支撑围成小尺度的支撑筒；巨型框架的“巨梁”，是由两榀竖向桁架和两榀水平桁架围成立体桁架［图 2-25（a）］。

（2）斜杆型。此类巨型框架，“巨梁”和“巨柱”均是由四片斜格式多重腹杆桁架所围成的立体杆件［图 2-25（b）］。

（3）框筒型。巨型框架的“巨柱”，是由密柱深梁围成的小尺度框筒；“巨梁”则是采用由两榀竖向桁架所围成的立体桁架［图 2-25（c）］。

图 2-26 的某工程巨型框架体系的布置实例，与图 2-25（b）类似。

这种立体桁架的巨柱沿建筑物的周边布置任何方向都具有特大的抗侧刚度和抗扭刚度，比由多根柱沿周圈布置的框筒体系具有更大的抗倾覆能力。日本的 NEC 大楼就是采用这种体系（图 2-26）。对于沿纵向建筑长度较长的矩形建筑平面，则沿纵向再设置两榀横向巨型框架。上述立体桁架梁应沿纵横向布置，并形成一个空间桁架层。沿建筑的

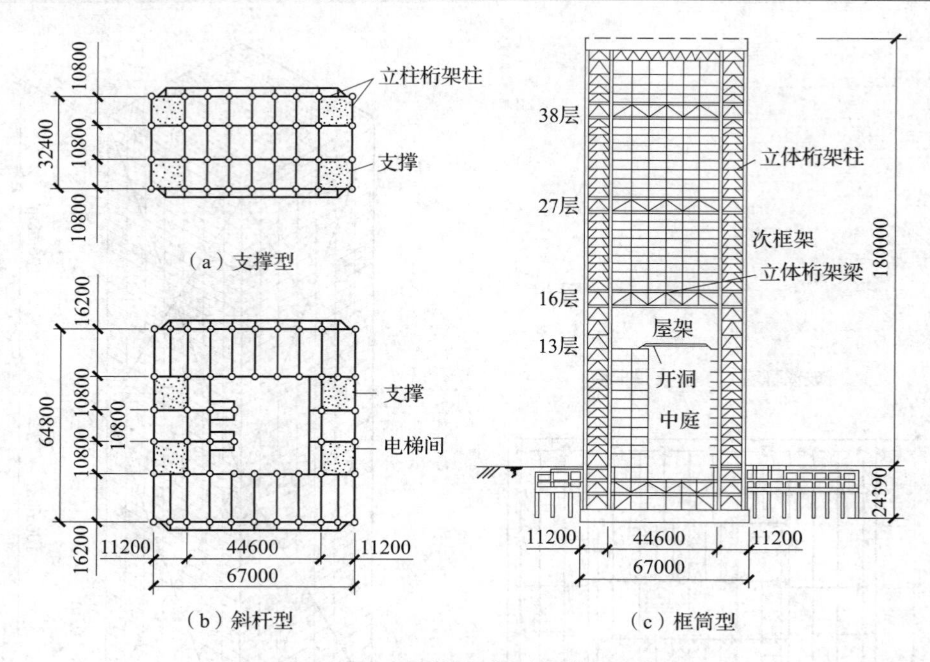

图 2-25　巨型框架的三种基本形式

竖向，空间桁架层的间距可为 10～15 层，一般宜利用设备层或避难层设置空间桁架层。在两层空间桁架层之间设置次框架结构，以承担空间桁架层之间的各层楼面荷载，并将这些楼面荷载通过次框架结构的柱传递给立体桁架梁（巨梁）及立体桁架柱（巨柱）。

当底部几层为大空间时，巨型框架将承担全部竖向荷载，以及水平荷载产生的倾覆力矩和剪力。上部的次框架结构当与巨型框架共同工作时，仅承担较小的水平剪力。巨型框架的“梁”和“柱”，还要承受侧力在各节点间引起的杆端弯矩。

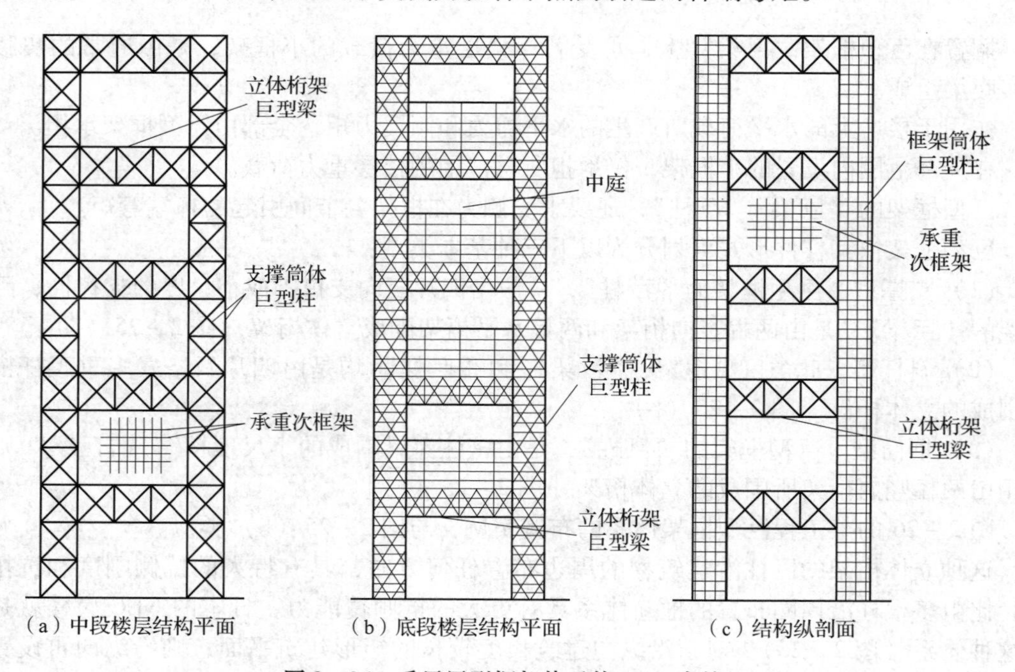

图 2-26　采用巨型框架体系的 NEC 大楼

2.2.2　钢－混凝土结构的各类结构体系及工程实例。

常用的钢－混凝土结构体系主要有以下几种：

1　钢框架－混凝土核心筒（或剪力墙）体系。

（1）体系的构成。

钢框架－混凝土核心筒体系是由外侧的钢框架和混凝土核心筒构成的。钢框架与核心筒之间的跨度一般为 8～12m，采用两端铰接的钢梁，或一端与钢框架柱刚接相连另一端与内筒铰接相连的钢梁。内筒内部应尽可能布置电梯间及楼梯间等公用设施用房，以扩大内筒的平面尺寸，减小内筒的高宽比，增大内筒的侧向刚度。进行楼面构件布置时，应恰当安排各层楼盖的梁和板的走向，以保证更多的楼面重力荷载直接传到核心筒，加大其筒壁的竖向压应力，提高内筒的受剪承载力和抵抗倾覆力矩的能力，如图 2－27 所示。

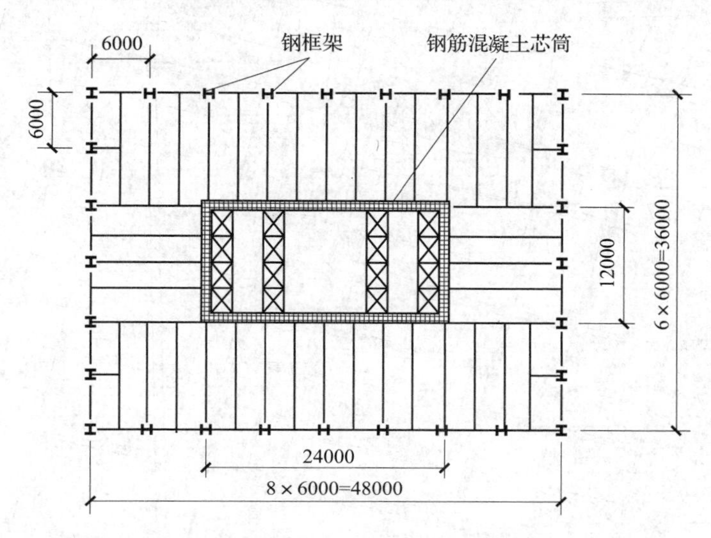

图 2－27　阿拉空达塔楼结构平面（地面上 40 层高 154m）

钢框架－混凝土剪力墙体系常用于内筒尺寸较小的高层建筑。混凝土剪力墙可较灵活地沿纵向及横向均匀分散布置成片状、L 形或 T 形等形状。但在楼梯间及电梯间宜形成小筒体并与其他剪力墙构成主要的抗侧力结构。沿建筑周边应采用刚接相连的钢框架。在建筑周边的里侧可布置成梁柱刚接的钢框架，也可布置成梁、柱铰接相连的结构，使它仅承担竖向荷载。

钢框架－混凝土核心筒体系的楼面结构，在钢框架与混凝土核心筒之间为加速施工常采用钢梁上铺设压型钢板，再在该钢板上浇筑混凝土板。由于内筒的施工进度往往先于钢框架的安装，混凝土核心筒里侧常采用现浇普通钢筋混凝土梁板结构，从而节约投资又不至于影响施工总进度。当混凝土内筒采用大模板施工或滑模施工时，可因地制宜采用方便于施工的楼板结构做法。钢框架－剪力墙体系的楼面结构，宜均采用钢梁上铺设压型钢板的做法，以避免采用支模施工方法而影响施工进度。

上述两种体系的柱可采用箱形截面、圆形截面、焊接的 H 形截面或其他合理的截面形式。当采用焊接 H 形截面时，宜使 H 型钢的强轴方向对应柱弯矩较大的方向。钢梁可采用热轧 H 型钢或高频焊接薄壁 H 型钢。

（2）工程实例。

1）北京财富中心一期工程办公楼。

①工程概况。

办公楼为一座甲级智能化办公楼，建筑面积为10.7万m^2，地下3层，结构底板底标高为-16.35m，地上40层，结构高度为151.8m，另有局部突出4层，结构最高点高度为165.9m，结构平面尺寸为42.0m×47.985m，高宽比为$\frac{151.8}{42}=3.61$。平面图见图2-28、图2-29。

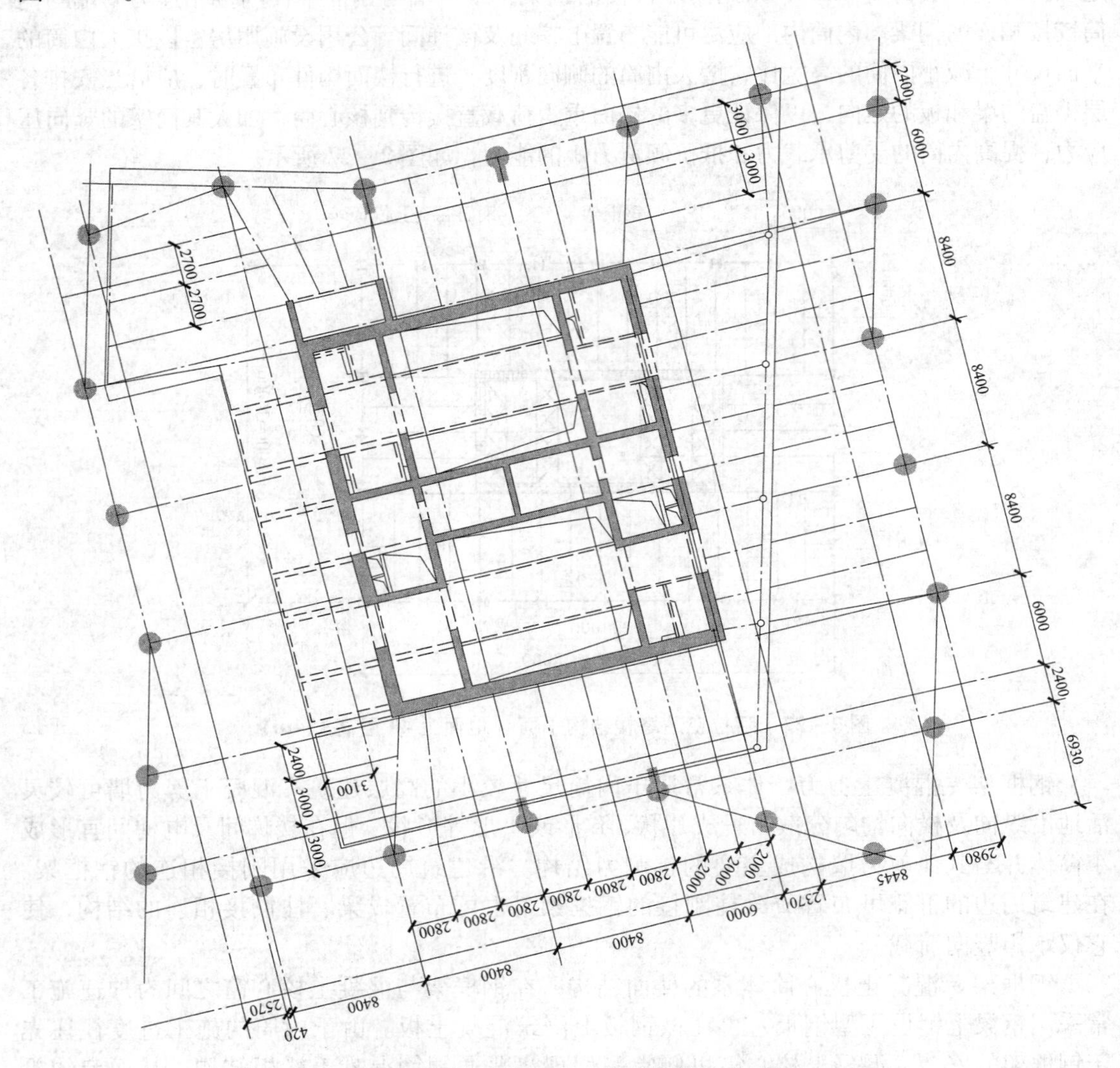

图2-28　北京财富中心办公楼首层平面图

本工程采用框架-核心筒结构。核心筒为钢筋混凝土，其厚度为300~800mm，核心筒外围墙体在四角及门洞暗柱处设型钢柱，并在各楼层处设钢梁相连，一方面改善核心筒的受力性能，另一方面解决楼面钢-混凝土组合梁与核心筒的连接。外框柱大多是圆形截面钢骨混凝土柱，截面直径为$\phi750\sim\phi1500$mm，另有4根蘑菇形截面柱；外围框架梁与框架柱刚接，根据周边平面的不规则，三个角处的斜梁也设计成与框架柱刚接，除此之外，其余楼面梁均为两端铰接的钢-混凝土组合梁；楼盖结构为压型钢板上铺混凝土的组合楼盖。

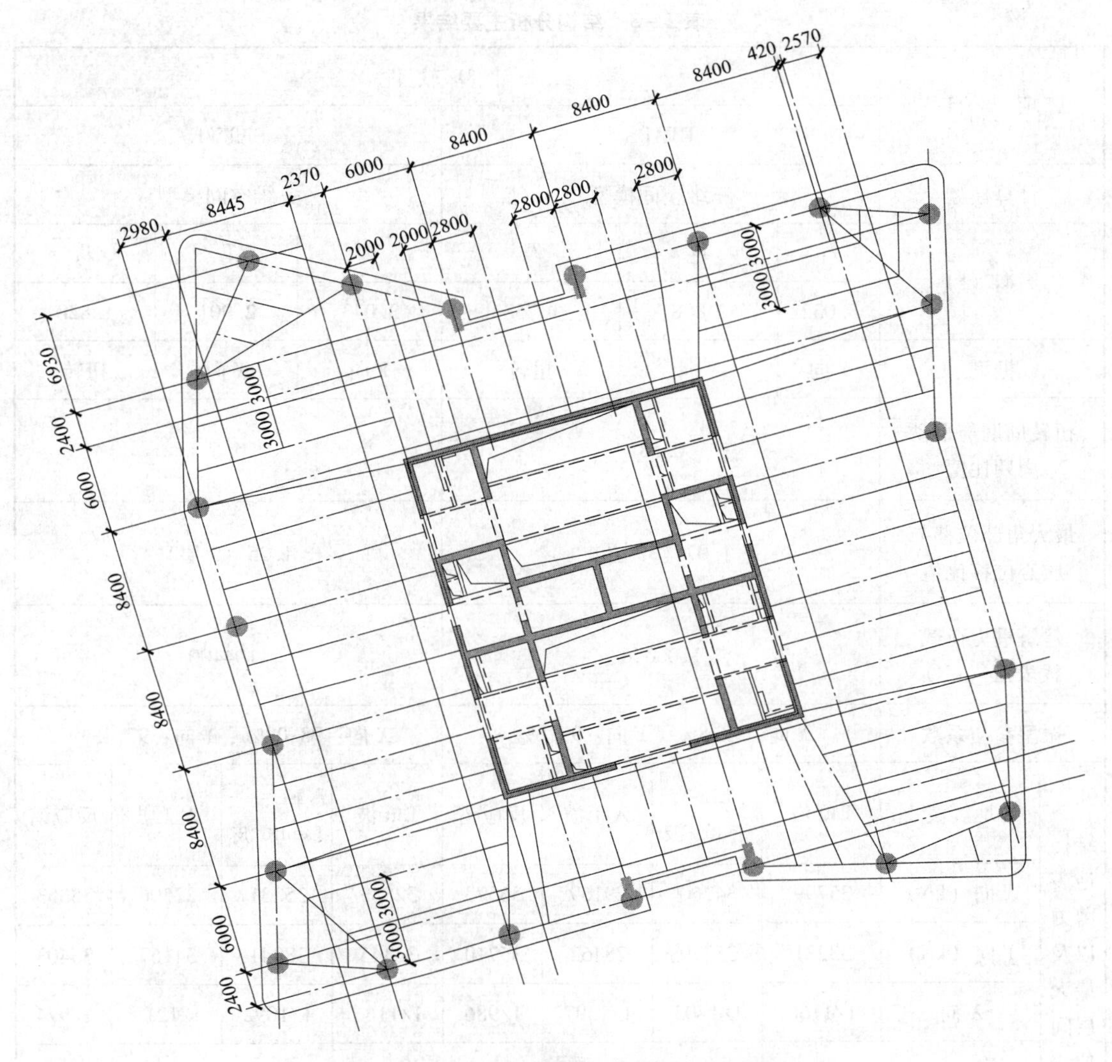

图 2-29 北京财富中心办公楼标准平面图

②主要参数取值。

建筑结构安全等级：二级

抗震设防烈度：8 度，0.2g

建筑场地类别：Ⅱ类

建筑结构抗震等级：

剪力墙 特一级

框 架 一 级

建筑结构的阻尼比：0.04

基本风压：0.5kN/m^2

③计算结果。

本工程设计分别采用空间结构计算程序“SATWE”“ETABS”进行了计算，并进行了弹性动力时程分析，主要计算结果见表 2-3。

表 2-3 结构分析主要结果

<table>
<tr><td colspan="3" rowspan="2">项 目</td><td colspan="8">计 算 软 件</td></tr>
<tr><td colspan="4">ETABS</td><td colspan="4">SATWE</td></tr>
<tr><td colspan="3">计算模型</td><td colspan="4">三维空间模型</td><td colspan="4">三维空间模型</td></tr>
<tr><td colspan="3" rowspan="2">周期（s）</td><td>T_1</td><td>T_2</td><td colspan="2">T_3</td><td>T_1</td><td>T_2</td><td colspan="2">T_3</td></tr>
<tr><td>3. 032</td><td>2. 888</td><td colspan="2">1. 753</td><td>3. 043</td><td>2. 901</td><td colspan="2">1. 828</td></tr>
<tr><td colspan="3">振型</td><td>Y 向</td><td>X 向</td><td colspan="2">扭转</td><td>Y 向</td><td>X 向</td><td colspan="2">扭转</td></tr>
<tr><td colspan="3">扭转周期与平动周期比值</td><td colspan="4">0. 58</td><td colspan="4">0. 6</td></tr>
<tr><td colspan="3">最大角部位移与质心位移比值</td><td colspan="4">1. 07（33 层）</td><td colspan="4">1. 25（2 层）</td></tr>
<tr><td colspan="3">建筑重力荷载代表值（kN）</td><td colspan="4">1106046</td><td colspan="4">1104400</td></tr>
<tr><td colspan="3">振型参与系数</td><td colspan="4">X 向：99. 8%，Y 向：99. 6%</td><td colspan="4">X 向：98. 08%，Y 向：97. 45%</td></tr>
<tr><td rowspan="7">结构地震剪力以及最大层间位移角和位置</td><td colspan="2">地震波</td><td>Taft 波</td><td>EL - Centro 波</td><td>人工波</td><td>反应谱</td><td>Taft 波</td><td>EL - Centro 波</td><td>人工波</td><td>反应谱</td></tr>
<tr><td colspan="2">X 向（kN）</td><td>35799</td><td>34260</td><td>29169</td><td>35573</td><td>32883</td><td>35231</td><td>32506</td><td>35353</td></tr>
<tr><td colspan="2">Y 向（kN）</td><td>33231</td><td>35279</td><td>28462</td><td>35710</td><td>36445</td><td>38941</td><td>34167</td><td>35403</td></tr>
<tr><td colspan="2">X 向</td><td>1/1166</td><td>1/1405</td><td>1/1397</td><td>1/986</td><td>1/1166</td><td>1/1092</td><td>1/1213</td><td>1/974</td></tr>
<tr><td colspan="2">Y 向</td><td>1/1308</td><td>1/1147</td><td>1/1079</td><td>1/832</td><td>1/1115</td><td>1/989</td><td>1/942</td><td>1/937</td></tr>
<tr><td rowspan="2">位置（层高）</td><td>X 向</td><td>37</td><td>33</td><td>32</td><td>35</td><td>37</td><td>33</td><td>37</td><td>35</td></tr>
<tr><td>Y 向</td><td>40</td><td>36</td><td>39</td><td>33</td><td>37、38</td><td>34</td><td>35</td><td>35</td></tr>
<tr><td colspan="2" rowspan="2">剪力系数（%）</td><td>X 向</td><td>3. 24</td><td>3. 1</td><td>2. 64</td><td>3. 22</td><td>2. 97</td><td>3. 19</td><td>2. 94</td><td>3. 2</td></tr>
<tr><td>Y 向</td><td>3. 0</td><td>3. 19</td><td>2. 57</td><td>3. 23</td><td>3. 30</td><td>3. 12</td><td>3. 09</td><td>4. 2</td></tr>
</table>

④结构二、三层平面的处理。

二层平面（见图 2-28）核心筒外，由于建筑大空间的要求仅为部分有楼板，使得结构不对称。为减小由于结构不对称引起的扭转，一方面在二层外围框架梁及楼面梁与外围框架柱均设计成铰接；另一方面核心筒外围混凝土墙体在首层、二层适当加厚至 800mm，同时三层楼面框架梁及与柱连接的楼面梁适当加大，并设计为与外围框架柱刚接。

⑤楼面钢梁。

外围框架梁与框架柱为刚接，中间楼面钢骨混凝土组合梁基于下面两条原因与框架柱及核心筒均为铰接。一是层高的原因，14.0 ~ 16.0m 跨度的梁，其钢梁部分的高度只能做到500mm（组合梁截面高度为620mm）；二是为了增加吊顶高度，沿核心筒外围四周钢梁在核心筒一端需设1600mm 宽的缺口（图 2 - 30）以利机电专业布线，缺口处钢梁部分截面高度只能做到 300mm（组合梁截面高度为 420mm），难以实现与核心筒刚接。

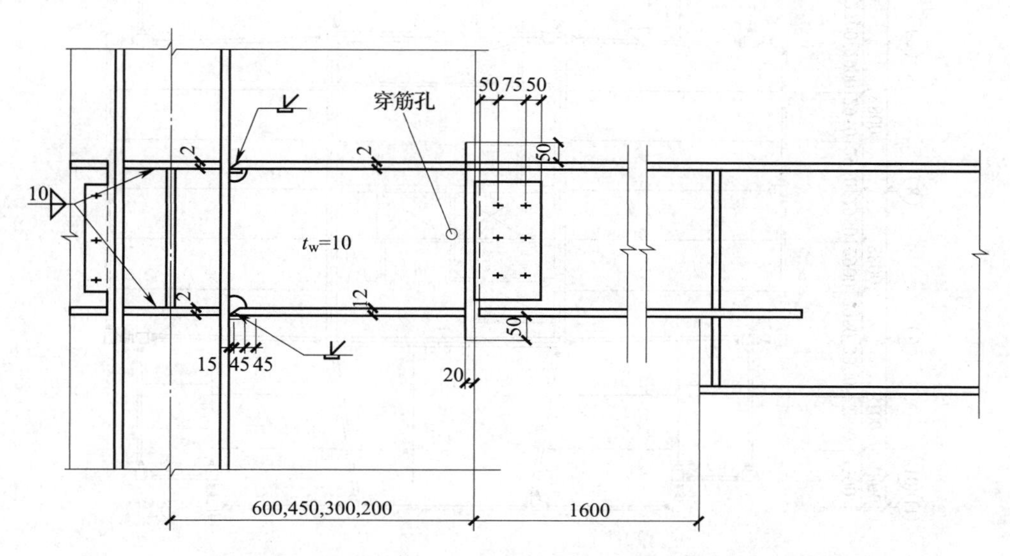

图 2 - 30　财富中心办公楼楼面梁与核心筒连接图

2）纽约 49 号塔楼。

美国纽约市的 49 号塔楼（见图 2 - 31），地上 44 层，高 170m，主体结构采用钢框架 - 混凝土核心筒结构。混凝土核心筒由基础至35 层中止，以 36 层开始，转换为钢框架结构。

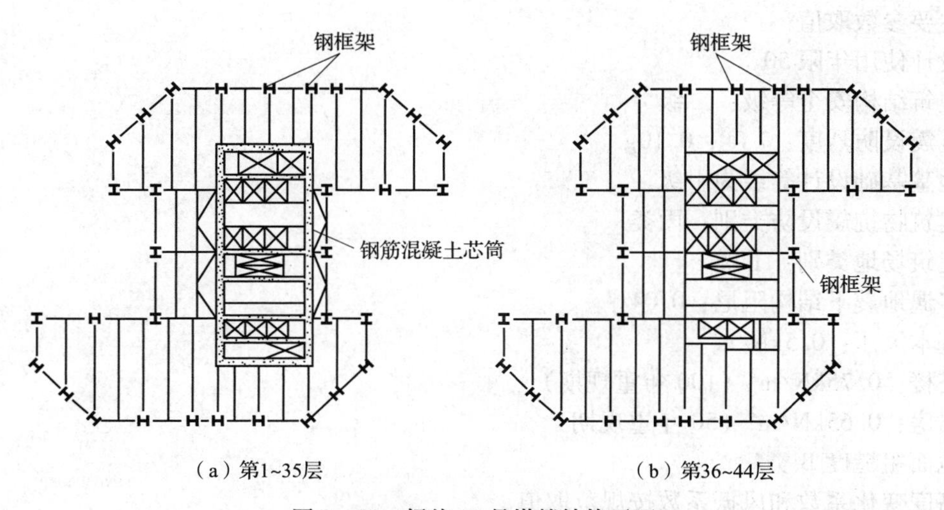

图 2 - 31　纽约 49 号塔楼结构平面

3）大连世界贸易大厦。

结构平面见图2－32，剖面见图2－33。

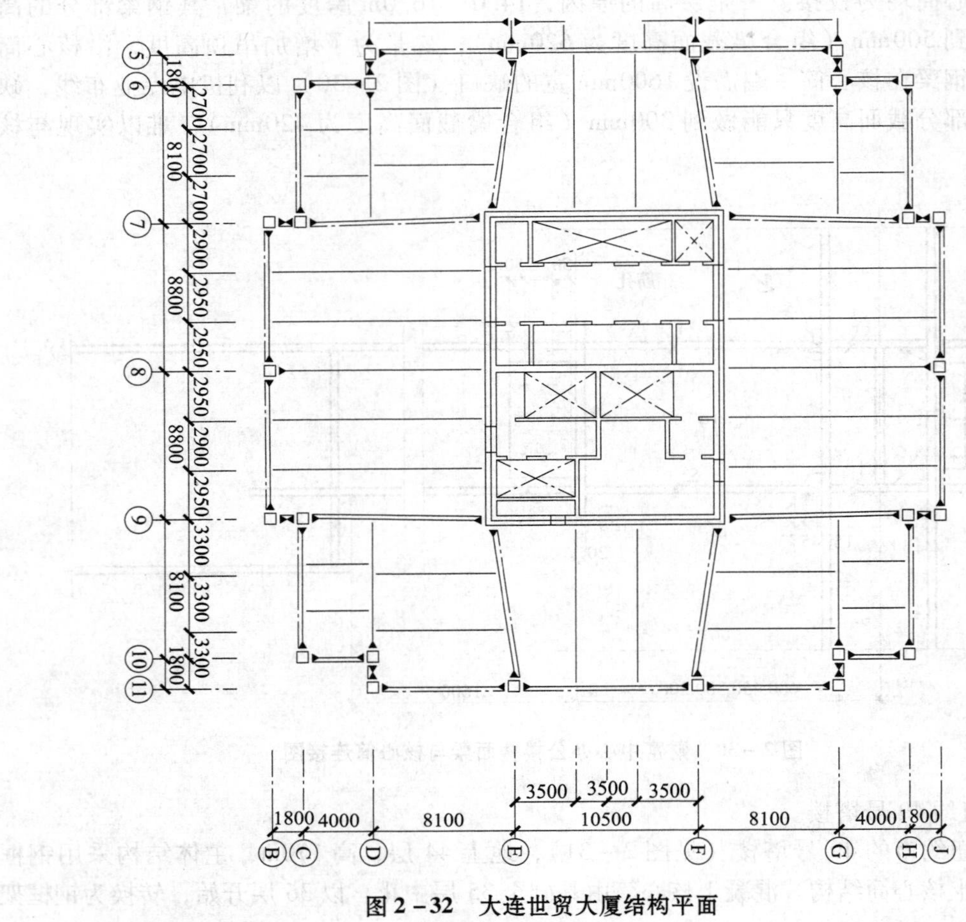

图2－32　大连世贸大厦结构平面

主要参数取值：

设计使用年限50

建筑结构安全等级：二级

抗震设防烈度：7度，0.10g

地基基础设计等级为甲级

建筑物抗震设防类别：丙类

建筑场地类别：Ⅱ类

多遇地震下结构阻尼：0.04

基本风压：0.5kN/m^2

塔楼：0.75kN/m^2（100年重现期）

裙房：0.65kN/m^2（50年重现期）

地面粗糙度B类

高度变化系数和风振系数按规范取值

风洞试验得到的体型系数在100m以上比规范值大，在100m以下比规范值小，按规

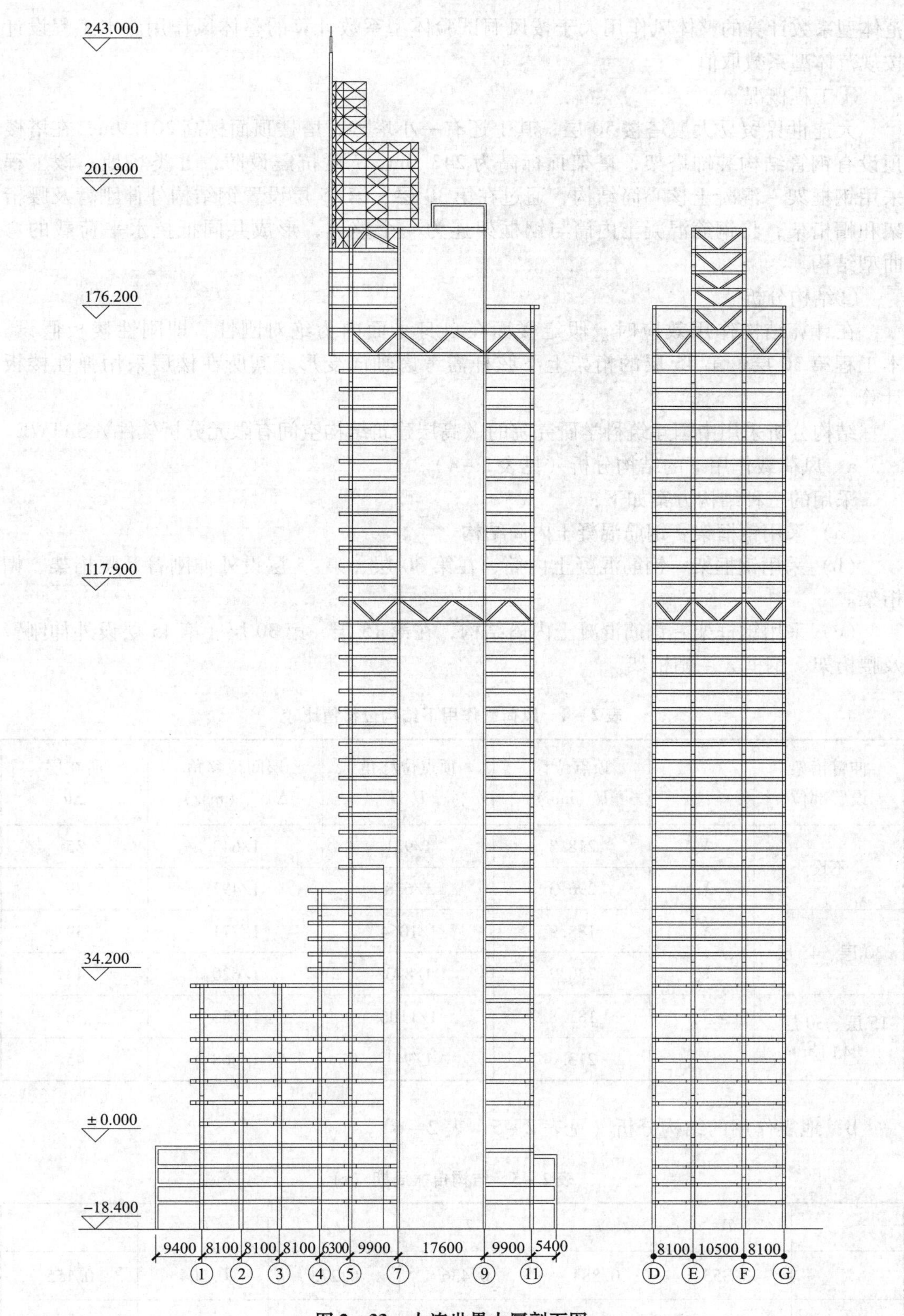

图 2－33 大连世界大厦剖面图

范体型系数计算的整体风作用大于按风洞试验体型系数计算的整体风作用。本工程设计按规范体型系数取值。

①工程概况。

大连世界贸易大厦塔楼50层，其上还有一小塔楼，塔楼顶面标高201.9m，在塔楼顶设有钢管结构装饰塔架，塔架顶标高为243.0m，7度抗震设防，Ⅱ类场地。该工程采用钢框架－混凝土核心筒结构，通过在第30层、第45层设置钢结构外伸刚臂及腰桁架和帽桁架，将钢筋混凝土内筒与钢框架连为一个整体，形成共同抵抗水平荷载的弯曲型结构。

②结构分析。

在计算结构作用效应时，假定楼面在自身平面内为绝对刚性，即刚性楼板假设。本工程第30层、第45层的桁架上下弦杆需考虑轴向变形，其所在楼层采用弹性楼板计算。

结构分析采用中国建筑科学研究院的《高层建筑结构空间有限元分析软件》SATWE。

a　风荷载作用下的结构分析（见表2－4）。

采用的三种结构方案如下：

（a）采用钢框架－钢筋混凝土内筒结构。

（b）采用钢框架－钢筋混凝土内筒，在第30层、第45层设外伸刚臂及腰桁架、帽桁架。

（c）采用钢框架－钢筋混凝土内筒结构，在第15层、第30层、第45层设外伸刚臂及腰桁架、钢框架－帽桁架。

表2－4　风荷载作用下结构位移值比较

伸臂桁架设置部位		顶点位移 U（mm）	顶点位移角 U/H	层间位移角 $\Delta u/h$（max）	所在层 Δu
不设	X_w	218.3	1/921	1/643	35
	Y_w	296.3	1/678	1/497	39
30层、45层	X_w	188.9	1/1064	1/771	39
	Y_w	230.2	1/873	1/620	43
15层、30层、45层	X_w	181.8	1/1106	1/783	36
	Y_w	213.6	1/941	1/668	45

b　地震作用的结构分析（见表2－5、表2－6）。

表2－5　结构自振周期（s）

	T_1	T_2	T_3	T_4	T_5	T_6
X	3.353	0.884	0.436	0.273	0.204	0.155
Y	3.703	0.880	0.399	0.259	0.181	0.129

表2-6 结构位移值

	顶点位移	顶点位移角	层间位移角	
	U（mm）	U/h	$\Delta u/h$（max）	Δu 所在层
X	109.5	1/1836	1/1241	40
Y	133.5	1/1506	1/1084	46

2 带伸臂桁架的钢框架-混凝土内筒体系。

（1）体系的构成。

带伸壁桁架的钢框架-混凝土核心筒体系的构成，与带伸臂桁架的框架-核心筒体系基本相同，但由于伸臂桁架需与混凝土剪力墙相连，其连接构造要求有所不同。

伸臂桁架常置于高层建筑的设备层或避难层中。伸臂桁架的平面位置，应置于混凝土内筒中侧向刚度较大的剪力墙平面内。对应伸臂桁架的楼层中，宜设置腰桁架及帽桁架，相应地形成水平加强层或刚臂，当外框架的柱距较小或因混凝土内筒中有较规则布置的剪力墙，相应地可设置较多数量的伸臂桁架时，也可不设置腰桁架。水平加强层的最佳位置及设置的楼层数，宜通过计算分析优化后确定。

与伸臂桁架相连的剪力墙平面内，宜设置藏于墙内的暗桁架，暗桁架的两端需设置钢暗柱，以便于与伸臂桁架可靠连接，以保证伸臂桁架杆端力的传递的连续性，避免杆端部位的墙体中产生应力集中。

（2）受力特性。

钢框架-混凝土核心筒体系中设置伸臂桁架及腰桁架的目的，与带伸臂桁架的框架-核心筒体系是相同的，即欲利用外框架的侧向刚度及所产生的反向力矩，提高结构的侧向刚度、减少水平位移、减小核心筒所承担的倾覆力矩等。但由于混凝土核心筒自身的侧向刚度往往比钢框架要大，因此在利用伸臂桁架迫使钢框架柱与混凝土核心筒共同工作时，对提高结构侧向刚度和减少水平位移等的效果可能并不显著，不如钢结构的框架-核心筒体系那样见效。因此，钢框架-混凝土核心筒体系中采用伸臂桁架时宜作综合分析比较。

深圳地王大厦为钢框架-钢筋混凝土核心筒体系，由于建筑的横向高宽比较大，层间位移比超限，因此除采用钢筋混凝土核心筒和矩形钢管混凝土柱外，还对横向采取以下措施：

1）设置伸臂桁架。

在建筑的横向自B轴至G轴，对应的每一框架柱及相应的横向抗震墙方向均设置伸臂桁架，利用设备层沿高度设置4道伸臂桁架，伸臂桁架的竖向间距68~90m，对应伸臂桁架方向，在横向抗震墙内设暗藏桁架。沿纵向不设置伸臂桁架，也不设置腰桁架。

2）设置竖向支撑。

在建筑的两端B及G轴线上，沿横向各设置2列竖向支撑，为单斜杆对承布置的中心支撑，斜撑跨越两个层高。

3 巨型柱框架-混凝土核心筒体系。

（1）体系的构成。

巨型柱框架－混凝土核心筒体系是通过设置巨型柱，使带伸臂桁架的钢框架－混凝土核心筒体系的侧向刚度得以进一步提高的一种结构体系，以使超高层建筑中采用这类体系时仍有可能降低工程造价，而且其侧向刚度也符合设计要求。此外，一些超高层建筑的建筑造型要求有一向里收进的效果时，结构处理上也可通过巨型柱截面高度的减小而向里收进，避免采用转换梁，或梁托柱的处理方法。

巨型柱框架－混凝土核心筒体系的特点是一般在钢框架中共设置8根巨型柱，每榀框架中设置2根，巨型柱为钢骨混凝土柱，既可提高柱的侧向刚度，又可提高其承载力。已建成的金茂大厦，其最大柱截面为1.5m×5.0m，混凝土强度等级为C60。已设计的海南海口塔，其最大柱截面为3m×4.50m，混凝土强度等级为C70；芝加哥米格林·贝特勒大厦，其最大柱截面达2m×11m。巨型柱截面的两端设置焊接H型钢。外框架中的其余柱仍采用钢柱，柱截面可为箱形截面或焊接H型钢。外框架的框架梁采用焊接H型钢，巨型柱之间为大跨度时，则可采用桁架式框架梁。

这一体系伸臂桁架的一端与巨型柱相连，另一端与混凝土核心筒的剪力墙相连。如为加大伸臂桁架的刚度，也可采用钢骨混凝土桁架，但其连接构造较复杂些。

这一体系中的楼面结构仍采用钢梁上铺设压型钢板，再在该钢板上浇筑混凝土板。

（2）受力特性。

巨型柱框架－混凝土核心筒体系主要用于规则的方形及圆形建筑结构平面，以使能对称布置巨型柱，减少扭转效应。此外，也宜尽可能要用较大的建筑平面尺寸，一方面在采用巨型柱时可不影响建筑使用，更主要的是要减小建筑高宽比值，否则这类结构仍有可能处于侧向刚度不足的情况。

巨型柱框架－混凝土核心筒体系中设置伸臂桁架，对提高结构侧向刚度及减小水平位移等方面的有效性，将好于带伸臂桁架的钢框架－混凝土核心筒体系。这是因为巨型柱自身具有较大的侧向刚度。但是，仍宜加大伸臂桁架的竖向抗弯刚度和剪切刚度，否则也难以迫使巨型柱与混凝土核心筒有效地共同工作。

巨型柱的截面高度很大，截面的宽度较窄，截面的高度比甚至达5，因此除在截面两端设置焊接H型钢外，还宜在相应的两端设置侧向钢梁，以保证巨型柱的侧向稳定性。

这类结构体系，由于在外框架中的巨型柱截面高宽比值很大，相应地在柱平面内与平面外的刚度差别也很大，而且在角部不设置角柱时，常要考虑到沿45°对角线方向刚度偏柔的情况。计算结果表明，该方向的水平位移基本上同风荷载作用于0°方向的数值，其原因在于，结构空间工作时核心筒和巨型柱的侧向刚度对应45°方向的刚度贡献之和并未减小，显然，实际工程中仍应验算水平荷载沿45°方向作用的情况。

兹将深圳地王大厦的标准层结构平面、水平加强层结构平面、结构立面示于图2－34～图2－36。

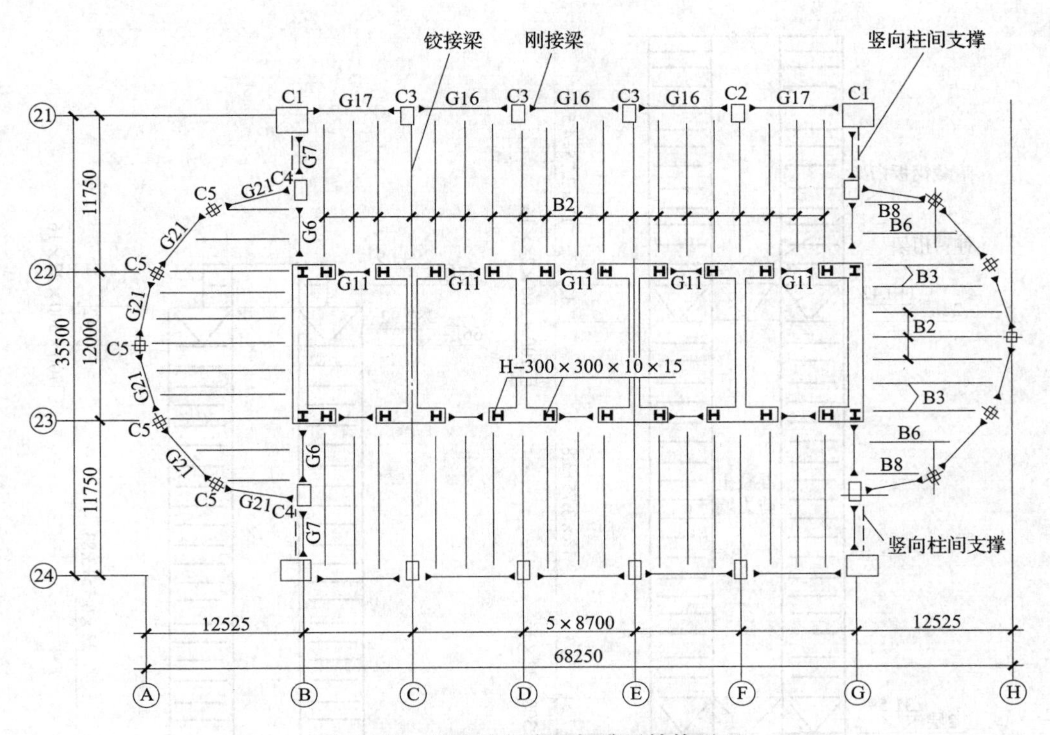

图 2-34 深圳地王大厦标准层结构平面

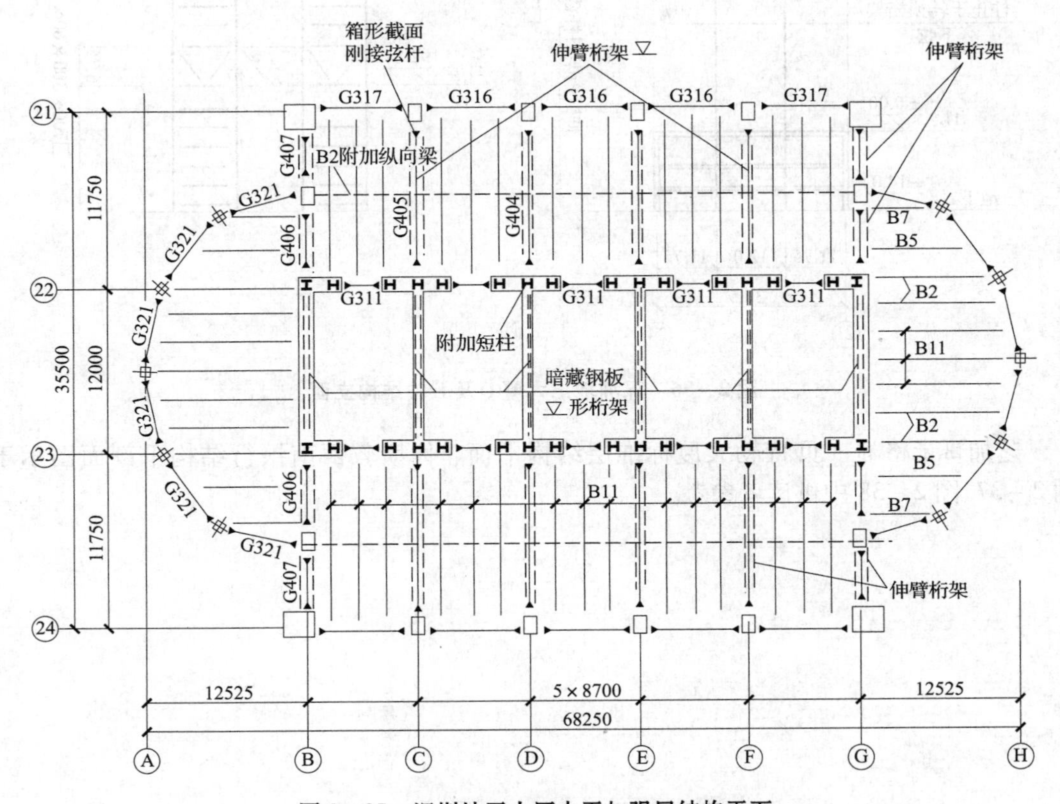

图 2-35 深圳地王大厦水平加强层结构平面

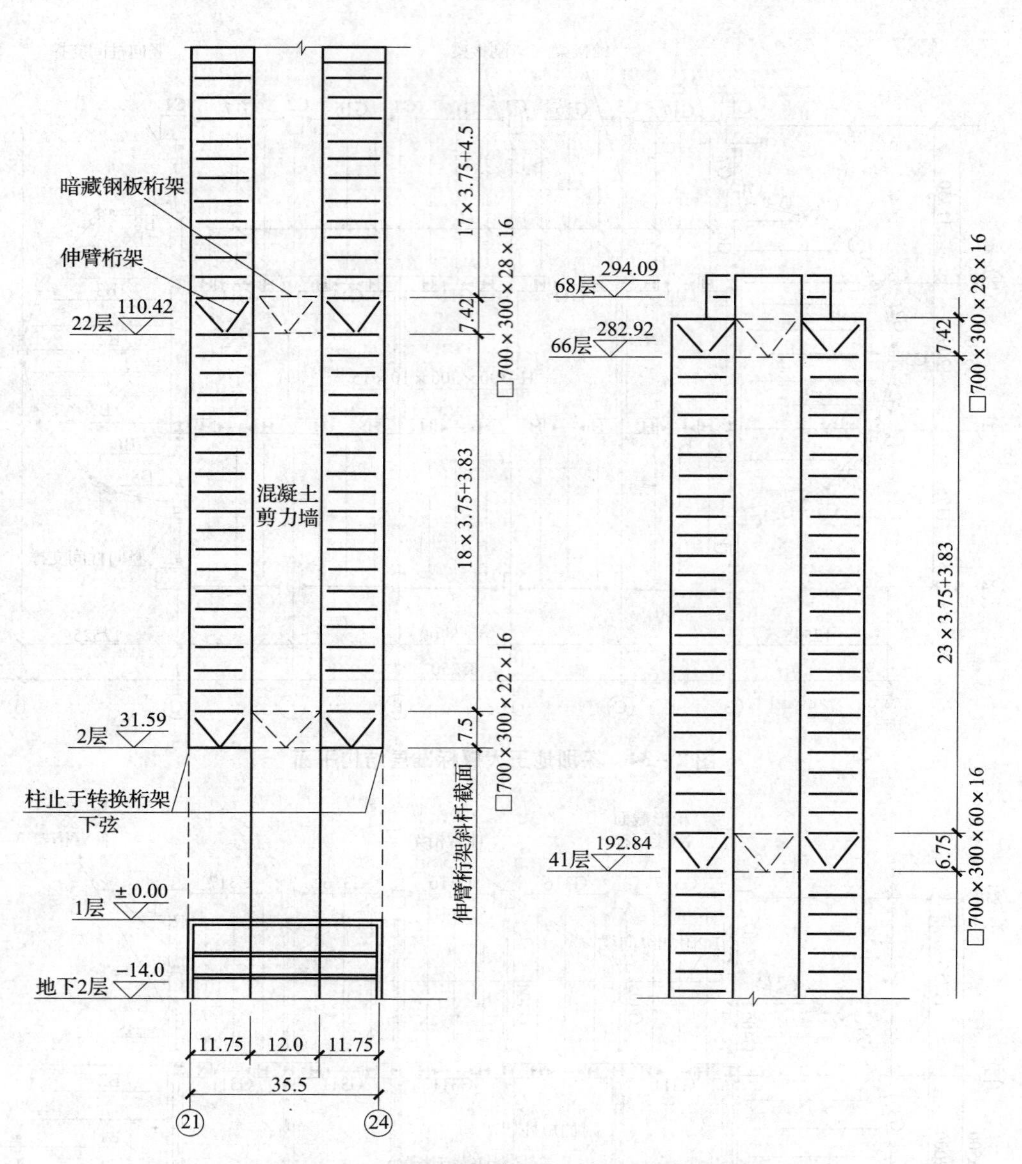

图 2－36 深圳地王大厦Ⓓ及Ⓔ轴结构立面

芝加哥米格林 · 贝特勒大厦标准层结构平面、休斯敦西南银行结构平剖面图示于图 2－37、图 2－38 中供读者参考。

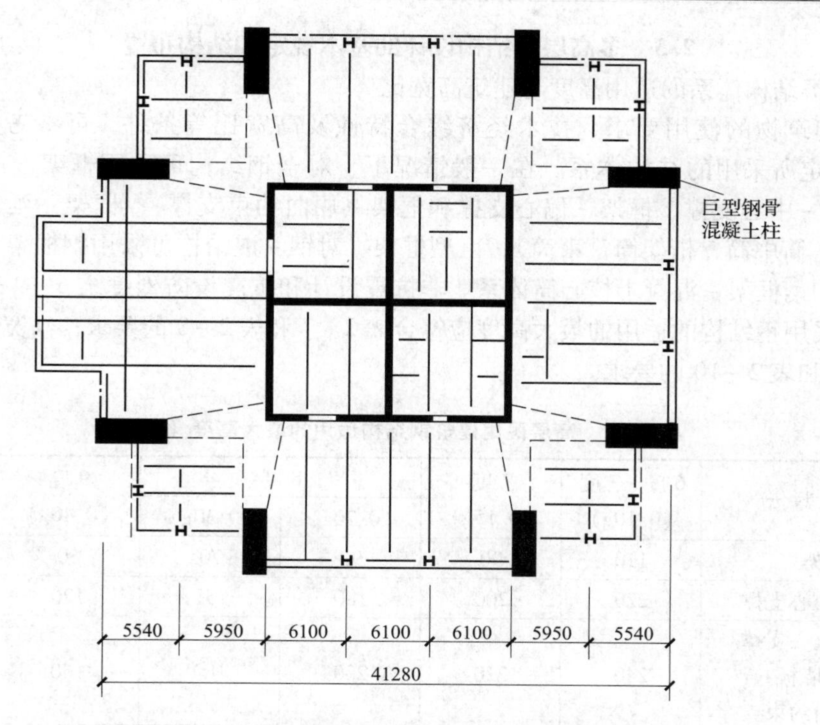

图 2－37　芝加哥米格林·贝特勒大厦标准层结构平面

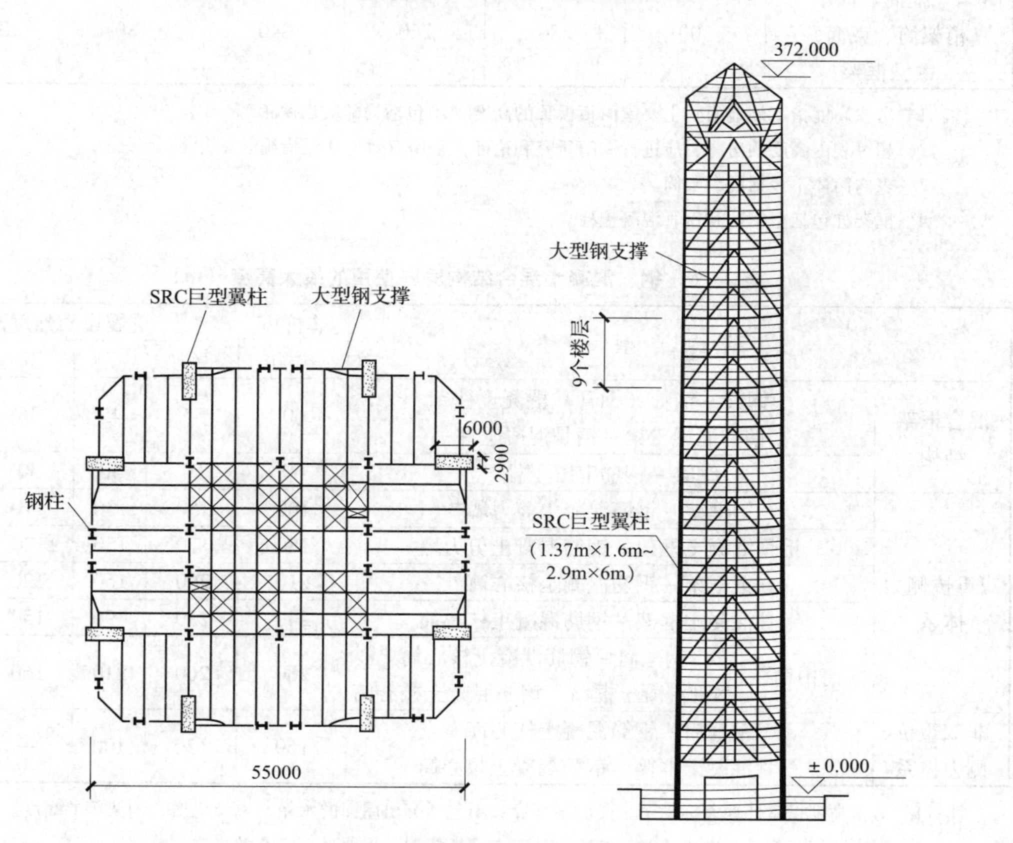

图 2－38　休斯敦西南银行结构平剖面图

2.3 多高层钢结构设计的基本规定和结构布置

2.3.1 各类结构体系的适用高度与建筑高宽比。

根据建筑物的使用要求、技术经济综合特性及高宽比等条件，可参考表2－7和表2－8确定所采用的结构体系。在一般情况下，对全钢结构可采用框架；框架－支撑（包括框架－中心支撑、框架－偏心支撑和框架－屈曲约束支撑）；框架－延性墙板；筒体（框筒，筒中筒，桁架筒，束筒）；巨型框架。对钢－混结构可采用钢框架－混凝土剪力墙体系和钢框架－混凝土核心筒体系。非抗震设计和抗震设防烈度维6～9度的乙类和丙类高层民用钢结构的适用的最大高度应符合表2－7和表2－8的要求；高宽比限值应符合表2－9和表2－10的要求。

表2－7 高层民用建筑钢结构适用的最大高度（m）

结构类型	6度、7度 (0.10g)	7度 (0.15g)	8度 (0.20g)	8度 (0.30g)	9度 (0.40g)	非抗震设计
框架	110	90	90	70	50	110
框架－中心支撑	220	200	180	150	120	240
框架－偏心支撑 （延性墙板） 框架－屈曲约束支撑	240	220	200	180	160	260
筒体（框筒、筒中筒、桁架筒、束筒） 巨型框架	300	280	260	240	180	360

注：1 房屋高度指室外地面到主要屋面板板顶的高度（不包括局部突出屋顶部分）。

2 超过表内高度的房屋，应进行专门研究和论证，采用有效地加强措施。

3 表内筒体不包括混凝土筒。

4 框架柱包括全钢柱和钢管混凝土柱。

表2－8 钢－混凝土混合结构房屋使用的最大高度（m）

结构类型			非抗震设防	抗震设防烈度 6	7	8	9
混合框架结构		钢梁－钢骨（钢管）混凝土柱 钢骨混凝土梁－钢骨混凝土柱	60	55	45	35	25
		钢梁－钢筋混凝土柱	50	50	40	30	—
双重抗侧力体系		钢框架－钢筋混凝土剪力墙	160	150	130	110	50
		钢骨混凝土框架－钢筋混凝土剪力墙	180	170	150	120	50
		钢框架－钢筋混凝土核心筒	210	200	160	120	70
		钢骨混凝土框架－钢筋混凝土核心筒	240	220	190	150	70
	筒中筒	钢框筒－钢筋混凝土核心筒 钢骨混凝土框筒－钢筋混凝土核心筒	280	260	210	160	80
非双重抗侧力体系		钢框筒－钢筋混凝土核心筒 钢骨混凝土框筒－钢筋混凝土核心筒	160	120	100	—	—

注：1 房屋高度指室外地面标高至主要屋面高度，不包括突出屋面的水箱。电梯机房、构架等的高度。

2 当房屋高度超过表中数值时，结构设计应有可靠依据并采取进一步有效措施。

3 内筒为钢骨混凝土核心筒时，此表的最大适用高度在有可靠依据时可适当增加。

表 2–9 高层民用建筑钢结构适用的最大高宽比

烈度	6、7	8	9
最大高宽比	6.5	6.0	5.5

注：1 计算高宽比的高度从室外地面算起。

2 当塔形建筑底部有大底盘时，计算高宽比的高度从大底盘顶部算起。

表 2–10 钢–混凝土混合结构房屋的最大高宽比

结构体系		非抗震设防	抗震设防烈度		
			6、7	8	9
框架–筒体	钢框架–钢筋混凝土核心筒	7	7	6	4
	型钢（钢管）混凝土框架–钢筋混凝土核心筒	8	7	6	4
筒中筒	钢外筒–钢筋混凝土核心筒	8	8	7	5
	型钢（钢管）混凝土外筒–钢筋混凝土核心筒	9	8	7	5

注：1 计算高宽比的高度从室外地面算起。

2 当塔形建筑底部有大底盘时，计算高宽比的高度从大底盘顶部算起。

高层钢结构常用的结构体系见图 2–39。

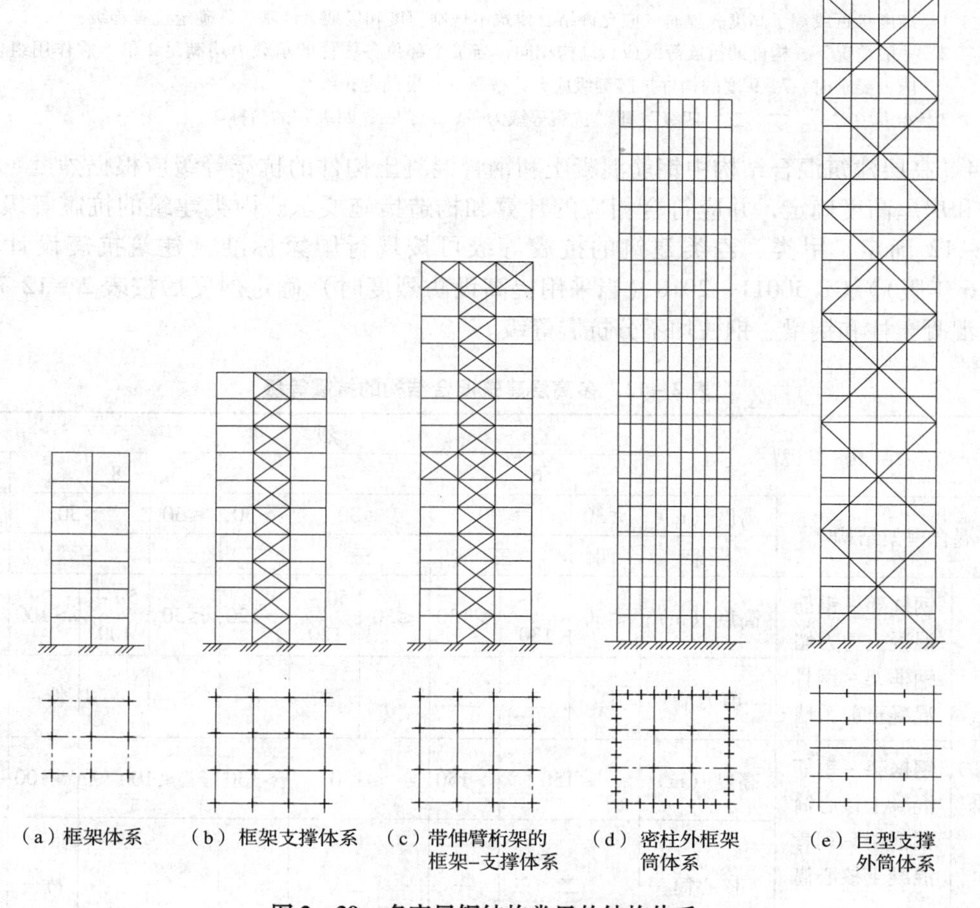

图 2–39 多高层钢结构常用的结构体系

2.3.2　抗震等级。

1　各抗震设防类别的高层民用建筑钢结构的抗震措施应符合下列要求：

（1）甲类、乙类建筑：应按本地区抗震设防烈度提高一度的要求加强其抗震措施，但抗震设防烈度为9度时应按比9度更高的要求采取抗震措施；当建筑场地为Ⅰ类时，应允许仍按本地区抗震设防烈度的要求采取抗震构造措施。

（2）丙类建筑：应按本地区抗震设防烈度确定其抗震措施；当建筑场地为Ⅰ类时，除6度外，应允许按本地区抗震设防烈度降低一度的要求采取抗震构造措施。

2　当建筑场地为Ⅲ、Ⅳ类时，对设计地震加速度为0.15g和0.30g的地区，宜分别按抗震设防烈度8度（0.2g）和9度时各类建筑的要求采取抗震构造措施。

3　抗震设计时，高层民用建筑钢结构应根据抗震设防分类、烈度和房屋高度采用不同的抗震等级，并应符合相应的计算和构造措施要求。丙类建筑的抗震等级应按表2－11确定。

表2－11　多高层民用建筑钢结构抗震等级

<table>
<tr><th rowspan="2">房屋高度</th><th colspan="4">烈　度</th></tr>
<tr><th>6</th><th>7</th><th>8</th><th>9</th></tr>
<tr><td>≤50m</td><td>—</td><td>四</td><td>三</td><td>二</td></tr>
<tr><td>＞50m</td><td>四</td><td>三</td><td>二</td><td>一</td></tr>
</table>

注：1　高度接近或等于高度分界时，应允许结合建筑不规则程度和场地、地基条件确定抗震等级；

2　一般情况下，构件的抗震等级应与结构相同；当某个部位各构件的承载力均满足2倍地震作用组合下的内力要求时，7～9度的构件抗震等级应允许按降低一度确定；

3　本表中"一、二、三、四级"即"抗震等级为一、二、三、四级"的简称。

4　高层建筑混合结构中钢筋混凝土和钢骨混凝土构件的抗震等级应根据烈度、结构类型和房屋高度确定，并应符合相应的计算和构造措施要求。丙类建筑的抗震等级应按表2－12确定。甲类、乙类建筑的抗震等级可按现行国家标准《建筑抗震设计规范（2016年版）》GB 50011—2010（当采用提高设防烈度时）确定烈度后按表2－12确定。钢管混凝土柱和钢梁、钢柱均不分抗震等级。

表2－12　多高层建筑混合结构的抗震等级

<table>
<tr><th colspan="3" rowspan="2">结构类型</th><th colspan="10">烈　度</th></tr>
<tr><th colspan="3">6</th><th colspan="3">7</th><th colspan="3">8</th><th>9</th></tr>
<tr><td colspan="2" rowspan="2">混合框架结构</td><td>高度（m）</td><td>≤30</td><td colspan="2">＞30</td><td colspan="2">≤30</td><td>＞30</td><td>≤30</td><td colspan="2">＞30</td><td>≤25</td></tr>
<tr><td>框架</td><td>四</td><td colspan="2">三</td><td colspan="2">三</td><td>二</td><td>二</td><td colspan="2">一</td><td>一</td></tr>
<tr><td rowspan="4">双重抗侧力体系</td><td rowspan="2">钢框架－钢筋混凝土剪力墙
钢框架－钢骨混凝土剪力墙</td><td>高度（m）</td><td>≤50</td><td>50～130</td><td>＞130</td><td>≤50</td><td>50～120</td><td>＞120</td><td>≤50</td><td>50～100</td><td>＞100</td><td>≤50</td></tr>
<tr><td>剪力墙</td><td>四</td><td>三</td><td>二</td><td>三</td><td>二</td><td>一</td><td>二</td><td>一</td><td>特一</td><td>一</td></tr>
<tr><td rowspan="2">钢框架－钢筋混凝土核心筒
钢框架－钢骨混凝土核心筒</td><td>高度（m）</td><td colspan="2">≤150</td><td>＞150</td><td colspan="2">≤130</td><td>＞130</td><td colspan="2">≤100</td><td>＞100</td><td>≤70</td></tr>
<tr><td>核心筒</td><td colspan="2">二</td><td>一</td><td colspan="2">二</td><td>一</td><td colspan="2">一</td><td>特一</td><td>一</td></tr>
</table>

续表 2-12

结构类型			烈度									
			6			7			8			9
双重抗侧力体系	混合框架-钢筋混凝土墙 混合框架-钢骨混凝土墙	高度（m）	≤60	60~130	>130	≤60	60~120	>120	≤60	60~100	>100	≤60
		钢骨混凝土框架	四	三	二	三	二	一	二	一	特一	一
		墙	四	三	二	三	二	一	二	一	特一	一
	混合框架-钢筋混凝土筒 混合框架-钢骨混凝土筒	高度（m）	≤150		>150	≤130		>130	≤100		>100	≤80
		钢骨混凝土框架	三		二	二		一	一		特一	一
		核心筒	二		一	二		一	一		特一	一
	筒中筒	高度（m）	≤180		>180	≤150		>150	≤120		>120	≤90
		钢混凝土外框筒	三		二	二		一	一		特一	一
		内筒	三		二	二		一	一		特一	一

注：1　表中所指“特一、一、二、三、四级”即“抗震等级为特一、一、二、三、四级”的简称。

2　建筑场地为Ⅰ类时，除6度外可按表内降低一度所对应的抗震等级采取抗震构造措施，但相应的计算要求不应降低。

3　接近或等于高度分界时，应允许结合房屋不规则程度及场地、地基条件确定抗震等级。

5　多层及高层建筑结构中的钢骨混凝土构件根据建筑物设防烈度、结构类型和房屋高度，应按表2-13选用不同的抗震等级，并应符合本规程不同抗震等级的构件截面计算要求和抗震构造措施规定。

表2-13　钢骨混凝土构件的抗震等级

结构类型		烈度											
		6			7				8			9	
框架结构	高度（m）	≤30	>30		≤30		>30		≤30		>30	≤25	
	钢骨混凝土框架或组合框架	四	三		三		二		二		一	一	
框架-剪力墙结构	高度（m）	≤60	60~130	>130	≤30	30~60	60~120	>120	≤30	30~60	>60	≤50	>50
	钢骨混凝土框架或组合框架	四	三	二	四	三	二	一	三	二	一	一	特一
	钢骨混凝土剪力墙	四	三	二	四	三	二	一	三	二	一	一	特一

续表 2－13

<table>
<tr><td colspan="2" rowspan="2">结构类型</td><td colspan="14">烈　度</td></tr>
<tr><td colspan="4">6</td><td colspan="4">7</td><td colspan="4">8</td><td colspan="2">9</td></tr>
<tr><td rowspan="2">部分框支剪力墙结构</td><td>高度（m）</td><td colspan="2">≤80</td><td colspan="2">＞80</td><td>≤30</td><td colspan="2">30～80</td><td>＞80</td><td>≤30</td><td colspan="2">30～60</td><td>＞60</td><td colspan="2" rowspan="2">不应采用</td></tr>
<tr><td>钢骨混凝土框支梁、框支柱</td><td colspan="2">四</td><td colspan="2">三</td><td>四</td><td colspan="2">三</td><td>二</td><td>三</td><td colspan="2">二</td><td></td></tr>
<tr><td rowspan="3">框架－核心筒结构</td><td>高度（m）</td><td>≤60</td><td colspan="2">60～150</td><td>＞150</td><td colspan="2">≤130</td><td colspan="2">＞130</td><td colspan="2">≤100</td><td colspan="2">＞100</td><td>≤70</td><td>＞70</td></tr>
<tr><td>钢骨混凝土框架或组合框架</td><td>四</td><td colspan="2">三</td><td>二</td><td colspan="2">二</td><td colspan="2">一</td><td colspan="2">一</td><td colspan="2">一</td><td>一</td><td>特一</td></tr>
<tr><td>钢骨混凝土核心筒</td><td>三</td><td colspan="2">二</td><td>二</td><td colspan="2">二</td><td colspan="2">一</td><td colspan="2">一</td><td colspan="2">特一</td><td>特一</td><td>特一</td></tr>
<tr><td rowspan="3">筒中筒结构</td><td>高度（m）</td><td colspan="2">≤180</td><td colspan="2">＞180</td><td colspan="2">≤150</td><td colspan="2">＞150</td><td colspan="2">≤120</td><td colspan="2">＞120</td><td>≤80</td><td>＞80</td></tr>
<tr><td>钢骨混凝土框筒或组合框筒</td><td colspan="2">三</td><td colspan="2">二</td><td colspan="2">二</td><td colspan="2">一</td><td colspan="2">二</td><td colspan="2">特一</td><td>一</td><td>特一</td></tr>
<tr><td>钢骨混凝土内筒</td><td colspan="2">三</td><td colspan="2">二</td><td colspan="2">二</td><td colspan="2">一</td><td colspan="2">一</td><td colspan="2">特一</td><td colspan="2">特一</td></tr>
</table>

注：1　烈度应按现行国家标准《建筑抗震设计规范（2016 年版）》GB 50011—2010 的有关规定确定，在Ⅰ类场地上的丙类建筑，除 6 度外，其构造措施可按设防烈度降低一度查表内抗震等级，相应的构件截面计算要求不应降低；乙类建筑，则其抗震措施应按本地区设防烈度提高一度查表内抗震等级。

2　接近或等于表内高度分界时，宜结合结构不规则程度、场地、地基条件确定其抗震等级。

6　一、二级的钢结构房屋，宜设置偏心支撑、带竖缝钢筋混凝土抗震墙板、内藏钢支撑钢筋混凝土墙板、屈曲约束支撑等消能支撑或筒体。

采用框架结构时，甲、乙类建筑和高层的丙类建筑不应采用单跨框架，多层的丙类建筑不宜采用单跨框架。

7　采用框架－支撑结构的钢结构房屋应符合下列规定：

（1）支撑框架在两个方向的布置均宜基本对称，支撑框架之间楼盖的长宽比不宜大于3。

（2）三、四级且高度不大于 50m 的钢结构宜采用中心支撑，也可采用偏心支撑、屈曲约束支撑等消能支撑。

（3）中心支撑框架宜采用交叉支撑，也可采用人字支撑或单斜杆支撑，不宜采用 K 形支撑；支撑的轴线宜交汇于梁柱构件轴线的交点，偏离交点时的偏心距不应超过支撑杆件宽度，并应计入由此产生的附加弯矩。当中心支撑采用只能受拉的单斜杆体系时，应同时设置不同倾斜方向的两组斜杆，且每组中不同方向单斜杆的截面面积在水平方向的投影面积之差不应大于10%。

（4）偏心支撑框架的每根支撑应至少有一端与框架梁连接，并在支撑与梁交点和柱之间或同一跨内另一支撑与梁交点之间形成消能梁段。

（5）采用屈曲约束支撑时，宜采用人字支撑、成对布置的单斜杆支撑等形式，不应采用K形或X形，支撑与柱的夹角宜在35°～55°之间。屈曲约束支撑受压时，其设计参数、性能检验和作为一种消能部件的计算方法可按相关要求设计。

8 钢框架-筒体结构，必要时可设置由筒体外伸臂或外伸臂和周边桁架组成的加强层。

2.3.3 结构平面布置。

1 建筑平面划分和竖向布置的设计，应充分结合高层建筑钢结构体系的特点，以有效地发挥钢结构的承载性能，同时尽量降低高层结构的重心，以利抗震。

2 建筑平面及体型应力求简单规则，平面和空间划分合理，外形简洁便于结构布置，减少水平刚度偏心，力求使结构各层的抗侧力中心与水平作用合力中心接近重合，以减小结构受扭转的影响。建筑物的开间、进深及层高等主要尺寸在满足供水、供电、空调、防水等要求前提下，应避免过多变化，以减少构件类型。竖向承重构件应尽量上下对齐，避免交错支承和高位转换。避免在底部设置大开间转换层，以有利于荷载的直接传递、简化构造，方便施工，节约费用。

3 宜选用风压较小的平面形状，并应考虑邻近高层房屋对该房屋风压的影响，在体型上应力求避免在设计风速范围内出现横风向振动。建筑平面应优先采用方形、矩形、圆形、正六边形、正八边形、椭圆形及其他呈对称的平面，尽量减小结构侧移，风振速度及扭转振动的不良影响。圆锥或截头圆锥形能减小风载体型系数和增大抗侧抗扭刚度。同一层楼面应尽量在同一个标高上，不宜设置错层或局部夹层而使楼面无法有效地传递水平力。筒体结构多采用正方形、圆形、正多边形，当框筒结构采用矩形平面时，其长宽比不宜大于1.5∶1，否则宜采用多束筒体系。

4 高层建筑钢结构布置宜结合电梯井和管道井等，设置中心结构核心区，以承受水平荷载。井筒宜对称布置。对于7度和7度以上地区的建筑，楼梯和电梯间不宜布置在受力复杂或易产生应力集中的拐角部位，必须设置时应采取加强措施。

5 结构平面布置及体系选用宜做到构件的设计立体化、结构支撑化、巨柱布置周边化，以便降低结构的材料用量。使钢柱截面的钢板厚度不宜超过100mm，超过时，应对钢材的材质提出要求，保证受力时不出现层状撕裂。钢框架结构的柱网宜采用6～9m。对密柱外框筒，其柱距宜为3m左右，不宜超过4m。

6 高层建筑钢结构的动力特性取决于各抗侧构件的平面布置状况，为使各构件受力均匀，并获得最大的抗侧力，抗侧力构件宜沿平面纵、横布置，做到分散、均匀、对称并宜满足以下要求：

（1）力求使各楼层抗侧刚度中心与楼层水平剪力的合力中心相重合，以减小结构扭转振动效应；

（2）尽量将嵌入式墙板布置在楼层平面周边，以提高整个结构的抗倾覆和抗扭能力，抗侧刚度较大的筒体、墙体、支撑，在平面上尽量居中或对称布置；

（3）钢框筒或筒中筒的平面布置中，为了充分发挥立体构件的作用，房屋的高宽比不宜小于4，内筒的边长不宜小于相应外框筒边长的1/3；

(4) 除底部楼层和外伸刚臂所在的楼层外，各层平面应能使支撑的形式和布置处于一致并沿高度连续布置；

(5) 内筒框筒时，其柱距宜与外框相同，外筒角柱的截面尺寸宜大于中心柱的1.5~2倍；矩形平面外框筒的四角宜形成切角或向内凹进，以缓和角柱的高峰应力；

(6) 柱网的布置应有利于楼层主次梁的设置和连接。

2.3.4 平面和竖向的不规则的设计措施。

1 多高层民用建筑钢结构的建筑设计应根据抗震概念的要求明确建筑形体的规则性。不规则的建筑方案应按规定采取加强措施；特别不规则的建筑方案应进行专门研究和论证，采用特别的加强措施；严重不规则的建筑方案不应采用。

2 多高层民用建筑钢结构及其抗侧力结构的平面布置宜规则、对称，并应具有良好的整体性；建筑的立面和竖向剖面宜规则，结构的侧向刚度沿高度宜均匀变化，竖向抗力构件的截面尺寸和材料强度宜自下而上逐渐减小，应避免抗侧力结构的侧向刚度和承载力突变。

多高层民用建筑存在表2-14所列的某项平面不规则类型或表2-15所列的某项竖向不规则类型以及类似的不规则类型，应属于不规则的建筑。

表2-14 平面不规则的主要类型

不规则类型	定义和参考指标
扭转不规则	在规定的水平力作用下，楼层的最大弹性水平位移（或层间位移），大于该楼层两端弹性水平位移（或层间位移）平均值的1.2倍
凹凸不规则	结构平面凹进的尺寸，大于相应投影方向总尺寸的30%
楼板局部不连续	楼板的尺寸和平面刚度急剧变化，例如，有效楼板宽度小于该层楼板典型宽度的50%或开洞面积大于该层楼面面积的30%，或有较大的楼层错层

表2-15 竖向不规则的主要类型

不规则类型	定义和参考指标
侧向刚度不规则	该层的侧向刚度小于相邻上一层的70%或小于其上相邻三个楼层侧向刚度平均值的80%；除顶层或出屋面小建筑外，局部收进的水平尺寸大于相邻下一层的25%
竖向抗侧力构件不连续	竖向抗侧力构件（柱、支撑、剪力墙）的内力由水平转换构件（梁、桁架等）向下传递
楼层承载力突变	抗侧力解耦股的层间受剪承载力小于相邻上一楼层的80%

当存在多项不规则或某项不规则超过规定的参考指标较多时，应属于特别不规则的建筑。

3 不规则高层民用建筑应按下列要求进行水平地震作用计算和内力调整，并应对薄弱部位采取有效的抗震构造措施：

(1) 平面不规则而竖向规则的建筑，应该用空间结构计算模型，并应符合下列要求：

1) 扭转不规则时，应计入扭转影响，且楼层竖向构件最大的弹性水平位移和层间位移分别不宜大于楼层两端弹性水平位移和层间位移平均值的1.5倍；但最大层间位移远小于规程限值时，可适当放宽。

2）凹凸不规则或楼板局部不连续时，应采用楼板平面内实际刚度变化的计算模型；高烈度或不规则程度较大时，宜计入楼板局部变化的影响。

3）平面不对称且凹凸不规则或局部不连续时，可根据实际情况分块计算扭转位移比，对扭转较大的部分应采取局部的内力增大。

（2）平面规则而竖向不规则的高层民用建筑，应采用空间结构计算模型，侧向刚度不规则、竖向抗侧力构件不连续、楼层承载力突变的楼层，其对应于地震作用标准值的剪力应乘以不小于1.15的增大系数，应按本规程有关规定进行弹塑性变形分析，并应符合下列要求：

1）竖向抗侧力构件不连续时，该构件传递给水平转换构件的地震内力应根据烈度高低和水平转换构件的类型、受力情况、几何尺寸等，乘以1.25~2.0的增大系数。

2）侧向刚度不规则时，相邻层的侧向刚度比应依据其结构类型符合本规程的相关规定。

3）楼层承载力突变时，薄弱层抗侧力结构的受剪承载力不应小于相邻上一楼层的65%。

（3）平面不规则且竖向不规则的高层民用建筑，应根据不规则类型的数量和程度，有针对性地采取不低于1、2款要求的各项抗震措施。特别不规则时，应经专门研究，采取更有效的加强措施或对薄弱部位采取相应的抗震性能化设计方法。

2.3.5 抗侧力构件的设计原则。

1 有利加强抗侧力构件抗震性能。

（1）钢构件的设计应符合“三强”抗震设计准则，即“强节点弱构件、强柱弱梁、强焊缝弱钢材”。

1）对于框架、支撑等杆系构件，使节点的承载力高于构件的承载力，防止节点的破坏先于构件的破坏，是确保构件整体性的必要条件。然而，对于钢框架，节点又不可过强，应允许地震时梁－柱节点域的板件能产生一定量的剪切屈服变形，以提高整个框架的延性。

2）“强柱弱梁”型钢框架，易于实现构件总体屈服机制，而“弱柱强梁”型钢框架则易发生构件楼层屈服机制。此外，地震时构件的坍塌，是由于其构件受地震作用损伤后承重能力低于所承担的重力荷载。一般情况下，框架梁仅承担本楼层的重力荷载，而框架柱则需承担本层以上很多楼层的重力荷载，强柱有利于提高框架的防倒塌能力。

3）构件焊缝的延性，一般均低于被连接板件的钢材延性，“强焊缝、弱钢材”，即要求焊缝的承载力应高于被连接钢材板件的承载力，可以使构件的屈服截面避开焊缝而位于钢板件之中，从而提高构件以至整个结构的延性。

（2）水平地震作用下，使构件可能出现塑性铰的部位，具有足够的转动能力和耗能容量。

（3）竖向钢支撑在侧力作用下，应防止支撑斜杆发生出平面屈曲，以避免往复地震力作用下斜杆反复屈曲所引起的刚度退化和强度劣化。

（4）螺栓连接的延性等抗震性能优于焊缝连接。高烈度地震区的钢结构，重要的构件接头和节点宜采用高强度螺栓连接。但从计算反映有时采用高强度螺栓强度难以满足，而采用焊接较易满足，这是一个矛盾。

2 增加结构超静定次数。

结构的超静定次数越多，能够依次形成的塑性铰数量就越多，结构进入倒塌的时间就越长。

3 控制抗震的结构屈服机制。

(1) 结构实现最佳破坏机制的特征是：在水平地震作用下，结构各构件端陆续出现塑性铰的过程中，在承载力基本保持稳定的条件下，结构持续变形而不倒塌，最大限度地吸引和耗散地震输入能量。

(2) 控制塑性铰在结构各构件中出现的先后顺序，对防止结构倒塌有着重要影响。结构最佳破坏机制的判别条件是：

1) 结构的塑性铰发展，宜从次要构件开始，或从主要构件的次要部位开始，最后才在主要构件的次要部位上出现塑性铰，从而构成多道抗震防线。

2) 构件的塑性铰，首先出现在各个水平构件的端部，最后才在竖向构件上发生。

3) 结构中所形成的塑性铰的数量多，塑性变形发展的过程长。

4) 构件中塑性铰的塑性转动量大，整个结构的塑性变形量大。

4 尽量使结构竖向等强。

(1) 各楼层屈服强度系数 ξ_y 大致相等的结构，称为竖向等强度结构。结构某一层或某几层的 ξ_y 值小于上一楼层 ξ_y 值的 80% 时，称为竖向非等强结构。

(2) 楼层屈服强度系数 ξ_y 等于按构件实际截面和材料强度标准值算得的楼层受剪承载力，除以强震作用下的楼层弹性地震剪力。

(3) 强震作用下结构进入弹塑性变形阶段时，竖向等强度结构的各楼层层间侧移，大体是均匀变化的［图 2－40 (a)］，而竖向非等强结构，其中柔软层或薄弱层的层间侧移，将因塑性变形集中效应而增大数倍［图 2－40 (b)］，以致该楼层破坏程度骤然加重，甚至坍塌。

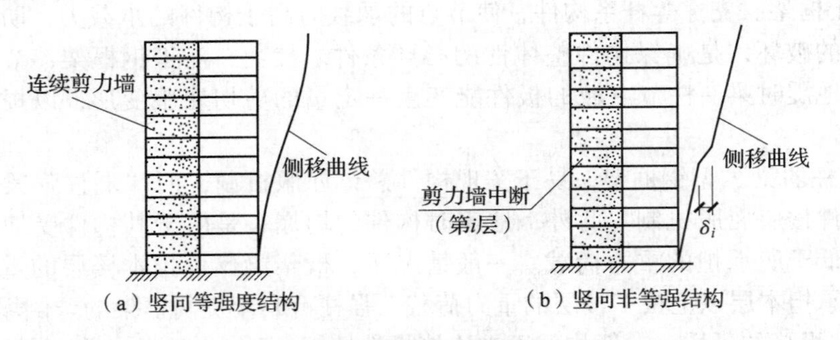

图 2－40 强震作用下的结构弹塑性侧移曲线

(4) 结构薄弱层塑性变形集中效应的强弱，与该楼层屈服强度系数 ξ_y 的大小成反比。

(5) 半高处存在薄弱层的高层建筑，在强烈地震作用下，薄弱层的楼层屈服强度系数 ξ_y 愈小，塑性变形集中效应就愈强烈。

5 设计非单一传力路线。

(1) 一般情况下的静定结构竖向支撑，传力路线单一［图 2－41 (a)］。水平地震作用下，一根斜杆的杆身或节点破坏后，整个结构就将因为传力路线中断而失败。

(2) 超静定的 X 形支撑［图 2－41 (b)］或成对布置的单斜杆支撑［图 2－41 (c)］，

超负荷工作时，一个方向斜杆失稳破坏后，其水平地震剪力可以绕道通过另一方向斜杆传至基础。整个结构仍不失为具有一定抗震能力的稳定体系。

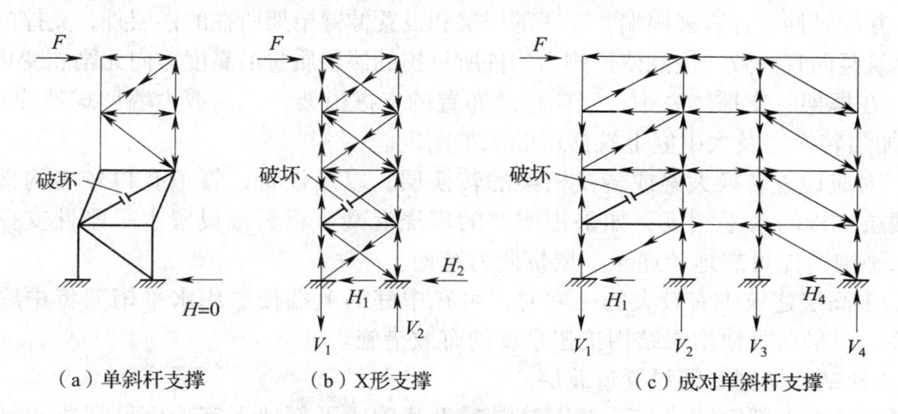

图 2 - 41　竖向支撑的传力路线

6　使结构形成多道抗震防线。

（1）国内外多次地震的调查发现，采用纯框架之类单一结构体系的楼房，其倒塌率远高于采用框 - 撑、框 - 墙、填墙框架等双重结构体系楼房。除了由于后者水平承载力高于前者外，更重要的是，前者仅有一道抗震防线，而后者具有两道或三道抗震防线。

（2）地震时建筑场地的地震动，能造成建筑物破坏的强度波（加速度 $a \geqslant 0.05g$），持续时间有时达到十几秒或更长，其频率或是单一的或是变化的。

（3）仅有一道抗震防线的单一结构体系，在前半段强震波冲击下发生破坏，特别是因共振而破坏，后续的强震波就有可能促使楼房倒塌。

（4）具有两道以上抗震防线的双重或多重结构体系，当强震波持续时间较长时，第一道防线的抗侧力构件先期破坏后，第二、三道防线的抗侧力构件随即接替。特别是，第一道防线构件是因结构共振而破坏，第二、三道防线构件接替后，楼房自震周期改变，错开地震动卓越周期，共振现象得以缓解，从而防止破坏程度加重。

（5）具备多道抗震防线的结构体系有：框 - 撑体系、框架 - 墙板体系、筒体 - 框架体系和筒中筒体系等，单就竖向支撑而言，X 形支撑就比单斜杆件支撑多一道防线。

2.3.6　结构布置的连续性规定。

1　防震缝及伸缩缝的设置问题。

（1）多高层建筑钢结构宜不设置防震缝；体型复杂、平立面不规则的建筑，应根据不规则程度、地基基础等因素，确定是否设防震缝；当在适当位置设置防震缝时，宜形成多个较规则的抗侧力结构单元。

防震缝应根据抗震设防烈度、结构类型、结构单元的高度和高差情况，将上部结构完全分开，留有足够的宽度；防震缝的宽度不宜小于钢筋混凝土框架结构的 1.5 倍。

如因不设防震缝出现薄弱部位时，应采取措施提高抗震能力。

（2）高层建筑钢结构不宜设置伸缩缝，当必须设置时，其宽度应符合防震缝的要求。

（3）沉降缝：为了保证多高层钢结构的整体性，在其主体结构内不应设计沉降缝，当主体与裙房之间必须设置沉降缝时，其缝宽应满足抗震等要求，且缝间基础部分应由粗砂等松散材料填实，确保主楼基础四围的可靠约束。

2 竖向支撑布置的连续性规定。

（1）抗震设防的框架－支撑（延性墙板）的结构，竖向支撑（延性墙板）宜沿竖向连续布置，并应延伸至计算嵌固端。除底部楼层和设置伸臂桁架所在的楼层外，支撑的形式和布置沿建筑竖向宜一致。注意使抗侧力构件所负担的楼层质量沿高度方向无剧烈变化。

（2）在框架－支撑体系中，竖向连续布置的支撑桁架，应以剪力墙形式延伸至基础。

3 加强转换层及大中庭上端楼层的水平刚度。

（1）对应设置转换大梁或转换桁架的转换层，以及设备、管道孔口较多的楼层，应加强该楼层楼板的水平刚度，如采用增厚的现浇混凝土板，或设置水平刚性支撑，以使上层的水平剪力能可靠地传递至下层抗侧力结构。

（2）多高层建筑中有较大的中庭时，可在中庭的上端楼层用水平桁架将中庭的开口进行连接，或采取其他增强结构抗扭刚度的有效措施。

4 两种结构类型之间设置过渡层。

高层建筑的上部钢结构与下部钢筋混凝土基础或下部地下室的钢筋混凝土结构层之间，宜设置钢骨混凝土结构层作为上下两种结构类型之间的过渡层。

2.3.7 钢结构多高层建筑的楼盖形式。

多高层建筑的楼盖一般为钢与混凝土结合结构，要求楼板应具有足够的刚性，以传递和分配地震作用。楼面梁可采用钢－混凝土组合梁或非组合梁。楼板宜采用压型钢板上现浇钢筋混凝土的组合楼板或非组合楼板，或采用现浇钢筋混凝土楼板。

6、7 度时，房屋高度不超过 50m 时，尚可采用装配整体式钢筋混凝土楼板，也可采用装配楼板或其他轻型楼板。但应将楼板预埋件与钢梁焊接，或采取其他保证楼盖整体性的措施。

楼板与钢梁应有可靠连接，以保证楼盖的整体性。采用压型钢板上现浇钢筋混凝土的组合楼板和采用现浇钢筋混凝土楼板时，常用的连接件为圆柱头钉剪力连接件，栓钉直径一般为 13～25mm。采用装配式、装配整体式或轻型楼板时，应将楼板预埋件与钢梁焊接，或采取其他措施保证楼盖的整体性。

强震区的框架组合梁，其塑性铰区不宜设置栓钉，因梁的刚度过大会将节点拉坏。强震区应考虑楼板向柱（墙）传力时，柱对楼板的挤压效应。必要时，楼板与柱（墙）相邻部位应加设钢筋和箍筋。

对转换层楼盖或楼板开洞较大，对楼层刚度削弱较大时，应考虑增设水平支撑予以增强。

对顶层楼层设有较大天井时，可在天井两端的楼层标高处，设置水平桁架，将楼层开口处连接，或采用其他增强结构抗扭转刚度的有效措施。

2.3.8 柱网和梁柱布置。

1 确定柱距时需考虑的因素。

（1）柱距的确定与建筑的使用要求有关，结构设计应与建筑设计配合，合理确定柱距与柱网，使外形复杂的体型成为布置有序、结构明确、简洁一致的传力体系。在满足建筑物使用要求的前提下，柱距不宜过大。过大的柱距将导致需采用较大的梁截面的高度，影响设备管道的通行，尤其会影响建筑设计对层高的要求。

（2）柱距的确定与采用的结构体系有关。外筒结构体系和筒中筒体系宜采用小柱距，使柱距在 2.5～4.0m 之间，以减小外筒结构的剪力滞后效应。对于框架－支撑体系的柱距，则与支撑的形式有关。十字交叉中心支撑和单斜杆支撑不宜采用较大的柱距，以使斜杆与横梁之间的夹角保持在35°~60°之间；对于人字形支撑可采用较大的柱距，对于跨层的人字形支撑，其柱距可更大些，以保持斜杆的倾斜角仍在35°~60°之间。

钢结构框架-核心筒体系中，外框架和内筒采用不相同的柱距时，外框架可为较大的柱距，内筒宜采用较小的柱距，以增大内筒的侧向刚度和适应竖向支撑的设置要求。

（3）确定柱距时，还应考虑所确定的柱距宜使柱截面不采用过厚的钢板，一般情况下，宜通过调整柱距使柱钢板厚度小于100mm。当采用特厚钢板时，应落实供货的可能性以及特厚钢板的材质保证条件和焊接工艺的质量保证等。

2 柱网形式。

柱网形式和柱距应根据建筑使用功能与建筑设计协商而定。高楼的竖向承重构件有以下三种布置方式：

（1）方形柱网。沿建筑纵、横两个主轴方向的柱距相等，多用于层数较少、楼层面积较大的楼房。例如，美国休斯敦市的29层、高121m的第一印第安纳广场大厦［图2-42（a）］。

（2）矩形柱网。为了扩大建筑的内部使用空间，可将承载较轻的次梁跨度加大。日本东京的东邦人寿保险总社大厦，地下32层，高130m，采用了6.0m×13.7m的矩形柱网［图2-42（b）］。

（3）周边密柱。层数很多的塔形高楼，内部采用框架或核心筒，外圈则采用密柱、深梁的钢框筒，框筒的柱距多为3m左右，钢梁沿径向布置。例如荷兰鹿特丹市的88层、高300m的Roai大厦［图2-42（c）］。一般沿海台风地区，采用圆形平面，其风荷载体型系数比方形可小50%，地震区，方形框筒的剪力滞后现象比圆形框筒要严重得多。

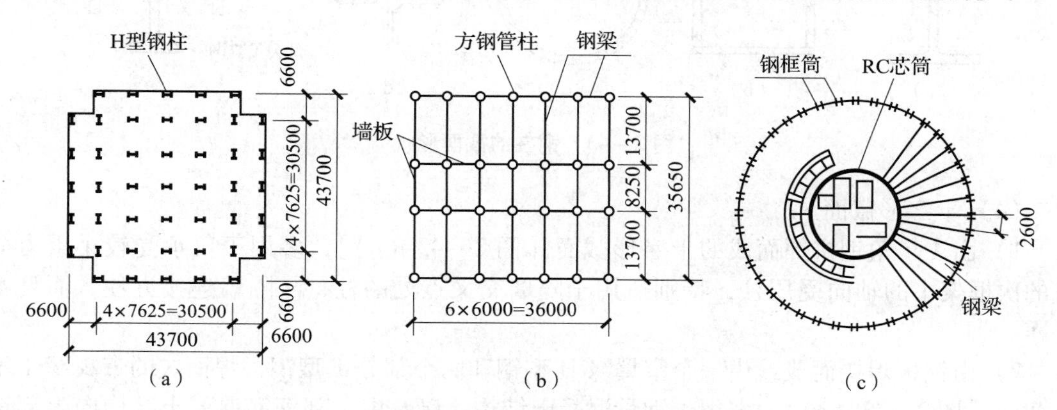

图2-42 多高层建筑平面的柱网布置

3 柱网尺寸。

柱网尺寸一般是根据荷载大小、钢梁经济跨度及结构受力特点等因素确定。

（1）框架梁，钢梁一般采用工字形截面，受力很大时，采用箱形截面。大跨度梁及抽柱楼层的转换梁，可采用桁架式钢梁。

（2）就工字形梁而言，主梁的经济跨度为6~12m；次梁的经济跨度为8~15m。

（3）对于建筑外圈的钢框筒，为了不使剪力滞后效应过大而影响框筒空间工作性能的充分发挥，柱距多为3~4.5m。

4 钢柱截面形式。

高层建筑需要承担风荷载、地震作用产生的侧力，框架柱在承受竖向重力荷载的同时，还要承受单向或双向弯矩。因此，确定钢柱的截面形式时，应根据它是作为承受侧力的主框架柱，还是仅承担重力荷载的次框架柱而定。

（1）H形截面［图2－43（a）］。

1）轧制宽翼缘H型钢是高层建筑框架柱最常用的截面形式。其优点是：轧制成型，加工量少；翼缘宽而等厚，截面经济合理；截面是开口的，杆件连接较容易；规格尺寸多，可直接用于柱。缺点是：截面性能（抗弯刚度和受弯承载力）分强轴和弱轴。

2）焊接H型钢柱是按照受力要求采用厚钢板焊接而成的拼合截面，用于承受很大荷载的柱。柱截面的钢板厚度不宜大于100mm。

（2）箱形截面［2－43（b）］。

1）箱形截面的受弯承载力较强，而且截面性能没有强轴、弱轴之分。截面尺寸可以按照两个方向的刚度、强度要求而定，经济、合理。

2）箱形钢管的缺点是：需要拼装焊接，焊接工艺要求高，加工量大。

（3）圆管截面［图2－43（c）］。

1）圆形钢管多采用钢板卷制焊接而成。轧制圆管，尺寸较小，价格较高，高层建筑中很少采用。

2）圆形钢管多用于轴心或偏心受压的钢管混凝土柱。

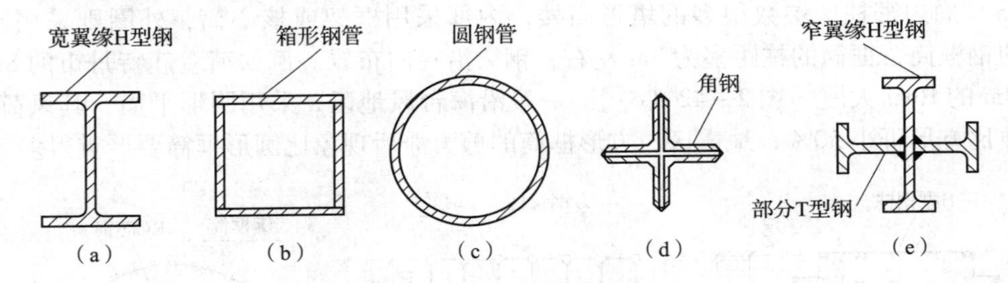

图2－43　钢柱的截面形状

（4）十字形截面。

1）由4个角钢拼焊而成的十字形截面［图2－43（d）］，多用于仅承受较小重力荷载的次框架中的轴向受压柱，特别适用于隔墙交叉点处的柱，与隔墙连接方便，而且不外露。

2）由钢板焊接而成或由一个窄翼缘H型钢和两个部分T型钢拼焊而成的带翼缘十字形截面［图2－43（e）］，多用于钢骨混凝土结构，以及由底部钢筋混凝土结构向上部钢柱转换时的过渡层柱。

5　关于内外筒之间的跨度。

（1）确定内筒与外筒或外框架之间的跨度应符合建筑使用要求。一般情况下，办公建筑宜采用较大的跨度，旅馆及公寓建筑不应采用进深太大的跨度，上部为旅馆或公寓、下部为办公的多功能建筑，应综合各方面因素，合理地确定内外筒之间的跨度，避免出现上部的外柱向里收进或改变内筒柱位的情况。

（2）内外筒之间的跨度过大，将加大横梁的截面高度，从而影响建筑层高要求；一般取8～12m，不应大于16m。

（3）内外筒之间的跨度不宜太小，太小时不仅影响建筑面积的有效使用，而且导致建筑高宽比变小，使抗侧力结构产生较大的内力和水平位移。

6 次梁的布置。

次梁虽不是高层建筑钢结构中的主要构件，但次梁是钢结构中数量最多的构件，占结构用钢量的比例较大。妥善布置次梁有利于结构的整体性和荷载传递，并可加快施工进度。进行次梁布置时要考虑下列因素：

（1）应有利于结构的整体性和柱的稳定性。

1）除主梁外内筒和外筒或外框架的柱宜直接用钢梁对应连接，以使两者更好地共同工作和传递水平力；

2）一般情况下宜使每一柱子侧向有梁与其连接，减小柱的长细比，以提高柱的承载力和侧向稳定性。

（2）应有利于柱承担的竖向荷载均匀分布。

1）外框架-内筒体系在四角区域布置次梁时，宜使次梁传递至这个区域柱上的楼面荷载，尽可能均匀，避免一些柱因承担过多的楼面荷载而相应地产生较大的轴向变形。为此，可如图2-44所示，采用上下层主次梁的设置方向成交替布置的形式。对于成束筒体系中的次梁布置更应考虑采用如图2-45所示的交替布置的形式，以使柱子所承担的楼面荷载均匀些。

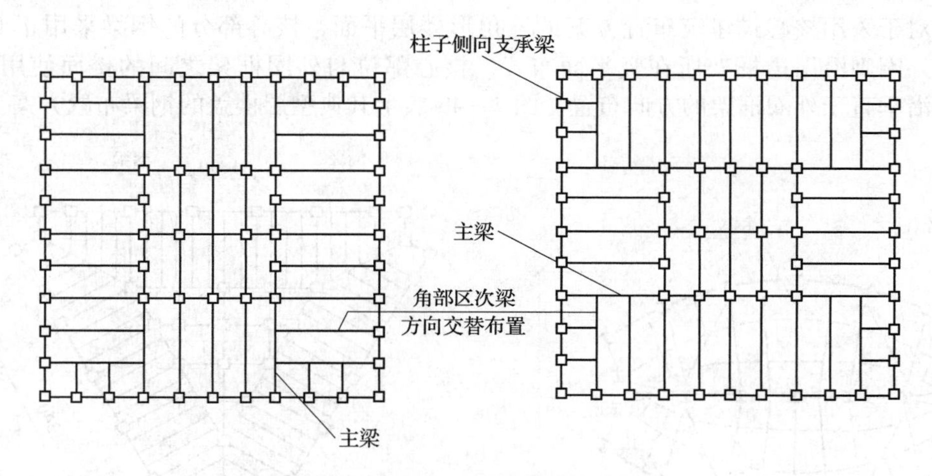

图2-44 主次梁布置

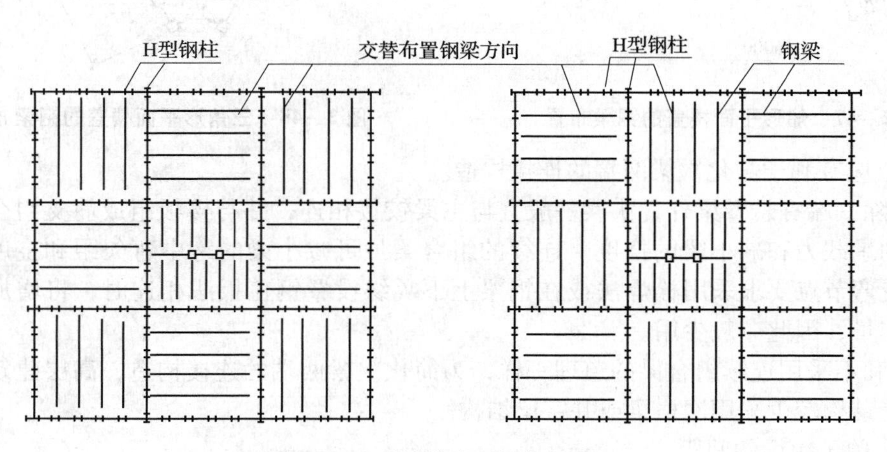

图2-45 成束筒内楼面钢梁布置

2）关于外筒体系和筒中筒体系在四角区域的次梁布置，也可采用上述方法，将相邻层次梁方向交替布置。当采用图2－46所示方式布置，通过加大对角线斜梁角柱的轴向压力值，以平衡一部分水平荷载作用下角柱所产生的拉力时，也应考虑到所产生的轴向力不是拉力而是压力时的不利情况。同时也应考虑斜梁与两端柱非正交相连时连接构造较复杂的情况，而且斜梁由于荷载和跨度均较大，过高的截面将减小建筑的有效层高。

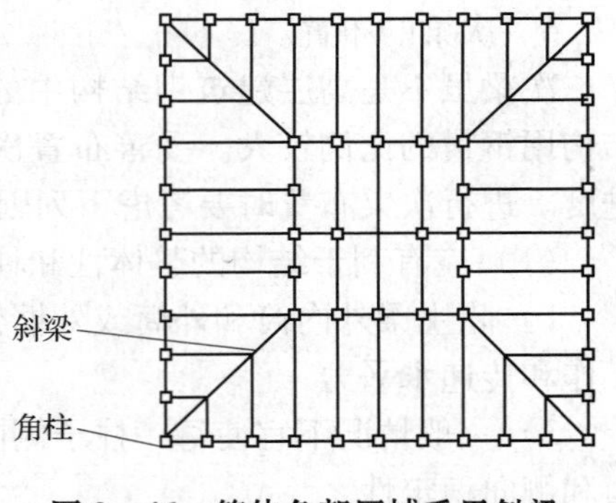

图2－46　筒体角部区域采用斜梁

3）对于船形平面楼盖（图2－47），除沿楼盖周边布置钢梁外，内部的主梁基本上可沿横向布置，使每根框架柱沿纵、横两个主轴方向均有钢梁与之连接，次梁则应根据楼板的经济跨度布置。

4）三角形平面。

①当楼层采用三角形平面时，通常是将尖角切去，并向内凹进，以缓解倾覆力矩作用下角柱的高峰轴向应力。

②对于采用核心式建筑布置方案的三角形楼层平面，核心部分的钢梁采用正交方式布置；外圈则沿周边框架所在竖平面布置，核心部位与外圈框架之间的楼面使用面积，其钢梁沿垂直于外圈框架的方向布置。图2－48表示其典型层楼盖的钢梁布置方案。

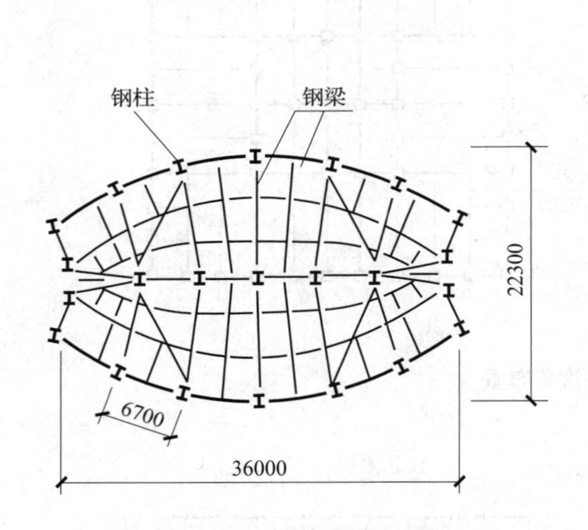

图2－47　船形平面楼盖的钢梁布置

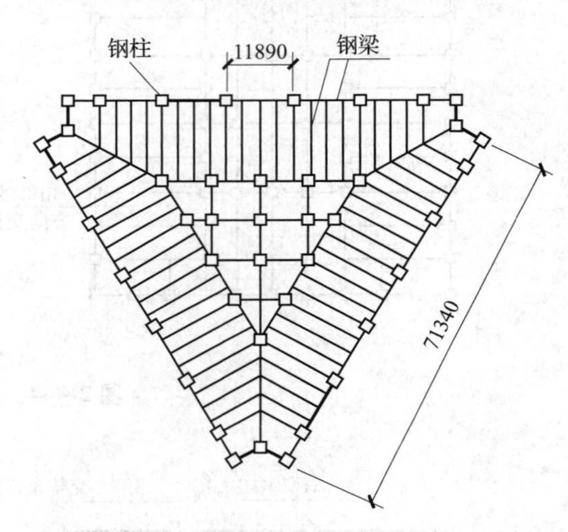

图2－48　三角形平面楼盖的钢梁布置

（3）应有利于简化次梁两端的连接构造。

1）除一端有悬臂梁外，次梁一般宜与主梁铰接相连，并与楼板组成简支组合梁，以提高梁的承载力和减小梁的挠度。连续的组合梁虽可减小梁的跨中弯矢距和挠度，但与主梁按受弯节点要求采用栓焊法或在钢梁上下翼缘设置钢盖板法相连时，将增加较多的焊接工作量，因此一般少用。

2）和不采用连续组合梁的道理一样，为简化次梁两端的连接构造，高层建筑钢结构中的楼盖结构较少采用网格梁或井字梁结构。

（4）关于次梁的间距。

一般情况下，次梁的间距主要取决于压型钢板在施工阶段的受弯承载力及挠度值。

如采用板肋较高的或其他一些平面刚度大的压型钢板，则可增大次梁的间距，次梁的间距一般为2.5～3.5m。

2.3.9 抗连续倒塌设计基本要求。

1 安全等级为一级的高层民用建筑钢结构应满足抗连续倒塌概念设计的要求。通过提高结构的坚固性、超静定性、整体性、延性，防止出现连续倒塌。有特殊要求时，可采用拆除构件方法进行抗连续倒塌设计。

2 抗连续倒塌概念设计应符合下列要求：

（1）建筑结构应具有阻止局部破坏在结构中扩散、造成结构出现与初始局部破坏不相称的破坏或整体倒塌的能力：当某一竖向承重构件发生损坏、原传力途径遭到破坏时，其上部及相邻构件应能够形成新的传力路线，避免出现连续破坏，保证整体结构的稳定。

（2）采取必要的结构连接措施，增强结构的整体性。

（3）主体结构宜采用多跨规则的超静定结构；框架主梁沿结构平面宜连续、贯通，并具有跨越"两跨"而不垮塌的能力：当某一承重柱破坏后，其上两侧的梁能形成跨越该柱的水平承重构件，继续承受重力荷载，避免出现竖向连续倒塌。同时在增加结构超静定性时要注意考虑传力直接、明确、有效。

（4）结构平面设计应力求简单、规则，不宜采用如"U"形、"L"形或其他具有"凹"角的不规则平面布置，避免存在可能引发连续性倒塌的薄弱部位：水平和竖向承重构件应沿结构整体连续、贯通。

（5）合理设计楼层的结构平面布置，两方向的结构跨数均不应小于2；适当减小周边及边跨框架的柱距，以增加结构竖向承重构件的数量并减小竖向承重构件遭受局部破坏的影响范围。

（6）为增加结构整体牢固性，保证局部构件发生破坏时能形成新的传力途径和防止局部破坏扩散，应采用赘余度高和允许出现多个塑性区的抗侧向、竖向力的结构系统。

（7）结构构件应具有适宜的延性，应合理控制界面尺寸，避免局部失稳或整体构件失稳，节点先于构件破坏。

（8）转换结构应具有整体多重传递重力荷载途径。

（9）框架梁柱宜刚接。

（10）独立基础之间宜采用拉梁连接。

3 抗连续倒塌的拆除构件方法应符合下列基本要求：

（1）逐个分别拆除结构周边柱、底层内部柱以及转换桁架腹杆等重要构件；

（2）可采用弹性静力方法分析剩余结构的内力与变形；

（3）剩余结构构件承载力应满足下式要求：

$$R_{\mathrm{d}} \geqslant \beta S_{\mathrm{d}} \tag{2-1}$$

式中：S_{d}——剩余结构构件效应设计值；

R_{d}——剩余结构构件承载力设计值；

β——效应折减系数。对中部水平构件取0.67，对其他构件取1.0。

4 结构抗连续倒塌设计时，荷载组合的效应设计值可按下式确定：

$$S_{\mathrm{d}} = \eta_{\mathrm{d}}\left(S_{\mathrm{GK}} + \sum \psi_{\mathrm{qi}} S_{\mathrm{Oi.K}}\right) + \psi_{\mathrm{w}} S_{\mathrm{wk}} \tag{2-2}$$

式中：S_{GK}——永久荷载标准值产生的效应；

$S_{Oi.K}$——竖向可变荷载标准值产生的效应；

ψ_{qi}——可变荷载的准永久值系数；

ψ_w——风荷载组合值系数，取0.2；

S_{wk}——风荷载标准值产生的效应；

η_d——竖向荷载动力放大系数。当构件直接与被拆除竖向构件相连时，取2.0，其他构件取1.0。

5 构件截面承载力计算时，钢材强度可取极限抗拉强度最小值。

6 当拆除某构件不能满足结构抗连续倒塌要求时，在该构件表面附加80kN/m² 侧向偶然作用设计值，此时其承载力应满足下列公式的要求：

$$R_d \geqslant S_d \tag{2-3}$$

$$S_d = S_{GK} + 0.6S_{QK} + S_{AK} \tag{2-4}$$

式中：R_d——构件承载力设计值；

S_d——作用组合的效应设计值；

S_{GK}——永久荷载标准值产生的构件内力；

S_{QK}——活荷载标准值的效应；

S_{AK}——侧向偶然作用设计值的效应。

2.3.10 地基、基础和地下室。

高层建筑钢结构一般应设地下室，基础应根据上部结构、工程地质条件、施工条件等因素综合确定，宜选用筏基、箱基、桩筏基。当基岩较浅、基础埋深不符合规范要求时，应验算基础抗拔。

1 基础埋深。

（1）基础埋深一般是从室外地面算起；若地下室周边由于设置通长采光井、地下室车道等原因而无可靠侧限时，则应从具有足够侧移能力的室外地坪平面算起。

（2）基础的埋置深度必须满足地基承载力和结构稳定性的要求，以减少地基沉降量，避免不均匀沉降引起的楼房整体倾斜；防止楼房在风、地震等水平荷载作用下的倾覆或滑移。

房屋高度超过50m的高层建筑钢结构宜设置地下室。当采用筏基或箱基时，埋深不宜小于房屋高度的1/15。

当采用桩基础，且桩承台上、下的四周土质较好时，承台底面的埋深不宜小于房屋高度的1/20。房屋高度是室外地坪至屋顶檐口（不包括突出屋面的屋顶间）的高度。

（3）基础直接坐落在基岩上时，基础埋置深度根据具体情况确定。

当基岩埋藏较浅，若岩石开挖困难，费用较高，基础埋深小于上述限值，或抗倾覆稳定不足时，应采用岩石锚杆基础。锚杆伸入基础内的无风化基岩内的长度，均不得小于关于最小锚固长度的规定。

（4）当主楼与裙房之间设置沉降缝，应采用粗砂、砾砂等坚硬颗粒状材料，将沉降缝地面以下部分填压密实，以确保主楼基础周围的可靠侧向约束；当不设沉降缝时，施工中宜设后浇带。

（5）地下部分的埋置深度还与上部结构的结构体系有关。采用框架－支撑体系时，与支撑相连的柱在侧向力作用下产生很大的上拔力，其地下部分宜采用较大的埋置深度或设置钢骨混凝土结构（SRC）。而对于框筒结构体系，地下部分的埋置深度就可以相对小些。

2 地面以下结构及过渡层。

(1) 设置地下室时，框架－支撑（抗震墙板）结构中竖向连续布置的支撑（抗震墙板）应延伸至基础；钢框架柱应至少延伸至计算嵌固端以下一层，并且宜采用钢骨混凝土柱，以下可采用钢筋混凝土柱。

(2) 高层建筑钢结构底部2～3层及伸入地下室部分的框架结构，宜采用钢骨混凝土结构。其作用是增大底部结构的强度与刚度并保证上下两种不同材料的结构有可靠的相互连接锚固，从而提高建筑物的整体稳定性、抗侧力能力和抗倾覆的安全性。

(3) 在框架－支撑体系中，为了增强刚度并便于连接构造，在底部钢骨混凝土框架范围内连续布置的竖向支撑桁架应以剪力墙形式延伸至基础。地下室外围以及筒体结构地下部分内外筒周边，均宜设置钢筋混凝土墙，以作为筒体结构的刚强支承。这些墙体通过楼板以及其他隔墙互相连接起来，成为建筑物的可靠支座。

(4) 高层建筑底部应刚接不应铰接，不设地下室时，柱脚底部必须刚接。高层建筑宜采用埋入式柱脚，外包式柱脚可用于6、7度区。

3 在重力荷载与水平荷载标准值或重力荷载代表值与多遇水平地震标准值共同作用下，高宽比大于4的高层民用建筑基础底面不宜出现零应力区；高宽比不大于4的高层民用建筑，基础底面与基础之间零应力区面积不应超过基础底面积的15%。质量偏心较大的裙房和主楼，可分别计算基地应力。

4 地基。

(1) 一般要求。

1) 同一结构单元的基础，不宜部分采用天然地基，部分采用人工地基；也不宜采取两类及以上的性质差别较大的土层，作为地基持力层。

2) 当高楼基础底板或桩端接近或局部进入下卧土层的倾斜顶面时，宜加深基础或加大桩长，使基础底部或桩端全部落在同一下卧层内，以避免可能产生的不均匀沉降。

(2) 地震区。

1) 建筑场地无法避开地震时可能产生滑移或地裂的河、湖、故河道的边缘地段，应采取针对性的地基稳定措施，并加强基础的整体性。

2) 地震区高楼基础下的地基持力层范围内，存在可液化土层时，应采取措施消除该土层液化对上部结构的不利影响。

3) 全部消除地基土层液化沉陷对建筑的不利影响，可根据当地条件选用下列措施之一：

①采用加密法（例如振冲法、振动加密法、砂桩挤密法、强夯法等）加固地基时，应处理至土层液化深度的下界面，且处理后土层的标准贯入锤击数的实测值，应大于土层液化的临界值。

②采用深基础时，基础底面埋入液化深度以下稳定土层内的深度，不应小于500mm。

③采用桩基础时，桩端伸入液化深度以下稳定土层内的长度（不包括桩尖部分），应按桩的承载力计算确定；并不得小于下列数值：①对碎石土、砾砂、粗砂、中砂或坚硬黏性土，500mm；②其他非岩土2.0m。

4) 挖除高楼地基持力层范围内的全部可液化土层。

5 基础。

(1) 每一结构单元基础底面积的形心，应尽量与上部永久荷载合力在基础底面的作用点相重合，以防止基础的倾斜。在风载或常遇烈度地震作用下，基础底面不应出现受拉的地基础反力。

(2) 同一结构单元宜采用同一类型基础（包括地基处理方式），尽量采取同一埋置深度。

(3) 当高楼基础的埋置深度较大时，应结合建筑使用要求，设置多层地下室，以发挥补偿基础的作用，减小地基压应力和沉降量，同时还有利于提高结构的抗侧力稳定性，减轻上部结构的地震反应。

一个结构单元内不宜设置局部地下室。

(4) 位于地震区的高楼，当地基内存在软弱黏性土、可液化土、新近填土或严重不均匀土层时，应利用纵、横向拉梁或钢筋加强基础的整体性和竖向刚度。

即使采用桩基础，也同样要加强基础的整体性，以抵抗地震时地面裂隙对结构产生的不利影响。

(5) 高层建筑的主楼与裙房采取联合整体基础时，两者的基础类型和埋置深度可以不同，但应采取地基处理，后浇带等措施，使两部分的基础沉降差控制在允许范围内；并应通过计算，确定基础和上部结构由此沉降差引起的附加内力，并采取相应的加强措施。

(6) 当高楼采用天然地基，主楼与裙房之间又设置沉降缝时，为了确保主楼的抗侧力稳定性，主楼基础的埋置深度应比裙房基础埋深低 1.5m 以上，并采用粗砂、砾砂等坚硬、颗粒状材料，将地面以下的沉降缝填实、压密。

(7) 地下室外墙、底板以及它们的沉降缝，其构造均应满足地下室的防水、防渗要求。

2.3.11 多高层建筑钢结构的围护墙。

多高层钢结构的围护墙体及隔墙等均宜采用轻质材料或幕墙等，同时应有将墙体风力或地震作用传给框架的可靠传力体系或墙骨架体系。同时，应注意与建筑设计配合，做好非结构构件或配件（如幕墙、骨架等）的连接构造。外墙与框架的连接应采用活动连接，以避免围护结构产生裂纹和增加侧向刚度的不利影响。外墙不宜采用砌体。

3 荷载与地震作用

高层建筑钢结构上的作用通常有竖向作用（主要包括恒荷载、楼面活荷载、屋面活荷载、雪荷载、施工荷载、屋面直升机停机坪荷载以及竖向地震作用等）和水平作用（主要包括水平风荷载、水平地震作用等）。

本节荷载是指直接作用，对于除地震作用以外的其他间接作用（如温度作用、地基变形等），设计时应根据实际可能出现的情况加以考虑，如应考虑施工过程中及建成后温度作用对结构的影响。

3.1 竖向荷载

高层建筑钢结构的竖向荷载可按现行国家标准《建筑结构荷载规范》GB 50009—2012 的有关条文取值，并应注意：

1 高层建筑钢结构的楼面活荷载、屋面活荷载和雪荷载以及屋面直升机停机坪荷载应按《建筑结构荷载规范》GB 50009—2012 的规定采用。当业主对楼面活荷载有特别要求时，可按业主的要求采用，但不应小于规范的规定值。

2 计算构件内力时，一般情况下，楼面及屋面活荷载可取为各跨满载，楼面活荷载大于 $4kN/m^2$ 时应考虑楼面活荷载的不利布置。

3 施工中采用附墙塔、爬塔等对结构有影响的起重机械或其他施工设备时，应根据具体情况验算施工荷载对结构的影响。

3.2 风荷载

1 作用在高层建筑任意高度处的风荷载标准值 w_k（kN/m^2）应按式（3-1）、式（3-2）计算。

计算承重结构时
$$w_k = \beta_z \mu_s \mu_z w_0 \tag{3-1}$$

计算围护结构时
$$w_k = \beta_{gz} \mu_s \mu_z w_0 \tag{3-2}$$

式中：w_k——风荷载标准值（kN/m^2）；

β_z——高度 z 处的风振系数；

β_{gz}——高度 z 处的阵风系数；

μ_s——风荷载体型系数；

μ_z——风压高度变化系数；

w_0——基本风压（kN/m^2），不得小于 $0.3kN/m^2$。

2 基本风压应按《建筑结构荷载规范》GB 50009—2012 的规定取用，对特别重要和有特殊要求的高层建筑，重现期可取 100 年，其他高层建筑钢结构的基本风压重现期应与设计使用年限一致。

3 高度 z 处的风振系数 β_z、高度 z 处的阵风系数 β_{gz}、风荷载体型系数 μ_s、风压高度变化系数 μ_z 应按《建筑结构荷载规范》GB 50009—2012 的有关条文采用。其中计算主体结构的风荷载效应时，风荷载体型系数 μ_s 可按下列规定采用：

（1）对平面为圆形的建筑可取 0.8。

（2）对平面为正多边形及三角形的建筑可按下式计算：

$$\mu_s = 0.8 + 1.2/\sqrt{n} \tag{3-3}$$

式中：n——多边形的边数。

（3）高宽比 H/B 不大于4的平面为矩形、方形和十字形的建筑可取1.3。

（4）下列建筑可取1.4：

1）平面为V形、Y形、弧形、双十字形和井字形的建筑；

2）平面为L形和槽形及高宽比 H/B 大于4的平面为十字形的建筑；

3）高宽比 H/B 大于4、长宽比 L/B 不大于1.5的平面为矩形和鼓形的建筑。

（5）在需要更细致计算风荷载的场合，风荷载体型系数可由风洞试验确定。

（6）当风荷载为结构设计的控制水平荷载时，高度大于150m且体形规则的钢结构宜进行风洞试验确定其风荷载，高度大于200m或高度大于150m且重要的或体形复杂的钢结构应进行风洞试验确定其风荷载。当风荷载不是结构设计的控制水平荷载时，高度大于200m的钢结构宜进行风洞试验确定其风荷载，高度大于150m且体形复杂的钢结构宜进行风洞试验确定其风荷载。对下列情况之一的高层建筑，宜采用风洞试验或通过数值技术确定其风荷载体型系数：

——平面形状不规则，立面形状复杂；

——立面开洞或连体建筑；

——周围地形和环境较复杂。

4　当多栋或群集的高层建筑，相互之间距离较近时，由于旋涡的相互干扰，房屋某些部位的局部风压会显著增大，因此宜考虑风力相互干扰的群体效应。一般可将单独建筑物的体型系数乘以相互干扰增大系数，该系数可参考类似条件的试验资料确定，比较重要的高层建筑，宜通过风洞试验或数值技术得出。对矩形平面高层建筑，根据施扰建筑（既有的邻近高层建筑）的位置，对顺风向风荷载可在1.00～1.10范围内选取，对横风向风荷载可在1.00～1.20范围内选取。

5　验算围护构件及其连接的强度时，可按《建筑结构荷载规范》GB 50009—2012的8.3.3条相关规定，采用局部风压体型系数。如计算檐口、雨篷、遮阳板、阳台等水平构件的局部上浮风荷载时，其风荷载体型系数不宜小于2.0。

6　对于高度大于30m且高宽比大于1.5的房屋，应考虑风压脉动对结构发生顺风向振动的影响。风振计算应按随机振动理论进行，结构的自振周期应按结构动力学计算。

7　对圆形截面结构，应按《建筑结构荷载规范》GB 50009—2012的规定校核横风向振动（旋涡脱落）。对非圆形结构，横风向振动的等效风荷载宜通过空气弹性模型的风洞试验确定，也可参考有关资料确定。

3.3　地震作用

地震作用是由地震引起的地面运动通过地基和基础传递给上部结构的惯性力。地震作用与风荷载均为水平作用，前者与结构本身的自重、动力特性（自振周期、振型和阻尼比）有关，后者除风压脉动增大系数与结构基本自振周期 T_1 有关外，与结构自重则无关。地震作用相当复杂，除与结构的动力特性有关外，还与建筑的规整性、场地类别、结构体系和地面运动的特性等有密切关系。

3.3.1　地震作用计算的原则和一般方法。

对地震作用的计算，按照建筑物的不同情况分别考虑地震的水平作用，水平与扭转耦连作用，水平与竖向地震同时作用。

1　多遇地震时，高层建筑钢结构的地震作用计算原则。

（1）一般情况下，应至少在建筑结构的两个主轴方向分别考虑水平地震作用，各方向的水平地震作用应全部由该方向的抗侧力构件承担。

（2）考虑到地震可能来自任意方向，有斜交抗侧力构件的结构，当相交角度大于15°时，应考虑斜向地震的作用，分别计算各抗侧力构件方向的水平地震作用。

（3）质量和刚度分布明显不对称的结构，应计入双向水平地震作用下的扭转影响；其他情况，应允许采用调整地震作用效应的方法计入扭转影响。

（4）9度时的高层建筑钢结构，其竖向地震作用产生的轴力在结构上是不可忽略的，故应计算竖向地震作用。

注：8、9度时采用隔震设计的建筑结构，应按有关规定计算竖向地震作用。

2　高层建筑钢结构的抗震设计方法。

（1）高度不超过40m，以剪切变形为主且质量和刚度沿高度分布比较均匀的高层建筑，以及近似于单质点体系的结构，可采用底部剪力法。

（2）除上述（1）中以外的高层建筑结构，宜采用振型分解反应谱法。

（3）特别不规则的建筑、甲类建筑和表3－1a所列高度范围的高层建筑，应采用时程分析法进行多遇地震下的补充计算，可取多条时程曲线计算结果的平均值与振型分解反应谱法计算结果的较大值（主要对计算结果的底部剪力、楼层剪力和层间位移进行比较）。

表3－1a　采用时程分析的房屋高度范围（m）

烈度、场地类别	房屋高度范围
8度Ⅰ、Ⅱ类场地和7度	＞100
8度Ⅲ、Ⅳ类场地	＞80
9度	＞60

采用时程分析法时，应按建筑场地类别和设计地震分组选用不少于二组的实际强震记录和一组人工模拟的加速度时程曲线，其平均地震影响系数曲线应与振型分解反应谱法所采用的地震影响系数曲线在统计意义上相符，其加速度时程的最大值可按表3－1b采用。弹性时程分析时，每条时程曲线计算所得结构底部剪力不应小于振型分解反应谱法计算结果的65%，多条时程曲线计算所得结构底部剪力的平均值不应小于振型分解反应谱法计算结果的80%。

表3－1b　时程分析所用地震加速度时程曲线的最大值（cm/s^2）

地震影响	6度	7度	8度	9度
多遇地震	18	35（55）	70（110）	140
设防地震	50	100（150）	200（300）	400
罕遇地震	125	220（310）	400（510）	620

注：括号内数值分别用于设计基本地震加速度为0.15g和0.30g的地区。

选择地震加速度时程曲线时，应满足地震动三要素即频谱特性、有效峰值和持续时间的要求。

（4）计算罕遇地震下结构的变形，应采用简化的静力弹塑性分析方法或弹塑性时程分析法。

注：建筑结构的隔震和消能减震设计，应采用《建筑抗震设计规范（2016年版）》GB 50011—2010第12章规定的计算方法。

3 结构抗震验算的范围。

(1) 6度时的建筑（不规则建筑及建造于Ⅳ类场地上较高的高层建筑除外），应允许不进行截面抗震验算，但应符合有关的抗震措施要求。

(2) 6度时不规则建筑及建造于Ⅳ类场地上较高的高层建筑，7度和7度以上的建筑结构，应进行多遇地震作用下的截面抗震验算。

注：采用隔震设计的建筑结构，其抗震验算应符合有关规定。

(3) 符合抗震变形验算标准规定的结构，除按规定进行多遇地震作用下的截面抗震验算外，尚应进行相应的变形验算。

3.3.2 重力荷载代表值。

计算地震作用时，高层建筑钢结构的重力荷载代表值应取结构和构配件自重标准值和各个可变荷载组合值之和。各个可变荷载组合值系数值 ψ 按表3-2采用。

表3-2 可变荷载的组合值系数 ψ

可变荷载种类		组合值系数 ψ
雪荷载		0.5
屋面活荷载		不考虑
按实际情况考虑的楼面活荷载		1.0
按等效均布荷载考虑的楼面活荷载	藏书库、档案库	0.8
	其他民用建筑	0.5

3.3.3 地震影响系数。

建筑结构的地震影响系数应根据烈度、场地类别、设计地震分组和结构自振周期以及阻尼比确定。其水平地震影响系数最大值应按表3-3采用；特征周期应根据场地类别和设计地震分组按表3-4采用，计算8、9度罕遇地震作用时，特征周期应增加0.05s。

注：周期大于6.0s的建筑结构所采用的地震影响系数应专门研究。

表3-3 水平地震影响系数最大值

地震影响	6度	7度	8度	9度
多遇地震	0.04	0.08（0.12）	0.16（0.24）	0.32
设防地震	0.12	0.22（0.32）	0.42（0.60）	0.80
罕遇地震	0.28	0.50（0.72）	0.90（1.20）	1.40

注：括号中数值分别用于设计基本地震加速度为0.15g和0.30g的地区。

表3-4 特征周期（s）

设计地震分组	场地类别				
	I_0	I_1	Ⅱ	Ⅲ	Ⅳ
第一组	0.20	0.25	0.35	0.45	0.65
第二组	0.25	0.30	0.40	0.55	0.75
第三组	0.30	0.35	0.45	0.65	0.90

建筑结构地震影响系数曲线（图3－1）的阻尼调整和形状参数应符合下列要求：

1　除有专门规定外，建筑结构的阻尼比应取0.05，地震影响系数曲线的阻尼调整系数应按1.0采用，形状参数应符合下列规定：

（1）直线上升段，周期小于0.1s的区段。

（2）水平段，自0.1s至特征周期区段，应取最大值（α_{min}）。

（3）曲线下降段，自特征周期至5倍特征周期区段，衰减指数应取0.9。

（4）直线下降段，自5倍特征周期至6s区段，下降斜率调整系数应取0.02。

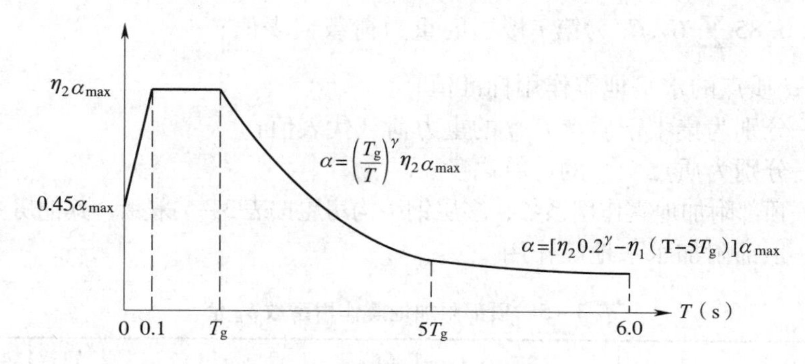

图3－1　地震影响系数曲线

α—地震影响系数；α_{max}—地震影响系数最大值；η_2—阻尼调整系数；γ—衰减系数；η_1—直线下降段的下降斜率调整系数；T_g—特征周期；T—结构自振周期

2　当建筑结构的阻尼比按有关规定不等于0.05时，地震影响系数曲线的阻尼调整系数和形状参数应符合下列规定：

（1）曲线下降段的衰减指数应按下式确定：

$$\gamma = 0.9 + \frac{0.05 - \zeta}{0.3 + 6\zeta} \tag{3-4a}$$

式中：γ——曲线下降段的衰减指数；

ζ——阻尼比。

（2）直线下降段的下降斜率调整系数应按下式确定：

$$\gamma = 0.02 + \frac{0.05 - \zeta}{4 + 32\zeta} \tag{3-4b}$$

式中：η_1——直线下降段的下降斜率调整系数，小于0时取0。

（3）阻尼调整系数应按下式确定：

$$\eta_2 = 1 + \frac{0.05 - \zeta}{0.08 + 1.6\zeta} \tag{3-4c}$$

式中：η_2——阻尼调整系数，当小于0.55时，应取0.55。

3.3.4　水平地震作用计算。

1　底部剪力法。

根据底部剪力法计算时，各楼层可仅取一个自由度。结构基底水平地震作用标准值按下式计算（图3－2），并将顶部附加地震作用$\delta_n F_{Ek}$附加作用于顶层，以增大顶层水平剪力值。

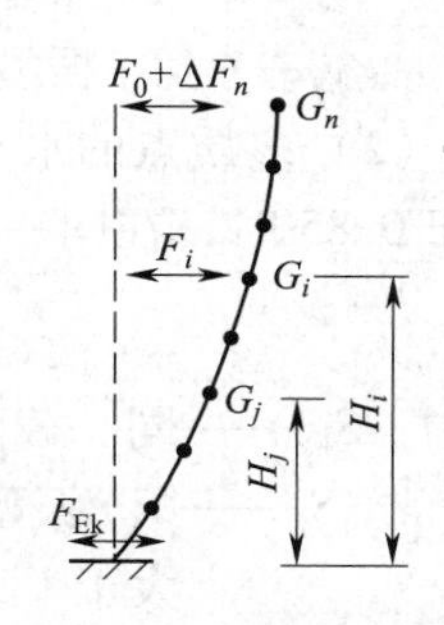

图3－2　结构水平地震作用计算简图

$$F_{Ek} = \alpha_1 G_{eq} \tag{3-5a}$$

$$F_i = \frac{G_i H_i}{\sum_{j=1}^{n} G_j H_j} F_{Ek}(1-\delta_n) \quad (i=1,2\cdots n) \tag{3-5b}$$

$$\Delta F_n = \delta_n F_{Ek} \tag{3-5c}$$

式中：F_{Ek}——结构总水平地震作用标准值；

α_1——相应于结构基本自振周期的水平地震影响系数值，按图 3-1 确定；

G_{eq}——结构等效总重力荷载，单质点取总重力荷载代表值；多质点取 $G_{eq} = 0.85\sum_{i=1}^{n} G_i$，$G_i$ 为第 i 楼层的重力荷载代表值；

F_i——i 质点的水平地震作用标准值；

G_i，G_j——分别为集中于质点 i，j 的重力荷载代表值；

H_i，H_j——分别为质点 i，j 的计算高度；

δ_n——顶部附加地震作用系数，多层钢结构房屋按表 3-5 采用，其他房屋不予考虑；

ΔF_n——顶部附加水平地震作用。

表 3-5 顶部附加地震作用系数 δ_n 值

T_g（s）	$T_1 > 1.4T_g$	$T_1 \leqslant 1.4T_g$
≤0.35	$0.08T_1 + 0.07$	0.0
>0.35~0.55	$0.08T_1 + 0.01$	
>0.55	$0.08T_1 - 0.02$	

注：T_1 为结构基本自振周期。

2 振型分解反应谱法。

采用振型分解反应谱法时，不进行扭转耦联计算的结构，应按下列规定计算其地震作用和作用效应：

（1）结构第 j 振型第 i 质点的水平地震作用标准值按下式计算：

$$F_{ji} = \alpha_j \gamma_j X_{ji} G_i \quad (i=1, 2\cdots n, j=1, 2\cdots m) \tag{3-6a}$$

$$\gamma_j = \sum_{i=1}^{n} X_{ji} G_i \Big/ \sum_{i=1}^{n} X_{ji}^2 G_i \tag{3-6b}$$

式中：F_{ji}——第 j 振型第 i 质点的水平地震作用标准值；

α_j——相应于第 j 振型自振周期 T_j 的地震影响系数；

X_{ji}——第 j 振型第 i 质点的水平相对位移；

γ_j——第 j 振型的参与系数。

（2）多质点的水平地震作用效应（弯矩、剪力、轴力和变形），当相邻振型的周期比小于 0.85 时，在同一截面上按下式组合：

$$S_{Ek} = \sqrt{\sum S_j^2} \tag{3-6c}$$

式中：S_{Ek}——同一截面水平地震作用标准值的总效应；

S_j——第 j 振型水平地震作用标准值的效应，一般取前 2~3 个振型，当基本周期大于 1.5s 或房屋高宽比大于 5 时，振型个数宜适当增加。

（3）高层建筑钢结构应考虑水平地震作用的扭转影响，应采用按扭转耦联振型分解法计算，各楼层可取两个正交的水平位移和一个转角共三个自由度，并应按下列公式计算结构的地震作用和作用效应。确有依据时，尚可采用简化计算方法确定地震作用效应。

1）j 振型 i 层的水平地震作用标准值，应按下列公式确定：

$$F_{xji} = \alpha_j \gamma_{tj} X_{ji} G_i$$

$$F_{yji} = \alpha_j \gamma_{tj} Y_{ji} G_i \quad (i=1,\ 2\cdots n,\ j=1,\ 2\cdots m)$$

$$F_{tji} = \alpha_j \gamma_{tj} r_i^2 \varphi_{ji} G_i \tag{3-7a}$$

式中：F_{xji}、F_{yji}、F_{tji}——分别为 j 振型第 i 层的 x 方向、y 方向和转角方向的地震作用标准值；

X_{ji}、Y_{ji}——分别为 j 振型 i 层质心在 x、y 方向的水平相对位移；

φ_{ji}——j 振型 i 层的相对扭转角；

r_i——i 层转动半径，可取 i 层绕质心的转动惯量除以该层质量的商的正的二次方根；

γ_{tj}——计入扭转的 j 振型的参与系数，可按下列公式确定：

当仅取 x 方向地震作用时

$$\gamma_{tj} = \sum_{i=1}^{n} X_{ji} G_i \Big/ \sum_{i=1}^{n} (X_{ji}^2 + Y_{ji}^2 + \varphi_{ji}^2 r_i^2) G_i \tag{3-7b}$$

当仅取 y 方向地震作用时

$$\gamma_{tj} = \sum_{i=1}^{n} Y_{ji} G_i \Big/ \sum_{i=1}^{n} (X_{ji}^2 + Y_{ji}^2 + \varphi_{ji}^2 r_i^2) G_i \tag{3-7c}$$

当取与 x 方向斜交的地震作用时

$$\gamma_{tj} = \gamma_{xj}\cos\theta + \gamma_{yj}\sin\theta \tag{3-7d}$$

式中：γ_{xj}、γ_{yj}——分别由式（3-7b）、式（3-7c）求得的参与系数；

θ——地震作用方向与 x 方向的夹角。

2）单向水平地震作用的扭转效应，可按下列公式确定：

$$S_{\mathrm{Ek}} = \sqrt{\sum_{j=1}^{m}\sum_{k=1}^{m} \rho_{jk} S_j S_k} \tag{3-7e}$$

$$\rho_{jk} = \frac{8\sqrt{\zeta_j \zeta_k}(\zeta_j + \lambda_{\mathrm{T}} \zeta_k)\lambda_{\mathrm{T}}^{1.5}}{(1-\lambda_{\mathrm{T}}^2)^2 + 4\zeta_j \zeta_k (1+\lambda_{\mathrm{T}})^2 \lambda_{\mathrm{T}} + 4(\zeta_j^2 + \zeta_k^2)\lambda_{\mathrm{T}}^2} \tag{3-7f}$$

式中：S_{Ek}——地震作用标准值的扭转效应；

S_j、S_k——分别为 j、k 振型地震作用标准值的效应，可取前 9～15 个振型；

ζ_j、ζ_k——分别为 j、k 振型的阻尼比；

ρ_{jk}——j 振型与 k 振型的耦联系数；

λ_{T}——k 振型与 j 振型的自振周期比。

3）双向水平地震作用的扭转效应，可按下列公式中的较大值确定：

$$S_{\mathrm{Ek}} = \sqrt{S_x^2 + (0.85S_y)^2} \tag{3-7g}$$

或

$$S_{\mathrm{Ek}} = \sqrt{S_y^2 + (0.85S_x)^2} \tag{3-7h}$$

式中：S_x、S_y 分别为 x 向、y 向单向水平地震作用按式（3-7e）计算的扭转效应。

3 采用底部剪力法时，突出屋面的屋顶间、女儿墙、烟囱等的地震作用效应，宜乘以增大系数 3，此增大部分不应往下传递，但与该突出部分相连的构件应予以计入；采用振型分解法时，突出屋面部分可作为一个质点参与整体计算。

4 抗震验算时，结构任一楼层的水平地震剪力应符合下式要求：

$$V_{Eki} > \lambda \sum_{j=i}^{n} G_j \tag{3-8}$$

式中：V_{Eki}——第 i 层对应于水平地震作用标准值的楼层剪力；

λ——剪力系数，不应小于表3-6规定的楼层最小地震剪力系数值，对竖向不规则结构的薄弱层，尚应乘以1.15倍的增大系数；

G_j——第 j 层的重力荷载代表值；

n——结构计算总层数。

表3-6　楼层最小地震剪力系数值

类　别	6度	7度	8度	9度
扭转效应明显或基本周期小于3.5s的结构	0.008	0.016（0.024）	0.032（0.048）	0.064
基本周期大于5.0s的结构	0.006	0.012（0.018）	0.024（0.032）	0.040

注：1　基本周期介于3.5s和5s之间的结构，可线性差值；

2　括号内数值分别用于设计基本地震加速度为0.15g和0.30g的地区。

5　在多遇地震下的阻尼比，高层建筑钢结构可按下列规定采用：高度不大于50m取4%；高度大于50m且小于200m取3%；高度不小于200m时取2%；高层建筑钢框架-混凝土核心筒结构的阻尼比，不应大于0.045。罕遇地震分析，阻尼比可取0.05。

6　结构的楼层水平地震剪力，应按下列原则分配：

（1）现浇和装配整体式混凝土楼、屋盖等刚性楼盖建筑，宜按抗侧力构件等效刚度的比例分配。

（2）木楼盖、木屋盖等柔性楼、屋盖建筑，宜按抗侧力构件从属面积上重力荷载代表值的比例分配。

（3）普通的预制装配式混凝土楼、屋盖等半刚性楼、屋盖的建筑，可取上述两种分配结果的平均值。

（4）计入空间作用、楼盖变形、墙体弹塑性变形和扭转的影响时，可按《建筑抗震规范（2016年版）》GB 500011—2010各有关规定对上述分配结果做适当调整。

7　结构抗震计算，一般情况下可不计入地基与结构相互作用的相互影响。

3.3.5　竖向地震作用计算。

1　9度时的高层建筑钢结构，其竖向地震作用标准值应按下列公式确定（图3-3）；楼层的竖向地震作用效应可按各构件承受的重力荷载代表值的比例分配，并宜乘以增大系数1.5。

$$F_{Evk} = \alpha_{vmax} G_{eq} \tag{3-9a}$$

$$F_{vi} = \frac{G_i H_i}{\sum G_j H_j} F_{Evk} \tag{3-9b}$$

式中：F_{Evk}——结构总竖向地震作用标准值；

F_{vi}——质点 i 的竖向地震作用标准值；

α_{vmax}——竖向地震影响系数的最大值，可取水平地震影响系数最大值的65%；

G_{eq}——结构等效总重力荷载，可取其重力荷载代表值的75%。

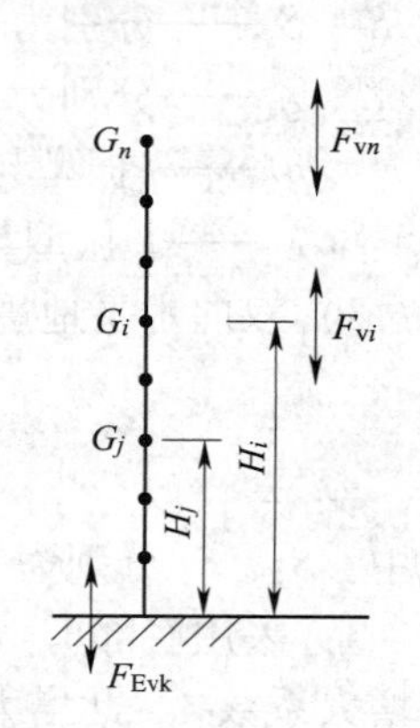

图3-3　结构竖向地震作用计算简图

2　水平长悬臂和大跨度结构和构件以及结构上部楼层外挑部分考虑竖向地震作用时，其竖向地震作用标准值，对8度（0.20g）、8度（0.30g）和9度的高层建筑钢结构，可分别取不小于该结构或构件重力荷载代表值的10%、15%和20%。

3　对设计使用年限为70年或100年的高层建筑钢结构，其地震作用可分别采用多遇地震作用的1.2倍或1.45倍。

4　设防烈度为7度（0.10g）及以下的丙类建筑，当地震作用组合不起控制作用时，可不验算强柱弱梁要求。此时，框架柱的轴压比不应大于0.70，框架剪力分担率应符合《高层民用建筑钢结构技术规程》JGJ 99—2015中第6.2.2条的规定，框架梁与柱的连接应符合抗震设计要求。

5　多遇地震下计算双向水平地震作用效应时可不考虑偶然偏心的影响，但应验算单向水平地震作用下考虑偶然偏心影响的楼层竖向构件最大弹性水平位移与最大和最小位移平均值之比；计算单向水平地震作用效应时应考虑偶然偏心的影响。每层质心沿垂直于地震作用方向的偏移值可按下式采用：

方形及矩形平面：
$$e_i = \pm 0.05L_i \tag{3-10a}$$
其他形式平面：
$$e_i = \pm 0.172r_i \tag{3-10b}$$

式中：e_i——第i层质心偏移值，各楼层质心偏移方向相同；

r_i——第i层相应质点所在楼层平面的回转半径；

L_i——第i层垂直于地震作用方向的建筑物长度。

6　计算各振型地震影响系数所采用的结构自振周期，应考虑非承重墙体的刚度予以折减。当非承重墙体为填充空心黏土砖墙时，折减系数可取0.8～0.9；当非承重墙体为填充轻质砌块、填充轻质墙板或外挂墙板时，折减系数可取0.9～1.0。

7　初步设计时，高层建筑钢结构的基本自振周期可按下列经验公式估算：
$$T_1 = 0.1n \tag{3-11}$$

式中：n——建筑物层数（不包括地下部分及屋顶小塔楼）。

4 结构内力与位移计算

4.1 计算的一般原则和基本假定

1 多高层建筑钢结构内力计算的基本方法是有限单元法。无论多么复杂的结构形式，都是由板、梁、柱、支撑或剪力墙等几种基本构件组成的，在计算时，采用与构件类型相应的单元建立空间力学模型，对结构在竖向荷载、风荷载以及地震作用下的位移和内力进行分析。

在竖向荷载、风荷载以及多遇地震作用下，多高层钢结构的内力和变形可采用弹性方法计算；罕遇地震作用下，高层民用建筑钢结构的弹塑性变形可采用弹塑性时程分析法或静力弹塑性分析法计算。

2 当结构布置规则、质量及刚度沿高度分布均匀、不计扭转效应时，可采用平面结构计算模型；当结构平面或立面不规则、体型复杂或为筒体结构时，应采用空间结构计算模型。

3 进行高层钢结构内力与位移计算时，一般可假定楼面在其自身平面内绝对刚性，楼板平面外位移为零。

4 对于采用的腰桁架与帽桁架或整体性较差，开孔面积大，有较长的外伸段的楼面，或相邻层刚度有突变的楼面或建筑平面不规则不能保持有效连续性的楼面，当楼盖可能产生明显的面内变形时，应采用楼板平面内的实际刚度，即弹性楼板，进行结构计算，考虑楼盖内的面内变形的影响。此时，应考虑压型钢板组合楼板各向异性、折算厚度及混凝土开裂等因素，对实际楼板的厚度作适当的折减。

5 高层钢结构弹性分析时，设计中可考虑现浇钢筋混凝土楼板与钢梁共同工作，对压型钢板组合楼盖，两侧有楼板的梁其惯性矩宜取 $1.5I_b$（I_b当钢梁本身的惯性矩）；对仅一侧有楼板的梁宜取 $1.2I_b$。此时在设计中应保证楼板与钢梁间有可靠的连接；对现浇普通钢筋混凝土楼板，仅一侧有楼板的梁宜取 $1.5I_b$，对两侧有楼板的梁取 $2.0I_b$。

进行弹性计算时，可以不考虑由于框架梁支座负弯矩区段内混凝土翼板受拉开裂对刚度的影响；在进行梁的截面设计时，通常不考虑组合楼板的作用，而仅考虑钢梁本身的承载力，因而此时框架梁在跨中截面具有一定的安全储备。在进行弹塑性计算时，结构产生了很大的变形，楼板开裂严重，故此时不宜考虑框架梁与钢筋混凝土楼板的共同工作，不应考虑楼板对钢梁惯性矩的增大作用。仅考虑梁的作用。

6 结构内力分析时应考虑重力荷载引起的竖向构件压缩差异影响和施工过程逐层加载的影响。

7 在高层钢结构设计中，钢框架－支撑结构的支撑斜杆两端宜按铰接计算；当实际构造为刚接时，也可按刚接计算。其端部连接的刚度则可通过支撑杆件的计算长度加以考虑。

偏心支撑的耗能段在大震时将首先屈服，由于它的受力性能不同，在建模时应将耗能梁段作为独立的梁单元处理。

8 延性墙板。在高层钢结构中，除了可以采用柱间支撑和现浇钢筋混凝土剪力墙板作为结构抗侧力构件外，还可以采用延性墙板提高结构的侧向刚度。常用的延性墙板有钢板剪力墙、无粘结内藏钢板支撑剪力墙板和带竖缝混凝土剪力墙板等几种形式。

在进行结构整体分析时，可按相同水平力作用下侧移相同的原则，将延性墙板折算成等效剪切板，且通常只考虑其承受水平荷载产生的剪力，而不考虑其承受竖向荷载产生的压力。

9　对钢－混凝土混合结构进行弹性阶段的内力和侧移计算时，型钢混凝土杆件（梁、柱）的截面刚度，可取型钢截面刚度与混凝土截面刚度之和，即：

$$EI = E_s I_s + E_c I_c \tag{4-1}$$

$$EA = E_s A_s + E_c A_c \tag{4-2}$$

$$GA = G_s A_s + G_c A_c \tag{4-3}$$

式中：EI、EA、GA——型钢混凝土杆件的截面抗弯刚度、轴向刚度和抗剪刚度；

A_s、I_s——型钢部分的截面面积和截面惯性矩；

A_c、I_c——混凝土部分的截面面积和截面惯性矩；

E_s、G_s——型钢钢材的弹性模量的剪切模量；

E_c、G_c——混凝土的弹性模量和剪切模量。

10　除应力蒙皮结构外，结构计算中不考虑非结构构件对结构承载力和刚度的有利作用。

11　如有条件时，计算结构内力和位移时，可考虑结构与地基的相互作用。

12　非结构构件。在高层建筑中存在着诸如围护结构、内隔墙等大量非结构构件。由于在整体计算模型中通常只考虑非结构构件的荷载效应而不计入其对结构刚度的影响，所以计算所得的周期往往比实际结构的周期长。为了比较准确地计算实际结构在地震作用下的效应，应对主体结构计算所得的周期乘以考虑非结构构件影响的修正系数。由于高层钢结构一般采用轻质隔墙，外墙采用幕墙，按弹性刚度用计算机计算周期时，宜乘以修正系数0.9。

结构计算中一般不应计入非结构构件对结构承载力和刚度的有利作用。

4.2　结构内力分析的基本内容

1　高层建筑结构分析的基本方法。

目前，在高层建筑结构设计中，大都采用三维空间有限元程序进行计算分析。弹性计算中，无论钢构件，还是混凝土构件，都视为理想弹性材料。在进行结构空间分析时，宜对结构作力学上的简化处理，使其既能反映结构的受力性能，又适应于所选用的结构分析软件的力学模型。

在建立高层建筑结构的力学模型时，梁、柱和支撑构件的力学特征十分明确，用一个单元来模拟一个构件即可达到满意的计算精度，然而对于剪力墙或核心筒，由于组合墙肢的几何形状非常复杂，再加上开洞位置的影响，使其内力分析变得十分复杂。进行结构整体分析时弹性计算模型应根据结构的实际情况确定，应能较准确地反映结构的刚度和质量分布以及结构构件的实际受力状况。目前国内可供选择的计算模型有：（1）平面框架空间协同模型；（2）空间杆系模型；（3）空间杆－薄壁杆系模型；（4）空间杆－墙板元模型；（5）其他组合有限元模型。目前已经开发出不少实用的计算软件，可以用来解决剪力墙的分析问题，其中具有代表性和应用较广的有：薄壁杆件模型（TBSA、TAT）、墙板单元模型（TUS/ABDW）和墙壳单元模型（SAP2000、SATWE、ETABS）等。

延性墙板的计算模型，可按《高层民用建筑钢结构技术规程》JGJ 99—2015 规程附录 B、C、E 的有关规定。

由于高层建筑结构的计算模型非常复杂，为了减少结构的自由度，在计算时通常引入刚性楼板的假定，使得每一楼层中所有构件在楼层平面内的平移和转动自由度均可以用该层参考点的平移与转动表示，从而大大减少了结构的自由度。此时，楼板本身并不作为结构构件参与结构整体分析。随着高层建筑结构体系的多样化，对于带有转换层、楼板局部开洞以及平面布置狭长的复杂高层建筑结构体系，楼板变形的影响已经不能忽视。此时，如果继续采用楼板刚度无穷大的假定，就会引起较大的计算误差。另外，对于超高层钢结构，普遍采用水平加强层。由于腰桁架与帽桁架均为越层构件，如果假定楼板刚度无穷大，将无法得到其上下弦杆的实际内力。

2 竖向荷载。

在进行高层建筑结构计算时，如果将所有竖向荷载一次施加到计算模型上，由于各竖向构件轴向压缩变形量不同，将在水平结构构件中引起弯矩和剪力。层数越高，这种效应越大，在建筑的顶层，梁端弯矩有可能改变符号，甚至出现中柱受拉的情况。这样的内力计算结果显然是不真实的，其原因是在计算时未考虑到结构施工的实际情况。在实际工程中，竖向构件的变形总是在施工过程中逐渐完成的。例如：当施工到某一层时，其下部结构竖向构件已经完成了相当一部分竖向变形，只有当层数继续增加、进行围护结构及室内装修施工时才可能引起该层竖向构件压缩变形量之间的不均衡现象，并在该层梁中引起附加内力。另外，在实际工程中，竖向构件由于压缩变形差异造成的柱顶标高不同要比计算值小得多，这是因为在施工过程中，柱顶高差总是可以通过调节竖向构件拼接接头的焊缝间隙等措施逐步加以消除的。

计算分析表明，对于跨度较大的框架结构以及带有较大悬挑部分的结构，活荷载的布置情况将对内力产生较大的影响。在考虑活荷载的不利布置时，需要通过对多种情况进行分析比较，从中选取构件内力的最大值。对于框架梁，不仅要考虑活荷载在计算楼层内的不利布置，相邻楼层活荷载分布也将对其产生一定影响。对于柱的情况将更为复杂，由此可见，高层建筑进行活荷载不利布置分析的计算工作量将是很大的。对于通常的高层建筑，与静荷载相比，活荷载是比较小的，活荷载不利布置的影响较小，此时可以通过适当加大框架梁在均布活荷载下弯矩设计值的办法考虑活荷载不利布置的影响。当活荷载所占比重很大时，则需要对多种活荷载情况进行计算分析。

3 竖向构件的压缩。

（1）差异缩短量。

据介绍，美国休斯敦市75层的得克萨斯商业大厦，采用钢柱和槽形型钢混凝土墙并用的混合结构。重力荷载作用下，钢柱的总缩短量，比型钢混凝土墙大260mm。

美国另一幢80层办公大楼，压应力引起的弹性缩短，钢柱是混凝土柱的三倍；包括混凝土收缩和徐变的总缩短量，钢柱也比混凝土柱大28mm（表4-1）。

表4-1 80层高楼各柱的综合缩短值（mm）

柱的类型 \ 变形性质	弹性压缩	收缩	徐变	合计
钢柱	196	—	—	196
钢筋混凝土柱	61	61	46	168

美国达拉斯市的一幢73层高楼，采用型钢混凝土结构，楼内四种不同情况的柱，最终缩短量分别为280、300、300、410mm，各柱之间的最大差异缩短量为130mm。

（2）差异缩短原因。

1）轴压应力差。

①钢柱截面尺寸取决于水平荷载和重力荷载共同引起的轴力和弯矩，而且更多地取决于弯矩。因而，截面尺寸相同的柱，轴压力并不相同；甚至截面小的内柱，轴压力反而大，以致各柱的轴压应力有时差别很大。

②钢柱、混凝土柱并用的混合结构中，因为钢材的弹性模量和抗压强度，分别是混凝土的10倍和20倍，但由于钢柱截面小，钢柱的缩短量也比混凝土柱大得较多。

③混合结构高楼多采用钢框架－混凝土核心筒体系，混凝土核心筒截面面积与钢柱相比，大小悬殊，钢柱缩短量一般比核心筒大得更多。

2）时间差。

①从表4－1可以看出，混凝土收缩和徐变所引起的柱缩短量，分别约占总缩短量的36%和28%，而且两者的总和比弹性压缩大得多，值得注意的是这压缩量，不像弹性压缩那样是瞬间完成的，而是分别要经历半年或更长时间。

②混合结构高层建筑的施工，往往是先浇筑混凝土核心筒，用它作为爬塔等起重设备支座和施工运输通道，然后再浇筑筒与外框柱间的各层楼板，这将进一步扩大钢柱与核心筒的竖向变形差。

（3）压缩差的危害。

1）引起内力的变化。

在筒中筒、框架－核心筒体系中设置的伸臂钢桁架（刚臂），竖向抗弯刚度很大，核心筒与外柱的竖向变形差，将使桁架杆件产生较大附加轴力。此外，外圈钢柱的先期超量压缩，还会降低刚臂的预期功效，甚至使刚臂上、下弦杆件轴力变号。

对于多跨框架梁，各柱的压缩差就意味着支座差异沉降，在引起附加应力的同时，也引起各柱之间的荷载重分布。

2）引起非结构部件损坏。

各个竖构件的差异缩短，若不预先调整，必将造成各层楼面的倾斜。相邻竖构件的过量差异压缩，还易引起隔墙开裂。

核心筒因混凝土收缩、徐变而产生的后期较大压缩量，若未采取相应措施，将会使电梯轨道、竖向管道受压屈曲，水平管道接口受剪破坏。

（4）对策。

1）根据重力荷载下各构件竖向变形的计算结果，确定各层钢柱的下料长度。

2）根据各构件施工期和后期的缩短量，对相关构件的连接构造采取适当措施，以适应各构件的差异缩短量。

4　风荷载。

（1）建筑物在风荷载作用下，其迎风面将承受风压力，背风面则承受风吸力。随着建筑层数的增加，风荷载的影响不断增大，对于超高层钢结构，风荷载对构件截面与结构的水平位移往往起控制作用。在风荷载作用下，高层建筑将产生顺风向与横风向的振动；有时建筑在垂直于风荷载作用方向的运动比平行于风荷载作用方向更剧烈。风力是随时间不断变化的，它除在建筑物上产生一个相对稳定的侧向力外，脉动变化的风力还会使建筑物产生风振现象。对于超高层建筑，风振作用主要与风向、风速、建筑物的体型、质量与刚度特性，以及建筑物所处的地理环境有关。

虽然风荷载在建筑表面的分布很不均匀，为了简单起见，在结构整体计算时，对迎风面和背风面可以统一地取一个平均的体型系数。

估计风荷载动力效应最直接的方法是模拟建筑及其周围环境进行风洞试验。通过风洞试验，可以具体地确定作用于建筑物表面上的风压力和风吸力的大小与分布。虽然风洞试验的费用比较高，但对于超高层钢结构，有时还是非常必要的。

（2）风对高楼的危害。

近代兴建的钢结构高层建筑，由于新的建筑形式和结构体系的出现，轻质材料的应用，建筑质量和结构刚度减小，在大风作用下，容易发生以下几种情况。

1）由于长时间的振动，结构因材料疲劳或侧移过大引起结构失稳而破坏。

2）因结构变形过大，隔墙开裂。

3）建筑外墙装饰物和玻璃幕墙，因较大局部风压而破坏。

（3）高层建筑群集效应。

1）在城市市区内新建高层建筑时，邻近建筑群体将对气流产生干扰，使作用于高楼的风压发生变化，其结果往往是使风荷载的数值增大。《建筑结构荷载设计规范》GB 50009—2012 规定，当多幢建筑物特别是群集的高层建筑相距较近时，宜考虑风力相互干扰的群体效应，对按单独建筑物确定的体型系数 μ_s 乘以增大系数。

2）邻近建筑群体引起的高层建筑风荷载体型系数的增大系数，应利用建筑群体模型，通过风洞试验确定。

3）根据国内外对多种情况高楼群体所进行的一定数量的刚性和弹性模型风洞试验数据，总结出以下几点意见，为高层建筑群体效应给出了概念和量值，可供工程设计参考。

①两相邻建筑中（图 4－1），位于近距离（$d/H \leqslant 0.7$）内的建筑影响大，远距离（$d/H > 1.5$）的建筑影响很小。

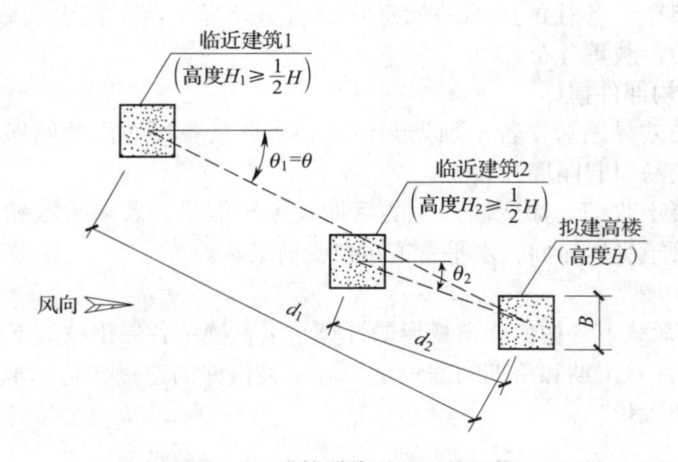

图 4－1 建筑群体对风压的干扰

②由于尾流区涡流激振，当两相邻建筑的连线与风向的交角 $\theta = 30° \sim 45°$时，干扰效应最大。

③三个相邻建筑的影响量与两个时的影响量接近。

④建筑群体相互干扰引起的风荷载体型系数的增大系数 μ_{BF} 参考值，列于表 4－2。

表 4-2 建筑群体风荷载体型系数的增大系数 μ_{BF}

方向	d/B	d/H	地面粗糙度	风向角 θ									
				0°	10°	20°	30°	40°	50°	60°	70°	80°	90°
顺风向	≤3.5	≤0.7	A、B 类	1.15	1.35	1.45	1.50 ~ 1.80	1.45 ~ 1.75	1.40	1.40	1.30	1.25	1.15
			C、D 类	1.10	1.15	1.25	1.30 ~ 1.55	1.25 ~ 1.50	1.20	1.20	1.10	1.10	1.10
	≥7.5	≥1.5	A、B 类 C、D 类	1.00									
横风向	≤2.25	≤0.45	A、B 类	1.30 ~ 1.50									
			C、D 类	1.10 ~ 1.30									
	≥7.5	≥1.5	A、B 类 C、D 类	1.00									

注：1 θ 为风向与相邻建筑物平面形心之间连线的夹角，d 为两建筑物的距离，B、H 分别为所讨论建筑物迎风面宽度和高度（图 4-1）。

2 d/B 或 d/H 为上表中间值时，可用插值法确定，条件 d/B 或 d/H 取影响大者计算。

3 表中同一格有两个数时，低值适用于两个高层建筑，高值适用于两个以上高层建筑。

5 地震作用。

历次震害表明，地震造成建筑破坏的损失是巨大的。当发生地震时，地面产生剧烈运动，在建筑中引起惯性力，地震烈度越高，这种惯性力即地震作用越大。地震作用的大小还与建筑物的重量与刚度有关，在同等烈度与场地条件下，建筑的总重量越大，地震作用越大；结构的侧向刚度越大、自振周期越短，地震作用也越大。由于地震发生的时间与地震的烈度具有很大的随机性，如果片面强调提高抗震措施，势必引起建筑成本的提高，给国民经济造成巨大的负担，所以在我国的《建筑抗震设计规范（2016 年版）》GB 50011—2010 中采用了“小震不坏、中震可修、大震不倒”的三水准设防指导思想。第一水准是当高层建筑在其正常使用年限内遭遇发生频率较高、强度较低的地震（50 年超越概率为 63.2%，比基本烈度低 1 度半左右）时，应保证建筑物的正常使用，非结构构件不发生破坏，结构处于弹性工作状态。第二水准是在基本烈度地震作用下（50 年超越概率为 10%），允许结构达到或超过屈服极限，此时结构构件要有足够的延性，结构不发生破坏，经修复后还可正常使用。第三水准是在罕遇的强烈地震作用下（50 年超越概率为 2% ~3%，比基本烈度高 1 度左右），结构进入弹塑性大变形状态，非结构构件破坏严重，此时应防止结构倒塌，避免危及人员生命安全。

高层建筑钢结构的抗震设计，一般应采用两阶段设计法（个别性能等级较高的部位如 4 级及以上尚需验算设防烈度中震时的承载力）。第一阶段为多遇地震（小震）作用下弹性分析，验算构件的承载力、稳定性及结构的层间位移，第二阶段为罕遇地震（大震）作用下的弹塑性分析，验算结构的层间位移和层间延性比。在多遇地震作用下，对于体形简单、刚度分布均匀的高层结构，在进行初步设计时可采用基底剪力法估计楼层的水平地震力；对于大多数情况，目前在结构计算时普遍采用振型分解反应谱法。在罕遇地震作用下，结构早已进入了弹塑性工作状态，此时需要采用弹塑性时程法进行计算分析，找出结构的薄弱环节，防止由于局部形成破坏机构引起结构倒塌。

基底剪力法是一种适用于高度不大、竖向刚度分布较为规则的高层建筑抗震计算简化方法。它根据建筑物的基本自振周期、总重量以及建筑场地类别等因素，通过结构的反应谱曲线计算出结构底部的水平地震总剪力；假定水平地震力近似为倒三角形分布，将其中的一部分作为集中力施加在建筑的顶部，用来模拟高振型的影响；用静力的方法进行结构内力计算，从而可以得到接近于结构在实际地震中动力反应峰值的内力与变形。

振型分解反应谱法是目前在结构抗震设计中最基本和最常用的计算方法。它将结构视为多质点体系，计算其前若干个周期与振型，利用正则变换将多自由度体系分解为多个彼此独立的广义单自由度体系；根据加速度反应谱曲线确定各单自由度体系的最大惯性力，用静力方法进行结构的力学计算；将各振型的位移与内力进行组合，从而可以得到结构在地震作用时的位移与内力。由于在振型分解反应谱法的计算过程中综合地考虑了地面运动的强弱、建筑场地的性质以及结构自身动力特性的影响，因而在结构设计中得到了广泛应用。

时程分析法又称直接动力法，它在结构的底部输入地震记录或人工合成的地震波，通过动力计算的方法求出结构在地震过程中每一时刻的位移与内力变化情况，从而了解结构中塑性铰出现的情况，找出薄弱部位予以加强，从而可以有效地防止结构在罕遇地震作用时发生倒坍。采用时程分析中要考虑的因素很多，其中最重要的是要建立符合构件实际情况的恢复力模型与合理地选择地震波。由于高层建筑总是由大量构件组成的，在进行时程分析时，又要将地震持续时间分成数百甚至上千个微小的时间段，计算工作量巨大。

6 温度应力。

对于现代的高层建筑钢结构，由于常年使用空调系统，室内的温度变化很小。而建筑的边柱，特别当为了满足建筑功能需要而将柱局部或整体暴露于室外时，随着季节及昼夜气温的变化，边柱将产生轴向的伸长与缩短，边柱与内部的竖向构件之间将会出现竖向位移差，层数越高，变形量也就越大。由于框架梁、柱之间通常采用刚接，边柱的竖向形变受到约束，从而在边跨中引起内力的变化。对于气温变化引起结构内力变化的反应，通常可以采用线弹性的方法进行分析。

7 荷载组合。

对于高层建筑结构，往往有两种或两种以上的荷载同时发生，例如，竖向荷载与风荷载、竖向荷载与地震作用，或竖向荷载、风荷载和地震作用同时发生。实际上，风荷载与水平地震作用的最大值并不是同时出现的，应当根据有关的规范正确选择各种荷载的分项系数与组合系数，必须保证结构在正常使用年限内发生最不利的荷载组合情况下具有足够的强度、刚度和稳定性。当检验结构与构件的整体稳定性时，需要考虑由于结构侧向变形引起的重力二阶效应即 $P-\Delta$ 效应，必要时还要考虑温度应力的影响。

进行构件的截面设计时，通常分别对每种荷载组合工况进行验算，取其中最不利的情况作为构件的设计内力。

(1) 持久设计状况和短暂设计状况组合的效应。

对于钢结构、“钢－混凝土”混合结构、型钢混凝土结构和钢管混凝土结构高楼，在持久设计状况和短暂设计状况下，当荷载和荷载效应按线性关系考虑时，小震时，荷载基本组合的效应设计值应按下式确定：

$$S_{d}=\gamma_{G}S_{GK}+\gamma_{L}\Psi_{Q}\gamma_{Q}S_{QK}+\Psi_{W}\gamma_{W}S_{WK} \tag{4-4}$$

式中：S_{d}——荷载组合的效应设计值；

γ_{G}、γ_{Q}、γ_{W}——分别为永久荷载、楼面活荷载、风荷载的分项系数；

γ_{L}——考虑结构设计使用年限的荷载调整系数，设计使用年限为 50 年时取 1.0，设计使用年限为 100 年时取 1.1；

γ_{G}、γ_{Q}、γ_{W}——分别为永久荷载、楼面活荷载、风荷载效应标准值。

1）组合值系数取值。

Ψ_{Q} 和 Ψ_{W} 分别为楼面活荷载组合值系数和风荷载组合值系数，当永久荷载效应起控制作用时应分别取 0.7 和 0.0；当可变荷载效应起控制作用时应分别取 1.0 和 0.6 或 0.7 和 1.0。

注：对书库、档案库、储藏室、通风机房和电梯机房，本条楼面活荷载组合值系数取 0.7 的场合应取 0.9。

2）荷载基本组合的分项系数取值。

①承载力计算时。

永久荷载的分项系数：当其效应对结构不利时，对由可变荷载效应控制的组合应取 1.2，对永久荷载效应控制的组合应取 1.35；若其效应对结构有利时，应取 1.0。

楼面活荷载的分项系数：一般情况下取 1.4。

风荷载的分项系数应取 1.4。

②楼面活荷载标准值折减系数

a 设计各层楼盖主梁时，取 0.9；

b 设计各层墙、柱和基础时，对于高层公寓、旅馆、办公楼、医院病房，按表 4-3 规定采用；对其他用途高层建筑，一律取 0.9。

表 4-3 楼面活荷载按楼面的折减

墙、柱、基础计算截面以上的层数	1 层	2~3 层	4~5 层	6~8 层	9~20 层	>20 层
计算截面以上各楼层活荷载总和的折减系数	1.0（0.90）	0.85	0.70	0.65	0.6	0.55

注：当楼面梁的从属面积超过 $25m^2$ 时，应采用括号内的系数。

3）构件承载力验算公式。

风荷载和重力荷载作用下，高层建筑结构构件的承载力，应满足下式要求：

$$\gamma_{o}S\leqslant R \tag{4-5}$$

式中：γ_{o}——结构重要性系数，对安全等级为一级、二级的结构构件，分别取 1.1 和 1.0；

S——荷载效应组合的设计值，按公式（4-4）计算；

R——结构构件承载力设计值。

（2）地震作用效应组合。

在多地震设计状况下，当作用与作用效应按线性关系考虑时，荷载和地震作用基本组合的效应设计值，应按下式确定：

$$S_{d}=\gamma_{G}S_{GE}+\gamma_{Eh}S_{Ehk}+\gamma_{Ev}S_{Evk}+\Psi_{W}\gamma_{W}S_{WK} \tag{4-6}$$

$$S \leqslant R/\gamma_{RE} \tag{4-7}$$

式中：　S_d——荷载和地震作用基本组合的效应设计值。

S_{GE}——重力荷载代表值的效应。

S_{Ehk}——水平地震作用标准值的效应，尚应乘以相应的增大系数、调整系数。

S_{Evk}——竖向地震作用标准值的效应，尚应乘以相应的增大系数、调整系数。

γ_G、γ_{Eh}、γ_{Ev}、γ_W——分别为上述各相应荷载或作用的分项系数。

Ψ_W——风荷载起控制作用时，组合值系数应取0.2。

γ_{RE}——承载力抗震调整系数。

地震设计状况下，荷载和地震作用基本组合的分项系数应按下列规定采用：

1）承载力计算时，分项系数应按表4－4采用。当重力荷载效应对结构的承载力有利时，表4－4中的γ_G不应大于1.0。

2）位移计算时，公式（4－6）中各分项系数均应取1.0。

表4－4　有地震作用组合时荷载和作用的分项系数

参与组合的荷载和作用	γ_G	γ_{Eh}	γ_{Ev}	γ_w	说　明
重力荷载及水平地震作用	1.2	1.3	—	—	抗震设计的高层民用建筑钢结构均应考虑
重力荷载及竖向地震作用	1.2	—	1.3	—	9度抗震设计时考虑；水平长悬臂和大跨度结构7度（0.15g）、8度、9度抗震设计时考虑
重力荷载、水平地震作用及竖向地震作用	1.2	1.3	0.5	—	9度抗震设计时考虑；水平长悬臂和大跨度结构7度（0.15g）、8度、9度抗震设计时考虑
重力荷载、水平地震作用及风荷载	1.2	1.3	—	1.4	60m以上高层民用建筑钢结构考虑
重力荷载、水平地震作用、竖向地震作用和风荷载	1.2	1.3	0.5	—	60m以上高层民用建筑钢结构考虑9度抗震设计时考虑；水平长悬臂和大跨度结构7度（0.15g）、8度、9度抗震设计时考虑
	1.2	0.5	1.3	1.4	水平长悬臂和大跨度结构7度（0.15g）、8度、9度抗震设计时考虑

注：当重力荷载效应对构件承载能力有利时，一般情况下取$\gamma_G=1.0$，对结构倾覆、滑移或漂浮验算应取$\gamma_G=0.9$。

3）中震（设防烈度）下的计算见第5章。

4）罕遇地震作用下高层民用建筑钢结构弹塑性变形计算时，可不计入风荷载的效应。

4.3 内力与位移的计算方法

4.3.1 弹性分析。

1 在竖向荷载、风荷载以及多遇地震作用下，多高层民用钢结构的内力和变形可采用弹性方法计算。此时，假设结构及构件均处于弹性工作状态，验算构件的承载力及稳定、结构的层间变形和总体稳定。

2 应根据建筑的高度与体型的复杂程度确定采用的计算方法。

（1）进行多高层建筑结构作用效应计算时，正、反两个方向的作用，均取两个方向的较大值。对于体型复杂的高层结构，应考虑作用角的影响。

（2）高层建筑结构按空间整体工作计算时，各构件应根据不同的计算模型，分别考虑下列位移分量，以确定与之对应的构件内力——弯矩、剪力、轴力和扭矩。

1）梁：弯曲、剪切、扭转变形，必要时（例如，梁兼作帽桁架或腰桁架的弦杆），应计入轴向变形；

2）柱：弯曲、剪切、轴向、扭转变形；

3）墙：弯曲、剪切、轴向、扭转变形和翘曲变形；

4）支撑：弯曲、轴向和扭转变形；

5）延性墙板：剪切变形；

6）消能梁段：剪切变形、弯曲变形。

对于带有现浇竖向连续的钢筋混凝土剪力墙板或钢筋混凝土核心筒的钢框架结构，剪力墙既是竖向承重构件，也是结构中的主要抗侧力构件。剪力墙单元除应考虑墙板平面内的轴向变形、剪切变形与弯曲变形外，进行精确的结构分析时，尚宜计入剪力墙平面外刚度的影响。

3 钢结构抗震计算的阻尼比宜符合下列规定：

（1）多遇地震下的计算，高度不大于 50m 时，可取 0.04；高度大于 50m 且小于 200m 时，可取 0.03；高度不小于 200m 时，宜取 0.02。

（2）当偏心支撑框架部分承担的地震倾覆力矩大于结构总地震倾覆力矩的 50% 时，其阻尼比可比本条 1 款相应增加 0.005。

4 多高层民用建筑钢结构弹性分析时，应计入重力二阶效应的影响。

5 多高层钢结构梁、柱节点域剪切变形对结构内力的影响较小，一般在 10% 以内，因而不需对结构内力进行修正。但此剪切变形对结构水平位移的影响较大，必须考虑其影响。影响程度主要取决于梁的弯曲刚度、节点域的剪切刚度、梁腹板高度以及梁与柱的刚度之比。在设计中，梁柱刚性连接的钢框架计入节点域剪切变形对侧移的影响时，可将节点域作为一个单独的剪切单元进行结构整体分析，也可按下列规定作近似计算：

（1）对于箱型截面柱框架，可按结构轴线尺寸进行分析，但应将节点域作为刚域，梁柱刚域的总长度，一般可分别取柱截面宽度和梁截面高度的一半。

（2）对于 H 形截面柱框架，可按结构轴线尺寸进行分析，不考虑刚域。

（3）当结构弹性分析模型不能计算节点域的剪切变形时，可将上述框架分析得到的楼层最大层间位移角与该楼层柱下端的节点域在梁端弯矩设计值作用下的剪切变形角平均值相加，得到计入节点域剪切变形影响的楼层最大层间位移角。任一楼层节点域在梁端弯矩设计值作用下的剪切变形角平均值可按下式计算：

$$\theta_{\mathrm{m}}=\frac{1}{n}\sum\frac{M_i}{GV_{\mathrm{p},i}}\quad(i=1\rightarrow n)\tag{4-8}$$

式中：θ_{m}——楼层节点域的剪切变形角平均值；

M_i——该楼层第 i 个节点两侧框架梁端的弯矩设计值矢量和，即 $M_i=M_{\mathrm{b1}}+M_{\mathrm{b2}}$，使节点域产生与楼层侧移同向转角时取正，反向时取负；

n——该楼层的节点域总数；

G——钢材的剪切模量；

$V_{\mathrm{p},i}$——第 i 个节点域的有效体积，按第 5 章的规定计算。

6 框架、框架 - 支撑、框架 - 剪力墙、框筒等结构体系，其内力和侧移的计算，均可采用矩阵位移法。

7 筒体结构可按位移相等原则转化为连续的竖向悬臂筒体，采用薄壁杆件理论、有限条法和其他有效方法进行计算。

8 平面或竖向特别不规则的结构或结构体系较特殊的结构（如巨型结构，带有转换层或伸臂桁架的结构），宜采用时程分析方法作补充校核计算。在弹性阶段进行内力与变形分析时，应采用不少于两个不同的力学模型或计算程序进行计算分析比较。

9 在风荷载比较大的地区，当风荷载作用效应大于地震作用效应，即结构层间位移及构件承载力都由风荷载组合所决定时，在弹性阶段可不考虑地震作用的验算，但是结构抗震的构造要求要严格按照现行国家标准《建筑抗震设计规范（2016 年版）》GB 50011—2010 的有关各项规定进行设计。

4.3.2 弹塑性分析。

1 在罕遇地震作用下，高层民用建筑钢结构的弹塑性变形可采用弹塑性时程分析法或静力弹塑性分析法计算。

（1）房屋高度不超过 100m 时，可采用静力弹塑性分析方法；高度超过 150m 时，应采用弹塑性时程分析法；高度在 100 ~ 150m 之间，可视结构不规则程度选择静力弹塑性分析方法或弹塑性时程分析方法。高度超过 300m 时，应有两个独立的计算；

（2）复杂结构应首先进行施工模拟分析，应以施工全过程完成后的状态作为弹塑性分析的初始状态；

（3）结构构件上应作用重力荷载代表值，其效应应与水平地震作用产生的效应组合，分项系数可取 1.0；

（4）钢材强度可取屈服强度 f_{y}；

（5）在罕遇地震下的弹塑性分析，阻尼比可取 0.05。

（6）应计入重力荷载二阶效应的影响；

（7）应对计算分析结构进行合理性判断，确认其合理、有效后，方可作为工程设计的依据。

2 高层民用建筑钢结构进行弹塑性分析时，可根据实际工程情况采用静力或动力时程分析法，并应符合下列规定：

（1）当采用结构抗震性能设计时，应根据本书第 5.3 节的有关规定，预定结构的抗震性能目标；

（2）结构弹塑性分析的计算模型应包括全部主要结构构件，应能较正确地反映结构的质量、刚度和承载力的分布以及结构构件的弹塑性性能；

（3）弹塑性分析宜采用空间计算模型。

3 高层民用建筑钢结构弹塑性分析时应考虑构件的下述变形：梁的弹塑性弯曲变形，柱在轴力和弯矩作用下的弹塑性变形，支撑的弹塑性轴向变形，延性墙板的弹塑性剪切变形，消能梁段的弹塑性变形；宜考虑梁柱节点域的弹塑性剪切变形；采用消能减震设计时还应考虑消能器的弹塑性变形，隔震结构还应考虑隔震垫的弹塑性变形。

4 钢柱、钢梁、弯曲约束支撑及偏心支撑消能梁段恢复力模型的骨架线可采用二折线型。其滞回模型可不考虑刚度退化；钢支撑和延性墙板的恢复力模型，应按杆件特性确定。杆件的恢复力模型也可由试验研究确定。

5 采用静力弹塑性分析方法进行罕遇地震作用下的变形计算时，应符合下列规定：

（1）可在结构的两个主轴方向分别施加单向水平力进行静力弹塑性分析；

（2）水平力可作用在各层楼盖的质心位置，可不考虑偶然偏心的影响；

（3）结构的每个主轴方向宜采用不少于两种水平力沿高度分布模式，其中一种可与振型分解反应谱法得到的水平力沿高度分布模式相同；

（4）采用能力谱法时，需求谱曲线可由现行国家标准《建筑抗震设计规范（2016 年版）》GB 50011—2010 的地震影响系数曲线得到，或由建筑场地的地震安全性评价提出的加速度反应谱曲线得到。

6 采用弹塑性时程分析方法进行罕遇地震作用下的变形计算，应符合下列要求：

（1）一般情况下，可采用单向水平地震输入，在结构的两个主轴方向分别输入地震加速度时程；对体型复杂或特别不规则的结构，宜采用双向水平地震或三向水平地震输入。

（2）地震地面运动加速度时程的选取，时程分析所用地震加速度时程的最大值等，应符合国家现行标准《高层民用建筑钢结构技术规程》JGJ 99—2015 或《建筑抗震设计规范（2016 年版）》GB 50011—2010 中的规定。

结构计算模型可以采用杆系模型、剪切型层模型、剪弯型层模型或剪弯协同工作模型。

层模型的计算精度虽然不如杆系模型，但计算量小、费用低、计算结果简明，能够从总体上把握结构在罕遇地震时的反应，因此在目前的实际工程设计中普遍采用。

在对结构进行弹塑性分析时，应同时考虑水平地震作用与重力荷载（不应计入风荷载），并应考虑重力二阶效应对侧移的影响。构件所用材料的屈服强度和极限强度均应采用标准值。

7 弹塑性侧移简化计算方法。

（1）薄弱层位置的确定。

1）楼层屈服强度系数 ξ_y 沿高度分布均匀的结构，可取底层。

2）楼层屈服强度系数 ξ_y 沿高度非均匀分布的结构，可取 ξ_y 值最小的楼层（部位）和相对较小的楼层，但一般不多于 2～3 处。

（2）适用范围。

楼层侧向刚度无突变、20 层以下的钢框架结构和支撑钢框架结构，当无条件采用静力弹塑性分析方法或弹塑性时程分析法时，可参考下面方法进行罕遇地震作用下结构薄弱层弹塑性变形的估算。

（3）计算公式。

罕遇烈度地震作用下，钢结构高层建筑的薄弱层弹塑性层间侧移 $\Delta\mu_p$，可按下列公式计算：

$$\Delta\mu_p = \eta_p \Delta\mu_e \tag{4-9a}$$

或

$$\Delta\mu_p = \mu\Delta\mu_y = \frac{\eta_p}{\xi_y}\Delta\mu_y \tag{4-9b}$$

式中：$\Delta\mu_e$——按弹性分析所得的罕遇地震作用下的结构层间侧移；

$\Delta\mu_y$——结构的层间屈服侧移；

μ——结构的楼层延性系数；

ξ_y——结构的楼层屈服强度系数；

η_p——弹塑性层间侧移增大系数。

（4）η_p 的确定。

钢框架、支撑框架结构薄弱层（部位）的弹塑性侧移增大系数 η_p 的数值，取决于下述三个因素：①薄弱层的楼层屈服强度系数 ξ_y；②支撑框架结构薄弱层的支撑部分抗侧移承载力与框架部分抗侧移承载力的比值 R_s，当采用纯框架结构时，$R_s=0$；③薄弱层与相邻楼层的屈服强度系数的比值。

η_p 按以下规定取值：

1）当结构薄弱层（部位）的屈服强度系数 ξ_y 不小于相邻楼层（部位）屈服强度系数平均值 $\bar{\xi}$ 的0.8倍时，即 $\xi_y/\bar{\xi}$ 时，η_p 可按表4-5取值；

表4-5　钢结构薄弱层弹塑性层间侧移的增大系数 η_p

总层数 \ R_s / ξ_y	$R_s=0$				$R_s=1$				$R_s=2$				$R_s=3$				$R_s=4$			
	0.6	0.5	0.4	0.3	0.6	0.5	0.4	0.3	0.6	0.5	0.4	0.3	0.6	0.5	0.4	0.3	0.6	0.5	0.4	0.3
5	1.05	1.06	1.07	119	1.49	1.62	1.70	2.09	1.61	1.80	1.95	2.62	1.68	1.86	2.16	—	1.68	1.86	2.32	—
10	1.11	1.14	1.17	1.20	1.35	1.44	1.48	1.80	1.29	1.39	1.55	1.80	1.25	1.31	1.68	—	1.25	1.30	1.67	—
15	1.13	1.16	1.20	1.27	1.23	1.32	1.45	1.80	1.21	1.22	1.25	1.80	1.20	1.20	1.25	1.80	1.20	1.20	1.25	1.80
20	1.13	1.16	1.20	1.27	1.11	1.15	1.25	1.80	1.10	1.12	1.25	1.80	1.10	1.12	1.25	1.80	1.10	1.12	1.25	1.80

2）当 $\xi_y/\bar{\xi}\leqslant 0.5$ 时，取表4-5相应数值的1.5倍；

3）当 $0.5<\xi_y/\bar{\xi}<0.8$ 时，按上述两种情况采用内插法取值。

4.3.3　多遇地震作用下结构构件的内力调整。

1　框架。

对于侧向刚度沿竖向分布基本上达到均匀变化的高层建筑，当采用钢结构“框架-支撑”体系、“框架-延性墙板”体系或“钢框架-钢筋混凝土筒体”混合结构时，各楼层“框架部分”（所有框架之和）所承担的地震剪力，不应小于结构底部总地震剪力 V_0 的25%与结构分析所得“框架部分”各楼层地震剪力最大值 $V_{f,max}$ 的1.8倍两者的较小值。当采用“型钢混凝土框架-钢筋混凝土筒体”混合结构时，则取 $0.2V_0$ 与 $1.5V_{f,max}$ 两者的较小值。因为支撑和剪力墙是结构中的主要抗侧力构件，通常负担绝大部分水平地震力。如果在地震作用下支撑斜杆丧失稳定或剪力墙出现塑性铰，都将引起结构侧向刚度蜕化，使框架部分负担的地震剪力增大。为了确保高层钢结构的安全，必须使框架部分的承载力具有一定的安全储备。

在进行框架部分的内力计算时，应首先对其在地震作用下的内力进行调整，然后再与其他荷载产生的内力进行组合。

2 角柱、支撑柱。

在结构平面的两个主轴方向分别计算水平地震效应时，角柱和两个方向的支撑或剪力墙所共有的柱，应考虑同时受双向地震作用的效应，其水平地震作用引起的构件内力应在进行总框架负担地震剪力不小于结构底部总剪力 25% 调整的基础上进一步提高 30% 。

3 托柱梁与托墙柱。

在进行多遇地震作用下进行构件承载力计算时，托柱梁与钢结构转换层下的钢框架柱和承载托钢筋混凝土抗震墙（柱）的钢框架柱的内力，应乘以增大系数 1.5。

4 偏心支撑框架中，当消能梁段达到受剪承载力时，以下构件的内力设计值应乘以内力增大系数：

（1）支撑斜杆的轴力设计值，应取与支撑斜杆相连接的消能梁段达到受剪承载力时支撑斜杆轴力与增大系数的乘积；其增大系数，一级不应小于 1.4，二级不应小于 1.3，三级不应小于 1.2；

（2）位于消能梁段同一跨的框架梁内力设计值，应取消能梁段达到受剪承载力时框架梁内力与增大系数的乘积；其增大系数，一级不应小于 1.3，二级不应小于 1.2，三级不应小于 1.1；

（3）框架柱的内力设计值，应取消能梁段达到受剪承载力时柱内力与增大系数的乘积；其增大系数，一级不应小于 1.3，二级不应小于 1.2，三级不应小于 1.1。

5 中心支撑框架的斜杆轴线偏离梁柱轴线交点不超过支撑杆件的宽度时，仍可按中心支撑框架分析，但应计及由此产生的附加弯矩。

6 当采用带有消能装置的中心支撑体系，支撑斜杆的承载力应为消能装置滑动或屈服时承载力的 1.5 倍。

7 支撑框架中柱、梁及其连接节点的内力：

支撑框架在承受水平荷载时，斜杆中的轴力将通过连接节点传到柱及梁，在设计中柱梁内力应包含支撑所传来的力。

人字支撑和 V 形支撑的框架梁在支撑连接处应保持连续，并按不计入支撑支点作用的梁验算重力荷载和支撑屈曲时不平衡力作用下的承载力；不平衡力应按受拉支撑的最小屈服承载力和受压支撑最大屈曲承载力的 0.3 倍计算。必要时，人字支撑和 V 形支撑可沿竖向交替设置或采用拉链柱。

支撑斜杆与消能梁段连接的承载力不得小于支撑的承载力。若支撑需抵抗弯矩，支撑与梁的连接应按抗压弯连接设计。

8 支撑框架的支撑构件的内力计算时，要考虑其他附加效应：

（1）在地震作用或风荷载和垂直荷载作用下，支撑斜杆主要承受以上荷载引起的剪力。此外，还承受水平位移和垂直荷载产生的附加弯矩，楼层附加剪力可按下式计算：

$$V_i = 1.2\frac{\Delta\mu_i}{h_i}\cdot\sum G_i \qquad (4-10)$$

式中：h_i——所计算楼层的高度；

$\sum G_i$——所计算楼层以上的全部重力；

$\Delta\mu_i$——所计算楼层的层间位移。

(2) 人字形和V字形支撑的内力计算时，应考虑由支撑跨的梁传来的楼面垂直荷载。

(3) 对于十字交叉支撑、人字形支撑和V形支撑的斜杆。在内力计算时，应考虑由于柱在垂直荷载作用下的弹性压缩变形而在斜杆中引起的附加压应力，可按下式计算：

1) 十字形交叉支撑的斜杆：

$$\Delta\sigma_{br}=\frac{\sigma_c}{\left(\frac{l_{br}}{h}\right)^2+\frac{h}{l_{br}}\cdot\frac{A_{br}}{A_c}+2\frac{b^3}{l_{br}h^2}\cdot\frac{A_{br}}{A_b}} \tag{4-11}$$

2) 人字形和V形支撑的斜杆：

$$\Delta\sigma_{br}=\frac{\sigma_c}{\left(\frac{l_{br}}{h}\right)^2+\frac{b^3}{24l_{br}}\cdot\frac{A_{br}}{I_b}} \tag{4-12}$$

式中：　σ_c——斜杆端部连接固定后，该楼层以上各层增加的恒荷载和活荷载产生的柱中压应力；

l_{br}——支撑斜杆长度；

b、I_b、h——分别为支撑跨梁的长度、绕水平主轴的惯性矩和楼层高度；

A_{br}、A_c、A_b——分别为计算楼层的支撑斜杆、支撑跨的柱和梁的截面面积。

在楼层刚度不大的情况下，柱压缩变形引起的附加应力对十字交叉支撑的影响比对人字支撑和V形支撑更为严重。

9　在地基基础设计时应考虑水平作用下结构整体倾覆力矩的影响，并应符合以下规定：

(1) 验算多遇地震作用下整体基础（筏形或箱形基础）对地基的作用时，可采用底部剪力法计算作用于地基的倾覆力矩，其折减系数可取0.8。

(2) 计算倾覆力矩对地基的作用时，不应考虑基础侧面回填土部分的约束作用。

4.4　地震作用下的时程分析法

4.4.1　时程分析法概述。

1　采用时程分析法的必要性。

反应谱法是一种拟静力法，它根据加速度反应谱曲线确定结构的等效地震作用，用静力法进行结构计算分析。在设计中采用的反应谱曲线虽然是由许多地面加速度记录计算统计得到的，但它不能反映结构内力与变形随时间变化的情况。震害调查表明，地震作用过程是一个时间过程，应用反应谱理论不能反映结构在地震过程中随时间变化的动态和过程。有时无法给出正确的概念，有时不能找出结构真正的薄弱部位。有些按反应谱法设计的结构，在未超过设防烈度的地震中受到严重破坏。

在使用振型分解反应谱法进行结构分析时，通常假定结构处于线弹性工作状态。当发生设防烈度或罕遇地震时，结构早已经进入弹塑性状态，随着塑性铰的出现与发展，结构不断进行塑性内力重分布，最终由于形成破坏机构导致局部或整体倒坍。用反应谱法无法跟踪及预测结构在地震过程中可能出现的破坏形态。计算结果表明，即使假定结构处于弹性状态，反应谱法与时程分析有时也会存在相当大的差别。

2　时程分析法的特点。

时程分析法是一种直接动力法，能比较真实地描述结构地震反应的全过程，它将地震记录作为地面运动输入结构的振动方程，将地震持续时间分为很多小的时间段（约为0.02s），在每个时间段内，假定结构的刚度不变，通过对振动方程进行逐步积分，即可求出结构及构件在整个地震过程中各个时刻变形和内力的变化情况。

（1）计算方法。

罕遇地震烈度下的结构变形验算，应采用弹塑性时程分析法。首要条件是选择符合实际的地震波和恢复力模型。

（2）地震波的选择。

1）波的条数和特性。

①每条地震波均有其特定的频谱组成，按不同波形计算出的结构地震反应存在着较大差别。采用不少于三条地震波分别计算出结构地震作用效应，并取其平均值，方具有足够的代表性，此平均地震作用效应值不小于大样本容量平均值的保证率将在85%以上。

②应按建筑场地类别及所处地震动参数区划特征周期分区（设计地震分组）的特性，选用相应的不少于两条实际强震记录和一条人工模拟的加速度时程曲线。

③所采用的加速度时程曲线，其平均地震影响系数曲线，应与振型分解反应谱法所采用的地震影响系数曲线在统计意义上相符，即两者在各个周期点上的差值不大于20%，以保证时程分析结果的平均结构底部剪力，一般不会小于振型分解反应谱法计算结果的80%。

（3）地面加速度峰值。

地面加速度记录是由许多加速度脉冲组成的，其峰值表示地面运动的剧烈程度。当设防烈度为6~9度时，输入地震波的峰值加速度可按表4-6采用。在进行时程分析时，首先要将所选地震波的加速度峰值调整到表中相应设防烈度的地震加速度峰值。调整系数为$\frac{A_{max}}{a_{max}}$，其中A_{max}为相应设防烈度的地震加速度峰值，a_{max}为所选地震记录中的加速度峰值。

表4-6 时程分析所用地震加速度峰值a_{max}（cm/s^2）

设防烈度	6	7	8	9
多遇地震	18	35（55）	70（110）	140
罕遇地震	—	220（310）	400（510）	620

注：表中括号值用于地震加速度为0.15g（7度）的0.30g（8度）。

（4）波的持时和时距。

1）在地震时，强震持续时间一般从几秒到几十秒不等。强震时间愈长，造成的震害愈严重，地震波的持续时间不宜过短，不宜小于20s或更长，且不宜小于建筑结构基本自振周期的5~10倍，且不宜小于20s。

2）地震波的数字化时距（时间步长）一般取0.01s或0.02s，且不宜超过输入地震特征周期的1/10。

3）时间步长取得愈小，计算结果愈精确，但工作量愈大。必要时，也可先取较大步长计算，然后逐次减半，直至相邻两次的计算结果无较大差异时为止。

（5）合理简化结构的力学模型。

采用时程分析法计算结构的弹塑性地震反应时，可采用三维杆系模型。由于时程法需要逐步积分，对于大型复杂的高层建筑结构，计算工作量巨大，由于计算条件的限制，目前在实际工程中还很少应用。迄今在国内采用较多的是简化的层模型。另外，由于高层建筑钢结构在罕遇地震时将出现较大的变形，所以在进行弹塑性时程反应分析时，还应计入 $P-\Delta$ 效应对侧移的影响。同时，在第二阶段设计中采用时程法验算时，不应计入风荷载，其竖向荷载宜取重力荷载代表值。

（6）正确选择构件的恢复力模型与破坏准则。

当采用三维杆系模型时，梁恢复力模型的骨架曲线可采用双折线形式；柱恢复力模型的骨架曲线可采用三折线形式，屈服曲面应考虑双向弯矩、轴力及扭矩的影响；支撑的恢复力特性主要应该能够反映屈曲后的性能。当结构中存在钢筋混凝土剪力墙板构件时，应选用能够反映钢筋混凝土构件特点的力学模型，并应考虑刚度退化的影响。

当采用层模型时，首先根据各个构件的弯曲、轴向和剪切刚度求出各层的等效剪切刚度，可以采用静力弹塑性方法计算层恢复力模型的骨架曲线，并可将其简化为折线型，简化后的折线应当与计算所得的骨架线尽量吻合。

3 时程分析法的适用范围。

多遇地震作用下，多高层民用钢结构的内力和变形可采用弹性方法计算，但对于竖向特别不规则的建筑，宜采用时程分析法进行补充计算。罕遇地震作用下，高层民用建筑钢结构的弹塑性变形可采用弹塑性时程分析法或静力弹塑性分析法计算，验算结构的层间位移，找出结构中存在的薄弱环节，避免过早形成破坏机构。

4.4.2 弹性时程分析法。

多遇地震作用下，用时程分析法进行补充计算，是在刚度矩阵 $[K]_i^{i+1}$、阻尼矩阵 $[C]_i^{i+1}$ 保持不变下的计算，称为弹性时程分析。

1 采用弹性时程分析法的房屋高度范围，见表4－7。

表4－7 采用时程分析的房屋高度范围

烈度、场地类型	房屋高度范围（m）	烈度、场地类别	房屋高度范围（m）
8度Ⅰ、Ⅱ类场地和7度	>100	9度	>60
8度Ⅲ、Ⅳ类场地	>80		

输入地震波的最大加速度峰值 a_c，可由场地危险性分析确定；未做场地危险性分析的工程，可取表4－6中所规定的数值。

2 弹性时程分析模型。

弹性时程分析可采用与反应谱法相同的计算模型：从平面结构的层间模型以至复杂结构的三维空间分析模型，计算可在采用反应谱法时建立的侧移刚度矩阵和质量矩阵的基础上进行，不必重新输入结构的基本参数。

鉴于计算结果的工程判断以模型的层间剪力和变形为主，通常以等效层间模型为主要的分析模型。该模型的组成见表4－8：

表 4-8 层间模型的组成

	主 要 特 点
质量矩阵	由集中于楼层、屋盖处的重力荷载代表值对应的质量、转动惯量组成的对角矩阵
刚度矩阵	以楼层等效侧移刚度形成的三对角矩阵，等效侧移刚度取反应谱法求得的层间地震剪力 V_e 除以层间的位移 Δu_e，即 $K_i = V_e(i) / \Delta u_e(i)$
阻尼矩阵	对阻尼均匀的结构，使用瑞雷阻尼矩阵 C $C = aM + bK$ $\begin{Bmatrix} a \\ b \end{Bmatrix} = \frac{2\zeta}{\omega_1 + \omega_n} \begin{Bmatrix} \omega_1 \omega_n \\ 1 \end{Bmatrix}$
M	总质量矩阵
K	总刚度矩阵
ω_1	基本自振圆频率
ω_n	必须考虑的最高振型 n 的圆频率
ζ	结构阻尼比，对阻尼性质不均匀的结构，例如当结构为部分钢结构，部分为混凝土结构，或安装有大型消能装置，或考虑地基土与结构相互作用时，通过反映构件阻尼特性的单元阻尼矩阵，建立非经典阻尼的总阻尼矩阵

当需要考虑二向或三向地震作用时，弹性时程分析应同时输入二向或三向地震地面加速度分量的时程。

3 计算结果的工程判断。

时程分析法计算结果的影响因素较多，加速度波形数量又较少，其计算结果是对反应谱法的补充，即根据差异的大小和实际可能，对反应谱法计算结果，按表 4-9 要求适当修正：

表 4-9 对地震反应谱法修正值

	内 容 要 求
总剪力判断	每条加速度波计算得到的底部剪力，均不小于底部剪力法或振型分解反应谱法计算结果的 65%，多条时程曲线计算结果的平均值不应小于 80%，当小于 80% 时，所有内力（层间剪力和各构件的内力）都按同一比例增大，使时程分析法的底部剪力达到 80%
位移判断	当计算模型未能充分考虑填充墙等非结构构件的影响时，与采用反应谱法时相似，对所获得的位移等，也要求乘以相应的经验系数
比较和修正	多条加速度波的计算结果取各条同一层间的剪力和变形在不同时刻的最大值的平均值，以结构层间的剪力和层间变形为主要控制指标，对时程分析法的结果和反应谱法的结果加以比较、分析，适当调整反应谱法的计算结果
调整方法举例	以设防烈度为设计依据时，可有三种调整方法：①若两种方法的结构底部剪力大致相当，各楼层的层间剪力可直接取两种方法的较大值；②若两种方法的结构底部剪力差异较大，可先将时程分析法的全部计算结果按比例调整，使两种方法的结构底部剪力大致相当，然后，各楼层的层间剪力再取两种方法的较大值；③只对层间变形较大的楼层适当增加配筋或改变构件尺寸

当使用空间三维杆系模型时，对钢筋混凝土构件，使用三组波中的每组与重力荷载代表值联合作用下计算出的主筋配筋量的平均值与反应谱法计算的配筋量相比宜取大者；对钢结构构件，使用三组波中的每组与重力荷载代表值联合作用下，计算的最大应力的平均值与反应谱法计算的应力值相比宜取大者。

4.4.3 弹塑性时程分析法。

罕遇地震作用下，高层民用建筑钢结构的弹塑性变形可采用弹塑性时程分析法或静力弹塑性分析法计算。刚度矩阵$[K]_i^{i+1}$、阻尼矩阵$[C]_i^{i+1}$随结构及其构件所处的变形状态，在不同时刻可能取不同的数值，称为弹塑性时程分析。

1 弹塑性时程分析的内容。

弹塑性时程分析法是抗震计算时估计结构薄弱层弹塑性层间变形的方法之一，而且是最基本的方法。现阶段，结构弹塑性变形的主要衡量指标是层间变位角，因而，采用弹塑性时程分析法进行计算的主要内容也是弹塑性层间变形。在弹塑性时程分析过程中，也可以取得各主要构件的弹塑性工作状态（构件屈服的部位、次序，以及是否发生脆性破坏等）。

多条加速度波的计算结果需取平均值，当计算模型未体现非结构影响时，计算的变形可适当调整。

2 弹塑性时程分析中结构与构件的非弹性特征模型。

弹塑性时程分析同弹性分析（包括反应谱法与弹性时程分析法）的主要差异是分析模型中结构与构件的非弹性特征的表征——结构构件的非线性变形特征和恢复力模型。

结构的构件可以简化为两种模型：杆件模型和剪力墙模型；梁、柱、支撑构件为杆件模型，剪力墙简化为剪力墙模型，剪力墙有些情况下亦可简化为等效的框架模型，其力和变形性质可分别采用简化的非线性变形特征来描述。

（1）计算参数。

1）输入地震波的最大加速度峰值$a_{\max}$，可按表4-7的规定取值。

2）钢结构进入弹塑性阶段，其阻尼比可取0.05。

3）用时程分析法时，时间步长不宜超过输入地震波卓越周期的1/10，且不宜大于0.2s，地震波的持续时间宜取不少于20s。

（2）结构计算模型。

1）结构计算模型可以采用杆系模型、剪切型层模型、剪弯型层模型或剪弯协同工作模型。对于规则结构可采用弯曲型层模型或平面杆系模型，对于不规则结构应采用空间模型。

2）与层模型相比较，杆系模型可以给出结构杆件的时程反应，计算结果更为精确；但计算工作量很大。

3）采用层模型进行结构的弹塑性时程分析，可以得到各楼层的时程反应，虽然计算精度稍低，但结果简明，易于整理。计算结果能够满足第二阶段抗震设计的目标。因此，工程设计中多采用层模型。

（3）恢复力模型。

进行高层建筑钢结构的弹塑性地震反应分析时，若采用杆系模型或者层模型，就需先确定结构杆件或结构层间的恢复力模型。

1）结构杆件或楼层的恢复力模型，可通过结构恢复力特性试验或参考现有资料确定。

①钢柱、钢梁的恢复力模型可采用二折线型，其滞回模型可不考虑刚度退化。

②钢支撑、偏心支撑消能梁段等构件或杆件的恢复力模型，应按杆件特性来确定。

③钢筋混凝土剪力墙板、核心筒和抗剪墙板，应选用二折线或三折线型，并考虑刚

度退化。

2）若采用层模型进行高层建筑钢结构的弹塑性地震反应分析时，应采用计入有关构件弯曲、剪切和轴力变形影响的等效层剪切刚度。

3）层恢复力模型的骨架线，可采用静力弹塑性方法计算确定，并可简化为折线型；但要求简化后的折线与计算所得骨架线尽量吻合。

（4）荷载和材料强度。

1）在对结构进行静力弹塑性计算时，应同时考虑水平地震作用与重力荷载。

2）构件所用材料的屈服强度和极限强度，应采用其标准值。

4.4.4 基本方程及其解法。

结构在地震作用下的运动方程是

$$[m]\{\ddot{x}\}+[c]\{\dot{x}\}+[K]\{x\}=-[m]\{\ddot{u}_g\} \tag{4-13}$$

式中，$\ddot{u}_g$为地震地面运动加速度波。计算模型不同时，质量矩阵［m］、阻尼矩阵［C］、刚度矩阵［K］、位移向量｛x｝、速度向量｛$\dot{x}$｝和加速度量｛$\ddot{x}$｝有不同的形式。

地震地面运动加速度记录波形是一个复杂的时间函数，方程的求解要利用逐步设计的数值方法。将地震作用时间划分成许多微小的时段，相隔Δt，基本运动方程改写为i时刻至$i+1$时刻的半增量微分方程：

$$[m]\{\ddot{x}\}_{i+1}+[C]_i^{i+1}\{\Delta\dot{x}\}_i^{i+1}+[K]_i^{i+1}\{\Delta x\}_i^{i+1}+\{Q\}_i=-[m]\{\ddot{u}_g\}_{i+1}$$

$$\{Q\}_i=\{Q\}_{i-1}+[K]_{i-1}^{i}\{\Delta x\}_{i-1}^{i}+[C]_{i-1}\{\Delta\dot{x}\}_{i-1}^{i}$$

$$\{Q\}_0=0 \tag{4-14}$$

然后，借助于不同的近似处理，把｛$\Delta\ddot{x}$｝、｛$\Delta\dot{x}$｝等均用｛Δx｝表示，获得拟静力方程：

$$[K^*]_i^{i+1}\{\Delta x\}_i^{i+1}=\{\Delta P^*\}_i^{i+1} \tag{4-15}$$

求出$\{\Delta x\}_i^{i+1}$后，就可得到$i+1$时刻的位移、速度、加速度及相应的内力和变形，并作为下一步计算的初值，一步一步地求出全部结果——结构内力和变形随时间变化的全过程。

在第一阶段设计计算时，用弹性时程分析，$[K]_i^{i+1}$保持不变；在第二阶段设计计算时，用弹塑性时程分析，$[K]_i^{i+1}$随结构及其构件所处的变形状态，在不同时刻取不同的数值。

上述计算，需由专门的计算机软件实现。

对于增量形式的动力方程，可以用多种方法求解。表4－10给出在实际计算中常用的三种方法。

表4－10 中点加速度法、Newmark－β法及Wilson－θ法原理

方法	计算公式
中点加速度法	$[K^*]_i^{i+1}\{\Delta x\}_i^{i+1}=\{\Delta P^*\}_i^{i+1}$ $[K^*]_i^{i+1}=[K]_i^{i+1}+\frac{4}{\Delta t^2}[m]+\frac{2}{\Delta t}[C]_i^{i+1}$ $\{\Delta P^*\}_i^{i+1}=-[m]\{\ddot{u}_g\}_{i+1}+\left(\frac{4}{\Delta t}[m]+2[c]_i^{i+1}\right)\{\dot{x}\}_i+[m]\{\ddot{x}\}_i-\{Q\}_i$ $\{x\}_{i+1}=\{x\}_i+\{\Delta x\}_i^{i+1}$ $\{\dot{x}\}_{i+1}=\frac{2}{\Delta t}\{\Delta x\}_i^{i+1}-\{\dot{x}\}_i$ $\{\ddot{x}\}_{i+1}=\frac{4}{\Delta t^2}\{\Delta x\}_i^{i+1}-\frac{4}{\Delta t}\{\dot{x}\}_i-\{\ddot{x}\}_i$

续表 4－10

方法	计 算 公 式
Wilson－θ 法	$[K^*]_i^{i+1}\ \{\Delta x_\tau\} = \{\Delta P^*\}_i^{i+1}\quad(\tau=\theta\Delta t,\ \theta=1.4)$ $[K^*]_i^{i+1} = [K]_i^{i+1} + \frac{6}{\tau^2}[m] + \frac{3}{\tau}[C]_i^{i+1}$ $\{\Delta P^*\}_i^{i+1} = -[m]\left(\{\ddot{u}_g\}_{i+1} + (\theta-1)\{\Delta\ddot{u}_g\}_{i+1}^{i+2} - \frac{6}{\tau}\{\dot{x}\}_i - 2\{\ddot{x}\}_i\right) +$ $[c]_i^{i+1}\left(3\{\dot{x}\}_i + \frac{\tau}{2}\{\ddot{x}\}_i\right) - \{Q\}_i$ $\{\Delta\ddot{x}_\tau\} = \frac{6}{\tau^2}\{\Delta x_\tau\} - \frac{6}{\tau}\{\ddot{x}\}_i - 3\{\ddot{x}\}_i$ $\{x\}_{i+1} = \{x\}_i + \Delta t\{\dot{x}\}_i + \frac{\Delta t^2}{2}\{\ddot{x}\}_i + \frac{\Delta t^2}{6\theta}\{\Delta\ddot{x}_\tau\}$ $\{\dot{x}\}_{i+1} = \{\dot{x}\}_i + \Delta t\{\ddot{x}\}_i + \frac{\Delta t}{2\theta}\{\Delta\ddot{x}_\tau\}$ $\{\ddot{x}\}_{i+1} = \{\ddot{x}\}_i + \frac{1}{\theta}\{\Delta\ddot{x}_\tau\}$
Newmark－β 法	$[K^*]_i^{i+1}\{\Delta x\}_i^{i+1} = \{\Delta P^*\}_i^{i+1}$ $[K^*]_i^{i+1} = [K]_i^{i+1} + \frac{4}{\beta\Delta t^2}[m] + \frac{1}{2\beta\Delta t}[C]_i^{i+1}$ $\{\Delta P^*\}_i^{i+1} = -[m]\left(\{\ddot{u}_g\}_{i+1} - \frac{1}{\beta\Delta t}\{\dot{x}\}_i - \frac{1}{2\beta}\right)\{\ddot{x}\}_i\{\ddot{x}\}_i) +$ $[C]\left(\frac{1}{2\beta}\{\dot{x}\}_i - \left(1-\frac{1}{4\beta}\right)\Delta t\{\ddot{x}\}_i\right)$ $\{x\}_{i+1} = \{x\}_i + \{\Delta x\}_i^{i+1}$ $\{\dot{x}\}_{i+1} = \frac{1}{2\beta\Delta t}\{\Delta x\}_i^{i+1} + \left(1-\frac{1}{2\beta}\right)\{\dot{x}\}_i + \left(1-\frac{1}{4\beta}\right)\Delta t\{\ddot{x}\}_i$ $\{\ddot{x}\}_{i+1} = \frac{1}{\beta\Delta t^2}\{\Delta x\}_i^{i+1} - \frac{1}{\beta\Delta t}\{\dot{x}\}_i + \left(1-\frac{1}{2\beta}\right)\{\ddot{x}\}_i$

Newmark－β 法：

当取 $\gamma=\frac{1}{2}$、$\beta=\frac{1}{4}$ 时，为中点加速度法，此时对于线性分析积分无条件收敛。当取 $\gamma=\frac{1}{2}$、$\beta=\frac{1}{6}$ 时，即为线性加速度法。

Wilson－θ 法：

可以证明，当 $\theta\geqslant1.37$ 时，Wilson－θ 法是无条件稳定的。但 θ 值加大，则误差也将增大。因此通常取 $\theta=1.4$。对于阻尼比为5%的钢筋混凝土结构，当取时间步长 $\Delta t\leqslant(0.06\sim0.1)T_g$ 时，可以得到较好的结果，其中 T_g 为地震波的特征周期。

当采用时程分析法计算结构的地震反应时，时间步长的运用与输入地震波的频谱情况结构自振特性和所选用的数值计算方法有关。一般说来，时间步长越小，计算结果越精确，但计算工作量也随之增大。最好的办法是用几个时间步长进行试算，使步长逐渐减小，直到计算结果无明显变化为止。

4.5 温度影响

由于大气温度变化在结构中产生的应力称为温度应力。造成温度应力的温差有三种：①季节温差；② 内外温差；③日照温差，指房屋在使用期，向阳面与背阳面之间的温差。温度应力在房屋的高度方向和长度方向都会产生影响。一般说来，如果采取了必要的保温措施，温度变化对于高层建筑结构的影响并不严重。近年来，很多高层建筑带有部分或全部暴露于室外的柱，当昼夜或季节的温度变化时，暴露构件的长度将发生变化，而建筑内部的构件基本上处在常温的环境下。尽管对于某一层而言，温度变化引起的构件长度变化是微小的，但随着层数增加，温度引起的变形不断积累，在顶层达到最大值。对于20层以上的建筑，这种影响有可能是很明显的。如果梁的刚度较小，这个位移差受到抑制的程度就很小，因而温度应力也不大。但这种大变形差会使顶部数层边跨隔断墙出现明显变形和裂缝。相反的情况，如果梁的刚度很大，内、外柱的变位差就会受到很大程度的抑制，受温度冷缩的柱受到拉力，受温度热胀的柱受到压力，梁则受到弯曲和剪切。

在阳光照射下，会使向阳面各柱伸长而形成如图4－2所示的结构变形。当房屋布置不对称时，还会使建筑物出现扭转。

在大气温度的变化范围内，由于温度变化引起的材料伸缩是线性的，外柱长度的变化将强制边跨的梁、板产生竖向变形，在梁、板引起弯矩，在柱中引起附加弯矩及轴力。边梁与边柱有时也会由于其正、背两面之间的温差产生附加弯矩，特别是当只有部分暴露于室外时，温差还会引起柱的弯曲（图4－3）。

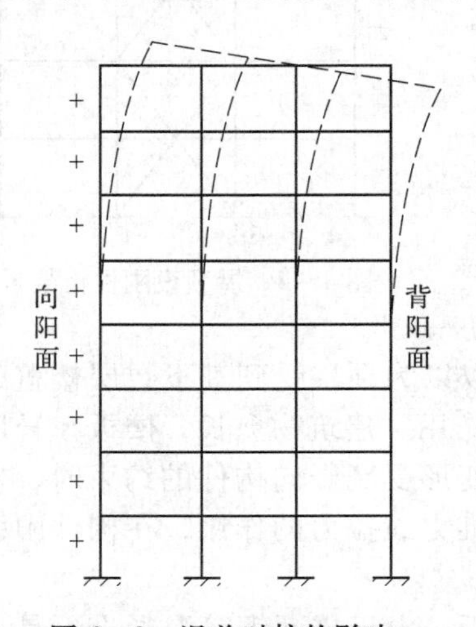

图4－2 温差对柱的影响

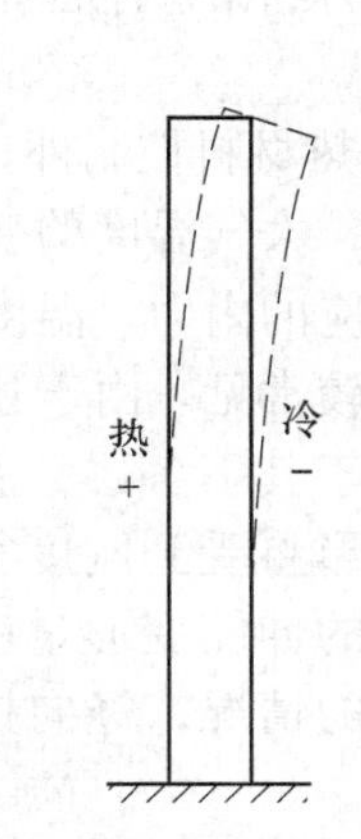

图4－3 室内外温差引起柱的弯曲

对因室内外温差引起的构件的变形量进行计算时，合理地确定建筑结构的设计温度是十分重要的。位于建筑内部的构件处在一个相对不变的温度环境中，而位于室外的构件将受到大气温度剧烈变化及日光照射的影响。控制热传导的主要因素是时间间隔与温差幅值，它取决于气温变化的频率及构件的导热性能。由于稳态热传导需要边界温度在相当长的时间内保持不变，因而实际上稳态条件是很难达到的。不同材料的导热性能差异很大，例如，与混凝土相比，钢材的导热性能要好得多。根据国外的研究，可以取所在地区40年一遇的最低平均日气温作为等效稳态设计温度。设计温差即是室内外平均温度之差，通常冬季的温差大于夏季。

温度应力引起的初始轴力和弯矩可以用普通的线弹性方法计算。对于带有部分或全部暴露外柱的结构，外柱的温度变形仅对边跨构件影响比较明显。由于内柱不会发生相对伸缩变形，可以认为结构边跨以内的构件不受温度变形的影响。

控制温差竖向效应的措施很多，下面介绍几个常用的有效措施：

（1）适当调整梁和连接结点的刚度，使温度应力和变形二者都控制在允许值范围内。若楼盖结构跟柱间做成铰接，变形不受约束，温度应力等于零。但温度变形由于完全没有约束而显得很大，且结构的整体刚度也遭受极大削弱，一般是不允许的。若楼盖结构跟柱做成刚接，且尽量加大横梁刚度，则温度变形受到很大程度限制而显得较小，但温度应力却变得很大，为此需要大幅度增加材料用量，因而是不经济的。正确的做法是介乎两者之间的措施，考虑隔墙和房屋装修可能承受的变位以及梁、柱强度的允许值，适当调整梁的刚度和结点的刚度，把温度应力控制在结构强度允许值的范围内，与此同时，使温度变形控制在隔墙和装修可能承受的范围之内。

（2）取梁的刚度比上面（1）所确定的小些，允许有较大的温度变形，就时可以减小温度应力，从而节约材料。但在隔墙和建筑装修跟梁、柱连接处，留有足够的缝隙，使在较大的温度变形时，墙和装修也不致开裂。

（3）在房屋顶部设刚性桁架，如图 4 - 4 所示，用以消减内、外柱的变位差并承担温度应力，应外柱热胀伸长时，顶部桁架提供压力约束；反之，当外柱冷缩时，顶部桁架提供拉力约束。刚性桁架也可以设置在高度的中部。

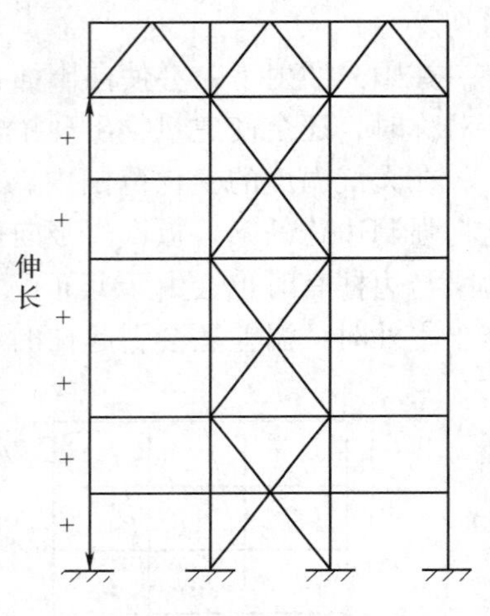

图 4 - 4　屋顶设刚性桁架

（4）采用保温隔热材料控制外柱和外墙的温度。

对高层建筑结构，大气温度的变化还会引起结构在水平方向的变形及相应的内力。温度应力造成的危害在结构的顶层与首层比较常见。由于建筑的屋顶层直接与大气环境接触，相对于其下各层，温度变化剧烈，可以以为顶层受到其下数层楼盖的约束。而首层的温度变形将受到刚度很大的基础的约束作用。建筑物愈长，楼板在长度方向由于温度变化引起的伸缩变形量就愈大。当楼板的变形受到竖向构件的约束时，楼板就会出现受拉或受压的情况，竖向构件也相应地受到推力或拉力的作用，在构件中引起温度内力。

对于高层钢结构，楼板通常采用压型钢板组合楼板，由于楼面钢筋混凝土不是理想的弹性材料，温度应力的理论计算比较困难，实际的内力值远小于按弹性结构的计算值，所以楼板的温差变形问题主要应通过构造措施加以解决，为了消除和减弱温度和混凝土收缩对结构造成的危害，现行国家标准《混凝土结构设计规范》规定当建筑的长度超过一定限度后需要设置温度伸缩缝。与钢筋混凝土结构类似，高层钢结构楼板每隔 30 ~ 40m 也应设置一道后浇带，尽量减小混凝土的收缩应力。后浇带在两个月后用强度等级高一级的微膨胀混凝土封闭。还可以采用每隔一定距离设置控制缝的办法，将温度变形的影响集中于某些特定的部位。屋面应采取有效的隔热保温措施，或设置架空层，避免屋面的钢筋混凝土板温度变化太大。在屋面等受温度变化影响较大的部位，应通长配置构造钢筋，提高混凝土的抗裂能力。如果在建筑方案中，有意识地将屋顶做成高低错落的形式，可以有效地减小楼板的尺度，从而可以大大减小温度应力的影响。

4.6 结构整体稳定和重力二阶效应

4.6.1 结构的整体稳定。

对于高层建筑钢结构，除要通过控制受压构件的长细比及板材的宽厚比来保证构件的整体稳定性与局部稳定性外，还要考虑结构的整体稳定性。

高层钢结构的侧向刚度较小，一般高宽比又较大，在风荷载或地震作用下产生水平位移，就导致竖向荷载作用下产生重力二阶效应，此时宜对整体稳定进行检验，也就是考虑水平位移及重力荷载产生附加弯矩对结构的影响。

对于20～30层的高层建筑，结构的侧向刚度一般较大，$P-\Delta$ 效应通常可以忽略不计。随着高层建筑层数的增加及建筑高宽比的增大，当结构的风荷载或地震作用下产生水平位移时，$P-\Delta$ 效应造成的附加弯矩与附加位移所占的比重逐渐加大。

超高层或高宽比大的钢结构，重力二阶效应更为明显，50层的高层钢结构，二阶效应产生的附加内力及位移，所占的比例有可能达到或超过10%～15%，可能使一些构件所分担的内力大于本身的承载能力，导致构件的损坏。因此，对于超高层钢结构应重视结构整体稳定的检验。

4.6.2 结构整体稳定的判断。

1 结构内力分析可采用一阶弹性或二阶弹性分析。可采用公式（4－1）、（4－2）计算结构的二阶效应系数。当二阶效应系数小于0.1时，宜采用一阶弹性分析；当二阶效应系数大于等于0.1时，宜采用二阶弹性分析；当二阶效应系数大于0.25时，宜修改设计。

（1）框架结构的二阶效应系数可按下式计算：

$$\theta_i = \frac{\sum N_i \cdot \Delta u_i}{V_i h_i} \tag{4-16}$$

式中：$\sum N_i$——第 i 层所有柱子轴力之和，有摇摆柱时，也包含摇摆柱上的轴力；

V_i——第 i 层的层剪力；

h_i——层高；

Δu_i——$\sum H_i$ 作用下产生的层间位移。

由上式可以看出，决定重力二阶效应影响的主要因素是 Δu_i，其上限将由弹性层间位移角限值控制。高层钢结构的层间位移角限值较大，更应重视二阶效应的影响。

（2）除1款外的结构，二阶效应系数应按下式计算：

$$\theta = \frac{1}{\lambda} \tag{4-17}$$

式中：λ——对整体结构作屈曲分析，最低阶整体屈曲模态对应的临界荷载因子。

2 结构考虑材料非线性分析或同时考虑几何非线性和材料非线性效应分析时，宜采用直接分析设计法；当对结构进行连续倒塌分析、抗火分析或在其他极端荷载作用下的结构分析时，应采用（静力或动力）直接分析设计法。

可以看出，若将结构的层间位移，柱的轴压比及长细比控制在一定范围，就能控制二阶效应对结构极限承载力的影响。

4.6.3 二阶弹性分析与设计。

1 结构的二阶弹性分析应以考虑了结构整体初始几何缺陷、构件局部初始缺陷（含构件残余应力）和合理的节点连接刚度的结构模型为分析对象，计算结构在各种设计荷载（作用）组合下的内力和位移。

2 结构整体初始几何缺陷模式可通过第一阶弹性屈曲模态确定。框架结构整体初始几何缺陷代表值可由式（4－19）确定且不小于 $h_i/1000$，参见图4－5（a）。框架结构整体初始几何缺陷代表值也可通过在每层柱顶施加由式（4－20）计算的假想水平力 H_{ni} 等效考虑，假想水平力的施加方向应考虑荷载的最不利组合，参见图4－5（b）。

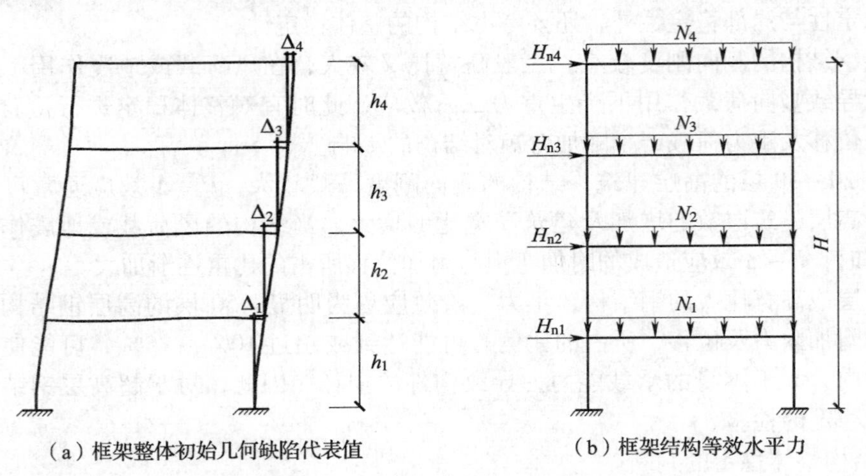

（a）框架整体初始几何缺陷代表值　　（b）框架结构等效水平力

图4－5 框架结构整体初始几何缺陷代表值及等效水平力

$$\Delta_i = \frac{h_i}{250}\sqrt{0.2+\frac{1}{n_s}}\sqrt{\frac{f_{yk}}{235}} \tag{4-18}$$

式中：Δ_i——所计算楼层的初始几何缺陷代表值；

n_s——框架总层数，且 $\frac{2}{3} \leqslant \sqrt{0.2+\frac{1}{n_s}} \leqslant 1.0$；

h_i——所计算楼层的高度。

$$H_{ni} = \frac{Q_i}{250}\sqrt{0.2+\frac{1}{n_s}}\sqrt{\frac{f_{yk}}{235}} \tag{4-19}$$

式中：Q_i——第 i 楼层的总重力荷载设计值；

n_s——框架总层数，当 $\sqrt{0.2+\frac{1}{n_s}}>1$ 时，取此根号值为1.0。

3 二阶弹性分析可采用考虑二阶效应的结构理论分析方法。对无支撑的纯框架结构，多杆件杆端的弯矩 M^{II} 也可采用下列近似公式进行计算：

$$M^{\mathrm{II}} = M_q + \alpha_i^{\mathrm{II}} M_H \tag{4-20}$$

$$\alpha_i^{\mathrm{II}} = \frac{1}{1-\theta_i} \tag{4-21}$$

式中：M_q——结构在竖向荷载作用下的一阶弹性弯矩；

M_H——结构在水平荷载作用下的一阶弹性弯矩；

θ_i——二阶效应系数，按本书4.6.2规定采用；

α_i^{II}——考虑二阶效应第 i 层杆件的侧移弯矩增大系数；当 $\alpha_i^{\mathrm{II}}>1.33$ 时，宜增大结构的抗侧刚度。其中 $\sum H_i$ 为产生层间位移 Δu_i 的所计算楼层及以上各层的水平荷载之和，不包括支座位移和温度的作用。

4 当结构分析采用二阶弹性分析方法时，应按照有关规定进行各结构构件的设计。

计算构件稳定承载力时，构件计算长度系数μ取1.0。

当结构二阶弹性分析对象取为平面结构（平面框架）时，构件在结构平面外的稳定承载力仍需根据结构平面外的支撑和荷载情况，按一阶弹性分析与设计方法计算。

5 大跨度钢结构体系按照二阶弹性全过程分析所得的稳定极限承载力除以系数K后，可作为结构的稳定容许承载力，其所承受的荷载和作用的荷载组合标准值应不大于结构的稳定容许承载力。对于单层球面网壳、柱面网壳和椭圆抛物面网壳，安全系数K可取4.2。

4.6.4 二阶弹性分析的直接分析设计法。

1 直接分析设计法应同时考虑结构的几何非线性、材料非线性以及节点刚度和构件残余应力等缺陷对结构和构件内力产生的影响。应建立带缺陷的整体结构模型并采用带缺陷的构件单元，进行二阶弹塑性分析法全过程分析。

在对结构进行连续倒塌分析时，结构材料的本构关系宜考虑应变率的影响；在结构进行抗火分析时，应考虑结构材料在高温下的本构关系对结构和构件内力产生的影响。

2 构件（含支撑构件）的初始缺陷代表值可由式（4－18）计算确定，如图4－6（a）所示；也可采用假想均布荷载进行等效简化计算，假想均布荷载由式（4－8）确定，如图4－6（b）所示。

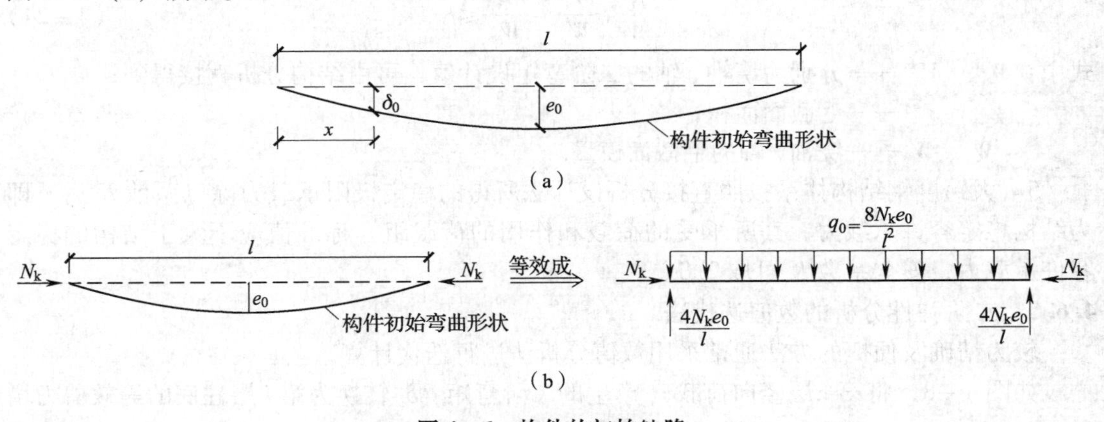

图4－6 构件的初始缺陷

$$\delta_0 = e_0 \sin \frac{\pi x}{l} \tag{4-22}$$

式中：δ_0——离构件端部处的初始变形值；

e_0——构件中点处的初始变形值，取$e_0 = l/750$；

x——离构件端部的距离；

l——构件的总长度。

$$q_0 = \frac{8N_k e_0}{l^2} \tag{4-23}$$

式中：q_0——等效分布荷载；

N_k——该构件承受的轴力，取标准值计算。

3 框架结构和构件的缺陷（包括残余应力）可以用假想水平力进行等效计算，假想水平力的施加方向应考虑荷载的最不利组合，见图4－7。

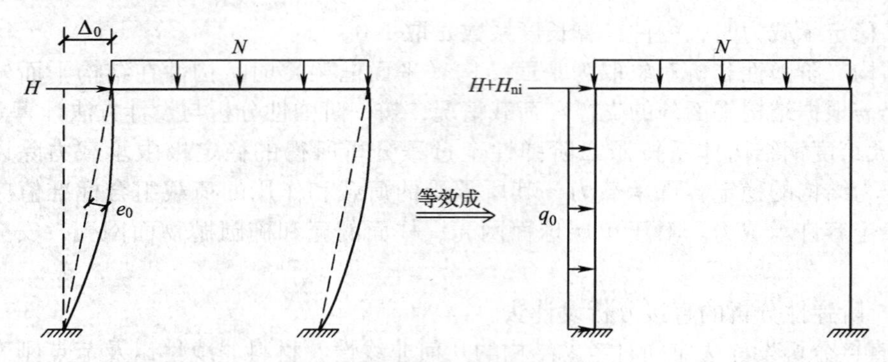

图 4-7　直接分析设计法的计算模型

4　结构和构件采用直接分析设计法进行分析和设计时，计算结果可直接作为结构或构件在承载能力极限状态和正常使用极限状态下的设计依据。此时，结构的极限受力状态（荷载水平）应限制在结构第一个塑性铰形成时（构件截面为 A、B 级）或构件截面最大应力达到设计强度（构件截面为 C 级），采用 D 类截面构件组成的结构不宜采用直接分析设计法。

构件控制截面承载能力应满足式（4-24）的要求：

$$\frac{N}{A}+\frac{M_x^{\mathrm{II}}}{W_x}+\frac{M_y^{\mathrm{II}}}{W_y}\leqslant f \tag{4-24}$$

式中：M_x^{II}、M_y^{II}——分别为绕轴、轴的二阶弯矩设计值，可由结构分析直接得到；

A——毛截面面积；

W_x、W_y——绕轴、轴的毛截面模量。

5　大跨度钢结构体系按照直接分析设计法所得的稳定极限承载力除以系数 K 后，即为结构稳定容许承载力，其所承受的荷载和作用的荷载组合标准值应不大于结构的稳定容许承载力，安全系数 K 可取 2.0。

4.6.5　二阶弹性分析的数值迭代法。

较为精确及便捷的方法通常采用数值分析法进行迭代计算。

如图 4-8，将第 i 层竖向荷载 p_i 产生的二阶弯矩 $p_i\delta_i$ 转换为第 i 层柱底的等效剪力增量 δQ_i：

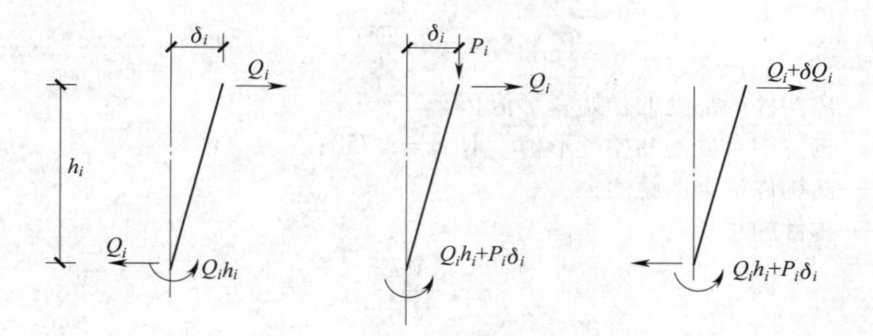

图 4-8　将 $P-\Delta$ 效应等效为水平荷载增量

$$\delta Q_i h_i = P_i\delta_i \tag{4-25}$$

式中：δQ_i——第 i 层的水平荷载 Q_i 的增量；

δ_i——Q_i荷载作用而产生的层间位移；

P_i——第 i 层竖向荷载；

$P_i\delta_i$——竖向荷载在柱底部产生的附加弯矩。

取附加水平荷载增量：

$$\delta H_i = \delta Q_i - \delta Q_{i+1} \tag{4-26}$$

将式（4－26）的一组附加的水平荷载增量作用于结构（见图4－9），即可得到考虑 $P-\Delta$ 效应的水平位移计算结果。当结果不满足精度要求时，再进行下一轮计算。如在等效剪力增量上乘一因子 β，可以加快迭代的收敛速度。

$$\delta Q_i = \beta \frac{P_i \delta_i}{h_i} \tag{4-27}$$

式中：β——一般可取 1.1～1.2。

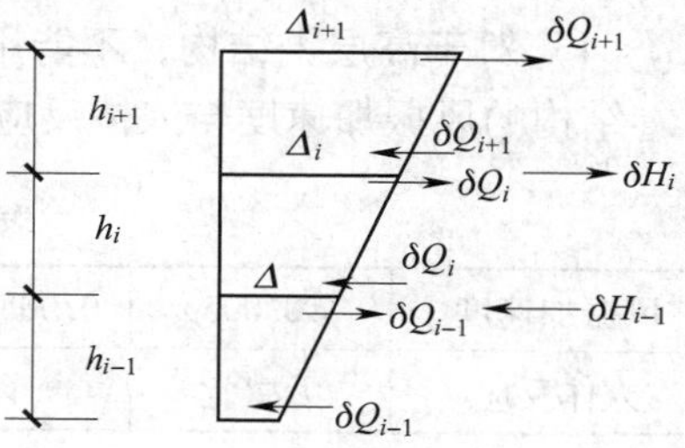

图4－9 附加水平荷载示意图

4.6.6 其他简化计算。

放大系数法：将高层建筑假定为一竖直悬臂构件，端头作用竖向集中力，用简化方法求出一阶或二阶分析的位移、内力的对比关系，并根据结构变形形式求出临界荷载值，以及 $P-\Delta$ 效应的位移增大系数。这种方法精确度较低，可作为方案阶段的估算。

4.7 水平位移限值和舒适度验算

与高层钢筋混凝土结构相比，高层钢结构一般都比较柔，在风荷载与地震作用下的侧向移值较大。如果建筑物在阵风的作用下出现较大的摆动或扭转，将对人体的感觉产生很大影响，常常使人感觉不舒适，有时甚至无法忍受。研究表明，人体对风振加速度最为敏感，为了保证高层建筑在风力作用下有一个良好的工作与居住环境，需要对平行于风荷载作用方向与垂直于风荷载作用方向的最大加速度加以限制。

当建筑物在风荷载或多遇地震作用下产生的侧向变形过大时，将引起建筑装修材料的破损以及非结构构件的破坏、使结构构件中出现残余变形，在发生罕遇地震的情况下，如果结构的变形过大，将会引起很大的 $P-\Delta$ 效应，非结构构件的严重破坏也会造成人员伤亡，过度倾斜的建筑还会引起居民心理的恐慌。此时除保证结构不发生倒坍外，还要对最大变形加以限制。

由此可见，高层建筑结构应具有足够的刚度，避免产生过大的位移而影响结构的承载能力、稳定性和使用要求。

这就要求结构设计时对其侧向位移值加以限制。侧向位移限值分为整体相对位移与层间相对位移两种，其中层间相对位移的限值更为重要。

4.7.1 风荷载作用。

1 水平位移限值。

舒适度的衡量尺度：

（1）高层建筑钢结构在风荷载或多遇地震标准值作用下，按弹性方法计算的楼层层间最大水平位移与层高之比不宜大于1/250。

（2）结构平面端部构件的最大侧移不宜超过质心侧移的1.2倍。

对于以钢筋混凝土材料为主要抗侧力构件的高层钢－混结构，水平位移应符合国家现行标准《高层建筑混凝土结构技术规程》JGJ 3—2010 的有关规定。

2 风振加速度限值。

（1）侧移符合要求，并不一定能满足风振容忍度（舒适度）的要求。

（2）试验研究指出，人体感觉器官不能觉察所在位置的绝对位移和速度，只能感受到它们的相对变化。加速度是衡量人体对大楼风振感受的最好尺度。

（3）侧移 Δ 是结构按风荷载等效静力计算出的静位移；而结构风振加速度则取决于风荷载下的结构动位移，并与其振幅和频率两个参数密切相关。

（4）对于高层钢结构，不能用侧移（水平位移）控制来代替风振加速度控制。

结构的风振加速度与人体反应的关系可参见表 4－11。

表 4－11 人体风振反应分级

风振加速度	$<0.005g$	$0.005\sim0.015g$	$0.015\sim0.05g$	$0.05\sim0.15g$	$>0.15g$
人体反应	无感觉	有感觉	令人烦躁	令人非常烦躁	无法忍受

（5）顶点最大加速度。

1）顺风向顶点最大加度按式（4－28a）和式（4－28b）计算：

复杂体形
$$a_w=\xi\cdot\nu\frac{\mu_r\omega_0\sum\left|\mu_{si}A_i\right|}{m_t} \tag{4-28a}$$

简单体形
$$a_w=\xi\cdot\nu\frac{\mu_s\,\mu_r\omega_0 A}{m_t} \tag{4-28b}$$

式中：A_i、μ_{si}——迎风面或背风向第 i 部分的面积（m^2）和体型系数；

a_w——顺风向顶点最大加速度（m/s^2）；

μ_s——风荷载体型系数；

μ_r——重现期调整系数，当重现期为 10 年时，$\mu_t=0.83$；

ω_0——基本风压（kN/m^2），按现行国家标准《建筑结构荷载规范》GB 50009—2012 的规定采用；

ξ、ν——分别为脉动增大系数和脉动影响系数，按《建筑结构荷载规范》GB 50009—2012 的规定采用；

A——建筑物总迎风面面积（m^2）；

m_t——建筑物的总质量（t）。

2）横风向顶点最大加速度按式（4－29a）和式（4－29b）计算。

$$a_{tr}=\frac{b_r}{T_t^2}\cdot\frac{\sqrt{BL}}{\gamma_B\sqrt{\zeta_{t.cr}}} \tag{4-29a}$$

$$b_r=2.05\times10^{-4}\left(\frac{v_{n.m}T_t}{\sqrt{BL}}\right)^{3.3} \tag{4-29b}$$

式中：b_r——单位是（kN/m^2）；

a_{tr}——横风向顶点最大加速度（m/s^2）；

$v_{n.m}$——建筑物顶点平均风速（m/s），$v_{n.m}=40\sqrt{\mu_s\mu_z\omega_0}$；

μ_z——风压高度变化系数；

γ_B——建筑物所受的平均重力（kN/m^3）；

$\zeta_{t.cr}$——建筑物横风向的临界阻尼比值；

T_t——建筑物横向向第一自振周期（s）；

B、L——分别为建筑物平面的宽度和长度（m）。

由上面公式可知，结构越柔，顶点加速度越大，因而高层钢结构必须具有足够的侧向刚度。

（6）加速度限值。

房屋高度不小于150m的高层民用建筑钢结构应满足风振舒适度要求。在现行国家标准《建筑结构荷载规范》GB 50009—2012规定的10年一遇的风荷载标准值作用下，结构顶点的顺风向和横风向风振最大加速度计算值不应大于表4－12。

表4－12　结构顶点风振加速度限值

使用功能	α_w
住宅、公寓	$0.20m/s^2$
办公、旅馆	$0.28m/s^2$

结构顶点的顺风向和横风向振动最大加速度，可按现行国家标准《建筑结构荷载规范》GB 50009—2012的有关规定计算，也可通过风洞试验结果判断确定。计算时，钢结构阻尼比宜取0.010～0.015。

圆筒形高层民用建筑钢结构顶部风速不应大于临界风速，当大于临界风速时，应进行横风向涡流脱落试验或增大结构刚度。

$$v_n < v_{cr} \tag{4-30a}$$

$$v_{cr} = 5D/T_1 \tag{4-30b}$$

式中：v_n——圆筒形高层民用建筑顶部风速（m/s），$v_n = 40\sqrt{\mu_z \omega_0}$；

μ_z——风压高度变化系数；

ω_0——基本风压（kN/m^2），按现行国家规范《建筑结构荷载规范》GB 50009—2012的规定取用；

v_{cr}——临界风速；

D——圆筒形建筑的直径；

T_1——圆筒形建筑的基本自振周期。

楼盖结构应具有适宜的舒适度。楼盖结构的竖向振动频率不宜小于3Hz，竖向振动加速度峰值不应超过表4－13的限值。一般情况下，当楼盖结构竖向振动频率小于3Hz时，应验算其竖向振动加速度。楼盖结构竖向振动加速度可按国家现行标准《高层建筑混凝土结构技术规程》JGJ 3的有关规定计算。

表4－13　楼盖竖向振动加速度限值

人员活动环境	峰值加速度限值（m/s^2）	
	竖向频率不大于2Hz	竖向频率不小于4Hz
住宅、办公	0.07	0.05
商场及室内连廊	0.22	0.15

注：结构竖向频率为2～4Hz之间时，峰值加速度限值可按线性插值选取。

3　减小风振加速度的途径。

（1）合理的建筑体形。

1）采用圆形、椭圆形等流线型平面，与矩形平面相比较，可减小风荷载20%～40%，风振加速度自然随之减小。

2）对于三角形或矩形平面，可采取切角处理，从风荷载体型系数可以看出，切角后，一部分面积的体型系数，正负抵消。

3）采用锥形或截锥状体形的高楼，与等截面棱柱体相比，侧移值可减小10%～50%，从而使结构风振时的振幅和加速度得以大幅度减小。

4）控制楼房的高宽比，美国纽约的110层世界贸易中心大楼，高宽比为6.5，且安装有阻尼器。我国沿海台风区的风压值高于纽约，若不安装阻尼器，楼房的高宽比应再减小一些。

5）结合高楼的避难层、设备层、中庭采光、空中花园等，沿高度每隔若干层设置一个透空层（图4－10），可以显著减小高楼的风荷载和风振加速度。

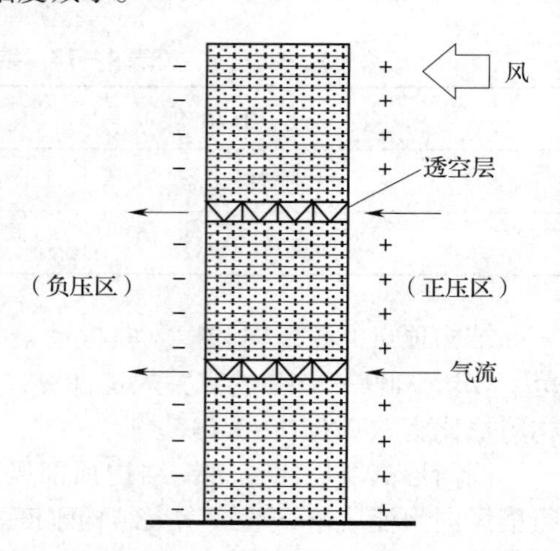

图4－10　减小高楼风振的透空层

（2）采用阻尼装置。

1）减振效果。

①钢结构高楼的特点是，构件截面尺寸小，结构抗侧移刚度小，结构阻尼小，往往使满足结构风振加速度要求成为控制结构设计的关键，而承载力验算反而降到第二位。

②研究成果表明，附设阻尼装置，可以把钢结构高楼的阻尼比ζ从0.02提高到0.08以上，对于减小结构的风振加速度十分经济有效。

4.7.2　地震作用下的水平位移限值。

1　在风荷载或多遇地震标准值作用下，按弹性方法计算高层建筑钢结构的侧移应满足到下要求：

（1）层间侧移标准值不应超过层高的1/250；

（2）结构平面端部构件的最大侧移不宜超过质心侧移的1.3倍。

以钢筋混凝土结构为主要抗侧力构件的高层钢－混结构的侧移限值，应符合国家现行标准《混凝土高层建筑结构技术规程》JGJ 3的规定。

2　进行弹塑性变形验算：

在发生罕遇地震时，结构中出现塑性铰，随着塑性变形的发展，将导致出现次要构件与非结构构件发生严重破损、修复费用过高、$P-\Delta$效应以及其他设计上无法预料的后果。此时除应保证结构具有一定的刚度外，还应使结构的变形分布尽量均匀，避免塑性变形过于集中而形成薄弱层。

（1）下列结构应进行弹塑性变形验算：

1）甲类建筑和9度抗震设防的乙类建筑结构；

2）采用隔震和消能减震设计的建筑结构；

3）高度大于150m的结构。

（2）下列结构宜进行弹塑性变形验算：

1）表4-14所列高度范围且为竖向不规则类型的高层民用建筑钢结构；

2）7度、Ⅲ、Ⅳ类场地和8度时乙类建筑结构；

表4-14　房屋高度范围

烈度、场地类别	房屋高度范围
8度Ⅰ、Ⅱ类场地和7度	>100
8度Ⅲ、Ⅳ类场地	>80
9度	>60

（3）高层建筑钢结构薄弱层（部位）弹性层间位移不应大于层高的1/50。

（4）高层建筑钢结构薄弱层（部位）弹性侧移延性比不得超过表4-15的规定。

表4-15　结构层间侧移延性比

结构类别	层间侧移延性比	结构类别	层间侧移延性比
钢框架	3.5	中心支撑框架	2.5
偏心支撑框架	3.0	有混凝土剪力墙板的钢框架	2.0

所谓层间侧移延性比是指结构在大震时可能出现的最大层间侧移与当楼层刚刚进入弹塑性状态时的侧移的比值。层间侧移延性比限值的主要作用是使高层钢结构的屈服机构趋于合理，防止个别结构构件出现过大的塑性变形。

5　钢结构抗震性能化设计

5.1　抗震性能化的定义和概况

1　抗震设防三个水准目标设计（小震不坏、中震可修和大震不倒）的延续、具体和深化。

2　为三个水准阶段（或称多遇、设防、罕遇）时，结构的抗震能力（性能）或震害程度。

3　它是现行国家标准《建筑抗震设计规范（2016 年版）》GB 50011—2010 附录 M 中首次提出的。它明确了高层钢结构房屋钢构件截面宽厚比限值（4 个抗震等级）和高承载力低延性和高延性低承载力的基本概念。而现行国家标准《钢结构设计规范》GB 50017—2017 在本次修订中作出了具体化计算。故本章以新的《钢结构设计规范》GB 50017—2018 为蓝本，简单地介绍国家现行标准《建筑抗震设计规范（2016 年版）》GB 50011—2010 和《高层民用建筑钢结构技术规程》JGJ 99—2015 的概况。

5.2　一本规范、一本标准和一本规程（GB 50011、GB 50017 和 JGJ 99）的特点

1　多遇地震（小震）都统一按 GB 50011 规范进行设计。其计算和构造详见第 6、7 章。

2　设防地震（中震）下的计算见表 5－1。

5.3　抗震性能要求

1　《建筑抗震设计规范（2016 年版）》GB 50011—2010 抗震性能要求见表 5－1。

表 5－1　结构构件实现抗震性能要求的承载力参考指标示例

性能要求	多遇地震	设防地震	罕遇地震
性能 1	完好，按常规设计	完好，承载力按抗震等级调整地震效应的设计值复核	基本完好，承载力按不计抗震等级调整地震效应的设计值复核
性能 2	完好，按常规设计	基本完好，承载力按不计抗震等级调整地震效应的设计值复核	轻～中等破坏，承载力按极限值复核
性能 3	完好，按常规设计	轻微损坏，承载力按标准值复核	中等破坏，承载力达到极限值后能维持稳定，降低小于 5%
性能 4	完好，按常规设计	轻～中等破坏，承载力按极限值复核	接近严重破坏，承载力达到极限值之后基本维持稳定，降低小于 10%

2　《高层民用建筑钢结构技术规程》JGJ 99—2015 抗震性能目标见表 5－2，震后性能水准可按表 5－3 进行宏观判别。

表5-2　结构抗震性能目标和水准

地震水准＼性能目标	A	B	C	D
多遇地震	1	1	1	1
设防烈度地震	1	2	3	4
预估的罕遇地震	2	3	4	5

注：表中1~5为抗震性能水准，见表5-3。

表5-3　各性能水准结构预期的震后性能状况的要求

结构抗震性能水准	宏观损坏程度	损坏部位			继续使用的可能性
		关键构件	普通竖向构件	耗能构件	
第1水准	完好、无损坏	无损坏	无损坏	无损坏	一般不需修理即可继续使用
第2水准	基本完好、轻微损坏	无损坏	无损坏	轻微损坏	稍加修理即可继续使用
第3水准	轻度损坏	轻微损坏	轻微损坏	轻度损坏、部分中度损坏	一般修理后才可继续使用
第4水准	中度损坏	轻度损坏	部分构件中度损坏	中度损坏、部分比较严重损坏	修复或加固后才可继续使用
第5水准	比较严重损坏	中度损坏	部分构件比较严重损坏	比较严重损坏	需排险大修

注："关键构件"是指该构件的失效可能引起结构的连续破坏或危及生命安全的严重破坏；"普通竖向构件"是指"关键构件"之外的竖向构件："耗能构件"包括框架梁、消能梁段、延性墙板及屈曲约束支撑等。

3　《钢结构设计标准》GB 50017—2017塑性耗能区的抗震性能等级、目标和最低延性等级见表5-4~表5-6。

表5-4　丙类建筑构件塑性耗能区的抗震性能等级和目标

性能等级	地震动水准		
	多遇地震	设防地震	罕遇地震
性能1	完好	完好	基本完好
性能2	完好	基本完好	基本完好~轻微变形
性能3	完好	实际承载力满足高性能系数的要求	轻微变形
性能4	完好	实际承载力满足较高性能系数的要求	轻微变形~中等变形
性能5	完好	实际承载力满足中性能系数的要求	中等变形
性能6	基本完好	实际承载力满足低性能系数的要求	中等变形~显著变形
性能7	基本完好	实际承载力满足最低性能系数的要求	显著变形

注：1　对于框架结构，除单层和顶层框架外，塑性耗能区宜为框架梁端：对于支撑结构，塑性耗能区宜为成对设置的支撑；对于框架-中心支撑结构，塑性耗能区宜为成对设置的支撑、框架梁端：对于框架-偏心支撑结构，塑性耗能区宜为耗能梁段。

2　完好指承载力设计值满足弹性计算内力设计值的要求；基本完好指承载力设计值满足刚度适当折减后的内力设计值要求或承载力标准值满足要求：轻微变形指层间侧移约1/200时塑性耗能区的变形；显著变形指层间侧移1/50~1/40时塑性耗能区的变形。

3　性能1至性能7性能目标依次降低，性能系数的高、低取值见第5.5节中表5-8中的表a。

表 5-5 丙类建筑塑性耗能区性能等级参考表

设防烈度	单层	H≤50m	50m<H≤100m
6 度（0.05g）	性能 3~7	性能 4~7	性能 5~7
7 度（0.10g）	性能 3~7	性能 5~7	性能 6~7
7 度（0.15g）	性能 4~7	性能 5~7	性能 6~7
8 度（0.20g）	性能 4~7	性能 6~7	性能 7

注：1 H 为钢结构房屋的高度，即室外地面到主要屋面板板顶的高度（不包括局部突出屋面的部分）。

2 其他构件承载力标准值应进行计入性能系数的内力组合效应验算，当结构构件延性等级为Ⅴ级时，无须进行机构控制验算。

表 5-6 不同设防类别结构构件最低延性等级

塑性耗能区最低性能等级	性能 1	性能 2	性能 3	性能 4	性能 5	性能 6	性能 7
适度设防类（丁类）	—	—	—	Ⅴ级	Ⅳ级	Ⅲ级	Ⅱ级
标准设防类（丙类）	—	—	Ⅴ级	Ⅳ级	Ⅲ级	Ⅱ级	Ⅰ级
重点设防类（乙类）	—	Ⅴ级	Ⅳ级	Ⅲ级	Ⅱ级	Ⅰ级	—
特殊设防类（甲类）	Ⅴ级	Ⅳ级	Ⅲ级	Ⅱ级	Ⅰ级	—	—

注：1 Ⅰ级至Ⅴ级，结构构件延性等级依次降低。

2 根据设防类别及塑性耗能区最低性能等级，按表 5-6 确定构件和节点的延性等级，按 5.3 节规定对不同延性等级的相应要求采取抗震措施。

5.4 抗震性能化设计规定

5.4.1 钢结构构件的抗震性能化设计，可采用下列基本步骤和方法：

1 按现行国家标准《建筑抗震设计规范（2016 年版）》GB 50011 或《构筑物抗震设计规范》GB 50191 的规定进行多遇地震作用验算，结构承载力及侧移应满足其规定，位于塑性耗能区的构件进行承载力计算时，可考虑该构件刚度折减形成等效弹性模型。

2 抗震设防类别为标准设防类（丙类）的建筑，可按表 5-5 初步选择塑性耗能区的性能等级。

3 按第 5.6 节的有关规定进行设防地震下的承载力抗震验算并按第 7.11 节采取抗震措施：

1）建立合适的结构计算模型进行结构分析；

2）依据构件塑性耗能区的承载力计算实际性能系数，设定塑性耗能区的性能系数，使初步设定的性能等级与对应的性能系数尽量接近；

3）其他构件承载力标准值应进行计入性能系数的内力组合效应验算，当结构构件延性等级为Ⅴ级时，无需进行机构控制验算；

4）必要时可调整截面。

4 根据设防类别及塑性耗能区最低性能等级，按表 5-6 确定构件和节点的延性等级，按第 7.11 节的规定对不同延性等级的相应要求采取抗震措施。

5 当塑性耗能区的最低性能等级为性能 5、性能 6 或性能 7 时，通过罕遇地震下结构的弹塑性分析或按构件工作状态形成新的结构等效弹性分析模型，进行竖向构件的弹塑性层间位移角验算，应满足现行国家标准《建筑抗震设计规范（2016 年版）》GB 50011、《构筑物抗震设计规范》GB 50191 的弹塑性层间位移角限值；当所有构造要求均满足结构构件延性等级Ⅰ级的要求时，弹塑性层间位移角限值可增加 25%。

具体设计规定见表 5－7。

表 5－7　抗震性能化设计规定

序号	内　容
1	适用于进行钢结构抗震性能化设计的构件和节点，地震动参数应符合现行国家标准《建筑抗震设计规范》GB 50011 的规定，设计应符合其性能化设计原则
2	钢结构建筑的抗震设防类别和抗震设防标准应按国家现行标准《建筑工程抗震设防分类标准》GB 50223 规定采用
3	结构构件和节点实现抗震性能要求的承载力指标及相应构造要求可按表 5－4 的要求选择，最低延性等级可根据表 5－6 的规定采用
4	抗震设防的钢结构，在地震作用下宜根据本章的规定进行性能化设计，并应根据其抗震设防类别、设防烈度、场地条件、结构类型和不规则性，建筑使用功能和附属设施功能的要求、投资大小、震后损失和修复难易程度等，选定其抗震性能目标。抗震设防类别为标准设防类丙类的建筑，其构件和节点承载力抗震性能目标不宜低于表 5－4 的规定
5	多遇地震作用下，抗震设防的钢结构的侧移限值应满足《新钢结构设计手册》第 2.4 节的规定。罕遇地震作用下，弹塑性层间位移角限值取 1/50。层间最大弹塑性位移可按表 5－10 的规定计算
6	抗震设防的钢结构，其钢材应符合下列要求： （1）弹性区所采用的钢材的质量等级应符合下列要求： 1）当工作环境温度高于 0℃时其质量等级不应低于 B 级； 2）当工作环境温度不高于 0℃但高于－20℃时，Q235、Q345 钢不应低于 B 级，Q390、Q420 及 Q460 钢不应低于 C 级； 3）当工作环境温度不高于－20℃时，Q235、Q345 钢不应低于 C 级，Q390、Q420 及 Q460 钢不应低于 D 级。 （2）塑性耗能区所采用的钢材应符合下列要求： 1）钢材的屈服强度实测值与抗拉强度实测值的比值不应大于 0.85； 2）钢材应有明显的屈服台阶，且伸长率不应小于 20%； 3）钢材应满足屈服强度实测值不高于上一级钢材屈服强度规定值的条件； 4）钢材工作环境温度时夏比冲击韧性不应低于 27J； 5）钢结构关键性焊缝的填充金属应检验 V 形切口的冲击韧性，其工作环境时夏比冲击韧性不应低于 27J
7	（1）整个结构中不同部位的构件、同一部位的水平构件和竖向构件，可有不同的性能系数；节点域及其连接件，承载力应符合强节点弱杆件的要求。 （2）对框架结构，同层框架柱的性能系数应高于框架梁。 （3）对支撑结构和框架－中心支撑结构的支撑系统，同层框架柱的性能系数应高于框架梁，框架梁的性能系数宜高于支撑。 （4）框架－偏心支撑结构的支撑系统，同层框架柱的性能系数应高于支撑，支撑的性能系数宜高于框架梁，框架梁的性能系数应高于消能梁段。 （5）关键构件的性能系数不应低于一般构件。 （6）钢结构布置应符合现行国家标准《建筑抗震设计规范（2016 年版）》GB 50011 的规定

5.4.2 性能化设计小结。

1 各种性能都必须满足多遇地震下的承载力计算。它在弹性阶段不涉及构件的较小宽厚比，均统一按《建筑抗震设计规范（2016 年版）》GB 50011 计算。

2 为保证第二、三水准（中、大震）下结构的抗震性能，单凭多遇地震（小震）下的计算和抗震构造要求，有时难以满足第二、三水准要求，故需对设防和罕遇地震下的构件承载力和侧移进行附加验算，以确保实现三水准水平设计目标。

3 钢标在附加验算中，与结构的延性密切挂钩，特别是抗震性能调整系数 Ω_i^a。它明显、充分地表达了高延性低承载力和低延性高承载力的抗震思路和特点。

4 抗震性能设计的内容为房屋抗震计算和构造。而本章主要是陈述性能等级、性能折减系数 Ω_i 中震计算（地震作用和构件、节点承载力）。有关构件（梁、柱）和节点、连接的抗震性能化设计将在第 6、7 章中论述。

5 不需计算中震的场合。当结构性能等级为≥5 时，一般不需计算中震下的结构承载力，通过小震（多遇）地震下的结构承载力计算足以保证其安全。具体见表 5-9。

6 钢结构构件承载力在设防烈度与多遇地震的对比验算。

（1）设防烈度下钢结构构件的承载力验算公式：

$$S_{E2}=S_{GE}+\Omega_i S_{Ehk2}+0.4S_{Evk2} \quad (5-1)$$

$$S_{E2}\leqslant R_{k2} \quad (5-2)$$

（2）多遇地震时钢结构构件的承载力验算公式按《建筑抗震设计规范（2016 年版）》GB 50011—2010：

$$S_{E1}=\gamma_G S_{GE}+\gamma_{Eh}S_{Ehk1}+\gamma_{Ev}S_{Evk1} \quad (5-3)$$

$$S_{E1}\leqslant R_1/\gamma_{RE}=R_{k2}/1.15 \quad (5-4)$$

（对外力之间的关系，设计值和标准值之间的关系为 1.3/1.0。另外，屈服强度值和强度设计值之间也有个比例关系，如 Q345，屈服强度值为 345，强度设计值为 215，比例是 1.15/1.0）

式中：S_{E2}——构件设防地震内力性能组合值；

S_{E1}——构件多遇地震内力性能组合值；

S_{GE}——构件重力荷载代表值产生的效应，按现行国家标准《建筑抗震设计规范（2016 年版）》GB 50011 或《构筑物抗震设计规范》GB 50191 的规定采用；

S_{Ehk2}、S_{Evk2}——分别为按弹性或等效弹性设计的构件水平设防地震作用标准值效应、8 度且高度大于 50m 时按弹性或等效弹性计算的构件竖向设防地震作用标准值效应；

S_{Ehk1}、S_{Evk1}——分别为构件水平多遇地震作用标准值效应、构件竖向多遇地震作用标准值效应，且均应乘以相应的增大系数或调整系数；

R_{k2}——按屈服强度计算的构件实际截面承载力标准值；

R_1——结构构件承载力设计值。

由于 S_{GE} 与 S_{Evk} 对构件产生弯矩影响较小，现忽略其影响，则

根据《建筑抗震设计规范（2016 年版）》GB 50011 及《钢结构设计标准》GB 50017—2017 可查得：

$$\frac{S_{E2}}{S_{E1}}=\frac{\Omega_i S_{Ehk2}}{\gamma_{Eh}S_{Ehk1}}=\frac{\Omega_i\alpha_{max2}G_k}{\gamma_{RE}\gamma_{Eh}\alpha_{max1}G_k}=\frac{0.45\Omega_i G_k}{1.15\times 0.8\times 1.3\times 0.16G_k}=2.35\Omega_i$$

当性能系数 $\Omega_i=0.45$ 时，$S_{E2}=S_{E1}$。因此，当规则结构的塑性耗能区性能等级为5到7时，可不验算设防烈度下的抗震强度；当性能等级为1到4时应验算。

抗震设防类别为标准设防类（丙类）的建筑，可按表5-8初步选择塑性耗能区的性能等级。

表5-8 塑性耗能区性能等级参考选用表

设防烈度	单层	$H\leqslant50$m	50m$\leqslant H\leqslant100$m
6度（0.05g）	性能3~7	性能4~7	性能5~7
7度（0.10g）	性能3~7	性能5~7	性能6~7
7度（0.15g）	性能4~7	性能5~7	性能6~7
8度（0.20g）	性能4~7	性能6~7	性能7

因此，丙类，$H\leqslant50$m 的单层厂房和多层建筑一般可不验算设防烈度下的抗震强度。

（50m$\leqslant H\leqslant100$m 的丙类规则建筑的塑性耗能区的构件不用验算抗震设防烈度下的抗震强度）

截面宽厚比等级高，则要求延性等级低。

（注意建筑构件塑性耗能区性能高，对应的延性等级要求低。仿佛是地震作用越大，构件的性能系数越大，延性等级要求低）

结论：

1 50m$\leqslant H\leqslant100$m 的丙类规则建筑性能等级均为5~7，其塑性耗能区不用验算抗震设防烈度下的抗震强度，而超过100m的高层建筑更应进行抗震设防烈度下抗震验算。

2 构件截面板件宽厚比等级高，对应的延性等级也高。详见表5-8中表a。地震作用大，构件的延性等级要求低。

3 此对比也只能针对规则结构的塑性耗能区抗震验算。当为其他构件或者不规则塑性耗能区时，是不适用的。

5.5 中震下的计算要点

中震下的计算要点见表5-9。

表5-9 计算要点

序号	内容	说明
1	结构分析模型及参数 （1）模型应正确反映构件及其连接在不同地震动水准下的工作状态。整个结构的弹性分析可采用线性方法，弹塑性分析可根据预期设防烈度。 （2）构件的工作状态，分别采用增加阻尼的等效线性化方法及静力或动力非线性设计方法。 （3）在罕遇地震下应计入重力二阶效应。 （4）弹性分析的阻尼比，可按现行国家标准《建筑抗震设计规范（2016年版）》GB 50011—2010规定采用，弹塑性分析的阻尼比可适当增加，采用等效线性化方法时不宜大于5%。 （5）构成支撑系统的梁柱，计算重力荷载代表值产生的效应时，不宜考虑支撑作用	—

续表 5-9

序号	内容	说明

序号：2

构件性能系数

（1）钢结构构件的性能系数应按下式计算：

$$\Omega_i \geqslant \beta_e \Omega_{i,\min}^{a} \quad (5-5)$$

（2）塑性耗能区的性能系数应符合下列要求：

对框架结构、中心支撑结构、框架－支撑结构，规则结构塑性耗能区不同性能等级对应的性能系数最小值宜符合表 a 的规定：

表 a　规则结构塑性耗能区不同性能等级对应的性能系数最小值 $\Omega_{i,\min}^{a}$

性能等级	性能 1	性能 2	性能 3	性能 4	性能 5	性能 6	性能 7
性能系数最小值	1.10	0.9	0.70	0.55	0.45	0.35	0.28

不规则结构塑性耗能区的构件性能系数最小值，宜较规则结构增加 15%～50%。

（3）塑性耗能区实际性能系数可按下列公式计算：

1）框架结构

$$\Omega_0^{a} = (W_E f_y - M_{GE} - 0.4M_{Ehk2})/M_{Evk2} \quad (5-6)$$

2）支撑结构

$$\Omega_0^{a} = (N'_{br} - N'_{GE} - 0.4N'_{Evk2})/(1+0.7\beta)N_{Ehk2} \quad (5-7)$$

3）框架－偏心支撑结构

设防地震性能组合的消能梁段轴力 $N_{p,l}$，可按下式计算：

$$N_{p,l} = N_{GE} + 0.28N_{Ehk2} + 0.4N_{Evk2} \quad (5-8)$$

当 $N_{p,l} \leqslant 0.15Af_y$ 时，实际性能系数应取式（5-9）和式（5-10）的较小值：

$$\Omega_0^{a} = (W_{p,l} f_y - M_{GE} - 0.4M_{Evk2})/M_{Ehk2} \quad (5-9)$$

$$\Omega_0^{a} = (A_w f_{yv} - V_{GE} - 0.4V_{Evk2})/V_{Ehk2} \quad (5-10)$$

当 $N_{p,l} > 0.15Af_y$ 时，实际性能系数应取式（5-11）和式（5-12）的较小值：

$$\Omega_0^{a} = (1.2W_{p,l} f_y[1 - N_{p,l}/(Af_y)] - M_{GE} - 0.4M_{Evk2})/M_{Ehk2} \quad (5-11)$$

$$\Omega_0^{a} = (V_{cc} - V_{GE} - 0.4V_{Evk2})/V_{Ehk2} \quad (5-12a)$$

说明：

Ω_i——i 层构件性能系数；

$\Omega_{i,\min}^{a}$——i 层构件塑性耗能区实际性能系数最小值；

β_e——水平地震作用非塑性耗能区内力调整系数塑性耗能区构件应取得 1.0，其余构件不宜小于 $1.1\eta_y$，η_y 可按表 c 取值；

Ω_0^{a}——构件塑性耗能区实际性能系数；

W_E——构件塑性耗能区截面模量，按表 b 取值；

f_y——钢材屈服强度；

M_{GE}、N_{GE}、V_{GE}——分别为重力荷载代表值产生的弯矩效应（N·mm）、轴力效应（N）和剪力效应（N），可按现行国家标准《建筑抗震设计规范（2016 年版）》GB 50011 的规定采用；

M_{Ehk2}、M_{Evk2}——分别为按弹性或等效弹性计算的构件水平设防地震作用标准值的弯矩效应、8 度且高度大于 50m 时按弹性或等效弹性计算的构件竖向设防地震作用标准值的弯矩效应（N·mm）；

V_{Ehk2}、V_{Evk2}——分别为按弹性或等效弹性计算的构件水平设防地震作用标准值的剪力效应。8 度且高度大于 50m 时按弹性或等效弹性计算的构件竖向设防地震作用标准值的剪力效应（N）；

N'_{br}、N'_{GE}——支撑对承载力标准值产生的轴力效应（N）；

计算承载力标准值时压杆的承载力应乘以受压支撑剩余承载力系数 η（见公式 6-5b）；

续表 5-9

<table>
<tr><th>序号</th><th>内　容</th><th>说　明</th></tr>
<tr><td>2</td><td>4）支撑系统的水平地震作用非塑性耗能区内力调整系统应按下式计算：
$$\beta_{br,ci}=1.1\eta_y(1+0.7\beta_i) \quad (5-12b)$$
5）支撑结构及框架－中心支撑结构的同层支撑性能系数最大值与最小值之比不超过最小值的20%。
（4）当支撑结构的延性等级为V级时，支撑的实际性能系数应按下式计算：
$$\Omega_{br}^{a}=(N_{br}-N_{GE}-0.4N_{Evk2})/N_{Ehk2} \quad (5-12c)$$</td><td>N'_{Ehk2}、N'_{Evk2}——分别为按弹性或等效弹性计算的支撑对水平设防地震作用标准值的轴力效应、8度且高度大于50m时按弹性或等效弹性计算的支撑对竖向设防地震作用标准值的轴力效应（N）；
f_{yv}——钢材的屈服抗剪强度，可取钢材屈服强度的0.58倍；
$W_{p,l}$——消能梁段塑性截面模量；
A_w——消能梁段腹板截面面积；
β_i——i层支撑水平地震剪力分担率，当大于0.714时，取为0.714</td></tr>
<tr><td rowspan="2">3</td><td>表 b　截面模量 W_E
<table><tr><td>截面板件宽厚比等级</td><td>S1</td><td>S2</td><td>S3</td><td>S4</td><td>S5</td></tr><tr><td>构件截面模量</td><td colspan="2">$W_E=W_P$</td><td>$W_E=\gamma_x W$</td><td>$W_E=W$</td><td>$W_E=\alpha_e W$</td></tr></table></td><td>W_P为塑性截面模量；γ_x为截面塑性发展系数，按《钢结构设计标准》GB 50017—2017采用，W为弹性截面模量；α_e为梁截面模量考虑腹板有效高度的折减系数，按《新钢结构设计手册》中表3-8计算</td></tr>
<tr><td>表 c　钢材超强系数 η_y
<table><tr><td>塑性耗能区 / 弹性区</td><td>Q235</td><td>Q345、Q345GJ</td></tr><tr><td>Q235</td><td>1.15</td><td>1.05</td></tr><tr><td>Q345、Q345GJ、Q390、Q420、Q460</td><td>1.2</td><td>1.1</td></tr></table></td><td>当塑性耗能区的钢材为管材时，η_y可取表中数乘以1.1。
当钢结构构件延性等级为V级量，非塑性耗能区内力调整系数可采用1.0</td></tr>
</table>

5.6 钢结构中震下的构件承载力

钢结构中震下的构件承载力见表5－10。

表5－10 构件承载力

内容	说明
构件 $S_{E1}=S_{GE}+\Omega_i S_{Ehk2}+0.4S_{Evk2}$ （5－13） $S_{E2}\leqslant R_k$ （5－14）	S_{E2}——构件设防地震内力性能组合值； S_{GE}——构件重力荷载代表值产生的效应，按现行国家标准《建筑抗震设计规范（2016年版）》GB 50011或《构筑物抗震设计规范》GB 50191的规定采用； S_{Ehk2}、S_{Evk2}——分别为按弹性或等效弹性计算的构件水平设防地震作用标准值效应、8度且高度大于50m时按弹性或等效弹性计算的构件竖向设防地震作用标准值效应； R_k——按屈服强度计算的构件实际截面承载力标准值

5.7 罕遇地震（大震）下的侧移

罕遇地震（大震）下的侧移参见表5－11。

表5－11 罕遇地震下的侧移计算

项次	内容	计算公式	说明
1	$T\geqslant 3.5T_g$	$\Delta u_p=\frac{\alpha_E^{\mathrm{II}}\alpha_{\max rar}}{\alpha_{\max}}\Delta u_e$ （5－15）	T——结构自振周期； T_g——特征周期； $\alpha_{\max}$——多遇地震下，水平地震影响系数最大值； α_E^{II}——考虑二阶效应的侧移弯矩增大系数见《新钢结构设计手册》表3－23； $\alpha_{\max rar}$——罕遇地震下，水平地震影响系数最大值； Δu_e——多遇地震下，楼层内最大弹性层间位移；$\leqslant\frac{h}{250}$； Δu_p——罕遇地震下楼层内最大弹塑性层间位移；$\leqslant\frac{h}{50}$； θ^{II}——二阶效应系数，见《新钢结构设计手册》表3－23； β_{ys}^E——构件系数一般取1.2
2	$T<3.5T_g$	$\Delta u_p=\alpha_E^{\mathrm{II}}\left[\beta_{ys}^E+(1-\beta_{ys}^E)\frac{5T_g}{T}\right]\frac{\alpha_{\max rar}}{\alpha_{\max}}\Delta u_e$ （5－16） $\alpha_E^{\mathrm{II}}=\frac{1}{1-\frac{\theta^{\mathrm{II}}}{(\beta_{ys}^E)^{0.4}}}$ （5－17）	

注：计算支撑结构的Δu_e时，应考虑支撑屈曲后的刚度折减。

6 钢构件设计

6.1 一般规定

6.1.1 本章适用于抗震设防烈度小于或等于8度（0.20g），结构高度不高于100m的钢框架结构、支撑结构和框架－支撑结构的构件设计。地震动参数和性能化设计原则应符合现行国家标准《建筑抗震设计规范（2016年版）》GB 50011和《钢结构设计标准》GB 50017的规定。

6.1.2 钢结构建筑的抗震设防类别应按现行国家标准《建筑工程抗震设防分类标准》GB 50223的规定采用。

6.1.3 本章所有构件均需按现行国家标准《建筑抗震设计规范（2016年版）》GB 50011进行小震验算，地震效应和材料强度采用设计值，并考虑承载力抗震调整系数 γ_{RE}；中震作用（性能等级为1～4级）时，按现行国家标准《钢结构设计标准》GB 50017验算，地震效应采用标准值，并可乘以性能系数 Ω_i 折减，材料强度也用标准值，不再考虑 γ_{RE}。

6.1.4 受拉构件或构件的受拉区域的截面应符合下式要求：

$$Af_y \leqslant A_n f_u \tag{6-1}$$

式中：A——受拉构件或构件受拉区域的毛截面面积；

A_n——受拉构件或构件的受拉区域的净截面面积，当构件多个截面有孔时，应取最不利截面；

f_y——受拉构件或构件受拉区域钢材屈服强度；

f_u——受拉构件或构件受拉区域钢材抗拉强度最小值。

6.2 梁

6.2.1 梁的截面形式。

梁承受屋面和楼面传来的荷载，产生弯矩、剪力和扭矩，一般采用双轴对称的焊接或轧制的工字形截面形式。当考虑钢梁和混凝土楼板的共同作用时，可形成钢与混凝土组合梁（见第34章），近年来在多高层建筑中为降低房屋高度，有采用空腹矩形扁梁。鉴于受弯构件采用双腹板截面不经济及梁柱节点连接的复杂性，故一般不采用箱形、矩形和圆形钢管梁。

6.2.2 梁的计算内容。

1 强度计算（正应力、剪应力和扭应力，必要时计算局部压应力和折算应力）；

2 整体稳定性；

3 局部稳定性；

4 焊接截面梁腹板考虑屈曲后强度的计算；

5 挠度。

具体计算公式及步骤见《新钢结构设计手册》第3章第3.1节，不再赘述，本手册仅叙述设计时应注意的问题（下同）。

6.2.3 梁的强度设计要点。

1 梁端部截面抗剪强度应考虑连接时截面的削弱作用，按公式（6－2）进行附加验算；在主平面内受弯的实腹构件，除考虑腹板屈曲后强度者外，按公式（6－3）计算抗剪强度。

$$\tau = \frac{V}{A_{wn}} \leqslant f_v \tag{6-2}$$

$$\tau=\frac{VS}{It_w}\leqslant f_v \tag{6-3}$$

式中：V——小震验算时，取剪力设计值（中震验算时，取标准值 V_k）；

A_{wn}——扣除扇形切角和螺栓孔后腹板受剪面积；

S——计算剪力处以上（或以下）毛截面对中和轴的面积矩；

I——毛截面惯性矩；

t_w——腹板厚度；

f_v——抗剪强度设计值（《新钢结构设计手册》表2－3），小震验算时应除以承载力抗震调整影响系数 γ_{RE}（《新钢结构设计手册》表2－1）；（中震时，抗剪强度屈服值 $f_{yv}=0.58f_y$）。

2 框架结构中的框架梁进行抗震受剪计算时，剪力应按下式计算：

$$V_{pb}=V_{Gb}+\frac{W_{Eb,A}f_y+W_{Eb,B}f_y}{l_n} \tag{6-4}$$

式中：V_{pb}——强剪弱弯的框架梁剪力值，应符合表6－6的规定；

V_{Gb}——梁在重力荷载代表值作用下截面的剪力值；

$W_{Eb,A}$、$W_{Eb,B}$——梁端截面A和B处的构件截面模量，按《新钢结构设计手册》表5－9中表b的规定采用；

l_n——梁的净跨；

f_y——梁钢材的屈服强度。

3 框架－偏心支撑结构中非消能梁段的框架梁，应按压弯构件计算；计算弯矩及轴力效应时，其非塑性耗能区内力调整系数宜按 $1.1\eta_y$（η_y 为钢材超强系数）采用；

交叉支撑系统中的框架梁，应按压弯构件计算；轴力可按式（6－5a）计算，计算弯矩效应时，其非塑性耗能区内力调整系数宜按 $1.1\eta_y$（η_y 为钢材超强系数）采用；

表6－1 支撑系统中框架梁轴力公式

公 式	说 明
$N=A_{br1}f_y\cos\alpha_1-\eta\varphi A_{br2}f_y\cos\alpha_2$ （6－5a） $\eta=0.65+0.35\tanh(4-10.5\lambda_{n,br})$ （6－5b） $\lambda_{n,br}=\frac{\lambda_{br}}{\pi}\sqrt{\frac{f_y}{E}}$ （6－5c）	A_{br1}、A_{br2}——分别是上、下层支撑截面面积； α_1、α_2——分别是上、下层支撑斜杆与横梁的交角； λ_{br}——支撑最小长细比； η——受压支撑剩余承载力系数，按式（6－5b）计算； $\lambda_{n,br}$——支撑正则化长细比； E——钢材弹性模量； α——支撑斜杆与横梁的交角；
$V=\eta_{red}(1-\eta\varphi)A_{br}f_y\sin\alpha$ （6－6a） $\eta_{red}=1.25-0.75\frac{V_{P,F}}{V_{br,k}}$ （6－6b）	η_{red}——竖向不平衡力折减系数，按式（6－6b）计算取值。当计算值小于0.3时，取0.3；大于1.0时，取1.0； $V_{P.F}$——框架独立形成侧移机构时的抗侧承载力标准值； $V_{br.k}$——支撑发生屈曲时，由人字形支撑提供的抗侧承载力标准力

注：当为防屈曲支撑，计算轴力效应时，非塑性耗能区内力调整系数宜取1.0；弯矩效应宜按不计入支撑支点作用的梁承受重力荷载和支撑拉压力标准组合下的不平衡力 V 作用计算，在恒载和支撑最大拉压力标准组合下的变形不宜超过不考虑支撑点的梁跨度的1/240。

人字形、V形支撑系统中框架梁在支撑连接处应保持连续，并按压弯构件计算；轴力可按式（6－5a）计算；弯矩效应宜不计入支撑支点作用的梁承受重力荷载和支撑屈曲时不平衡作用计算，竖向不平衡力计算宜符合下列规定：

（1）除顶层和出屋面房间的框架梁外，竖向不平衡力可按式（6－6a）计算：

（2）顶层和出屋面房间的框架梁，竖向不平衡力宜按式（6－6a）计算的0.5倍取值。

4　在支撑系统之间，直接与支撑系统构件相连的刚接钢梁，当其在受压斜杆屈曲前屈服时，应按框架结构的框架梁设计，非塑性耗能区内力调整系数可取1.0，截面板件宽厚比等级宜满足受弯构件S1级要求。

5　采用塑性调幅设计的框架梁及连续梁，应符合《新钢结构设计手册》第3.4节的使用范围及构造规定。允许框架梁及连续梁逐个采用塑性调幅设计。此时应避免在框架柱中形成塑性铰。塑性铰处钢材的力学性能应满足屈强比$f_y/f_u \leqslant 0.85$，钢材应有明显的屈服台阶，且伸长率不应小于20%。当采用一阶弹性分析时，对于连续梁和框架梁的调幅幅度限值及挠度和侧移增大系数应按表6－2的规定采用。框架梁塑性调幅计算应符合表6－3中公式要求。

表6－2　钢梁调幅幅度限值及侧移增大系数

调幅幅度限值	梁截面板件宽厚比等级	侧移增大系数
15%	S1级	1.0
20%	S1级	1.05

表6－3　框架梁塑性调幅计算公式

计算公式	说明
$V \leqslant h_w t_w f_v$　　(6－7)	N——构件的压力设计值； M_x——构件的弯矩设计值； V——构件剪力设计值； W_{npx}——对x轴的塑性净截面模量； h_w，t_w——腹板高度和厚度； f_v——钢材抗剪强度设计值； f——钢材抗弯强度设计值； A_n——净截面面积
采用塑性设计时，塑性铰部位的强度应符合下列公式要求： $N \leqslant 0.6A_n f$　　(6－8) 当$\dfrac{N}{A_n f} \leqslant 0.15$时 $M_x \leqslant 0.9W_{npx} f$　　(6－9a) 当$\dfrac{N}{A_n f} > 0.15$时 $M_x \leqslant 1.05\left(1-\dfrac{N}{A_n f}\right)W_{npx} f$　　(6－9b)	

6　托柱梁在多遇地震作用下产生的内力应乘以增大系数，增大系数不得小于1.5。

6.2.4　梁的整体稳定性设计要点。

1　当梁仅腹板与柱（或主梁）相连时，在稳定性设计中侧向计算长度应乘以1.2。

2　梁设有侧向支撑体系，并符合《新钢结构设计手册》表3－2规定的受压翼缘自由长度与其宽度之比的限值时，可不计算整体稳定。按房屋抗震等级为三级及以上的高层民用建筑钢结构，梁受压翼缘在支撑连接点间的长度与其宽度之比，应符合《新钢结构设计手册》表3－30关于塑性设计时的长细比要求。梁出现塑性铰的截面处，其上下翼缘均应设侧向支撑点。

3　有铺板（各种钢筋混凝土板和钢板）密铺在梁的受压翼缘上并与其牢固相连、能阻止梁受压翼缘的侧向位移时，可不计算梁的整体稳定性。当不满足本条规定的箱型截面简支梁，其截面尺寸（图6－1）满足 $h/b_0 \leqslant 6$，$l_1/b_0 \leqslant 95\varepsilon_k^2$ 时，也不计算其整体稳定性（式中 l_1 为受压翼缘侧向支承点间的距离）。

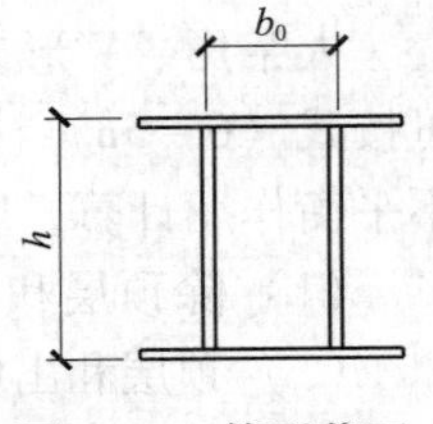

图6－1　箱型截面

6.2.5　梁的构造规定。

1　在多层和高层钢结构房屋中，梁的板件宽厚比限值，应符合表6－4或6－5的规定。

表6－4　建筑抗震设计规范

截面形式	宽厚比	抗震等级			
		一级	二级	三级	四级
	$\frac{b}{t}$	$9\varepsilon_k$	$9\varepsilon_k$	$10\varepsilon_k$	$11\varepsilon_k$
	$\frac{b_0}{t}$	$30\varepsilon_k$	$30\varepsilon_k$	$32\varepsilon_k$	$36\varepsilon_k$
	$\frac{h_0}{t_w}$	$72-120\rho$ $\leqslant 60\varepsilon_k$	$72-100\rho$ $\leqslant 65\varepsilon_k$	$80-110\rho$ $\leqslant 70\varepsilon_k$	$85-120\rho$ $\leqslant 75\varepsilon_k$

注：1　$\rho = N_b/Af$，为梁轴压比。

2　$\varepsilon_k = \sqrt{235/f_y}$，$f_y$ 为构件钢材屈服强度。

3　本表为小震验算与相应的抗震构造措施时采用。

表6－5　新钢结构设计手册表2－24

截面形式	宽厚比	截面设计等级				
		S1	S2	S3	S4	S5
	$\frac{b}{t}$	$9\varepsilon_k$	$11\varepsilon_k$	$13\varepsilon_k$	$15\varepsilon_k$	$15\varepsilon_k$
	$\frac{h_0}{t_w}$	$65\varepsilon_k$	$72\varepsilon_k$	$93\varepsilon_k$	$124\varepsilon_k$	250
	$\frac{b_0}{t}$	$25\varepsilon_k$	$32\varepsilon_k$	$37\varepsilon_k$	$42\varepsilon_k$	—

注：1　$\varepsilon_k = \sqrt{235/f_y}$，$f_y$ 为构件钢材屈服强度。

2　冷成型方管适用于Q235GJ或Q345GJ钢。

3　当S5级截面的板件宽厚比小于S4级经 ε_σ 修正的板件宽厚比时，可归属为S4级截面。ε_σ 为应力修正因子，$\varepsilon_\sigma = \sqrt{f/\sigma_{max}}$。

4　现行《钢结构设计标准》GB 50017—2017中也规定了截面构件宽厚比等级S1～S5，本表为中震验算和相应的抗震构造措施时采用，当其与表6－4有矛盾时，采用较小的宽厚比。

2 结构构件延性等级对应的塑性耗能区（梁端）截面板件宽厚比等级和设防地震性能组合下的最大轴力 N_{E2}、按公式（6－4）计算的剪力 V_{pb}应符合下表要求：

表6－6 结构构件延性等级对应的塑性耗能区（梁端）截面板件宽厚比等级和轴力、剪力限值

结构构件延性等级	Ⅴ级	Ⅵ级	Ⅲ级	Ⅱ级	Ⅰ级
截面板件宽厚比最低等级	S5	S4	S3	S2	S1
N_{E2}	—	$\leqslant 0.15Af$		$\leqslant 0.15Af_y$	
V_{pb}（未设置纵向加劲肋）	—	$\leqslant 0.5h_w t_w f_v$		$\leqslant 0.5h_w t_w f_{yv}$	

注：单层或顶层无需满足最大轴力和最大剪力的限值。

3 当框架梁端塑性耗能区为工字形截面时，尚应符合下列要求之一：

（1）布置间距不大于2倍梁高的加紧肋；

（2）工字形梁受弯正则化宽厚比 $\lambda_{n,b}$限值符合表6－7的要求；

（3）上、下翼缘均设置侧向支承。

表6－7 工字形梁正则化宽厚比 $\lambda_{n,b}$限值

结构构件延性等级	Ⅰ级、Ⅱ级	Ⅲ级	Ⅵ级	Ⅴ级
上翼缘有楼板	0.25	0.4	0.55	0.8

注：当工字形梁上翼缘有楼板时，受弯正则化宽厚比 $\lambda_{n,b}$应按《新钢结构设计手册》表3－3中公式计算。

6.3 柱

6.3.1 柱的截面形式。

与单层厂房不同，高层钢结构柱常选用两个方向刚度大致相同的闭口矩形钢管或箱型截面。

6.3.2 柱的计算内容。

1 强度计算；

2 整体稳定性；

3 局部稳定性；

4 长细比。

具体计算公式及步骤见《新钢结构设计手册》第3章第3.2节和第3.3节。

6.3.3 柱的计算要点。

1 框架柱的稳定性计算中，结构内力分析可采用一阶线弹性分析、二阶线弹性分析或者直接分析法（二阶弹塑性分析）。当采用二阶弹性分析方法计算内力且在每层柱顶附加考虑假想水平力 H_{ni}，框架柱的计算长度系数取1.0。

框架柱的稳定性验算可采用一阶线弹性分析（计算长度法）。框架柱分纯框架和有支撑框架。当支撑系统满足公式（6－10）时，为强支撑框架，其计算长度系数公式见式（6－15）。

$$S_b \geqslant 4.4\left[\left(1+\frac{100}{f_y}\right)\sum N_{bi}-\sum N_{0i}\right] \quad (6-10)$$

式中： S_b——支撑系统层侧移刚度（产生单位倾斜角的水平力）；

f_y——钢材的屈服强度值；

$\sum N_{bi}$、$\sum N_{0i}$——第 i 层层间所有框架柱用无侧移框架和有侧移框架柱计算长度系数算得的轴压稳定承载力之和。

对于等截面柱，在框架平面内的计算长度应等于该层柱的高度乘以计算长度系数 μ，其值可按表 6－8 确定：

表 6－8　柱计算长度系数 μ

<table>
<tr><th>长度系数</th><th>适用范围</th><th>说　明</th></tr>
<tr><td>$\mu=\sqrt{\dfrac{7.5K_1K_2+4(K_1+K_2)+1.52}{7.5K_1K_2+K_1+K_2}}$　（6－11a）
设有摇摆柱时，摇摆柱本身计算长度系数为 1.0，框架柱计算长度系数应乘以放大系数 η。
$\eta=\sqrt{1+\dfrac{\sum(N_1/h_1)}{\sum(N_f/h_f)}}$　（6－11b）</td><td>支撑框架（不考虑支撑对框架稳定的支撑作用）、无支撑纯框架</td><td rowspan="3">K_1、K_2——分别为交与柱上下端的横梁线刚度之和与柱线刚度之和的比值；
η——放大系数；
N_i——第 i 根柱轴心压力设计值；
N_{Ei}——第 i 根柱的欧拉临界力，$N_{Ei}=\pi^2EI_i/h_i^2$；
h_i——第 i 根柱的高度；
$\sum(N_f/h_f)$——本层各框架柱轴心压力设计值与柱子高度比值之和；
$\sum(N_1/h_1)$——本层各摇摆柱轴心压力设计值与柱子高度比值之和；
K——框架层侧移刚度，即产生层间单位侧移所需的力；
N_{1j}——第 j 根摇摆柱轴心压力设计值；
h_j——第 j 根摇摆柱的高度</td></tr>
<tr><td>$\mu_i=\sqrt{\dfrac{N_{Ei}}{N_i}\cdot\dfrac{1.2}{K}\sum(N_i/h_i)}$　（6－12a）
设有摇摆柱时，框架柱计算长度系数
$\mu_i=\sqrt{\dfrac{N_{Ei}}{N_i}\cdot\dfrac{1.2\sum(N_i/h_i)+\sum(N_{1j}/h_j)}{K}}$　（6－12b）</td><td>同层各柱 $\dfrac{N}{I}$ 不同</td></tr>
<tr><td>$\mu=\sqrt{\dfrac{(1+0.41K_1)(1+0.41K_2)}{(1+0.82K_1)(1+0.82K_2)}}$　（6－13）</td><td>强支撑框架（无侧移失稳模式）</td></tr>
</table>

注：当按式（6－12）计算的 μ_i 小于 1.0 时，取 1.0。

计算 K_1、K_2 时，梁柱的线刚度比按下表情况进行修正和选取。

表 6－9　梁线刚度及 K_2 修正和选取

<table>
<tr><th colspan="3">梁线刚度折减（乘以下列数据）</th><th colspan="2">底层框架柱下端</th><th colspan="3">与柱刚接横梁承受很大轴力，横梁线刚度的折减系数</th></tr>
<tr><th>连接形式</th><th>式（6－11）</th><th>式（6－13）</th><th>连接形式</th><th>式（6－11）、式（6－13）</th><th>连接形式</th><th>式（6－11）</th><th>式（6－13）</th></tr>
<tr><td>梁远端铰接</td><td>0.5</td><td>1.5</td><td>刚接</td><td>$K_2=10$</td><td>横梁远端与临柱刚接</td><td>$\alpha_N=1-N_b/4N_{Eb}$</td><td>$\alpha_N=1-N_b/N_{Eb}$</td></tr>
<tr><td>梁远端固支</td><td>2/3</td><td>2</td><td>平板式铰接</td><td>$K_2=0.1$</td><td>横梁远端铰接</td><td colspan="2">$\alpha_N=1-N_b/N_{Eb}$</td></tr>
<tr><td>梁近端与柱铰接</td><td>0</td><td>0</td><td>铰接且明确转动可能</td><td>$K_2=0$</td><td>横梁远端嵌固</td><td colspan="2">$\alpha_N=1-N_b/(2N_{Eb})$</td></tr>
</table>

注：N_b 为横梁的轴心压力；$N_{Eb}=\pi^2EI_b/l^2$，I_b 为横梁截面惯性矩，l 为横梁长度。

当二阶效应系数 $\theta_i'' \geqslant \frac{\sum N_{ik}\Delta u_i}{\sum H_{ik}h_i}$（《新钢结构设计手册》表3－23说明）大于0.1时，宜采用二阶线弹性分析，且二阶效应系数不应大于0.25。

2　框架柱的抗震承载力验算时，强柱弱梁是基本要求，节点左右梁端和上下柱端的全塑性承载力应符合下表公式的要求。

表6－10　框架柱抗震承载力验算公式

公　　式	适用范围（以下情况外）	说　　明
等截面梁 柱截面板件宽厚比等级为S1、S2时 $\sum W_{Ec}(f_{yc}-N_p/A_c) \geqslant \eta_y \sum (W_{Eb}f_{yb})$　（6－14） 柱截面板件宽厚比等级为S3、S4时 $\sum W_{Ec}(f_{yc}-N_p/A_c) \geqslant 1.1\eta_y \sum (W_{Eb}f_{yb})$　（6－15）	1　规则框架，本层的受剪承载力比相邻上一层的受剪承载力高出25%； 2　柱轴压比不超过0.4且柱的截面板件宽厚比等级满足S3级要求； 3　不满足强柱弱梁要求的柱子提供的受剪承载力之和，不超过总受剪承载力的20%； 4　与支撑斜杆相连的框架柱； 5　单层框架和框架顶层柱； 6　柱满足构件延性等级为Ⅴ级时的承载力要求	W_{Ec}、W_{Eb}——分别为交汇于节点的柱和梁的截面模量，按《新钢结构设计手册》表5－9中表b的规定采用； W_{Eb1}——梁塑性铰截面的梁塑形截面模量，按《新钢结构设计手册》表5－9中表b规定采用； f_{yc}、f_{yb}——分别为柱和梁的钢材屈服强度； N_p——设防地震内力性能组合的柱轴力，按式（6－5a），非塑性耗能区内力调整系数可取1.0； A_c——框架柱的截面面积； η_y——钢材超强系数，按《新钢结构设计手册》表5－9中表c采用，其中塑性耗能区、弹性区分别采用梁、柱替代； V_{pb}——产生塑性铰时塑性铰截面的剪力，按式（6－4）计算； s——塑性铰至柱侧面的距离
端部翼缘变截面梁 柱截面板件宽厚比等级为S1、S2时 $\sum W_{Ec}(f_{yc}-N_p/A_c) \geqslant \eta_y \sum (W_{Eb1}f_{yb}+V_{pb}s)$　（6－16） 柱截面板件宽厚比等级为S3、S4时 $\sum W_{Ec}(f_{yc}-N_p/A_c) \geqslant 1.1\eta_y \sum (W_{Eb1}f_{yb}+V_{pb}s)$　（6－17）		

3　框架柱应按压弯构件计算，计算弯矩效应和轴力效应时，其非塑性耗能区内力调整系数不宜小于1.1η_y（η_y钢材超强系数）。对于框架结构，进行受剪计算时，剪力应按式（6－18）计算；计算弯矩效应时，多高层钢结构底层柱的非塑性耗能区内力调整系数不应小于1.35。对于框架－中心支撑结构，框架柱计算长度系数不宜小于1。

$$V_{pc} = V_{Gc} + \frac{W_{Ec,A}f_{yc} + W_{Ec,B}f_{yb}}{h_n} \tag{6-18}$$

式中：V_{pc}——框架柱剪力值；

V_{Gc}——在重力荷载代表值作用下柱的剪力效应；

$W_{Ec,A}$、$W_{Ec,B}$——柱端截面A和B处的构件截面模量，按《新钢结构设计手册》表5－9中表b的规定采用；

h_n——柱的净高；

f_{yc}、f_{yb}——分别为柱和梁钢材的屈服强度。

4 框架采用塑性调幅设计时，设有支撑架的结构中，当采用一阶弹性分析时，框架柱计算长度系数取为1，且应满足强支撑框架侧移刚度的要求。框架柱强度还应满足表6－3中式（6－7）及式（6－8）的要求。

5 框筒结构柱应符合下式要求：

$$\frac{N}{A_c} \leqslant \beta f \tag{6-19}$$

式中：N_c——框筒结构柱在结构小震作用组合下的最大轴向压力设计值；

A_c——框筒结构柱截面面积；

f——框筒结构柱钢材强度设计值；

β——系数，抗震等级为一、二、三级时取0.75，四级时取0.80。

6 进行多遇地震作用下构件承载力计算时，钢结构转换构件下的钢框架柱，地震作用产生的内力应乘以增大系数，其值可采用1.5。

6.3.4 柱的构造规定。

1 框架柱的长细比应符合下表要求：

表6－11 框架柱长细比

结构构件延性等级	Ⅴ级	Ⅳ级	Ⅰ、Ⅱ、Ⅲ级
$N_{GE}/(Af_y) \leqslant 0.15$	180	150	$120\varepsilon_k$
$N_{GE}/(Af_y) > 0.15$	$125\left(1-\frac{N_{GE}}{Af_y}\right)\varepsilon_k$		

注：1 N_{GE}为钢柱在重力荷载代表值作用下产生的轴力效应。

2 抗震规范规定：框架柱的长细比，一级不应大于$60\varepsilon_k$；二级不应大于$80\varepsilon_k$；三级不应大于$100\varepsilon_k$；四级不应大于$120\varepsilon_k$。当与表6－11出现矛盾时，按较严者选用。

2 多高层框架柱板件宽厚比限值，应符合表6－12或表6－13的规定。

表6－12 建筑抗震设计规范之柱板件宽厚比

截面形式	宽厚比	抗震等级				非抗震设计
		一级	二级	三级	四级	
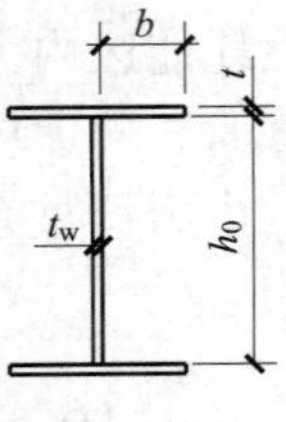 工字形截面（b、t、t_w、h_0）	$\frac{b}{t}$	$10\varepsilon_k$	$11\varepsilon_k$	$12\varepsilon_k$	$13\varepsilon_k$	$13\varepsilon_k$
	$\frac{h_0}{t_w}$	$43\varepsilon_k$	$45\varepsilon_k$	$48\varepsilon_k$	$52\varepsilon_k$	$52\varepsilon_k$
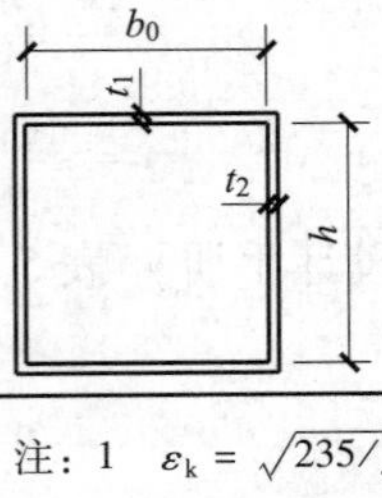 箱形截面（b_0、t_1、t_2、h）	$\frac{b_0}{t_1}$，$\frac{h}{t_2}$	$33\varepsilon_k$	$36\varepsilon_k$	$38\varepsilon_k$	$40\varepsilon_k$	$40\varepsilon_k$

注：1 $\varepsilon_k=\sqrt{235/f_y}$，$f_y$为构件钢材屈服强度。

2 本表为小震验算与相应的抗震构造措施时采用。

表 6-13 钢结构设计标准（《新钢结构设计手册》表 2-24）之柱板件宽厚比

截面形式	宽厚比	截面设计等级				
		S1	S2	S3	S4	S5
H形截面	$\frac{b}{t}$	$9\varepsilon_k$	$11\varepsilon_k$	$13\varepsilon_k$	$15\varepsilon_k$	20
	$\frac{h_0}{t_w}$	$(33+13\alpha_0^{1.3})\varepsilon_k$	$(38+13\alpha_0^{1.39})\varepsilon_k$	$(40+18\alpha_0^{1.5})\varepsilon_k$	$(45+18\alpha_0^{1.5})\varepsilon_k$	250
箱形截面	$\frac{b_0}{t_1}$ $\frac{h}{t_2}$	$30\varepsilon_k$	$35\varepsilon_k$	$40\varepsilon_k$	$45\varepsilon_k$	—
圆管截面	$\frac{D}{t}$	$50\varepsilon_k^2$	$70\varepsilon_k^2$	$90\varepsilon_k^2$	$100\varepsilon_k^2$	—

注：1 $\varepsilon_k=\sqrt{235/f_y}$，$f_y$ 为构件钢材屈服强度。

2 $\alpha_0=\frac{\alpha_{max}-\alpha_{min}}{\alpha_{max}}$式中，$\alpha_{max}$为腹板计算边缘最大压应力；$\alpha_{min}$为腹板计算高度另一边缘相应的应力，压应力取正值，拉应力取负值。

3 单向受弯的箱型截面柱，腹板限值可根据 H 形截面腹板采用。

4 冷成型方管适用于 Q235GJ 或 Q345GJ 钢。

5 腹板宽厚比，可以通过设置加劲肋减少。

6 本表按《钢结构设计标准》GB 50017—2017 相应的抗震构造措施时采用，当其与表 6-12 有矛盾时，按较小的宽厚比采用。

6.4 中心支撑

6.4.1 中心支撑设计内容。

1 中心支撑形式选择；

2 中心支撑杆件内力计算；

3 中心支撑杆件的附加应力计算；

4 中心支撑斜杆长细比；

5 中心支撑斜杆的板件宽厚比。

6.4.2 中心支撑形式。

垂直支撑中的支撑斜杆与框架柱的夹角应为 45 度左右。当支撑斜杆的轴心通过框架梁与柱中线的交点时为中心支撑（图 6-2），当支撑斜杆的轴线设计为偏离梁与柱轴线的交点时为偏心支撑（见第 6.5 节）。中心支撑形式分为十字交叉斜杆、单斜杆、人字形斜杆或 V 形斜杆和 K 形支撑体系。

1 支撑框架在两个方向的布置均宜基本对称，支撑框架之间的楼盖的长宽比不宜大于 3。

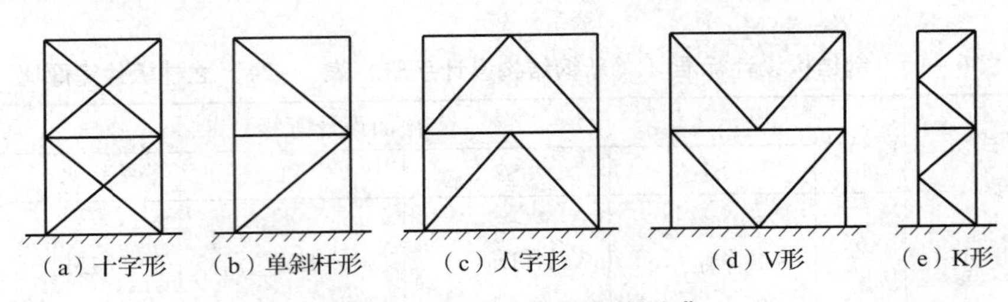

图 6－2　中心支撑的常用形式

2　中心支撑轴线宜交汇于梁柱构件轴线的交点，偏离交点时的偏心距不应超过支撑杆件宽度，并应计入由此产生的附加弯矩。

3　三、四级且高度不大于 50m 的钢结构宜采用中心支撑。支撑应成对设置，各层同一水平地震作用方向的不同倾斜方向受拉杆截面水平投影面积之差不宜大于 10%。

4　交叉支撑结构、成对布置的单斜杆支撑结构的支撑系统，当支撑斜杆的长细比大于 130，内力计算时可不计入压杆作用仅按受拉斜杆计算，当结构层数超过 2 层时，长细比不应大于 180。

5　人字形支撑或 V 形支撑与横梁的连接节点处，应设置侧向支承。该支承点与梁端支承点间的侧向长细比以及支承力，应符合《新钢结构设计手册》第 3.4 节有关规定，轴力设计值不得小于梁轴向承载力设计值的 2%。

6　K 形支撑体系在地震作用下可能因受压斜杆失稳或受拉斜杆屈服而引起较大的侧向变形，因此不得用于抗震设防的结构。

6.4.3　支撑杆件内力计算。

中心支撑体系作为高层钢结构的主要抗侧力构件，主要承受水平荷载（风荷载或多遇地震作用）引起的剪力。由于高层建筑结构在水平作用下的侧移以及楼层安装时倾斜误差的影响较大，因此，支撑还承受水平位移和重力产生的附加弯矩。

1　支撑斜杆截面设计时，可能受拉也可能受压，当满足条件时，还可假定为只受拉。支撑斜杆受拉时按拉杆计算强度；小震作用下，支撑斜杆受压承载力按式（6－20a）计算；中震时，按式（6－21）计算。

表 6－14　中心支撑斜杆的压力公式

公　式	说　明
$N/(\varphi A_{br}) \leqslant \psi f/\gamma_{RE}$　（6－20a） $\psi = 1/(1+0.35\lambda_n)$　（6－20b） $\lambda_n = (\lambda/\pi)\sqrt{f_{ay}/E}$　（6－20c）	N——支撑压杆的轴向力设计值（小震时）； A_{br}——支撑压杆的截面面积； φ——支撑压杆的稳定系数； λ、λ_n——支撑斜杆的长细比和正则化长细比； ψ——受循环荷载时的强度降低系数； E——支撑压杆钢材的弹性模量； f、f_{ay}——分别为支撑钢材强度设计值和屈服强度； γ_{RE}——支撑稳定破坏承载力抗震调整系数；
$N_{E2} \leqslant R_k$　（6－21）	N_{E2}——构件设防地震内力性能组合值，具体计算见公式（5－9）中的 S_{E2}； R_k——按屈服强度计算的构件实际截面承载力标准值

2 节点的不平衡剪力。

交叉形或成对布置的单斜杆支撑，上、下层支撑斜杆交汇处节点，应可靠承受式（6－22）计算的竖向不平衡剪力；人字形或V字形支撑，支撑斜杆、横梁与立柱的汇交点，应可靠传递式（6－24）计算的剪力。

表6－15 节点不平衡剪力

公式	说明
$V=A_{br1}f_y\sin\alpha_1+\eta\varphi A_{br2}f_y\sin\alpha_2+V_G$ （6－22a） $V=A_{br1}f_y\sin\alpha_1+\eta\varphi A_{br2}f_y\sin\alpha_2-V_G$ （6－22b） $\eta=0.65+0.35\tanh(4-10.5\lambda_{n,br})$ （6－23） $V=A_{br}f_y\sin\alpha+V_G$ （6－24）	V——支撑斜杆交汇处的竖向不平衡力； A_{br}、A_{br1}、A_{br2}——支撑的截面面积，其中$A_{br1}\sin\alpha_1\geqslant A_{br2}\sin\alpha_2$； φ——支撑稳定系数； η——受压支撑剩余承载力系数； $\lambda_{n,br}$——支撑的正则化长细比，可按式（6－5c）计算； α_1、α_2——支撑斜杆与横梁的交角； V_G——横梁在重力荷载代表值作用下的梁端剪力（参考文献［1］）

3 支撑系统中框架梁计算见6.1节。

4 支撑体系中框架柱的计算长度不宜小于1。

5 框架－中心支撑结构的框架部分，即不传递支撑内力的梁柱构件，其抗震构造应根据框架部分的延性等级按框架结构采用。

6.4.4 中心支撑斜杆长细比及板件的宽厚比等级。

中心支撑斜杆长细比及板件的宽厚比等级见表6－16。

表6－16 中心支撑长细比、截面板件宽厚比等级

抗侧力构件	结构构件延性等级			支撑长细比	支撑截面板件宽厚比最低等级	备注
	支撑结构	框架－中心支撑结构	框架－偏心支撑结构			
交叉中心支撑或对称设置的单斜杆支撑	Ⅴ级	Ⅴ级	—	满足《新钢结构设计手册》表2－19规定，当内力计算时不计入压杆作用按只受拉杆计算时，满足《新钢结构设计手册》表2－20规定	满足《新钢结构设计手册》表2－25的规定	—
	Ⅳ级	Ⅲ级	—	$65\varepsilon_k<\lambda\leqslant130$	BS3	—
	Ⅲ级	Ⅱ级	—	$33\varepsilon_k<\lambda\leqslant65\varepsilon_k$	BS2	—
				$130<\lambda\leqslant180$	BS2	—
	Ⅱ级	Ⅰ级	—	$\lambda\leqslant33\varepsilon_k$	BS1	—

续表 6－16

抗侧力构件	结构构件延性等级			支撑长细比	支撑截面板件宽厚比最低等级	备注
	支撑结构	框架－中心支撑结构	框架－偏心支撑结构			
人字形或V形中心支撑	Ⅴ级	Ⅴ级	—	满足《新钢结构设计手册》表2－19的规定	满足《新钢结构设计手册》表2－25的规定	—
	Ⅳ级	Ⅲ级	—	$65\varepsilon_k < \lambda \leqslant 130$	BS3	与支撑相连的梁截面板件宽厚比等级不低于S3级
	Ⅲ级	Ⅱ级	—	$33\varepsilon_k < \lambda \leqslant 65\varepsilon_k$	BS2	与支撑相连的梁截面板件宽厚比等级不低于S2级
				$130 < \lambda \leqslant 180$	BS2	框架承担50%以上总水平地震剪力；与支撑相连的梁截面板件宽厚比等级不低于S1级
	Ⅱ级	Ⅰ级	—	$\lambda \leqslant 33\varepsilon_k$	BS1	与支撑相连的梁截面板件宽厚比等级不低于S1级
				采用屈曲约束支撑	—	—

注：1 $\varepsilon_k = \sqrt{235/f_y}$，$f_y$ 为构件钢材屈服强度。

2 λ 为支撑的最小长细比。

3 人字形或V形中心支撑，其杆件延性等级为Ⅲ级对应的长细比为 $130 < \lambda \leqslant 180$ 或板件宽厚比等级为S2、延性等级为Ⅰ级、Ⅱ级对应长细比为 $\lambda \leqslant 33\varepsilon_k$ 或板件宽厚比等级为S1时，框架需承担50%以上总水平地震剪力。

6.4.5 中心支撑斜杆板件的宽厚比。

支撑斜杆板件的宽厚比，不应大于表6－17规定的限值。采用节点板连接时，应注意节点板的强度和稳定。当进行抗震性能化设计时，支撑截面板件宽厚比等级及限值按表6－18的规定。

表 6-17 建筑抗震设计规范

截面形式	宽厚比	抗震等级			
		一级	二级	三级	四级
工字形截面（b、t、t_w、h_0）；箱形截面（b_0、t）	$\frac{b}{t}$	$8\varepsilon_k$	$9\varepsilon_k$	$10\varepsilon_k$	$13\varepsilon_k$
	$\frac{h_0}{t_w}$	$25\varepsilon_k$	$26\varepsilon_k$	$27\varepsilon_k$	$33\varepsilon_k$
	$\frac{b_0}{t}$	$18\varepsilon_k$	$20\varepsilon_k$	$25\varepsilon_k$	$30\varepsilon_k$
圆管截面（D、t）	$\frac{D}{t}$	$38\varepsilon_k^2$	$40\varepsilon_k^2$	$40\varepsilon_k^2$	$42\varepsilon_k^2$

注：1 $\varepsilon_k=\sqrt{235/f_y}$，$f_y$ 为构件钢材屈服强度，圆管柱应乘以 ε_k^2。

2 本表为小震验算和相应的抗震构造措施时采用，当其与表 6-18 有矛盾时，按较严者采用。

表 6-18 钢结构设计标准

截面形式	宽厚比	抗震等级		
		BS1 级	BS2 级	BS3 级
工字形截面（b、t、t_w、h_0）	$\frac{b}{t}$	$8\varepsilon_k$	$9\varepsilon_k$	$10\varepsilon_k$
	$\frac{h_0}{t_w}$	$30\varepsilon_k$	$35\varepsilon_k$	$42\varepsilon_k$
箱形截面（b_0、t_1、t_2、h）	$\frac{b_0}{t_1}$、$\frac{h}{t_2}$	$25\varepsilon_k$	$28\varepsilon_k$	$32\varepsilon_k$

续表 6－18

截面形式	宽厚比	抗震等级		
		BS1 级	BS2 级	BS3 级
圆管（D，t）	$\frac{D}{t}$	$40\varepsilon_k^2$	$56\varepsilon_k^2$	$72\varepsilon_k^2$
角钢（b，c，t）	$\frac{b}{t}$或$\frac{c}{t}$	$8\varepsilon_k$	$9\varepsilon_k$	$10\varepsilon_k$

注：$\varepsilon_k = \sqrt{235/f_y}$，$f_y$ 为构件钢材屈服强度，圆管柱应乘以 ε_k^2。

6.5　偏 心 支 撑

6.5.1　偏心支撑计算内容。

1　偏心支撑形式。

2　偏心支撑斜杆承载力计算。

3　偏心支撑消能梁段设计。

4　偏心支撑斜杆长细比及其板件宽厚比。

6.5.2　偏心支撑形式。

偏心支撑框架中的支持斜杆端点与梁柱节点之间或两个支撑杆端点之间存在消能梁段（图中 a），其优点是当水平荷载较小时具有足够的刚度，而在遇到大震时又具有良好的延性。图 6－3 为偏心支撑的常用形式。

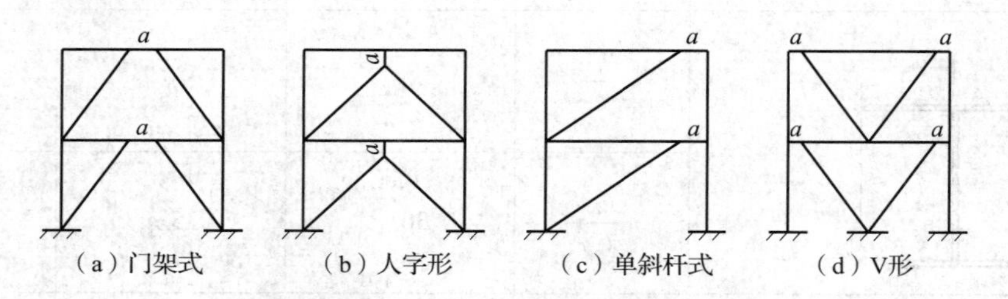

图 6－3　偏心支撑的常用形式

注：a 为消能梁段。

1　偏心支撑宜设计为剪切屈服型消能梁段。

2　抗震等级为一、二级的多高层钢结构，宜采用偏心支撑结构。

6.5.3　偏心支撑斜杆承载力设计。

偏心支撑斜杆按轴心受压杆件设计，其轴力设计值应取与支撑斜杆相连接的消能梁段达到受剪承载力时支撑斜杆轴力与增大系数的乘积，一级不应小于 1.4，二级不应小于 1.3，三级不应小于 1.2。

6.5.4 偏心支撑消能梁段设计。

1 消能梁段 a 分为剪切屈服型和弯曲屈服型，见表 6-19。设计时宜采用剪切屈服型，且其钢材强度不应大于 345MPa。

表 6-19 消能梁段 a 分类

梁段类型	公式	说明
剪切屈服型（短梁段）	$a \leqslant M_{p,l}/V_p$ (6-25)	$M_{p,l}=W_p f_y$——消能梁段的塑性受弯承载力； $V_p=0.58 f_y h_0 t_w$——梁段的塑性受剪承载力
弯曲屈服型（长梁段）	$a > M_{p,l}/V_p$ (6-26)	

2 消能梁段要求如下：

1）小震时，当 $N>0.16Af$ 时，消能梁段 a 应满足下表规定：

表 6-20 消能梁段 a 满足的规定

公式	说明
当 $\rho(A_w/A)<0.3$ 时， $a \leqslant 1.6M_{p,l}/V_l$ (6-27)	$M_{p,l}=W_p f_y$——消能梁段的塑性受弯承载力； $V_l=0.58 f_y h_0 t_w$——梁段的塑性受剪承载力； $\rho=N/V$——消能梁段轴向力设计值与剪力设计值之比
当 $\rho(A_w/A)\geqslant 0.3$ 时， $a \leqslant [1.15-0.5\rho(A_w/A)]\times 1.6M_{p,l}/V_l$ (6-28)	

2）中震时，当结构构件延性等级为Ⅰ级时，消能梁段的构造应符合下列要求：

当 $N_{p,l}>0.16Af_y$ 时，消能梁段长度 a 应满足表 6-21 规定。

表 6-21 消能梁段长度 a 满足的规定

公式	说明
当 $\rho(A_w/A)<0.3$ 时， $a<1.6M_{p,l}/V_l$ (6-29)	$M_{p,l}=W_{p,l} f_y$——消能梁段的塑性受弯承载力； $V_l=0.58 f_y h_0 t_w$——梁段的塑性受剪承载力； $\rho=N_{p,l}/V_{p,l}$——消能梁段轴向力设计值与剪力设计值之比； $V_{p,l}$——设防地震性能组合的消能梁段剪力
当 $\rho(A_w/A)\geqslant 0.3$ 时， $a<[1.15-0.5\rho(A_w/A)]\times 1.6M_{p,l}/V_l$ (6-30)	

3 消能梁段受剪承载力。

1）多遇地震下消能梁段受剪承载力见表 6-22。

表 6-22 消能梁段受剪承载力

公式	说明
当 $N \leqslant 0.15Af$ 时， $V \leqslant \phi V_l / r_{RE}$ (6-31) $V_l = 0.58A_w f_{ay}$ 或 $V_l = 2M_{p,l}/a$，取较小值	N、V——分别为消能梁段的轴力设计值和剪力设计值； V_l、V_{lc}——分别为消能梁段受剪承载力和计入轴力影响的受剪承载力； A、A_w——分别为消能梁段的截面面积和腹板截面面积，其中 $A_w = (h - 2t_f)t_w$； $M_{p,l} = W_p f$——消能梁段的塑性受弯承载力； a、h——分别为消能梁段净长和截面高度； t_w、t_f——分别为消能梁段腹板厚度和翼缘厚度； f、f_{ay}——消能梁段钢材的抗压强度设计值和屈服强度； ϕ——系数，可取 0.9； r_{RE}——消能梁段承载力抗震调整系数，取 0.75
当 $N > 0.15Af$ 时 $V \leqslant \phi V_{lc} / r_{RE}$ (6-32) $V_{lc} = 0.58A_w f_{ay}\sqrt{1 - [N/(Af)]^2}$ 或 $V_{lc} = 2.4M_{p,l}[1 - N/(Af)]/a$，取较小值	

2）中震时消能梁段的受剪承载力应符合表 6-23 要求。

表 6-23 消能梁段受剪承载力

公式	说明
当 $N_{p,l} \leqslant 0.15Af$ 时，受剪承载力取式(6-33a)与(6-33b)的较小值。 $V_l = A_w f_{yv}$ (6-33a) 或 $V_l = 2W_{p,l} f_y / a$ (6-33b)	$M_{p,l} = W_{p,l} f_y$——消能梁段的塑性受弯承载力； $V_l = 0.58 f_y h_0 t_w$——梁段的塑性受剪承载力； $\rho = N_{p,l}/V_{p,l}$——消能梁段轴向力设计值与剪力设计值之比； $V_{p,l}$——设防地震性能组合的消能梁段剪力； V_l、V_{lc}——分别为消能梁段受剪承载力和计入轴力影响的受剪承载力； a——消能梁段净长
当 $N_{p,l} > 0.15Af$ 时，受剪承载力取式(6-34a)与(6-34b)的较小值。 $V_{lc} = A_w f_{yv}\sqrt{1 - [N_{p,l}/(Af_y)]^2}$ (6-34a) 或 $V_{lc} = 2.4W_{p,l} f_y [1 - N_{p,l}/(Af_y)]/a$ (6-34b)	

4　消能梁段受弯承载力应符合下表要求：

表 6－24　消能梁段受弯承载力

公　式	说　明
当 $N \leqslant 0.15Af$ 时， $\frac{M}{W}+\frac{N}{A}\leqslant f$　(6－35)	M——消能梁段的弯矩设计值； N——消能梁段的轴力设计值； W——消能梁段的截面模量； A——消能梁段的截面面积；
当 $N > 0.15Af$ 时， $\left(\frac{M}{h}+\frac{N}{2}\right)\frac{1}{b_f t_f}\leqslant f$　(6－36)	h、b_f、t_f——分别为消能梁段截面高度、翼缘宽度和翼缘厚度； f——消能梁段的钢材强度设计值，当地震作用组合时，应除以 γ_{RE}

5　消能梁段的腹板不得贴焊补强板，也不得开洞。

6　消能梁段与支撑连接处应在其腹板两侧配置加劲肋，加劲肋的高度应为梁腹板高度，一侧的加劲肋宽度不应小于（$b_f/2-t_w$），厚度不应小于 $0.75t_w$ 和 10mm 的较大值。

7　消能梁段应按下列要求在其腹板上设置中间加劲肋：

1）当 $a \leqslant 1.6M_{p,l}/V_l$ 时，加劲肋间距不应大于（$30t_w-h/5$）；

2）当 $2.6M_{p,l}/V_l < a \leqslant 5M_{p,l}/V_l$ 时，应在距消能梁段端部 $1.5b_f$ 处配置中间加劲肋，且中间加劲肋间距不应大于（$52t_w-h/5$）；

3）当 $1.6M_{p,l}/V_l < a \leqslant 2.6M_{p,l}/V_l$ 时，中间加劲肋间距宜在上述二者间采用线性插入法确定；

4）当 $a > 5M_{p,l}/V_l$ 时，可不设置中间加劲肋。

5）中间加劲肋应与消能梁段的腹板等高；当消能梁段截面高度不大于640mm 时，可配置单向加劲肋；当消能梁段截面高度大于 640mm 时，应在两侧配置加劲肋，一侧加劲肋的高度不应小于（$b_f/2-t_w$），厚度不应小于 t_w 和 10mm 的较大值。

8　消能梁段与柱连接时，其长度不得大于 $1.6M_{p,l}/V_l$，且应满足相关标准的规定。

9　消能梁段两端上下翼缘应设置侧向支撑，支撑的轴力设计值不得小于消能梁段翼缘轴向承载力设计值的6%。

6.5.5　偏心支撑斜杆长细比及其板件宽厚比。

偏心支撑框架支撑斜杆延性等级应为Ⅰ级，其长细比不应大于 $120\varepsilon_k$，支撑斜杆的板件宽厚比不应超过现行国家标准《钢结构设计标准》GB 50017—2017 规定的轴心受压构件在弹性设计时的宽厚比限值。消能梁段截面板件宽厚比应符合表 6－1 的规定。

6.6　钢板剪力墙

6.6.1　钢板剪力墙设计内容。

1　钢板剪力墙受力特点及分类。

2　钢板剪力墙内嵌钢板设计。

6.6.2　钢板剪力墙受力特点及分类。

钢板剪力墙（图 6－4）是高层钢结构抗侧力体系的一种，指由内嵌钢板和梁柱边框组成，内嵌钢板只承担沿框架梁、柱传递的水平剪力，而不承担结构的竖向荷载或由柱压缩变形而产生的应力。

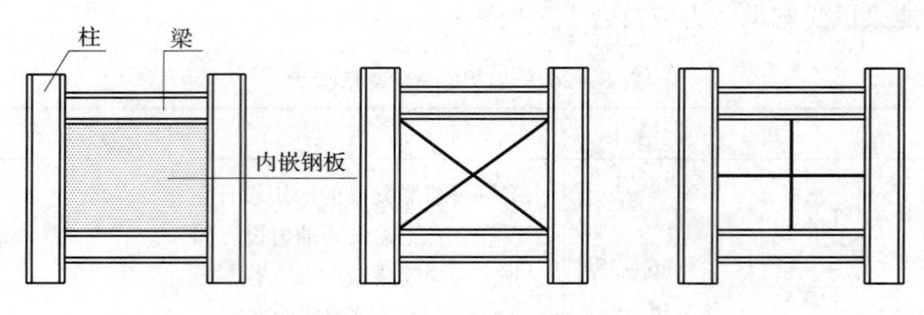

图 6－4　钢板剪力墙示意图

钢板剪力墙可采用纯钢板剪力墙、防屈曲钢板剪力墙及组合剪力墙。纯钢板剪力墙可采用非加劲钢板剪力墙和加劲钢板剪力墙。竖直方向加劲肋宜双面设置或交替双面设置，水平方向加劲肋可单面、双面或交替双面设置。

6.6.3　钢板剪力墙内嵌钢板计算。

1　非加劲钢板剪力墙，按表 6－25 中公式计算其抗剪强度和稳定性。

表 6－25　非加劲钢板剪力墙的承载力

公　式	说　明
$\tau \leqslant f_v$　(6－37) $\tau \leqslant \tau_{cr} = \left[123 + \frac{93}{l_1/l_2}\right]\left(\frac{100t}{l_2}\right)^2$　(6－38)	τ——内嵌钢板墙的剪应力； f_v——钢材的抗剪强度设计值，抗震设计时应除以承载力抗震调整系数 γ_{RE}，其值取 0.8； t——内嵌钢板墙厚度； l_1、l_2——内嵌钢板墙的长边和短边

2　加劲钢板剪力墙的竖直方向的加劲肋采用不承受竖向力的措施。当同时设有水平和竖直方向的加劲肋时，其加劲肋刚度参数宜满足下表要求。

表 6－26　加劲钢板剪力墙加劲刚度参数

公　式	说　明
$\eta_x = \frac{EI_{sx}}{Dh_1} \geqslant 33$　(6－39) $\eta_y = \frac{EI_{sy}}{Da_1} \geqslant 50$　(6－40) $D = \frac{Et_w^3}{12(1-\nu^2)}$　(6－41)	η_x、η_y——分别为水平、竖直方向加劲肋的刚度参数； E——钢材的弹性模量； I_{sx}、I_{sy}——分别为水平、竖直方向加劲肋的惯性矩，可考虑加劲肋与钢板剪力墙有效宽度组合截面，单侧钢板加劲剪力墙的有效宽度取 15 倍的钢板厚度； D——单位宽度的弯曲刚度； ν——钢材的泊松比； t_w——钢板剪力墙厚度

3　设置加劲肋的钢板剪力墙，应根据下列规定计算其稳定性。

双向加劲肋钢板剪力墙，竖向重力荷载产生的应力设计值，宜满足式（6－46）的要求。

表 6－27 加劲钢板剪力墙稳定验算公式

公式	说明
$\dfrac{\sigma_b}{\varphi_{bs}f}\leqslant 1.0$ (6－42) $\varphi_{bs}=\dfrac{1}{\sqrt[3]{0.738+\lambda_{n,b}^6}}\leqslant 1.0$ (6－43a) $\lambda_{n,b}=\sqrt{\dfrac{f_y}{\sigma_{bcr}}}$ (6－43b) $\dfrac{\tau}{\varphi_s f_v}\leqslant 1.0$ (6－44) $\varphi_s=\dfrac{1}{\sqrt[3]{0.738+\lambda_{n,s}^6}}\leqslant 1.0$ (6－45a) $\lambda_{n,s}=\sqrt{\dfrac{f_{yv}}{\tau_{cr}}}$ (6－45b) $\dfrac{\sigma_{Gra}}{0.3\varphi_\sigma f}\leqslant 1.0$ (6－46) $\varphi_\sigma=\dfrac{1}{(1+\lambda_{n,\sigma}^{2.4})^{5/6}}\leqslant 1.0$ (6－47a) $\lambda_{n,\sigma}=\sqrt{\dfrac{f_y}{\sigma_{cr}}}$ (6－47b) $\left(\dfrac{\sigma_b}{\varphi_{bs}f}\right)^2+\left(\dfrac{\tau}{\varphi_s f_v}\right)^2+\dfrac{\sigma_{Gra}}{\varphi_\sigma f}\leqslant 1.0$ (6－48)	σ_b——由弯矩产生的弯曲压应力设计值； τ——钢板剪力墙的剪应力设计值； σ_{Gra}——竖向重力荷载产生的应力设计值； f_v——钢板剪力墙的抗剪强度设计值； f——钢板剪力墙的抗压和抗弯强度设计值； f_{yv}——钢材的屈服抗剪强度，取钢材屈服强度的 0.58 倍； f_y——钢材的屈服强度； τ_{cr}——弹性剪切屈服临界应力，按 6.6.3 节规定计算； σ_{cr}——竖向受压弹性屈曲临界应力，按 6.6.3 节规定计算； σ_{bcr}——竖向受弯弹性屈曲临界应力，按 6.6.3 节规定计算； ϕ_{bs}，ϕ_s，ϕ_σ——弹塑性稳定系数； $\lambda_{n,b}$，$\lambda_{n,s}$，$\lambda_{n,\sigma}$——正则化长细比

4 同时设置水平和竖直方向加劲肋的钢板剪力墙，纵横加劲肋形成区格的宽高比宜接近 1，剪力墙区格钢板宽厚比应符合表 6－28 中的公式。

表 6－28 水平和竖直方向加劲肋形成区格的钢板宽厚比公式

公式	说明
采用开口加劲肋时： $\dfrac{a_1+h_1}{t_w}\leqslant 220\varepsilon_k$ (6－49)	a_1——剪力墙板区格宽度； h_1——剪力墙板区格高度； ε_k——钢号调整系数； t_w——钢板剪力墙厚度。
采用闭口加劲肋时： $\dfrac{a_1+h_1}{t_w}\leqslant 250\varepsilon_k$ (6－50)	

本节适用于不考虑屈曲后强度的钢板剪力墙。

5 设置加劲肋的钢板剪力墙的弹性屈曲临界应力详见《钢结构设计标准》GB 50017—2017 附录 F。

7 钢结构节点设计与构造

钢结构的节点连接对于钢结构来说是非常重要的。钢构件的连接节点是保证钢结构安全可靠性的关键部位，对钢结构的受力性能有着重要的影响。在以往的钢结构工程事故及地震震害中最常见的是节点先于构件破坏而导致整个结构的破坏。另外，节点设计也直接影响到钢结构的制作、运输、安装、维护及造价。可见节点设计是钢结构设计工作中的重要环节，应予以足够的重视。

7.1 一般规定

7.1.1 节点设计应遵循的基本原则。

1 钢结构的节点设计应根据结构的重要性、受力特点、荷载情况和工作环境等因素，选用适当的节点形式、材料与加工工艺；

2 节点设计应满足承载力极限状态要求，防止节点因强度破坏、局部失稳、变形过大、连接开裂等引起节点失效；

3 节点构造应符合结构计算假定，传力明确可靠，减小应力集中。当构件在节点偏心相交时，尚应考虑局部弯矩的影响；

4 非抗震设计时，按弹性受力阶段设计，节点设计一般按满足杆件内力设计值的要求即可，可参考《新钢结构设计手册》第4章相关内容设计；

5 抗震设计时，构件的连接应遵守“强连接弱构件”的概念设计原则，保证大震时不倒。抗震构件按多遇地震作用下内力组合设计值选择截面，连接设计应符合等强度连接设计（连接的承载力设计值不应小于相连构件的承载力设计值）构造措施要求，按弹塑性受力阶段设计，节点连接的极限承载力应大于相连构件的屈服承载力，见表7－1；

表7－1 节点连接的极限承载力验算

序号	连接部位	公式	说明
1	梁与柱刚接	$M_u^j \geqslant \eta_j W_E f_y$ (7－1) $V_u^j \geqslant 1.2\sum(W_E f_y / l_n) + V_{Gb}$ (7－2) （1）梁端连接的极限受弯承载力： $M_u^j = M_{uf}^j + M_{uw}^j$ (7－3) （2）梁翼缘连接的极限受弯承载力： $M_{uf}^j = A_f(h_b - t_{fb}) f_{ub}$ (7－4) （3）梁腹板连接的极限受弯承载力： $M_{uw}^j = m \cdot W_{wpe} \cdot f_u^f$ (7－5) $W_{wpe} = \frac{1}{4}(h_b - 2t_{fb} - 2S_r)^2 t_{wb}$ (7－6)	M_u^j——连接的极限受弯承载力，按式（7－3）~式（7－5）计算； η_j——连接系数，按表7－2采用； W_E——构件塑性截面耗能区截面模量，按表7－3取值； f_y——钢材的屈服强度； V_u^j——连接的极限受剪承载力； l_n——梁的净跨； V_G^b——梁在重力荷载代表值（9度时高层建筑尚应包括竖向地震作用标准值）作用下，按简支梁分析的梁端截面剪力设计值； M_{uf}^j——梁翼缘连接的极限受弯承载力；

续表 7－1

序号	连接部位	公　式	说　明
2	支撑连接和拼接	$N_{ubr}^{j} \geqslant \eta_j A_{br} f_y$　（7－7）	M_{uw}^{j}——梁腹板连接的极限受弯承载力； W_{wpe}——梁腹板有效截面的塑性截面模量； A_f——梁翼缘截面面积； h_b——梁截面高度； t_{fb}——梁翼缘厚度； t_{wb}——梁腹缘厚度； f_{ub}——梁翼缘钢材抗拉强度最小值； f_u^f——梁腹板屈服强度； S_r——梁腹板过焊孔高度，高强螺栓连接时为剪力板与梁翼缘间间隙的距离； A_f——梁翼缘截面面积； A_{br}——支撑杆件的截面面积； N_{ubr}^{j}、$M_{ub,sp}^{j}$——分别为支撑连接和拼接极限受压（压）承载力和梁拼接的极限受弯承载力； $M_{uc,sp}^{j}$——柱拼接的极限受弯承载力； $M_{u,base}^{j}$——柱脚的极限受弯承载力； W_{Ec}——柱的塑性截面耗能区截面模量，按表 7－3 取值
3	梁的拼接	$M_{ub,sp}^{j} \geqslant \eta_j W_E f_y$　（7－8）	
4	柱的拼接	$M_{uc,sp}^{j} \geqslant \eta_j W_{Ec} f_y$　（7－9）	
5	柱脚与基础的连接	$M_{u,base}^{j} \geqslant \eta_j W_{Ec} f_y$　（7－10）	

6　构造复杂的重要节点应通过有限元分析确定其承载力，并宜通过试验进行验证；

7　节点构造应尽可能简单，便于加工制作、运输、安装（尽可能减少工地拼装的工程量，以提高效率，保证质量）、维护，防止积水、积尘，并采取可靠的防腐与防火措施；

节点设计时，首先要保证节点具有良好的承载能力，确保结构或构件能够安全可靠地工作；其次是施工方便与经济合理；

8　拼接节点应保证被连接构件的连续性；

9　在节点设计中，节点的构造应避免采用约束度大和易使板件产生层状撕裂的连接方式。

7.1.2　节点连接的极限承载力。

节点连接的极限承载力见表 7－1。

表 7－2　钢结构抗震设计的连接系数 η_j

母材牌号	梁柱连接		支撑连接、构件拼接		柱脚	
	焊接	螺栓连接	焊接	螺栓连接		
Q235	1.40	1.45	1.25	1.30	埋入式	1.2（1.0）
Q345	1.30	1.35	1.20	1.25	外包式	1.2（1.0）
Q345GJ	1.25	1.30	1.15	1.20	外露式	1.1

注：1　屈服强度高于 Q345 的钢材，按 Q345 的规定采用。

2　屈服强度高于 Q345GJ 的 GJ 钢材，按 Q345GJ 的规定采用。

3　括号内的数字用于箱形柱和圆形柱。

4　翼缘焊接腹板栓接时，连接系数分别按表中连接形式取用。

5　当梁腹板采用改进型过焊孔［表 7－6 中图（b）］时，梁柱刚性连接的连接系数可乘以不小于 0.9 的折减系数。

6　螺栓是指高强度螺栓。

7　表中外露式柱脚是指刚性柱脚，只适用于房屋高度 50m 以下。

表 7－3　构件塑性耗能区截面模量 W_E 取值

截面板件宽厚比等级	S1	S2	S3	S4	S5
构件截面模量 W_E	$W_E = W_p$		$W_E = \gamma_x W_p$	$W_E = W$	$W_E = \alpha_e W$

注：W_p 为塑性截面模量；γ_x 为截面塑性发展系数；W 为弹性截面模量；α_e 为梁截面模量考虑腹板有效高度的折减系数。

7.1.3　焊接连接的极限承载力。

焊缝的极限承载力应按表 7－4 计算。

表 7－4　焊缝的极限承载力计算

序号	内容	公式	说明
1	对接焊缝受拉	$N_u = A_f^w f_u^w$　（7－11）	A_f^w——焊缝的有效受力面积； f_u^w——对接焊缝的抗拉强度； f_u^f——角焊缝抗拉、抗压和抗剪强度
2	角焊缝受剪	$V_u = A_f^w f_u^f$　（7－12）	

7.1.4　高强度螺栓连接的极限承载力。

高层民用建筑钢结构承重构件的螺栓连接，应采用高强度螺栓摩擦型连接。高强度螺栓连接不得滑移。考虑罕遇地震时连接滑移，螺栓杆与孔壁接触，极限承载力验算可按承压型连接计算。高强度螺栓连接受拉或受剪时的极限承载力应取表 7－5 中公式（7－13）及公式（7－14）计算得出的较小值。

表 7-5 高强度螺栓连接的极限承载力计算

序号	公 式	说 明
1	$N_{vu}^{b}=0.58n_{f}A_{e}^{b}f_{u}^{b}$ (7-13)	N_{vu}^{b}——一个高强度螺栓的极限受剪承载力（N）； N_{cu}^{b}——一个高强度螺栓对应的板件极限承载力（N）； n_{f}——螺栓连接的剪切面数量； A_{e}^{b}——螺栓螺纹处的有效截面面积（mm^{2}）； f_{u}^{b}——螺栓钢材的抗拉强度最小值（N/mm^{2}）； f_{cu}^{b}——螺栓连接板的极限承压强度，取 $1.5f_{u}^{b}$； d——螺栓杆的直径（mm）； $\sum t$——同一受力方向的钢板厚度（mm）之和
2	$N_{cu}^{b}=d\sum tf_{cu}^{b}$ (7-14)	

注：当高强度螺栓连接的环境温度为100℃～150℃时，其承载力应降低10%。
高强度螺栓连接的极限受剪承载力，除应按表7-5中的公式计算螺栓受剪和板件承压外，尚应计算连接板件以不同形式的撕裂和挤穿，取各种情况下的最小值。

7.2 梁与柱的连接

7.2.1 梁与柱连接的分类：

按照受力变形特征，钢结构梁与柱的连接一般分为刚性连接、铰接连接和半刚性连接等三种类型（表7-6）：

表 7-6 梁与柱连接的常用形式一览表

序号	连接形式	节点大样图	构 造 要 求
1	刚性连接	（a）全焊接连接节点 （b）改进型过焊孔	（1）在互相垂直的两个方向均为抗弯框架（都与梁刚接）时，宜采用箱形截面；仅在一个方向刚接时宜采用工字形截面，并将腹板置于刚接框架平面内。 （2）梁柱节点宜采用柱贯通式构造。当柱采用冷成型管截面或壁板厚度小于翼缘厚度较多时，梁柱节点宜采用隔板贯通式构造。 （3）节点采用隔板贯通式构造时，柱与贯通式隔板应采用全熔透坡口焊缝连接。贯通式隔板挑出长度 l 宜满足 25mm≤l≤60mm；隔板宜采用拘束度较小的焊接构造与工艺，其厚度不应小于梁翼缘厚度和柱壁板的厚度。当隔板厚度不小于36mm时，宜选用厚度方向钢板。 （4）H形钢柱腹板对应于梁翼缘部位宜设置横向加劲肋；箱形（钢管）柱对应于梁翼缘的位置宜设置水平隔板。加劲肋或隔板的厚度不应小于梁翼缘的厚度。横向加劲肋或水平隔板的上翼缘宜与梁翼缘对齐，并以焊透的T形对接焊缝与柱翼缘连接；当梁与H形截面柱弱轴方向连接，即与腹板垂直相连形成刚接时，横向加劲肋与柱腹板的连接宜采用焊透对接焊缝；

续表 7-6

序号	连接形式	节点大样图	构 造 要 求
1	刚性连接	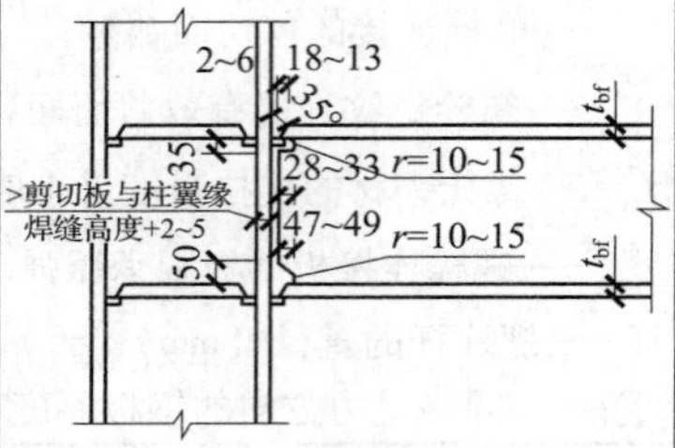 2~6 18~13 35° 35 28~33 r=10~15 >剪切板与柱翼缘焊缝高度+2~5 47~49 r=10~15 50 t_{bf} t_{bf} （c）常规型过焊孔	当横向膈板与柱壁板间无法进行电弧焊且柱壁板厚度不小于16mm时，可采用熔化嘴电渣焊。 （5）当框架结构塑性耗能区延性等级为Ⅰ级或Ⅱ级时，梁柱刚性节点应符合下列情况： 1）梁翼缘与柱翼缘间应采用全熔透坡口焊缝。梁腹板宜采用摩擦型高强螺栓与柱连接板连接。腹板连接板与柱的焊接，连接板厚不大于16mm时应采用双面角焊缝，且不小于5mm，板厚大于16mm时采用K形坡口对接焊缝。 2）梁翼缘上下各600mm的节点范围内，柱翼缘与柱腹板间或箱形柱壁板间的连接焊缝应采用全熔透焊缝。 3）梁腹板的过焊孔应使其端部与梁翼缘和柱翼缘间的全熔透坡口焊缝完全隔开。并宜采用改进型过焊孔［本表中图（b）］，亦可采用常规型过焊孔，此时梁柱刚性连接的连接系数 η_j 可乘以不小于0.9的折减系数；当延性等级为Ⅲ级、Ⅳ级时，可采用常规型过焊孔［图（c）］。耗能梁段与柱子的连接宜采用改进型。 4）梁翼缘和柱翼缘焊接孔下焊接衬板长度不应小于翼缘宽度加50mm和翼缘宽度加两倍翼缘厚度；与柱翼缘的焊接构造应符合下列规定： ①上翼缘的焊接衬板可采用角焊缝，引弧部分应采用绕角焊； ②下翼缘衬板应采用从上部往下熔透的焊缝与柱翼缘焊接
2		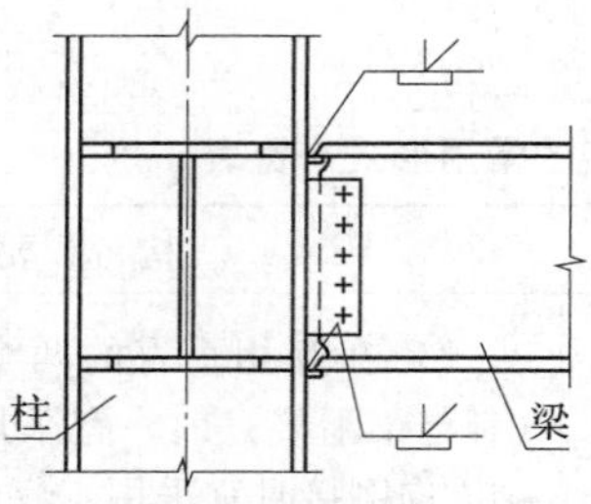 柱 梁 （d）栓焊混合连接节点	
3		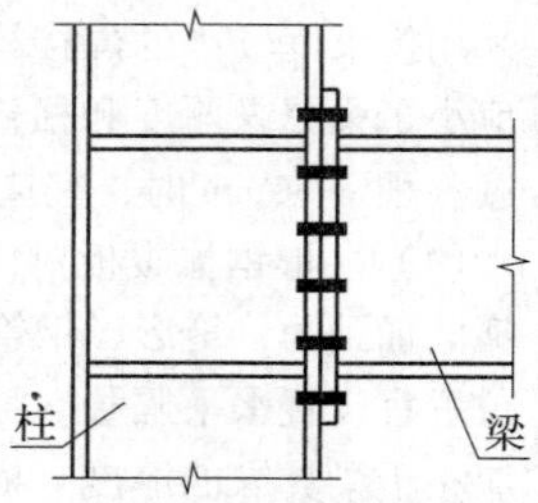 柱 梁 （e）外伸式端板连接节点	（1）外伸式端板连接为梁或柱端头焊以外伸端板，再以高强度螺栓连接组成的接头；接头可同时承受轴力、弯矩与剪力，适用于钢结构框架（刚架）梁柱连接节点。 （2）端板宜采用外伸式端板。端板的厚度不宜小于螺栓直径。 （3）节点中端板厚度与螺栓直径应由计算决定，计算时宜计入撬力的影响。 （4）节点区腹板对应于梁翼缘部位应设置横向加劲肋，其与柱翼缘围成的节点域应按本书第7.2.3节进行抗剪强度的验算，强度不足时宜设斜加劲肋加强。 （5）梁端与端板的焊接宜采用熔透焊缝。 （6）端板连接应采用摩擦型高强度螺栓连接。

续表 7-6

序号	连接形式	节点大样图	构造要求
3	刚性连接		（7）高强螺栓应成对称布置，并应满足拧紧螺栓的施工要求；连接螺栓至板件边缘的距离在满足螺栓施拧条件下应采用最小间距紧凑布置；端板螺栓竖向最大间距不应大于 400mm，螺栓布置与间距应满足相关规范的要求
4	铰接连接	（f）仅梁腹板连接	梁腹板与柱节点板用高强螺栓连接，节点板可以是单板，也可以是双板。应根据梁端传递的剪力 V 和轴力 N 验算节点中的焊缝和螺栓连接的强度，与梁腹板相连的高强螺栓除承受梁端剪力外，尚应承受偏心而产生的附加弯矩 $M_e = Ve$ 的作用（e 为剪力 V 作用点至焊缝或螺栓连接中心的距离）。同理由梁传给柱的竖向力也是有偏心的，在设计框架柱时应予以考虑
5		（g）仅梁翼缘连接	全部剪力由支托角钢的焊缝传递给柱。支托角钢的厚度由承载肢的弯曲强度设计值控制，当不满足时，可在支托角钢内侧设置加劲肋
6	半刚性连接		尚无方便的工程使用方法，工程上应用较少，不再赘述

1　刚性连接：能承受弯矩与剪力；梁与柱轴线间的夹角在节点转动时保持不变。

2　铰接连接：仅能承受梁端的竖向剪力，不能承受弯矩；梁与柱轴线间的夹角可自由改变，节点转动不受约束。

3　半刚性连接：介于刚性连接与铰接连接之间，除能承受梁端传来的竖向剪力外，还能承受一定数量的弯矩；梁与柱轴线间的夹角在节点转动时将有所改变，但又会受到一定的约束。

7.2.2　刚性连接的梁柱连接节点的验算。

1　梁柱刚性连接节点的计算，主要验算如下内容：

（1）主梁与柱的连接承载力：校核梁翼缘和腹板与柱的连接（焊缝和螺栓群）在弯矩、剪力作用下的强度。在弹性阶段验算连接强度，在弹塑性阶段验算极限承载力。

（2）柱翼缘板或腹板的抗压承载力：验算在梁翼缘压力和拉力作用下，柱翼缘板的刚度和柱腹板的受压承载力。

（3）节点域的抗剪承载力：节点处柱翼缘和水平加劲肋或水平加劲膈板所包围的柱腹板部分，在节点弯矩和剪力共同作用下的承载能力和变形能力。

2　主梁与柱的连接承载力验算。

主梁与柱的连接承载力验算，可按简化设计法和全截面设计法进行（图 7－1、图 7－2），参见表 7－7、表 7－8。

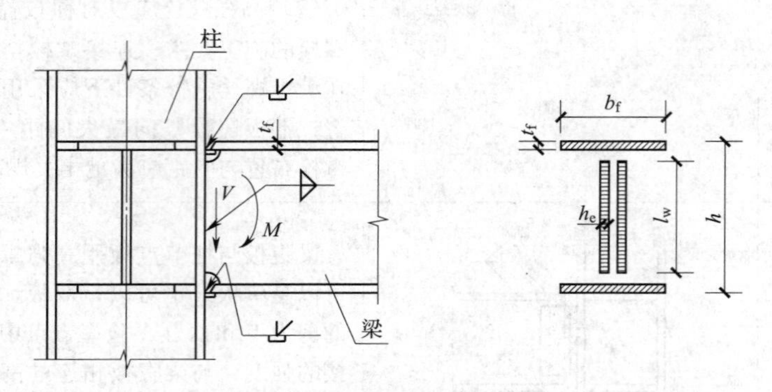

图 7－1　梁柱全焊接刚性节点

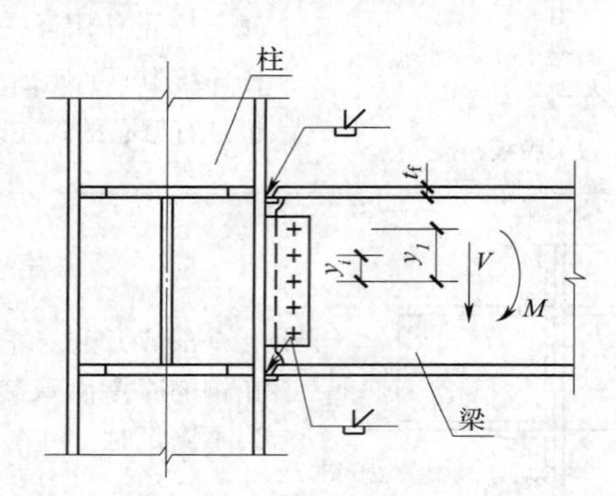

图 7－2　梁柱栓焊混合连接刚性节点

表 7－7　刚性连接的梁柱连接节点的强度验算

项次	验算方法	公式		说明
1	简化设计法（计算假定：梁端弯矩全部由梁翼缘承担，梁端剪力全部由梁腹板承担）	全焊接连接节点（图 7－1）	1）由弯矩 M 引起的梁上、下翼缘的水平力： $H=\dfrac{M}{h-t_f}$　（7－15） 2）梁翼缘与柱顶连接（T 形连接）全熔透坡口焊焊缝的强度： $\sigma=\dfrac{H}{b_f t_f}\leqslant f_t^w$ 或 f_c^w　（7－16） 3）梁腹板与柱采用双面角焊缝连接，角焊缝的强度取下面 3 个公式中的较小者： $\tau=\dfrac{V}{2l_w h_e}\leqslant f_f^w$　（7－17a） $\tau=\dfrac{A_{nw} f_v}{4l_w h_e}\leqslant f_f^w$　（7－17b） $\tau=\dfrac{M_L^b+M_R^b}{2l_w h_e l_0}\leqslant f_f^w$　（7－17c）	适用于当主梁翼缘的抗弯承载力大于主梁整个截面承载力的 70% 时，即 $b_f t_f(h-t_f)f_y>0.7W_p f_y$。 W_p——梁全截面的塑性模量； M、V——分别为梁端的弯矩设计值和剪力设计值； h——梁截面高度； b_f——梁翼缘的宽度； t_f——梁翼缘的厚度； H——由弯矩 M 引起的梁上、下翼缘的水平力； σ——梁翼缘与柱顶连接（T 形连接）全熔透坡口焊对接焊缝的抗拉强度；

续表 7－7

<table>
<tr><th>项次</th><th>验算方法</th><th colspan="2">公　式</th><th>说　明</th></tr>
<tr><td>1</td><td>简化设计法（计算假定：梁端弯矩全部由梁翼缘承担，梁端剪力全部由梁腹板承担）</td><td>栓焊混合接连接节点（图 7－2）</td><td>（1）由弯矩 M 引起的梁上、下翼缘的水平力 H 由公式（7－15）求得；
（2）梁翼缘与柱顶连接（T 形连接）全熔透坡口焊焊缝的抗拉强度验算采用公式（7－16）；
（3）梁腹板与连接板采用高强度螺栓摩擦型连接的抗剪承载力取下面 3 个公式中的较小者：
$N_v^b=\frac{V}{n}\leqslant 0.9[N_v^b]$　（7－18a）
$N_v^b=\frac{A_{nw}f_v}{2n}\leqslant 0.9[N_v^b]$　（7－18b）
$N_v^b=\frac{M_L^b+M_R^b}{nl_0}\leqslant 0.9\ [N_v^b]$　（7－18c）
（4）当采用单剪连接时，连接板的厚度可按下式计算：
$t=\frac{t_w h_1}{h_2}+(2\sim 4\text{mm})$，且不宜小于 8mm</td><td>$\tau$——梁腹板角焊缝的抗剪强度；
l_w——角焊缝的计算长度；
h_e——角焊缝的有效厚度；
A_{nw}——梁腹板在连接处的净截面面积；
l_0——梁的净跨长度；
f_t^w、f_c^w——分别为对接焊缝抗拉、抗压强度设计值；
f_f^w——角焊缝抗剪强度设计值；
N_v^b——一个高强螺栓抗剪承载力设计值；
$[N_v^b]$——一个高强螺栓容许抗剪承载力设计值；
n——梁腹板高强螺栓的数目；
0.9——考虑焊接热影响对高强螺栓预拉力损失的系数；
h_1——梁腹板的高度；
t_w——梁腹板的厚度；
h_2——梁腹板连接板（垂直方向）长度</td></tr>
<tr><td>2</td><td>全截面设计法（亦称精确设计法）（计算假定：弯矩由梁翼缘与梁腹板共同承担，剪力全部由梁腹板承担）</td><td colspan="2">（1）梁翼缘和梁腹板分担的弯矩（梁端弯矩按梁翼缘和腹板的刚度比进行分配）：
$M_f=M\cdot\frac{I_f}{I}$　（7－19）
$M_w=M\cdot\frac{I_w}{I}$　（7－20）
（2）梁翼缘连接在 M_f 作用下，与柱 T 形连接全熔透坡口焊缝的抗拉强度：
$\sigma=\frac{H_f}{b_f t_f}=\frac{M_f}{b_f t_f(h-t_f)}\leqslant f_t^w$　（7－21）
（3）当梁腹板与柱采用双面角焊缝连接，角焊缝的强度应满足式 7－22（图 7－1）：
$\sqrt{\left(\frac{\sigma}{\beta_f}\right)^2+\tau^2}\leqslant f_f^w$　（7－22）
其中，$\sigma=\frac{3M_w}{h_e l_w^2}$，$\tau=\frac{V}{2l_w h_e}$；</td><td>适用于当主梁翼缘的抗弯承载力小于主梁整个截面承载力的 70% 时，
即 $b_f t_f(h-t_f)f_y<0.7W_p f_y$，
W_p——梁全截面的塑性模量；
M_f——梁翼缘分担的弯矩；
M_w——梁腹板分担的弯矩；
I——梁全截面的惯性矩；
I_f——梁翼缘对梁截面形心轴的惯性矩；
I_w——梁腹板对梁截面形心轴的惯性矩；
H_f——由弯矩 M_f 引起的梁上、下翼缘内的水平力；</td></tr>
</table>

续表 7-7

项次	验算方法	公式	说明
2		4）当梁腹板与柱采用高强螺栓连接（图 7-2）时，最外侧螺栓承受的剪力应满足： $$N_{v}^{b}=\sqrt{\left(\frac{M_{w}y_{1}}{\sum y_{i}^{2}}\right)^{2}+\left(\frac{V}{n}\right)^{2}}\leqslant 0.9\ [N_{v}^{b}]$$ （7-23）	β_f——正面角焊缝的强度设计值增大系数，对非直接动载结构 $\beta_f=1.22$，直接动载结构 $\beta_f=1.0$； y_1——螺栓群中心至最外侧螺栓的距离； y_i——螺栓群中心至每个螺栓的距离。 其余参数同全焊接连接节点

当梁翼缘与柱采用完全焊透的坡口对接焊缝连接，而梁腹板与柱采用双面角焊缝的连接时（图 7-1），其连接也可按如下要求确定：

因为角焊缝与对接焊缝的抗拉强度设计值不同，此时可先将对接焊缝面积（$b_{fb}\times t_{fb}$）换算成的等效的角焊缝面积（$b_{we}^{c}\times t_{fb}$）进行计算（图 7-3）。

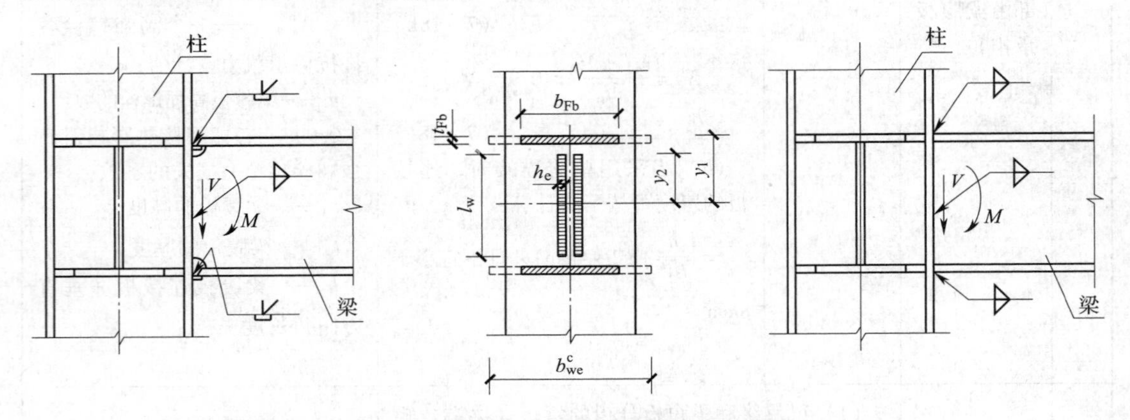

图 7-3 梁与柱刚性连接焊缝换算示意图

假定焊缝的有效厚度不变，梁翼缘对接焊缝的长度 b_{fb} 可按下式换算为等效的角焊缝长度 b_{we}^{c}：

$$b_{we}^{c}=b_{fb}\times\frac{f_{t}^{w}}{f_{f}^{w}} \tag{7-24}$$

式中：b_{we}^{c}——等效的角焊缝长度；

b_{fb}——梁翼缘的宽度（即对接焊缝的有效长度）；

f_{t}^{w}——对接焊缝的抗拉强度设计值；

f_{f}^{w}——角焊缝的抗拉强度设计值。

梁翼缘等效角焊缝的强度可按下列公式计算：

$$M_{wf}^{c}=\frac{I_{wf}^{c}}{I_{w}^{c}}M \tag{7-25}$$

$$\sigma_{M}=\frac{M_{wf}^{c}}{W_{wf}^{c}}\leqslant\beta_{f}f_{f}^{w} \tag{7-26}$$

$$I_{w}^{c}=I_{wf}^{c}+I_{ww} \tag{7-27}$$

$$W_{wf}^{c}=\frac{I_{wf}^{c}}{y_{1}} \tag{7-28}$$

式中：I_{w}^{c}——等效角焊缝的全截面惯性矩，可按式（7－27）计算；

I_{wf}^{c}——梁翼缘等效角焊缝的截面惯性矩；

I_{ww}——梁腹板角焊缝的截面惯性矩；

W_{wf}^{c}——梁翼缘等效角焊缝的截面模量，可按式（7－28）计算；

y_1——翼缘外边缘至焊缝中和轴的距离。

梁腹板角焊缝的强度可按下式计算：

$$M_{ww}^{c}=\frac{I_{ww}}{I_{w}^{c}}M \tag{7-29}$$

$$\sigma_{w}=\frac{M_{ww}}{W_{ww}}\leqslant\beta_{f}f_{f}^{w} \tag{7-30}$$

$$\tau_{v}=\frac{V}{2l_{w}h_{e}}\leqslant f_{f}^{w} \tag{7-31}$$

$$W_{ww}=\frac{I_{ww}}{y_{2}} \tag{7-32}$$

$$\sigma=\sqrt{\left(\frac{\sigma_{w}}{\beta_{f}}\right)^{2}+\tau_{v}^{2}}\leqslant f_{f}^{w} \tag{7-33}$$

式中：W_{ww}——梁腹板角焊缝的截面模量；

y_2——翼腹板角焊缝外边缘至焊缝中和轴的距离。

表7－8　刚性连接的梁柱连接节点的极限承载力

项次	公式		说　明
1	梁翼缘受弯	$M_{u}=A_{f}(h-t_{f})f_{u}$　（7－34）	A_f——梁翼缘（一侧）的截面面积； h——梁截面高度； t_f——梁翼缘的厚度； A_f^w——焊缝的受力面积； f_u^f——角焊缝的抗拉、抗压和抗剪强度； N_{vu}^b、N_{cu}^b——分别为一个高强度螺栓的极限承载力和对应的板件的承压力； n_f——螺栓连接的剪切面数量； n——高强度螺栓的数量； A_e^b——螺栓纹处的有效截面面积； f_u^b——螺栓钢材的抗拉强度最小值； d——螺栓杆直径
2	梁腹板受剪	（1）梁腹板用角焊缝与柱翼缘连接： $V_{u}=A_{f}^{w}f_{u}^{f}$　（7－35） （2）梁腹板采用高强螺栓与柱翼缘剪力板连接，极限承载力取下列二式计算的较小者： $V_{u}=nN_{vu}^{b}=0.58nn_{f}A_{e}^{b}f_{u}^{b}$　（7－36） $V_{u}=nN_{cu}^{b}=nd\sum tf_{cu}^{b}$　（7－37）	

3　刚性连接柱腹板和柱翼缘板的承载力验算。

由于刚性节点对梁端转动的约束，梁的上下翼缘对柱作用有两个集中力——拉力和压力，拉力和压力在柱腹板和翼缘板中形成局部应力，可能造成两种破坏：

（1）梁受压翼缘的压力导致柱腹板屈曲破坏；

（2）梁受拉翼缘的拉力使柱翼缘与腹板处的焊缝拉开，导致柱翼缘受拉挠曲破坏。

梁柱刚性连接节点中，当工字形梁翼缘采用焊透的T形对接焊缝与H形柱翼缘焊接，同时对应的柱腹板未设置水平加劲肋时，柱腹板和柱翼缘厚度应符合表7-9的规定。

表7-9 刚性连接柱腹板和柱翼缘板的承载力验算

项次	验算内容	公式	说明
1	柱腹板承载力	梁的受压翼缘处，柱腹板厚度 t_w 应同时满足： $t_w \geqslant \frac{A_{fb} f_b}{b_e f_c}$ (7-38) $t_w \geqslant \frac{h_c}{30} \cdot \frac{1}{\varepsilon_{k,c}}$ (7-39) $b_e = t_f + 5h_y$ (7-40) （参图7-4）。	t_w——柱腹板的厚度； A_{fb}——梁受压翼缘的截面积； f_b、f_c——分别为梁和柱钢材抗拉、抗压强度设计值； b_e——在垂直于柱翼缘的集中压力作用下，柱腹板计算高度边缘处压应力的假定分布长度； h_y——自柱顶面至腹板计算高度上边缘的距离，对轧制型钢截面取柱翼缘边缘至内弧起点间的距离；对焊接截面取柱翼缘厚度； t_f——梁受压翼缘厚度； h_c——柱腹板的宽度； $\varepsilon_{k,c}$——柱的钢号修正系数，$\varepsilon_{k,c} = \sqrt{\frac{235}{f_y}}$
2	柱翼缘板承载力	在梁的受拉翼缘处，柱翼缘板的厚度 t_c 应满足： $t_c \geqslant 0.4\sqrt{A_{ft} f_b / f_c}$ (7-41)	t_c——柱翼缘板的厚度； A_{ft}——梁受拉翼缘的截面积； f_b、f_c——分别为梁和柱钢材抗拉、抗压强度设计值
3	柱水平加劲肋的设置	当式（7-28）、式（7-29）和式（7-31）不能同时满足时，则需在梁翼缘处设置柱的水平加劲肋（参图7-5）。多高层钢结构梁柱连接的刚性节点，均应在梁翼缘的对应位置设置柱的水平加劲肋（或腑板）来传递梁翼缘传来的集中力。 1）柱水平加劲肋总面积 A_s 应满足： $A_s f_{ys} \geqslant A_b f_{yb} - t_w (t_b + 5h_y) f_{yc}$ (7-42) 2）柱加劲肋宽厚比 $\frac{b_s}{t_s}$ 应满足： $\frac{b_s}{t_s} \leqslant 9\varepsilon_k = 9\sqrt{\frac{235}{f_y}}$ (7-43)	A_s——柱水平加劲肋的总截面面积； f_{yc}、f_{yb}——分别为柱和梁的强度设计值； h_y——柱翼缘外侧值腹板弧根的距离； f_{ys}——加劲板钢材的设计强度值； b_s、t_s——分别为柱加劲肋的宽度和厚度；具体要求参见表7-10

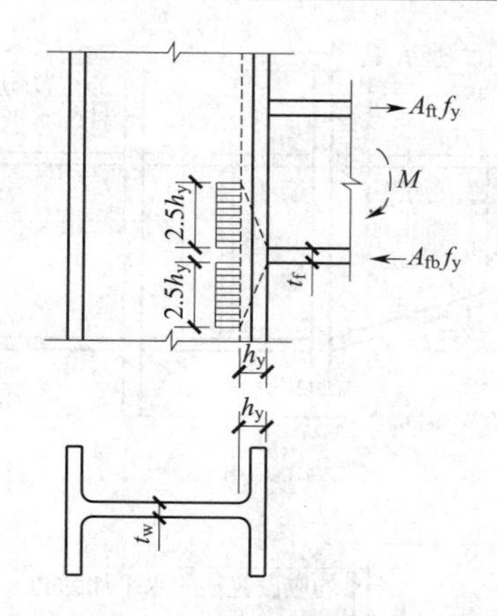

图 7－4　柱腹板受压区有效高度

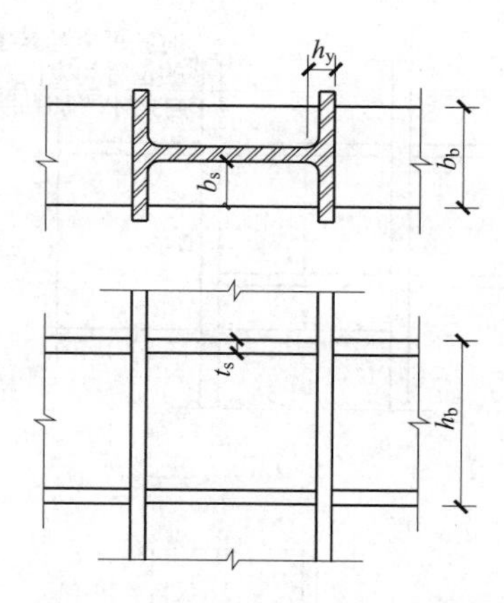

图 7－5　柱水平加劲肋

表 7－10　柱内水平（或斜）加劲肋的设置

项次	内容	构 造 措 施
1	一般规定	（1）对抗震设计的结构，水平加劲肋（膈板）厚度不得小于梁翼缘厚度加 2mm，其钢材强度不得低于梁翼缘的钢材强度，其外侧应与梁翼缘外侧对齐。 （2）对非抗震设计的结构，水平加劲肋（膈板）厚度由计算确定，当内力较小时，其厚度不得小于梁翼缘厚度的 1/2，并应符合板件宽厚比限值。为便于绕焊和避免应力集中，水平加劲肋宽度应从柱边缘后退 10mm。 （3）H 型钢或工字形截面柱，水平加劲肋与柱的焊接如图 7－6 所示，与柱翼缘的连接焊缝按与加劲肋本身等强度考虑，采用熔透的 T 形对接焊缝连接；与柱腹板的连接焊缝一般按柱两侧梁的不平衡弯矩对加劲肋产生的力进行设计，采用角焊缝。 （4）箱形柱应在梁翼缘对应位置设置柱内水平加劲膈板，膈板厚度不小于梁翼缘厚度。水平加劲膈板与柱翼缘的连接，宜采用熔透的 T 形对接焊缝；对无法施焊的手工焊缝，宜采用熔化嘴电渣焊。
2	柱两侧梁高不等时，柱内加劲肋的设置	当柱两侧的梁高度不等时，每个翼缘对应位置均应设置柱的水平加劲肋。考虑焊接方便，加劲肋的间距不应小于 150mm，且不应小于水平加劲肋的外伸宽度［图 7－7（a）］。当无法满足此要求时，可调整梁端部高度，可将截面高度较小的梁腹板高度局部加大，腋部翼缘的坡度不得大于 1∶3［图 7－7（b）］；也可采用斜加劲肋，加劲肋的倾斜度同样不大于 1∶3［图 7－7（c）］。当与柱相连的梁在柱的两个相互垂直的方向高度不等时，同样也应分别设置柱的水平加劲肋［图 7－7（d）］。

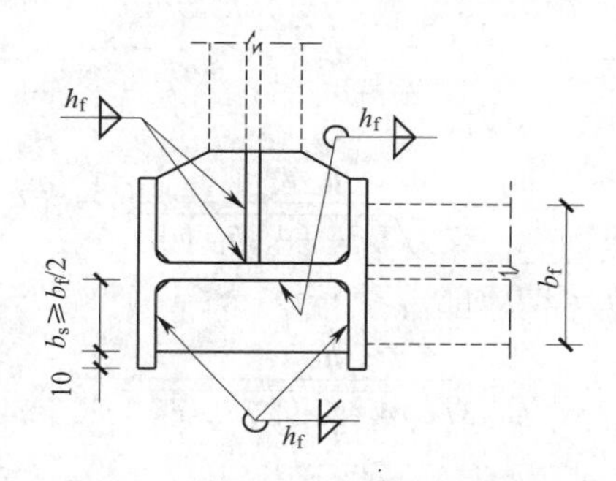

图 7－6　工字形柱水平加劲肋焊接

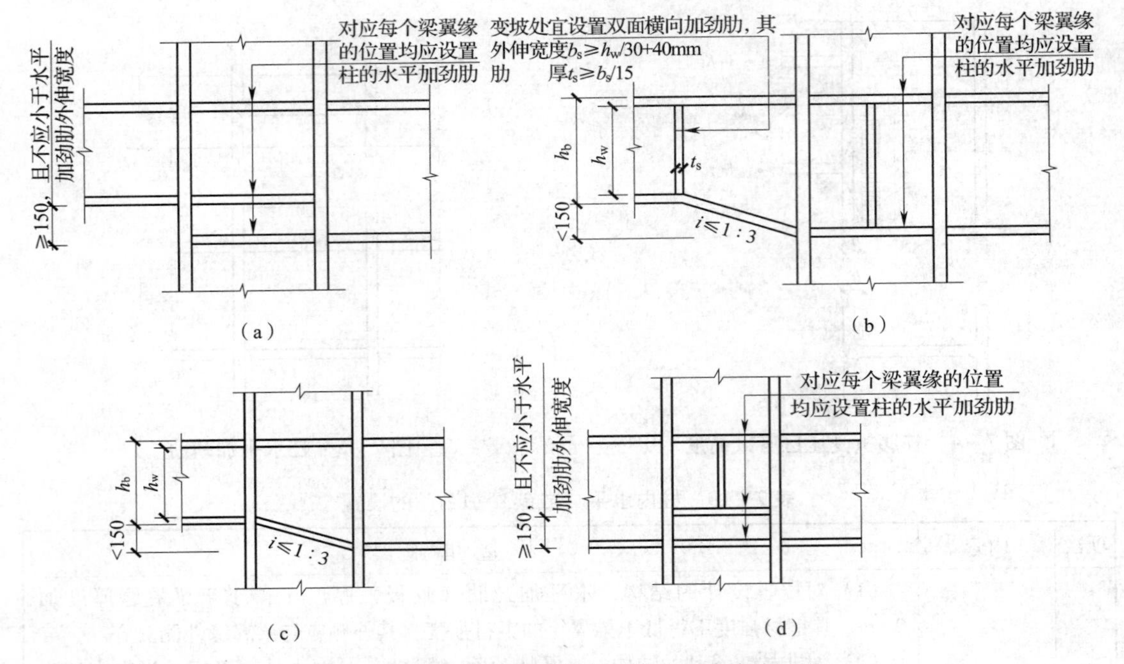

图7-7　柱两侧梁高不等时，柱内加劲肋的设置

7.2.3　刚性连接梁柱节点域的抗剪承载力。

当梁柱采用刚性连接时，对应于梁翼缘的柱腹板部位宜设置横向加劲肋。在节点域区域，存在很大的剪力作用。若节点域的柱腹板厚度不足，板域可能会首先屈曲，对框架的整体性能影响较大，为节点连接中的一个薄弱环节，需给予足够的重视。节点域处的剪力和弯矩如图7-8所示。节点域的抗剪承载力验算应按表7-11验算。

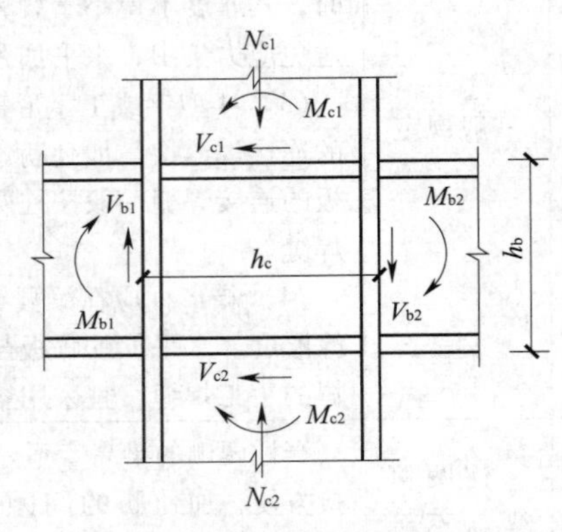

图7-8　梁柱节点域的剪力和弯矩

表7-11　梁柱节点域抗剪承载力验算

项次	验算内容	公　式	说　明
1	节点域受剪正则化宽厚比$\lambda_{n,s}$计算。（当横向加劲肋厚度不小于梁的翼缘厚度时，$\lambda_{n,s}$不应大于0.8；对于单层和低层轻型建筑，$\lambda_{n,s}$不得大于1.2）。详见表7-12	当$h_c/h_b \geqslant 1.0$时，$$\lambda_{n,s}=\frac{h_b/t_w}{37\sqrt{5.34+4\ (h_b/h_c)^2}}\frac{1}{\varepsilon_k}\quad(7-44)$$ 当$h_c/h_b<1.0$时，$$\lambda_{n,s}=\frac{h_b/t_w}{37\sqrt{4+5.34\ (h_b/h_c)^2}}\frac{1}{\varepsilon_k}\quad(7-45)$$	h_c、h_b——分别为节点域腹板的宽度和高度；ε_k——钢号修正系数，$\varepsilon_k=\sqrt{\frac{235}{f_y}}$；$t_w$——柱腹板节点域的厚度

续表 7-11

<table>
<tr><th>项次</th><th>验算内容</th><th>公　　式</th><th>说　　明</th></tr>
<tr><td rowspan="3">2</td><td rowspan="3">节点域承载力验算</td><td>多遇地震（小震）时，按《建筑抗震设计规范（2016 年版）》GB 50011—2010：
（1）节点域的屈服承载力应符合公式（7-46）的要求：
$$\psi(M_{pb1}+M_{pb2})/V_p\leqslant(4/3)f_{yv} \quad (7-46)$$
（2）工字形截面柱和箱形截面柱的节点域的厚度应按公式（7-47）验算：
$$t_w\geqslant(h_b+h_c)/90 \quad (7-47)$$
（3）工字形截面柱和箱形截面柱的节点域的抗剪强度应按公式（7-48）验算：
$$(M_{b1}+M_{b2})/V_p\leqslant(4/3)f_y/\gamma_{RE} \quad (7-48)$$</td><td rowspan="3">M_{pb1}、M_{pb2}——分别为与框架柱节点域连接的左、右梁端截面的全塑性受弯承载力；
M_{b1}、M_{b2}——分别为节点域两侧梁端弯矩设计值；
V_p——节点域的体积，应按式（7-41）～式（7-43）计算；
α_p——节点域弯矩系数，边柱取 0.95，中柱取 0.85；
f_{yv}——钢材的屈服抗剪强度，取钢材屈服强度的 0.58 倍；
ψ——折减系数；抗震等级为一、二级取 0.7，抗震等级为三、四级取 0.6；
γ_{RE}——节点域的抗震调整系数，取 0.75；
h_{b1}——梁翼缘中心线之间的高度；
h_{c1}——柱翼缘中心线之间的宽度和梁腹板的高度；
t_w——柱腹板节点域的厚度；
d_c——钢管直径线上管壁中心线之间的距离；
t_c——节点域钢管壁厚；
f_y——钢材的屈服强度；
f_{ps}——节点域的抗剪强度；
f_v——钢材的抗剪强度设计值</td></tr>
<tr><td>按《钢结构设计标准》GB 50017—2017 进行附加验算时，
当与梁翼缘平齐的柱横向加劲肋的厚度不小于梁翼缘厚度时，H 形和箱形截面柱的节点域抗震承载力应符合下列规定：
（1）当结构构件延性等级为Ⅰ级或Ⅱ级时，节点域的承载力验算应符合下式要求：
$$\alpha_p\frac{M_{pb1}+M_{pb2}}{V_p}\leqslant\frac{4}{3}f_{yv} \quad (7-49)$$
（2）当结构构件延性等级为Ⅲ级、Ⅳ级或Ⅴ级时，节点域的承载力验算应符合下式要求：
$$\frac{M_{b1}+M_{b2}}{V_p}\leqslant f_{ps} \quad (7-50)$$</td></tr>
<tr><td>H 形截面柱：　$V_p=h_{b1}h_{c1}t_w$　(7-51)
箱形截面柱：　$V_p=1.8h_{b1}h_{c1}t_w$　(7-52)
圆管截面柱：　$V_p=(\pi/2)h_{b1}d_ct_c$　(7-53)
节点域的抗剪强度 f_{ps} 应根据节点域受剪正则化宽厚比 $\lambda_{n,s}$ 按下列公式计算：
（1）当 $\lambda_{n,s}\leqslant0.6$ 时：
$$f_{ps}=\frac{4}{3}f_v \quad (7-54)$$
（2）当 $0.6<\lambda_{n,s}\leqslant0.8$ 时：
$$f_{ps}=\frac{1}{3}(7-5\lambda_{n,s})f_v \quad (7-55)$$
（3）当 $0.8<\lambda_{n,s}\leqslant1.2$ 时：
$$f_{ps}=[1-0.75(\lambda_{n,s}-0.8)]f_v \quad (7-56)$$
（4）当轴压比 $\frac{N}{Af}>0.4$ 时，受剪承载力 f_{ps} 应乘以修正系数，当 $\lambda_{n,s}\leqslant0.8$ 时，修正系数可取为 $\sqrt{1-\left(\frac{N}{Af}\right)^2}$</td></tr>
</table>

当节点域厚度不满足公式（7－46）～公式（7－50）的要求时，对H形截面柱节点域可采用表7－13补强措施。

表7－12　H形和箱形截面柱节点域受剪正则化宽厚比 $\lambda_{n,s}$ 的限值

结构构件延性等级	Ⅰ、Ⅱ级	Ⅲ级	Ⅳ级	Ⅴ级
$\lambda_{n,s}$	0.4	0.6	0.8	1.2

注：节点域受剪正则化宽厚比 $\lambda_{n,s}$ 应按式（7－44）或式（7－45）计算。

表7－13　H形截面柱节点域的补强措施

<table>
<tr><th>项次</th><th>补强措施</th><th>节点大样图</th><th>说　明</th></tr>
<tr><td>1</td><td>加厚节点域的柱腹板（用于焊接H形组合柱）</td><td>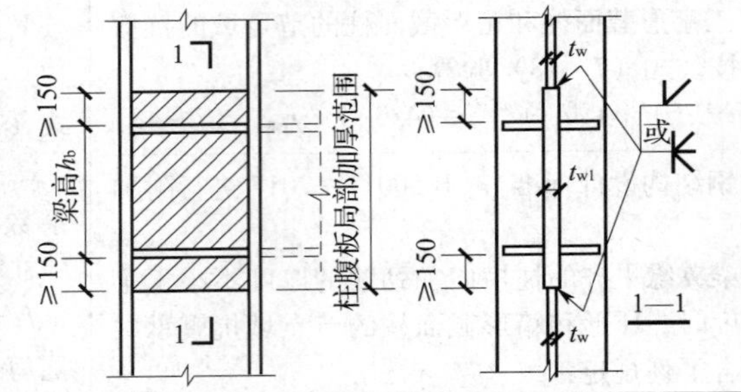
</td><td>将柱腹板在节点域局部加厚为 t_{w1}，并与邻近的厚度为 t_w 的柱腹板在进行工厂拼接。腹板加厚的范围应伸出梁的上下翼缘外不小于150mm</td></tr>
<tr><td rowspan="2">2</td><td rowspan="2">节点域处焊贴补强板加强（用于轧制H形钢柱）</td><td>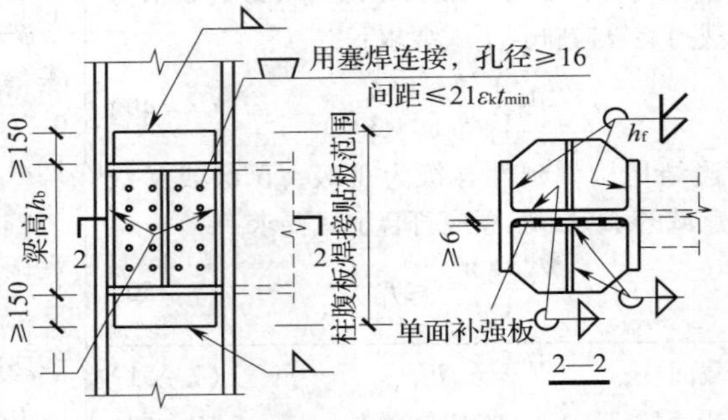

补强板伸过水平加劲肋</td><td rowspan="2">（1）当节点域厚度不足部分小于腹板厚度时，用单面补强。若超过腹板厚度时则用双面补强补强板。
（2）当补强板伸过柱横向加劲肋时，横向加劲肋仅与补强板焊接，此焊缝应能将加劲肋传来的力传递给补强板，补强板侧边可采用角焊缝与柱翼缘相连，其板面尚应采用塞焊与柱腹板连成整体。
（3）当补强板不伸过横向加劲肋时，横向加劲肋应与柱腹板焊接，补强板与横向加劲肋之间的角焊缝应能传递补强板所分担的剪力。
（4）补强时，补强板与柱加劲肋和翼缘可采用角焊缝连接，与柱腹板采用角焊缝连接，在板域范围内用塞焊连成整体，塞焊点之间的距离不应大于较薄焊件厚度的21ε_k倍</td></tr>
<tr><td>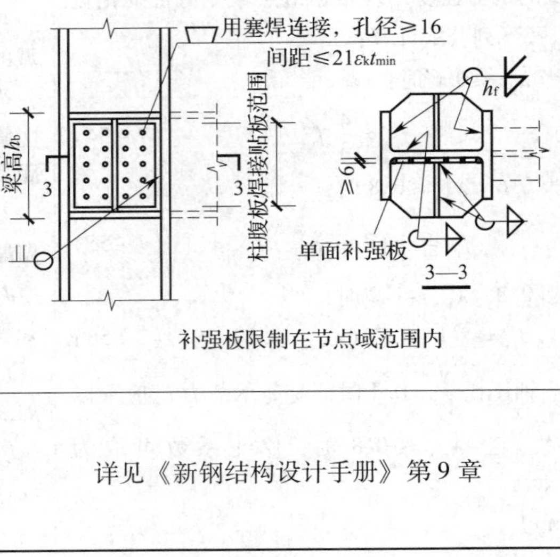

补强板限制在节点域范围内</td></tr>
<tr><td>3</td><td>设置节点域斜向加劲肋加强</td><td>详见《新钢结构设计手册》第9章</td><td></td></tr>
</table>

7.2.4 改进梁与柱刚性连接抗震性能的构造措施。

在地震作用下，为有效避免梁柱连接处的焊缝发生破坏，宜采用将塑性铰从梁端外移的做法。塑性铰外移的常用做法有包括加强型连接和削弱型连接两大类。

其中加强型连接的具体形式主要有：

1 梁端翼缘盖板式连接；

2 梁翼缘扩翼式连接；

3 梁翼缘局部加宽式连接；

4 梁翼缘板式连接；

5 梁端下部加腋板等。

削弱型连接常用骨形节点，此种做法在美国应用最多。

两类连接方式的具体做法见表7－14。在实际设计中常常会采用加强型与削弱型结合的连接方式。此时为了减小节点区焊接的热量输入和残余应力的不利影响，盖板的最大厚度不宜大于梁翼缘板的厚度，且其总厚度不得大于柱翼缘的厚度。同时要满足盖板的最小厚度不得小于6mm的要求。此外，为了保证焊缝的质量，盖板与梁翼缘板的V形坡口，两者应在同一斜面上。当梁翼缘较厚时，宜改为在梁上下翼缘板的两侧加焊矩形加强板，最后用砂轮将圆弧打磨光滑。

表7－14 改进梁与柱刚性连接抗震性能的构造措施

项次	改进措施		简图	说明
1	加强型	梁端翼缘加焊楔形盖板	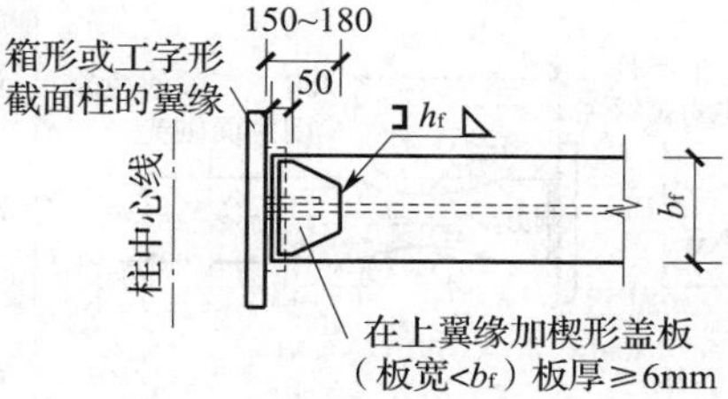 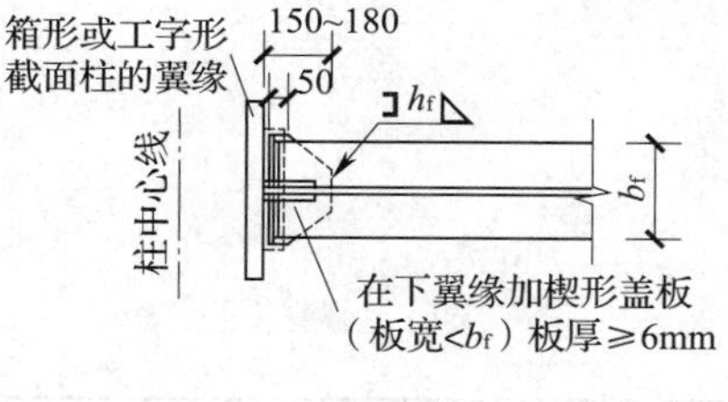 箱形或工字形截面柱的翼缘；150~180；50；h_f；柱中心线；b_f；在上翼缘加楔形盖板（板宽<b_f）板厚≥6mm 箱形或工字形截面柱的翼缘；150~180；50；h_f；柱中心线；b_f；在下翼缘加楔形盖板（板宽<b_f）板厚≥6mm	（1）加强段的塑性弯矩的变化宜与梁端形成塑性铰时的弯矩图相接近； （2）采用盖板加强节点时，盖板的计算长度应以离开柱子表面50mm处为起点； （3）当柱子为箱形截面时，宜增加翼缘厚度
2		梁端下部加腋板	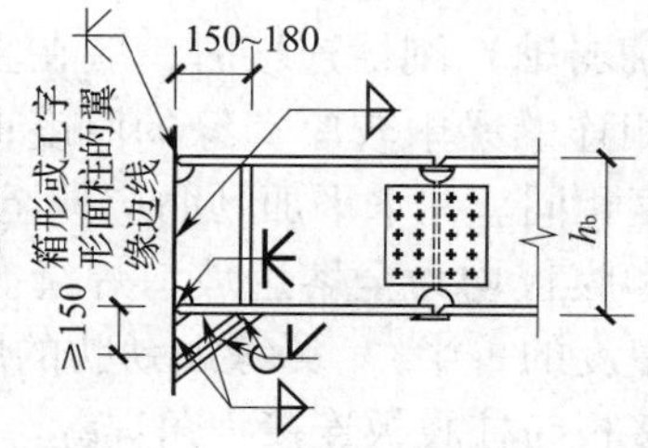 150~180；柱中心线；箱形或工字形面柱的翼缘边线；h_b；≥150	

续表 7－14

项次	改进措施		简图	说明
3	加强型	梁翼缘局部加宽	箱形或工字形截面柱的翼缘 柱中心线 b_f	（1）加强段的塑性弯矩的变化宜与梁端形成塑性铰时的弯矩图相接近； （2）翼缘边的斜角不应大于1∶2.5；加宽的起点和柱翼缘间的距离宜为（0.3～0.4）h_b，h_b为梁截面高度；翼缘加宽后的宽厚比不应超过$13\varepsilon_k$； （3）当柱子为箱形截面时，宜考虑钢梁腹板前方柱内空心引起的弯曲应力重分布，加强上下翼缘
4	削弱型	骨形节点	箱形或工字形截面柱的翼缘 a b 将上下翼缘改窄切割面刨光 0.5c 柱中心线 b_f 0.5c r	（1）内力分析模型按未削弱截面计算时，无支撑框架结构侧移限值应乘以 0.95；钢梁的挠度限值应乘以 0.9； （2）削弱截面的抗弯强度应按柱面弯矩的 0.8 倍进行验算； （3）梁的线刚度可按等截面计算的数值乘以 0.9 倍计算； （4）骨形削弱段应采用自动切割，可按左图设计，尺寸 a、b、c 按下列公式计算： $a=(0.5\sim0.75)b_f$　（7－57） $b=(0.65\sim0.85)h_b$　（7－58） $c=(0.15\sim0.25)b_f$　（7－59） $r=\dfrac{4c^2+b^2}{8c}$　（7－60）

7.2.5 工字形截面柱在弱轴与主梁刚性连接。

当主梁与工字形截面柱（绕弱轴）刚性连接时，应在主梁翼缘对应位置设置柱水平加劲肋，其厚度应不小于与柱相连的梁中较厚翼缘的厚度；在梁高范围内设置柱的竖向连接板，其厚度应与梁腹板厚度相同。柱水平加劲肋应伸至柱翼缘以外 75mm，并以变宽度形式伸至梁翼缘，与柱翼缘和腹板均为全熔透坡口焊缝。加劲肋应两面设置（无梁外侧加劲肋厚度不应小于梁翼缘厚度的一半）。翼缘加劲肋的厚度应大于梁翼缘的厚度，以协调翼缘的允许偏差。竖向连接板与柱腹板连接为角焊缝。

1 梁翼缘与柱水平加劲肋间应采用全熔透坡口焊缝连接，梁腹板宜采用摩擦型高强螺栓与柱竖向连接板连接［图7-9（a)］。其连接计算方法与在柱强轴方向上的连接相同，参表7-6。

2　与柱在主轴方向连接相同，也可在垂直柱弱轴方向加焊悬臂梁段，形成连接支座与主梁连接。梁翼缘间采用全熔透焊接（或高强度螺栓连接），腹板间采用高强度螺栓连接［图7-9（b)、图7-9（c)］。

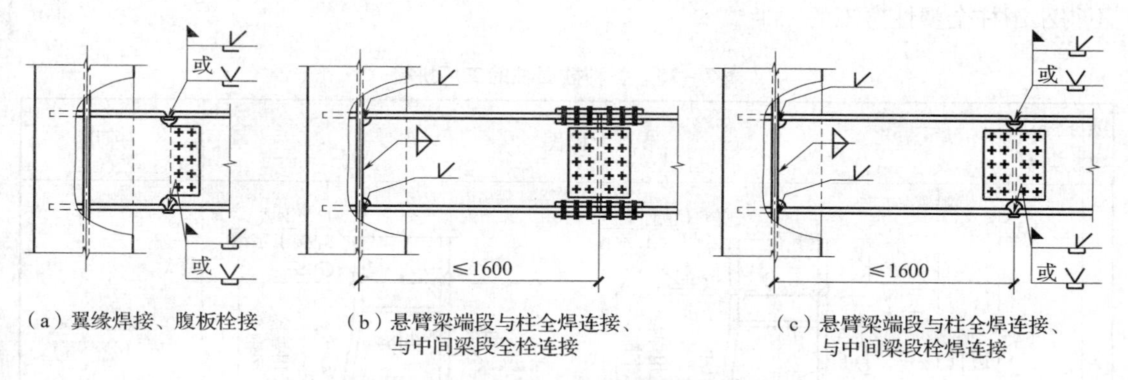

图7-9　工字形截面柱在弱轴与主梁刚性连接

7.2.6　梁与柱的柔性连接。

梁与柱的柔性连接，又称铰接连接。柔性连接的构造简单，施工方便，传力简捷，在工程上应用很广。在非地震区多层或高层钢结构如采用剪力墙等构件承受水平荷载和提供抗侧刚度（框架仅承受重力荷载）的结构体系，梁与柱的连接可采用柔性连接方案。

柔性连接通常不能承受弯矩，梁端可以较自由地转动，但梁端没有线位移。柔性连接能传递剪力和轴力。

梁与柱柔性连接节点的典型做法是：由柱翼缘连接角钢（或节点板）或由支座连接角钢传递剪力的节点［表7-6中图（f)、图（g)］。

实际上绝对的柔性连接是不存在的，连接节点板的刚度和螺栓对梁端的旋转仍有一定的约束作用，可以传递定量的弯矩，但在实际工程设计中一般不予考虑，它们的延性足以保证被连接梁的充分转动。

按表7-6中图（f）设计梁柱柔性连接节点时，与梁腹板相连的高强螺栓除承受梁端剪力外，尚应考虑由于偏心而产生的附加弯矩 $M=Ve$ 产生的而影响（e 为剪力 V 作用点至焊缝或螺栓连接中心的距离），在设计框架柱时也应予以考虑。当采用现浇钢筋混凝土楼板将主梁和次梁连成整体时，可不计算偏心弯矩的影响。

7.3　柱与柱的连接

7.3.1　一般规定。

1　钢框架宜采用H形柱、箱型柱或圆管柱，钢骨混凝土柱中的钢骨宜采用H形或十字形。

2　柱与柱的拼接连接节点，理想位置应在内力较小处。但从施工的难易程度及安装效率方面考虑，通常框架柱的工地拼接接头距框架梁顶面的距离，可取1.3m和柱净高一半，二者的较小值。为便于制造安装，应尽量较少拼接连接节点的数目，通常情况下，柱的安装单元以三层为一根。对于特重或特大的柱，应根据起重运输、运输、吊装等机械设备的具体能力来确定安装单元。

3　抗震设计时，上下柱的对接接头应采用一级全熔透焊缝，柱拼接接头上下各

100mm 范围内，工字形柱翼缘与腹板间及箱形柱角部壁板间的焊缝，应采用全熔透焊缝。非抗震设计时，柱拼接也可采用部分熔透焊缝。工字形柱在工地的接头，弯矩应由翼缘和腹板承受，剪力应由腹板承受，轴力应由翼缘和腹板分担。各种不同截面柱的工厂拼接方式见表 7－15、工地拼接接头方式见表 7－16。

4　采用部分熔透焊缝进行柱拼接时，应进行承载力验算。当内力较小时，设计弯矩不得小于柱全塑性弯矩的一半。

表 7－15　各种截面柱的工厂拼接

项次	柱截面类型		节点大样图	说明
1	变截面工字形柱	边柱	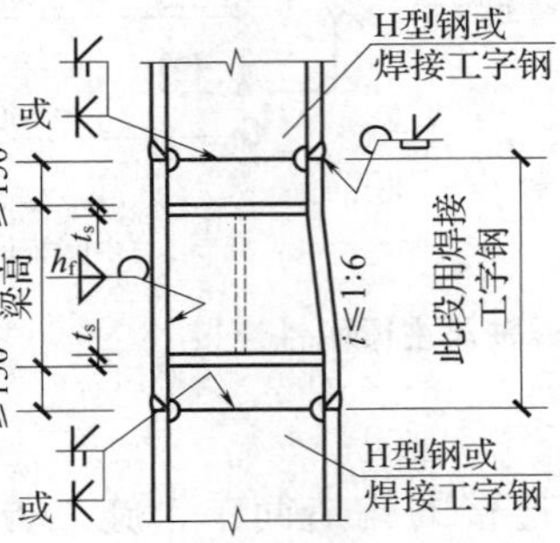 H型钢或焊接工字钢 或 ≥150 t_s h_f 梁高 ≥150 i≤1:6 此段用焊接工字钢 H型钢或焊接工字钢 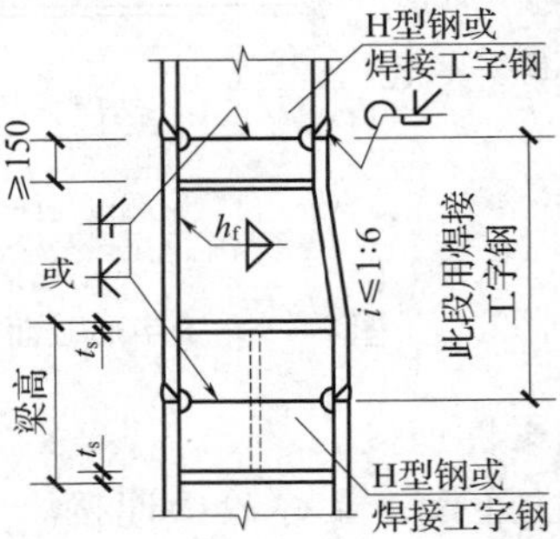 H型钢或焊接工字钢 ≥150 h_f 或 t_s 梁高 i≤1:6 此段用焊接工字钢 H型钢或焊接工字钢	全焊接连接
		中柱	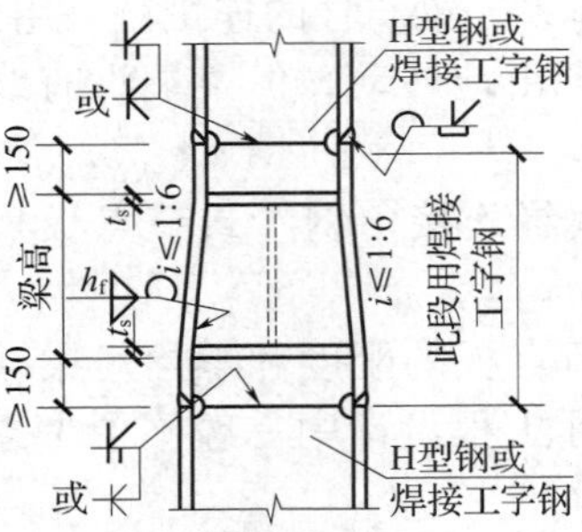 H型钢或焊接工字钢 或 ≥150 t_s h_f 梁高 i≤1:6 ≥150 此段用焊接工字钢 H型钢或焊接工字钢 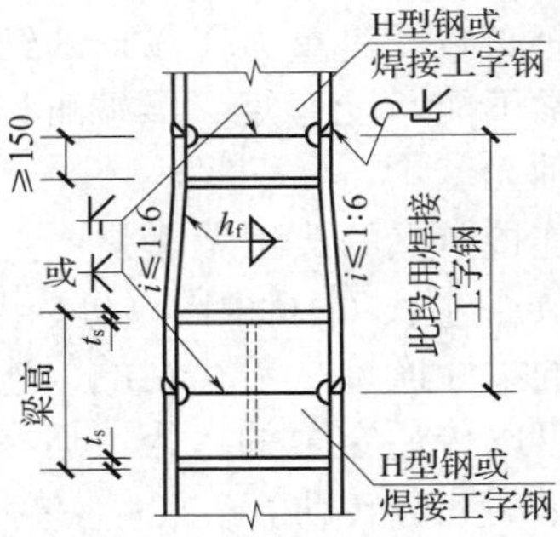 H型钢或焊接工字钢 ≥150 h_f 或 i≤1:6 t_s 梁高 此段用焊接工字钢 H型钢或焊接工字钢	
2	变截面箱形柱	边柱	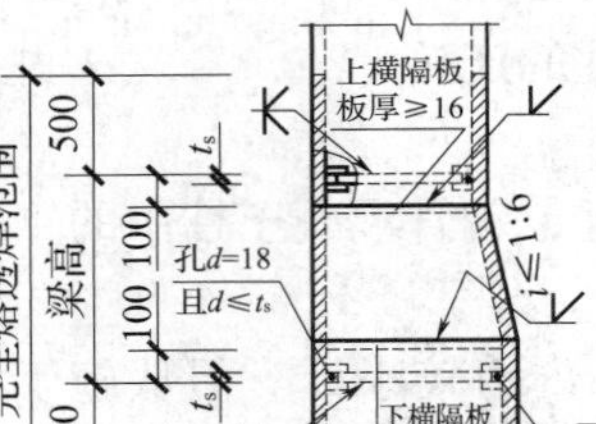 上横隔板板厚≥16 500 t_s 完全熔透焊范围 梁高 100 100 孔d=18 且$d≤t_s$ i≤1:6 500 下横隔板板厚≥16 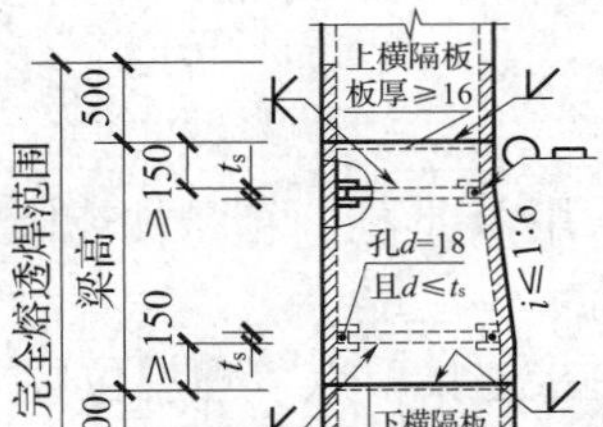 上横隔板板厚≥16 500 ≥150 t_s 完全熔透焊范围 梁高 孔d=18 且$d≤t_s$ i≤1:6 ≥150 500 下横隔板板厚≥16	（1）全焊接连接； （2）柱需要变截面时，柱截面高度保持不变而改变翼缘厚度； （3）当需要改变柱截面高度时，通常将变截面段设在梁柱连接节点

续表 7－15

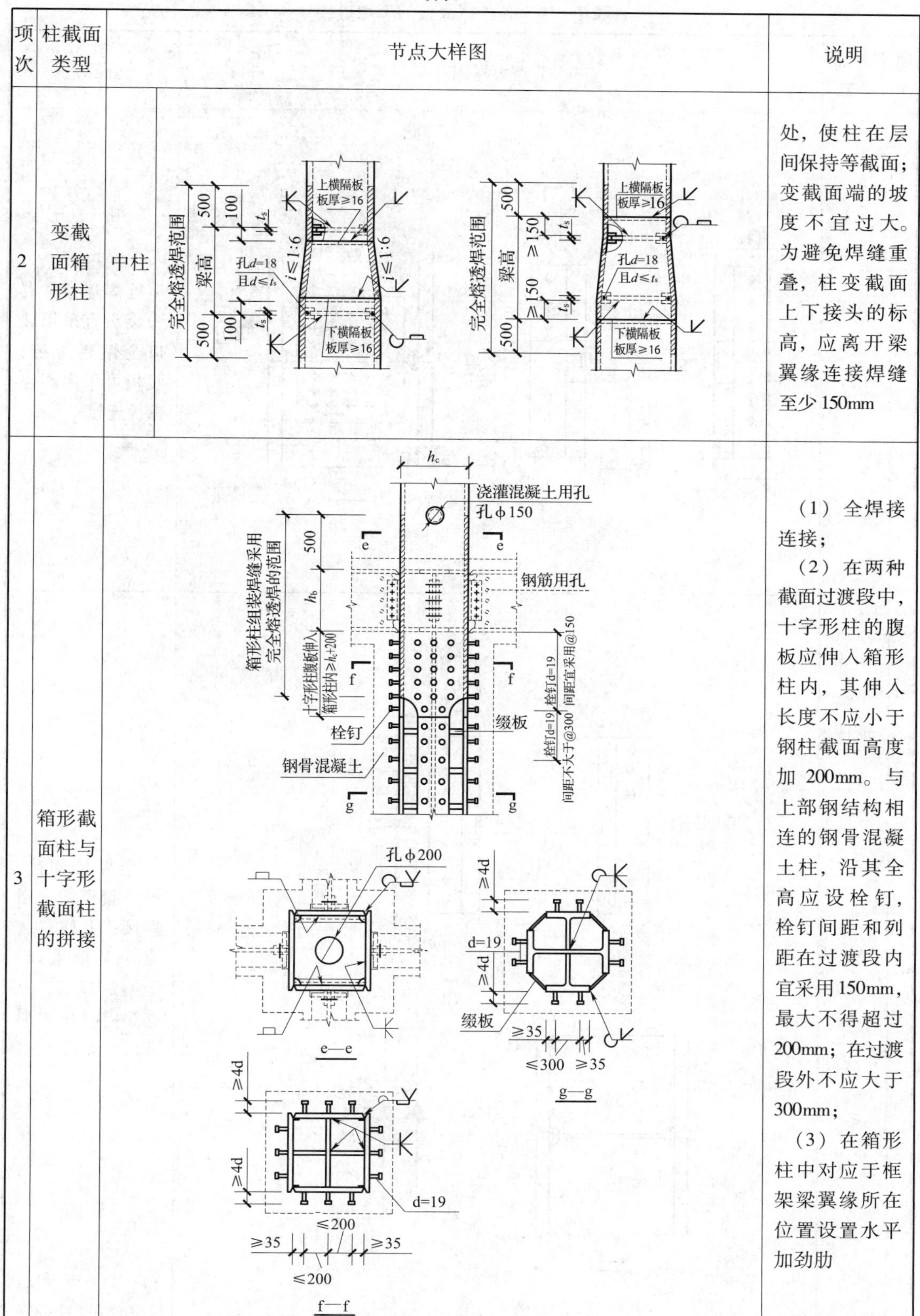

项次	柱截面类型		节点大样图	说明
2	变截面箱形柱	中柱		处，使柱在层间保持等截面；变截面端的坡度不宜过大。为避免焊缝重叠，柱变截面上下接头的标高，应离开梁翼缘连接焊缝至少150mm
3	箱形截面柱与十字形截面柱的拼接			（1）全焊接连接； （2）在两种截面过渡段中，十字形柱的腹板应伸入箱形柱内，其伸入长度不应小于钢柱截面高度加200mm。与上部钢结构相连的钢骨混凝土柱，沿其全高应设栓钉，栓钉间距和列距在过渡段内宜采用150mm，最大不得超过200mm；在过渡段外不应大于300mm； （3）在箱形柱中对应于框架梁翼缘所在位置设置水平加劲肋

表 7－16 各种截面柱的工地拼接

项次	柱截面类型	节点大样图	说明
1	工字形柱	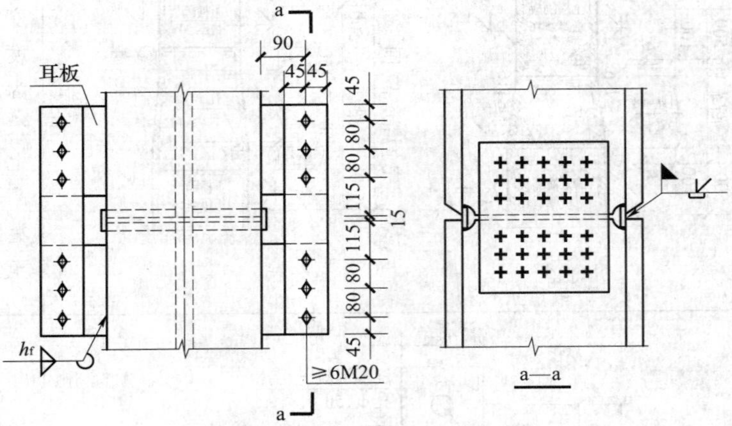 耳板；90；45 45；45、80、80、115、15、115、80、80、45；h_f；≥6M20；a—a	栓焊连接：翼缘接头宜采用坡口全熔透焊缝，腹板可采用高强螺栓连接
		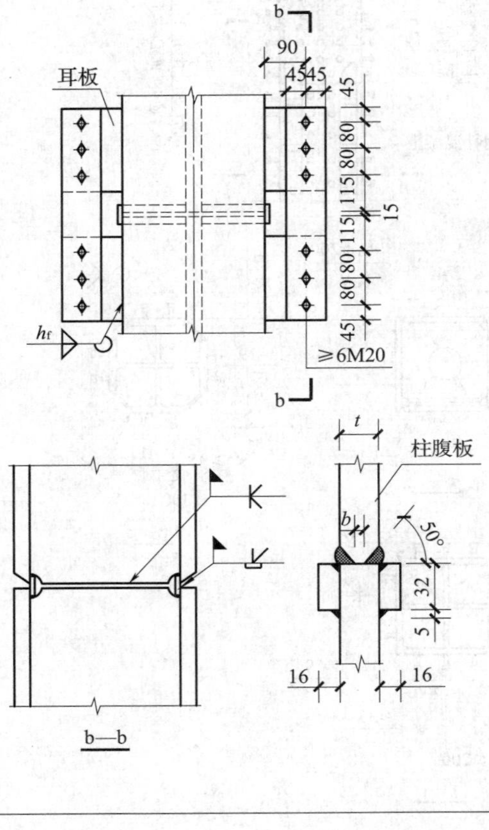 耳板；90；45 45；45、80、80、115、15、115、80、80、45；h_f；≥6M20；b—b；t；柱腹板；b；50°；32；5；16；16	全焊接连接：翼缘腹板均采用焊接：上柱翼缘应开 V 形坡口，全熔透焊缝，上柱腹板应开 K 形坡口，焊透

续表 7－16

项次	柱截面类型	节点大样图	说明
2	十字形柱	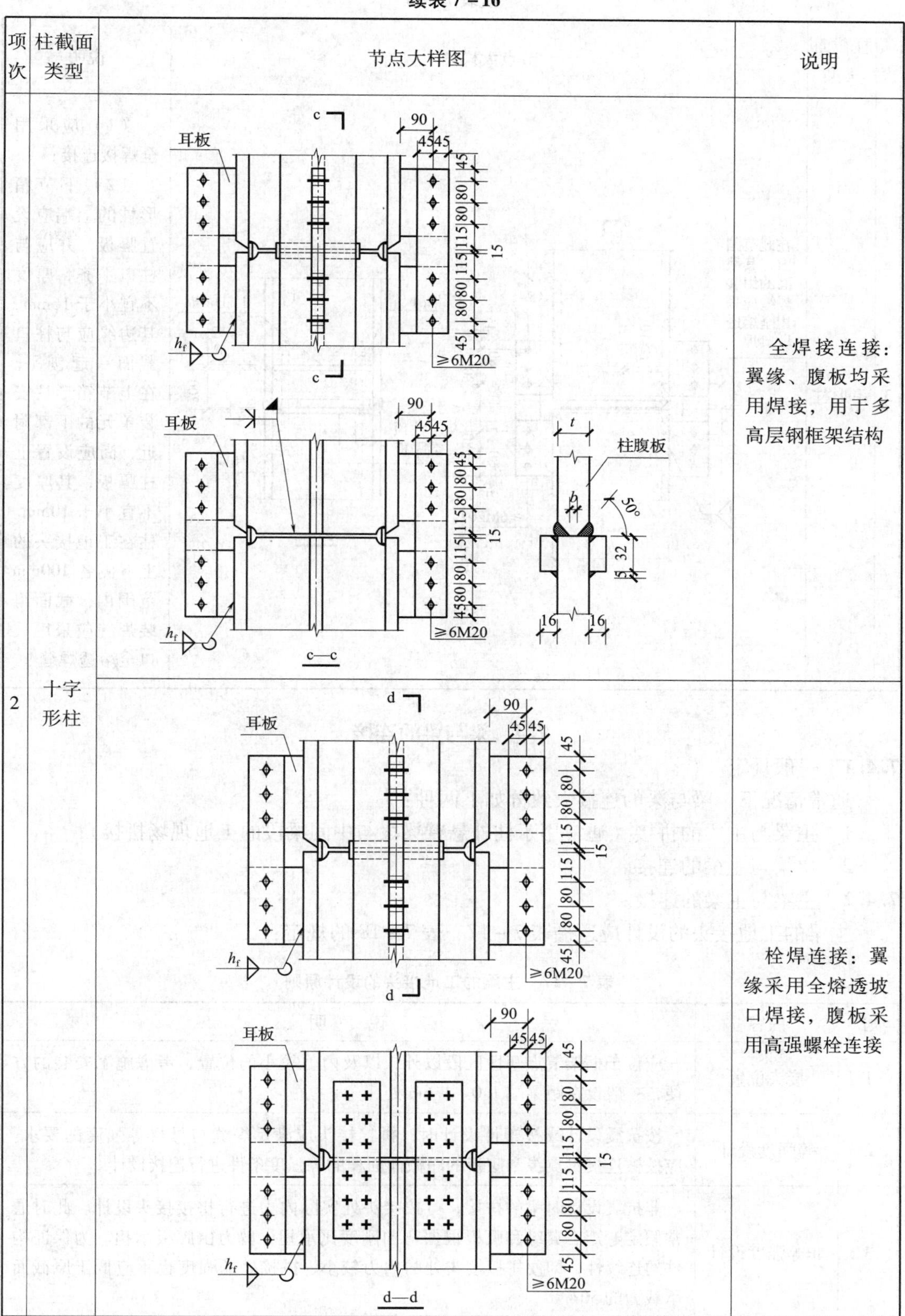	全焊接连接：翼缘、腹板均采用焊接，用于多高层钢框架结构 栓焊连接：翼缘采用全熔透坡口焊接，腹板采用高强螺栓连接

续表 7-16

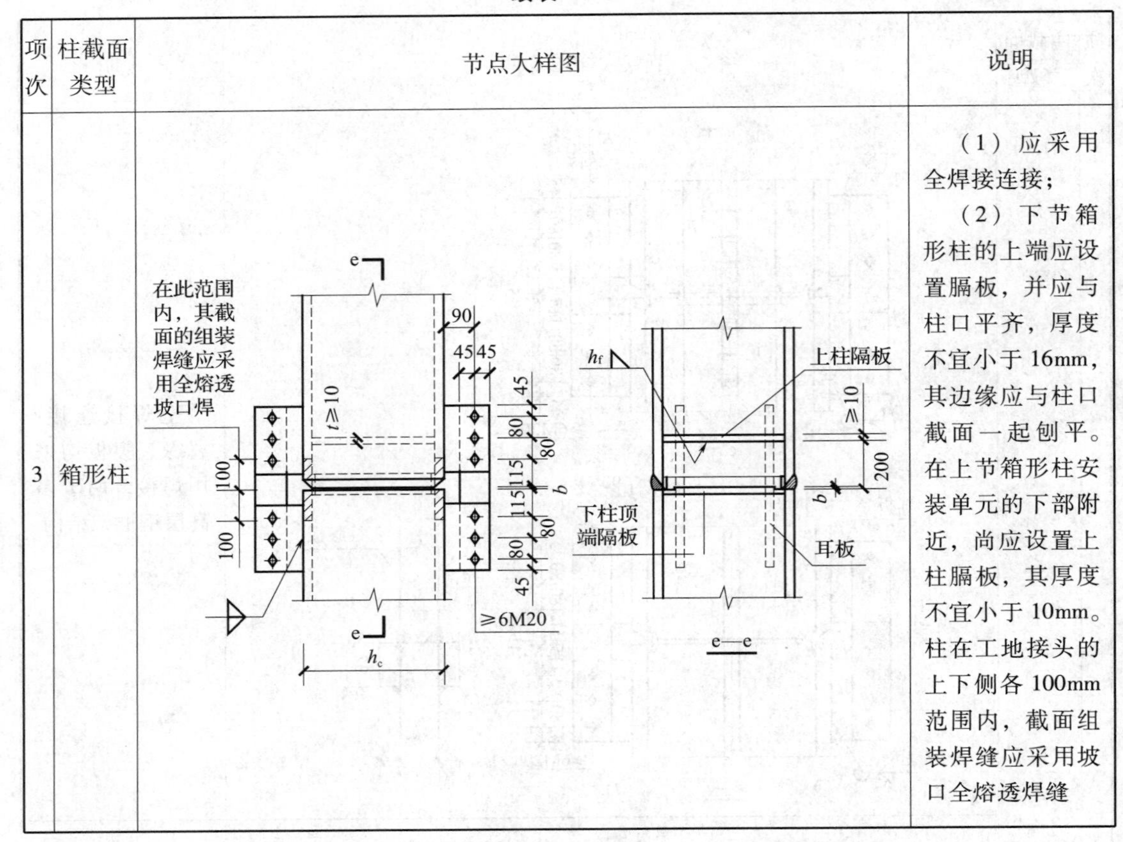

项次	柱截面类型	节点大样图	说明
3	箱形柱		（1）应采用全焊接连接； （2）下节箱形柱的上端应设置膈板，并应与柱口平齐，厚度不宜小于 16mm，其边缘应与柱口截面一起刨平。在上节箱形柱安装单元的下部附近，尚应设置上柱膈板，其厚度不宜小于 10mm。柱在工地接头的上下侧各 100mm 范围内，截面组装焊缝应采用坡口全熔透焊缝

7.4 梁与梁的连接

7.4.1 一般规定。

通常情况下，梁与梁的连接大致分如下两种：

1 主梁与主梁的拼接（通常用于柱外悬臂梁段与中间梁段的工地现场拼接）；

2 次梁与主梁的连接。

7.4.2 主梁与主梁的连接。

主梁的工地接头的设计应遵循表 7-17、表 7-18 的规定：

表 7-17 主梁的工地接头的设计原则

项次	内容	说明
1	接头位置	应位于框架节点塑性区段以外，以及内力较小的位置，考虑施工安装的方便，一般设在距梁端 1.0~1.6m 处
2	等强度设计	按抗震设计或按塑性设计时，拼接接头应满足焊缝与母材等强度的要求。应按被连接梁翼缘和腹板的净截面面积的等强度条件进行连接设计
3	非等强度设计	非抗震设计时梁的拼接，可按接头处实际内力进行拼接接头设计。此时通常假定弯矩由翼缘和腹板根据弯曲刚度比承担，剪力由腹板承担。为保证构件的连续性，即便拼接接头处的内力较小，拼接处的强度也不应低于原截面承载力的 50%

表 7－18　主梁的工地拼接形式

项次	拼接形式	简　图	说　明
1	栓焊连接	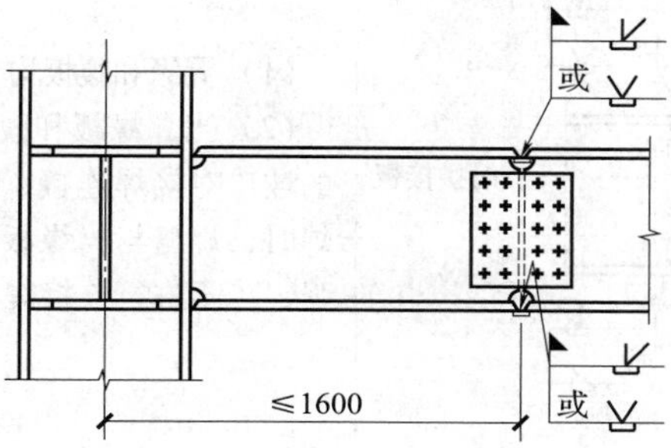 或 或 ≤1600	（1）翼缘采用全熔透对接焊缝，腹板采用高强度螺栓摩擦型连接； （2）当翼缘板采用完全熔透的坡口对接焊连接，并采用引弧板施焊时，焊缝与翼缘板可视为等强，可不进行连接焊缝的强度计算
2	全栓接连接	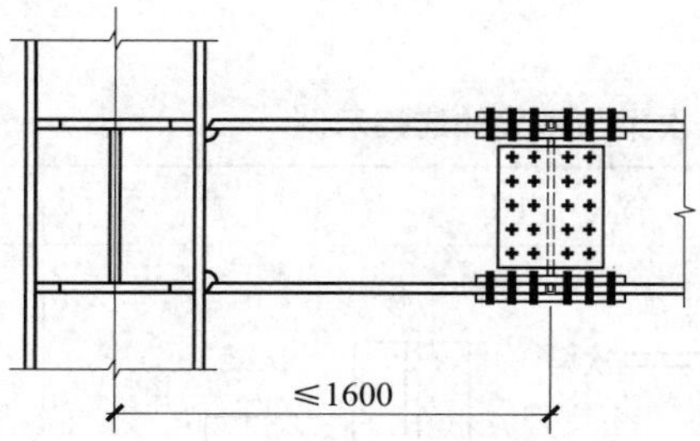 ≤1600	（1）翼缘和腹板均用高强度螺栓摩擦型连接； （2）翼缘拼接板及拼接缝每侧的高强度螺栓，应能承受按翼缘净截面面积计算的翼缘受拉承载力； （3）腹板拼接板及拼接缝每侧的高强度螺栓，应能承受拼接截面的全部剪力及按刚度分配到腹板上的弯矩；同时拼接处拼材与螺栓的受剪承载力不应小于构件截面受剪承载力的50%； （4）高强度螺栓在弯矩作用下的内力分布应符合平截面假定，即腹板角点上的螺栓水平剪力值与翼缘螺栓水平剪力值呈线性关系； （5）按等强原则计算腹板拼接时，应按与腹板净截面承载力等强计算； （6）当翼缘采用单侧拼接板或双侧拼接板中夹有垫板拼接时，螺栓的数量应按计算增加10%； （7）螺栓拼接接头的构造应符合下列规定： 1）拼接板材材质应于母材相同； 2）同一拼接节点中高强螺栓连接副性能等级及规格应相同； 3）型钢翼缘斜面斜度大于1/20处应加斜垫板； 4）翼缘拼接板宜双面设置；腹板拼接板宜在腹板两侧对称配置

续表 7－18

项次	拼接形式	简　图	说　明
3	全焊接连接	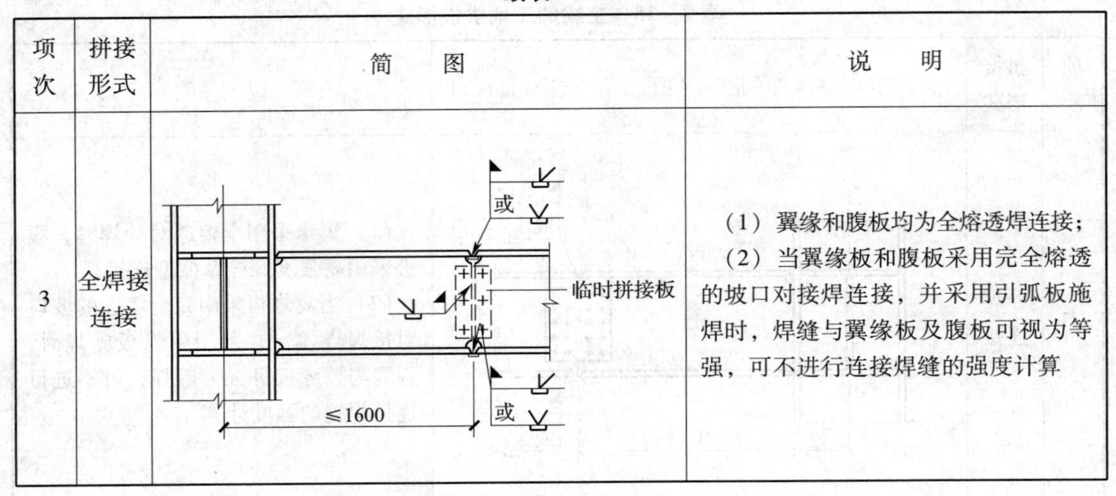	（1）翼缘和腹板均为全熔透焊连接； （2）当翼缘板和腹板采用完全熔透的坡口对接焊连接，并采用引弧板施焊时，焊缝与翼缘板及腹板可视为等强，可不进行连接焊缝的强度计算

7.4.3　次梁与主梁的连接。

次梁与主梁的连接包括铰接和刚接两种。次梁与主梁的连接通常采用简支连接，必要时，诸如结构中需要用井字梁、带有悬挑的次梁以及次梁的跨度较大，为了减小次梁的挠度时，节约钢材，也可采用刚性连接。但需注意，次梁与主梁刚接时，连接节点处不仅要传递次梁的竖向支反力，还要传递次梁的梁端弯矩。若主梁两侧的次梁梁端弯矩相差较大时，会造成主梁受扭，对主梁不利。所以，只有当主梁两侧次梁的梁端弯矩相差较小时，才采用次梁与主梁刚接的连接方式。

次梁两端与主梁为铰接连接时，在连接计算中通常忽略次梁对主梁的扭转作用，只考虑次梁端部与主梁连接之间的剪力作用；但在计算连接螺栓或连接焊缝时，既要考虑作用于次梁端部的剪力，又要考虑由于偏心所产生的附加弯矩的影响。常用的主次梁连接方式见表 7－19。

表 7－19　次梁与主梁的连接示例

项次	连接形式	简　图	说　明
1	次梁与主梁铰接连接	主梁　次梁　a　a　h_f　次梁　主梁　a—a	（1）用连接板与主梁加劲肋双面相连； （2）高强度螺栓摩擦型连接
		主梁　次梁　b　b　h_f　次梁　主梁　b—b	（1）次梁腹板直接与主梁加劲板单面相连； （2）高强度螺栓摩擦型连接

续表 7－19

项次	连接形式	简　图	说　明
1	次梁与主梁铰接连接	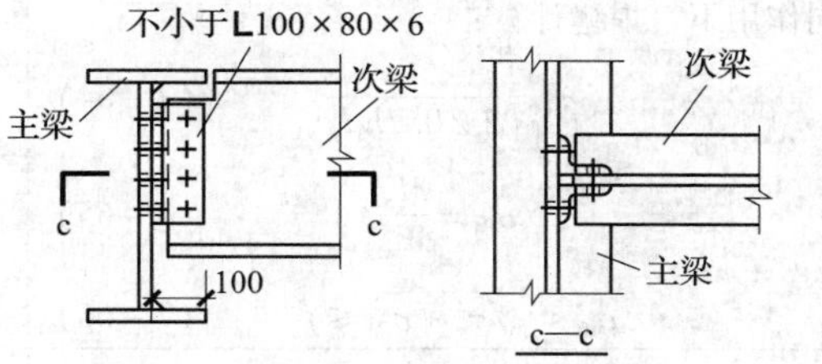	（1）用双角钢与主梁的腹板相连；（2）次梁腹板与角钢的长翼缘连接；（3）高强度螺栓摩擦型连接
2	次梁与主梁刚性连接	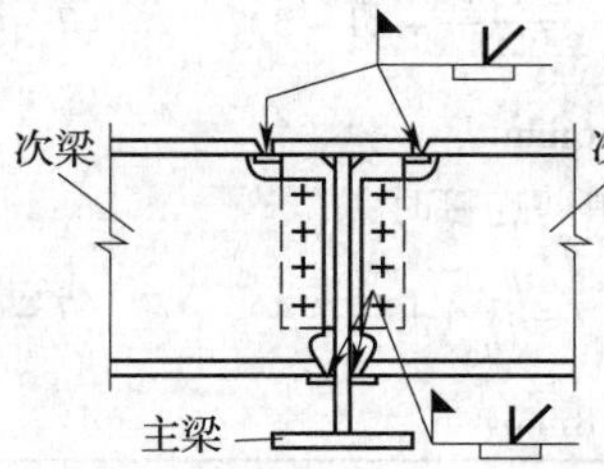 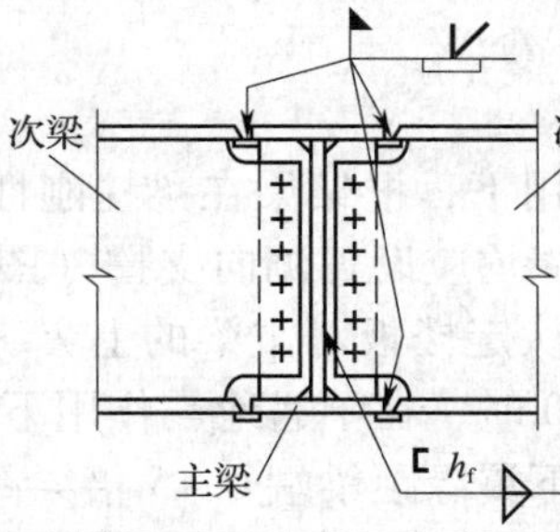	（1）翼缘焊接，腹板用高强度螺栓摩擦型连接；（2）主次梁不等高

次梁两端与主梁的连接，当采用高强度螺栓摩擦型连接（表 7－19）时，可按表 7－20 计算。

表 7－20　次梁与主梁铰接连接的计算

项次	计算内容	计 算 公 式	说　明
1	高强度螺栓的连接	次梁端部剪力作用下，一个高强度螺栓（连接一侧）所受的力：$$N_v^b=\frac{V}{n}\leqslant[N_v^b] \qquad (7-61)$$	N_v^b——一个高强螺栓抗剪承载力设计值；$[N_v^b]$——一个高强螺栓容许抗剪承载力设计值；n——梁腹板高强螺栓的数目；y_1——螺栓群中心至最外侧螺栓的距离；y_i——螺栓群中心至每个螺栓的距离；
2		偏心弯矩 $M_e=Ve$ 作用下，边行受力最大的一个高强度螺栓所受的力为：$$N_M=\frac{M_e y_1}{\sum y_i^2}\leqslant[N_v^b] \qquad (7-62)$$	
3		在剪力和偏心弯矩共同性作用下，边行受力最大的一个高强螺栓所受的力为：$$N_v^b=\sqrt{N_v^2+N_M^2}\leqslant[N_v^b] \qquad (7-63)$$	

续表 7－20

项次	计算内容	计算公式	说　明
4	连接次梁的主梁加劲肋与主梁的连接焊缝	通常采用双面角焊缝，在剪力和偏心弯矩共同作用下，焊缝计算： $\tau_v = \dfrac{V}{2 \times 0.7 h_f l_w}$　（7－64） $\sigma_M = \dfrac{M_e}{W_w}$　（7－65） $\sigma_{fs} = \sqrt{\tau_v^2 + \sigma_M^2} \leqslant f_f^w$　（7－66）	h_f——角焊缝的焊脚尺寸； l_w——角焊缝的计算长度； W_w——角焊缝的截面模量
5	连接板的截面尺寸	1）当采用双剪连接时： $t = \dfrac{t_w h_1}{2h_2} + (1 \sim 3)$　（7－67） 且不宜小于 6mm 2）当采用单剪连接时： $t = \dfrac{t_w h_1}{h_2} + (2 \sim 4)$　（7－68） 且不宜小于 8mm	h_1——次梁腹板的高度； t_w——次梁腹板的厚度； h_2——次梁腹板连接板（垂直方向）长度

7.4.4　框架主梁的侧向隅撑和角撑。

1　主梁的侧向隅撑。

抗震设计时，在罕遇地震作用下，框架梁在梁柱刚性连接节点附近可能会形成塑性铰。在出现塑性铰的截面上下翼缘均应设置侧向支撑（图 7－10）。当主梁的上翼缘与钢筋混凝土楼板有可靠连接时，可认定楼板对主梁的上翼缘有充分的侧向支承作用。但当梁的下翼缘平面外长细比大于 120 时，在罕遇地震作用下，梁下翼缘可能发生侧向屈曲，为防止产生屈曲，通常可在梁的下翼缘距梁端 0.15 倍梁跨附近设置隅撑；当梁端采用加强型连接或骨式连接时，应在塑性区外设置竖向加劲肋，隅撑与偏置 45°的竖向加劲肋在梁下翼缘附近相连，该竖向支撑不应与翼缘焊接。梁端下翼缘宽度局部加大，对梁下翼缘侧向约束较大时，视具体情况可不设隅撑。

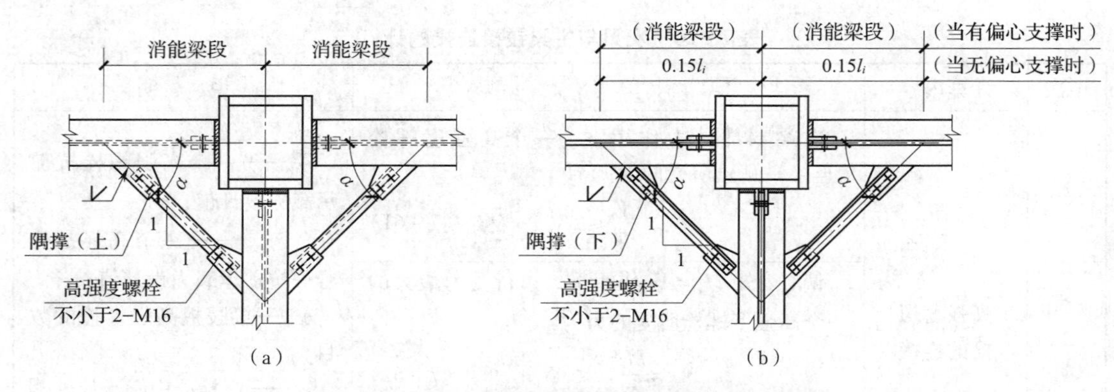

图 7－10　抗震设防时框架梁的侧向支撑连接构造

2　角撑。

在主次梁连接中，主梁是次梁的支座，而次梁也可作为主梁的侧向支承点，可以防止主梁下翼缘侧向失稳。在主次梁连接节点处可按表 7－21 设置主梁的侧向支承杆——角撑。

表 7－21　角撑的设置

项次	简　图	适 用 条 件
1	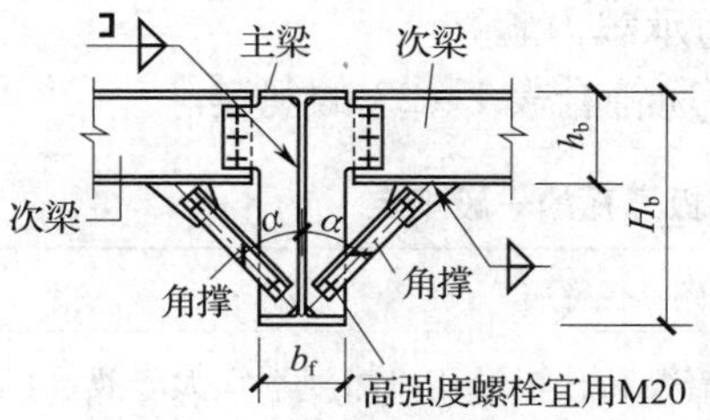 主梁　次梁　次梁　h_b　H_b　α　α　角撑　角撑　b_f　高强度螺栓宜用M20	当框架梁在偏心支撑跨间的非消能段，当其侧向支撑间距大于 $13b_f\varepsilon_k$ 时，可利用次梁作为框架梁上下翼缘的侧向支撑－角撑，且当其 $h_b<\dfrac{H_b}{2}$时采用
2	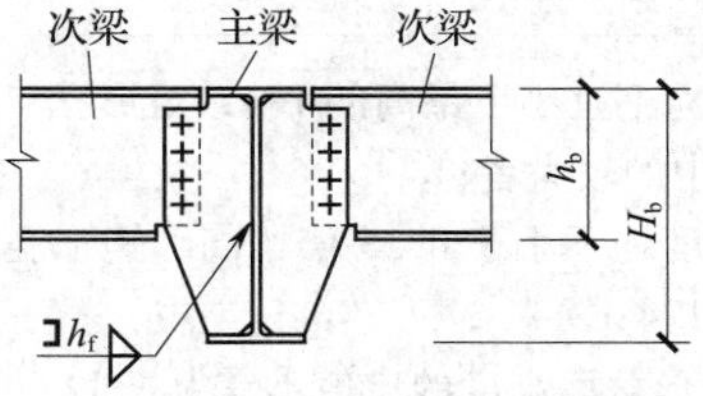 次梁　主梁　次梁　h_b　H_b　h_f	当框架梁在偏心支撑跨间的非消能段，当其侧向支撑间距大于 $13b_f\varepsilon_k$ 时，可利用次梁作为框架梁上下翼缘的侧向支撑，且当其 $h_b\geqslant\dfrac{H_b}{2}$时采用

侧向隅撑和角撑力可近似按轴心受压构件计算，可按表 7－22 的规定设计。

表 7－22　侧向隅撑和角撑的设计

<table>
<tr><th>项次</th><th>内　容</th><th colspan="2">计 算 公 式</th><th>说　明</th></tr>
<tr><td rowspan="3">1</td><td rowspan="3">侧向隅撑的轴力</td><td>梁的上翼缘水平平面内设置侧向隅撑［图 7－10（a）］</td><td>$N^s=\dfrac{0.06b_f t_f f}{\sin\alpha}\cdot\dfrac{1}{\varepsilon_k}$　（7－69）</td><td rowspan="6">N^s——隅侧向撑的轴力；
b_f——梁一侧翼缘的宽度；
t_f——梁一侧翼缘的厚度；
A_f^b——梁一侧翼缘的截面面积；
f——梁翼缘的钢材抗压强度设计值；
ε_k——钢号修正系数，$\varepsilon_k=\sqrt{\dfrac{235}{f_y}}$；
α——隅撑与主梁受压翼缘的夹角；
φ——轴心受压构件的稳定系数；
A^s——侧向隅撑的截面面积；
f^s——侧向隅撑钢材的抗压强度设计值</td></tr>
<tr><td>梁的下翼缘水平平面内设置侧向隅撑（偏心支撑消能梁段两端的侧向支撑）［图 7－10（b）］</td><td>$N^s=\dfrac{0.06b_f t_f f}{\sin\alpha}\cdot\dfrac{1}{\varepsilon_k}$　（7－70）</td></tr>
<tr><td>梁的下翼缘水平平面内设置侧向隅撑（无偏心支撑时）［图 7－10（b）］</td><td>$N^s=\dfrac{A_f^b f}{85\sin\alpha}\cdot\dfrac{1}{\varepsilon_k}$　（7－71）</td></tr>
<tr><td>2</td><td>角撑的轴力</td><td colspan="2">$N^s=0.02b_f t_f f/\sin\alpha$　（7－72）</td></tr>
<tr><td>3</td><td>侧向隅撑或角撑的稳定性</td><td colspan="2">$\dfrac{N^s}{\varphi A^s f^s}\leqslant 1$　（7－73）</td></tr>
<tr><td>4</td><td>侧向隅撑或角撑的长细比</td><td colspan="2">$\lambda\leqslant 130\varepsilon_k$　（7－74）</td></tr>
</table>

7.4.5 梁腹板开孔时的补强。

1 腹板开孔梁应满足整体稳定及局部稳定要求，并应进行下列计算：

(1) 实腹及开孔截面处的受弯承载力验算；

(2) 开孔处顶部及底部T形截面受弯剪承载力验算。

腹板开孔梁，当孔型为圆形或矩形时，应符合表7－23的规定。

表7－23 梁腹板开孔的一般规定

项次	内 容	
1	孔口尺寸	圆孔孔口直径不宜大于0.7倍梁高，矩形孔口高度不宜大于梁高的0.5倍，矩形孔口长度不宜大于梁高与3倍孔高的较小值
2	开孔位置	(1) 相邻圆形孔口边缘间的距离不宜小于梁高的1/4，矩形孔口与相邻孔口的距离不宜小于梁高和矩形孔口长度中的较大者； (2) 开孔处梁上下T形截面高度均不小于0.15倍梁高，矩形孔口上下边缘至梁翼缘外皮的距离不宜小于梁高的1/4； (3) 开孔长度（或直径）与T形截面高度的比值不宜大于12； (4) 不应在距梁端相当于梁高范围内设孔，抗震设防的结构不应在隅撑与梁柱接头区域范围内设孔
3	开孔腹板补强原则	(1) 当管道穿过钢梁腹板时，腹板中的孔口应根据具体情况予以补强； (2) 一般可考虑梁腹板开洞处截面上的作用弯矩由翼缘承担，剪力由开洞腹板和补强板共同承担； (3) 当圆形孔直径不大于1/3梁高时，孔边可不予补强，但此时应注意孔洞的间距要大于3倍的孔径； (4) 当圆形孔直径大于1/3梁高时，可采用环形加劲肋补强，也可用套管或环形补强板补强（表7－24）。补强时，弯矩仅由翼缘承担，剪力由孔口截面的腹板和补强板共同承担；补强板应采用与母材强度等级相同的钢材； (5) 当梁腹板上开矩形孔时，对梁腹板抗剪承载力影响较大，宜在孔边设置纵向和横向加劲肋补强（表7－24）
4	材料强度	腹板开孔梁材料的屈服强度不应大于$440N/mm^2$

2 梁腹板开孔补强的具体措施见表7－24。

表7－24 梁腹板洞口补强措施

项次	简 图	说 明
1	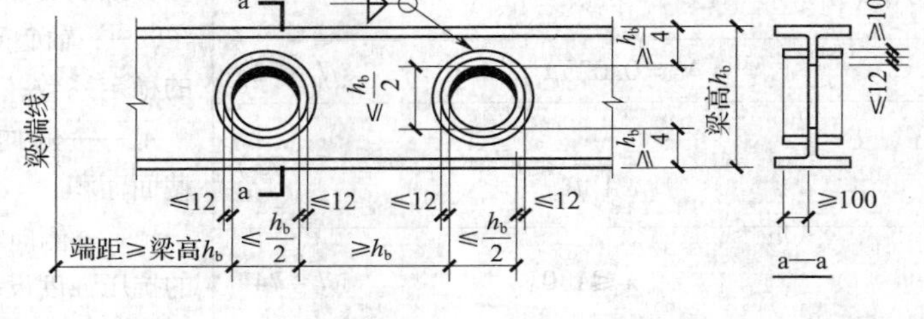	(1) 用于梁腹板开圆形孔； (2) 用环形加劲肋补强； (3) 圆形孔口加劲肋截面不宜小于100mm×10mm

续表 7 – 24

项次	简　图	说　明
2	梁端线；b；h_f；$\geqslant t_w$；$\leqslant \frac{h_b}{2}$；$\geqslant \frac{h_b}{4}$；梁高h_b；端距≥梁高h_b；$\geqslant h_b$；t_w；b—b	(1) 用于梁腹板开圆形孔； (2) 用套管补强； (3) 圆形孔口用套管补强时，补强套管的长度一般等于梁翼缘宽度或稍短，管壁厚度不宜小于梁腹板厚度； (4) 用套管补强有孔梁的承载力时，可根据以下三点考虑： 1) 可分别验算受弯和受剪时的承载力； 2) 弯矩仅由翼缘承受； 3) 剪力由套管和梁腹板共同承担，即 $V = V_s + V_w$　(7 – 75) 式中，V_s——套管的抗剪承载力； V_w——梁腹板的抗剪承载力
3	两侧设置环形加劲板 板厚≥$0.7t_w$，板宽75~125；梁端线；c；h_f；$\leqslant \frac{h_b}{2}$；$\geqslant \frac{h_b}{4}$；梁高h_b；t_w；≤12；端距≥梁高h_b；$\geqslant h_b$；c—c	(1) 用于梁腹板开圆形孔； (2) 用环形板补强
4	板厚按计算确定；d；h_f；该加劲肋仅用于孔长大于梁高时；板厚按计算确定；梁端线；≤12；$\geqslant \frac{h_b}{4}$；梁高h_b；125；300；端距≥梁高h_b；≥较大孔长；$\geqslant h_b$；孔长≤750；孔长≤750；d—d；孔长不大于500时，可单侧设置加劲肋	(1) 用于梁腹板开矩形孔； (2) 用加劲肋补强； (3) 矩形孔口加劲板截面不宜小于125mm×18mm

7.5 钢柱脚的设计

7.5.1 钢柱脚的一般规定。

通常情况下，按结构的内力分析钢柱脚一般可分为刚接柱脚和铰接柱脚两种类型。但在实际工程中，介于刚接和铰接之间的半刚接柱脚也是经常出现的：即便按刚接柱脚或铰接柱脚处理，实际上也不是完全意义上的刚接或理想的铰接。刚接柱脚需承受柱端的轴力、弯矩、剪力；而铰接柱脚只能承受轴力、剪力，不能承受弯矩。

刚接柱脚又分为埋入式柱脚、插入式柱脚（参考文献［1］）、外包式柱脚和外露式柱脚。多高层钢结构框架柱及抗震设计时，柱脚宜优先采用埋入式柱脚，也可采用插入式柱脚和外包式柱脚。外包式柱脚可在有地下室的高层民用建筑钢结构中采用。6、7度且高度不超过50m时也可采用外露式柱脚。

铰接柱脚宜采用外露式柱脚。

各类柱脚均应进行受压、受弯、受剪承载力计算，其轴力、弯矩、剪力的设计值取钢柱底部的相应设计值。

外包式、埋入式及插入式柱脚，钢柱与混凝土接触的范围内不得刷油漆；柱脚安装时，应将钢柱表面的泥土、油污、铁锈和焊渣等用砂轮清刷干净。

轴心受压柱或压弯柱的端部为铣平端时，柱身的最大压力应直接由铣平端传递，其连接焊缝或螺栓应按最大压力的15%或最大剪力中的较大值进行抗剪计算；当压弯柱出现受拉区时，该区的连接尚应按最大拉力计算。

7.5.2 埋入式柱脚。

埋入式柱脚是将钢柱脚直接埋入钢筋混凝土构件（如地下室墙、基础或基础梁等）内的柱脚（图7－11）。

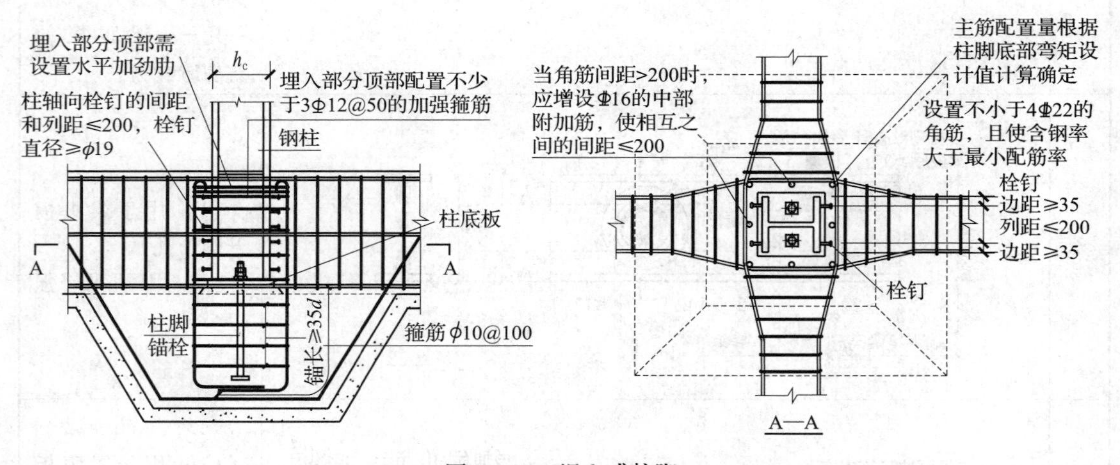

图7－11 埋入式柱脚

1 埋入式柱脚的细部设计计算。

（1）埋入式柱脚的计算假定（图7－12）：

1）柱端轴力 N 的传递：由柱脚底板将柱底的轴力传给钢筋混凝土基础或基础梁；按现行国家标准《混凝土结构设计规范（2015年版）》GB 50010—2010验算柱脚底板下混凝土的局部承压，承压面积为底板面积；柱脚底板尺寸和厚度应按照安装阶段荷载作用下轴向力、底板的支承条件计算确定，其厚度不小于16mm。

2）柱端弯矩的传递有两种方式（设计时两种情况均应考虑）：

①全部弯矩 M 由焊在埋入混凝土的钢柱翼缘上的抗剪栓钉传递给钢筋混凝土基础或基础梁。在实际工程设计中，多采用此假定传递方式；

②全部弯矩 M 由埋入混凝土的钢柱的翼缘与基础或基础梁的混凝土承压力来传递；

3）柱端剪力 V 的传递：柱脚顶部的水平剪力 V 由埋入混凝土的钢柱翼缘与基础或基础梁的混凝土承压力来传递；

4）不考虑埋入的钢柱翼缘与基础或基础梁混凝土在承压应力状态下，由于钢柱翼缘与混凝土摩擦产生的抵抗力；

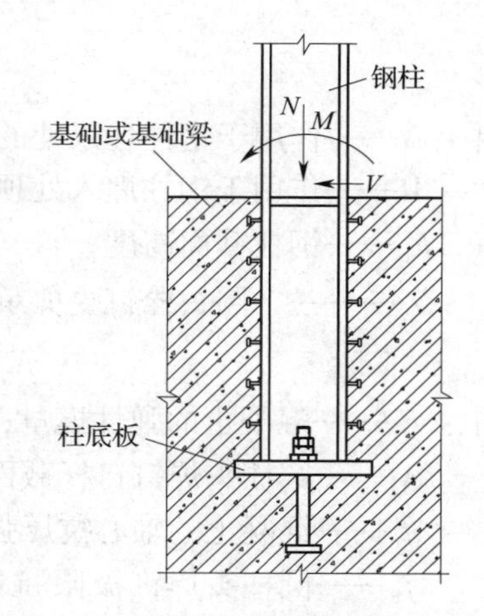

图 7－12　埋入式柱脚的内力示意图

5）不考虑埋入的钢柱翼缘与基础或基础梁混凝土之间的摩擦力和粘结力。

6）在确定埋入钢柱周边对称配置的垂直纵向主筋的面积时，不考虑由钢柱承担的弯矩 M。

（2）埋入式柱脚的钢柱脚底板的设计：

埋入式柱脚的钢柱脚底板的尺寸和厚度可根据柱所受的轴心力、底板的支承条件计算确定，见表 7－25。

表 7－25　埋入式柱脚底板的设计

序号	设计内容	计算公式	说明
1	柱脚底板的长度 L、宽度 B	$\sigma_c = \dfrac{N}{LB} \leqslant f_c$　（7－76）	N——柱所受的轴心压力； L、B——分别为柱脚底板的长度、宽度； M_{imax}——根据柱脚底板下的混凝土基础反力和底板的支承条件所确定的最大弯矩
2	柱脚底板的厚度 t_{Ph}	$t_{Ph} = \sqrt{\dfrac{6M_{imax}}{f}} \geqslant 16\text{mm}$　（7－77）	

埋入的钢柱与底板的连接焊缝，可近似根据柱轴心压力的大小进行设计计算。

（3）柱脚的锚栓：

根据埋入式柱脚的传力特点，埋入式柱脚的锚栓一般仅作为安装固定用。锚栓的直径选择通常是根据钢柱板件厚度和底板的厚度相协调的原则而定。锚栓直径不宜小于 16mm，锚固长度不宜小于其直径的 20 倍。

（4）栓钉的设置：

构造要求：对于有拔力的柱，宜在柱埋入混凝土部分设置栓钉。栓钉直径不宜小于 19mm，长度不应小于杆径的 4 倍，栓钉距柱翼缘的边距不小于 35mm，竖向间距应大于杆径的 6 倍且小于 200mm，横向间距不应小于杆径的 4 倍且不大于 200mm。

栓钉的计算数目：在柱弯矩作用平面内，一侧翼缘上栓钉数目可按下式计算：

$$n \geqslant \left(\frac{M}{h_c} + \frac{1}{14}N\right) \Big/ N_v^c \tag{7-78}$$

式中：N——作用于钢柱埋入处的轴心力设计值；

M——作用于钢柱埋入处顶部的弯矩设计值；

h_c——钢柱截面高度；

N_v^c——一个圆头栓钉受剪承载力设计值，可按下式计算：

$$N_v^c = 0.43A_s\sqrt{E_c f_c} \leqslant 0.7A_s f_u \tag{7-79}$$

式中：E_c——混凝土的弹性模量；

A_s——圆柱头焊钉钉杆截面面积；

f_c——混凝土的轴心抗压强度设计值；

f_u——圆柱头焊钉极限抗拉强度设计值，需满足《电弧螺柱焊用圆柱头焊钉》GB/T 10433 的要求。

圆形管柱的栓钉可按构造设置。

（5）水平加劲板和膈板的设置：

柱脚埋入部分顶部应设置水平加劲肋或膈板，其宽厚比应满足下列要求：

对于工字形截面柱，其水平加劲肋外伸宽度的宽厚比$\frac{b}{t} \leqslant 9\sqrt{\frac{235}{f_y}}$；

对于箱形截面柱，其内横膈板的宽厚比$\frac{b_0}{t} \leqslant 30\sqrt{\frac{235}{f_y}}$。外膈板的外伸长度不应小于柱边长（或管径）的1/10。

（6）柱脚的埋入深度：

埋入式柱脚中，钢柱的埋入深度直接影响柱脚的承载力、固定度和变形能力。埋入式柱脚的埋入钢筋混凝土的深度见表 7－26。

表 7－26　埋入式柱脚的埋入钢筋混凝土的深度 d

序号	柱截面形式	计算埋入深度 d	构造最小埋入深度 d_{min}
1	H形、箱形截面柱	$\frac{V}{b_f d} + \frac{2M}{b_f d^2} + \frac{1}{2}\sqrt{\left(\frac{2V}{b_f d} + \frac{4M}{b_f d^2}\right)^2 + \frac{4V^2}{b_f^2 d^2}} \leqslant f_c$ （7－80）	（1）$d_{min} \geqslant 2h_c$（轻型工字形柱） （2）$d_{min} \geqslant 3h_c$（大型截面H形钢柱） （3）$d_{min} \geqslant 3b_c$（箱形截面柱）
2	圆管柱	$\frac{V}{Dd} + \frac{2M}{Dd^2} + \frac{1}{2}\sqrt{\left(\frac{2V}{Dd} + \frac{4M}{Dd^2}\right)^2 + \frac{4V^2}{Dd^2}} \leqslant 0.8f_c$ （7－81）	$d_{min} \geqslant 3d_c$

注：表中 M、V 分别为柱脚底部的弯矩和剪力设计值；d 为柱脚埋深；b_f 为柱翼缘宽度；b_c 为柱截面宽度；D 为钢管外径；h_c 为实腹工字形柱或箱形截面柱的截面高度（长边尺寸）；f_c 为混凝土抗压强度设计值，应按现行国家标准《混凝土结构设计规范（2015 年版）》GB 50010—2010 的规定采用。

（7）埋入式柱脚的钢柱受压翼缘处的基础或基础梁混凝土的受压应力 σ_c，应满足下式的要求：

$$\sigma_c=\frac{\left(M+V\cdot\frac{d}{2}\right)}{W_c}\leqslant f_c \tag{7-82}$$

式中：M——作用于钢柱埋入部分顶部的弯矩；

V——作用于钢柱埋入部分顶部的水平剪力；

d——柱脚埋深；

f_c——基础或基础梁的混凝土的轴心抗压强度设计值；

W_c——相当于埋入的钢柱翼缘宽度和钢柱埋入深度的混凝土截面的模量，可按下式计算：

$$W_c=\frac{b_{fc}d^2}{6} \tag{7-83}$$

式中：b_{fc}——钢柱的翼缘宽度。

（8）抗震设计时，埋入式柱脚在基础顶面处可能出现塑性铰。故应验算柱脚在轴力和弯矩共同作用下基础混凝土的侧向抗弯极限承载力。埋入部分钢柱侧向应力分布见图7－13。埋入式柱脚的极限受弯承载力不应小于钢柱全塑性抗弯承载力，见公式（7－10）；与极限受弯承载力对应的剪力不应大于钢柱的全塑性抗剪承载力，验算公式如下：

$$V_u=M_u/l\leqslant 0.58h_wt_wf_y \tag{7-84}$$

$$M_u=f_{ck}B_cl\left[\sqrt{(2l+d)^2+d^2}-(2l+d)\right] \tag{7-85}$$

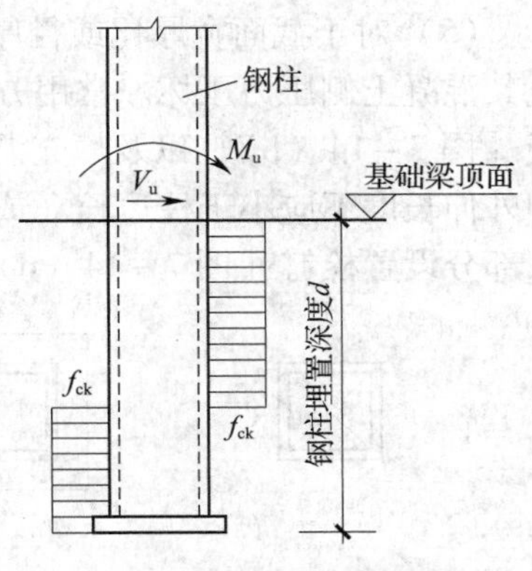

图7－13　埋入式柱脚混凝土的侧向应力分布

式中：M_u——柱脚埋入部分极限受弯承载力；

l——基础顶面到钢柱反弯点的距离，可取柱脚所在楼层层高的2/3；

B_c——与弯矩作用方向垂直的柱身宽度，对H形截面柱应取等效宽度；

f_{ck}——基础混凝土抗压强度标准值。

（9）钢柱四周的垂直纵向主筋的计算：

位于埋入钢柱四周的垂直纵向主筋，应分别在垂直于弯矩作用平面的受拉侧和受压侧对称配置。在确定埋入钢柱周边对称配置的垂直纵向主筋的面积时，不考虑由钢柱承担的弯矩 M。可近似按式（7－86）计算，同时应满足最小配筋率的要求，且其配筋不宜小于4ϕ22，并应在上端设置弯钩；当垂直纵向主筋的中距大于200mm时，应增设直径为ϕ16的垂直纵向架力筋。

$$A_s=\frac{M_{bc}}{h_sf_y} \tag{7-86}$$

$$M_{bc}=M_0+V\cdot d \tag{7-87}$$

式中：M_{bc}——作用于钢柱脚底部的弯矩设计值；

h_s——受拉侧纵向钢筋合力点与受压侧纵向钢筋合力点间的距离；

f_y——钢筋的抗拉强度设计值；

M_0——柱脚的弯矩设计值；

V——柱脚的剪力设计值。

对于双向受弯的柱脚，其两方向的垂直纵向主筋也应在双轴对称配置。此时可近似地分别按公式（7－86）计算所需的钢筋面积进行设置。

2 埋入式柱脚的其他构造要求：

（1）埋入部分顶部加强箍筋：

在埋入部分的顶部应配置不少于3ϕ12@50的加强箍筋。

（2）一般箍筋：

一般箍筋为ϕ10@100。

（3）其他构造钢筋：

在钢柱埋入处，基础梁的主筋应固定在钢柱和垂直纵向主筋的外侧，并在基础梁主筋水平方向的弯折扩展处配置3ϕ12@50的加强箍筋。角柱中或有必要时，可在埋入的钢柱外围配置双层垂直纵向钢筋和复合箍筋。

（4）埋入式柱脚不宜采用冷成型箱形柱。

（5）对于截面宽厚比或径厚比比较大的箱形柱或钢管柱，其埋入部分应采取措施防止其混凝土侧压力压坏。常用方法是埋入部分顶部设置内膈板［图7－14（a）］或外膈板［图7－14（b）］以及填充混凝土［图7－14（c）］。膈板厚度应按计算确定，外膈板的外伸长度不应小于柱边长（或管径）的1/10。对于有抗拔要求的埋入式柱脚，宜在埋入部分设置栓钉［图7－14（d）］。

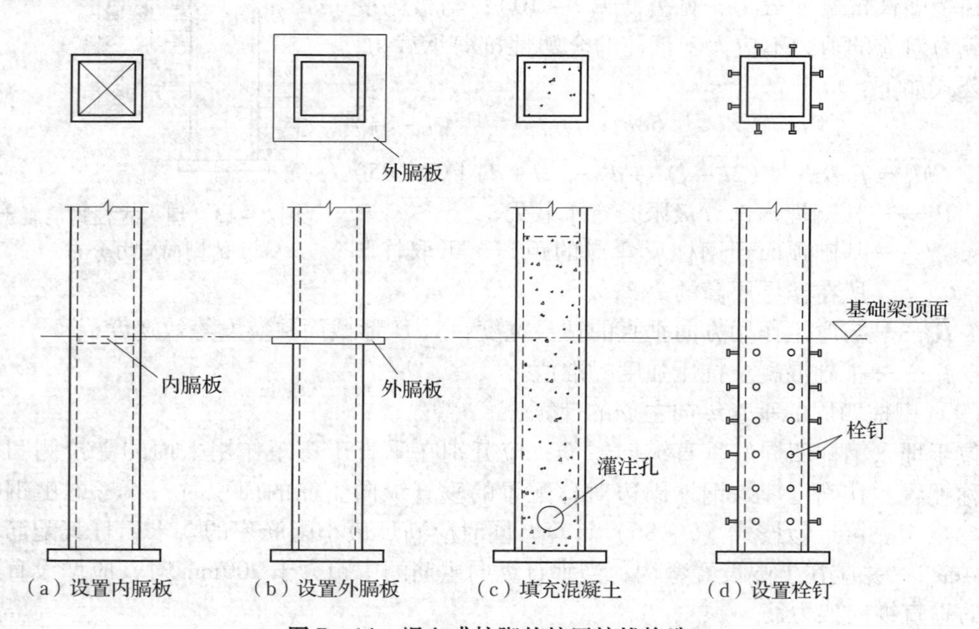

图7－14 埋入式柱脚的抗压抗拔构造

（6）当圆形或矩形管柱的埋入式柱脚在管内浇灌混凝土时，其强度等级应大于基础混凝土的强度，在基础面以上的浇灌高度应大于圆管直径1.5倍或矩形管长边的1.5倍。

（7）基础梁梁边相交线的夹角应做成钝角，其坡度应不大于1∶4的斜角；

（8）埋入式钢柱脚的柱翼缘或管柱外边缘的混凝土保护层厚度应满足下列要求：

1）边柱（和角柱）的翼缘或管柱外边缘至基础梁端部的距离应不小于400mm（图7－15）；

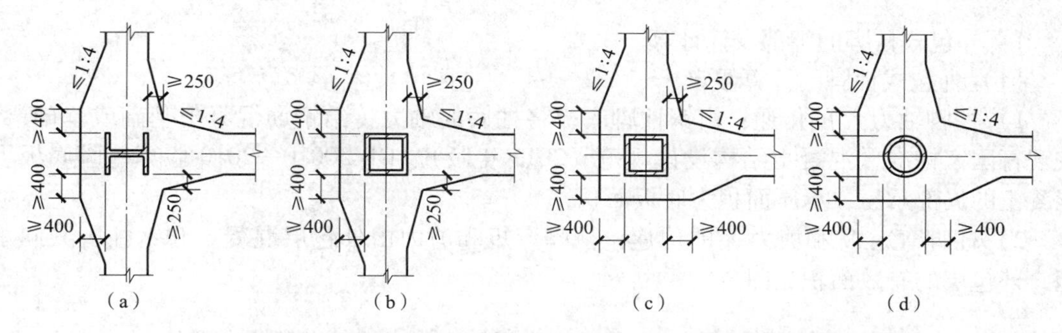

图 7-15 边柱和角柱埋入式柱脚柱翼缘或管柱外边缘混凝土的保护层厚度

2）中间柱的翼缘或管柱外边缘至基础梁梁边相交线的距离应不小于 250mm（图 7-16）。

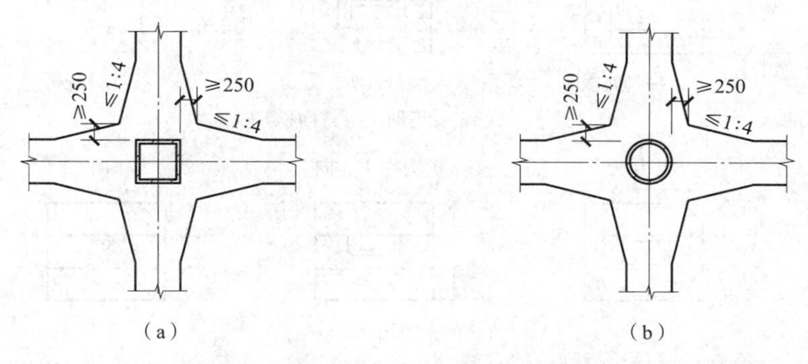

图 7-16 中间柱埋入式柱脚柱翼缘或管柱外边缘混凝土的保护层厚度

（9）在基础筏板的边部，在边柱和角柱柱脚中，在埋入部分的顶部和底部应配置水平 U 形箍筋抵抗柱的水平冲切；U 形钢筋的开口应向内；U 形钢筋的锚固长度应从钢柱内侧算起，锚固长度（l_a、l_{aE}）应根据现行国家标准《混凝土结构设计规范（2015 年版）》GB 50010—2010 的有关规定确定。

7.5.3 外包式柱脚。

外包式柱脚是将钢柱直接置于钢筋混凝土地下室墙或基础梁顶面，和由基础上伸出的钢筋在钢柱四周外包一段钢筋混凝土组成的柱脚（图 7-17）。柱脚底板应位于基础梁或基础筏板的混凝土保护层内。钢柱脚与基础的连接应采用抗弯连接。

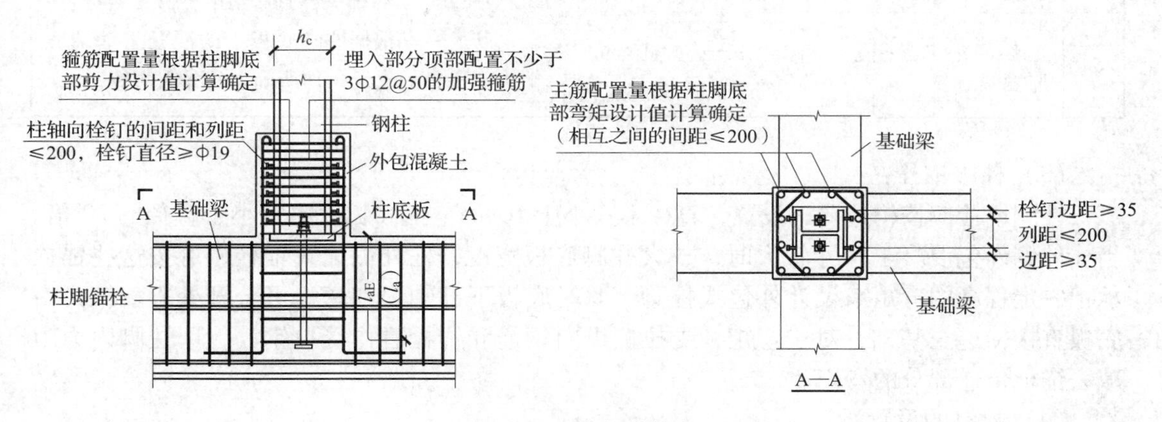

图 7-17 外包式柱脚

1　外包式柱脚的细部设计计算。

（1）外包式柱脚的计算假定：

1）柱脚轴力 N 的传递：由钢柱脚底板将柱底的轴力传给钢筋混凝土基础或基础梁，按现行国家标准《混凝土结构设计规范（2015 年版）》GB 50010—2010 验算柱脚底板下混凝土的局部承压，承压面积为底板面积；

2）柱脚弯矩 M 和剪力 V 的传递：柱脚弯矩和剪力由外包层混凝土和钢柱脚共同承担，外包层的有效面积见图 7－18。

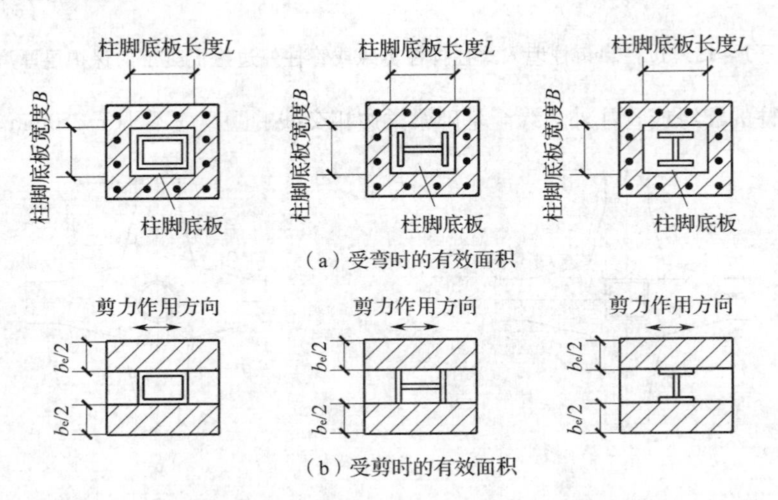

图 7－18　外包式柱脚中外包层钢筋混凝土的有效面积（阴影部分为有效面积）

（2）外包式柱脚的钢柱脚底板的设计：

外包式柱脚的钢柱脚底板的尺寸和厚度应按结构安装阶段荷载作用下轴心力、底板的支承条件计算确定，见表 7－27。

表 7－27　外包式柱脚底板的设计

序号	设 计 内 容	计 算 公 式	说　明
1	柱脚底板的长度 L、宽度 B	$\sigma_c=\frac{N}{LB}\leqslant f_c$（7－88）	N——柱所受的轴心压力； L、B——分别为柱脚底板的长度、宽度； M_{imax}——根据柱脚底板下的混凝土基础反力和底板的支承条件所确定的最大弯矩
2	柱脚底板的厚度 t_{Ph}	$t_{Ph}=\sqrt{\frac{6M_{imax}}{f}}\geqslant 16mm$（7－89）	

（3）柱脚锚栓：

柱脚锚栓应按构造要求设置，直径不宜小于 16mm，锚固长度不宜小于直径的 20 倍。当柱外侧外包混凝土尺寸较大时，放大柱脚底板宽度，柱外侧配置锚栓，可按这些锚栓承担一定程度的弯矩来设计外包式柱脚，此时底板下部轴力和弯矩可分开处理。轴力由底板直接传递至基础，对于弯矩，受拉侧纵向钢筋和锚栓看作受拉钢筋，用柱脚内力中减去锚栓传递部分的弯矩。

（4）栓钉的设置：

柱脚在外包混凝土部分宜设栓钉。栓钉直径不宜小于 19mm，长度不应小于杆径的 4

倍，栓钉距柱翼缘的边距不小于35mm，竖向间距应大于杆径的6倍且小于200mm，横向间距不应小于杆径的4倍。栓钉数量宜按公式（7－90）计算。

$$n \geqslant \left(\frac{M}{h_c} + \frac{1}{14}N\right) \bigg/ N_v^c \tag{7-90}$$

式中：N——外包混凝土顶部箍筋处柱的轴心力设计值；

M——外包混凝土顶部箍筋处柱的弯矩设计值；

h_c——钢柱截面高度；

N_v^c——一个圆头栓钉受剪承载力设计值，可按式（7－79）计算。

（5）水平加劲板和膈板的设置：柱脚外包混凝土的顶部箍筋处应设置水平加劲肋或横膈板，其宽厚比应符合参考文献［12］表3－8的相关规定。

（6）外包式柱脚的柱脚外包混凝土的厚度和高度。

外包式柱脚中，钢筋混凝土的柱脚外包宽度和高度 H_{Rc} 通常可按表7－28选用：

表7－28 外包式柱脚的柱脚外包混凝土厚度和高度

序号	柱截面形式	柱脚外包混凝土厚度	柱脚外包混凝土高度 H_{Rc}	说明
1	H形截面柱	不宜小于160mm，且不宜小于0.3h_c	$H_{Rc} \geqslant 2h_c$（7－91）	H_{Rc}——外包式柱脚的包脚高度； h_c——钢管的截面高度或管径
2	矩形管柱、圆管柱	不宜小于180mm，且不宜小于0.3h_c	$H_{Rc} \geqslant 2.5h_c$（7－92）	

注：当没有地下室时，外包宽度和高度宜增大20%；当仅有一层地下室时，外包宽度宜增大10%。

（7）外包钢筋混凝土的受弯和受剪承载力验算及受拉钢筋和箍筋的构造要求应符合现行国家标准《混凝土结构设计规范（2015年版）》GB 50010—2010的有关规定，混凝土强度等级不宜低于C30。主筋伸入基础内的长度不应小于25倍直径。四角主筋两端应加弯钩，下弯长度不应小于150mm，下弯段宜与钢柱焊接。顶部箍筋应加强加密，并不应小于3根直径不小于直径12mm的HRB335级热轧钢筋，以防止顶部混凝土被压碎和保证水平剪力传递。外包式柱脚箍筋按100mm的间距配置，以避免出现受剪斜裂缝，并应保证钢筋的锚固长度和混凝土的外包厚度。钢柱向外包混凝土传递内力在顶部钢筋处实现，因此外包混凝土部分按钢筋混凝土悬臂梁设计（图7－19）即可。

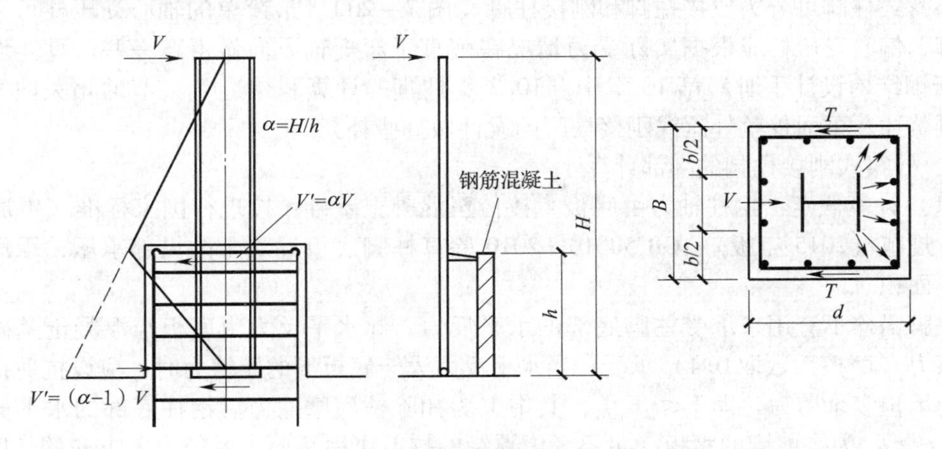

图7－19 外包式柱脚的计算概念图

1）柱脚的受弯承载力验算公式如下：

$$M \leqslant 0.9A_s f h_0 + M_1 \quad (7-93)$$

式中：M——柱脚的弯矩设计值；

A_s——外包混凝土中受拉侧的钢筋面积；

f——受拉钢筋抗拉强度设计值；

h_0——受拉钢筋重心至混凝土受压区边缘的距离；

M_1——钢柱脚的受弯承载力。

抗震设计时，在外包混凝土顶部箍筋处，钢柱可能出现塑性铰的柱脚极限受弯承载力应大于钢柱的全塑性抗弯承载力，见公式（7-10）。

2）外包层混凝土截面的受剪承载力应按下式计算：

$$V \leqslant b_e h_0 (0.7 f_t + 0.5 f_{yv} \rho_{sh}) \quad (7-94)$$

抗震设计时，还应满足下列公式的要求：

$$V_u \geqslant M_u / l_r \quad (7-95)$$

其中，

$$V_u = b_e h_0 (0.7 f_{tk} + 0.5 f_{yvk} \rho_{sh}) + M_{u3} / l_r \quad (7-96)$$

式中：V——柱底截面的剪力设计值；

V_u——外包式柱脚的极限受剪承载力；

b_e——外包层混凝土的截面有效高度，按图7-18采用；

f_{tk}——混凝土轴心抗拉强度标准值；

f_t——混凝土轴心抗拉强度设计值；

f_{yv}——箍筋的抗拉强度设计值；

f_{yvk}——箍筋的抗拉强度标准值；

ρ_{sh}——水平箍筋的配箍率；$\rho_{sh} = A_{sh} / b_e s$，当 $\rho_{sh} > 1.2\%$ 时，取1.2%；A_{sh} 为配置在同一截面内箍筋的截面面积；S 为箍筋的间距。

2 外包式柱脚的其他构造要求：

当框架柱为圆管或矩形管且采用外包式柱脚时，应在管内灌注混凝土，混凝土强度等级不应小于基础混凝土。浇灌高度应高于外包混凝土，且不宜小于圆管直径或矩形管的长边。

7.5.4 外露式柱脚。

外露式柱脚可分为铰接柱脚和刚接柱脚（图7-20）。最简单的轴心受压柱可采用铰接柱脚，偏心受压柱应根据实际受力情况在垂直于弯矩轴方向做得宽一些。具体设计参见《新钢结构设计手册》第10章中“10.2.8 柱脚的计算和构造”一节的相关内容，此处不再赘述。下面仅就外露式刚接柱脚的设计做一些补充。

1 外露式刚接柱脚的细部计算。

（1）计算假定：钢柱轴力由底板直接传至混凝土基础，按现行国家标准《混凝土结构设计规范（2015年版）》GB 50010—2010验算柱脚底板混凝土的局部承压，承压面积为底板面积。

柱脚锚栓不宜用来承受柱脚底部的水平反力。此水平反力由底板与混凝土基础之间的摩擦力（摩擦系数取0.4）承受；当水平反力大于底板下的摩擦力时，应设抗剪键，由抗剪键承担多余剪力，即 $V \leqslant t_s h_s f_v$，其中 V 为扣除柱底摩擦力后钢柱底部的水平剪力设计值；t_s、h_s 为抗剪键的腹板（可不考虑翼缘的抗剪作用）厚度及剪力 V 方向的长度；f_v 为抗剪键所用钢材的抗剪强度设计值。

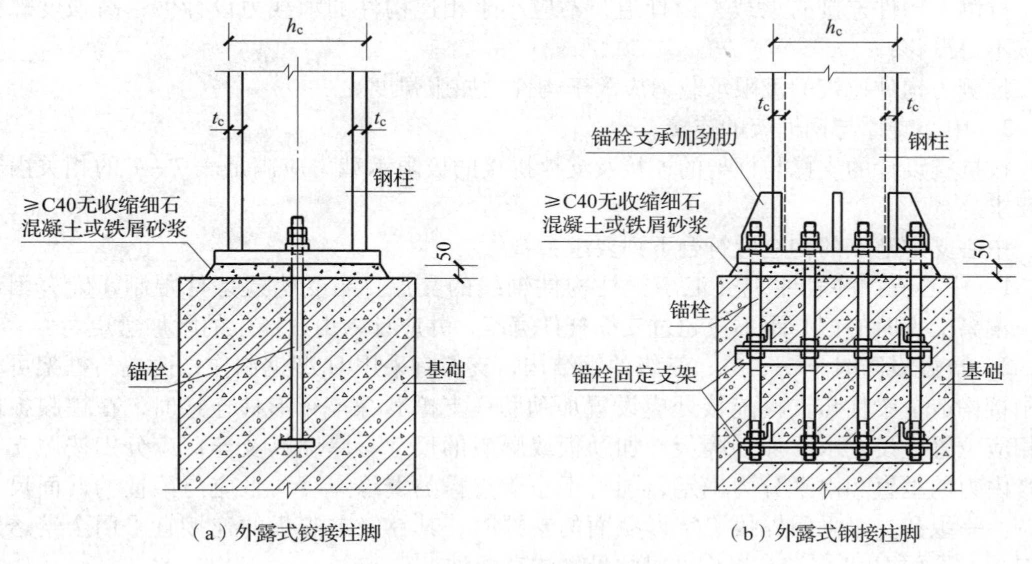

（a）外露式铰接柱脚　　（b）外露式钢接柱脚

图7－20　外露式柱脚

（2）柱脚底板的设计：

柱脚底板尺寸和厚度应根据柱端弯矩、轴心力、底板的支承条件和底板下混凝土的反力以及柱脚构造确定。外露式柱脚的锚栓有效截面积，应考虑使用环境由计算确定。

（3）柱脚锚栓的设计：

外露式柱脚的锚栓应考虑使用环境由计算确定。柱脚锚栓的工作环境变化较大，露天和室内工作的腐蚀情况不尽相同，对于容易锈蚀环境，锚栓应按计算面积为基准预留适当腐蚀量。

在轴力和弯矩作用下，所需锚栓的面积，按下式验算：

$$M \leqslant M_l \tag{7-97}$$

式中：M——柱脚弯矩设计值；

M_l——在轴力与弯矩作用下按钢筋混凝土压弯构件截面设计方法计算的柱脚受弯承载力。设截面为底板面积，由受拉边的锚栓单独承受拉力，由混凝土基础单独承受压力，受压边的锚栓不参加工作，锚栓和混凝土的强度均取设计值。

抗震设计时，外露式柱脚在柱与柱脚连接处可能出现塑性铰。此时，柱可能出现塑性铰的柱脚极限受弯承载力应大于钢柱的全塑性抗弯承载力，按式（7－10）计算。

柱脚锚栓埋置在基础中的深度，应使锚栓的拉力通过其与混凝土之间的粘结力传递。埋置深度受到限制时，锚栓应牢固地固定在锚板或锚梁上。当锚栓在混凝土基础中的锚固较长时，宜在锚栓端部设置锚板。

7.6　抗侧力构件与钢框架的连接

7.6.1　一般规定。

一、二级的钢结构房屋，宜设置偏心支撑、带竖缝钢筋混凝土剪力墙板、内藏钢支撑钢筋混凝土墙板、屈曲约束支撑等消能支撑或筒体。

支撑框架在两个方向的布置均宜基本对称，支撑框架之间楼盖的长宽比不宜大于3；

抗震设防时，三、四级且高度不大于50m的钢结构宜采用中心支撑，也可采用偏心支撑、屈曲约束支撑等消能支撑；

抗侧力构件连接的承载力设计值，不应小于相连构件的承载力设计值；高强度螺栓连接不得滑移；

抗侧力构件连接的极限承载力应大于构件的屈服强度。

7.6.2 中心支撑与钢框架的连接。

按抗震设计的支撑与框架的连接及支撑拼接的极限承载力应满足表 7－1 的相关内容的要求。

中心支撑节点的构造应符合下列要求：

1 中心支撑的轴线宜交汇于梁柱构件轴线的交点。当受构造条件限制，确有困难时，偏离交点时的偏心距不应超过支撑杆件宽度，并应计入由此产生的附加弯矩。

2 抗震设防时，一、二、三级的钢结构，支撑宜采用 H 型钢制作，两端与框架可采用刚接构造，梁柱与支撑连接处应设置加劲肋；支撑翼缘与箱形柱连接时，在柱腹板内的相应位置应设置水平加劲膈板。加劲板或膈板的尺寸、厚度以及连接应分别按照支撑翼缘内力的垂直和水平分力确定，同时不小于支撑的翼缘厚度，且应与梁柱的截面尺寸协调。一级和二级采用焊接工字形截面的支撑时，其翼缘与腹板的连接宜采用全熔透连续焊缝；采用 H 型钢做支撑构件时常见做法有两种：

做法一：将 H 型钢的腹板位于框架平面内，即 H 型钢的弱轴位于框架平面内，此时节点可采用支托式连接（图 7－21），支撑平面外的计算长度取轴线长度的 0.7 倍；

做法二：将 H 型钢的腹板朝向框架平面外，即 H 型钢的弱轴位于框架平面内（图 7－22），支撑平面外的计算长度取轴线长度的 0.9 倍。

3 支撑与框架连接处，支撑杆端宜做成圆弧，圆弧半径不得小于 200mm。

4 梁在其与 V 形支撑或人字支撑相交处，应设置侧向支撑。该支承点与梁端支承点间的侧向长细比 λ_y 以及支承力，应符合现行国家标准《钢结构设计标准》GB 50017—2017 关于塑性设计的规定。

5 若支撑和框架采用节点板连接，节点板应符合在连接杆件每侧有不小于 30°夹角的规定；一、二级时，支撑端部节点板最近嵌固点（节点板与框架构件连接焊缝的端部）在沿支撑杆件轴线方向的距离，不应小于节点板厚度的 2 倍。

7.6.3 偏心支撑与钢框架的连接。

偏心支撑框架中，偏心支撑的节点连接在多遇地震效应组合作用下，与消能梁段相连构件的内力设计值，应按下列要求调整后进行弹性设计：

1. 支撑斜杆的轴力设计值，应取与支撑斜杆相连接的消能梁段达到受剪承载力时支撑斜杆轴力与增大系数的乘积；其增大系数，一级不应小于 1.4，二级不应小于 1.3，三级不应小于 1.2；

2. 位于消能梁段同一跨的框架梁内力设计值，应取消能梁段达到受剪承载力时框架梁内力与增大系数的乘积；其增大系数，一级不应小于 1.3，二级不应小于 1.2，三级不应小于 1.1；

3. 框架柱的内力设计值，应取消能梁段达到受剪承载力时柱内力与增大系数的乘积；其增大系数，一级不应小于 1.3，二级不应小于 1.2，三级不应小于 1.1。

1 偏心支撑与框架梁的连接。

（1）偏心支撑与框架梁连接时，偏心支撑的斜杆轴线与框架梁轴线的交点，通常设在消能梁段的端部，（图 7－23、图 7－24）有时也设在消能梁段内（图 7－25），但不得

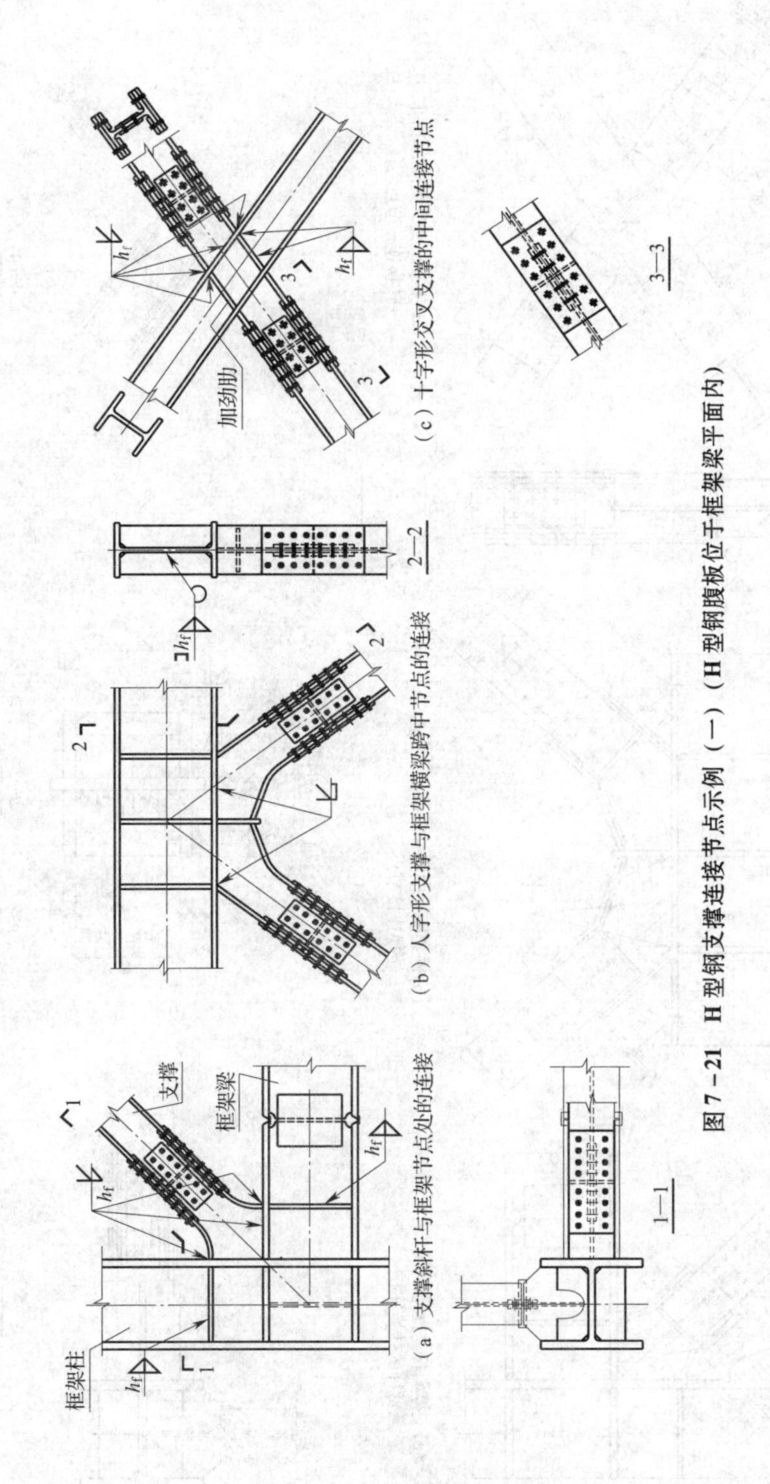

（a）支撑斜杆与框架节点处的连接

（b）人字形支撑与框架横梁跨中节点的连接

（c）十字形交叉支撑的中间连接节点

图 7-21 H 型钢支撑连接节点示例（一）（H 型钢腹板位于框架梁平面内）

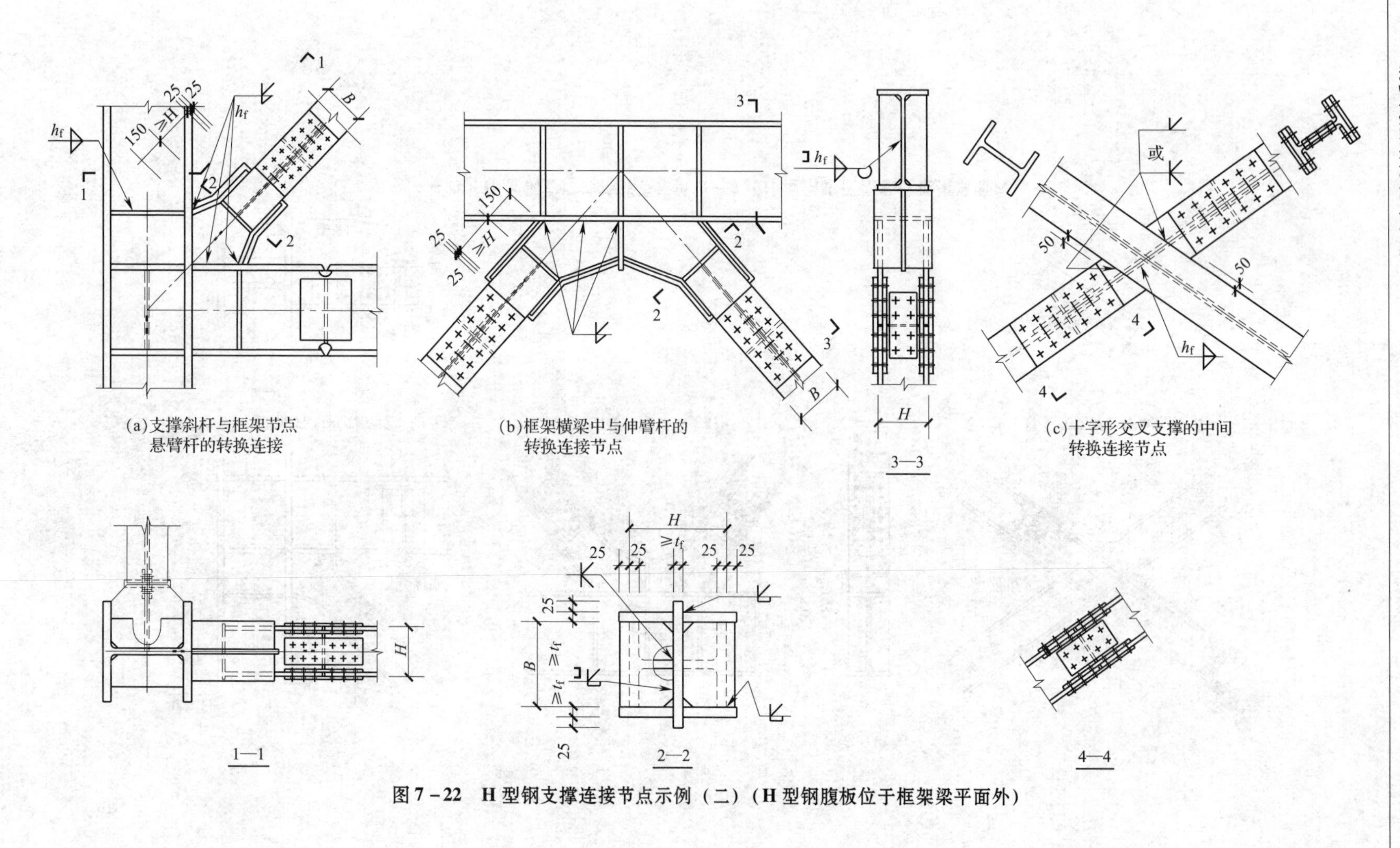

图 7-22 H 型钢支撑连接节点示例（二）（H 型钢腹板位于框架梁平面外）

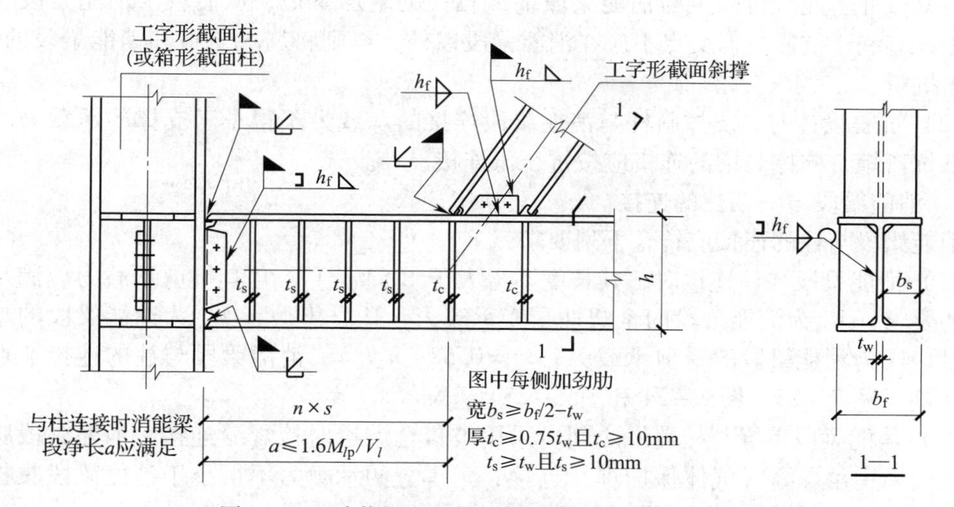

图 7-23 消能梁段与框架柱连接时的构造（一）

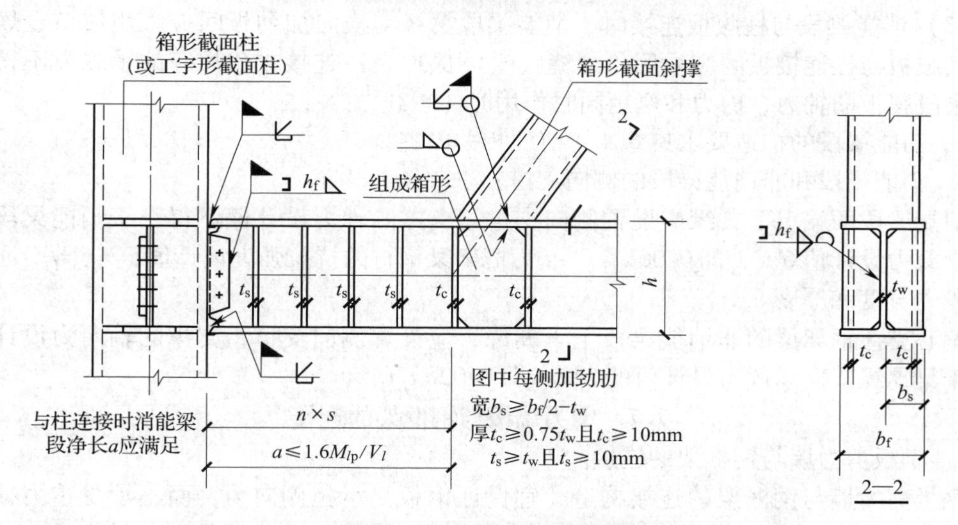

图 7-24 消能梁段与框架柱连接时的构造（二）

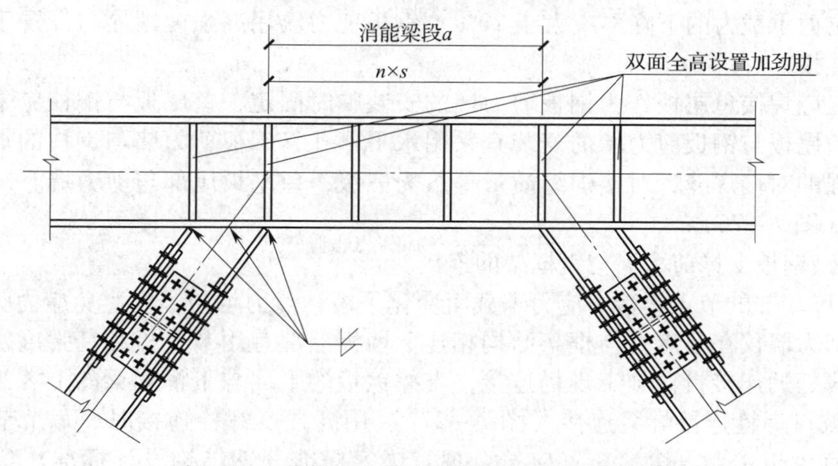

图 7-25 消能梁段位于支撑与支撑之间的构造

在消能梁段外。此时将产生与消能梁段端部相反的附加弯矩，从而较少消能梁段和支撑的弯矩，有利于抗震。但交点不应在消能梁段以外，否则将增大支撑和消能梁段的弯矩，不利于抗震。

（2）抗震设计时，支撑斜杆与消能梁段连接的承载力不得小于支撑的承载力。若支撑需抵抗弯矩，支撑与梁的连接应按抗压弯连接设计。

2 消能梁段与框架柱的连接。

消能梁段与柱的连接应符合下列要求：

（1）消能梁段与柱连接时，其长度不得大于 $1.6M_{lp}/V_l$，且其抗剪承载力应满足相关规范的要求（M_{lp}为消能梁段的全塑性受弯承载力，$M_{lp}=W_p f_y$，W_p 为消能梁段的塑性截面模量；V_l 为消能梁段的受剪承载力；$V_l=0.58 f_y h_w t_w$）；消能梁段与柱的连接节点应为刚性连接（图 7－23、图 7－24 和图 7－25）。

（2）消能梁段翼缘与柱翼缘之间应采用坡口全熔透对接焊缝连接，消能梁段腹板与柱之间应采用角焊缝（气体保护焊）连接；角焊缝的承载力不得小于消能梁段腹板的轴力、剪力和弯矩同时作用时的承载力；

（3）消能梁段与柱腹板连接时，消能梁段翼缘与横向加劲板间应采用坡口全熔透焊缝，其腹板与柱连接板间应采用角焊缝（气体保护焊）连接；角焊缝的承载力不得小于消能梁段腹板的轴力、剪力和弯矩同时作用时的承载力。

3 消能梁段的构造要求见 6.4.4 节的相关内容。

4 消能梁段和非消能梁段的侧向支撑。

消能梁段两端上下翼缘应设置侧向支撑，支撑的轴力设计值不得小于消能梁段翼缘轴向承载力设计值6%，即 $0.06b_f t_f f$。f 为框架梁钢材的抗拉强度设计值，b_f、t_f 分别为消能梁段的宽度和厚度。

偏心支撑框架梁的非消能梁段上下翼缘，应设置侧向支撑，支撑的轴向力设计值不得小于梁翼缘轴向承载力设计值的 2%，即 $0.02b_f t_f f$。

7.7 剪力墙板与钢框架的连接

7.7.1 钢板剪力墙与钢框架的连接。

钢板剪力墙与钢框架的连接构造，宜保证钢板只承担侧向力，而不承受重力荷载或因柱压缩变形引起的压力。实际情况不易实现时，承受竖向荷载的钢板剪力墙，其竖向应力导致抗剪承载力的下降不应大于 20%。钢板剪力墙用高强度螺栓与设置于周边框架的连接板连接。

钢柱上应焊接鱼尾板作为钢板剪力墙的安装临时固定，鱼尾板与钢柱应采用熔透焊缝焊接，鱼尾板与钢板剪力墙的安装宜采用水平槽孔，钢板剪力墙与钢柱的焊接应采用与钢板等强的对接焊缝，对接焊缝质量等级为三级；鱼尾板尾部与剪力墙宜采用角焊缝现场焊接（图 7－26）。

7.7.2 内藏钢板支撑剪力墙与钢框架的连接。

1 支撑端部的节点构造，应力求截面变化平缓，传力均匀，以避免应力集中。内藏钢板支撑剪力墙仅在节点处与框架结构相连。墙板上部宜用节点板和高强度螺栓与上框架梁下翼缘处的连接板在施工现场连接，支撑钢板的下端与下框架梁的上翼缘连接件采用全熔透坡口焊缝连接焊缝连接（图 7－27）。用高强度螺栓连接时，每个节点的高强度螺栓不宜少于 4 个，螺栓布置应符合现行国家标准《钢结构设计标准》GB 50017—2017 的要求。

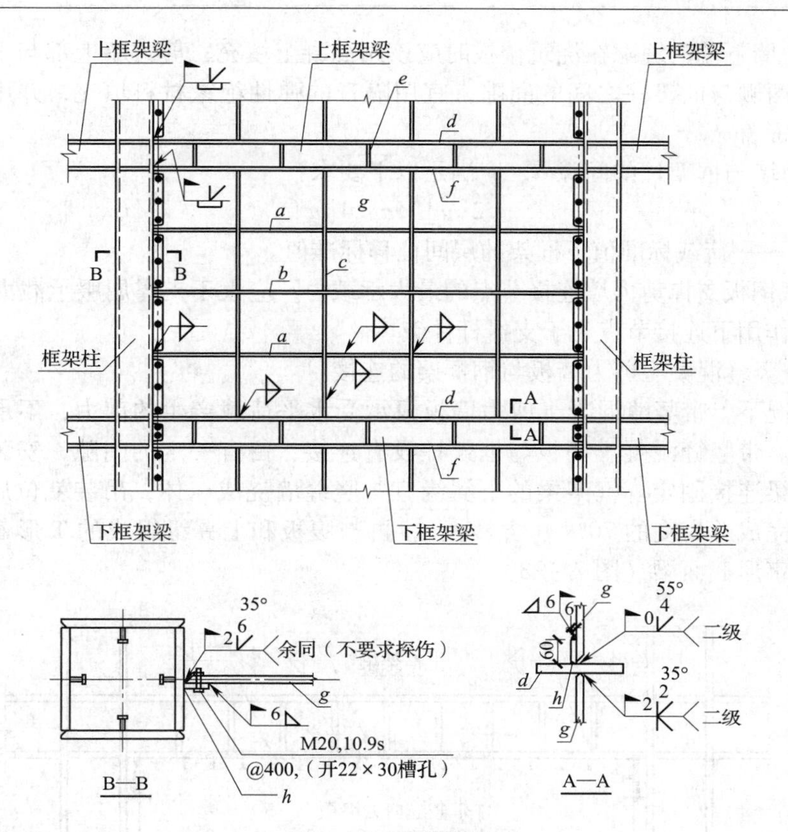

图 7－26　焊接要求

a—水平加劲肋；b—贯通式水平加劲肋；c—竖向加劲肋；d—贯通式水平加劲肋兼梁的上翼缘；
e—梁内加劲肋，与剪力墙上的加劲肋错开，可尽量减少加劲肋承担的竖向应力；
f—水平加劲肋兼梁的下翼缘；g—钢板剪力墙；h—工厂熔透焊缝

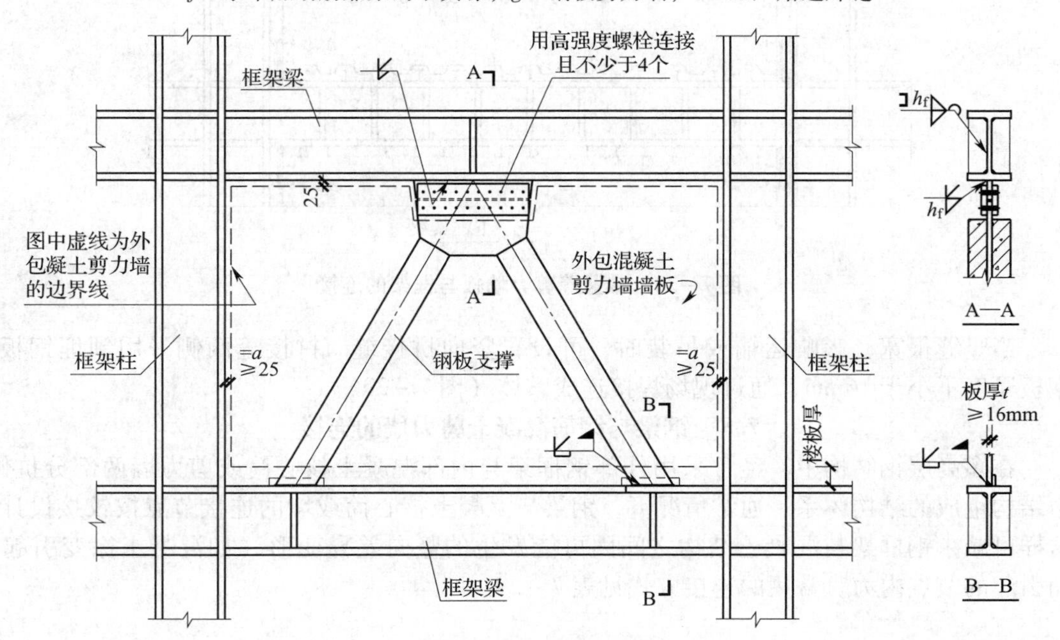

图 7－27　内藏钢板剪力墙板与框架的连接

2　剪力墙下端的缝隙在浇筑楼板时应该用混凝土填充；剪力墙上部与上框架梁之间的间隙以及两侧与框架柱之间的间隙，宜用隔音的弹性绝缘材料填充，并用轻型金属架及耐火板材覆盖。

3　剪力墙与框架柱的间隙 a，应满足以下要求：

$$2[u] < a < 4[u] \tag{7-98}$$

式中：$[u]$ ——荷载标准值下框架的层间位移标准值。

4　内藏钢板支撑剪力墙连接节点的最大承载力，应大于支撑屈服承载力的20%，以避免在地震作用下连接节点先于支撑杆件破坏。

7.7.3　内嵌竖缝混凝土剪力墙板与钢框架的连接。

通常情况下，带竖缝混凝土剪力墙板只承受水平荷载产生的剪力，不承受竖向荷载产生的压力。带竖缝混凝土墙板与框架柱没有连接，留有一定的间隙，安装时先将墙板四角与框架梁连接固定。框架梁的下翼缘宜与竖缝墙浇成一体，吊装就位后，在建筑物的结构部分完成总高度的70%（含楼板），再与腹板和上翼缘组成的T形截面梁现场焊接，组成工字形截面梁（图7－28）。

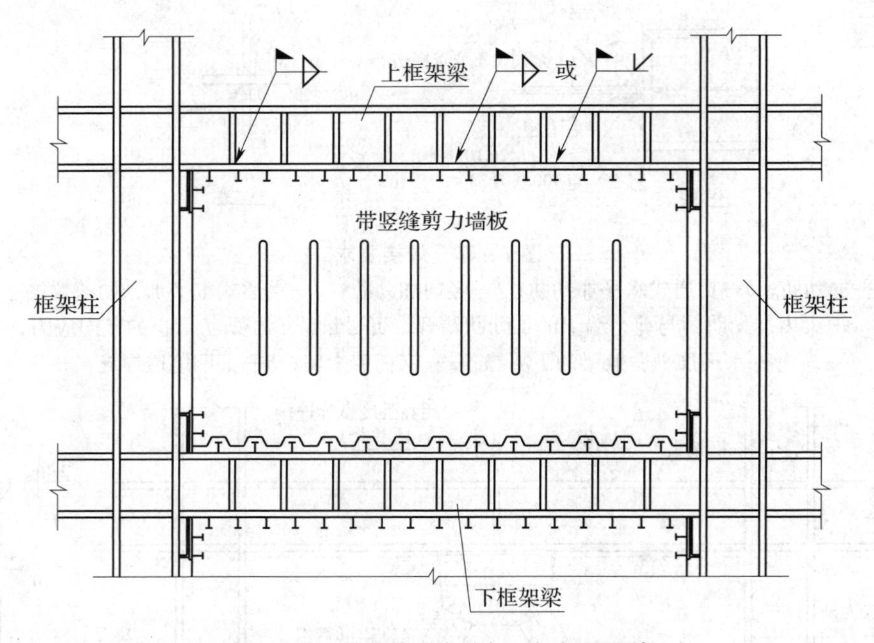

图7－28　带竖缝剪力墙板与框架的连接

当竖缝很宽，影响运输或吊装时，可设置竖向拼接缝。拼接缝两侧采用预埋钢板，钢板厚度不小于16mm，通过现场焊接连成整体（图7－29）。

7.8　钢梁与钢筋混凝土剪力墙的连接

在多高层钢结构中，经常采用外部钢框架与内部混凝土核心筒或剪力墙两部分抗侧力结构组成的结构体系。通常情况下，钢梁与混凝土核心筒或墙的连接节点按铰接设计，这样可减小钢框架与混凝土结构之间因可能发生的竖向差异变形（如混凝土徐变引起）而引起的节点内力。常用的连接方式见表7－29。

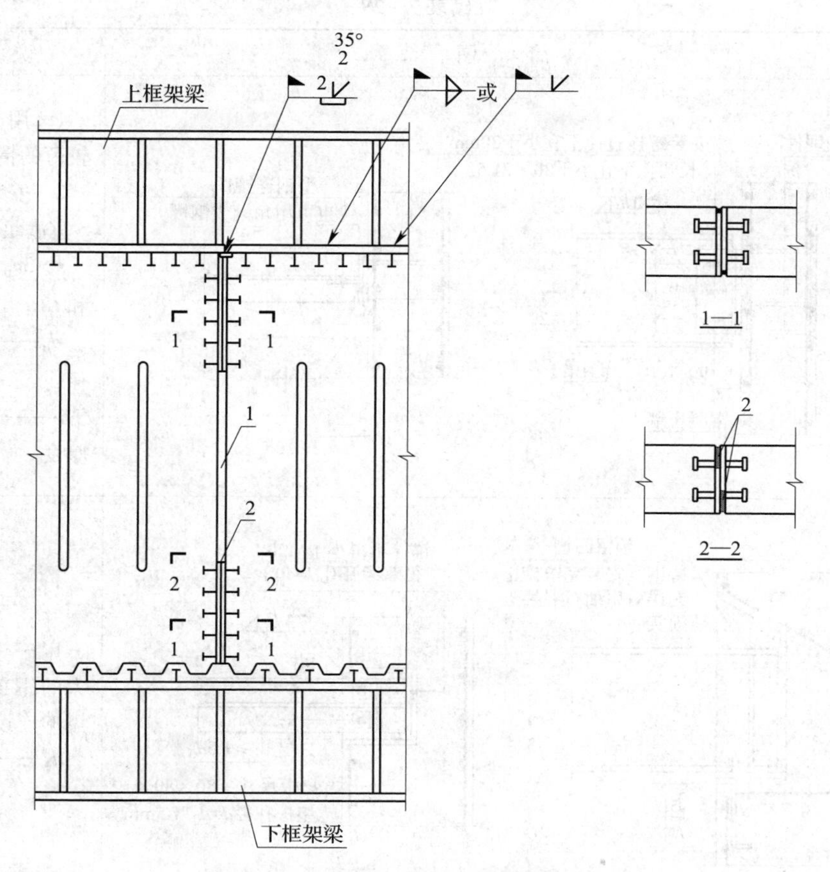

图 7－29　设置竖向拼缝的构造要求

1—缝宽等于 2 个预埋板厚；2—绕角焊缝 50mm 长度

表 7－29　钢梁与钢筋混凝土墙的连接

项次	简　图	说　明
1	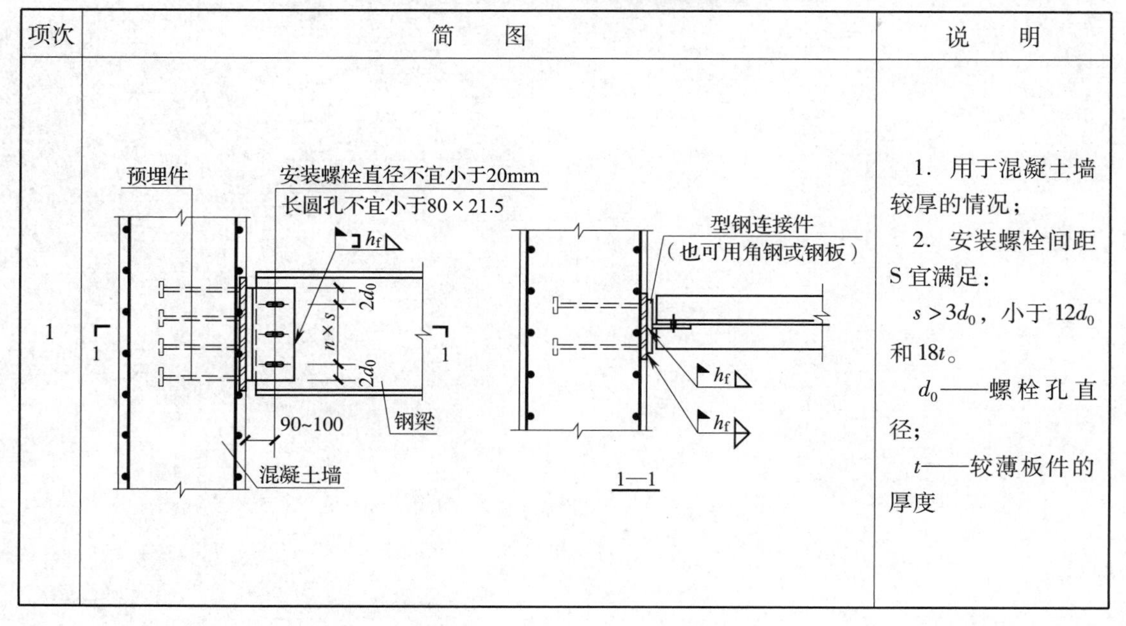	1. 用于混凝土墙较厚的情况； 2. 安装螺栓间距 S 宜满足： $s>3d_0$，小于 $12d_0$ 和 $18t$。 d_0——螺栓孔直径； t——较薄板件的厚度

续表 7－29

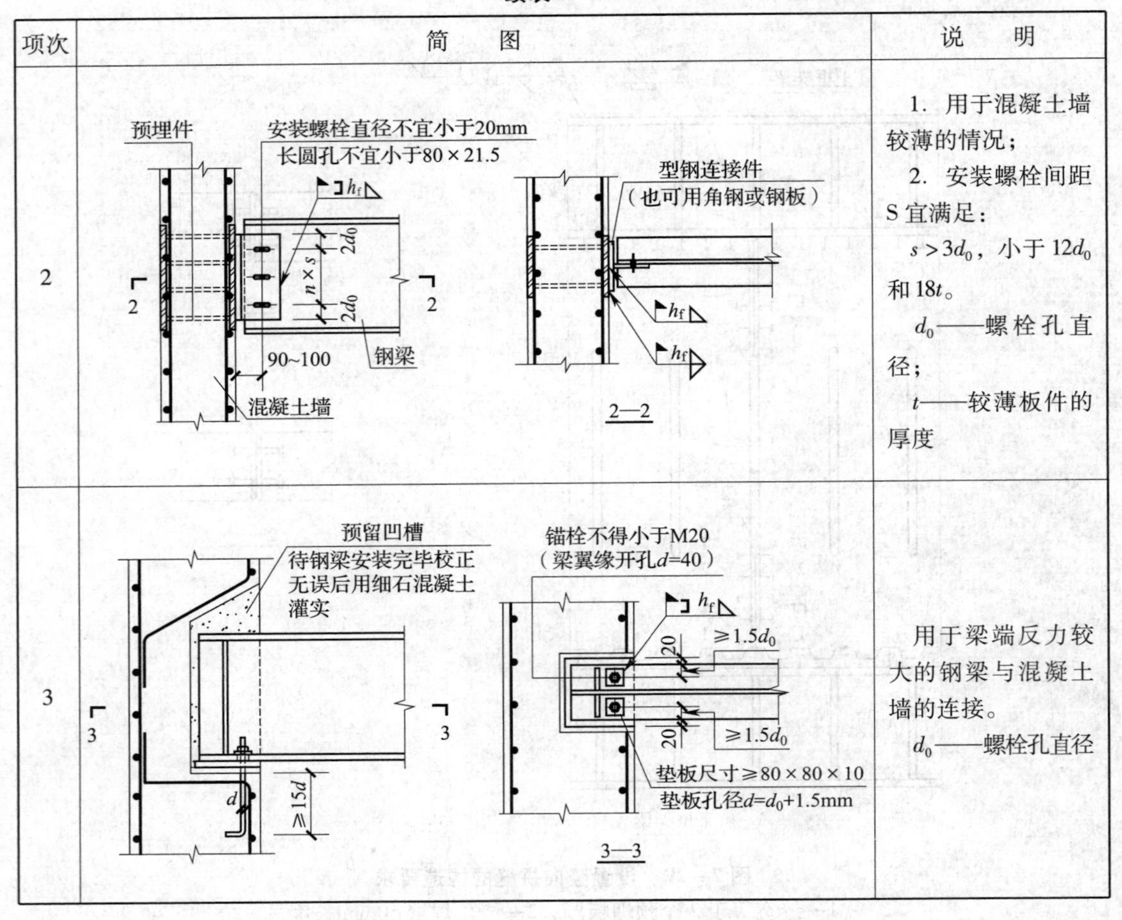

项次	简　图	说　明
2		1. 用于混凝土墙较薄的情况； 2. 安装螺栓间距S宜满足： $s>3d_0$，小于 $12d_0$ 和 $18t$。 d_0——螺栓孔直径； t——较薄板件的厚度
3		用于梁端反力较大的钢梁与混凝土墙的连接。 d_0——螺栓孔直径

8 组合楼盖

8.1 组合楼板与非组合楼板

8.1.1 概述。

多高层建筑钢结构中的楼板，普遍采用在压型钢板上浇筑混凝土形成的组合楼板和非组合楼板（图8－1）。这两种类型楼板的主要区别在于对压型钢板功能的要求。组合楼板中的压型钢板不仅用作永久性模板，而且代替混凝土板的下部受拉钢筋与混凝土一起共同工作，承受包括自重在内的楼面荷载；非组合楼板中的压型钢板仅用作永久性模板，不考虑与混凝土共同工作。

1 组合楼板与非组合楼板共同特点：

（1）由于压型钢板作为浇灌混凝土的模板，节省了大量临时性模板，省去了全部或部分模板支撑。

（2）由于压型钢板非常轻便，因此堆放、运输及安装都非常方便。省去了大量支模工作，不仅节省大量劳力，还减少了现场工作量，改善了工人施工条件。

（3）用圆柱头焊钉穿透压型钢板，焊接在钢梁上翼缘后，压型钢板在施工阶段可对钢梁起侧向支承作用。

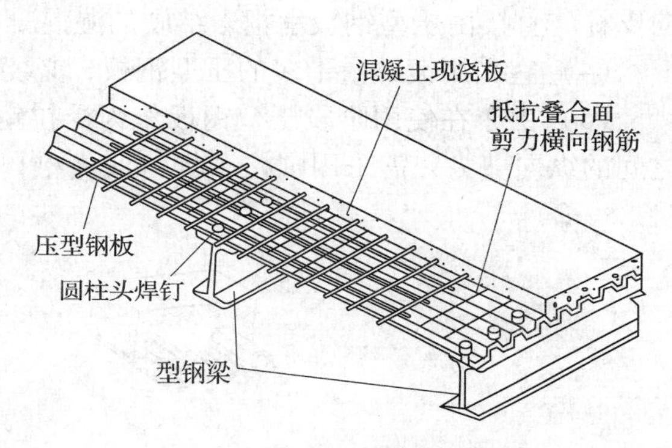

图8－1 组合楼板构造图

（4）采用压型钢板后，将增加材料费用，尤其是组合楼板中的压型钢板，需采用防火涂料并增加相应的费用。但是，这一缺陷可由其他方面的优点予以弥补；例如，采用闭口板一般可不采用防火涂料。

（5）便于敷设通信、电力、采暖等管线。并且可敷设保温、隔声、隔热、隔震等材料，改善楼（屋）面的工作性能。

（6）由于压型钢板作为浇筑混凝土的模板直接支承于钢梁上，为各种工种作业提供了宽敞的工作平台，因此浇筑混凝土及其他工种均可多层立体作业，大大加快了施工进度，缩短了工期。这对规模较大的高层、超高层建筑尤其具有明显意义。

（7）压型钢板可直接作顶棚，采用彩色钢板，不做吊顶也十分美观。若需吊顶，可在闭口型压型钢板槽内固定吊顶挂钩，十分方便。

（8）与使用木模板相比，压型钢板组合楼板施工时，减小了发生火灾的可能性。

2 非组合楼板的特点：

（1）在使用阶段，压型钢板不代替混凝土板的受拉钢筋，属于非受力钢板，因此应按普通钢筋混凝土楼板计算其承载力。

（2）在施工阶段，压型钢板作为浇筑混凝土板的模板，其下常不再设置临时竖向支柱。因此，要由压型钢板承担未结硬的湿混凝土板的重量和施工活荷载。

（3）由于压型钢板不起混凝土板内的受拉钢筋作用，可不采用防火涂料，但宜采用具有防锈功能的镀锌板。

（4）压型钢板与混凝土之间的叠合面可放松要求，不要求采用带有特殊波槽、压痕的压型钢板或采取其他措施。

（5）仍需采用圆柱头焊钉将压型钢板与钢梁焊接固定，保证施工人员在压型钢板上行走及操作安全。

3 组合楼板的特点：

组合楼板有如下使用特点及要求：

（1）在使用阶段压型钢板作为混凝土楼板的受拉钢筋，减少了钢筋的制作与安装工作。

（2）由压型钢板组合楼板的几何形状所决定，组合楼板具有较大的刚度，且省去了许多受拉区混凝土（因为在混凝土结构的承载能力计算中不考虑混凝土的受拉作用），使组合楼板的自重减轻。这一方面减少混凝土量，另一方面减轻了结构的永久荷载，对结构十分有利，尤其是对高层建筑与地震区建筑更有重要意义。

（3）在施工阶段压型钢板兼作为浇筑混凝土时的模板，一般情况下可不再设临时竖向支柱，直接由压型钢板承担未结硬的湿混凝土重量和施工荷载。

（4）宜采用镀锌量不多的压型钢板，必要时，在其板底采用防火涂料。

（5）由于在使用阶段压型钢板作为受拉钢筋使用，为传递压型钢板与混凝土叠合面之间的纵向剪力，需采用圆柱头焊钉或齿槽以传递压型钢板与混凝土叠合面之间的剪力（图 8－2）。

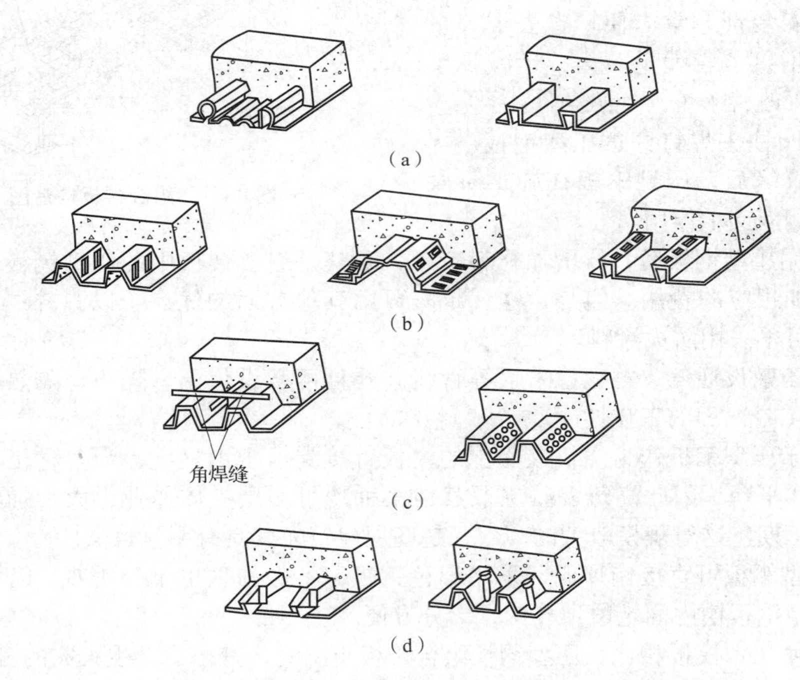

图 8－2 组合楼板叠合面的齿槽形式

常采用几种形式如图 8－2 所示，其中：

图 8－2（a）所示带有纵向闭合式波槽的压型钢板；图 8－2（b）所示板上有压痕（轧制凸凹槽）的压型钢板，通过压痕来抵抗水平剪力；图 8－2（c）所示的开口槽和无压痕的压型钢板，在腹板内开小孔或在翼缘上焊接横向钢筋来抵抗水平剪力。

（6）支承在钢梁上的压型钢板，在任何情况下均应用圆柱头焊钉穿透压型钢板焊于钢梁上或将压型板端部肋压平直接焊在钢梁上（图 8－3）。

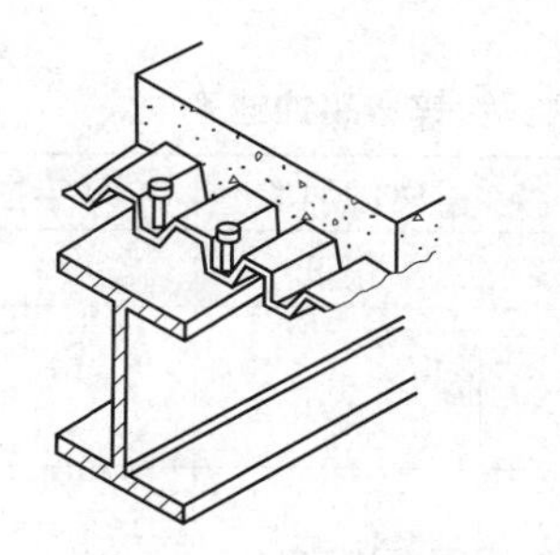
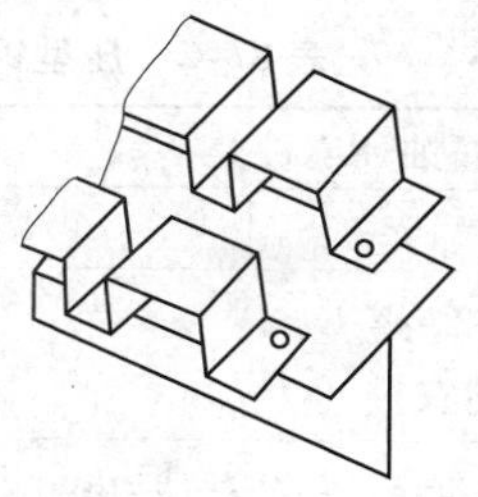

图 8 -3　组合楼板与钢梁的连接

支承在钢筋混凝土梁上的压型板，可在梁上预埋钢板，然后按支承在钢梁上的方法处理。

8.1.2　压型钢板及栓钉的强度设计值和板型。

1　压型钢板的材料。

压型钢板质量应符合现行国家标准《建筑用压型钢板》GB/T 12755 的要求，用于冷弯压型钢板的基板应选用热浸镀锌钢板，不宜选用镀铝锌板。镀锌层应符合现行国家标准《连续热镀锌钢板及钢带》GB/T 2518—2008 的规定。钢板的强度标准值应具有不小于95% 的保证率，压型钢板材质应按下列规定选用：

（1）现行国家标准《连续热镀锌钢板及钢带》GB/T 2518 中规定的 S250（S250GD + Z、S250GD + ZF），S350（S350GD + Z、S350GD + ZF），S550（S550GD + Z、S550GD + ZF）牌号的结构用钢；

（2）现行国家标准《碳素结构钢》GB/T 700 和《低合金高强度结构钢》GB/T 1591 中规定的 Q235、Q345 牌号钢；

（3）压型钢板采用其他牌号的钢材时，应符合相应的现行国家标准要求。

在保证抗拉强度、延伸率、屈服点及冷弯试验四项力学性能，以及硫、磷和碳三项化学成分要求。一般情况下，压型钢板用钢材牌号宜为 Q235。

压型钢板钢材强度设计值应按表 8 -1 采用。

表 8 -1　压型钢板钢材强度设计值（N/mm^2）

受力类型	符号	钢材牌号				
		S250	S350	S550	Q235	Q345
抗拉强度设计值	f_a	205	290	395	205	300
抗剪强度设计值	f_{av}	120	170	230	120	175
弹性模量	E_s	206000				

作为组合楼板及非组合楼板用的压型钢板，应选用热浸镀锌钢板，不宜选用镀铝锌板。镀锌钢板分合金化镀锌薄钢板与镀锌薄钢板两种。合金化镀锌薄钢板应符合国家相关规范的要求；镀锌薄钢板应符合国家标准《连续热镀锌钢板及钢带》GB/T 2518 要求。压型钢板在不涂装防腐涂料的情况下，一般可采用两面镀锌量的为 $275g/m^2$ 钢板，钢板两面镀锌量不应小于 $180g/m^2$。

镀锌量损耗可按表 8 -2 腐蚀速率计算。

表 8－2　压型钢板镀锌量腐蚀速率

代号	腐蚀环境种类	腐蚀风险	每年损失的锌层厚度 μm/年
C1	室内：干燥	很低	≤0.1
C2	室内：偶尔结露 室外：内陆农村	低	0.1～0.7
C3	室内：高湿度，一些空气污染 室外：内陆城市或温和的沿海地区	中等	0.7～2

2　压型钢板的板型及截面计算参数。

目前国内外市场上的压型钢板主要型号及各部分尺寸示于图 8－4、图 8－5，这些压型钢板都可直接用于组合板中。

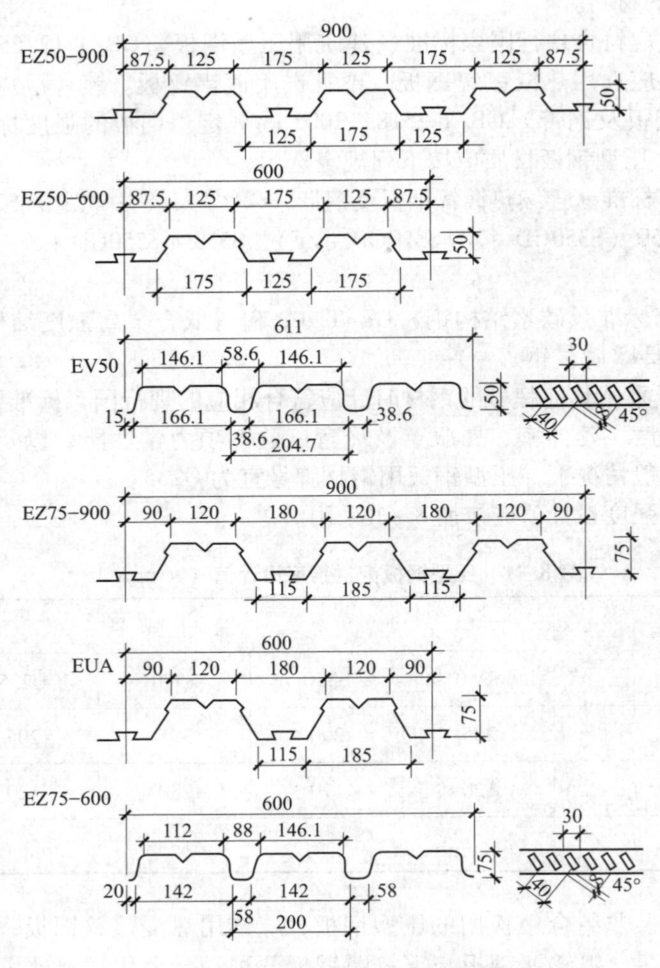

图 8－4　国外生产的主要板型

没有齿槽或压痕的压型钢板多数是适用于非组合板，如果要用于组合板中，必须在板的上翼缘上焊横向附加钢筋，以提高叠合面抗剪能力，保证组合效应。

表 8－3 列出了国产压型钢板主要型号的物理力学性能。

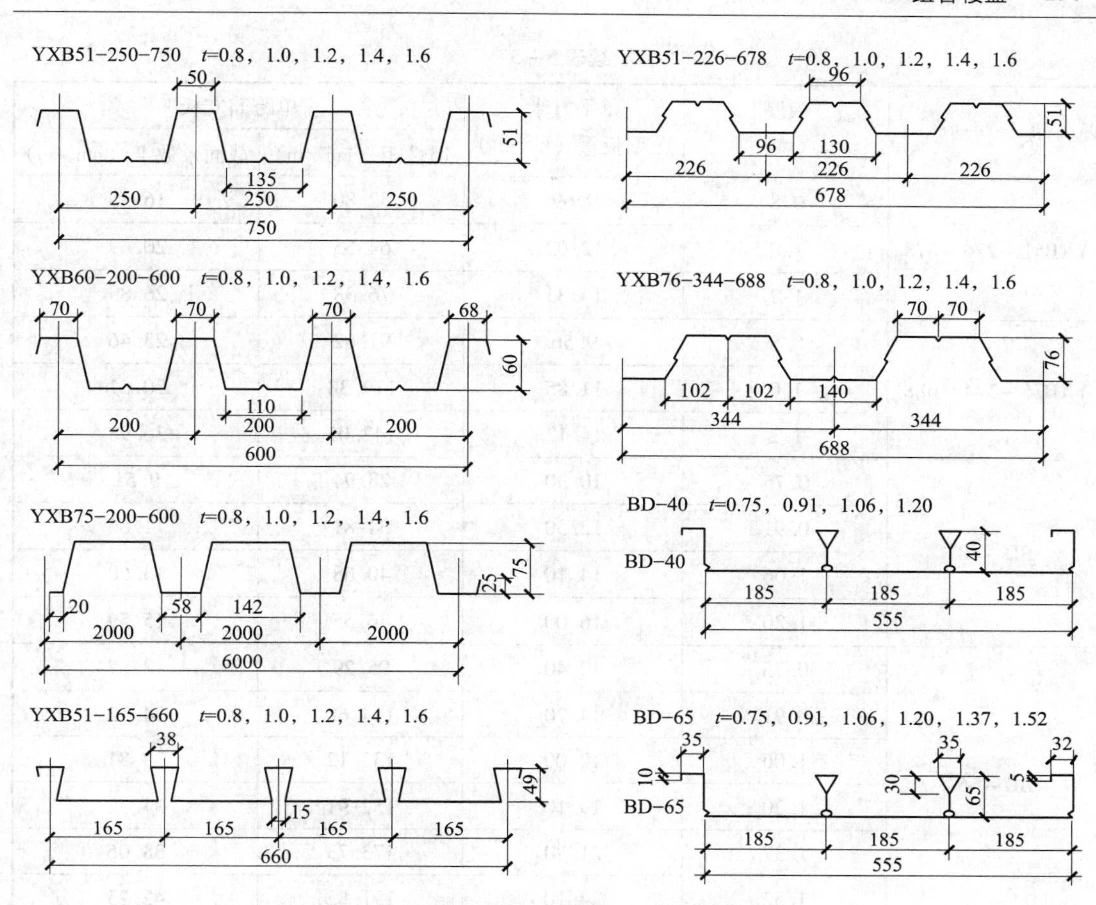

图 8－5 国产压型钢板主要板型

表 8－3 压型钢板截面特性

板型	板厚 t（mm）	每平方米压型板重（kg/m^2）	单跨简支板	
			惯性矩（cm^4/m）	截面系数 W（cm^3/m）
YXB51－250－750	0.8	9.08	39.45	11.96
	1.0	11.18	52.39	16.20
	1.2	13.37	65.56	20.56
YXB60－200－600	0.8	11.18	67.52	18.34
	1.0	13.79	91.45	25.74
	1.2	16.41	116.75	33.85
YXB75－200－600	0.8	11.18	89.90	21.95
	1.0	13.79	119.30	29.99
	1.2	16.41	151.84	39.39
YXB51－165－660	0.8	10.22	53.50	14.63
	1.0	12.59	66.70	19.28
	1.2	14.97	82.30	23.96

续表 8－3

板型	板厚 t（mm）	每平方米压型板重（kg/m^2）	单跨筒支板	
			惯性矩（cm^4/m）	截面系数 W（cm^3/m）
YXB51－226－678	0.8	9.69	52.80	16.45
	1.0	12.02	64.55	20.69
	1.2	14.33	76.38	26.89
YXB76－344－688	0.8	9.56	91.62	23.46
	1.0	11.85	119.38	30.61
	1.2	14.12	142.01	36.98
BD－40	0.75	10.30	28.94	9.51
	0.91	12.30	34.81	11.66
	1.06	14.10	40.68	13.60
	1.20	16.00	46.55	15.59
BD－65	0.75	12.40	95.29	18.87
	0.91	14.70	114.68	24.13
	1.06	17.00	133.12	28.81
	1.20	19.10	152.91	33.32
	1.37	21.80	173.73	38.06
	1.52	24.10	191.82	42.25

3 压型钢板的厚度及波槽尺寸。

用于组合楼板的压型钢板厚度（不包括镀锌层或饰面层厚度）不应小于 0.75mm；仅作模板用的压型钢板，其厚度应不小于 0.5mm。浇筑压型钢板的波槽平均宽度不应小于 50mm。当在槽内设置栓钉等时，压型钢板的总高度不应大于 80mm。

压型钢板各部板件的宽厚比不应超过表 8－4 的限值。

表 8－4 板件的最大宽厚比

压型钢板的形状		最大宽厚比
受压翼缘板件	两边支承（不论是否有中间加劲肋）	500
	一边支承，一边卷边	60
	一边支承，一边自由	60
腹板	无加劲肋	200

对于加劲肋不符合公式（8－1）、（8－2）、（8－3）的要求，则受压翼缘板应视作无加劲肋翼缘考虑。

4 压型钢板尺寸的允许误差。

当压型钢板的总高小于或等于 70mm 时，其总高的允许偏差为 ±1.5mm；当总高大于

70mm 时，其总高允许偏差可为 ±2mm。波距允许偏差为 ±2mm。

当板宽不超过 1m 时，其宽度允许偏差为 ±5mm。板长小于或等于 6m 时，板长允许偏差为 +5mm；当板长大于 6m 时，板长允许偏差为 +8mm。压型钢板板厚的允许偏差可遵照冷轧钢板和镀锌钢板的相应标准。

对于波高不超过 80mm 的压型钢板，任意测量 10m 长度，其侧向弯曲不应超过 10mm；当测量长度只能在 8m 以下时，其侧向弯曲不应超过 8mm；8 ~ 10m 间侧向弯曲偏差取插值。

对于波高不超过 80mm 的压型钢板，任意测量 5m 长度，其翘曲值不应超过 5mm。若测量长度只允许在 4m 以下时，其翘曲值不应超过 4mm。

5　压型钢板受压翼缘的有效宽度与刚度。

压型钢板均由薄钢板制作，由腹板与翼缘组成波状。翼缘与腹板是通过交接面上的纵向剪应力传递应力的，由弹性力学分析可知，翼缘横截面上的纵向应力并非均匀分布，这对于薄钢板来说尤为突出。在与腹板交接处应力最大，距腹板越远，应力越小，呈曲线递减，如图 8－6（a）所示。这说明翼缘宽度较宽时，当压型钢板达到极限状态，距腹板较远处的应力，可能应力尚小，整个翼缘宽度没有充分发挥作用。实用上常把翼缘的应力分布简化成在有效宽度上的均布应力，如图 8－6（b）所示。应力不均匀分布的情况，显然与翼缘的实际宽度、钢板的厚度及钢板的应力大小及压型板的形式等诸多因素有关。在理论上可以用精确的或简化的方法计算出纵向应力沿翼缘宽度的分布情况和翼缘的等效宽度，但是极其复杂与烦琐。压型钢板受压翼缘有效宽度取 $b_{ef}=50t$（t 为钢板厚度）。这个取值和其他国家规范对照，比较偏于保守。为了增强与混凝土的粘结力并加强薄钢板的刚度，有时在翼缘与腹板上压制成凹凸齿槽。翼缘上的齿槽经常是沿纵向通长压制，成为加强纵向刚度的加劲肋。

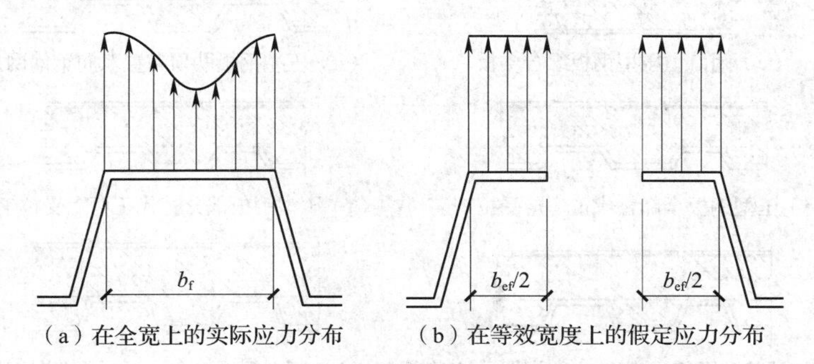

（a）在全宽上的实际应力分布　　（b）在等效宽度上的假定应力分布

图 8－6　有效宽度

压型钢板受压翼缘带有纵向加劲肋时，加劲肋的刚度必须满足下列条件：

$$I \geqslant 3.66t^4\sqrt{\left(\frac{b_f}{t}\right)^2-\frac{25600}{f_s}} \tag{8-1}$$

式中：I——加劲肋截面对受压翼缘形心轴的惯性矩；

f_s——钢材强度设计值；

b_f——加劲肋所在翼缘板的实际宽度；

t——翼缘板的厚度。

当翼缘板的宽厚比小于 80 时，尚应满足：

$$I \geqslant 18.4t^4 \tag{8-2}$$

当翼缘板的宽厚比大于80时，则尚应满足：

$$I \geqslant 18.3t^3b \tag{8-3}$$

实践证明，这个要求较高，以致不太经济，实际可以采用较小的加劲肋。

6 栓钉。

栓钉的规格应符合现行国家标准《电弧螺柱焊用圆柱头焊钉》GB/T 10433—2002有关规定，其材料及力学性能应符合表8－5规定。

表8－5 栓钉材料及力学性能（N/mm^2）

材料	抗拉强度（N/mm^2）	屈服强度（N/mm^2）	伸长率（%）
ML15、ML15A1	≥400	≥320	≥14

8.1.3 组合楼板或非组合楼板的承载力计算。

组合楼板在施工和使用阶段内力计算时，弯矩计算应采用计算跨度（轴线距离），剪力计算可采用净跨度。施工阶段设计时可将临时支撑视为支座，跨度可按临时支撑的跨度计算；使用阶段设计时，跨度必须按拆除临时支撑后的跨度计算。

组合楼板采用的楼承板，可采用开口型、缩口型、闭口型压型钢板。根据计算，可在压型钢板底部不配置、部分配置或配置受拉钢筋，见图8－7。

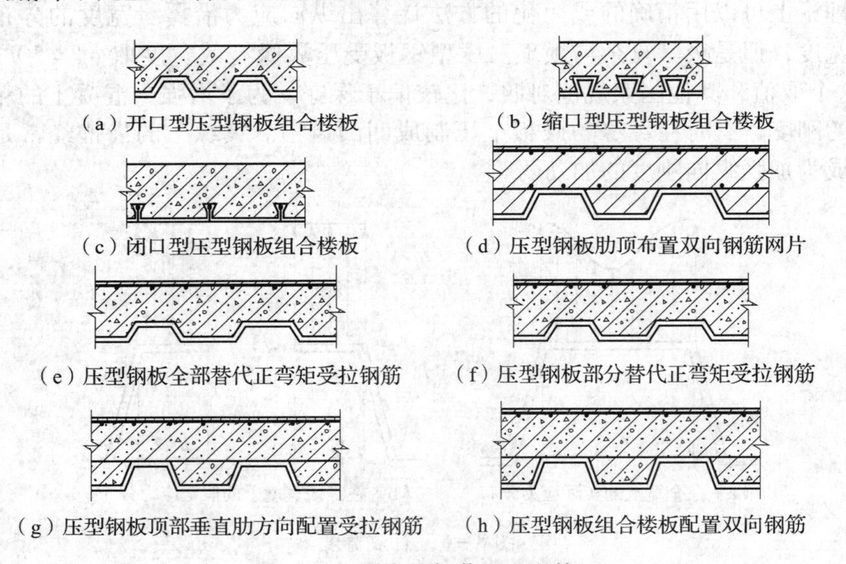

（a）开口型压型钢板组合楼板　（b）缩口型压型钢板组合楼板

（c）闭口型压型钢板组合楼板　（d）压型钢板肋顶布置双向钢筋网片

（e）压型钢板全部替代正弯矩受拉钢筋　（f）压型钢板部分替代正弯矩受拉钢筋

（g）压型钢板顶部垂直肋方向配置受拉钢筋　（h）压型钢板组合楼板配置双向钢筋

图8－7 组合楼板截面及配筋

注：压型钢板组合楼板截面形式，仅以开口型压型钢板组合楼板表示，其他类型与其相同；本手册涉及的压型钢板组合楼板图示时，在没有特指的情况下均以开口型压型铺板组合楼板表示。

1 组合板或非组合板的破坏模式。

（1）弯曲破坏。

如果压型钢板与混凝土之间连接可靠，即在完全剪切粘结情况下，则组合板最有可能沿着最大弯矩的垂直截面1－1发生弯曲破坏（图8－8）。在正常设计情况下，应当使得弯曲破坏先于其他破坏。弯曲破坏一般是属于延性破坏，在破坏前有明显的预兆，足以使人们引起警惕并采取有效的加固措施。

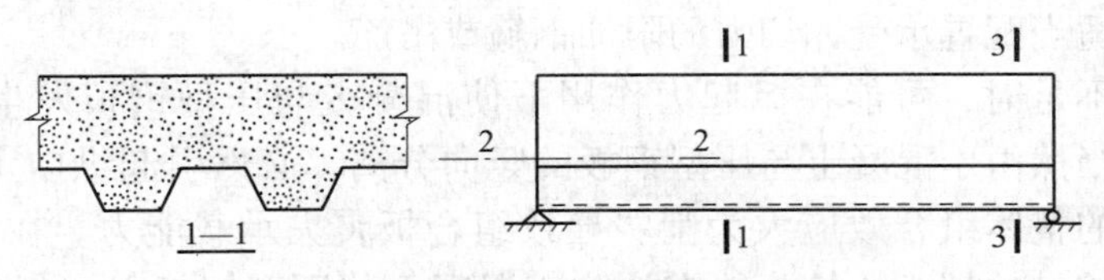

图 8-8 组合板的破坏截面

与一般钢筋混凝土板类似，根据组合板中受拉钢材（包括压型钢板与受拉钢筋）的含钢率多少，组合板也可能发生少筋、超筋与适筋破坏的情况。在含钢率过小的情况下，最大弯矩截面处的受压混凝土应变达到混凝土的极限压应变（或应力达到轴心抗压强度 f_c）之前，受拉压型钢板及钢筋已经全截面屈服并发生撕裂破坏；超配筋时，最大弯矩截面处受拉钢板及钢筋尚未屈服前，受压区混凝土已达到极限压应变而压碎，出现脆性破坏，这两种应力状况的应力和应变分布如图 8-9 所示。

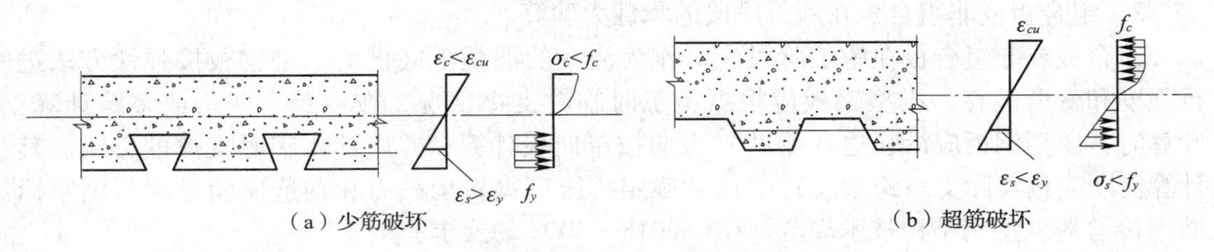

图 8-9 弯曲破坏应力应变分布

弯曲破坏的不同形态与含钢率和受压区高度 χ 值密切相关，因此通常应以含钢率或 χ 值控制破坏形态。现行国家标准《混凝土结构设计规范（2015 年版）》GB 50010—2010 要求在正常的情况下，应将板设计成适筋的弯曲破坏，避免因少筋与超筋不正常破坏的情况，对 χ 值提出了控制条件。

（2）纵向水平剪切粘结破坏。

沿着图 8-8 所示 2-2 截面的纵向水平剪切粘结破坏也是组合板的主要破坏模式之一。这主要是因为混凝土与压型钢板的界面抗剪切粘结强度不足，使两者界面成为组合板薄弱环节。在组合板尚未达到极限弯矩以前，界面丧失抗剪切粘结能力，产生过大的滑移，失去了组合作用。这种破坏的特征是，首先在靠近支座附近的集中荷载处混凝土出现斜裂缝，混凝土与压型钢板开始发生垂直分离，随即压型钢板与混凝土丧失抗剪切粘结能力，产生较大的纵向滑移。一般滑移常在一端出现，其值可达 15~20mm。由于产生很大的滑移，楼板变形非线性地增加。也因为失去了或基本上失去了组合作用，组合板的混凝土部分与压型钢板的部分将被“各个击破”很快崩溃。

（3）沿斜截面剪切破坏。

这种破坏模式在板中一般不常见，只有当组合板的高跨比很大、荷载比较大，尤其是在集中荷载作用时，发生支座最大剪力处（图 8-8 的 3-3 截面）沿斜截面剪切破坏。因此在较厚的组合板中，当混凝土的抗剪能力不足时也应设置钢箍以抵抗剪力。

（4）其他破坏形式。

除以上几种主要破坏模式外，有时也可能发生一些其他局部破坏而使构件丧失承载能力。当板比较薄，在局部面积上作用有较大集中荷载时，可能发生组合板局部冲切破坏。因此当组合板的冲切强度不足时，应适当配置分布钢筋，以使集中荷载分布到较大范围的板上，并适当配置承受冲切力的附加钢箍或吊筋。

竖向粘结力不足时，可能在掀起力作用下使混凝土与压型钢板发生局部竖向分离，丧失组合作用。当然由于混凝土与压型钢板的竖向分离，必然引起纵向水平粘结的削弱，进一步使组合板的整体组合效应大为削弱导致组合板丧失承载能力。在组合板与支承梁的连接处配置足够量的带头栓钉，能有效防止混凝土与压型钢板因“掀起力”发生竖向分离。

组合板在端部与支承梁连接处，因剪力连接件抗剪强度不足以抵抗较大的剪切滑移时，组合板端部混凝土与压型钢板发生很大滑移，也将因局部破坏而使组合板丧失承载能力。

连续板的中间支座处，压型钢板处于受压区，以及虽然压型钢板处于受拉区，但是当含钢量过大，受压区高度较高，以致压型钢板上翼缘及部分腹板可能处于受压区时，尚应防止压型钢板的局部屈曲失稳引起组合板丧失承载能力。

2　组合板或非组合板在施工阶段的承载力验算。

组合板或非组合板在施工阶段应对作为浇注的混凝土底模的压型钢板按弹性方法进行强度和变形验算，压型钢板应根据施工时临时支撑情况，按单跨、两跨或多跨计算；验算时，压型钢板应沿强边（顺肋）方向按单向板计算，并应计入临时支撑的影响。其计算简图应按实际支承跨数及跨度尺寸确定。压型钢板承载力和构造应满足现行国家标准《冷弯薄壁型钢结构技术规范》GB 50018—2002 的要求。

施工阶段，楼承板作为模板，应计算以下荷载：

永久荷载——压型钢板、钢筋及湿混凝土等自重。确定湿混凝土自重量时应考虑挠曲效应。当压型钢板挠度 $\upsilon > 20\text{mm}$ 时在全跨应增加 0.7υ 厚度的混凝土均布荷载，或增设临时支撑。

可变荷载——施工荷载，应以施工实际荷载为依据，宜取不小于 1.5kN/m^2，当能测量施工实际可变荷载或实测施工可变荷载小于 1.0kN/m^2 时，施工可变荷载可取 1.0kN/m^2。当有过量冲击、混凝土堆放、管线和泵的荷载时应增加相应的附加荷载。

施工阶段，楼承板按承载力极限状态设计时，其荷载效应组合的设计值应按下式确定：

$$S = 1.2S_s + 1.4S_c + 1.4S_q \tag{8-4}$$

式中：S——荷载效应设计值；

S_s——楼承板、钢筋自重在计算截面产生的荷载效应标准值 F；

S_c——混凝土自重在计算截面产生的荷载效应标准值 g；

S_q——施工阶段可变荷载在计算截面产生的荷载效应标准值。

压型钢板的受弯承载力应符合下式要求：

$$\gamma_0 M \leqslant f_a W_s \tag{8-5}$$

$$W_{sc} = \frac{I_s}{x_6} \quad W_{st} = \frac{I_s}{h_s - x_c} \tag{8-6}$$

式中：M——计算宽度内压型钢板的弯矩设计值（N·mm）

f_a——压型钢板抗拉强度设计值；

γ_0——结构重要性系数，施工阶段可取 0.9。

W_s——计算宽度内压型钢板的有效截面抵抗矩，并应分别考虑受拉 W_{st} 和受压 W_{sc} 截面抵抗矩（mm^3）；

I_s——一个波宽内对压型钢板截面形心轴的惯性矩（mm^4），其中受压翼缘的有效计算宽度 b_{ef}（图 8－10），可取为 $b_{ef} \leqslant 50t$，t 为压型钢板的厚度（mm）；

x_c——压型钢板由受压翼缘边缘至形心轴的距离（mm）；

h_s——压型钢板截面的总高度（mm）。

3　组合板或非组合板使用阶段的设计规定。

非组合板在使用阶段可按常规的钢筋混凝土楼板的设计方法进行设计。

组合板在使用阶段，当混凝土达到设计强度后，应验算使用阶段的横截面抗弯能力，纵向抗剪能力，斜截面抗剪能力。对于有较大集中荷载作用时尚应进行局部荷载作用下的抗冲计算。

（1）组合板在使用阶段承受的荷载。

包括压型钢板及混凝土自重、面层及构造层（如保温层、找平层、防水层、隔热层等）的自重、楼板下吊挂的天棚、管道等的自重以及楼面上的设备与使用活荷载等。

组合板上作用有局部集中荷载或线荷载时，组合楼板尚应单独验算，其 b_e 应按下式确定。如图 8－11 所示。

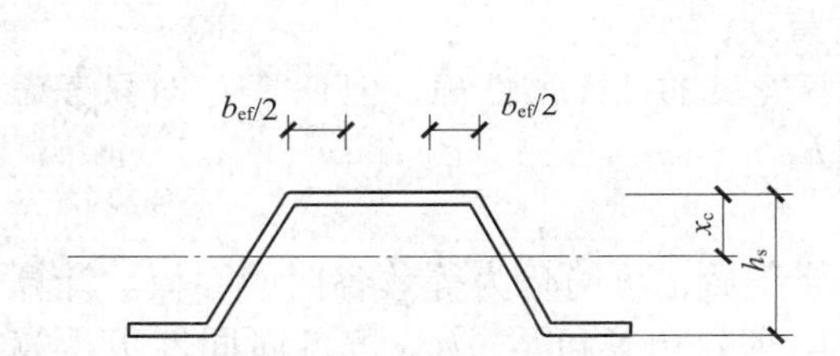

图 8－10　压型钢板受压翼缘的计算宽度 b_{ef}

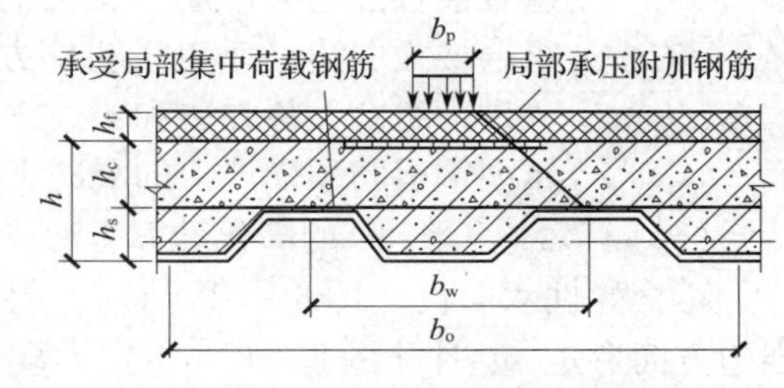

图 8－11　局部荷载分布有效宽度

荷载的有效分布宽度可按下列公式计算：

1）抗弯承载力计算时：

简支板

$$b_e = b_w + 2l_p\left(1 - \frac{l_p}{l}\right) \tag{8-7a}$$

连续板

$$b_e = b_w + \left[4l_p\left(1 - \frac{l_p}{l}\right)\right]\Big/3 \tag{8-7b}$$

2）抗剪承载力计算时：

$$b_e = b_w + \left(1 - \frac{l_p}{l}\right) \tag{8-7c}$$

$$b_w = b_p + 2\ (h_c + h_f) \tag{8-7d}$$

式中：l——组合楼板跨度（mm）；

l_p——荷载作用点至楼板支座的较近距离（mm）；

b_e——局部荷载在组合楼板中的有效工作宽度（mm）；

b_w——局部荷载在组合楼板中的工作宽度（mm）；

b_p——局部荷载宽度；

h_c——压型钢板肋以上混凝土厚度（mm）；

b_f——地面饰面层厚度（mm）。

（2）组合板内力计算规定。

在使用阶段，当压型钢板肋顶上的混凝土厚度为 50～100mm 时，按下列规定计算内力（包括挠度）：

1）按简支单向板计算组合楼板强边（顺肋）方向的正弯矩（包括挠度）；

2）强边方向的负弯矩按固端板取值；

3）不考虑弱边（垂直于肋方向）方向的正负弯矩。

当压型钢板肋顶上的混凝土厚度大于 100mm 时，应根据有效边长比 λ_e，按下列规定进行计算，但板的挠度仍应按强边方向的简支单向板计算：

当 $\lambda_e<0.5$ 时，应按强边方向单向板进行计算；

当 $0.5\leqslant\lambda_e\leqslant2.0$ 时，应按正交异性双向板计算；也可按 2（3）条的简化方法计算。

当 $\lambda_e>2.0$ 时，应按弱边方向单向板进行计算；

效边长比 λ_e 按下式计算：

$$\lambda_e=l_x/\mu l_y,\ \mu=\left(\frac{I_x}{I_y}\right)^{1/4} \tag{8-8}$$

式中：μ——板的各向异性系数；

l_x——组合楼板强边（顺肋）方向的跨度；

l_y——组合楼板弱边（垂直于肋）方向的跨度；

I_x、I_y——分别为组合楼板强边和弱边方向计算宽度的截面惯性矩，但计算 I_y 时只考虑压型钢板肋顶面以上的混凝土厚度 h_c。

（3）有效边长比 λ_e 的简化计算方法。

正交异性双向板［图 8－12（a）］，对边长修正后，可简化为等效各向同性板。计算强边方向弯矩 M_x 时［图 8－12（b）］，弱边方向等效边长可取 μl_y，按各向同性板计算 M_x；计算弱边方向弯矩 M_y 时［图 8－12（c）］，强边方向等效边长可取 l_x/μ，按各向同性板计算 M_y。

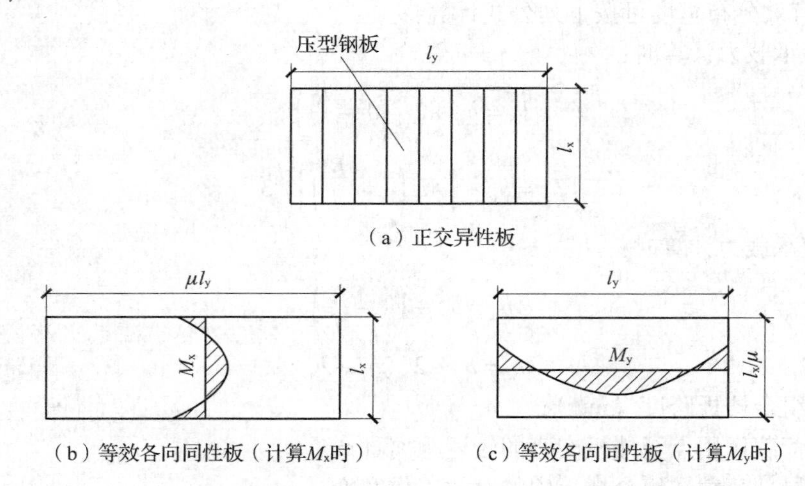

图 8－12 双向正交异性板的计算边长

（4）组合板正截面受弯承载力的计算。

1）计算假定。

组合板的正截面承载能力计算，建立在合理配筋和保证极限状态时发生适筋破坏的基础上。在工程中，可以通过受压高度限制条件和构造措施来控制，避免少筋破坏与超筋破坏。当组合板发生适筋破坏时，计算应符合下列基本假定。

压型钢板组合楼板在进行受弯承载力计算时，采用如下假定：

①采用塑性设计法计算，假定截面受拉区和受压区的材料均达到强度设计值（图 8－13）。

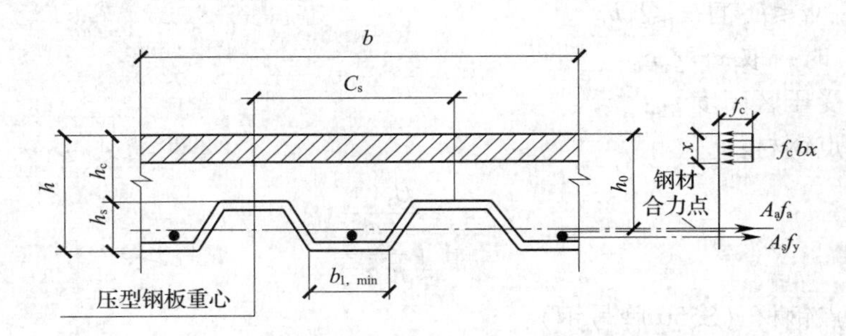

图 8－13　组合板正截面受弯承载力计算图

②由于混凝土抗拉强度很低，因此忽略受拉混凝土的作用。

③假设组合板在纵向有足够的剪切粘结力，混凝土与压型钢板的界面上滑移很小，混凝土与压型钢板始终保持共同作用，因此直至达到极限状态，组合板都符合平截面假定。

2）使用阶段，组合楼板弯矩设计值可按下列规定取用：

①不设置临时支撑时：

正弯矩区段：

$$M = M_{1G} + M_{2G} + M_{2Q} \tag{8-9a}$$

压型钢板组合楼板连接钢筋处负弯矩区：

$$M = M_{2G} + M_{2Q} \tag{8-9b}$$

②设置临时支撑时，组合楼板正、负弯矩区段：

$$M = M_{1G} + M_{2G} + M_{2Q} \tag{8-9c}$$

式中：M——组合楼板弯矩设计值；

M_{1G}——组合楼板自重在计算截面产生的弯矩设计值；

M_{2G}——除组合楼板自重以外，其他永久荷载在计算截面产生的弯矩设计值；

M_{2Q}——可变荷载在计算截面产生的弯矩设计值。

③使用阶段，组合楼板剪力设计值可按下列规定取用：

$$V = \gamma V_{1G} + V_{2G} + V_{2Q} \tag{8-10}$$

式中：V——组合楼板最大剪力设计值；

V_{1G}——组合楼板自重在计算截面产生的剪力设计值；

V_{2G}——除组合楼板自重以外，其他永久荷载在计算截面产生的剪力设计值；

V_{2Q}——可变荷载在计算截面产生的剪力设计值；

γ——施工时与支撑条件有关的支撑系数，应按表 8－6 取用。

表 8－6　支撑系数 γ

支撑条件	满支撑	三分点支撑	中点支撑	无支撑
支撑系数 γ	1.0	0.734	0.628	0.0

3）组合板的受弯承载力计算。

$$M \leqslant f_c bx\ (h_0 - x/2) \tag{8-11a}$$

混凝土受压区高度 x 应按下列公式确定：

$$x = \frac{A_a f_a + A_s f_y}{f_c b} \tag{8-11b}$$

适用条件：$x \leqslant h_c$ 且 $x \leqslant \zeta_b h_0$

当 $x \geqslant \zeta_b h_0$ 时，取 $x = \zeta_b h_0$

相对界限受压区高度 ζ_b：

对有屈服点钢材：

$$\xi_b = \frac{\beta_1}{1 + \dfrac{f_a}{E_a \varepsilon_{cu}}} \tag{8-11c}$$

对无屈服点钢材（S550 牌号钢）：

$$\xi_b = \frac{\beta_1}{1 + \dfrac{0.002}{\varepsilon_{cu}} + \dfrac{f_a}{E_a \varepsilon_{cu}}} \tag{8-11d}$$

式中：M——计算宽度内组合楼板的正弯矩设计值（N · mm）；

h_e——压型钢板肋以上混凝土厚度（mm）；

b——组合楼板计算宽度（mm），可取单位宽度 1000mm 或取一个波距宽度；

x——混凝土受压区高度（mm）；

h_0——组合楼板截面有效高度（mm），等于压型钢板及钢筋拉力合力点至混凝土构件顶面的距离；

A_a——计算宽度内压型钢板截面面积（mm^2）；

A_s——计算宽度内受拉钢筋截面面积（mm^2）；

f_a——压型钢板抗拉强度设计值；

f_y——钢筋抗拉强度设计值；

f_c——混凝土抗压强度设计值；

ξ_b——相对界限受压区高度；

β_1——系数，提凝土强度等级不超过 C50 时，取自 =0.8；

ε_{cu}——非均匀受压时混凝土极限压应变，当混凝土强度等级不超过 C50 时，$\varepsilon_{cu} = 0.0033$。

注：当截面受拉区配置钢筋时，相对界限受压区高度计算式（8－11c）或式（8－11d）中的 f_a 应分别用钢筋强度设计值 f_y 和压型钢板强度设计值 f_a 代入计算；其较小值为相对界限受压区高度 ξ_b。

4）组合楼板在强边方向正弯矩作用下，当 $x > h_c$ 时，此时宜调整压型钢板型号和尺寸，无替代产品时可按下式验算：

$$M \leqslant f_c b h_c\ (h_0 - h_c/2) \tag{8-12}$$

5）组合楼板考虑弱边方向受力时，可按板厚 h_0 的普通混凝土计算。在强边方向正弯矩作用。

6）组合楼板强边方向在负弯矩作用下，不考虑压型钢板受压，可将组合楼板截面简化成等效 T 形截面（图 8－14），受弯承载力应符合现行国家标准《混凝土结构设计规范（2015 年版）》GB 50010—2010 的要求。

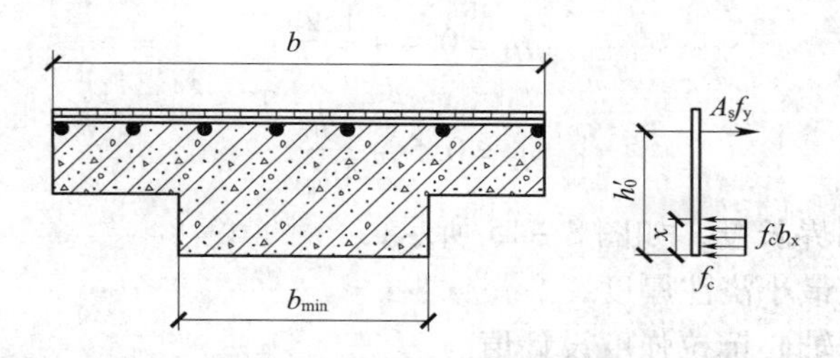

图 8-14 简化的 T 形截面

$$b_{min} = \frac{b}{c_s} b_{1,min} \tag{8-13}$$

式中：b_{min}——计算宽度内组合楼板换算腹板宽度（mm）；

b——组合楼板计算宽度；

C_s——压型钢板波距宽度（mm）（图 8-13）；

$b_{1,min}$——压型钢板单槽最小宽度（mm）（图 8-13）。

7）连续组合楼板按简支板设计时，支座截面应符合现行国家标准《混凝土结构设计规范（2015 年版）》GB 50010—2010 的规定。

（5）使用阶段受剪承载力计算：

1）组合楼板剪切粘结承载力应符合下列要求：

$$V \leqslant m \frac{A_a h_0}{1.25a} + kf_t bh_0 \tag{8-14}$$

式中：V——组合楼板最大剪力设计值（N）；

f_t——混凝土轴心抗拉强度设计值；

a——剪跨（mm），均布荷载作用时取 $a = l_n/4$；

l_n——板净跨度（mm），连续板可取反弯点之间的距离；

A_a——计算宽度内组合楼板中压型钢板截面面积；

m、k——剪切粘结系数，由试验确定；k 为无量纲系数，m 的单位为 N/mm^2。

2）组合楼板斜截面受剪承载力应符合下列要求。

因为板比较柔，在截面垂直剪力的作用下的斜截面受剪承载力计算，一般不成为组合板破坏的控制条件。但是当板的高跨比很大、荷载很大时，斜截面承载能力的计算也不可忽视。

组合板在均布荷载作用下的斜截面受剪承载力按下式计算：

$$V \leqslant 0.7 f_t b_{min} h_0 \tag{8-15a}$$

式中：V——组合楼板最大剪力设计值；

f_t——混凝土轴心抗拉强度设计值；

b_{min}——计算宽度内组合楼板换算腹板宽度；

h_0——组合楼板截面有效高度。

（6）组合板在局部荷载作用下的受冲切承载能力计算。

组合板在集中荷载下的受冲切能力 F_L 按下式计算：

$$F_L \leqslant 0.7 f_t \eta \mu_m h_0 \tag{8-15b}$$

η 取 η_1、η_2 的较小值：

$$\eta_1 = 0.4 + \frac{1.2}{\beta_s}$$

$$\eta_2 = 0.5 + \frac{\alpha_s h_0}{4\mu_m}$$

式中：μ_m——临界周界长度，如图 8－15 所示；

h_c——混凝土最小浇注厚度；

f_t——混凝土轴心抗拉强度设计值。

β_s——局部荷载或集中荷载作用面积为矩形时的长边与短边尺寸的比值，β_s 不宜大于 4；当 $\beta_s < 2$ 时，取 $\beta_s = 2$；当面积为圆形时，取 $\beta_s = 2$。

α_s——板柱结构中柱类型的影响系数，中柱，取 $\alpha_s = 40$；对边柱，取 $\alpha_s = 30$，对角柱，取 $\alpha_s = 20$。

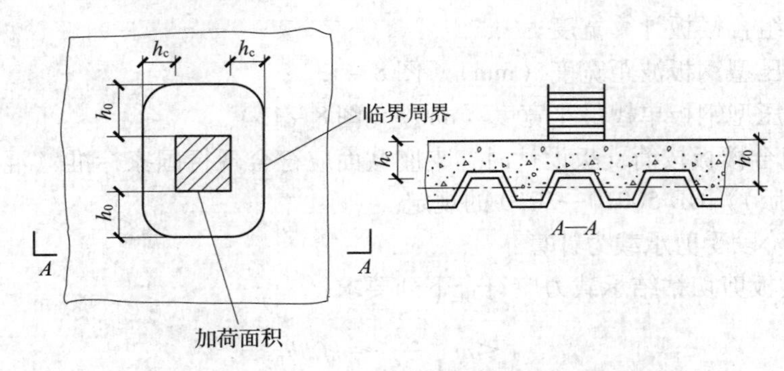

图 8－15　剪力临界周界

4　例题。

一某办公楼简支组合板截面尺寸如图所示，板跨度为 3.3m。压型钢板采用图示形式，钢板厚度 $t = 1.2$mm，其上混凝土厚度 $h_c = 100$mm。采用 C25 混凝土。施工阶段，永久荷载标准值为 4kN/m²，活荷载标准值为 2.0kN/m²；使用阶段，永久荷载标准值为 6 kN/m²，活荷载标准值施工阶段取 1.5kN/m² 使用阶段为 2.0kN/m²。试验算承载能力。

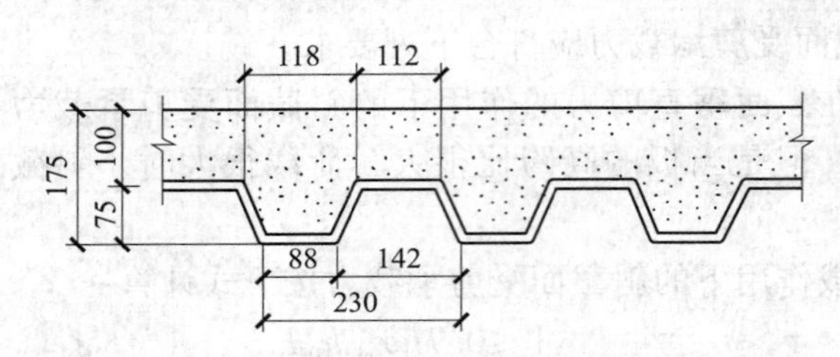

图 8－16　组合楼板截面图

【解】承载力计算：

1m 板宽的压型钢板截面面积：

$$A_a = 1972\text{mm}^2$$

1m 板宽的压型钢板的断面抵抗矩：

$$W_{ae} = 43.4 \times 10^3 \text{mm}^3$$

（1）施工阶段。

1m 板宽内的均布荷载：

$$q = 1.2 \times 4 + 1.4 \times 1.5 = 6.9\text{kN/m}^2$$

$$M = \frac{1}{8}ql^2 = \frac{1}{8} \times 6.9 \times 3.3^2 = 9.39\text{kN} \cdot \text{m}$$

$$f_a w_{ae} = 205 \times 43.4 \times 10^3 = 8.97 \times 10^6 \text{N} \cdot \text{mm} = 8.97\text{kN} \cdot \text{m} > \gamma_0 M$$
$$= 0.9 \times 9.39\text{kN} \cdot \text{m} = 8.451\text{kN} \cdot \text{m}$$

故施工阶段强度满足要求。

（2）使用阶段。

C25 混凝土，$f_c = 11.9\text{N/mm}^2$，$f_t = 1.27\text{N/mm}^2$，1m 板宽内的均布荷载：

$$q = 1.2 \times 6 + 1.4 \times 2.0 = 10\text{kN/m}^2$$

$$M = \frac{1}{8}ql_o^2 = \frac{1}{8} \times 10 \times 3.3^2 = 13.6\text{kN} \cdot \text{m}$$

$$V = \frac{1}{2}ql_o = \frac{1}{2} \times 10 \times 3.3 = 16.5\text{kN}$$

$$\xi_b = \frac{\beta_1}{1 + \dfrac{f_a}{E_a \varepsilon_{cu}}} = \frac{0.8}{1 + \dfrac{205}{206000 \times 0.0033}} = 0.61$$

$$x = \frac{f_a A_a}{f_c b} = \frac{205 \times 1972}{11.9 \times 1000} = 33.97\text{mm} < 0.61h_0 = 0.61\left(175 - \frac{12}{2}\right) = 103.09\text{mm}$$

$$M = f_c bx\left(h_0 - \frac{x}{2}\right) = 11.9 \times 1000 \times 33.97 \times \left(169 - \frac{33.97}{2}\right)$$
$$= 61.45\text{kN} \cdot \text{m} > 13.6\text{kN} \cdot \text{m}$$

正截面强度满足。

斜截面承载能力计算：

$$V = 0.7f_t b_{min} h_0 = 0.7 \times 1.27 \times 383 \times 169$$
$$= 57.54\text{kN} > 14.19\text{kN}$$

斜截面抗剪承载能力满足要求。

8.1.4 组合楼板的变形计算。

1 施工阶段变形计算。

施工阶段，楼承板挠度应按荷载的标准组合计算。

$$\Delta_c = \Delta_{1Gk} + \Delta_{1Qk} \tag{8-16}$$

式中：Δ_c——施工阶段按荷载效应的标准组合计算的楼承板挠度值；

Δ_{1Gk}——施工阶段按永久荷载效应的标准组合计算的楼承板挠度值；

Δ_{1Qk}——施工阶段按可变荷载效应的标准组合计算的楼承板挠度值。

施工阶段，在混凝土尚未达到设计强度以前，不考虑组合板的组合作用，因此施工阶段变形计算时只考虑压型钢板的刚度。

组合板施工阶段不允许产生塑性变形，即组合板应处于弹性工作阶段，所以其变形可按弹性方法计算。

考虑到下料的不利情况，压型钢板可取单跨简支板、两跨连续板或多跨连续板进行挠度验算，通常按均布荷载进行挠度验算：

两跨连续板 $$\Delta = \frac{ql^4}{185EI_s} \leqslant [\Delta] \tag{8-17a}$$

单跨简支板 $$\Delta = \frac{5ql^4}{384EI_s} \leqslant [\Delta] \tag{8-17b}$$

式中：q——一个波宽内的均布荷载标准值（N/mm）；

EI_s——一个波宽内压型钢板截面的弯曲刚度（N·mm²），施工阶段挠度计算应采用压型钢板有效截面惯性矩；

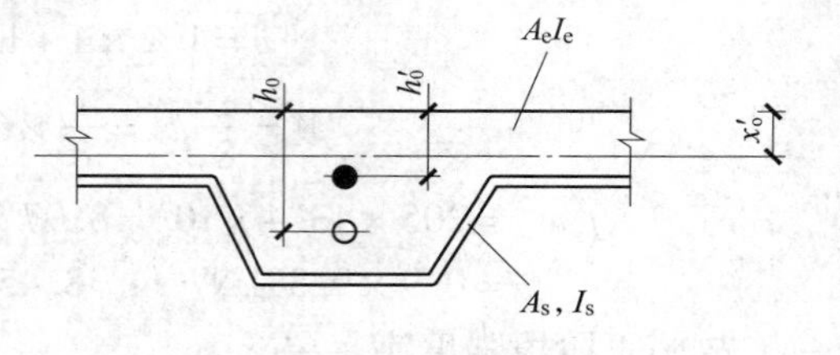

图8－17　组合楼板惯性矩的计算简图

l——压型钢板的计算跨度（mm）；

$[\Delta]$——挠度限值，可取 $l/180$ 及 20mm 的较小值。其中 l 为板的计算跨度。当此要求不能满足时，应采取加临时支撑等措施减小施工阶段压型钢板的变形。

2　使用阶段变形计算。

1）使用阶段，组合楼板挠度应按下列公式进行组合。

荷载效应的标准组合：

$$\Delta_s = (1-\gamma_d)\ \Delta_{1Gk} + \left(\Delta_{2Gk}^s + \Delta_{Q1k}^s + \sum_2^n \psi_{ci}\Delta_{qik}^s\right) \tag{8-18a}$$

荷载效应的准永久组合：

$$\Delta_q = (1-\gamma_d)\ \Delta_{1Gk} + \left(\Delta_{2Gk}^l + \Delta_{Q1k}^s + \sum_1^n \psi_{qi}\Delta_{qik}^l\right) \tag{8-18b}$$

式中：Δ_s——按荷载标准组合计算的组合楼板挠度值；

Δ_q——按荷载准永久组合计算的组合楼板挠度值；

Δ_{1Gk}——施工阶段按永久荷载标准组合计算的楼承板挠度值；

Δ_{2Gk}^s——按 $\gamma_d g_k$ 和其他永久荷载标准组合，且按短期截面抗弯刚度计算的组合楼板挠度值；

Δ_{2Gk}^l——按 $\gamma_d g_k$ 和其他永久荷载标准组合，且按长期截面抗弯刚度计算的组合楼板挠度值；

Δ_{qik}^s——第 i 个可变荷载标准值作用下，按短期截面抗弯刚度 BS 计算的挠度值；

Δ_{qik}^l——第 i 个可变荷载标准值作用下，按长期截面抗弯刚度 B′计算的挠度值；

ψ_{ci}——第 i 个可变荷载的组合系数，按《建筑结构荷载规范》GB 50009—2012 选用；

ψ_{qi}——第 i 个可变荷载的准永久系数，按《建筑结构荷载规范》GB 50009—2012 选用；

g_k——组合楼板（压型钢板、钢筋和混凝土）自重；

γ_d——系数，无支撑时取 $\gamma_{d=0}$，其他取 $\gamma_d=1$。

2）组合楼板在正常使用极限状态下的挠度，根据组合楼板的截面抗弯刚度可采用结构力学方法并应按相应规范进行挠度组合计算。

3）组合楼板荷载短期作用下截面抗弯刚度可按下列公式计算。

$$B^s = E_c I_{eq}^s \tag{8-19a}$$

$$I_{eq}^s = \frac{I_u^s + I_c^s}{2} \tag{8-19b}$$

式中：B^s——荷载短期作用下的截面抗弯刚度（N·mm²）；

I_{eq}^{s}——荷载短期作用下的平均换算截面惯性矩（mm^4）；

I_u^s、I_c^s——荷载短期作用下未开裂换算截面惯性矩及开裂换算截面惯性矩（mm^4）；

E_c——混凝土弹性模量（N/mm^2）。

4）未开裂截面，其换算截面惯性矩可按下列公式计算（图 8－18）。

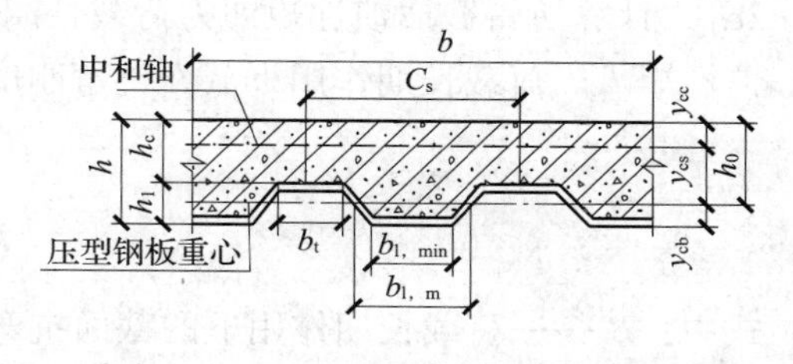

图 8－18　组合楼板截面刚度计算简图

截面中和轴距混凝土顶面距离。

$$y_{cc}=\frac{0.5bh_c^2+\alpha_E A_a h_0+b_{1,m}h_s(h-0.5h_s)\ b/c_s^s}{bh_c+\alpha_E A_a+b_{1,m}h_s b/c_s} \tag{8-20}$$

截面惯性矩：

$$I_u^s=\frac{bh_c^{\ 3}}{12}+bh_c(y_{cc}-0.5h_c)^2+\alpha_E I_a+\alpha_E A_a y_{cs}^{\ 2}+\frac{b_{1,m}bh_s}{c_s}\left[\frac{h_s^2}{12}+(h-y_{cc}-0.5h_s)^2\right] \tag{8-21}$$

$$y_{cs}=h_0-y_{cc} \tag{8-22}$$

$$\alpha_E=E_a/E_c \tag{8-23}$$

式中：I_u^s——荷载短期作用下未开裂换算截面惯性矩（mm^4）；

b——组合楼板计算宽度；

C_s——压型钢板波距宽度；

$b_{1,m}$——压型钢板凹槽重心轴处宽度，缩口型、闭口型取槽口最小宽度；

h_c——压型钢板肋顶上混凝土厚度（mm）；

h_s——压型钢板的高度（mm）；

h_0——组合楼板截面有效高度；

y_{cc}——截面中和轴距混凝土顶面距离（mm）；

y_{cs}——截面中和轴距压型钢板截面重心轴距离（mm）；

α_E——钢与混凝土的弹性模量比值；

E_a——钢板弹性模量（N/mm^2）；

E_c——混凝土弹性模量（N/mm^2）；

A_a——计算宽度内组合楼板中压型钢板的截面面积（mm^2）；

I_a——计算宽度内组合楼板中压型钢板的截面惯性矩（mm^4）。

5）开裂截面，其换算截面惯性矩可按下列公式计算（图 8－18）。

截面中和轴距混凝土顶面距离。

$$y_{cc}=\left(\sqrt{2\rho_a\alpha_E+(\rho_a\alpha_E)^2}-\rho_a\alpha_E\right)h_0 \tag{8-24a}$$

若计算的 $y_{cc}>h_c$，取 $y_{cc}=h_c$

截面惯性矩：

$$I_c^s=\frac{by_{cc}^3}{3}+\alpha_E A_a y_{cs}^3+\alpha_E I_a \tag{8-24b}$$

$$\rho_a=A_a/bh_0 \tag{8-24c}$$

式中：I_c^s——短期荷载作用下开裂换算截面惯性矩（mm^4）；

ρ_a——计算宽度内组合楼板截面中压型钢板含钢率。

6）荷载长期作用下组合楼板截面抗弯刚度，可将本手册公式（8－35）中的 α_E 改用

$2\alpha_E$，计算所得截面惯性矩即为荷载长期作用下未开裂换算截面惯性矩 I_u^l 和开裂换算截面惯性矩 I_c^l。荷载长期作用下截面抗弯刚度可按下列公式计算。

$$B^l = 0.5E_c I_{eq}^l \tag{8-25a}$$

$$I_{eq}^l = \frac{I_u^l + I_c^l}{2} \tag{8-25b}$$

式中：B^l——荷载长期作用下的截面抗弯刚度（$N \cdot mm^2$）；

I_{eq}^l——荷载长期作用下的平均换算截面惯性矩（mm^4）；

I_u^l、I_c^l——荷载长期作用下未开裂换算截面惯性矩及开裂换算截面惯性矩（mm^4）。

7）在通常情况下，计算组合楼板的挠度 Δ 时，不论其实际支承情况，可以简化为按简支单向板计算沿强边（顺肋）方向的挠度，挠度计算可按结构力学的公式计算，并应分别按荷载标准组合并考虑长期作用影响的刚度等效计算，算得的挠度 Δ 应小于允许值，即：

$$\Delta = \frac{5ql^4}{384B} \leqslant \frac{l}{200} \tag{8-26}$$

公式中的截面刚度为经换算成单质的钢截面等效刚度 B，对于不同情况取 B^S 及 B^L。

3 组合楼板负弯矩部位混凝土裂缝宽度验算。

对组合楼板负弯矩部位混凝土裂缝宽度的验算，可近似地忽略压型钢板的作用，即按混凝土板及其负钢筋计算板的最大裂缝宽度，并使其符合现行国家标准《混凝土结构设计规范（2015 年版）》GB 50010—2010 规定的裂缝宽度限值。

上述板端负弯矩值，可近似地按一端简支一端固接或两端固接的单跨单向板算得。

8.1.5 组合楼板的自振频率和峰值加速度。

验算组合楼板舒适度（自振频率和峰值加速度）时，应按有效荷载计算。有效荷载等于楼盖自重与有效可变荷载之和，有效可变荷载应按下述取值：住宅取 $0.25kN/m^2$，其他取 $0.5kN/m^2$

1 组合楼板的自振频率。

对于有些场合需要控制组合板的颤动。不同的生活条件与工作条件对振动控制要求不同，振动与感觉及环境条件有关。组合楼盖在正常使用时，其自振频率 f_n 不宜小于 3Hz，亦不宜大于 8Hz。

对于简支梁或等跨连续梁形成的组合楼盖，其自振频率可按下列公式计算。

$$f_n = \frac{18}{\sqrt{\Delta_j + \Delta_g}} \tag{8-27}$$

当主梁跨 l_g 小于有效宽度 b_{Ej} 时，公式（8－28）中的主梁挠度 Δ_g 替换为 Δ'_g

$$\Delta'_g = l_g / b_{Ej} \Delta_g \tag{8-28}$$

式中：Δ_j——组合楼盖板格中次梁板带的挠度，限于简支次梁或等跨连续次梁，此时均按有效均布荷载作用下的简支梁计算，在板格内各梁板带挠度不同时取挠度较大值（mm）；

Δ_g——楼盖板格中主梁板带的挠度，限于简支主梁或等跨连续主梁，此时均按有效均布荷载作用下的简支梁计算，在板格内各梁板带挠度不同时取挠度较大值（mm）；

l_g——跨度（mm）；

b_{Ej}——板带有效宽度（mm）。

2 组合楼盖的峰值加速度。

1）组合楼盖舒适度应验算一个板格振动的峰值加速度，板格划分可取由柱或剪力墙在平面内围成的区域（图 8－19），峰值加速度不应超过现行国家标准《建筑抗震设计规范（2016 年版）》GB 50011—2010 的要求。峰值加速度可按动力时程分析，也可按下列公式计算：

$$\frac{a_p}{g}=\frac{p_0\exp(-0.35f_u)}{\xi G_E} \tag{8-29}$$

式中：a_p——组合楼盖加速度峰值（mm/s^2）；

f_u——组合楼盖自振频率（Hz），可按采用动力有限元计算或下条计算；

G_E——计算板格的有效荷载（N）；

p_0——人行走产生的激振作用力（N），一般可取 0.3kN；

g——重力加速度；

ξ——楼盖阻尼比，可按表 8－7 取值。

表 8－7 楼盖阻尼比 ζ

房间功能	住宅、办公	商业、餐饮
计算板格内元家具或家具很少、没有非结构构件或非结构构件很少	0.02	0.02
计算板格内有少量家具、有少量可拆式隔墙	0.03	
计算板格内有较量家具、有少量可拆式隔墙	0.04	
计算板格内每层都有非结构分隔墙	0.05	

2）计算板格有效荷载可按下列公式计算：

$$G_E=\frac{G_{Ej}\Delta_j+G_{Eg}\Delta_g}{\Delta_j+\Delta_g} \tag{8-30}$$

$$G_{Eg}=\alpha g_{Eg}b_{Eg}l_g$$

$$G_{Ej}=\alpha g_{Ej}b_{Ej}l_j$$

$$b_{Ej}=C_j\,(D_j/D_j)^{1/4}l_j$$

$$b_{Eg}=C_g\,(D_s/D_g)^{1/4}l_g$$

$$D_S=\frac{h_0^3}{12\,(\alpha_E/1.35)} \tag{8-31}$$

式中：G_{Eg}——主梁板带上的有效均布荷载（N/mm^2）；

G_{Ej}——次梁板带上的有效均布荷载（N/mm^2）；

α——系数，当为连续梁时，取 1.5，简支梁取 1.0；

g_{Eg}——主梁板带上的有效均布荷载（N/mm^2）；

g_{Ej}——次梁板带上的有效均布荷载（N/mm^2）；

l_j——次梁跨度（mm）；

l_g——主梁跨度（mm）；

b_{Ej}——次梁板带有效宽度（图 8－19）（mm），当所计算的板格有相邻板格时，不超过相邻板格主梁跨度之和的$\frac{2}{3}$；

b_{Eg}——主梁板带有效宽度（图 8－19）（mm），当所计算的板格有相邻板格时，均不超过相邻板格次梁跨度之和的$\frac{2}{3}$；

C_j——楼板受弯连续性影响系数，计算板格为内板格取 2.0，边板格取 1.0；

D_s——垂直于次梁方向组合楼板单位惯性矩（mm^3）；

h_0——组合楼板有效高度；

α_E——钢与混凝土弹性模量比值；

D_j——梁板带单位宽度截面惯性矩（mm^3），等于次梁板带上的次梁按组合梁计算的惯性矩平均到次梁板带上；

C_g——主梁支撑影响系数，支撑次梁时，取 1.8；支撑框架梁时，取 1.6；

D_g——主梁板带单位宽度截面惯性矩（mm^3），等于计算板格内主梁惯性矩（符合组合梁要求时按组合梁考虑）平均到计算板格内。

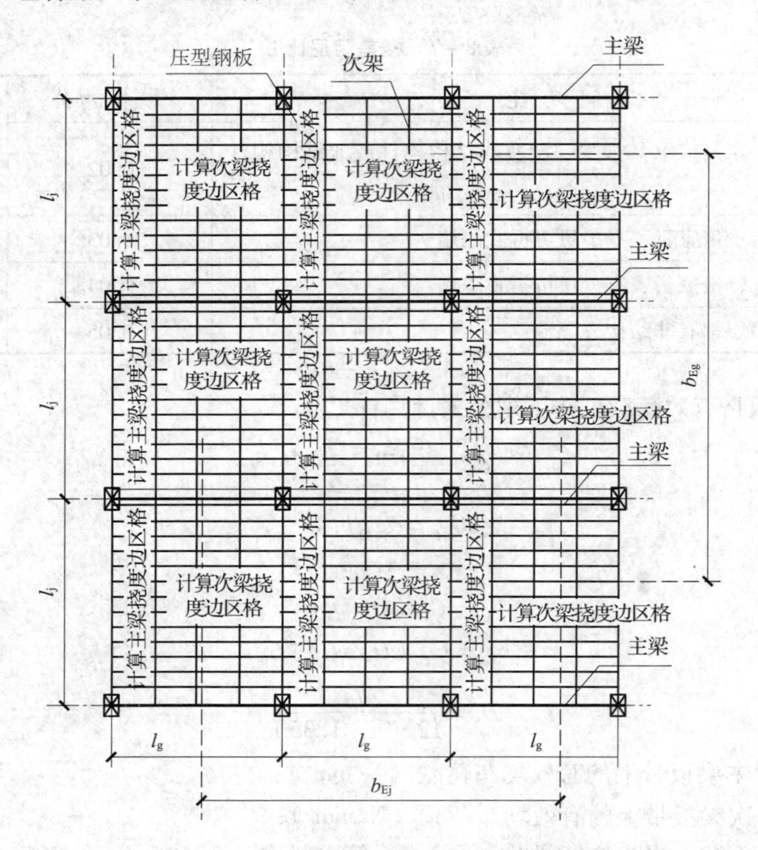

图 8－19　组合楼盖板格及板带有效宽度

8.1.6　组合楼板的构造要求。

1　对栓钉的设置要求。

（1）栓钉的设置位置。

为阻止压型钢板与混凝土之间的滑移，在组合楼板的端部（包括简支板端部及连续板的各跨端部）均应设置栓钉。栓钉应设置在端支座的压型钢板凹肋处，栓钉应穿透压型钢板，并焊于钢梁翼缘上。

（2）栓钉的直径 d。

当栓钉穿透钢板焊接于钢梁时，其直径不得大于19mm，并可按板跨度 l_o 按下列规定采用：

$$l_o < 3m \qquad d = 13 \sim 16mm$$

$$l_o = 3 \sim 6m \qquad d = 16 \sim 19mm$$

$$l_o > 6m \qquad d = 19mm$$

（3）栓钉的间距 s。

栓钉间距 s 还应符合下列要求：

沿梁轴线方向 $s \geqslant 5d$ 且不应大于楼板厚度的4倍，且不应大于400mm；

沿垂直于梁轴线方向 $s \geqslant 4d$ 且不应大于400mm；

距钢梁翼缘边的边距或预埋件边的距离 $s \geqslant 35$mm；

至设有预埋件的混凝土梁上翼缘侧边的距离不应小于60mm。

（4）栓钉顶面保护层厚度及栓钉高度。

栓钉顶面的混凝土保护层厚度应≥15mm。

栓钉焊后高度应高出压型钢板顶面30mm以上。

（5）栓钉顶面混凝土保护层厚度不应小于15mm，栓钉钉头下表面高出压型钢板底部钢筋顶面不应小于30mm。

（6）当栓钉位置不正对钢梁腹板时，在钢梁上翼缘受拉区，栓钉杆直径不应大于钢梁上翼缘厚度的1.5倍，在钢梁上翼缘非受拉区，栓钉杆直径不应大于钢梁上翼缘厚度的2.5倍；栓钉杆直径不应大于压型钢板凹槽宽度的0.4倍，且不宜大于19mm。

（7）栓钉长度不应小于其杆径的4倍，焊后栓钉高度 h_d 应大于压型钢板高度加上30mm，且应小于压型钢板高度加上75mm。

2　对压型钢板的要求。

（1）组合楼板用压型钢板基板的净厚度不应小于0.75mm，作为永久模板使用的压型钢板基板的净厚度不宜小于0.5mm。

（2）压型铜板浇筑混凝土面，开口型压型钢板凹槽重心轴处宽度（$b_{l,m}$）、缩口型和闭口型压型钢板槽口最小浇筑宽度（$b_{l,m}$）不应小于50mm。当槽内放置栓钉时，压型钢板总高 h_s（包括压痕）不宜大于80mm（图8－20）。

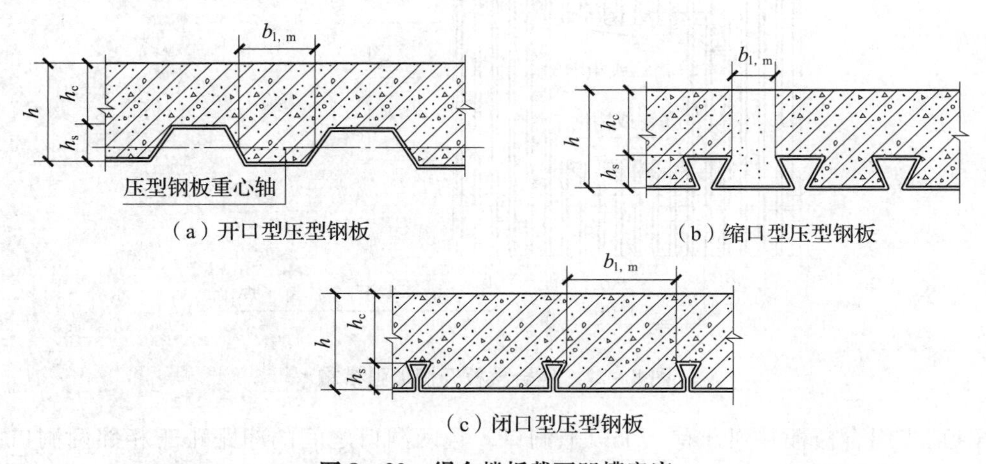

图8－20　组合楼板截面凹槽宽度

(3) 组合板的压型钢板，应采用镀锌钢板，其镀锌层厚度应满足在使用期间不致锈蚀的要求。

3 组合楼板开洞。

(1) 组合板开圆孔径或长方形边长不大于300mm时，可不采取加固措施。

(2) 组合板开孔尺寸在300～750mm应在洞口周围配置附加钢筋，附加钢筋的总面积应不少于压型钢板被削弱部分的面积。加强措施。当压型钢板的波高不小于50mm，且孔洞周边无较大集中荷载时，可按图8－21在垂直板肋方向设置角钢或附加钢筋。

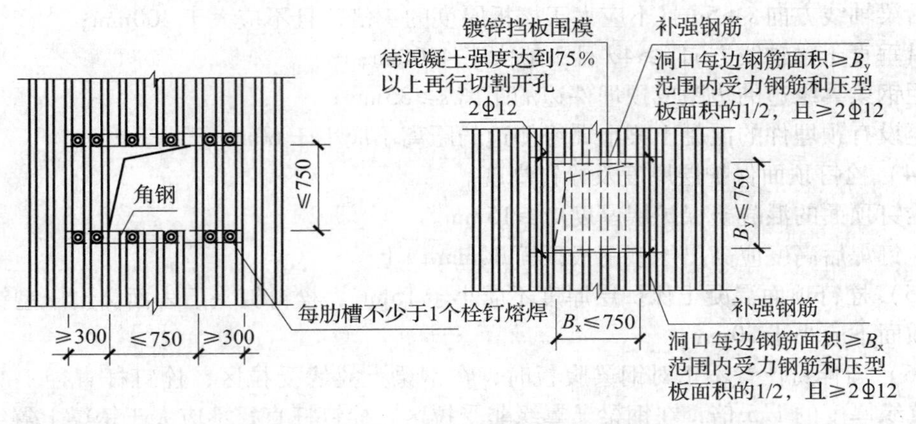

（a）开洞加强措施之一（洞口300~750）　（b）开洞加强措施之二（洞口750~1500）

图8－21 组合楼板开洞加强措施

(3) 组合楼板开洞尺寸在300～750mm之间，且孔洞周边有较大集中荷载时或组合楼板开洞尺寸在750～1500mm之间时，应采取有效加强措施。可按图8－22沿顺肋方向加槽钢或角钢并与其邻近的结构梁连接，在垂直肋方向加角钢或槽钢并与顺肋方向的槽钢或角钢连接。

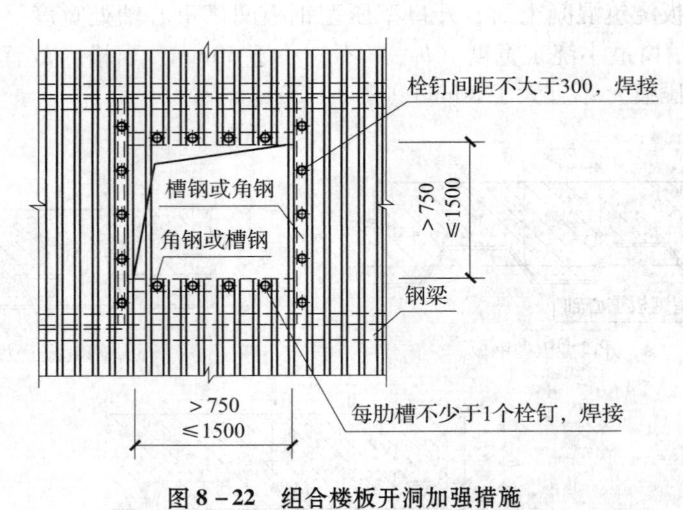

图8－22 组合楼板开洞加强措施

(4) 当组合楼板并列开有一个以上洞口，且两洞口之间的净距小于相邻两洞口宽之和时，应验算洞口间板带的承载能力，并根据计算结果采取相应的加强措施。

（5）柱与梁交接处的压型钢板支托构造见图8－23；组合楼板与剪力墙侧面连接构造见图8－24；压型钢板边缘节点做法见图8－25。

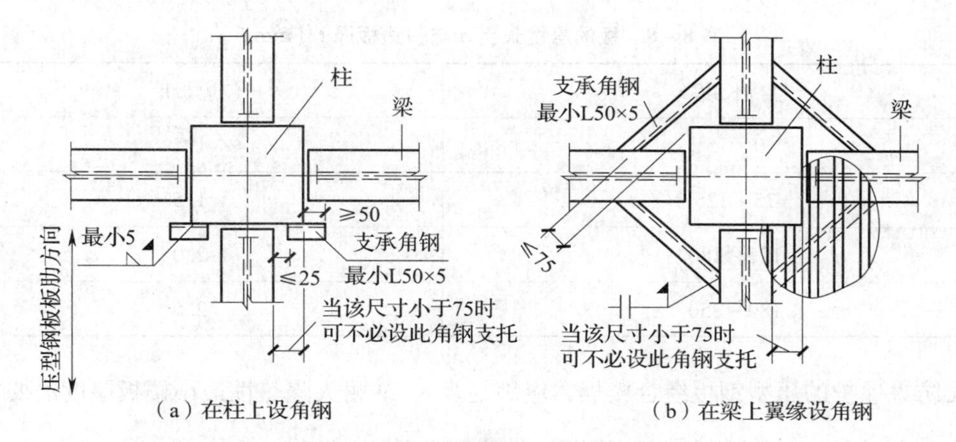

（a）在柱上设角钢　　（b）在梁上翼缘设角钢

图8－23　柱与梁交接处的压型钢板支托构造

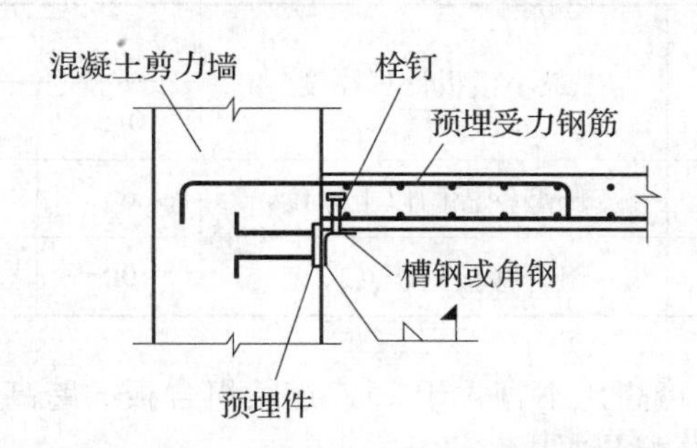

图8－24　组合楼板与剪力墙侧面连接构造

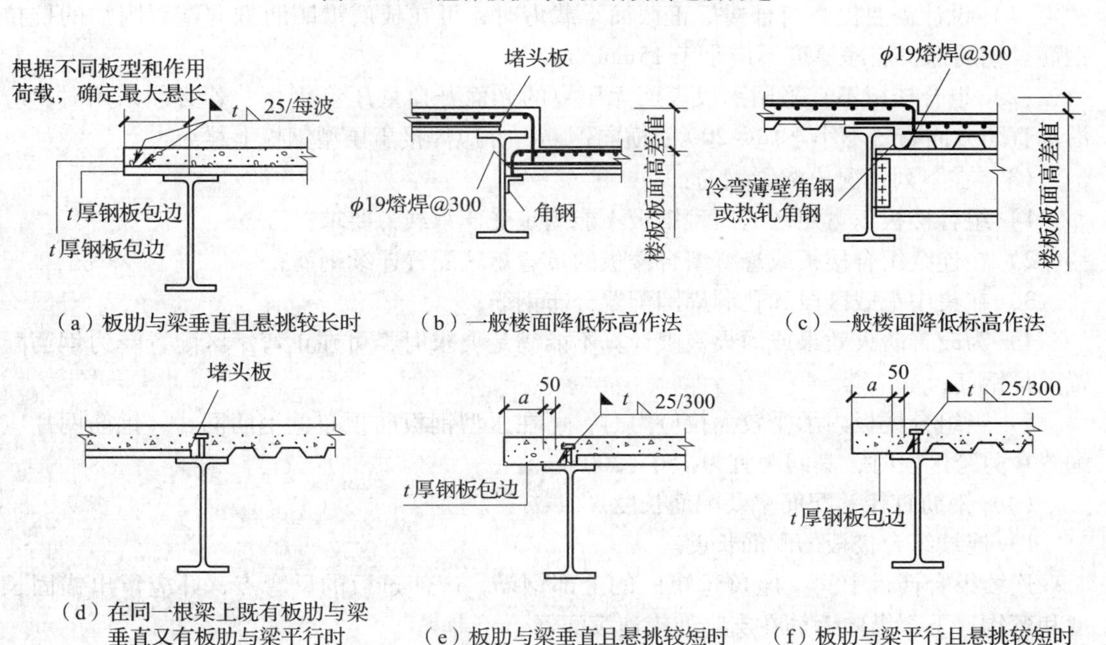

（a）板肋与梁垂直且悬挑较长时　（b）一般楼面降低标高作法　（c）一般楼面降低标高作法

（d）在同一根梁上既有板肋与梁垂直又有板肋与梁平行时　（e）板肋与梁垂直且悬挑较短时　（f）板肋与梁平行且悬挑较短时

图8－25　压型钢板边缘节点作法

（6）组合板的总厚度不应小于90mm，在钢铺板表面上的厚度不应小于50mm，并应符合表8－8中楼板防火保护层厚度的要求。

表8－8 板的悬挑长度 *a* 与包边板厚 *t*（mm）

悬挑长度 *a*	包边板厚 *t*
0～75	1.2
75～125	1.5
125～180	2.0
180～250	2.6

无防火保护的压型钢板组合楼板，应满足表8－9耐火隔热性最小楼板厚度的要求。

表8－9 压型钢板组合楼板的隔热最小厚度（mm^2）

压型钢板类型	最小楼板计算厚度	隔热极限（h）			
		0.5	1.0	1.5	2.0
开口型压型钢板	压型钢板肋以上厚度	60	70	80	90
其他类型的压型钢板	组合楼板的板总厚度	90	90	110	125

另外，简支组合板的跨高比不宜大于25，连续组合板的跨高比不宜大于35。

4 组合板混凝土层的配筋要求。

（1）设计需要提高组合楼板正截面承载力时，可在板底沿顺肋方向配置附加的抗拉钢筋。钢筋保护层净厚度不应小于15mm。

（2）组合楼板不宜采用钢板表面无压痕的光面开口型压型钢板，若必须采用时，应沿垂直肋方向布置不小于如@200的横向钢筋，并应焊接于压型钢板上翼缘。

（3）在下列情况应配置钢筋：

1）组合楼板正弯矩区的压型钢板不能满足受弯承载力要求；

2）在连续组合楼板或悬臂组合楼板的负弯矩区配置连续钢筋；

3）在集中荷载区段和孔洞周围配置分布钢筋；

4）为改善防火效果或耐火极限计算不能满足要求时，可在正弯矩区配置受力钢筋配置受拉钢筋；

5）当组合楼板内承受较大拉应力时，可在压型钢板肋顶布置钢筋网片，钢筋网片应配置在剪跨区段时，其间距宜为150～300mm。

（4）钢筋直径、配筋率及配筋长度。

1）连续组合楼板的配筋长度。

连续组合楼板中间支座负弯矩区的上部钢筋，应伸过板的反弯点，并应留出锚固长度和弯钩；下部纵向钢筋在支座处应连续配置。

2）按简支板设计的连续组合楼板。

抗裂钢筋截面面积应大于相应混凝土截面的最小配筋率0.2%。

抗裂钢筋的配置长度从支承边缘算起不小于 $l/6$（l 为板跨度），且应与不少于 5 根分布钢筋相交。

抗裂钢筋最小直径 $d \geq 4$mm，最大间距 $s = 150$mm，顺肋方向抗裂钢筋的保护层厚度宜为 20mm。

与抗裂钢筋垂直的分布筋直径，不应小于抗裂钢筋直径的 2/3，其间距不应大于抗裂钢筋间距的 1.5 倍。

3）集中荷载作用部位的配筋。

非组合板应按钢筋混凝土板设置钢筋。连续组合板及悬臂板的负弯矩区应按计算配置负弯矩钢筋，且配筋率不小于 0.2%。

组合楼板在有较大集中（线）荷载作用部位应设置横向钢筋，其截面面积不应小于压型钢板肋以上混凝土截面面积的 0.2%，延伸宽度不应小于集中（线）荷载分布的有效宽度 b_e（图 8－11）。钢筋的间距不宜大于 150mm，直径不宜小于 6mm。

4）板端板面构造配筋。

在沿墙的四周以及角部，计算时一般按简支支座考虑，但是因为板伸入墙内，实际上存在着负弯矩，因此应在板的顶面，按《混凝土结构设计规范（2015 年版）》GB 50010—2010 的要求配置附加钢筋，并可减小板面裂缝。为了防止混凝土收缩及温度等影响，也为了起到分布荷载的作用，应在混凝土板中配置分布钢筋网，其面积可取这部分混凝土面积的 0.1%。

5　组合板的支承长度。

（1）组合板在钢梁上的支承长度不应小于 75mm，其中压型钢板在钢梁的支承长度不应小于 50mm。无论端支座或连续板的中间支座，均应符合此要求，如图 8－26（a）、（b）所示。支承于钢筋混凝土梁或砌体上时，组合板的支承长度不应小于 100mm，其中压型钢板的支承长度不应小于 75mm，如图 8－26（c）、（d）所示。

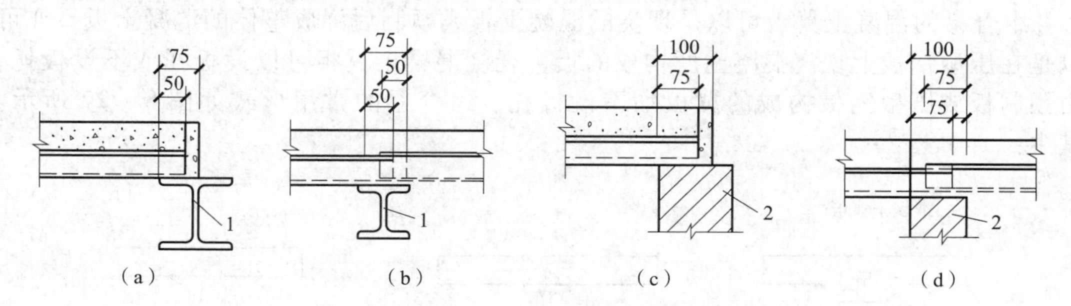

图 8－26　组合板的支承要求

1—钢梁；2—混凝土或砌体

（2）组合板中一般存在着裂缝，对裂缝宽度应有所限制。处于室内正常环境的组合板，板面负弯矩的裂缝（连续板中间支座处或悬臂板负弯矩区）宽度不应超过 0.3mm。对于处于室内高湿度环境或室外露天的组合板，则不应超过 0.2mm。

（3）组合楼板支承于混凝土梁上时，可采用在混凝土梁上设置预埋件。

预埋件设计应符合现行国家标准《混凝土结构设计规范（2015 年版）》GB 50010—2010 的要求，不得采用膨胀螺栓固定预埋件。

（4）组合楼板支承于砌体墙上时，可采用在砌体墙上设混凝土圈梁，圈梁上设置预埋件。

（5）组合楼板支承于剪力墙侧面上，宜在剪力墙预留钢筋，并与组合楼板连接。剪力墙侧面预埋件不得采用膨胀螺栓固定，可采用图 8－24 所示的构造形式。剪力墙预留钢筋、预埋件的设置应符合现行国家标准《混凝土结构设计规范（2015 年版）》GB 50010—2010 的要求。图 8－26 中的槽钢或角钢尺寸及与预埋件的焊接应按现行国家标准《钢结构设计标准》GB 50017—2017 确定，槽钢或角钢不应小于[80 或 L70X5，焊缝高度不小于 5mm。

（6）当组合楼板在与柱相交处被切断，且梁上翼缘外侧至柱外侧的距离大于 75mm 时，应采取加强措施。可采取在柱上或梁上翼缘焊支托方式（图 8－23）进行处理。当柱为开口型截面（如 H 形截面）时，可在梁上翼缘柱截面开口处设水平加劲肋。

5 压型钢板与钢梁接触表面的处理

压型钢板支承于钢梁上时，在其支承长度范围内应涂防锈漆，但其厚度不宜超过 50μm。压型钢板板肋与钢梁平行时，钢梁上翼缘表面不应涂防锈漆，以使钢梁表面与混凝土间有良好的结合。压型钢板端部的栓钉部位宜进行适当的除锌处理，以提高栓钉的焊接质量。

8.2 钢与混凝土组合梁设计

8.2.1 概述。

1 组合梁的组成及特点。

组合梁由钢梁、钢筋混凝土板及两者之间的剪切连接件组成为整体而共同工作的一种结构形式。

混凝土处于受压区（正弯矩区段），钢梁主要处于受拉区，两种不同材料都能充分发挥各自的长处、受力合理，节约材料。

由于处于受压区的钢筋混凝土板刚度较大，对避免钢梁的整体与局部失稳有着明显的作用，使钢梁用于防止失稳方面的材料（包括按计算及构造要求）大为节省。

组合梁的混凝土翼板可以是现浇的混凝土板或预制后浇成整体的混凝土板，亦可以是在压型钢板上现浇混凝土所构成的板，现浇混凝土翼板可以设板托或不设板托；由预制板或压型钢板构成的翼板均不设板托。组合梁的常用形式如图 8－27 所示。其中：

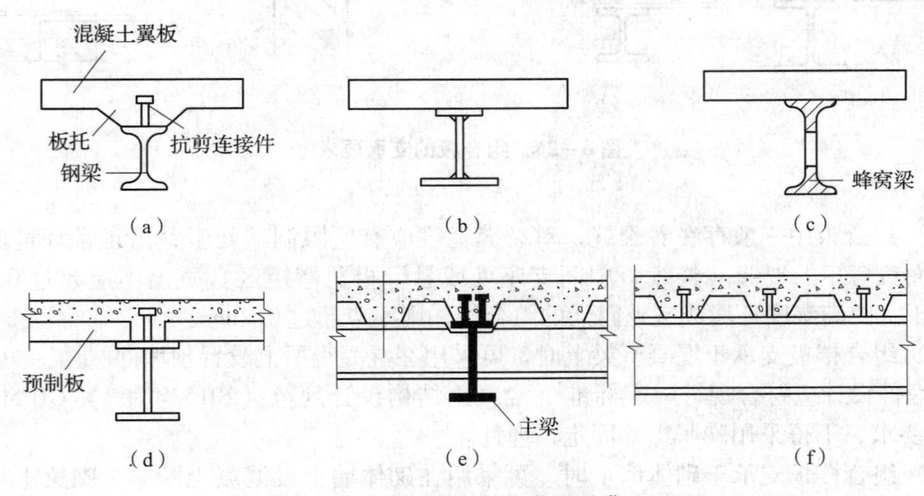

图 8－27 组合梁的常用形式

（1）图8－27（a）为有板托的，钢梁为型钢的组合梁。

（2）图8－27（b）为无板托，梁为焊接工字形钢，此时，上翼缘截面常小于下翼缘截面，以节约钢材。

（3）图8－27（c）的钢梁为蜂窝梁，可在梁腹板孔洞中穿越管线，适用于跨度较大而荷载较轻的情况。

（4）图8－27（d）为预制混凝土板后浇成整体的组合梁。

（5）图8－27（e）为压型钢板组合梁（肋平行于钢梁）。

（6）图8－27（f）为压型钢板组合梁（肋垂直于钢梁）。

组合钢梁的主要优点：

（1）简支组合梁，可利用钢梁上组合楼板混凝土的受压作用，增加了梁截面的有效高度，提高了梁的抗弯承载力和抗弯刚度，可节省钢材和降低造价。

1）组合梁与钢筋混凝土梁板结构相比，可节约模板和预埋件，减轻自重，降低层高，方便施工，缩短工期，且便于安装管线。

2）组合梁与非组合梁（即钢筋混凝土板与钢梁相互独立，不共同工作）相比有下列优点：

①当按弹性理论计算时，能节约钢材15%左右；按塑性理论计算时，可节约20%～40%；当按弹性计算时，施工中在钢梁下设临时支撑的耗钢量，约为不设临时支撑的80%。

②约降低造价10%。

③梁高能减少10%～15%。

④提高了抗弯刚度，梁的挠度可减少30%左右。

⑤抗震、抗冲击性能好，能降低冲击系数达20%。

（2）高层民用建筑中一般均在楼盖结构下设置吊顶，故组合梁的钢梁部分可采用防火厚涂料，不影响观感。

（3）采用连续组合梁及框架组合梁可取得较好效果，结合具体工程的条件综合考虑。

从受力与材料利用的合理性考虑，将组合梁设计成简支梁，承受正弯矩。刚度较大的混凝土板处于受压区，而抗拉强度高，厚度较薄的型钢置于受拉区，充分发挥各种材料强度，又不易发生整体与局部失稳。用于连续梁、悬臂梁时，其优越性显然不如简支梁好；但是一方面为全面地考虑工程需要，另一方面从连续梁与简支梁的内力和变形相比，采用连续梁，内力和变形能减小很多，因此在实际工程组合连续梁仍有采用。

2　组合梁中的钢梁。

组合梁中钢梁的一般设计原则与全钢梁相同，所不同的是根据组合梁受力特点，采用上翼缘窄而下翼缘宽的不对称工字形截面较为理想。

跨度小、荷载轻的组合梁，最常用的截面是采用小型工字形钢；当荷载较大时，由于大型工字形钢上翼缘不能有效利用，而往往采用小型工字形钢，并在工字钢下翼缘的下面加焊钢板，形成不对称截面。

组合梁的边梁适合用槽钢制作，如将槽钢与混凝土板边缘对齐，对外露钢梁可得到光洁的饰面，窗下墙板或栏杆可以方便的固定在槽钢上［图8－28（d）］。

对于大跨度，承受重载的组合梁，可采用不对称的工字钢，不对称的工字钢可以在多种方法加工而成。可用两根不同型号的工字钢沿纵向割开并相互焊接而成，或在半个大型工字钢的腹板上，焊一条窄的上翼缘板，也可用三块板焊成板梁。

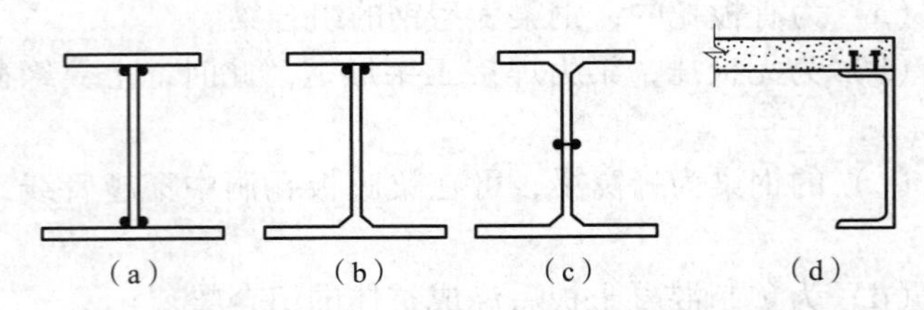

图 8-28 组合梁中钢梁的截面形式

在管道较多的情况下，为了节约钢材，便于楼层管道通过，可采用蜂窝梁（图 8-29）。

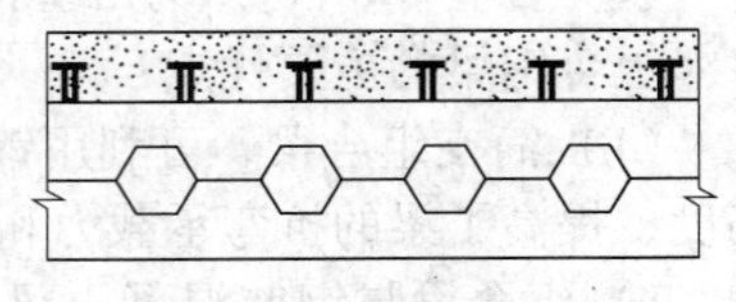

图 8-29 蜂窝组合梁

组合梁中钢梁的材质宜选用 Q235-BF 或 Q345。

当组成板件的厚度不同时，可统一取用较厚板件的强度设计值。

3 组合梁的剪切连接件。

剪切连接件是钢梁与混凝土板能否组合成一体并可靠地共同工作的关键。连接件主要作用是承受钢梁与钢筋混凝土板二者叠合面之间的纵向剪力，限制二者相对滑移，及抵抗使混凝土板对钢梁具有分离趋势的“掀起力”。

(1) 连接件的种类。

组合梁的抗剪连接件宜采用栓钉，也可采用槽钢或有可靠依据的其他类型连接件。栓钉、槽钢及弯筋连接件的设置方式如图 8-30 所示。其中，8-30（a），图 8-30（b）为刚性连接件。

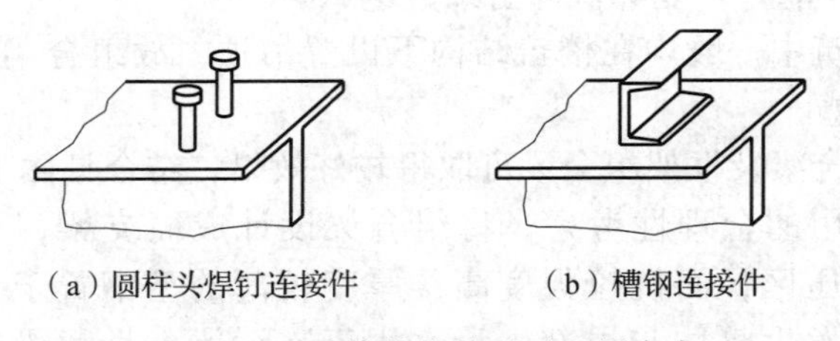

（a）圆柱头焊钉连接件　（b）槽钢连接件

图 8-30 连接件的外形及设置方向

1）圆柱头焊钉［图 8-30（a）］，主要靠栓杆抗剪来承受剪力，用圆头抵抗掀拉力，这种连接杆件施工很方便，其下端带有焊剂，外套瓷环。按设计位置用专门电焊机接触焊，效率很高。

2）槽钢［图 8-30（b）］，一般用于无板托或板托高度较小的情况。槽钢翼缘的肢尖应指向水平剪力方向，即让槽钢背侧受压以免肢尖受压使混凝土劈裂。槽钢主要靠抗剪来承受水平剪力，槽钢的上翼缘可用来抵抗掀拉力。

(2) 连接件所采用的材料。

1）焊钉连接件宜选用普通碳素钢，其材质性能应符合现行国家标准《电弧螺柱焊用圆柱头焊钉》GB/T 10433—2002，其抗拉强度设计值（f_s）可采用 $f_s = 200\text{N/mm}^2$。

2）槽钢连接件，一般用 Q235 材质的小型号槽钢。

4 混凝土板。

可采用现浇或压型钢板组合板，也可采用预制钢筋混凝土板，预制混凝土板可缩短工期，但要求预制板尺寸误差小，施工组织要严密，现浇板的混凝土强度等级不低于

C20，预制板视跨度，荷载的大小而采用混凝土强度等级 C20 ~ C40，采用较高的混凝土强度等级，可充分发挥混凝土板在组合梁结构中的作用，降低钢材用量。板中的配筋，可根据外荷载大小，采用 HPB 或 HRB 级钢筋。

在组合梁的正弯矩部位，混凝土板起着受压翼缘的作用，与钢梁共同工作，在负弯矩部位，板内纵向钢筋受拉，钢梁承受压力。

5 板托。

板托增加组合梁截面高度，增强组合梁抗弯及抗剪能力，节约钢材、增强刚度和可靠度。在组合梁设计中，宜优先采用带混凝土板托的组合梁（图 8 - 31），但在组合截面计算中，一般可不考虑混凝土板托截面的影响。

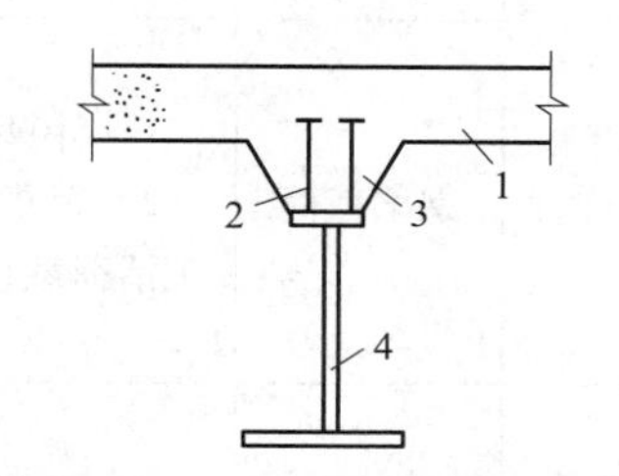

图 8 - 31 带混凝土板托的组合梁

1—混凝土板；2—圆柱头焊钉连接件；3—板托；4—钢梁

6 组合梁设计的一般规定。

（1）组合梁的设计均遵照极限状态设计准则进行，对于不直接承受动力荷载，由混凝土翼板与钢梁通过抗剪连接件组成的组合梁，其承载力（强度及连接）极限状态设计一般采用塑性设计方法，但对承受直接动力荷载的组合梁及其钢梁截面受压板件不符合塑性设计要求的组合梁，仍应采用弹性设计方法，此时，其荷载作用可简化仅按基本组合设计值计算。当有必要时，亦可按准永久组合设计值（考虑徐变影响）进行计算。对于直接承受动力荷载的组合梁，应按相关的要求进行疲劳计算。

（2）组合梁抗剪连接件的极限状态设计方法，应与梁载面受弯设计方法相对应，分别采用塑性方法或弹性方法进行。

（3）无论采用弹性设计或塑性设计方法，组合梁的设计一般均应按施工阶段及使用阶段两种工况进行，但当施工阶段钢梁下设临时支承（支承后梁跨度小于 3.5m）时，可只按使用阶段设计。

1）施工阶段，为混凝土翼板强度达到 75% 强度设计值之前，梁自重与施工荷载均由钢梁承受，其强度、稳定性和变形均应按现行国家标准《钢结构设计标准》GB 50017—2017 进行设计与计算，并满足有关要求。

计算组合梁挠度和负弯矩区裂缝宽度时应考虑施工方法及工序的影响。计算组合梁挠度时，应将施工阶段的挠度和使用阶段续加荷载产生的挠度相叠加，当钢梁下有临时支撑时，应考虑拆除临时支撑时引起的附加变形。计算组合梁负弯矩区裂缝宽度时，仅考虑形成组合截面后引入的支座负弯矩值。

负弯矩区段的混凝土板可以在正弯矩区形成组合作用并拆除临时支撑后再进行浇筑。

2）使用阶段，当采用弹性设计方法时，施工阶段的荷载由钢梁承受（但扣除施工活荷载），其余使用阶段后加的荷载由组合梁整体截面承受，此时，钢梁的应力计算应考虑两阶段的应力叠加，组合梁混凝土翼板的应力则只考虑使用阶段所加荷载的应力。当采用塑性设计方法时，其两个阶段的全部荷载（扣除施工活荷载）均考虑由组合梁整体截面承受来验算各部分应力。

使用此阶段组合梁的最终挠度计算应考虑施工阶段钢梁的挠度（扣除施工活荷载的挠度影响）及使用阶段组合梁的整体挠度相叠加。

（4）计算组合梁的强度及变形时，不同工况不同计算方法及所用荷载及计算要求等可参照表 8－10 所列主要内容进行。

表 8－10　组合梁设计的工况、方法、荷载及要求综合表

<table>
<tr><th rowspan="2">工况</th><th rowspan="2">计算方法</th><th rowspan="2">计算截面</th><th colspan="3">设计荷载及要求</th></tr>
<tr><th>强度计算</th><th>抗剪连接件计算</th><th>挠度及裂缝验算</th></tr>
<tr><td>施工阶段</td><td>弹性</td><td>钢梁截面</td><td>1. 计算抗弯、抗剪强度；
2. 考虑组合梁自重及施工活荷载设计值</td><td>—</td><td>按组合梁自重及施工活荷载标准值验算梁的挠度</td></tr>
<tr><td rowspan="3">使用阶段</td><td rowspan="2">弹性</td><td>混凝土上翼缘板</td><td>1. 按两个阶段应力设计值叠加（扣除施工活荷载）验算钢梁下翼缘的抗弯强度；
2. 按两阶段作用的总荷载设计值（扣除施工活荷载）作用的剪力设计值验算钢梁腹板的抗剪强度</td><td rowspan="2">按弹性方法计算，并对永久荷载及准永久荷载引起的剪力，采用考虑徐变后的换算截面计算</td><td rowspan="2">1. 梁下无临时支撑，组合梁应考虑施工阶段恒载产生的钢梁挠度和使用阶段组合梁整体挠度叠加。后者分别按荷载的标准组合和准永久组合计算挠度，取其最大值；
2. 梁下有临时支撑时，组合梁按整体梁考虑，分别按荷载的标准组合和准永久组合计算挠度，取其最大值进行验算；
3. 裂缝验算仅对连续组合梁支座负弯矩区混凝土翼板进行，其荷载用标准组合</td></tr>
<tr><td>钢梁腹板及下翼缘</td><td>1. 按全部荷载设计值产生的弯矩验算全截面塑性抗弯承载力；
2. 按全部荷载设计值产生的剪力验算钢梁腹板塑性抗剪承载力；
3. 可不计算温差及收缩应力</td></tr>
<tr><td colspan="2">组合梁整体截面</td><td>1. 按全部荷载设计值产生的弯矩验算梁全截面塑性抗弯承载力；
2. 按全部荷载设计值产生的剪力验算钢梁腹板塑性抗剪承载力；
3. 可不计算温差及收缩应力</td><td>按塑性方法计算，并在剪跨区段均可布置连接件，计算剪力为全部荷载产生的界面剪力</td><td>同弹性设计
反挠度计算时，组合梁采用考虑滑移效应的折减刚度</td></tr>
</table>

注：1　施工阶段钢梁下设临时支撑并支承跨度 <3.5m 时，可不作施工阶段钢梁验算。

2　组合梁截面的强度计算一般可按基本组合计算，当有必要时亦可按准永久组合（考虑徐变）计算。

（5）多跨连续组合梁仅适用于承受静荷载（或间接动荷载）的构件，其设计构造除与简支组合梁相同者外，尚应符合下述要求：

1）连续组合梁的内力分析一般采用弹性计算法，可不考虑温差与收缩影响，而截面计算仍可采用塑性设计方法。

2）梁支座负弯矩处，受拉混凝土翼板不参加工作，但其有效宽度内的纵向受拉钢筋仍可参加截面工作。

3）应验算支座附近或跨中的钢梁下翼缘侧向稳定以及受拉混凝土板的裂缝宽度。

（6）组合梁的正常使用极限状态验算包括挠度和负弯矩区裂缝宽度验算，应采用弹性分析方法，并考虑混凝土板剪力滞后、混凝土开裂、混凝土收缩徐变、温度效应等因素的影响。

组合梁的挠度应分别按荷载标准组合设计值及准永久组合设计值进行验算，并分别满足挠度限值的要求。

组合梁的挠度应按8.2.3条的规定，考虑混凝土翼板和钢梁之间的滑移效应对抗弯刚度进行折减。对于连续组合梁，在距中间支座两侧各0.15l（l为梁的跨度）范围内，不计受拉区混凝土对刚度的影响，但宜计入翼板有效宽度b_e范围内纵向钢筋的作用，其余区段仍取折减刚度。

受拉混凝土翼板最大裂缝宽度的验算，可只考虑荷载标准组合，其最大裂缝宽度限值应符合以下要求：

1）露天（或室内高湿度）条件的一般构件为0.2mm；

2）室内正常环境一般构件为0.3mm；

3）年平均湿度小于60%地区且活荷载与恒载之比大于0.5的构件为0.4mm。

连续组合梁应按8.2.3的规定验算负弯矩区段混凝土最大裂缝宽度W_{max}。其负弯矩内力按不考虑混凝土开裂的弹性分析方法计算得到，并通过弯矩调幅法来考虑负弯矩区混凝土开裂导致的内力重分布。

（7）混凝土板的计算宽度。

组合梁混凝土翼板的有效宽度（图8-32），应按下列公式计算，并取其中最小值。

$$b_e = b_0 + b_1 + b_2 \tag{8-32}$$

式中：b_0——板托顶部的宽度：当板托倾角$\alpha < 45°$时，应按$\alpha = 45°$计算；当无板托时，则取钢梁上翼缘的宽度；

b_1，b_2——梁外侧和内侧的翼板计算宽度，各取梁等效跨径l_e的1/6。此外，b_1尚不应超过翼板实际外伸宽度S_1；b_2不应超过相邻钢梁上翼缘或板托间净距S_0的1/2。当为中间梁时，公式（8-20）中的$b_1 = b_2$；

l_e——等效跨径。对于简支组合梁，取为简支组合梁的跨度l。对于连续组合梁，中间跨正弯矩区取为0.6l，边跨正弯矩区取为0.8l，支座负弯矩区取为相邻两跨跨度之和的0.2倍。

（8）对有防火、耐火要求的组合梁，其外露钢梁部分及兼作楼板受力钢筋用的压型钢板部分均应按耐火时限要求采取喷涂防火涂料等防火措施。同时其混凝土翼板的厚度及钢筋保护层厚度亦应符合防火要求。

（9）作用在组合梁上的主要荷载。

1）永久荷载，楼板及梁的自重、面层自重、固定设备重量等。

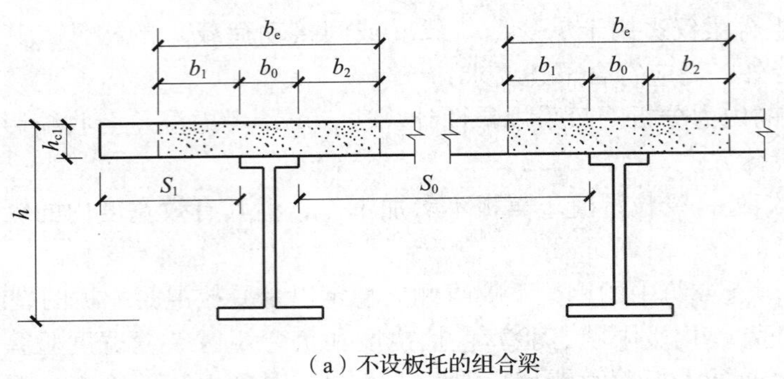

（a）不设板托的组合梁

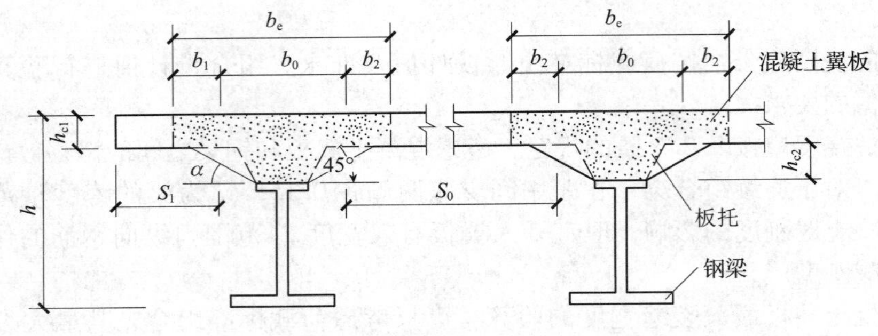

（b）设板托的组合梁

图 8－32　组合梁的截面组成

2）可变荷载，雪荷载，积灰荷载，楼板均布活荷载，施工荷载，风荷载及运输设备的活荷载等。

3）地震作用。

4）温度作用，对于露天环境下使用的组合梁以及直接受热源辐射作用的组合梁，应考虑温度效应的影响，一般情况下钢梁和混凝土翼板间的计算温度差可采用 10～15℃，在有可能发生更显著温差的情况下则按实际温差考虑。

混凝土收缩产生的内力及变形可按组合梁混凝土板与钢梁之间的温差－15℃计算。

（10）可采用调整钢材与混凝土弹性模量比 E 的方法考虑混凝土徐变的影响，一般情况下可取钢与混凝土的长期弹性模量比为 $2E$。

（11）在强度和变形满足要求的前提下，组合梁可以按照部分抗剪连接进行设计。部分抗剪连接仅用于跨度不超过 20m 且不直接承受动力荷载的组合梁。

（12）按本节规定考虑全截面塑性发展进行组合梁的强度计算时，钢梁钢材的强度设计值 f 应按表 2－24 的规定采用。组合梁负弯矩区段所配纵向受拉钢筋的强度设计值按现行国家标准《混凝土结构设计规范（2015 年版）》GB 50010—2010 的有关规定采用。除按要求通过抗剪连接件与混凝土板有效连接的钢梁上翼缘外，组合梁钢梁的板件宽厚比应满足《新钢结构设计手册》表 2－24 规定的受弯构件 S1 级的要求。

组合梁承载能力按塑性分析方法进行计算时，连续组合梁和框架组合梁在竖向荷载作用下的内力采用不考虑混凝土开裂的模型进行弹性分析，并采用弯矩调幅法考虑负弯矩区混凝土开裂以及截面塑性发展的影响，内力调幅系数不宜超过 30%。

（13）组合梁尚应进行混凝土翼板的纵向抗剪验算；在组合梁的强度、挠度和裂缝计算中，可不考虑板托截面。

8.2.2 按弹性设计方法计算组合梁。

1　弹性设计方法采用下列假定：

（1）钢材与混凝土为理想的弹性体。

（2）混凝土与钢梁整体工作，接触面间无相对滑移（其值很小，故忽略不计）。

（3）受弯后混凝土和钢梁整体截面保持平面，弹性体受力和三角形应力分布（符合平面假定）。

（4）不考虑板托以及翼板、板托内的钢筋对截面计算的影响。

（5）混凝土翼板不分受压或受拉区，一律全部计入截面。

（6）所有剪力均由钢梁腹板承受。

（7）钢梁截面的受压翼缘宽（高）厚比应符合表 8－11 的要求。

表 8－11　受压翼缘宽厚比限值

截面形式	宽厚比限值	符号说明
b　t	$\frac{b}{t} \leqslant 13\sqrt{\frac{235}{f_y}}$	b——翼缘板自由外伸宽度
b_0　t　t　b_0 b_0 b	$\frac{b_0}{t} \leqslant 42\sqrt{\frac{235}{f_y}}$	b_0——箱形梁截面受压翼缘在两腹板之间的宽度，当箱形梁受压翼缘有纵向加劲肋时，则为腹板与纵向加劲肋之间的翼缘的宽度

连续组合梁采用弹性分析时应符合下列规定：

（1）不计入负弯矩区段内受拉开裂的混凝土翼板对刚度的影响；

（2）在正弯矩区段，换算截面应根据荷载标准组合或荷载准永久组合采用相应的刚度；

（3）负弯矩区受拉开裂的翼板长度，可按试算法确定。

2　按弹性分析时，应将受压混凝土翼板的有效宽度 b_e。折算成与钢材等效的换算宽度 b_{eq}，构成单质的换算截面（图 8－33）。

（1）荷载的标准组合：

$$b_{eq} = b_e / \alpha_E \qquad (8-33a)$$

（2）荷载的准永久组合：

$$b_{eq} = b_e / 2\alpha_E \qquad (8-33b)$$

式中：b_{eq}——混凝土翼板的换算宽度；

b_e——混凝土翼板的有效宽度；

α_E——钢材弹性模量对混凝土模量的比值。见表 8－12。

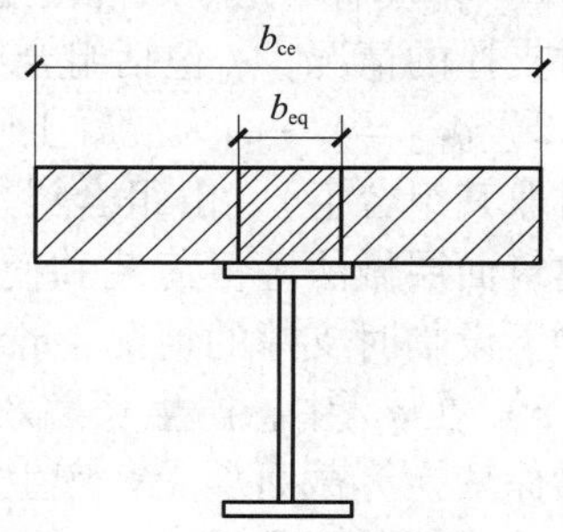

图 8－33　组合梁的换算截面

表 8－12 钢与混凝土弹性模量比

混凝土强度等级	C20	C25	C30	C35	C40	C45	C50	C55	C60
E	20.6								
E_c	2.55	2.80	3.00	3.15	3.25	3.35	3.45	3.55	3.60
α_E	8.08	7.36	6.87	6.54	6.34	6.15	5.97	5.80	5.72

注：表中 E_s为钢材弹性模量（$10kN/mm^2$）；E_c为混凝土弹性模量（$10kN/mm^2$）；α_E为钢与混凝土弹性模量比。

3 设计组合梁时，荷载的采用应符合下列要求：

（1）施工阶段，对钢梁进行强度和变形验算时，应考虑以下荷载：

1）永久荷载，已浇筑尚未硬化混凝土的自重、钢梁自重，如果利用钢梁支承混凝土板的模板，尚应包括模板及其支撑的自重。

2）可变荷载，包括施工荷载和附加荷载。当有过量冲击、混凝土堆放、管线和设备荷载时，应增加附加荷载。组合梁施工时，当其钢梁下边设有多个临时支撑时，钢梁可不进行施工阶段的应力，变形的稳定性等计算。

（2）使用阶段，应对组合梁在全部荷载作用下的强度和变形进行验算。

全部荷载 Q 应按其作用阶段和性质划分为 q_1、q_2、q_3三部分，分别计算后将结果叠加。

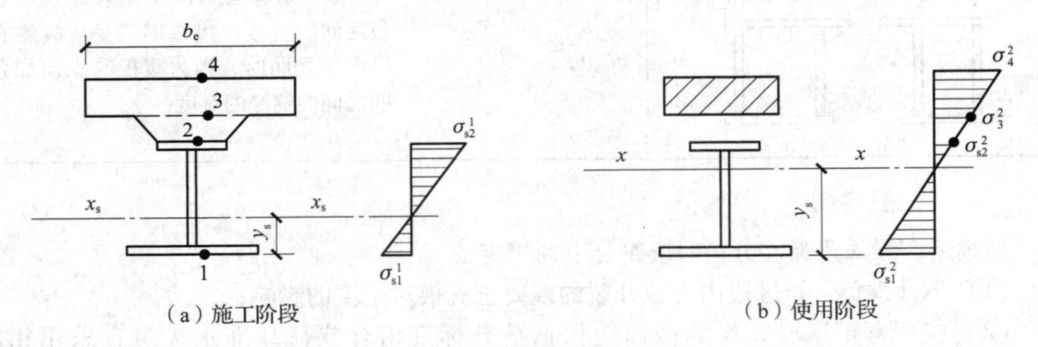

图 8－34 组合梁的弹性分析

其中：

1）q_o为施工完毕后混凝土硬结前加于钢梁的荷载，由钢梁承受，对施工时梁下不设临时支撑的情况，q_0包括组合梁自重和吊挂模板重量；施工中梁下设临时支承时，$q_o=0$。

2）$q_{1,2}=q_1+q_2$为混凝土硬结即组合梁形成后再施加的全部恒、活荷载（有几种活荷载时取其组合值），由组合梁承受，对施工时梁下不设临时支撑的情况，$q_{1,2}$包括后施工的建筑面层做法等恒荷载和使用活荷载等，并扣除此阶段拆除的吊挂模板重量，对施工时梁下设临时支撑的情况，$q_{1,2}$包括全部恒、活荷载。

3）在 $q_{1,2}$中，产生长期效应部分（即永久荷载和活荷载的准永久值部分）为 q_1由组合梁徐变换算截面承受；产生短期效应部分（即活荷载的非准永久值部分）为 q_1由组合梁弹性换算截面承受。

4）组合梁换算截面特征计算见表 8－13。使用阶段应力计算见表 8－14。

表 8－13 钢梁和组合梁换算截面特征计算公式

项次	构件名称	截面形式	面积	中和轴距离	惯性矩	上翼缘截面模量	下翼缘截面模量
1	钢梁	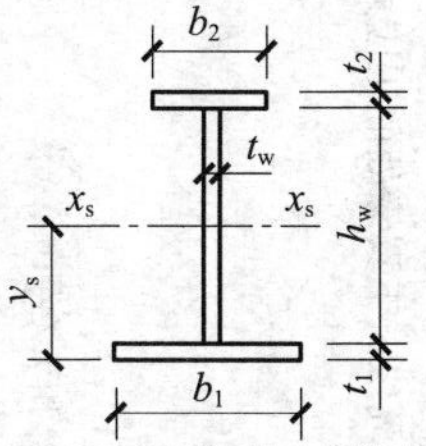	$A_s = b_1t_1 + h_wt_w + b_2t_2$	$y_s = \left[\frac{b_1t_1^2}{2} + h_wt_w\left(\frac{h_w}{2}+t_1\right) + b_2t_2\left(t_1+h_w+\frac{t_2}{2}\right)\right] \Big/ A_s$	$I_s = \frac{1}{12}(b_1t_1^3 + t_wh_w^3 + b_2t_2^3) + b_1t_1\left(Y_s - \frac{t_1}{2}\right)^2 + h_wt_w\left(\frac{h_w}{2}+t_1-Y_s\right)^2 + b_2t_2\left(\frac{t_2}{2}+h_w+t_1-y_s\right)^2$	$W_{s2} = \frac{I_s}{t_1+t_2+h_w-y_s}$	$W_{s1} = \frac{I_s}{y_s}$
2	组合梁：中和轴在钢梁内	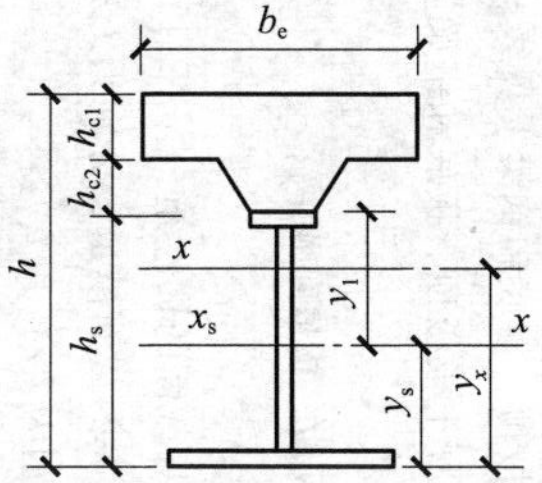	$A_o = \frac{b_ch_{c1}}{\alpha_E} + A_s = \frac{A_{ce}}{\alpha_E} + A_s$	$y_s = \left[A_sy_s + \frac{b_eh_{c1}}{\alpha_E}\left(h - \frac{h_{c1}}{2}\right)\right] \Big/ A_o$	$I_{sc} = \frac{1}{12}\left(\frac{b_e}{\alpha_E}\right)(h_{c1})^3\left(h - y_x - \frac{h_{c1}^2}{2}\right) + I_s + A_s(y_x - y_s)^2$	$W_{oc} = \frac{I_o}{h - y_x}$	$W_{os} = \frac{I_o}{y_x}$
	组合梁：中和轴在混凝土板内	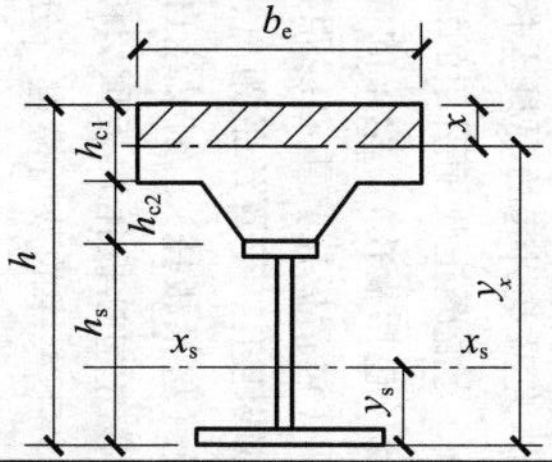	$A_o = \left(\frac{b_e}{\alpha_E}\right)x + A_s = \frac{A_{ce}}{\alpha_E} + A_s$	根据绕中和轴的面积矩为零的方程求解 x：$\frac{b_e}{2\alpha_E}\cdot x^2 - A_s(h - y_s - x) = 0$；$y_x = h - x$	$I_o = \frac{1}{3}\left(\frac{b_e}{\alpha_E}\right)x^3 + I_s + A_s(h - y_s - x)^2$	$W_{oc} = \frac{I_o}{x}$	$W_{os} = \frac{I_o}{y_x}$

注：1 若考虑混凝土的徐变影响时，则表中$\frac{b_e}{\alpha_E}$以$\frac{b_e}{2\alpha_E}$代替。

2 计算组合梁的截面特征时，一般先按式（8－34）求算换算截面中和轴的位置。

$$y_x = \frac{\sum A_iy_1}{\sum A_i} \tag{8-34}$$

式中 A_i——第 i 单元的截面面积；y_i——第 i 单元中心至基线的距离。

当中和轴位于混凝土翼板内且混凝土受压区高度 $x \geqslant 0.6h_{cl}$时，可采用简化计算的方法，即仍按表中第二项的公式计算，此时误差不大于10%，若 $x < 0.6h_{cl}$时，则应按表中第3项的精确方法进行计算。

表 8－14　组合梁使用阶段应力计算公式

截面位置	组合梁正应力，当作用或荷载为以下各项时				钢梁应力	
	1	2	3	4	剪应力	折算应力
	竖向荷载	竖向荷载考虑徐变	温差作用	收缩作用		
混凝土板顶面	$\sigma_{oc}^{t}=\dfrac{-M_{II}}{\alpha_E W_{oc}^{t}}$ (8－35)	$\sigma_{oc}^{tc}=-\dfrac{M_{II}}{\alpha_E W_{oc}^{t}}-\dfrac{M_{IIg}}{2\alpha_E W_{oc}^{tc}}$ (8－39)	$\sigma_{oc}^{tt}=T_t\left(\dfrac{1}{A_c}-\dfrac{y_2}{W_1}\right)$ (8－43)	$\sigma_{oc}^{ts}=T_s\left(\dfrac{1}{A_c}-\dfrac{y_2}{W_1}\right)$ (8－47)	$\tau=\dfrac{V_{Ig}S_{sc}}{I_{sc}t_w}+\dfrac{(V_{IIq}+V_{IIg})S_{scl}}{I_{scl}\tau_w}\leqslant f_v$ (8－51)	$\sqrt{\sigma^2+3\tau^2}\leqslant 1.1f$ (8－52)
混凝土板底面	$\sigma_{oc}^{b}=\pm\dfrac{M_{II}}{\alpha_E W_{oc}^{b}}$ (8－36)	$\sigma_{oc}^{bc}=\pm\dfrac{M_{IIq}}{\alpha_E W_{oc}^{b}}\pm\dfrac{M_{IIg}}{2\alpha_E W_{oc}^{bc}}$ (8－40)	$\sigma_{oc}^{bt}=T_t\left(\dfrac{1}{A_c}+\dfrac{y_2}{W_2}\right)$ (8－44)	$\sigma_{oc}^{bs}=T_s\left(\dfrac{1}{A_c}+\dfrac{y_2}{W_2}\right)$ (8－48)		
钢梁上翼缘	$\sigma_{o}^{t}=-\dfrac{M_{Is}}{W_1}\pm\dfrac{M_{II}}{W_{o}^{t}}$ (8－37)	$\sigma_{o}^{tc}=\pm\dfrac{M_{IIq}}{W_{o}^{t}}\pm\dfrac{M_{Ig}+M_{IIg}}{W_{o}^{tc}}$ (8－41)	$\sigma_{o}^{tt}=-T_t\left(\dfrac{1}{A_s}-\dfrac{y_3}{W_3}\right)$ (8－45)	$\sigma_{o}^{ts}=-T_s\left(\dfrac{1}{A_c}+\dfrac{y_3}{W_3}\right)$ (8－49)		
钢梁下翼缘	$\sigma_{o}^{b}=\dfrac{M_{Is}}{W_1^{b}}+\dfrac{M_{II}}{W_{o}^{b}}$ (8－38)	$\sigma_{o}^{bc}=\dfrac{M_{IIq}}{W_{o}^{b}}+\dfrac{M_{Ig}+M_{IIg}}{W_{o}^{bc}}$ (8－42)	$\sigma_{o}^{bt}=-T_t\left(\dfrac{1}{A_s}-\dfrac{y_3}{W_4}\right)$ (8－46)	$\sigma_{o}^{bs}=-T_s\left(\dfrac{1}{A_c}-\dfrac{y_3}{W_4}\right)$ (8－50)		

注：M_{IIq}为使用阶段活荷载产生的弯矩；

M_{Ig}、M_{IIg}为施工阶段、使用阶段的永久载产生的弯矩；

M_{II}为使用阶段荷载产生的弯矩为M_{IIq}、M_{IIg}之和；

α_E为钢与混凝土弹性模量比；

W_{oc}^{t}、W_{oc}^{b}为组合梁在荷载基本组合作用时，换算截面中混凝土板板顶、板底的截面模量；

W_1^{t}、W_1^{b}为钢梁截面上、下翼缘的截面模量；

W_o^{t}、W_o^{b}为组合梁在荷载的基本组合作用时换算截面中钢梁上、下翼缘的截面模量；

W_{oc}^{tc}、W_{oc}^{bc}为组合梁在荷载的准永久组合作用时换算截面中混凝土板板顶、板底的截面模量；

W_o^{tc}、W_o^{bc}为考虑荷载准永久组合作用时换算截面中，钢梁上、下翼缘的截面模量；

σ_o^{t}、σ_o^{b}为垂直荷载作用下钢梁上、下翼缘的正应力；

σ_{oc}^{t}、σ_{oc}^{b}为垂直荷载作用下混凝土板板顶、板底的正应力；

σ_o^{tc}、σ_o^{bc}为考虑混凝土徐变在垂直荷载作用下钢梁上、下翼缘的正应力；

σ_{oc}^{tc}、σ_{oc}^{bc}为考虑混凝土徐变在垂直荷载作用下混凝土板板顶、板底的正应力；

σ_{oc}^{tt}、σ_{oc}^{bt}、σ_0^{tt}、σ_o^{bt}为温差引起的混凝土板板顶、板底和钢梁上翼缘、下翼缘处的正应力；

σ_{oc}^{ts}、σ_{oc}^{bs}、σ_0^{ts}、σ_o^{bs}为混凝土收缩引起的混凝土板板顶、板底和钢梁上翼缘、下翼缘处的正应力；

A_c、A_s为混凝土板（包括板托）、钢梁的面积；

y_1、y_2为混凝土板（包括板托）重心线距板顶、板底的距离；

y_3、y_4为钢梁重心线距上、下翼缘的距离；

I_c、I_s为混凝土板（包括板托）、钢梁绕自身截面的惯性矩；

W_1、W_2为混凝土板（包括板托）板顶、板底的截面模量，分别为I_c/y_1和I_c/y_2；

W_3、W_4为钢梁上、下翼缘的截面模量，分别为I_s/y_3和I_s/y_4；

τ为钢梁的剪应力，当换算截面中和轴位于钢梁以上时剪应力计算点取钢梁腹板计算高度上边缘处，当换算截面中和轴位于钢梁腹板时剪力计算点取换截面中和轴处；

V_{Ig}为组合梁施工阶段永久荷载产生的剪力；

V_{IIg}、V_{IIq}为组合梁使用阶段永久荷载及活载产生的剪力；

I_{sc}、I_{scl}为组合梁在荷载的基本组合和准永久组合时的换算截面的截面惯性矩；

S_{sc}、S_{scl}为组合梁在荷载的基本组合和准永久组合时，剪应力计算点以上部分对换算截面中和轴的面积矩。

4 组合梁的强度及变形计算。

(1) 施工阶段。

1) 施工阶段荷载均由钢梁承受［图8-34 (a)］，按钢梁的有关公式计算强度及变形计算。

2) 施工阶段的荷载除梁、压型钢板及混凝土板自重外，尚应考虑施工活荷载，其值不宜小于$1.5kN/m^2$。

3) 当在设计图中要求安装时应采用压型板或安装支撑等方法保证梁受压翼缘的稳定时，施工阶段可不验算梁的整体稳定。

(2) 使用阶段。

1) 组合梁的强度计算。

①组合梁的正应力及其钢梁的剪应力，折算应力等强度计算公式见表8-12，正应力的计算简图如图8-34 (b)（竖向荷载作用）和图8-35（温差和收缩作用）。

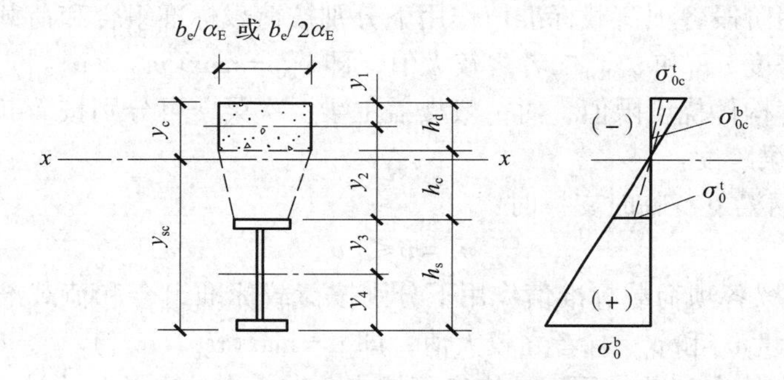

图8-35 组合梁正应力计算简图

温度作用：

$$T_t = \frac{\alpha_t \Delta t}{\left(\frac{1}{E_c A_c} + \frac{1}{EA_s}\right) + \left(\frac{y_2}{E_c W_2} + \frac{y_3}{EW_3}\right)} \tag{8-53}$$

式中：α_t——线膨胀系数，为1.0×10^{-5}；

Δt——钢梁与混凝土板的温差。

混凝土收缩作用：

$$T_s = \frac{\varepsilon_{sh}}{\left(\frac{2}{E_c A_c} + \frac{2}{EA_s}\right) + \left(\frac{2y_2}{E_c W_2} + \frac{y_3}{EW_3}\right)} \tag{8-54}$$

式中：ε_{sh}——混凝土收缩应变，取0.00012～0.0002。

②正应力的组合。按表8-12中公式计算所得截面各部位各类正应力时，应按以下工况或组合选定混凝土板顶或板底最大正应力σ_{cmax}以及钢梁上翼缘和下翼缘最大正应力σ_{omax}，并控制其满足下式要求：

$$|\sigma_{cmax}| \leqslant f_c \tag{8-55}$$

$$|\sigma_{omax}| \leqslant f \tag{8-56}$$

式中：f_c、f——混凝土轴心抗压及钢材抗弯强度设计值。

③对一般组合梁，最大正应力应选表8-14中第1列（不考虑徐变）正应力或第2列（考虑徐变）正应力二者中的较大值。

④受有温度作用的组合梁，可按表 8－14 中各项压力考虑以下三种组合：

第 3 列正应力（温差）+ 第 4 列正应力（收缩）；

第 1 列正应力 + 第 3 列正应力 + 第 4 列正应力；

第 2 列正应力 + 第 3 列正应力 + 第 4 列正应力；

最后正应力应选以上三种组合值中的较大值。

2）组合梁的挠度计算，分别采用荷载标准组合和准永久组合计算，其中最大值应满足挠度限值的要求。

组合梁根据施工阶段钢梁下有无临时支撑分成两种情况进行挠度计算控制。

①施工阶段钢梁下无临时支撑时：

$$v_c = v_{cI} + v_{cII} \leqslant [v] \tag{8-57}$$

式中：v_c——组合梁的挠度；

v_{cI}——钢梁在施工阶段时组合梁自重标准值作用下的挠度；

v_{cII}——使用阶段各项荷载标准值作用下分别按荷载标准组合和荷载准永久组合计算的挠度 v_{scII} 和 $v_{scII,l}$ 二者之较大值，即 $v_{cII} = \max(v_{scII}, v_{scII,l})$；

$[v]$——受弯构件挠度限值，对一般楼盖主梁及次梁，可分别按 $l/400$ 及 $l/250$ 采用。l 为梁跨度。

②施工阶段钢梁下有临时支撑时：

$$v_c = v \leqslant [v] \tag{8-58}$$

式中：v——组合梁各项荷载标准值作用下分别按荷载标准组合和荷载准永久应组合计算的挠度 v_{sc} 和 $v_{sc,l}$ 二者之较大值，即 $v = \max(v_{sc}, v_{sc,l})$。

简支组合梁在均布荷载作用下的挠度可按表 8－15 中的有关公式计算。

表 8－15　简支组合梁在均布荷载作用下的挠度

	施工时钢梁下无临时支撑	施工时钢梁下有临时支撑
挠度计算公式	$v_c = \dfrac{5g_{LK}l^4}{384EI_s} + v_{cII} \leqslant [v]$　(8－59) v_{cII} 取下列二式中的较大值： $v_{scII} = \dfrac{5P_{scII}l^4}{384EI_{sc}}$　(8－60) $v_{scII,l} = \dfrac{5P_{scII,l}l^4}{384EI_{sc,l}}$　(8－61)	$v_c = v \leqslant [v]$　(8－62) 其中 v 取下列二式中较大值： $v_{sc} = \dfrac{5P_{sc}l^4}{384EI_{sc}}$　(8－63) $v_{sc,l} = \dfrac{5P_{sl,l}l^4}{384EI_{sc,l}}$　(8－64)

注：g_{lk} 为施工阶段组合梁自重标准值；P_{scII}、$P_{scII,l}$ 为使用阶段各类荷载标准值分别按荷载标准组合和准永久组合的均布荷载；P_{sc}、$P_{sc,l}$ 为组合梁所有荷载标准值分别按荷载标准和准永久组合时的均布荷载。

8.2.3　按塑性理论计算组合梁。

弹性设计方法决定组合梁的承载力时，由于未能考虑塑性变形发展带来的强度潜力，计算结果偏于保守，且不符合承载力极限状态的实际情况。因此，对于不直接承受动力荷载作用的组合梁，一般均宜按照塑性设计方法来计算极限承载力。

组合梁按塑性理论计算时，亦分施工与使用两个阶段，这两个阶段的变形计算与弹性设计方法相同，但应考虑混凝土翼缘板和钢梁间滑移效应，对组合梁的刚度的折减。

1 简支组合梁设计。

- 简支组合梁计算项目
  - 施工阶段
    - 钢梁的受弯及受剪承载力计算
    - 钢梁的挠度验算
  - 使用阶段
    - 组合梁的受弯承载力计算
      - 板与钢梁完全抗剪连接时
      - 板与钢梁部分抗剪连接时
    - 组合梁的受剪承载力计算（假定剪力全由钢梁腹板承担）
    - 抗剪栓钉的数量计算
    - 钢梁翼缘与混凝土翼板的纵向界面受剪承载力计算
    - 挠度验算
      - 荷载标准组合
      - 荷载准永久组合

（1）简支组合梁的受弯承载力计算。

组合梁的受弯承载力采用截面应力塑性分析进行计算。计算过程中应确定组合梁属于完全抗剪连接或部分抗剪连接，然后分别按相应的计算公式计算其受弯承载力。

1）完全抗剪连接组合梁的受弯承载力。

当组合梁上最大弯矩点和邻近零弯矩点之间的区段内，混凝土板与钢筋结合成整体，且叠合面间的纵向剪力全部由栓钉承担时，则该组合梁称为完全抗剪连接组合梁，这类组合梁的截面受弯承载力，可根据下列假定进行计算：

①截面的分类：

a. 第一类截面——塑性中和轴位于混凝土翼板内；

b. 第二类截面——塑性中和轴位于钢梁截面。

除按要求通过抗剪连接件与混凝土板有效连接的钢梁上翼缘外，此时组合梁钢梁的板件宽厚比应满足表 8－16 塑性设计的要求。

表 8－16 塑性设计的钢梁截面板件宽厚比

截面形式	翼缘	腹板
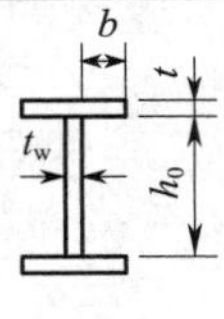 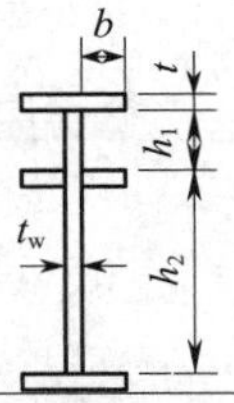 工字形截面（b，t，t_w，h_0）；带中间翼缘的截面（b，t，h_1，t_w，h_2）	$\frac{b}{f} \leqslant 9\sqrt{\frac{235}{f_y}}$	$\frac{h_0}{t_w}\left(\frac{h_1}{t_w} \cdot \frac{h_2}{t_w}\right) \leqslant 44\sqrt{\frac{235}{f_y}}$
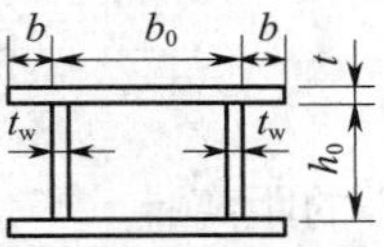 箱形截面（b，b_0，b，t，t_w，h_0）	$\frac{b_0}{t} \leqslant 25\sqrt{\frac{235}{f_y}}$	与前项工字形截面的腹板相同

②计算的基本假定。

1）混凝土翼板与钢梁有可靠的抗剪连接。

2）位于塑性中和轴一侧的受拉混凝土因开裂不参加工作。

3）混凝土区为均匀受压，并达到轴心抗压强度设计值f_c。

4）钢梁区均匀受压，钢梁的受拉区为均匀受拉，并分别达到塑性设计抗压及抗拉强度的强度值。

5）全部剪力均由钢梁腹板承受。

6）在组合梁的强度、变形和裂缝计算中，可不考虑板托截面，组合梁尚应按有关规程进行混凝土翼板的纵向抗剪验算。

（2）组合梁的抗弯承载力下列公式计算。

1）塑性中和轴在混凝土翼板内（图8－36），即$Af \leqslant b_e h_{c1} f_c$时：

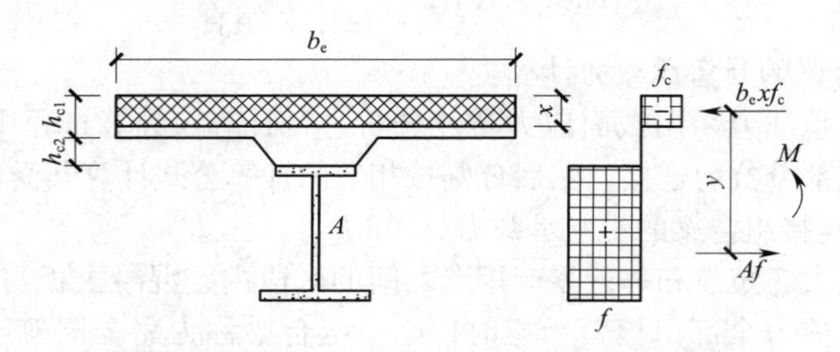

图8－36　塑性中和轴在混凝土翼板内时的组合梁截面及应力图形

$$M \leqslant b_e x f_c y \tag{8-65}$$

$$X = Af/(b_c f_c) \tag{8-66}$$

式中：M——正弯矩设计值；

A——钢梁的截面面积；

y——钢梁截面应力的合力至混凝土受压区截面应力的合力间之距离；

f_c——混凝土抗压强度设计值。

2）塑性中和轴在钢梁截面内（图8－37），即$Af > b_c h_{c1} f_c$时：

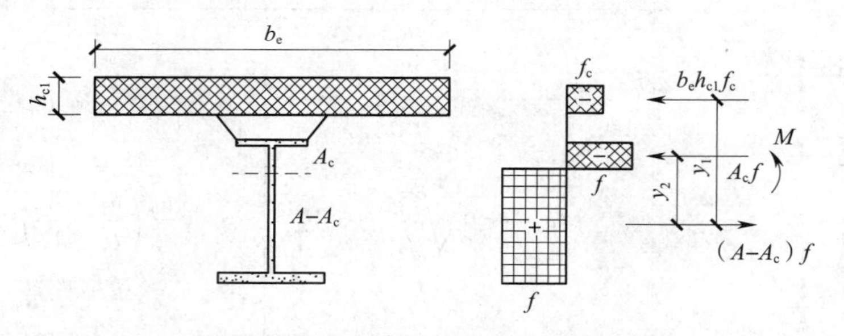

图8－37　塑性中和轴在钢梁内的组合梁截面及应力图形

$$M \leqslant b_c h_{c1} f_c y_1 + A_c f y_2 \tag{8-67}$$

$$A_c = 0.5(A - b_e h_{c1} f_c/f) \tag{8-68}$$

式中：A_c——钢梁受压区截面面积；

y_1——钢梁受拉区截面形心至混凝土翼板受压区截面形心的距离；

y_2——钢梁受拉区截面形心至钢梁受压区截面形心的距离。

（3）部分抗剪连接组合梁的受弯承载力。

抗剪栓钉的实际设置数量n，小于完全抗剪连接的计算数量n，但不小50%时，则该组合梁称为部分抗剪连接的组合梁。

部分抗剪切连接组合梁的适用条件为：

1）不直接承受动力荷载的组合梁；

2）没有很大的集中荷载作用；

3）跨度不超过20m的等截面梁；

4）认为剪切连接件是理想塑性的状态。

借用单跨简支梁的简化塑性理论，按下列假定计算：

①在所计算截面左右两个剪跨内，取连接栓钉受剪承载力设计值之和 nN_v^c 的较小者，作为混凝土翼板中的剪力；

②剪力连接栓钉全截面进入塑性状态；

③钢梁与混凝土间产生相对位移，以致混凝土翼板与钢梁有各自的中和轴。

（4）部分抗剪连接组合梁的抗弯强度按下列公式计算（图8－38）：

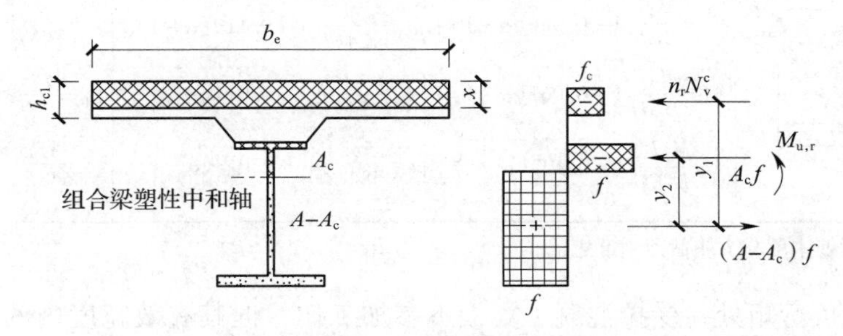

图8－38　部分抗剪连续组合梁计算简图

$$x=n_rN_v^c/(b_ef_c) \tag{8-69}$$

$$A_c=(Af-n_rN_v^c)/(2f) \tag{8-70}$$

$$M_{u,r}=n_rN_v^cy_1+0.5(Af-n_rN_v^c)\ y_2 \tag{8-71}$$

式中：x——混凝土翼板受压区高度；

$M_{u,r}$——部分抗剪连接时组合梁截面抗弯承载力；

n_r——部分抗剪连接时一个剪跨区的抗剪连接件数目；

N_v^c——每个抗剪连接件的纵向抗剪承载力，按第7.2.4节的有关公式计算。

y_1，y_2——如图8－38所示，可按公式（8－71）所示的轴力平衡关系式确定受压钢梁的面积 A_c，进而确定组合梁塑性中和轴的位置。

计算部分抗剪连接组合梁在负弯矩作用区段的抗弯强度时，仍按本公式（8－72）计算，但 $A_{st}f_{st}$ 应改为 $n_rN_v^c$ 和 $A_{st}f_{st}$ 两者中的较小值，n_r 取为最大负弯矩验算截面到最近零弯矩点之间的抗剪连接件数目。

2　连续组合梁的受弯承载力。

（1）内力计算与假定。

多跨连续组合梁一般适用于承受静荷载（或间接动荷载）的构件，其设计构造除与简支组合梁相同者外，尚应符合下述要求：

1）连续组合梁的内力分析一般采用弹性计算法，而截面计算仍可采用塑性设计方法（可不考虑温差与收缩影响），组合梁中钢梁的受压区，其构件宽厚比要求见（表8－17）。

表 8-17　单跨度变截面梁变位计算公式表

荷载 / 截面形式	M_A A B l	q A B l	P P A B $l/3$ $l/3$ $l/3$ l
A EI/α EI EI/α B $0.15l$ $0.15l$ l $l/2$ $l/2$ v θ_A θ_B	$\theta_A=\frac{M_A l}{3EI}[1+0.389(\alpha-1)]$ $\theta_B=\frac{M_A l}{6EI}[1+0.122(\alpha-1)]$ $v=\frac{M_A l^2}{24EI}[1+0.135(\alpha-1)]$	$\theta_A=\frac{ql^3}{24EI}[1+0.122(\alpha-1)]$ $\theta_B=\theta_A$ $v=\frac{5ql^4}{384EI}[1+0.038(\alpha-1)]$	$\theta_A=\frac{Pl^2}{9EI}[1+0.101(\alpha-1)]$ $\theta_B=\theta_A$ $v=\frac{23Pl^3}{648EI}[1+0.032(\alpha-1)]$
A EI/α EI B $0.15l$ l $l/2$ $l/2$ v θ_A θ_B	$\theta_A=\frac{M_A l}{3EI}[1+0.386(\alpha-1)]$ $\theta_B=\frac{M_A l}{6EI}[1+0.061(\alpha-1)]$ $v=\frac{M_A l^2}{24EI}[1+0.122(\alpha-1)]$	$\theta_A=\frac{ql^3}{24EI}[1+0.110(\alpha-1)]$ $\theta_B=\frac{ql^3}{24EI}[1+0.014(\alpha-1)]$ $v=\frac{5ql^4}{384EI}[1+0.019(\alpha-1)]$	$\theta_A=\frac{Pl^2}{9EI}[1+0.091(\alpha-1)]$ $\theta_B=\frac{Pl^2}{9EI}[1+0.010(\alpha-1)]$ $v=\frac{23Pl^3}{648EI}[1+0.016(\alpha-1)]$

注：α 为跨中截面刚度与支座截面刚度之比。

2）梁支座负弯矩处，受拉混凝土翼板不参加工作，但其有效宽度内的纵向受拉钢筋仍可参加截面工作。

3）由于梁支座负弯矩区段混凝土翼板受拉开裂不参加工作，故连续组合梁的计算简图可按正弯矩区及负弯矩区为不同截面的多跨变截面连续梁计算，计算时假定距中间支座 $0.15l$（l 为梁跨）范围内梁截面刚度不考虑混凝土板（板托）的截面（但计入有效宽度范围内的钢筋面积）；其余跨中区段的梁截面则考虑混凝土翼板与钢梁的整体截面。

4）变截面连续组合梁的内力可采用结构力学中的方法进行，为方便计算也可利用表 8-17 所列的单跨变截面梁变位计算公式。

5）组合梁负弯矩区段所配负弯矩钢筋的强度设计值按现行国家标准《混凝土结构设计规范（2015 年版）》GB 50010—2010 的有关规定采用，组合梁承载能力按塑性分析方法进行计算时，连续组合梁和框架组合梁在竖向荷载作用下的内力采用不考虑混凝土开裂的模型进行弹性分析，并采用弯矩调幅法考虑负弯矩区混凝土开裂以及截面塑性发展的影响，内力调幅系数不宜超过 30%。

6）连续组合梁混凝土翼板的有效宽度不论在正弯矩区或负弯矩区均按式（8-32）确定。

7）当施工阶段梁下有临时支撑时，梁可只按使用阶段的整体梁计算，并分别考虑荷载的标准组合和准永久组合。

（2）负弯矩作用区段（图 8-39）。

$$M' \leqslant M_s + A_{st} f_{st}(y_3 + y_4/2) \tag{8-72a}$$

$$M_s = (S_1 + S_2) f \tag{8-72b}$$

$$f_{st} A_{st} + f(A - A_c) = f A_c \tag{8-73}$$

式中：M'——负弯矩设计值；

S_1，S_2——钢梁塑性中和轴（平分钢梁截面积的轴线）以上和以下截面对该轴的面积矩；

A_{st}——负弯矩区混凝土翼板有效宽度范围内的纵向钢筋截面面积；

f_{st}——钢筋抗拉强度设计值：

y_3——纵向钢筋截面形心至组合梁塑性中和轴的距离，根据截面轴力平衡式（8－73）求出钢梁受压区面积 A_c，取钢梁拉压区交界处位置为组合梁塑性中和轴位置；

y_4——组合梁塑性中和轴至钢梁塑性中和轴的距离。当组合梁塑性中和轴在钢梁腹板内时，取 $y_4 = A_{st} f_{st}/(2t_w f)$，当该中和轴在钢梁翼缘内时，可取 y_4 等于钢梁塑性中和轴至腹板上边缘的距离。

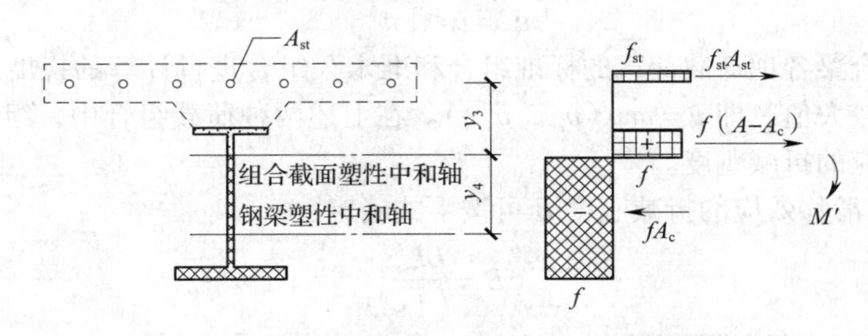

图 8－39　负弯矩作用对组合梁截面和计算简图

（3）计算部分抗剪连接组合梁在负弯矩作用区段的抗弯强度时，仍按公式（8－72）计算，但 $A_{st} f_{st}$ 应改为 $n_r N_v^c$ 和 $A_{st} f_{st}$ 两者中的较小值。

3　组合梁的受剪承载力计算。

（1）组合梁截面的全部竖向剪力、假定由钢梁的腹板承受，其受剪承载力应按下式计算：

$$V \leqslant h_w t_w f_v \tag{8-74}$$

式中：V——由梁上荷载产生的竖向剪力设计值；

h_w、t_w——钢梁腹板的高度和厚度；

f_v——钢材抗剪强度设计值。

（2）用塑性调幅设计法法计算组合梁强度时，按以下规定考虑弯矩与剪力的相互影响：

1）受正弯矩的组合梁截面不考虑弯矩和剪力的相互影响；

2）受负弯矩的组合梁截面，当剪力设计值 $V > 0.5 h_w t_w f_v$ 时，验算负弯矩抗弯承载力所用的腹板强度设计值 f 折减为 $(1-\rho)f$，折减系数 ρ 按下式计算；

$$\rho = [2V/(h_w t_w f_v) - 1]^2 \tag{8-75}$$

$V \leqslant 0.5 h_w t_w f_v$ 时，可不对腹板强度设计值进行折减。

4　挠度及裂缝计算。

（1）挠度计算。

组合梁的挠度应分别按荷载的标准组合和准永久组合进行计算，以其中的较大值作为依据。挠度可按结构力学方法进行计算，仅受正弯矩作用的组合梁，其抗弯刚度应取考虑滑移效应的折减刚度，连续组合梁应按变截面刚度梁进行计算。在上述两种荷载组合中，组合梁应各取其相应的折减刚度。

组合梁根据施工阶段钢梁下有无临时支撑分成两种情况进行挠度计算。

1）施工阶段钢梁下无临时支撑时，

$$\upsilon_c = \upsilon_{sI} + \upsilon_{cII} \leqslant [\upsilon] \tag{8-76}$$

式中：υ_c——组合梁的挠度；

υ_{sI}——钢梁在施工阶段时组合梁自重标准值作用下的挠度；

υ_{cII}——使用阶段各项荷载的标准组合和准永久组合进行计算，υ_{scII}和$\upsilon_{scII,l}$二者之较大值，即$\upsilon_{cII} = \max(\upsilon_{scII}, \upsilon_{scII,l})$；在上述两种组合中，组合梁应各取其相应的折减刚度；

$[\upsilon]$——受弯构件挠度限值，对一般楼盖主梁及次梁，可分别按$l/400$及$l/250$采用，l为梁跨度。

2）施工阶段钢梁下有临时支撑时，

$$\upsilon_c = \upsilon \leqslant [\upsilon] \tag{8-77}$$

式中：υ——组合梁各项荷载荷载的标准组合和准永久组合进行计算的挠度υ_{sc}和$\upsilon_{sc,l}$二者之较大值，即$\upsilon = \max(\upsilon_{sc}, \upsilon_{sc,l})$。在上述两种荷载组合中，组合梁应各取其相应的折减刚度。

组合梁考虑滑移效应的折减刚度B可按下式确定：

$$B = \frac{EI_{eq}}{I + \zeta} \tag{8-78}$$

式中：E——钢梁的弹性模量；

I_{eq}——组合梁的换算截面惯性矩，对荷载的标准组合，可将截面中的混凝土翼板有效宽度除以钢与混凝土弹性模量的比值α_E换算为钢截面宽度后，计算整个截面的惯性矩；对荷载的准永久组合，则除以$2\alpha_E$进行换算；对于钢梁与压钢板组合板构成的组合梁，取其较弱截面的换算截面进行计算，且不计压型钢板的作用。

ζ——刚度折减系数，ζ按下式计算（$\zeta \leqslant 0$时，取$\zeta = 0$）。

$$\zeta = \eta\left[0.4 - \frac{3}{(jl)^2}\right] \tag{8-79}$$

$$\eta = \frac{36Ed_cPA_o}{n_skhl^2} \tag{8-80}$$

$$j = 0.81\sqrt{\frac{n_sN_v^cA_1}{EI_0p}}\ (\mathrm{mm}^{-1}) \tag{8-81}$$

$$A_o = \frac{A_{cf}A}{\alpha_EA + A_{cf}} \tag{8-82}$$

$$A_1 = \frac{I_o + A_od_c^2}{A_o} \tag{8-83}$$

$$I_o = I + \frac{I_{cf}}{\alpha_E} \tag{8-84}$$

式中：A_{cf}——混凝土翼缘截面面积；对压型钢板组合板翼缘，取其较弱截面的面积，且不考虑压型钢板；

A——钢梁截面面积；

I——钢梁截面惯性矩；

I_{cf}——混凝土翼缘的截面惯性矩；对压型钢板组合翼板，取其较弱截面的惯性矩，且不考虑压型钢板；

d_c——钢梁截面形心到混凝土翼缘截面（对压型钢板混凝土组合板为其较弱截面）形心的距离；

h——组合梁截面高度；

l——组合梁的跨度（mm）；

N_v^c——抗剪连接件的承载力设计值，按 8.2.4 条的规定计算（单位取 N）；

P——抗剪连接件的平均间距；

n_s——抗剪连接件在一根梁上的列数；

α_E——钢材与混凝土弹性模量的比值。

注：当按荷载效应的准永久组合进行计算时，公式（8－80）和（8－82）的 α_E 应乘以 2。

简支组合梁在均布荷载作用下的挠度可按表 8－18 中的有关公式计算。

表 8－18　简支组合梁在均布荷载作用下的挠度

	施工时钢梁下无临时支撑	施工时钢梁下有临时支撑
挠度计算公式	$v_c = \frac{5g_{Ik}l^4}{384E_{Is}} + v_{cII} \leqslant [v]$ v_{cII} 取下列二式中的较大值： $v_{scII} = \frac{5p_{scII}l^4}{384EB_s}$ $v_{scII,l} = \frac{5p_{scII,l}l^4}{384EB_l}$	$v_c = v \leqslant [v]$ 其中 v 取下列二式中的较大值： $v_{sc} = \frac{5p_{sc}l^4}{384EB_s}$ $v_{sc,l} = \frac{5p_{sc,l}l^4}{384EB_l}$

注：g_{Ik} 为施工阶段组合梁自重标准值。

p_{scII}、$p_{scII,l}$ 为使用阶段各类荷载标准值分别按荷载标准组合和准永久组合的均布荷载。

p_{sc}，$p_{sc,l}$ 为组合梁所有荷载标准值分别按荷载标准组合和准永久组合时的均布荷载。

B_s、B_l 为在荷载标准组合作用下及考虑长期作用影响的等效刚度。

（2）裂缝宽度验算。

对连续组合梁支座负弯矩截面，按式（8－85）计算所得的最大裂缝宽度 w_{max} 值，不应超过《混凝土结构设计规范（2015 年版）》GB 50010—2010 表 3.4.5 的限值。

$$w_{max} = 2.7\psi \frac{\sigma_{sk}}{E_s}\left(1.9c_s + \frac{0.08d_{eq}}{\rho_{te}}\right) \quad (8-85)$$

式中：w_{max}——最大裂缝宽度（mm）。

按荷载效应的标准组合计算的开裂截面纵向受拉钢筋的应力 σ_{sk} 按下式计算：

$$\sigma_{sk} = (M_k / I_{cr}) y_s \quad (8-86)$$

$$\psi = 1.1 - \frac{0.65 f_{tk}}{\rho_{te}\sigma_{sk}} \quad (8-87)$$

$$M_k = M_e(1 - \alpha_r) \quad (8-88)$$

ψ——裂缝间纵向受拉钢筋应变不均匀系数，按下式计算，当 $\psi < 0.2$ 时，取 $\psi = 0.2$；当 $\psi > 1.0$ 时，取 $\psi = 1.0$；

d_{eq}——受拉区纵向钢筋直径（mm）；当用不同钢筋直径 $d_{eq} = \frac{\sum n_i d_i}{\sum n_i v_i d_i}$；

c_s——最外层纵向钢筋保护层厚度（mm），当 $c_s < 20$mm 时，取 $c_s = 20$；当 $c_s > 65$ 时，取 $= 65$；

ρ_{te}——按有效受拉混凝土面积计算的纵向受拉钢筋配筋率，$\rho_{te}=\frac{A_{st}}{b_e h_{cl}}$；当 $\rho_{te}\leqslant 0.01$ 时，取 $\rho_{te}=0.01$；

A_{st}——混凝土翼板有效宽度范围内纵向钢筋的截面面积（mm^2）；

M_k——钢与混凝土形成组合截面之后，考虑了弯矩调幅的标准荷载作用下支座截面负弯矩组合值，可按公式（8-88）计算；

M_e——钢与混凝土形成组合截面之后，标准荷载作用下按照未开裂模型进行弹性计算得到的连续组合梁中支座负弯矩值；

r——正常使用极限状态连续组合梁中支座负弯矩调幅系数，其取值不宜超过15%。

对于悬臂组合梁，公式（8-88）中的 M_k 应根据平衡条件计算得到。

I_{cr}——由纵向普通钢筋与钢梁形成的组合截面的惯性矩；

f_{tk}——混凝土抗拉强度标准值；

y_s——钢筋截面重心至钢筋和钢梁形成的组合截面中和轴的距离（图8-39）；

E_s——钢筋弹性模量；

d_i——受接区第 i 种纵间钢筋的公称直径（mm）；

n_i——受拉区第 i 种纵间钢筋的根数；

v_i——受拉区第 i 种纵间钢筋的相对粘结特征系数。光面钢筋为0.7，带肋钢筋为1.0。

8.2.4　抗剪连接件的计算。

1　抗剪连接件的受剪承载力计算。

单个抗剪连接件的抗剪承载力设计值由下列公式确定：

（1）圆柱头焊钉（栓钉）连接件：

$$N_v^c=\beta_v\eta\left(0.43A_s\sqrt{E_c f_c}\right)\leqslant\left(0.7A_s f_u\right)\beta_v\cdot\eta \tag{8-89}$$

式中：E_c——混凝土的弹性模量；

A_s——圆柱头焊钉钉杆截面面积；

f_u——圆柱头焊钉极限强度设计值，需满足《电弧螺柱焊用圆柱头焊钉》GB/T 10433的要求；

f_c——混凝土受压强度设计值；

β_v——压型钢板影响栓钉承载力的折减系数，可根据压型钢板肋是与钢梁平行或垂直情况，按式（8-90a）及式（8-90b）计算；

η——负弯矩区段栓钉的承载力折减系数，分别按下列两种情况确定 η 值，连续组合梁中间支座上负弯矩段 $\eta=0.90$，悬臂梁负弯矩区段 $\eta=0.8$。

当压型钢板肋平行于钢梁布置［图8-40（a）］，$b_w/h_e<1.5$ 时，β_v 值按下式计算：

$$\beta_v=0.6\frac{b_w}{h_e}\left(\frac{h_d-h_e}{h_e}\right)\leqslant 1 \tag{8-90a}$$

式中：b_w——混凝土凸肋的平均宽度，当肋的上部宽度小于下部宽度时［图8-40（c）］，改取上部宽度；

h_e——混凝土凸肋高度；

h_d——栓钉高度。

当压型钢板肋垂直于钢梁布置时［图 8－40（b）］

$$\beta_v = \frac{0.85}{\sqrt{n_o}}\frac{b_w}{h_e}\left(\frac{h_d - h_e}{h_e}\right) \leqslant 1 \tag{8－90b}$$

n_o——组合梁截面上一个肋板中配置的栓钉总数当栓钉总数大于 3 个时，应仍取 3 个。

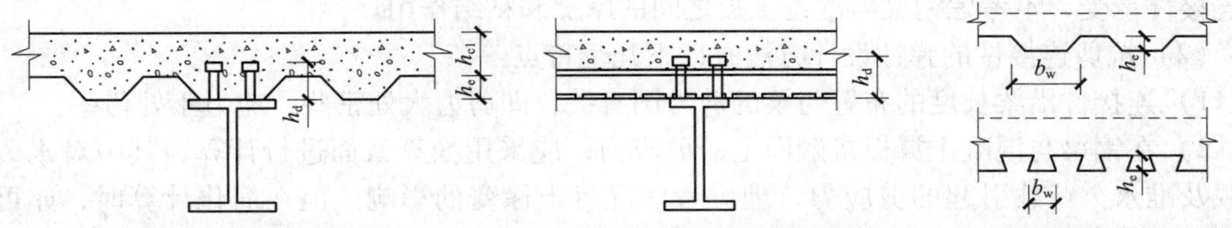

（a）肋与钢梁平行的组合梁截面　（b）肋与钢梁垂直的组合梁截面　（c）压型钢板作底模的楼板剖面

图 8－40　用压型钢板混凝土组合板作翼板的组合梁

当$\beta_v = 1$ 及 $\eta = 1$ 时，以及栓钉材料性能为 4.6 级时，按式（8－89）算得的一个圆柱头焊钉的受剪承载力设计值见表 8－19。

表 8－19　$\beta_v = 1$，$\eta = 1$ 时圆柱头焊钉的抗剪承载力设计值

直径 d（mm）	截面面积 A_s（mm^2）	混凝土强度等级	一个圆柱头焊钉抗剪承载设计值 $\beta_v = 1$，$\eta = 1$ 时的 N_v^c（kN）		在下列间距（mm）沿梁每 m 单排圆柱头焊钉的抗剪承载力设计值（kN）									
			$0.7A_s rf$	$0.43A_s\sqrt{E_c f_c}$	150	175	200	250	300	350	400	450	500	600
16	201.1	C20	50.5	42.8	285	245	214	171	143	122	107	95	86	71
		C30		56.6	346	289	253	202	168	144	126	112	101	84
		C40		68.1										
19	283.5	C20	71.3	60.3	402	345	302	241	201	172	151	134	121	101
		C30		79.8	475	407	357	285	238	204	178	158	143	119
		C40		96.0										
22	380.1	C20	95.5	80.9	539	462	405	324	270	231	202	180	162	135
		C30		107.1	637	546	478	382	318	273	239	212	191	159
		C40		128.8										

（2）槽钢连接件。

槽钢连接件通过肢尖肢背两条通长角焊缝与钢梁连接，角焊缝按承受该连接件的抗剪承载力设计值 N_v^c 进行计算。

$$N_v^c = 0.26(t + 0.5t_w)l_c\sqrt{E_c f_c} \tag{8－91}$$

式中：t——槽钢翼缘的平均厚度；

t_w——槽钢腹板的厚度；

l_c——槽钢的长度。

槽钢连接件通过肢尖肢背两条通长角焊缝与钢梁连接，角焊缝按承受该连接件的抗剪承载力设计值 N_v^c 进行计算。

2　组合梁抗剪连接件的设计方法。

（1）抗剪连接件的设计方法原则上应与组合梁截面的设计法相对应，即当组合梁截面按弹性分析法计算，连接件亦应采用弹性设计法，当组合梁截面用塑性分析法计算时，连接件就采用塑性设计法。在计算组合梁截面时所采用的基本假定完全适用于连接件的相应设计方法。同时，在设计连接件时，还假定钢梁与混凝土之间的纵向水平剪力全部由连接件承受，不考虑钢梁与混凝土板之间的摩擦和粘结作用。

（2）抗剪连接件的弹性设计方法有以下几个特点：

1）连接件沿梁长度的布置与梁的剪力图有关，即剪力大处密些，剪力小处稀些。

2）在钢梁与混凝土翼板接触面上的剪应力，应采用换算截面进行计算，其中对永久荷载及准永久荷载引起的剪应力，理应考虑混凝土徐变的影响。但在简化计算时，亦可以不考虑荷载的长期作用，仍采用弹性换算截面进行计算，误差一般不大于5%。

具体计算方法如下：

在钢筋混凝土翼板与钢梁接触面处单位长度上的剪力按下式计算：

$$v=\frac{VS_o}{I_o} \tag{8-92}$$

式中：V——组合梁计算截面处作用的剪力，当施工时钢梁下无支承，则应取用第二阶段荷载所产生的剪力 V_2；

S_o——组合梁换算截面混凝土翼板受压区对整个换算截面中和轴的面积矩（当考虑混凝土徐变影响时，在换算截面中以 $2\alpha_E$，即以 S'_o 代替 S_o）；

I_o——组合梁换面截面的惯性矩（当考虑混凝土徐变影响时，在换算截面中应以 $2\alpha_E$ 代替 α_E，即以 I'_o 代替 I_o）。

若计算截面处第 I 排连接件的纵向间距为 a；则该排连接件的纵向间距为 a；则该排连接件所承受的纵向水平剪力为

$$V_h=va_i \tag{8-93}$$

表 8-20　连接件数量及配置计算图式

计算方法	计算假定及图式		说　明
弹性方法	简图	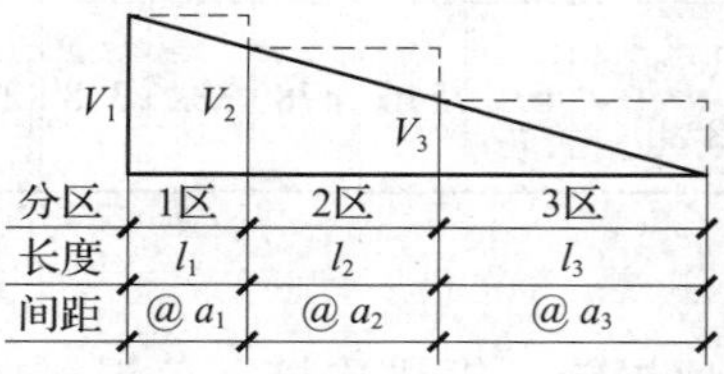 V_1　V_2　V_3 分区：1区　2区　3区 长度：l_1　l_2　l_3 间距：@ a_1　@ a_2　@ a_3	n_i——在 i 分区内所需连接件总数； τ_{max}——组合梁换算截面混凝土板处的单位剪应力设计值； l_i——所计算 i 分区的长度； V_{gi}，V_{qi}——分区内由准永久组合效应及基本组合效应作用的最大剪力； S、S_i——不考虑徐变及考虑徐变影响的混凝土翼板换算截面绕梁整体换算截面重心轴的面积矩；
	假定与方法	1．一般将每一剪跨区段划分为如图 2～3 个分区，其第一个分区长度不宜小于梁跨度 l 的 1/10。 2．每个分区剪力假定按其最大剪力 V_i 均匀作用，如图中虚线所示；每分区连接件等距布置。 3．计算所作用的剪力时，一般分别计算荷载准永久效应的剪力（用考虑徐变的截面特征）V_g 及标准组合效应的剪力 V_q	

续表 8－20

计算方法		计算假定及图式	说　明
弹性方法	算式	每分区内所需配置连接件的总数 n_i；由下式计算，并按间距 a_i 均匀布置。 $n_i \geqslant \tau_{\max} x l_i / [N_v^c]$　　(8－94) $\tau_{\max} = \frac{V_{gi} S_1}{I_{sc,1}} + \frac{V_{gi} S}{I_{sc}}$　　(8－95)	I_{sc}、$I_{sc,1}$——不考虑徐变及考虑徐变的梁整体换算截面的惯性矩； $[N_v^c]$——每个连接件的抗剪承载力设计值

（3）抗剪连接件的塑性设计法。

1）组合梁的剪跨区。

混凝土翼板与钢梁叠合面之间的连接栓钉受剪计算，可作如下假定：

①在一剪跨区内各栓钉所承担的纵向剪力是均匀的，这是考虑到各栓钉之间可产生剪力塑性重分配；

②一般情况下可根据梁的弯矩图形（图 8－41）或剪力图形（图 8－42）划分为若干个剪跨区，对于承受均布荷载的简支梁，可取零弯矩点至跨中弯矩绝对值最大点为界限，划分为若干个剪跨区。

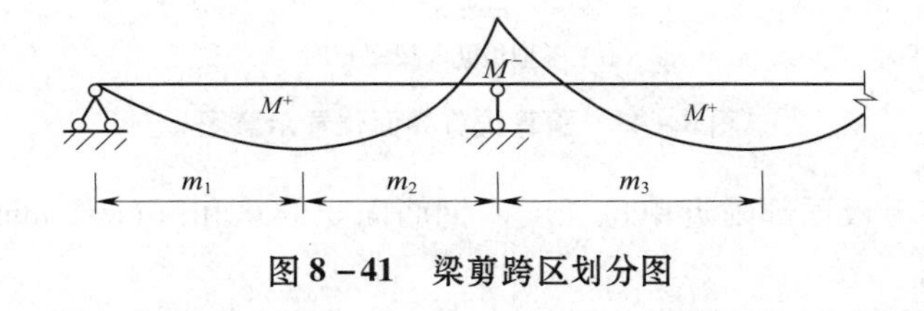

图 8－41　梁剪跨区划分图

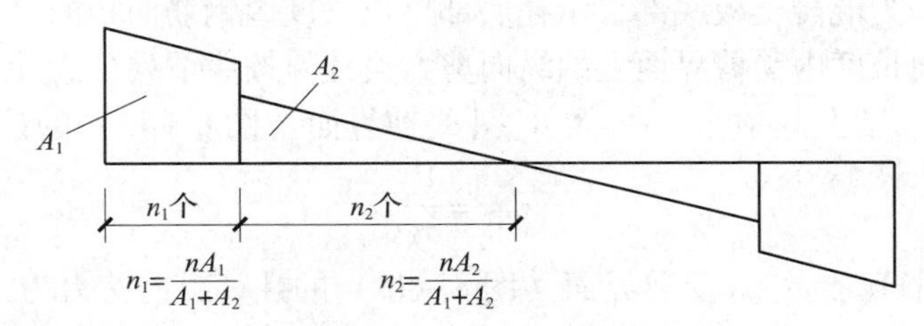

图 8－42　作用集中荷载时栓钉的分区布置

剪切连接件分段布置时的区段界线应在下列截面：

（a）所有支座截面；

（b）所有最大正、负弯矩截面；

（c）悬臂梁的自由端；

（d）较大集中荷载的作用点；

（e）弯矩图中所有反弯点（弯矩零点）；

（f）组合梁截面突变的截面；

（g）在变截面梁中，两个相邻界限面的截面性惯矩之比不超过 2。

2）每个剪跨区段内钢梁与混凝土翼板交界面的纵向剪力 V_s 按下列公式确定：

①位于正弯矩区段的剪跨，V_s取（A_f）和（$b_e h_{cl} f_c$）中的较小者。

②位于负弯矩区段的剪跨

$$V_s = \min\{Af,\ b_e h_{cl} f_c\} + A_{st} f_{st} \tag{8-96}$$

3）每个剪跨区栓钉总数量计算。

按照完全抗剪连接设计时，每个剪跨区段内需要的连接件总数 n_f，按下式计算：

$$n_f = V_s / N_v^c \tag{8-97}$$

部分抗剪连接组合梁，其连接件的实配个数不得少于 n_f的 50% 。

按公式（8－97）算得的连接件数量，可在对应的剪跨区内均匀布置。当在此剪跨区段内有较大集中荷载作用时，应将连接件个数 n_f 按剪力图面积比例分配后再各自均匀布置。

3 纵向抗剪计算。

（1）组合梁板托及翼缘板纵向抗剪承载力验算时，所验算的薄弱界面可按图 8－43 所示的纵向受剪界面 a－a、b－b、c－c 及 d－d。

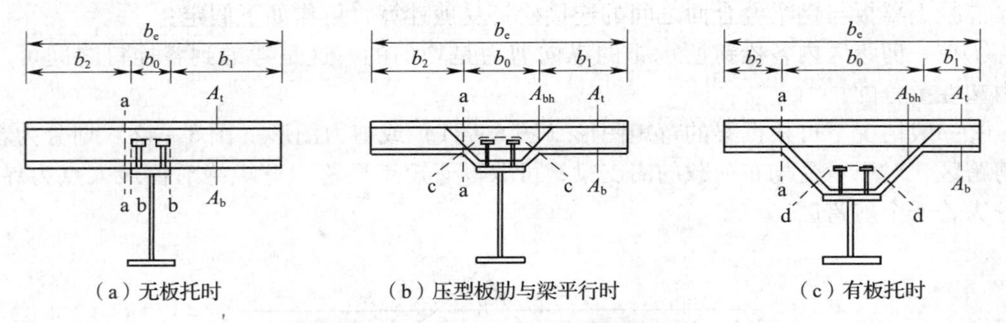

图 8－43 验算抗剪界面位置示意图

图中 A_t 为混凝土板顶部附近单位长度内钢筋面积的总和（mm²/mm），包括混凝土板内抗弯和构造钢筋；

A_b、A_{bh}为分别为混凝土板底部、承托底部单位长度内钢筋面积的总和（mm²/mm）；

（2）单位纵向长度内受剪界面上的纵向剪力设计值按照下列公式计算：

1）单位纵向长度上 b－b、c－c 及 d－d 受剪界面（图 8－43）的计算纵向剪力为：

$$v_{l,1} = \frac{V_s}{m_i} \tag{8-98}$$

2）单位纵向长度上 a－a 受剪界面（图 8－43）的计算纵向剪力为：

$$v_{l,1} = \max\left(\frac{V_s}{m_i} \times \frac{b_1}{b_e},\ \frac{V_s}{m_i} \times \frac{b_2}{b_e}\right) \tag{8-99}$$

式中：$v_{l,1}$——单位纵向长度内受剪界面上的纵向剪力设计值；

V_s——每个剪跨区段内钢梁与混凝土翼板交界面的纵向剪力，按 8.2.4 条的规定计算；

m_i——剪跨区段长度，如图 8－41 所示；

b_1、b_2——分别为混凝土翼板左右两侧挑出的宽度（图 8－43）；

b_e——混凝土翼板有效宽度。

（3）组合梁承托及翼缘板界面纵向受剪承载力计算应符合下列规定：

$$v_{l,1} \leqslant v_{lu,1} \tag{8-100}$$

式中：$v_{lu,1}$——单位纵向长度内界面抗剪承载力设计值，取以下两式的较小值：

$$v_{lu,1}=0.7f_{t}b_{f}+0.8A_{e}f_{r} \quad (8-101)$$

$$v_{lu,1}=0.25b_{f}f_{c} \quad (8-102)$$

式中：$v_{lu,1}$——单位纵向长度内界面抗剪承载力（N/mm）；

f_t——混凝土抗拉强度设计值（N/mm^2）；

b_f——受剪界面的横向长度，按图8-43所示的a-a、b-b、c-c及d-d连线在抗剪连接件以外的最短长度取值（mm）；

A_e——单位长度上横向钢筋的截面面积（mm^2/mm），按图8-43和表8-21取值；

f_r——横向钢筋的强度设计值（N/mm^2）。

表8-21　单位长度上横向钢筋的截面积 A_e

剪切面	a-a	b-b	c-c	d-d
A_e	A_b+A_t	$2A_b$	$2(A_b+A_{bh})$	$2A_{bh}$

（4）横向钢筋应满足如下最小配筋率的要求：

$$A_{e}f_{r}/b_{f}>0.75\ (N/mm^2) \quad (8-103)$$

8.2.5　构造要求。

1　组合梁截面尺寸的规定：

（1）组合梁的高跨比$\frac{h}{l}\geqslant\frac{1}{15}\sim\frac{1}{16}$。

（2）为使用梁的抗剪强度与组合梁的抗弯强度的协调，组合梁截面高度不宜超过钢梁截面高度的2倍。

2　混凝土板和板托：

（1）组合梁的混凝土厚度、一般采用100、120、140、160mm。对于承受荷载特别大的平台结构，其厚度可采用180、200mm或更大值；对采用压型钢板的组合楼板，压型钢板的凸肋顶面至钢筋混凝土板顶面的距离应不小于50mm。

（2）连续组合梁在中间支座负弯矩区的上部纵向钢筋，应伸入梁的反弯点，并留有足够的锚固长度或弯钩；下部纵向钢筋在支座处连续配置，不得中断。

（3）混凝土板托高度h_{c2}不宜超过翼板厚度h_{c1}的1.5倍；板托的顶面宽度不宜小于钢梁上翼缘宽度与$1.5h_{c2}$之和。

（4）组合梁边梁混凝土翼板的构造应满足图8-44的要求。有板托时伸出长度不宜小于h_{c2}，无板托时应同时满足伸出钢梁中心线不小于150mm，伸出钢梁翼缘边不小于50mm的要求。

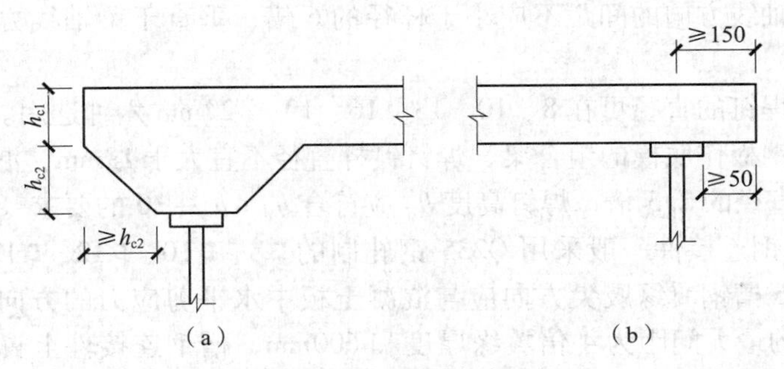

图8-44　边梁构造图

（5）连续组合梁在中间支座负弯矩区的上部纵向钢筋及分布钢筋应按现行国家标准《混凝土结构设计规范（2015 年版）》GB 50010—2010 的规定设置。

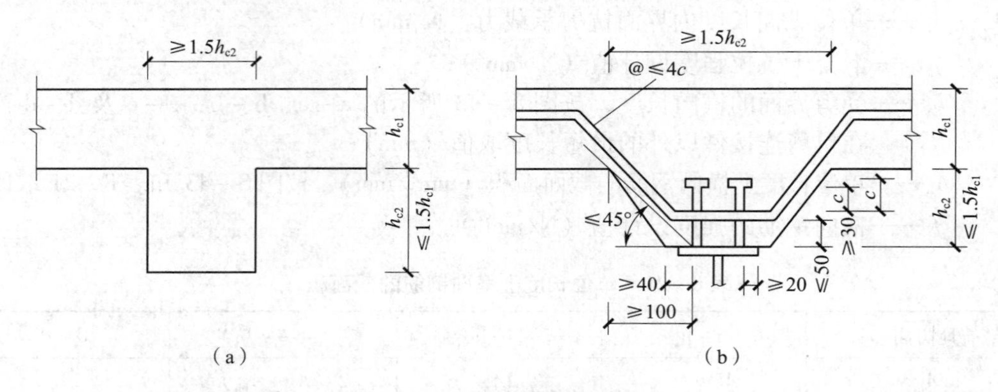

图 8－45　板托的截面尺寸

3　抗剪连接件：

（1）栓钉连接件钉头下表面或槽钢连接件上翼缘下表面宜高出翼板底部钢筋顶面 30mm；

（2）连接件的最大间距不应大于混凝土翼板（包括板托）厚度的 3 倍，且不大于 300mm；当组合梁受压上翼缘不符合塑性调幅设计法要求的宽厚比限值，但连接件最大间距满足如下要求时，仍能采用塑性方法进行设计：

1）当混凝土板沿全长和组合梁接触（如现浇楼板）：$22t_f\sqrt{235/f_y}$；

2）当混凝土板和组合梁部分接触（如压型钢板横肋垂直于钢梁）：$15t_f\sqrt{235/f_y}$；

3）同时连接件的外侧边缘与钢梁翼缘边缘之间的距离还不应大于 $9t_f\sqrt{235/f_y}$。式中 t_f 为钢梁受压上翼缘厚度。

（3）连接件的外侧边缘与钢梁翼缘边缘之间的距离不应小于 20mm；

（4）连接件的外侧边缘至混凝土翼板边缘间的距离不应小于 100mm；

（5）连接件顶面的混凝土保护层厚度不应小于 15mm。

4　圆柱头焊钉连接件除应满足 3 条要求外，尚应符合下列规定：

（1）当栓钉位置不正对钢梁肋板时，如钢梁上翼缘承受拉力，则栓钉杆直径不应大于钢梁上翼缘厚度的 1.5 倍，如钢梁上翼缘不承受拉力，则栓钉直径不应大于钢梁上翼缘厚度的 2.5 倍。

（2）栓钉长度不应小于其杆径的 4 倍。

（3）栓钉梁轴线方向的间距不应小于杆径的 6 倍；垂直于梁轴线方向的间距不应小于杆径的 4 倍。

（4）圆柱头焊钉的直径可在 8、10、13、16、19 及 22mm 六种选用。

（5）用压型钢板作底模的组合梁，焊钉钉杆直径不宜大于 19mm，混凝土凸肋宽度不应小于焊钉钉杆直径的 2.5 倍；焊钉高度 h_d 应符合 $h_d \leq h_e + 30$ 的要求（图 8－31）。

5　槽钢。槽钢连接件一般采用 Q235 钢轧制的 ⊏8、⊏10、⊏12、⊏12.6 等小型槽钢，截面不大于 ⊏12.6 槽钢翼缘肢尖方向应与混凝土板中水平剪应力的方向一致。槽钢连接件沿梁跨度方向的最大间距为 4 倍翼缘厚度和 600mm，槽钢连接件上翼缘内侧应高出混凝土板下部纵向钢筋 30mm 以上。

6 钢梁。

（1）在选择截面时，除承受较小荷载时，直接采用轧制型钢外，一般采用三块板加工成上窄、下宽的工字形截面。钢梁截面的高度 h_s 应大于组合梁截面高度的1/2.5。为保证钢梁的翼缘和腹板的局部稳定，当组合梁分别按弹性方法及塑性方法设计时，其截面尺寸应分别符合表8－22和表8－23的要求。

（2）钢梁上翼缘的宽度不得小于120mm，一般不小于150mm。

（3）钢梁顶面不得涂刷油漆，在浇灌（或安装）混凝土翼板以前应消除铁锈、焊渣、冰层、积雪、泥土和其他杂物。

7 横向钢筋应满足如下构造要求：

（1）横向钢筋的间距应不大于 $4h_{e0}$，且应不大于200mm。

（2）板托中应配U型横向钢筋加强，如图8－43所示。板托中横向钢筋的下部水平段应该设置在距钢梁上翼缘50mm的范围以内。

8 对于承受负弯矩的箱形截面组合梁，可在钢箱梁底板上方或腹板内侧设置抗剪连接件并浇筑混凝土。

8.3 组合梁设计实例

已知：某建筑楼层拟采用钢－混凝土组合楼盖。楼层活荷载为2.0kN/m²，楼面建筑面层重3.85kN/m²，混凝土板（包括压型钢板）自重为3.0kN/m²。压型钢板波高75mm，波距200mm，其上现浇65mm厚混凝土。施工荷载为1.7kN/m²。梁格布置见图8－46，次梁与主梁铰接连接。钢材采用Q235，混凝土强度等级C20，圆柱头焊钉连接。主梁与柱为简支连接。同时，设计次梁时考虑钢梁混凝土温度较混凝土板高15℃的温差影响。

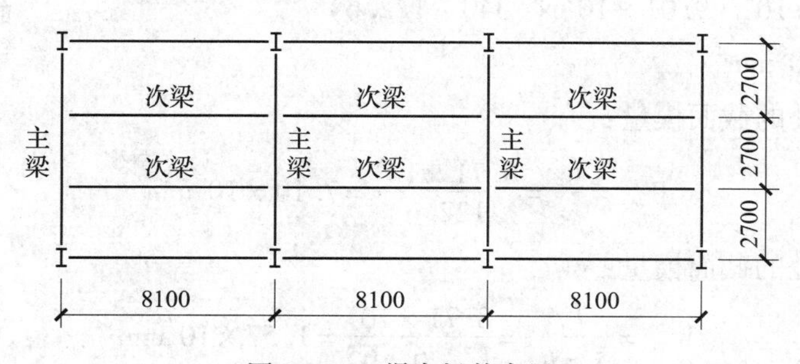

图8－46 组合梁的布置

1 次梁设计，次梁试选用图8－47所示的截面。

（1）截面特性计算：

1）钢梁。

钢梁截面积 $A_s=9.01\times10^3\text{mm}^2$

钢梁截面惯性矩 $I_s=2.6133\times10^8\text{mm}^4$

钢梁截面抵抗矩 $W_1^t=W_1^b=1.307\times10^6\text{mm}^3$

钢梁半截面的面积矩 $S_1=0.7234\times10^6\text{mm}^3$

2）混凝土板有效宽度的确定：由于压型钢板的肋与次梁垂直，故不考虑压型钢板顶面以下的混凝土。按式（8－47）：

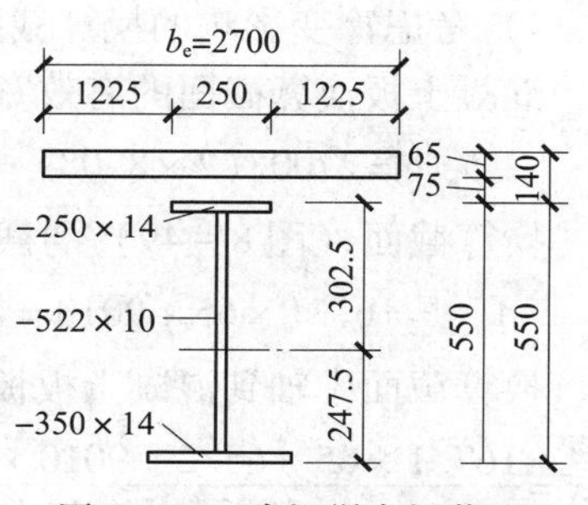

图8－47 次梁组合梁截面

$$b_e = b_o + b_1 + b_2$$

由于无板托，则 b_o取钢梁上翼缘宽度，$b_o = 250\text{mm}$

由于混凝土板是连续板，则：

$$b_1 = b_2 = \min\begin{cases} L/6 = 8100/6 = 1350\text{mm} \\ S_o/2 = \dfrac{1}{2}\ (2700 - 250) = 1225\text{mm} \end{cases}$$

$$= 1225\text{mm}$$

取 $b_e = 250 + 2 \times 1225 = 2700\text{mm}$。

3）荷载标准组合时的换算截面：

$$\alpha_E = E/E_c = \frac{2.06 \times 10^5}{2.55 \times 10^4} = 8.08$$

混凝土板换算截面的换算宽度：

$$b_{e,eq} = 2700/8.08 = 334.2\text{mm}$$

换算截面（图 8－48）的截面面积：

$$A_{sc} = 334.2 \times 65 + 9010 = 30733.0\text{mm}^2$$

混凝土顶板到中和轴的距离：

$$x = \frac{334.2 \times 65 \times 65/2 + 9010 \times 340}{30733.0} = 122.6\text{mm}$$

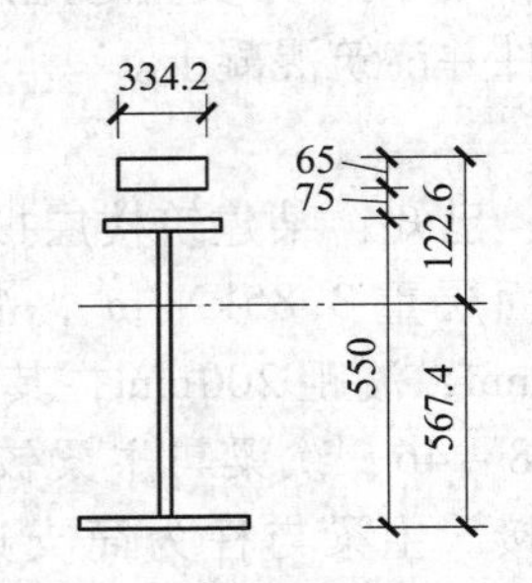

图 8－48 荷载标准组合时的换算截面

换算截面的惯性矩：

$$I_{sc} = \frac{1}{12} \times 334.2 \times 65^3 + 334.2 \times 65 \times (122.6 - 32.5)^2 +$$

$$2.6133 \times 10^8 + 9.01 \times 10^3 \times (340 - 122.6)^2$$

$$= 8.71 \times 10^8\text{mm}^4$$

混凝土顶面处的截面模量：

$$W^t_{oc} = \frac{I_{sc}}{x} = \frac{8.71 \times 10^8}{122.6} = 7.10 \times 10^6\text{mm}^3$$

混凝土底面处的截面模量：

$$W^b_{oc} = \frac{I_{sc}}{X - h_c} = \frac{8.71 \times 10^8}{122.6 - 65} = 1.57 \times 10^7\text{mm}^3$$

钢梁底面处的截面模量：

$$W^b_o = \frac{I_{sc}}{h - x} = \frac{8.71 \times 10^8}{540 - 122.6} = 2.09 \times 10^6\text{mm}^3$$

4）考虑徐变影响的换算截面：

混凝土板换算截面的有效宽度：

$$b_{e,eq} = 2700/(2 \times 8.08) = 167.1\text{mm}$$

换算截面（图 8－49）的截面面积：

$$A_{sc,1} = 167.1 \times 65 + 9010 = 19871.5\text{mm}^2$$

换算截面中轴到混凝土板板顶的距离为：

$$x = \frac{167.1 \times 65 \times 65/2 + 9010 \times 340}{19871.5} = 171.9\text{mm}$$

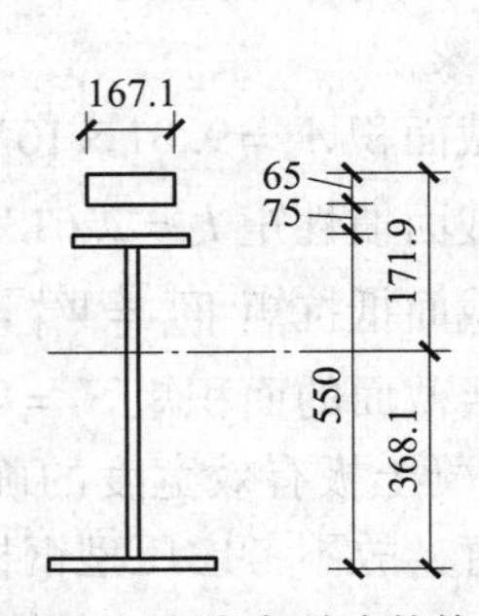

图 8－49 考虑徐变影响的换算截面

换算截面的惯性矩：

$$I_{sc,1}=\frac{1}{12}\times167.1\times65^3+167.1\times65\times\left(171.9-\frac{65}{2}\right)^2+2.6133\times10^8+$$
$$9010\times(340-171.9)^2=5.20\times10^8\text{mm}^4$$

混凝土板面处的截面模量：

$$W_{0c}^{tc}=\frac{I_{sc,1}}{x}=\frac{5.20\times10^8}{171.9}=3.03\times10^6\text{mm}^3$$

混凝土板底面处的截面模量：

$$W_{oc}^{bc}=\frac{I_{sc,1}}{x-h_c}=\frac{5.20\times108}{171.9-65}=4.86\times10^6\text{mm}^3$$

钢梁下翼缘的截面模量：

$$W_{o}^{bc}=\frac{I_{sc,1}}{h-x}=\frac{5.20\times10^8}{540-171.9}=1.41\times10^6\text{mm}^3$$

（2）施工阶段的验算：

1）荷载计算：

钢梁自重　　　　　0.8kN/m

现浇混凝土板自重　3.0kN/m²

施工活荷载　　　　1.7kN/m²

钢梁上作用的永久荷载标准值和设计值分别为：

$$g_{Ik}=0.8+3\times2.7=8.9\text{kN/m}$$
$$g_I=1.4\times q_{Ik}=1.2\times8.9=10.68\text{kN/m}$$

钢梁上作用的施工活荷载标准值和设计值分别为：

$$q_{Ik}=1.7\times2.7=4.59\text{kN/m}$$
$$q_I=1.4\times q_{Ik}=1.4\times4.59=6.43\text{kN/m}$$

2）内力计算：

永久荷载产生的弯矩和剪力：

$$MI_{gmax}=\frac{1}{8}g_I l^2=\frac{1}{8}\times10.68\times8.1^2=87.59\text{kN}\cdot\text{m}$$

$$V_{Igmax}=\frac{1}{2}g_I l=\frac{1}{2}\times10.68\times8.1=43.25\text{kN}$$

活荷载产生的弯矩和剪力：

$$M_{Iqmax}=\frac{1}{8}q_I l^2=\frac{1}{8}\times6.43\times8.1^2=52.73\text{kN}\cdot\text{m}$$

$$V_{Iqmax}=\frac{1}{2}q_I l=\frac{1}{2}\times6.43\times8.1=26.04\text{kN}$$

钢梁上作用的弯矩和剪力：

$$M_{Imax}=M_{Igmax}+M_{Iqmax}=87.59+52.73=140.32\text{kN}\cdot\text{m}$$
$$V_{Imax}=V_{Igmax}+V_{Iqmax}=43.25+26.04=69.29\text{kN}$$

3）钢梁上的应力：

钢梁翼缘应力：

$$\frac{M_{Imax}}{r_x W_x}=\frac{140.32\times10^6}{1.05\times1.307\times10^6}=102.3\text{N/mm}^2<[f=215\text{N/mm}^2]$$

钢梁的最大剪应力：

$$\frac{V_{\mathrm{Imax}}S_1}{I_{\mathrm{s}}t_{\mathrm{w}}}=\frac{69.29\times10^3\times0.7234\times10^6}{2.6133\times10^8\times8}=24\mathrm{N/mm^2}<[f_{\mathrm{v}}=125\mathrm{N/mm^2}]$$

4）挠度计算：

$$\frac{v}{l}=\frac{5(g_{\mathrm{Ik}}+q_{\mathrm{Ik}})l^3}{384E_{\mathrm{s}}I_{\mathrm{s}}}=\frac{5\times(8.9+4.59)\times8.1^3\times10^9}{384\times2.06\times10^5\times2.6133\times10^8}=\frac{1}{577}<\left[\frac{1}{250}\right]$$

可以钢梁满足施工阶段的要求。

（3）使用阶段的验算：

1）荷载计算：

建筑面层自重　　　　3.85kN/m²

楼层活荷载　　　　　2.00kN/m²

组合梁上作用的建筑面层永久荷载标准值和设计值分别为：

$$g_{\mathrm{IIk}}=3.85\times2.7=10.40\mathrm{kN/m}$$

$$g_{\mathrm{II}}=1.2g_{\mathrm{IIk}}=1.2\times10.40=12.48\mathrm{kN/m}$$

组合梁上作用的活荷载标准值和设计值分别为：

$$q_{\mathrm{IIk}}=2.0\times2.7=5.4\mathrm{kN/m}$$

$$q_{\mathrm{II}}=1.4g_{\mathrm{IIk}}=1.4\times5.4=7.56\mathrm{kN/m}$$

2）内力计算：

使用阶段永久荷载产生的弯矩和剪力：

$$M_{\mathrm{IIgmax}}=\frac{1}{8}g_{\mathrm{II}}l^2=\frac{1}{8}\times12.48\times8.1^2=102.35\mathrm{kN\cdot m}$$

$$V_{\mathrm{IIgmax}}=\frac{1}{2}g_{\mathrm{II}}l=\frac{1}{2}\times12.48\times8.1=50.54\mathrm{kN}$$

使用阶段活荷载产生的弯矩和剪力：

$$M_{\mathrm{IIqmax}}=\frac{1}{8}q_{\mathrm{II}}l^2=\frac{1}{8}\times7.56\times8.1^2=62.0\mathrm{kN\cdot m}$$

$$V_{\mathrm{IIqmax}}=\frac{1}{2}q_{\mathrm{II}}l=\frac{1}{2}\times7.56\times8.1=30.62\mathrm{kN}$$

使用阶段荷载产生的弯矩和剪力：

$$M_{\mathrm{IImax}}=M_{\mathrm{IIgmax}}+M_{\mathrm{IIqmax}}=102.35+62.0=164.35\mathrm{kN\cdot m}$$

$$V_{\mathrm{IImax}}=V_{\mathrm{IIgmax}}+V_{\mathrm{IIqmax}}=50.54+30.62=81.16\mathrm{kN}$$

3）钢梁的局部稳定翼缘$\frac{b_1}{t}=\frac{121}{12}=10.08>9$

$$\frac{b_1}{t}=10.08>9$$

腹板 $h_{\mathrm{o}}/t_{\mathrm{w}}=376/8=47>44$

$h_{\mathrm{o}}/t_{\mathrm{w}}=47>44$（表 8－16）

钢梁不满足表 8－16 腹板局部稳定的要求，也不满足表 8－16 中翼缘宽厚比塑性设计的要求，组合梁应按弹性方法设计。

4）组合梁的正应力：

①荷载标准组合效应时的正应力（图 8－35 和表 8－13）：

混凝土板的顶面应力式（8－35）：

$$\sigma_{oc}^{t} = -\frac{M_{IImax}}{\alpha_E W_{oc}^{t}} = -\frac{164.35\times10^6}{8.08\times7.10\times10^6} = -2.86\text{N/mm}^2$$

混凝土板的板底应力式（8－36）：

$$\sigma_{oc}^{b} = -\frac{M_{IImax}}{\alpha_E W_{oc}^{b}} = -\frac{164.35\times10^6}{8.08\times1.57\times10^7} = -1.30\text{N/mm}^2$$

钢梁下翼缘的应力式（8－38）：

$$\sigma_{o}^{b} = \frac{M_{Igmax}}{W_1^{b}} + \frac{M_{IImax}}{W_o^{b}} = \frac{87.59\times10^6}{1.307\times10^6} + \frac{164.34\times10^6}{2.09\times10^6} = 145.65\text{N/mm}^2$$

②考虑徐变影响时的正应力（图8－42和表8－11）：

混凝土板顶面应力式（8－39）：

$$\begin{aligned}\sigma_{oc}^{tc} &= -\frac{M_{IIqmax}}{\alpha_E W_{oc}^{t}} - \frac{M_{Igmax}+M_{IIgmax}}{2\alpha_E W_{oc}^{tc}}\\ &= -\frac{62.0\times10^6}{8.08\times7.10\times10^6} - \frac{(87.59+102.35)\times10^6}{2\times8.08\times1.418\times10^6}\\ &= -9.41\text{N/mm}^2\end{aligned}$$

混凝土板底面处的应力式（8－40）：

$$\begin{aligned}\sigma_{oc}^{bc} &= -\frac{M_{IIqmax}}{\alpha_E W_{oc}^{b}} - \frac{M_{Igmax}+M_{IIgmax}}{2\alpha_E W_{oc}^{bc}}\\ &= -\frac{62.0\times10^6}{8.08\times1.57\times10^6} - \frac{(87.59+102.35)\times10^6}{2\times8.08\times4.86\times10^6}\\ &= -6.37\text{N/mm}^2\end{aligned}$$

钢梁下翼缘处的正应力式（8－42）：

$$\begin{aligned}\sigma_{o}^{bc} &= \frac{M_{IIqmax}}{W_o^{b}} + \frac{M_{Igmax}+M_{IIgmax}}{W_o^{bc}}\\ &= \frac{62.0\times10^6}{2.09\times10^6} + \frac{(87.59+102.35)\times10^6}{1.419\times10^6}\\ &= 164.4\text{N/mm}^2\end{aligned}$$

③温差引起的温度应力：

线膨胀系数 $\alpha_t = 1.0\times10^{-5}$

钢与混凝土的温差 $\Delta t = 15℃$

混凝土与钢的弹性模量分别为：

$$E_c = 2.55\times10^4\text{N/mm}^2$$

$$E_s = 2.06\times10^5\text{N/mm}^2$$

混凝土板与钢梁的截面面积分别为：

$$A_c = 2700\times65 = 6.7\times10^4\text{mm}^2$$

$$A_s = 90.10\times10^2\text{mm}^2$$

混凝土板自身的惯性矩：

$$I_c = \frac{1}{12}\times2700\times65^3 = 0.618\times10^8\text{mm}^4$$

钢梁自身的惯性矩：

$$I_s = 2.6133\times10^8\text{mm}^4$$

混凝土板自身重心距板底的板顶距离 $y_1 = y_2 = 65/2 = 32.5\text{mm}$

钢梁自身重心距上、下翼缘的距离 $y_3 = y_4 = 200\text{mm}$

混凝土板板顶、板底的截面模量 $W_1 = W_2 = I_c/y_1 = 0.618 \times 10^8/32.5 = 1.90 \times 10^6\text{mm}^3$

钢梁上、下翼缘的截面模量 $W_3 = W_4 = I_s/y_3 = \dfrac{2.6133 \times 10^8}{200} = 1.307 \times 10^6\text{mm}^3$

则温度作用式（8－53）：

$$T_t = \frac{\alpha_t \Delta t}{\left(\frac{1}{E_c A_c} + \frac{1}{E_s A_s}\right) + \left(\frac{y_2}{E_c W_2} + \frac{y_3}{E_s W_3}\right)}$$

$$= \frac{1.0 \times 10^{-5} \times 15}{\left(\frac{1}{2.55 \times 10^4 \times 1.76 \times 10^5} + \frac{1}{2.06 \times 10^5 \times 90.10 \times 10^2}\right) + \left(\frac{32.5}{2.55 \times 10^4 \times 1.90 \times 10^6} + \frac{200}{2.06 \times 10^5 \times 1.307 \times 10^6}\right)}$$

$$= \frac{1.5 \times 10^{-4}}{5.02 \times 10^{-10} + 2.5 \times 10^{-9}} = 49967\text{N}$$

混凝土板顶面温差引起的应力式（8－43）：

$$\sigma_{0c}^{tt} = T_t\left(\frac{1}{A_c} - \frac{y_2}{W_1}\right) = 49967 \times \left(\frac{1}{1.76 \times 10^5} - \frac{32.5}{1.90 \times 10^6}\right) = -0.57\text{N/mm}^2$$

混凝土板底面温差引起的应力式（8－44）：

$$\sigma_{0c}^{tt} = T_t\left(\frac{1}{A_c} + \frac{y_2}{W_2}\right) = 49967 \times \left(\frac{1}{1.76 \times 10^5} + \frac{32.5}{1.90 \times 10^6}\right) = 1.14\text{N/mm}^2$$

钢梁下翼缘由温差引起的应力式（7－46）：

$$\sigma_0^{bt} = -T_t\left(\frac{1}{A_s} + \frac{y_3}{W_4}\right) = -49967 \times \left(\frac{1}{9010} - \frac{200}{1.307 \times 10^6}\right) = 2.10\text{N/mm}^2$$

④由混凝土收缩引起的应力：混凝土收缩应变。

$$\varepsilon_{sh} = 0.00015 = 1.5 \times 10^{-4}$$

则混凝土收缩作用式（8－54）：

$$T_s = \frac{\varepsilon_{sh}}{\left(\frac{2}{E_c A_c} + \frac{2}{EA_s}\right) + \left(\frac{2y_2}{E_c W_2} + \frac{y_3}{EW_3}\right)}$$

$$= \frac{1.5 \times 10^{-4}}{\left(\frac{2}{2.55 \times 10^4 \times 1.76 \times 10^5} + \frac{1}{2.06 \times 10^5 \times 90.01 \times 10^3}\right) + \left(\frac{2 \times 32.5}{2.55 \times 10^4 \times 1.90 \times 10^6} + \frac{200}{2.06 \times 10^5 \times 1.307 \times 10^6}\right)}$$

$$= \frac{1.5 \times 10^{-4}}{1.52 \times 10^{-9} + 2.08 \times 10^{-9}} = 41667\text{N}$$

混凝土板顶收缩引起的应力式（8－47）：

$$\sigma_{0c}^{ts} = T_s\left(\frac{1}{A_c} - \frac{y_2}{W_1}\right) = 41667 \times \left(\frac{1}{1.76 \times 105} - \frac{32.5}{1.90 \times 10^6}\right) = -0.48\text{N/mm}^2$$

混凝土底板面温差引起的应力式（8－48）：

$$\sigma_{0c}^{bs} = T_s\left(\frac{1}{A_c} + \frac{y_2}{W_2}\right) = 416688 \times \left(\frac{1}{1.76 \times 10^5} + \frac{32.5}{1.90 \times 10^6}\right) = 0.95\text{N/mm}^2$$

钢梁下翼缘由温差引起的应力式（8－50）：

$$\sigma_0^{bs} = -T_s\left(\frac{1}{A_s} + \frac{y_3}{W_4}\right) = -41667 \times \left(\frac{1}{9010} - \frac{200}{1.307 \times 10^6}\right) = 1.75\text{N/mm}^2$$

⑤应力组合：从表 8－22 中可得：

$$|\sigma_{cmax}| < [f_{cm} = 11 \text{Nmm}^2]$$

$$|\sigma_{cmax}| < [f = 215 \text{Nmm}^2]$$

表 8－22 正应力组合表

项次	应力种类	混凝土板顶应力	混凝土板底应力	钢梁下翼缘应力
1	荷载标准组合效应时的正应力	－2.86	－1.30	145.65
2	准永久组合徐变效应时正应力	－4.96	－6.37	－164.4
3	温差引起的应力	－0.57	1.14	2.10
4	混凝土收缩引起的正应力	－0.48	0.95	1.75
应力组合	1	－2.86	－1.30	145.65
	2＋4	－5.44	－5.42	94.15
	2＋3＋4	－6.01	－6.18	96.24

5）剪应力的计算：

组合梁的抗剪承载力式（8－74）：

$$h_w t_w f_v = 376 \times 8 \times 125/1000 = 376\text{kN} > 81.16\text{kN}\ (V_{IImax})$$

6）挠度计算：

由于次梁为简支梁，施工时钢梁下不设临时支撑。

$$g_{Ik} = 8.9\text{kN/m}$$

$$P_{scII} = g_{IIk} + q_{IIk} = 10.4 + 5.4 = 15.8\text{kN/m}$$

$$P_{scII} = g_{IIk} + \psi_q q_{IIk} = 10.4 + 0.5 \times 5.4 = 13.1\text{kN/m}$$

按表 8－15，式（8－59）：

$$v_{sI} = \frac{5 g_{Ik} l^4}{384 E_s I_s} = \frac{5 \times 8.9 \times 8.1^4 \times 10^{12}}{384 \times 2.06 \times 10^5 \times 2.6133 \times 10^8} = 9.27\text{mm}$$

按表 8－15，

$$v_{cII} = \max\left\{\begin{aligned} v_{scII} &= \frac{5 P_{scII} l^4}{384 E_s I_{sc}} = \frac{5 \times 15.8 \times 8.1^4 \times 10^{12}}{384 \times 2.06 \times 10^5 \times 8.71 \times 10^8} = 4.7\text{mm} \\ v_{scII,l} &= \frac{5 P_{scII,l} l^4}{384 E_s I_{sc,l}} = \frac{5 \times 13.1 \times 8.1^4 \times 10^{12}}{384 \times 2.06 \times 10^5 \times 5.20 \times 10^8} = 6.8\text{mm} \end{aligned}\right\} = 6.7\text{mm}$$

按式（8－75）：

$$v_c = v_I + v_{cII} = 4.7 + 6.8 = 11.5\text{mm} < [v] = \frac{1}{250} = 32.4\text{mm}$$

从以上计算结果看，次梁所选截面满足要求。

（4）连接件的计算。

钢梁混凝土底面以上部分对换算中和轴的面积矩：

荷载标准组合效应时（图 8－48）：

$$S_{sc}^{b} = 334.2 \times 65 \times (122.67 - 32.5) = 1.96 \times 10^6\text{mm}^3$$

考虑徐变影响时（图 8－49）：

$$S_{sc,l}^{bc} = 167.1 \times 65 \times (171.9 - 32.5) = 1.51 \times 10^5\text{mm}^3$$

梁端处单位长度上的剪应力，参照式（8-95）：

$$\tau=\frac{(V_{\mathrm{Igmax}}+V_{\mathrm{IIgmax}})\ S_{\mathrm{sc,1}}^{\mathrm{bc}}}{I_{\mathrm{sc,1}}}+\frac{V_{\mathrm{IIqmax}}S_{\mathrm{sc}}^{\mathrm{b}}}{I_{\mathrm{sc}}}$$

$$=\frac{(43.25+50.54)\ \times10^{3}\times8.72\times10^{5}}{5.20\times10^{8}}+\frac{30.62\times10^{3}\times1.33\times10^{6}}{8.71\times10^{8}}$$

$$=204.04\mathrm{N/mm^{2}}$$

连接件选用 d16 圆柱头焊钉，其单个抗剪承载力计算值（查表 8-19）得 $N_{\mathrm{v}}^{\mathrm{c}}=42.8\mathrm{kN}$。

由于组合梁为简支梁，故 $\eta=1$。

压型钢板与次梁垂直，连接件应乘以折减系数 β_{v} 见式（8-90b）。

n_{o} 取 1，$w=150\mathrm{mm}$，$h_{\mathrm{e}}=75\mathrm{mm}$，$h_{\mathrm{d}}$ 取 110mm。

$$\beta_{\mathrm{v2}}=\frac{0.85}{\sqrt{n_{\mathrm{o}}}}\ (b_{\mathrm{w}}/h_{\mathrm{e}})\ \left[\frac{h_{\mathrm{d}}-h_{\mathrm{e}}}{h_{\mathrm{e}}}\right]$$

$$=\frac{0.85}{\sqrt{1}}\left(\frac{150}{75}\right)\left[\left(\frac{110-75}{75}\right)-1\right]=0.79$$

焊钉的抗剪承载力，按式（8-89）

$$[N_{\mathrm{v}}^{\mathrm{c}}]=\beta_{\mathrm{v}}\eta N_{\mathrm{v}}^{\mathrm{c}}=0.79\times1\times42.8=33.8\mathrm{kN}$$

对于组合梁的一半长度要求的连接件个数，按式（8-94）：

$$n_{i}=\frac{\tau_{\max}l_{i}}{4[N_{\mathrm{v}}^{\mathrm{c}}]}=\frac{204.04\times8100}{4\times33.8\times10^{3}}=12.2$$

连接件的间距为 $a_{1}=8100\times0.5/12.2=3326\mathrm{mm}$

由于压型钢板波距为 200mm，故焊钉实际间距取 200mm，即每个波谷一个焊钉。

2　简支主梁的设计　简支组合梁试选用图 8-50 的断面。

同次梁的计算相同，$b_{\mathrm{e}}=2700\mathrm{mm}$。本例为安全起见取 $b_{\mathrm{e}}=1030\mathrm{mm}$。

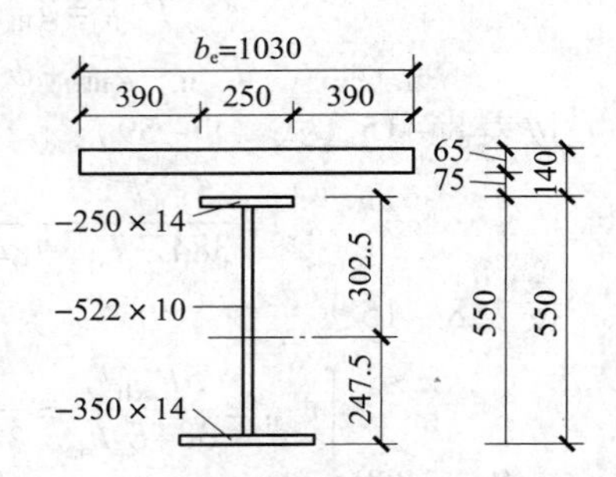

图 8-50　组合主梁截面

（1）截面特征的计算：

1）钢梁：

截面面积：

$$A_{\mathrm{s}}=250\times14+522\times10+350\times14$$

$$=1.3620\times10^{4}\mathrm{mm^{2}}$$

截面重心距上翼缘的距离：

$$y_{3}=\frac{250\times14\times7+522\times10\times275+350\times14\times543}{1.362\times10^{4}}=302.5\mathrm{mm}$$

截面惯性矩：

$$I_{\mathrm{s}}=\frac{1}{12}\times10\times550^{3}+10\times550\times(302.5-275)^{2}+\frac{1}{12}\times(240+340)\times14^{3}+$$

$$240\times14\times(302.5-7)^{2}+340\times14\times(247.5-7)^{2}$$

$$=7.11\times10^{8}\mathrm{mm^{4}}$$

钢梁上翼缘的截面模量：

$$W_{3}=I_{\mathrm{s}}/y_{3}=7.11\times10^{8}/302.5=2.35\times10^{6}\mathrm{mm^{3}}$$

钢梁下翼缘的截面模量：

$$W_4 = I_s/(h_s - y_3) = 7.11\times10^8/247.5 = 2.87\times10^6\text{mm}^3$$

钢梁的局部稳定（表 8－13）

翼缘 $b_1/t = 120/14 = 8.57 < 9$

腹板 $h_o/t = 522/12 = 43.5 < 44$

钢梁满足局部稳定要求，且符合表 8－15 中塑性设计的要求，组合梁可按塑性方法设计。

2）荷载标准组合效应时的换算截面（图 8－51）；混凝土计算宽度同次梁。

$$b_e = 1030\text{mm}$$

钢与混凝土弹性模量之比：

$$\alpha_E = 8.08$$

混凝土板截面的换算宽度：

$$b_{e,eq} = 127.5\text{mm}$$

换算截面的截面面积：

$$A_{sc} = 127.5\times65 + 1.362\times10^4 = 2.19\times10^4\text{mm}^2$$

混凝土板顶到中和轴的距离：

$$x = \frac{127.5\times65\times65/2 + 1.362\times10^4\times(302.5+140)}{2.19\times10^4} = 287.5\text{mm}$$

换算截面的惯性矩：

$$I_{sc} = \frac{1}{12}\times127.5\times65^3 + 127.5\times65\times(287.5-32.5)^2 + 7.11\times10^8 + 1.362\times10^4\times(302.5+140-287.5)^2 = 15.80\times10^8\text{mm}^4$$

3）考虑徐变影响时的换算截面（图 8－52）换算截面的面积：

$$A_{sc,l} = 63.7\times65 + 13620 = 1.78\times10^4\text{mm}^4$$

混凝土板顶至换算截面中和轴距离：

$$x = \frac{63.7\times65\times65/2 + 13620\times(302.5+140)}{1.78\times10^4} = 346.1\text{mm}$$

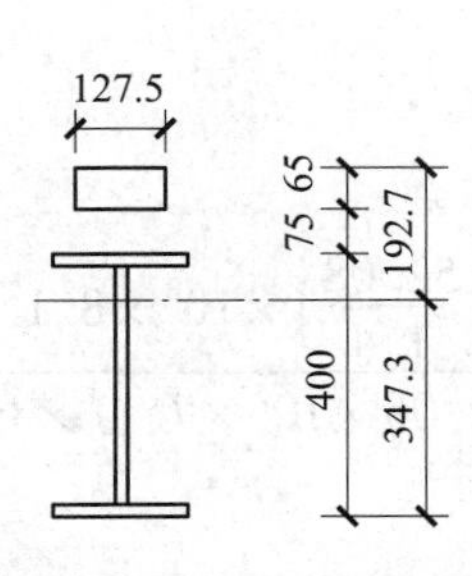

图 8－51　荷载标准效应的换算截面

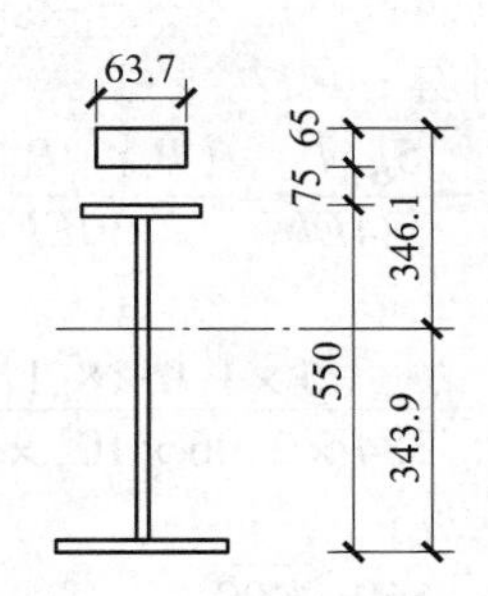

图 8－52　考虑徐变的换算截面

换算截面的惯性矩：

$$I_{sc,l} = \frac{1}{12}\times63.7\times65^3 + 63.7\times65\times(346.1-32.5)^2 + 7.12\times108 + 1.362\times10^4\times(302.5+140-346.1)^2 = 12.47\times10^8\text{mm}^4$$

（2）施工阶段的验算：

1）荷载计算：

计算简图见图8-53。

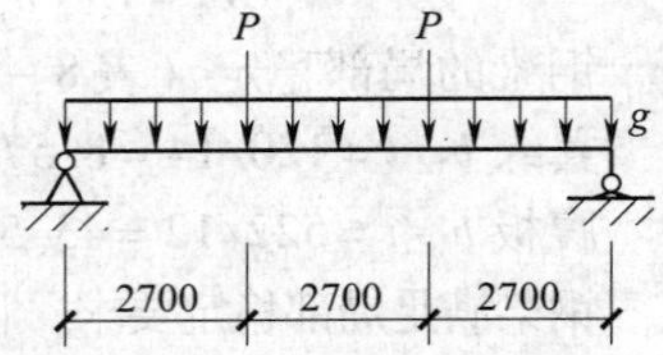

P　P

g

2700　2700　2700

图8-53　主梁计算简图

次梁传来的永久荷载：

$$P_g = 10.68 \times 8.1 = 86.51\text{kN}$$

次梁传来的活荷载：

$$P_q = 6.43 \times 8.1 = 52.08\text{kN}$$

主梁自重：

$$g_{\text{Ik}} = 1.0\text{kN/m}$$
$$g_{\text{I}} = 1.0\text{kN/m} \times 1.2 = 1.2\text{kN/m}$$

荷载产生的弯矩：

$$M_{\text{Imax}} = \frac{1}{3}(P_g + P_q) + \frac{1}{8}g_{\text{I}}l^2 = \frac{1}{3} \times (86.51 + 52.08) \times 8.1 + \frac{1}{8} \times 1.2 \times 8.1^2$$
$$= 384.0\text{kN} \cdot \text{m}$$

荷载产生的剪力：

$$V_{\text{Imax}} = P_g + P_q + \frac{1}{12}G_{\text{II}} = 86.51 + 52.08 + \frac{1}{2} \times 1.2 \times 8.1 = 143.45\text{kN}$$

2）钢梁上的应力计算：

$$\sigma = \frac{M_{\text{Imax}}}{r_x W_3} = \frac{384.0 \times 10^6}{1.05 \times 2.35 \times 10^6} = 155.6\text{N/mm}^2 < f = 215\text{N/mm}^2$$

3）剪应力计算：

钢梁中和轴以上对自身中和轴的面积矩：

$$S_1 = 250 \times 14 \times (302.5 - 7) + (302.5 - 14)^2 \times 10 \times 0.5 = 1.45 \times 10^6\text{mm}^3$$

腹板剪应力：

$$\tau = \frac{V_{\text{Imax}} S_1}{I_s t_w} = \frac{1.45 \times 10^6 \times 143.45 \times 10^3}{7.11 \times 10^8 \times 10}$$
$$= 29.3\text{N/mm}^2 < [f_v = 125\text{N/mm}^2]$$

4）挠度计算：

$$\frac{v}{l} = \frac{5g_{\text{Ik}}l^3}{384EI_s} + \frac{(P_{gk} + P_{qk})l^2}{30EI_s}$$
$$= \frac{5 \times 1.0 \times 8.1^3 \times 10^9}{384 \times 2.06 \times 10^5 \times 7.11 \times 10^8} + \frac{\left(\frac{86.51}{1.2} + \frac{52.08}{1.4}\right) \times 10^3 \times 8.1^2 \times 10^6}{30 \times 2.06 \times 10^5 \times 7.11 \times 10^8}$$
$$= \frac{1}{560} < \frac{1}{400}$$

（3）使用阶段的计算：

1）荷载计算：

计算简图见图8-53。

次梁传来的荷载：

$$P = P_{\text{Ig}} + P_{\text{IIg}} + P_{\text{IIq}} = 10.68 \times 8.1 + 12.48 \times 8.1 + 7.56 \times 8.1$$
$$= 86.51 + 101.08 + 61.24 = 248.83\text{kN}$$

主梁自重：

$$g = 1.2 \times 1.0\text{kN/m} = 1.2\text{kN/m}$$

荷载产生的弯矩：

$$M_{\max} = \frac{1}{3}Pl + \frac{1}{8}gl^2 = \frac{1}{3} \times 248.83 \times 8.1 + \frac{1}{8} \times 1.2 \times 8.1^2 = 681.68\text{kN}$$

荷载产生的剪力：

$$V_{\max} = P + \frac{1}{2}gl = 248.83 + \frac{1}{2} \times 1.2 \times 8.1 = 253.69\text{kN}$$

2）组合梁的抗剪能力：

中和轴的位置确定：

$$A_s f = 13620 \times 215 = 2928300\text{N} = 2928.3\text{kN}$$

$$\text{C20} \quad f_c = 9.6\text{N/mm}^2$$

$$b_e h_{cl} f_c = 1030 \times 65 \times 9.6 = 642720\text{N} = 642.72\text{kN}$$

即 $A_s f > b_e h_{cl} f_c$，塑性中和轴在钢梁内。

钢梁内受压区面积按式（8－68）：

$$A_c = 0.5 \times (A_s - b_e h_{cl} f_c/f) = 0.5 \times [13620 - 1030 \times 65 \times 9.6/215] = 5315\text{mm}^2$$

钢梁受压区高度 $(5315 - 240 \times 14)/10 = 195.5\text{mm}$

钢梁受拉区应力合力中心至混凝土翼板受压区应力合力中心距离：

$$y_1 = 550 + 140 - 32.5 - (13620 - 5315)/(2 \times 350) = 645.6\text{mm}$$

钢梁受拉区应力合力中心至钢梁受压应区合力中心距离：

$$y_2 = 550 - \frac{5092}{2 \times 250} - \frac{13620 - 5097}{2 \times 350} = 527.63$$

组合梁的抗弯承载力按式（8－67）：

$$\begin{aligned} b_e h_{cl} f_c y_1 + A_c f y_2 &= 1030 \times 65 \times 9.6 \times 645.6 + 5097 \times 215 \times 527.63 \\ &= 9931 \times 10^6\text{N} \cdot \text{mm} \\ &= 993.1\text{kN} \cdot \text{m} > 681.68\text{kN} \cdot \text{m} \end{aligned}$$

3）钢梁剪应力：

按式（8－74）：

$$h_s t_w f_v = 522 \times 10 \times 125 = 652.5 \times 10^3\text{N} = 652.5\text{kN} \approx 253.69\text{kN}$$

通过以上计算可知，所选主梁截面满足要求。

4）连接件计算　采用双排 d16 圆钉头焊钉。楼板的压型钢板 $B_w/h_e = 150/75 = 2.0 > 1.5$，焊钉抗剪承载力 β_v 不进行折减。

焊钉抗剪承载力由表 8－19 查得：

$$[N_v^c] = 42.8\text{kN}$$

组合梁上最大弯矩点和邻近零矩点之间混凝土板与钢梁间的纵向剪力：

$$V = b_e h_{cl} f_c = 1030 \times 65 \times 9.6 = 642720\text{N} = 642.72\text{kN}$$

组合梁半跨所需抗剪件数量：

$$n = V/[N_v^c] = 642.72/42.8 = 15$$

沿半跨两排布置，纵向间距：

$$a_i = \frac{8100 \times 2}{2 \times 27.1} = 463\text{mm}$$

$$a_i < 4h_{cl} = 260\text{mm}$$

沿半跨布置双排Φ16圆柱头焊钉，纵向间距取250mm。

5）挠度计算。

①施工阶段钢梁挠度：

$g_{Ik} = 1.0\text{kN/m}$

$P_{gk} = 8.9 \times 8.1 = 72.09\text{kN}$

$P_{pk} = 4.59 \times 8.1 = 37.189\text{kN}$

$$v_{sI} = \frac{5g_{Ik}l^4}{384EI_s} + \frac{P_{gk}l^3}{30EI_s} = \frac{5 \times 1 \times 8.1^4 \times 10^{12}}{384 \times 2.06 \times 10^5 \times 7.11 \times 10^8} + \frac{72.09 \times 10^3 \times 8.1^3 \times 10^9}{30 \times 2.06 \times 10^5 \times 7.11 \times 10^8}$$

$$= 0.38 + 8.70 = 9.08\text{mm}$$

$$v = v_{sI} + \frac{23P_{pk}l^3}{648E_sI_s} = 9.08 + \frac{37.8 \times 10^3 \times 8.1^3 \times 10^9}{30 \times 2.06 \times 10^5 \times 7.11 \times 10^8} = 9.08 + 4.57$$

$$= 13.95\text{mm} < [v] = 20\text{mm}$$

②使用阶段组合梁挠度：

$P_{scII} = P_{IIgk} + P_{IIqk} = 10.41 \times 8.1 + 5.4 \times 8.1 = 128.1\text{kN}$

$P_{scII,l} = P_{IIgk} + \psi q P_{IIgk} = 10.41 \times 8.1 + 0.5 \times 5.4 \times 8.1 = 106.11\text{kN}$

按式（8－84）：

$$I_o = I_s + \frac{I_{cf}}{\alpha_E} = 7.11 \times 10^8 + \frac{1}{12} \times 127.5 \times 65^3 = 7.14 \times 10^8\text{mm}^4$$

$$I_o^l = I_s + \frac{I_{cf}}{2\alpha_E} = 7.11 \times 10^8 + \frac{1}{12} \times 63.7 \times 65^3 = 7.12 \times 10^8\text{mm}^4$$

$$d_c = 302.5 + 75 + \frac{65}{2} = 410\text{mm}$$

$A_s = 1.362 \times 10^4\text{mm}^2$

$A_{cf} = 1030 \times 65 = 6.695 \times 10^4\text{mm}^2$

按式（8－99）：

$$A_o = \frac{A_{cf} \cdot A_s}{\alpha_E A_s + A_{cf}} = \frac{6.695 \times 10^4 \times 1.362 \times 10^4}{8.08 \times 1.362 \times 10^4 + 6.695 \times 10^4} = 5.152 \times 10^3\text{mm}^2$$

$$A_c^l = \frac{A_{cf} \cdot A_s}{2\alpha_E \cdot A_s + A_{cf}} = \frac{6.695 \times 10^4 \times 1.362 \times 10^4}{2 \times 8.08 \times 1.362 \times 10^4 + 6.695 \times 10^4} = 3.177 \times 10^3\text{mm}^2$$

$$A_1 = \frac{I_o + A_o d_c^2}{A_0} = \frac{7.14 \times 10^8 + 5.152 \times 10^3 \times 410^2}{5.152 \times 10^3} = 3.067 \times 10^5\text{mm}^2$$

按式（8－100）：

$$A_1^l = \frac{I_o^l + A_o^l \cdot d_c^2}{A_o^l} = \frac{7.12 \times 10^8 + 3.177 \times 10^3 \times 410^2}{3.177 \times 10^3} = 3.923 \times 10^5\text{mm}^2$$

$n_s = 2$

按表8－18：

$$k = n_v^c = 4.28 \times 10^4\text{N/mm}$$

$$p = 250\text{mm}$$

按式（8－81）：

$$j=0.81\sqrt{\frac{n_s kA_1}{EI_o P}}=0.81\sqrt{\frac{2\times 4.28\times 10^4\times 3.067\times 10^5}{2.06\times 10^4\times 7.14\times 10^8\times 250}}=2.16\times 10^{-3}\text{mm}^{-1}$$

$$j^l=0.81\sqrt{\frac{n_s kA_1^1}{EI_o^1 P}}=0.81\sqrt{\frac{2\times 4.28\times 10^5\times 3.923\times 10^5}{2.06\times 10^5\times 7.12\times 10^8\times 250}}=2.45\times 10^{-3}\text{mm}^{-1}$$

按式（8－80）：

$$\eta=\frac{36EdcPA_o}{n_s khl^2}=\frac{36\times 2.06\times 10^5\times 410\times 250\times 5.152\times 10^3}{2\times 4.28\times 10^4\times 690\times 8100^2}=1.01$$

$$\eta^1=\frac{36EdcPA_o^1}{n_s khl^2}=\frac{36\times 2.06\times 10^5\times 410\times 250\times 31177\times 10^3}{2\times 4.28\times 10^4\times 690\times 8100^2}=0.62$$

按式（8－79）：

$$\zeta=\eta\left[0.4-\frac{3}{(jl)^2}\right]=1.01\left[0.4-\frac{3}{(2.16\times 10^{-3}\times 8100)^2}\right]=0.40$$

$$\zeta^l=\eta^l\left[0.4-\frac{3}{(jl)^2}\right]=0.62\left[0.4-\frac{3}{(2.45\times 10^{-3}\times 8100)^2}\right]=0.24$$

按表 8－18：

$$v_{\text{scII}}=\frac{pl^3}{30B}=\frac{pl^3}{30EI_{\text{sc}}}(1+\zeta)=\frac{128.1\times 10^3\times 8.1^3\times 10^9}{30\times 2.06\times 10^5\times 15.8\times 10^8}\times 1.4=9.76\text{mm}$$

$$v_{\text{scII}}^l=\frac{pl^3}{30B^1}=\frac{pl}{30EI_{\text{sc,1}}}(1+\zeta^l)=\frac{106.11\times 10^3\times 8.1^3\times 10^9}{30\times 2.06\times 10^5\times 12.47\times 10^8}\times 1.24=9.16\text{mm}$$

$$v=v_{\text{SI}}+\max[v_{\text{scII}}I,\ v_{\text{scII}}^1]=9.76+9.16=18.92\text{mm}<[v]=\frac{l}{400}=20.5\text{mm}$$

9 钢管混凝土柱及节点

9.1 钢管混凝土柱及节点的主要内容

表 9－1 钢管混凝土柱及节点的主要内容

项次	主要内容	
1	主要规定	1. 适用于不直接承受动力荷载的钢管混凝土柱及节点的设计和计算。 2. 钢管混凝土柱可用于框架、框架－剪力墙、框架－核心筒、框架－支撑、筒中筒、部分框支－剪力墙和杆塔等结构形式中。 3. 采用钢管混凝土结构的多层和高层建筑的平面和竖向布置及规则性要求，应符合国家现行标准《建筑抗震设计规范（2016 年版）》GB 50011—2010、《高层建筑混凝土结构技术规程》JGJ 3—2010 和《高层民用建筑钢结构技术规程》JGJ 99—2015 的有关规定。 4. 与钢管混凝土柱相连的框架梁宜采用钢梁或钢－混凝土组合梁。 5. 钢管的选用应符合上册第 1 章的相关规定，混凝土应保证其强度等级与钢材强度相匹配，不得使用对钢管有腐蚀作用的外加剂，混凝土的抗压强度和弹性模量应按现行国家标准《混凝土结构设计规范（2015 年版）》GB 50010—2010 的规定采用。 6. 钢管混凝土柱除应进行使用阶段的承载力设计外，尚应进行施工阶段的承载力验算。进行施工阶段的承载力验算时，应采用空钢管截面，空钢管柱在施工阶段的轴向应力，不应大于其抗压强度设计值的 60%，并应满足稳定性要求。 7. 钢管内浇筑混凝土时，应采取有效措施保证混凝土的密实性，直径大于 2m 的圆形钢管混凝土构件及边长大于 1.5m 的矩形钢管混凝土构件，应采取有效措施减小钢管内混凝土收缩对构件受力性能的影响。 8. 钢管混凝土柱宜考虑混凝土徐变对稳定承载力的不利影响；对轴压构件和偏心率不大于 0.3 的偏心钢管混凝土实心受压构件，当由永久荷载引起的轴心压力占全部轴心压力的 50% 及以上时，由于混凝土徐变的影响，钢管混凝土柱的轴心受压稳定承载力设计值 N_u 应乘以折减系数 0.9。 9. 对受压为主的钢管混凝土构件，圆形截面的钢管外径与壁厚之比 D/t 不应大于 $135\varepsilon_k^2$，矩形截面边长和壁厚之比 B/t 不应大于 $60\varepsilon_k$。对受弯为主的钢管混凝土构件，圆形截面的钢管外径与壁厚之比 D/t 不应大于 $177\varepsilon_k^2$，矩形截面边长和壁厚之比 B/t 不应大于 $135\varepsilon_k$。 10. 重型工业厂房宜采用实心钢管混凝土格构式柱，轻型工业厂房可采用空心钢管混凝土单肢柱和格构式柱。 11. 钢管混凝土构件的容许长细比： 房屋框架柱 $\lambda \leqslant 80$； 框架－支撑结构中的钢管混凝土支撑 $\lambda \leqslant 120$； 格构式柱受压腹杆 $\lambda \leqslant 150$； 受拉构件 $\lambda \leqslant 200$； 格构式构筑物的主杆或弦杆 $\lambda \leqslant 120$； 格构式构筑物的腹杆 $\lambda \leqslant 200$； 格构式构筑物的减少受压杆长细比的支撑杆 $\lambda \leqslant 250$； 格构式构筑物的拉杆 $\lambda \leqslant 400$

续表 9－1

项次		主要内容
2	矩形钢管混凝土柱	1. 矩形钢管可采用冷成型的直缝钢管或螺旋缝焊接管及热轧管，也可采用冷弯型钢或热轧钢板、型钢焊接成型的矩形管。连接采用高频焊、自动或半自动焊和手工对接焊缝。当矩形钢管混凝土结构构件采用钢板或型钢组合时，其壁板间的连接焊缝采用全熔透焊缝。 2. 矩形钢管混凝土柱边尺寸不宜小于 168mm。钢管壁厚不应小于 3mm，截面的高度不宜大于 2。 3. 矩形钢管混凝土柱应考虑角部对混凝土约束作用的减弱，当长边尺寸大于 1m 时，应采取构造措施增强矩形钢管对混凝土的约束作用和减小混凝土收缩的影响。 4. 矩形钢管混凝土柱受压计算时，混凝土的轴心受压承载力承担系数可考虑钢管与混凝土的变形协调来分配；受拉计算时，可不考虑混凝土的作用，仅计算钢管的受拉承载力
3	圆形钢管混凝土柱	1. 圆钢管卡采用焊接圆钢管或热轧无缝钢管等。 2. 圆形钢管混凝土柱截面直径不宜小于 168mm，壁厚不应小于 3mm。 3. 圆形钢管混凝土柱应采取有效措施保证钢管对混凝土的环箍作用；当直径大于 2m 时，应采取有效措施减小混凝土收缩的影响。 4. 圆形钢管混凝土柱受拉弹性阶段计算时，可不考虑混凝土的作用，仅计算钢管的受拉承载力；钢管屈服后，可考虑钢管和混凝土共同作用，受拉承载力可适当提高
4	钢管混凝土柱梁连接节点	1. 节点应符合本书第 7 章的规定。 2. 矩形钢管混凝土柱与钢梁连接节点可采用隔板贯通节点、内隔板节点、钢梁穿心式节点和外肋环板节点。 3. 圆形钢管混凝土柱与钢梁连接节点可采用外加强环节点、内加强环节点、钢梁穿心式节点、牛腿式节点和承重销式节点。 4. 节点设计外环板或外加强环时，外环板的挑出宽度应满足可靠传递梁段弯矩和局部稳定要求。 5. 在框架－核心筒结构及筒中筒结构中，外围框架平面内连接应采用刚性连接，楼面梁与钢筋混凝土筒体及外围框架柱的连接可采用刚接或铰接。 6. 采用钢管混凝土结构的多层和高层建筑无地下室时，钢管混凝土柱应采用埋入式柱脚；当设置地下室且钢管混凝土柱伸至地下至少两层时，宜采用埋入式柱脚，也可采用非埋入式柱脚

9.2 钢管混凝土结构的设计要点

9.2.1 承载力极限状态计算公式，见表 9－2。

表 9－2 承载力极限状态计算公式

类别	公式	说明
无地震作用组合	$\gamma_0 S_d \leq R_d$ (9－1)	γ_0——结构重要性系数；安全等级为一级时，不应小于 1.1；安全等级为二级时，不应小于 1.0； S_d——作用组合的效应设计值； R_d——构件承载力设计值； γ_{RE}——构件承载力抗震调整系数
地震作用组合（小震）	$S_d \leq R_d/\gamma_{RE}$ (9－2)	

9.2.2 承载力抗震调整系数，按表9－3。

表9－3 承载力抗震调整系数 γ_{RE}

正截面承载力验算		斜截面承载力验算	节点板件、连接焊缝、连接螺栓	
钢管混凝土柱	支撑		强度验算	稳定验算
0.80	0.80	0.85	0.75	0.80

9.2.3 构件位移。

1 钢管混凝土结构进行内力和位移计算时，钢管混凝土构件的截面刚度可按表9－4中公式计算。

表9－4 承载力极限状态计算公式

公式	说明
$EA=E_sA_s+E_cA_c$ （9－3） $EI=E_sI_s+E_cI_c$ （9－4） $GA=G_sA_s+G_cA_c$ （9－5）	EA——钢管混凝土柱的组合轴压刚度； EI——钢管混凝土柱的组合抗弯刚度； GA——钢管混凝土柱的组合剪切刚度； E_s、E_c——钢管、钢管内混凝土的弹性模量； G_s、G_c——钢管、钢管内混凝土的剪变模量； A_s、A_c——钢管、钢管内混凝土的截面面积； I_s、I_c——钢管、钢管内混凝土的截面惯性矩

2 结构顶点风振加速度限值。

房屋高度不小于150m采用钢管混凝土结构的房屋建筑应满足风振舒适度要求。在现行国家标准《建筑结构荷载规范》GB 50009规定的10年一遇的风荷载标准值作用下，结构顶点的顺风向和横风向振动最大加速度计算值不应超过表9－5的限值。结构顶点的顺风向最大加速度可按现行行业标准《高层民用建筑钢结构技术规程》JGJ 99的有关规定计算，横风向振动最大加速度可按现行国家标准《建筑结构荷载规范》GB 50009的有关规定计算，计算时阻尼比宜取0.01～0.02。

表9－5 结构顶点风振加速度限值 a_{lim}

使用功能	a_{lim}（m/s^2）
住宅、公寓	0.15
办公、旅馆	0.25

9.3 实心钢管混凝土柱

9.3.1 一般规定：实心钢管混凝土构件中，圆钢管外径或矩形钢管边长不宜小于168mm，壁厚不宜小于3mm。实心钢管混凝土构件套箍系数 θ 宜为0.5～2.0，套箍系数 θ 应按本节公式（9－13d）计算。

9.3.2 最大适用高度，见表9－6。

表 9-6 最大适用高度

结构类型	非抗震设计	抗震设防烈度				
		6 度	7 度	8 度		9 度
				0.2g	0.3g	
框架	80	70	60	50	40	30
部分框支剪力墙	150	140	120	80	50	不应采用
框架 - 剪力墙	170	160	140	120	100	50
框架 - 支撑	240	220	200	180	150	120
框架 - 核心筒	240	220	190	150	130	70
筒中筒	300	280	230	170	150	90

注：1 房屋高度指室外地面至房屋主要屋面的高度，不包括突出屋面的电梯机房、水箱、构架等高度。

2 本表适用于实心钢管混凝土结构乙类和丙类建筑的最大适用高度。对平面和竖向均不规则的结构，表中最大适用高度宜适当降低；对甲类建筑，6~8 度时宜按本地区设防烈度提高一度后符合本表的规定，9 度时应专门研究；当房屋高度超过表中数值时，结构设计应进行专门研究和论证，并应采取有效措施；当框架 - 核心筒及筒中筒结构采用钢梁、钢 - 混凝土组合梁及型钢混凝土梁时，应按表中确定最大适用高度；当采用钢筋混凝土梁时，最大适用高度应按钢筋混凝土结构确定。

9.3.3 最大适用高宽比，见表 9-7。

表 9-7 最大适用高宽比

结构类型	非抗震设计	抗震设防烈度			
		6 度	7 度	8 度	9 度
框架	6	6	5	4	2
部分框支剪力墙	6	6	5	4	—
框架 - 剪力墙	7	7	6	5	4
框架 - 支撑	7	7	6	5	4
框架 - 核心筒	8	7	7	6	4
筒中筒	8	8	8	7	5

9.3.4 房屋的抗震等级，见表 9-8。

表 9-8 实心钢管混凝土结构房屋的抗震等级

结构类型		烈度									
		6		7			8			9	
框架	高度（m）	≤24	>24	≤24	>24		≤24	>24			
	框架	四	三	三	二		二	一		一	
框架 - 剪力墙	高度	≤60	>60	≤24	>24 ≤60	>60	≤24	>24 ≤60	>60	≤24	>24
	框架	四	三	四	三	二	三	二	一	二	一
	剪力墙	三	二	三	二		二	一		一	一

续表 9－8

结构类型		烈度							
		6		7			8		9
部分框支剪力墙	高度（m）	≤80	＞80	≤24	＞24 ≤80	＞80	≤24	＞25	
	非底部加强部位剪力墙	四	三	四	三	二	三	二	
	底部加强部位剪力墙	三	二	三	二	一	二	一	
	框支层框架	二		二	二	一	一	一	
框架－支撑、框架－核心筒	高度（m）	≤150	＞150	≤130	＞130		≤100	＞100	≤70
	框架	三	二	二	一		一	一	一
	核心筒	二	二	二	一		一	特一	特一
筒中筒	高度（m）	≤180	＞180	≤150	＞150		≤120	＞120	≤90
	内筒	二	二	二	一		一	特一	特一
	外筒	三	二	二	一		一	一	一

注：1　表中“特一和一、二、三、四”表示“抗震等级为特一级和一、二、三、四级”。

2　本表适用于实心钢管混凝土结构丙类建筑抗震等级的确定，相应的计算和构造措施要求应符合国家现行标准《建筑抗震设计规范（2016 年版）》GB 50011 和《高层建筑混凝土结构技术规程》JGJ 3 的有关规定。框架中的钢梁、钢支撑、钢管混凝土支撑抗震等级可按钢结构构件确定；当接近或等于高度分界时，可结合房屋不规则程度及场地、地基条件确定抗震等级；当框架－核心筒的高度不超过 60m 时，其抗震等级可按框架－剪力墙结构采用；对乙类建筑及Ⅲ、Ⅳ类场地且设计基本地震加速度为 0.15g 和 0.30g 地区的丙类建筑，当高度超过对应的适用高度时，应采用特一级的抗震构造措施；当框架－核心筒及筒中筒结构采用钢梁、钢－混凝土组合梁及型钢混凝土梁时，应按本表确定抗震等级；当采用钢筋混凝土梁时，抗震等级应按钢筋混凝土结构确定。

9.3.5　实心钢管混凝土房屋的层间位移角。

实心钢管混凝土房屋结构在风荷载或多遇地震标准值作用下，按弹性方法计算的最大楼层层间位移与层高之比 $\Delta u/h$ 不宜大于表 9－9 的限值。

表 9-9　钢管混凝土结构弹性层间位移与层高之比 $\Delta u/h$ 限值

结构类型		适用高度（m）	限　值
框架	钢筋混凝土梁板楼盖	≤150	1/450
	钢梁-混凝土板组合楼盖		1/300
框架-支撑			1/300
框架-剪力墙、框架-核心筒		≤150	1/800
		>250	1/500
筒中筒		≤150	1/1000
		>250	1/500
钢管混凝土框支层		≤150	1/1000

注：当框架-剪力墙（核心筒）结构及筒中筒结构高度为 150~250m 时，最大楼层层间位移和层高之比 $\Delta u/h$ 的限制可按表中插值计算。

9.3.6　实心钢筋混凝土房屋结构在罕遇地震作用下的薄弱层弹塑性位移与层高比 $\Delta u_p/h$，不宜大于表 9-10 中的限值。

表 9-10　钢管混凝土结构弹塑性位移与层高之比 $\Delta u_p/h$ 限值

结构类型	$\Delta u_p/h$ 限值
框架、框架-支撑	1/50
框架-剪力墙、框架-核心筒	1/100
部分框支剪力墙结构的框支层、筒中筒	1/120

9.3.7　部分框支剪力墙结构采用实心钢管混凝土框支柱时，应符合下列规定：

1　框支柱应从基础顶面伸至转换层，并应与转换构件连接；

2　在地面以上设置框支层的位置，8 度时不宜大于 4 层，7 度时不宜大于 6 层，6 度时其层数可适当增加。

9.3.8　采用钢梁的实心钢管混凝土结构在多遇地震作用下的阻尼比可按表 9-11 取值，并应依据实际情况确定，在罕遇地震作用下的结构阻尼比可取 0.050。

表 9-11　多遇地震下实心钢管混凝土结构阻尼比

结构类型	结构高度 H（m）		
	$H \leqslant 50$	$50 < H \leqslant 100$	$100 < H \leqslant 250$
框架	0.040	0.035	—
框架-支撑	0.040	0.035	0.030~0.020
框架-剪力墙、筒中筒	0.040	0.040	0.035~0.030

注：当采用钢筋混凝土梁时，相应结构阻尼比可按表中数值增加 0.005。

9.3.9　抗震设计时，矩形实心钢管混凝土柱的轴压比应按表 9-12 中公式计算，并不宜大于表 9-13 中限制。

表 9-12 轴压比公式

公式	说明
$\mu_N = N/(f_c A_c + f A_s)$ (9-6)	μ_N——轴压比； N——考虑地震组合的柱轴心力设计值； A_c——钢管内混凝土面积； f_c——混凝土的轴心抗压强度设计值； f——型钢的抗压强度设计值； A_s——钢管的截面面积

表 9-13 矩形钢管混凝土柱轴压比限值

一级	二级	三级
0.70	0.80	0.90

9.4 空心钢管混凝土柱

9.4.1 空心钢管混凝土构件中，圆钢管外径、多边形外接圆直径、方形边长不宜小于168mm。空心变截面杆端外径不宜小于130mm。钢管壁厚不宜小于3mm。

9.4.2 空心钢管混凝土构件套箍系数 θ 宜为0.5~2.0，套箍系数 θ 按本节公式（9-12c）计算。

9.4.3 空心钢管混凝土构件的空心率 Ψ 限值不应超过表9-14的数值。

表 9-14 空心钢管混凝土柱空心率 Ψ 限值

钢管形状	烈度			
	9度	8度	7度	6度
圆形和十六边形	0.50	0.55	0.60	0.65
八边形	0.40	0.45	0.50	0.55
方形	0.30	0.35	0.40	0.45

注：1 空心钢管混凝土构件的空心率 Ψ 不宜小于0.25，且不宜大于0.75。
2 空心率 Ψ 应按本节公式（9-15c）计算。

9.4.4 工业厂房中，空心钢管混凝土结构在多遇地震作用下的阻尼比可取0.035，在罕遇地震作用下的结构阻尼比可取0.050。

9.5 钢管混凝土柱承载力计算

9.5.1 单肢钢管混凝土柱在单一受力状态下承载力计算，见表9-15。

表 9-15 单肢钢管混凝土柱在单一受力状态下承载力公式

公式	说明
$N \leqslant N_u$ (9-7) $N_t \leqslant N_{ut}$ (9-8) $V \leqslant V_u$ (9-9) $T \leqslant T_u$ (9-10) $M \leqslant M_u$ (9-11)	N、N_t、V、T、M——作用于构件的轴心压力、轴心拉力、剪力、扭矩、弯矩设计值； N_u、N_{ut}、V_u、T_u、M_u——钢管混凝土构件的轴心受压稳定、受拉、受剪、受扭、受弯承载力设计值

9.5.2 钢管混凝土承载力设计值见表9-16，截面形状对套箍效应的影响系数取值见

表9－17，轴压构件稳定系数见表9－18。

表9－16 钢管混凝土承载力设计值

公 式	说 明
柱轴压稳定性承载力设计： $N_u = \varphi N_0$ (9－12) 短柱轴心受压承载力设计： $N_0 = A_{sc} f_{sc}$ (9－13a) $f_{sc} = (1.212 + B\theta + C\theta^2) f_c$ (9－13b) $\alpha_{sc} = A_s / A_c$ (9－13c) $\theta = \alpha_{sc} f / f_c$ (9－13d)	N_u——钢管混凝土柱的轴心受压稳定承载力设计值； N_0——钢管混凝土短柱的轴心受压强度承载力设计值； A_{sc}——实心或空心钢管混凝土构件的截面面积，等于钢管和管内混凝土面积之和； f_{sc}——实心或空心钢管混凝土抗压强度设计值（MPa），其中钢管混凝土构件截面抗压强度设计值也可按第7节附录B中表格确定； φ——轴心受压构件稳定系数，按表9－18取值（计算公式详见《钢管混凝土结构技术规范》GB 50936—2014中5.1.10条相关公式）； λ_{sc}——各种构件的长细比，等于构件的计算长度除以其回转半径； A_s、A_c——钢管、钢管内混凝土的面积； α_{sc}——实心或空心钢管混凝土构件的含钢率； θ——实心或空心钢管混凝土构件的套箍系数； f——钢材的抗压强度设计值； f_c——钢材的抗压强度设计值，对于空心构件，f_c 均应乘以1.1； B、C——截面形状对套箍效应的影响系数，应按表9－17取值
轴心受拉承载力设计： $N_{ut} = C_1 A_s f$ (9－14)	N_{ut}——钢管混凝土构件的轴心受拉承载力设计值； C_1——钢管受拉强度提高系数，实心截面取 $C_1 = 1.1$，空心截面取 $C_1 = 1.0$
受剪承载力设计： 实心截面： $V_u = 0.71 f_{sv} A_{sc}$ (9－15a) 空心截面： $V_u = (0.736\psi^2 - 1.094\psi + 1) \times 0.71 f_{sv} A_{sc}$ (9－15b) $\psi = \dfrac{A_h}{A_c + A_h}$ (9－15c) $f_{sv} = 1.547 f \dfrac{\alpha_{sc}}{\alpha_{sc} + 1}$ (9－15d)	V_u——实心或空心钢管混凝土构件的受剪承载力设计值； A_{sc}——实心或空心钢管混凝土构件的截面面积，即钢管与混凝土面积之和； ψ——空心率，对于实心构件取0； A_c、A_h——分别为混凝土面积和空心部分面积； f_{sv}——钢管混凝土受剪强度设计值； α_{sc}——钢管混凝土构件的含钢率
受扭承载力设计： 实心截面： $T_u = W_T f_{sv}$ (9－16a) 空心截面： $T_u = 0.9 W_T f_{sv}$ (9－16b) $W_T = \pi r_0^3 / 2$ (9－17)	T_u——实心或空心钢管混凝土构件的受扭承载力设计值； W_T——对应实心钢管混凝土构件的截面受扭模量； r_0——等效圆半径。圆形截面取钢管外半径，非圆形截面取按面积相等等效成圆形的外半径

续表 9－16

公式	说明
受弯承载力设计： $M_u=\gamma_m W_{sc} f_{sc}$ (9－18a) $W_{sc}=\frac{\pi (r_0^4-r_{ci}^4)}{4r_0}$ (9－18b) $\gamma_m=(1-0.5\psi)(-0.483\theta+1.926\sqrt{\theta})$ (9－18c)	f_{sc}——实心或空心钢管混凝土构件的抗压强度设计值，按本节公式（9－13b）计算； γ_m——塑性发展系数。对实心圆形截面取 1.2； W_{sc}——受弯构件的截面模量； r_0——等效圆半径。圆形截面为半径，非圆形截面按面积相等等效成圆形的半径，按表 9－40 及其注计算； r_{ci}——空心半径（mm），对实心构件取 0

表 9－17　截面形状对套箍效应的影响系数取值

截面形式		B	C
实心	圆形和正十六边形	$0.176f\div213+0.974$	$-0.104f_c\div14.4+0.031$
	正八边形	$0.140f\div213+0.778$	$-0.070f_c\div14.4+0.026$
	正方形	$0.131f\div213+0.723$	$-0.070f_c\div14.4+0.026$
空心	圆形和正十六边形	$0.106f\div213+0.584$	$-0.037f_c\div14.4+0.011$
	正八边形	$0.056f\div213+0.311$	$-0.011f_c\div14.4+0.004$
	正方形	$0.039f\div213+0.217$	$-0.006f_c\div14.4+0.002$

表 9－18　轴压构件稳定系数

$\lambda_{sc}(0.001f_y+0.781)$	φ	$\lambda_{sc}(0.001f_y+0.781)$	φ
0	1.000	130	0.440
10	0.975	140	0.394
20	0.951	150	0.353
30	0.924	160	0.318
40	0.896	170	0.287
50	0.863	180	0.260
60	0.824	190	0.236
70	0.779	200	0.216
80	0.728	210	0.198
90	0.670	220	0.181
100	0.610	230	0.167
110	0.549	240	0.155
120	0.492	250	0.143

9.5.3　钢管混凝土柱在复杂受力状态下的刚度计算，见表 9－19。

表 9－19 钢管混凝土构件刚度计算

<table>
<tr><th>公 式</th><th colspan="5">说 明</th></tr>
<tr><td rowspan="3">轴压弹性刚度 B_{sc}：
$B_{sc}=A_{sc}E_{sc}$ (9－19a)
$E_{sc}=1.3k_Ef_{sc}$ (9－19b)</td><td colspan="5">E_{sc}——实心或空心钢管混凝土构件的弹性模量；
A_{sc}——实心或空心钢管混凝土构件的截面面积，即钢管和混凝土面积之和；
k_E——实心或空心钢管混凝土轴压弹性模量换算系数，取值如下：</td></tr>
<tr><td>钢材</td><td>Q235</td><td>Q345</td><td>Q390</td><td>Q420</td></tr>
<tr><td>k_E</td><td>918.9</td><td>719.6</td><td>657.5</td><td>626.9</td></tr>
<tr><td>弹性受弯刚度 B_{scm}：
$B_{scm}=E_{scm}I_{sc}$ (9－20a)
$E_{scm}=\dfrac{(1+\delta/n)(1+\alpha_{sc})}{(1+\alpha_{sc}/n)(1+\delta)}E_{sc}$ (9－20b)
$n=E_c/E_s$ (9－20c)
$\delta=I_s/I_c$ (9－20d)
$I_{sc}=(I_s+I_c)$ (9－20e)
$I_{sc}=(0.66+0.94\alpha_{sc})(I_s+I_c)$ (9－20f)</td><td colspan="5">E_{scm}——实心或空心钢管混凝土构件的弹性受弯模量；
I_s、I_c——钢管和混凝土部分的惯性矩；
E_s、E_c——分别为钢材和混凝土的弹性模量；
I_{sc}——实心或空心钢管混凝土构件的截面惯性矩。无受拉区时，按式（9－20e）计算；当构件出现受拉区时，按式（9－20f）计算</td></tr>
<tr><td>剪变刚度 B_G：
$B_G=(1-0.1\psi)G_{ss}A_{sc}$ (9－21)
受扭刚度 B_T：
$B_T=(1-0.1\psi)G_{ss}I_T$ (9－22)</td><td colspan="5">G_{ss}——具有相同钢管尺寸的实心钢管混凝土构件的剪变模量，应按表 9－20 取值。其中，含钢率对应实心构件的含钢率；
A_{sc}——实心钢管混凝土构件的截面面积；
I_T——具有相同钢管尺寸的实心钢管混凝土构件的截面受扭模量</td></tr>
</table>

表 9－20 对应实心钢管混凝土构件的剪变模量 G_{ss}（N/mm^2）

混凝土	对应实心构件的含钢率								
	0.04	0.06	0.08	0.1	0.12	0.14	0.16	0.18	0.2
C30	8527	10460	12504	14649	16888	19212	21614	24088	26627
C40	8990	10941	13001	15162	17414	19751	22164	24648	27197
C50	9359	11325	13399	15572	17835	20182	22604	25096	27652
C60	9637	11613	13697	15879	18151	20505	22934	25432	27994
C70	9822	11806	13896	16084	18361	20720	23154	25656	28222
C80	10007	11998	14095	16289	18572	20936	23374	25880	28449

9.5.4 格构式钢管混凝土柱在单一受力状态下承载力计算和刚度计算，见表 9－21。

表 9-21　格构式钢管混凝土柱在单一受力状态下承载力计算公式

公　式	说　明
$N \leqslant N_u$　(9-23a) $V \leqslant V_u$　(9-23b) $T \leqslant T_u$　(9-23c) $M \leqslant M_u$　(9-23d)	N、V、T、M——作用于构件的轴心压力、剪力、扭矩、弯矩设计值； N_u、V_u、T_u、M_u——格构式钢管混凝土构件的轴压稳定、受剪、受扭、受弯承载力设计值
轴压稳定承载力设计： $N_u = \varphi N_0$　(9-24a) $N_0 = \sum A_{sci} f_{sci}$　(9-24b)	N_0——格构式钢管混凝土构件的轴压承载力设计值； A_{sci}——各肢柱的截面面积； f_{sci}——各肢柱的抗压强度设计值，应按本章公式（9-13b）计算； φ——格构式钢管混凝土轴心受压构件稳定系数。应根据换算长细比按本章表 9-18 确定，其中换算长细比按表 9-22 计算； N_u——格构式钢管混凝土构件轴压稳定承载力设计值，其中，对于轴心受压构件单肢尚应按公式（9-12）验算单肢柱的稳定承载力。当符合下列条件时，可不验算（λ_{max} 为构件在 $x-x$ 和 $y-y$ 方向换算长细比的较大值）： 缀板格构式构件：$\lambda_1 \leqslant 40$ 且 $\lambda_1 \leqslant 0.5\lambda_{max}$ 缀条格构式构件：$\lambda_1 \leqslant 0.7\lambda_{max}$
受剪承载力设计： $V_u = \sum V_{ui}$　(9-25) 缀材设计时所受剪力设计值： $V = \sum A_{sci} f_{sci}/85$　(9-26)	V_{ui}——各柱肢实心或空心钢管混凝土构件的受剪承载力设计值，应按公式（9-15a）或公式（9-15b）计算； V_u——格构式构件受剪承载力设计值； A_{sci}——各柱肢的截面面积； f_{sc}——各柱肢实心或空心钢管混凝土构件的抗压强度设计值，按公式（9-13b）计算； T_u——格构式构件受扭承载力设计值； T_{ui}——各柱肢实心或空心钢管混凝土构件的受扭承载力设计值，按公式（9-16a）或公式（9-16b）计算； r_i——各柱肢实心或空心钢管混凝土构件截面形心到格构式截面中心的距离； M_u——格构式构件受弯承载力设计值； W_{sc}——格构式柱截面至最大受压肢外边缘的截面模量；对格构式构件不考虑塑性发展系数
受扭承载力设计： $T_u = \sum T_{ui} + \sum V_{ui} r_i$　(9-27)	
受弯承载力设计： $M_u = W_{sc} f_{sc}$　(9-28)	

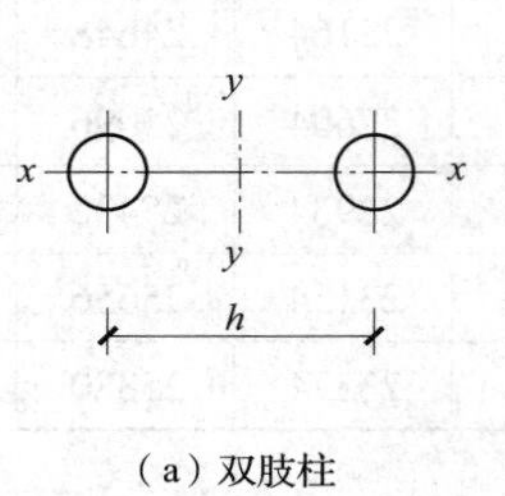

（a）双肢柱

（b）三肢柱

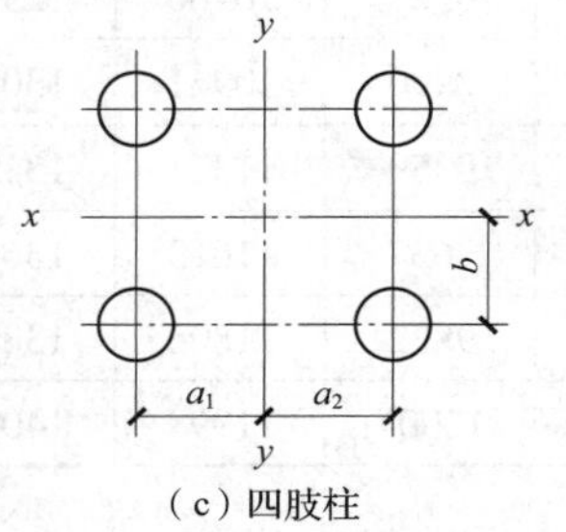

（c）四肢柱

图 9-1　格构柱示意图

表 9－22　换算长细比计算公式

<table>
<tr><th>公　式</th><th>说　明</th></tr>
<tr><td>双肢格构柱：
各肢截面相同且为缀板时，
$$\lambda_{0y}=\sqrt{\lambda_y^2+17\lambda_1^2}\quad(9-29a)$$
各肢截面相同且为缀条时，
$$\lambda_{0y}=\sqrt{\lambda_y^2+67.5\frac{A_{sci}}{A_w}}\quad(9-29b)$$
各肢缀条柱内外截面不同时，
$$\lambda_{0y}=\sqrt{\lambda_y^2+33.75\frac{A_{sc1}+A_{sc2}}{A_w}}\quad(9-29c)$$</td>
<td rowspan="3">λ_x——整个截面对 $x-x$ 方向的长细比，$\lambda_x=L_{ox}\Big/\sqrt{\frac{I_x}{\sum A_{sci}}}$；
λ_y——整个截面对 $y-y$ 方向的长细比，$\lambda_y=L_{oy}\Big/\sqrt{\frac{I_y}{\sum A_{sci}}}$；
λ_1——单肢一个节间的长细比，$\lambda_1=h\Big/\sqrt{\frac{I_{sc}}{\sum A_{sc}}}$；
I_x——单根柱肢对 x 轴的惯性矩，$I_x=\sum(I_{sc}+a_i^2A_{sc})$；
I_y——单根柱肢对 y 轴的惯性矩，$I_y=\sum(I_{sc}+b^2A_{sc})$；
λ_{oy}、λ_{ox}——格构式钢管混凝土构件对 $y-y$ 轴和对 $x-x$ 轴换算长细比；
A_w——腹杆（缀板或缀条）的截面面积；
A_{sci}——各钢管混凝土柱肢的截面面积，$i=1$、2、3、4；
a_i、b——分别为柱肢中心到虚轴 $y-y$ 和到 $x-x$ 轴的距离，见图 9－1；
h——柱肢的节间距离</td></tr>
<tr><td>三肢格构柱：
各肢截面相同且为缀条时，
$$\lambda_{0y}=\sqrt{\lambda_y^2+200\frac{A_{sci}}{A_w}}\quad(9-30a)$$
各肢截面不同且为缀条时，
$$\lambda_{0y}=\sqrt{\lambda_y^2+67.5\sum\frac{A_{sci}}{A_w}}\quad(9-30b)$$</td></tr>
<tr><td>四肢格构柱：
各肢截面相同且为缀条时，
$$\lambda_{0y}=\sqrt{\lambda_y^2+135\frac{A_{sci}}{A_w}}\quad(9-31a)$$
$$\lambda_{0x}=\sqrt{\lambda_x^2+135\frac{A_{sci}}{A_w}}\quad(9-31b)$$
各肢截面不同且为缀条时，
$$\lambda_{0y}=\sqrt{\lambda_y^2+33.5\sum\frac{A_{sci}}{A_w}}\quad(9-32a)$$
$$\lambda_{0x}=\sqrt{\lambda_x^2+33.5\sum\frac{A_{sci}}{A_w}}\quad(9-32b)$$</td></tr>
</table>

9.5.5　钢管混凝土构件在复杂受力状态下承载力计算，见表 9－23。

表9-23 钢管混凝土柱在复杂应力状态下承载力计算

<table>
<tr><th>公　式</th><th>说　明</th></tr>
<tr><td>单肢钢管混凝土构件承受压弯扭剪共同作用时，构件承载力：
当$\frac{N}{N_u}\geqslant 0.255\left[1-\left(\frac{T}{T_u}\right)^2-\left(\frac{V}{V_u}\right)^2\right]$时，
$$\frac{N}{N_u}+\frac{\beta_m M}{1.5M_u(1-0.4N/N'_E)}+\left(\frac{T}{T_u}\right)^2+\left(\frac{V}{V_u}\right)^2\leqslant 1 \quad (9-33a)$$
当$\frac{N}{N_u}<0.255\left[1-\left(\frac{T}{T_u}\right)^2-\left(\frac{V}{V_u}\right)^2\right]$时，
$$-\frac{N}{2.17N_u}+\frac{\beta_m M}{M_u(1-0.4N/N'_E)}+\left(\frac{T}{T_u}\right)^2+\left(\frac{V}{V_u}\right)^2\leqslant 1 \quad (9-33b)$$
$$N'_E=\frac{\pi^2 E_{sc}A_{sc}}{1.1\lambda^2} \quad (9-33c)$$
当只有轴心压力和弯矩作用时的单肢压弯构件，
当$\frac{N}{N_u}\geqslant 0.255$时，$\frac{N}{N_u}+\frac{\beta_m M}{1.5M_u(1-0.4N/N'_E)}\leqslant 1$　(9-34a)
当$\frac{N}{N_u}<0.255$时，
$$-\frac{N}{2.17N_u}+\frac{\beta_m M}{M_u(1-0.4N/N'_E)}\leqslant 1 \quad (9-34b)$$
当只有轴心拉力和弯矩作用时的单肢拉弯构件，
$$\frac{N}{N_{ut}}+\frac{M}{M_u}\leqslant 1 \quad (9-35)$$</td><td>N、M、V、T——作用于构件的轴心压力、弯矩、剪力、扭矩设计值；
β_m——等效弯矩系数，应按现行国家标准《钢结构设计标准》GB 50017的规定执行；
N_u——实心或空心钢管混凝土构件的轴压稳定承载力设计值，应按公式（9-12）计算；
V_u——实心或空心钢管混凝土构件的受剪承载力设计值，应按公式（9-15a）或公式（9-15b）计算；
T_u——实心或空心钢管混凝土构件的受扭承载力设计值，按公式（9-16a）或公式（9-16b）计算；
M_u——实心或空心钢管混凝土构件的受弯承载力设计值，应按公式（9-18a）计算；
N'_E——系数，根据表9-21，可简化为
$N'_E=11.6k_E f_{sc}A_{sc}/\lambda^2$，$k_E$见表9-19；
N_{ut}——实心或空心钢管混凝土构件的受拉承载力设计值，应按公式（9-14）计算</td></tr>
<tr><td>格构式钢管混凝土构件承受压、弯、扭、剪共同作用时，平面内整体稳定承载力：
$$\frac{N}{N_u}+\frac{\beta_m M}{M_u(1-\varphi N/N'_E)}+\left(\frac{T}{T_u}\right)^2+\left(\frac{V}{V_u}\right)^2\leqslant 1 \quad (9-36)$$</td><td>N_u、V_u、T_u、M_u——格构式钢管混凝土构件的轴压强度、受剪、受扭、受弯承载力设计值，均按表9-23中公式计算</td></tr>
</table>

注：1　计算单层厂房框架柱时，柱的计算长度应按现行国家标准《钢结构设计标准》GB 50017执行；计算高层建筑的框架柱、核心筒柱时，柱的计算长度应按现行行业标准《高层民用建筑钢结构技术规程》JGJ 99执行。

2　对缀条格构式柱的单肢，应按桁架的弦杆计算单肢的稳定承载力。对缀板格构式柱的单肢，应根据由剪力引起的局部弯矩的影响，按压弯构件计算。

3　腹杆所受的剪力应取实际剪力和按公式（9-26）计算剪力中的较大值。

9.6 连接和节点设计

9.6.1 一般规定，梁（板）与钢管混凝土柱连接的承载力计算见表9-24。

表9-24 梁（板）与钢管混凝土柱连接的承载力计算

公式	说明
采用钢筋混凝土楼盖时，受剪承载力： 无地震作用时， $V_b \leqslant V_u$ (9-37) 有地震作用时， $V_b \leqslant \frac{1}{\gamma_{RE}} V_u$ (9-38)	V_b——验算连接受剪承载力采用的剪力设计值，可取按相关规范调整后的梁端组合的剪力设计值； V_u——连接的受剪承载力设计值，可按表9-16中相关公式计算； γ_{RE}——连接的受剪承载力抗震调整系数，应按表9-3取值
采用钢筋混凝土楼盖时，受弯承载力： 无地震作用时， $M_b \leqslant M_u$ (9-39) 有地震作用时， $M_b \leqslant \frac{1}{\gamma_{RE}} M_u$ (9-40)	M_b——验算连接受弯承载力采用的弯矩设计值，可取按相关规范调整后的梁端组合的弯矩设计值； M_u——连接的受弯承载力设计值 注意：式（9-19）中M_u与式（9-41）中的M_u含义不同
钢梁与钢管混凝土柱的刚接连接： 地震设计时， $M_u \geqslant \eta_j M_p$ (9-41) $V_u \geqslant 1.2\ (2M_p/l_n)\ + V_{GB}$ (9-42)	M_u——连接的极限受弯承载力，应按现行行业标准《高层民用建筑钢结构技术规程》JGJ 99执行； V_u——连接的极限受剪承载力，应按国家现行标准《高层民用建筑钢结构技术规程》JGJ 99和《建筑抗震设计规范（2016年版）》GB 50011执行； M_p——梁端截面的塑性受弯承载力，应按现行国家标准《钢结构设计标准》GB 50017执行； V_{GB}——梁在重力荷载代表值（9度时尚应包括竖向地震作用标准值）作用下，应按简支梁分析的梁端截面剪力设计值； l_n——梁的净跨； η_j——连接系数，见表9-25

注：1 验算连接的受弯承载力时，当采用第9.13节抗弯连接方式且符合相应构造要求时，可不验算连接的受弯承载力。
2 采用钢筋混凝土楼盖时，梁、板受力钢筋不应直接焊接于钢管壁上。
3 钢管内宜减少设置横向穿管、加劲板（环）和其他附件，减少对管内混凝土浇灌的不利影响。
4 钢管混凝土框架柱分段接头位置宜在楼面标高以上1.2~1.3m。
5 钢梁与钢管混凝土柱的刚接连接的受弯承载力设计值和受剪承载力设计值，分别不应小于相连构件的受弯承载力设计值和受剪承载力设计值；采用高强度螺栓时，应采用摩擦型高强度螺栓，不得采用承压型高强螺栓。
6 钢梁与钢管混凝土柱的刚接连接的受弯承载力应由梁翼缘与柱的连接提供，连接的受剪承载力应由梁腹板与柱的连接提供。

表 9-25 钢梁与钢管混凝土柱刚接连接抗震设计的连接系数

母材牌号	焊接	螺栓连接
Q235	1.40	1.45
Q345	1.30	1.35
Q345GJ	1.25	1.30

9.6.2 实心钢管混凝土柱连接和梁柱节点。

1 实心钢管混凝土柱连接和梁柱节点构造应符合表 9-26 规定。

表 9-26 实心钢管混凝土柱连接和梁柱节点

		构造规定
钢管混凝土连接	一般规定	钢管分段接头在现场连接时，宜加焊内套圈和必要的焊缝定位件
	等直径钢管对接	1. 宜设置环形膈板和内衬钢管段，内衬钢管段也可兼作为抗剪连接件。 2. 上下钢管之间应采用全熔透坡口焊缝，坡口可取 35°，直焊缝钢管对接处应错开钢管焊缝。 3. 内衬钢管仅作为衬管使用时［图 9-2（a）］，衬管管壁厚度宜为 4~6mm，衬管高度宜为 50mm，其外径宜比钢管内径小 2mm。 4. 内衬钢管兼作为抗剪连接件时［图 9-2（b）］，衬管管壁厚度不宜小于 16mm，衬管高度宜为 100mm，其外径宜比钢管内径小 2mm
	不同直径钢管对接	宜采用一段变径钢管连接（图 9-3）。变径钢管的上下两端均宜设置环形膈板，变径钢管的壁厚不应小于所连接的钢管壁厚，变径段的斜度不宜大于 1:6，变径段宜设置在楼盖结构高度范围内
梁与钢管混凝土柱节点	柱直径较小，且与钢梁连接	1. 可采用外加强环连接（图 9-4），外加强环应为环绕钢管混凝土柱的封闭的满环（图 9-5）。 2. 外加强环与钢管外壁应采用全熔焊缝连接，外加强环与钢梁应采用栓焊连接。 3. 外加强环的厚度不宜小于钢梁翼缘的厚度、宽度 c 不宜小于钢梁翼缘宽度的 0.7 倍。外加强环按 9.8 节的方法进行设计
	柱直径较大，且与钢梁连接	1. 可采用内加强环连接。 2. 内加强环与钢管内壁应采用全熔透坡口焊缝连接。 3. 梁与柱可采用现场直接连接，也可与带有悬臂梁段的柱在现场进行梁的拼接。悬臂梁段可采用等截面悬臂梁段（图 9-6），也可采用不等截面悬臂梁段（图 9-7、图 9-8），当悬臂梁段的截面高度变化时，其坡度不宜大于 1:6。 4. 当钢管柱直径较大且钢梁翼缘较窄的时候可采用钢梁穿过钢管混凝土柱的连接方式，钢管壁与钢梁翼缘应采用全熔透剖口焊，钢管壁与钢梁腹板可采用角焊缝（图 9-9）
	与钢筋混凝土梁连接节点	1. 梁柱节点构造应同时符合管外剪力传递及弯矩传递的受力规定。 2. 钢管外剪力传递可采用环形牛腿或承重销。 3. 钢筋混凝土无梁楼板或井式密肋楼板与钢管混凝土柱连接时，钢管外剪力传递可采用台锥式环形深牛腿，台锥式环形深牛腿下加强环的直径可由楼板的冲切强度确定

续表 9－26

		构造规定
梁与钢管混凝土柱节点	与钢筋混凝土梁连接节点	4. 环形牛腿、台锥式环形深牛腿可由呈放射状均匀分布的肋板和上下加强环组成（图 9－10）。肋板应与钢管壁外表面及上下加强环采用角焊缝焊接，上下加强环可分别于钢管壁外表面采用角焊缝焊接。环形牛腿的上下加强环、台锥式深牛腿的下加强环应设置直径不小于 50mm 的圆孔。 5. 环形牛腿及台锥式环形深牛腿的受剪承载力按表 9－27 公式计算。 6. 钢管混凝土柱的外径不小于 600mm 时可采用承重销传递剪力。由穿心腹板和上下翼缘板组成的承重销，其截面高度宜取框架梁截面高度的 0.5 倍，其平面位置应根据框架梁的位置确定。翼缘板在穿过钢管壁不小于 50mm 后可逐渐减窄。钢管与翼缘板之间、钢管与穿心腹板之间应采用全熔透坡口焊缝焊接，穿心腹板与对面的钢管壁之间或与另一方向的穿心腹板之间应采用焊缝焊接。承重销的受剪承载力按表 9－28，承重销构造示意图见图 9－11。 7. 梁柱节点的管外弯矩传递可采用钢筋混凝土环梁、穿筋单梁、变宽度梁或外加强环。 8. 钢筋混凝土环梁（图 9－12）的配筋应按本章第 9.9 节的方法计算确定。 9. 环梁截面高度宜比框架梁高 50mm，截面宽度不宜小于框架梁宽度；框架梁的纵向钢筋在环梁内的锚固长度应满足现行国家标准《混凝土结构设计规范（2015 年版）》GB 50010 的规定。环梁上下环筋的截面积，应分别不宜小于框架梁上下纵筋截面积的 0.7 倍，内外侧应设置环向腰筋，腰筋直径不宜小于 14mm，间距不宜大于 150mm，按构造设置的箍筋直径不宜小于 10mm，外侧间距不宜大于 150mm。 10. 采用穿筋单梁构造时（图 9－13），在钢管开孔的区段应采用内衬管段或外套管段与钢管紧贴焊接，衬（套）管的壁厚不应小于钢管的壁厚，穿筋孔的环向净距 s 不应小于孔的长径 b，衬（套）管端面至孔边的净距 w 不应小于孔长径 b 的 2.5 倍。宜采用双筋并股穿孔。 11. 钢管直径较小或梁宽较大时可采用梁端加宽的变宽梁传递管外弯矩（图 9－14），一个方向梁的 2 根纵向钢筋可穿过钢管，梁的其余纵向钢筋应连续绕过钢管，绕筋的斜度不应大于 1/6，应在梁变宽度处设置箍筋。 12. 梁柱节点采用外加强环连接时，梁内的纵向钢筋可焊在加强环板上（图 9－15）；或通过钢筋套筒与加强环板相连，此时应在钢牛腿上焊接带孔洞的钢板连接件，钢筋穿过钢板连接件上的孔洞应与钢筋套筒连接；当受拉钢筋较多时，腹板可增加至 2～3 块，将钢筋焊在腹板上；加强环板的宽度 b_s 与钢筋混凝土梁等宽。加强环板的厚度 t 应符合表 9－29 的规定。 13. 单层工业厂房阶形格构式柱，在变截面处可采用肩梁支承吊车梁（图 9－16、图 9－17），肩梁应由腹板、平台板和下部水平膈板组成，呈工字形截面；肩梁腹板可采取穿过柱肢钢管和不穿过柱肢钢管两种形式。当吊车梁梁端压力较大时，肩梁腹板宜采用穿过柱肢钢管的形式。穿过钢管的腹板应采用双面贴角焊缝与钢管相连接。当不穿过钢管的腹板时，应采用剖口焊缝与钢管全熔透焊接；腹板顶面应刨平，并应和平台板顶紧

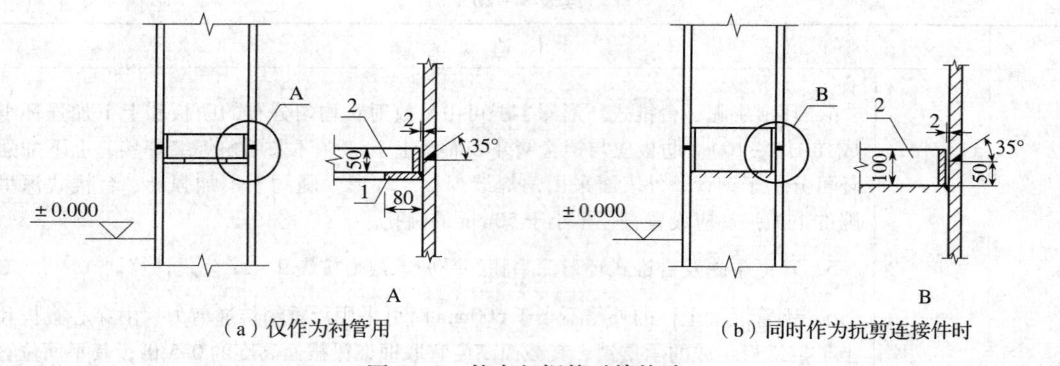

（a）仅作为衬管用　　（b）同时作为抗剪连接件时

图9－2　等直径钢管对接构造

1—环形腡板；2—内衬钢管

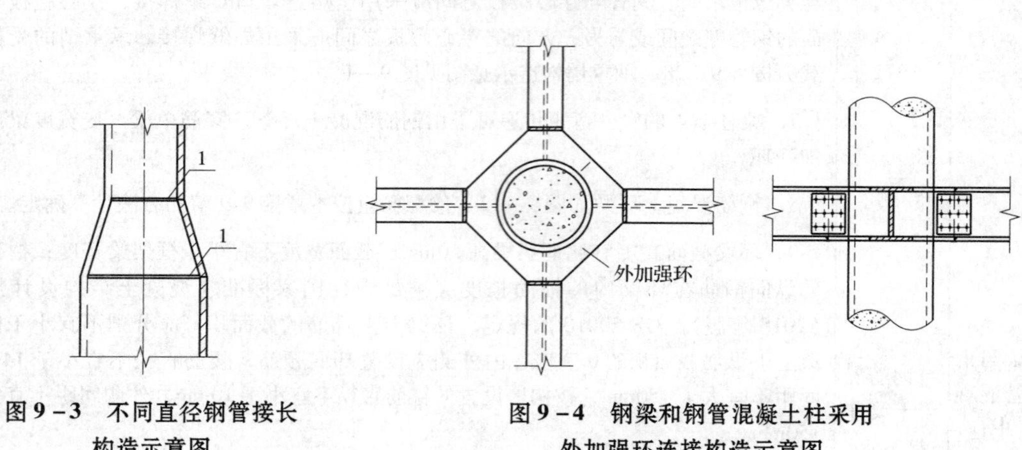

图9－3　不同直径钢管接长构造示意图

1—环形腡板

图9－4　钢梁和钢管混凝土柱采用外加强环连接构造示意图

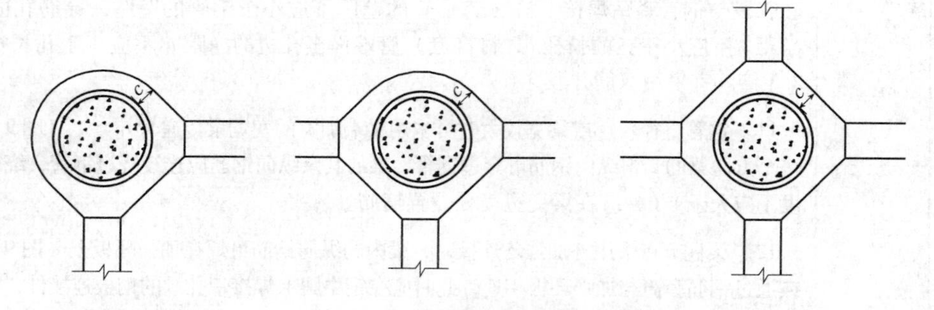

图9－5　外加强环构造示意图

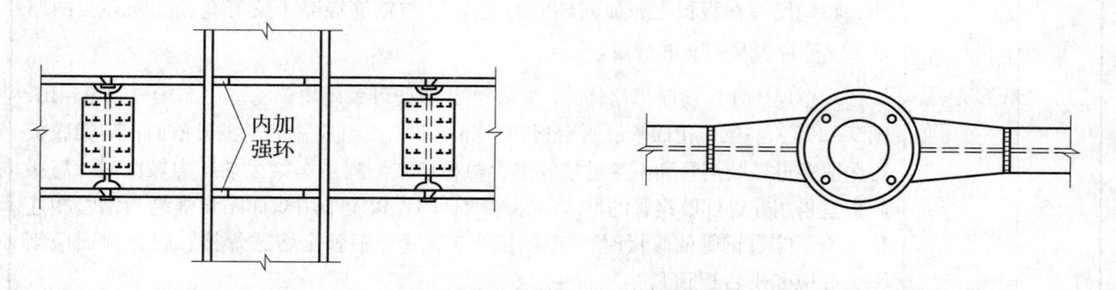

图9－6　等截面悬臂钢梁与钢管混凝土柱采用内加强环连接构造示意图

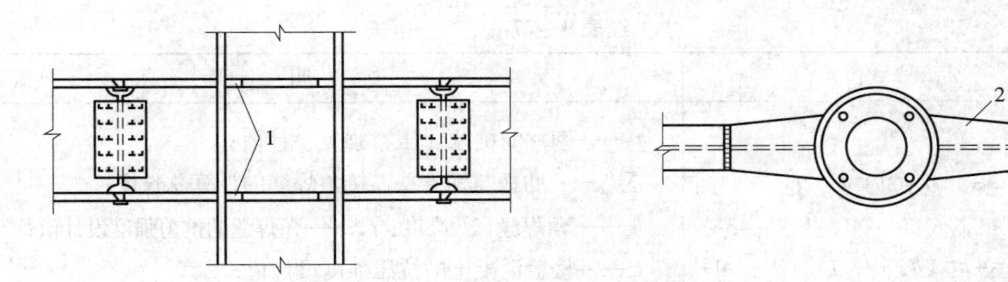

图 9－7　翼缘加宽的悬臂钢梁与钢管混凝土柱连接构造示意图

1—内加强环；2—翼缘加宽

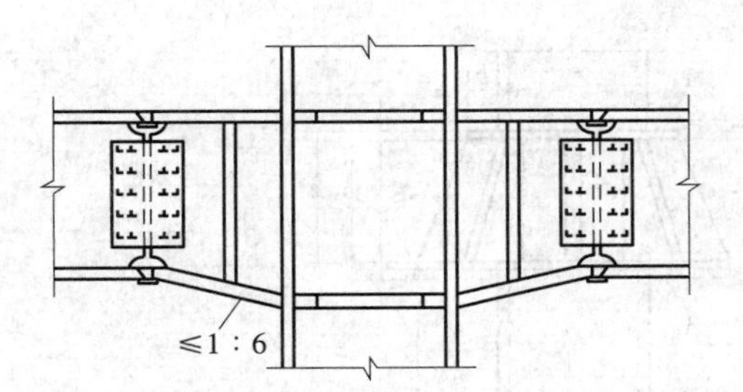

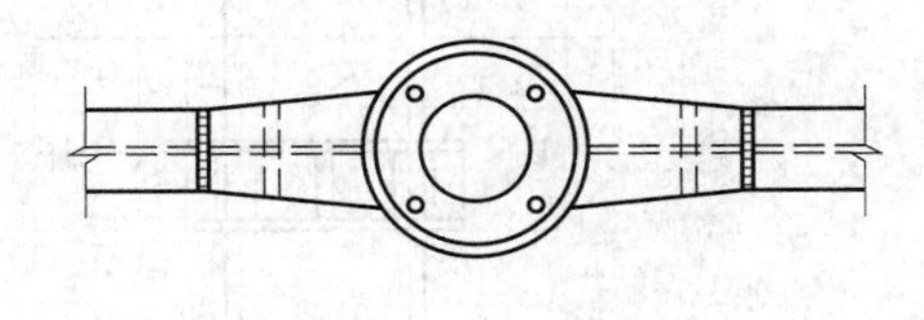

图 9－8　翼缘加宽、腹板加腋的悬臂钢梁与钢管混凝土柱连接构造示意图

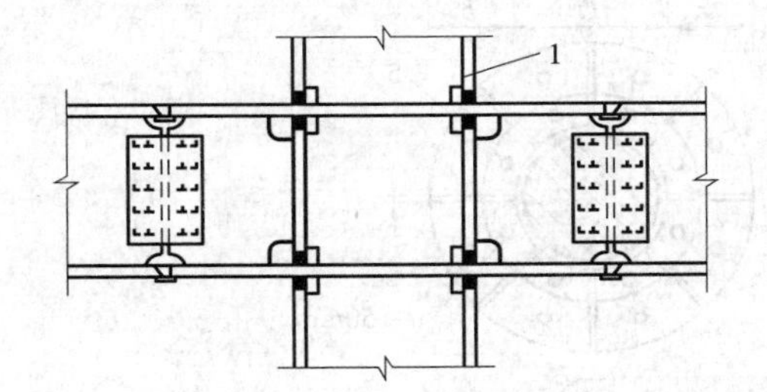

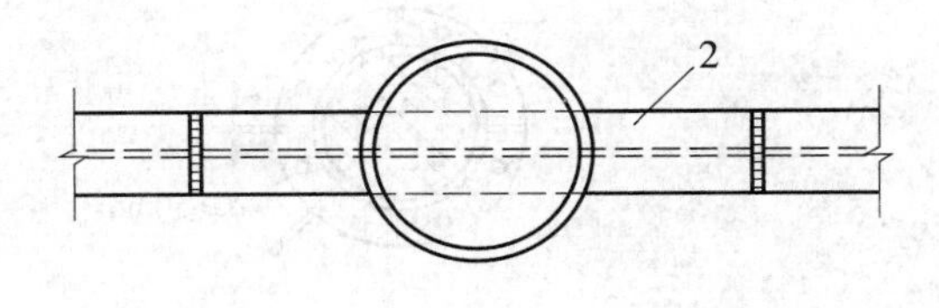

图 9－9　钢梁－钢管混凝土柱穿心式连接

1—钢管混凝土柱；2—钢梁

2　环形牛腿及台锥式环形深牛腿的受剪承载力按表 9－27 公式计算：

表 9－27　环形牛腿及台锥式环形深牛腿的受剪承载力

公　式	说　明
$V_u=\min\{V_{u1},V_{u2},V_{u3},V_{u4},V_{u5}\}$　(9－43a) $V_{u1}=\pi(D+b)bf_c$　(9－43b) $V_{u2}=nh_wt_wf_v$　(9－43c) $V_{u3}=\sum l_wh_cf_f^w$　(9－43d)	V_{u1}——由环形牛腿支承面上的混凝土局部承压强度决定的受剪承载力； V_{u2}——由肋板抗剪强度决定的受剪承载力； V_{u3}——由肋板和管壁的焊接强度决定的受剪承载力； V_{u4}——由环形牛腿上部混凝土的直剪（或冲剪）强度决定的受剪承载力； V_{u5}——由环形牛腿上、下环板决定的受剪承载力； D——钢管的外径；b——环板的宽度；l——直剪面的高度； t——环板的厚度；n——肋板的数量；h_w——肋板的高度；t_w——肋板的厚度；f_v——钢材的抗剪强度设计值；

续表 9－27

公　式	说　明
$V_{u4}=\pi\ (D+2b)\ l\cdot 2f_t$ (9－43e) $V_{u5}=4\pi t\ (h_w+t)\ f_s$ (9－43f)	f_s——钢材的抗拉（压）强度设计值； $\sum l_w$——肋板与钢管壁连接角焊缝的计算总长度； h_e——角焊缝有效高度；f_f^w——角焊缝的抗剪强度设计值； f_c——楼盖混凝土的抗压强度设计值； f_t——楼盖混凝土的抗拉强度设计值

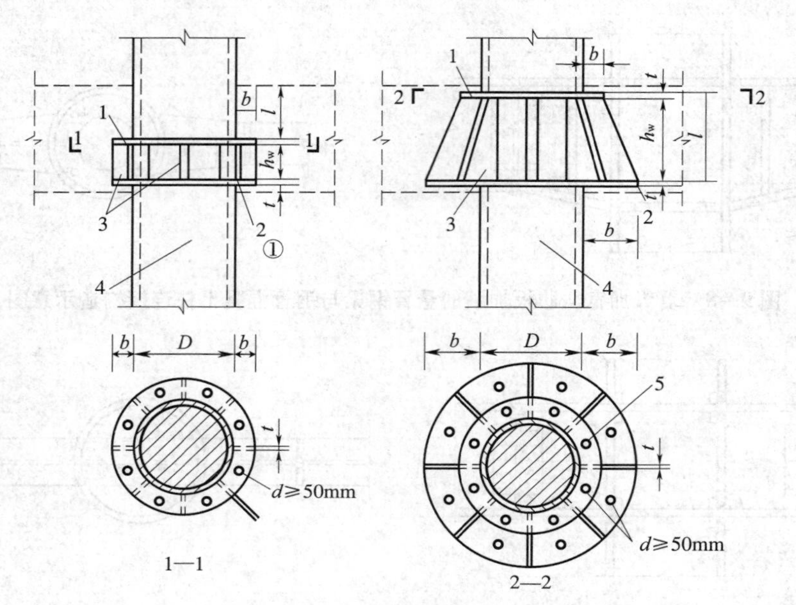

图 9－10　环形牛腿构造示意图

1—上加强环；2—下加强环；3—腹板（肋板）；4—钢管混凝土柱；
5—根据上加强环宽确定是否开孔

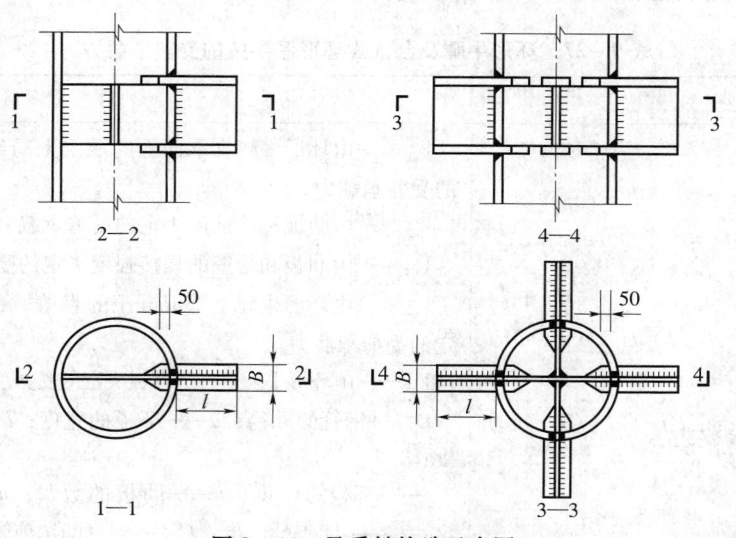

图 9－11　承重销构造示意图

3 承重销的受剪承载力见表9－28。

表9－28 承重销的受剪承载力

公式	说明
$V_u = \min\{V_{u1}, V_{u2}, V_{u3}\}$ (9－44a)	V_{u1}——由承重销伸出柱外的翼缘顶面混凝土的局部承压强度决定的受剪承载力； V_{u2}——由承重销腹板决定的受剪承载力；
$V_{u1} = 0.75\beta_2 f_c A_1$ (9－44b)	V_{u3}——由承重销翼缘受弯承载力决定的受剪承载力； β_2——混凝土局部受压强度提高系数；
$V_{u2} = Ibf_v/S_1$ (9－44c)	A_b——混凝土局部受压计算底面积；
$V_{u3} = \dfrac{Wf_s}{l - x/2}$ (9－44d)	A_1——混凝土局部受压面积； B——承重销翼缘宽度；
$\beta_2 = \sqrt{\dfrac{A_b}{A_1}}$ (9－45a)	l——承重销伸出柱外的长度，一般可取（200～300mm）； I——承重销截面惯性矩；b——承重销腹板厚度；
$A_1 = B \cdot l$ (9－45b)	S_1——承重销中和轴以上面积矩；W——承重销截面抵抗矩；
$A_b \leqslant 3A_1$ (9－45c)	x——梁端剪力在承重销翼缘上的分布长度；
$x = V/(\omega\beta_2 Bf_c)$ (9－45d)	f_c——混凝土轴心抗压强度设计值；f_v——钢材抗剪强度设计值； f_s——钢材抗拉强度设计值； ω——局部荷载非均匀分布影响系数，取值0.75

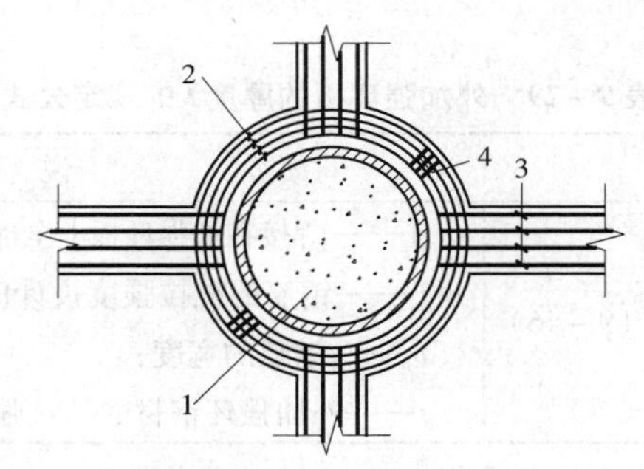

图9－12 钢筋混凝土环梁构造示意图

1—钢管混凝土柱；2—主梁环筋；3—框架梁纵筋；4—环梁箍筋

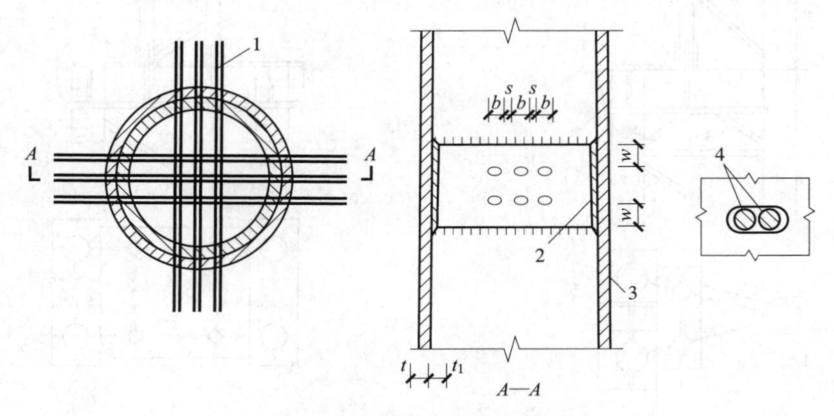

图9－13 穿筋单梁构造示意图

1—双钢筋；2—内衬管段；3—柱钢管；4—双筋并股穿孔

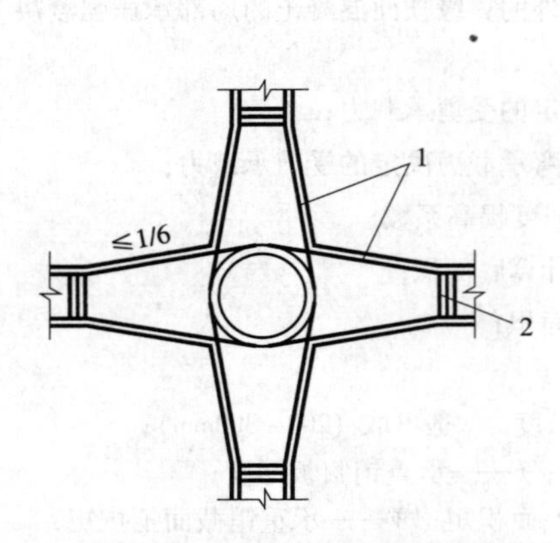

图 9－14　变宽度梁构造示意图
1—框架梁纵筋；2—附加箍筋

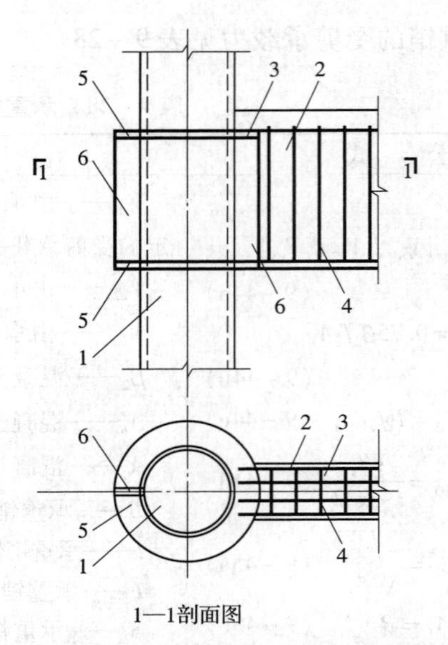

图 9－15　钢筋混凝土梁－钢管混凝土柱外加强环节点
1—实心钢管混凝土柱；2—钢筋混凝土梁；3—纵向主筋；4—箍筋；5—外加强环板翼缘；6—外加强环板腹板

4　钢筋混凝土梁与钢管混凝土柱采用外加强环板连接时，外加强环板的厚度 t 应符合表 9－29 的规定。

表 9－29　外加强环板的厚度 t 的规定公式

公　　式	说　　明
$t \geqslant \dfrac{A_s f_s}{b_s f}$　　　（9－46）	A_s——焊接在加强环板上全部受力负弯矩钢筋的截面面积； f_s——钢筋的抗拉强度设计值； b_s——牛腿的宽度； f——外加强环钢材的抗拉强度设计值

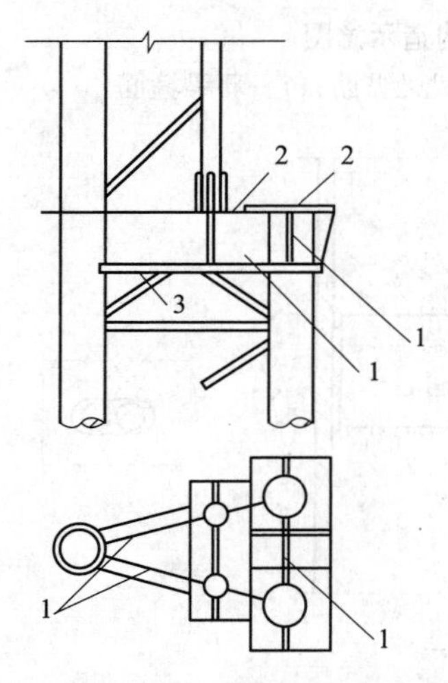

图 9－16　阶形格构柱变截面处构造
1—肩梁腹板；2—平台板；3—水平膈板

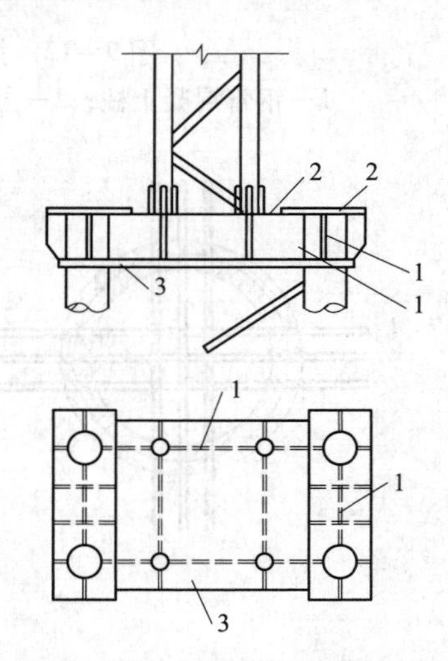

图 9－17　四肢柱阶形格构柱变截面处构造
1—肩梁腹板；2—平台板；3—水平膈板

9.6.3　空心钢管混凝土柱连接和梁柱节点。

1　空心钢管混凝土柱连接和梁柱节点构造应符合表 9－30 的规定。

表 9－30　空心钢管混凝土柱连接和梁柱节点

	构 造 规 定
钢管混凝土柱连接	1. 所有焊在空心钢管混凝土构件上的连接件和金属附件宜在混凝土离心成型之前完成焊接，也可在混凝土立方体抗压强度达到混凝土设计强度等级值的 70% 后进行焊接。 2. 空心钢管混凝土构件的钢管接长宜采用直接对接焊接、套接和法兰盘螺栓连接等多种形式，也可采用剪力板螺栓连接。 3. 空心钢管混凝土构件的钢管接长采用直接对接焊接时，在管端应留一段不浇灌混凝土并采用内钢套管加强［图 9－18（a）］，当主管直径小于 400mm 时，宜采用外加强管［图 9－18（b）］。 4. 加强管的壁厚 t 可按表 9－31 中公式计算，且应符合加强管的最小壁厚不宜小于 5mm，其高度不宜小于 0.3 倍主管直径，并不宜小于 150mm，伸入混凝土部分的搭接长度不宜小于 2 倍混凝土管的等效厚度（$2\delta_c$）；构件两端应设置承压挡浆板（圈），厚度不宜小于 1/10 混凝土管的壁厚，并不应小于 5mm，承压挡浆板的宽度宜为混凝土管的壁厚，其距离杆端的距离不宜小于 50mm；承压挡浆板应与主钢管或内加强管满焊。 5. 空心钢管混凝土构件对接连接采用剪力板螺栓连接时（图 9－19），应符合表 9－33 的规定。 6. 法兰盘螺栓连接宜采用有加劲板连接方式，也可采用无加劲板连接方式（图 9－20）。法兰盘与杆段的连接，宜采用杆段与法兰盘平接连接［图 9－21（a）］，也可采用插接连接［图 9－21（b）］。连接法兰盘的杆端应采用内加强管或外加强管的方式加强。平接式法兰盘宜设置加劲板，加强管的高宜大于加劲板高度 100mm。 7. 当有加筋板时，法兰盘螺栓连接的应符合表 9－34 的规定，当无加筋板时，法兰盘螺栓连接的应符合表 9－36 的规定
梁与钢管混凝土柱节点	工业和民用建筑中空心钢管混凝土柱梁节点可按实心钢管混凝土结构进行，且应采用外加强环的连接方式

2　加强管的壁厚 t 可按表 9－31 公式确定。

表 9－31　加强环板的厚度 t 的规定公式

公　式	说　明
$t \geqslant \frac{1.9\delta_c f_c}{\upsilon f}\left(\frac{D_c}{D_s}\right)$　(9－47a) 且 $t \geqslant \frac{1.69 W_{sc} f_{sc}}{\gamma_s \beta_0 D^2 f} - t_0$　(9－47b) 且 $t \geqslant \frac{\eta \delta_c}{\beta_0}\left(\frac{D_c}{D_s}\right)^3$　(9－47c) $D_c = \frac{\upsilon D_0 + d}{2}$　(9－48a) $\delta_c = \frac{\upsilon D_0 - d}{2}$　(9－48b)	D——圆钢管的外直径，或多边形截面两对应外边至外边的距离； D_0——圆钢管的内直径，或多边形截面两对应内边至内边的距离； D_s——加强管的平均直径；D_c——混凝土管的等效平均直径； d——混凝土管的内直径；δ_c——混凝土管的等效厚度； t_0——钢管混凝土构件的钢管厚度； t——加强管的厚度； υ——多边形截面的等效直径系数，应按表 9－32 确定； n——混凝土和钢材弹性模量之比；

续表 9－31

公　式	说　明
$D_s = D - t_0$　(9－48c) $D_0 = D - 2t_0$　(9－48d)	β_0——多边形截面的截面模量及惯性矩等效系数，应按表 9－32 确定； γ_s——钢管截面的塑性发展系数，应按表 9－32 确定； W_{sc}——空心钢管混凝土构件的截面组合模量，应按公式［9－18（a）］计算

表 9－32　系数 β_0、υ 和 γ_s 值

系数	圆截面	多边形截面边数				
		16	12	8	6	4
β_0	1.000	1.026	1.047	1.115	1.225	1.698
υ	1.000	1.006	1.012	1.027	1.050	1.130
γ_s	1.15	1.15	1.15	1.10	1.10	1.05

注：16 边以上的多边形截面按圆截面取值。

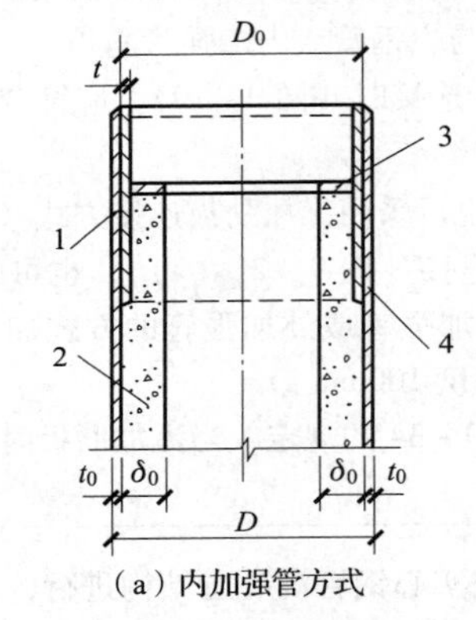

（a）内加强管方式

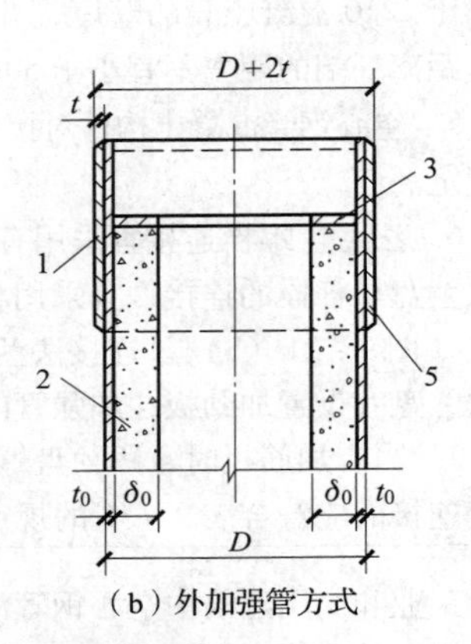

（b）外加强管方式

图 9－18　空心钢管混凝土构件管端的加强

1—主钢管；2—混凝土内衬管；3—承压挡浆圈；4—内加强管；5—外加强管

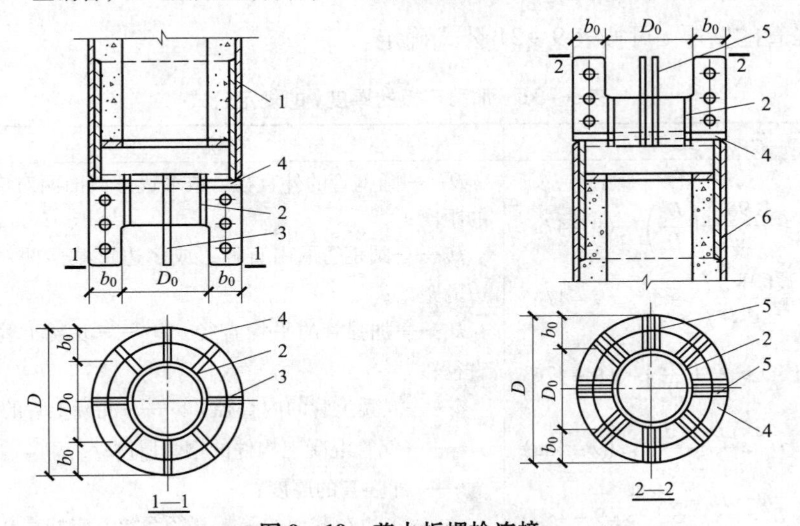

图 9－19　剪力板螺栓连接

1—上节柱；2—内短钢管；3—单剪力板；4—连接板；5—双剪力板；6—下节柱

3 空心钢管混凝土构件剪力板螺栓对接连接的承载力应符合表9-33的规定。

表9-33 空心钢管混凝土构件剪力板螺栓对接连接的承载力

公式	说明
最外一排每个螺栓所承受的剪力： $N_v=\max\left(\frac{M}{0.375n_0d_0}+\frac{N}{n_0},\ \frac{M}{0.375n_0d_0}-\frac{N}{n_0}\right)/m\leqslant N_v^b$ (9-49a) $N_v^b=n_v(\pi d^2/4)f_v^b$ (9-49b)	M——接头处所作用的外弯矩设计值； N——接头处所作用的轴心拉（压）力设计值； d_0——螺栓所在位置中心的直径； n_0——剪力板的组数； m——每一排剪力板螺栓的数量； n_v^b——一个螺栓抗剪承载力设计值； n_v——螺栓受剪面数目，单剪时取值1，双剪时取值2； d——螺栓杆直径； f_v^b——普通螺栓的抗剪强度设计值
剪力板厚度不宜小于6，且应符合下式要求： $t_0\geqslant\frac{mN_v}{\mu(b_0-d)f}$ (9-50) 剪力板孔壁承压强度符合下式规定： $N_c^b=\mu dt_0f_c^b\geqslant V$ (9-51)	t_0——剪力板厚度； b_0——剪力板的最小宽度； d——剪力螺栓的直径； f_c^b——钢材的孔壁承压强度设计值； N_c^b——螺栓的承压承载力设计值； μ——单剪力板取值1，双剪力板取值2
内钢管强度： $\sigma=\max\left(\frac{M}{W_0}+\frac{N}{A_0},\ \frac{M}{W_0}-\frac{N}{A_0}\right)\leqslant f$ (9-52a) $A_0=\pi D_0t+n_0bt_0$ (9-52b) $W_0=\frac{\pi t(D_0-t)^3+n_0tb(D_0-b)^2}{4D}$ (9-52c)	t——内钢管的厚度； D_0——内钢管的直径； b——剪力板的宽度； n_0——剪力板的组数
与柱相连接的环板厚度： $t\geqslant\sqrt{\frac{5M_0}{sf}}$ (9-53a) $M_0=mN_ve_0$ (9-53b) $s=\pi D/n_0$ (9-53c)	e_0——剪力板螺栓中心至主钢管外壁的距离； m——最外排螺栓数

注：1 剪力板螺栓连接应由连接板、剪力螺栓板（沿圆周均匀分布）和内钢管组成。
2 除符合上表计算外，螺栓直径不宜小于16mm。
3 内钢管的径厚比不应大于1/60，厚度不宜小于5mm。

4 法兰盘螺栓连接计算和构造规定。

表9-34 有加劲板法兰盘螺栓连接的计算

公式	说明
轴心受拉时， $N_t=\frac{N}{n}\leqslant N_t^b$ (9-54)	M——法兰盘所承受的外弯矩设计值； N——法兰盘所承受的轴拉（压）力设计值，当为压力时取负值； D——主钢管的外直径；

续表 9－34

<table>
<tr><th>公　式</th><th>说　明</th></tr>
<tr><td>

只受弯矩作用时，

$$N_t=\frac{M}{B_0}\leqslant N_t^b \quad (9-55a)$$

$$B_0=\frac{nD\ (0.75D+b)}{2\ (D+d)} \quad (9-55b)$$

受拉（压）及受弯共同作用：

$$N_t=\max\left(\frac{M}{B_0}+\frac{N}{n},\ \frac{M}{B_0}-\frac{N}{n}\right)\leqslant N_t^b \quad (9-56a)$$

当$\frac{M}{|N|}\geqslant\frac{D}{2}$时，式中 B_0 按公式（9－63b）计算；

当$\frac{M}{|N|}<\frac{D}{2}$时，式中 B_0 按公式（9－64b）计算。

$$B_0=\frac{n}{4}\ (D/2+b) \quad (9-56b)$$

$$N_t^b=\ (\pi d_e^2/4)\ f_t^b \quad (9-57)$$

法兰盘厚度（图 9－17），

$$t\geqslant\sqrt{\frac{5M_{0x}}{f}} \quad (9-58a)$$

$$M_{0x}=\chi qL_x^2 \quad (9-58b)$$

$$q=\frac{N_{max}^b}{L_xL_y} \quad (9-58c)$$

</td><td>

b——钢管外壁至螺栓中心的距离；

n——法兰盘上螺栓的数量；

N_t^b——每个螺栓的受拉承载力设计值；

n_t——受力最大的一个螺栓的拉力；

d_e——螺栓在螺纹处的有效直径；

f_t^b——螺栓的抗拉强度设计值

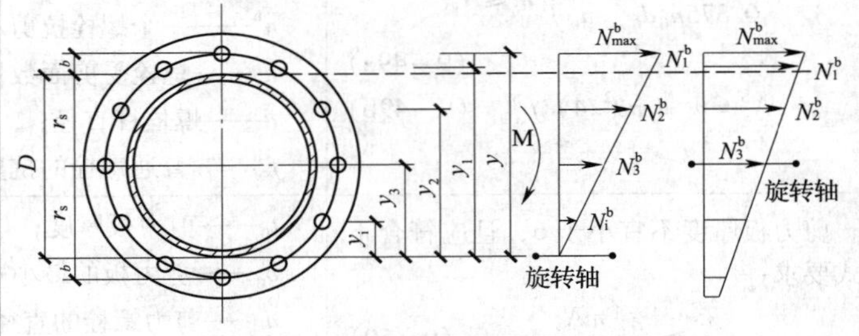

有加劲肋法兰盘连接

χ——弯矩系数，按表 9－35 取值

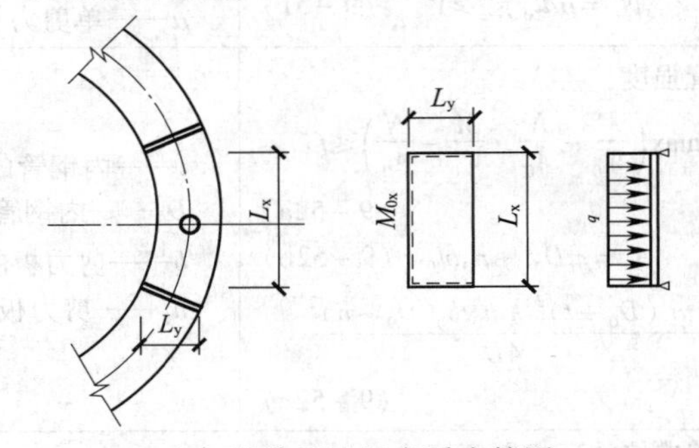

有加劲肋板法兰盘受力简图

</td></tr>
<tr><td>

加劲板：

$$\tau=\frac{N_t}{ht}\leqslant f_v \quad (9-59)$$

$$\sigma=\frac{5bN_t}{th^2}\leqslant f \quad (9-60)$$

加劲板竖向角焊缝：

$$\frac{N_t}{1.4h_fl_w}\sqrt{1+\left(\frac{6b}{\beta_fl_w}\right)^2}\leqslant f_t^w \quad (9-61)$$

</td><td>

f_v——钢材的抗剪强度设计值；

f——钢材的抗拉强度设计值；

b——螺栓中心至钢管外壁的距离；

t、h——分别为加劲肋的厚度和高度；

l_w——焊缝的计算长度；

h_f——角焊缝的焊脚尺寸；

β_f——正面角焊缝的强度设计值增大系数，取 1.22；

f_f^w——角焊缝的强度设计值

</td></tr>
</table>

注：加劲板除符合表中计算规定外，其厚度不应小于加劲板高 1/15，并不宜小于 5mm。

表 9－35　弯矩系数 χ

L_y/L_x	0.30	0.35	0.40	0.45	0.50	0.55	0.60	0.65
χ	0.027	0.036	0.044	0.052	0.060	0.068	0.075	0.081
L_y/L_x	0.70	0.75	0.80	0.85	0.90	0.95	1.00	—

续表 9－35

χ	0.087	0.092	0.097	0.102	0.105	0.109	0.112	—
L_y/L_x	1.10	1.20	1.30	1.40	1.50	1.75	2.00	—
χ	0.117	0.121	0.124	0.126	0.128	0.130	0.132	—

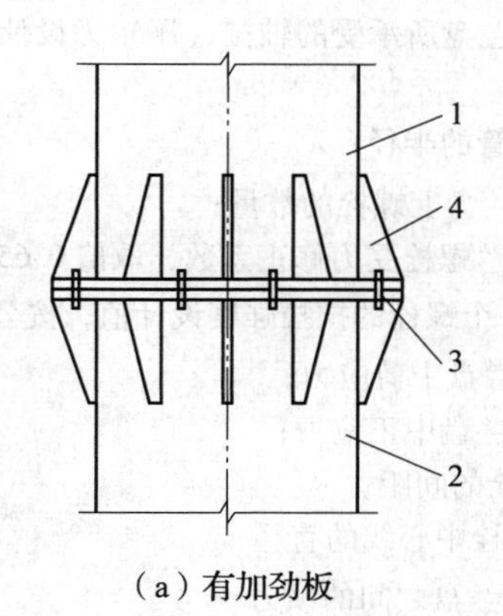

（a）有加劲板

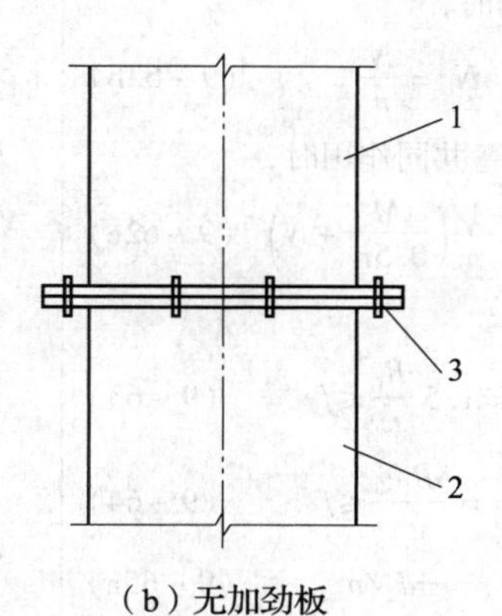

（b）无加劲板

图 9－20　法兰盘螺栓连接

1—上节柱；2—下节柱；3—法兰盘；4—加劲肋

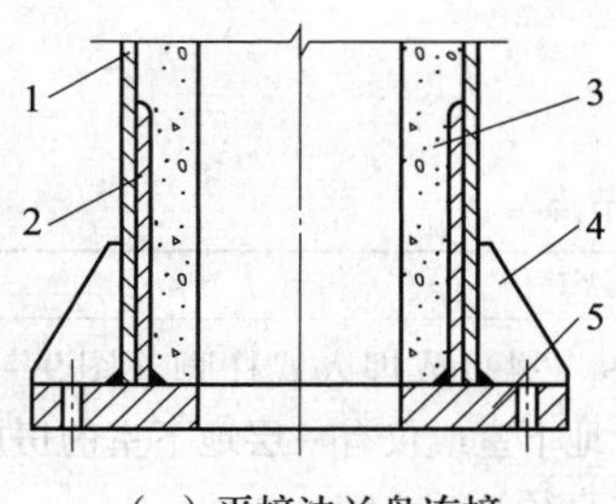

（a）平接法兰盘连接

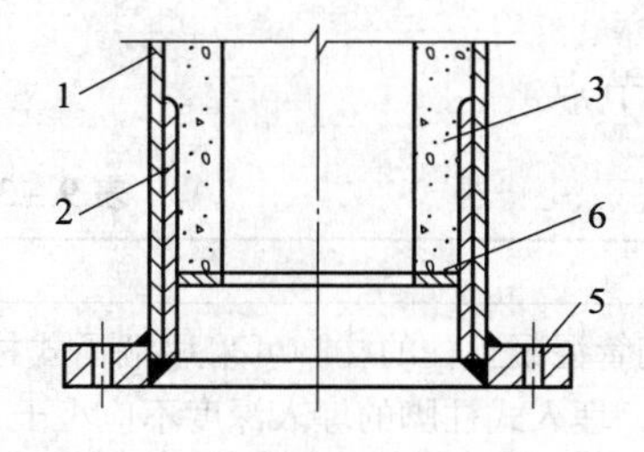

（b）插接法兰盘连接

图 9－21　法兰连接构造

1—主钢管；2—内钢管；3—混凝土；4—加劲板；5—法兰盘；6—承压挡浆板

5　无加劲板时，法兰盘连接（图 9－22 和图 9－23）应符合下表规定。

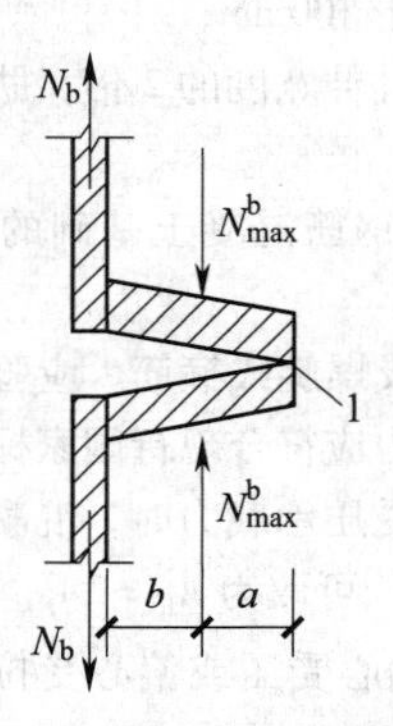

图 9－22　无加劲板法兰螺栓受力图

1—法兰盘相互顶住产生的顶力

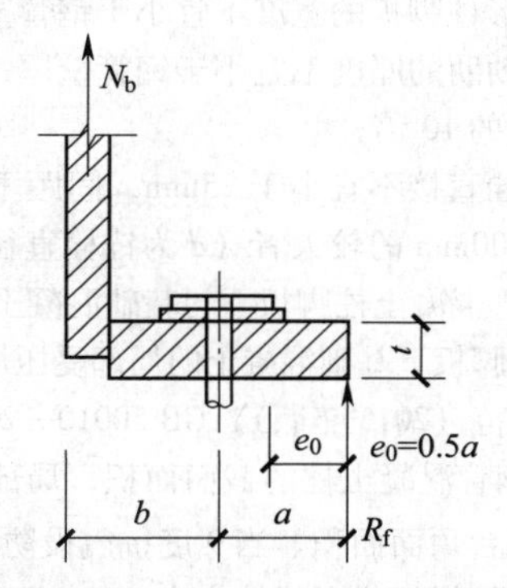

图 9－23　无加劲板法兰盘受力图

表 9-36 法兰盘螺栓连接的计算

公 式	说 明
法兰盘螺栓承载力： $N_t = mN_b \frac{a+b}{a} \leqslant N_t^b$ (9-62a) 轴心受拉作用时， $N_b = \frac{N}{n}$ (9-62b) 受拉（压）、弯共同作用时， $N_b = \frac{1}{n}\left(\frac{M}{0.5r_s} + N\right)$ (9-62c) 法兰盘计算： $\tau = 1.5 \frac{R_f}{ts} \leqslant f_v$ (9-63) $\sigma = \frac{5R_f e_0}{st^2} \leqslant f$ (9-64) $s = \pi d_0 / n$ (9-65a) $R_f = N_b \frac{b}{a}$ (9-65b)	N_t——法兰盘螺栓的拉力设计值； M——法兰盘所承受的弯矩设计值； N——法兰盘所承受的轴拉（压）力设计值，当为压力时取负值； r_s——钢管的半径； n——法兰盘上螺栓的数量； m——法兰螺栓受力修正系数，取值 0.65； N_t^b——一个螺栓的抗拉强度设计值，按公式（9-68）； τ——法兰盘中剪应力； σ——法兰盘中正应力； s——螺栓的间距； e_0——螺栓中心线的直径； R_f——法兰盘之间的顶力

注：无加劲板法兰盘的厚度 t 除应符合计算规定外，主柱不宜小于 16mm；腹杆不宜小于 12mm，且不宜小于螺栓的直径。

9.6.4 柱脚节点。

表 9-37 柱脚节点

	主 要 内 容
柱脚节点	1. 钢管混凝土柱的柱脚可采用端承式柱脚（图 9-24）或埋入式柱脚（图 9-25）。对于单层厂房，埋入式柱脚的埋入深度不应小于 1.5D；无地下室或仅有一层地下室的房屋建筑，埋入式柱脚埋入深度不应小于 2.0D（D 为钢管混凝土柱直径）。 2. 圆形钢管混凝土偏心受压柱，承受弯矩和轴心压力作用，其柱脚环形底板下混凝土截面和其环内核心混凝土截面的斜截面受剪承载力应符合表 9-38 规定。 3. 端承式柱脚的构造应符合下列规定： 1）环形柱脚板的厚度不宜小于钢管壁厚的 1.5 倍，且不应小于 20mm； 2）环形柱脚板的宽度不宜小于钢管壁厚的 6 倍，且不应小于 100mm； 3）加劲肋的厚度不宜小于钢管壁厚，肋高不宜小于柱脚板外伸宽度的 2 倍，肋矩不应大于柱脚板厚度的 10 倍； 4）锚栓直接不宜小于 25mm，间距不宜大于 200mm；锚入钢筋混凝土基础的长度不应小于 40d 及 1000mm 的较大者（d 为锚栓直径）。 4. 钢管混凝土柱脚板下的基础混凝土内应配置方格钢筋网或螺旋式箍筋。应验算施工阶段和竣工后柱脚板下基础混凝土的局部受压承载力，局部受压承载力应符合现行国家标准《混凝土结构设计规范（2015 年版）》GB 50010—2010 的规定。计算局部受压承载力时，混凝土局部受压面积 A_l 取钢管混凝土柱的截面面积，局部受压的计算底面积 A_b，可取为 $A_b = 3A_l$，A_b 不应大于基础或桩承台顶面面积。当 9 度抗震设防时，或当柱底出现大偏心受压或偏心受拉时，尚应按有关规定验算锚筋或者锚栓应力。 5. 端承式及锚栓式钢管混凝土柱脚板下基础混凝土应符合表 9-39 规定。

续表 9－37

	主 要 内 容
柱脚节点	6. 格构式结构的柱脚可采用锚栓式柱脚，可采用固结［图 9－26（a）］或铰接［图 9－26（b）］的形式，设计和构造应符合现行国家标准《钢结构设计标准》GB 50017 中的相关规定。 7. 空心钢管混凝土柱脚同基础相连时，底层 1/3 以下空心部分宜填满混凝土，且计算时不宜考虑空心中填满混凝土部分的承载力

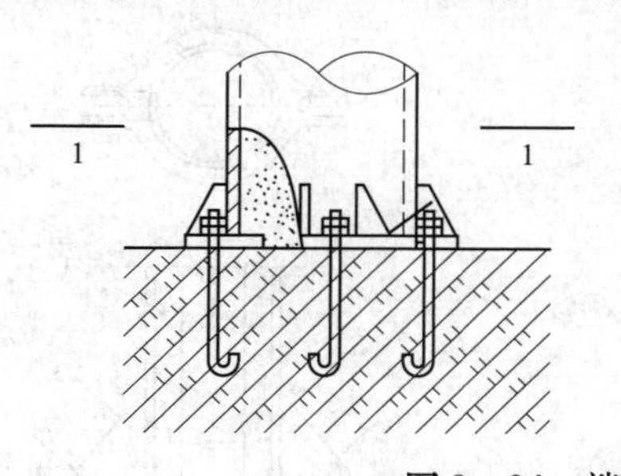

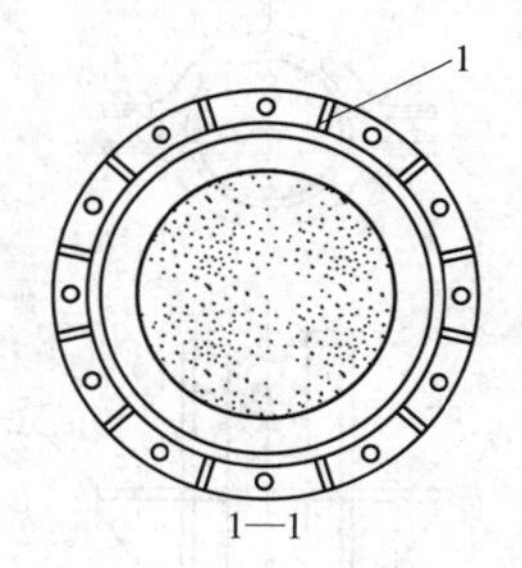

图 9－24 端承式柱脚

1—肋板，厚度不小于 1.5t

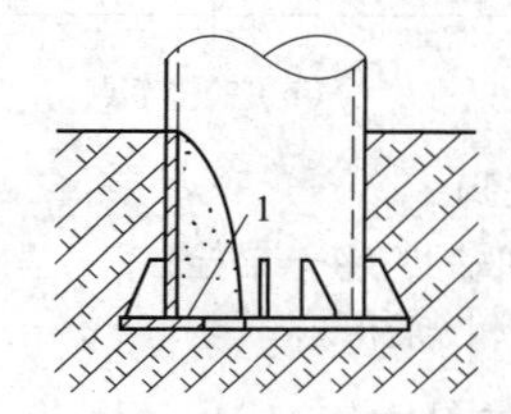

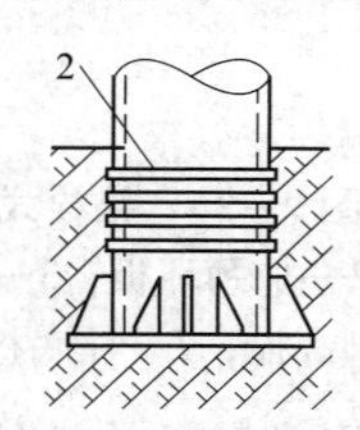

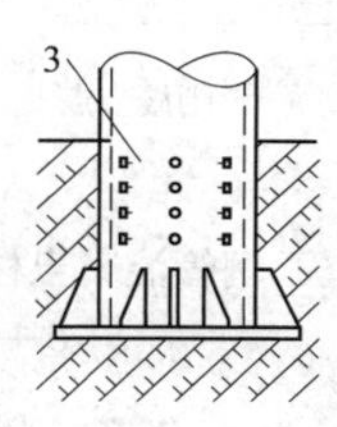

图 9－25 埋入式柱脚

1—柱脚板；2—贴焊钢筋环；3—平头栓钉

表 9－38 核心混凝土截面的斜截面受剪承载力

公 式	说 明
柱脚环形底部不设置抗剪件时， $V \leqslant 0.4N_B + 1.5f_t A_{c1}$ （9－66a） 柱脚环形底部设置抗剪件时， $V \leqslant 0.4N_B + 1.5f_t A_{c1} + 0.58fA_w$ （9－66b） $N_B = N_{cmin}\left(1 - \frac{E_c A_{c1}}{E_c A_c + E_s A_a}\right)$ （9－66c）	A_{c1}——圆形钢管混凝土柱环形底板内上下贯通的核心混凝土面积； A_c——圆形钢管混凝土柱核心混凝土面积； A_a——圆形钢管截面面积； A_w——抗剪连接件沿剪力方向的腹板面积； f_t——钢管内核心混凝土抗拉强度设计值； f——钢管抗拉强度设计值； N_{cmin}——圆形钢管混凝土柱最小轴心压力设计值； N_B——环形柱脚底板按弹性刚度分配的轴心压力设计值

9.6.5 端承式及锚栓式钢管混凝土柱脚板下基础混凝土应符合表 9－39 的规定。

表 9－39 端承式及锚栓式钢管混凝土柱脚板下基础混凝土计算

公 式	说 明
柱脚环形底部不设置抗剪件时， $N_l \leqslant \pi(D-2t)(t+3.5h)\beta_2 f_c$ （9－67a）	N_l—正常使用状态下钢管承担的轴心压力设计值； N——正常使用状态下钢管混凝土柱承担的轴心压力设计值；

续表 9－39

公　式	说　明
$N_l=N\dfrac{A_sE_s}{A_sE_s+A_cE_c}$，$N_l\leqslant A_sf$　(9－67b)	h——柱脚板的厚度； f_c——基础混凝土轴心抗压强度设计值； β_2——基础混凝土局部受压强度提高系数，近似取值2

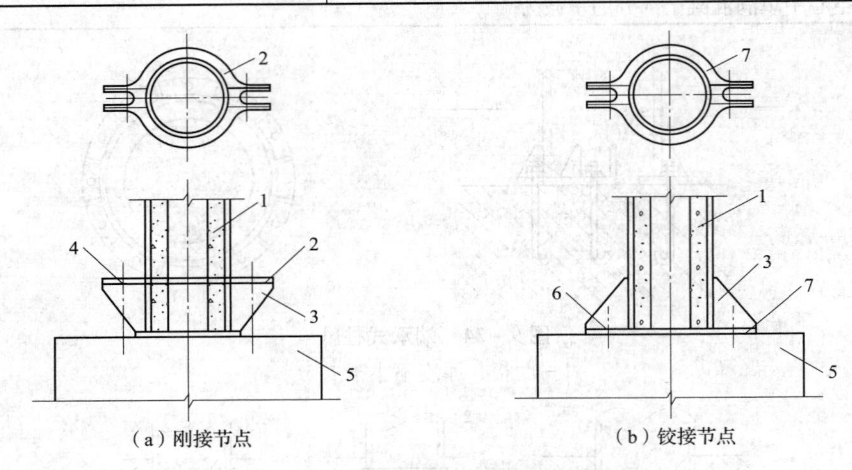

（a）刚接节点　　（b）铰接节点

图 9－26　锚栓式柱脚

1—空心钢管混凝土柱；2—加劲环板；3—加劲肋；4—锚栓；5—基础；6—地脚螺栓；7—柱底板（挡浆板）

9.7　截面形常数及构件抗压强度设计值

9.7.1　截面形常数见表 9－40。

表 9－40　截面形常数

截面形式		截面面积	截面惯性矩	参数说明
圆形	钢管混凝土	$A_{sc}=\pi r^2$	$I_{sc}=\pi r^4/4$	r 为半径 t 为钢管壁厚
	混凝土	$A_c=\pi(r-t)^2$	$I_c=\pi(r-t)^4/4$	
	钢管	$A_s=A_{sc}-A_c$	$I_s=I_{sc}-I_c$	
方形	钢管混凝土	$A_{sc}=a^2$	$I_{sc}=a^4/4$	a 为边长 t 为钢管壁厚
	混凝土	$A_c=(a-2t)^2$	$I_c=(a-2t)^4/4$	
	钢管	$A_s=A_{sc}-A_c$	$I_s=I_{sc}-I_c$	
八边形	钢管混凝土	$A_{sc}=4.828a^2$	$I_{sc}=1.855a^4$	a 为边长 t 为钢管壁厚 r 为 1.207a 形心距边的垂直距离
	混凝土	$A_c=3.314(r-t)^2$	$I_c=0.8738(r-t)^4$	
	钢管	$A_s=A_{sc}-A_c$	$I_s=I_{sc}-I_c$	

注：1　六边形截面根据等效圆截面原理计算：已知边长 a 和钢管厚度 t，则形心至边的垂直距离 $r_1=r-t$，由此，得等效圆截面的半径 $R=2.53a$，等效圆截面钢管的内半径 $R_{co}=1.007(2.5137a-t)$，等效圆截面钢管的厚度 $t=R-R_{co}$。

2　截面：空心部分的半径为 r_{ci}，空心部分的面积 $A_h=\pi r_{ci}^2$，空心部分惯性矩 $I_h=\pi r_{ci}^4/4$，由此可计算各种截面的混凝土部分的面积和截面惯性矩。

9.7.2　钢管混凝土构件抗压强度设计值。

1　钢管混凝土实心圆形和正十六边形截面的抗压强度设计值应按表 9－41 取值。

表 9-41 钢管混凝土实心圆形和正十六边形截面的抗压强度设计值 f_{sc} (N/mm^2)

钢材	混凝土	含钢率 α								
		0.04	0.06	0.08	0.10	0.12	0.14	0.16	0.18	0.20
Q235	C30	26.2	30.5	34.5	38.4	42.1	45.6	49.0	52.2	55.3
	C40	32.0	36.2	40.2	44.0	47.6	51.0	54.2	57.3	60.2
	C50	36.9	41.0	44.9	48.7	52.3	55.6	58.8	61.8	64.6
	C60	42.2	46.3	50.2	53.9	57.5	60.8	63.9	66.8	69.5
	C70	47.4	51.5	55.4	59.1	62.6	65.9	69.0	71.8	74.5
	C80	52.3	56.4	60.3	64.0	67.5	70.8	73.8	76.7	79.3
Q345	C30	30.2	36.2	41.8	47.1	52.1	56.8	61.2	65.2	69.0
	C40	36.0	41.8	47.4	52.5	57.3	61.8	65.9	69.7	73.1
	C50	40.8	46.6	52.1	57.2	61.9	66.2	70.2	73.8	77.0
	C60	46.1	51.9	57.3	62.3	67.0	71.2	75.1	78.6	81.7
	C70	51.3	57.0	62.4	67.4	72.0	76.2	80.0	83.4	86.4
	C80	56.2	62.0	67.3	72.3	76.8	81.0	84.7	88.1	91.0
Q390	C30	32.6	39.6	46.1	52.2	57.9	63.2	68.1	72.5	76.5
	C40	38.3	45.2	51.6	57.5	62.9	67.9	72.4	76.5	80.0
	C50	43.1	49.9	56.2	62.0	67.4	72.2	76.5	80.4	83.7
	C60	48.4	55.2	61.4	67.1	72.4	77.1	81.3	85.0	88.1
	C70	53.6	60.3	66.5	72.2	77.3	82.0	86.1	89.7	92.7
	C80	58.5	65.2	71.4	77.0	82.1	86.7	90.7	94.2	97.2
Q420	C30	34.1	41.7	48.9	55.5	61.7	67.3	72.4	77.1	81.2
	C40	39.8	47.3	54.3	60.7	66.5	71.8	76.5	80.7	84.3
	C50	44.6	52.0	58.9	65.2	70.8	75.9	80.5	84.4	87.8
	C60	49.9	57.3	64.1	70.2	75.8	80.8	85.1	88.9	92.0
	C70	55.1	62.4	69.1	75.2	80.7	85.6	89.8	93.5	96.5
	C80	60.0	67.3	74.0	80.1	85.5	90.3	94.5	98.0	100.9

2 钢管混凝土实心正八边形截面的抗压强度设计值应按表 9-42 取值。

表 9-42 钢管混凝土实心正八边形截面的抗压强度设计值 f_{sc} (N/mm^2)

钢材	混凝土	含钢率 α								
		0.04	0.06	0.08	0.10	0.12	0.14	0.16	0.18	0.20
Q235	C30	24.5	28.0	31.3	34.5	37.7	40.7	43.7	46.5	49.2
	C40	30.3	33.7	37.0	40.2	43.2	46.2	49.0	51.7	54.3
	C50	35.1	38.5	41.8	44.9	47.9	50.8	53.6	56.2	58.8
	C60	40.5	43.8	47.1	50.2	53.2	56.0	58.7	61.3	63.8
	C70	45.7	49.0	52.2	55.3	58.3	61.1	63.8	66.4	68.8
	C80	50.6	54.0	57.2	60.3	63.2	66.0	68.7	71.2	73.6

续表 9-42

钢材	混凝土	含钢率 α								
		0.04	0.06	0.08	0.10	0.12	0.14	0.16	0.18	0.20
Q345	C30	27.7	32.7	37.4	41.9	46.2	50.4	54.3	58.1	61.7
	C40	33.5	38.3	43.0	47.4	51.5	55.5	59.2	62.7	66.0
	C50	38.3	43.1	47.7	52.0	56.1	60.0	63.6	67.0	70.1
	C60	43.6	48.4	52.9	57.2	61.2	65.0	68.6	71.9	74.9
	C70	48.8	53.6	58.1	62.3	66.3	70.0	73.5	76.8	79.7
	C80	53.8	58.5	63.0	67.2	71.2	74.9	78.3	81.5	84.4
Q390	C30	29.7	35.4	41.0	46.2	51.2	56.0	60.5	64.7	68.7
	C40	35.4	41.1	46.5	51.6	56.4	60.9	65.1	69.0	72.6
	C50	40.2	45.8	51.2	56.2	60.9	65.2	69.3	73.0	76.5
	C60	45.5	51.5	56.4	61.3	65.9	70.2	74.1	77.8	81.1
	C70	50.7	56.3	61.5	66.4	70.9	75.1	79.0	82.5	85.7
	C80	55.7	61.2	66.4	71.3	75.8	79.9	83.7	87.2	90.3
Q420	C30	30.9	37.3	43.3	49.0	54.5	59.6	64.4	69.0	73.2
	C40	36.6	42.9	48.7	54.3	59.5	64.3	68.8	72.9	76.7
	C50	41.4	47.6	53.4	58.8	63.9	68.6	72.9	76.8	80.4
	C60	46.7	52.9	58.6	63.9	68.9	73.5	77.7	81.5	84.9
	C70	51.9	58.0	63.7	69.0	73.9	78.4	82.5	86.2	89.4
	C80	56.9	62.9	68.6	73.9	78.7	83.1	87.1	90.8	94.0

3 钢管混凝土实心正方形截面的抗压强度设计值应按表 9-43 取值。

表 9-43 钢管混凝土实心正方形截面的抗压强度设计值 f_{sc}（N/mm^2）

钢材	混凝土	含钢率 α								
		0.04	0.06	0.08	0.10	0.12	0.14	0.16	0.18	0.20
Q235	C30	24.0	27.2	30.3	33.2	36.1	38.9	41.6	44.2	46.7
	C40	29.8	32.9	36.0	38.9	41.7	44.4	46.9	49.4	51.7
	C50	34.6	37.7	40.7	43.6	46.4	49.0	51.5	53.9	56.2
	C60	39.9	43.1	46.0	48.9	51.6	54.2	56.7	59.0	61.2
	C70	45.1	48.2	51.2	54.0	56.8	59.3	61.8	64.1	66.2
	C80	50.1	53.2	56.2	59.0	61.7	64.2	66.6	68.9	71.0
Q345	C30	27.0	31.5	35.9	40.0	44.0	47.8	51.3	54.7	57.9
	C40	32.7	37.2	41.5	45.5	49.3	52.9	56.2	59.4	62.3
	C50	37.6	42.0	46.2	50.1	53.9	57.4	60.6	63.6	66.4
	C60	42.9	47.3	51.4	55.3	59.0	62.4	65.6	68.5	71.2
	C70	48.1	52.5	56.6	60.4	64.1	67.4	70.5	73.4	76.0
	C80	53.0	57.4	61.5	65.3	68.9	72.2	75.3	78.1	80.6

续表 9-43

钢材	混凝土	含钢率 α								
		0.04	0.06	0.08	0.10	0.12	0.14	0.16	0.18	0.20
Q390	C30	28.8	34.1	39.2	44.0	48.6	52.9	56.9	60.7	64.3
	C40	34.5	39.8	44.7	49.3	53.7	57.8	61.5	65.0	68.2
	C50	39.3	44.5	49.4	53.9	58.2	62.1	65.7	69.0	72.0
	C60	44.6	49.8	54.6	59.1	63.3	67.1	70.6	73.8	76.6
	C70	49.8	54.9	59.7	64.2	68.3	72.0	75.5	78.5	81.3
	C80	54.8	59.9	64.6	69.0	73.1	76.8	80.2	83.2	85.9
Q420	C30	29.9	35.8	41.3	46.6	51.5	56.2	60.5	64.5	68.3
	C40	35.7	41.4	46.8	51.8	56.5	60.9	64.9	68.5	71.8
	C50	40.5	46.1	51.4	56.4	60.9	65.1	69.0	72.4	75.5
	C60	45.8	51.4	56.6	61.5	66.0	70.0	73.7	77.0	80.0
	C70	50.9	56.5	61.7	66.5	70.9	74.9	78.5	81.7	84.5
	C80	55.9	61.5	66.6	71.4	75.7	79.7	83.2	86.3	89.0

4 钢管混凝土空心圆形和正十六边形截面的抗压强度设计值应按表 9-44 取值。

表 9-44 钢管混凝土空心圆形和正十六边形截面的抗压强度设计值 f_{sc} (N/mm²)

钢材	混凝土	含钢率 α												
		0.04	0.06	0.08	0.10	0.12	0.14	0.16	0.18	0.20	0.22	0.24	0.26	0.28
Q235	C30	24.5	27.1	29.7	32.2	34.6	37.0	39.3	41.5	43.7	45.9	47.9	49.9	51.9
	C40	30.9	33.5	36.0	38.5	40.9	43.2	45.5	47.7	49.8	51.9	53.9	55.9	57.7
	C50	36.2	38.8	41.3	43.8	46.2	48.5	50.7	52.9	55.0	57.1	59.0	60.9	62.8
	C60	42.1	44.7	47.2	49.6	52.0	54.3	56.5	58.7	60.8	62.8	64.7	66.6	68.4
	C70	47.8	50.4	52.9	55.3	57.7	60.0	62.2	64.4	66.4	68.4	70.3	72.2	74.0
	C80	53.3	55.8	58.4	60.8	63.2	65.4	67.6	69.8	71.8	73.8	75.7	77.6	79.3
Q345	C30	26.9	30.7	34.3	37.9	41.3	44.6	47.7	50.8	53.7	56.5	59.2	61.8	64.3
	C40	33.3	37.1	40.7	44.1	47.5	50.7	53.8	56.7	59.6	62.3	64.8	67.3	69.6
	C50	38.6	42.4	45.9	49.4	52.7	55.9	58.9	61.8	64.6	67.3	69.8	72.1	74.4
	C60	44.5	48.2	51.8	55.2	58.5	61.6	64.7	67.5	70.3	72.9	75.3	77.6	79.8
	C70	50.2	53.9	57.5	60.9	64.2	67.3	70.3	73.1	75.8	78.4	80.8	83.1	85.2
	C80	55.7	59.4	62.9	66.3	69.6	72.7	75.7	78.5	81.2	83.7	86.1	88.4	90.5
Q390	C30	28.4	32.8	37.1	41.2	45.2	49.0	52.7	56.1	59.5	62.7	65.7	68.5	81.2
	C40	34.8	39.2	43.4	47.5	51.3	55.0	58.6	61.9	65.1	68.2	71.0	73.7	76.2
	C50	40.1	44.5	48.7	52.7	56.5	60.2	63.7	67.0	70.1	73.0	75.8	78.4	80.8
	C60	45.9	50.3	54.5	58.5	62.3	65.9	69.4	72.6	75.7	78.5	81.2	83.7	86.1
	C70	51.7	56.0	60.2	64.2	68.0	71.5	75.0	78.2	81.2	84.0	86.7	89.1	91.4
	C80	57.1	61.5	65.6	69.6	73.4	76.9	80.3	83.5	86.5	89.3	91.9	94.3	96.6

续表 9－44

钢材	混凝土	含钢率 α												
		0.04	0.06	0.08	0.10	0.12	0.14	0.16	0.18	0.20	0.22	0.24	0.26	0.28
Q420	C30	29.4	34.2	38.9	43.4	47.7	51.9	55.8	59.6	63.2	66.5	69.7	72.8	75.6
	C40	35.7	40.6	45.2	49.6	53.8	57.8	61.7	65.3	68.7	71.9	74.9	77.7	80.3
	C50	41.0	45.8	50.4	54.8	59.0	63.0	66.7	70.2	73.6	76.7	79.6	82.3	84.7
	C60	46.9	51.7	56.3	60.6	64.7	68.7	72.4	75.8	79.1	82.1	85.0	87.6	89.9
	C70	52.6	57.4	61.9	66.3	70.4	74.3	77.9	81.4	84.6	87.6	90.3	92.9	95.2
	C80	58.1	62.8	67.4	71.7	75.8	79.6	83.3	86.7	89.9	92.8	95.5	98.0	100.3

5 钢管混凝土空心正八边形截面的抗压强度设计值应按表 9－45 取值。

表 9－45 钢管混凝土空心正八边形截面的抗压强度设计值 f_{sc}（N/mm^2）

钢材	混凝土	含钢率 α												
		0.04	0.06	0.08	0.10	0.12	0.14	0.16	0.18	0.20	0.22	0.24	0.26	0.28
Q235	C30	22.0	23.4	24.8	26.2	27.6	29.0	30.3	31.7	33.0	34.3	35.6	36.8	38.1
	C40	28.4	29.8	31.2	32.6	34.0	35.3	36.7	38.0	39.3	40.6	41.8	43.1	44.3
	C50	33.7	35.1	36.5	37.9	39.3	40.6	42.0	43.3	44.6	45.8	47.1	48.3	49.5
	C60	39.6	41.0	42.4	43.8	45.1	46.5	47.8	49.1	50.4	51.6	52.9	54.1	55.3
	C70	45.3	46.7	48.1	49.5	50.9	52.2	53.5	54.8	56.1	57.3	58.6	59.8	61.0
	C80	50.8	52.2	53.6	55.0	56.3	57.7	59.0	60.3	61.5	62.8	64.0	65.2	66.4
Q345	C30	23.3	25.4	27.4	29.4	31.4	33.4	35.3	37.2	39.0	40.8	42.6	44.4	46.1
	C40	29.7	31.8	33.8	35.8	37.8	39.7	41.6	43.4	45.2	47.0	48.7	50.4	52.1
	C50	35.0	37.1	39.1	41.1	43.0	45.0	46.8	48.7	50.4	52.2	53.9	55.6	57.2
	C60	40.9	43.0	45.0	46.9	48.9	50.8	52.6	54.5	56.2	58.0	59.7	61.3	62.9
	C70	46.6	48.7	50.7	52.7	54.6	56.5	58.3	60.1	61.9	63.6	65.3	67.0	68.6
	C80	52.1	54.1	56.2	58.1	60.0	61.9	63.8	65.6	67.3	69.1	70.7	72.4	74.0
Q390	C30	24.1	26.6	29.0	31.4	33.7	36.0	38.2	40.4	42.6	44.7	46.8	48.8	50.8
	C40	30.5	32.9	35.3	37.7	40.0	42.3	44.5	46.6	48.7	50.8	52.8	54.8	56.7
	C50	35.8	38.3	40.7	43.0	45.3	47.5	49.7	51.8	53.9	55.9	57.9	59.9	61.7
	C60	41.7	44.1	46.5	48.8	51.1	53.3	55.5	57.6	59.7	61.7	63.6	65.5	67.4
	C70	47.4	49.9	52.2	54.5	56.8	59.0	61.2	63.3	65.3	67.3	69.3	71.1	73.0
	C80	52.9	55.3	57.7	60.0	62.3	64.5	66.6	68.7	70.7	72.7	74.7	76.5	78.3
Q420	C30	24.6	27.3	30.0	32.6	35.2	37.7	40.1	42.5	44.9	47.2	49.5	51.7	53.8
	C40	31.0	33.7	36.4	38.9	41.5	43.9	46.3	48.7	51.0	53.2	55.4	57.5	59.6
	C50	36.3	39.0	41.7	44.2	46.7	49.2	51.6	53.9	56.2	58.4	60.5	62.6	64.6
	C60	42.2	44.9	47.5	50.1	52.6	55.0	57.3	59.7	61.9	64.1	66.2	68.2	70.2
	C70	47.9	50.6	53.2	55.8	58.3	60.7	63.0	65.3	67.5	69.7	71.8	73.8	75.8
	C80	53.4	56.1	58.7	61.2	63.7	66.1	68.4	70.7	72.9	75.1	77.2	79.2	81.1

6 钢管混凝土空心正四边形截面的抗压强度设计值应按表 9－46 取值。

表 9－46 钢管混凝土空心正八边形截面的抗压强度设计值 f_{sc} (N/mm^2)

钢材	混凝土	含钢率 α												
		0.04	0.06	0.08	0.10	0.12	0.14	0.16	0.18	0.20	0.22	0.24	0.26	0.28
Q235	C30	21.1	22.1	23.1	24.1	25.1	26.0	27.0	27.9	28.9	29.8	30.7	31.6	32.5
	C40	27.5	28.5	29.5	30.5	31.4	32.4	33.4	34.5	35.2	36.1	37.1	38.0	38.8
	C50	32.8	33.8	34.8	35.8	36.8	37.7	38.7	39.6	40.5	41.4	42.3	43.2	44.1
	C60	38.7	39.7	40.7	41.7	42.6	43.6	44.5	45.5	46.4	47.3	48.2	49.1	49.9
	C70	44.4	45.4	46.4	47.4	48.4	49.3	50.3	51.2	52.1	53.0	53.9	54.8	55.6
	C80	49.9	50.9	51.9	52.9	53.8	54.8	55.7	56.6	57.6	58.5	59.3	60.2	61.1
Q345	C30	22.0	23.5	24.9	26.4	27.8	29.1	30.5	31.9	33.2	34.5	35.8	37.1	38.3
	C40	28.2	29.9	31.3	32.7	34.1	35.5	36.8	38.2	39.5	40.8	42.1	43.3	44.5
	C50	33.8	35.2	36.6	38.1	39.4	40.8	42.1	43.5	44.8	46.1	47.3	48.5	49.8
	C60	39.6	41.1	42.5	43.9	45.3	46.7	48.0	49.3	50.6	51.9	53.1	54.3	55.6
	C70	45.4	46.8	48.2	49.6	51.0	52.4	53.7	55.0	56.3	57.6	58.8	60.0	61.2
	C80	50.8	52.3	53.7	55.1	56.5	57.8	59.2	60.5	61.7	63.0	64.2	65.5	66.7
Q390	C30	22.6	24.3	26.0	27.7	29.4	31.0	32.6	34.2	35.8	37.3	38.8	40.3	41.7
	C40	29.0	30.7	32.4	34.1	35.7	37.3	38.9	40.5	42.0	43.5	45.0	46.5	47.9
	C50	34.3	36.0	37.7	39.4	41.0	42.6	44.2	45.8	47.3	48.8	50.2	51.7	53.1
	C60	40.2	41.9	43.6	45.2	46.9	48.5	50.0	51.6	53.1	54.6	56.0	57.4	58.8
	C70	45.9	47.6	49.3	51.0	52.6	54.2	55.8	57.3	58.8	60.3	61.7	68.5	69.9
	C80	51.4	53.1	54.8	56.4	58.1	59.6	61.2	62.7	64.2	65.7	67.1	68.5	69.9
Q420	C30	23.0	24.9	26.7	28.6	30.4	32.2	34.0	35.7	37.4	39.1	40.7	42.4	43.9
	C40	29.4	31.3	33.1	35.0	36.8	38.5	40.3	42.0	43.7	45.3	46.9	48.5	50.0
	C50	34.7	36.6	38.4	40.3	42.1	43.8	45.5	47.2	48.9	50.5	52.1	53.7	55.2
	C60	40.5	42.4	44.3	46.1	47.9	49.7	51.4	53.1	54.7	56.3	57.9	59.4	60.9
	C70	46.3	48.2	50.0	51.8	53.6	55.4	57.1	58.8	60.4	62.0	63.6	65.1	66.6
	C80	51.7	53.6	55.5	57.3	59.1	60.8	62.5	64.2	65.8	67.4	69.0	70.5	72.0

9.8 钢梁－钢管混凝土柱外加强环连接节点设计

9.8.1 外加强环宜采用下列两种形式（图 9－27）。

9.8.2 外加环板承受的轴力 N 和弯矩 M，应按下列公式计算：

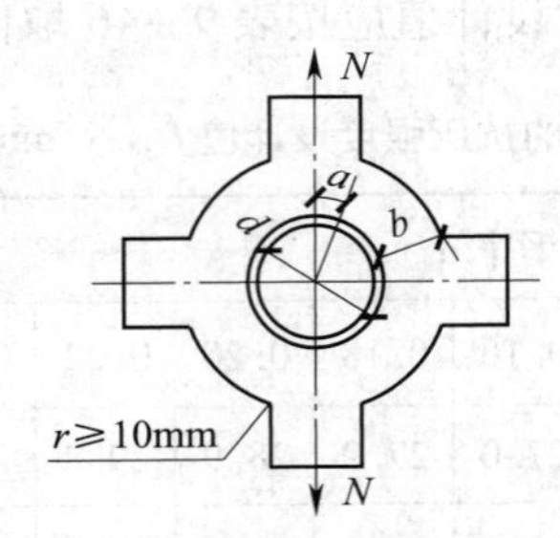

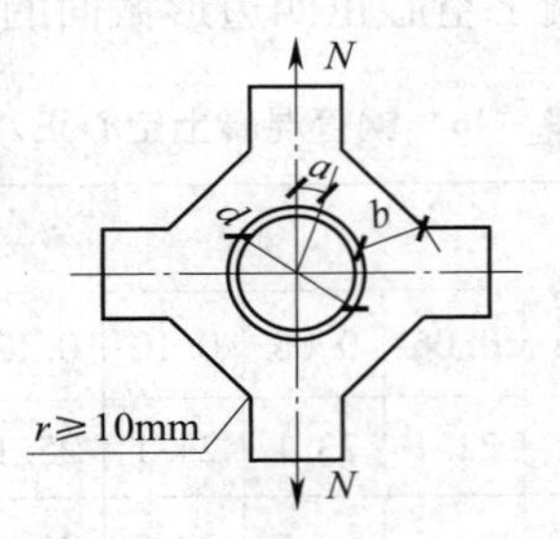

图 9-27 加强环常用的类型

表 9-47 外加环板内力计算

公式	说明
$N=\frac{M}{h}+N_b$ (9-68) $M=M_c-\frac{Vd}{3}\geqslant 0.7M_c$ (9-69)	N_b——梁的轴心力对一个环板产生的拉力； M_c——柱轴线处的梁支座弯矩设计值； V——对应于柱轴线处 M_c 的梁端剪力； h——梁端的截面高度； d——柱的直径

9.8.3 加强环板的控制宽度 b 和厚度 t_1 应按下列公式计算：

表 9-48 加强环板的控制宽度 b 和厚度 t_1 计算

公式	说明
连接钢梁的加强环的厚度，应根据梁翼缘板所承受的轴心拉力 N 按下式计算确定： $t_1\geqslant\frac{N}{b_s f}$ (9-70) 加强环板的控制截面的宽度 b，应按下列公式计算： $b\geqslant\frac{F_1(\alpha)N}{t_1 f_1}-\frac{F_2(\alpha)b_e tf}{t_1 f_1}$ (9-71) $F_1(\alpha)=\frac{0.93}{\sqrt{2\sin^2\alpha+1}}$ (9-72a) $F_2(\alpha)=\frac{1.74\sin\alpha}{\sqrt{2\sin^2\alpha+1}}$ (9-72b) $b_e=\left(0.63+\frac{0.88b_s}{d}\right)\sqrt{dt}+t_1$ (9-72c)	t_1——加强环板的厚度； b_s——加强环板的宽度（工字钢翼缘宽度）； α——拉力 N 作用方向与计算截面的夹角； t——主柱钢管的壁厚； d——主柱钢管的外直径； f——主柱钢管的抗拉强度设计值； f_1——加强环板的抗拉强度设计值； b_e——主柱钢管管壁参与加强环受力的有效宽度（见下图）

续表 9－48

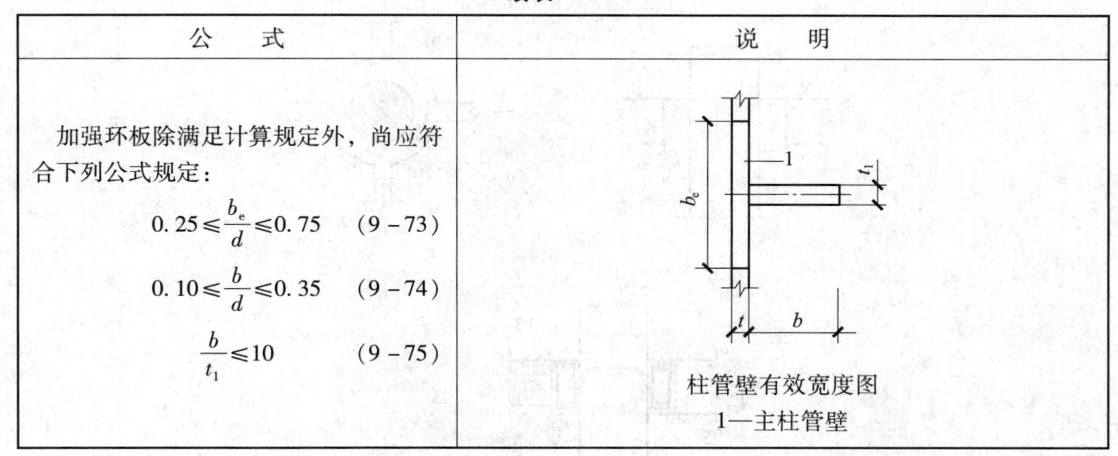

公　式	说　明
加强环板除满足计算规定外，尚应符合下列公式规定： $0.25\leqslant\frac{b_e}{d}\leqslant0.75$　(9－73) $0.10\leqslant\frac{b}{d}\leqslant0.35$　(9－74) $\frac{b}{t_1}\leqslant10$　(9－75)	柱管壁有效宽度图 1—主柱管壁

9.8.4　短梁（牛腿）的腹板，应按下列公式验算短梁腹板处管壁的剪应力（图 9－21）：

表 9－49　短梁腹板处管壁的剪应力计算

公　式	说　明
加强环板除满足计算规定外，尚应符合下列公式规定： $\tau=\frac{0.6V_{max}}{l_w t}\lg\frac{2r_{co}}{b_j}\leqslant f_v$　(9－76a) $b_j=t_w+1.4h_f$　(9－76b)	V_{max}——梁端的最大剪力设计值； l_w——角焊缝长度； r_{co}——钢管的内半径； b_j——角焊缝所包的宽度； h_f——角焊缝的焊脚尺寸； t_w——腹板的厚度； f_v——钢材的抗剪强度设计值

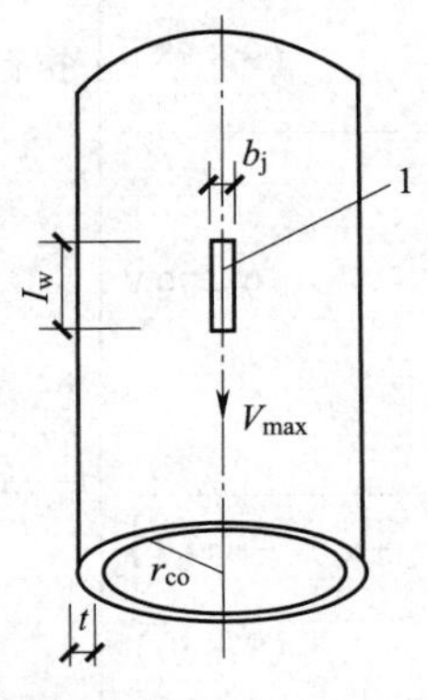

图 9－28　管壁应力计算简图

1—角焊缝

9.9　钢筋混凝土梁－圆钢管混凝土柱环梁节点配筋计算方法

9.9.1　当环梁（图 9－29）上部环向钢筋直径面积相同、水平间距相等时，环梁受拉环筋面积及箍筋单肢面积应符合表 9－50 的规定。

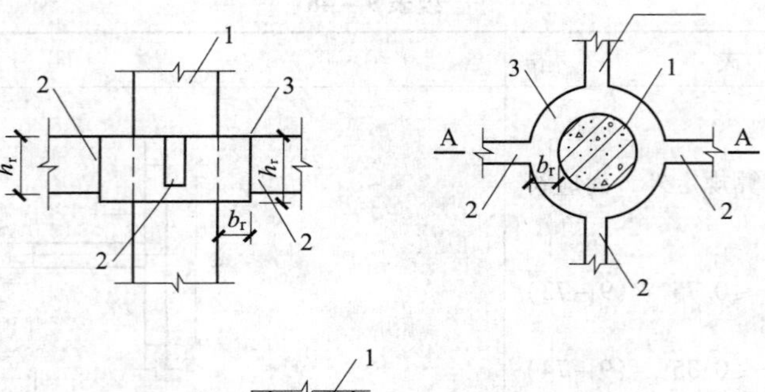

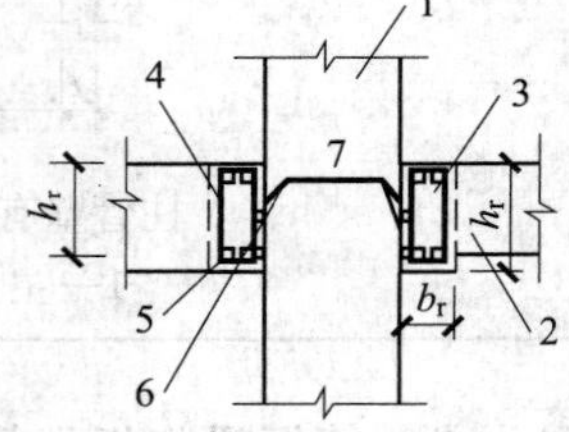

图 9－29 钢筋混凝土梁－圆钢管混凝土柱节点简图

1—钢管混凝土柱；2—钢筋混凝土框架梁；3—环梁；4—环梁箍筋；
5—外环钢筋；6—内环钢筋；7—抗剪环

表 9－50 环梁受拉环筋面积及箍筋单肢面积

<table>
<tr><th>公 式</th><th>说 明</th></tr>
<tr><td>
不考虑楼板的有利作用时，

$$\lambda=\frac{2\sin\theta_2}{7\sin\theta_1} \quad (9-77)$$

$$A_{sh}\geqslant \frac{M_k}{1.4\alpha_{dp}f_{yh}l_r\left\{\frac{5}{7}\sin\theta_2+\lambda\sin\theta_2+\lambda\frac{R-r}{l_r}\left[\sin(\theta_2+\alpha_0)-\sin\theta_2\right]\right\}} \quad (9-78)$$
</td><td rowspan="2">
1. 在负弯矩作用下，β_1 取 0.5，β_2 取 0.65，β_3 取 0.6；

2. 在正弯矩作用下，$\beta_1=\beta_2=\beta_3=1.0$；

3. θ_1、θ_2、α_0、R、r 的几何含义按下图执行

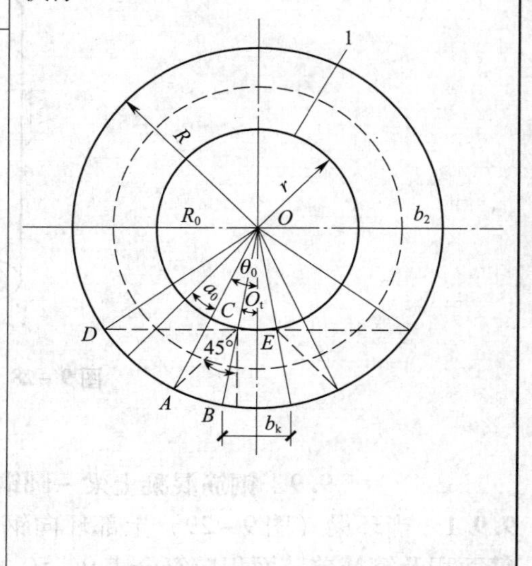

</td></tr>
<tr><td>
考虑楼板的有利作用时，

$$\lambda=\frac{2\beta_1\sin\theta_2}{7\beta_2\sin\theta_1} \quad (9-79)$$

$$A_{sh}\geqslant \frac{M_k}{1.4\alpha_{dp}f_{yh}l_r\left\{\frac{5}{7\beta_2}\sin\theta_2+\frac{\lambda}{\beta_1}\sin\theta_2+\lambda\frac{R-r}{\beta_3 l_r}\left[\sin(\theta_2+\alpha_0)-\sin\theta_2\right]\right\}} \quad (9-80)$$

$$\theta_1=\arcsin\left[b_k/(2R)\right] \quad (9-81)$$

$$\theta_2=\pi/4+\arcsin\left[\frac{r}{R}\sin(\theta_1-\pi/4)\right] \quad (9-82)$$

$$\alpha_0=\min\left\{\frac{\sqrt{3}h_r}{3R},\ \arccos\frac{r}{R}-\theta_2,\ \pi/4-\theta_2\right\} \quad (9-83)$$
</td></tr>
</table>

续表 9－50

公　　式	说　　明
环梁箍筋单肢面积公式 $A_{sv}=0.7f_{yh}A_{sh}\lambda\gamma_H/(\alpha_v f_{yv})$　(9－84a) $\lambda=\dfrac{F_v}{F_h}$　(9－84b) $F_h=0.7f_{yh}A_{sh}$　(9－84c) $F_v=\alpha_v f_{yv}A_{sv}/\gamma_H$　(9－84d) $\gamma_H=S/(r+b_h/2)$　(9－84e)	λ——剪环比，为环梁箍筋名义拉力与环梁受拉环筋名义拉力的比值，可取 0.35～0.7，不考虑楼板的作用时取较高值，考虑楼板的作用时取较低值； F_h——受拉环筋的名义拉力； f_{yh}——环向钢筋抗拉强度设计值； A_{sh}——环向钢筋的截面面积； F_v——环梁箍筋的名义拉力； f_{yv}——箍筋抗拉强度设计值； S——环梁中线处箍筋间距； A_{sv}——环梁箍筋单肢面积； α_v——闭合箍筋计算系数，应按表 9－51 取值； M_k——由实配钢筋计算得出的框架梁梁端截面弯矩； α_{dp}——试验修正系数，取值 1.3； h_r——环梁截面高度

表 9－51　闭合箍筋计算系数

箍筋形式	1	2	3
图例	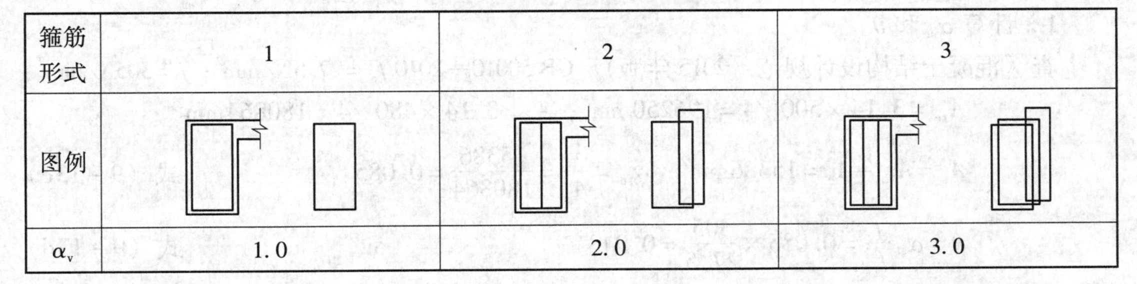		
α_v	1.0	2.0	3.0

9.9.2　当环梁环向钢筋的强度等级与框架梁相同，环向钢筋直径相同、水平间距相等，环梁受拉环筋面积及箍筋单肢面积可按表 9－52 中公式计算。

表 9－52　环梁受拉环筋面积及箍筋单肢面积

公　　式	说　　明
不考虑楼板的有利作用时， $A_{sh}=0.86A_{sk}$　(9－85) $A_{sv}=0.36f_yA_{sk}\gamma_H/(f_{yv}\alpha_v)$　(9－86)	A_{sk}——框架梁梁端受拉钢筋面积； f_y——环梁环向钢筋的受拉强度设计值； A_{sv}——环梁箍筋单肢箍面积； f_{yv}——箍筋的抗拉强度设计值； γ_H——箍筋间夹角（弧度），按表 9－50 中公式（9－81e）计算； α_v——闭合箍筋计算系数，应按表 9－51 取值
考虑楼板的有利作用时， $A_{sh}=0.7A_{sk}$　(9－87) $A_{sv}=0.19f_yA_{sk}\gamma_H/(f_{yv}\alpha_v)$　(9－88)	

9.9.3 当采用钢筋混凝土无梁楼盖时，楼盖与圆钢管混凝土柱的环梁节点中，环梁环筋面积应按表9－53中公式计算。

表9－53 环梁受拉环筋面积及箍筋单肢面积

公 式	说 明
$A_{sh}=1.15A_{sk}$ (9－89) $A_{sv}=0.14f_{yh}A_{sk}\gamma_H/(f_{yv}\alpha_v)$ (9－90)	A_{sk}——钢管混凝土柱范围内受拉钢筋面积； f_{yh}——环梁环向钢筋的受拉强度设计值； A_{sv}——环梁箍筋单肢箍面积； f_{yv}——箍筋的抗拉强度设计值； γ_H——箍筋间夹角（弧度），按表9－50中公式（9－81e）计算； α_v——闭合箍筋计算系数，应按表9－51取值

9.10 钢管混凝土柱设计实例

本节所有例题均为非地震作用下截面承载力验算，当考虑地震作用时，截面承载力应除以承载力抗震调整系数γ_{RE}。

【例题9－1】实心圆钢管混凝土轴心受压柱

已知钢管外径D为500mm，壁厚t为10mm，钢材牌号为Q345，内灌混凝土为C60，柱的实际长度为4.5m，柱的计算长度系数为2.0，承受轴心压力设计值为6000kN，计算该钢管混凝土柱的轴心受压承载力设计值N_u。

1 计算α_{sc}和θ。

查《混凝土结构设计规范（2015年版）》GB 50010—2010 $f_c=27.5N/mm^2$；$f=305N/mm^2$；

$$A_{sc}=3.14\times500^2/4=196250mm^2;\ A_c=3.14\times480^2/4=180864mm^2$$

$$A_s=A_{sc}-A_c=15386mm^2;\ \alpha_{sc}=\frac{A_s}{A_c}=\frac{15386}{180864}=0.085 \quad \text{式（9－13c）}$$

$$\theta=\alpha_{sc}\frac{f}{f_c}=0.085\times\frac{305}{27.5}=0.943 \quad \text{式（9－13d）}$$

2 计算N_0。

查表9－17，圆形截面对套箍效应的影响系数：

$B=0.176\times305/213+0.974=1.226$；　$C=-0.104\times27.5/14.4+0.031=-0.168$

$f_{sc}=(1.212+B\theta+C\theta^2)f_c=(1.212+1.226\times0.943-0.168\times0.943^2)\times27.5$
$=61.015N/mm^2$

$$N_0=A_{sc}f_{sc}=196250\times61.015/1000=11974.194kN \quad \text{式（9－13a）}$$

3 计算轴压构件稳定性系数φ。

$$i_{sc}=\sqrt{\frac{I_x}{A}}=\sqrt{\frac{\pi D^4/64}{\pi D^2/4}}=\frac{D}{4}=\frac{50}{4}=12.5cm$$

$$\lambda_{sc}=\frac{uH}{i_{sc}}=\frac{2\times450}{12.5}=72$$

$$\lambda_{sc}(0.001f_y+0.781)=72\times(0.001\times345+0.781)=81.07$$

查表9－18，插值得$\varphi=0.722$。

4 验算柱的轴心稳定承载力设计值 N_u。

按表 9－16 式（9－12）

$N_u=\varphi N_0=0.722\times11974.194=8645.37\text{kN}>6000\text{kN}$（满足要求）。

5 构造验算，按表 9－1。

$\frac{D}{t}=\frac{500}{10}=50<135\varepsilon_k^2=135\times\left(\frac{235}{345}\right)^2=62.6$（满足要求）。

【例题 9－2】 双肢格构式钢管混凝土柱

单肢柱均采用实心圆钢管混凝土柱，钢管外径 $D=200\text{mm}$，$t=6\text{mm}$，钢材牌号为 Q345，内灌混凝土为 C40，$l_{ox}=6\text{m}$，$l_{oy}=12\text{m}$，恒、斜缀条采用 L50×3，钢材 Q235，$h=500\text{mm}$，承受轴心压力设计值为 550kN，验算格构式钢管混凝土柱的轴心受压稳定承载力。（长细比按构筑物取；Q345 级 $f=305\text{N/mm}^2$，Q235 级 $f=215\text{N/mm}^2$，$f_c=19.1\text{N/mm}^2$）

1 截面特性。

钢管混凝土柱 $A_{sci}=\frac{\pi D^2}{4}=\frac{3.14\times20^2}{4}=314\text{cm}^2$，$i_{sci}=\frac{D}{4}=\frac{20}{4}=5\text{cm}$

缀条 L50×3，$A_W=2.97\text{cm}^2$，$i_{min}=1\text{cm}$

2 （应为整截面而非单肢）绕实轴的稳定承载力。

$f=305\text{N/mm}^2$；$f_c=19.1\text{N/mm}^2$；$A_{ci}=277.5\text{cm}^2$；$A_{si}=36.5\text{cm}^2$；

按表 9－16，$\alpha_{sc}=\frac{A_{si}}{A_{ci}}=0.132$，$\theta=\alpha_{sc}\frac{f}{f_c}=0.132\times\frac{305}{19.1}=2.108$

查表 9－17，圆形截面对套箍效应的影响系数：

$B=0.176\times305/213+0.974=1.226$；$C=-0.104\times19.1/14.4+0.031=-0.107$

$f_{sc}=(1.212+B\theta+C\theta^2)f_c=(1.212+1.226\times2.108-0.107\times2.108^2)\times19.1$

$=63.43\text{N/mm}^2$

$N_{01}=N_{02}=A_{sci}f_{sc}=31400\times63.43/1000=1991.70\text{kN}$

$\lambda_x=\frac{l_{ox}}{i_{sci}}=\frac{600}{5}=120\leqslant[\lambda]=120$

$\lambda_x(0.001f_y+0.781)=135.12$；查表 9－18，插值得 $\varphi=0.416$

$\varphi\sum N_{0i}=0.416\times2\times1991.70=1657.09\text{kN}>1000\text{kN}$（满足）

3 整体截面绕虚轴的稳定承载力。

$\lambda_y=l_{oy}\Big/\sqrt{\frac{I_y}{\sum A_{sci}}}=1200\Big/\sqrt{\frac{2(\pi D^4/64+A_{sc}h^2/4)}{2A_{sc}}}=1200/25.5=47.06$

$\lambda_{oy}=\sqrt{\lambda_y^2+67.5\frac{A_{sc}}{A_w}}=\sqrt{47.06^2+67.5\times\frac{314}{2.97}}=96.07\leqslant[\lambda]$

$\lambda_{oy}(0.001f_y+0.781)=108.9$；查表 9－18，插值得 $\varphi=0.556$

$\varphi\sum N_{0i}=0.556\times2\times1991.70=2214.8>1000\text{kN}$（满足）

4 缀条验算。

$$V=\varepsilon_k\sum A_{sci}f_{sc}/85=1.0\times1991.70\times2/85=46.86\text{kN}$$

单缀条体系，缀条承受的轴向力 $N=V/(2\cos\alpha)=46.86\times\frac{\sqrt{2}}{2}=33.13\text{kN}$

L50×3，$A_W=2.97\text{cm}^2$，$i_{min}=1\text{cm}$，$\lambda=\frac{l_{01}}{i_{min}}=\frac{50\sqrt{2}}{1}=70.7\leqslant[\lambda]=200$（表 9－1）

b 类截面，查《新钢结构设计手册》，$\varphi=0.7506$

单面连接的单角钢强度折减系数 $0.6+0.0015\lambda=0.706$

$$\frac{N}{\varphi A}=\frac{33130}{0.7506\times297}=147.6\text{N/mm}^2<0.706\times215=151.8\text{N/mm}^2$$（满足要求）。

5 焊缝验算（略）。

6 构造验算：

$$\frac{D}{t}=\frac{200}{6}=33.3<135\varepsilon_k^2=135\times\left(\frac{235}{345}\right)^2=62.6$$（满足要求）。

当满足表 9－24 中说明，

$$\lambda_1=h\Big/\sqrt{\frac{I_{sc}}{A_{sc}}}=50\Big/\sqrt{\frac{\pi D^4/64}{\pi D^2/4}}=50/5=10<0.7\lambda_{max}=0.7\times120=84$$

单肢稳定性可不必验算。

【例题 9－3】 抗风柱空心圆钢管混凝土柱

已知 $D=500$mm，$t=10$mm，钢材牌号为 Q345，内灌混凝土为 C45，空心率 $\psi=0.45$，承受弯矩设计值为 450kN·m，验算钢管混凝土梁的受弯承载力。

1 计算 f_{sc}。

查《混凝土结构设计规范（2015 年版）》GB 50010—2010，$f_c=21.1\text{N/mm}^2$；《钢结构设计标准》GB 50017—2017，$f=305\text{N/mm}^2$；

$A_{sc}=3.14\times500^2/4=196250\text{mm}^2$；

$A_c=3.14\times480^2/4\times(1-\psi)=180864\times(1-0.45)=99475.2\text{mm}^2$

$A_s=A_{sc}-A_c/(1-\psi)=15386\text{mm}^2$；$\alpha_{sc}=\dfrac{A_s}{A_c}=\dfrac{15386}{99475.2}=0.1547$

$$\theta=\alpha_{sc}\frac{f}{f_c}=0.1547\times\frac{305}{21.1}=2.236$$

查表 9－17，圆形截面对套箍效应的影响系数：

$B=0.106\times305/213+0.584=0.736$；$C=-0.037\times21.1/14.4+0.011=-0.043$

$$f_{sc}=(1.212+B\theta+C\theta^2)f_c=(1.212+0.736\times2.236-0.043\times2.236^2)\times21.1=55.76\text{N/mm}^2$$

2 计算 γ_m，按式（9－18c）

$$\lambda_m=(1-0.5\psi)\times(-0.483\theta+1.926\sqrt{\theta})=(1-0.5\times0.45)\times(-0.483\times2.236+1.926\times\sqrt{2.236})=1.39$$

3 计算 W_{sc}，按式（9－18b）

$$r_0=250\text{mm},\quad r_{ci}=\sqrt{\frac{A_h}{\pi}}=\sqrt{\frac{180864\times0.45}{3.14}}=161.0\text{mm}$$

$$W_{sc}=\frac{\pi(r_0^4-r_{ci}^4)}{4r_0}=\frac{3.14\times(250^4-161^4)}{4\times250}=1.0156\times10^7\text{mm}^3$$

4 计算 M_u，按式（9－18a）

$M_u=\gamma_m W_{sc}f_{sc}=1.39\times1.0156\times10^7\times55.76=787\text{kN}\cdot\text{m}>450\text{kN}\cdot\text{m}$（满足要求）。

5 构造验算，按表 9－1。

$$\frac{D}{t}=\frac{500}{10}=50<177\varepsilon_k^2=177\times\left(\frac{235}{345}\right)^2=82$$（满足要求）。

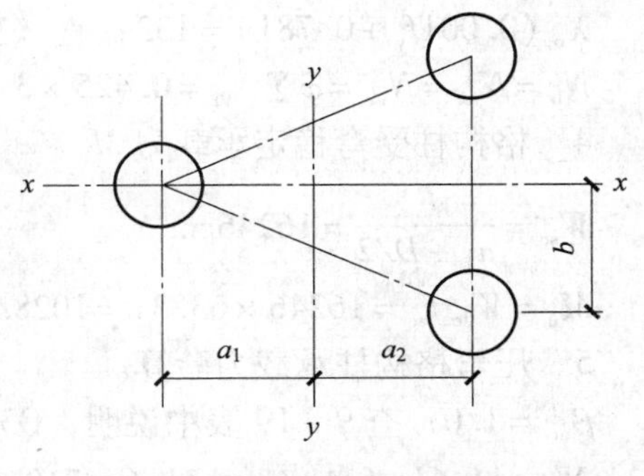

图 9－30 三肢钢管混凝土格构柱示意图

【例题 9－4】 等边三肢格构式钢管混凝土柱

某构筑物采用等边三肢格构式钢管混凝土柱（图 9－30），单肢柱均采用实心圆钢管混凝土柱 $D=200\text{mm}$，$t=6\text{mm}$，钢材牌号为 Q345，内灌混凝土为 C40，$l_{ox}=6\text{m}$，$l_{oy}=12\text{m}$，承受轴心压力设计值为 1350kN，柱段承受最大弯矩设计值为 400kN · m，柱肢间采用 L63×4，Q235，验算钢管混凝土柱的在压弯状态下的承载力设计值。

其中，$b=400\text{mm}$，$a_1=\dfrac{800\sqrt{3}}{3}\text{mm}$，$a_2=\dfrac{400\sqrt{3}}{3}\text{mm}$，$l_{01}=800\text{mm}$

1 截面特性及强度：钢管混凝土柱 $f=305\text{N/mm}^2$，$f_y=345\text{N/mm}^2$；$f_c=19.1\text{N/mm}^2$

$A_{sci}=314\text{cm}^2$；$A_{ci}=277.5\text{cm}^2$；$A_{si}=36.5\text{cm}^2$；$i_{sci}=\dfrac{D}{4}=\dfrac{20}{4}=5\text{cm}$

缀条 $f=215\text{N/mm}^2$，$A_W=4.98\text{cm}^2$，$i_{min}=1.26\text{cm}$，$\lambda=\dfrac{l_{01}}{i_{min}}=\dfrac{80\sqrt{2}}{1.26}=89.8$；

2 求 N_{0i}，按式（9－13d）。

$$\theta=\alpha_{sc}\frac{f}{f_c}=\frac{A_{si}}{A_{ci}}\cdot\frac{f}{f_c}=\frac{36.5}{277.5}\cdot\frac{305}{19.1}=2.1$$

查表 9－17，圆形截面对套箍效应的影响系数：

$B=0.176\times305/213+0.974=1.226$；$C=-0.104\times19.1/14.4+0.031=-0.107$

按式（9－13b）

$$f_{sc}=(1.212+B\theta+C\theta^2)f_c=(1.212+1.226\times2.1-0.107\times2.1^2)\times19.1=63.31\text{N/mm}^2$$

按式（9－13a），$N_{0i}=A_{sci}f_{sc}=31400\times63.31/1000=1987.93\text{kN}$

3 格构柱绕 $x-x$、$y-y$ 轴的轴压稳定承载力 N_{ux}，N_{uy}。

$$I_x=3\frac{\pi D^4}{64}+2b^2A_{sci}=1028350\text{cm}^4,\quad \Sigma A_{sci}=942\text{cm}^2$$

$$i_x=\sqrt{\frac{I_x}{\Sigma A_{sci}}}=33.04\text{cm}\quad \lambda_x=\frac{L_{ox}}{i_x}=\frac{600}{33.04}=18.16$$

$$I_y=3\frac{\pi D^4}{64}+a_1^2A_{sci}+2a_2^2A_{sci}=1028350\text{cm}^4\qquad \Sigma A_{sci}=942\text{cm}^2$$

$$i_x=\sqrt{\frac{I_x}{A_{sci}}}=33.04\text{cm},\ \lambda_y=\frac{L_{oy}}{i_y}=\frac{1200}{33.04}=36.3$$

按式（9－30a），$\lambda_{0x}=\sqrt{\lambda_y^2+200\dfrac{A_{sci}}{A'_w}}=\sqrt{18.16^2+200\dfrac{314}{4.98}}=114.0\leqslant[\lambda]=120$

X 方向长细比是否也按公式计算，或者就可以不必验算

$$\lambda_{0y}=\sqrt{\lambda_y^2+200\frac{A_{sci}}{A_w}}=\sqrt{36.6^2+200\frac{314}{4.98}}=118\leqslant[\lambda]=120$$

按表 9－18，

$\lambda_{oy}(0.001f_y+0.781)=133$；查《新钢结构设计手册》，插值得 $\varphi=0.425$

$N_u=N_{ux}=N_{uy}=\varphi\sum N_{0i}=0.425\times3\times1987.93=2534.5\text{kN}>1350\text{kN}$

4　格构柱受弯稳定承载力 M_u。

$$W_{sc}=\frac{I_y}{a_1+D/2}=16246\text{cm}^3$$

$M_u=W_{sc}f_{sc}=16246\times63.31=1028.5\text{kN}\cdot\text{m}$

5　压弯格构柱承载力验算。

$\beta_{my}=1.0$；查 9－19 表中说明，Q345 级，$k_E=719.6$。

$N'_E=11.6k_E f_{sc}A_{sc}/\lambda^2=11.6\times719.6\times63.31\times94.2/118^2=3575.3\text{kN}$

按式（9－36），其中 T、V 均不考虑。

$\dfrac{N}{N_u}+\dfrac{\beta_m M}{M_u\ (1-\varphi N/N'_E)}=\dfrac{1350}{2534.5}+\dfrac{1.0\times400}{1028.4\times(1-0.425\times1350/3575.3)}=0.996<1$（满足要求）。

6　缀条及焊缝验算（略）。

10 多高层钢结构制作和安装

10.1 一般规定

10.1.1 钢结构施工企业应具有相应的资质，建立市场准入制度。施工现场的管理应有相应的施工技术标准、质量管理体系、质量控制及检查制度，整个施工过程在严格的质量管理下进行。

10.1.2 钢结构图纸是钢结构工程施工的重要文件，是钢结构工程施工质量验收的重要依据。钢结构设计分两阶段进行，即设计图阶段和施工详图阶段。设计图由设计单位负责编制，施工详图一般由钢结构制造厂按设计单位提供的设计图及技术要求编制，并由设计单位认可。因材料代用或工艺要求需要修改时，应取得设计单位同意，并签署变更文件。

钢结构设计人员应详细了解并熟悉最新的技术规范和规程，以及工厂制作及工地安装专业技术。

10.1.3 钢结构施工前，制作和安装单位应按钢结构施工图的要求编制制作工艺和安装施工组织设计，是施工中主要的技术指导文件。制作工艺包括制作依据的技术标准、制造厂的质量保证体系、成品的技术要求和为达到这些要求而制订的技术措施等。应根据多层及高层钢结构的特点，确定其加工、组装和焊接方法，工艺规程应能反映技术上的先进性，采用先进的工艺和工艺装备。安装施工组织设计的主要内容包括依据的技术标准、场地布置、起重机械、安装施工顺序、连接方法、质量检查及安全环保措施等。

10.1.4 钢结构工程应按下列规定进行质量控制：

1 钢结构施工采用的原材料及成品应进行进场验收。凡涉及安全、功能的原材料及成品应按规定进行复验，并应经监理工程师见证取样、送样。

2 各工序应按施工技术标准进行质量控制，每道工序完成后，应进行工序检验，当上道工序合格后，下道工序方可施工。

3 相关各专业工种之间，应进行交接检验，并经监理工程师检查认可。

10.2 钢　　材

10.2.1 钢材的品种、规格、性能应符合国家产品标准和设计文件的要求，并具有产品质量合格证明书。属于下列情况之一者，应对钢材进行抽样复验，其复验结果应符合现行国家产品标准和设计要求。

1 国外进口钢材。

2 钢材混批。

3 对质量有疑义的钢材。

4 板厚大于或等于40mm，且设计有Z向性能要求的厚板。

5 设计有复验要求的钢材，建筑安全等级为一级的主要受力构件钢材。

10.2.2 进口钢材。

在多高层建筑钢结构中，采用进口钢材的并不少见，特别是随着外资项目的增多，经常会遇到各国钢材。我国大型钢铁企业根据客户要求，也可以按国外标准生产钢材。设计人员应熟悉国外钢材的一些概况，各种牌号钢材的化学成分、力学性能和质量等级等。常用的国外钢材主要有4种标准：

1 国际标准：

ISO 630 结构用钢，钢号 E235、E275（屈服点 N/mm^2），与我国碳素结构钢 Q235 相当；

ISO 4950、ISO 4951，分别适用于高屈服强度的扁平钢、棒材、型钢等，钢号 E355、E390、E420，与我国低合金高强度结构钢 Q345、Q390、Q420 相当。

2 欧共体标准 EN10025：

欧洲各国相继将欧洲标准 EN 视作本国标准，或稍加区别。钢的牌号分为 S185、S235、S275、S355、E295、E335、E360 等几种。

3 日本工业标准（JIS）：

日本工业标准（JIS）中与建筑钢结构用材有关的标准如下：

《一般结构用轧制钢材》JIS G3101—1995；

《焊接结构用轧制钢材》JIS G3106—1999；

《焊接结构用耐候性轧制钢材》JIS G3114—1998；

《高耐候性轧制钢材》JIS G3125—1987；

《建筑结构用轧制钢材》JIS G3136—1994。

其中，《建筑结构用轧制钢材》JIS G3136 标准，其牌号均以 SN 起头，强度级别为 400、490（抗拉强度 N/mm^2）两个等级，质量等级有 A、B、C 三档，如 SN400A、B、C，SN490B、C。需超声波探伤的后加—UT 符号。我国的《高层建筑结构用钢板》YB4104 标准其性能与其相近，而且质量上还有所改进。

《焊接结构用轧制钢材》JIS G3106 标准，其牌号以 SM 起头，如：SM400A、B、C，SM490A、B、C，SM490YA、YB（Y 表示桥梁结构用半镇静钢），SM520B、C，SM570 等。

4 美国标准：

ASTM A36 结构钢；

ASTM A529 结构钢（最小屈服点 290N/mm^2）；

ASTM A572 结构用高强度低合金铌钒钢；

ASTM A242 高强度低合金钢。

10.3 焊 接

10.3.1 手工焊接采用的焊条应符合现行国家标准《碳钢焊条》GB 5117—2012 或《低合金钢焊条》GB 5118—2012 的规定。要求选用的焊条型号应与构件钢材强度相适应，即要求焊接后的焊缝与主体金属强度一致。药皮类型的确定应根据构件的重要性区别对待。

10.3.2 自动焊或半自动焊采用的焊丝与相应的焊剂应符合设计对焊缝金属力学性能的要求。按下列国家标准选用焊丝和焊剂，即《熔化焊用钢丝》GB/T 14957—2008、《气体保护电弧焊用碳钢、低合金钢焊丝》GB/T 8110—2008、《碳钢药芯焊丝》GB/T 10045—2001、《低合金钢焊药焊丝》GB/T 17493—2008、《碳素钢埋弧焊用焊剂》GB/T 5293—2012、《低合金埋弧焊用焊剂》GB/T 12470—2003 等。国标中焊剂的型号是将所选用的焊剂和焊丝写在一起的组合表示法。正确地选用匹配合适的焊剂和焊丝，采取适当的焊接工艺措施，才能获得满意的焊接接头。

10.3.3 防止厚钢板焊接层状撕裂的措施。

在多高层建筑钢结构中，厚钢板的应用日益增多。为防止厚钢板在焊接时出现层状撕裂，除设计上对厚度不小于 40mm，且承受板厚方向拉力的构件，采用符合国家标准

《厚度方向性能的钢板》GB 5313—2010 规定的钢板外，在制作上应采取如下措施：

1　焊件厚度大于 20mm 的角接接头焊缝，应采用焊缝收缩时不易引起层状撕裂的构造措施，如图 10－1 所示。

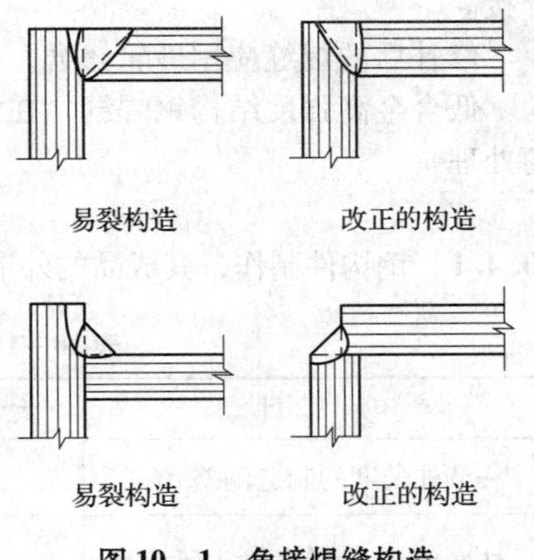

图 10－1　角接焊缝构造

2　焊接前对焊道中心线两侧各 2 倍板厚加 30mm 区域内进行超声波探伤检查，母材中不得有裂缝、夹层或分层等缺陷。

3　严格控制焊接顺序，尽可能减小垂直于板面方向的拉力。

4　采用低氢型焊条施焊，必要时可采用超低氢型焊条。

5　焊前预热和必要的焊后热处理。

10.3.4　焊接接头。

1　图纸上的焊缝详图应标注焊缝形式和尺寸、焊接坡口角度和根部间隙，并标明焊接垫板和引弧板的宽度和厚度，其材质和坡口型式与焊件相同。

2　应区分是全熔透焊缝还是部分熔透焊缝，当采用部分熔透焊缝时，应标明焊缝熔透深度。

3　焊缝应根据结构重要性、焊缝承载要求不同以及应力状态等，按现行国家标准《钢结构设计标准》GB 50017—2017 规定的焊缝质量分级原则确定焊缝等级。

4　标准焊缝详图可参照《建筑钢结构焊接技术规程》JGJ 81—2011 焊接接头基本型式与尺寸绘制。

10.3.5　焊缝质量检测。

1　外观检查。

所有焊缝均需进行外观检查，焊缝外观检查应在焊缝冷却后进行。由低台金高强度结构钢组成的大型梁柱构件，随着钢材强度的提高，产生延迟裂纹的可能性增大，应在完成焊接 24h 后进行外观检查。

对焊缝外观质量的要求为：焊缝的焊波均匀，不得有裂纹、未熔合、夹渣、焊瘤等缺陷，焊接区无焊接飞溅物。

一级、二级焊缝不得有表面气孔、夹渣、弧坑裂缝等缺陷。且一级焊缝不得有咬边、未焊满、根部收缩等缺陷。

2　无损检验。

设计上要求全熔透的一、二级焊缝应进行超声波探伤检查，检查数量应由设计文件确定。全熔透的受拉焊缝如梁与柱的连接节点，应 100% 进行检查；全熔透的受压焊缝如柱与柱的焊接接头，或位于节点塑性区的梁与梁翼缘的焊接接头等，可检查 50%。当发明有超标准的缺陷时，应全部进行超声波检查。

超声波探伤检查等级按《钢焊缝手工超声波探伤方法和探伤结果分级》GB 11345 标准中规定的 B 级标准执行，受拉焊缝的评定等级为 B 检查等级中的Ⅰ级，受压焊缝为 B 检查等级的Ⅱ级，均较《钢结构工程施工质量验收规范》GB 50205 的规定略高。

10.3.6　焊缝的返修。

当焊缝有裂纹、未焊透和超标的夹渣和气孔时，必须进行返修，将缺陷清除后重新焊接。

修补后的焊缝应用砂轮修磨，并按要求重新检查。

低合金高强度结构钢焊缝，在同一处修补不得超过2次，否则应由设计和有关部门协商处理。

10.4 构件制作

10.4.1 钢构件制作，其成品的外形和几何尺寸偏差，可参照表10－1和表10－2的规定。

表10－1 多层及高层多节柱的允许偏差

项目		允许偏差（mm）	图例
一节柱长度的制造偏差 Δl		±3.0	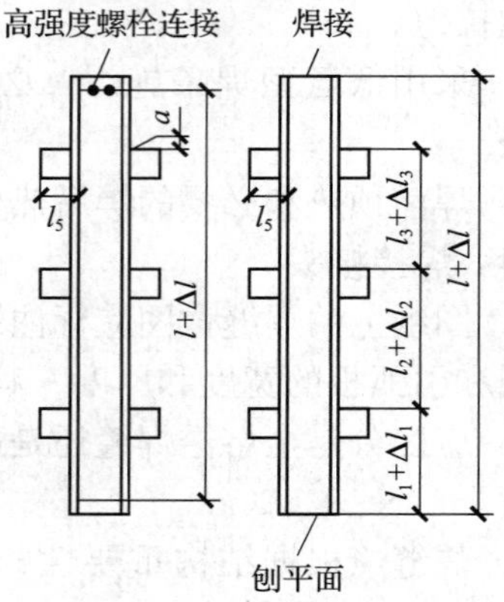
柱底刨平面到牛腿支承面距离 l 的偏差 Δl_1		±2.0	
楼层间距离的偏差 Δl_2 或 Δl_3		±3.0	
牛腿的翘曲或扭曲 a	$l_5 \leqslant 600$	2.0	
	$l_5 > 600$	3.0	
柱身挠曲矢高		l/1000 且不大于5.0	
翼缘板倾斜度	$b \leqslant 400$	3.0	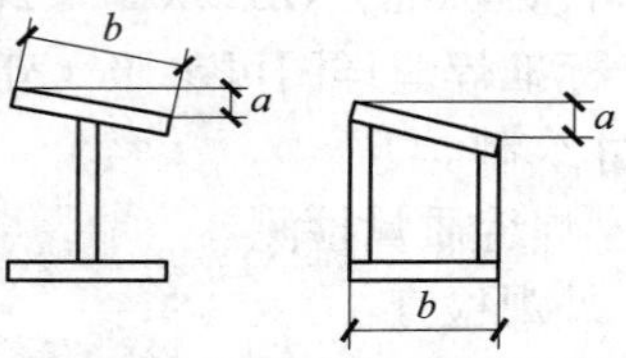
	$b > 400$	5.0	
	接合部位	B/100 且不大于1.5	
腹板中心线偏移		接合部位1.5	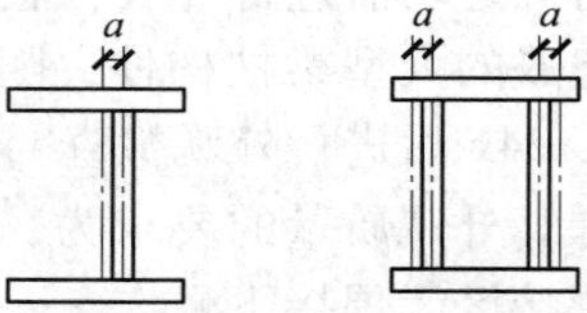
		其他部分3.0	
柱截面尺寸偏差	$h \leqslant 400$	±2.0	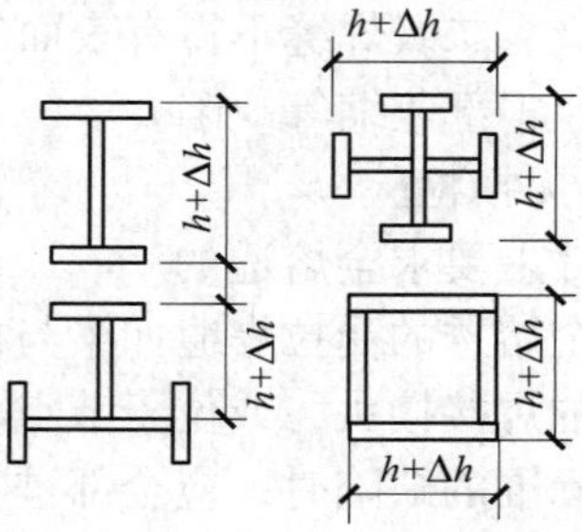
	$400 < h < 800$	$\pm h/200$	
	$h \geqslant 800$	±4.0	
每节柱的柱身扭曲		$6h$/1000 且不大于5.0	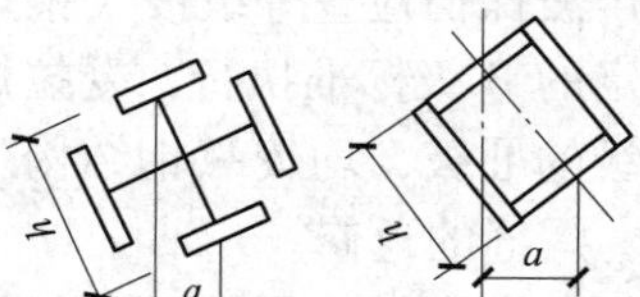

续表 10-1

项目	允许偏差（mm）	图例
柱脚底板翘曲和弯折	3.0	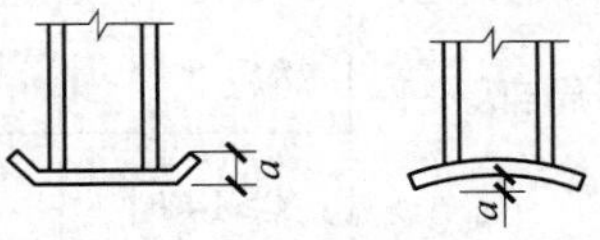
柱脚螺栓孔对底板中心线的偏移	1.5	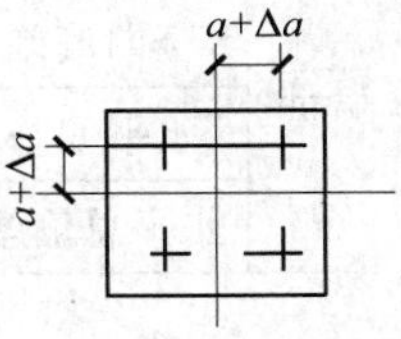
柱端连接处的倾斜度	1.5h/1000	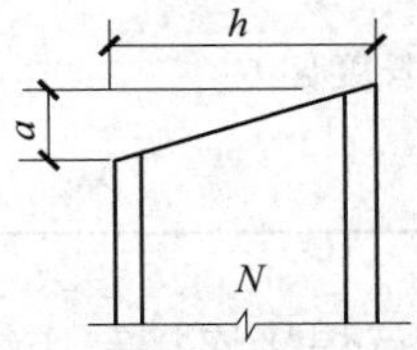

注：项目中的尺寸以 mm 为单位。

表 10-2 梁的允许偏差

项目		允许偏差（mm）	图例
梁长度的偏差		l/2500 且不大于 5.0	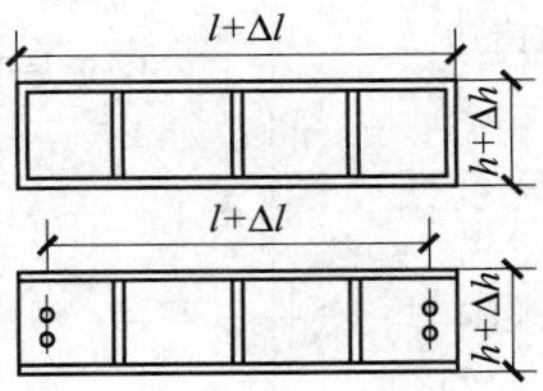
焊接梁端部高度偏差	$h \leqslant 800$	±2.0	
	$h>800$	±3.0	
两端最外侧孔间距离偏差、截面宽度		±3.0	
腹板中心偏移		2.0	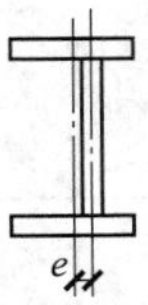
翼缘板垂直度 Δ		b/100，且不应大于 3.0	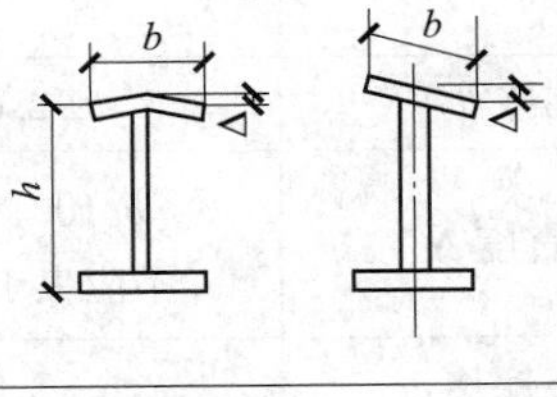
梁的弯曲矢高		l/1000 且不大于 10	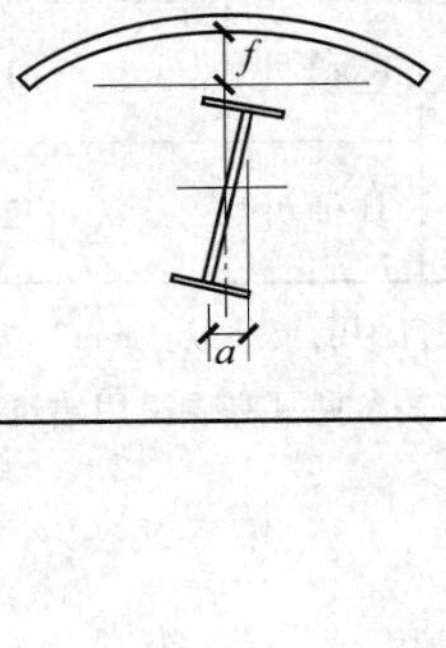
梁的扭曲（梁高 h）		h/200 ≤8	

续表 10－2

<table>
<tr><th colspan="2">项　　目</th><th>允许偏差（mm）</th><th>图　　例</th></tr>
<tr><td rowspan="2">腹板局部不平直度</td><td>$t<14$ 时</td><td>$3l/1000$</td><td rowspan="2">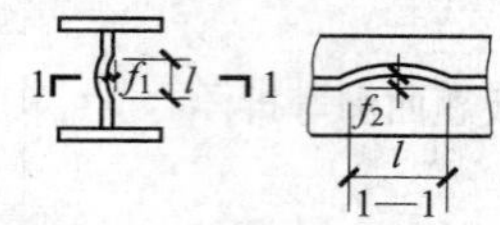
</td></tr>
<tr><td>$t\geqslant 14$ 时</td><td>$2l/1000$</td></tr>
<tr><td rowspan="3">悬臂梁段端部偏差</td><td>竖向偏差</td><td>$l/300$</td><td rowspan="3">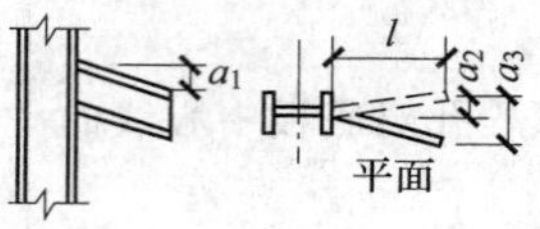
</td></tr>
<tr><td>水平偏差</td><td>3.0</td></tr>
<tr><td>水平总偏差</td><td>4.0</td></tr>
<tr><td colspan="2">悬臂梁段长度偏差</td><td>±3.0</td><td>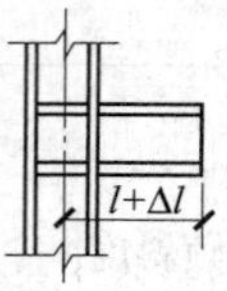
</td></tr>
</table>

10.4.2　节点焊接连接制作组装的允许偏差见表 10－3。

表 10－3　焊接连接制作组装的允许偏差（mm）

<table>
<tr><th colspan="2">项　　目</th><th>允许偏差</th><th>图　　例</th></tr>
<tr><td colspan="2">对口错边 Δ</td><td>$t/10$，且
不应大于 3.0</td><td rowspan="2">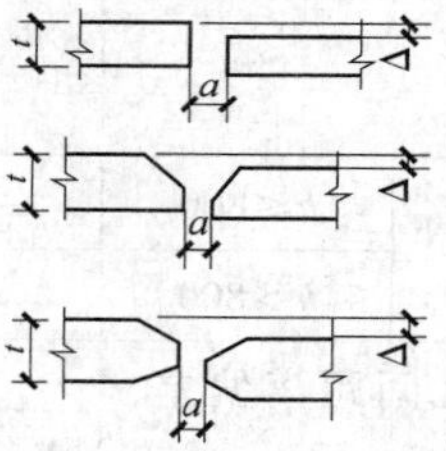
</td></tr>
<tr><td colspan="2">间隙 a</td><td>±1.0</td></tr>
<tr><td colspan="2">搭接长度 a</td><td>±5.0</td><td>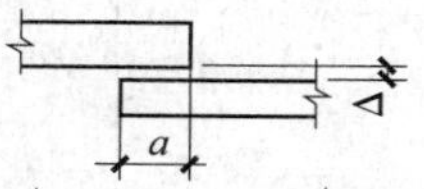
</td></tr>
<tr><td colspan="2">缝隙 Δ</td><td>1.5</td><td>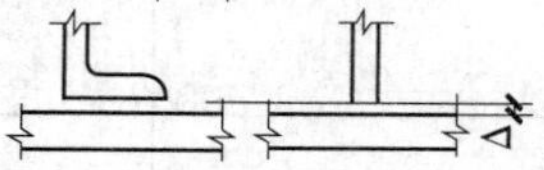
</td></tr>
<tr><td colspan="2">高度 h</td><td>±2.0</td><td rowspan="3">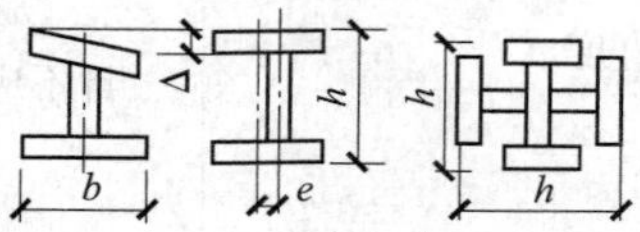
</td></tr>
<tr><td colspan="2">垂直度 Δ</td><td>$b/100$，且
不应大于 3.0</td></tr>
<tr><td colspan="2">中心偏移 e</td><td>±2.0</td></tr>
<tr><td rowspan="2">型钢错位</td><td>连接处</td><td>1.0</td><td rowspan="2">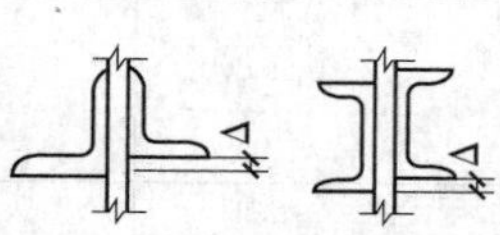
</td></tr>
<tr><td>其他处</td><td>2.0</td></tr>
</table>

注：1　项目中的尺寸以“mm”为单位。

2　本表参见《高层民用建筑钢结构技术规程》JGJ 99—2015。

10.5 构件安装

10.5.1 钢结构安装前，应对建筑物的定位轴线、平面封闭角、底层柱的位置线、混凝土基础标高、地脚螺栓位置等进行复验，合格后方可开始安装工作。

10.5.2 对安装的主要工艺，如重要的焊接接头（梁与柱、柱与柱）、高强度螺栓连接、栓钉焊接、测量和校正措施等，进行工艺试验，制定出有关的工艺参数和技术措施。

10.5.3 安装时需现场焊接的梁柱构件，应按以下因素增加构件长度：

1 梁长度应增加梁与柱现场焊接产生的收缩变形值。

2 柱长度应增加柱端现场焊接产生的收缩变形值和柱在经常荷载作用下产生的弹性压缩值。

厚钢板焊接的收缩变形值，可根据焊接工艺试验测得的焊缝收缩值，将其反馈到制作厂，作为梁柱加工时增加长度的依据。表10-4的焊缝收缩值可供设计人员参考。

表10-4 焊缝收缩值

焊缝坡口形式	钢材厚度（mm）	焊缝收缩值（mm）	构件制作增加长度（mm）
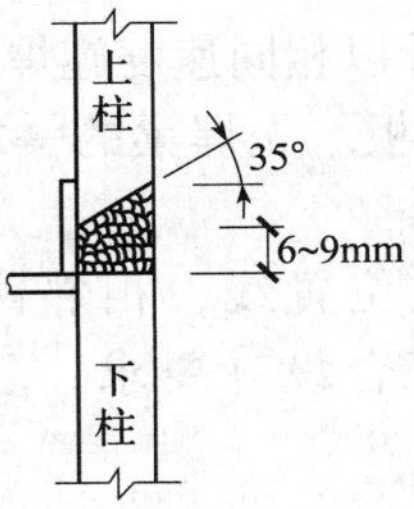 上柱 35° 6~9mm 下柱	19	1.3~1.6	1.5
	25	1.5~1.8	1.7
	32	1.7~2.0	1.9
	40	2.0~2.3	2.2
	50	2.2~2.5	2.4
	60	2.7~3.0	2.9
	70	3.1~3.4	3.3
	80	3.4~3.7	3.5
	90	3.8~4.1	4.0
	100	4.1~4.4	4.3
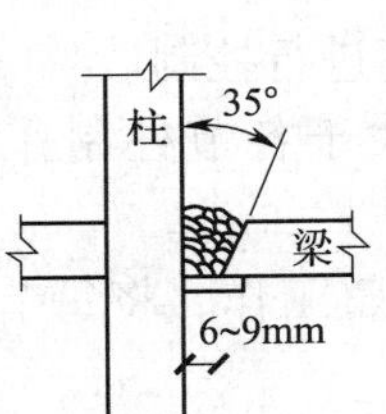 柱 35° 梁 6~9mm	12	1.0~1.3	1.2
	16	1.1~1.4	1.3
	19	1.2~1.5	1.4
	22	1.3~1.6	1.5
	25	1.4~1.7	1.6
	28	1.5~1.8	1.7
	32	1.7~2.0	1.8

多高层建筑钢结构框架柱因承受巨大的竖向压力，产生压缩变形，因此在确定柱长度的增加值时，尚应预放柱的弹性压缩量。柱的压缩量与分担荷载的面积有关，边柱压缩量较小，中柱压缩量较大，当相邻柱因弹性压缩需增加的长度相差不超过5mm时，可以采用相同的增量。可以按此原则将柱分为若干组，从而减少增量值的种类。柱的弹性压缩量应有计算依据，由设计单位提出，制作、安装和设计单位协商确定。

在钢与混凝土混合结构中，钢结构与混凝土结构的压缩变形差异较大，更应引起注意。

10.5.4　根据安装要求，选用合适的起重吊装机械，当选用内爬塔式起重机或外附塔式起重机进行钢结构安装时，对塔式起重机与结构相连的附着装置和爬升装置及其对建筑结构的影响，必须进行计算，并采取相应措施。

10.5.5　构件进场后，对主要构件，如梁、柱、支撑等的制作质量应进行复验。对运输、堆放和吊装等造成的钢构件变形和涂层脱落，应进行矫正和修补。

10.5.6　焊工应经过考试并取得合格证后，方可进行钢结构安装工作。

10.6　安装顺序

10.6.1　多高层钢结构安装工程，可按楼层或施工区段等划分一个或若干个安装流水区段，地下钢结构也可按不同的地下层划分流水区段。每个流水区段的全部钢结构安装完毕并验收合格后，方可进行下一流水段的安装工作。

10.6.2　构件的安装顺序，平面上应从中间向四周扩展，竖向应由下而上均衡地逐渐安装。

10.6.3　梁、柱、支撑等主要构件安装时，应在就位并临时固定后，立即进行校正，并永久固定，形成稳定的空间刚度单元。

10.6.4　构件连接的焊接顺序，平面上应从中部对称地向四周扩展，使整个建筑物外形得到良好控制，焊后产生的残余应力也较小。

10.6.5　柱与柱的焊接接头，应由两名焊工在对称位置逆时针以相同速度施焊。

梁与柱的接头焊缝，宜先焊梁下翼缘板，再焊梁上翼缘板。先焊梁的一端，待其焊缝冷却后，再焊另一端，不宜对一根梁的两端同时施焊。

10.6.6　安装压型钢板前，应在钢梁上排出压型钢板铺放位置线，相邻两排压型钢板端头的波形槽口应对准。压型钢板与梁的支承长度应符合设计要求，且不应小于50mm。

栓钉在施焊前应在钢梁或压型钢板上画出位置线，使栓钉在梁上的布置整齐。

10.6.7　钢构件安装和混凝土楼面施工应相继进行，两项作业不宜超过5层。当超过5层时，应会同设计和监理单位共同协商处理。

10.7　测量和校正

10.7.1　多高层钢结构楼层的标高，可按相对标高或设计标高进行控制。

1　按相对标高安装时，建筑物高度的累计偏差不得大于各节柱制作允许偏差的总和；

2　按设计标高安装时，应以每节柱为单元进行标高的调整工作，将每节柱接头焊缝的收缩变形值和在荷载下的压缩变形值，加到制作长度中去。

在安装前要先确定采用哪一种方法，也可会同业主、设计和监理单位共同商定。

10.7.2　每节柱的定位轴线应从地面控制轴线引出，不得从下层柱的轴线引出。每节柱高度范围内的全部构件，在完成安装、校正、焊接、栓接并验收合格后，方可从地面引放上一节柱的定位轴线。

10.7.3　用缆风或支撑校正柱时，应在缆风或支撑松开的状态下，柱的垂直偏差应达到±0.000。当上柱和下柱发生扭转错位时，应采用在上柱和下柱耳板不同侧面加垫板的方法，通过连接板夹紧，达到校正扭转偏差的目的。

10.7.4　多高层建筑钢结构对温度很敏感，日照、季节温差等温度变化，会影响结构在安装过程中的垂直度，因此，应选择日照变化较小的早晚或阴天进行构件的校正工作。

10.8　高强度螺栓施工

10.8.1　高强度螺栓的品种、规格、性能应符合国家产品标准和设计文件的要求，并具有产品质量合格证明书。高强度大六角头螺栓连接副和扭剪型高强度螺栓连接副出厂时，应分别随箱带有扭矩系数和紧固轴力（预拉力）的检验报告。

10.8.2　高强度大六角头螺栓连接副和扭剪型高强度螺栓连接副，应按《钢结构工程施工质量验收规范》GB 50205—2015 附录 B 的规定，分别复验其扭矩系数和预拉力。复验用的螺栓应在施工现场待安装的螺栓批中随机抽取，每批应抽取 8 套连接副进行复验。

10.8.3　制造厂和安装单位应分别以钢结构制造批为单位，按《钢结构工程施工质量验收规范》GB 50205—2015 附录 B 的规定，对高强度螺栓摩擦面进行抗滑移试验。以 2000t 为一批，不足 2000t 可视为一批，每批三组试件。

10.8.4　高强度螺栓的拧紧顺序，应从螺栓群中部开始，向四周扩展，逐个拧紧。

10.8.5　钢框架梁与柱接头采用腹板为栓接、翼缘为焊接时，宜按先栓后焊的方式进行施工。

10.8.6　高强度螺栓宜通过初拧、复拧和终拧达到拧紧的目的，每完成一次应作出标记，防止漏拧。

10.8.7　高强度大六角头螺栓连接副终拧 1h 后、24h 内进行终拧扭矩检查。

扭剪型高强度螺栓连接副终拧后，梅花头未拧掉的螺栓数不应大于该节点螺栓数的 5%。对所有梅花头未拧掉的扭剪型高强度螺栓连接副，应采用扭矩法或转角法进行终拧并作出标记，按高强度大六角头螺栓连接副进行终拧扭矩检查。

10.9　安装验收

10.9.1　钢结构安装应分批验收，每个安装检验批应在构件进场、安装、校正、焊接连接、紧固件连接等分项工程验收合格的基础上进行验收。

10.9.2　多高层钢结构安装工程的允许偏差可参照表 10－5 的规定。

表 10－5　多层及高层钢结构安装的允许偏差

项　目	允许偏差（mm）	图　例
钢结构定位轴线	$L/20000$	$L \pm a$；$L \pm a$
柱定位轴线	1.0	a；a
地脚螺栓位移	2.0	a；a

续表 10-5

项目	允许偏差（mm）	图例
柱底座位移	3.0	
上柱和下柱扭转	3.0	
柱底标高	±2.0	
单节柱的垂直度	$h/1000$	
同一层柱的柱顶标高	±5.0	
同一根梁两端的水平度	（$l/1000$）+3 10	

续表 10－5

项　　目	允许偏差	图　　例	检验方法
同一根梁两端顶面的高差 Δ	l/1000，且不应大于 10.0	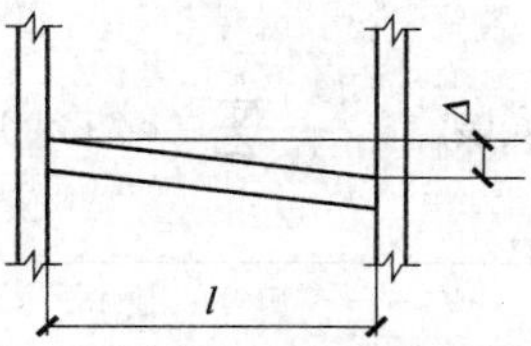	用水准仪检查
主梁与次梁表面的高差 Δ	±2.0	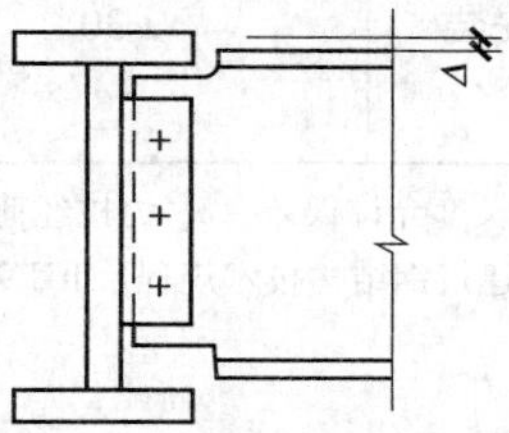	用直尺和钢尺检查
压型金属板在钢梁上相邻列的错位 Δ	15.00	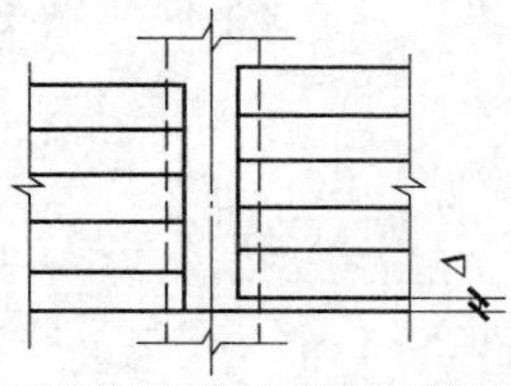	用直尺和钢尺检查

主体总高度、平面弯曲、垂直度的允许偏差见表 10－6。

表 10－6　主体结构总高度、平面弯曲整体垂直度允许偏差

项　　目	允许偏差（mm）	图　　例
压型钢板在钢梁上的排列错位	15	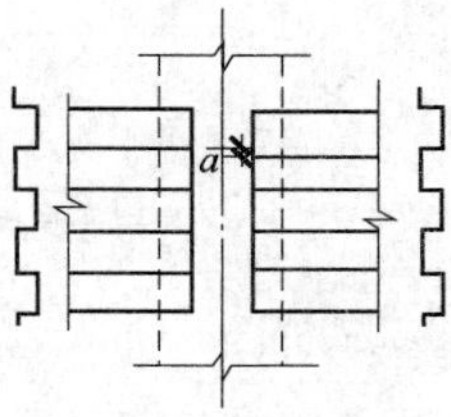
建筑物的平面弯曲	L/1500 且不大于 25.0	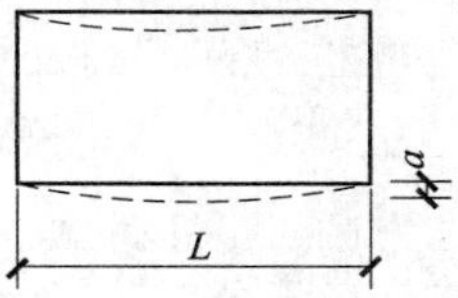
建筑物的整体垂直度	（H/2500）+10 ≤50	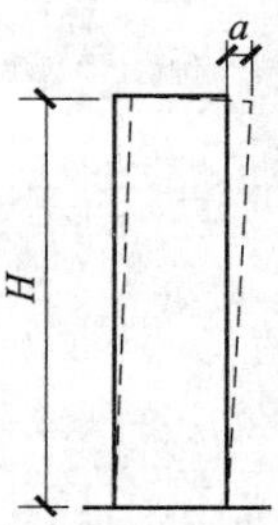

续表 10－6

<table>
<tr><th colspan="2">项　目</th><th>允许偏差（mm）</th><th>图　例</th></tr>
<tr><td rowspan="2">建筑物
总高度</td><td>按相对标高安装</td><td>$\sum_{i}^{n}(a_{h}+a_{w})$</td><td rowspan="2">H+a</td></tr>
<tr><td>按设计标高安装</td><td>±30</td></tr>
</table>

注：1　表中，a_h 为柱的制造长度允许误差；a_w 为柱经荷载压缩后的缩短值；n 为柱子节数。

2　本表摘自《高层民用建筑钢结构技术规程》JGJ 99—2015。

11　多高层钢结构防火

11.1　建筑构件的耐火极限

11.1.1　《高层民用建筑设计防火规范》GB 50045—2014，根据建筑的使用性质、火灾危险性、疏散和扑救难度将建筑分为两类。一类高层建筑的耐火等级应为一级，二类高层建筑的耐火等级不应低于二级。

裙房的耐火等级不应低于二级，高层建筑地下室的耐火等级应为一级。

耐火等级是衡量建筑物耐火程度的标度，对不同类型、性质的建筑提出不同的耐火等级要求，既可保证建筑在火灾下的安全，又有利于节约建设投资。

建筑物是由建筑构件（如梁、板、柱等）组成的，建筑物的耐火等级是确定建筑构件耐火极限的依据。高层建筑钢结构构件的燃烧性能和耐火极限，不应低于表 11－1 的规定。

表 11－1　建筑构件的燃烧性能和耐火极限

构件名称		燃烧性能和耐火极限（h）	
		一级	二级
墙	防火墙	不燃烧体，3.00	不燃烧体，3.00
	承重墙、楼梯间墙、电梯井墙及单元之间的墙	不燃烧体，2.00	不燃烧体，2.00
	非承重墙、疏散走道两侧的隔墙	不燃烧体，1.00	不燃烧体，1.00
	房间的隔墙	不燃烧体，0.75	不燃烧体，0.50
柱	自楼顶算起（不包括楼顶的塔形小屋）15m 高度范围内的柱	不燃烧体，2.00	不燃烧体，2.00
	自楼顶以下 15m 算起至楼顶以下 55m 高度范围内的柱	不燃烧体，2.50	不燃烧体，2.00
	自楼顶以下 55mm 算起在其以下高度范围内的柱	不燃烧体，3.00	不燃烧体，2.50
其他	梁	不燃烧体，2.00	不燃烧体，1.50
	楼板、疏散楼梯及吊顶承重构件	不燃烧体，1.50	不燃烧体，1.00
	抗剪支撑，钢板剪力墙	不燃烧体，2.00	不燃烧体，1.50
	吊顶（包括吊顶格栅）	不燃烧体，0.25	难燃烧体，0.25

注：1　设在钢梁上的防火墙，不应低于一级耐火等级钢梁的耐火极限。

2　中庭桁架的耐火极限可适当降低，但不应低于 0.5h。

3　楼梯间平台上部设有自动灭火设备时，其楼梯的耐火极限可不限制。

11.1.2　钢结构耐火性能差。

1　结构用钢当温度低于 200℃时，强度基本不变；温度在 250℃左右产生蓝脆现象；当温度超过 300℃时，强度下降而塑性增加，同时屈服平台消失；在 550℃时，强度降低幅度增加更为明显。超过 550℃时，承载力过低，一般将 T_s 等于 550℃作为钢结构在火灾有效荷载作用下达到承载力极限状态时的温度，即临界温度。建筑物的火灾温度可达900～1000℃。

2　与混凝土结构相比，钢结构壁薄，在单位长度内的受火面积 F 与其体积之比，表示构件的吸热能力，截面系数 F/V 越大，构件越不耐火。

3　钢材的导热系数 λ 约为58W/(m·℃)，是混凝土的40倍，热量会很快传到构件内部，并认为构件内部的温度均匀分布。

因此，钢结构的耐火性能差，在火灾和高温的作用下将很快失效倒塌。裸露的钢结构，耐火极限仅0.25小时，远远满足不了建筑构件耐火极限要求，因此，对建筑物内的钢构件，需进行防火保护。

11.2　防火保护材料

11.2.1　防火保护材料应选用绝热性能好，或热容量大；具有一定的抗冲击能力，能牢固地附着在构件上，在火灾升温过程中，不开裂、不脱落；应不含石棉、不用苯类溶剂，不腐蚀钢材，在施工实干后无刺激性异味；耐久性好，在预定使用期间内须保持其性能；且属于经国家检测机构检测合格的钢结构防火涂料或防火板材。

11.2.2　钢结构防火涂料分为薄涂型和厚涂型两类：

1　薄涂型防火涂料又称膨胀型防火涂料，涂层厚度2～7mm，当加热至150～350℃时，所含的树脂和防火剂发生物理化学变化，自身发泡膨胀形成比涂层厚度大十几倍至几十倍的多孔碳质层，可以阻挡外部热源对基材的传热，如同绝热屏障，但耐火极限不超过1.5小时。

2　厚涂型防火涂料为非膨胀型防火涂料，以水泥、水玻璃、石膏为粘结料，掺入膨胀蛭石、膨胀珍珠岩、空心微珠等颗粒为骨料的厚质隔热涂料。其防火机理是利用涂层固有的良好绝热性，从而阻止热源传播；另一方面涂层在火焰和高温的作用下，能分解出水蒸气和其他不燃气体，降低火焰温度和燃烧速度，抑制燃烧的产生。涂层厚度为8～50mm，通过改变厚度，可以满足不同耐火极限的要求。

我国《钢结构防火涂料应用技术规程》CECS24：90，规定的钢结构防火涂料耐火极限如表11-2所示。

表11-2　钢结构防火涂料耐火极限

耐火性能	防火涂料类别							
	有机薄涂型			无机厚涂型				
涂层厚度（mm）	3	5.5	7	15	20	30	40	50
耐火极限（h）	0.5	1.0	1.5	1.0	1.5	2.0	2.5	3.0

11.2.3　多高层钢结构的防火涂料，当耐火极限要求在1.5h以上时，应选用厚涂型防火涂料，涂料中的无机绝热材料，如膨胀蛭石、珍珠岩等，其材料不存在老化问题，涂料的使用寿命长，耐火性能稳定，并且无异味。

薄涂型涂料中的有机树脂，在高温下会产生浓烟和有毒气体，另外涂层易老化，吸湿受潮后会失去膨胀性，在多高层钢结构中应慎用。

11.2.4　钢结构防火板材有石膏板、水泥蛭石板、岩棉板、硅酸钙板、膨胀珍珠岩板等硬质防火板材。当采用硅酸铝棉毡、岩棉毡、玻璃棉毡等软质防火板材包覆时，应采用薄金属板或其他不燃性板材封闭保护。

11.2.5 防火保护层厚度的确定。

防火保护材料选定之后，防火保护层厚度的确定十分重要。对钢结构防火涂料的涂层厚度，可根据建筑构件耐火极限要求，按表 11－2 选用。当选用其他防火板材保护时，可直接采用实际构件的耐火试验数据，或按《高层民用建筑钢结构技术规程》JGJ 99—2015 附录七的计算公式进行验算。

11.3 防火保护层构造

11.3.1 钢结构防火保护层施工前，应完成除锈和防腐蚀处理，钢材表面除锈和防锈底漆涂装应符合设计要求和《钢结构工程施工质量验收规范》GB 50205—2001 的规定。

11.3.2 钢结构防火保护材料应有消防部门认可的、国家技术监督检测机构耐火极限和理化性能检测报告，必须有消防监督部门核发的生产许可证和生产厂方的产品合格证。

11.3.3 防火涂料中的底层和面层涂料应相互配套，底层涂料不得腐蚀钢材。

11.3.4 柱的防火保护措施。

1 采用防火涂料保护，钢柱应采用厚涂型钢结构防火涂料，涂层厚度应满足构件耐火极限要求。当采用粘结强度小于 0.05MPa 的钢结构防火涂料时，涂层内应设置钢丝网与钢构件相连。喷涂施工时，节点部位宜加厚处理。喷涂遍数、质量控制与验收等，均应符合《钢结构防火涂料应用技术规程》CECS24：90 的规定。

2 硬质防火板材保护，当采用石膏板、水泥蛭石板、硅酸钙板和岩棉板保护时，板材用粘结剂或紧固铁件与钢柱固定，粘结剂应在预计的耐火时间内受热而不失去粘结作用。若柱为开口截面（如工字形截面），则在板的接缝部位，在两翼缘间嵌入一块厚板作为横膈板（图 11－1）。当包覆层数等于或大于两层时，各层板应分别固定，板缝宜相互错开，接缝的错开距离不宜小于 400mm。

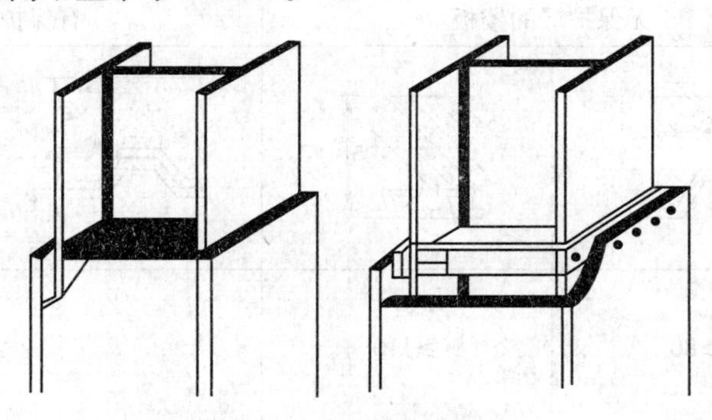

图 11－1 钢柱用板材防护

3 钢柱包覆密度较小的软质防火材料，如硅酸铝棉毡、岩棉毡、玻璃棉毡等，采用钢丝网将棉毡固定于钢柱上，并用金属板或其他装饰性板材包裹起来（图 11－2）。

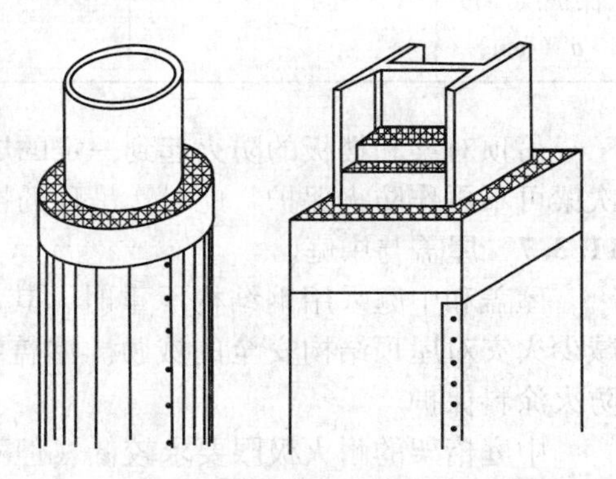

图 11－2 钢柱用矿棉毡等包覆

11.3.5 梁的防火保护措施。

1 采用防火涂料保护，当采用喷涂防火涂料时，遇下列情况应在涂层内设置与钢梁相连的钢丝网：

（1）受冲击振动荷载的梁；

（2）涂层厚度等于或大于 40mm 的梁；

（3）腹板高度超过 1.5m 的梁；

（4）粘结强度小于 0.05N/mm^2 的钢结构防火涂料。

设置钢丝网时，钢丝网的固定间距以 400mm 为宜，可固定于焊在梁上的抓钉上，钢丝网的接口至少有 400mm 宽的重叠部分，且重叠不得超过三层，并保持钢丝网与构件表面的净距离在 6mm 以上。

2　用硬质防火板材包覆梁，在固定前，先用防火厚板作成龙骨，将其卡在梁翼缘之间，并用耐高温的粘结剂固定，然后将防火板材用钉子固定其上（图 11－3）。

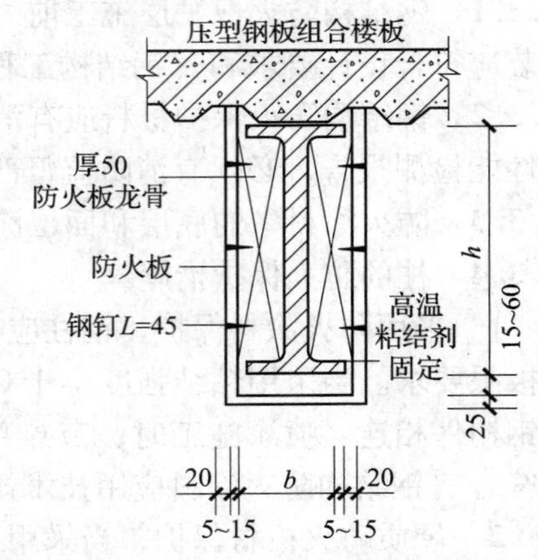

图 11－3　钢梁用板材防护

11.3.6　楼板。

当采用压型钢板与混凝土组合楼板时，应视上部混凝土厚度确定是否需要进行防火保护。当混凝土厚度 $h_1 \geqslant 80$mm、$h \geqslant 110$mm 时（表 11－3），由于混凝土楼板体积比较大，整体升温比较缓慢，钢板的温度基本上等同于混凝土板的温度，压型钢板下表面可以不加防护。当上部混凝土厚度仅≥50mm 时，下部应采用厚度≥12mm 防火板材或防火涂料防护。若压型钢板仅作为模板使用，下部可不作防火保护。表 11－3 为组合楼板厚度和防火保护层厚度的要求。

表 11－3　耐火极限为 1.5h 时压型钢板组合楼板厚度和保护层厚度

类别	无保护层的楼板		有保护层的楼板	
图例				
楼板厚度 h_1 或 h（mm）	≥80	≥110	≥50	
保护层厚度 a（mm）	—	—	≥15	

吊顶对梁和楼板的防火起到一定的屏蔽作用，当楼板下的空间用不燃烧板材封闭时，次梁可不再作防火保护。此时，吊顶的接缝应严密，孔洞处应封闭，防止窜火。

11.3.7　屋盖与中庭。

屋盖和中庭采用钢结构承重时，其吊顶、望板、保温材料均应采用不燃烧材料，以减少火灾对屋顶结构安全的威胁。屋盖结构和其他楼盖结构一样，宜采用厚涂型钢结构防火涂料保护。

中庭桁架的耐火极限要求较低（但不应低于 0.5h），宜采用薄涂型钢结构防火涂料或设置喷水灭火系统保护。

11.3.8 耐火钢的应用。

提高钢材本身的耐火性能是减少防火保护，增强钢结构抗火灾破坏的最有效措施。钢的耐火性能是指钢结构遭遇火灾时，钢材本身短时间内抵抗高温软化的能力。目前我国宝钢、武钢等大型钢铁企业已分别开发出耐火耐候钢，不仅耐候性为普通钢的2~8倍，其耐火性可使钢材在600℃高温条件下，屈服强度保持在室温强度的2/3以上。在常温下，耐火耐候钢与普通钢一样，具有良好的焊接性能和加工性能。

耐火耐候钢的应用，可以减少防火涂层1/3以上，在某些场合下甚至可以取消防火保护，同时节约防锈维修费，具有显著的经济效益和社会效益。

12 节点和工程设计实例

12.1 节点设计

【例题 12-1】次梁与主梁的简支连接节点（一）——次梁腹板与主梁加劲肋相连

1 设计资料：次梁（H300×150×4.5×8）简支在主梁（HN596×199×10×15）上，梁端剪力设计值 $V=100$kN，钢材为 Q345，采用 8.8 级摩擦型高强度螺栓连接，表面处理方法为喷砂，设计此连接。

2 设计假定：次梁支点在主梁腹板的中心线上，连接螺栓和连接板除承受次梁的剪力外，尚应考虑由于连接偏心所产生的附加弯矩 $M=Ve$ 的作用。

3 设计计算：该连接为抗剪型连接，试选 M20，采用标准孔，孔径 $d_0=22$mm，预拉力设计值 $P=125$kN，抗滑移系数 $\mu_f=0.40$。

（1）单栓抗剪承载力设计值：

$$N_V^b=0.9kn_f\mu_f P=0.9\times1.0\times0.40\times125=45\text{kN}$$

（2）所需螺栓数目：$n=\dfrac{V}{N_V^b}=\dfrac{100}{45}=2.22$，考虑附加弯矩的作用，取 $n=3$，按构造布置如图 12-1 所示。

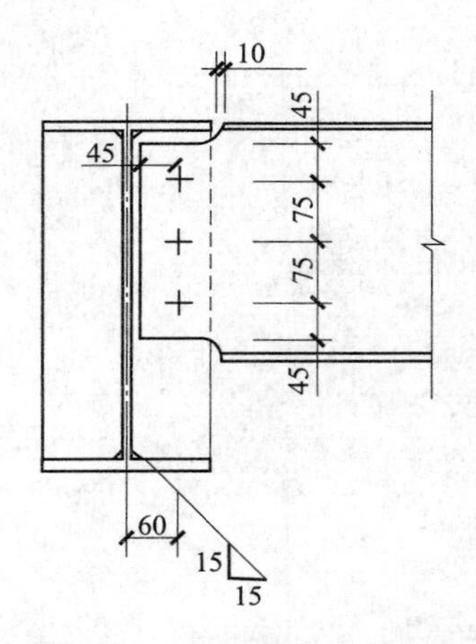

图 12-1 主次梁连接示意图

（3）栓群受剪力 $V=100$kN，附加弯矩 $M=Ve=100\times0.06=6\text{kN}\cdot\text{m}$

最外侧螺栓最不利，受力为：$N_y^V=\dfrac{V}{n}=\dfrac{100}{3}=33.3$kN

$$N_x^M=\frac{My_1}{\sum y_i^2}=\frac{6\times0.075}{2\times0.075^2}=40\text{kN}$$

则螺栓所受合力为：

$$\begin{aligned}N_1&=\sqrt{(N_x^M)^2+(N_y^V)^2}\\&=\sqrt{40^2+33.3^2}\\&=52\text{kN}>N_V^b\\&=45\text{kN}\end{aligned}$$

宜用 M22，$d_0=24$mm，$P=150$kN，$N_V^b=0.9kn_f\mu_f P=0.9\times1.0\times0.40\times150=54\text{kN}>N_V^b=45$kN，满足要求。

（4）确定支承板的厚度。

1）根据螺栓群可承受的最大剪力设计值求板厚 t_s^V：

$$\frac{V}{\sum(\eta_i A_i)}\leqslant f，\text{式中 } A_1=\left(45-\frac{24}{2}\right)\times t_s^V=33t_s^V$$

$$A_2=(150+2\times45-3\times24)\ t_s^V=168t_s^V$$

$$\eta_1=\frac{1}{\sqrt{1+2\cos^2\alpha_1}}=\frac{1}{\sqrt{1+2\cos^2 90^\circ}}=1$$

$$\eta_2=\frac{1}{\sqrt{1+2\cos^2\alpha_2}}=\frac{1}{\sqrt{1+2\cos^2 0^\circ}}=\frac{1}{\sqrt{3}},$$

所以，$\dfrac{100\times10^3}{1\times33t_s^V+\dfrac{1}{\sqrt{3}}\times168t_s^V}\leqslant f=300$

$t_s^V\geqslant2.56$mm

2）根据螺栓群所受的偏心弯矩 $M=Ve$，求 t_s^M：

$\dfrac{M}{W_n}\leqslant f$，式中 $W_n=\left[\dfrac{1}{12}t_s^M\times(150+2\times45)^3-2t_s^M\times24\times75^2\right]\Big/\dfrac{(150+2\times45)}{2}$

$=7366.7t_s^M$

所以，$\dfrac{6\times10^6}{7366.7t_s^M}\leqslant f=300$

$t_s^M\geqslant2.71$mm

3）根据构造要求确定支承板厚度 t_s^s：

$$t_s^s\geqslant\frac{s}{12}=\frac{75}{12}=6.25\text{mm}$$

4）根据支承板的宽度 b_s，求板厚 $t_s^{b_s}$：

$$t_s^{b_s}\geqslant\frac{b_s}{15}=\frac{100}{15}=6.67\text{mm}$$

综合以上四个数值，取支承板的厚度为8mm。

（5）确定焊在主梁上的加劲肋的焊脚尺寸：

1）按构造求 h_f：$h_{fmin}=5.0$mm

$$h_{fmax}=1.2t_{min}=1.2\times8=9.6\text{mm}$$

取 $h_f=6$mm

2）根据受力验算 h_f，采用双面角焊缝，且只计板与主梁腹板的连接焊缝。则：

$$\sigma_f^M=\frac{6M}{2\times0.7h_fl_w^2}=\frac{6\times100\times10^3\times(60-5)}{2\times0.7\times6\times(566-2\times15-2\times6)^2}=14.3\text{N/mm}^2$$

（考虑切角 15 × 15）

$$\tau_f^V=\frac{V}{2\times0.7h_fl_w}=\frac{100\times10^3}{2\times0.7\times6\times(566-2\times15-2\times6)}=22.7\text{N/mm}^2$$

$$\sqrt{\left(\frac{\sigma_f^M}{\beta_f}\right)^2+(\tau_f^V)^2}=\sqrt{\left(\frac{14.3}{1.22}\right)^2+22.7^2}=25.5\text{N/mm}^2$$

$$<f_f^W=200\text{N/mm}^2$$

满足要求。

【例题 12-2】 次梁与主梁的简支连接节点（二）——用连接板与主梁加劲肋双面相连

1 设计资料：次梁与主梁采用双盖板连接，次梁 H500×250×8×16，主梁 H596×199×10×15 上，梁端剪力设计值 $V=160$kN，钢材为 Q235，采用 8.8 级承压型高强度螺栓连接，试设计此连接。

2 设计假定：次梁支点在主梁腹板的中心线上，连接螺栓和连接板除承受次梁的剪力外，尚应考虑由于连接偏心所产生的附加弯矩 $M=Ve$ 的作用。

3 设计计算：该连接为抗剪型连接，剪力 $V=160$kN，附加弯矩 $M=Ve=160\times0.16=25.6$kN·m，初选螺栓 M20，孔径 $d_0=22$mm。

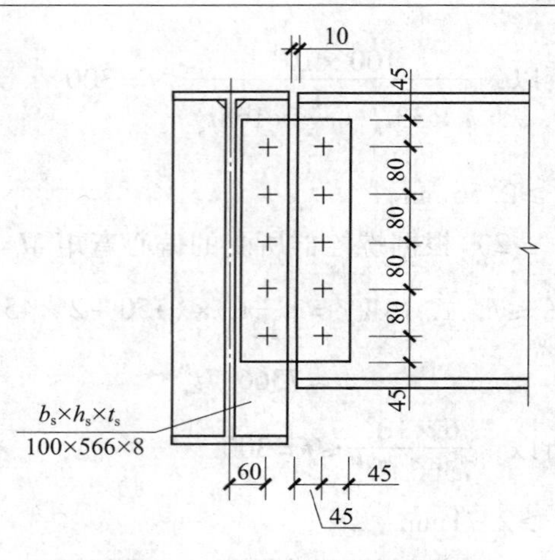

图 12－2　主次梁连接示意图

（1）单栓抗剪承载力：$N_V^b = n_V \frac{\pi d_e^2}{4} f_V^b = 2 \times \frac{\pi \times 17.65^2}{4} \times 250 = 122\text{kN}$

（设剪切面在螺纹处）

单栓承压承载力：$N_c^b = d \sum t f_c^b = 20 \times 8 \times 470 = 75.2\text{kN}$

单栓承载力设计值：$N_{min}^b = \min\ (N_V^b,\ N_c^b) = 75.2\text{kN}$

（2）所需螺栓数目：$n = \frac{V}{N_{min}^b} = \frac{160}{75.2} = 2.13$，考虑附加弯矩的作用，取 $n = 5$，按构造布置如图。

（3）最外侧螺栓最不利，受力为 $N_1^V = \frac{V}{n} = \frac{160}{5} = 32\text{kN}$

$$N_1^M = \frac{My_1}{\sum y_i^2} = \frac{25.6 \times 0.16}{2 \times (0.08^2 + 0.16^2)} = 64\text{kN}$$

则螺栓所受合力为：

$$N_1 = \sqrt{(N_1^M)^2 + (N_1^V)^2} = \sqrt{64^2 + 32^2} = 71.5\text{kN} < N_{min}^b = 75.2\text{kN}$$

（4）确定支承板的厚度。

1）根据螺栓群可承受的最大剪力设计值验算板厚 t_s^V：

$\frac{V}{\sum(\eta_i A_i)} \leqslant f$，式中 $A_1 = \left(45 - \frac{21.5}{2}\right) \times t_s^V = 34.2 t_s^V$

$$A_2 = (80 \times 4 + 45 + 2 \times 45 - 5 \times 21.5) t_s^V = 347.5 t_s^V$$

$$\eta_1 = \frac{1}{\sqrt{1 + 2\cos^2\alpha_1}} = \frac{1}{\sqrt{1 + 2\cos^2 90°}} = 1$$

$$\eta_2 = \frac{1}{\sqrt{1 + 2\cos^2\alpha_2}} = \frac{1}{\sqrt{1 + 2\cos^2 0°}} = \frac{1}{\sqrt{3}}$$

所以

$$\frac{160 \times 10^3}{1 \times 34.2 t_s^V + \frac{1}{\sqrt{3}} \times 347.5 t_s^V} \leqslant f = 215$$

$$t_s = 8\text{mm} > t_s^V = 3.16\text{mm}$$

2）根据螺栓群所受的偏心弯矩 $M = Ve$，验算板厚 t_s^M：

$\frac{M}{W_n} \leqslant f$，式中 $W_n = \frac{I_n}{250}$

$I_n = \frac{250 \times 500^3}{12} - \frac{242 \times 468^3}{12} - 22 \times 8 \times (80^2 + 160^2) \times 2 = 5.26 \times 10^8 \text{mm}^4$ 则：

$$\frac{25.6 \times 10^6}{5.26 \times 10^8 / 250} = 12\text{N/mm}^2 < f = 215\text{N/mm}^2$$

3）根据构造要求验算支承板厚度 t_s^s：

$$t_s = 8\text{mm} > t_s^s = \frac{s}{12} = \frac{80}{12} = 6.7\text{mm}$$

4）根据支承板的宽度 b_s，验算板厚 $t_s^{b_s}$：

$$t_s = 8\text{mm} > t_s^{b_s} = \frac{bs}{15} = \frac{100}{15} = 6.7\text{mm}$$

均满足要求。

5）确定焊在主梁上的加劲肋的焊脚尺寸：

①按构造求 h_f：$h_{f\min} \geqslant t_{\max} = 5\text{mm}$

$$h_{f\max} = 1.2t_{\min} = 1.2 \times 8 = 9.6\text{mm}$$

取 $h_f = 5\text{mm}$

②根据受力验算 h_f，采用双面角焊缝，且只计板与主梁腹板的连接焊缝。则：

$$\sigma_f^M = \frac{6M}{2 \times 0.7h_f l_w^2} = \frac{6 \times 25.6 \times 10^6}{2 \times 0.7 \times 5 \times (596 - 2 \times 15 - 2 \times 15 - 2 \times 5)^2} = 79.9\text{N/mm}^2$$

（考虑切角 15 × 15）

$$\tau_f^V = \frac{V}{2 \times 0.7h_f l_w} = \frac{160 \times 10^3}{2 \times 0.7 \times 5 \times (596 - 2 \times 15 - 2 \times 15 - 2 \times 5)} = 43.6\text{N/mm}^2$$

$$\sqrt{\left(\frac{\sigma_f^M}{\beta_f}\right)^2 + (\tau_f^V)^2} = \sqrt{\left(\frac{79.9}{1.22}\right)^2 + 43.6^2} = 78.6\text{N/mm}^2 < f_f^W = 160\text{N/mm}^2$$

满足要求。

6）确定盖板尺寸：按螺栓排列的构造要求，如图所示。

板宽 $b = 190\text{mm}$，高 $h = 5 \times 80 + 2 \times 45 = 490\text{mm}$，按等强设计：$2 \times 490 \times t = 500 \times 8$，$t = 4.1\text{mm}$ 取 $t = 6\text{mm}$。

【例题 12－3】 梁的拼接节点（一）——栓焊拼接

1 设计资料：钢材为 Q235，钢梁为 H250 × 150 × 4.5 × 6，栓焊拼接，采用 10.9 级摩擦型高强度螺栓进行腹板拼接，翼缘采用全熔透剖口对焊，拼接处剪力设计值 $V = 100\text{kN}$，弯矩设计值 $M = 50\text{kN} \cdot \text{m}$，抗滑移系数 $\mu = 0.45$，试设计此连接。

2 设计计算：假定初选螺栓 M16，采用标准孔，预拉力设计值 $P = 100\text{kN}$。

（1）单栓承载力计算：由于施工时先栓后焊，考虑焊接时对螺栓引起的预应力损失，乘以折减系数 0.9，得：

$$\begin{aligned} N_V^b &= 0.9kn_f\mu(0.9P) \\ &= 0.9 \times 1.0 \times 2 \times 0.45 \times 0.9 \times 100 \\ &= 72.9\text{kN} \end{aligned}$$

每侧选 4 个螺栓，按构造要求排列如图 12－3 所示。

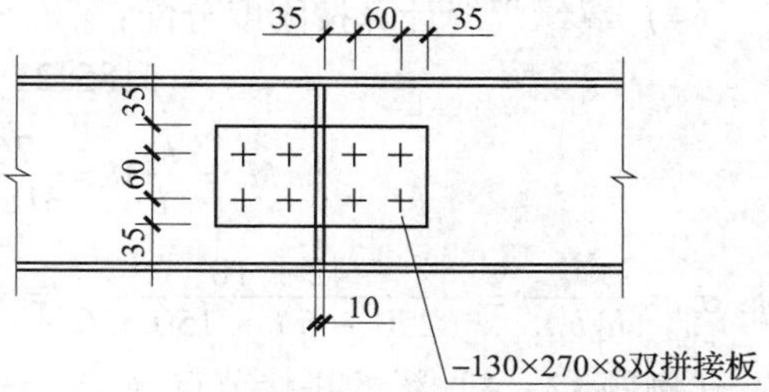

图 12－3 梁栓焊拼接图

（2）螺栓群计算：右侧螺栓群形心截面受力 $V = 100\text{kN}$，$M = 50 + 100 \times 0.07 = 57\text{kN} \cdot \text{m}$，假定剪力全部由螺栓承受，弯矩则按刚度分配。

腹板惯性矩 $I_w = 505.5\text{cm}^4$，全截面惯性矩 $I = 3185.21\text{cm}^4$

则角点螺栓受力：

$$N_y^V = \frac{V}{n} = \frac{100}{4} = 25\text{kN}$$

$$N_y^M = \frac{M\left(\frac{I_w}{I}\right)x_1}{\Sigma\ (x_i^2 + y_i^2)} = \frac{57 \times 10^6 \times \frac{505.6}{3185.21} \times 30}{4 \times (30^2 + 30^2)} = 37.7\text{kN}$$

$$N_x^M = N_y^M = 37.7\text{kN}$$

则螺栓所受合力为：

$$N = \sqrt{(N_y^M + N_y^V)^2 + (N_x^M)^2} = \sqrt{(25 + 37.7)^2 + 37.7^2} = 73.2\text{kN}$$
$$< N_v^b = 72.9\text{kN}$$

（3）确定腹板拼接板的厚度。

1）根据螺栓群所受的弯矩 M，求板厚 t_s^M：

$\dfrac{M}{W_n} \leqslant f$，式中 $W_n = \dfrac{I_n}{250}$

$$I_n = \left(\frac{1}{12}t_s^M h^3 - I_0\right) \times 2 = \left(\frac{1}{12}t_s^M \times 130^3 - 17.5 \times t_s^M \times 30^2 \times 2\right) \times 2$$
$$= 3.03 \times 10^5 t_s^M$$

所以 $$\sigma = \frac{M}{I_n \Big/ \dfrac{b}{2}} = \frac{(50 + 100 \times 0.07) \times \dfrac{505.5}{3185.21} \times 10^6 \times 130}{3.03 \times 10^5 t_s^M \times 2} \leqslant f = 215\text{N/mm}^2$$

$$t_s^M \geqslant 9.03\text{mm}$$

2）根据螺栓群可承受的最大剪力设计值求板厚 t_s^V：

$$\tau = \frac{V}{A_n} = \frac{100 \times 10^3}{(130 - 17.5 \times 2)t_s^V \times 2} \leqslant f_v^b = 125\text{N/mm}^2$$
$$t_s^V \geqslant 4.21\text{mm}$$

3）根据螺栓距 s 确定拼接板厚度 t_s^s：

$$t_s^s \geqslant \frac{s}{12} = \frac{60}{12} = 5\text{mm}$$

4）按拼接板与腹板等强求板厚，即净截面相等：

$$(130 - 2 \times 17.5) \times 2t = [(250 - 2 \times 6) - 2 \times 17.5] \times 4.5$$
$$t = 4.8\text{mm}$$

综合以上四项，取支承板的厚度为 $t = 10\text{mm}$。

（4）翼缘焊缝计算按刚度分配：

$$I_f = 3185.21 - 505.5 = 2680\text{cm}^4$$

$$M_x = \frac{I_f}{I}M = \frac{2680}{3185.21} \times 50 = 42\text{kN} \cdot \text{m}$$

则：$\sigma = \dfrac{M_x}{h_b b_f t_f} = \dfrac{42 \times 10^6}{(250 - 6) \times 150 \times 6} = 191\text{N/mm}^2 < f_t^w = 215\text{N/mm}^2$

【例题 12-4】 梁的拼接节点（二）——全螺栓拼接

1　设计资料：钢材为 Q235，钢梁为 H250×150×4.5×6，全螺栓拼接，采用 10.9 级摩擦型高强度螺栓进行拼接。拼接处剪力设计值 $V = 80\text{kN}$，弯矩设计值 $M = 35\text{kN} \cdot \text{m}$，抗滑移系数 $\mu = 0.45$，试设计此连接。

2　设计计算：

初选高强度螺栓 M16，预拉力设计值 $P = 100\text{kN}$。

（1）腹板区拼接。

1）单栓承载力计算：螺栓孔采用标准孔，得：

$$N_{V}^{b} = 0.9kn_{f}\mu P = 0.9 \times 1.0 \times 2 \times 0.45 \times 100 = 81\text{kN}$$

每侧选4个螺栓，按构造要求排列如图12-4所示。

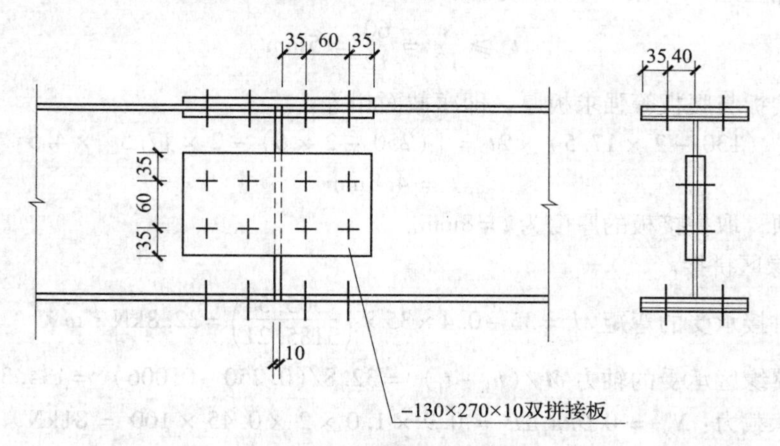

图12-4 梁全螺栓拼接图

2）螺栓群计算：右侧栓群形心截面受力 $V=80\text{kN}$，假定剪力全部由螺栓承受，弯矩则按刚度分配，腹板的传递效率系数取 $\psi=0.4$，腹板惯性矩 $I_w=505.5\text{cm}^4$，全截面惯性矩 $I=3185.21\text{cm}^4$，则腹板分担的弯矩 $M_w=0.4\times35\times\left(\dfrac{505.5}{3185.21}\right)+80\times0.07=7.42\text{kN}\cdot\text{m}$

角点螺栓受力：
$$N_{y}^{V}=\frac{V}{n}=\frac{80}{4}=20\text{kN}$$

$$N_{y}^{M}=\frac{M_{w}x_{1}}{\sum(x_{i}^{2}+y_{i}^{2})}=\frac{7.42\times1000\times30}{4\times(30^{2}+30^{2})}=30.9\text{kN}$$

$$N_{x}^{M}=N_{y}^{M}=30.9\text{kN}$$

则螺栓所受合力为：

$$N=\sqrt{(N_{y}^{M}+N_{y}^{V})^{2}+(N_{x}^{M})^{2}}=\sqrt{(20+30.9)^{2}+30.9^{2}}$$
$$=59.5\text{kN}<N_{v}^{b}=72.9\text{kN}$$

3）确定拼接板的厚度。

①根据螺栓群所受的弯矩 M，求板厚 t_{s}^{M}：

$\dfrac{M}{W_{n}}\leqslant f$，式中 $W_{n}=\dfrac{I_{n}}{250}$

$$I_{n}=\left(\frac{1}{12}t_{s}^{M}h^{3}-I_{0}\right)\times2=\left(\frac{1}{12}t_{s}^{M}\times130^{3}-17.5\times t_{s}^{M}\times30^{2}\times2\right)\times2$$
$$=3.03\times10^{5}t_{s}^{M}$$

所以 $$\sigma=\frac{M}{I_{n}/\dfrac{b}{2}}=\frac{\left(0.4\times35\times\dfrac{505.5}{3185.21}+80\times0.07\right)\times10^{6}\times130}{3.03\times10^{5}t_{s}^{M}\times2}\leqslant f=215\text{N/mm}^{2}$$

$$\Rightarrow t_{s}^{M}\geqslant7.8\text{mm}$$

②根据螺栓群可承受的最大剪力设计值求板厚 t_{s}^{V}：

$$\tau=\frac{V}{A_{n}}=\frac{80\times10^{3}}{(130-17.5\times2)t_{s}^{V}\times2}\leqslant f_{v}^{b}=125\text{N/mm}^{2}$$

$$t_s^V \geqslant 3.37\text{mm}$$

③根据螺栓距 s 确定拼接板厚度 t_s^s：

$$t_s^s \geqslant \frac{s}{12} = \frac{60}{12} = 5\text{mm}$$

④按拼接板与腹板等强求板厚，即净截面相等：

$$(130 - 2 \times 17.5) \times 2t = [(250 - 2 \times 6) - 2 \times 17.5] \times 4.5$$

$$t = 4.8\text{mm}$$

综合以上四项，取拼接板的厚度为 $t = 8\text{mm}$。

（2）翼缘区拼接。

翼缘区拼接承受的弯矩 $M_f = 35 - 0.4 \times 35 \times \left(\frac{505.5}{3185.21}\right) = 32.8\text{kN} \cdot \text{m}$

转换成翼缘区承受的轴力 $M_f/(h_b - t_f) = 32.8/(0.250 - 0.006) = 134.3\text{kN}$

单螺栓承载力：$N_V^b = 0.9kn_f\mu P = 0.9 \times 1.0 \times 2 \times 0.45 \times 100 = 81\text{kN}$

则每侧需螺栓数目为：

$$n = \frac{134.3}{81} = 1.7$$

取4个，两排两列，如图12-4排列。

翼缘净截面承载力：

$$N_j = A_{nf}f + \frac{1}{4}n_1 \times 0.5N_v^b = [(150 - 2 \times 17.5) \times 6 \times 215]/1000 + \frac{1}{4} \times 2 \times 0.5 \times 81$$

$$= 168.60\text{kN} > 134.3\text{kN}$$

毛截面承载力：　$N_m = A_f f = 150 \times 6 \times 215 = 193.5\text{kN} > 134.3\text{kN}$

1）翼缘拼接板厚度取值：

外侧拼接板 $t_1 = \frac{A_f}{2} = \frac{6}{2} = 3\text{mm}$，取4.5mm。

内侧拼接板面积按与外侧相等计算：$\frac{4.5 \times 150}{(150 - 4.5 - 20)} = 5.37\text{mm}$，取6mm。

则外侧尺寸为 150×4.5，内侧为 60×6。

2）净截面验算：按等强条件计算，即翼缘拼接板的净截面面积不小于梁翼缘的净截面面积。

梁翼缘 $A_n = 150 \times 6 - 2 \times 17.5 \times 6 = 690\text{mm}^2$

拼接板 $A_{n1} = 150 \times 4.5 - 2 \times 17.5 \times 4.5 + 2 \times 60 \times 6 - 2 \times 17.5 \times 6 = 1027.5\text{mm}^2 > A_n$

满足。

【例题12-5】 梁柱连接节点（一）——简支连接

1　设计资料：梁（H300×150×4.5×8）简支在柱（H596×199×10×15）上，钢材Q345，采用8.8级摩擦型高强度螺栓M20连接，孔径 $d_0 = 21.5\text{mm}$，预拉力设计值 $P = 125\text{kN}$，表面处理方法为喷砂，抗滑移系数 $\mu_f = 0.45$，梁端剪力设计值 $V = 100\text{kN}$，设计此连接。

2　设计计算：

按螺栓布置要求，设螺栓至梁端部为45mm，剪力 V 至柱边缘距离 $e = 45 + 10 = 55\text{mm}$，计算连接板与柱的焊缝时，尚应考虑由于剪力偏心所产生的附加弯矩 $M = Ve = 100 \times$

0.055 = 5.5kN · m 的作用。螺栓孔采用标准孔。

（1）单螺栓抗剪承载力设计值：

$$N_V^b = 0.9kn_f\mu_f P = 0.9 \times 1.0 \times 0.45 \times 125 = 50.6\text{kN}$$

（2）所需螺栓数目：$n = \dfrac{V}{N_V^b} = \dfrac{100}{50.6} = 1.97$，考虑附加弯矩的作用，取 $n = 3$，按构造布置如图 12－5 所示。

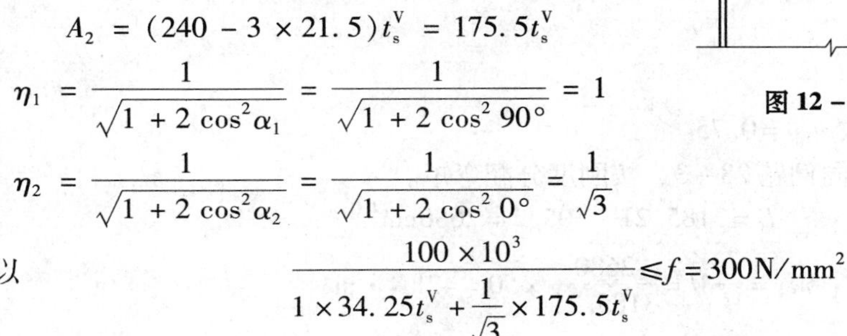

图 12－5　梁柱简支连接图

（3）确定支承连接板的厚度：

1）根据螺栓群可承受的最大剪力设计值求板厚 t_s^V：

$\dfrac{V}{\sum(\eta_i A_i)} \leqslant f$，式中 $A_1 = \left(45 - \dfrac{21.5}{2}\right) \times t_s^V = 34.25t_s^V$

$$A_2 = (240 - 3 \times 21.5)t_s^V = 175.5t_s^V$$

$$\eta_1 = \frac{1}{\sqrt{1 + 2\cos^2\alpha_1}} = \frac{1}{\sqrt{1 + 2\cos^2 90°}} = 1$$

$$\eta_2 = \frac{1}{\sqrt{1 + 2\cos^2\alpha_2}} = \frac{1}{\sqrt{1 + 2\cos^2 0°}} = \frac{1}{\sqrt{3}}$$

所以
$$\frac{100 \times 10^3}{1 \times 34.25t_s^V + \dfrac{1}{\sqrt{3}} \times 175.5t_s^V} \leqslant f = 300\text{N/mm}^2$$

$t_s^V \geqslant 2.46\text{mm}$

2）根据螺栓群所受的偏心弯矩 $M = Ve$，求 t_s^M：

$$\frac{M}{W_n} \leqslant f$$

所以
$$\frac{5.5 \times 10^6}{240^2 \times t_s^M/6} \leqslant f = 300\text{N/mm}^2$$

$t_s^M \geqslant 1.90\text{mm}$

3）根据构造要求确定支承板厚度 t_s^s：

$$t_s^s \geqslant \frac{s}{12} = \frac{75}{12} = 6.25\text{mm}$$

4）根据支承板的宽度 b_s，求板厚 $t_s^{b_s}$：

$$t_s^{b_s} \geqslant \frac{b_s}{15} = \frac{55 + 45}{15} = 6.67\text{mm}$$

综合以上四个数值，取支承板的厚度为 8mm。

（4）确定连接板与柱翼缘的双面角焊缝的焊脚尺寸：

1）按构造求 h_f：$h_{f\min} = 5\text{mm}$

$$h_{f\max} = 1.2t_{\min} = 1.2 \times 8 = 9.6\text{mm}$$

取 $h_f = 8\text{mm}$

2）根据受力验算 h_f：

$$\sigma_f^M = \frac{6M}{2 \times 0.7h_f l_w^2} = \frac{6 \times 5.5 \times 10^6}{2 \times 0.7 \times 8 \times (240 - 2h_f)^2} = 58.7\text{N/mm}^2$$

$$\tau_f^V=\frac{V}{2\times0.7h_fl_w}=\frac{100\times10^3}{2\times0.7\times8\times(240-2h_f)}=39.8\text{N/mm}^2$$

$$\sqrt{\left(\frac{\sigma_f^M}{\beta_f}\right)^2+(\tau_f^V)^2}=\sqrt{\left(\frac{58.7}{1.22}\right)^2+39.8^2}=62.4\text{N/mm}^2$$

$$<f_f^W=200\text{N/mm}^2$$

满足要求。

【例题 12-6】 梁柱连接节点（二）——梁端部削弱式框架梁柱刚接连接（骨式连接）

1　设计资料：钢梁（H250×150×4.5×6）与柱（H596×199×10×15）刚性连接，钢材 Q345，翼缘与柱采用全熔透剖口对接焊连接，腹板与柱采用双连接板由 10.9 级摩擦型高强度螺栓 M16 连接，孔径 $d_0=17.5$mm，预拉力设计值 $P=100$KN，抗滑移系数 $\mu_f=0.45$，梁端剪力设计值 $V=100$kN，弯矩设计值 $M=50$kN·m，试按骨式连接进行抗震设计。

2　设计计算：

（1）弹性阶段：

承载力抗震调整系数 $\gamma_{RE}=0.75$

1）翼缘焊缝的计算同例题 28-3，按刚度分配弯矩。

$$I_f=3185.21-505.2=2680\text{cm}^4$$

$$M_x=\frac{I_f}{I}M=\frac{2680}{3185.21}\times50=42\text{kN}\cdot\text{m}$$

则：

$$\sigma=\frac{M_x}{h_bb_{fb}t_{fb}}=\frac{42\times10^6}{(250-6)\times150\times6}=190\text{N/mm}^2<f_t^w/\gamma_{RE}=305/0.75=406\text{N/mm}^2$$

2）单个螺栓抗剪承载力设计值：

$$N_V^b=0.9kn_f\mu_f(P/\gamma_{RE})=0.9\times1.0\times2\times0.45\times(100/0.75)=108.0\text{kN}$$

选 4 个螺栓，按构造排列布置如图 12-6 所示。

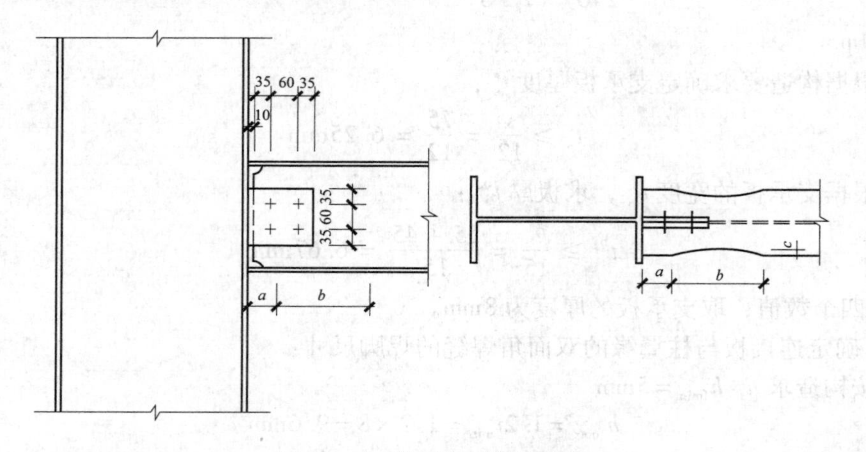

图 12-6　骨式梁柱刚性连接

3）腹板连接栓群计算：

螺栓群形心截面受力 $V=100$kN，$M=50+100\times(10+35+30)/1000=57.5$kN·m，

假定剪力全部由螺栓承受，弯矩则按刚度分配。

腹板惯性矩 $I_w = 505.5\text{cm}^4$，全截面惯性矩 $I = 3185.21\text{cm}^4$

则角点螺栓受力：

$$N_y^V = \frac{V}{n} = \frac{100}{4} = 25\text{kN}$$

$$N_y^M = \frac{M\left(\frac{I_w}{I}\right)x_1}{\sum(x_i^2 + y_i^2)} = \frac{57.5 \times 10^6 \times \frac{505.6}{3185.21} \times 30}{30^2 \times 2 \times 4} = 38\text{kN}$$

$$N_x^M = N_y^M = 38\text{kN}$$

则螺栓所受合力为：

$$N = \sqrt{(N_y^M + N_y^V)^2 + (N_x^M)^2} = \sqrt{(25 + 38)^2 + 38^2}$$

$$= 73.57\text{kN} < N_v^b = 108.0\text{kN}$$

4）连接板厚度 t 的确定。

①根据螺栓群所受的弯矩 M，求板厚 t_s^M：

$$\frac{M}{W_n} \leqslant f/\gamma_{RE}$$

$$I_n = \left(\frac{1}{12}t_s^M h^3 - I_0\right) \times 2 = \left(\frac{1}{12}t_s^M \times 130^3 - 17.5 \times t_s^M \times 30^2 \times 2\right) \times 2$$

$$= 3.03 \times 10^5 t_s^M$$

$$\sigma = \frac{M}{I_n/\frac{h}{2}} = \frac{[50 - 100 \times (0.01 + 0.035 + 0.060)] \times \frac{505.5}{3185.21} \times 10^6 \times 130}{3.03 \times 10^5 t_s^M \times 2} \leqslant f/\gamma_{RE}$$

$$= 300/0.75$$

$$t_s^M \geqslant 3.4\text{mm}$$

②根据螺栓群可承受的最大剪力设计值求板厚 t_s^V：

$$\tau = \frac{V}{A_n} = \frac{100 \times 10^3}{(130 - 17.5 \times 2)t_s^V \times 2} \leqslant f_v^b/\gamma_{RE} = 175/0.75$$

$$t_s^V \geqslant 2.3\text{mm}$$

③根据螺栓距 s 确定连接板厚度 t_s^s：

$$t_s^s \geqslant \frac{s}{12} = \frac{60}{12} = 5\text{mm}$$

④按连接板与腹板等强求板厚，即净截面相等：

$$(130 - 2 \times 17.5) \times 2t = [(250 - 2 \times 6) - 2 \times 17.5] \times 4.5$$

$$t = 4.8\text{mm}$$

综合以上四项，取连接板的厚度为 $t = 6\text{mm}$。

⑤连接板与柱的对接焊缝计算：

翼缘 $$I_f^W = 150 \times 6 \times \frac{(250 - 6)^2}{4} \times 2 = 2.679 \times 10^7\text{mm}^4$$

连接板 $$I_W = 2 \times \frac{6 \times (130 - 2 \times 6)^3}{12} = 1.643 \times 10^6\text{mm}^4$$

则合成应力为：

$$\sqrt{\left(\frac{50\times10^{6}\times\dfrac{1.643}{26.97+1.643}}{2\times\dfrac{1}{6}\times6\times(130-2\times6)^{2}}\right)^{2}+3\left(\frac{100\times10^{3}}{2\times6\times(130-2\times6)}\right)^{2}}=160.0\text{N/mm}^{2}$$

$$<1.1f_{t}^{W}/\gamma_{RE}=1.1\times305/0.75=466.6\text{N/mm}^{2}$$

满足要求。

⑥按抗震要求，一般取：$a=(0.5\sim0.75)\ b_f=(0.5\sim0.75)\times150=(75\sim112.5)$ mm

$b=(0.65\sim0.85)h_b=(0.65\sim0.85)\times250=(162.5\sim212.5)$mm

$c=(0.15\sim0.25)b_f=(22.5\sim37.5)$mm

（2）弹塑性阶段：

焊接孔大小取 $S_r=50$mm，构造如图 12－7 所示。

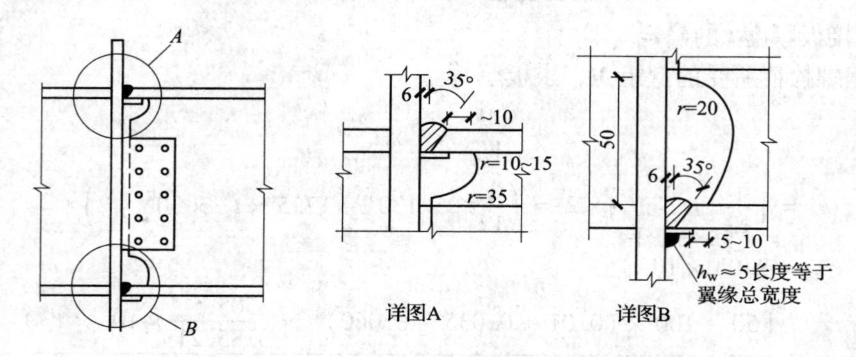

图 12－7　梁与柱连接的焊接孔构造图

梁翼缘连接的极限承载力：

$$M_{uf}^{j}=A_f(h_b-t_{fb})f_{ub}$$
$$=150\times6\times(250-6)\times470=103.2\text{kN}\cdot\text{m}$$

梁腹板连接的极限受弯承载力：

$$M_{wu}^{j}=m\cdot W_{wpe}\cdot f_{yw}$$

其中：

$$W_{wpe}=\frac{1}{4}(h_b-2t_{fb}-2S_r)^{2}t_{wb};$$

受弯承载力系数 $m=1$

则：$$M_{wu}^{j}=1\times\frac{1}{4}\times(250-2\times6-2\times50)^{2}\times4.5\times345=7.4\text{kN}\cdot\text{m}$$

则梁端连接的极限受弯承载力：

$$M_{u}^{j}=M_{uf}^{j}+M_{uw}^{j}$$
$$=103.2+7.4$$
$$=110.6\text{kN}\cdot\text{m}$$

骨形连接的最薄弱截面：250×75×4.5×6

则其全塑形受弯承载力：

$$M_p=W_p\times f_y=\left[75\times6\times(250-6)+\frac{1}{4}(250-2\times6)^{2}\times4.5\right]\times345=59.9\text{kN}\cdot\text{m}$$

构件连接系数取 $\eta_j = 1.3$

$$M_u^j = 110.6\text{kN}\cdot\text{m} \geqslant \eta_j M_p = 1.3\times 59.9 = 77.9\text{kN}\cdot\text{m}$$

$$V_u^j \geqslant 1.2(2M_p/l_n) + V_{Gb}$$

梁端连接的抗剪极限承载力计算略。

【例题 12-7】梁柱连接节点（三）——梁端部加焊楔形盖板的框架梁柱刚性连接

1 设计资料：将例题 12-6 中的骨式连接改为加焊楔形盖板的刚性连接，柱由 H 型钢改为箱形截面，壁厚 $t_c = 15\text{mm}$，试设计此连接（此连接用于 8 度抗震结构），见图 12-8。

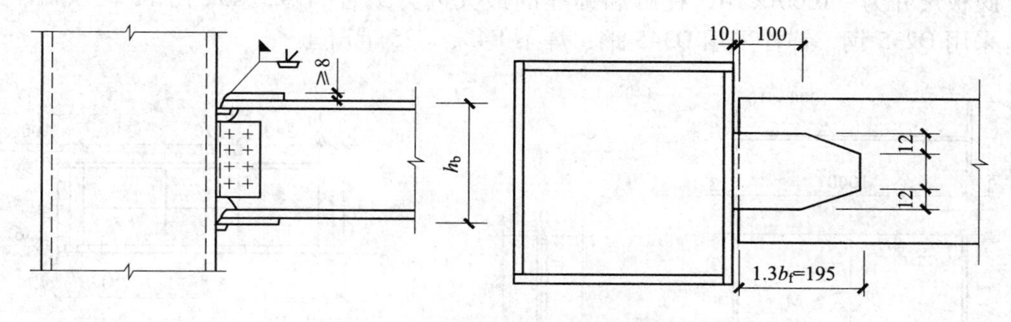

图 12-8 框架梁端部加焊楔形盖板的刚性连接图

2 设计计算：

腹板连接设计同例题 12-6。

（1）盖板部分设计。

1）楔形盖板厚度。

由于 $t_{gb} \geqslant 8\text{mm}$，取 $t_{gb} = 8\text{mm}$。

2）上翼缘盖板宽 $b = b_f - 3t_{gb} = 150 - 3\times 8 = 126\text{mm}$，

下翼缘盖板宽 $b = b_f + 3t_{gb} = 150 + 3\times 8 = 174\text{mm}$。

3）盖板长度 $l = 1.3b_f = 1.3\times 150 = 195\text{mm}$，按 1/8 坡度过渡。

4）盖板与梁翼缘连接焊缝：$h_{fmin} = 1.5\sqrt{t_{max}} = 1.5\sqrt{8} = 4.24\text{mm}$

$$h_{fmax} = 1.2t_{min} = 1.2\times 6 = 7.2\text{mm}$$

取 $h_f = 6\text{mm}$

按等强设计：
$$\frac{b\times t_{gb}\times f}{\gamma'_{RE}} \leqslant \frac{0.7h_f\sum l_w f_f^W}{\gamma'_{RE}}$$

$$\sum l_w = 2\times(100 + \sqrt{95^2 + 12^2}) + (126 - 2\times 12) - 2\times 8 = 477.5\text{mm}$$

代入上式

$$\frac{126\times 8\times 300}{0.7\times 6\times 477.5} = 151\text{N/mm}^2 < f_f^W = 200\text{N/mm}^2$$

满足要求。

（2）节点极限承载力验算。

$$\begin{aligned} M_u &= [t_f b_f(h - t_f) + bt_{gb}(h + t_{gb})]f_u \\ &= [6\times 150(250 - 6) + 126\times 8(250 + 6)]\times 470 \\ &= 224.5\text{kN}\cdot\text{m} \end{aligned}$$

$$M_p = \left[t_f b_f(h - t_f) + \frac{1}{4}t_w(h - 2t_f)^2\right] f_y$$

$$= \left[6 \times 150(250 - 6) + \frac{1}{4} \times 4.5 \times (250 - 2 \times 6)^2\right] \times 345$$

$$= 97.7\text{kN} \cdot \text{m}$$

$M_u = 224.5\text{kN} \cdot \text{m} > \eta_j M_p = 1.3 \times 97.7 = 127.0\text{kN} \cdot \text{m}$，满足。

【例题 12－8】 刚性柱脚

1　设计资料：设计一工字形截面框架柱脚，已知柱的截面中翼缘板尺寸为－340×12，腹板尺寸为－1000×10，柱脚和锚栓的最大内力组合为 $N = 60\text{kN}$，$M = 960\text{kN} \cdot \text{m}$，柱脚采用 Q235 钢，锚栓采用 Q345 钢，焊条 E43，C25 混凝土。

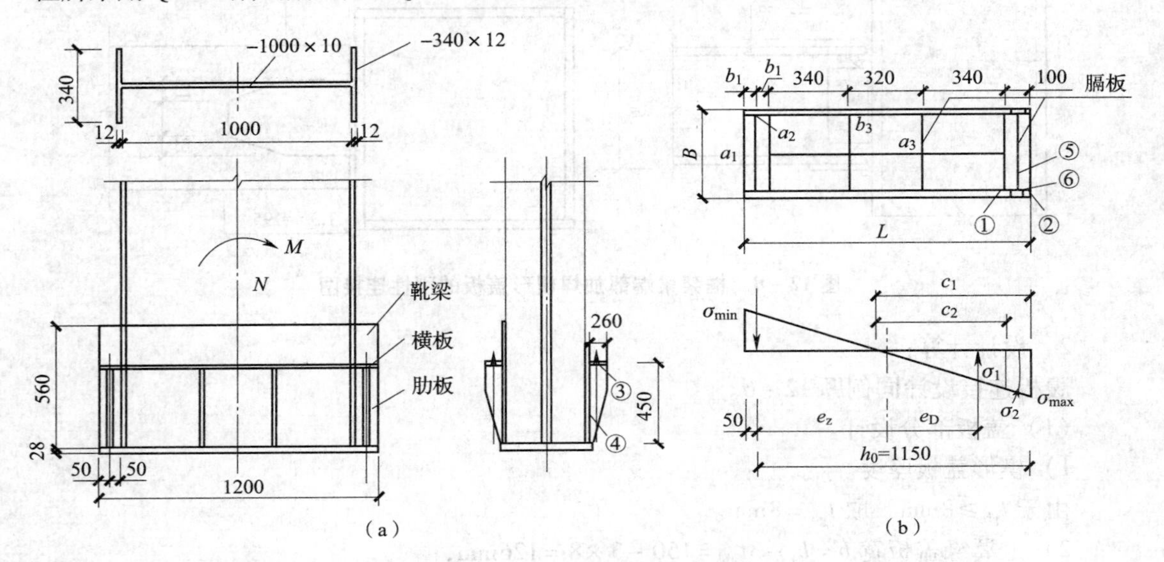

图 12－9　刚性柱脚的连接图

2　设计计算：

选用整体式刚性柱脚。

(1) 柱脚底板计算。

底板宽度：$B = a_1 + 2t + 2c = 340 + 2 \times 10 + 2 \times 20 = 400\text{mm}$

底板长度：$L = 1000 + 2 \times 2 \times b_1 = 1000 + 2 \times 2 \times 50 = 1200\text{mm}$

已知混凝土 C25 的抗压强度设计值 $f_c = 11.9\text{N/mm}^2$，则基础实际应力为：

$$\sigma_{\max} = \frac{N}{BL} + \frac{6M}{BL^2} = \frac{60000}{400 \times 1200} + \frac{6 \times 960 \times 10^6}{400 \times 1200^2}$$

$$= 0.125 + 10 = 10.125\text{N/mm}^2\text{(压应力)} < f_c = 11.9\text{N/mm}^2$$

$$\sigma_{\min} = \frac{N}{BL} - \frac{6M}{BL^2} = \frac{60000}{400 \times 1200} - \frac{6 \times 960 \times 10^6}{400 \times 1200^2}$$

$$= 0.125 - 10 = -9.875\text{N/mm}^2\text{(拉应力)}$$

$$\frac{\sigma_{\max}}{c_1} = \frac{\sigma_{\min}}{L - c_1}$$

$$\sigma_{\max} L = (\sigma_{\max} + \sigma_{\min}) c_1$$

最大应力处至中和轴距离：$c_1 = 607.5\text{mm}$

柱翼缘边处至中和轴距离：$c_2 = c_1 - 100 = 607.5 - 100 = 507.5\text{mm}$

柱翼缘处基础应力：

$$\sigma_1 = \frac{c_2}{c_1}\sigma_{\max} = \frac{507.5}{607.5} \times 10.125 = 8.458\text{N/mm}^2$$

锚栓膈板处基础应力：

$$\sigma_2 = \frac{(607.5 - 50)}{607.5} \times 10.125 = 9.292\text{N/mm}^2$$

柱中心距基础受压区合力点：

$$e_\text{D} = \frac{2}{3}c_1 - (c_1 - 600) = 397.5\text{mm}$$

最大应力处至受拉锚栓处距离：

$$h_0 = 1200 - 50 = 1150\text{mm}$$

锚栓处距基础受压区合力点：

$$(e_\text{Z} + e_\text{D}) = h_0 - \frac{c_1}{3} = 1150 - \frac{607.5}{3} = 947.5\text{mm}$$

确定底板厚度，计算底板各部分弯矩。

悬臂部分：

$$M_1 = \sigma_{\max} \times \frac{c^2}{2} = 10.125 \times \frac{20^2}{2} = 2025\text{N} \cdot \text{mm}$$

三边支撑部分：

$$b_1/a_1 = 50/340 = 0.147 < 0.2\text{，按悬臂长为 50mm 的悬臂板计算}$$

$$M_3 = \sigma_{\max} \times \frac{b_1^2}{2} = 10.125 \times \frac{50^2}{2} = 12656\text{N} \cdot \text{mm}$$

四边支撑部分：

$b_2/a_2 = 340/50 = 6.8$；查《新钢结构设计手册》表 10－4 和表 10－5 得 $\alpha = 0.125$

$$M_4 = \alpha\sigma_2 a_2^2 = 0.125 \times 9.292 \times 50^2 = 2903.8\text{N} \cdot \text{mm}$$

靴梁与腹板和翼缘与膈板围成四边支撑部分：

$b_3/a_3 = 340/170 = 2.0$；查《新钢结构设计手册》表 10－4 和表 10－5 得 $\alpha = 0.102$

$$M_4^1 = \alpha\sigma_1 a^2 = 0.102 \times 8.458 \times 170^2 = 24932\text{N} \cdot \text{mm}$$

需要底板厚度：

$$t = \sqrt{\frac{6M_{\max}}{f}} = \sqrt{\frac{6 \times 24932}{200}} = 27.35\text{mm} \qquad \text{取 } t = 28\text{mm}$$

（2）靴梁计算。

1）柱翼缘与靴梁连接处焊缝①：

$$N_1 = \frac{N}{2} + \frac{M}{1.012} = \frac{60}{2} + \frac{960}{1.012} = 30 + 948.6 = 978.6\text{kN}$$

取 $h_{f1} = 8\text{mm}$。

$$\sum l_{w1} = \frac{N_1}{0.7h_{f1} f_f^w} = \frac{978600}{0.7 \times 8 \times 160} = 1092\text{mm}$$

每条焊缝长度：

$$\frac{1}{2}\sum l_{w1} + 10 = \frac{1}{2} \times 1092 + 10 = 556\text{mm}$$

取靴梁高度：

$$h_1 = 560\text{mm}$$

2）靴梁与底板连接处水平焊缝②。

$$h_{f2} = \frac{\sigma_{max} \times B \times 1}{4 \times 0.7 \times 1.22 f_f^w} = \frac{10.125 \times 400 \times 1}{4 \times 0.7 \times 1.22 \times 160} = 7.41\text{mm}$$

$$h'_{f2} = \frac{\sigma_1 \times B \times 1}{2 \times 0.7 \times 1.22 f_f^w} = \frac{8.452 \times 400 \times 1}{2 \times 0.7 \times 1.22 \times 160} = 12.37\text{mm}$$

统一取 $h_{f2} = 12\text{mm}$。

3）靴梁强度验算。

剪力：

$$V = \frac{\sigma_{max} + \sigma_1}{2} \times 100 \times B = \frac{10.125 + 8.452}{2} \times 100 \times 400 = 371540\text{N}$$

弯矩：

$$M = (\sigma_{max} - \sigma_1) \times \frac{1}{2} B \times 100 \times \frac{2}{3} \times 100 + \sigma_1 B \times \frac{100^2}{2}$$

$$= (10.125 - 8.452) \times \frac{1}{2} \times 400 \times \frac{2}{3} \times 100^2 + 8.452 \times \frac{1}{2} \times 100^2 \times 400$$

$$= 2230666 + 16904000 = 19134666\text{N} \cdot \text{mm}$$

弯曲应力：

$$\sigma = \frac{6M}{2th_1^2} = \frac{6 \times 19134666}{2 \times 10 \times 560^2} = 18.3\text{N/mm}^2 < f = 215\text{N/mm}^2$$

剪应力：

$$\tau = \frac{1.5V}{2th_1} = \frac{1.5 \times 371540}{2 \times 10 \times 560} = 49.5\text{N/mm}^2 < f_V = 125\text{N/mm}^2$$

（3）锚栓计算。

锚栓需要抵抗偏心弯矩引起的拉力 Z，

$$Z = \frac{M - Ne_D}{e_Z + e_D} = \frac{960 \times 10^3 - 60 \times 397.5}{947.5} = 988\text{kN}$$

需要螺栓净面积：

$$A_n = \frac{Z}{2f_t^a} = \frac{988 \times 10^3}{2 \times 180} = 2744.4\text{mm}^2$$

采用 Q345 钢材 ϕ72mm 的锚栓共 4 个。两个锚栓的容许抗拉力为：

$$[N] = 2 \times 622.8 = 1245.6\text{kN} > 988\text{kN} \qquad \text{安全。}$$

横板按构造取 $t = 10\text{mm}$，肋板按悬臂梁计算，每块肋板受力为锚栓拉力的 1/4，即：

$$N' = \frac{Z}{4} = 247\text{kN}$$

肋板水平焊缝③：

$$h_{f3} = \frac{N'}{0.7 l_{w3} \times 1.22 \times f_f^w} = \frac{247000}{0.7 \times 240 \times 1.22 \times 160} = 7.53\text{mm}$$

取 $h_{f3} = 10\text{mm}$，只在外侧肋板有此竖焊缝，内侧太窄，不能施焊。

肋板竖向焊缝④：

取 $h_2 = 450\text{mm}$，焊缝 $h_{f4} = 10\text{mm}$，已知剪力

$$V = N' = 247\text{kN}, M = N' \times 130 = 247000 \times 130 = 3211 \times 10^4 \text{N} \cdot \text{mm}$$

则：

$$\tau_f = \frac{V}{0.7h_{f4}l_{w4}} = \frac{247000}{0.7 \times 10 \times 440} = 80.2\text{N/mm}^2$$

$$\sigma_f^M = \frac{6M}{0.7h_{f4}l_{w4}^2} = \frac{6 \times 3211 \times 10^4}{0.7 \times 10 \times 440^2} = 142.16\text{N/mm}^2$$

$$\sqrt{\left(\frac{\sigma_f}{\beta_f}\right)^2 + (\tau_f)^2} = \sqrt{\left(\frac{142.16}{1.22}\right)^2 + 80.2^2} = 141.45\text{N/mm}^2$$

$$< f = 160\text{N/mm}^2$$

肋板强度验算：

取 $t_2 = 10\text{mm}$，则：

$$\sigma = \frac{6M}{2t_2h_2^2} = \frac{6 \times 3211 \times 10^4}{10 \times 450^2} = 95.14\text{N/mm}^2 < f = 215\text{N/mm}^2$$

$$\tau = \frac{1.5V}{t_2h_2} = \frac{1.5 \times 247000}{10 \times 450} = 82.33\text{N/mm}^2 < f_V = 125\text{N/mm}^2$$

（4）膈板计算。

按简支梁计算，跨长 $l = 340\text{mm}$，取 $450\text{mm} \times 10\text{mm}$

$$q = (50 + 25)\sigma_2 = 75 \times 9.292 = 697\text{N/mm}^2$$

膈板强度验算：

$$M = \frac{1}{8}ql^2 = \frac{1}{8} \times 697 \times 340^2 = 10071650\text{N} \cdot \text{mm}$$

$$V = \frac{1}{2}ql = \frac{1}{2} \times 697 \times 340 = 118490\text{N}$$

$$\sigma = \frac{6M}{10 \times 450^2} = \frac{6 \times 10071650}{10 \times 450^2} = 29.8\text{N/mm}^2 < f = 215\text{N/mm}^2$$

$$\tau = \frac{1.5V}{10 \times 450} = \frac{1.5 \times 118490}{10 \times 450} = 39.4\text{N/mm}^2 < f_V = 125\text{N/mm}^2$$

焊缝验算：

膈板与底板连接处水平焊缝⑤

设 $h_{f5} = 8\text{mm}$，则：

$$\frac{q \times l_{f5}}{0.7 \times h_{f5} \times l_{f5} \times 1.22} = \frac{697 \times 340}{0.7 \times 8 \times (340 - 2 \times 8 - 2 \times 15) \times 1.22} = 118\text{N/mm}^2$$

$$< f_f^W = 160\text{N/mm}^2$$

膈板与靴梁连接处竖向焊缝⑥

设 $h_{f6} = 6\text{mm}$，则支座反力为：

$$R = \frac{1}{2}ql = \frac{1}{2} \times 697 \times 340 = 118490\text{N}$$

$$\frac{R}{0.7 \times h_{f6} \times l_{f6}} = \frac{118490}{0.7 \times 6 \times (450 - 2 \times 6 - 2 \times 15)}$$

$$= 69\text{N/mm}^2 < f_f^w = 160\text{N/mm}^2$$

柱内为减小底板厚度的膈板，跨长 $l = 170\text{mm}$，取 $200\text{mm} \times 8\text{mm}$，故其底板平均压力很小，可不必验算膈板强度，膈板与底板和柱的腹板焊缝均可按构造取 $h_f = 6\text{mm}$，满焊。

12.2 工程设计

【例题 12-9】 大连远洋大厦 A 座钢结构设计①

1 设计资料。

大连远洋大厦是集商业、酒店、办公等为一体的综合性高层建筑，其中 A 座是一幢外钢框架-内钢筋混凝土筒的超高层建筑，地下 4 层，地上 51 层，地上裙房 6 层，地上总高 200.8m，基本风压 $W_o=0.65kN/m^2$，地面粗糙度 D，抗震设防烈度 7 度 0.1g，场地类别为 I 类。

结构设计由大连市建筑设计院与中冶建筑研究总院有限公司（原冶金部建筑研究总院）合作完成。本工程的设计、钢材、钢结构制作和安装全部国产化，结构已于 1997 年 12 月封顶。设计时，分别采用了北京大学开发的结构分析通用有限元程序 SAP84、中国建筑科学研究院开发的高层建筑结构分析程序 TAT、STAWE 进行弹性分析，并采用中冶建筑研究总院有限公司开发的钢结构设计程序 YJ-SS 进行钢结构承载力及连接计算。弹塑性时程分析则采用了清华大学开发的弹塑性地震反应分析程序 NTAMS。

本设计实例以该工程为背景（局部有调整），采用中冶建筑研究总院有限公司开发的“钢结构设计 CAD—SS2000”进行设计。

2 结构体系。

（1）结构体系。

本建筑主楼外形尺寸为 37.8m×37.8m，在建筑物中部 17.6m×17.6m 的方形平面内，布置有电梯井、楼梯间、机房、管道井等，内筒结构的墙体则主要适应电梯井等来进行布置，主楼外框布置了 16 根框架柱。

本结构六层以下为钢筋混凝土裙房，七层以上外框为钢结构，竖向刚度有较大变化。为了使钢框架在刚度上有较好的过渡，减少主要承重构件对整体及构件本身刚度突变的影响，采取了以下措施：外框部分的地下一层至地上六层顶采用钢骨混凝土柱，通过钢筋混凝土梁与裙房相连；七至九层采用钢骨混凝土柱与钢梁连接；十层外框为钢结构，但钢柱外包按构造配置的钢筋混凝土；十层以上采用钢梁、钢柱；内筒的墙体变截面与外框柱的截面变化层错开，以减少结构整体在竖向刚度的突变。

（2）核心筒。

核心筒为正方形，尺寸为 17.6m×17.6m。X、Y 两个方向的钢筋混凝土剪力墙上均开有洞口，形成混凝土壁式框架。核心筒四边混凝土墙厚由下向上从 800mm 逐渐减到 400mm，中间墙厚由下到顶均为 400mm。

为了提高混凝土核心筒的延性，同时也有益于与核心筒相连的框架梁的安装，在核心筒内埋置了 12 根 H 型钢梁与 12 根 H 型钢柱相连接。

通过结构的弹塑性时程分析显示，在罕遇地震作用下，输入 Elcentro 波和松潘波时，最大层间位移分别为 1/216 和 1/397，说明结构刚度适当。

（3）钢结构框架。

1）钢构件的截面形式。

为了易于国内加工及使用国产钢材，采用了焊接型钢，外框柱采用焊接箱形截面，主次梁采用焊接 H 型截面，内筒中钢骨柱和钢梁采用焊接 H 型截面。最大钢柱截面为

① 参加本项目结构设计的人员有：中冶集团建筑研究总院有限公司崔鸿超、陈水荣、李恒亚等；大连市建筑设计院高晓明、邹本春、张世良、邹永发等。

□700×700×50×50，所有钢构件最大板厚不超过50mm。

2）节点连接。

钢结构的节点连接设计对结构的安全、经济、运输、施工的难易起着非常重要作用，本工程采用了受力合理，构造简单的常用节点：刚接的柱梁连接采用翼缘与柱焊接、腹板与柱通过连接板用高强螺栓连接；铰接的柱梁连接仅通过连接板将梁腹板和柱用高强螺栓连接。在施工中较难处理的是钢梁与混凝土墙的连接，连接部位的混凝土墙中有钢骨柱，一般可以达到较高的精度，但考虑到施工中可能存在的偏差，将连接板宽度留有适当余量，在现场焊于墙的预埋板上，根据墙的水平偏差调整连接板的宽度，用这种方法较好解决了墙与钢梁的铰接连接。

3）钢材的选择。

为保证钢构件在节点的连接中的可焊性、吸取同类工程中的经验，对主要构件钢材的选择提出了较为严格的要求：对主梁和柱采用国产日本规格的SM490B钢（强度设计值指标接近我国现行规范的Q345，以下计算中按实际的钢材f_y和相应的强度设计值f计算），要求柱钢材的硫、磷含量不大于0.01%，碳当量值在0.40以下，对于40mm及50mm的厚钢板按国家标准《厚度方向性能钢板》GB/T 5313—2010的规定，断面收缩率不得小于Z25级规定的容许值，经过焊接工艺评定及现场的焊接，说明按以上要求的钢材可焊性很好，对保证工程质量及进度起了重要作用。

3　结构分析。

（1）荷载。

1）均布永久荷载：

楼板（压型钢板及混凝土板）重	3.00kN/m²
建筑面层重	1.00kN/m²
不固定的轻质隔墙平均到平面重	1.00kN/m²
固定隔墙根据其材质按实际取值	
吊顶及吊挂重	0.50kN/m²
外墙（玻璃幕墙及龙骨）：	0.80kN/m²
构件（梁、柱、剪力墙）自重	由程序自动计算

2）活荷载：

办公室、饭店客房	2.0kN/m²
机房	7.0kN/m²
水箱间	根据设备情况确定

3）风荷载：

基本风压　$1.1\times0.65\text{kN/m}^2=0.72\text{kN/m}^2$（1.1为放大系数）

地面粗糙度D

风振系数　根据计算出的基本周期，按《建筑结构荷载规范》GB 50009—2012取用。

4）地震作用：

本工程的抗震设防烈度为7度，场地为Ⅰ类，设计地震分组为第一组，设计基本地震加速度为0.1g，本结构抗侧力以钢筋混凝土核心筒为主，结构阻尼比取0.04，地震影响系数曲线取自《建筑抗震设计规范（2016年版）》GB 50011—2010，地震作用按规范采用振型分解反应谱法进行计算，计算中考虑竖向地震的影响，X、Y方向分别取25个振型参与组合。

（2）计算模型。

1）在重力荷载和风荷载作用下，结构的内力及位移按弹性方法计算。在地震作用下，采用两阶段进行结构的抗震分析。第一阶段考虑多遇地震作用，按弹性方法计算结构的内力和位移，验算结构构件的强度和稳定性，计算建筑物顶部最大加速度。第二阶段罕遇地震作用，按弹塑性方法计算结构的层间位移，进行弹塑性动力时程分析。以下计算结果是采用 SS2000 按弹性分析方法完成的。

2）采用三维空间模型，梁柱采用框架单元，楼板采用壳单元，核心筒剪力墙采用剪力墙单元，计算中考虑墙开洞的影响。

3）荷载效应组合按《建筑结构荷载规范》GB 50009—2012 和《建筑抗震设计规范（2016 年版）》GB 50011—2010 取用。

（3）自振周期。

经弹性计算得出结构的前 6 个自振周期如表 12 - 1 所示。

表 12 - 1　自振周期

周期 / 方向	T_1 (S)	T_2 (S)	T_3 (S)	T_4 (S)	T_5 (S)	T_6 (S)
X 方向	5.31	1.16	0.53	0.32	0.22	0.17
Y 方向	5.38	1.22	0.58	0.36	0.24	0.19

注：从自振周期看，结构在 X、Y 两个方向的刚度相当，有较好的对称性。

（4）层间位移及顶点位移。

1）本工程为钢 - 钢筋混凝土核心筒混合结构，水平荷载主要由核心筒承担。考虑到钢与混凝土混合结构不同程度共同工作的效应以及借鉴国外有关规定（注：当时国内无相应的设计规范），同时考虑本工程结构在平面刚度、竖向刚度与形状的均匀性，经专家审查会审查，确定在风荷载与地震作用下的水平层间位移角按不超过 1/550 和 1/500 控制。

2）为提高结构的水平刚度，对是否需要设置水平桁架在结构方案设计阶段进行了分析，计算结果认为，本工程可不设置水平桁架。其主要考虑有以下几点：

①本工程结合设备层的布置设置两道水平桁架后，层间位移减小 10% 左右，效果不明显。

②设置水平桁架后，形成了人为的层间刚度不均匀。尤其在水平桁架相连的上下层的钢柱，产生较其他层大很多的剪力及弯矩，形成应力集中现象，并成为结构的薄弱环节，为此要加大钢柱的截面。

③设置两道水平桁架后，用钢量将增加 300 ~ 400t。

基于以上原因，在最后确定的结构方案中未设置水平桁架。

最后采用的结构方案在风荷载和地震作用下的层间位移和顶点位移如表 12 - 2 所示。层间位移及顶点位移满足要求。

（5）建筑物顶部最大加速度。

1）建筑物顶点顺风向风振加速度。

建筑物的平面宽度 $B = 37.8\text{m}$

建筑物的平面长度 $L = 37.8\text{m}$

表 12 – 2 层间位移及顶点位移

楼 层 号	层 间 位 移	
	风荷载作用下	地震作用下
13 – 14F	1/1196	1/1101
14 – 15F	1/1126	1/1055
15 – 16F	1/1073	1/1011
16 – 17F	1/1033	1/972
17 – 18F	1/998	1/939
18 – 19F	1/967	1/906
19 – 20F	1/940	1/886
20 – 21F	1/916	1/859
21 – 22F	1/894	1/833
22 – 23F	1/875	1/815
23 – 24F	1/857	1/802
24 – 25F	1/842	1/784
25 – 26F	1/828	1/767
26 – 27F	1/815	1/755
27 – 28F	1/804	1/753
28 – 29F	1/794	1/745
29 – 30F	1/785	1/733
30 – 31F	1/776	1/724
31 – 32F	1/769	1/723
32 – 33F	1/763	1/709
33 – 34F	1/758	1/688
34 – 35F	1/753	1/684
35 – 36F	1/749	1/694
36 – 37F	1/745	1/681
37 – 38F	1/743	1/675
38 – 39F	1/740	1/673
39 – 40F	1/738	1/681
40 – 41F	1/737	1/680
41 – 42F	1/735	1/671
42 – 43F	1/735	1/672
43 – 44F	1/734	1/665
44 – 45F	1/734	1/675
45 – 46F	1/734	1/675
46 – 47F	1/734	1/671
47 – 48F	1/734	1/683
48 – 49F	1/735	1/693
49 – 50F	1/736	1/658
50 – 51F	1/736	1/657
51 – 52F	1/738	1/716
最大	1/734	1/657
顶点位移	1/912	1/809

建筑物高度 $H=200.8\mathrm{m}$

建筑物的总质量 $M_{tot}=87000\mathrm{t}$

风荷载体型系数迎风面 $\mu_s=0.8$，背风面 $\mu_s=0.5$

顶层风压高度变化系数 $\mu_z=1.58$

10m 高度名义湍流度 $I_{10}=0.39$

10 年重现期的风压 $w_R=0.40\mathrm{kN/m^2}$

结构单位高度质量 $m=M_{tot}/H=433.3\mathrm{t/m}$

脉动风荷载竖直方向相关系数：$\rho_z=\dfrac{10\sqrt{H+60e^{-H/60}-60}}{\mathrm{H}}=0.595$

脉动风荷载水平方向相关系数：$\rho_x=\dfrac{10\sqrt{B+50e^{-B/50}-50}}{B}=0.888$

结构第 1 阶振型系数 $\phi_{L_1(Z)}$，对顶层，取 1.0

按地面粗糙度为 D 类，查《建筑结构荷载规范》GB 50009—2012 8.4.4，ζ_1 取 0.015，$k_W=0.26$，表 8.4.5-1 得系数 $k=0.112$，$\alpha_1=0.346$。

脉动风荷载的背景分量因子：

$$B_z=\frac{kH^{\alpha_1}\rho_x\rho_z\phi_{L_1(Z)}}{\mu_z}=\frac{0.112\times200.8^{0.346}\times0.888\times0.595\times1.0}{1.58}=0.235$$

峰值因子 $g=2.5$

系数 $x_1=\dfrac{30f_1}{\sqrt{k_w w_0}}=\dfrac{30\times1/5.38}{\sqrt{0.26\times0.72}}=12.9$，结构阻尼比 $\zeta_1=0.015$，查《建筑结构荷载规范》GB 50009—2012 表 J.1.2 得顺风向风振加速度的脉动系数 $\eta_a=2.70$。

建筑物顶点顺风向风振加速度：

$$a_{D,Z}=\frac{2gI_{10}w_R\mu_s\mu_zB_z\eta_aB}{m}=\frac{2\times2.5\times0.39\times0.40\times0.8\times1.58\times0.235\times2.70\times37.8}{433.3}=$$

$0.055\mathrm{m/s^2}<0.20\mathrm{m/s^2}$，可。

2）建筑物顶点横风向风振加速度。

建筑物横风向第一自振周期 $T_{L1}=5.31\mathrm{s}$

建筑物顶部风速 $v_H=\sqrt{2000\mu_Hw_0/\rho}=\sqrt{2000\times1.58\times0.72/1.25}=42.7\mathrm{m/s}$

折算频率 $f_{L1}^*=f_{L1}B/v_H=1/5.31\times37.8/42.7=0.167$，$D/B=1$，查《建筑结构荷载规范》GB 50009—2012 附图 H.2.4 得 $S_{F_L}=0.004$

本建筑自 15 层至顶层平面均削角，其 b/B = 7/37.8 = 18.5%，查《建筑结构荷载规范》GB 50009—2012 表 H.2.5 得横风向广义风力功率谱的角沿修正系数 $C_{sm}=0.791$

$$\text{折算周期 } T_{L1}^*=\frac{v_HT_{L1}}{9.8B}=\frac{42.7\times5.31}{9.8\times37.8}=0.61$$

结构横风向第 1 阶振型气动阻尼比：

$$\zeta_{a1}=\frac{0.0025(1-T_{L1}^{*2})T_{L1}^*+0.000125T_{L1}^{*2}}{(1-T_{L1}^{*2})^2+0.0291T_{L1}^{*2}}$$

$$=\frac{0.0025(1-0.61^2)\times0.46+0.000125\times0.61^2}{(1-0.61^2)^2+0.0291\times0.61^2}$$

$$=0.0025$$

建筑物顶点横风向风振加速度：

$$a_{L,H} = \frac{2.8gw_R\mu_H B}{m}\phi_{L1}(z)\sqrt{\frac{\pi S_{F_L} C_{sm}}{4(\xi_1 + \xi_{a1})}}$$

$$= \frac{2.8 \times 2.5 \times 0.40 \times 1.58 \times 37.8}{433.3} \times 1 \times \sqrt{\frac{\pi \times 0.004 \times 0.791}{4(0.015 + 0.0025)}}$$

$$= 0.145\text{m/s}^2 < 0.20\text{m/s}^2\text{，可。}$$

（6）内力计算结果。

略。

（7）钢构件强度及稳定计算。

因本工程从设计、材料、加工、施工完全国产化，对于这样一个超高层建筑，设计审查中接受专家建议，既要做到经济合理，在构件的安全度上尚要留有一定余量。

1）框架柱。

作为算例，仅从内力计算结果中选取框架柱一组最不利内力进行计算。

①最不利内力如下：

$N = 24600\text{kN}$，$M_x = 180\text{kN} \cdot \text{m}$，$M_y = 22\text{kN} \cdot \text{m}$（控制组合，无地震作用）

②柱截面及截面特性。

柱截面及材质

□700×700×50×50（图 12－10），材质 SM490B，强度设计值指标：$f_y = 325\text{N/mm}^2$，$f = 265\text{N/mm}^2$，$f_v = 155\text{N/mm}^2$

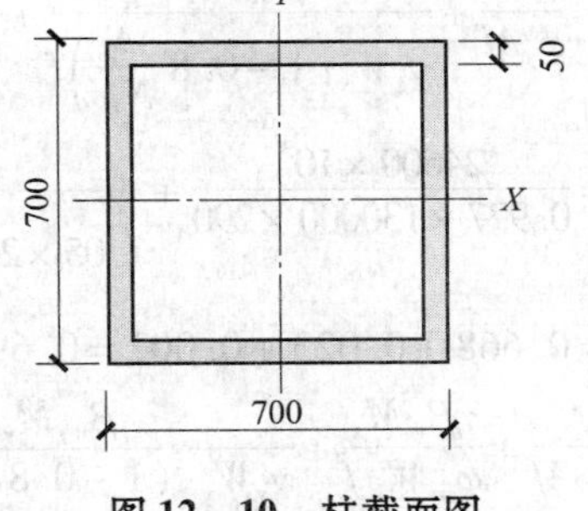

图 12－10 柱截面图

截面特性：

$A = 130000\text{mm}^2$

$I_x = I_y = 9208333312\text{mm}^4$

$W_x = W_y = 26309524\text{mm}^3$

$W_{pc} = 31750000\text{mm}^3$

$i_x = i_y = 266\text{mm}$

③宽厚比限值检查。

按《建筑抗震设计规范》GB 50011—2010 的规定，钢框架的抗震等级为三级，对应的箱型截面柱的宽厚比不大于 $38\sqrt{235/f_y} = 38\sqrt{235/325} = 32.3$ $\frac{h_0}{t_w} = \frac{700 - 50 \times 2}{50} = 12 < 32.3$，满足要求。该宽厚比也满足《钢结构设计规范》GB 50017—2017《新钢结构设计手册》表 2－24 的截面板件宽厚比等级 S3 级 $30\varepsilon_k = 30 \times 0.85 = 26$ 的要求。

④强柱弱梁复核。

$f_{yc} = 325\text{N/mm}^2$，　$f_{yb} = 325\text{N/mm}^2$（$W_{pb}$ 见本节框架梁计算）

地震作用组合下最大轴力　$N_E = 22300\text{kN}$

$$W_{pc}\left(f_{yc} - \frac{N_E}{A}\right) = 31750000 \times \left(325 - \frac{22300 \times 10^3}{130000}\right) = 4872 \times 10^6\text{N} \cdot \text{mm}$$

$$\sum W_{pb} \cdot f_{yb} = 1.0 \times 2 \times (3118750 \times 325) = 2130 \times 10^6\text{N} \cdot \text{mm} < 4872 \times 10^6\text{N} \cdot \text{mm}$$

满足强柱弱梁条件（即使 S_1 也能满足）。

⑤强度计算。

截面塑性发展系数　$\gamma_x = 1.05$，$\gamma_y = 1.05$，不考虑截面削弱，则 $A_n = A$，

$$W_{nx} = W_x,\quad W_{ny} = W_y$$

$$\frac{N}{A_n} + \frac{M_x}{\gamma_x W_{nx}} + \frac{M_y}{\gamma_y W_{ny}} = \frac{24600 \times 10^3}{130000} + \frac{180 \times 10^6}{1.05 \times 26309524} + \frac{22 \times 10^6}{1.05 \times 26309524}$$

$= 189.2 + 6.5 + 0.8 = 196.5\text{N/mm}^2 < 290\text{N/mm}^2$，满足 Q345，$t < 36$，$f = 290$ 要求。

⑥稳定计算。

因核心筒刚度很大，可按无侧移框架进行稳定计算，并近似取 $\mu = 1$，则计算长度 $l_o = 1 \times 3.7\text{m} = 3700\text{mm}$。

长细比 $\lambda_x = \lambda_y = l_o / i_x = 3700/266 = 13.9 < 100\sqrt{235/f_y} = 85.0$，满足《建筑抗震设计规范》GB 50011—2010 的要求。

板件宽厚比 $= 12 < 20$，截面分类为 C 类，查上册表得：$\varphi_x = \varphi_y = 0.977$

取等效弯矩系数 $\beta_{my} = 1$，$\beta_{tx} = 1$，$\beta_{mx} = 1$，$\beta_{ty} = 1$

对闭口截面，截面影响系数 $\eta = 0.7$，$\varphi_{bx} = \varphi_{by} = 1.0$

$$N_{Ex} = N_{Ey} = \frac{\pi^2 EA}{1.1\lambda x^2} = \frac{\pi^2 \times 2.06 \times 10^5 \times 130000}{1.1 \times 13.9^2} = 1.24 \times 10^9\text{N}$$

$$\frac{N}{\varphi_x Af} + \frac{\beta_{mx} M_x}{\gamma_x W_x \left(1 - 0.8\dfrac{N}{N_{Ex}}\right) f} + \frac{\eta \beta_{ty} M_y}{\varphi_{by} W_y f}$$

$$= \frac{24600 \times 10^3}{0.977 \times 130000 \times 290} + \frac{1 \times 180 \times 10^6}{1.05 \times 26309524 \times \left(1 - 0.8 \times \dfrac{24600 \times 10^3}{1.24 \times 10^9}\right) \times 290} + \frac{0.7 \times 1 \times 22 \times 10^6}{1.0 \times 26309524 \times 290}$$

$= 0.668 + 0.023 + 0.002 = 0.693\text{N/mm}^2 < 1.0$，可

$$\frac{N}{\varphi_y Af} + \frac{\eta \beta_{tx} M_x}{\varphi_{bx} W_x f} + \frac{\beta_{my} M_y}{\gamma_y W_y\ (1 - 0.8N/N_{Ey})\ f} = \frac{24600 \times 10^3}{0.977 \times 130000 \times 290} + \frac{0.7 \times 1 \times 180 \times 10^6}{1.0 \times 26305924 \times 290}$$

$$+ \frac{0.7 \times 1 \times 22 \times 10^6}{1.05 \times 26309524\ (1 - 0.8 \times 24600 \times 10^3 / 1.24 \times 10^9) \times 290}$$

$= 0.068 + 0.017 + 0.003 = 0.688 < 1.0$，可。

经计算，地震作用组合不控制，计算过程从略。

2）框架梁。

作为算例。仅从内力计算结果中选取框架梁一组最不利内力进行计算。

①最不利内力设计值如下：

$$M_x = 655\text{kN}\cdot\text{m},\ V = 298\text{kN}\ （控制组合，无地震作用）$$

注：在风荷载及地震作用下，梁将承受部分轴力，以下计算中忽略不计。

②梁截面及截面特性。

H500 × 220 × 10 × 25（图 12 - 11），材质 SM490B，强度设计值指标：$f_y = 325\text{N/mm}^2$，$f = 285\text{N/mm}^2$，$f_v = 165\text{N/mm}^2$

$A = 15500\text{mm}^2$

$I_x = 696979136\text{mm}^4$

$I_y = 44404168\text{mm}^4$

$W_x = 2787917\text{mm}^3$

$W_y = 403674\text{mm}^3$

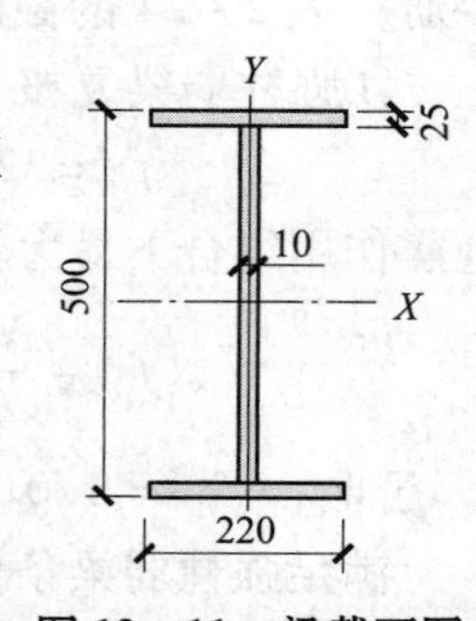

图 12 - 11　梁截面图

$W_{pb}=3118750\text{mm}^3$（全截面对 X 轴的塑性模量）

$S_x=1559375\text{mm}^3$

翼缘对 X 轴面积矩 $S_{x2}=220\times25\times(500-25)/2=1306250\text{mm}^3$

$i_x=212\text{mm}$

$i_y=54\text{mm}$

③宽厚比限值检查。

按《建筑抗震设计规范（2016 年版）》GB 50011—2010 的规定，钢框架的抗震等级为三级，对应 H 型梁截面的翼缘外伸部分宽厚比不大于

$$10\sqrt{235/f_y}=10\sqrt{235/325}=8.5$$

腹板高厚比不超过 $80\sqrt{235/f_y}=80\sqrt{235/325}=68.0$

翼缘板 $\dfrac{b}{t_f}=\dfrac{(220-10)/2}{25}=4.2<8.5$，可。

腹板高厚比 $\dfrac{h_0}{t_w}=\dfrac{500-2\times25}{10}=45<68.0$，可。

该宽厚比满足《新钢结构设计手册》表 2－24 的截面翼缘板件宽厚比等级 S1 级的要求$\left(\dfrac{b}{t_f}=9\varepsilon_k=7.40\right)$，腹板 S1 的 $b/t_f=65\varepsilon_k=54$。

④强度计算。

截面塑性发展系数 $\gamma_x=1.05$，不考虑截面削弱，则 $W_{nx}=W_x$

$$\frac{M_x}{\gamma_x W_{nx}}=\frac{655\times10^6}{1.05\times2787917}=223.8\text{N/mm}^2<f=295\text{N/mm}^2$$

经计算，地震作用组合不控制，计算过程从略。

⑤剪应力计算。

剪应力计算：$\tau=\dfrac{VS_x}{I_x t_w}=\dfrac{298\times10^3\times1559375}{696979136\times10}=66.7\text{N/mm}^2<f_v=165\text{N/mm}^2$，可框架梁端部因开螺栓孔（5$\phi$24）截面削弱，端部截面的抗剪强度计算：

$$A_{wn}=(500-50-5\times24-35-50)\times10=2450\text{mm}^2$$

$$\tau=\frac{V}{A_{wn}}=\frac{298\times10^3}{2450}=66.7\text{N/mm}^2<f_v=170\text{N/mm}^2\text{，可}$$

⑥折算应力计算。

取腹板计算高度处计算。

$$\sigma=\frac{M_x}{I_x}y_1=\frac{655\times10^6}{696979136}\times(250-25)=211.4\text{N/mm}^2$$

$$\tau=\frac{VS_{x2}}{I_x t_w}=\frac{298\times10^3\times1306250}{696979136\times10}=55.8\text{N/mm}^2$$

$$\sigma_c=0$$

计算折算应力的强度设计值增大系数 $\beta_1=1.1$。

腹板计算高度处折算应力：

$$\sqrt{\sigma^2+\sigma_c^2-\sigma\sigma_c+3\tau^2}=\sqrt{211.4^2+3\times55.8^2}$$

$$=232.4\text{N/mm}^2<\beta_1 f=1.1\times295=325\text{N/mm}^2\text{，满足要求。}$$

经计算，地震作用组合不控制，计算过程从略。

⑦整体稳定性计算。

因梁上翼缘有混凝土板相连，下翼缘端部设有隅撑，故不必计算其整体稳定性。

（8）节点计算。

1）梁柱连接节点。

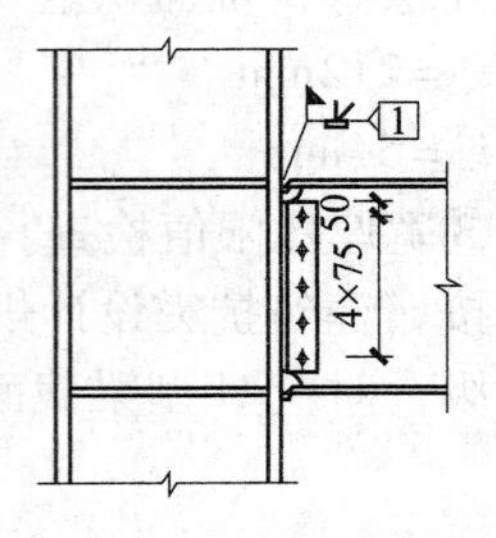

图 12－12　梁柱连接节点图

H 型梁与箱形柱采用刚性连接（图 12－12），梁翼缘与柱采用完全焊透的坡口对接焊缝连接，梁腹板与柱采用高强螺栓连接。柱截面□700×700×50，梁截面 H500×220×10×25，$f_u=470\text{N/mm}^2$，$M=655\text{kN}\cdot\text{m}$，$V=298\text{kN}$，梁净长 8.3m。重力荷载代表作用下，按简支梁分析的梁端截面剪力设计值 $V_{qb}=210.6\text{kN}$。

焊条采用 E50 型，二级焊缝，$f_t^w=295\text{N/mm}^2$

采用 10.9 级高强螺栓摩擦型连接，摩擦面要求作喷砂处理，计算时取摩擦系数 $\mu=0.4$，M22 螺栓预拉力 $P=190\text{kN}$。

①梁翼缘完全焊透的对接焊缝强度（忽略腹板的抗弯作用）。

$$\sigma=\frac{M}{bt_f(h-t_f)}=\frac{655\times10^6}{220\times25(500-25)}=250.7\text{N/mm}^2<f_t^w=295\text{N/mm}^2\text{，满足要求。}$$

②梁腹板与柱之间的高强螺栓连接计算。

每个高强螺栓的承载力设计值：

$$N_y^b=0.9\eta_f\mu P=0.9\times1\times0.4\times190=68.4\text{kN}$$

需要螺栓数目：$n=\dfrac{V}{0.9N_v^b}=\dfrac{298}{0.9\times68.4}=4.8$ 个

或双剪　$n=\dfrac{A_{wn}f_v}{2(0.9N_v^b)}=\dfrac{2450\times170}{2\times0.9\times68.4\times10^3}=3.4$ 个

式中：0.9 为考虑焊接热影响高强螺栓预应力损失系数。

实际取 5 个 M22 单剪。$A_e^b\approx303\text{mm}^2$。

连接腹板厚度　$t\geqslant\dfrac{V}{(l-nd_0)f_v}=\dfrac{298\times10^3}{(400-5\times24)\times165}=6.5\text{mm}$，实际取 12mm。

③节点抗震极限承载力验算。

$$M_u=bt_f(h-t_f)f_u=220\times25\times(500-25)\times470=1228\times10^6\text{N}\cdot\text{mm}=1228\text{kN}\cdot\text{m}$$

$$M_P=W_Pf_y=3118750\times325=1014\times10^6\text{N}\cdot\text{mm}=1014\text{kN}\cdot\text{m}$$

$M_u=1228\text{kN}\cdot\text{m}<\eta_jM_P=1.30M_P=1318\text{kN}\cdot\text{m}$，约小于 7%，基本满足《建筑抗震设计规范（2016 年版）》GB 50011—2010 的规定。

腹板净截面面积的极限抗剪承载力：

$$V_{u1}=0.58A_{wn}f_u=0.58\times2450\times470=696.3\times10^3\text{N}=668\text{kN}$$

腹板连接板净截面面积的极限抗剪承载力：

$$V_{u2}=0.58A_{nw}^{PL}f_u=0.58\times(400-5\times24)\times12\times470=916\times10^3\text{N}=916\text{kN}$$

腹板连接高强螺栓的极限抗剪承载力：

$$V_{u3}=0.58n_fnA_e^bf_u^b=0.58\times1\times5\times303\times1040=913.8\times10^3\text{N}=913.8\text{kN}$$

$$V_{u4}=nd\sum tf_{cu}^b=5\times22\times12\times1.5\times470=970.2\times10^3\text{N}=931.0\text{kN}$$

$$V_u=\min(V_{u1},V_{u2},V_{u3},V_{u4})=668.0\text{kN}$$

$1.2(2M_p/l_n)+V_{Gb}=1.2\times2\times1014/8.3+210.6=503.9\text{kN}<V_u$，满足要求。

④节点域屈服承载力验算。

$V_P = 1.8h_b h_c t_w = 1.8 \times (500 - 2 \times 25) \times (700 - 2 \times 50) \times 50 = 2.43 \times 10^7 \text{mm}^3$

$$M_{pb1} = 1014\text{kN} \cdot \text{m}$$

$M_{pb2} < 1014\text{kN} \cdot \text{m}$，应按实际计算，这里偏安全地取 $M_{pb2} = 1014\text{kN} \cdot \text{m}$

按《建筑抗震设计规范（2016年版）》GB 50011—2010的规定：

$$\psi(M_{pb1} + M_{pb2})/V_p = 0.7 \times (1014 + 1014) \times 10^6/(2.43 \times 10^7) = 58.4\text{N/mm}^2 < (4/3)f_v = (4/3) \times 165 = 220\text{N/mm}^2,\text{可。}$$

$$(h_b + h_c)/90 = (450 + 600)/90 = 11.7 < t_w = 50,\text{可。}$$

$$(M_{b1} + M_{b2})/V_p = (655 + 655) \times 10^6/(2.43 \times 10^7) = 53.9\text{N/mm}^2 < (4/3) \cdot f_v/\gamma_{RE} = (4/3) \times (165/0.75) = 293.3\text{N/mm}^2,\text{可。}$$

按《钢结构设计标准》GB 50017—2017的规定：

梁柱截面板件宽厚比等级均为S1，对应结构构件延性等级为Ⅰ级，$0.85(M_{pb1} + M_{pb2})/V_p = 0.85 \times (1014 + 1014) \times 10^6/(2.43 \times 10^7) = 70.9\text{N/mm}^2 < (4/3)f_{yv} = (4/3) \times 0.58 \times 335 = 289\text{N/mm}^2$，可（$f_{yv}$为钢材的屈服抗剪强度取$0.58f_y$）。

2）次梁与主梁连接节点。

主梁截面：H500×220×10×25，材质SM490B，次梁截面：H450×180×8×16，材质Q235－B。最大剪力设计值$V = 114\text{kN}$。

次梁与主梁采用铰接连接（图12－13），通过4M20高强螺栓与主梁连接（单剪），高强螺栓为10.9级，摩擦型连接，计算时取摩擦系数$\mu = 0.35$，预拉力$P = 155\text{kN}$。

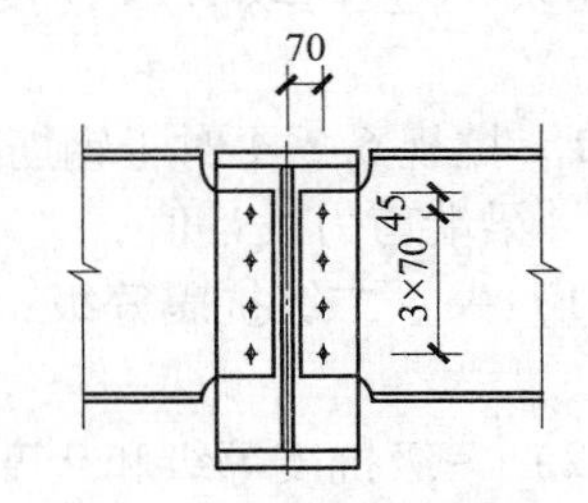

图12－13 次梁与主梁连接节点

$N_v^b = 0.9n_f\mu P = 0.9 \times 1 \times 0.35 \times 155 = 48.8\text{kN}$

次梁在剪力作用下，每个高强螺栓所受的力为：

$$N_v = \frac{V}{n} = \frac{114}{4} = 28.5\text{kN}$$

由于偏心弯矩$M_e = Ve$作用，受力最大的一个高强螺栓所受的力：

$$N_t = \frac{M_e y_{max}}{\sum y_i^2} = \frac{114 \times 10^3 \times 70 \times 105}{(35.0^2 + 105^2) \times 2} = 34200\text{N} = 34.2\text{kN}$$

在剪力和偏心弯矩共同作用下，受力最大的一个高强螺栓所受的力：

$N_{max} = \sqrt{N_v^2 + N_t^2} = \sqrt{28.5^2 + 34.2^2} = 44.5\text{kN} < N_v^b = 48.8\text{kN}$，可。

13 多高层钢结构房屋抗震设计中的若干问题

多高层钢结构房屋与钢筋混凝土房屋一样，同样应遵守强柱弱梁、强剪弱弯和强节点弱构件的抗震设计基本原则。而《建筑抗震设计规范（2016 年版）》GB 50011—2010（以下简称抗规），其第 8 章多层和高层钢结构房屋未完全贯彻这一基本设计准则。尽管在本手册第 12 章［例题 12－7］和［例题 12－9］中沿用了，但不能不引起人们重视。为了进一步论述此问题，以下将逐条讨论，以便读者引起注意。

13.1 强柱弱梁

根据本手册公式（6－16），

截面设计等级为 S1，S2 级：

$$\sum W_{Ec}\ (f_{yc}-N_p/A_c)\ \geqslant \eta_y \sum\ (W_{Eb} f_{yb}) \tag{6-14}$$

达到强柱弱梁。式中 η_y 为强柱系数，其他符号见第 6、7 章。它均低于抗规第 6.2 节式（6.2.2－1）中钢筋混凝土框架结构规定的设防烈度 6－8 度时取 =1.1－1.4（抗震等级高取上限），而设防烈度 9 度时则有更高的要求。

由此观之，钢框架虽不分抗震等级，但也应提高柱的强柱系数 η_y。

建议：8 度时取 1.2；9 度时取 1.4，否则难以保证强柱弱梁。

13.2 强剪弱弯

13.2.1 抗规 6.2.4 对于钢筋混凝土框架。

1 梁端剪力设计值。

（1）一、二级抗震等级：

$$V=\eta_{vb}\ (M_b^l+M_b^r)\ /l_n+V_{Gb} \tag{13-1}$$

（2）一级抗震等级和 9 度设防：

$$V=1.1\ (M_{bua}^l+M_{bua}^r)\ /l_n+V_{Gb} \tag{13-2}$$

以保证强剪弱弯。

式中：V——梁端截面组合的剪力设计值；

l_n——梁的净跨；

V_{Gb}——梁在重力荷载代表值设防烈度（9 度时高层建筑还应包括竖向地震作用标准值）作用下，按简支梁分析的梁端截面剪力设计值；

M_b^l、M_b^r——分别为梁左右端截面反时针或顺时针方向组合的弯矩设计值，一级框架两端弯矩均为负弯矩时，绝对值较小的弯矩应取零；

M_{bua}^l、M_{bua}^r——分别为梁左右端截面反时针或顺时针方向实配的正截面抗震受弯承载力所对应的弯矩值，根据实配钢筋面积（计入受压筋）和材料强度标准值确定；

η_{vb}——梁端剪力增大系数，一级取 1.3，二级取 1.2，三级取 1.1。

2 柱和框支柱组合的剪力设计值 V。

（1）一、二、三级抗震等级。

$$V=\eta_{vc}\ (M_c^b+M_c^t)\ /H_n \tag{13-3}$$

（2）一级抗震等级和 9 度。

$$V=1.2\ (M_{cua}^b+M_{cub}^t)\ /H_n \tag{13-4}$$

式中：H_n——柱净高；

M_c^t、M_c^b——分别为柱上下端顺时或反时针截面组合的弯矩设计值，底层柱下端截面组合的设计值一、二、三级应分别乘以1.5、1.30和1.20，而框支柱则有更高的要求；

M_{cua}^t、M_{cua}^b——分别为偏心受压柱的上下端顺时针或反时针方向实配的正截面抗震受弯承载力所对应的弯矩值，根据实配钢筋面积、材料强度标准值和轴压力等确定；

η_{vc}——柱剪力增大系数，一级取1.4，二级取1.2，三级取1.1。

13.2.2 抗规中对钢框架强剪无具体规定，但按本手册公式（16－4）

1 梁端剪力设计值V。

按抗震弹性设计时：

$$V_{pb}=V_{Gb}+\frac{W_{Eb,A}f_y+W_{Eb,B}f_y}{l_n} \tag{13-5}$$

式中符号同（6－4）：

$$V_{pc}=V_{Gc}+\frac{W_{Ec,A}f_{yc}+W_{Ec,B}f_{yb}}{h_n} \tag{13-6}$$

式中符号同（6－20）。

13.2.3 规范对钢筋混凝土与钢框架强剪弱弯的比较

1 剪力设计值V公式相比。

（1）式（13－1）与式（13－5）的剪力增大系数相比：

式（13－1）$\eta_{vb}=1.1\sim1.3$，式（13－5）V_{pb}增大$f_y/f=1.1\sim1.2$

式（13－5）比（13－1）低10%。

（2）式（13－3）与式（13－6）相比：

（3）式（13－3）$\eta_{vc}=1.1\sim1.4$。

式（13－6）V_{pc}增大1.1～1.2. 式（13－3）比（13－6）低20%。

2 承载力或强度计算时抗震承载力调整系数γ_{RE}相比。

式（13－1）$\gamma_{RE}=0.80$，式（13－5）$\gamma_{RE}=0.75$，式（13－5）比式（13－1）低5%。

式（13－3）$\gamma_{RE}=0.85$ 式（13－6）$\gamma_{RE}=0.75$。

3 综合1与2其$V\gamma_{RE}$相比。

（1）钢框架基本未考虑强剪，而钢筋混凝土框架考虑了强剪。

（2）钢筋混凝土框架考虑强剪后比钢框架的剪力约增大1.1～1.2倍。

（3）在具体设计钢框架时必须予以高度重视，建议在应用现行规范时考虑强剪系数1.2。

13.3 强节点弱构件

设计中着重加强节点的措施。

1 构造保证。

（1）混凝土结构。

1）增加梁纵向受拉钢筋在柱中的锚固长度l_{aE}或柱纵向受拉钢筋在基础中的锚固长度l_{aE}。

2）加密梁柱端和节点附近的箍筋间距。

3）加密梁柱连接点处节点核芯区的箍筋间距并加大箍筋直径。

（2）钢结构。

1）增加连接强度，如增强焊缝和螺栓。

2）梁端加腋或加隅撑。

3）加厚梁柱节点域的腹板厚度或增设水平和斜向加劲肋。

2 计算保证。

（1）混凝土结构。

1）主要确定节点核芯区组合的剪力设计值 V_j。在确定 V_j 时采用节点剪力增大系数 η_{jb}为 1.50、1.35 和 1.20 和引用节点左右 $\sum M_b$ 和 $\sum M_{bua}$ 及相关参数，见《建筑抗震设计规范（2016 年版）GB 50011—2010》附录 D。

2）在验算节点核芯区的抗剪承载力时，应引入承载力抗震调整系数 γ_{RE} 和节点周边的约束影响系数 η_j。

（2）钢结构。

1）按抗震弹性设计。

计算中考虑抗震承载力调整系数 $\gamma_{RE}=0.75$（0.85），初步确定焊缝尺寸或螺栓数量、间距、直径；参见 12（章）［**例题 12－6**］。

2）按以上确定的焊缝尺寸或螺栓数量、间距、直径验算连接的抗震极限受弯、受剪、受拉和拼接承载力是否大于其构件的屈服承载力，并留有一定的裕量。具体为：

①梁柱连接的极限受弯承载力按本手册 7（章）式（7－1）。

$$M_u^j \geqslant \eta_j W_E f_y \tag{7-1}$$

式中：M_u——梁上下翼缘全熔透坡口焊缝的极限受弯承载力（不计腹板连接抗弯）；

M_p——梁（梁贯通时为柱）的全塑性受弯承载力 $M_E=W_p f_y$，W_p 为梁全截面塑性模量。

②梁柱连接的极限受剪承载力。

按本手册 7 章式（7－2）

$$V_u \geqslant 1.2\ (2W_E f_y/l_n)\ +V_{Gb}$$

$$V_u \geqslant 0.58 h_w t_w f_y + V_{Gb} \tag{7-2}$$

式中：l_n——梁净跨（梁贯通时取该楼层柱的净高）；

V_u——梁腹板连接的极限受剪承载力：当焊接时 $V_u=0.58A_f^w f_u$；螺栓连接时 $V_u=n\ (N_{nu}^b、N_{cu}^b)_{min}$。

③公式中 M_u、M_p、V_u 的计算（图 13－1）。

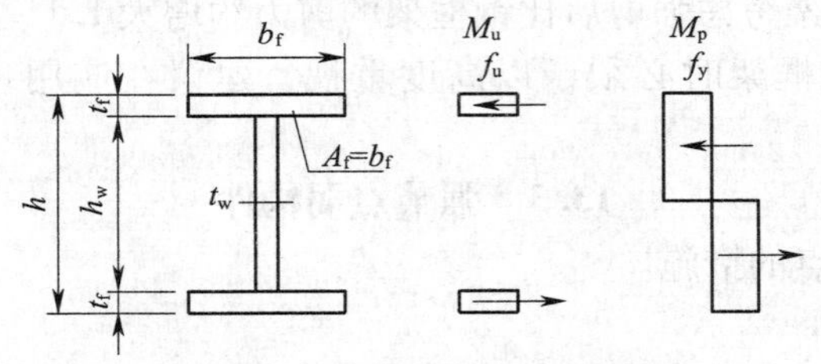

图 13－1 梁截面尺寸及应力图

$$M_{uf}=A_f\ (h-t_f)\ f_u^w \tag{13-7}$$

$$M_E=W_p f_y=\left[A_f\ (h-t_f)\ +\frac{t_w h_w^2}{4}\right]f_y \tag{13-8}$$

$$V_u = 0.58A_f^w f_u^w \quad （焊接时） \tag{13-9}$$

$$V_u = nN_{Vu}^b = 0.58nn_f A_e^b f_u^b （螺栓抗剪） \tag{13-10}$$

取中的 V_{umin}

$$V_u = nN_{cu}^b = nd\sum tf_{cu}^b \quad （螺栓板件承压） \tag{13-11}$$

式中：A_f——翼缘的有效面积在计算 M_p 时，板件宽厚比 $\frac{b_f - t_w}{2}\frac{1}{t_f}$ 按《钢结构设计标准》GB 50017—2017 必须符合小于或等于 S_1、S_2 级的要求；

N_{Vu}^b、N_{cu}^b——分别为一个高强度螺栓的极限受剪承载力和对应板件的极限承压力；

n——高强度螺栓数量；

n_f——螺栓连接的剪切面数量；

A_e^b——螺栓螺纹处的有效截面面积；

f_u^b——螺栓钢材的抗拉强度最小值；

d——螺栓杆直径；

$\sum t$——同一受力方向的钢板厚度之和；

f_{cu}^b——螺栓连接板的极限承压强度，取 $1.5f_u$。

④支撑与框架连接及支撑拼接的受拉极限承载力。

$$N_{ubr}^j \geqslant \eta_j A_{br} f_y = (1.2 \sim 1.3) A_{br} f_y \tag{13-12}$$

式中：N_{ubr}^j——螺栓连接和节点板连接在支撑轴线方向的极限承载力，见式（13-12）；当为对接焊缝连接时 $N_{ubr}^i = N_u = A_f^w f_u^w$；$A_f^w$ 为翼缘的焊缝面积；

A_{br}——支撑的净截面面积。

3　梁柱拼接。

a. 梁柱拼接采用焊接时：

公式（7-1）和公式（7-2）所不同的 M_u、V_u 分别为构件拼接的极限受弯，受剪承载力，h_w、t_w 分别为拼接构件截面腹板的高度和厚度。此外，当梁柱考虑轴力时参照公式（7-16）~公式（7-19），采用 M_{Ec} 代替 M_E。

b. 梁柱拼接采用螺栓时：

翼缘

$$nN_{cu}^b \geqslant 1.25 \sim 1.45A_f f_y \tag{13-13a}$$

$$nN_{vu}^b \geqslant 1.35 \sim 1.45A_f f_y \tag{13-13b}$$

腹板

$$N_{cu}^b \geqslant \sqrt{\left(\frac{V_u}{n}\right)^2 + (N_M^b)^2} \tag{13-14a}$$

$$N_{vu}^b \geqslant \sqrt{\left(\frac{V_u}{n}\right)^2 + (N_M^b)^2} \tag{13-14b}$$

式中：N_{vu}^b、N_{cu}^b——同公式（7-13）、公式（7-14）；

A_f——翼缘一侧的有效截面面积，公式（13-13）；

N_M^b——腹板拼接中弯矩引起一个螺栓的最大剪力；

n——翼缘或腹板拼接一侧的螺栓数。

13.4　关于连接的极限承载力验算

1　规范明确规定所有杆件和连接均应按弹性设计，即计算多遇地震作用下的抗震强度，在计算中引入承载力抗震调正系数 γ_{RE}。对钢结构节点连接焊缝的 $\gamma_{RE}=0.9$，节点板件、连接螺栓的 $\gamma_{RE}=0.75$，均大于梁、柱构件及支撑构件的 $\gamma_{RE}=0.75$。其节点与构件

γ_{RE}的比值为1.0，故在抗震弹性设计时，取节点的γ_{RE}等于构件，已引入强节点的概念，无疑是正确的。

2　由于地震的不确定性，当遇超出基本烈度的大震时，为使构件在充分出现塑性铰的同时，节点完整不坏，结构不发生整体倒塌，在设计中加强节点也是十分必要的。必须指出，在实际设计中存在弹性设计时截面留有裕量及施工中以大代小，而忽视连接相应加大的现象，本手册按规范再进行极限承载力的验算，如同混凝土构件一样，在某些情况下尚需用实配（钢筋）材料强度的标准值进行计算。

3　遗憾的是连接采用钢材的抗拉强度f_u，而其相应构件则采用钢材的屈服强度f_y，它不是在同一材料取值和水准中加强节点。连接强度取值过高，导致焊缝、螺栓需要量减少，即使在构件中留有1.1～1.45的裕量，仍会使构件的实际强度大于其连接强度，而这种极限承载力验算成为定能满足的不必要验算。例如Q235，$\frac{f_u}{f_y}=1.6$，将公式左边以f_y表示，则公式右边的1.2相应减小为$\frac{1.2}{1.6}=0.75<1$。对于Q345，$\frac{f_u}{f_y}=1.38$，则公式右边的1.2相应减小为0.87<1。使原来1.2的裕量成为虚设。引用M_p塑性弯矩的前提截面必须符合板件宽厚比的严格要求及其他构造要求。为此，建议改为连接的弯矩设计承载力$[M_j]$大于或等于其构件的设计承载力$[M_E]$，即：

$$M_j \geqslant 1.2\ [M_E] \tag{13-15}$$

式中连接和构件分别采用其强度设计值。

与弹性设计计算简图一致（即截面应力呈线性分布），而在M_{ju}中为简化计算可忽略腹板的抵抗弯矩。如按此，例题[12－9]则不能满足要求，要满足此要求才能达到强节点。

4　综合以上将所有极限承载力公式验算改为连接承载力验算，并采用钢材或螺栓的强度设计值f，连接强度要比构件强度大1.2倍，既与弹性设计时γ_{RE}取值一致，又避免因设计时构件留有裕量或施工以大代小而造成弱节点的不安全隐患。

13.5　节点域腹板的屈服承载力

节点域腹板的屈服承载力按式（7－36）计算。

$$\psi\ (M_{pb1}+M_{pb_2})\ /V_p \leqslant \frac{4}{3}f_{yv} \tag{7-46}$$

式中：ψ——折减系数，抗震等级第一、二级取0.7，三、四级时取0.6；

M_{pb_1}、M_{pb_2}——分别为节点域两侧梁的全塑性受弯承载力；

V_p——节点域体积，按公式（7－41）～公式（7－43）计算。

f_v——钢材抗剪强度设计值。

13.6　节点域腹板的抗剪强度

按公式（7－38）

$$(M_{b_1}+M_{b_2})\ /V_p \leqslant \frac{4}{3}\frac{f_v}{\gamma_{RE}}$$

式中：M_{b_1}、M_{b_2}——分别为节点域两侧梁的弯矩设计值；

γ_{RE}——节点域承载力抗震调整系数，取0.75。

比较公式（7－36）、公式（7－38），如忽略梁的轴力取边柱节点，则$M_{pb_1}=M_p$，$M_{b_1}=M_b$，经大量统计$W_{pw}=0.3\sim0.4W_{pf}$，取$W_{pw}=0.4W_{pf}$，W_{pw}，W_{pf}分别为翼缘和腹板

的塑性截面模量。

梁全塑性的截面模量为： $W_p = W_{pf} + W_{pw} = 1.4W_{pf}$ （13－16）

梁全弹性的截面模量为： $W = W_{pf} + \dfrac{0.4W_{pf}}{1.5} = 1.27W_{pf}$ （13－17）

$$\gamma_x = W_p/W \doteq \frac{1.4W_{pf}}{1.27W_{pf}} = 1.1 \quad f_y/f = 1.1$$

$$M_p = W_p \cdot f_y \tag{13-18}$$

$$M_b = Wf \tag{13-19}$$

$$\frac{M_p}{M_b} = \frac{W_p f_y}{Wf} = 1.1 \times 1.1 \approx 1.2$$

≤7 度时公式（13－20）为： $\dfrac{0.6 \times 1.2M_b}{V_p} = \dfrac{0.72M_b}{V_p} \leqslant \dfrac{4}{3}f_v$ （13－20）

公式（13－18）为： $\dfrac{M_b\gamma_{RE}}{V_p} = \dfrac{0.75M_b}{V_p} \leqslant \dfrac{4}{3}f_v$ （13－21）

公式（13－21）小于公式（13－7）故为抗剪强度控制：

8、9 度时

公式（13－20） $\dfrac{0.7 \times 1.2M_b}{V_p} = \dfrac{0.84M_b}{V_p}$ （13－22）

公式（13－22）与公式（13－21）接近，为此建议取消屈服强度承载力验算，以避免出现塑性弯矩 M_p 对截面构造过严的要求，造成设计困难。同时将弯矩设计值 M_b 改为弯矩承载力设计值 M_{bu}。

13.7　结　语

1　为进一步贯彻强柱弱梁，建议《建筑抗震设计规范（2016 年版）》GB 50011—2010（8.2.5－1）中的 η，改用本手册式（6－16）中的 η_y，可适当增大。

2　为贯彻强节点弱构件，节点连接以承载力设计值应大于构件承载力设计值的 1.2 倍，即 $M_{ju} \geqslant 1.2M_u$，$V_{ju} \geqslant 1.2V_u$，式中均以钢材的强度设计值 f 代替 f_y 和 f_u。

3　《建筑抗震设计规范（2016 年版）》GB 50011—2010 图 8.3.4－1（即本手册图 7－2）为等强节点，不符合强节点弱构件，它只宜应用于 6 度地震区和犬骨形节点连接中，建议采用表 7－13 中一类的加强连接型。

4　取消式（6－36）的屈服强度承载力验算，统一用式（7－38）的抗剪强度公式验算，必要时可参照《建筑抗震设计规范（2016 年版）》GB 50011—2010 附录 D［3］引入节点核芯区剪力增大系数，而在抗剪强度验算中仍应用弯矩承载力设计值，保留周边约束影响系数，类似于 ψ 的参数。

14 工 程 实 例

兹将 5 个单位，35 项工程实例列于表 14－1 供设计参考。

表 14—1　工程实例

序号	工程名称及概况	结构体系与布置	地震作用和风荷载	设计单位、设计年份
1	北京财富中心一期办公楼 总面积 107000m^2 地上 40 层，地下 3 层	型钢混凝土－钢筋混凝土核心筒	抗震设防类别为丙类 抗震设防烈度 8 度（0.2g） 场地类别：Ⅱ类，设计地震分组为一组 基本风压：0.50kN/m^2（R＝100 年）	中国中元国际工程有限公司 2002 年
2	北京财富中心二期公寓楼 总面积 107400m^2 地上 55 层，地下 4 层	型钢混凝土－钢筋混凝土核心筒 设两层腰桁架	抗震设防类别为丙类 抗震设防烈度 8 度（0.2g） 场地类别：Ⅱ类，设计地震分组为一组 基本风压：0.50kN/m^2（R＝100 年）	中国中元国际工程有限公司 2003 年
3	海口塔 总面积 388136.2m^2 地上 94 层，地下 4 层	本工程塔楼采用巨型斜撑框架－核心筒－伸臂桁架抗侧结构体。沿建筑物外轮廓布置了 8 根巨型柱	抗震设防类别为丙类 抗震设防烈度 8 度（0.3g） 场地类别：Ⅱ类，设计地震分组为一组 基本风压：0.75kN/m^2（R＝50 年）	中国中元国际工程有限公司 2015 年
4	海口置地广场 总面积 99772m^2 地上 49 层，地下 3 层	带加强层的框筒中筒结构，内部含钢筋混凝土剪力墙核心筒和由型钢混凝土框架柱和钢梁构成外筒	抗震设防类别为丙类 抗震设防烈度 8 度（0.3g） 场地类别：Ⅱ类，设计地震分组为一组 基本风压：0.90kN/m^2（R＝100 年）	中国中元国际工程有限公司 2013 年

续表 14－1

序号	工程名称及概况	结构体系与布置	地震作用和风荷载	设计单位、设计年份
5	中国中元国际工程公司4号楼 总面积21540m² 地上13层，地下4层	钢框架结构	抗震设防类别为丙类 抗震设防烈度8度(0.2g) 场地类别：Ⅱ类，设计地震分组为一组 基本风压：0.45kN/m²(R=50年)	中国中元国际工程有限公司 2013年
6	中国工商银行安徽省营业大楼 总面积55924m² 地上43层，地下3层	框架－核心筒	抗震设防类别为丙类 抗震设防烈度7度(0.1g) 场地类别：Ⅱ类，设计地震分组为一组 基本风压：0.35kN/m²(R=50年)	中国中元国际工程有限公司 1997年
7	东直门交通枢纽暨东华广场 总面积590000m² 地上343层，地下2层	钢管混凝土柱－钢筋混凝土核心筒	抗震设防类别为丙类 抗震设防烈度8度(0.2g) 场地类别：Ⅱ类，设计地震分组为一组 基本风压：0.50kN/m²(R=100年)	中国中元国际工程有限公司 2007年
8	北大医院病房楼	钢框架－支撑	抗震设防类别为丙类 抗震设防烈度8度(0.2g) 场地类别：Ⅱ类，设计地震分组为一组 基本风压：0.45kN/m²(R=50年)	中国中元国际工程有限公司 2003年
9	德州新城综合楼 总面积92680m² 地上16层，地下1层	钢框架－钢筋混凝土剪力墙混合结构，下部跃层、空旷，上部连体，中间为大跨度钢梁	抗震设防类别为乙类 抗震设防烈度6度(0.05g) 场地类别：Ⅲ类，设计地震分组为一组 基本风压：0.50kN/m²(R=50年)	中国建筑设计院有限公司 2005年

续表 14－1

序号	工程名称及概况	结构体系与布置	地震作用和风荷载	设计单位、设计年份
10	百度大厦 总面积 91500m^2 地上 7 层，地下 2 层	钢骨混凝土框架－剪力墙结构，内部含钢骨混凝土剪力墙核心筒和由型钢混凝土框架柱和大跨度钢桁架梁构成	抗震设防类别为丙类 抗震设防烈度 8 度（0.02g） 场地类别：Ⅲ类，设计地震分组为一组 基本风压：0.45kN/m^2（R＝50 年）	中国建筑设计院有限公司 2007 年
11	山东省第二十三界运动会综合服务中心 总面积 280000m^2 地上 12 层，地下 2 层	钢骨混凝土框架－剪力墙结构，下部跃层、空旷，内部含钢骨混凝土框架柱、双向大跨度钢桁架梁构成	抗震设防类别为乙类 抗震设防烈度 6 度（0.05g） 场地类别：Ⅲ类，设计地震分组为一组 基本风压：0.50kN/m^2（R＝50 年）	中国建筑设计院有限公司 2012 年
12	中国建设银行北京生产基地 总面积 160000m^2 地上 4 层，地下 2 层	钢筋混凝土框架－防屈曲支撑结构，防屈曲支撑满足大震时的性能要求	抗震设防类别为丙类 抗震设防烈度 8 度（0.2g） 场地类别：Ⅲ类，设计地震分组为一组 基本风压：0.45kN/m^2（R＝100 年）	中国建筑设计院有限公司 2014 年
13	乌鲁木齐宝能城 1－02 号塔楼 地上建筑面积约 13.6 万 m^2，地上 64 层，地下 4 层。结构屋面高度 275.4m，建筑总高度 285.4m	钢结构框架－筒体结构。外框为钢管混凝土 柱＋钢梁框架，内筒为钢管混凝土柱－钢支撑体系	抗震设防类别为标准设防类（丙类）； 抗震设防烈度为 8 度（0.20g）；设计地震分组为第二组；场地类别：Ⅱ类	北京市建筑设计研究院有限公司 2015 年
14	天津于家堡金融区起步区 03－22 地块 总建筑面积 189809m^2，主楼地上 50 层，地下 3 层	主楼采用带加强层的现浇钢管混凝土框架－钢筋混凝土筒体混合结构	抗震设防类别为重点设防类（乙类）； 抗震设防烈度为 7 度（0.15g）；设计地震分组为第一组；场地类别：Ⅳ类。 基本风压：0.60kN/m^2（R＝100 年）；地面粗糙度：B 类	北京市建筑设计研究院有限公司 2009 年

续表 14-1

序号	工程名称及概况	结构体系与布置	地震作用和风荷载	设计单位、设计年份
15	海口海控国际广场A座 主楼地上53层（局部55层），地下3层。结构屋面高度223.6m，建筑总高度260.4m	主楼采用带加强层的型钢混凝土框架-核心筒结构体系。外框架柱为钢管混凝土柱，外框架梁为钢梁；内同为混凝土核心筒，外框筒与核心筒之间楼面梁为钢梁	抗震设防类别为标准设防类（丙类）； 抗震设防烈度为8度，(0.30g)；设计地震分组为第一组；场地类别:Ⅱ类。 基本风压：0.90kN/m^2（R=100年）；地面粗糙度：A类	北京市建筑设计研究院有限公司 2007年
16	青岛万邦中心1号楼 地上52层，地下4层	采用外框架+钢斜撑-钢筋混凝土混合结构体系。36层以下为型钢柱，37层以上为纯钢结构。外围主要框架梁及次梁为钢梁，斜支撑为钢结构支撑	抗震设防类别：地下1-4层为重点设防类（乙类）； 其余层为标准设防类（丙类）； 抗震设防烈度为6度(0.05g)；设计地震分组为第二组；场地类别：Ⅰ类。 基本风压：0.70kN/m^2（R=100年）；地面粗糙度：A类	北京市建筑设计研究院有限公司 2006年
17	深圳南山商业文化中心区T106-0028 地块A座塔楼 地上62层，地下3层	采用带加强层的框架-核心筒双重抗侧力结构体系。由钢筋混凝土核心筒及周边型钢混凝土框架两部分组成。框架柱为型钢混凝土柱，框架梁为钢梁，设备层和避难层设置水平伸臂桁架	抗震设防类别为标准设防类（丙类）； 抗震设防烈度为7度(0.10g)；设计地震分组为第一组； 场地类别：Ⅱ类	北京市建筑设计研究院有限公司 2008年
18	哈尔滨万达茂滑雪场 滑雪场建筑面积77000m^2	采用巨型框架结构，组成部分包括钢筒体（即巨型框架柱）、滑雪层屋面结构（其中主桁架为巨型框架梁）、侧面大桁架及屋面结构组成	抗震设防类别为重点设防类（乙类）； 抗震设防烈度为6度(0.50g)；设计地震分组为第一组	北京市建筑设计研究院有限公司 2013年
19	厦门九州大厦 总面积5万m^2，地下3层、地上25层，总高98m	钢框架-支撑结构体系	抗震设防类别为丙类 抗震设防烈度7度(0.15g)场地类别：Ⅱ类，设计地震分组为一组 基本风压：0.80kN/m^2（R=50年）	中国京冶工程技术有限公司 1992年

续表 14-1

序号	工程名称及概况	结构体系与布置	地震作用和风荷载	设计单位、设计年份
20	长春五环体育馆 总面积 3.3 万 m^2，网壳跨度 192×146m	大跨度方钢管钢网壳结构体系	抗震设防类别为乙类 抗震设防烈度 7 度（0.1g） 场地类别：Ⅱ类，设计地震分组为一组 基本风压：0.65kN/m^2（R=50 年）	中国京冶工程技术有限公司 1996 年
21	大连远洋大厦 A 座 总面积 7.2 万 m^2，地下 4 层、地上 51 层，总高 200.8m	钢框架-混凝土筒结构体系	抗震设防类别为乙类 抗震设防烈度 7 度（0.10g） 场地类别：Ⅱ类，设计地震分组为一组 基本风压：0.75kN/m^2（R=100 年）	中国京冶工程技术有限公司 1997 年
22	北京人民医院病房楼 总面积 4 万 m^2，地下 3 层、地上 20 层，总高度 97m	钢框架-支撑结构体系	抗震设防类别为丙类 抗震设防烈度 8 度（0.2g） 场地类别：Ⅲ类，设计地震分组为一组 基本风压：0.45kN/m^2（R=50 年）	中国京冶工程技术有限公司 2004 年
23	北京公馆 总面积 6.6 万 m^2，地下 3 层、地上 25 层，总高 82.3 米	钢管混凝土柱钢梁框架-混凝土筒体结构体系	抗震设防类别为丙类 抗震设防烈度 8 度（0.2g） 场地类别：Ⅱ类，设计地震分组为一组 基本风压：0.45kN/m^2（R=50 年）	中国京冶工程技术有限公司 2006 年
24	天津滨海国际机场 T2 航站楼 总面积 24.7 万 m^2，最大跨度 60×45m，最大悬挑 30m	组合结构，二层以下为混凝土框架结构，二层以上为大跨度钢结构。钢柱采用锥形圆钢管，屋盖采用双层焊接球网架	抗震设防类别为乙类 抗震设防烈度 7 度（0.15g） 场地类别：Ⅲ类，设计地震分组为二组	中国京冶工程技术有限公司 2012 年

续表 14-1

序号	工程名称及概况	结构体系与布置	地震作用和风荷载	设计单位、设计年份
25	三门峡传媒大厦 总建筑面积 99935m^2，地上38层，地下2层	带加强层的混合结构，钢管混凝土柱、钢梁框架和混凝土核心筒	抗震设防类别为标准设防类（丙类） 抗震设防烈度7度（0.15g） 场地类别：Ⅱ类，设计地震分组为第二组 基本风压：0.45kN/m^2	中广电广播电影电视设计研究院 2012年
26	石家庄广播电视塔 塔高280m 总建筑面积 6870m^2 塔座三层，中塔楼三层，上塔楼二层	空间桁架 正四边形，塔腿为钢管组合结构	抗震设防烈度7度 基本风压：0.36kN/m^2	中广电广播电影电视设计研究院 1996年
27	株洲广播电视塔 塔高293m 总建筑面积 8492m^2 塔座二层，中塔楼二层，上塔楼五层	空间桁架 正六边形钢管组合结构	抗震设防烈度7度 基本风压：0.4kN/m^2	中广电广播电影电视设计研究院 1996年
28	京石铁路客运专线石家庄站 总建筑面积 9.7万m^2 地上2层，地下2层	站房部分：候车大厅层以下采用钢筋混凝土框架，候车大厅层以上采用钢结构 站棚部分：钢网壳结构	抗震设防类别：候车大厅层、轨道层及以下为乙类；站棚部分为丙类 抗震设防烈度：7度；设计基本地震加速度值0.10g，设计地震分组为第一组，基本风压0.40kN/m^2（R=100年）	中国建筑设计研究院 2010年
29	大连鞍钢金融中心 总建筑面积 134082m^2，地上50层（塔楼）、5层（裙房），地下3层	塔楼为钢筋混凝土核心筒和外支撑框架形成的混合框架核心筒结构，裙楼为混凝土框架结构	抗震设防类别：丙类 抗震设防烈度7度，设计基本地震加速度值0.10g，设计地震分组为第一组，基本风压0.65kN/m^2（R=50年）	中国建筑设计研究院 2012年

续表 14－1

序号	工程名称及概况	结构体系与布置	地震作用和风荷载	设计单位、设计年份
30	呼图壁县体育馆 建筑面积 6500m² 地上 2 层，地下 0 层	下部为钢筋混凝土框架结构体系，上部为钢桁架屋盖	抗震设防类别：丙类 抗震设防烈度：7 度，设计基本加速度值 0.15g，设计地震分组为第二组，基本风压 0.65kN/m² （R＝50 年）	中国建筑标准设计研究院 2009 年
31	霍林郭勒市新区体育馆 建筑面积 19600m² 地上 3 层，地下 0 层	下部为钢筋混凝土框架结构体系，上部为钢桁架屋盖	抗震设防类别：乙类 抗震设防烈度：6 度，设计基本加速度值 0.05g，设计地震分组为第一组，基本风压 0.55kN/m² （R＝50 年）	中国建筑标准设计研究院 2011 年
32	襄阳科技馆 建筑面积 35268m² 地上两层，地下 0 层	主体结构为钢框架＋混凝土剪力墙体系	抗震设防类别：乙类 抗震设防烈度：6 度，设计基本加速度值 0.05g，设计地震分组第一组，基本风压 0.40kN/m² （R＝50 年）	中国建筑标准设计研究院 2013 年
33	东营儿童乐园两馆一宫项目 建筑面积 5.8 万 m² 地下 1 层，地上 2～5 层	电影院、报告厅、剧院为钢框架结构体系，科技馆为钢筋混凝土框架－剪力墙结构体系，青少年宫、图书馆、大平台为钢筋混凝土框架结构体系	抗震设防类别：乙类 抗震设防烈度：7 度，设计基本加速度值 0.10g，设计地震分组第三组，基本风压 0.55kN/m² （R＝50 年）	中国建筑设计研究院 2011 年
34	长春复华未来世界－文化旅游中心（一区） 建筑面积约 60 万 m² 地下 3 层，地上 3、22 层	塔楼部分采用钢筋混凝土框架－剪力墙结构体系，其中连体、大悬挑部分采用钢结构；裙房采用钢筋混凝土框架结构体系，水乐园、室内乐园部分的大跨度屋盖采用钢桁架结构体系	抗震设防类别：乙类、丙类 抗震设防烈度：7 度，设计基本加速度值 0.01g，设计地震分组为第一组，基本风压为 0.65kN/m² （R＝50 年）	中国建筑标准设计研究院 2016 年
35	重庆两江鱼嘴汽车博物馆 建筑面积 8400m²，地上 2 层，地下 1 层	采用钢框架结构体系	抗震设防类别：丙类 抗震设防烈度：6 度，设计基本加速度值 0.05g，设计地震分组为第一组，基本风压为 0.4kN/m² （R＝50 年）	中国建筑设计研究院 2011 年

15 焊 接 坡 口

15.1 焊接坡口的形状和尺寸

本节只列出焊接的坡口的形状及尺寸，有关焊缝质量级别检验等要求，见《新钢结构设计手册》13（章）。

1 各种焊接方法及接头坡口形状尺寸代号和标记应符合下列规定：

（1）焊接方法及焊透种类代号应符合表15－1a的规定。

（2）接头形式及坡口形状代号应符合表15－1b的规定。

（3）焊接面及垫板种类代号应符合表15－1c的规定。

（4）焊接位置代号应符合表15－1d的规定。

（5）坡口各部分尺寸代号应符合表15－1e的规定。

表15－1a 焊接方法及焊透种类的代号

代号	焊接方法	焊透种类
MC	手工电弧焊接	完全焊透焊接
MP		部分焊透焊接
GC	气体保护电弧焊接 自保护电弧焊接	完全焊透焊接
GP		部分焊透焊接
SC	埋弧焊接	完全焊透焊接
SP		部分焊透焊接

表15－1b 接头形式及坡口形状的代号

接头形式		坡口形状	
代号	名称	代号	名称
B	对接接头	I	I形坡口
		V	V形坡口
		X	X形坡口
U	U型坡口	L	单边V形坡口
		K	K形坡口
T	T形接头	U①	U形坡口
		J①	单边U形坡口
C	角接头	①是当钢板厚度≥50mm时，可采用U形或J形坡口	

表15－1c 焊接面及垫板种类的代号

反面垫板种类		焊接面	
代号	使用材料	代号	焊接面规定
B_S	钢衬垫	1	单面焊接
B_F	其他材料的衬垫	2	双面焊接

表15－1d 焊接位置的代号

代号	焊接位置	代号	焊接位置
F	平焊	V	立焊
H	横焊	O	仰焊

表15－1e 坡口各部分的尺寸代号

代号	坡口各部分的尺寸	代号	坡口各部分的尺寸
t	接缝部位的板厚（mm）	p	坡口钝边（mm）
b	坡口根部间隙或部件间隙（mm）	a	坡口角度（°）
H	坡口深度（mm）		

（6）焊接接头坡口形状和尺寸标记应符合下列规定：

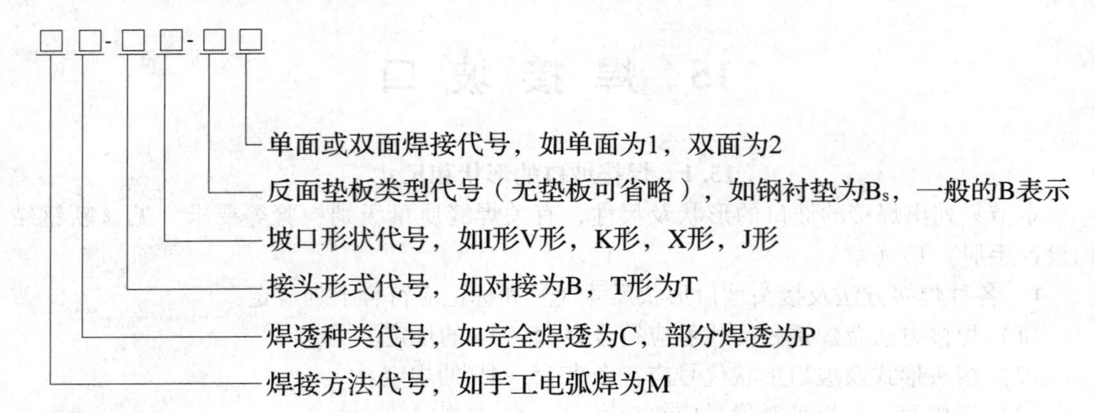

标记示例：

手工电弧焊、完全焊缝、对接、I 形坡口、背面加钢衬垫的单面焊接接头表示为 MC－BI－B_S1。

2　焊缝坡口形状和尺寸。

（1）焊条手工电弧焊全焊透坡口形状和尺寸宜符合表 15－2a 的要求。

（2）气体保护焊、自保护焊全焊透坡口形状和尺寸宜符合表 15－2b 的要求。

（3）埋弧焊全焊透坡口形状和尺寸宜符合表 15－2c 的要求。

（4）焊条手工电弧焊部分焊透坡口形状和尺寸宜符合表 15－2d 的要求。

（5）气体保护焊、自保护焊部分焊透坡口形状和尺寸宜符合表 15－2e 的要求。

（6）埋弧焊部分焊透坡口形状和尺寸宜符合表 15－2f 的要求。

表 15－2a　焊条手工电弧焊全焊透坡口形状和尺寸

序号	标记	坡口形状示意图	板厚（mm）	焊接位置	坡口尺寸（mm）	允许偏差（mm）		备注
						施工图	实际装配	
1	MC－BI－2 MC－TI－2 MC－CI－2		3～6	F H V O	$b=\frac{t}{2}$	0，+1.5	−3，+1.5	清根
2	MC－BI－B1 MC－CI－B1		3～6	F H V O	$b=t$	0，+1.5	−1.5，+6	

续表 15-2a

序号	标记	坡口形状示意图	板厚（mm）	焊接位置	坡口尺寸（mm）		允许偏差（mm）		备注
							施工图	实际装配	
3	MC-BV-2 MC-CV-2		≥6	F H V O	$b=0\sim3$ $p=0\sim3$ $\alpha_1=60°$		0，+1.5 0，+1.5 0°，+10°	-3，+1.5 不限制 -5°，+10°	清根
4	MC-BV-B1	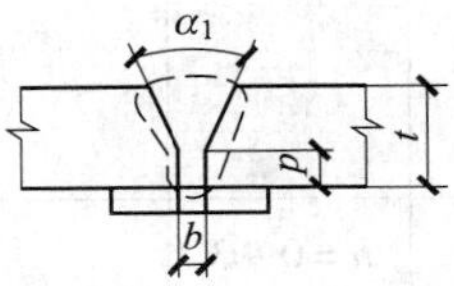	≥6	F，H V，O	b	α_1	b：0，+1.5	-1.5，+6	
					6	45°			
				F，V O	10	30°	α_1：0°，+10°	-5°，+10°	
					13	20°			
					$p=0\sim2$		0，+1.5	0，+2	
	MC-CV-B1	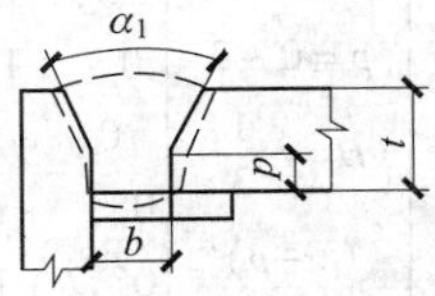	≥12	F，H V，O	b	α_1	b：0，+1.5	-1.5，+6	
					6	45°			
				F，V O	10	30°	α_1：0°，+10°	-5°，+10°	
					13	20°			
					$p=0\sim2$		0，+1.5	0，+2	
5	MC-BL-2 MC-TL-2 MC-CL-2		≥6	F H V O	$b=0\sim3$ $p=0\sim3$ $\alpha_1=45°$		0，+1.5 0，+1.5 0°，+10°	-3，+1.5 0，+2 -5°，+10°	清根

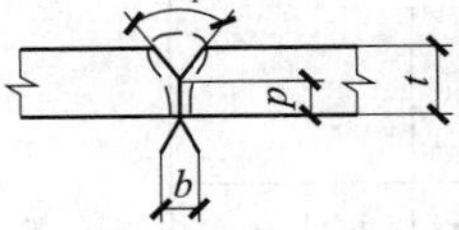

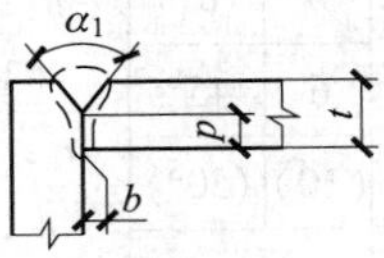

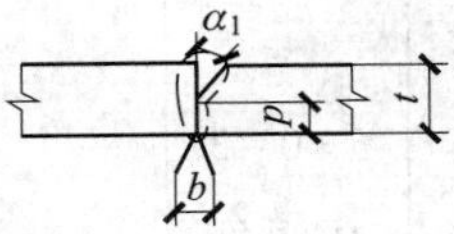

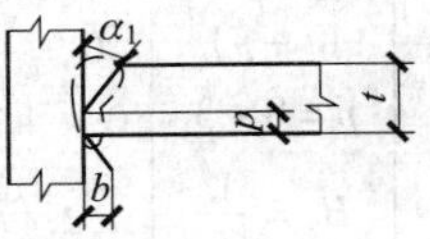

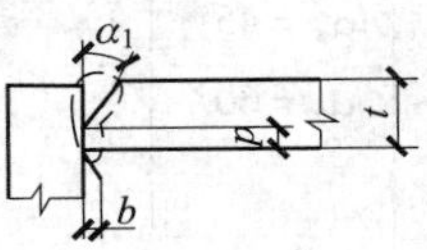

续表 15－2a

序号	标记	坡口形状示意图	板厚（mm）	焊接位置	坡口尺寸（mm）	允许偏差（mm） 施工图	允许偏差（mm） 实际装配	备注
6	MC－BL－B1	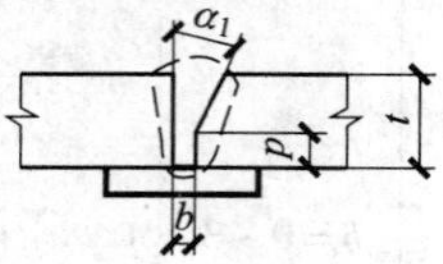	≥6	F H V O	b：6，α_1：45°；（10），（30°）	b：0，＋1.5 α_1：0°，＋10° p：0，＋1.5	－1.5，＋6 －5°，＋10° 0，＋2	
	MC－TL－B1	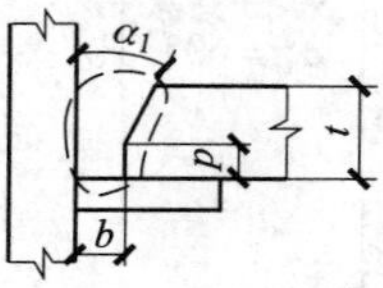		F，H V，O （F， V，O）				
	MC－CL－B1	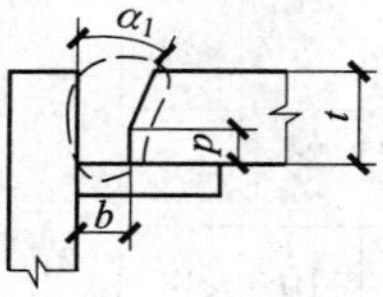		F，H V，O （F， V， O）	$p=0\sim2$			
7	MC－BX－2	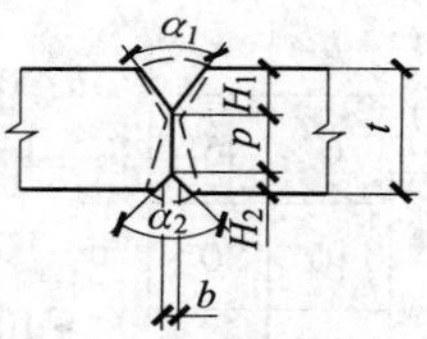	≥16	F H V O	$b=0\sim3$ $H_1=\frac{2}{3}(t-p)$ $p=0\sim3$ $H_2=\frac{1}{3}(t-p)$ $\alpha_1=60°$ $\alpha_2=60°$	0，＋1.5 0，＋3 0，＋1.5 0，＋3 0°，＋10° 0°，＋10°	－3，＋1.5 0，＋3 0，＋2 0，＋3 －5°，＋10° －5°，＋10°	清根
8	MC－BK－2	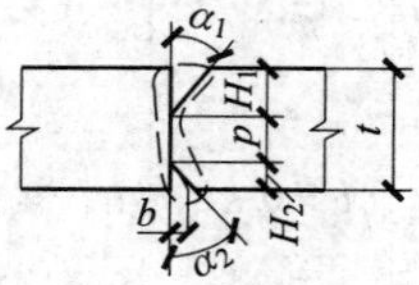	≥16	F H V O	$b=0\sim3$ $H_1=\frac{2}{3}(t-p)$ $p=0\sim3$ $H_2=\frac{1}{3}(t-p)$ $\alpha_1=45°$ $\alpha_2=60°$	0，＋1.5 0，＋3 0，＋1.5 0，＋3 0°，＋10° 0°，＋10°	－3，＋1.5 0，＋3 0，＋2 0，＋3 －5°，＋10° －5°，＋10°	清根
	MC－TK－2	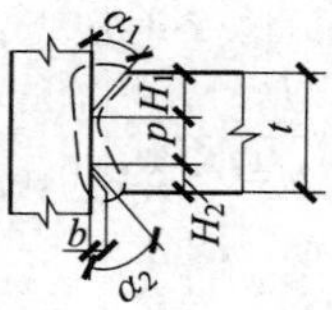						
	MC－CK－2	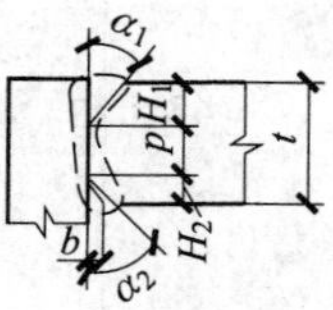						

表 15-2b 气体保护焊、自保护焊全焊透坡口形状和尺寸

序号	标记	坡口形状示意图	板厚（mm）	焊接位置	坡口尺寸（mm）	允许偏差（mm）		备注
						施工图	实际装配	
1	GC-BI-2 GC-TI-2 GC-CI-2		3~8	F H V O	$b=0\sim3$	0，+1.5	-3，+1.5	清根
2	GC-BI-B1 GC-CI-B1	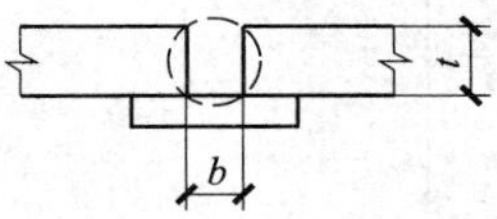	6~10	F H V O	$b=t$	0，+1.5	-1.5，+6	
3	GC-BV-2 GC-CV-2	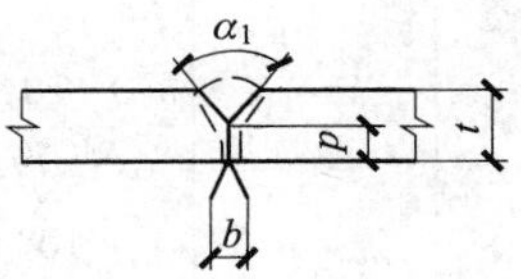	≥6	F H V O	$b=0\sim3$ $p=0\sim3$ $\alpha_1=60°$	0，+1.5 0，+1.5 0°，+10°	-3，+1.5 0，+2 -5°，+10°	清根

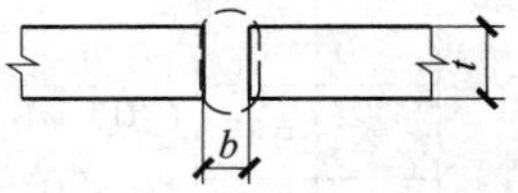

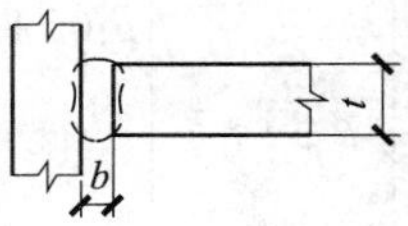

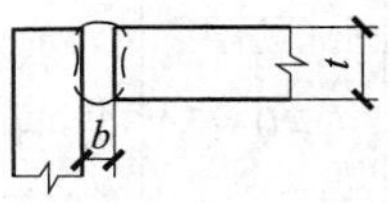

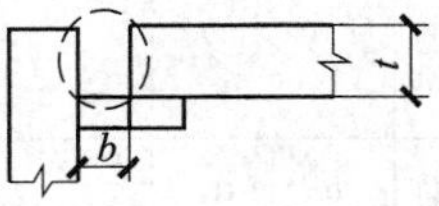

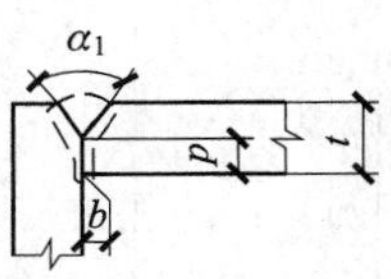

续表 15－2b

序号	标记	坡口形状示意图	板厚（mm）	焊接位置	坡口尺寸（mm）	允许偏差（mm）施工图	允许偏差（mm）实际装配	备注
4	GC－BV－B1		≥6	F V O	b | α_1 6 | 45° 10 | 30° $p=0\sim2$	b:0，＋1.5 α_1：0°，＋10° p:0，＋1.5	－1.5，＋6 －5°，＋10° 0，＋2	
	GC－CV－B1	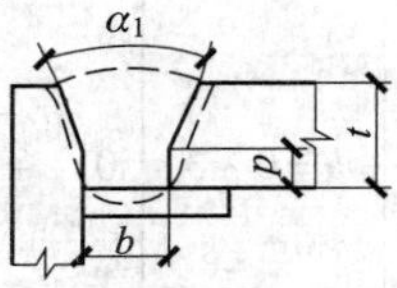	≥12					
5	GC－BL－2	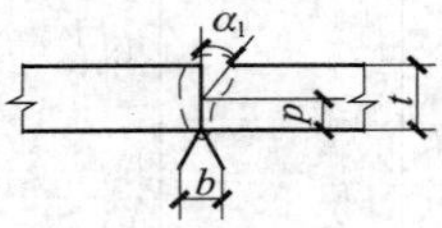	≥6	F H V O	$b=0\sim3$	0，＋1.5	－3，＋1.5	清根
	GC－TL－2	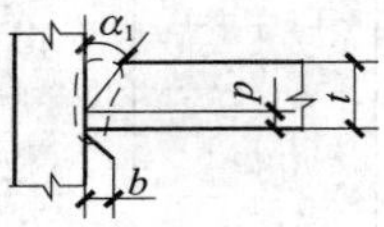			$p=0\sim3$	0，＋1.5	不限制	
	GC－CL－2	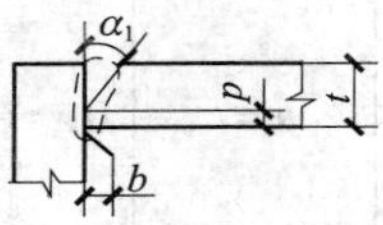			$\alpha_1=45°$	0°，＋10°	－5°，＋10°	
6	GC－BL－B1		≥6	F，H V，O	b | α_1 6 | 45°	b:0，＋1.5 α_1：0°，＋10° p:0，＋1.5	－1.5，＋6 －5°，＋10° 0，＋2	
				（F）	（10） | （30°）			
	GC－TL－B1	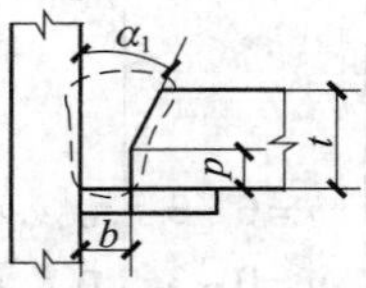			$p=0\sim2$			
	GC－CL－B1	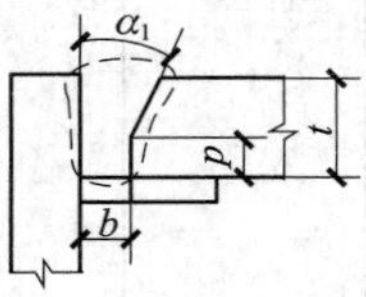						

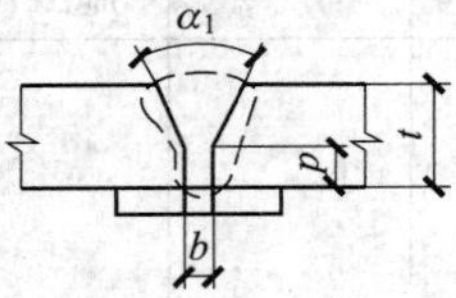

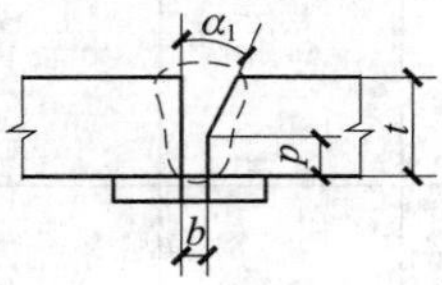

续表 15－2b

序号	标记	坡口形状示意图	板厚（mm）	焊接位置	坡口尺寸（mm）	允许偏差（mm）		备注
						施工图	实际装配	
7	GC－BX－2	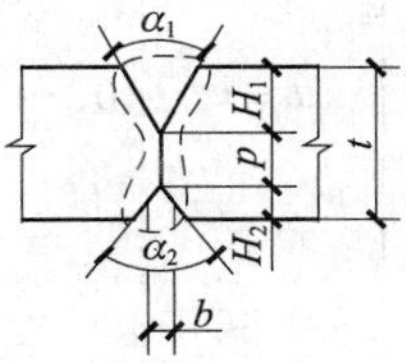	≥16	F H V O	$b=0\sim3$ $H_1=\frac{2}{3}(t-p)$ $p=0\sim3$ $H_2=\frac{1}{3}(t-p)$ $\alpha_1=60°$ $\alpha_2=60°$	0，+1.5 0，+3 0，+1.5 0，+3 0°，+10° 0°，+10°	−3，+1.5 0，+3 0，+2 0，+3 −5°，+10° −5°，+10°	清根
8	GC－BK－2 GC－TK－2 GC－CK－2	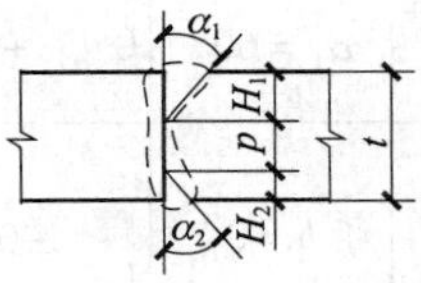 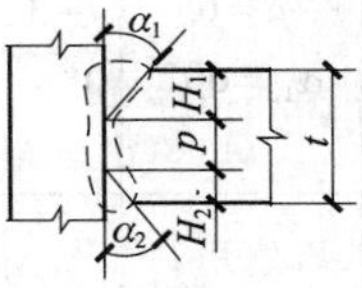 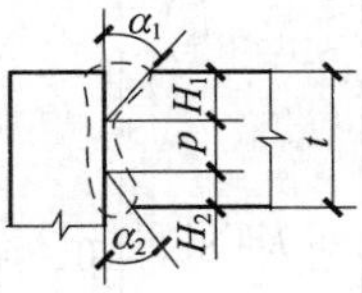	≥16	F H V O	$b=0\sim3$ $H_1=\frac{2}{3}(t-p)$ $p=0\sim3$ $H_2=\frac{1}{3}(t-p)$ $\alpha_1=45°$ $\alpha_2=60°$	0，+1.5 0，+3 0，+1.5 0，+3 0°，+10° 0°，+10°	−3，+1.5 0，+3 0，+2 0，+3 −5°，+10° −5°，+10°	清根

表 15－2c 埋弧焊全焊透坡口形状和尺寸

序号	标记	坡口形状示意图	板厚（mm）	焊接位置	坡口尺寸（mm）	允许偏差（mm）		备注
						施工图	实际装配	
1	SC－BI－2	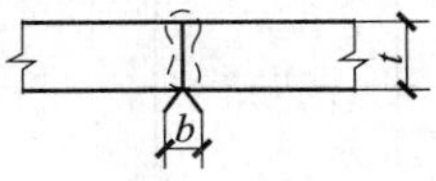	6～12	F	$b=0$	±0	0，+1.5	清根
	SC－TI－2 SC－CI－2	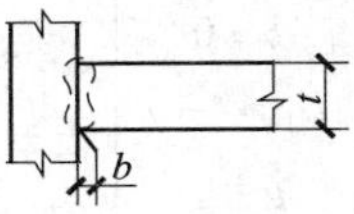 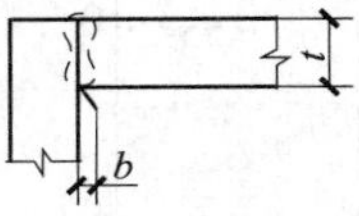	6～10	F				

续表 15－2c

序号	标记	坡口形状示意图	板厚（mm）	焊接位置	坡口尺寸（mm）	允许偏差（mm）		备注
						施工图	实际装配	
2	SC－BI－B1 SC－CI－B1	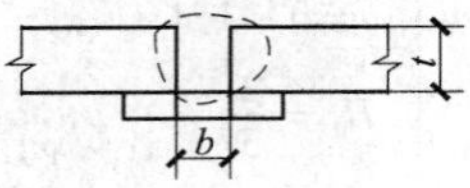	6～10	F	$b=t$	0，+1.5	－1.5，+6	
3	SC－BV－2	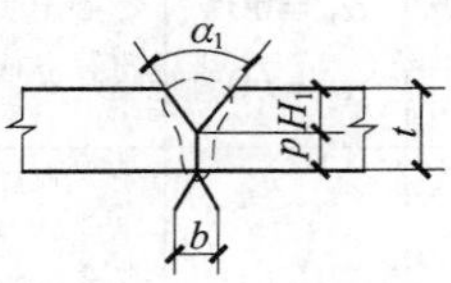	≥12	F	$b=0$ $H_1=t-p$ $p=6$ $\alpha_1=60°$	±0 －3，+0 0°，+10°	0，+1.5 ±1.5 －5°，+10°	清根
3	SC－CV－2	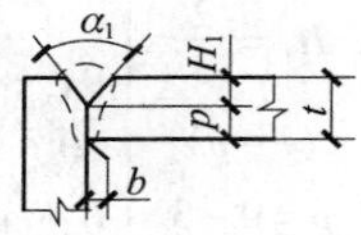	≥10	F	$b=0$ $p=6$ $\alpha_1=60°$	±0 －3，+0 0°，+10°	0，+1.5 ±1.5 －5°，+10°	清根
4	SC－BV－B1 SC－CV－B1	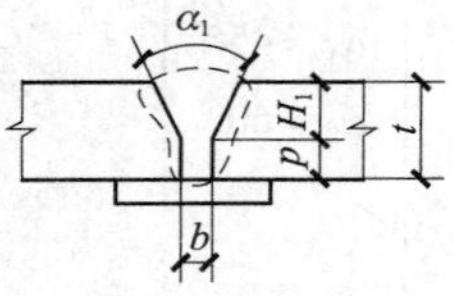	≥10	F	$b=8$ $H_1=t-p$ $p=2$ $\alpha_1=30°$	0，+1.5 0，+1.5 0°，+10°	－1.5，+6 ±1.5 －5°，+10°	
5	SC－BL－2		≥12 ≥10	F H	$b=0$ $H_1=t-p$ $p=6$ $\alpha_1=55°$	±0 －3，+0 0°，+10°	0，+2 ±1.5 －5°，+10°	清根

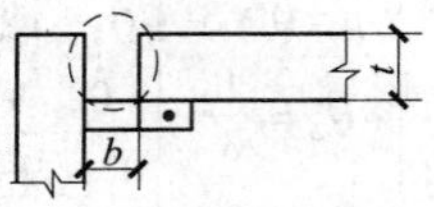

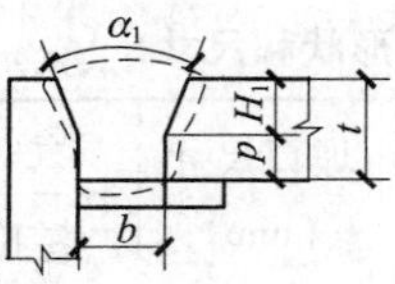

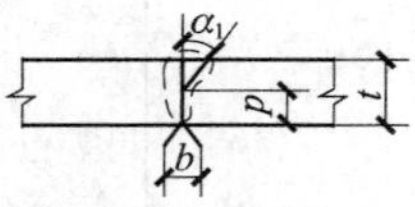

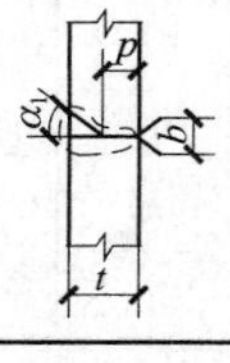

续表 15－2c

序号	标记	坡口形状示意图	板厚（mm）	焊接位置	坡口尺寸（mm）	允许偏差（mm）施工图	允许偏差（mm）实际装配	备注
5	SC－TL－2	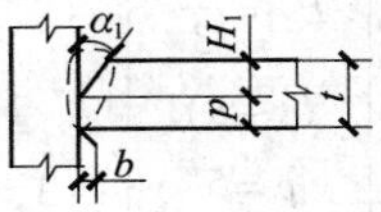 α_1 H_1 p t b	≥8	F	$b=0$ $H_1=t-p$ $p=6$ $\alpha_1=60°$	0 －3，＋0 0°，＋10°	0，＋1.5 ±1.5 －5°，＋10°	清根
	SC－CL－2	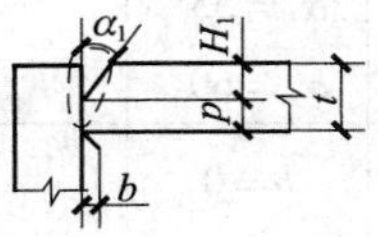 α_1 H_1 p t b	≥8	F	$b=0$ $H_1=t-p$ $p=6$ $\alpha_1=55°$	±0 －3，＋0 0°，＋10°	0，＋2 ±1.5 －5°，＋10°	
6	SC－BL－B1 SC－TL－B1 SC－CL－B1	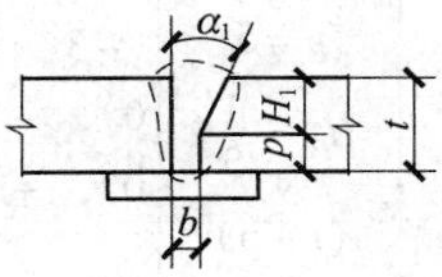 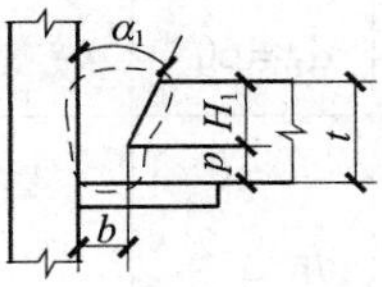 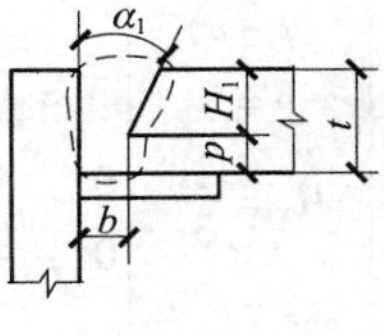 α_1 H_1 p t b	≥10	F	b α_1 6 45° 10 30° $p=2$	b:0，＋1.5 α_1:0°＋10° －2，＋1	－1.5，＋6 －5°，＋10° －2，＋2	
7	SC－BX－2	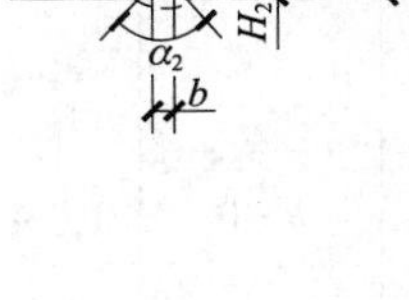 α_1 H_1 p H_2 t α_2 b	≥20	F	$b=0$ $H_1=\frac{2}{3}(t-p)$ $p=6$ $H_2=\frac{1}{3}(t-p)$ $\alpha_1=60°$ $\alpha_2=60°$	0，＋1.5 0，＋6 0°，＋10° 0°，＋10°	0，＋1.5 0，＋6 －5°，＋10° －5°，＋10°	清根

续表 15－2c

序号	标记	坡口形状示意图	板厚（mm）	焊接位置	坡口尺寸（mm）	允许偏差（mm）		备注
						施工图	实际装配	
	SC－BK－2	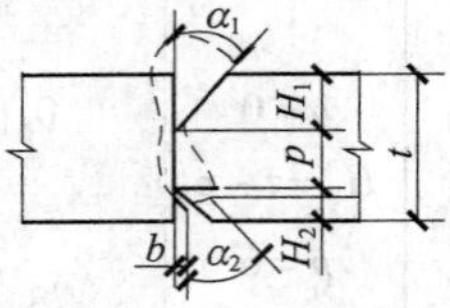	≥20	F	$b=0$ $H_1=\frac{2}{3}(t-p)$ $p=5$ $H_2=\frac{1}{3}(t-p)$ $\alpha_1=55°$ $\alpha_2=60°$	±0 －3，＋0 0°，＋10° 0°，＋10°	0，＋1.5 2，＋3 －5°，＋10° －5°，＋10°	清根
		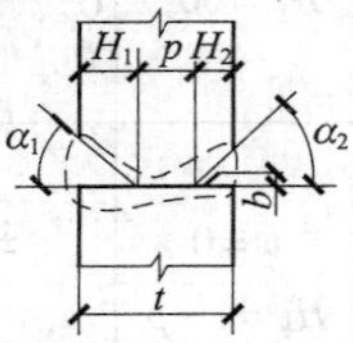	≥12	H				
8	SC－TK－2	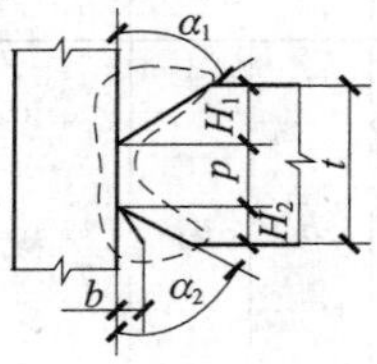	≥20	F	$b=0$ $H_1=\frac{2}{3}(t-p)$ $p=5$ $H_2=\frac{1}{3}(t-p)$ $\alpha_1=60°$ $\alpha_2=60°$	±0 －3，＋0 0°，＋10° 0°，＋10°	0，＋1.5 ±1.5 －5°，＋10° －5°，＋10°	清根
	SC－CK－2	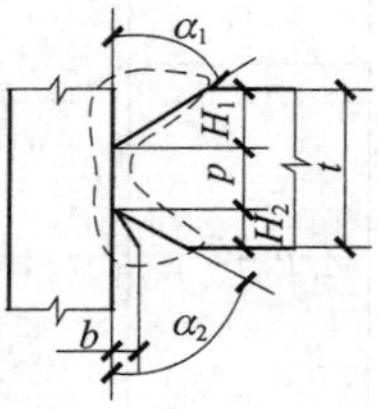	≥20	F	$b=0$ $H_1=\frac{2}{3}(t-p)$ $p=5$ $H_2=\frac{1}{3}(t-p)$ $\alpha_1=55°$ $\alpha_2=60°$	±0 －3，＋0 0°，＋10° 0°，＋10°	0，＋1.5 －2，＋2 －5°，＋10° －5°，＋10°	清根

表 15－2d　焊条手工电弧焊部分焊透坡口形状和尺寸

序号	标记	坡口形状示意图	板厚（mm）	焊接位置	坡口尺寸（mm）	允许偏差（mm）		备注
						施工图	实际装配	
1	MP－BI－1 MP－CI－1	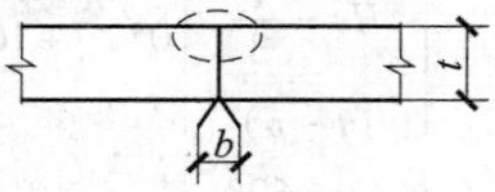 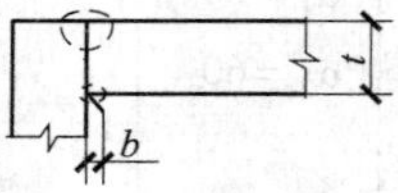	3～6	F H V O	$b=0$	0，＋1.5	0，＋1.5	

续表 15-2d

序号	标记	坡口形状示意图	板厚（mm）	焊接位置	坡口尺寸（mm）	允许偏差（mm） 施工图	允许偏差（mm） 实际装配	备注
2	MP-BI-2		3~6	FH VO	$b=0$	0，+1.5	0，+1.5	
	MP-CI-2		6~10	FH VO	$b=0$	0，+1.5	0，+3	
3	MP-BV-1 MP-BV-2 MP-CV-1 MP-CV-2		≥6	F H V O	$b=0$ $H_1\geqslant 2\sqrt{t}$ $p=t-H_1$ $\alpha_1=60°$	0，+1.5 0，+3 0°，+10°	0，+3 0，+3 -5°，+10°	
4	MP-BL-1 MP-BL-2 MP-CL-1 MP-CL-2		≥6	F H V O	$b=0$ $H_1\geqslant 2\sqrt{t}$ $p=t-H_1$ $\alpha_1=45°$	0，+1.5 0，+3 0°，+10°	0，+3 0，+3 -5°，+10°	

续表 15－2d

序号	标记	坡口形状示意图	板厚（mm）	焊接位置	坡口尺寸（mm）	允许偏差（mm）		备注
						施工图	实际装配	
5	MP－TL－1 MP－TL－2	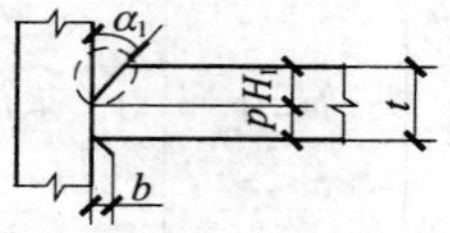	≥10	F H V O	$b=0$ $H_1 \geqslant 2\sqrt{t}$ $p=t-H_1$ $\alpha_1=45°$	0，＋1.5 0，＋3 0°，＋10°	0，＋3 0，＋3 －5°，＋10°	
6	MP－BX－2	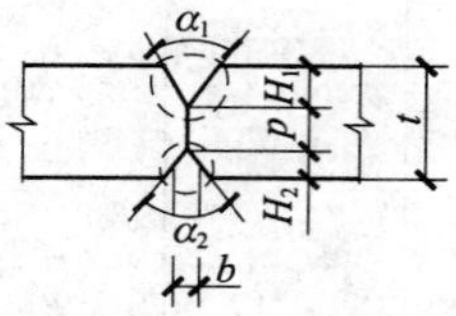	≥25	F H V O	$b=0$ $H_1 \geqslant 2\sqrt{t}$ $p=t-H_1-H_2$ $H_2 \geqslant 2\sqrt{t}$ $\alpha_1=60°$ $\alpha_1=60°$	0，＋1.5 0，＋3 0，＋3 0°，＋10° 0°，＋10°	0，＋3 0，＋3 0，＋3 －5°，＋10° －5°，＋10°	
7	MP－BK－2 MP－TK－2 MP－CK－2	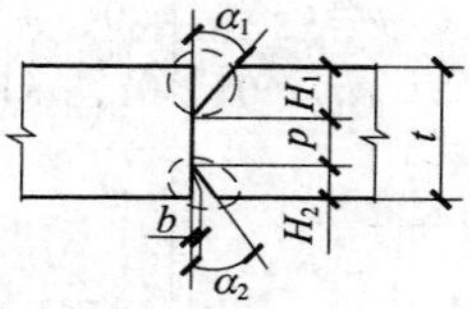	≥25	F H V O	$b=0$ $H_1 \geqslant 2\sqrt{t}$ $p=t-H_1-H_2$ $H_2 \geqslant 2\sqrt{t}$ $\alpha_1=45°$ $\alpha_1=45°$	0，＋1.5 0，＋3 0，＋1.5 0，＋3 0°，＋10° 0°，＋10°	0，＋3 0，＋3 0，＋2 0，＋3 －5°，＋10° －5°，＋10°	

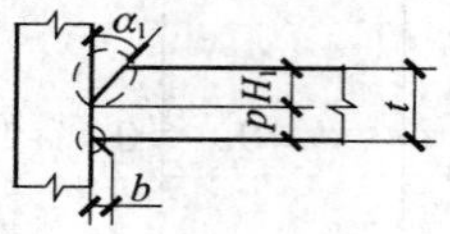

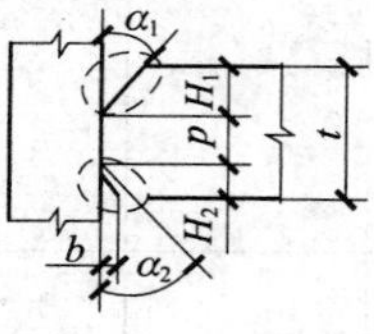

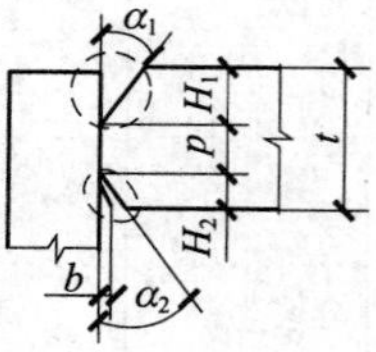

表 15－2e 气体保护焊、自保护焊部分焊透坡口形状和尺寸

序号	标记	坡口形状示意图	板厚（mm）	焊接位置	坡口尺寸（mm）	允许偏差（mm）		备注
						施工图	实际装配	
1	GP－BI－1 GP－CI－1	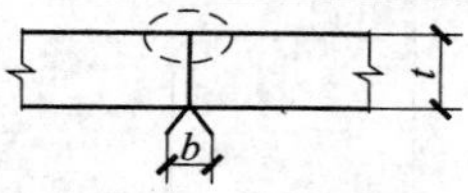	3～10	F H V O	$b=0$	0，＋1.5	0，＋1.5	

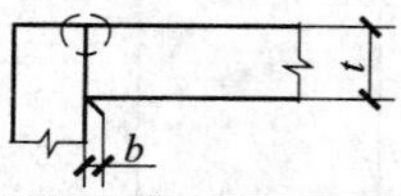

续表 15 - 2e

序号	标记	坡口形状示意图	板厚（mm）	焊接位置	坡口尺寸（mm）	允许偏差（mm）		备注
						施工图	实际装配	
2	GP - BI - 2	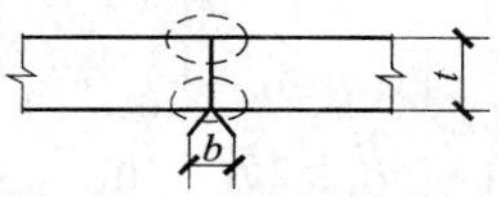	3 ~ 10	F H V O	$b=0$	0，+1.5	0，+1.5	
	GP - CI - 2	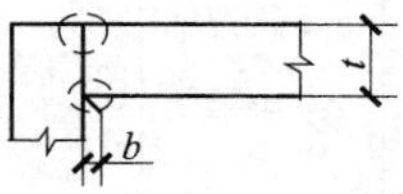	10 ~ 12					
3	GP - BV - 1 GP - BV - 2 GP - CV - 1 GP - CV - 2		≥25	F H V O	$b=0$ $H_1 \geqslant 2\sqrt{t}$ $p=t-H_1$ $\alpha_1=60°$	0，+1.5 0，+3 0°，+10°	0，+3 0，+3 -5°，+10°	
4	GP - BL - 1 GP - BL - 2		≥6	F H V O	$b=0$ $H_1 \geqslant 2\sqrt{t}$ $p=t-H_1$ $\alpha_1=45°$	0，+1.5 0，+3 0°，+10°	0，+3 0，+3 -5°，+10°	
	GP - CL - 1 GP - CL - 2		6 ~ 24					

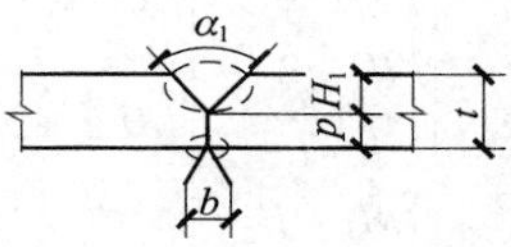

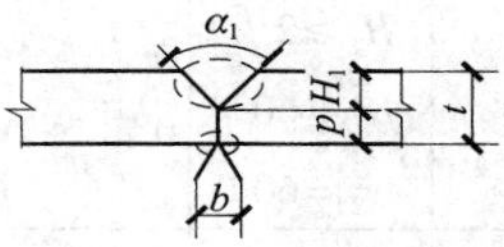

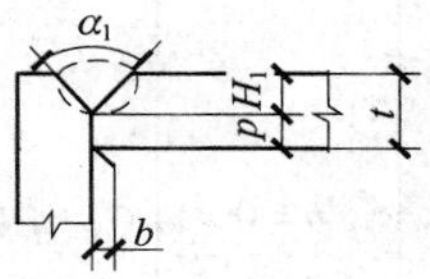

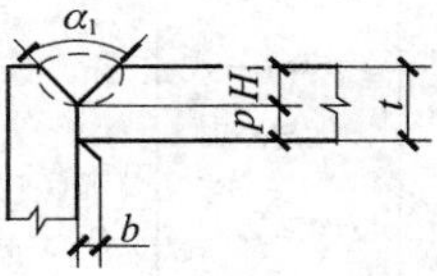

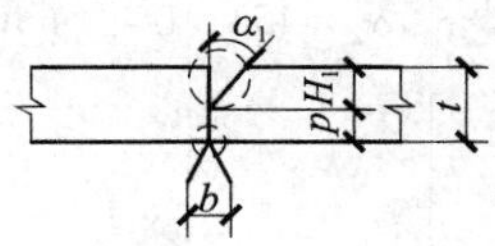

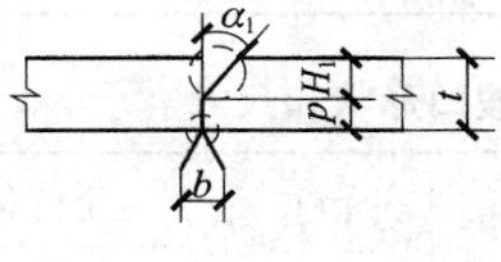

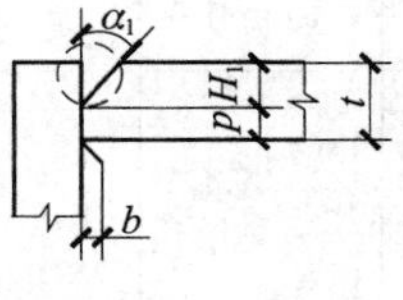

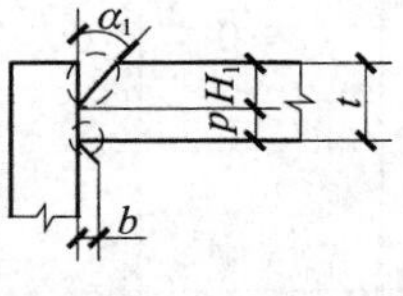

续表 15－2e

序号	标记	坡口形状示意图	板厚（mm）	焊接位置	坡口尺寸（mm）	允许偏差（mm）		备注
						施工图	实际装配	
5	GP－TL－1 GP－TL－2	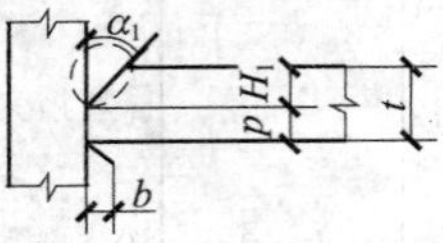	≥10	F H V O	$b=0$ $H_1 \geqslant 2\sqrt{t}$ $p=t-H_1$ $\alpha_1=45°$	0，＋1.5 0，＋3 0°，＋10°	0，＋3 0，＋3 －5°，＋10°	
6	GP－BX－2	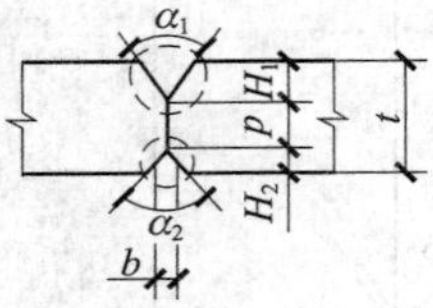	≥25	F H V O	$b=0$ $H_1 \geqslant 2\sqrt{t}$ $p=t-H_1-H_2$ $H_2 \geqslant 2\sqrt{t}$ $\alpha_1=60°$ $\alpha_2=60°$	0，＋1.5 0，＋3 0，＋3 0°，＋10° 0°，＋10°	0，＋3 0，＋3 0，＋3 －5°，＋10° －5°，＋10°	
7	GP－BK－2 GP－TK－2 GP－CL－2	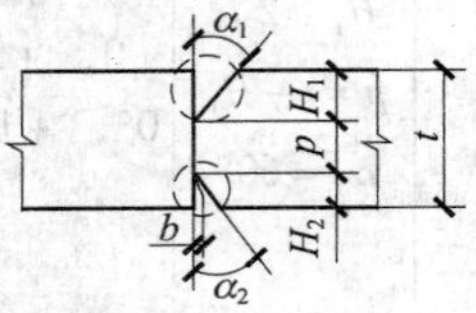	≥25	F H V O	$b=0$ $H_1 \geqslant 2\sqrt{t}$ $p=t-H_1$ $H_2 \geqslant 2\sqrt{t}$ $\alpha_1=45°$ $\alpha_2=45°$	0，＋1.5 0，＋3 0，＋3 0°，＋10° 0°，＋10°	0，＋3 0，＋3 0，＋3 －5°，＋10° －5°，＋10°	

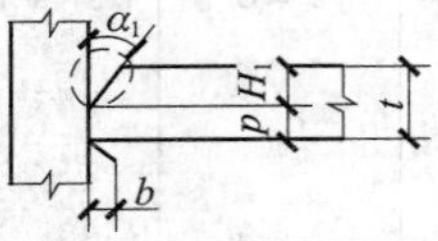

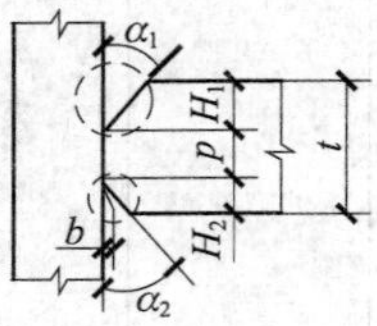

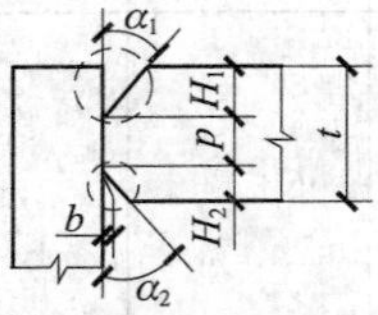

表 15－2f 埋弧焊部分焊透坡口形状和尺寸

序号	标记	坡口形状示意图	板厚（mm）	焊接位置	坡口尺寸（mm）	允许偏差（mm）		备注
						施工图	实际装配	
1	SP－BI－1 SP－CI－1	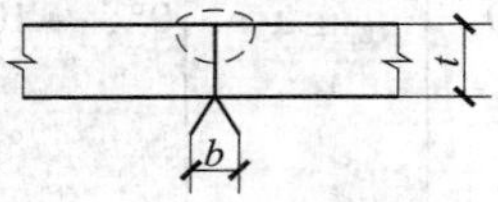	6～12	F	$b=0$	0，＋1	0，＋1	

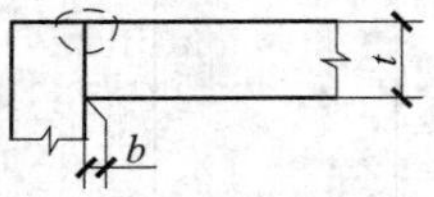

续表 15-2f

序号	标记	坡口形状示意图	板厚（mm）	焊接位置	坡口尺寸（mm）	允许偏差（mm）		备注
						施工图	实际装配	
2	SP-BI-2 SP-CI-2	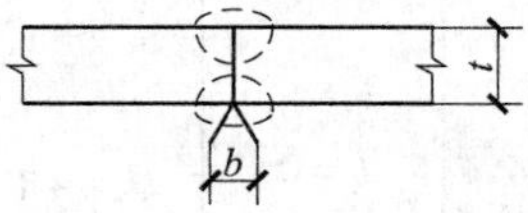	6~12	F	$b=0$	0，+1	0，+1	
3	SP-BV-1 SP-BV-2 SP-CV-1 SP-CV-2	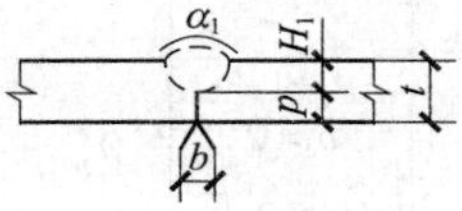	≥14	F	$b=0$ $H_1\geqslant 2\sqrt{t}$ $p=t-H_1$ $\alpha_1=60°$	0，+1 0，+3 0°，+10°	0，+1.5 0，+3 -5°，+10°	
4	SP-BL-1 SP-BL-2 SP-CL-1 SP-CL-2	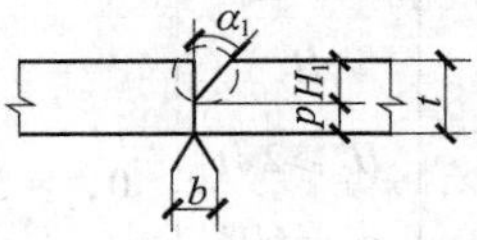	≥14	F H	$b=0$ $H_1\geqslant 2\sqrt{t}$ $p=t-H_1$ $\alpha_1=60°$	±0 0，+3 0°，+10°	0，+1.5 0，+3 -5°，+10°	

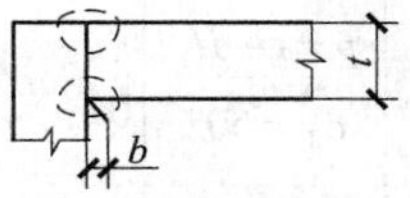

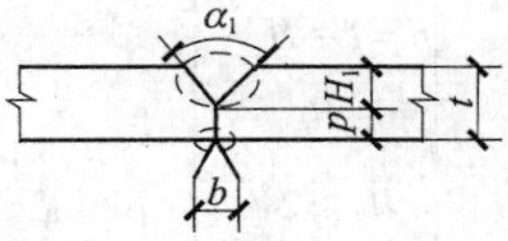

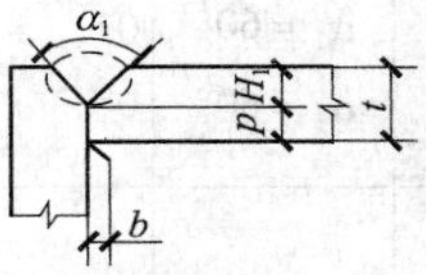

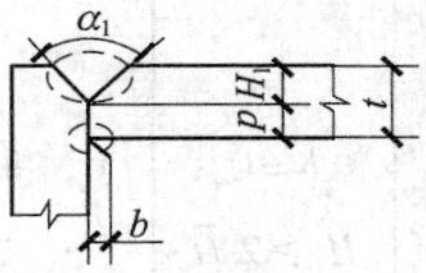

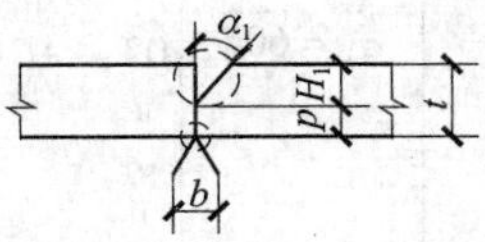

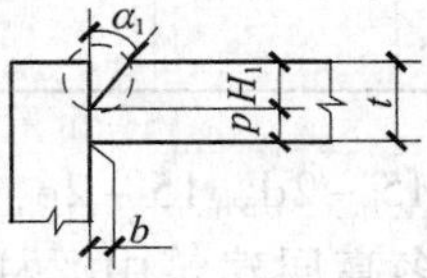

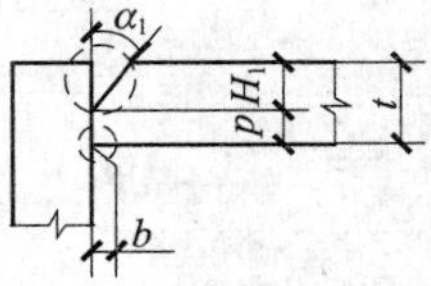

续表 15 - 2f

序号	标记	坡口形状示意图	板厚（mm）	焊接位置	坡口尺寸（mm）	允许偏差（mm）		备注
						施工图	实际装配	
5	SP－TL－1 SP－TL－2	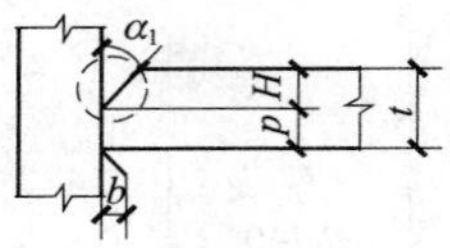 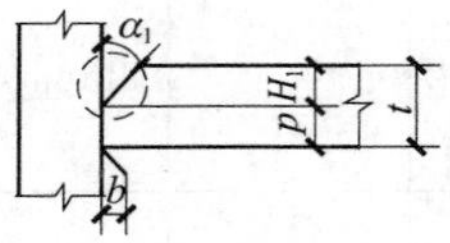	≥14	F H	$b=0$ $H_1 \geqslant 2\sqrt{t}$ $p=t-H_1$ $\alpha_1=60°$	0，+1 0，+3 0°，+10°	0，+1.5 0，+3 -5°，+10°	
6	SP－BX－2	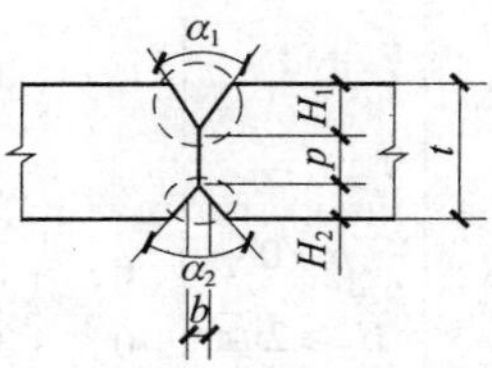	≥25	F	$b=0$ $H_1 \geqslant 2\sqrt{t}$ $p=t-H_1-H_2$ $H_2 \geqslant 2\sqrt{t}$ $\alpha_1=60°$ $\alpha_1=60°$	0，+1 0，+3 0，+3 0°，+10° 0°，+10°	0，+1.5 0，+3 0，+3 -5°，+10° -5°，+10°	
7	SP－BK－2 SP－TK－2 SP－CK－2	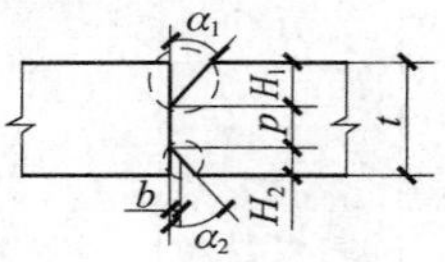 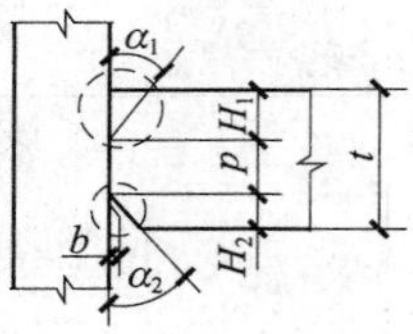 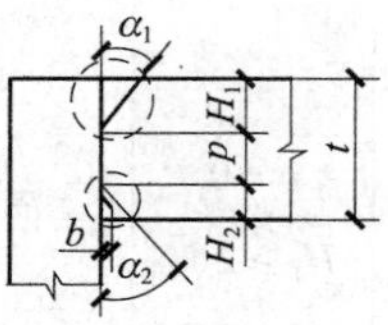	≥25	F H	$b=0$ $H_1 \geqslant 2\sqrt{t}$ $p=t-H_1-H_2$ $H_2 \geqslant 2\sqrt{t}$ $\alpha_1=60°$ $\alpha_1=60°$	0，+1 0，+3 0，+3 0°，+10° 0°，+10°	0，+1.5 0，+3 0，+3 -5°，+10° -5°，+10°	

表 15－2a、15－2b、15－2c 为全焊透坡口，表 15－2d，15－2e，15－2f 为部分焊透坡口。常用的全焊透坡口中几种典型的焊接坡口及多高层建筑中梁柱的焊接坡口列于表 15－2g、15－2h、15－2i，15－2k，读者可直接选用。

表 15-2g 手工电弧焊焊接接头的基本型式（mm）

①MC－BI－2

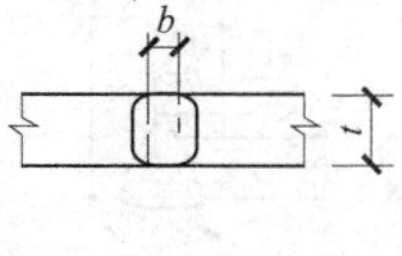

F，H，V，O

t	3～6
b	t/2
备注	清根

②MC－BL－2

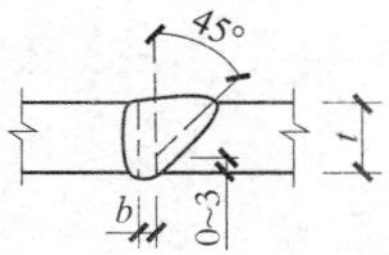

F，H，V，O

t	≥6
b	0～3
备注	清根

③MC－BL－B1

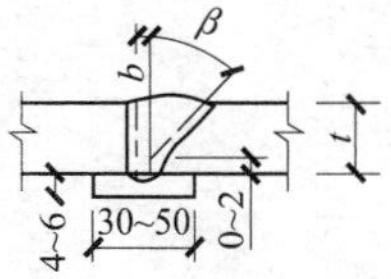

F，H，V，O　（F，V，O）

t	≥6	
b	6	（10）
β	45°	（30°）

④MC－BV－2

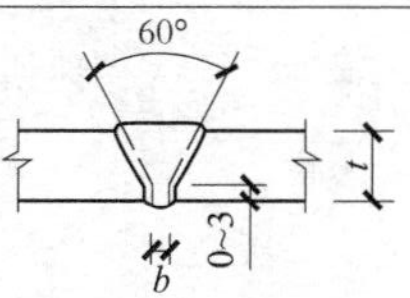

F，H，V，O

t	≥6
b	0～3
备注	清根

⑤MC－BV－B1

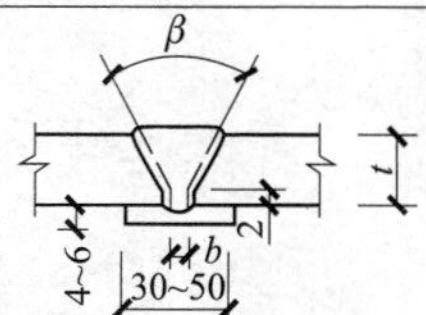

F，H，V，O　（F，V，O）

t	≥6		
b	6	（10）	（13）
β	45°	（30°）	（20°）

⑥MC－BK－2

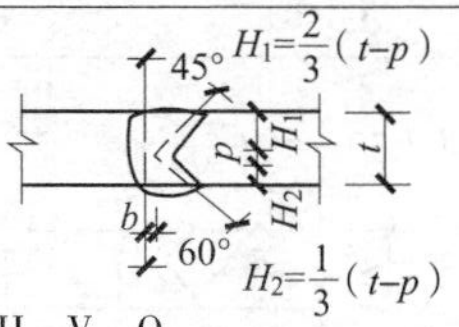

$H_1=\frac{2}{3}(t-p)$，$H_2=\frac{1}{3}(t-p)$

F，H，V，O

t	≥16
b	0～3
p	0～3

⑦MC－BX－2

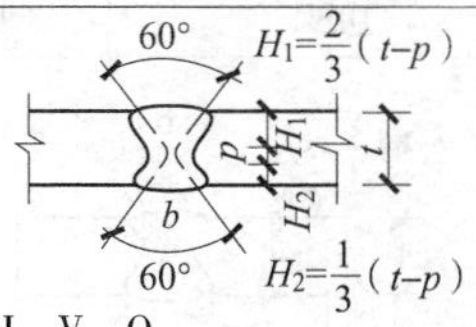

$H_1=\frac{2}{3}(t-p)$，$H_2=\frac{1}{3}(t-p)$

F，H，V，O

t	≥16
b	0～3
p	0～3

⑧MC－TL－2

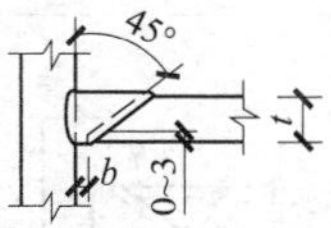

t	≥16
b	0～3
备注	清根

⑨MC－TL－B1

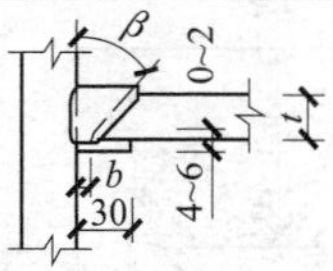

F，H，V，O　（F，V，O）

t	≥16	
b	6	（10）
β	45°	（30°）

⑩MC－TK－2

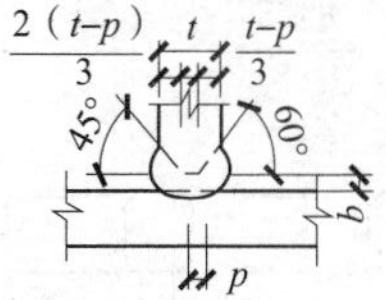

F，H，V，O

t	≥16
b	0～3
p	0～3

⑪

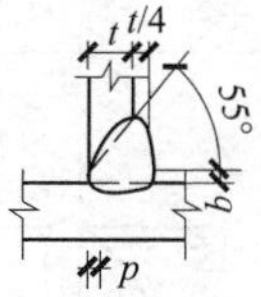

t	6～10	11～17	18～30
b	1	2	3
p	1	2	2

⑫MC－TK－2

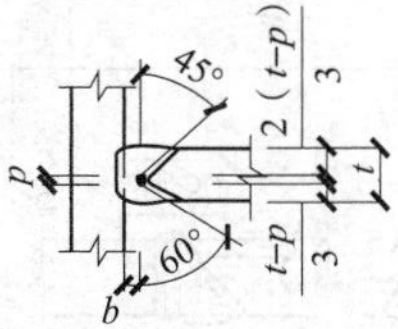

F，H，V，O

t	≥16
b	0～3
p	0～3

⑬

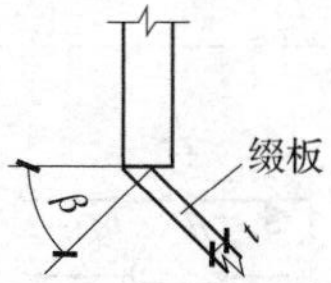

缀板

t	≤16
β	45°

注：

1. 在①～⑩、⑫中，代号 F、H、V、O 分别表示其焊接位置，可以用平焊、横焊、立焊和仰焊。
2. 图中⑩、⑫按 JGJ81—2002，两者的坡口形状和尺寸完全相同。
3. 未注标记者取自 01SG519 标准图。

表 15-2h 气体保护焊、自保护焊焊接接头的基本型式（mm）

⑭GC-BI-2

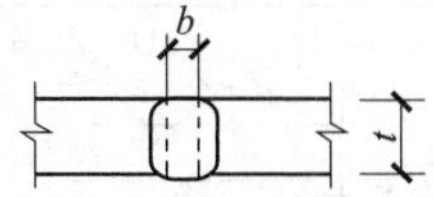

F	
t	3~8
b	0~3
备注	清根

⑮GC-BL-2

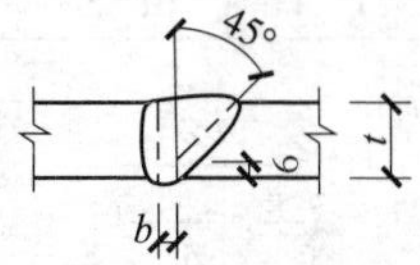

F	
t	≥6
b	0~3
备注	清根

⑯GC-BL-B1

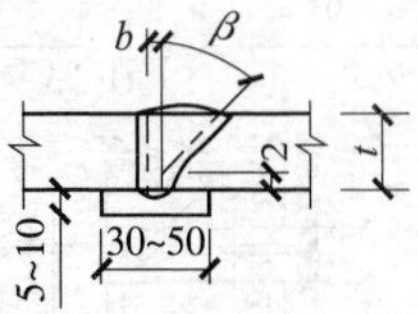

F		
t	≥6	
b	6	10
β	45°	30°

⑰GC-BV-2

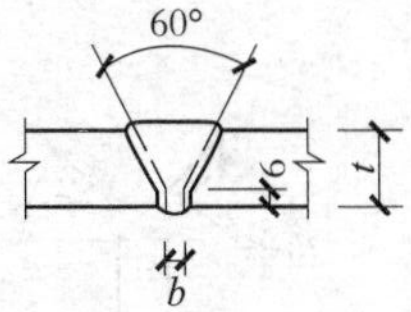

F	
t	≥12
b	0
备注	清根

⑱GC-BV-B1

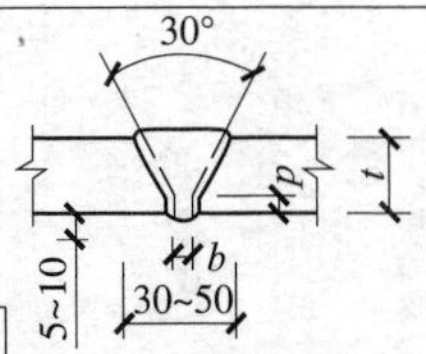

F	
t	≥10
b	8
p	2

⑲GC-BK-2

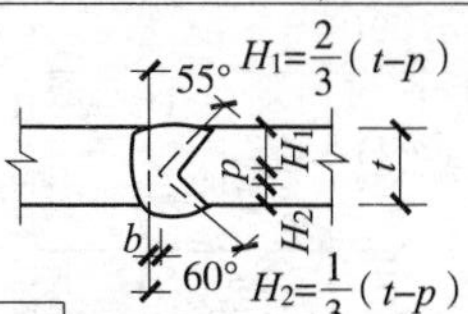

$H_1=\frac{2}{3}(t-p)$，$H_2=\frac{1}{3}(t-p)$

F	
t	≥20
b	0
p	5

⑳GC-BX-2

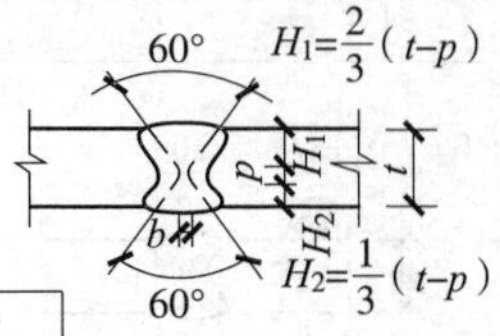

$H_1=\frac{2}{3}(t-p)$，$H_2=\frac{1}{3}(t-p)$

F	
t	≥20
b	0
p	6

㉑GC-TL-2

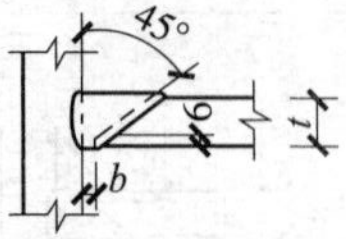

F	
t	≥6
b	0
备注	清根

㉒GC-TL-B1

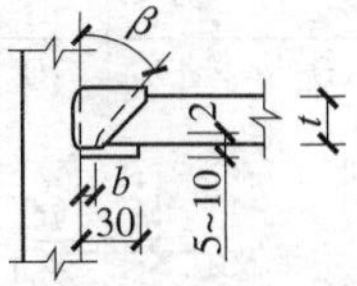

F		
t	≥6	
b	6	10
β	45°	30°

㉓GC-CV-2

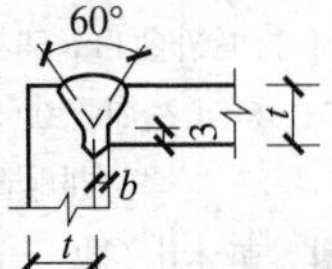

F	
t	≥6
b	0
备注	清根

㉔GC-CV-B1

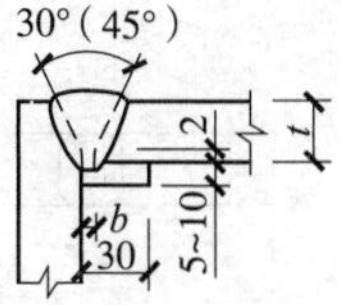

F	
t	≥12
b	（6）10

注：图中的F符号，表示其焊接位置仅用于平焊。

表 15－2i 埋弧焊焊接接头的基本型式（mm）

㉕SC－B1－2

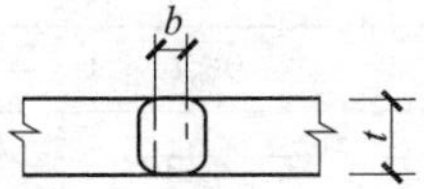

b t

F

t	6－12
b	0
备注	清根

㉖SC－BL－2

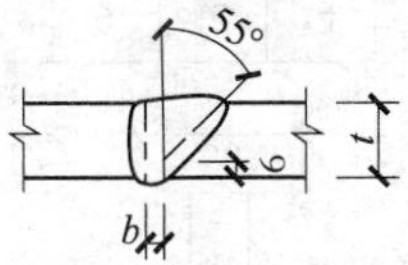

55° 6 t b

F

t	≥12
b	0
备注	清根

㉗SC－BL－Bl

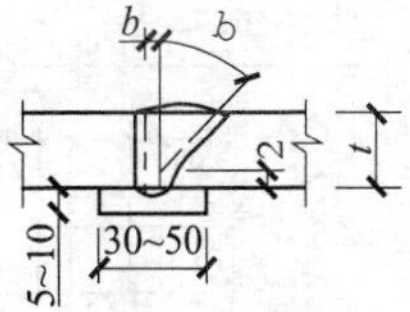

b β 2 t 5~10 30~50

F

t	≥10	
b	6	10
β	45°	30°

㉘SC－BV－2

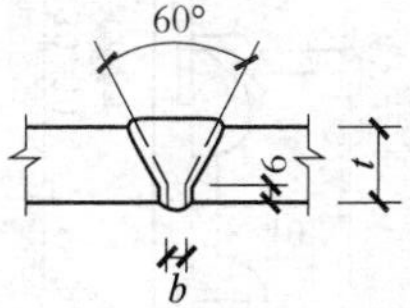

60° 6 t b

F

t	≥12
b	0
备注	清根

㉙SC－BV－B1

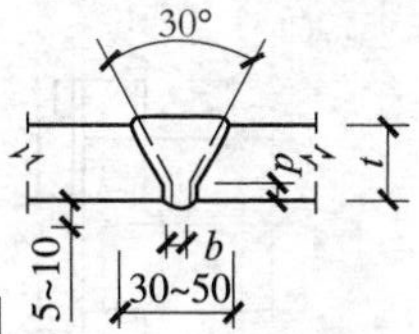

30° t p t b 5~10 30~50

F

t	≥10
b	8
p	2

㉚SC－BK－2

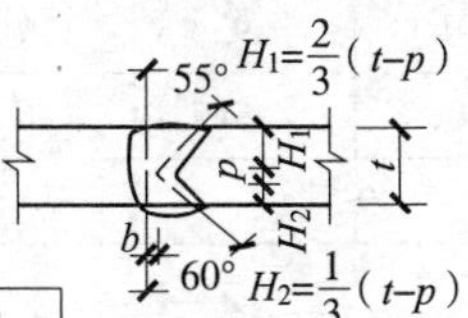

55° $H_1=\frac{2}{3}(t-p)$ p H_1 H_2 t b 60° $H_2=\frac{1}{3}(t-p)$

F

t	≥20
b	0
p	5

㉛SC－BX－2

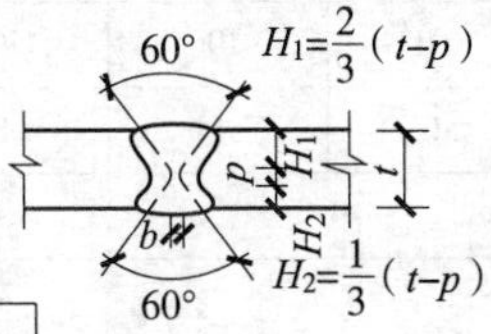

60° $H_1=\frac{2}{3}(t-p)$ p H_1 H_2 t b 60° $H_2=\frac{1}{3}(t-p)$

F

t	≥20
b	0
p	6

㉜SC－TL－2

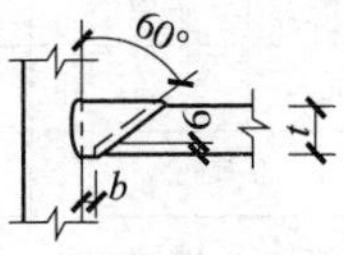

60° 6 t b

F

t	≥8
b	0
备注	清根

㉝SC－TL－B1

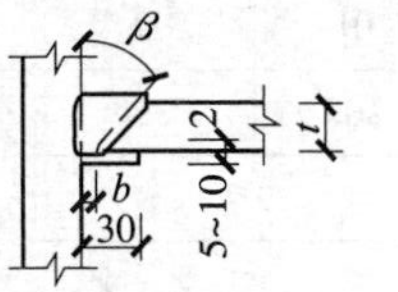

β 2 t b 30 5~10

F

t	≥10	
b	6	10
β	45°	30°

㉞SC－CV－2

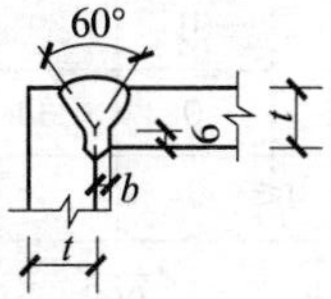

60° 6 t b t

F

t	≥10
b	0
备注	清根

㉟SC－CV－B1

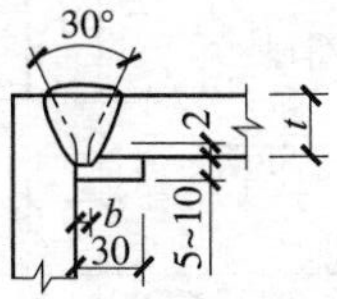

30° 2 t b 30 5~10

F

t	≥10
b	8

㊱

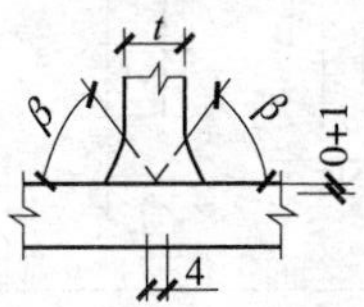

t β β 0+1 4

t	16－40
β	60°

㊲

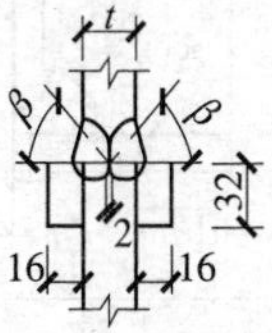

t β β 32 2 16 16

t	≥19
β	50°

㊳

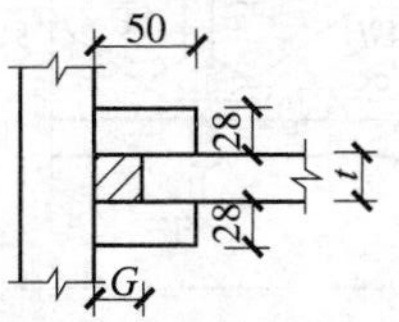

50 28 t 28 G

t	≤22	≥25
G	22	25

注：1. 图中的F符号，表示其焊接位置仅用于平焊。

2. 未注焊缝标记者，取自01SG519标准图。

表 15-2j　工地焊焊接接头的基本型式（mm）

㊴箱形柱的焊接

t	≥6	
β	45°	30°
b	6	10

㊵箱形柱的焊接

t	≥6	
β	45°	30°
b	6	10

㊶工字形梁翼缘与柱的焊接

t	≥6	
β	45°	30°
b	6	10

㊷工字形梁翼缘的焊接

t	≥6	
β	45°	30°
b	6	10

㊸工字形梁翼缘的焊接

t	≥6		
β	45°	30°	20°
b	6	10	13

㊹工字形柱翼缘的焊接

t≥6		
β	45°	30°
b	6	10

㊺工字形柱腹板的焊接

t	6	9	12	14	16
h_f	5	7	10	11	13

㊻工字形柱腹板的焊接

t	≥19
b	0~2

㊼梁与柱采用完全焊透的坡口对接焊缝连接时，其梁端需作引弧板的加工大样

注：1　以上标准系根据《高层民用建筑钢结构技术规程》JGJ 99—2015 并参考其他资料而编制的，㊺至㊼选自其他资料。

2　全部焊接为手工电弧焊，焊透 MC-X-X 型。

16　构件截面几何特性

16.0.1　热轧无缝钢管的规格及截面特性（按《结构用无缝钢管》GB/T 8162—2008），截面外径及壁厚符合《无缝钢管尺寸、外形、重量及允许偏差》GB/T 17395—2008，见表 16－1。

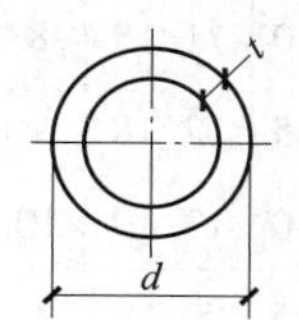

I—截面惯性矩；

W—截面模量；

i—截面回转半径。

表 16－1　无缝钢管

尺寸（mm）		截面面积 A	每米重量	截面特性		
d	t	（cm^2）	（kg/m）	I（cm^4）	W（cm^3）	i（cm）
32	2.5	2.32	1.82	2.54	1.59	1.05
	3.0	2.73	2.15	2.90	1.82	1.03
	3.5	3.13	2.46	3.23	2.02	1.02
	4.0	3.52	2.76	3.52	2.20	1.00
38	2.5	2.79	2.19	4.41	2.32	1.26
	3.0	3.30	2.59	5.09	2.68	1.24
	3.5	3.79	2.98	5.70	3.00	1.23
	4.0	4.27	3.35	6.26	3.29	1.21
42	2.5	3.10	2.44	6.07	2.89	1.40
	3.0	3.68	2.89	7.03	3.35	1.38
	3.5	4.23	3.32	7.91	3.77	1.37
	4.0	4.78	3.75	8.71	4.15	1.35
45	2.5	3.34	2.62	7.56	3.36	1.51
	3.0	3.96	3.11	8.77	3.90	1.49
	3.5	4.56	3.58	9.89	4.40	1.47
	4.0	5.15	4.04	10.93	4.86	1.46
50	2.5	3.73	2.93	10.55	4.22	1.68
	3.0	4.43	3.48	12.28	4.91	1.67
	3.5	5.11	4.00	13.90	4.56	1.65
	4.0	5.78	4.54	15.41	6.16	1.63
	4.5	6.43	5.05	16.81	6.72	1.62
	5.0	7.07	5.55	18.11	7.25	1.60
54	3.0	4.81	3.77	15.68	5.81	1.81
	3.5	5.55	4.36	17.79	6.59	1.79
	4.0	6.28	4.93	19.76	7.32	1.77
	4.5	7.00	5.49	21.61	8.00	1.76
	5.0	7.70	6.04	23.34	8.64	1.74
	5.5	8.38	6.58	24.96	9.24	1.73
	6.0	9.05	7.10	26.46	9.80	1.71
57	3.0	5.09	4.00	18.61	6.53	1.91
	3.5	5.88	4.62	21.14	7.42	1.90
	4.0	6.66	5.23	23.52	8.25	1.88
	4.5	7.42	5.83	25.76	9.04	1.86
	5.0	8.17	6.41	27.86	9.78	1.85
	5.5	8.90	6.99	29.84	10.47	1.83
	6.0	9.61	7.55	31.69	11.12	1.82
60	3.0	5.37	4.22	21.88	7.29	2.02
	3.5	6.21	4.88	24.88	8.29	2.00
	4.0	7.04	5.52	27.73	9.24	1.98
	4.5	7.85	6.16	30.41	10.14	1.97
	5.0	8.64	6.78	32.94	10.98	1.95
	5.5	9.42	7.39	35.32	11.77	1.94
	6.0	10.18	7.99	37.56	12.52	1.92

续表 16－1

尺寸(mm)		截面面积A	每米重量	截面特性		
d	t	(cm²)	(kg/m)	I (cm⁴)	W (cm³)	i (cm)
63.5	3.0	5.70	4.48	26.15	8.24	2.14
	3.5	6.60	5.18	29.79	9.38	2.12
	4.0	7.48	5.87	33.24	10.47	2.11
	4.5	8.34	6.55	36.50	11.50	2.09
	5.0	9.19	7.21	39.60	12.47	2.08
	5.5	10.02	7.87	42.52	13.39	2.06
	6.0	10.84	8.51	45.28	14.26	2.04
68	3.0	6.13	4.81	32.42	9.54	2.30
	3.5	7.09	5.57	36.99	10.88	2.28
	4.0	8.04	6.31	41.34	12.16	2.27
	4.5	8.98	7.05	45.47	13.37	2.25
	5.0	9.90	7.77	49.41	14.53	2.23
	5.5	10.80	8.48	53.14	15.63	2.22
	6.0	11.69	9.17	56.68	16.67	2.20
70	3.0	6.31	4.96	35.50	10.14	2.37
	3.5	7.31	5.74	40.53	11.58	2.35
	4.0	8.29	6.51	45.33	12.95	2.34
	4.5	9.26	7.27	49.89	14.26	2.32
	5.0	10.21	8.01	54.24	15.50	2.30
	5.5	11.14	8.75	58.38	16.68	2.29
	6.0	12.06	9.47	62.31	17.80	2.27
73	3.0	6.60	5.18	40.48	11.09	2.48
	3.5	7.64	6.00	46.26	12.67	2.46
	4.0	8.67	6.81	51.78	14.19	2.44
	4.5	9.68	7.60	57.04	15.63	2.43
	5.0	10.68	8.38	62.07	17.01	2.41
	5.5	11.66	9.16	66.87	18.32	2.39
	6.0	12.63	9.91	71.43	19.57	2.38
76	3.0	6.88	5.40	45.91	12.08	2.58
	3.5	7.97	6.26	52.50	13.82	2.57
	4.0	9.05	7.10	58.81	15.48	2.55
76	4.5	10.11	7.93	64.85	17.07	2.53
	5.0	11.15	8.75	70.62	18.59	2.52
	5.5	12.18	9.56	76.14	20.04	2.50
	6.0	13.19	10.36	81.41	21.42	2.48
83	3.5	8.74	6.86	69.19	16.67	2.81
	4.0	9.93	7.79	77.64	18.71	2.80
	4.5	11.10	8.71	85.76	20.67	2.78
	5.0	12.25	9.62	93.56	22.54	2.76
	5.5	13.39	10.51	101.04	24.35	2.75
	6.0	14.51	11.39	108.22	26.08	2.73
	6.5	15.62	12.26	115.10	27.74	2.71
	7.0	16.71	13.12	121.69	29.32	2.70
89	3.5	9.40	7.38	86.05	19.34	3.03
	4.0	10.68	8.38	96.68	21.73	3.01
	4.5	11.95	9.38	106.92	24.03	2.99
	5.0	13.19	10.36	116.79	26.24	2.98
	5.5	14.43	11.33	126.29	28.38	2.96
	6.0	15.75	12.28	135.43	30.43	2.94
	6.5	16.85	13.22	144.22	32.41	2.93
	7.0	18.03	14.16	152.67	34.31	2.91
95	3.5	10.06	7.90	105.45	22.20	3.24
	4.0	11.44	8.98	118.60	24.97	3.22
	4.5	12.79	10.04	131.31	27.64	3.20
	5.0	14.14	11.10	143.58	30.23	3.19
	5.5	15.46	12.14	155.43	32.72	3.17
	6.0	16.78	13.17	166.86	35.13	3.15
	6.5	18.07	14.19	177.89	37.45	3.14
	7.0	19.35	15.19	188.51	39.69	3.12
102	3.5	10.83	8.50	131.52	25.79	3.48
	4.0	12.32	9.67	148.09	29.04	3.47
	4.5	13.78	10.82	164.14	32.18	3.45

续表 16－1

尺寸(mm)		截面面积A	每米重量	截面特性		
d	t	(cm²)	(kg/m)	I (cm⁴)	W (cm³)	i (cm)
102	5.0	15.24	11.96	179.68	35.23	3.43
	5.5	16.67	13.09	194.72	38.18	3.42
	6.0	18.10	14.21	209.28	41.03	3.40
	6.5	19.50	15.31	223.35	43.79	3.38
	7.0	20.89	16.40	236.96	46.46	3.37
108	4.0	13.06	10.26	177.00	32.78	3.68
	4.5	14.62	11.49	196.35	36.36	3.66
	5.0	16.17	12.70	215.12	39.84	3.65
	5.5	17.70	13.90	233.32	43.21	3.63
	6.0	19.22	15.09	250.97	46.48	3.61
	6.5	20.72	16.27	268.08	49.64	3.60
	7.0	22.20	17.44	284.65	52.71	3.58
	7.5	23.67	18.59	300.71	55.69	3.56
	8.0	25.12	19.73	316.25	58.57	3.55
114	4.0	13.82	10.85	209.35	36.73	3.89
	4.5	15.48	12.15	232.41	40.77	3.87
	5.0	17.12	13.44	254.81	44.70	3.86
	5.5	18.75	14.72	276.58	48.52	3.84
	6.0	20.36	15.98	297.73	52.23	3.82
	6.5	21.95	17.23	318.26	55.84	3.81
	7.0	23.53	18.47	338.19	59.33	3.79
	7.5	25.09	19.70	357.58	62.73	3.77
	8.0	26.64	20.91	376.30	66.02	3.76
121	4.0	14.70	11.54	251.87	41.63	4.14
	4.5	16.47	12.93	279.83	46.25	4.12
	5.0	18.22	14.30	307.05	50.75	4.11
	5.5	19.96	15.67	333.54	55.13	4.09
	6.0	21.68	17.02	359.32	59.39	4.07
	6.5	23.38	18.35	384.40	63.54	4.05
	7.0	25.07	19.68	408.80	67.57	4.04
	7.5	26.74	20.99	432.51	71.49	4.02
	8.0	28.40	22.29	455.57	75.30	4.01
127	4.0	15.46	12.13	292.61	46.08	4.35
	4.5	17.32	13.59	325.29	51.23	4.33
	5.0	19.16	15.04	357.14	56.24	4.32
	5.5	20.99	16.48	388.19	61.13	4.30
	6.0	22.81	17.90	418.44	65.90	4.28
	6.5	24.61	19.32	447.92	70.54	4.27
	7.0	26.39	20.72	476.63	75.06	4.25
	7.5	28.16	22.10	504.58	79.46	4.23
	8.0	29.91	23.48	531.80	83.75	4.22
133	4.0	16.21	12.73	337.53	50.76	4.56
	4.5	18.17	14.26	375.42	56.45	4.55
	5.0	20.11	15.78	412.40	62.02	4.53
	5.5	22.03	17.29	448.50	67.44	4.51
	6.0	23.94	18.79	483.72	72.74	4.50
	6.5	25.83	20.28	518.07	77.91	4.48
	7.0	27.71	21.75	551.58	82.94	4.46
	7.5	29.57	23.21	584.25	87.86	4.45
	8.0	31.42	24.66	616.11	92.65	4.43
140	4.5	19.16	15.04	440.12	62.87	4.79
	5.0	21.21	16.65	483.76	69.11	4.78
	5.5	23.24	18.24	526.40	75.20	4.76
	6.0	25.26	19.83	568.06	81.15	4.74
	6.5	27.26	21.40	608.76	86.97	4.73
	7.0	29.25	22.96	648.51	92.64	4.71
	7.5	31.22	24.51	687.32	98.19	4.69
	8.0	33.18	26.04	725.21	103.60	4.68
	9.0	37.04	29.08	798.29	114.04	4.64
	10	40.84	32.06	867.86	123.98	4.61
146	4.5	20.00	15.70	501.16	68.65	5.01
	5.0	22.15	17.39	551.10	75.49	4.99
	5.5	24.28	19.06	599.95	82.19	4.97

续表 16-1

尺寸 (mm)		截面面积 A	每米重量	截面特性			尺寸 (mm)		截面面积 A	每米重量	截面特性		
				I	W	i					I	W	i
d	t	(cm²)	(kg/m)	(cm⁴)	(cm³)	(cm)	d	t	(cm²)	(kg/m)	(cm⁴)	(cm³)	(cm)
146	6.0	26.39	20.72	647.73	88.73	4.95	168	6.5	32.98	25.89	1076.95	128.21	5.71
	6.5	28.49	22.36	694.44	95.13	4.94		7.0	35.41	27.79	1149.36	136.83	5.70
	7.0	30.57	24.00	740.12	101.39	4.92		7.5	37.82	29.69	1220.38	145.28	5.68
	7.5	32.63	25.62	784.77	107.50	4.90		8.0	40.21	31.57	1290.01	153.57	5.66
	8.0	34.68	27.23	828.41	113.48	4.89		9.0	44.96	35.29	1425.22	169.67	5.63
	9.0	38.74	30.41	912.71	125.03	4.85		10	49.64	38.97	1555.13	185.13	5.60
	10	42.73	33.54	993.16	136.05	4.82	180	5.0	27.49	21.58	1053.17	117.02	6.19
152	4.5	20.85	16.37	567.61	74.69	5.22		5.5	30.15	23.67	1148.79	127.64	6.17
	5.0	23.09	18.13	624.43	82.16	5.20		6.0	32.80	25.75	1242.72	138.08	6.16
	5.5	25.31	19.87	680.06	89.48	5.18		6.5	35.43	27.81	1335.00	148.33	6.14
	6.0	27.52	21.60	734.52	96.65	5.17		7.0	38.04	29.87	1425.63	158.40	6.12
	6.5	29.71	23.32	787.82	103.66	5.15		7.5	40.64	31.91	1514.64	168.29	6.10
	7.0	31.89	25.03	839.99	110.52	5.13		8.0	43.23	33.93	1602.04	178.00	6.09
	7.5	34.05	26.73	891.03	117.24	5.12		9.0	48.35	37.95	1772.12	196.90	6.05
	8.0	36.19	28.41	940.97	123.81	5.10		10	53.41	41.92	1936.01	215.11	6.02
	9.0	40.43	31.74	1037.59	136.53	5.07		12	63.33	49.72	2245.84	249.54	5.95
	10	44.61	35.02	1129.99	148.68	5.03	194	5.0	29.69	23.31	1326.54	136.76	6.68
159	4.5	21.84	17.15	652.27	82.05	5.46		5.5	32.57	25.57	1447.86	149.26	6.67
	5.0	24.19	18.99	717.88	90.30	5.45		6.0	35.44	27.82	1567.21	161.57	6.65
	5.5	26.52	20.82	782.18	98.39	5.43		6.5	38.29	30.06	1684.61	173.67	6.63
	6.0	28.84	22.64	845.19	106.31	5.41		7.0	41.12	32.28	1800.08	185.57	6.62
	6.5	31.14	24.45	906.92	114.08	5.40		7.5	43.94	34.50	1913.64	197.28	6.60
	7.0	33.43	26.24	967.41	121.69	5.38		8.0	46.75	36.70	2025.31	208.79	6.58
	7.5	35.70	28.02	1026.65	129.14	5.36		9.0	52.31	41.06	2243.08	231.25	6.55
	8.0	37.95	29.79	1084.67	136.44	5.35		10	57.81	45.38	2453.55	252.94	6.51
	9.0	42.41	33.29	1197.12	150.58	5.31		12	68.51	53.86	2853.25	294.15	6.45
	10	46.81	36.75	1304.88	164.14	5.28	203	6.0	37.13	29.15	1803.07	177.64	6.97
168	4.5	23.11	18.14	772.96	92.02	5.78		6.5	40.13	31.50	1938.81	191.02	6.95
	5.0	25.60	20.10	851.14	101.33	5.77		7.0	43.10	33.84	2072.43	204.18	6.93
	5.5	28.08	22.04	927.85	110.46	5.75		7.5	46.06	36.16	2203.94	217.14	6.92
	6.0	30.54	23.97	1003.12	119.42	5.73		8.0	49.01	38.47	2333.37	229.89	6.90

续表 16 – 1

尺寸（mm）		截面面积 A	每米重量	截面特性		
d	t	（cm^2）	（kg/m）	I（cm^4）	W（cm^3）	i（cm）
203	9.0	54.85	43.06	2586.08	254.79	6.87
	10	60.63	47.60	2830.72	278.89	6.83
	12	72.01	56.52	3296.49	324.78	6.77
	14	83.13	65.25	3732.07	367.69	6.70
	16	94.00	73.79	4138.78	407.76	6.64
219	6.0	40.15	31.52	2278.74	208.10	7.53
	6.5	43.39	34.06	2451.64	223.89	7.52
	7.0	46.62	36.60	2622.04	239.46	7.50
	7.5	49.83	39.12	2789.96	254.79	7.48
	8.0	53.03	41.63	2955.43	269.90	7.47
	9.0	59.38	46.61	3279.12	299.46	7.43
	10	65.66	51.54	3593.29	328.15	7.40
	12	78.04	61.26	4193.81	383.00	7.33
	14	90.16	70.78	4758.50	434.57	7.26
	16	102.04	80.10	5288.81	483.00	7.20
245	6.5	48.70	38.23	3465.46	282.89	8.44
	7.0	52.34	41.08	3709.06	302.78	8.42
	7.5	55.96	43.93	3949.52	322.41	8.40
	8.0	59.56	46.76	4186.87	341.79	8.38
	9.0	66.73	52.38	4652.32	379.78	8.35
	10	73.83	57.95	5105.63	416.79	8.32
	12	87.84	68.95	5976.67	487.89	8.25
	14	101.60	79.76	6801.68	555.24	8.18
	16	115.11	90.36	7582.30	618.96	8.12
273	6.5	54.42	42.72	4834.18	354.15	9.42
	7.0	58.50	45.92	5177.30	379.29	9.41
	7.5	62.56	49.11	5516.47	404.14	9.39
	8.0	66.60	52.28	5851.71	428.70	9.37
	9.0	74.64	58.60	6510.56	476.96	9.34
	10	82.62	64.86	7154.09	524.11	9.31
	12	98.39	77.24	8396.14	615.10	9.24
273	14	114.91	89.42	9579.75	701.84	9.17
	16	129.18	101.41	10706.79	784.38	9.10
299	7.5	68.68	53.92	7300.02	488.30	10.31
	8.0	73.14	57.41	7747.42	518.22	10.29
	9.0	82.00	64.37	8628.09	577.13	10.26
	10	90.79	71.27	9490.15	634.79	10.22
	12	108.20	84.93	11159.52	746.46	10.16
	14	125.35	98.40	12757.61	853.35	10.09
	16	142.25	111.67	14286.48	955.62	10.02
325	7.5	74.81	58.73	9431.80	580.42	11.23
	8.0	79.67	62.54	10013.92	616.24	11.21
	9.0	89.35	70.14	11161.33	686.85	11.18
	10	98.96	77.68	12286.52	756.09	11.14
	12	118.00	92.63	14471.45	890.55	11.07
	14	136.78	107.38	16570.98	1019.75	11.01
	16	155.32	121.93	18587.38	1143.84	10.94
351	8.0	86.21	67.67	12684.36	722.76	12.13
	9.0	96.70	75.91	14147.55	806.13	12.10
	10	107.13	84.10	15584.62	888.01	12.06
	12	127.80	100.32	18381.63	1047.39	11.99
	14	148.22	116.35	21077.86	1201.02	11.93
	16	168.39	132.19	23675.75	1349.05	11.86
377	9	104.00	81.68	17628.57	935.20	13.02
	10	115.24	90.51	19430.86	1030.81	12.98
	11	126.42	99.29	21203.11	1124.83	12.95
	12	137.53	108.02	22945.66	1217.28	12.81
	13	148.59	116.70	24658.84	1308.16	12.88
	14	159.58	125.33	26342.98	1397.51	12.84
	15	170.50	133.91	27998.42	1485.33	12.81
	16	181.37	142.45	29625.48	1571.64	12.78

续表 16－1

尺寸(mm)		截面面积 A	每米重量	截面特性			尺寸(mm)		截面面积 A	每米重量	截面特性		
d	t	(cm^2)	(kg/m)	I (cm^4)	W (cm^3)	i (cm)	d	t	(cm^2)	(kg/m)	I (cm^4)	W (cm^3)	i (cm)
402	9	111.06	87.23	21469.37	1068.13	13.90	500	9	138.76	108.98	41860.49	1674.42	17.36
	10	123.09	96.67	23676.21	1177.92	13.86		10	153.86	120.84	46231.77	1849.27	17.33
	11	135.05	106.07	25848.66	1286.00	13.83		11	168.90	132.65	50548.75	2021.95	17.29
	12	146.95	115.42	27987.08	1392.39	13.80		12	183.88	144.42	54811.88	2192.48	17.26
	13	158.79	124.71	30091.82	1497.11	13.76		13	198.79	156.13	59021.61	2360.86	17.22
	14	170.56	133.96	32163.24	1600.16	13.73		14	213.65	167.80	63178.39	2527.14	17.19
	15	182.28	143.16	34201.69	1701.58	13.69		15	228.44	179.41	67282.66	2691.31	17.15
	16	193.93	152.31	36207.53	1801.37	13.66		16	243.16	190.98	71334.87	2853.39	17.12
426	9	117.84	93.00	25646.28	1204.05	14.75	530	9	147.23	115.64	50009.99	1887.17	18.42
	10	130.62	102.59	28294.52	1328.38	14.71		10	163.28	128.24	55251.25	2084.95	18.39
	11	143.34	112.58	30903.91	1450.89	14.68		11	179.26	140.79	60431.21	2280.42	18.35
	12	156.00	122.52	33474.84	1571.59	14.64		12	195.18	153.30	65550.35	2473.60	18.32
	13	168.59	132.41	36007.67	1690.50	14.60		13	211.04	165.75	70609.15	2664.50	18.28
	14	181.12	142.25	38502.80	1807.64	14.47		14	226.83	178.15	75608.08	2853.14	18.25
	15	193.58	152.04	40960.60	1923.03	14.54		15	242.57	190.51	80547.62	3039.53	18.22
	16	205.98	161.78	43381.44	2036.69	14.51		16	258.23	202.82	85428.24	3223.71	18.18
450	9	124.63	97.88	30332.67	1348.12	15.60	560	9	155.71	122.30	59154.07	2112.65	19.48
	10	138.61	108.51	33477.56	1487.89	15.56		10	172.70	135.64	65373.70	2334.78	19.45
	11	151.63	119.09	36578.87	1625.73	15.53		11	189.62	148.93	71524.61	2554.45	19.41
	12	165.04	129.62	39637.01	1761.65	15.49		12	206.49	162.17	77607.30	2771.69	19.38
	13	178.38	140.10	42652.38	1895.66	15.46		13	223.29	175.37	83622.29	2986.51	19.34
	14	191.67	150.53	45625.38	2027.79	15.42		14	240.02	188.51	89570.06	3198.93	19.31
	15	204.89	160.92	48556.41	2158.06	15.39		15	256.70	201.61	95451.14	3408.97	19.28
	16	218.04	171.25	51445.87	2286.48	15.35		16	273.31	214.65	101266.01	3616.64	19.24
480	9	133.11	104.54	36951.77	1539.66	16.66	630	9	175.50	137.83	84679.83	2688.25	21.96
	10	147.58	115.91	40800.14	1700.01	16.62		10	194.68	152.90	93639.59	2972.69	21.92
	11	161.99	127.23	44598.63	1858.28	16.59		11	213.80	167.92	102511.65	3254.34	21.89
	12	176.34	138.50	48347.69	2014.49	16.55		12	232.86	182.89	111296.59	3533.23	21.85
	13	190.63	149.08	52047.74	2168.66	16.52		13	251.86	197.81	119994.98	3809.36	21.82
	14	204.85	160.20	55699.21	2320.80	16.48		14	270.79	212.68	128607.39	4082.77	21.78
	15	219.02	172.01	59302.54	2470.94	16.44		15	289.67	227.50	137134.39	4353.47	21.75
	16	233.11	183.08	62858.14	2619.09	16.41		16	308.47	242.27	145576.54	4621.48	21.72

16.0.2 电焊钢管的规格及截面特性（按《直缝电焊管》GB/T 13793—2016 计算），截面外径和壁厚符合《焊接钢管尺寸及单位长度重量》GB/T 21835—2008，见表 16－2。

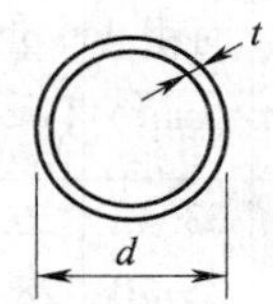

I—截面惯性矩；

W—截面模量；

i—截面回转半径。

表 16－2 电焊钢管

尺寸(mm)		截面面积 A	每米重量	截面特性		
				I	W	i
d	t	(cm^2)	(kg/m)	(cm^4)	(cm^3)	(cm)
32	2.0	1.38	1.48	2.13	1.33	1.06
	2.5	2.32	1.82	2.54	1.59	1.05
38	2.0	2.26	1.78	3.68	1.93	1.27
	2.5	2.79	2.19	4.41	2.32	1.26
40	2.0	2.39	1.87	4.32	2.16	1.35
	2.5	2.95	2.31	5.20	2.60	1.33
42	2.0	2.51	1.97	5.04	2.40	1.42
	2.5	3.10	2.44	6.07	2.89	1.40
45	2.0	2.70	2.12	6.26	2.78	1.52
	2.5	3.34	2.62	7.56	3.36	1.51
	3.0	3.96	3.11	8.77	3.90	1.49
51	2.0	3.08	2.42	9.26	3.63	1.73
	2.5	3.81	2.99	11.23	4.40	1.72
	3.0	4.52	3.55	13.08	5.13	1.70
	3.5	5.22	4.10	14.81	5.81	1.68
53	2.0	3.20	2.52	10.43	3.94	1.80
	2.5	3.97	3.11	12.67	4.78	1.79
	3.0	4.71	3.70	14.78	5.58	1.77
	3.5	5.44	4.27	16.75	6.32	1.75
57	2.0	3.46	2.71	13.08	4.59	1.95
	2.5	4.28	3.36	15.93	5.59	1.93
	3.0	5.09	4.00	18.61	6.53	1.91
	3.5	5.88	4.62	21.14	7.42	1.90
60	2.0	3.64	2.86	15.34	5.11	2.05
	2.5	4.52	3.55	18.70	6.23	2.03
	3.0	5.37	4.22	21.88	7.29	2.02
	3.5	6.21	4.88	24.88	8.29	2.00
63.5	2.0	3.86	3.03	18.29	5.76	2.18
	2.5	4.79	3.76	22.32	7.03	2.16
	3.0	5.70	4.48	26.15	8.24	2.14
	3.5	6.60	5.18	29.79	9.38	2.12
70	2.0	4.27	3.35	24.72	7.06	2.41
	2.5	5.30	4.16	30.23	8.64	2.39
	3.0	6.31	4.96	35.50	10.14	2.37
	3.5	7.31	5.74	40.53	11.58	2.35
	4.5	9.26	7.27	49.89	14.26	2.32
76	2.0	4.65	3.65	31.85	8.38	2.62
	2.5	5.77	4.53	39.03	10.27	2.60
	3.0	6.88	5.40	45.91	12.08	2.58
	3.5	7.97	6.26	52.50	13.82	2.57
	4.0	9.05	7.10	58.81	15.48	2.55
	4.5	10.11	7.93	64.85	17.07	2.53
83	2.0	5.09	4.00	41.76	10.06	2.86
	2.5	6.32	4.96	51.26	12.35	2.85
	3.0	7.54	5.92	60.40	14.56	2.83
	3.5	8.74	6.86	69.19	16.67	2.81
	4.0	9.93	7.79	77.64	18.71	2.80
	4.5	11.10	8.71	85.76	20.67	2.78
89	2.0	5.47	4.29	51.75	11.63	3.08
	2.5	6.79	5.33	63.59	14.29	3.06
	3.0	8.11	6.36	75.02	16.86	3.04
	3.5	9.40	7.38	86.05	19.34	3.03
	4.0	10.68	8.38	96.68	21.73	3.01
	4.5	11.95	9.38	106.92	24.03	2.99
95	2.0	5.84	4.59	63.20	13.31	3.29
	2.5	7.26	5.70	77.76	16.37	3.27
	3.0	8.67	6.81	91.83	19.33	3.25
	3.5	10.06	7.90	105.45	22.20	3.24
102	2.0	6.28	4.93	78.57	15.41	3.54
	2.5	7.81	6.13	96.77	18.97	3.52
	3.0	9.33	7.32	114.42	22.43	3.50

续表 16－2

尺寸(mm) d	尺寸(mm) t	截面面积 A (cm^2)	每米重量 (kg/m)	截面特性 I (cm^4)	截面特性 W (cm^3)	截面特性 i (cm)
102	3.5	10.83	8.50	131.52	25.79	3.48
	4.0	12.32	9.67	148.09	29.04	3.47
	4.5	13.78	10.82	164.14	32.18	3.45
	5.0	15.24	11.96	179.68	35.23	3.43
108	3.0	9.90	7.77	136.49	25.28	3.71
	3.5	11.49	9.02	157.02	29.08	3.70
	4.0	13.07	10.26	176.95	32.77	3.68
114	3.0	10.46	8.21	161.24	28.29	3.93
	3.5	12.15	9.54	185.63	32.57	3.91
	4.0	13.82	10.85	209.35	36.73	3.89
	4.5	15.48	12.15	232.41	40.77	3.87
	5.0	17.12	13.44	254.81	44.70	3.86
121	3.0	11.12	8.73	193.69	32.01	4.17
	3.5	12.92	10.14	223.17	36.89	4.16
	4.0	14.70	11.54	251.87	41.63	4.14
127	3.0	11.69	9.17	224.75	35.39	4.39
	3.5	13.58	10.66	259.11	40.80	4.37
	4.0	15.46	12.13	292.61	46.08	4.35
	4.5	17.32	13.59	325.29	51.23	4.33
	5.0	19.16	15.04	357.14	56.24	4.32
133	3.5	14.24	11.18	298.71	44.92	4.58
	4.0	16.21	12.73	337.53	50.76	4.56
	4.5	18.17	14.26	375.42	56.45	4.55
	5.0	20.11	15.78	412.40	62.02	4.53
140	3.5	15.01	11.78	349.79	49.97	4.83
	4.0	17.09	13.42	395.47	56.50	4.81
	4.5	19.16	15.04	440.12	62.87	4.79
	5.0	21.21	16.65	483.76	69.11	4.78
	5.5	23.24	18.24	526.40	75.20	4.76
152	3.5	16.33	12.82	450.35	59.26	5.25
	4.0	18.60	14.60	509.59	67.05	5.23
	4.5	20.85	16.37	567.61	74.69	5.22
	5.0	23.09	18.13	624.43	82.16	5.20
	5.5	25.31	19.87	680.06	89.48	5.18
159	4.5	21.84	17.15	652.27	82.05	5.46
	5.0	24.19	18.99	717.88	90.30	5.45
	5.5	26.52	20.82	782.18	98.39	5.43
	6.0	28.84	22.64	845.19	106.31	5.41
	6.5	31.14	24.45	906.92	114.08	5.40
159	7.0	33.43	26.24	967.41	121.69	5.38
	7.5	35.70	28.02	1026.65	129.14	5.36
	8.0	37.95	29.79	1084.67	136.44	5.35
	9.0	42.41	33.29	1197.12	150.58	5.31
	10	46.81	36.75	1304.88	164.14	5.28
168	4.5	23.11	18.14	772.96	92.02	5.78
	5.0	25.60	20.10	851.14	101.33	5.77
	5.5	28.08	22.04	927.85	110.46	5.75
	6.0	30.54	23.97	1003.12	119.42	5.73
	6.5	32.98	25.89	1076.95	128.21	5.71
	7.0	35.41	27.79	1149.36	136.83	5.70
	7.5	37.82	29.69	1220.38	145.28	5.68
	8.0	40.21	31.57	1290.01	153.57	5.66
	9.0	44.96	35.29	1425.22	169.67	5.63
	10	49.64	38.97	1555.13	185.13	5.60
180	5.0	27.49	21.58	1053.17	117.02	6.19
	5.5	30.15	23.67	1148.79	127.64	6.17
	6.0	32.80	25.75	1242.72	138.08	6.16
	6.5	35.43	27.81	1335.00	148.33	6.14
	7.0	38.04	29.87	1425.63	158.40	6.12
	7.5	40.64	31.91	1514.64	168.29	6.10
	8.0	43.23	33.93	1602.04	178.00	6.09
	9.0	48.25	37.95	1772.12	196.90	6.05
	10	53.41	41.92	1936.01	215.11	6.02
	12	63.33	49.72	2245.84	249.54	5.95
194	5.0	29.69	23.31	1326.54	136.76	6.68
	5.5	32.57	25.57	1447.86	149.26	6.67
	6.0	35.44	27.82	1567.21	161.57	6.65
	6.5	38.29	30.06	1684.61	173.67	6.63
	7.0	41.12	32.28	1800.08	185.57	6.62
	7.5	43.94	34.50	1913.64	197.28	6.60
	8.0	46.75	36.70	2025.31	208.79	6.58
	9.0	52.31	41.06	2243.08	231.25	6.55
	10	57.81	45.38	2453.55	252.94	6.51
	12	68.61	53.86	2853.25	294.15	6.45
203	6.0	37.13	29.15	1803.07	177.64	6.97
	6.5	40.13	31.50	1938.81	191.02	6.95
	7.0	43.10	33.84	2072.43	204.18	6.93
	7.5	46.06	36.16	2203.94	217.14	6.92

续表 16－2

尺寸(mm)		截面面积 A	每米重量	截面特性		
d	t	(cm²)	(kg/m)	I (cm⁴)	W (cm³)	i (cm)
203	8.0	49.01	38.47	2333.37	229.89	6.90
	9.0	54.85	43.06	2586.08	254.79	6.87
	10	60.63	47.60	2830.72	278.89	6.83
	12	72.01	56.52	3296.49	324.78	6.77
	14	83.13	65.25	3732.07	367.69	6.70
	16	94.00	73.79	4138.78	407.76	6.64
219	6.0	40.15	31.52	2278.74	208.10	7.53
	6.5	43.39	34.06	2451.64	223.89	7.52
	7.0	46.62	36.60	2622.04	239.46	7.50
	7.5	49.83	39.12	2789.96	254.79	7.48
	8.0	53.03	41.63	2955.43	269.90	7.47
	9.0	59.38	46.61	3279.12	299.46	7.43
	10	65.66	51.54	3593.29	328.15	7.40
	12	78.04	61.26	4193.81	383.00	7.33
	14	90.16	70.78	4758.50	434.57	7.26
	16	102.04	80.10	5288.81	483.00	7.20
245	6.5	48.70	38.23	3465.46	282.89	8.44
	7.0	52.34	41.08	3709.06	302.78	8.42
	7.5	55.96	43.93	3949.52	322.41	8.40
	8.0	59.56	46.76	4186.87	341.79	8.38
	9.0	66.73	52.38	4652.32	379.78	8.35
	10	73.83	57.95	5105.63	416.79	8.32
	12	87.84	68.95	5976.67	487.89	8.25
	14	101.60	79.76	6801.68	555.24	8.18
	16	115.11	90.36	7582.30	618.96	8.12
273	6.5	54.42	42.72	4834.18	354.15	9.42
	7.0	58.50	45.92	5177.30	379.29	9.41

尺寸(mm)		截面面积 A	每米重量	截面特性		
d	t	(cm²)	(kg/m)	I (cm⁴)	W (cm³)	i (cm)
273	7.5	62.56	49.11	5516.47	404.14	9.39
	8.0	66.60	52.28	5851.71	428.70	9.37
	9.0	74.64	58.60	6510.56	476.96	9.34
	10	82.62	64.86	7154.09	524.11	9.31
	12	98.39	77.24	8396.14	615.10	9.24
	14	113.91	89.42	9579.75	701.81	9.17
	16	129.18	101.41	10706.79	784.38	9.10
299	7.5	68.68	53.92	7300.02	488.30	10.31
	8.0	73.14	57.41	7747.42	518.22	10.29
	9.0	82.00	64.37	8628.09	577.43	10.26
	10	90.79	71.27	9490.15	634.79	10.22
	12	108.20	84.93	11159.52	746.46	10.16
	14	125.35	98.40	12757.61	853.35	10.09
	16	142.25	111.67	14286.48	955.62	10.02
325	7.5	74.81	58.73	9431.80	580.42	11.23
	8.0	79.67	62.54	10013.92	616.24	11.21
	9.0	89.35	70.14	11161.33	686.85	11.18
	10	98.96	77.68	12286.52	756.09	11.14
	12	118.00	92.63	14471.45	890.55	11.07
	14	136.78	107.38	16570.98	1019.75	11.04
	16	155.32	121.93	18587.38	1143.84	10.94
351	8.0	86.21	67.67	12684.36	722.76	12.13
	9.0	96.70	75.91	14147.55	806.13	12.10
	10	107.13	84.10	15584.62	888.01	12.06
	12	127.80	100.32	18381.63	1047.39	11.99
	14	148.22	116.35	21077.86	1201.02	11.93
	16	168.39	132.19	23675.75	1349.05	11.86

注：电焊钢管的通常长度：$d=32\sim70$mm 时，为 3～10m；$d=76\sim152$mm 时，为 4～10m。

热轧无缝钢管的通常长度为 3～12m。

16.0.3　螺旋焊钢管的规格及截面特性（按《直缝钢管》GB 9711—2011，《螺旋缝埋弧焊钢管》SY 5036—1983 计算），见表 16－3。

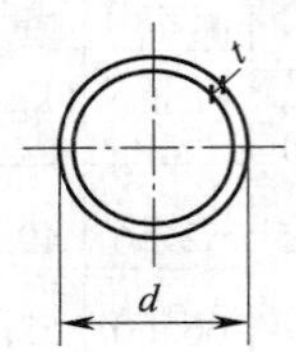

I—截面惯性矩；

W—截面模量；

i—截面回转半径。

表 16－3　螺旋焊钢管

尺寸 (mm)		截面面积 *A*	每米重量	截面特性		
d	*t*	(cm²)	(kg/m)	*I* (cm⁴)	*W* (cm³)	*i* (cm)
219.1	5	33.61	26.61	1988.54	176.04	7.57
	6	40.15	31.78	2822.53	208.36	7.54
	7	46.62	36.91	2266.42	239.75	7.50
	8	53.03	41.98	2900.39	283.16	7.49
244.5	5	37.60	29.77	2699.28	220.80	8.47
	6	44.93	35.57	3199.36	261.71	8.44
	7	52.20	41.33	3686.70	301.57	8.40
	8	59.41	47.03	4611.52	340.41	8.37
273	6	50.30	39.82	4888.24	328.81	9.44
	7	58.47	46.29	5178.63	379.39	9.41
	8	66.57	52.70	5853.22	428.81	8.37
323.9	6	59.89	47.41	7574.41	467.70	11.24
	7	69.65	55.14	8754.84	540.59	11.21
	8	79.35	62.82	9912.63	612.08	11.17
325	6	60.10	47.70	7653.29	470.97	11.28
	7	69.90	55.40	8846.29	544.39	11.25
	8	79.63	63.04	10016.50	616.40	11.21
355.6	6	65.87	52.23	10073.14	566.54	12.36
	7	76.62	60.68	11652.71	655.38	12.33
	8	87.32	69.08	13204.77	742.68	12.25
377	6	69.90	55.40	11079.13	587.75	13.12
	7	81.33	64.37	13932.53	739.13	13.08
	8	92.69	73.30	15795.91	837.98	13.05
	9	104.00	82.18	17628.57	935.20	13.02
406.4	6	75.44	59.75	15132.21	744.70	14.16
	7	87.79	69.45	17523.75	862.39	14.12
406.4	8	100.09	79.10	19879.00	978.30	14.09
	9	112.31	88.70	22198.33	1092.44	14.05
	10	124.47	98.26	24482.10	1204.83	14.02
426	6	79.13	62.65	17464.62	819.94	14.85
	7	92.10	72.83	20231.72	949.85	14.82
	8	105.00	82.97	22958.81	1077.88	14.78
	9	117.84	93.05	25646.28	1206.05	14.75
	10	130.62	103.09	28294.52	1328.38	14.71
457	6	84.97	67.23	21623.66	946.33	15.95
	7	98.91	78.18	25061.79	1096.80	15.91
	8	112.79	89.08	28453.67	1245.24	15.88
	9	126.60	99.94	31799.72	1391.67	15.84
	10	140.36	110.74	35100.34	1536.12	15.81
	11	154.05	121.49	38355.96	1678.60	15.77
	12	167.68	132.19	41566.98	1819.12	15.74
478	6	88.93	70.34	24786.71	1037.10	16.69
	7	103.53	81.81	28736.12	1202.35	16.65
	8	118.06	93.23	32634.79	1365.47	16.62
	9	132.54	104.60	36483.16	1526.49	16.58
	10	146.95	115.92	40281.65	1685.43	16.55
	11	161.30	127.19	44030.71	1842.29	16.52
	12	175.59	138.41	47730.76	1997.10	16.48
508	6	94.58	74.78	29819.20	1173.98	17.75
	7	110.12	86.99	34583.38	1361.55	17.72
	8	125.60	99.15	39290.06	1546.85	17.67
	9	141.02	111.25	43939.68	1729.91	17.65
	10	156.37	123.31	48532.72	1910.74	17.61
	11	171.66	135.32	53069.63	2089.36	17.58
	12	186.89	147.29	57550.87	2265.78	17.54

续表 16－3

尺寸(mm)		截面面积 A	每米重量	截面特性		
d	t	(cm^2)	(kg/m)	I (cm^4)	W (cm^3)	i (cm)
529	6	98.53	77.89	33719.80	1274.85	18.49
	7	114.74	90.61	39116.42	1478.88	18.46
	8	130.88	103.29	44450.54	1680.55	18.42
	9	146.95	115.92	49722.63	1879.87	18.39
	10	162.97	128.49	54933.18	2076.87	18.35
	11	178.92	141.02	60082.67	2271.56	18.32
	12	194.81	153.50	65171.58	2463.95	18.28
	13	210.63	165.93	70200.39	2654.08	18.25
559	6	104.19	82.33	39861.10	1426.16	19.55
	7	121.33	95.79	46254.78	1654.91	19.52
	8	138.41	109.21	52578.45	1881.16	19.48
	9	155.43	122.57	58832.64	2104.92	19.45
	10	172.39	135.89	65017.85	2326.22	19.41
	11	189.28	149.16	71134.58	2545.07	19.39
	12	206.11	162.38	77183.36	2761.48	19.34
	13	222.88	175.55	83164.67	2975.48	19.31
610.0	6	113.79	89.87	51936.94	1702.85	21.36
	7	132.54	104.60	60294.82	1976.88	21.32
	8	151.22	119.27	68568.97	2248.16	21.29
	9	169.84	133.89	76759.97	2516.72	21.25
	10	188.40	148.47	84868.37	2782.57	21.22
	11	206.89	162.99	92894.73	3045.73	21.18
	12	225.33	177.47	100839.60	3306.22	21.15
	13	243.70	191.90	108703.55	3564.05	21.11
630.0	6	117.56	92.83	57268.61	1818.05	22.06
	7	136.94	108.05	66494.92	2110.95	22.03
	8	156.25	123.22	75631.80	2401.01	21.99
	9	175.50	138.33	84679.83	2688.25	21.96
	10	194.68	153.40	93639.59	2972.69	21.93
	11	213.80	168.42	102511.65	3254.34	21.89
	12	232.86	183.39	111296.59	3533.23	21.85
	13	251.86	198.31	119994.98	3809.36	21.82
660.0	6	123.21	97.27	65931.44	1997.92	23.12
	7	143.53	113.23	76570.06	2320.31	23.09
	8	163.78	129.13	87110.33	2639.71	23.05
660.0	9	183.97	144.99	97552.85	2956.15	23.02
	10	204.1	160.80	107898.23	3269.64	22.98
	11	224.16	176.56	118147.08	3580.21	22.95
	12	244.17	192.27	128300.00	3887.88	22.91
	13	264.11	207.93	138357.58	4192.65	22.88
711.0	6	132.82	104.82	82588.87	2323.18	24.93
	7	154.74	122.03	95946.79	2698.93	24.89
	8	176.59	139.20	109190.20	3071.45	24.86
	9	198.39	156.31	122319.78	3440.78	24.82
	10	220.11	173.38	135336.18	3806.93	24.79
	11	241.78	190.39	148240.04	4169.90	24.75
	12	263.38	207.36	161032.02	4529.73	24.72
	13	284.92	224.28	173712.76	4886.44	24.68
720.0	6	134.52	106.15	85792.25	2383.12	25.25
	7	156.72	123.59	99673.56	2768.71	25.21
	8	177.85	140.97	113437.40	3151.04	25.17
	9	200.93	158.31	127084.44	3530.12	25.14
	10	222.94	175.60	140615.33	3965.98	25.11
	11	244.89	192.84	154030.74	4278.63	25.07
	12	266.77	210.02	167331.32	4648.09	25.04
	13	288.60	227.16	180517.74	5014.38	25.00
762.0	7	165.95	130.84	118344.40	3106.15	26.69
	8	189.40	149.26	134717.42	3535.90	26.66
	9	212.80	167.63	150959.68	3962.20	26.62
	10	236.13	185.95	167071.28	4385.07	26.59
	11	259.40	204.23	183053.12	4804.54	26.55
	12	282.60	222.45	198905.91	5220.63	26.52
	13	305.74	240.63	214630.33	5633.34	26.49
	14	328.82	258.76	230227.09	6042.71	26.45
813.0	7	177.16	139.64	143981.73	3541.99	28.50
	8	202.22	159.32	163942.66	4033.03	28.46
	9	227.21	178.95	183753.89	4520.39	28.43
	10	252.14	198.53	203416.16	5004.09	28.39
	11	277.01	218.06	222930.23	5484.14	28.36
	12	301.82	237.55	242296.83	5960.56	28.32
	13	326.56	256.98	261516.72	6433.38	28.29
	14	351.24	276.36	280590.63	6902.60	28.25

续表 16－3

尺寸（mm）		截面面积 A	每米重量	截面特性		
				I	W	i
d	t	（cm^2）	（kg/m）	（cm^4）	（cm^3）	（cm）
820.0	7	178.70	140.85	147765.60	3604.04	28.74
	8	203.97	160.70	168256.44	4103.82	28.71
	9	229.19	180.50	188594.94	4599.88	28.68
	10	254.34	200.26	208781.84	5092.24	28.64
	11	279.43	219.96	228817.91	5580.93	28.60
	12	304.45	239.62	248703.90	6065.95	28.57
	13	329.42	259.22	268440.55	6547.33	28.53
	14	354.32	278.78	288028.62	7025.09	28.50
	15	379.16	298.29	307468.86	7499.24	28.47
	16	413.93	317.75	326766.02	7969.81	28.43
914.0	8	227.59	179.25	233711.41	5114.04	32.03
	9	255.75	201.37	262061.17	5734.38	32.00
	10	283.86	223.44	290221.72	6350.58	31.96
	11	311.90	245.46	318193.90	6962.67	31.93
	12	339.87	267.44	345978.57	7570.65	31.89
	13	367.79	289.36	373576.55	8174.54	31.86
	14	395.64	311.23	400988.69	8774.37	31.82
	15	423.43	333.06	428215.82	9370.15	31.79
	16	451.16	354.84	455258.77	9961.90	31.75
920.0	8	229.09	180.44	238385.26	5182.29	32.25
	9	257.45	202.70	267307.72	5811.04	32.21
	10	285.74	224.92	296038.43	6435.62	32.17
	11	313.97	247.06	324578.25	7056.05	32.14
	12	342.13	269.21	352928.00	7672.35	32.11
	13	370.24	291.28	381088.55	8284.53	32.07
	14	398.28	313.31	409060.74	8892.62	32.04
	15	426.26	335.23	436845.40	9496.64	32.00
	16	454.17	357.20	464443.38	10096.60	31.97
1020.0	8	254.21	200.16	325709.29	6386.46	35.78
	9	285.71	229.89	365343.91	7163.61	35.75
	10	317.14	249.58	404741.91	7936.12	35.71
1020.0	11	348.51	274.22	443904.22	8704.00	35.68
	12	379.81	298.81	482831.80	9497.29	35.64
	13	411.06	323.34	521525.58	10225.99	35.61
	14	442.24	347.83	559986.50	10980.13	35.57
	15	473.36	372.27	598215.50	11729.72	35.53
	16	504.41	396.66	636213.50	12474.77	35.50
1120.0	8	279.33	219.89	432113.97	7716.32	39.32
	9	313.97	247.09	484824.62	8657.58	39.28
	10	348.54	274.24	537249.06	9593.73	39.25
	11	383.05	301.35	589388.32	10524.79	39.21
	12	417.49	328.40	641243.45	11450.78	39.18
	13	451.88	355.40	692815.48	12371.71	39.14
	14	486.20	382.36	744105.44	13287.60	39.11
	15	520.46	409.26	795114.35	14198.47	39.07
	16	554.65	436.12	845843.26	15104.34	39.04
1220.0	10	379.94	298.90	695916.69	11408.47	42.78
	11	417.59	328.47	763623.03	12518.41	42.75
	12	455.17	357.99	830991.12	13622.81	42.71
	13	492.70	387.46	898022.09	14721.67	42.68
	14	530.16	416.88	964717.06	15815.03	42.64
	15	567.56	446.26	1031077.17	16902.90	42.61
	16	604.89	475.57	1097103.53	17985.30	42.57
1420.0	10	442.74	348.23	1001160.59	15509.30	49.85
	11	486.67	382.73	1208714.17	17024.14	49.82
	12	530.53	417.18	1315807.13	18532.49	49.78
	13	574.34	451.58	1422440.79	20034.38	49.75
	14	618.08	485.94	1528616.74	21529.81	49.71
	15	661.76	520.24	1634335.48	23018.81	49.68
	16	705.37	554.50	1739599.14	24501.40	49.64

16.0.4 钢板的规格及尺寸。见表 16－4、表 16－5。

（1）薄钢板。

表 16－4 轧制薄钢板（按《冷轧钢板和钢带的尺寸、外形、重量及允许偏差》GB/T 708—2006）

钢板种类	钢板厚度（mm）	钢板宽度（mm）												
		500	600	710	750	800	850	900	950	1000	1100	1250	1400	1500
		钢板长度（mm）												
热轧钢板	0.35，0.4 0.45，0.5 0.55，0.6 0.7，0.75	1000 1500 2000	1200 1500 1800 2000	1000 1420 2000	1000 1500 1800 2000	1500 1600 2000	1700 2000	1500 1800 2000	1500 1900 2000	1500 2000				
热轧钢板	0.8，0.9	1000 1500	1200 1420	1420 2000	1500 1800 2000	1500 1600 2000	1500 1700 2000	1500 1800 2000	1500 1900 2000	1500 2000				
热轧钢板	1.0，1.1 1.2，1.25 1.4，1.5 1.6，1.8	1000 1500 2000	1200 1420 2000	1000 1420 2000	1000 1500 1800 2000	1500 1600 2000	1500 1700 2000	1000 1500 1800 2000	1500 1900 2000	1500 2000				
热轧钢板	2.0，2.2 2.5，2.8	500 1000 1500	600 1200 1500	1000 1420 2000	1500 1800 2000	1500 1600 2000	1500 1700 2000	1000 1500 1800 2000	1500 1900 2000	1500 2000 3000	2200 3000 4000	2500 3000 4000	2800 3000 4000	3000 4000
热轧钢板	3.0，3.2 3.5，3.8 4.0	500 1000	600 1200	1420 2000	1000 1500 1800 2000	1500 1600 2000	1500 1700 2000	1000 1500 1800 2000	1500 1900 2000	2000 3000 4000	2200 3000 4000	2500 3000 4000	2800 3000 3500 4000	3000 3500 4000
冷轧钢板	0.2，0.25 0.3，0.4	1000 1500	1200 1800 2000	1420 1800 2000	1500 1800 2000	1500 1800 2000	1500 1800 2000	1500 1800		1500 2000				
冷轧钢板	0.5，0.55 0.6	1000 1500	1200 1800 2000	1420 1800 2000	1500 1800 2000	1500 1800 2000	1500 1800 2000	1500 1800		1500 2000				
冷轧钢板	0.7，0.75	1000 1500	1200 1800 2000	1420 1800 2000	1500 1800 2000	1500 1800 2000	1500 1800 2000	1500 2000		1500 2000				
冷轧钢板	0.8，0.9	1000 1500	1200 1800 2000	1420 1800 2000	1500 1800 2000	1500 1800 2000	1500 1800 2000	1500 1800 2000		1500 2000	2000 2200	2000 2500		
冷轧钢板	1.0，1.1 1.2，1.4 1.5，1.6 1.8，2.0	1000 1500 2000	1200 1800 2000	1420 1800 2000	1500 1800 2000	1500 1800 2000	1500 1800 2000	1800 2000		2000	2000 2200	2000 2500	2800 3000 3500	2800 3000 3500
冷轧钢板	2.2，2.5 2.8，3.0 3.2，3.5 3.8，4.0	500 1000 1500 2000	600 1200 1800 2000	1420 1800 2000	1500 1800 2000	1500 1800 2000	1500 1800 2000	1800		2000				

（2）厚钢板。

表 16－5　热轧厚钢板（按《热轧钢板和钢带的尺寸、外形、重量及允许偏差》GB/T 709—2006）

厚度（mm）		4.5～5.5	6～7	8～10	11～15	16～20	21～25	26～30	32～34	36～40	42～50	52～60
宽度（m） 0.6～1.2	最大宽度（m）	12	12	12	12	12	12	12	12	10	9	8
＞1.2～1.5		12	12	12	12	12	11	10	9	8	8	6
＞1.5～1.6		12	12	12	12	12	11	9	8	7	7	6
＞1.6～1.7		12	12	12	12	10	10	9	7	7	7	6
＞1.7～1.8		12	12	12	12	10	9	9	7	6.5	6.5	5.5
＞1.8～2.0		6	10	12	12	9	8	8	7	6.5	6	5
＞2.0～2.2		—	—	9	9	8	7	7	7	5.5	5	4.5
＞2.2～2.5		—	—	9	8	7	6	6	7	5.5	4	4
＞2.5～2.8		—	—	—	8	7	6	6	6	5	—	—
＞2.8～3.0		—	—	—	8	7	6	6	5	—	—	—

（3）花纹钢板的规格及尺寸表（按《花纹钢板》GB/T 3277—2008），见图 16－1。

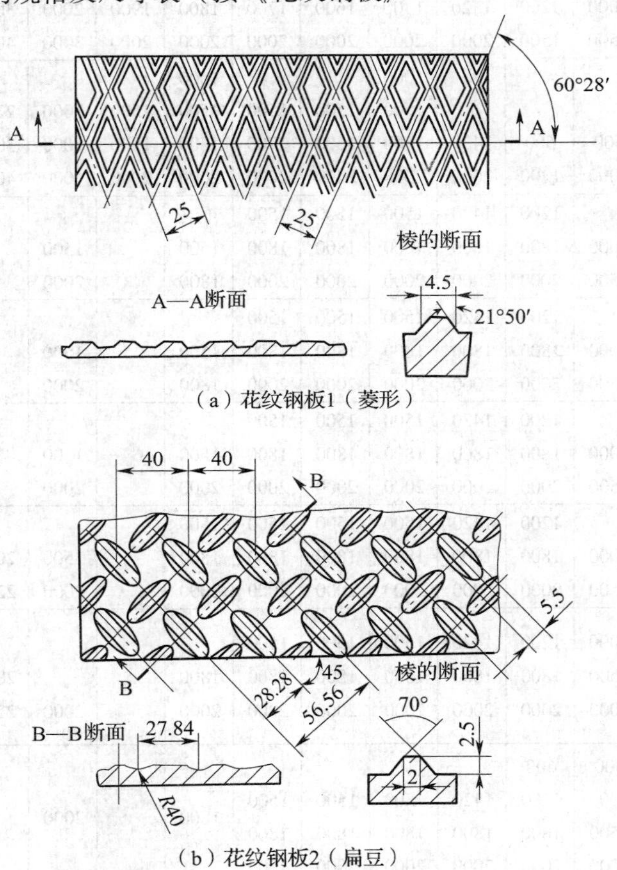

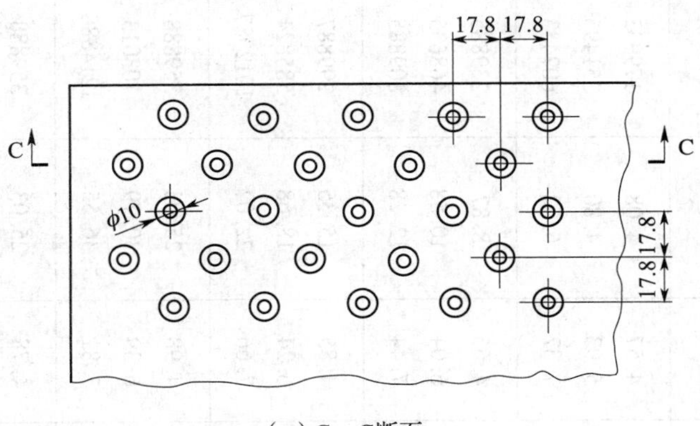

（c）C—C断面

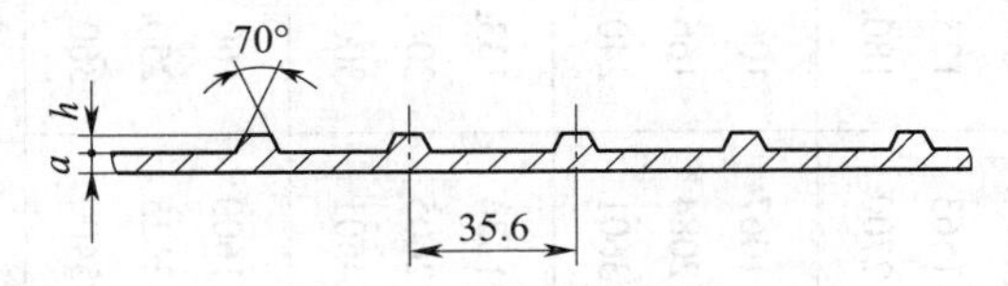

（d）花纹钢板3（圆豆）

图 16－1　花纹钢板

表 16－6　花纹钢板尺寸

基本厚度（mm）	基本厚度允许偏差（mm）	理论重量（kg/m²）		
		菱形	扁豆	圆豆
2.5	±0.3	21.6	21.3	21.1
3.0	±0.3	25.6	24.4	24.3
3.5	±0.3	29.5	28.4	28.3
4.0	±0.4	33.4	32.4	32.3
4.5	±0.4	37.3	36.4	36.2
5.0	+0.4　-0.5	42.3	40.5	40.2
5.5	+0.4　-0.5	46.2	44.3	44.1
6.0	+0.5　-0.6	50.1	48.4	48.1
7.0	+0.6　-0.7	59.0	52.6	52.4
8.0	+0.6　-0.8	66.8	56.4	56.2

注：花纹纹高不小于基板厚度0.2倍。

16.0.5　焊接工字形钢的截面特性。

表 16－7　焊接工字形钢的截面特性

截面尺寸（mm）			截面面积	每米重量	截面特性							抗扭惯性矩	扇性惯性矩
					$x-x$ 轴				$y-y$ 轴				
h	$h_0 \times t_w$	$b \times t$	A (cm^2)	(kg/m)	I_x (cm^4)	W_x (cm^3)	i_x (cm)	S_x (cm^3)	I_y (cm^4)	W_y (cm^3)	i_y (cm)	I_t (J) (cm^4)	I_ω (cm^6)
300	288×5	200	38.4	30.1	6182	412.1	12.69	228.2	800.3	80.0	4.57	4.08	179933
		250×6	44.4	34.9	7479	498.6	12.98	272.3	1563	125.0	5.93	4.80	351495
		300	50.4	39.6	8776	585.0	13.20	316.4	2700	180.0	7.32	5.52	607433
	284×6	200	49.0	38.5	7968	531.2	12.75	294.1	1067	106.7	4.66	8.87	239885
		250×8	57.0	44.8	9674	644.9	13.02	352.5	2084	166.7	6.04	10.58	468635
		300	65.0	51.1	11380	758.6	13.23	410.9	3601	240.0	7.44	12.28	809885
	280×6	200	56.8	44.6	9511	634.1	12.94	348.8	1334	133.4	4.85	15.35	299887
		250×10	66.8	52.4	11614	774.3	13.19	421.3	2605	208.4	6.24	18.68	585824
		300	76.8	60.3	13718	914.5	13.36	508.8	4501	300.0	7.66	22.02	1012387
	276×6	200	64.6	50.7	11010	734.0	13.06	402.7	1600	160.0	4.98	25.03	359888
		250×12	76.6	60.1	13500	900.0	13.28	489.1	3125	250.0	6.39	30.79	703013
		300	88.6	69.5	15990	1066	13.44	575.5	5400	360.0	7.81	36.55	1214888
	276×8	200	70.1	55.0	11361	757.4	12.73	421.8	1600	160.0	4.78	25.03	359888
		250×12	82.1	64.4	13850	923.4	12.99	508.2	3126	250.1	6.17	33.51	702860
		300	94.1	73.9	16340	1089	13.18	594.6	5400	360.0	7.58	36.55	1214888
	268×8	200	85.4	67.1	14202	946.8	12.89	526.2	2134	213.4	5.00	59.19	479743
		250×16	101.4	79.6	17432	1162	13.11	639.8	4168	333.4	6.41	72.84	937243
		300	117.4	92.2	20661	1377	13.26	753.4	7201	480.1	7.83	86.49	1619743

续表 16－7

截面尺寸（mm）			截面面积 A（cm^2）	每米重量（kg/m）	截面特性								
					$x-x$ 轴				$y-y$ 轴			抗扭惯性矩	扇性惯性矩
h	$h_0 \times t_w$	$b \times t$			I_x（cm^4）	W_x（cm^3）	i_x（cm）	S_x（cm^3）	I_y（cm^4）	W_y（cm^3）	i_y（cm）	I_t（J）（cm^4）	I_ω（cm^6）
300	276×10	200	75.6	59.3	11711	780.7	12.45	440.8	1602	160.2	4.60	32.24	359483
		250×12	87.6	68.8	14201	946.7	12.73	527.2	3127	250.2	5.97	38.00	702608
		300	99.6	78.2	16691	1113	12.95	613.6	5402	360.2	7.36	43.76	1214483
	268×10	200	90.8	71.3	14523	968.2	12.65	544.2	2136	213.6	4.85	63.55	479498
		250×16	106.8	83.8	17752	1183	12.89	657.8	4169	333.5	6.25	77.20	936998
		300	122.8	96.4	20982	1399	13.07	771.4	7202	480.1	7.66	90.85	1619498
	268×12	200	96.2	75.5	14843	989.6	12.42	562.1	2137	213.7	4.71	70.05	479133
		250×16	112.2	88.0	18073	1205	12.69	675.7	4171	333.6	6.10	83.70	936632
		300	128.2	100.6	21303	1420	12.89	789.3	7204	480.3	7.50	97.36	1619132
350	334×6	200	52.0	40.9	11222	641.2	14.68	357.3	1067	106.7	4.53	9.23	326483
		250×8	60.0	47.1	13562	774.9	15.03	425.7	2084	166.7	5.89	10.94	637837
		300	68.0	53.4	15901	909	15.29	494.1	3601	240.0	7.27	12.64	1102316
	330×6	200	59.8	46.9	13360	763.4	14.95	421.7	1334	133.4	4.72	15.71	408152
		250×10	69.8	54.8	16251	928.6	15.26	506.7	2605	208.4	6.11	19.04	797344
		300	79.8	62.6	19142	1094	15.49	591.7	4501	300.0	7.51	22.38	1377943
	326×6	200	67.6	53.0	15447	882.7	15.12	485.3	1600	160.0	4.87	23.04	490000
		250 ×12	79.6	62.5	18876	1079	15.40	586.7	3126	250.0	6.27	31.15	956852
		300	91.6	71.9	22305	1275	15.61	688.1	5400	360.0	7.68	34.56	1653750
		350	103.6	81.3	25734	1470	15.76	789.5	8575	490.0	9.10	40.32	2626094

续表 16-7

截面尺寸（mm）			截面面积 A（cm^2）	每米重量（kg/m）	截面特性								
					$x-x$ 轴				$y-y$ 轴			抗扭惯性矩	扇性惯性矩
h	$h_0 \times t_w$	$b \times t$			I_x（cm^4）	W_x（cm^3）	i_x（cm）	S_x（cm^3）	I_y（cm^4）	W_y（cm^3）	i_y（cm）	$I_t(J)$（cm^4）	I_ω（cm^6）
350	322×6	200×14	75.3	59.1	17484	999.1	15.24	548.2	1867	186.7	4.98	36.59	571667
		250	89.3	70.1	21438	1225	15.49	665.8	3646	291.7	6.39	48.05	1116359
		300	103.3	81.1	25391	1451	15.68	783.4	6300	420.0	7.81	54.88	1929375
		350	117.3	92.1	29345	1677	15.82	901.0	10004	571.7	9.23	64.03	3063776
	318×6	200×16	83.1	65.2	19470	1113	15.31	610.2	2133	213.3	5.07	56.90	653333
		250	99.1	77.8	23936	1368	15.54	743.8	4167	333.4	6.49	70.56	1275866
		300	115.1	90.3	28402	1623	15.71	877.4	7200	480.0	7.91	84.21	2205000
		350	131.1	102.9	32867	1878	15.83	1011	11433	653.3	9.34	97.86	3501458
	314×6	200×18	90.8	71.3	21408	1223	15.35	671.5	2400	240.0	5.14	80.02	735000
		250	108.8	85.4	26373	1507	15.57	820.9	4688	375.0	6.56	99.46	1435374
		300	126.8	99.6	31338	1791	15.72	970.3	8100	540.0	7.99	118.90	2480625
		350	144.8	113.7	36303	2074	15.83	1120	12863	735.0	9.42	138.34	3939141
	310×6	200×20	98.6	77.4	23296	1331	15.37	732.1	2667	266.7	5.20	108.90	816667
		250	118.6	93.1	28748	1643	15.57	897.1	5209	416.7	6.63	135.57	1594881
		300	138.6	108.8	34200	1954	15.71	1062	9000	600.0	8.06	162.23	2756250
		350	158.6	124.5	39651	2266	15.81	1227	14292	816.7	9.49	188.90	4376823
	336×8	200×12	74.1	58.2	16025	915.7	14.71	511.9	1600	160.0	4.65	28.60	490000
		250	86.1	67.6	19454	1112	15.03	613.3	3126	250.1	6.03	34.36	956605
		300	98.1	77.0	22882	1308	15.27	714.7	5401	360.1	7.42	40.12	1653324
		350	110.1	86.4	26311	1503	15.46	816.1	8575	490.0	8.83	45.88	2626094

续表 16-7

截面尺寸（mm）			截面面积 A（cm²）	每米重量（kg/m）	截面特性								
					x-x 轴				y-y 轴			抗扭惯性矩	扇性惯性矩
h	$h_0 \times t_w$	$b \times t$			I_x（cm⁴）	W_x（cm³）	i_x（cm）	S_x（cm³）	I_y（cm⁴）	W_y（cm³）	i_y（cm）	I_t（J）（cm⁴）	I_ω（cm⁶）
350	318×8	200×16	89.4	70.2	20006	1143	14.96	635.5	2135	213.5	4.89	60.04	652918
		250×16	105.4	82.8	24472	1398	15.23	769.1	4168	333.4	6.29	73.69	1275626
		300×16	121.4	95.3	28938	1654	15.44	902.7	7201	480.1	7.70	87.35	2204585
		350×16	137.4	107.9	33403	1909	15.59	1036	11435	653.4	9.12	101.00	3501043
	326×10	200×12	80.6	63.3	16602	948.7	14.35	538.4	1603	160.3	4.46	33.91	489169
		250×12	92.6	72.7	20031	1145	14.71	639.8	3128	250.2	5.81	39.67	956200
		300×12	104.6	82.1	23460	1341	14.98	741.2	5403	360.2	7.19	45.43	1652918
		350×12	116.6	91.5	26888	1536	15.19	842.6	8578	490.2	8.58	51.19	2625262
	318×10	200×16	95.8	75.2	20542	1174	14.64	660.8	2136	213.6	4.72	65.21	652523
		250×16	111.8	87.8	25008	1429	14.96	794.4	4169	333.5	6.11	78.87	1275231
		300×16	127.8	100.3	29474	1684	15.19	928.0	7203	480.2	7.51	92.52	2204189
		350×16	143.8	112.9	33939	1939	15.36	1062	11436	653.5	8.92	106.17	3500647
	318×12	200×16	102.2	80.2	21078	1204	14.36	686.1	2138	213.8	4.57	72.93	651934
		250×16	118.2	92.8	25544	1460	14.70	819.7	4171	333.7	5.94	86.58	1274641
		300×16	134.2	105.3	30010	1715	14.96	953.3	7205	480.3	7.33	100.24	2203599
		350×16	150.2	117.9	34475	1970	15.15	1087	11438	653.6	8.73	113.89	3500057
	310×12	200×20	117.2	92.0	24786	1416	14.54	804.2	2671	267.1	4.77	124.52	815302
		250×20	137.2	107.7	30237	1728	14.85	969.2	5213	417.0	6.16	151.19	1593686
		300×20	157.2	123.4	35689	2039	15.07	1134	9004	600.3	7.57	177.86	2754884
		350×20	177.2	139.1	41141	2351	15.24	1299	14296	816.9	8.98	204.52	4375456

续表 16－7

截面尺寸（mm）			截面面积	每米重量	截面特性								
					$x-x$ 轴				$y-y$ 轴			抗扭惯性矩	扇性惯性矩
h	$h_0 \times t_w$	$b \times t$	A（cm^2）	（kg/m）	I_x（cm^4）	W_x（cm^3）	i_x（cm）	S_x（cm^3）	I_y（cm^4）	W_y（cm^3）	i_y（cm）	I_t（J）（cm^4）	I_ω（cm^6）
400	384×6	200×8	55.0	43.2	15126	756.3	16.58	424.2	1067	106.7	4.40	9.59	426390
		250×8	63.0	49.5	18200	910	16.99	502.6	2084	166.7	5.75	11.30	833057
		300×8	71.0	55.8	21273	1064	17.30	581.0	3601	240.0	7.12	13.00	1439724
	380×6	200×10	62.8	49.3	17957	897.8	16.91	498.3	1334	133.4	4.61	16.07	533060
		250×10	72.8	57.1	21760	1088	17.29	595.8	2605	208.4	5.98	19.40	1041393
		300×10	82.8	65.0	25564	1278	17.57	693.3	4501	300.0	7.37	22.74	1799726
	376×6	200×12	70.6	55.4	20729	1036	17.14	571.6	1601	160.1	4.76	25.75	639729
		250×12	82.6	64.8	25247	1262	17.49	688.0	3126	250.1	6.15	31.51	1249729
		300×12	94.6	74.2	29764	1488	17.74	804.4	5401	360.0	7.56	37.27	2159729
		350×12	106.6	83.6	34282	1714	17.94	920.8	8576	490.0	8.97	43.03	3429729
	376×8	200×12	78.1	61.3	21615	1081	16.64	607.0	1602	160.2	4.53	29.46	639359
		250×12	90.1	70.7	26133	1307	17.03	723.4	3127	250.1	5.89	35.22	1249359
		300×12	102.1	80.1	30650	1533	17.33	839.8	5402	360.1	7.27	40.98	2159358
		350×12	114.1	89.6	35168	1758	17.56	956.2	8577	490.1	8.67	46.74	3429358
	372×8	200×14	85.8	67.3	24301	1215	16.83	678.8	1868	186.8	4.67	42.94	746032
		250×14	99.8	78.3	29518	1476	17.20	813.9	3647	291.8	6.05	52.08	1457699
		300×14	113.8	89.3	34735	1737	17.47	949.0	6302	420.1	7.44	61.23	2519365
		350×14	127.8	100.3	39952	1998	17.68	1084	10006	571.8	8.85	70.38	4001032
	368×8	200×16	93.4	73.4	26929	1346	16.98	749.8	2135	213.5	4.78	60.89	852706
		250×16	109.4	85.9	32831	1642	17.32	903.4	4168	333.5	6.17	74.55	1666039
		300×16	125.4	98.5	38732	1937	17.57	1057	7202	480.1	7.58	88.20	2879372
		350×16	141.4	111.0	44634	2232	17.76	1211	11435	653.4	8.99	101.85	4572705

续表 16－7

截面尺寸（mm）			截面面积	每米重量	截面特性								
					x－x 轴				y－y 轴			抗扭惯性矩	扇性惯性矩
h	$h_0 \times t_w$	$b \times t$	A（cm^2）	（kg/m）	I_x（cm^4）	W_x（cm^3）	i_x（cm）	S_x（cm^3）	I_y（cm^4）	W_y（cm^3）	i_y（cm）	I_t（J）（cm^4）	I_ω（cm^6）
400	376×10	200	85.6	67.2	22501	1125	16.21	642.3	1603	160.3	4.33	35.57	638749
		250	97.6	76.6	27019	1351	16.64	758.7	3128	250.3	5.66	41.33	1248748
		300 ×12	109.6	86.0	31536	1577	16.96	875.1	5403	360.2	7.02	47.09	2158747
		350	121.6	95.5	36054	1803	17.22	991.5	8578	490.2	8.40	52.85	3428747
	368×10	200	100.8	79.1	27760	1388	16.59	783.7	2136	213.6	4.60	66.88	852108
		250	116.8	91.7	33661	1683	16.98	937.3	4170	333.6	5.97	80.53	1665441
		300×16	132.8	104.2	39563	1978	17.26	1091	7203	480.2	7.36	94.19	2878774
		350	148.8	116.8	45465	2273	17.48	1244	11436	653.5	8.77	107.84	4572107
		400	164.8	129.4	51366	2568	17.65	1398	17070	853.5	10.18	121.49	6825440
	364×10	200	108.4	85.1	30305	1515	16.72	853.2	2403	240.3	4.71	89.89	958788
		250	126.4	99.2	36876	1844	17.08	1025	4691	375.2	6.09	109.33	1873787
		300×18	144.4	113.4	43448	2172	17.35	1197	8103	540.2	7.49	128.77	3238787
		350	162.4	127.5	50019	2501	17.55	1369	12866	735.2	8.90	148.21	5143787
		400	180.4	141.6	56591	2830	17.71	1541	19203	960.2	10.32	167.65	7678787
	360×10	200	116.0	91.1	32795	1640	16.81	922.0	2670	267.0	4.80	118.67	1065468
		250	136.0	106.8	40021	2001	17.15	1112	5211	416.9	6.19	145.33	2082134
		300×20	156.0	122.5	47248	2362	17.40	1302	9003	600.2	7.60	172.00	3598800
		350	176.0	138.2	54475	2724	17.59	1492	14295	816.8	9.01	198.67	5715467
		400	196.0	153.9	61701	3085	17.74	1682	21336	1066.8	10.43	225.33	8532134

续表 16－7

截面尺寸（mm）			截面面积	每米重量	截面特性								
					x－x 轴				y－y 轴			抗扭惯性矩	扇性惯性矩
h	$h_0 \times t_w$	$b \times t$	A（cm^2）	（kg/m）	I_x（cm^4）	W_x（cm^3）	i_x（cm）	S_x（cm^3）	I_y（cm^4）	W_y（cm^3）	i_y（cm）	I_t（J）（cm^4）	I_ω（cm^6）
400	368×12	200×16	108.2	84.9	28590	1430	16.26	817.5	2139	213.9	4.45	75.81	851219
		250×16	124.2	97.5	34492	1725	16.67	971.1	4172	333.8	5.80	89.46	1664550
		300×16	140.2	110.0	40394	2020	16.98	1125	7205	480.4	7.17	103.12	2877882
		350×16	156.2	122.6	46295	2315	17.22	1278	11439	653.6	8.56	116.77	4571215
		400×16	172.2	135.1	52197	2610	17.41	1432	17072	853.6	9.96	130.42	6824548
	360×12	200×20	123.2	96.7	33572	1679	16.51	954.4	2672	267.2	4.66	127.40	1064597
		250×20	143.2	112.4	40799	2040	16.88	1144	5214	417.1	6.03	154.07	2081262
		300×20	163.2	128.1	48026	2401	17.15	1334	9005	600.3	7.43	180.74	3597928
		350×20	183.2	143.8	55252	2763	17.37	1524	14297	817.0	8.83	207.40	5714594
		400×20	203.2	159.5	62479	3124	17.53	1714	21339	1067	10.25	234.07	8531260
450	434×6	200×8	58.0	45.6	19718	876	18.43	494.9	1067	106.7	4.29	9.95	539605
		250×8	66.0	51.8	23626	1050	18.91	583.3	2084	166.7	5.62	11.66	1054292
		300×8	74.0	58.1	27534	1224	19.28	671.7	3601	240.1	6.97	13.36	1822105
		350×8	82.0	64.4	31441	1397	19.58	760.1	5717	326.7	8.35	15.07	2893667
	430×6	200×10	65.8	51.7	23339	1037	18.83	578.7	1334	133.4	4.50	16.43	674608
		250×10	75.8	59.5	28180	1252	19.28	688.7	2605	208.4	5.86	19.76	1317968
		300×10	85.8	67.4	33020	1468	19.62	798.7	4501	300.1	7.24	23.10	2277733
		350×10	95.8	75.2	37861	1683	19.88	908.7	7147	408.4	8.64	26.43	3617186
	426×6	200×12	73.6	57.7	26892	1195	19.12	661.7	1601	160.1	4.66	26.11	809612
		250×12	85.6	67.2	32649	1451	19.53	793.1	3126	250.1	6.04	31.87	1581643
		300×12	97.6	76.6	38406	1707	19.84	924.5	5401	360.1	7.44	37.63	2733362
		350×12	109.6	86.0	44163	1963	20.08	1056	8576	490.0	8.85	43.39	4340706

续表 16－7

截面尺寸（mm）			截面面积 A（cm²）	每米重量（kg/m）	截面特性							抗扭惯性矩	扇性惯性矩
					x－x 轴				y－y 轴				
h	$h_0 \times t_w$	$b \times t$			I_x (cm⁴)	W_x (cm³)	i_x (cm)	S_x (cm³)	I_y (cm⁴)	W_y (cm³)	i_y (cm)	$I_t(J)$ (cm⁴)	I_ω (cm⁶)
450	426×8	200×12	82.1	64.4	28181	1252	18.53	707.1	1602	160.2	4.42	30.31	809081
		250×12	94.1	73.9	33938	1508	18.99	838.5	3127	250.1	5.77	36.07	1581112
		300×12	106.1	83.3	39694	1764	19.34	969.9	5402	360.1	7.14	41.83	2732830
		350×12	118.1	92.7	45451	2020	19.62	1101	8577	490.1	8.52	47.59	4340174
	422×8	200×14	89.8	70.5	31633	1406	18.77	788.5	1868	186.8	4.56	43.79	944089
		250×14	103.8	81.5	38288	1702	19.21	941.1	3648	291.8	5.93	52.94	1844792
		300×14	117.8	92.4	44944	1998	19.54	1093.7	6302	420.1	7.32	62.08	3188464
		350×14	131.8	103.4	51600	2293	19.79	1246	10006	571.8	8.71	71.23	5063698
	418×8	200×16	97.4	76.5	35020	1556	18.96	869.1	2135	213.5	4.68	61.75	1079098
		250×16	113.4	89.1	42557	1891	19.37	1043	4168	333.5	6.06	75.40	2108473
		300×16	129.4	101.6	50095	2226	19.67	1216	7202	480.1	7.46	89.05	3644097
		350×16	145.4	114.2	57633	2561	19.91	1390	11435	653.4	8.87	102.71	5787222
		400×16	161.4	126.7	65170	2896	20.09	1564	17068	853.4	10.28	116.36	8639097
	418×10	200×16	105.8	83.1	36237	1611	18.51	912.8	2137	213.7	4.49	68.55	1078239
		250×16	121.8	95.6	43774	1946	18.96	1086	4170	333.6	5.85	82.20	2107613
		300×16	137.8	108.2	51312	2281	19.30	1260	7203	480.2	7.23	95.85	3643237
		350×16	153.8	120.7	58850	2616	19.56	1434	11437	653.5	8.62	109.51	5786362
		400×16	169.8	133.3	66387	2951	19.77	1607	17070	853.5	10.03	123.16	8638237
	414×10	200×18	113.4	89.0	39525	1757	18.67	991.8	2403	240.3	4.60	91.56	1213256
		250×18	131.4	103.1	47928	2130	19.10	1186	4691	375.3	5.97	111.00	2371302
		300×18	149.4	117.3	56331	2504	19.42	1381	8103	540.2	7.36	130.44	4098879
		350×18	167.4	131.4	64734	2877	19.66	1575	12866	735.2	8.77	149.88	6509895
		400×18	185.4	145.5	73137	3251	19.86	1769	19203	960.2	10.18	169.32	9718254

续表 16-7

截面尺寸（mm）			截面面积	每米重量	截面特性							抗扭惯性矩	扇性惯性矩
					$x-x$ 轴				$y-y$ 轴				
h	$h_0 \times t_w$	$b \times t$	A（cm^2）	（kg/m）	I_x（cm^4）	W_x（cm^3）	i_x（cm）	S_x（cm^3）	I_y（cm^4）	W_y（cm^3）	i_y（cm）	I_t（J）（cm^4）	I_ω（cm^6）
450	410×10	200	121.0	95.0	42750	1900	18.80	1070	2670	267.0	4.70	120.33	1348273
		250	141.0	110.7	52002	2311	19.20	1285	5212	416.9	6.08	147.00	2634990
		300×20	161.0	126.4	61253	2722	19.51	1500	9003	600.2	7.48	173.67	4554521
		350	181.0	142.1	70505	3134	19.74	1715	14295	816.9	8.89	200.33	7233427
		400	201.0	157.8	79757	3545	19.92	1930	21337	1067	10.30	227.00	10798271
500	484×6	200	61.0	47.9	25036	1001	20.25	569.3	1068	106.8	4.18	10.31	666123
		250×8	69.0	54.2	29878	1195	20.80	667.7	2084	166.7	5.49	12.02	1301539
		300	77.0	60.5	34719	1389	21.23	766.1	3601	240.1	6.84	13.72	2249456
	480×6	200	68.8	54.0	29543	1182	20.72	662.8	1334	133.4	4.40	16.79	832794
		250×10	78.8	61.9	35546	1422	21.24	785.3	2605	208.4	5.75	20.12	1627064
		300	88.8	69.7	41550	1662	21.63	907.8	4501	300.1	7.12	23.46	2811960
	476×6	200	76.6	60.1	33976	1359	21.07	755.5	1601	160.1	4.57	26.47	999465
		250×12	88.6	69.5	41121	1645	21.55	901.9	3126	250.1	5.94	32.23	1952590
		300	100.6	78.9	48267	1931	21.91	1048	5401	360.1	7.33	37.99	3374465
	472×6	200	84.3	66.2	38334	1533	21.32	847.5	1868	186.8	4.71	39.99	1166136
		250×14	98.3	77.2	46603	1864	21.77	1018	3647	291.7	6.09	49.13	2278115
		300	112.3	88.2	54873	2195	22.10	1188	6301	420.1	7.49	58.28	3936969
	468×6	200	92.1	72.3	42620	1705	21.51	938.7	2134	213.4	4.81	57.98	1332807
		250×16	108.1	84.8	51993	2080	21.93	1132	4168	333.4	6.21	71.64	2603640
		300	124.1	97.4	61367	2455	22.24	1326	7201	480.1	7.62	85.29	4499474

续表 16-7

截面尺寸（mm）			截面面积	每米重量	截面特性							抗扭惯性矩	扇性惯性矩
					x-x 轴				y-y 轴				
h	$h_0 \times t_w$	$b \times t$	A（cm^2）	（kg/m）	I_x（cm^4）	W_x（cm^3）	i_x（cm）	S_x（cm^3）	I_y（cm^4）	W_y（cm^3）	i_y（cm）	I_t（J）（cm^4）	I_ω（cm^6）
500	476×8	200×12	86.1	67.6	35773	1431	20.39	812.2	1602	160.2	4.31	31.16	998732
		250×12	98.1	77.0	42919	1717	20.92	958.6	3127	250.2	5.65	36.92	1951856
		300×12	110.1	86.4	50065	2003	21.33	1105	5402	360.1	7.01	42.68	3373731
		350×12	122.1	95.8	57210	2288	21.65	1251	8577	490.1	8.38	48.44	5358106
	472×8	200×14	93.8	73.6	40087	1603	20.68	903.2	1869	186.9	4.46	44.64	1165409
		250×14	107.8	84.6	48356	1934	21.18	1073.3	3648	291.8	5.82	53.79	2277388
		300×14	121.8	95.6	56625	2265	21.57	1243	6302	420.1	7.19	62.94	3936242
		350×14	135.8	106.6	64894	2596	21.86	1413	10006	571.8	8.59	72.08	6251346
	468×8	250×16	117.4	92.2	53702	2148	21.38	1187	4169	333.5	5.96	76.25	2602919
		300×16	133.4	104.8	63075	2523	21.74	1381	7202	480.1	7.35	89.91	4498752
		350×16	149.4	117.3	72449	2898	22.02	1574	11435	653.4	8.75	103.56	7144586
		400×16	165.4	129.9	81823	3273	22.24	1768	17069	853.4	10.16	117.21	10665419
		450×16	181.4	142.4	91196	3648	22.42	1961	24302	1080	11.57	130.87	15186252
	468×10	250×16	126.8	99.5	55410	2216	20.90	1242	4171	333.6	5.74	83.87	2601731
		300×16	142.8	112.1	64784	2591	21.30	1435	7204	480.3	7.10	97.52	4497564
		350×16	158.8	124.7	74158	2966	21.61	1629	11437	653.6	8.49	111.17	7143397
		400×16	174.8	137.2	83531	3341	21.86	1823	17071	853.5	9.88	124.83	10664230
		450×16	190.8	149.8	92905	3716	22.07	2016	24304	1080	11.29	138.48	15185063
	464×10	250×18	136.4	107.1	60622	2425	21.08	1354	4691	375.3	5.86	112.67	2927273
		300×18	154.4	121.2	71081	2843	21.46	1571	8104	540.3	7.24	132.11	5060084
		350×18	172.4	135.3	81541	3262	21.75	1787	12866	735.2	8.64	151.55	8036647
		400×18	190.4	149.5	92000	3680	21.98	2004	19204	960.2	10.04	170.99	11997584
		450×18	208.4	163.6	102460	4098	22.17	2221	27341	1215	11.45	190.43	17083521

续表 16－7

截面尺寸（mm）			截面面积	每米重量	截面特性							抗扭惯性矩	扇性惯性矩
					x－x 轴				y－y 轴				
h	$h_0 \times t_w$	$b \times t$	A（cm^2）	（kg/m）	I_x（cm^4）	W_x（cm^3）	i_x（cm）	S_x（cm^3）	I_y（cm^4）	W_y（cm^3）	i_y（cm）	I_t（J）（cm^4）	I_ω（cm^6）
500	460×10	250×20	146.0	114.6	65745	2630	21.22	1465	5212	417.0	5.97	148.67	3252814
		300×20	166.0	130.3	77271	3091	21.58	1705	9004	600.3	7.36	175.33	5622605
		350×20	186.0	146.0	88798	3552	21.85	1945	14296	816.9	8.77	202.00	8929896
		400×20	206.0	161.7	100325	4013	22.07	2185	21337	1067	10.18	228.67	13330938
		450×20	226.0	177.4	111851	4474	22.25	2425	30379	1350	11.59	255.33	18981979
550	530×6	200×10	71.8	56.4	36607	1331	22.58	750.7	1334	133.4	4.31	17.15	1007612
		250×10	81.8	64.2	43898	1596	23.17	885.7	2605	208.4	5.64	20.48	1968680
		300×10	91.8	72.1	51189	1861	23.61	1021	4501	300.1	7.00	23.82	3402404
		350×10	101.8	79.9	58480	2127	23.97	1156	7147	408.4	8.38	27.15	5403315
	526×6	200×12	79.6	62.5	42016	1528	22.98	853.1	1601	160.1	4.49	26.83	1209284
		250×12	91.6	71.9	50700	1844	23.53	1015	3126	250.1	5.84	32.59	2362565
		300×12	103.6	81.3	59385	2159	23.95	1176	5401	360.1	7.22	38.35	4083034
		350×12	115.6	90.7	68070	2475	24.27	1337	8576	490.1	8.61	44.11	6484128
	526×8	200×12	90.1	70.7	44441	1616	22.21	922.3	1602	160.2	4.22	32.02	1208305
		250×12	102.1	80.1	53126	1932	22.81	1084	3127	250.2	5.53	37.78	2361585
		300×12	114.1	89.6	61811	2248	23.28	1245	5402	360.1	6.88	43.54	4082053
		350×12	126.1	99.0	70495	2563	23.65	1406	8577	490.1	8.25	49.30	6483147
	522×8	200×14	97.8	76.7	49713	1808	22.55	1022.9	1869	186.9	4.37	45.50	1409984
		250×14	111.8	87.7	59771	2173	23.13	1210.5	3648	291.8	5.71	54.64	2755478
		300×14	125.8	98.7	69828	2539	23.56	1398	6302	420.1	7.08	63.79	4762691
		350×14	139.8	109.7	79886	2905	23.91	1586	10006	571.8	8.46	72.94	7563967

续表 16-7

截面尺寸（mm）			截面面积 A（cm^2）	每米重量（kg/m）	截面特性							抗扭惯性矩	扇性惯性矩
					$x-x$ 轴				$y-y$ 轴				
h	$h_0 \times t_w$	$b \times t$			I_x（cm^4）	W_x（cm^3）	i_x（cm）	S_x（cm^3）	I_y（cm^4）	W_y（cm^3）	i_y（cm）	I_t（J）（cm^4）	I_ω（cm^6）
550	518×8	250	121.4	95.3	66314	2411	23.37	1336	4169	333.5	5.86	77.11	3149371
		300	137.4	107.9	77724	2826	23.78	1550	7202	480.1	7.24	90.76	5443329
		350×16	153.4	120.5	89134	3241	24.10	1764	11436	653.5	8.63	104.41	8644787
		400	169.4	133.0	100543	3656	24.36	1977	17069	853.4	10.04	118.07	12904995
		450	185.4	145.6	111953	4071	24.57	2191	24302	1080	11.45	131.72	18375204
	526×10	250	112.6	88.4	55551	2020	22.21	1153	3129	250.4	5.27	46.33	2359971
		300	124.6	97.8	64236	2336	22.71	1314	5404	360.3	6.59	52.09	4080438
		350×12	136.6	107.2	72921	2652	23.10	1476	8579	490.3	7.93	57.85	6481531
		400	148.6	116.7	81606	2967	23.43	1637	12804	640.2	9.28	63.61	9676686
		450	160.6	126.1	90290	3283	23.71	1798	18229	810.2	10.65	69.37	13779342
	522×10	250	122.2	95.9	62141	2260	22.55	1279	3650	292.0	5.47	63.13	2753876
		300	136.2	106.9	72199	2625	23.02	1466	6304	420.3	6.80	72.28	4761088
		350×14	150.2	117.9	82257	2991	23.40	1654	10009	571.9	8.16	81.43	7562363
		400	164.2	128.9	92314	3357	23.71	1841	14938	746.9	9.54	90.57	11290045
		450	178.2	139.9	102372	3723	23.97	2029	21267	945.2	10.92	99.72	16076477
	518×10	250	131.8	103.5	68631	2496	22.82	1403	4171	333.7	5.63	85.53	3147781
		300	147.8	116.0	80041	2911	23.27	1617	7204	480.3	6.98	99.19	5441737
		350×16	163.8	128.6	91450	3325	23.63	1831	11438	653.6	8.36	112.84	8643195
		400	179.8	141.1	102860	3740	23.92	2044	17071	853.5	9.74	126.49	12903403
		450	195.8	153.7	114270	4155	24.16	2258	24304	1080	11.14	140.15	18373611

续表 16－7

截面尺寸（mm）			截面面积	每米重量	截面特性								
					$x-x$ 轴				$y-y$ 轴			抗扭惯性矩	扇性惯性矩
h	$h_0 \times t_w$	$b \times t$	A（cm^2）	（kg/m）	I_x（cm^4）	W_x（cm^3）	i_x（cm）	S_x（cm^3）	I_y（cm^4）	W_y（cm^3）	i_y（cm）	I_t（J）（cm^4）	I_ω（cm^6）
550	514×10	250	141.4	111.0	75021	2728	23.03	1527	4692	375.3	5.76	114.33	3541686
		300	159.4	125.1	87762	3191	23.46	1767	8104	540.3	7.13	133.77	6122387
		350×18	177.4	139.3	100503	3655	23.80	2006	12867	735.2	8.52	153.21	9724027
		400	195.4	153.4	113244	4118	24.07	2245	19204	960.2	9.91	172.65	14516761
		450	195.8	153.7	114270	4155	24.16	2258	24304	1080	11.14	140.15	18373611
	510×10	250	151.0	118.5	81313	2957	23.21	1650	5213	417.0	5.88	150.33	3935591
		300	171.0	134.2	95364	3468	23.62	1915	9004	600.3	7.26	177.00	6803037
		350×20	191.0	149.9	109416	3979	23.93	2180	14296	816.9	8.65	203.67	10804860
		400	211.0	165.6	123468	4490	24.19	2445	21338	1067	10.06	230.33	16130120
		450	231.0	181.3	137519	5001	24.40	2710	30379	1350	11.47	257.00	22967880
600	580×6	200	74.8	58.7	44569	1486	24.41	842.3	1334	133.4	4.22	17.51	1199061
		250×10	84.8	66.6	53272	1776	25.06	989.8	2605	208.4	5.54	20.84	2342811
		300	94.8	74.4	61976	2066	25.57	1137	4501	300.1	6.89	24.18	4049061
	576×6	200	82.6	64.8	51050	1702	24.87	954	1601	160.1	4.40	27.19	1439067
		250 ×12	94.6	74.2	61424	2047	25.49	1131	3126	250.1	5.75	32.95	2811567
		300	106.6	83.6	71798	2393	25.96	1307	5401	360.1	7.12	38.71	4859067
		350	118.6	93.1	82171	2739	26.33	1484	8576	490.1	8.50	44.47	7716567
	576×8	200	94.1	73.9	54235	1808	24.01	1037	1602	160.2	4.13	32.87	1437792
		250 ×12	106.1	83.3	64609	2154	24.68	1214	3127	250.2	5.43	38.63	2810290
		300	118.1	92.7	74983	2499	25.20	1390	5402	360.2	6.76	44.39	4857789
		350	130.1	102.1	85357	2845	25.62	1567	8577	490.1	8.12	50.15	7715289

续表 16－7

截面尺寸（mm）			截面面积	每米重量	截面特性							抗扭惯性矩	扇性惯性矩
					x－x 轴				y－y 轴				
h	$h_0 \times t_w$	$b \times t$	A (cm^2)	(kg/m)	I_x (cm^4)	W_x (cm^3)	i_x (cm)	S_x (cm^3)	I_y (cm^4)	W_y (cm^3)	i_y (cm)	I_t (J) (cm^4)	I_ω (cm^6)
600	572×8	200×14	101.8	79.9	60561	2019	24.40	1148	1869	186.9	4.29	46.35	1677806
		250	115.8	90.9	72582	2419	25.04	1353	3648	291.9	5.61	55.50	3279055
		300	129.8	101.9	84603	2820	25.53	1558	6302	420.2	6.97	64.64	5667804
		350	143.8	112.9	96625	3221	25.93	1763	10007	571.8	8.34	73.79	9001554
	568×8	250	125.4	98.5	80445	2681	25.32	1491	4169	333.5	5.77	77.96	3747820
		300	141.4	111.0	94091	3136	25.79	1724	7202	480.2	7.14	91.61	6477820
		350×16	157.4	123.6	107736	3591	26.16	1958	11436	653.5	8.52	105.27	10287819
		400	173.4	136.2	121382	4046	26.45	2191	17069	853.5	9.92	118.92	15357819
		450	189.4	148.7	135028	4501	26.70	2425	24302	1080	11.33	132.57	21867819
	564×8	250	135.1	106.1	88198	2940	25.55	1628	4690	375.2	5.89	106.83	4216585
		300	153.1	120.2	103445	3448	25.99	1889	8102	540.2	7.27	126.27	7287835
		350×18	171.1	134.3	118692	3956	26.34	2151	12865	735.1	8.67	145.71	11574085
		400	189.1	148.5	133940	4465	26.61	2413	19202	960.1	10.08	165.15	17277835
		450	207.1	162.6	149187	4973	26.84	2675	27340	1215	11.49	184.59	24601584
	572×10	250	127.2	99.9	75702	2523	24.40	1434	3651	292.0	5.36	64.80	3276966
		300	141.2	110.8	87723	2924	24.93	1640	6305	420.3	6.68	73.95	5665713
		350×14	155.2	121.8	99744	3325	25.35	1845	10009	571.9	8.03	83.09	8999462
		400	169.2	132.8	111765	3725	25.70	2050	14938	746.9	9.40	92.24	13435711
		450	183.2	143.8	123786	4126	25.99	2255	21267	945	10.77	101.39	19131961

续表 16－7

截面尺寸（mm）			截面面积	每米重量	截面特性							抗扭惯性矩	扇性惯性矩
					$x-x$ 轴				$y-y$ 轴				
h	$h_0 \times t_w$	$b \times t$	A（cm^2）	（kg/m）	I_x（cm^4）	W_x（cm^3）	i_x（cm）	S_x（cm^3）	I_y（cm^4）	W_y（cm^3）	i_y（cm）	I_t（J）（cm^4）	I_ω（cm^6）
600	568×10	250	136.8	107.4	83499	2783	24.71	1571	4171	333.7	5.52	87.20	3745745
		300	152.8	119.9	97145	3238	25.21	1805	7205	480.3	6.87	100.85	6475743
		350×16	168.8	132.5	110790	3693	25.62	2038	11438	653.6	8.23	114.51	10285742
		400	184.8	145.1	124436	4148	25.95	2272	17071	853.6	9.61	128.16	15355741
		450	200.8	157.6	138082	4603	26.22	2506	24305	1080	11.00	141.81	21865741
	564×10	250	146.4	114.9	91188	3040	24.96	1707	4692	375.4	5.66	116.00	4214524
		300	164.4	129.1	106435	3548	25.44	1969	8105	540.3	7.02	135.44	7285772
		350×18	182.4	143.2	121683	4056	25.83	2231	12867	735.3	8.40	154.88	11572022
		400	200.4	157.3	136930	4564	26.14	2493	19205	960.2	9.79	174.32	17275771
		450	218.4	171.4	152177	5073	26.40	2755	27342	1215	11.19	193.76	24599521
	560×10	250	156.0	122.5	98768	3292	25.16	1842	5213	417.0	5.78	152.00	4683304
		300	176.0	138.2	115595	3853	25.63	2132	9005	600.3	7.15	178.67	8095802
		350×20	196.0	153.9	132421	4414	25.99	2422	14296	816.9	8.54	205.33	12858301
		400	216.0	169.6	149248	4975	26.29	2712	21338	1067	9.94	232.00	19195801
		450	236.0	185.3	166075	5536	26.53	3002	30380	1350	11.35	258.67	27333301
650	630×6	200	77.8	61.1	53466	1645	26.21	937.7	1334	133.4	4.14	17.87	1407137
		250×10	87.8	68.9	63707	1960	26.94	1097.7	2605	208.4	5.45	21.20	2749454
		300	97.8	76.8	73947	2275	27.50	1258	4501	300.1	6.78	24.54	4751928
	626×6	200	85.6	67.2	61117	1881	26.73	1060	1601	160.1	4.33	27.55	1688811
		250	97.6	76.6	73330	2256	27.42	1251	3126	250.1	5.66	33.31	3299591
		300 ×12	109.6	86.0	85542	2632	27.94	1442	5401	360.1	7.02	39.07	5702560
		350	121.6	95.4	97755	3008	28.36	1634	8576	490.1	8.40	44.83	9056154

续表 16-7

截面尺寸（mm）			截面面积	每米重量	截面特性								
					$x-x$ 轴				$y-y$ 轴			抗扭惯性矩	扇性惯性矩
h	$h_0 \times t_w$	$b \times t$	A（cm^2）	（kg/m）	I_x（cm^4）	W_x（cm^3）	i_x（cm）	S_x（cm^3）	I_y（cm^4）	W_y（cm^3）	i_y（cm）	I_t（J）（cm^4）	I_ω（cm^6）
650	626×8	200	98.1	77.0	65205	2006	25.78	1157	1603	160.3	4.04	33.72	1687184
		250 ×12	110.1	86.4	77418	2382	26.52	1349	3128	250.2	5.33	39.48	3297962
		300	122.1	95.8	89631	2758	27.10	1540	5403	360.2	6.65	45.24	5700930
		350	134.1	105.3	101844	3134	27.56	1732	8578	490.2	8.00	51.00	9054523
	622×8	200	105.8	83.0	72681	2236	26.22	1277	1869	186.9	4.20	47.20	1968867
		250 ×14	119.8	94.0	86841	2672	26.93	1500	3648	291.9	5.52	56.35	3848110
		300	133.8	105.0	101001	3108	27.48	1722	6303	420.2	6.86	65.50	6651573
		350	147.8	116.0	115160	3543	27.92	1945	10007	571.8	8.23	74.64	10564099
	618×8	250	129.4	101.6	96144	2958	27.25	1650	4169	333.5	5.68	78.81	4398258
		300	145.4	114.2	112225	3453	27.78	1904	7203	480.2	7.04	92.47	7602216
		350×16	161.4	126.7	128307	3948	28.19	2157	11436	653.5	8.42	106.12	12073674
		400	177.4	139.3	144388	4443	28.53	2411	17069	853.5	9.81	119.77	18023882
		450	193.4	151.9	160470	4938	28.80	2664	24303	1080	11.21	133.43	25664090
	614×8	250	139.1	109.2	105326	3241	27.52	1799	4690	375.2	5.81	107.68	4948406
		300	157.1	123.3	123305	3794	28.01	2083	8103	540.2	7.18	127.12	8552859
		350×18	175.1	137.5	141284	4347	28.40	2368	12865	735.1	8.57	146.56	13583249
		400	193.1	151.6	159263	4900	28.72	2652	19203	960.1	9.97	166.00	20277233
		450	211.1	165.7	177242	5454	28.97	2937	27340	1215	11.38	185.44	28872468
	618×10	250	141.8	111.3	100077	3079	26.57	1745	4172	333.7	5.42	88.87	4395609
		300	157.8	123.9	116159	3574	27.13	1999	7205	480.3	6.76	102.52	7599564
		350×16	173.8	136.4	132241	4069	27.58	2253	11438	653.6	8.11	116.17	12071021
		400	189.8	149.0	148322	4564	27.95	2506	17072	853.6	9.48	129.83	18021229
		450	205.8	161.6	164404	5059	28.26	2760	24305	1080	10.87	143.48	25661436

续表 16 – 7

截面尺寸（mm）			截面面积	每米重量	截面特性								
					x – x 轴				y – y 轴			抗扭惯性矩	扇性惯性矩
h	$h_0 \times t_w$	$b \times t$	A（cm^2）	（kg/m）	I_x（cm^4）	W_x（cm^3）	i_x（cm）	S_x（cm^3）	I_y（cm^4）	W_y（cm^3）	i_y（cm）	I_t（J）（cm^4）	I_ω（cm^6）
650	614×10	250	151.4	118.8	109184	3360	26.85	1893	4693	375.4	5.57	117.67	4945773
		300	169.4	133.0	127163	3913	27.40	2178	8105	540.3	6.92	137.11	8550224
		350×18	187.4	147.1	145142	4466	27.83	2462	12868	735.3	8.29	156.55	13580613
		400	205.4	161.2	163121	5019	28.18	2746	19205	960.3	9.67	175.99	20274597
		450	223.4	175.4	181100	5572	28.47	3031	27343	1215	11.06	195.43	28869831
	610×10	250	161.0	126.4	118173	3636	27.09	2040	5213	417.1	5.69	153.67	5495938
		300	181.0	142.1	138025	4247	27.61	2355	9005	600.3	7.05	180.33	9500884
		350×20	201.0	157.8	157877	4858	28.03	2670	14297	817.0	8.43	207.00	15090206
		400	221.0	173.5	177728	5469	28.36	2985	21338	1067	9.83	233.67	22527965
		450	241.0	189.2	197580	6079	28.63	3300	30380	1350	11.23	260.33	32078225
700	676×6	200	88.6	69.5	72253	2064	28.56	1168	1601	160.1	4.25	27.91	1958511
		250×12	100.6	78.9	86455	2470	29.32	1375	3126	250.1	5.58	33.67	3826635
		300	112.6	88.4	100656	2876	29.90	1581	5401	360.1	6.93	39.43	6613510
	672×6	200	96.3	75.6	81066	2316	29.01	1299	1868	186.8	4.40	41.43	2285186
		250×14	110.3	86.6	97539	2787	29.73	1539	3647	291.8	5.75	50.57	4464665
		300	124.3	97.6	114012	3257	30.28	1779	6301	420.1	7.12	59.72	7716019
	676×8	300	126.1	99.0	105805	3023	28.97	1695	5403	360.2	6.55	46.10	6611469
		350 ×12	138.1	108.4	120007	3429	29.48	1902	8578	490.2	7.88	51.86	10500843
		400	150.1	117.8	134208	3835	29.90	2108	12803	640.1	9.24	57.62	15676468
		450	162.1	127.2	148410	4240	30.26	2315	18228	810	10.60	63.38	22322092

续表 16 -7

截面尺寸（mm）			截面面积	每米重量	截面特性								
					x－x 轴				y－y 轴			抗扭惯性矩	扇性惯性矩
h	$h_0 \times t_w$	$b \times t$	A（cm^2）	（kg/m）	I_x（cm^4）	W_x（cm^3）	i_x（cm）	S_x（cm^3）	I_y（cm^4）	W_y（cm^3）	i_y（cm）	I_t（J）（cm^4）	I_ω（cm^6）
700	672×8	300×14	137.8	108.1	119070	3402	29.40	1892	6303	420.2	6.76	66.35	7713989
		350×14	151.8	119.1	135543	3873	29.89	2132	10007	571.8	8.12	75.50	12251593
		400×14	165.8	130.1	152016	4343	30.28	2372	14936	746.8	9.49	84.64	18289822
		450×14	179.8	141.1	168489	4814	30.62	2612	21265	945	10.88	93.79	26043051
	668×8	300×16	149.4	117.3	132178	3777	29.74	2088	7203	480.2	6.94	93.32	8816510
		350×16	165.4	129.9	150895	4311	30.20	2361	11436	653.5	8.31	106.97	14002343
		400×16	181.4	142.4	169613	4846	30.57	2635	17070	853	9.70	120.63	20903176
		450×16	197.4	155.0	188331	5381	30.88	2909	24303	1080	11.09	134.28	29764009
	668×10	300×16	162.8	127.8	137146	3918	29.02	2199	7206	480.4	6.65	104.19	8813186
		350×16	178.8	140.4	155863	4453	29.52	2473	11439	653.7	8.00	117.84	13999017
		400×16	194.8	152.9	174581	4988	29.94	2747	17072	853.6	9.36	131.49	20899850
		450×16	210.8	165.5	193299	5523	30.28	3020	24306	1080	10.74	145.15	29760682
	664×10	300×18	174.4	136.9	150009	4286	29.33	2393	8106	540.4	6.82	138.77	9915726
		350×18	192.4	151.0	170944	4884	29.81	2699	12868	735.3	8.18	158.21	15749787
		400×18	210.4	165.2	191880	5482	30.20	3006	19206	960.3	9.55	177.65	23513224
		450×18	228.4	179.3	212815	6080	30.52	3313	27343	1215	10.94	197.09	33481661
	660×10	300×20	186.0	146.0	162718	4649	29.58	2585	9006	600.4	6.96	182.00	11018267
		350×20	206.0	161.7	185845	5310	30.04	2925	14297	817.0	8.33	208.67	17500557
		400×20	226.0	177.4	208971	5971	30.41	3265	21339	1067	9.72	235.33	26126598
		450×20	246.0	193.1	232098	6631	30.72	3605	30381	1350	11.11	262.00	37202639

续表 16－7

截面尺寸（mm）			截面面积	每米重量	截面特性								
					x－x 轴				y－y 轴			抗扭惯性矩	扇性惯性矩
h	$h_0 \times t_w$	$b \times t$	A（cm^2）	（kg/m）	I_x（cm^4）	W_x（cm^3）	i_x（cm）	S_x（cm^3）	I_y（cm^4）	W_y（cm^3）	i_y（cm）	I_t（J）（cm^4）	I_ω（cm^6）
750	726×6	200	91.6	71.9	84496	2253	30.38	1281	1601	160.1	4.18	28.27	2248164
		250×12	103.6	81.3	100837	2689	31.20	1502	3126	250.1	5.49	34.03	4392694
		300	115.6	90.7	117177	3125	31.84	1724	5401	360.1	6.84	39.79	7591913
	722×6	200	99.3	78.0	94665	2524	30.87	1421	1868	186.8	4.34	41.79	2623174
		250×14	113.3	89.0	113627	3030	31.67	1679	3647	291.8	5.67	50.93	5125126
		300	127.3	99.9	132588	3536	32.27	1937	6301	420.1	7.04	60.08	8857548
	722×8	300	141.8	111.3	138861	3703	31.30	2067	6303	420.2	6.67	67.20	8855045
		350 ×14	155.8	122.3	157823	4209	31.83	2324	10007	571.8	8.02	76.35	14064029
		400	169.8	133.3	176784	4714	32.27	2582	14936	746.8	9.38	85.50	20995669
		450	183.8	144.3	195746	5220	32.64	2840	21266	945	10.76	94.64	29896059
	718×8	300	153.4	120.5	153998	4107	31.68	2277	7203	480.2	6.85	94.17	10120694
		350 ×16	169.4	133.0	175552	4681	32.19	2571	11436	653.5	8.22	107.83	16073818
		400	185.4	145.6	197106	5256	32.60	2864	17070	853	9.59	121.48	23995693
		450	201.4	158.1	218659	5831	32.95	3158	24303	1080	10.98	135.13	34167568
	726×10	300	144.6	113.5	129933	3465	29.98	1987	5406	360.4	6.11	58.76	7585252
		350 ×12	156.6	122.9	146273	3901	30.56	2209	8581	490.3	7.40	64.52	12050092
		400	168.6	132.4	162614	4336	31.06	2430	12806	640.3	8.72	70.28	17991496
		450	180.6	141.8	178955	4772	31.48	2651	18231	810	10.05	76.04	25620401
	722×10	300	156.2	122.6	145134	3870	30.48	2197	6306	420.4	6.35	78.95	8850922
		350 ×14	170.2	133.6	164095	4376	31.05	2455	10010	572.0	7.67	88.09	14059904
		400	184.2	144.6	183057	4882	31.52	2712	14939	747.0	9.01	97.24	20991542
		450	198.2	155.6	202019	5387	31.93	2970	21269	945	10.36	106.39	29891932

续表 16－7

截面尺寸（mm）			截面面积	每米重量	截面特性								
					x－x 轴				y－y 轴			抗扭惯性矩	扇性惯性矩
h	$h_0 \times t_w$	$b \times t$	A（cm^2）	（kg/m）	I_x（cm^4）	W_x（cm^3）	i_x（cm）	S_x（cm^3）	I_y（cm^4）	W_y（cm^3）	i_y（cm）	I_t（J）（cm^4）	I_ω（cm^6）
750	718×10	300×16	167.8	131.7	160167	4271	30.90	2406	7206	480.4	6.55	105.85	10116593
		350×16	183.8	144.3	181721	4846	31.44	2700	11439	653.7	7.89	119.51	16069715
		400×16	199.8	156.8	203275	5421	31.90	2993	17073	853.6	9.24	133.16	23991589
		450×16	215.8	169.4	224828	5995	32.28	3287	24306	1080	10.61	146.81	34163463
	714×10	300×18	179.4	140.8	175035	4668	31.24	2614	8106	540.4	6.72	140.44	11382264
		350×18	197.4	155.0	199151	5311	31.76	2943	12868	735.3	8.07	159.88	18079527
		400×18	215.4	169.1	223268	5954	32.20	3272	19206	960.3	9.44	179.32	26991635
		450×18	233.4	183.2	247385	6597	32.56	3602	27343	1215	10.82	198.76	38434994
	710×10	300×20	191.0	149.9	189736	5060	31.52	2820	9006	600.4	6.87	183.67	12647935
		350×20	211.0	165.6	216388	5770	32.02	3185	14298	817.0	8.23	210.33	20089339
		400×20	231.0	181.3	243039	6481	32.44	3550	21339	1067.0	9.61	237.00	29991682
		450×20	251.0	197.0	269691	7192	32.78	3915	30381	1350	11.00	263.67	42706525
800	776×6	300×12	118.6	93.1	135143	3379	33.76	1870	5401	360.1	6.75	40.15	8637766
		350×12	130.6	102.5	153773	3844	34.32	2106	8576	490.1	8.10	45.91	13717765
		400×12	142.6	111.9	172403	4310	34.78	2343	12801	640.1	9.48	51.67	20477765
		450×12	154.6	121.3	191032	4776	35.16	2579	18226	810	10.86	57.43	29157765
	776×8	300×12	134.1	105.3	142931	3573	32.65	2021	5403	360.2	6.35	47.80	8634706
		350×12	146.1	114.7	161561	4039	33.26	2257	8578	490.2	7.66	53.56	13714705
		400×12	158.1	124.1	180191	4505	33.76	2493	12803	640.2	9.00	59.32	20474704
		450×12	170.1	133.5	198820	4971	34.19	2730	18228	810	10.35	65.08	29154703

续表 16－7

截面尺寸（mm）			截面面积	每米重量	截面特性							抗扭惯性矩	扇性惯性矩
					x－x 轴				y－y 轴				
h	$h_0 \times t_w$	$b \times t$	A（cm²）	（kg/m）	I_x（cm⁴）	W_x（cm³）	i_x（cm）	S_x（cm³）	I_y（cm⁴）	W_y（cm³）	i_y（cm）	I_t（J）（cm⁴）	I_ω（cm⁶）
800	772×8	300×14	145.8	114.4	160424	4011	33.18	2247	6303	420.2	6.58	68.06	10074733
		350×14	159.8	125.4	182049	4551	33.76	2522	10007	571.9	7.91	77.20	16001398
		400×14	173.8	136.4	203674	5092	34.24	2797	14937	746.8	9.27	86.35	23888064
		450×14	187.8	147.4	225300	5632	34.64	3072	21266	945	10.64	95.50	34014731
	768×8	300×16	157.4	123.6	177737	4443	33.60	2471	7203	480.2	6.76	95.03	11514760
		350×16	173.4	136.2	202327	5058	34.15	2785	11437	653.5	8.12	108.68	18288092
		400×16	189.4	148.7	226916	5673	34.61	3099	17070	853.5	9.49	122.33	27301425
		450×16	205.4	161.3	251506	6288	34.99	3412	24303	1080	10.88	135.99	38874758
	776×10	300×12	149.6	117.4	150719	3768	31.74	2171	5406	360.4	6.01	60.43	8629666
		350×12	161.6	126.9	169349	4234	32.37	2408	8581	490.4	7.29	66.19	13709661
		400×12	173.6	136.3	187979	4699	32.91	2644	12806	640.3	8.59	71.95	20469659
		450×12	185.6	145.7	206609	5165	33.36	2880	18231	810.3	9.91	77.71	29149657
	772×10	300×14	161.2	126.5	168093	4202	32.29	2396	6306	420.4	6.25	80.61	10069717
		350×14	175.2	137.5	189718	4743	32.91	2671	10011	572.0	7.56	89.76	15996380
		400×14	189.2	148.5	211343	5284	33.42	2946	14940	747.0	8.89	98.91	23883044
		450×14	203.2	159.5	232968	5824	33.86	3221	21269	945.3	10.23	108.05	34009710
	768×10	300×16	172.8	135.6	185287	4632	32.75	2619	7206	480.4	6.46	107.52	11509769
		350×16	188.8	148.2	209876	5247	33.34	2932	11440	653.7	7.78	121.17	18283099
		400×16	204.8	160.8	234466	5862	33.84	3246	17073	853.7	9.13	134.83	27296431
		450×16	220.8	173.3	259056	6476	34.25	3560	24306	1080	10.49	148.48	38869763

续表 16 - 7

截面尺寸（mm）			截面面积	每米重量	截面特性								
					x - x 轴				y - y 轴			抗扭惯性矩	扇性惯性矩
h	$h_0 \times t_w$	$b \times t$	A （cm^2）	（kg/m）	I_x （cm^4）	W_x （cm^3）	i_x （cm）	S_x （cm^3）	I_y （cm^4）	W_y （cm^3）	i_y （cm）	I_t （J） （cm^4）	I_ω （cm^6）
800	764 × 10	300 × 18	184.4	144.8	202303	5058	33.12	2841	8106	540.4	6.63	142.11	12949821
		350	202.4	158.9	229826	5746	33.70	3193	12869	735.4	7.97	161.55	20569818
		400	220.4	173.0	257349	6434	34.17	3545	19206	960.3	9.34	180.99	30709817
		450	238.4	187.1	284873	7122	34.57	3897	27344	1215	10.71	200.43	43729816
	760 × 10	300 × 20	196.0	153.9	219141	5479	33.44	3062	9006	600.4	6.78	185.33	14389874
		350	216.0	169.6	249568	6239	33.99	3452	14298	817.0	8.14	212.00	22856538
		400	236.0	185.3	279995	7000	34.44	3842	21340	1067	9.51	238.67	34123203
		450	256.0	201.0	310421	7761	34.82	4232	30381	1350	10.89	265.33	48589869
850	822 × 8	300 × 14	149.8	117.6	183809	4325	35.03	2431	6304	420.2	6.49	68.91	11373044
		350	163.8	128.6	208273	4901	35.66	2724	10008	571.9	7.82	78.06	18063693
		400	177.8	139.5	232737	5476	36.18	3016	14937	746.8	9.17	87.20	26967000
		450	191.8	150.5	257200	6052	36.62	3309	21266	945	10.53	96.35	38399057
	818 × 8	300 × 16	161.4	126.7	203443	4787	35.50	2671	7203	480.2	6.68	95.88	12998699
		350	177.4	139.3	231269	5442	36.10	3004	11437	653.5	8.03	109.53	20645156
		400	193.4	151.9	259095	6096	36.60	3338	17070	853.5	9.39	123.19	30820364
		450	209.4	164.4	286920	6751	37.01	3672	24303	1080	10.77	136.84	43885572
	826 × 10	300 × 12	154.6	121.4	173376	4079	33.49	2361	5407	360.5	5.91	62.09	9741333
		350	166.6	130.8	194445	4575	34.16	2613	8582	490.4	7.18	67.85	15476171
		400	178.6	140.2	215513	5071	34.74	2864	12807	640.3	8.47	73.61	23107574
		450	190.6	149.6	236582	5567	35.23	3115	18232	810.3	9.78	79.37	32906478

续表 16-7

截面尺寸（mm）			截面面积	每米重量	截面特性								
					$x-x$ 轴				$y-y$ 轴			抗扭惯性矩	扇性惯性矩
h	$h_0 \times t_w$	$b \times t$	A（cm^2）	（kg/m）	I_x（cm^4）	W_x（cm^3）	i_x（cm）	S_x（cm^3）	I_y（cm^4）	W_y（cm^3）	i_y（cm）	I_t（J）（cm^4）	I_ω（cm^6）
850	822×10	300	166.2	130.5	193066	4543	34.08	2600	6307	420.5	6.16	82.28	11367016
		350 ×14	180.2	141.5	217530	5118	34.74	2893	10011	572.1	7.45	91.43	18057662
		400	194.2	152.4	241994	5694	35.30	3185	14940	747.0	8.77	100.57	26960966
		450	208.2	163.4	266457	6270	35.77	3478	21269	945.3	10.11	109.72	38393022
	818×10	300	177.8	139.6	212566	5002	34.58	2838	7207	480.5	6.37	109.19	12992699
		350 ×16	193.8	152.1	240392	5656	35.22	3172	11440	653.7	7.68	122.84	20639153
		400	209.8	164.7	268217	6311	35.76	3505	17073	853.7	9.02	136.49	30814359
		450	225.8	177.3	296043	6966	36.21	3839	24307	1080	10.38	150.15	43879566
	814×10	300	189.4	148.7	231876	5456	34.99	3075	8107	540.5	6.54	143.77	14618383
		350 ×18	207.4	162.8	263031	6189	35.61	3449	12869	735.4	7.88	163.21	23220645
		400	225.4	176.9	294186	6922	36.13	3823	19207	960.3	9.23	182.65	34667752
		450	243.4	191.1	325341	7655	36.56	4198	27344	1215	10.60	202.09	49366110
	810×10	300	201.0	157.8	250997	5906	35.34	3310	9007	600.5	6.69	187.00	16244067
		350	221.0	173.5	285448	6716	35.94	3725	14298	817.1	8.04	213.67	25802136
		400×20	241.0	189.2	319900	7527	36.43	4140	21340	1067	9.41	240.33	38521145
		450	261.0	204.9	354352	8338	36.85	4555	30382	1350	10.79	267.00	54852654
		500	281.0	220.6	388803	9148	37.20	4970	41673	1667	12.18	293.67	75248226
900	868×8	300	165.4	129.9	231168	5137	37.38	2875	7204	480.2	6.60	96.73	14572504
		350 ×16	181.4	142.4	262430	5832	38.03	3229	11437	653.5	7.94	110.39	23145003
		400	197.4	155.0	293691	6526	38.57	3582	17070	853.5	9.30	124.04	34552502
		450	213.4	167.6	324953	7221	39.02	3936	24304	1080	10.67	137.69	49200002

续表 16－7

截面尺寸（mm）			截面面积	每米重量	截面特性								
					x－x 轴				y－y 轴			抗扭惯性矩	扇性惯性矩
h	$h_0 \times t_w$	$b \times t$	A（cm^2）	（kg/m）	I_x（cm^4）	W_x（cm^3）	i_x（cm）	S_x（cm^3）	I_y（cm^4）	W_y（cm^3）	i_y（cm）	I_t（J）（cm^4）	I_ω（cm^6）
900	864×8	300 ×18	177.1	139.0	253067	5624	37.80	3128	8104	540.2	6.76	131.39	16395038
		350	195.1	153.2	288078	6402	38.42	3525	12866	735.2	8.12	150.83	26039100
		400	213.1	167.3	323090	7180	38.94	3922	19204	960.2	9.49	170.27	38872536
		450	231.1	181.4	358101	7958	39.36	4319	27341	1215	10.88	189.71	55350974
	868×10	300 ×16	182.8	143.5	242068	5379	36.39	3063	7207	480.5	6.28	110.85	14565367
		350	198.8	156.1	273329	6074	37.08	3417	11441	653.7	7.59	124.51	23137862
		400	214.8	168.6	304591	6769	37.66	3771	17074	853.7	8.92	138.16	34545359
		450	230.8	181.2	335853	7463	38.15	4124	24307	1080	10.26	151.81	49192857
	864×10	300 ×18	194.4	152.6	263816	5863	36.84	3315	8107	540.5	6.46	145.44	16387933
		350	212.4	166.7	298828	6641	37.51	3711	12870	735.4	7.78	164.88	26031991
		400	230.4	180.9	333839	7419	38.07	4108	19207	960.4	9.13	184.32	38865425
		450	248.4	195.0	368851	8197	38.53	4505	27345	1215	10.49	203.76	55343861
	860×10	300 ×20	206.0	161.7	285365	6341	37.22	3565	9007	600.5	6.61	188.67	18210499
		350	226.0	177.4	324091	7202	37.87	4005	14299	817.1	7.95	215.33	28926120
		400	246.0	193.1	362818	8063	38.40	4445	21341	1067	9.31	242.00	43185492
		450	266.0	208.8	401545	8923	38.85	4885	30382	1350	10.69	268.67	61494866
	872×12	300 ×14	188.6	148.1	231168	5137	35.01	3001	6313	420.8	5.78	105.11	12732123
		350	202.6	159.1	258646	5748	35.73	3311	10017	572.4	7.03	114.25	20233042
		400	216.6	170.1	286123	6358	36.34	3621	14946	747.3	8.31	123.40	30214594
		450	230.6	181.1	313600	6969	36.87	3931	21275	945.6	9.60	132.55	43031150

续表 16－7

截面尺寸（mm）			截面面积	每米重量	截面特性							抗扭惯性矩	扇性惯性矩
					$x-x$ 轴				$y-y$ 轴				
h	$h_0 \times t_w$	$b \times t$	A（cm^2）	（kg/m）	I_x（cm^4）	W_x（cm^3）	i_x（cm）	S_x（cm^3）	I_y（cm^4）	W_y（cm^3）	i_y（cm）	I_t（J）（cm^4）	I_ω（cm^6）
900	868×12	300×16	200.2	157.1	252967	5621	35.55	3252	7212	480.8	6.00	131.92	14554733
		350×16	216.2	169.7	284229	6316	36.26	3605	11446	654.0	7.28	145.57	23127217
		400×16	232.2	182.2	315490	7011	36.86	3959	17079	854.0	8.58	159.22	34534708
		450×16	248.2	194.8	346752	7706	37.38	4313	24312	1081	9.90	172.88	49182202
	868×8	300×16	165.4	129.9	231168	5137	37.38	2875	7204	480.2	6.60	96.73	14572504
		350×16	181.4	142.4	262430	5832	38.03	3229	11437	653.5	7.94	110.39	23145003
		400×16	197.4	155.0	293691	6526	38.57	3582	17070	853.5	9.30	124.04	34552502
		450×16	213.4	167.6	324953	7221	39.02	3936	24304	1080	10.67	137.69	49200002
	864×8	300×18	177.1	139.0	253067	5624	37.80	3128	8104	540.2	6.76	131.39	16395038
		350×18	195.1	153.2	288078	6402	38.42	3525	12866	735.2	8.12	150.83	26039100
		400×18	213.1	167.3	323090	7180	38.94	3922	19204	960.2	9.49	170.27	38872536
		450×18	231.1	181.4	358101	7958	39.36	4319	27341	1215	10.88	189.71	55350974
	868×10	300×16	182.8	143.5	242068	5379	36.39	3063	7207	480.5	6.28	110.85	14565367
		350×16	198.8	156.1	273329	6074	37.08	3417	11441	653.7	7.59	124.51	23137862
		400×16	214.8	168.6	304591	6769	37.66	3771	17074	853.7	8.92	138.16	34545359
		450×16	230.8	181.2	335853	7463	38.15	4124	24307	1080	10.26	151.81	49192857
	864×10	300×18	194.4	152.6	263816	5863	36.84	3315	8107	540.5	6.46	145.44	16387933
		350×18	212.4	166.7	298828	6641	37.51	3711	12870	735.4	7.78	164.88	26031991
		400×18	230.4	180.9	333839	7419	38.07	4108	19207	960.4	9.13	184.32	38865425
		450×18	248.4	195.0	368851	8197	38.53	4505	27345	1215	10.49	203.76	55343861

续表 16－7

截面尺寸（mm）			截面面积	每米重量	截面特性								
					$x-x$ 轴				$y-y$ 轴			抗扭惯性矩	扇性惯性矩
h	$h_0 \times t_w$	$b \times t$	A（cm²）	（kg/m）	I_x（cm⁴）	W_x（cm³）	i_x（cm）	S_x（cm³）	I_y（cm⁴）	W_y（cm³）	i_y（cm）	I_t（J）（cm⁴）	I_ω（cm⁶）
900	860×10	300×20	206.0	161.7	285365	6341	37.22	3565	9007	600.5	6.61	188.67	18210499
		350×20	226.0	177.4	324091	7202	37.87	4005	14299	817.1	7.95	215.33	28926120
		400×20	246.0	193.1	362818	8063	38.40	4445	21341	1067	9.31	242.00	43185492
		450×20	266.0	208.8	401545	8923	38.85	4885	30382	1350	10.69	268.67	61494866
	872×12	300×14	188.6	148.1	231168	5137	35.01	3001	6313	420.8	5.78	105.11	12732123
		350×14	202.6	159.1	258646	5748	35.73	3311	10017	572.4	7.03	114.25	20233042
		400×14	216.6	170.1	286123	6358	36.34	3621	14946	747.3	8.31	123.40	30214594
		450×14	230.6	181.1	313600	6969	36.87	3931	21275	945.6	9.60	132.55	43031150
	868×12	300×16	200.2	157.1	252967	5621	35.55	3252	7212	480.8	6.00	131.92	14554733
		350×16	216.2	169.7	284229	6316	36.26	3605	11446	654.0	7.28	145.57	23127217
		400×16	232.2	182.2	315490	7011	36.86	3959	17079	854.0	8.58	159.22	34534708
		450×16	248.2	194.8	346752	7706	37.38	4313	24312	1081	9.90	172.88	49182202
	864×12	300×18	211.7	166.2	274566	6101	36.01	3501	8112	540.8	6.19	166.41	16377344
		350×18	229.7	180.3	309577	6879	36.71	3898	12875	735.7	7.49	185.85	26021393
		400×18	247.7	194.4	344589	7658	37.30	4295	19212	960.6	8.81	205.29	38854822
		450×18	265.7	208.6	379600	8436	37.80	4692	27350	1216	10.15	224.73	55333255
	860×12	300×20	223.2	175.2	295966	6577	36.41	3749	9012	600.8	6.35	209.54	18199957
		350×20	243.2	190.9	334692	7438	37.10	4189	14304	817.4	7.67	236.20	28915569
		400×20	263.2	206.6	373419	8298	37.67	4629	21346	1067	9.01	262.87	43174937
		450×20	283.2	222.3	412146	9159	38.15	5069	30387	1351	10.36	289.54	61484308
		500×20	303.2	238.0	450872	10019	38.56	5509	41679	1667	11.72	316.20	84349930

续表 16-7

截面尺寸（mm）			截面面积	每米重量	截面特性							抗扭惯性矩	扇性惯性矩
					x-x 轴				y-y 轴				
h	$h_0 \times t_w$	$b \times t$	A（cm²）	（kg/m）	I_x（cm⁴）	W_x（cm³）	i_x（cm）	S_x（cm³）	I_y（cm⁴）	W_y（cm³）	i_y（cm）	I_t（J）（cm⁴）	I_ω（cm⁶）
950	922×8	300×14	157.8	123.8	236246	4974	38.70	2816	6304	420.3	6.32	70.62	14205505
		350×14	171.8	134.8	266911	5619	39.42	3143	10008	571.9	7.63	79.76	22563029
		400×14	185.8	145.8	297577	6265	40.02	3471	14937	746.9	8.97	88.91	33684460
		450×14	199.8	156.8	328243	6910	40.54	3798	21266	945	10.32	98.06	47964641
	918×8	300×16	169.4	133.0	260961	5494	39.24	3084	7204	480.3	6.52	97.59	16236168
		350×16	185.4	145.6	295858	6229	39.94	3458	11437	653.6	7.85	111.24	25787624
		400×16	201.4	158.1	330756	6963	40.52	3832	17071	853.5	9.21	124.89	38497831
		450×16	217.4	170.7	365654	7698	41.01	4205	24304	1080	10.57	138.55	54818039
	914×8	300×18	181.1	142.2	285461	6010	39.70	3352	8104	540.3	6.69	132.24	18266830
		350×18	199.1	156.3	324554	6833	40.37	3771	12866	735.2	8.04	151.68	29012220
		400×18	217.1	170.4	363647	7656	40.93	4191	19204	960.2	9.40	171.12	43311203
		450×18	235.1	184.6	402740	8479	41.39	4610	27341	1215	10.78	190.56	61671437
	918×10	300×16	187.8	147.4	273854	5765	38.19	3295	7208	480.5	6.20	112.52	16227758
		350×16	203.8	160.0	308752	6500	38.92	3669	11441	653.8	7.49	126.17	25779210
		400×16	219.8	172.5	343650	7235	39.54	4042	17074	853.7	8.81	139.83	38489414
		450×16	235.8	185.1	378547	7969	40.07	4416	24308	1080	10.15	153.48	54809620
	914×10	300×18	199.4	156.5	298187	6278	38.67	3561	8108	540.5	6.38	147.11	18258456
		350×18	217.4	170.7	337280	7101	39.39	3980	12870	735.4	7.69	166.55	29003841
		400×18	235.4	184.8	376373	7924	39.99	4399	19208	960.4	9.03	185.99	43302822
		450×18	253.4	198.9	415466	8747	40.49	4819	27345	1215	10.39	205.43	61663054

续表 16-7

截面尺寸（mm）			截面面积	每米重量	截面特性							抗扭惯性矩	扇性惯性矩
					x-x 轴				y-y 轴				
h	$h_0 \times t_w$	$b \times t$	A（cm²）	（kg/m）	I_x（cm⁴）	W_x（cm³）	i_x（cm）	S_x（cm³）	I_y（cm⁴）	W_y（cm³）	i_y（cm）	I_t（J）（cm⁴）	I_ω（cm⁶）
950	910×10	300×20	211.0	165.6	322308	6785	39.08	3825	9008	600.5	6.53	190.33	20289155
		350×20	231.0	181.3	365559	7696	39.78	4290	14299	817.1	7.87	217.00	32228472
		400×20	251.0	197.0	408811	8607	40.36	4755	21341	1067	9.22	243.67	48116230
		450×20	271.0	212.7	452063	9517	40.84	5220	30383	1350	10.59	270.33	68516488
	922×12	300×14	194.6	152.8	262372	5524	36.71	3241	6313	420.9	5.70	107.99	14184482
		350×14	208.6	163.8	293037	6169	37.48	3568	10017	572.4	6.93	117.13	22541985
		400×14	222.6	174.8	323703	6815	38.13	3896	14947	747.3	8.19	126.28	33663404
		450×14	236.6	185.8	354369	7460	38.70	4224	21276	945.6	9.48	135.43	47943579
	918×12	300×16	206.2	161.8	286748	6037	37.29	3506	7213	480.9	5.92	134.80	16215229
		350×16	222.2	174.4	321646	6771	38.05	3879	11447	654.1	7.18	148.45	25766667
		400×16	238.2	187.0	356543	7506	38.69	4253	17080	854.0	8.47	162.10	38476864
		450×16	254.2	199.5	391441	8241	39.24	4626	24313	1081	9.78	175.76	54797065
	914×12	300×18	217.7	170.9	310913	6546	37.79	3769	8113	540.9	6.11	169.29	18245977
		350×18	235.7	185.0	350006	7369	38.54	4189	12876	735.8	7.39	188.73	28991350
		400×18	253.7	199.1	389099	8192	39.16	4608	19213	960.7	8.70	208.17	43290324
		450×18	271.7	213.3	428192	9015	39.70	5028	27351	1216	10.03	227.61	61650553
	910×12	300×20	229.2	179.9	334867	7050	38.22	4032	9013	600.9	6.27	212.42	20276727
		350×20	249.2	195.6	378119	7960	38.95	4497	14305	817.4	7.58	239.08	32216034
		400×20	269.2	211.3	421370	8871	39.56	4962	21346	1067	8.90	265.75	48103786
		450×20	289.2	227.0	464622	9782	40.08	5427	30388	1351	10.25	292.42	68504041
		500×20	309.2	242.7	507874	10692	40.53	5892	41680	1667	11.61	319.08	93980860

续表 16－7

截面尺寸（mm）			截面面积	每米重量	截面特性							抗扭惯性矩	扇性惯性矩
					$x-x$ 轴				$y-y$ 轴				
h	$h_0 \times t_w$	$b \times t$	A（cm^2）	（kg/m）	I_x（cm^4）	W_x（cm^3）	i_x（cm）	S_x（cm^3）	I_y（cm^4）	W_y（cm^3）	i_y（cm）	I_t（J）（cm^4）	I_ω（cm^6）
1000	964×8	300×18	185.1	145.3	320119	6402	41.58	3581	8104	540.3	6.62	133.09	20239723
		350	203.1	159.4	363519	7270	42.30	4023	12867	735.2	7.96	152.53	32145971
		400	221.1	173.6	406918	8138	42.90	4464	19204	960.2	9.32	171.97	47989720
		450	239.1	187.7	450318	9006	43.40	4906	27342	1215.2	10.69	191.41	68333469
	972×10	300×14	181.2	142.2	280702	5614	39.36	3252	6308	420.5	5.90	87.28	15729776
		350	195.2	153.2	314732	6295	40.15	3597	10012	572.1	7.16	96.43	24990183
		400	209.2	164.2	348761	6975	40.83	3942	14941	747.1	8.45	105.57	37313094
		450	223.2	175.2	382790	7656	41.41	4287	21271	945.4	9.76	114.72	53136008
	968×10	300×16	192.8	151.3	307989	6160	39.97	3533	7208	480.5	6.11	114.19	17979856
		350	208.8	163.9	346722	6934	40.75	3926	11441	653.8	7.40	127.84	28563181
		400	224.8	176.5	385456	7709	41.41	4320	17075	853.7	8.72	141.49	42646510
		450	240.8	189.0	424189	8484	41.97	4714	24308	1080	10.05	155.15	60729840
	964×10	300×18	204.4	160.5	335050	6701	40.49	3813	8108	540.5	6.30	148.77	20229937
		350	222.4	174.6	378450	7569	41.25	4255	12871	735.5	7.61	168.21	32136179
		400	240.4	188.7	421849	8437	41.89	4697	19208	960.4	8.94	187.65	47979925
		450	258.4	202.8	465248	9305	42.43	5139	27346	1215	10.29	207.09	68323673
	960×10	300×20	216.0	169.6	361888	7238	40.93	4092	9008	600.5	6.46	192.00	22480018
		350	236.0	185.3	409915	8198	41.68	4582	14300	817.1	7.78	218.67	35709178
		400	256.0	201.0	457941	9159	42.29	5072	21341	1067	9.13	245.33	53313341
		450	276.0	216.7	505968	10119	42.82	5562	30383	1350	10.49	272.00	75917505

续表 16 - 7

截面尺寸（mm）			截面面积	每米重量	截面特性								
					x - x 轴				y - y 轴			抗扭惯性矩	扇性惯性矩
h	$h_0 \times t_w$	$b \times t$	A（cm^2）	（kg/m）	I_x（cm^4）	W_x（cm^3）	i_x（cm）	S_x（cm^3）	I_y（cm^4）	W_y（cm^3）	i_y（cm）	I_t（J）（cm^4）	I_ω（cm^6）
1000	972×12	300×14	200.6	157.5	296008	5920	38.41	3488	6314	420.9	5.61	110.87	15715086
		350	214.6	168.5	330037	6601	39.21	3833	10018	572.5	6.83	120.01	24975474
		400	228.6	179.5	364066	7281	39.90	4178	14947	747.4	8.09	129.16	37298374
		450	242.6	190.5	398095	7962	40.51	4523	21276	945.6	9.36	138.31	53121281
	968×12	300×16	212.2	166.5	323106	6462	39.02	3767	7214	480.9	5.83	137.68	17965219
		350	228.2	179.1	361839	7237	39.82	4161	11447	654.1	7.08	151.33	28548528
		400	244.2	191.7	400573	8011	40.50	4554	17081	854.0	8.36	164.98	42631847
		450	260.2	204.2	439307	8786	41.09	4948	24314	1081	9.67	178.64	60715172
	964×12	300×18	223.7	175.6	349981	7000	39.56	4045	8114	540.9	6.02	172.17	20215355
		350	241.7	189.7	393380	7868	40.34	4487	12876	735.8	7.30	191.61	32121583
		400	259.7	203.8	436780	8736	41.01	4929	19214	960.7	8.60	211.05	47965321
		450	277.7	218.0	480179	9604	41.58	5371	27351	1216	9.92	230.49	68309064
	960×12	300×20	235.2	184.6	376634	7533	40.02	4322	9014	600.9	6.19	215.30	22465493
		350	255.2	200.3	424660	8493	40.79	4812	14305	817.5	7.49	241.96	35694640
		400	275.2	216.0	472687	9454	41.44	5302	21347	1067	8.81	268.63	53298796
		450	295.2	231.7	520714	10414	42.00	5792	30389	1351	10.15	295.30	75902956
		500	315.2	247.4	568740	11375	42.48	6282	41680	1667	11.50	321.96	104132118
1050	1014×8	300×18	189.1	148.5	357092	6802	43.45	3815	8104	540	6.55	133.95	22313707
		350	207.1	162.6	405023	7715	44.22	4279	12867	735	7.88	153.39	35440345
		400	225.1	176.7	452954	8628	44.86	4743	19204	960	9.24	172.83	52908078
		450	243.1	190.8	500885	9541	45.39	5208	27342	1215	10.60	192.27	75337062

续表 16－7

截面尺寸（mm）			截面面积	每米重量	截面特性							抗扭惯性矩	扇性惯性矩
					x－x 轴				y－y 轴				
h	$h_0 \times t_w$	$b \times t$	A（cm^2）	（kg/m）	I_x（cm^4）	W_x（cm^3）	i_x（cm）	S_x（cm^3）	I_y（cm^4）	W_y（cm^3）	i_y（cm）	I_t（J）（cm^4）	I_ω（cm^6）
1050	1022×10	300×14	186.2	146.2	314361	5988	41.09	3481	6309	420.6	5.82	88.95	17340933
		350×14	200.2	157.2	351929	6703	41.93	3844	10013	572.2	7.07	98.09	27550530
		400×14	214.2	168.1	389496	7419	42.64	4206	14942	747.1	8.35	107.24	41136539
		450×14	228.2	179.1	427064	8135	43.26	4569	21271	945.4	9.65	116.39	58581301
	1018×10	300×16	197.8	155.3	344533	6563	41.74	3777	7208	480.6	6.04	115.85	19821645
		350×16	213.8	167.8	387302	7377	42.56	4191	11442	653.8	7.32	129.51	31489760
		400×16	229.8	180.4	430072	8192	43.26	4604	17075	853.8	8.62	143.16	47016629
		450×16	245.8	193.0	472842	9007	43.86	5018	24308	1080	9.94	156.81	66953501
	1014×10	300×18	209.4	164.4	374468	7133	42.29	4072	8108	540.6	6.22	150.44	22302359
		350×18	227.4	178.5	422399	8046	43.10	4536	12871	735.5	7.52	169.88	35428991
		400×18	245.4	192.6	470330	8959	43.78	5000	19208	960.4	8.85	189.32	52896720
		450×18	263.4	206.8	518261	9872	44.36	5465	27346	1215	10.19	208.76	75325701
	1010×10	400×20	261.0	204.9	510272	9719	44.22	5395	21342	1067	9.04	247.00	58776811
		450×20	281.0	220.6	563323	10730	44.77	5910	30383	1350	10.40	273.67	83697902
		500×20	301.0	236.3	616375	11740	45.25	6425	41675	1667	11.77	300.33	114820556
		550×20	321.0	252.0	669427	12751	45.67	6940	55467	2017	13.15	327.00	152833836
		600×20	341.0	267.7	722478	13761	46.03	7455	72008	2400	14.53	353.67	198426804
	1010×12	400×20	281.2	220.7	527443	10047	43.31	5650	21348	1067	8.71	271.51	58759940
		450×20	301.2	236.4	580495	11057	43.90	6165	30390	1351	10.04	298.18	83681026
		500×20	321.2	252.1	633547	12068	44.41	6680	41681	1667	11.39	324.84	114803677
		550×20	341.2	267.8	686598	13078	44.86	7195	55473	2017	12.75	351.51	152816955
		600×20	361.2	283.5	739650	14089	45.25	7710	72015	2400	14.12	378.18	198409921

续表 16-7

截面尺寸（mm）			截面面积 A（cm^2）	每米重量（kg/m）	截面特性							抗扭惯性矩	扇性惯性矩
					$x-x$ 轴				$y-y$ 轴				
h	$h_0 \times t_w$	$b \times t$			I_x（cm^4）	W_x（cm^3）	i_x（cm）	S_x（cm^3）	I_y（cm^4）	W_y（cm^3）	i_y（cm）	$I_t(J)$（cm^4）	I_ω（cm^6）
1050	1000×12	400	320.0	251.2	625417	11913	44.21	6625	26681	1334	9.13	474.27	73460331
		450	345.0	270.8	691094	13164	44.76	7266	37983	1688	10.49	526.35	104611692
		500×25	370.0	290.5	756771	14415	45.23	7906	52098	2084	11.87	578.43	143515008
		550	395.0	310.1	822448	15666	45.63	8547	69337	2521	13.25	630.52	191031607
		600	420.0	329.7	888125	16917	45.98	9188	90014	3000	14.64	682.60	248022816
1100	1060×10	400	266.0	208.8	565865	10288	46.12	5725	21342	1067	8.96	248.67	64506624
		450	286.0	224.5	624191	11349	46.72	6265	30384	1350	10.31	275.33	91857662
		500×20	306.0	240.2	682518	12409	47.23	6805	41676	1667	11.67	302.00	126014951
		550	326.0	255.9	740845	13470	47.67	7345	55467	2017	13.04	328.67	167734742
		600	346.0	271.6	799171	14530	48.06	7885	72009	2400	14.43	355.33	217773282
	1060×12	400	287.2	225.5	585715	10649	45.16	6005	21349	1067	8.62	274.39	64487193
		450	307.2	241.2	644042	11710	45.79	6545	30390	1351	9.95	301.06	91838225
		500×20	327.2	256.9	702368	12770	46.33	7085	41682	1667	11.29	327.72	125995510
		550	347.2	272.6	760695	13831	46.81	7625	55474	2017	12.64	354.39	167715297
		600	367.2	288.3	819022	14891	47.23	8165	72015	2401	14.00	381.06	217753836
	1050×12	400	326.0	255.9	693679	12612	46.13	7029	26682	1334	9.05	477.15	80620955
		450	351.0	275.5	765919	13926	46.71	7701	37984	1688	10.40	529.23	114809749
		500×25	376.0	295.2	838158	15239	47.21	8373	52098	2084	11.77	581.31	157506359
		550	401.0	314.8	910398	16553	47.65	9044	69338	2521	13.15	633.40	209656095
		600	426.0	334.4	982638	17866	48.03	9716	90015	3001	14.54	685.48	272204270

续表 16－7

截面尺寸（mm）			截面面积	每米重量	截面特性							抗扭惯性矩	扇性惯性矩
					x－x 轴				y－y 轴				
h	$h_0 \times t_w$	$b \times t$	A（cm^2）	（kg/m）	I_x（cm^4）	W_x（cm^3）	i_x（cm）	S_x（cm^3）	I_y（cm^4）	W_y（cm^3）	i_y（cm）	I_t（J）（cm^4）	I_ω（cm^6）
1100	1060×14	400	308.4	242.1	605565	11010	44.31	6286	21358	1068	8.32	310.29	64460095
		450	328.4	257.8	663892	12071	44.96	6826	30399	1351	9.62	336.95	91811111
		500×20	348.4	273.5	722219	13131	45.53	7366	41691	1668	10.94	363.62	125968387
		550	368.4	289.2	780545	14192	46.03	7906	55483	2018	12.27	390.29	167688168
		600	388.4	304.9	838872	15252	46.47	8446	72024	2401	13.62	416.95	217726703
	1050×14	400	347.0	272.4	712973	12963	45.33	7304	26691	1335	8.77	512.71	80594102
		450	372.0	292.0	785213	14277	45.94	7976	37993	1689	10.11	564.79	114782884
		500×25	397.0	311.6	857452	15590	46.47	8648	52107	2084	11.46	616.87	157479487
		550	422.0	331.3	929692	16903	46.94	9320	69347	2522	12.82	668.96	209629218
		600	447.0	350.9	1001931	18217	47.34	9992	90024	3001	14.19	721.04	272177389
1200	1160×12	400	299.2	234.9	713103	11885	48.82	6738	21350	1068	8.45	280.15	76739913
		450	319.2	250.6	782730	13045	49.52	7328	30392	1351	9.76	306.82	109289899
		500×20	339.2	266.3	852356	14206	50.13	7918	41683	1667	11.09	333.48	149939890
		550	359.2	282.0	921983	15366	50.66	8508	55475	2017	12.43	360.15	199589884
		600	379.2	297.7	991610	16527	51.14	9098	72017	2401	13.78	386.82	259139880
	1150×12	400	338.0	265.3	842504	14042	49.93	7859	26683	1334	8.89	482.91	95940421
		450	363.0	285.0	928806	15480	50.58	8593	37985	1688	10.23	534.99	136627910
		500×25	388.0	304.6	1015108	16918	51.15	9328	52100	2084	11.59	587.07	187440403
		550	413.0	324.2	1101410	18357	51.64	10062	69339	2521	12.96	639.16	249502898
		600	438.0	343.8	1187713	19795	52.07	10796	90017	3001	14.34	691.24	323940395

续表 16-7

截面尺寸（mm）			截面面积	每米重量	截面特性								
					x-x 轴				y-y 轴			抗扭惯性矩	扇性惯性矩
h	$h_0 \times t_w$	$b \times t$	A（cm^2）	（kg/m）	I_x（cm^4）	W_x（cm^3）	i_x（cm）	S_x（cm^3）	I_y（cm^4）	W_y（cm^3）	i_y（cm）	I_t（J）（cm^4）	I_ω（cm^6）
1200	1160×14	400	322.4	253.1	739118	12319	47.88	7075	21360	1068	8.14	319.43	76704627
		450	342.4	268.8	808745	13479	48.60	7665	30402	1351	9.42	346.10	109254592
		500×20	362.4	284.5	878371	14640	49.23	8255	41693	1668	10.73	372.77	149904570
		550	382.4	300.2	947998	15800	49.79	8845	55485	2018	12.05	399.43	199554554
		600	402.4	315.9	1017625	16960	50.29	9435	72027	2401	13.38	426.10	259104544
	1150×14	400	361.0	283.4	867852	14464	49.03	8189	26693	1335	8.60	521.85	95905425
		450	386.0	303.0	954154	15903	49.72	8924	37995	1689	9.92	573.94	136592898
		500×25	411.0	322.6	1040456	17341	50.31	9658	52110	2084	11.26	626.02	187405380
		550	436.0	342.3	1126758	18779	50.84	10393	69349	2522	12.61	678.10	249467868
		600	461.0	361.9	1213060	20218	51.30	11127	90026	3001	13.97	730.19	323905360

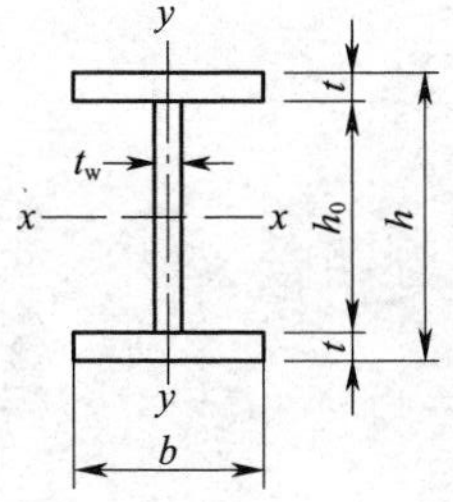

A—截面面积，$A = bh - (b - t_w)\ h_0$；

I—截面惯性矩，$I_x = \frac{1}{12}[bh^3 - (b - t_w)\ h_0^3]$，$I_y = \frac{1}{12}(2tb^3 + h_0 t_w^3)$；

W—截面模量，$W_x = \frac{2I_x}{h}$，$W_y = \frac{2I_y}{b}$；i—截面回转半径，$i_x = \sqrt{\frac{I_x}{A}}$，$i_y = \sqrt{\frac{I_y}{A}}$

S—半截面面积矩，$S_x = bt\left(\frac{h-t}{2}\right) + \frac{t_w h_0^2}{8}$；$I_t$（$J$）—抗扭惯性矩，$I_t = J = \frac{1}{3}(2bt^3 + h_0 t_w^3)$；

I_ω—扇形惯性矩，$I_\omega = \frac{b^6 t^2 h^2}{12(2tb^3 + h_0 t_w^3)}$

17 工字形截面的整体稳定系数 φ_b'

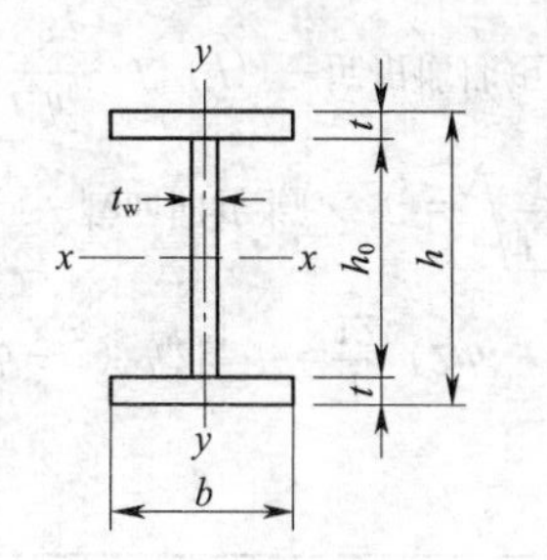

表 17－1 Q235 钢焊接工字形截面构件（跨中无侧向支承，均布荷载作用在上翼缘）整体稳定系数 φ_b'

序号	h (mm)	b (mm)	t_w (mm)	t (mm) \ l_1 (m)	2	2.5	3	3.5	4	4.5	5	5.5	6	6.5	7	7.5	8	8.5	9	9.5	10	10.5	11	11.5	12
1	300	200	5	6	1.000	0.976	0.937	0.894	0.846	0.793	0.738	0.680	0.619	0.550	0.489	0.440	0.399	0.365	0.337	0.312	0.291	0.273	0.257	0.243	0.230
2		250			1.000	1.000	0.986	0.957	0.925	0.890	0.852	0.811	0.768	0.723	0.677	0.629	0.576	0.522	0.477	0.439	0.406	0.378	0.353	0.331	0.312
3		300			1.000	1.000	1.000	0.992	0.969	0.944	0.917	0.887	0.856	0.823	0.788	0.752	0.792	0.676	0.636	0.594	0.547	0.506	0.470	0.439	0.411
4	300	200	6	8	1.000	0.982	0.948	0.909	0.867	0.823	0.778	0.731	0.683	0.634	0.583	0.530	0.486	0.450	0.418	0.392	0.369	0.348	0.331	0.315	0.301
5		250			1.000	1.000	0.991	0.965	0.936	0.905	0.872	0.837	0.801	0.764	0.727	0.689	0.672	0.612	0.567	0.527	0.491	0.461	0.434	0.411	0.390
6		300			1.000	1.000	1.000	0.996	0.975	0.953	0.928	0.902	0.875	0.846	0.817	0.787	0.898	0.724	0.693	0.661	0.629	0.596	0.558	0.524	0.495
7	300	200	6	10	1.000	0.989	0.958	0.925	0.889	0.852	0.815	0.777	0.739	0.701	0.664	0.627	0.589	0.549	0.514	0.485	0.459	0.436	0.416	0.398	0.382
8		250			1.000	1.000	0.996	0.973	0.947	0.920	0.892	0.863	0.833	0.803	0.772	0.742	0.787	0.681	0.652	0.622	0.592	0.558	0.529	0.503	0.480
9		300			1.000	1.000	1.000	1.000	0.982	0.962	0.940	0.917	0.894	0.870	0.845	0.820	1.024	0.769	0.744	0.719	0.693	0.668	0.644	0.619	0.594
10	300	200	6	12	1.000	0.995	0.967	0.938	0.908	0.877	0.845	0.814	0.784	0.754	0.724	0.696	0.702	0.641	0.615	0.587	0.559	0.527	0.498	0.472	0.449
11		250			1.000	1.000	1.000	0.980	0.957	0.934	0.909	0.884	0.859	0.834	0.810	0.785	0.912	0.737	0.714	0.691	0.669	0.647	0.626	0.605	0.581
12		300			1.000	1.000	1.000	1.000	0.988	0.970	0.951	0.931	0.910	0.890	0.869	0.848	1.162	0.807	0.786	0.766	0.746	0.726	0.707	0.688	0.669

续表 17－1

序号	h (mm)	b (mm)	t_w (mm)	t (mm) \ l_1 (m) 2	2.5	3	3.5	4	4.5	5	5.5	6	6.5	7	7.5	8	8.5	9	9.5	10	10.5	11	11.5	12
13	300	200	8	12	1.000	0.993	0.965	0.936	0.905	0.874	0.843	0.812	0.781	0.752	0.723	0.694	0.700	0.641	0.615	0.587	0.559	0.527	0.499	0.473	0.450
14		250			1.000	1.000	1.000	0.978	0.955	0.932	0.907	0.882	0.857	0.832	0.808	0.783	0.907	0.736	0.713	0.690	0.668	0.646	0.625	0.605	0.581
15		300			1.000	1.000	1.000	1.000	0.987	0.968	0.949	0.929	0.909	0.888	0.867	0.846	1.153	0.805	0.785	0.764	0.745	0.725	0.706	0.687	0.669
16	300	200	8	16	1.000	1.000	0.982	0.959	0.936	0.914	0.892	0.871	0.851	0.831	0.813	0.795	0.947	0.750	0.727	0.705	0.683	0.661	0.638	0.616	0.593
17		250			1.000	1.000	1.000	0.991	0.973	0.955	0.937	0.919	0.901	0.884	0.867	0.851	1.201	0.820	0.805	0.790	0.771	0.753	0.735	0.717	0.699
18		300			1.000	1.000	1.000	1.000	0.998	0.983	0.968	0.953	0.938	0.922	0.908	0.893	1.474	0.865	0.851	0.838	0.825	0.812	0.800	0.786	0.771
19	300	200	10	12	1.000	0.991	0.963	0.933	0.902	0.871	0.840	0.809	0.779	0.750	0.721	0.693	0.698	0.640	0.614	0.587	0.559	0.528	0.499	0.474	0.451
20		250			1.000	1.000	0.998	0.977	0.954	0.930	0.905	0.880	0.855	0.830	0.806	0.781	0.902	0.734	0.711	0.689	0.667	0.646	0.625	0.605	0.582
21		300			1.000	1.000	1.000	1.000	0.985	0.967	0.947	0.927	0.907	0.886	0.865	0.844	1.145	0.803	0.783	0.763	0.743	0.724	0.705	0.686	0.668
22	300	200	10	16	1.000	1.000	0.981	0.958	0.935	0.913	0.892	0.871	0.851	0.831	0.813	0.795	0.949	0.750	0.728	0.706	0.684	0.662	0.641	0.619	0.596
23		250			1.000	1.000	1.000	0.990	0.973	0.954	0.936	0.918	0.901	0.884	0.867	0.851	1.201	0.820	0.805	0.790	0.772	0.754	0.736	0.718	0.700
24		300			1.000	1.000	1.000	1.000	0.997	0.982	0.967	0.952	0.937	0.922	0.907	0.893	1.472	0.865	0.851	0.838	0.825	0.812	0.800	0.787	0.772
25	300	200	12	16	1.000	1.000	0.980	0.957	0.934	0.912	0.891	0.870	0.850	0.831	0.813	0.795	0.950	0.751	0.729	0.707	0.686	0.664	0.642	0.621	0.599
26		250			1.000	1.000	1.000	0.990	0.972	0.954	0.935	0.918	0.900	0.883	0.867	0.851	1.201	0.820	0.806	0.791	0.773	0.755	0.737	0.719	0.702
27		300			1.000	1.000	1.000	1.000	0.996	0.982	0.966	0.951	0.936	0.921	0.907	0.892	1.469	0.864	0.851	0.838	0.825	0.813	0.801	0.787	0.772
28	350	200	6	8	1.000	0.977	0.940	0.898	0.853	0.804	0.752	0.699	0.643	0.584	0.523	0.473	0.432	0.397	0.368	0.343	0.321	0.302	0.292	0.271	0.258
29		250			1.000	1.000	0.987	0.959	0.928	0.894	0.858	0.820	0.780	0.739	0.696	0.652	0.610	0.556	0.511	0.472	0.438	0.410	0.384	0.362	0.342
30		300			1.000	1.000	1.000	0.993	0.971	0.946	0.920	0.892	0.862	0.831	0.798	0.765	0.829	0.695	0.658	0.622	0.581	0.539	0.503	0.471	0.443
28	350	200	6	10	1.000	0.984	0.951	0.914	0.874	0.832	0.789	0.745	0.700	0.655	0.610	0.559	0.515	0.477	0.445	0.417	0.393	0.372	0.354	0.338	0.323
29		250			1.000	1.000	0.992	0.967	0.939	0.910	0.878	0.845	0.811	0.776	0.741	0.705	0.704	0.633	0.597	0.555	0.519	0.488	0.460	0.436	0.414
30		300			1.000	1.000	1.000	0.998	0.977	0.955	0.932	0.907	0.880	0.853	0.825	0.797	0.933	0.738	0.708	0.679	0.649	0.619	0.586	0.552	0.522
31	350	200	6	12	1.000	0.990	0.960	0.927	0.892	0.856	0.820	0.783	0.746	0.709	0.673	0.638	0.604	0.564	0.529	0.499	0.472	0.449	0.429	0.411	0.392
32		250			1.000	1.000	0.997	0.974	0.949	0.922	0.895	0.866	0.837	0.808	0.778	0.749	0.804	0.690	0.661	0.633	0.605	0.573	0.544	0.517	0.494
33		300			1.000	1.000	1.000	1.000	0.983	0.963	0.942	0.919	0.896	0.873	0.849	0.824	1.043	0.775	0.750	0.726	0.702	0.677	0.654	0.630	0.607
34		350			1.000	1.000	1.000	1.000	1.000	0.989	0.972	0.955	0.936	0.917	0.897	0.877	1.322	0.836	0.815	0.794	0.773	0.752	0.731	0.710	0.689

续表 17-1

序号	h (mm)	b (mm)	t_w (mm)	t (mm) \ l_1 (m)	2	2.5	3	3.5	4	4.5	5	5.5	6	6.5	7	7.5	8	8.5	9	9.5	10	10.5	11	11.5	12
35	350	200	6	14	1.000	0.995	0.967	0.938	0.908	0.877	0.845	0.814	0.784	0.754	0.724	0.696	0.702	0.641	0.615	0.587	0.559	0.527	0.498	0.472	0.449
36		250			1.000	1.000	1.000	0.980	0.957	0.934	0.909	0.884	0.859	0.834	0.810	0.785	0.912	0.737	0.714	0.691	0.669	0.647	0.626	0.605	0.581
37		300			1.000	1.000	1.000	1.000	0.988	0.970	0.951	0.931	0.910	0.890	0.869	0.848	1.162	0.807	0.786	0.766	0.746	0.726	0.707	0.688	0.669
38		350			1.000	1.000	1.000	1.000	1.000	0.994	0.978	0.962	0.946	0.929	0.911	0.893	1.451	0.858	0.840	0.822	0.804	0.787	0.769	0.752	0.735
39	350	200	6	16	1.000	0.999	0.974	0.948	0.921	0.894	0.868	0.841	0.816	0.791	0.767	0.743	0.807	0.699	0.675	0.648	0.621	0.593	0.562	0.533	0.508
40		250			1.000	1.000	1.000	0.985	0.965	0.944	0.922	0.901	0.879	0.858	0.837	0.816	1.030	0.777	0.757	0.739	0.721	0.703	0.685	0.663	0.642
41		300			1.000	1.000	1.000	1.000	0.993	0.976	0.959	0.941	0.923	0.905	0.887	0.869	1.290	0.834	0.817	0.800	0.783	0.767	0.751	0.736	0.720
42		350			1.000	1.000	1.000	1.000	1.000	0.998	0.984	0.969	0.954	0.939	0.924	0.908	1.590	0.877	0.862	0.847	0.832	0.817	0.802	0.788	0.774
43	350	200	6	18	1.000	1.000	0.981	0.957	0.933	0.910	0.887	0.865	0.843	0.822	0.802	0.783	0.914	0.738	0.714	0.691	0.667	0.644	0.621	0.597	0.569
44		250			1.000	1.000	1.000	0.990	0.972	0.953	0.934	0.915	0.897	0.878	0.860	0.843	1.156	0.810	0.794	0.778	0.761	0.742	0.723	0.704	0.685
45		300			1.000	1.000	1.000	1.000	0.997	0.982	0.966	0.950	0.935	0.919	0.903	0.888	1.428	0.858	0.843	0.829	0.815	0.802	0.788	0.776	0.761
46		350			1.000	1.000	1.000	1.000	1.000	1.000	0.989	0.975	0.962	0.948	0.935	0.921	1.739	0.895	0.881	0.868	0.856	0.843	0.831	0.819	0.807
47	350	200	6	20	1.000	1.000	0.986	0.965	0.944	0.924	0.904	0.885	0.866	0.849	0.832	0.810	1.005	0.768	0.747	0.726	0.706	0.685	0.664	0.644	0.623
48		250			1.000	1.000	1.000	0.995	0.978	0.962	0.945	0.928	0.912	0.896	0.881	0.866	1.292	0.838	0.823	0.806	0.789	0.772	0.755	0.738	0.721
49		300			1.000	1.000	1.000	1.000	1.000	0.987	0.973	0.959	0.945	0.931	0.918	0.904	1.577	0.878	0.866	0.854	0.842	0.831	0.817	0.802	0.788
50		350			1.000	1.000	1.000	1.000	1.000	1.000	0.993	0.981	0.969	0.957	0.945	0.933	1.900	0.910	0.899	0.887	0.877	0.866	0.856	0.845	0.836
51	350	200	8	12	1.000	0.988	0.957	0.923	0.888	0.852	0.815	0.778	0.741	0.705	0.669	0.634	0.600	0.560	0.526	0.497	0.471	0.449	0.429	0.411	0.392
52		250			1.000	1.000	0.995	0.972	0.946	0.919	0.891	0.863	0.833	0.804	0.774	0.745	0.796	0.687	0.658	0.630	0.603	0.570	0.541	0.516	0.493
53		300			1.000	1.000	1.000	1.000	0.981	0.961	0.939	0.917	0.893	0.870	0.845	0.821	1.031	0.772	0.747	0.723	0.699	0.675	0.651	0.628	0.605
54		350			1.000	1.000	1.000	1.000	1.000	0.988	0.971	0.953	0.934	0.915	0.895	0.875	1.306	0.833	0.812	0.791	0.770	0.749	0.728	0.707	0.687
55	350	200	8	16	1.000	0.998	0.973	0.946	0.920	0.893	0.866	0.840	0.815	0.790	0.766	0.743	0.808	0.699	0.676	0.649	0.623	0.595	0.564	0.536	0.511
56		250			1.000	1.000	1.000	0.984	0.964	0.942	0.921	0.899	0.878	0.857	0.836	0.815	1.027	0.776	0.757	0.739	0.721	0.703	0.686	0.664	0.643
57		300			1.000	1.000	1.000	1.000	0.992	0.975	0.958	0.940	0.922	0.904	0.886	0.868	1.284	0.833	0.816	0.799	0.783	0.767	0.751	0.736	0.721
58		350			1.000	1.000	1.000	1.000	1.000	0.997	0.983	0.968	0.953	0.938	0.923	0.907	1.581	0.876	0.861	0.846	0.831	0.816	0.802	0.788	0.774

续表 17－1

序号	h (mm)	b (mm)	t_w (mm)	t (mm) \ l_1 (m)	2	2.5	3	3.5	4	4.5	5	5.5	6	6.5	7	7.5	8	8.5	9	9.5	10	10.5	11	11.5	12
59	350	200	10	12	1.000	0.985	0.954	0.920	0.884	0.848	0.811	0.774	0.737	0.701	0.665	0.631	0.596	0.557	0.523	0.495	0.469	0.447	0.428	0.410	0.391
60		250			1.000	1.000	0.993	0.969	0.944	0.916	0.888	0.859	0.830	0.800	0.771	0.741	0.788	0.684	0.655	0.627	0.600	0.568	0.539	0.514	0.491
61		300			1.000	1.000	1.000	0.999	0.979	0.959	0.937	0.914	0.891	0.867	0.843	0.818	1.019	0.769	0.744	0.720	0.696	0.672	0.648	0.625	0.602
62		350			1.000	1.000	1.000	1.000	1.000	0.986	0.969	0.951	0.932	0.913	0.893	0.872	1.291	0.831	0.810	0.789	0.767	0.746	0.726	0.705	0.684
63	350	200	10	16	1.000	0.997	0.971	0.945	0.918	0.891	0.864	0.839	0.813	0.789	0.765	0.743	0.807	0.700	0.676	0.650	0.624	0.597	0.566	0.538	0.512
64		250			1.000	1.000	1.000	0.983	0.962	0.941	0.920	0.898	0.877	0.855	0.835	0.815	1.025	0.776	0.757	0.739	0.721	0.704	0.686	0.665	0.644
65		300			1.000	1.000	1.000	1.000	0.991	0.974	0.956	0.939	0.921	0.903	0.885	0.867	1.279	0.832	0.815	0.799	0.782	0.766	0.751	0.736	0.721
66		350			1.000	1.000	1.000	1.000	1.000	0.996	0.982	0.967	0.952	0.937	0.922	0.906	1.573	0.875	0.860	0.845	0.830	0.816	0.801	0.787	0.774
67	350	200	12	16	1.000	0.995	0.970	0.943	0.916	0.889	0.863	0.837	0.812	0.788	0.765	0.742	0.807	0.700	0.676	0.650	0.624	0.598	0.567	0.539	0.514
68		250			1.000	1.000	1.000	0.982	0.961	0.940	0.918	0.897	0.875	0.854	0.834	0.814	1.022	0.775	0.756	0.738	0.721	0.704	0.687	0.665	0.644
69		300			1.000	1.000	1.000	1.000	0.990	0.973	0.955	0.937	0.920	0.902	0.884	0.866	1.273	0.831	0.815	0.798	0.782	0.766	0.751	0.736	0.721
70		350			1.000	1.000	1.000	1.000	1.000	0.995	0.981	0.966	0.951	0.936	0.921	0.905	1.564	0.874	0.859	0.844	0.830	0.815	0.801	0.787	0.773
71	350	200	12	20	1.000	1.000	0.984	0.963	0.942	0.922	0.903	0.884	0.866	0.849	0.833	0.812	1.014	0.771	0.751	0.731	0.711	0.691	0.671	0.651	0.631
72		250			1.000	1.000	1.000	0.993	0.976	0.960	0.943	0.927	0.911	0.896	0.881	0.866	1.296	0.839	0.824	0.808	0.791	0.774	0.758	0.742	0.725
73		300			1.000	1.000	1.000	1.000	0.999	0.986	0.972	0.958	0.944	0.930	0.917	0.904	1.573	0.878	0.866	0.855	0.843	0.832	0.818	0.804	0.790
74		350			1.000	1.000	1.000	1.000	1.000	1.000	0.992	0.980	0.968	0.956	0.944	0.932	1.889	0.909	0.898	0.887	0.877	0.866	0.856	0.846	0.837
75	400	200	6	8	1.000	0.973	0.934	0.889	0.840	0.786	0.730	0.671	0.609	0.538	0.480	0.432	0.392	0.359	0.332	0.308	0.287	0.270	0.254	0.240	0.228
76		250			1.000	1.000	0.983	0.954	0.921	0.885	0.847	0.805	0.762	0.717	0.669	0.621	0.566	0.514	0.470	0.433	0.401	0.373	0.349	0.327	0.309
77		300			1.000	1.000	1.000	0.990	0.967	0.941	0.913	0.883	0.852	0.818	0.783	0.746	0.779	0.669	0.629	0.585	0.539	0.499	0.464	0.433	0.406
78	400	200	6	10	1.000	0.980	0.944	0.905	0.861	0.815	0.767	0.717	0.666	0.615	0.556	0.505	0.462	0.426	0.396	0.370	0.347	0.328	0.311	0.295	0.282
79		250			1.000	1.000	0.989	0.962	0.933	0.900	0.866	0.830	0.792	0.754	0.714	0.673	0.645	0.589	0.542	0.502	0.468	0.438	0.412	0.389	0.369
80		300			1.000	1.000	1.000	0.995	0.973	0.950	0.925	0.898	0.869	0.840	0.809	0.777	0.867	0.712	0.678	0.644	0.610	0.571	0.533	0.501	0.472
81	400	200	6	12	1.000	0.986	0.953	0.917	0.879	0.839	0.797	0.755	0.712	0.670	0.627	0.582	0.536	0.498	0.465	0.437	0.412	0.391	0.372	0.355	0.340
82		250			1.000	1.000	0.994	0.969	0.942	0.913	0.882	0.851	0.818	0.784	0.751	0.717	0.728	0.649	0.615	0.577	0.540	0.508	0.480	0.456	0.434
83		300			1.000	1.000	1.000	0.999	0.979	0.957	0.934	0.910	0.885	0.858	0.831	0.804	0.959	0.748	0.720	0.691	0.663	0.635	0.606	0.574	0.543
84		350			1.000	1.000	1.000	1.000	1.000	0.986	0.968	0.949	0.929	0.908	0.886	0.864	1.232	0.818	0.794	0.770	0.746	0.722	0.697	0.673	0.649

续表 17－1

序号	h (mm)	b (mm)	t_w (mm)	t (mm)	l_1 (m) 2	2.5	3	3.5	4	4.5	5	5.5	6	6.5	7	7.5	8	8.5	9	9.5	10	10.5	11	11.5	12
85	400	200	8	12	1.000	0.983	0.949	0.913	0.873	0.833	0.791	0.748	0.705	0.663	0.621	0.574	0.530	0.493	0.461	0.433	0.410	0.389	0.370	0.354	0.339
86		250			1.000	1.000	0.991	0.966	0.938	0.909	0.878	0.846	0.813	0.779	0.745	0.711	0.717	0.643	0.609	0.571	0.535	0.504	0.477	0.453	0.431
87		300			1.000	1.000	1.000	0.997	0.977	0.955	0.931	0.907	0.881	0.854	0.827	0.799	0.944	0.743	0.715	0.686	0.658	0.630	0.602	0.568	0.539
88		350			1.000	1.000	1.000	1.000	1.000	0.984	0.966	0.946	0.926	0.905	0.883	0.860	1.212	0.814	0.790	0.766	0.742	0.718	0.693	0.669	0.645
89	400	200	8	14	1.000	0.988	0.958	0.925	0.890	0.855	0.819	0.783	0.747	0.711	0.677	0.643	0.612	0.572	0.537	0.508	0.482	0.459	0.439	0.420	0.399
90		250			1.000	1.000	0.996	0.973	0.947	0.921	0.893	0.865	0.837	0.808	0.779	0.750	0.809	0.693	0.666	0.639	0.612	0.582	0.553	0.527	0.503
91		300			1.000	1.000	1.000	1.000	0.982	0.962	0.941	0.918	0.895	0.872	0.848	0.824	1.046	0.776	0.752	0.729	0.705	0.682	0.658	0.636	0.613
92		350			1.000	1.000	1.000	1.000	1.000	0.988	0.972	0.954	0.936	0.917	0.897	0.877	1.323	0.836	0.816	0.795	0.774	0.754	0.733	0.713	0.693
93	400	200	8	16	1.000	0.993	0.965	0.936	0.905	0.874	0.843	0.812	0.781	0.752	0.723	0.694	0.700	0.641	0.615	0.587	0.559	0.527	0.499	0.473	0.450
94		250			1.000	1.000	1.000	0.978	0.955	0.932	0.907	0.882	0.857	0.832	0.808	0.783	0.907	0.736	0.713	0.690	0.668	0.646	0.625	0.605	0.581
95		300			1.000	1.000	1.000	1.000	0.987	0.968	0.949	0.929	0.909	0.888	0.867	0.846	1.153	0.805	0.785	0.764	0.745	0.725	0.706	0.687	0.669
96		350			1.000	1.000	1.000	1.000	1.000	0.992	0.977	0.961	0.944	0.927	0.910	0.892	1.439	0.856	0.838	0.821	0.803	0.785	0.768	0.751	0.734
97	400	200	10	12	1.000	0.980	0.945	0.908	0.868	0.827	0.784	0.742	0.699	0.656	0.614	0.567	0.524	0.487	0.457	0.430	0.407	0.386	0.368	0.352	0.338
98		250			1.000	1.000	0.989	0.963	0.935	0.905	0.873	0.841	0.808	0.774	0.740	0.705	0.707	0.637	0.604	0.565	0.530	0.500	0.473	0.449	0.428
99		300			1.000	1.000	1.000	0.995	0.974	0.952	0.928	0.903	0.877	0.850	0.823	0.795	0.930	0.738	0.710	0.682	0.653	0.625	0.596	0.563	0.534
100		350			1.000	1.000	1.000	1.000	0.999	0.982	0.963	0.944	0.923	0.902	0.880	0.857	1.194	0.810	0.786	0.762	0.738	0.713	0.689	0.665	0.641
101	400	200	10	16	1.000	0.991	0.963	0.933	0.902	0.871	0.840	0.809	0.779	0.750	0.721	0.693	0.698	0.640	0.614	0.587	0.559	0.528	0.499	0.474	0.451
102		250			1.000	1.000	0.998	0.977	0.954	0.930	0.905	0.880	0.855	0.830	0.806	0.781	0.902	0.734	0.711	0.689	0.667	0.646	0.625	0.605	0.582
103		300			1.000	1.000	1.000	1.000	0.985	0.967	0.947	0.927	0.907	0.886	0.865	0.844	1.145	0.803	0.783	0.763	0.743	0.724	0.705	0.686	0.668
104		350			1.000	1.000	1.000	1.000	1.000	0.991	0.976	0.960	0.943	0.926	0.908	0.890	1.428	0.855	0.837	0.819	0.801	0.784	0.767	0.750	0.733
105		400			1.000	1.000	1.000	1.000	1.000	1.000	0.996	0.982	0.969	0.954	0.939	0.924	1.751	0.893	0.878	0.862	0.847	0.831	0.816	0.800	0.785
106	400	200	10	18	1.000	0.996	0.970	0.943	0.916	0.889	0.862	0.835	0.809	0.784	0.760	0.737	0.793	0.693	0.670	0.644	0.617	0.588	0.557	0.530	0.505
107		250			1.000	1.000	1.000	0.982	0.961	0.940	0.918	0.896	0.874	0.853	0.831	0.811	1.009	0.771	0.752	0.733	0.715	0.697	0.680	0.659	0.638
108		300			1.000	1.000	1.000	1.000	0.990	0.973	0.955	0.937	0.919	0.901	0.882	0.864	1.262	0.829	0.812	0.795	0.778	0.762	0.746	0.730	0.715
109		350			1.000	1.000	1.000	1.000	1.000	0.995	0.981	0.966	0.951	0.936	0.920	0.904	1.554	0.873	0.857	0.842	0.827	0.812	0.797	0.783	0.769
110		400			1.000	1.000	1.000	1.000	1.000	1.000	0.999	0.987	0.974	0.961	0.948	0.934	1.887	0.907	0.893	0.879	0.866	0.852	0.839	0.826	0.813

续表 17－1

序号	h (mm)	b (mm)	t_w (mm)	t (mm) \ l_1 (m): 2	2.5	3	3.5	4	4.5	5	5.5	6	6.5	7	7.5	8	8.5	9	9.5	10	10.5	11	11.5	12
111	400	200	10	20	1.000	1.000	0.977	0.952	0.928	0.904	0.880	0.857	0.835	0.814	0.794	0.774	0.895	0.731	0.707	0.683	0.660	0.636	0.613	0.586	0.559
112		250			1.000	1.000	1.000	0.987	0.968	0.949	0.929	0.910	0.891	0.872	0.854	0.836	1.122	0.802	0.786	0.770	0.754	0.735	0.716	0.697	0.677
113		300			1.000	1.000	1.000	1.000	0.994	0.979	0.963	0.946	0.930	0.914	0.898	0.882	1.385	0.851	0.836	0.822	0.808	0.794	0.780	0.767	0.754
114		350			1.000	1.000	1.000	1.000	1.000	0.999	0.986	0.972	0.959	0.945	0.931	0.917	1.688	0.889	0.876	0.862	0.849	0.837	0.824	0.812	0.800
115		400			1.000	1.000	1.000	1.000	1.000	1.000	1.000	0.991	0.980	0.968	0.956	0.943	2.031	0.919	0.907	0.895	0.883	0.871	0.859	0.848	0.837
116	400	200	12	16	1.000	0.990	0.961	0.931	0.900	0.869	0.837	0.807	0.777	0.747	0.719	0.691	0.695	0.639	0.613	0.586	0.559	0.528	0.500	0.474	0.452
117		250			1.000	1.000	0.997	0.975	0.952	0.928	0.903	0.878	0.853	0.828	0.804	0.779	0.897	0.733	0.710	0.688	0.666	0.645	0.624	0.604	0.581
118		300			1.000	1.000	1.000	1.000	0.984	0.965	0.946	0.925	0.905	0.884	0.863	0.843	1.137	0.802	0.781	0.761	0.742	0.723	0.704	0.685	0.667
119		350			1.000	1.000	1.000	1.000	1.000	0.990	0.975	0.958	0.941	0.924	0.906	0.889	1.416	0.853	0.835	0.818	0.800	0.783	0.766	0.749	0.732
120		400			1.000	1.000	1.000	1.000	1.000	1.000	0.995	0.981	0.967	0.953	0.938	0.923	1.737	0.892	0.877	0.861	0.845	0.830	0.814	0.799	0.784
121	400	200	12	20	1.000	0.999	0.975	0.951	0.927	0.903	0.879	0.857	0.835	0.814	0.793	0.774	0.895	0.731	0.708	0.684	0.661	0.637	0.614	0.589	0.561
122		250			1.000	1.000	1.000	0.986	0.967	0.948	0.928	0.909	0.890	0.871	0.853	0.835	1.121	0.802	0.786	0.770	0.755	0.736	0.716	0.697	0.678
123		300			1.000	1.000	1.000	1.000	0.994	0.978	0.962	0.946	0.929	0.913	0.897	0.881	1.382	0.851	0.836	0.821	0.807	0.794	0.780	0.767	0.754
124		350			1.000	1.000	1.000	1.000	1.000	0.999	0.985	0.972	0.958	0.944	0.930	0.916	1.681	0.889	0.875	0.862	0.849	0.836	0.824	0.812	0.800
125		400			1.000	1.000	1.000	1.000	1.000	1.000	1.000	0.991	0.979	0.967	0.955	0.943	2.022	0.918	0.906	0.894	0.882	0.871	0.859	0.848	0.836
126	450	200	6	8	1.000	0.969	0.928	0.880	0.828	0.771	0.710	0.646	0.574	0.503	0.446	0.400	0.363	0.331	0.304	0.282	0.262	0.245	0.230	0.217	0.206
127		250			1.000	1.000	0.980	0.950	0.915	0.878	0.836	0.792	0.746	0.697	0.646	0.592	0.531	0.481	0.439	0.403	0.372	0.345	0.322	0.301	0.283
128		300			1.000	1.000	1.000	0.987	0.963	0.937	0.908	0.876	0.842	0.807	0.769	0.730	0.740	0.647	0.604	0.552	0.507	0.468	0.434	0.405	0.379
129		350			1.000	1.000	1.000	1.000	0.992	0.973	0.951	0.927	0.902	0.875	0.847	0.817	0.990	0.753	0.719	0.684	0.648	0.611	0.568	0.527	0.491
130	450	200	6	10	1.000	0.977	0.939	0.896	0.850	0.800	0.747	0.693	0.636	0.574	0.513	0.464	0.423	0.389	0.360	0.335	0.314	0.295	0.279	0.264	0.251
131		250			1.000	1.000	0.986	0.958	0.927	0.893	0.856	0.817	0.776	0.734	0.690	0.646	0.600	0.547	0.502	0.463	0.430	0.401	0.376	0.354	0.335
132		300			1.000	1.000	1.000	0.992	0.970	0.945	0.919	0.890	0.860	0.828	0.795	0.761	0.818	0.689	0.652	0.615	0.572	0.530	0.494	0.463	0.435
133		350			1.000	1.000	1.000	1.000	0.996	0.978	0.958	0.936	0.913	0.889	0.863	0.836	1.077	0.779	0.750	0.719	0.688	0.657	0.625	0.591	0.553
134	450	200	6	12	1.000	0.982	0.948	0.909	0.867	0.823	0.778	0.731	0.683	0.634	0.583	0.530	0.486	0.450	0.418	0.392	0.369	0.348	0.331	0.315	0.301
135		250			1.000	1.000	0.991	0.965	0.936	0.905	0.872	0.837	0.801	0.764	0.727	0.689	0.672	0.612	0.567	0.527	0.491	0.461	0.434	0.411	0.390
136		300			1.000	1.000	1.000	0.996	0.975	0.953	0.928	0.902	0.875	0.846	0.817	0.787	0.898	0.724	0.693	0.661	0.629	0.596	0.558	0.524	0.495
137		350			1.000	1.000	1.000	1.000	1.000	0.983	0.964	0.944	0.922	0.900	0.877	0.853	1.164	0.802	0.776	0.750	0.723	0.696	0.668	0.641	0.613

续表 17－1

序号	h (mm)	b (mm)	t_w (mm)	t (mm) \ l_1 (m)	2	2.5	3	3.5	4	4.5	5	5.5	6	6.5	7	7.5	8	8.5	9	9.5	10	10.5	11	11.5	12
138		200			1.000	0.979	0.943	0.903	0.860	0.816	0.769	0.721	0.673	0.624	0.571	0.520	0.478	0.443	0.413	0.387	0.364	0.345	0.328	0.312	0.299
139	450	250	8	12	1.000	1.000	0.988	0.961	0.932	0.900	0.866	0.831	0.794	0.757	0.719	0.681	0.659	0.603	0.558	0.519	0.485	0.455	0.429	0.406	0.386
140		300			1.000	1.000	1.000	0.994	0.973	0.949	0.924	0.898	0.870	0.841	0.811	0.781	0.880	0.718	0.686	0.654	0.622	0.587	0.550	0.518	0.489
141		350			1.000	1.000	1.000	1.000	0.998	0.980	0.961	0.941	0.919	0.896	0.873	0.848	1.141	0.797	0.771	0.744	0.717	0.690	0.662	0.635	0.607
142		200			1.000	0.984	0.951	0.916	0.877	0.838	0.797	0.756	0.715	0.674	0.634	0.593	0.548	0.510	0.477	0.449	0.425	0.404	0.385	0.368	0.353
143	450	250	8	14	1.000	1.000	0.992	0.968	0.941	0.912	0.881	0.850	0.818	0.786	0.753	0.720	0.737	0.655	0.623	0.589	0.552	0.521	0.493	0.469	0.447
144		300			1.000	1.000	1.000	0.998	0.978	0.956	0.933	0.909	0.884	0.858	0.832	0.805	0.966	0.751	0.724	0.696	0.669	0.642	0.615	0.586	0.556
145		350			1.000	1.000	1.000	1.000	1.000	0.985	0.967	0.948	0.928	0.908	0.886	0.864	1.236	0.819	0.796	0.773	0.750	0.726	0.703	0.679	0.656
146		200			1.000	0.989	0.959	0.926	0.892	0.857	0.822	0.786	0.751	0.716	0.682	0.649	0.622	0.581	0.546	0.516	0.490	0.467	0.447	0.426	0.405
147		250			1.000	1.000	0.996	0.973	0.948	0.922	0.895	0.867	0.839	0.811	0.782	0.754	0.820	0.699	0.671	0.645	0.619	0.591	0.561	0.535	0.512
148	450	300	8	16	1.000	1.000	1.000	1.000	0.982	0.962	0.941	0.920	0.897	0.874	0.851	0.827	1.057	0.780	0.756	0.733	0.710	0.687	0.664	0.642	0.620
149		350			1.000	1.000	1.000	1.000	1.000	0.989	0.972	0.955	0.937	0.918	0.898	0.879	1.335	0.839	0.818	0.798	0.778	0.758	0.738	0.718	0.698
150		400			1.000	1.000	1.000	1.000	1.000	1.000	0.993	0.979	0.964	0.949	0.933	0.916	1.654	0.882	0.865	0.847	0.830	0.812	0.794	0.776	0.759
151		200			1.000	0.987	0.956	0.923	0.888	0.853	0.818	0.782	0.747	0.713	0.679	0.646	0.618	0.578	0.544	0.515	0.489	0.466	0.446	0.426	0.405
152		250			1.000	1.000	0.995	0.971	0.946	0.919	0.892	0.864	0.836	0.807	0.779	0.751	0.813	0.696	0.669	0.642	0.616	0.589	0.560	0.534	0.511
153	450	300	10	16	1.000	1.000	1.000	1.000	0.981	0.961	0.939	0.917	0.895	0.871	0.848	0.824	1.047	0.777	0.754	0.730	0.707	0.684	0.662	0.640	0.618
154		350			1.000	1.000	1.000	1.000	1.000	0.987	0.971	0.953	0.935	0.916	0.896	0.877	1.321	0.836	0.816	0.796	0.776	0.755	0.735	0.716	0.696
155		400			1.000	1.000	1.000	1.000	1.000	1.000	0.992	0.978	0.963	0.947	0.931	0.915	1.636	0.880	0.863	0.845	0.828	0.810	0.792	0.774	0.757
156		200			1.000	0.991	0.963	0.933	0.902	0.871	0.840	0.809	0.779	0.750	0.721	0.693	0.698	0.640	0.614	0.587	0.559	0.528	0.499	0.474	0.451
157		250			1.000	1.000	0.998	0.977	0.954	0.930	0.905	0.880	0.855	0.830	0.806	0.781	0.902	0.734	0.711	0.689	0.667	0.646	0.625	0.605	0.582
158	450	300	10	8	1.000	1.000	1.000	1.000	0.985	0.967	0.947	0.927	0.907	0.886	0.865	0.844	1.145	0.803	0.783	0.763	0.743	0.724	0.705	0.686	0.668
159		350			1.000	1.000	1.000	1.000	1.000	0.991	0.976	0.960	0.943	0.926	0.908	0.890	1.428	0.855	0.837	0.819	0.801	0.784	0.767	0.750	0.733
160		400			1.000	1.000	1.000	1.000	1.000	1.000	0.996	0.982	0.969	0.954	0.939	0.924	1.751	0.893	0.878	0.862	0.847	0.831	0.816	0.800	0.785
161		200			1.000	0.995	0.969	0.942	0.915	0.887	0.859	0.832	0.806	0.781	0.756	0.733	0.782	0.687	0.666	0.639	0.612	0.581	0.551	0.523	0.499
162		250			1.000	1.000	1.000	0.982	0.960	0.939	0.916	0.894	0.872	0.850	0.829	0.808	0.997	0.767	0.747	0.728	0.710	0.692	0.674	0.655	0.633
163	450	300	10	20	1.000	1.000	1.000	1.000	0.990	0.972	0.954	0.936	0.918	0.899	0.881	0.862	1.248	0.826	0.809	0.791	0.774	0.758	0.741	0.726	0.710
164		350			1.000	1.000	1.000	1.000	1.000	0.995	0.981	0.966	0.950	0.934	0.919	0.903	1.540	0.871	0.855	0.840	0.824	0.809	0.794	0.780	0.765
165		400			1.000	1.000	1.000	1.000	1.000	1.000	0.999	0.987	0.974	0.960	0.947	0.933	1.872	0.905	0.891	0.878	0.864	0.850	0.836	0.823	0.810

续表 17 – 1

序号	h (mm)	b (mm)	t_w (mm)	t (mm) \ l_1 (m)	2	2.5	3	3.5	4	4.5	5	5.5	6	6.5	7	7.5	8	8.5	9	9.5	10	10.5	11	11.5	12
166	500	200	6	8	1.000	0.966	0.922	0.872	0.817	0.757	0.692	0.623	0.543	0.474	0.420	0.375	0.339	0.308	0.283	0.261	0.242	0.226	0.212	0.199	0.188
167		250			1.000	1.000	0.978	0.946	0.910	0.870	0.827	0.781	0.731	0.680	0.625	0.563	0.504	0.455	0.414	0.379	0.349	0.323	0.301	0.281	0.264
168		300			1.000	1.000	1.000	0.985	0.960	0.933	0.902	0.869	0.834	0.796	0.757	0.715	0.709	0.627	0.577	0.526	0.482	0.444	0.411	0.382	0.357
169	500	200	6	10	1.000	0.973	0.934	0.889	0.840	0.786	0.730	0.671	0.609	0.538	0.480	0.432	0.392	0.359	0.332	0.308	0.287	0.270	0.254	0.240	0.228
170		250			1.000	1.000	0.983	0.954	0.921	0.885	0.847	0.805	0.762	0.717	0.669	0.621	0.566	0.514	0.470	0.433	0.401	0.373	0.349	0.327	0.309
171		300			1.000	1.000	1.000	0.990	0.967	0.941	0.913	0.883	0.852	0.818	0.783	0.746	0.779	0.669	0.629	0.585	0.539	0.499	0.464	0.433	0406
172	500	200	6	12	1.000	0.979	0.943	0.902	0.857	0.810	0.760	0.709	0.656	0.602	0.541	0.490	0.448	0.413	0.383	0.357	0.335	0.316	0.299	0.284	0.271
173		250			1.000	1.000	0.988	0.961	0.931	0.898	0.863	0.825	0.787	0.747	0.706	0.664	0.629	0.574	0.527	0.488	0.454	0.425	0.399	0.376	0.356
174		300			1.000	1.000	1.000	0.994	0.972	0.948	0.923	0.895	0.866	0.836	0.804	0.772	0.850	0.704	0.669	0.634	0.598	0.556	0.519	0.487	0.458
175	500	200	6	14	1.000	0.984	0.950	0.913	0.872	0.830	0.786	0.741	0.695	0.649	0.603	0.551	0.506	0.469	0.437	0.409	0.386	0.365	0.347	0.331	0.316
176		250			1.000	1.000	0.992	0.966	0.938	0.908	0.876	0.843	0.808	0.773	0.737	0.700	0.694	0.627	0.588	0.546	0.511	0.480	0.452	0.428	0.407
177		300			1.000	1.000	1.000	0.997	0.977	0.954	0.931	0.905	0.879	0.851	0.823	0.794	0.922	0.734	0.704	0.673	0.643	0.612	0.578	0.544	0.514
178	500	200	6	16	1.000	0.988	0.956	0.922	0.885	0.847	0.808	0.768	0.729	0.689	0.650	0.611	0.568	0.528	0.494	0.465	0.440	0.418	0.398	0.381	0.365
179		250			1.000	1.000	0.995	0.971	0.945	0.917	0.888	0.858	0.827	0.796	0.764	0.732	0.763	0.669	0.637	0.607	0.571	0.538	0.509	0.484	0.461
180		300			1.000	1.000	1.000	1.000	0.981	0.960	0.938	0.914	0.890	0.865	0.840	0.814	0.998	0.761	0.734	0.708	0.682	0.655	0.629	0.603	0.573
181	500	200	8	12	1.000	0.975	0.937	0.895	0.849	0.800	0.749	0.697	0.643	0.586	0.527	0.478	0.438	0.404	0.376	0.351	0.330	0.311	0.295	0.281	0.268
182		250			1.000	1.000	0.985	0.957	0.925	0.892	0.856	0.818	0.778	0.737	0.696	0.653	0.614	0.561	0.516	0.478	0.446	0.417	0.393	0.371	0.351
183		300			1.000	1.000	1.000	0.991	0.969	0.944	0.918	0.890	0.860	0.829	0.797	0.764	0.829	0.695	0.660	0.625	0.586	0.546	0.510	0.479	0.451
184		350			1.000	1.000	1.000	1.000	0.996	0.977	0.957	0.936	0.913	0.889	0.864	0.837	1.086	0.782	0.754	0.725	0.695	0.665	0.635	0.605	0.568
185	500	200	8	14	1.000	0.980	0.945	0.907	0.866	0.823	0.778	0.732	0.687	0.640	0.593	0.541	0.498	0.462	0.432	0.405	0.382	0.362	0.344	0.329	0.315
186		250			1.000	1.000	0.989	0.963	0.934	0.904	0.871	0.837	0.802	0.766	0.730	0.693	0.682	0.620	0.579	0.539	0.504	0.474	0.448	0.424	0.404
187		300			1.000	1.000	1.000	0.995	0.974	0.951	0.927	0.901	0.874	0.846	0.818	0.788	0.905	0.728	0.698	0.667	0.637	0.606	0.571	0.538	0.509
188		350			1.000	1.000	1.000	1.000	0.999	0.982	0.963	0.943	0.922	0.900	0.877	0.853	1.169	0.804	0.779	0.753	0.727	0.701	0.675	0.649	0.623

续表 17－1

序号	h (mm)	b (mm)	t_w (mm)	t (mm) \ l_1 (m)	2	2.5	3	3.5	4	4.5	5	5.5	6	6.5	7	7.5	8	8.5	9	9.5	10	10.5	11	11.5	12
189		250			1.000	1.000	0.993	0.969	0.942	0.914	0.884	0.854	0.823	0.791	0.759	0.727	0.754	0.664	0.633	0.602	0.566	0.534	0.506	0.481	0.459
190		300			1.000	1.000	1.000	0.998	0.979	0.958	0.935	0.911	0.887	0.862	0.836	0.810	0.984	0.757	0.731	0.704	0.678	0.652	0.626	0.600	0.569
191	500	350	8	16	1.000	1.000	1.000	1.000	1.000	0.986	0.968	0.950	0.930	0.910	0.889	0.867	1.256	0.823	0.801	0.778	0.755	0.733	0.710	0.687	0.665
192		400			1.000	1.000	1.000	1.000	1.000	1.000	0.991	0.976	0.960	0.943	0.926	0.908	1.568	0.872	0.852	0.833	0.814	0.794	0.774	0.754	0.734
193		450			1.000	1.000	1.000	1.000	1.000	1.000	1.000	0.994	0.981	0.968	0.954	0.939	1.923	0.908	0.891	0.875	0.858	0.841	0.824	0.806	0.789
194		250			1.000	1.000	0.991	0.966	0.939	0.910	0.881	0.850	0.818	0.787	0.755	0.723	0.745	0.660	0.629	0.598	0.562	0.531	0.503	0.479	0.457
195		300			1.000	1.000	1.000	0.997	0.977	0.955	0.932	0.908	0.884	0.858	0.832	0.806	0.971	0.753	0.727	0.700	0.674	0.648	0.622	0.596	0.566
196	500	350	10	16	1.000	1.000	1.000	1.000	1.000	0.984	0.966	0.947	0.928	0.907	0.886	0.864	1.239	0.820	0.797	0.775	0.752	0.729	0.707	0.684	0.662
197		400			1.000	1.000	1.000	1.000	1.000	1.000	0.989	0.974	0.958	0.941	0.924	0.906	1.547	0.869	0.850	0.830	0.811	0.791	0.771	0.751	0.731
198		450			1.000	1.000	1.000	1.000	1.000	1.000	1.000	0.993	0.980	0.966	0.952	0.937	1.897	0.905	0.889	0.872	0.856	0.838	0.821	0.804	0.786
199		250			1.000	1.000	0.995	0.972	0.947	0.921	0.893	0.866	0.838	0.810	0.782	0.754	0.822	0.700	0.673	0.647	0.622	0.596	0.567	0.541	0.518
200		300			1.000	1.000	1.000	1.000	0.981	0.961	0.940	0.918	0.896	0.873	0.850	0.826	1.056	0.780	0.757	0.734	0.711	0.689	0.667	0.645	0.624
201	500	350	10	18	1.000	1.000	1.000	1.000	1.000	0.988	0.971	0.954	0.936	0.917	0.898	0.878	1.331	0.838	0.818	0.798	0.778	0.758	0.739	0.719	0.700
202		400			1.000	1.000	1.000	1.000	1.000	1.000	0.993	0.978	0.964	0.948	0.932	0.916	1.647	0.882	0.865	0.847	0.830	0.812	0.795	0.777	0.760
203		450			1.000	1.000	1.000	1.000	1.000	1.000	1.000	0.996	0.984	0.971	0.958	0.944	2.005	0.915	0.900	0.885	0.869	0.854	0.839	0.823	0.807
204		250			1.000	1.000	0.998	0.977	0.954	0.930	0.905	0.880	0.855	0.830	0.806	0.781	0.902	0.734	0.711	0.689	0.667	0.646	0.625	0.605	0.582
205		300			1.000	1.000	1.000	1.000	0.985	0.967	0.947	0.927	0.907	0.886	0.865	0.844	1.145	0.803	0.783	0.763	0.743	0.724	0.705	0.686	0.668
206	500	350	10	20	1.000	1.000	1.000	1.000	1.000	0.991	0.976	0.960	0.943	0.926	0.908	0.890	1.428	0.855	0.837	0.819	0.801	0.784	0.767	0.750	0.733
207		400			1.000	1.000	1.000	1.000	1.000	1.000	0.996	0.982	0.969	0.954	0.939	0.924	1.751	0.893	0.878	0.862	0.847	0.831	0.816	0.800	0.785
208		450			1.000	1.000	1.000	1.000	1.000	1.000	1.000	0.999	0.988	0.975	0.963	0.950	2.117	0.923	0.910	0.896	0.882	0.868	0.854	0.841	0.827
209		200			1.000	0.970	0.929	0.882	0.830	0.774	0.714	0.650	0.581	0.509	0.452	0.406	0.368	0.336	0.309	0.286	0.267	0.250	0.235	0.221	0.210
210	500	250	6	10	1.000	1.000	0.981	0.951	0.917	0.879	0.838	0.795	0.749	0.701	0.651	0.598	0.538	0.487	0.444	0.408	0.377	0.350	0.327	0.306	0.288
211		300			1.000	1.000	1.000	0.988	0.964	0.938	0.909	0.877	0.844	0.809	0.772	0.733	0.748	0.651	0.609	0.558	0.513	0.474	0.440	0.410	0.384
212		350			1.000	1.000	1.000	1.000	0.993	0.973	0.952	0.928	0.903	0.876	0.848	0.818	0.998	0.755	0.722	0.687	0.652	0.616	0.574	0.533	0.497

续表 17-1

序号	h (mm)	b (mm)	t_w (mm)	t (mm)	l_1 (m) 2	2.5	3	3.5	4	4.5	5	5.5	6	6.5	7	7.5	8	8.5	9	9.5	10	10.5	11	11.5	12
213	550	200	6	12	1.000	0.976	0.938	0.895	0.848	0.798	0.744	0.689	0.632	0.568	0.507	0.458	0.417	0.383	0.355	0.330	0.309	0.290	0.274	0.260	0.247
214		250			1.000	1.000	0.986	0.957	0.926	0.891	0.854	0.815	0.774	0.731	0.687	0.641	0.594	0.541	0.496	0.457	0.425	0.396	0.371	0.349	0.330
215		300			1.000	1.000	1.000	0.992	0.969	0.945	0.918	0.889	0.858	0.826	0.793	0.758	0.811	0.686	0.648	0.610	0.566	0.524	0.489	0.457	0.430
216		350			1.000	1.000	1.000	1.000	0.996	0.978	0.957	0.936	0.912	0.887	0.861	0.834	1.069	0.777	0.747	0.716	0.685	0.653	0.621	0.585	0.547
217	550	200	8	12	1.000	0.971	0.931	0.887	0.838	0.786	0.731	0.674	0.616	0.549	0.491	0.445	0.406	0.374	0.346	0.323	0.302	0.285	0.269	0.256	0.243
218		250			1.000	1.000	0.982	0.953	0.920	0.884	0.846	0.806	0.763	0.720	0.674	0.628	0.577	0.526	0.483	0.446	0.415	0.388	0.364	0.343	0.324
219		300			1.000	1.000	1.000	0.989	0.966	0.940	0.912	0.883	0.851	0.819	0.784	0.749	0.789	0.675	0.637	0.598	0.552	0.513	0.478	0.448	0.421
220		350			1.000	1.000	1.000	1.000	0.994	0.975	0.954	0.931	0.907	0.882	0.855	0.828	1.040	0.769	0.739	0.708	0.676	0.643	0.611	0.572	0.536
221	550	200	8	14	1.000	0.977	0.940	0.899	0.855	0.809	0.760	0.710	0.660	0.609	0.551	0.501	0.460	0.425	0.396	0.370	0.349	0.329	0.313	0.298	0.284
222		250			1.000	1.000	0.987	0.959	0.929	0.896	0.861	0.825	0.787	0.748	0.709	0.669	0.638	0.584	0.539	0.500	0.467	0.438	0.412	0.390	0.370
223		300			1.000	1.000	1.000	0.993	0.971	0.947	0.921	0.894	0.866	0.836	0.805	0.773	0.857	0.708	0.675	0.641	0.607	0.568	0.532	0.500	0.472
224		350			1.000	1.000	1.000	1.000	0.997	0.979	0.959	0.939	0.916	0.893	0.869	0.843	1.116	0.791	0.763	0.736	0.707	0.679	0.650	0.622	0.591
225	550	250	8	16	1.000	1.000	0.990	0.965	0.937	0.906	0.875	0.842	0.808	0.773	0.738	0.703	0.701	0.633	0.597	0.556	0.521	0.490	0.463	0.440	0.418
226		300			1.000	1.000	1.000	0.996	0.975	0.953	0.929	0.904	0.878	0.851	0.823	0.795	0.927	0.737	0.707	0.678	0.649	0.619	0.588	0.554	0.525
227		350			1.000	1.000	1.000	1.000	1.000	0.983	0.964	0.945	0.924	0.903	0.880	0.857	1.193	0.809	0.785	0.760	0.735	0.710	0.685	0.660	0.635
228		400			1.000	1.000	1.000	1.000	1.000	1.000	0.988	0.973	0.956	0.939	0.920	0.902	1.500	0.862	0.841	0.821	0.799	0.778	0.756	0.734	0.713
229		450			1.000	1.000	1.000	1.000	1.000	1.000	1.000	0.992	0.979	0.964	0.949	0.934	1.849	0.901	0.883	0.866	0.848	0.829	0.810	0.792	0.772
230	550	250	10	12	1.000	1.000	0.978	0.948	0.914	0.877	0.838	0.796	0.753	0.708	0.662	0.616	0.562	0.513	0.472	0.436	0.406	0.380	0.357	0.336	0.318
231		300			1.000	1.000	1.000	0.986	0.962	0.936	0.907	0.877	0.845	0.811	0.776	0.740	0.768	0.665	0.626	0.584	0.540	0.502	0.468	0.439	0.413
232		350			1.000	1.000	1.000	1.000	0.991	0.972	0.950	0.927	0.903	0.877	0.850	0.821	1.014	0.762	0.731	0.699	0.667	0.634	0.601	0.561	0.526
233		400			1.000	1.000	1.000	1.000	1.000	0.995	0.978	0.960	0.941	0.921	0.899	0.877	1.301	0.829	0.804	0.778	0.751	0.724	0.696	0.668	0.640
234		450			1.000	1.000	1.000	1.000	1.000	1.000	0.998	0.984	0.968	0.952	0.934	0.916	1.629	0.877	0.856	0.835	0.813	0.790	0.767	0.743	0.719

续表 17-1

序号	h (mm)	b (mm)	t_w (mm)	t (mm) \ l_1 (m): 2	2.5	3	3.5	4	4.5	5	5.5	6	6.5	7	7.5	8	8.5	9	9.5	10	10.5	11	11.5	12
235	550	250	10	14	1.000	1.000	0.984	0.955	0.924	0.891	0.855	0.818	0.780	0.740	0.700	0.660	0.625	0.573	0.530	0.492	0.460	0.431	0.407	0.385	0.366
236		300			1.000	1.000	1.000	0.990	0.968	0.944	0.917	0.890	0.860	0.830	0.799	0.767	0.839	0.701	0.667	0.633	0.599	0.559	0.524	0.493	0.466
237		350			1.000	1.000	1.000	1.000	0.995	0.977	0.957	0.935	0.913	0.889	0.864	0.838	1.093	0.785	0.757	0.729	0.701	0.673	0.644	0.615	0.582
238		400			1.000	1.000	1.000	1.000	1.000	0.998	0.983	0.966	0.948	0.929	0.909	0.888	1.389	0.845	0.822	0.799	0.775	0.751	0.726	0.702	0.677
239		450			1.000	1.000	1.000	1.000	1.000	1.000	1.000	0.987	0.973	0.958	0.941	0.924	1.725	0.888	0.869	0.850	0.830	0.809	0.788	0.767	0.746
240	550	250	10	16	1.000	1.000	0.988	0.962	0.933	0.902	0.870	0.837	0.802	0.768	0.732	0.697	0.691	0.627	0.590	0.550	0.516	0.486	0.459	0.436	0.416
241		300			1.000	1.000	1.000	0.994	0.973	0.950	0.926	0.901	0.874	0.847	0.818	0.790	0.912	0.731	0.702	0.673	0.643	0.614	0.582	0.549	0.520
242		350			1.000	1.000	1.000	1.000	0.998	0.981	0.962	0.942	0.921	0.899	0.877	0.854	1.173	0.805	0.781	0.756	0.731	0.706	0.681	0.655	0.630
243		400			1.000	1.000	1.000	1.000	1.000	1.000	0.986	0.971	0.954	0.936	0.918	0.899	1.476	0.859	0.838	0.817	0.796	0.774	0.752	0.731	0.709
244		450			1.000	1.000	1.000	1.000	1.000	1.000	1.000	0.991	0.977	0.963	0.947	0.932	1.820	0.898	0.881	0.863	0.845	0.826	0.807	0.788	0.769
245	550	250	10	18	1.000	1.000	0.992	0.967	0.941	0.912	0.883	0.853	0.822	0.791	0.760	0.729	0.758	0.668	0.638	0.608	0.574	0.542	0.515	0.490	0.468
246		300			1.000	1.000	1.000	0.997	0.978	0.956	0.934	0.910	0.886	0.861	0.836	0.810	0.987	0.758	0.732	0.707	0.681	0.656	0.631	0.606	0.577
247		350			1.000	1.000	1.000	1.000	1.000	0.985	0.967	0.949	0.929	0.909	0.888	0.867	1.255	0.823	0.801	0.779	0.757	0.735	0.713	0.691	0.669
248		400			1.000	1.000	1.000	1.000	1.000	1.000	0.990	0.975	0.959	0.943	0.926	0.908	1.565	0.871	0.853	0.834	0.814	0.795	0.776	0.756	0.737
249		450			1.000	1.000	1.000	1.000	1.000	1.000	1.000	0.994	0.981	0.967	0.953	0.938	1.917	0.907	0.891	0.875	0.858	0.841	0.824	0.807	0.790
250	550	250	10	20	1.000	1.000	0.995	0.972	0.947	0.921	0.895	0.867	0.839	0.812	0.784	0.757	0.829	0.703	0.677	0.651	0.626	0.602	0.573	0.547	0.523
251		300			1.000	1.000	1.000	1.000	0.982	0.962	0.941	0.919	0.897	0.874	0.851	0.828	1.064	0.782	0.759	0.737	0.714	0.692	0.670	0.649	0.628
252		350			1.000	1.000	1.000	1.000	1.000	0.988	0.972	0.954	0.936	0.918	0.899	0.879	1.340	0.840	0.820	0.800	0.781	0.761	0.741	0.722	0.703
253		400			1.000	1.000	1.000	1.000	1.000	1.000	0.993	0.979	0.964	0.949	0.933	0.916	1.657	0.883	0.866	0.849	0.831	0.814	0.797	0.779	0.762
254		450			1.000	1.000	1.000	1.000	1.000	1.000	1.000	0.997	0.984	0.971	0.958	0.944	2.015	0.916	0.901	0.886	0.871	0.855	0.840	0.825	0.809
255	600	200	6	10	1.000	0.967	0.924	0.876	0.821	0.762	0.699	0.632	0.554	0.485	0.430	0.385	0.348	0.317	0.291	0.269	0.250	0.233	0.219	0.206	0.195
256		250			1.000	1.000	0.979	0.947	0.912	0.873	0.831	0.785	0.737	0.686	0.633	0.574	0.514	0.465	0.423	0.388	0.358	0.332	0.309	0.289	0.271
257		300			1.000	1.000	1.000	0.986	0.961	0.934	0.904	0.872	0.837	0.800	0.762	0.721	0.721	0.635	0.587	0.536	0.491	0.453	0.420	0.391	0.365

续表 17－1

序号	h (mm)	b (mm)	t_w (mm)	t (mm)	2	2.5	3	3.5	4	4.5	5	5.5	6	6.5	7	7.5	8	8.5	9	9.5	10	10.5	11	11.5	12
258	600	200	6	12	1.000	0.973	0.934	0.889	0.840	0.786	0.730	0.671	0.609	0.538	0.480	0.432	0.392	0.359	0.332	0.308	0.287	0.270	0.254	0.240	0.228
259		250			1.000	1.000	0.983	0.954	0.921	0.885	0.847	0.805	0.762	0.717	0.669	0.621	0.566	0.514	0.470	0.433	0.401	0.373	0.349	0.327	0.309
260		300			1.000	1.000	1.000	0.990	0.967	0.941	0.913	0.883	0.852	0.818	0.783	0.746	0.779	0.669	0.629	0.585	0.539	0.499	0.464	0.433	0.406
261		350			1.000	1.000	1.000	1.000	0.994	0.975	0.955	0.932	0.908	0.882	0.855	0.827	1.034	0.767	0.735	0.702	0.669	0.635	0.600	0.559	0.522
262	600	200	8	12	1.000	0.968	0.926	0.879	0.828	0.772	0.714	0.653	0.587	0.518	0.462	0.417	0.380	0.349	0.322	0.300	0.280	0.263	0.248	0.235	0.224
263		250			1.000	1.000	0.979	0.949	0.915	0.877	0.837	0.794	0.750	0.703	0.655	0.605	0.547	0.498	0.456	0.420	0.390	0.363	0.340	0.320	0.302
264		300			1.000	1.000	1.000	0.987	0.963	0.936	0.907	0.876	0.844	0.809	0.773	0.735	0.755	0.656	0.616	0.569	0.524	0.486	0.452	0.423	0.397
265		350			1.000	1.000	1.000	1.000	0.992	0.972	0.951	0.927	0.902	0.876	0.848	0.819	1.003	0.757	0.725	0.692	0.658	0.623	0.585	0.545	0.509
266	600	200	8	14	1.000	0.974	0.935	0.892	0.846	0.796	0.744	0.690	0.635	0.575	0.516	0.468	0.428	0.395	0.367	0.342	0.321	0.303	0.287	0.273	0.260
267		250			1.000	1.000	0.984	0.955	0.924	0.889	0.853	0.814	0.774	0.732	0.689	0.646	0.602	0.550	0.506	0.469	0.436	0.408	0.384	0.362	0.343
268		300			1.000	1.000	1.000	0.991	0.968	0.943	0.916	0.888	0.858	0.826	0.793	0.759	0.817	0.689	0.653	0.617	0.576	0.535	0.500	0.469	0.442
269		350			1.000	1.000	1.000	1.000	0.995	0.976	0.956	0.934	0.911	0.887	0.861	0.834	1.072	0.779	0.749	0.720	0.689	0.659	0.628	0.596	0.558
270	600	250	8	16	1.000	1.000	0.988	0.961	0.932	0.900	0.866	0.831	0.794	0.757	0.719	0.681	0.659	0.603	0.558	0.519	0.485	0.455	0.429	0.406	0.386
271		300			1.000	1.000	1.000	0.994	0.973	0.949	0.924	0.898	0.870	0.841	0.811	0.781	0.880	0.718	0.686	0.654	0.622	0.587	0.550	0.518	0.489
272		350			1.000	1.000	1.000	1.000	0.998	0.980	0.961	0.941	0.919	0.896	0.873	0.848	1.141	0.797	0.771	0.744	0.717	0.690	0.662	0.635	0.607
273		400			1.000	1.000	1.000	1.000	1.000	1.000	0.986	0.970	0.953	0.934	0.915	0.895	1.444	0.853	0.832	0.809	0.787	0.764	0.740	0.717	0.693
274		450			1.000	1.000	1.000	1.000	1.000	1.000	1.000	0.990	0.976	0.961	0.946	0.929	1.788	0.895	0.876	0.858	0.838	0.819	0.799	0.779	0.758
275	600	250	8	18	1.000	1.000	0.991	0.966	0.938	0.909	0.878	0.846	0.813	0.779	0.745	0.711	0.717	0.643	0.609	0.571	0.535	0.504	0.477	0.453	0.431
276		300			1.000	1.000	1.000	0.997	0.977	0.955	0.931	0.907	0.881	0.854	0.827	0.799	0.944	0.743	0.715	0.686	0.658	0.630	0.602	0.568	0.539
277		350			1.000	1.000	1.000	1.000	1.000	0.984	0.966	0.946	0.926	0.905	0.883	0.860	1.212	0.814	0.790	0.766	0.742	0.718	0.693	0.669	0.645
278		400			1.000	1.000	1.000	1.000	1.000	1.000	0.989	0.974	0.957	0.940	0.922	0.904	1.521	0.865	0.845	0.825	0.804	0.783	0.762	0.741	0.720
279		450			1.000	1.000	1.000	1.000	1.000	1.000	1.000	0.993	0.980	0.965	0.951	0.935	1.872	0.903	0.886	0.869	0.851	0.833	0.815	0.796	0.778

注：表头中 2～12 为 l_1 (m)。

续表 17－1

序号	h (mm)	b (mm)	t_w (mm)	t (mm) \ l_1 (m) 2	2.5	3	3.5	4	4.5	5	5.5	6	6.5	7	7.5	8	8.5	9	9.5	10	10.5	11	11.5	12
280	600	250	10	14	1.000	1.000	0.981	0.951	0.919	0.883	0.846	0.806	0.765	0.722	0.679	0.635	0.588	0.538	0.496	0.459	0.428	0.401	0.377	0.356	0.338
281		300			1.000	1.000	1.000	0.988	0.965	0.939	0.912	0.882	0.852	0.819	0.786	0.752	0.797	0.681	0.644	0.607	0.564	0.525	0.491	0.461	0.435
282		350			1.000	1.000	1.000	1.000	0.993	0.974	0.953	0.931	0.907	0.882	0.856	0.829	1.047	0.772	0.742	0.712	0.682	0.651	0.619	0.585	0.549
283		400			1.000	1.000	1.000	1.000	1.000	0.996	0.980	0.963	0.944	0.924	0.904	0.882	1.338	0.836	0.812	0.787	0.761	0.736	0.709	0.683	0.656
284		450			1.000	1.000	1.000	1.000	1.000	1.000	0.999	0.985	0.970	0.954	0.937	0.920	1.669	0.882	0.862	0.841	0.820	0.798	0.776	0.753	0.730
285	600	250	10	16	1.000	1.000	0.985	0.958	0.927	0.895	0.860	0.825	0.788	0.750	0.712	0.673	0.647	0.594	0.549	0.511	0.478	0.449	0.424	0.402	0.382
286		300			1.000	1.000	1.000	0.992	0.970	0.946	0.920	0.893	0.865	0.836	0.806	0.775	0.863	0.711	0.679	0.647	0.615	0.579	0.543	0.511	0.483
287		350			1.000	1.000	1.000	1.000	0.996	0.978	0.959	0.938	0.916	0.893	0.869	0.844	1.120	0.792	0.766	0.739	0.712	0.684	0.657	0.629	0.601
288		400			1.000	1.000	1.000	1.000	1.000	0.999	0.984	0.968	0.950	0.932	0.912	0.892	1.418	0.850	0.828	0.805	0.782	0.759	0.735	0.712	0.688
289		450			1.000	1.000	1.000	1.000	1.000	1.000	1.000	0.989	0.974	0.959	0.943	0.927	1.757	0.892	0.873	0.854	0.835	0.815	0.795	0.774	0.754
290	600	250	10	18	1.000	1.000	0.989	0.963	0.935	0.905	0.873	0.841	0.808	0.774	0.740	0.705	0.707	0.637	0.604	0.565	0.530	0.500	0.473	0.449	0.428
291		300			1.000	1.000	1.000	0.995	0.974	0.952	0.928	0.903	0.877	0.850	0.823	0.795	0.930	0.738	0.710	0.682	0.653	0.625	0.596	0.563	0.534
292		350			1.000	1.000	1.000	1.000	0.999	0.982	0.963	0.944	0.923	0.902	0.880	0.857	1.194	0.810	0.786	0.762	0.738	0.713	0.689	0.665	0.641
293		400			1.000	1.000	1.000	1.000	1.000	1.000	0.987	0.972	0.955	0.938	0.920	0.901	1.498	0.862	0.842	0.821	0.801	0.780	0.758	0.737	0.716
294		450			1.000	1.000	1.000	1.000	1.000	1.000	1.000	0.992	0.978	0.964	0.949	0.933	1.844	0.900	0.883	0.866	0.848	0.830	0.812	0.793	0.775
295	600	250	10	20	1.000	1.000	0.992	0.968	0.942	0.914	0.885	0.855	0.825	0.795	0.764	0.734	0.770	0.674	0.645	0.616	0.584	0.552	0.524	0.499	0.477
296		300			1.000	1.000	1.000	0.998	0.978	0.957	0.935	0.912	0.888	0.863	0.838	0.813	0.999	0.762	0.737	0.712	0.687	0.662	0.638	0.614	0.587
297		350			1.000	1.000	1.000	1.000	1.000	0.985	0.968	0.950	0.930	0.910	0.890	0.869	1.269	0.826	0.805	0.783	0.761	0.740	0.718	0.696	0.675
298		400			1.000	1.000	1.000	1.000	1.000	1.000	0.990	0.976	0.960	0.944	0.927	0.909	1.580	0.873	0.855	0.836	0.817	0.798	0.779	0.760	0.741
299		450			1.000	1.000	1.000	1.000	1.000	1.000	1.000	0.994	0.981	0.968	0.954	0.939	1.933	0.909	0.893	0.877	0.860	0.844	0.827	0.810	0.793
300	650	200	6	10	1.000	0.964	0.920	0.869	0.813	0.751	0.685	0.614	0.532	0.464	0.410	0.367	0.331	0.301	0.275	0.254	0.235	0.219	0.206	0.193	0.182
301		250			1.000	1.000	0.976	0.944	0.908	0.868	0.824	0.776	0.726	0.673	0.617	0.552	0.494	0.446	0.405	0.371	0.341	0.316	0.294	0.274	0.257
302		300			1.000	1.000	1.000	0.984	0.959	0.931	0.900	0.867	0.831	0.793	0.752	0.710	0.698	0.620	0.567	0.516	0.473	0.435	0.403	0.374	0.349

续表 17-1

序号	h (mm)	b (mm)	t_w (mm)	t (mm) \ l_1 (m)	2	2.5	3	3.5	4	4.5	5	5.5	6	6.5	7	7.5	8	8.5	9	9.5	10	10.5	11	11.5	12
303	650	200	6	12	1.000	0.970	0.930	0.883	0.832	0.776	0.716	0.654	0.586	0.514	0.456	0.410	0.372	0.340	0.313	0.290	0.270	0.253	0.238	0.224	0.212
304		250			1.000	1.000	0.981	0.951	0.917	0.880	0.840	0.797	0.751	0.703	0.654	0.602	0.542	0.491	0.448	0.412	0.381	0.354	0.330	0.309	0.291
305		300			1.000	1.000	1.000	0.988	0.965	0.938	0.909	0.878	0.845	0.810	0.773	0.735	0.752	0.654	0.612	0.562	0.517	0.478	0.443	0.413	0.387
306		350			1.000	1.000	1.000	1.000	0.993	0.973	0.952	0.929	0.904	0.877	0.849	0.820	1.003	0.757	0.724	0.690	0.655	0.619	0.578	0.537	0.501
307	650	200	8	12	1.000	0.964	0.921	0.872	0.818	0.760	0.698	0.633	0.559	0.492	0.438	0.394	0.358	0.328	0.302	0.281	0.262	0.246	0.231	0.219	0.208
308		250			1.000	1.000	0.977	0.945	0.910	0.871	0.829	0.784	0.737	0.688	0.636	0.580	0.522	0.474	0.433	0.398	0.369	0.343	0.321	0.301	0.284
309		300			1.000	1.000	1.000	0.985	0.960	0.932	0.903	0.870	0.836	0.800	0.762	0.722	0.726	0.639	0.595	0.544	0.501	0.463	0.430	0.402	0.377
310		350			1.000	1.000	1.000	1.000	0.990	0.970	0.948	0.923	0.898	0.870	0.841	0.811	0.970	0.746	0.713	0.678	0.642	0.605	0.561	0.522	0.487
311	650	200	8	14	1.000	0.971	0.931	0.886	0.836	0.784	0.728	0.671	0.612	0.544	0.487	0.440	0.402	0.370	0.343	0.319	0.299	0.281	0.266	0.252	0.240
312		250			1.000	1.000	0.982	0.952	0.919	0.883	0.845	0.804	0.761	0.717	0.672	0.625	0.573	0.522	0.479	0.442	0.411	0.384	0.360	0.339	0.321
313		300			1.000	1.000	1.000	0.989	0.965	0.940	0.912	0.882	0.850	0.817	0.783	0.747	0.783	0.672	0.634	0.593	0.548	0.508	0.474	0.444	0.417
314		350			1.000	1.000	1.000	1.000	0.993	0.974	0.953	0.931	0.907	0.881	0.854	0.826	1.035	0.768	0.737	0.705	0.673	0.640	0.607	0.568	0.532
315	650	250	8	16	1.000	1.000	0.986	0.958	0.927	0.894	0.858	0.821	0.782	0.742	0.701	0.660	0.624	0.571	0.526	0.488	0.455	0.426	0.401	0.379	0.359
316		300			1.000	1.000	1.000	0.992	0.970	0.946	0.920	0.892	0.863	0.832	0.800	0.768	0.841	0.701	0.666	0.632	0.596	0.555	0.519	0.488	0.460
317		350			1.000	1.000	1.000	1.000	0.996	0.978	0.958	0.937	0.914	0.891	0.866	0.840	1.099	0.786	0.758	0.729	0.701	0.671	0.642	0.612	0.578
318		400			1.000	1.000	1.000	1.000	1.000	0.999	0.984	0.967	0.949	0.930	0.911	0.890	1.397	0.846	0.823	0.799	0.775	0.751	0.726	0.700	0.675
319		450			1.000	1.000	1.000	1.000	1.000	1.000	1.000	0.988	0.974	0.959	0.942	0.925	1.737	0.889	0.870	0.850	0.830	0.809	0.788	0.767	0.745
320	650	250	8	18	1.000	1.000	0.989	0.963	0.934	0.903	0.870	0.836	0.800	0.764	0.727	0.690	0.677	0.616	0.574	0.534	0.500	0.470	0.443	0.420	0.399
321		300			1.000	1.000	1.000	0.995	0.974	0.951	0.926	0.901	0.873	0.845	0.816	0.787	0.899	0.726	0.695	0.664	0.633	0.602	0.566	0.533	0.504
322		350			1.000	1.000	1.000	1.000	0.999	0.981	0.963	0.943	0.921	0.899	0.876	0.852	1.163	0.802	0.777	0.751	0.725	0.699	0.672	0.646	0.619
323		400			1:000	1.000	1.000	1.000	1.000	1.000	0.987	0.971	0.954	0.936	0.917	0.898	1.468	0.857	0.836	0.814	0.792	0.770	0.747	0.724	0.701
324		450			1.000	1.000	1.000	1.000	1.000	1.000	1.000	0.991	0.977	0.963	0.947	0.931	1.814	0.897	0.879	0.861	0.842	0.823	0.804	0.784	0.764

续表 17-1

序号	h (mm)	b (mm)	t_w (mm)	t (mm) \ l_1 (m): 2	2.5	3	3.5	4	4.5	5	5.5	6	6.5	7	7.5	8	8.5	9	9.5	10	10.5	11	11.5	12
325		250			1.000	1.000	0.983	0.954	0.922	0.888	0.852	0.814	0.774	0.734	0.692	0.650	0.611	0.559	0.516	0.479	0.447	0.419	0.395	0.374	0.355
326		300			1.000	1.000	1.000	0.989	0.967	0.942	0.915	0.887	0.857	0.826	0.794	0.761	0.823	0.693	0.658	0.623	0.585	0.546	0.511	0.480	0.453
327	650	350	10	16	1.000	1.000	1.000	1.000	0.994	0.976	0.955	0.934	0.910	0.886	0.861	0.835	1.075	0.780	0.752	0.723	0.694	0.664	0.634	0.604	0.569
328		400			1.000	1.000	1.000	1.000	1.000	0.998	0.982	0.965	0.947	0.927	0.907	0.886	1.368	0.841	0.818	0.794	0.770	0.745	0.720	0.694	0.669
329		450			1.000	1.000	1.000	1.000	1.000	1.000	1.000	0.987	0.972	0.956	0.940	0.922	1.703	0.886	0.866	0.846	0.826	0.805	0.784	0.762	0.740
330		250			1.000	1.000	0.986	0.959	0.930	0.898	0.865	0.830	0.794	0.758	0.721	0.683	0.665	0.609	0.566	0.527	0.494	0.464	0.439	0.416	0.396
331		300			1.000	1.000	1.000	0.993	0.971	0.948	0.923	0.897	0.869	0.840	0.811	0.781	0.884	0.720	0.689	0.658	0.627	0.595	0.559	0.527	0.499
332	650	350	10	18	1.000	1.000	1.000	1.000	0.997	0.979	0.960	0.940	0.918	0.896	0.872	0.848	1.142	0.798	0.772	0.746	0.720	0.694	0.667	0.640	0.614
333		400			1.000	1.000	1.000	1.000	1.000	1.000	0.985	0.969	0.952	0.934	0.915	0.895	1.442	0.854	0.832	0.810	0.788	0.765	0.743	0.720	0.697
334		450			1.000	1.000	1.000	1.000	1.000	1.000	1.000	0.990	0.976	0.961	0.945	0.929	1.783	0.894	0.876	0.858	0.839	0.820	0.800	0.780	0.760
335		250			1.000	1.000	0.990	0.964	0.937	0.907	0.876	0.844	0.812	0.779	0.746	0.712	0.722	0.646	0.614	0.577	0.542	0.511	0.485	0.461	0.439
336		300			1.000	1.000	1.000	0.996	0.975	0.953	0.930	0.905	0.880	0.853	0.827	0.799	0.946	0.744	0.717	0.689	0.661	0.634	0.607	0.576	0.546
337	650	350	10	20	1.000	1.000	1.000	1.000	1.000	0.983	0.965	0.945	0.925	0.904	0.882	0.860	1.211	0.814	0.791	0.767	0.743	0.720	0.696	0.672	0.649
338		400			1.000	1.000	1.000	1.000	1.000	1.000	0.988	0.973	0.956	0.939	0.921	0.903	1.517	0.865	0.845	0.825	0.805	0.784	0.763	0.743	0.722
339		450			1.000	1.000	1.000	1.000	1.000	1.000	1.000	0.992	0.979	0.965	0.950	0.935	1.864	0.902	0.886	0.868	0.851	0.833	0.815	0.797	0.779
340		200			1.000	0.968	0.926	0.878	0.824	0.766	0.704	0.638	0.563	0.493	0.437	0.391	0.354	0.323	0.297	0.274	0.255	0.238	0.224	0.211	0.199
341	700	250	6	12	1.000	1.000	0.979	0.948	0.914	0.875	0.833	0.788	0.741	0.691	0.639	0.581	0.522	0.472	0.430	0.394	0.364	0.337	0.314	0.294	0.276
342		300			1.000	1.000	1.000	0.987	0.962	0.935	0.906	0.874	0.839	0.803	0.765	0.725	0.729	0.640	0.595	0.543	0.498	0.459	0.426	0.397	0.371
343		200			1.000	0.973	0.934	0.889	0.840	0.786	0.730	0.671	0.609	0.538	0.480	0.432	0.392	0.359	0.332	0.308	0.287	0.270	0.254	0.240	0.228
344	700	250	6	14	1.000	1.000	0.983	0.954	0.921	0.885	0.847	0.805	0.762	0.717	0.669	0.621	0.566	0.514	0.470	0.433	0.401	0.373	0.349	0.327	0.309
345		300			1.000	1.000	1.000	0.990	0.967	0.941	0.913	0.883	0.852	0.818	0.783	0.746	0.779	0.669	0.629	0.585	0.539	0.499	0.464	0.433	0.406

续表 17－1

序号	h (mm)	b (mm)	t_w (mm)	t (mm) \ l_1 (m) 2	2.5	3	3.5	4	4.5	5	5.5	6	6.5	7	7.5	8	8.5	9	9.5	10	10.5	11	11.5	12
346	700	300	8	12	1.000	1.000	1.000	0.983	0.957	0.929	0.898	0.865	0.829	0.792	0.752	0.711	0.701	0.623	0.573	0.523	0.481	0.444	0.412	0.384	0.359
347		350			1.000	1.000	1.000	1.000	0.988	0.967	0.945	0.920	0.893	0.865	0.835	0.804	0.942	0.736	0.701	0.664	0.627	0.585	0.541	0.502	0.468
348		400			1.000	1.000	1.000	1.000	1.000	0.992	0.975	0.956	0.935	0.913	0.890	0.865	1.223	0.812	0.784	0.755	0.725	0.694	0.662	0.629	0.595
349		450			1.000	1.000	1.000	1.000	1.000	1.000	0.995	0.980	0.964	0.947	0.928	0.908	1.545	0.866	0.843	0.819	0.795	0.769	0.743	0.716	0.689
350	700	300	8	14	1.000	1.000	1.000	0.987	0.963	0.936	0.907	0.876	0.844	0.809	0.773	0.735	0.755	0.656	0.616	0.569	0.524	0.486	0.452	0.423	0.397
351		350			1.000	1.000	1.000	1.000	0.992	0.972	0.951	0.927	0.902	0.876	0.848	0.819	1.003	0.757	0.725	0.692	0.658	0.623	0.585	0.545	0.509
352		400			1.000	1.000	1.000	1.000	1.000	0.995	0.979	0.961	0.941	0.921	0.899	0.876	1.291	0.827	0.801	0.774	0.746	0.718	0.689	0.659	0.629
353		450			1.000	1.000	1.000	1.000	1.000	1.000	0.998	0.984	0.968	0.952	0.934	0.915	1.620	0.876	0.854	0.832	0.810	0.786	0.762	0.737	0.712
354	700	300	8	16	1.000	1.000	1.000	0.990	0.967	0.942	0.915	0.886	0.856	0.824	0.791	0.756	0.808	0.685	0.648	0.611	0.568	0.528	0.493	0.463	0.435
355		350			1.000	1.000	1.000	1.000	0.995	0.976	0.955	0.933	0.910	0.885	0.859	0.832	1.062	0.776	0.746	0.716	0.685	0.654	0.622	0.588	0.551
356		400			1.000	1.000	1.000	1.000	1.000	0.998	0.982	0.965	0.946	0.927	0.906	0.885	1.357	0.839	0.815	0.790	0.765	0.739	0.712	0.686	0.658
357		450			1.000	1.000	1.000	1.000	1.000	1.000	1.000	0.987	0.972	0.956	0.939	0.922	1.693	0.884	0.864	0.844	0.823	0.801	0.779	0.756	0.733
358	700	300	10	16	1.000	1.000	1.000	0.987	0.964	0.938	0.910	0.881	0.849	0.817	0.783	0.748	0.788	0.676	0.639	0.601	0.557	0.518	0.484	0.454	0.428
359		350			1.000	1.000	1.000	1.000	0.992	0.973	0.952	0.930	0.906	0.880	0.854	0.826	1.037	0.769	0.739	0.708	0.677	0.646	0.614	0.577	0.542
360		400			1.000	1.000	1.000	1.000	1.000	0.996	0.980	0.962	0.943	0.923	0.902	0.880	1.326	0.834	0.809	0.784	0.758	0.732	0.705	0.678	0.651
361		450			1.000	1.000	1.000	1.000	1.000	1.000	0.999	0.985	0.970	0.953	0.936	0.918	1.656	0.880	0.860	0.839	0.818	0.796	0.773	0.750	0.727
362	700	300	10	18	1.000	1.000	1.000	0.991	0.968	0.944	0.918	0.890	0.861	0.831	0.800	0.768	0.844	0.703	0.670	0.636	0.603	0.563	0.528	0.497	0.469
363		350			1.000	1.000	1.000	1.000	0.995	0.977	0.957	0.936	0.913	0.890	0.865	0.840	1.099	0.787	0.759	0.731	0.703	0.675	0.647	0.618	0.586
364		400			1.000	1.000	1.000	1.000	1.000	0.999	0.983	0.966	0.948	0.930	0.910	0.889	1.395	0.846	0.823	0.800	0.776	0.752	0.728	0.704	0.679
365		450			1.000	1.000	1.000	1.000	1.000	1.000	1.000	0.988	0.973	0.958	0.942	0.925	1.732	0.889	0.870	0.851	0.831	0.810	0.790	0.769	0.747
366	700	300	10	20	1.000	1.000	1.000	0.994	0.972	0.949	0.925	0.899	0.872	0.844	0.816	0.787	0.901	0.727	0.697	0.667	0.638	0.608	0.573	0.541	0.512
367		350			1.000	1.000	1.000	1.000	0.998	0.980	0.961	0.941	0.920	0.898	0.875	0.851	1.162	0.803	0.778	0.752	0.727	0.701	0.676	0.650	0.624
368		400			1.000	1.000	1.000	1.000	1.000	1.000	0.986	0.970	0.953	0.935	0.917	0.897	1.464	0.857	0.836	0.815	0.793	0.771	0.749	0.727	0.704
369		450			1.000	1.000	1.000	1.000	1.000	1.000	1.000	0.990	0.976	0.962	0.947	0.931	1.807	0.897	0.879	0.861	0.843	0.824	0.805	0.785	0.766

续表 17－1

序号	h (mm)	b (mm)	t_w (mm)	t (mm) \ l_1 (m)	2	2.5	3	3.5	4	4.5	5	5.5	6	6.5	7	7.5	8	8.5	9	9.5	10	10.5	11	11.5	12
370	750	200	6	12	1.000	0.966	0.922	0.872	0.817	0.757	0.692	0.623	0.543	0.474	0.420	0.375	0.339	0.308	0.283	0.261	0.242	0.226	0.212	0.199	0.188
371		250			1.000	1.000	0.978	0.946	0.910	0.870	0.827	0.781	0.731	0.680	0.625	0.563	0.504	0.455	0.414	0.379	0.349	0.323	0.301	0.281	0.264
372		300			1.000	1.000	1.000	0.985	0.960	0.933	0.902	0.869	0.834	0.796	0.757	0.715	0.709	0.627	0.577	0.526	0.482	0.444	0.411	0.382	0.357
373	750	200	6	14	1.000	0.971	0.930	0.884	0.833	0.777	0.718	0.656	0.589	0.517	0.460	0.413	0.374	0.342	0.315	0.292	0.272	0.255	0.240	0.226	0.215
374		250			1.000	1.000	0.982	0.952	0.918	0.881	0.841	0.798	0.753	0.705	0.656	0.605	0.545	0.494	0.451	0.415	0.383	0.356	0.333	0.312	0.293
375		300			1.000	1.000	1.000	0.989	0.965	0.939	0.910	0.879	0.846	0.811	0.775	0.737	0.756	0.656	0.614	0.565	0.520	0.480	0.446	0.416	0.390
376	750	300	8	14	1.000	1.000	1.000	0.985	0.960	0.933	0.903	0.871	0.837	0.801	0.763	0.724	0.730	0.642	0.598	0.548	0.504	0.466	0.433	0.405	0.379
377		350			1.000	1.000	1.000	1.000	0.990	0.970	0.948	0.924	0.898	0.871	0.842	0.812	0.974	0.748	0.714	0.680	0.644	0.608	0.565	0.525	0.490
378		400			1.000	1.000	1.000	1.000	1.000	0.994	0.977	0.959	0.939	0.917	0.895	0.871	1.260	0.820	0.793	0.765	0.737	0.707	0.677	0.646	0.614
379		450			1.000	1.000	1.000	1.000	1.000	1.000	0.997	0.982	0.966	0.949	0.931	0.912	1.586	0.871	0.849	0.826	0.803	0.779	0.754	0.728	0.702
380	750	300	8	16	1.000	1.000	1.000	0.988	0.965	0.939	0.911	0.881	0.849	0.816	0.781	0.745	0.780	0.670	0.632	0.590	0.545	0.505	0.471	0.441	0.415
381		350			1.000	1.000	1.000	1.000	0.993	0.974	0.953	0.930	0.906	0.880	0.854	0.825	1.030	0.766	0.735	0.704	0.671	0.638	0.605	0.565	0.529
382		400			1.000	1.000	1.000	1.000	1.000	0.997	0.980	0.963	0.944	0.924	0.902	0.880	1.322	0.832	0.807	0.782	0.755	0.728	0.700	0.672	0.643
383		450			1.000	1.000	1.000	1.000	1.000	1.000	0.999	0.985	0.970	0.954	0.937	0.919	1.654	0.880	0.859	0.838	0.816	0.793	0.770	0.746	0.722
384	750	300	10	12	1.000	1.000	1.000	0.976	0.949	0.919	0.886	0.850	0.811	0.771	0.728	0.684	0.652	0.587	0.533	0.486	0.447	0.412	0.383	0.356	0.333
385		350			1.000	1.000	1.000	1.000	0.983	0.961	0.937	0.910	0.882	0.851	0.819	0.786	0.883	0.714	0.676	0.637	0.595	0.547	0.506	0.469	0.437
386		400			1.000	1.000	1.000	1.000	1.000	0.988	0.969	0.949	0.927	0.904	0.879	0.853	1.153	0.797	0.767	0.736	0.703	0.670	0.636	0.601	0.559
387		450			1.000	1.000	1.000	1.000	1.000	1.000	0.991	0.976	0.958	0.940	0.920	0.899	1.464	0.854	0.830	0.805	0.779	0.752	0.724	0.696	0.666
388	700	300	10	14	1.000	1.000	1.000	0.983	0.959	0.931	0.901	0.869	0.836	0.800	0.763	0.724	0.732	0.644	0.603	0.554	0.511	0.474	0.441	0.413	0.388
389		350			1.000	1.000	1.000	1.000	0.989	0.969	0.946	0.923	0.897	0.870	0.841	0.811	0.974	0.748	0.715	0.682	0.647	0.612	0.571	0.532	0.498
390		400			1.000	1.000	1.000	1.000	1.000	0.993	0.976	0.957	0.937	0.916	0.894	0.870	1.256	0.820	0.793	0.766	0.738	0.709	0.680	0.650	0.619
391		450			1.000	1.000	1.000	1.000	1.000	1.000	0.996	0.981	0.965	0.948	0.930	0.911	1.579	0.871	0.849	0.826	0.803	0.779	0.755	0.730	0.704

续表 17－1

序号	h (mm)	b (mm)	t_w (mm)	t (mm)	2	2.5	3	3.5	4	4.5	5	5.5	6	6.5	7	7.5	8	8.5	9	9.5	10	10.5	11	11.5	12
					l_1 (m)																				
392	750	300	10	16	1.000	1.000	1.000	0.985	0.961	0.935	0.906	0.875	0.842	0.808	0.773	0.736	0.758	0.659	0.620	0.576	0.532	0.494	0.461	0.432	0.407
393		350			1.000	1.000	1.000	1.000	0.991	0.971	0.949	0.926	0.901	0.875	0.847	0.819	1.003	0.758	0.727	0.694	0.662	0.628	0.593	0.553	0.518
394		400			1.000	1.000	1.000	1.000	1.000	0.994	0.978	0.960	0.940	0.920	0.898	0.875	1.289	0.827	0.801	0.775	0.748	0.720	0.692	0.663	0.634
395		450			1.000	1.000	1.000	1.000	1.000	1.000	0.997	0.983	0.967	0.951	0.933	0.915	1.615	0.875	0.854	0.833	0.810	0.787	0.764	0.740	0.715
396	750	300	10	18	1.000	1.000	1.000	0.989	0.966	0.941	0.914	0.885	0.854	0.823	0.790	0.756	0.810	0.687	0.652	0.616	0.575	0.536	0.501	0.471	0.444
397		350			1.000	1.000	1.000	1.000	0.994	0.975	0.954	0.932	0.909	0.884	0.859	0.832	1.062	0.776	0.747	0.718	0.688	0.658	0.627	0.596	0.559
398		400			1.000	1.000	1.000	1.000	1.000	0.997	0.981	0.964	0.945	0.926	0.905	0.884	1.354	0.839	0.815	0.791	0.766	0.740	0.715	0.689	0.662
399		450			1.000	1.000	1.000	1.000	1.000	1.000	1.000	0.986	0.971	0.955	0.939	0.921	1.687	0.884	0.864	0.844	0.823	0.802	0.780	0.758	0.735
400	750	300	10	20	1.000	1.000	1.000	0.992	0.970	0.946	0.920	0.893	0.865	0.836	0.806	0.775	0.863	0.711	0.679	0.647	0.615	0.579	0.543	0.511	0.483
401		350			1.000	1.000	1.000	1.000	0.996	0.978	0.959	0.938	0.916	0.893	0.869	0.844	1.120	0.792	0.766	0.739	0.712	0.684	0.657	0.629	0.601
402		400			1.000	1.000	1.000	1.000	1.000	0.999	0.984	0.968	0.950	0.932	0.912	0.892	1.418	0.850	0.828	0.805	0.782	0.759	0.735	0.712	0.688
403		450			1.000	1.000	1.000	1.000	1.000	1.000	1.000	0.989	0.974	0.959	0.943	0.927	1.757	0.892	0.873	0.854	0.835	0.815	0.795	0.774	0.754
404	800	300	6	12	1.000	1.000	1.000	0.984	0.958	0.930	0.899	0.865	0.829	0.790	0.749	0.707	0.691	0.615	0.561	0.510	0.467	0.430	0.398	0.369	0.345
405		350			1.000	1.000	1.000	1.000	0.989	0.968	0.945	0.920	0.894	0.865	0.834	0.802	0.934	0.733	0.696	0.657	0.618	0.572	0.527	0.488	0.454
406		400			1.000	1.000	1.000	1.000	1.000	0.993	0.975	0.956	0.936	0.913	0.890	0.865	1.217	0.810	0.782	0.751	0.720	0.688	0.654	0.620	0.581
407		450			1.000	1.000	1.000	1.000	1.000	1.000	0.996	0.981	0.964	0.947	0.928	0.908	1.540	0.865	0.841	0.817	0.792	0.766	0.739	0.711	0.682
408	800	300	8	12	1.000	1.000	1.000	0.979	0.952	0.922	0.890	0.854	0.816	0.776	0.733	0.689	0.659	0.593	0.536	0.489	0.448	0.413	0.382	0.355	0.332
409		350			1.000	1.000	1.000	1.000	0.985	0.963	0.939	0.913	0.885	0.855	0.823	0.790	0.894	0.718	0.680	0.640	0.599	0.550	0.507	0.470	0.437
410		400			1.000	1.000	1.000	1.000	1.000	0.990	0.971	0.951	0.930	0.907	0.882	0.856	1.169	0.800	0.770	0.739	0.707	0.673	0.639	0.603	0.561
411		450			1.000	1.000	1.000	1.000	1.000	1.000	0.993	0.977	0.960	0.942	0.923	0.902	1.484	0.857	0.833	0.808	0.782	0.755	0.727	0.698	0.668
412	800	300	8	14	1.000	1.000	1.000	0.983	0.958	0.930	0.899	0.866	0.831	0.794	0.755	0.714	0.708	0.628	0.579	0.529	0.486	0.449	0.417	0.389	0.364
413		350			1.000	1.000	1.000	1.000	0.989	0.968	0.945	0.921	0.895	0.866	0.837	0.806	0.950	0.739	0.704	0.668	0.631	0.591	0.546	0.508	0.473
414		400			1.000	1.000	1.000	1.000	1.000	0.993	0.975	0.956	0.936	0.914	0.891	0.867	1.232	0.814	0.786	0.758	0.728	0.697	0.666	0.633	0.600
415		450			1.000	1.000	1.000	1.000	1.000	1.000	0.996	0.981	0.965	0.947	0.929	0.909	1.554	0.867	0.844	0.821	0.797	0.772	0.746	0.719	0.692

续表 17-1

序号	h (mm)	b (mm)	t_w (mm)	t (mm) \ l_1 (m)	2	2.5	3	3.5	4	4.5	5	5.5	6	6.5	7	7.5	8	8.5	9	9.5	10	10.5	11	11.5	12
416	800	300	8	16	1.000	1.000	1.000	0.987	0.963	0.936	0.907	0.876	0.844	0.809	0.773	0.735	0.755	0.656	0.616	0.569	0.524	0.486	0.452	0.423	0.397
417		350			1.000	1.000	1.000	1.000	0.992	0.972	0.951	0.927	0.902	0.876	0.848	0.819	1.003	0.757	0.725	0.692	0.658	0.623	0.585	0.545	0.509
418		400			1.000	1.000	1.000	1.000	1.000	0.995	0.979	0.961	0.941	0.921	0.899	0.876	1.291	0.827	0.801	0.774	0.746	0.718	0.689	0.659	0.629
419		450			1.000	1.000	1.000	1.000	1.000	1.000	0.998	0.984	0.968	0.952	0.934	0.915	1.620	0.876	0.854	0.832	0.810	0.786	0.762	0.737	0.712
420	800	300	10	12	1.000	1.000	0.999	0.974	0.946	0.915	0.881	0.844	0.804	0.762	0.718	0.672	0.631	0.568	0.514	0.469	0.430	0.397	0.368	0.342	0.320
421		350			1.000	1.000	1.000	1.000	0.981	0.958	0.933	0.906	0.877	0.846	0.813	0.778	0.858	0.703	0.664	0.623	0.577	0.530	0.489	0.454	0.422
422		400			1.000	1.000	1.000	1.000	1.000	0.986	0.967	0.947	0.924	0.900	0.875	0.848	1.126	0.790	0.759	0.727	0.693	0.659	0.623	0.584	0.542
423		450			1.000	1.000	1.000	1.000	1.000	1.000	0.990	0.974	0.956	0.937	0.917	0.896	1.433	0.849	0.825	0.799	0.772	0.744	0.715	0.686	0.655
424	800	300	10	14	1.000	1.000	1.000	0.979	0.953	0.924	0.892	0.858	0.821	0.783	0.742	0.700	0.683	0.612	0.559	0.512	0.471	0.435	0.405	0.378	0.354
425		350			1.000	1.000	1.000	1.000	0.985	0.964	0.941	0.915	0.888	0.859	0.828	0.796	0.918	0.728	0.692	0.655	0.617	0.573	0.530	0.493	0.460
426		400			1.000	1.000	1.000	1.000	1.000	0.990	0.972	0.952	0.931	0.909	0.885	0.860	1.193	0.806	0.777	0.748	0.717	0.686	0.654	0.621	0.584
427		450			1.000	1.000	1.000	1.000	1.000	1.000	0.993	0.978	0.961	0.943	0.924	0.904	1.508	0.861	0.838	0.814	0.789	0.763	0.737	0.709	0.682
428	800	300	10	16	1.000	1.000	1.000	0.983	0.959	0.931	0.901	0.869	0.836	0.800	0.763	0.724	0.732	0.644	0.603	0.554	0.511	0.474	0.441	0.413	0.388
429		350			1.000	1.000	1.000	1.000	0.989	0.969	0.946	0.923	0.897	0.870	0.841	0.811	0.974	0.748	0.715	0.682	0.647	0.612	0.571	0.532	0.498
430		400			1.000	1.000	1.000	1.000	1.000	0.993	0.976	0.957	0.937	0.916	0.894	0.870	1.256	0.820	0.793	0.766	0.738	0.709	0.680	0.650	0.619
431		450			1.000	1.000	1.000	1.000	1.000	1.000	0.996	0.981	0.965	0.948	0.930	0.911	1.579	0.871	0.849	0.826	0.803	0.779	0.755	0.730	0.704
432	800	300	10	18	1.000	1.000	1.000	0.987	0.963	0.937	0.909	0.879	0.848	0.815	0.781	0.745	0.781	0.672	0.634	0.595	0.551	0.512	0.479	0.449	0.423
433		350			1.000	1.000	1.000	1.000	0.992	0.973	0.951	0.929	0.905	0.879	0.852	0.825	1.029	0.766	0.736	0.705	0.674	0.642	0.609	0.572	0.536
434		400			1.000	1.000	1.000	1.000	1.000	0.996	0.979	0.962	0.943	0.922	0.901	0.879	1.317	0.832	0.807	0.782	0.756	0.729	0.702	0.675	0.647
435		450			1.000	1.000	1.000	1.000	1.000	1.000	0.998	0.984	0.969	0.953	0.936	0.918	1.647	0.879	0.859	0.838	0.816	0.794	0.771	0.748	0.724
436	800	300	10	20	1.000	1.000	1.000	0.990	0.967	0.943	0.916	0.888	0.859	0.828	0.796	0.764	0.830	0.697	0.662	0.628	0.592	0.552	0.517	0.486	0.459
437		350			1.000	1.000	1.000	1.000	0.995	0.976	0.956	0.934	0.911	0.887	0.862	0.836	1.083	0.782	0.754	0.726	0.697	0.668	0.639	0.609	0.575
438		400			1.000	1.000	1.000	1.000	1.000	0.998	0.982	0.965	0.947	0.928	0.908	0.887	1.378	0.843	0.820	0.796	0.772	0.748	0.723	0.698	0.672
439		450			1.000	1.000	1.000	1.000	1.000	1.000	1.000	0.987	0.972	0.957	0.940	0.923	1.713	0.887	0.868	0.848	0.828	0.807	0.786	0.764	0.742

续表 17－1

序号	h (mm)	b (mm)	t_w (mm)	t (mm) \ l_1 (m)	2	2.5	3	3.5	4	4.5	5	5.5	6	6.5	7	7.5	8	8.5	9	9.5	10	10.5	11	11.5	12
440	850	300	8	14	1.000	1.000	1.000	0.982	0.956	0.927	0.896	0.862	0.825	0.787	0.746	0.704	0.688	0.615	0.562	0.512	0.470	0.434	0.403	0.375	0.351
441		350			1.000	1.000	1.000	1.000	0.987	0.966	0.943	0.918	0.891	0.862	0.832	0.799	0.927	0.731	0.695	0.657	0.618	0.574	0.530	0.492	0.459
442		400			1.000	1.000	1.000	1.000	1.000	0.991	0.974	0.954	0.934	0.911	0.888	0.863	1.206	0.809	0.780	0.750	0.719	0.688	0.655	0.622	0.584
443		450			1.000	1.000	1.000	1.000	1.000	1.000	0.995	0.979	0.963	0.945	0.926	0.906	1.526	0.863	0.840	0.816	0.791	0.765	0.738	0.711	0.683
444	850	300	8	16	1.000	1.000	1.000	0.985	0.961	0.933	0.904	0.872	0.838	0.802	0.765	0.726	0.733	0.644	0.601	0.550	0.506	0.468	0.436	0.407	0.381
445		350			1.000	1.000	1.000	1.000	0.990	0.970	0.948	0.924	0.899	0.872	0.843	0.813	0.978	0.749	0.716	0.681	0.646	0.609	0.567	0.527	0.492
446		400			1.000	1.000	1.000	1.000	1.000	0.994	0.977	0.959	0.939	0.918	0.895	0.872	1.263	0.821	0.794	0.766	0.738	0.708	0.678	0.647	0.616
447		450			1.000	1.000	1.000	1.000	1.000	1.000	0.997	0.982	0.967	0.950	0.932	0.913	1.590	0.872	0.850	0.827	0.804	0.779	0.755	0.729	0.703
448	850	300	10	12	1.000	1.000	0.997	0.972	0.943	0.911	0.876	0.838	0.797	0.754	0.708	0.660	0.613	0.550	0.498	0.454	0.416	0.383	0.355	0.330	0.308
449		350			1.000	1.000	1.000	1.000	0.979	0.956	0.931	0.903	0.873	0.841	0.807	0.771	0.837	0.694	0.653	0.610	0.560	0.514	0.474	0.439	0.409
450		400			1.000	1.000	1.000	1.000	1.000	0.985	0.965	0.944	0.921	0.897	0.871	0.843	1.100	0.783	0.751	0.718	0.684	0.648	0.611	0.568	0.527
451		450			1.000	1.000	1.000	1.000	1.000	1.000	0.989	0.972	0.954	0.935	0.914	0.892	1.404	0.845	0.819	0.793	0.765	0.736	0.707	0.676	0.645
452	850	300	10	14	1.000	1.000	1.000	0.977	0.950	0.920	0.888	0.852	0.815	0.775	0.733	0.689	0.662	0.596	0.541	0.494	0.454	0.420	0.389	0.363	0.340
453		350			1.000	1.000	1.000	1.000	0.984	0.962	0.938	0.912	0.884	0.854	0.822	0.789	0.894	0.718	0.681	0.642	0.603	0.555	0.514	0.477	0.445
454		400			1.000	1.000	1.000	1.000	1.000	0.988	0.970	0.950	0.929	0.906	0.881	0.855	1.166	0.800	0.770	0.740	0.708	0.675	0.642	0.608	0.567
455		450			1.000	1.000	1.000	1.000	1.000	1.000	0.992	0.976	0.959	0.941	0.922	0.901	1.478	0.856	0.833	0.808	0.782	0.756	0.728	0.700	0.671
456	850	300	10	16	1.000	1.000	1.000	0.982	0.956	0.928	0.897	0.864	0.829	0.792	0.754	0.714	0.709	0.630	0.583	0.534	0.492	0.456	0.424	0.396	0.372
457		350			1.000	1.000	1.000	1.000	0.987	0.967	0.944	0.919	0.893	0.865	0.835	0.805	0.948	0.739	0.705	0.670	0.633	0.596	0.552	0.514	0.480
458		400			1.000	1.000	1.000	1.000	1.000	0.992	0.974	0.955	0.935	0.913	0.890	0.866	1.227	0.814	0.786	0.758	0.729	0.699	0.668	0.637	0.605
459		450			1.000	1.000	1.000	1.000	1.000	1.000	0.995	0.980	0.964	0.946	0.928	0.908	1.546	0.866	0.844	0.821	0.797	0.772	0.747	0.721	0.694
460	850	300	10	18	1.000	1.000	1.000	0.985	0.961	0.934	0.905	0.874	0.842	0.807	0.771	0.735	0.755	0.658	0.618	0.573	0.530	0.492	0.459	0.430	0.404
461		350			1.000	1.000	1.000	1.000	0.990	0.971	0.949	0.926	0.901	0.874	0.847	0.818	1.000	0.757	0.725	0.693	0.660	0.626	0.590	0.551	0.516
462		400			1.000	1.000	1.000	1.000	1.000	0.994	0.978	0.959	0.940	0.919	0.897	0.874	1.285	0.826	0.800	0.774	0.747	0.719	0.691	0.662	0.633
463		450			1.000	1.000	1.000	1.000	1.000	1.000	0.997	0.983	0.967	0.951	0.933	0.914	1.611	0.875	0.854	0.832	0.809	0.786	0.763	0.739	0.714

续表 17－1

序号	h (mm)	b (mm)	t_w (mm)	t (mm) \ l_1 (m)	2	2.5	3	3.5	4	4.5	5	5.5	6	6.5	7	7.5	8	8.5	9	9.5	10	10.5	11	11.5	12
464	850	300	10	20	1.000	1.000	1.000	0.988	0.965	0.940	0.912	0.883	0.852	0.820	0.787	0.753	0.801	0.682	0.646	0.610	0.568	0.528	0.494	0.464	0.438
465		350			1.000	1.000	1.000	1.000	0.993	0.974	0.953	0.931	0.908	0.883	0.857	0.830	1.051	0.773	0.744	0.714	0.684	0.653	0.622	0.588	0.552
466		400			1.000	1.000	1.000	1.000	1.000	0.997	0.981	0.963	0.945	0.925	0.904	0.882	1.342	0.837	0.813	0.788	0.763	0.737	0.711	0.685	0.658
467		450			1.000	1.000	1.000	1.000	1.000	1.000	0.999	0.985	0.970	0.955	0.938	0.920	1.674	0.882	0.862	0.842	0.821	0.799	0.777	0.755	0.732
468		500			1.000	1.000	1.000	1.000	1.000	1.000	1.000	1.000	0.989	0.976	0.962	0.948	2.047	0.916	0.900	0.882	0.865	0.846	0.827	0.808	0.789
469	900	300	8	16	1.000	1.000	1.000	0.984	0.958	0.931	0.900	0.868	0.833	0.796	0.757	0.716	0.713	0.631	0.584	0.533	0.490	0.453	0.421	0.393	0.368
470		350			1.000	1.000	1.000	1.000	0.989	0.969	0.946	0.922	0.895	0.868	0.838	0.807	0.956	0.741	0.707	0.671	0.634	0.595	0.551	0.512	0.477
471		400			1.000	1.000	1.000	1.000	1.000	0.993	0.976	0.957	0.937	0.915	0.892	0.868	1.238	0.816	0.788	0.759	0.730	0.699	0.668	0.636	0.604
472		450			1.000	1.000	1.000	1.000	1.000	1.000	0.996	0.981	0.965	0.948	0.929	0.910	1.562	0.868	0.846	0.822	0.798	0.773	0.748	0.721	0.694
473	900	300	8	18	1.000	1.000	1.000	0.987	0.963	0.936	0.907	0.876	0.844	0.809	0.773	0.735	0.755	0.656	0.616	0.569	0.524	0.486	0.452	0.423	0.397
474		350			1.000	1.000	1.000	1.000	0.992	0.972	0.951	0.927	0.902	0.876	0.848	0.819	1.003	0.757	0.725	0.692	0.658	0.623	0.585	0.545	0.509
475		400			1.000	1.000	1.000	1.000	1.000	0.995	0.979	0.961	0.941	0.921	0.899	0.876	1.291	0.827	0.801	0.774	0.746	0.718	0.689	0.659	0.629
476		450			1.000	1.000	1.000	1.000	1.000	1.000	0.998	0.984	0.968	0.952	0.934	0.915	1.620	0.876	0.854	0.832	0.810	0.786	0.762	0.737	0.712
477	900	300	10	16	1.000	1.000	1.000	0.980	0.954	0.925	0.893	0.859	0.823	0.785	0.745	0.703	0.688	0.616	0.564	0.516	0.475	0.440	0.409	0.382	0.358
478		350			1.000	1.000	1.000	1.000	0.986	0.965	0.941	0.916	0.889	0.860	0.830	0.798	0.924	0.730	0.695	0.658	0.620	0.578	0.535	0.497	0.464
479		400			1.000	1.000	1.000	1.000	1.000	0.990	0.972	0.953	0.932	0.910	0.886	0.861	1.200	0.808	0.779	0.750	0.720	0.689	0.657	0.624	0.589
480		450			1.000	1.000	1.000	1.000	1.000	1.000	0.994	0.978	0.962	0.944	0.925	0.905	1.517	0.862	0.839	0.815	0.790	0.765	0.739	0.712	0.684
481	900	300	10	18	1.000	1.000	1.000	0.983	0.959	0.931	0.901	0.869	0.836	0.800	0.763	0.724	0.732	0.644	0.603	0.554	0.511	0.474	0.441	0.413	0.388
482		350			1.000	1.000	1.000	1.000	0.989	0.969	0.946	0.923	0.897	0.870	0.841	0.811	0.974	0.748	0.715	0.682	0.647	0.612	0.571	0.532	0.498
483		400			1.000	1.000	1.000	1.000	1.000	0.993	0.976	0.957	0.937	0.916	0.894	0.870	1.256	0.820	0.793	0.766	0.738	0.709	0.680	0.650	0.619
484		450			1.000	1.000	1.000	1.000	1.000	1.000	0.996	0.981	0.965	0.948	0.930	0.911	1.579	0.871	0.849	0.826	0.803	0.779	0.755	0.730	0.704
485	900	300	10	20	1.000	1.000	1.000	0.986	0.963	0.937	0.908	0.878	0.847	0.813	0.779	0.743	0.776	0.669	0.631	0.591	0.546	0.508	0.474	0.445	0.419
486		350			1.000	1.000	1.000	1.000	0.992	0.972	0.951	0.928	0.904	0.878	0.851	0.823	1.023	0.764	0.734	0.703	0.671	0.639	0.606	0.567	0.532
487		400			1.000	1.000	1.000	1.000	1.000	0.995	0.979	0.961	0.942	0.922	0.900	0.878	1.311	0.831	0.806	0.780	0.754	0.727	0.700	0.672	0.644
488		450			1.000	1.000	1.000	1.000	1.000	1.000	0.998	0.984	0.969	0.952	0.935	0.917	1.639	0.878	0.858	0.836	0.815	0.792	0.769	0.746	0.722

续表 17 - 1

序号	h (mm)	b (mm)	t_w (mm)	t (mm)	l_1 (m) 2	2.5	3	3.5	4	4.5	5	5.5	6	6.5	7	7.5	8	8.5	9	9.5	10	10.5	11	11.5	12
489	900	300	12	14	1.000	1.000	0.996	0.971	0.942	0.910	0.875	0.837	0.797	0.754	0.709	0.662	0.618	0.557	0.505	0.462	0.424	0.392	0.364	0.339	0.317
490		350			1.000	1.000	1.000	0.999	0.978	0.955	0.930	0.902	0.872	0.840	0.807	0.771	0.840	0.696	0.656	0.615	0.567	0.522	0.482	0.448	0.417
491		400			1.000	1.000	1.000	1.000	1.000	0.984	0.965	0.943	0.921	0.896	0.870	0.843	1.102	0.784	0.753	0.720	0.687	0.652	0.617	0.576	0.535
492		450			1.000	1.000	1.000	1.000	1.000	1.000	0.988	0.971	0.954	0.934	0.914	0.892	1.404	0.845	0.820	0.794	0.767	0.739	0.710	0.680	0.649
493	900	300	12	16	1.000	1.000	1.000	0.976	0.949	0.919	0.886	0.851	0.814	0.774	0.733	0.690	0.665	0.601	0.547	0.501	0.461	0.427	0.397	0.371	0.348
494		350			1.000	1.000	1.000	1.000	0.983	0.961	0.937	0.911	0.883	0.853	0.822	0.789	0.895	0.720	0.683	0.646	0.607	0.562	0.520	0.484	0.452
495		400			1.000	1.000	1.000	1.000	1.000	0.988	0.969	0.949	0.928	0.905	0.880	0.855	1.164	0.800	0.771	0.741	0.710	0.678	0.646	0.612	0.574
496		450			1.000	1.000	1.000	1.000	1.000	1.000	0.991	0.976	0.958	0.940	0.921	0.900	1.474	0.856	0.833	0.808	0.783	0.757	0.730	0.703	0.674
497	900	300	12	18	1.000	1.000	1.000	0.980	0.954	0.926	0.895	0.863	0.828	0.791	0.753	0.714	0.711	0.632	0.587	0.539	0.498	0.462	0.431	0.404	0.380
498		350			1.000	1.000	1.000	1.000	0.986	0.965	0.942	0.918	0.892	0.864	0.834	0.804	0.947	0.740	0.706	0.672	0.637	0.601	0.558	0.520	0.487
499		400			1.000	1.000	1.000	1.000	1.000	0.991	0.973	0.954	0.934	0.912	0.889	0.865	1.224	0.813	0.786	0.758	0.730	0.700	0.671	0.640	0.609
500		450			1.000	1.000	1.000	1.000	1.000	1.000	0.994	0.979	0.963	0.945	0.927	0.907	1.540	0.866	0.844	0.821	0.797	0.773	0.748	0.722	0.696
501	900	300	12	20	1.000	1.000	1.000	0.984	0.959	0.932	0.903	0.873	0.840	0.806	0.771	0.734	0.757	0.659	0.621	0.578	0.535	0.498	0.466	0.437	0.412
502		350			1.000	1.000	1.000	1.000	0.989	0.969	0.948	0.924	0.899	0.873	0.846	0.817	0.998	0.757	0.726	0.694	0.662	0.630	0.596	0.557	0.522
503		400			1.000	1.000	1.000	1.000	1.000	0.993	0.977	0.958	0.939	0.918	0.896	0.874	1.281	0.825	0.800	0.774	0.747	0.720	0.693	0.665	0.636
504		450			1.000	1.000	1.000	1.000	1.000	1.000	0.996	0.982	0.966	0.950	0.932	0.914	1.604	0.874	0.853	0.832	0.809	0.787	0.764	0.740	0.716
505		500			1.000	1.000	1.000	1.000	1.000	1.000	1.000	0.999	0.986	0.972	0.958	0.943	1.968	0.910	0.893	0.874	0.856	0.837	0.817	0.797	0.776
506	950	300	8	14	1.000	1.000	1.000	0.978	0.951	0.921	0.889	0.853	0.815	0.774	0.731	0.686	0.654	0.588	0.532	0.484	0.444	0.409	0.378	0.352	0.328
507		350			1.000	1.000	1.000	1.000	0.985	0.963	0.939	0.912	0.884	0.854	0.822	0.788	0.888	0.715	0.677	0.637	0.594	0.546	0.503	0.466	0.434
508		400			1.000	1.000	1.000	1.000	1.000	0.989	0.971	0.951	0.929	0.906	0.881	0.855	1.162	0.798	0.768	0.737	0.704	0.670	0.636	0.600	0.557
509		450			1.000	1.000	1.000	1.000	1.000	1.000	0.993	0.977	0.960	0.941	0.922	0.901	1.476	0.856	0.832	0.806	0.780	0.753	0.725	0.696	0.666
510	950	300	8	16	1.000	1.000	1.000	0.982	0.957	0.928	0.897	0.863	0.828	0.789	0.750	0.708	0.695	0.620	0.568	0.518	0.476	0.440	0.408	0.380	0.355
511		350			1.000	1.000	1.000	1.000	0.988	0.967	0.944	0.919	0.892	0.864	0.834	0.802	0.935	0.734	0.698	0.661	0.623	0.580	0.536	0.498	0.464
512		400			1.000	1.000	1.000	1.000	1.000	0.992	0.974	0.955	0.935	0.912	0.889	0.864	1.216	0.811	0.782	0.753	0.722	0.691	0.659	0.626	0.590
513		450			1.000	1.000	1.000	1.000	1.000	1.000	0.995	0.980	0.964	0.946	0.927	0.907	1.536	0.865	0.842	0.818	0.793	0.767	0.741	0.714	0.686

续表 17－1

序号	h (mm)	b (mm)	t_w (mm)	t (mm) \ l_1 (m)	2	2.5	3	3.5	4	4.5	5	5.5	6	6.5	7	7.5	8	8.5	9	9.5	10	10.5	11	11.5	12
514	950	300	8	18	1.000	1.000	1.000	0.985	0.961	0.934	0.904	0.872	0.839	0.803	0.765	0.727	0.735	0.645	0.602	0.552	0.508	0.470	0.437	0.408	0.383
515		350			1.000	1.000	1.000	1.000	0.991	0.970	0.948	0.925	0.899	0.872	0.844	0.814	0.980	0.750	0.717	0.682	0.647	0.611	0.569	0.529	0.494
516		400			1.000	1.000	1.000	1.000	1.000	0.994	0.977	0.959	0.939	0.918	0.896	0.872	1.266	0.822	0.795	0.767	0.739	0.709	0.679	0.649	0.617
517		450			1.000	1.000	1.000	1.000	1.000	1.000	0.997	0.983	0.967	0.950	0.932	0.913	1.593	0.872	0.850	0.828	0.804	0.780	0.755	0.730	0.704
518	950	300	10	16	1.000	1.000	1.000	0.978	0.951	0.922	0.889	0.854	0.817	0.778	0.736	0.693	0.669	0.603	0.548	0.501	0.460	0.425	0.395	0.368	0.345
519		350			1.000	1.000	1.000	1.000	0.984	0.963	0.939	0.913	0.885	0.856	0.825	0.792	0.902	0.722	0.685	0.647	0.608	0.562	0.520	0.483	0.450
520		400			1.000	1.000	1.000	1.000	1.000	0.989	0.971	0.951	0.930	0.907	0.883	0.857	1.176	0.802	0.773	0.743	0.711	0.679	0.646	0.612	0.573
521		450			1.000	1.000	1.000	1.000	1.000	1.000	0.993	0.977	0.960	0.942	0.923	0.902	1.489	0.858	0.835	0.810	0.785	0.758	0.731	0.704	0.675
522	950	300	10	18	1.000	1.000	1.000	0.982	0.956	0.928	0.898	0.865	0.830	0.793	0.755	0.715	0.711	0.631	0.585	0.536	0.494	0.457	0.426	0.398	0.374
523		350			1.000	1.000	1.000	1.000	0.988	0.967	0.944	0.920	0.893	0.865	0.836	0.805	0.950	0.740	0.706	0.671	0.635	0.598	0.554	0.516	0.482
524		400			1.000	1.000	1.000	1.000	1.000	0.992	0.974	0.955	0.935	0.913	0.890	0.866	1.230	0.814	0.787	0.759	0.730	0.700	0.669	0.638	0.606
525		450			1.000	1.000	1.000	1.000	1.000	1.000	0.995	0.980	0.964	0.946	0.928	0.909	1.550	0.867	0.844	0.821	0.797	0.773	0.747	0.722	0.695
526	950	300	10	20	1.000	1.000	1.000	0.985	0.961	0.934	0.905	0.874	0.841	0.806	0.771	0.734	0.753	0.656	0.617	0.571	0.528	0.490	0.457	0.428	0.403
527		350			1.000	1.000	1.000	1.000	0.990	0.970	0.949	0.925	0.900	0.874	0.846	0.817	0.997	0.756	0.724	0.692	0.659	0.625	0.588	0.549	0.514
528		400			1.000	1.000	1.000	1.000	1.000	0.994	0.977	0.959	0.940	0.919	0.897	0.874	1.282	0.825	0.799	0.773	0.746	0.718	0.689	0.661	0.631
529		450			1.000	1.000	1.000	1.000	1.000	1.000	0.997	0.983	0.967	0.950	0.933	0.914	1.608	0.874	0.853	0.831	0.809	0.786	0.762	0.738	0.713
530	950	300	12	14	1.000	1.000	0.995	0.969	0.939	0.906	0.870	0.831	0.790	0.746	0.699	0.651	0.600	0.540	0.490	0.447	0.410	0.379	0.351	0.327	0.306
531		350			1.000	1.000	1.000	0.998	0.977	0.953	0.927	0.898	0.868	0.835	0.800	0.764	0.819	0.686	0.645	0.602	0.551	0.507	0.468	0.434	0.404
532		400			1.000	1.000	1.000	1.000	1.000	0.982	0.963	0.941	0.918	0.893	0.866	0.838	1.078	0.777	0.745	0.712	0.677	0.641	0.604	0.560	0.520
533		450			1.000	1.000	1.000	1.000	1.000	1.000	0.987	0.970	0.951	0.932	0.911	0.889	1.376	0.840	0.815	0.788	0.760	0.731	0.701	0.670	0.639
534	950	300	12	16	1.000	1.000	0.999	0.974	0.946	0.915	0.882	0.846	0.807	0.766	0.724	0.679	0.646	0.583	0.529	0.484	0.446	0.412	0.383	0.358	0.335
535		350			1.000	1.000	1.000	1.000	0.981	0.959	0.934	0.907	0.878	0.848	0.816	0.782	0.872	0.710	0.672	0.633	0.592	0.545	0.504	0.469	0.438
536		400			1.000	1.000	1.000	1.000	1.000	0.986	0.967	0.947	0.925	0.901	0.876	0.850	1.139	0.793	0.764	0.733	0.701	0.668	0.634	0.599	0.558
537		450			1.000	1.000	1.000	1.000	1.000	1.000	0.990	0.974	0.957	0.938	0.918	0.897	1.445	0.852	0.828	0.802	0.776	0.750	0.722	0.693	0.664

续表 17－1

序号	h (mm)	b (mm)	t_w (mm)	t (mm) \ l_1 (m)	2	2.5	3	3.5	4	4.5	5	5.5	6	6.5	7	7.5	8	8.5	9	9.5	10	10.5	11	11.5	12
538	950	300	12	18	1.000	1.000	1.000	0.978	0.952	0.923	0.891	0.857	0.821	0.784	0.744	0.703	0.690	0.618	0.568	0.521	0.481	0.446	0.415	0.389	0.365
539		350			1.000	1.000	1.000	1.000	0.985	0.963	0.940	0.915	0.887	0.859	0.829	0.797	0.923	0.730	0.696	0.660	0.623	0.582	0.540	0.503	0.471
540		400			1.000	1.000	1.000	1.000	1.000	0.989	0.971	0.952	0.931	0.909	0.885	0.860	1.196	0.807	0.779	0.750	0.721	0.690	0.659	0.627	0.594
541		450			1.000	1.000	1.000	1.000	1.000	1.000	0.993	0.977	0.961	0.943	0.924	0.904	1.509	0.861	0.839	0.815	0.791	0.765	0.740	0.713	0.686
542	950	300	12	20	1.000	1.000	1.000	0.982	0.957	0.929	0.899	0.867	0.834	0.799	0.762	0.724	0.733	0.646	0.605	0.558	0.516	0.479	0.447	0.420	0.395
543		350			1.000	1.000	1.000	1.000	0.988	0.967	0.945	0.921	0.895	0.868	0.840	0.810	0.972	0.748	0.716	0.683	0.649	0.615	0.576	0.538	0.504
544		400			1.000	1.000	1.000	1.000	1.000	0.992	0.975	0.956	0.936	0.915	0.893	0.869	1.251	0.819	0.793	0.766	0.738	0.710	0.681	0.652	0.622
545		450			1.000	1.000	1.000	1.000	1.000	1.000	0.995	0.980	0.964	0.947	0.929	0.910	1.571	0.870	0.848	0.826	0.803	0.780	0.755	0.731	0.706
546		500			1.000	1.000	1.000	1.000	1.000	1.000	1.000	0.998	0.985	0.971	0.956	0.940	1.931	0.907	0.889	0.870	0.851	0.831	0.811	0.790	0.769
547	1000	300	8	18	1.000	1.000	1.000	0.984	0.959	0.931	0.901	0.868	0.834	0.797	0.759	0.718	0.717	0.634	0.587	0.537	0.494	0.456	0.424	0.396	0.371
548		350			1.000	1.000	1.000	1.000	0.989	0.969	0.947	0.922	0.896	0.868	0.839	0.808	0.960	0.743	0.709	0.673	0.637	0.599	0.554	0.515	0.480
549		400			1.000	1.000	1.000	1.000	1.000	0.993	0.976	0.957	0.937	0.916	0.893	0.869	1.244	0.817	0.789	0.761	0.732	0.701	0.670	0.639	0.606
550		450			1.000	1.000	1.000	1.000	1.000	1.000	0.996	0.981	0.965	0.948	0.930	0.911	1.568	0.869	0.846	0.823	0.799	0.775	0.749	0.723	0.696
551	1000	300	10	14	1.000	1.000	0.997	0.972	0.943	0.911	0.875	0.837	0.796	0.752	0.706	0.658	0.610	0.548	0.496	0.452	0.414	0.381	0.353	0.328	0.306
552		350			1.000	1.000	1.000	1.000	0.979	0.956	0.930	0.902	0.872	0.840	0.806	0.770	0.834	0.692	0.651	0.608	0.558	0.512	0.472	0.437	0.407
553		400			1.000	1.000	1.000	1.000	1.000	0.984	0.965	0.944	0.921	0.896	0.870	0.842	1.097	0.782	0.750	0.717	0.682	0.646	0.610	0.566	0.525
554		450			1.000	1.000	1.000	1.000	1.000	1.000	0.988	0.972	0.954	0.934	0.914	0.892	1.400	0.844	0.819	0.792	0.764	0.735	0.706	0.675	0.643
555	1000	300	10	16	1.000	1.000	1.000	0.976	0.949	0.919	0.886	0.850	0.811	0.771	0.728	0.684	0.652	0.587	0.533	0.486	0.447	0.412	0.383	0.356	0.333
556		350			1.000	1.000	1.000	1.000	0.983	0.961	0.937	0.910	0.882	0.851	0.819	0.786	0.883	0.714	0.676	0.637	0.595	0.547	0.506	0.469	0.437
557		400			1.000	1.000	1.000	1.000	1.000	0.988	0.969	0.949	0.927	0.904	0.879	0.853	1.153	0.797	0.767	0.736	0.703	0.670	0.636	0.601	0.559
558		450			1.000	1.000	1.000	1.000	1.000	1.000	0.991	0.976	0.958	0.940	0.920	0.899	1.464	0.854	0.830	0.805	0.779	0.752	0.724	0.696	0.666
559	1000	300	10	18	1.000	1.000	1.000	0.980	0.954	0.925	0.894	0.860	0.824	0.786	0.747	0.706	0.693	0.619	0.568	0.520	0.479	0.443	0.412	0.385	0.361
560		350			1.000	1.000	1.000	1.000	0.986	0.965	0.942	0.917	0.890	0.861	0.831	0.799	0.929	0.732	0.697	0.661	0.623	0.582	0.539	0.501	0.468
561		400			1.000	1.000	1.000	1.000	1.000	0.991	0.973	0.954	0.933	0.911	0.887	0.862	1.206	0.809	0.781	0.752	0.722	0.691	0.659	0.627	0.592
562		450			1.000	1.000	1.000	1.000	1.000	1.000	0.994	0.979	0.962	0.944	0.926	0.906	1.523	0.863	0.840	0.816	0.792	0.767	0.740	0.714	0.686

续表 17-1

序号	h (mm)	b (mm)	t_w (mm)	t (mm) \ l_1 (m) 2	2.5	3	3.5	4	4.5	5	5.5	6	6.5	7	7.5	8	8.5	9	9.5	10	10.5	11	11.5	12
563	1000	300	10	20	1.000	1.000	1.000	0.983	0.959	0.931	0.901	0.869	0.836	0.800	0.763	0.724	0.732	0.644	0.603	0.554	0.511	0.474	0.441	0.413	0.388
564		350			1.000	1.000	1.000	1.000	0.989	0.969	0.946	0.923	0.897	0.870	0.841	0.811	0.974	0.748	0.715	0.682	0.647	0.612	0.571	0.532	0.498
565		400			1.000	1.000	1.000	1.000	1.000	0.993	0.976	0.957	0.937	0.916	0.894	0.870	1.256	0.820	0.793	0.766	0.738	0.709	0.680	0.650	0.619
566		450			1.000	1.000	1.000	1.000	1.000	1.000	0.996	0.981	0.965	0.948	0.930	0.911	1.579	0.871	0.849	0.826	0.803	0.779	0.755	0.730	0.704
567	1000	300	12	14	1.000	1.000	0.993	0.967	0.936	0.903	0.866	0.826	0.783	0.737	0.689	0.639	0.584	0.525	0.476	0.434	0.398	0.367	0.340	0.316	0.295
568		350			1.000	1.000	1.000	0.997	0.975	0.951	0.924	0.895	0.863	0.830	0.794	0.757	0.800	0.676	0.634	0.587	0.537	0.493	0.455	0.422	0.392
569		400			1.000	1.000	1.000	1.000	0.999	0.981	0.961	0.939	0.915	0.889	0.862	0.833	1.055	0.771	0.738	0.703	0.668	0.631	0.591	0.546	0.507
570		450			1.000	1.000	1.000	1.000	1.000	1.000	0.985	0.968	0.949	0.929	0.908	0.885	1.350	0.836	0.810	0.782	0.753	0.724	0.693	0.661	0.629
571	1000	300	12	16	1.000	1.000	0.997	0.972	0.944	0.912	0.877	0.840	0.801	0.759	0.714	0.668	0.628	0.566	0.514	0.469	0.432	0.399	0.370	0.345	0.323
572		350			1.000	1.000	1.000	1.000	0.979	0.956	0.931	0.904	0.874	0.843	0.810	0.775	0.851	0.701	0.662	0.622	0.576	0.530	0.490	0.455	0.424
573		400			1.000	1.000	1.000	1.000	1.000	0.985	0.966	0.945	0.922	0.898	0.872	0.845	1.115	0.787	0.757	0.725	0.692	0.658	0.623	0.584	0.543
574		450			1.000	1.000	1.000	1.000	1.000	1.000	0.989	0.972	0.955	0.936	0.915	0.894	1.418	0.847	0.823	0.797	0.770	0.742	0.714	0.685	0.655
575	1000	300	12	18	1.000	1.000	1.000	0.976	0.949	0.920	0.887	0.852	0.815	0.776	0.735	0.693	0.670	0.604	0.551	0.505	0.465	0.431	0.401	0.375	0.352
576		350			1.000	1.000	1.000	1.000	0.983	0.961	0.937	0.911	0.884	0.854	0.823	0.791	0.900	0.722	0.685	0.648	0.610	0.566	0.524	0.488	0.456
577		400			1.000	1.000	1.000	1.000	1.000	0.988	0.970	0.950	0.928	0.905	0.881	0.856	1.170	0.801	0.772	0.743	0.712	0.680	0.648	0.615	0.578
578		450			1.000	1.000	1.000	1.000	1.000	1.000	0.992	0.976	0.959	0.941	0.921	0.901	1.481	0.857	0.834	0.809	0.784	0.759	0.732	0.705	0.677
579	1000	300	12	20	1.000	1.000	1.000	0.980	0.954	0.926	0.895	0.863	0.828	0.791	0.753	0.714	0.711	0.632	0.587	0.539	0.498	0.462	0.431	0.404	0.380
580		350			1.000	1.000	1.000	1.000	0.986	0.965	0.942	0.918	0.892	0.864	0.834	0.804	0.947	0.740	0.706	0.672	0.637	0.601	0.558	0.520	0.487
581		400			1.000	1.000	1.000	1.000	1.000	0.991	0.973	0.954	0.934	0.912	0.889	0.865	1.224	0.813	0.786	0.758	0.730	0.700	0.671	0.640	0.609
582		450			1.000	1.000	1.000	1.000	1.000	1.000	0.994	0.979	0.963	0.945	0.927	0.907	1.540	0.866	0.844	0.821	0.797	0.773	0.748	0.722	0.696
583		500			1.000	1.000	1.000	1.000	1.000	1.000	1.000	0.997	0.983	0.969	0.954	0.938	1.898	0.904	0.885	0.866	0.847	0.826	0.805	0.784	0.762
584	1050	300	8	18	1.000	1.000	1.000	0.983	0.957	0.929	0.898	0.865	0.829	0.792	0.752	0.711	0.701	0.623	0.573	0.523	0.481	0.444	0.412	0.384	0.359
585		350			1.000	1.000	1.000	1.000	0.988	0.967	0.945	0.920	0.893	0.865	0.835	0.804	0.942	0.736	0.701	0.664	0.627	0.585	0.541	0.502	0.468
586		400			1.000	1.000	1.000	1.000	1.000	0.992	0.975	0.956	0.935	0.913	0.890	0.865	1.223	0.812	0.784	0.755	0.725	0.694	0.662	0.629	0.595
587		450			1.000	1.000	1.000	1.000	1.000	1.000	0.995	0.980	0.964	0.947	0.928	0.908	1.545	0.866	0.843	0.819	0.795	0.769	0.743	0.716	0.689

续表 17－1

序号	h (mm)	b (mm)	t_w (mm)	t (mm) \ l_1 (m)	2	2.5	3	3.5	4	4.5	5	5.5	6	6.5	7	7.5	8	8.5	9	9.5	10	10.5	11	11.5	12
588		300			1.000	1.000	0.996	0.970	0.940	0.908	0.871	0.832	0.790	0.745	0.698	0.648	0.596	0.535	0.483	0.440	0.403	0.371	0.343	0.319	0.297
589	1050	350	10	14	1.000	1.000	1.000	0.999	0.978	0.954	0.928	0.899	0.868	0.835	0.800	0.763	0.817	0.684	0.642	0.597	0.545	0.500	0.461	0.427	0.396
590		400			1.000	1.000	1.000	1.000	1.000	0.983	0.963	0.942	0.918	0.893	0.866	0.838	1.077	0.777	0.744	0.710	0.674	0.638	0.600	0.554	0.513
591		450			1.000	1.000	1.000	1.000	1.000	1.000	0.987	0.970	0.952	0.932	0.911	0.889	1.377	0.840	0.814	0.787	0.759	0.729	0.699	0.667	0.635
592		300			1.000	1.000	0.999	0.975	0.947	0.916	0.882	0.845	0.806	0.764	0.720	0.675	0.636	0.572	0.519	0.473	0.434	0.401	0.371	0.346	0.323
593	1050	350	10	16	1.000	1.000	1.000	1.000	0.982	0.959	0.934	0.907	0.878	0.847	0.814	0.780	0.864	0.706	0.667	0.626	0.581	0.534	0.493	0.457	0.426
594		400			1.000	1.000	1.000	1.000	1.000	0.987	0.968	0.947	0.925	0.901	0.876	0.849	1.132	0.791	0.761	0.729	0.696	0.662	0.627	0.588	0.546
595		450			1.000	1.000	1.000	1.000	1.000	1.000	0.990	0.974	0.957	0.938	0.918	0.897	1.440	0.851	0.826	0.800	0.774	0.746	0.718	0.688	0.658
596		300			1.000	1.000	1.000	0.979	0.952	0.923	0.891	0.856	0.819	0.780	0.739	0.697	0.675	0.607	0.553	0.506	0.465	0.430	0.399	0.373	0.349
597	1050	350	10	18	1.000	1.000	1.000	1.000	0.985	0.963	0.940	0.914	0.887	0.857	0.826	0.794	0.909	0.725	0.688	0.651	0.612	0.567	0.525	0.487	0.455
598		400			1.000	1.000	1.000	1.000	1.000	0.989	0.971	0.952	0.930	0.908	0.884	0.858	1.184	0.804	0.775	0.745	0.714	0.682	0.650	0.616	0.578
599		450			1.000	1.000	1.000	1.000	1.000	1.000	0.993	0.977	0.961	0.943	0.923	0.903	1.498	0.859	0.836	0.812	0.787	0.761	0.734	0.706	0.678
600		300			1.000	1.000	1.000	0.982	0.957	0.928	0.898	0.865	0.830	0.794	0.755	0.716	0.713	0.632	0.587	0.538	0.495	0.459	0.427	0.399	0.375
601	1050	350	10	20	1.000	1.000	1.000	1.000	0.988	0.967	0.944	0.920	0.894	0.866	0.837	0.806	0.953	0.741	0.707	0.672	0.636	0.600	0.556	0.517	0.483
602		400			1.000	1.000	1.000	1.000	1.000	0.992	0.975	0.956	0.935	0.914	0.891	0.866	1.232	0.815	0.788	0.759	0.730	0.701	0.670	0.639	0.607
603		450			1.000	1.000	1.000	1.000	1.000	1.000	0.995	0.980	0.964	0.947	0.928	0.909	1.553	0.867	0.845	0.822	0.798	0.773	0.748	0.722	0.696
604		400			1.000	1.000	1.000	1.000	1.000	0.989	0.972	0.952	0.931	0.909	0.885	0.861	1.198	0.808	0.780	0.751	0.722	0.691	0.660	0.629	0.596
605		450			1.000	1.000	1.000	1.000	1.000	1.000	0.993	0.978	0.961	0.943	0.924	0.904	1.512	0.862	0.839	0.815	0.791	0.766	0.740	0.714	0.687
606	1050	500	12	20	1.000	1.000	1.000	1.000	1.000	1.000	1.000	0.996	0.982	0.968	0.952	0.936	1.867	0.901	0.882	0.863	0.842	0.822	0.800	0.778	0.755
607		550			1.000	1.000	1.000	1.000	1.000	1.000	1.000	1.000	0.998	0.986	0.973	0.960	2.262	0.930	0.915	0.898	0.881	0.864	0.845	0.827	0.807
608		600			1.000	1.000	1.000	1.000	1.000	1.000	1.000	1.000	1.000	1.000	0.989	0.978	2.697	0.953	0.939	0.925	0.911	0.896	0.880	0.864	0.848
609		400			1.000	1.000	1.000	1.000	1.000	0.995	0.979	0.961	0.942	0.922	0.901	0.879	1.321	0.833	0.809	0.784	0.759	0.733	0.707	0.681	0.654
610		450			1.000	1.000	1.000	1.000	1.000	1.000	0.998	0.984	0.969	0.953	0.935	0.918	1.648	0.880	0.859	0.839	0.818	0.796	0.774	0.751	0.728
611	1050	500	12	25	1.000	1.000	1.000	1.000	1.000	1.000	1.000	1.000	0.988	0.975	0.961	0.946	2.016	0.914	0.897	0.880	0.862	0.843	0.825	0.805	0.786
612		550			1.000	1.000	1.000	1.000	1.000	1.000	1.000	1.000	1.000	0.991	0.979	0.967	2.426	0.940	0.926	0.911	0.896	0.880	0.864	0.847	0.830
613		600			1.000	1.000	1.000	1.000	1.000	1.000	1.000	1.000	1.000	1.000	0.994	0.983	2.876	0.960	0.948	0.935	0.922	0.909	0.895	0.880	0.865

续表 17－1

序号	h (mm)	b (mm)	t_w (mm)	t (mm) \ l_1 (m)	2	2.5	3	3.5	4	4.5	5	5.5	6	6.5	7	7.5	8	8.5	9	9.5	10	10.5	11	11.5	12
614		400			1.000	1.000	1.000	1.000	1.000	0.991	0.973	0.954	0.933	0.911	0.888	0.863	1.210	0.810	0.782	0.753	0.723	0.693	0.661	0.629	0.595
615		450			1.000	1.000	1.000	1.000	1.000	1.000	0.994	0.979	0.962	0.945	0.926	0.906	1.528	0.864	0.841	0.817	0.793	0.768	0.742	0.715	0.688
616	1100	500	10	20	1.000	1.000	1.000	1.000	1.000	1.000	1.000	0.997	0.983	0.969	0.954	0.938	1.886	0.903	0.884	0.864	0.844	0.823	0.801	0.779	0.756
617		550			1.000	1.000	1.000	1.000	1.000	1.000	1.000	1.000	0.999	0.987	0.974	0.961	2.285	0.932	0.916	0.900	0.883	0.865	0.847	0.828	0.808
618		600			1.000	1.000	1.000	1.000	1.000	1.000	1.000	1.000	1.000	1.000	0.990	0.978	2.724	0.954	0.941	0.927	0.912	0.897	0.882	0.865	0.849
619		400			1.000	1.000	1.000	1.000	1.000	0.988	0.970	0.950	0.929	0.906	0.882	0.857	1.175	0.802	0.774	0.744	0.714	0.682	0.650	0.618	0.581
620		450			1.000	1.000	1.000	1.000	1.000	1.000	0.992	0.976	0.959	0.941	0.922	0.902	1.486	0.858	0.835	0.811	0.786	0.760	0.733	0.706	0.679
621	1100	500	12	20	1.000	1.000	1.000	1.000	1.000	1.000	1.000	0.995	0.981	0.966	0.951	0.934	1.838	0.898	0.879	0.859	0.838	0.817	0.795	0.772	0.749
622		550			1.000	1.000	1.000	1.000	1.000	1.000	1.000	1.000	0.997	0.985	0.972	0.958	2.230	0.928	0.912	0.896	0.878	0.860	0.842	0.822	0.803
623		600			1.000	1.000	1.000	1.000	1.000	1.000	1.000	1.000	1.000	0.999	0.988	0.976	2.662	0.951	0.938	0.923	0.909	0.893	0.877	0.861	0.844
624		400			1.000	1.000	1.000	1.000	1.000	0.994	0.977	0.959	0.940	0.919	0.898	0.875	1.294	0.828	0.803	0.777	0.751	0.724	0.697	0.670	0.642
625		450			1.000	1.000	1.000	1.000	1.000	1.000	0.997	0.983	0.967	0.951	0.933	0.915	1.618	0.876	0.855	0.834	0.812	0.790	0.767	0.744	0.720
626	1100	500	12	25	1.000	1.000	1.000	1.000	1.000	1.000	1.000	0.999	0.987	0.973	0.959	0.944	1.983	0.911	0.894	0.876	0.858	0.839	0.819	0.800	0.779
627		550			1.000	1.000	1.000	1.000	1.000	1.000	1.000	1.000	1.000	0.990	0.978	0.965	2.390	0.938	0.923	0.908	0.893	0.877	0.860	0.843	0.825
628		600			1.000	1.000	1.000	1.000	1.000	1.000	1.000	1.000	1.000	1.000	0.993	0.982	2.837	0.959	0.946	0.933	0.920	0.906	0.892	0.877	0.862
629		400			1.000	1.000	1.000	1.000	1.000	0.986	0.967	0.946	0.925	0.901	0.876	0.850	1.143	0.795	0.766	0.735	0.704	0.672	0.640	0.606	0.567
630		450			1.000	1.000	1.000	1.000	1.000	1.000	0.990	0.974	0.956	0.938	0.918	0.897	1.447	0.852	0.829	0.804	0.778	0.752	0.725	0.698	0.669
631	1100	500	14	20	1.000	1.000	1.000	1.000	1.000	1.000	1.000	0.993	0.979	0.964	0.948	0.931	1.792	0.894	0.874	0.854	0.833	0.811	0.789	0.765	0.742
632		550			1.000	1.000	1.000	1.000	1.000	1.000	1.000	1.000	0.995	0.983	0.969	0.955	2.178	0.925	0.909	0.891	0.874	0.855	0.836	0.817	0.797
633		600			1.000	1.000	1.000	1.000	1.000	1.000	1.000	1.000	1.000	0.997	0.986	0.974	2.603	0.948	0.935	0.920	0.905	0.890	0.873	0.857	0.839
634		400			1.000	1.000	1.000	1.000	1.000	0.992	0.975	0.956	0.937	0.916	0.894	0.871	1.266	0.823	0.797	0.771	0.745	0.718	0.690	0.663	0.635
635		450			1.000	1.000	1.000	1.000	1.000	1.000	0.995	0.981	0.965	0.948	0.930	0.912	1.585	0.872	0.851	0.829	0.807	0.785	0.761	0.738	0.714
636	1100	500	14	25	1.000	1.000	1.000	1.000	1.000	1.000	1.000	0.998	0.985	0.971	0.957	0.941	1.945	0.908	0.891	0.873	0.854	0.835	0.815	0.795	0.774
637		550			1.000	1.000	1.000	1.000	1.000	1.000	1.000	1.000	1.000	0.988	0.976	0.963	2.346	0.936	0.921	0.905	0.890	0.873	0.856	0.839	0.821
638		600			1.000	1.000	1.000	1.000	1.000	1.000	1.000	1.000	1.000	1.000	0.991	0.980	2.787	0.957	0.944	0.931	0.917	0.903	0.889	0.874	0.858

续表 17－1

序号	h (mm)	b (mm)	t_w (mm)	l_1 (m) / t (mm)	2	2.5	3	3.5	4	4.5	5	5.5	6	6.5	7	7.5	8	8.5	9	9.5	10	10.5	11	11.5	12
639		400			1.000	1.000	1.000	1.000	1.000	0.986	0.967	0.946	0.924	0.901	0.876	0.849	1.134	0.792	0.762	0.731	0.699	0.666	0.632	0.596	0.554
640		450			1.000	1.000	1.000	1.000	1.000	1.000	0.990	0.974	0.956	0.937	0.917	0.896	1.440	0.851	0.827	0.801	0.775	0.748	0.720	0.692	0.662
641	1200	500	12	20	1.000	1.000	1.000	1.000	1.000	1.000	1.000	0.993	0.979	0.964	0.947	0.930	1.786	0.893	0.873	0.852	0.831	0.808	0.785	0.762	0.737
642		550			1.000	1.000	1.000	1.000	1.000	1.000	1.000	1.000	0.995	0.983	0.969	0.955	2.172	0.924	0.908	0.890	0.872	0.854	0.834	0.814	0.794
643		600			1.000	1.000	1.000	1.000	1.000	1.000	1.000	1.000	1.000	0.997	0.986	0.974	2.598	0.948	0.934	0.919	0.904	0.888	0.872	0.855	0.837
644		400			1.000	1.000	1.000	1.000	1.000	0.992	0.974	0.956	0.936	0.914	0.892	0.868	1.245	0.818	0.792	0.764	0.737	0.708	0.679	0.650	0.620
645		450			1.000	1.000	1.000	1.000	1.000	1.000	0.995	0.980	0.964	0.947	0.929	0.910	1.564	0.869	0.847	0.825	0.802	0.778	0.754	0.729	0.704
646	1200	500	12	25	1.000	1.000	1.000	1.000	1.000	1.000	1.000	0.998	0.985	0.971	0.956	0.940	1.924	0.906	0.888	0.870	0.850	0.830	0.810	0.789	0.767
647		550			1.000	1.000	1.000	1.000	1.000	1.000	1.000	1.000	1.000	0.988	0.976	0.963	2.325	0.934	0.919	0.903	0.887	0.870	0.853	0.835	0.816
648		600			1.000	1.000	1.000	1.000	1.000	1.000	1.000	1.000	1.000	1.000	0.991	0.980	2.766	0.956	0.943	0.929	0.915	0.901	0.886	0.871	0.855
649		400			1.000	1.000	1.000	1.000	1.000	0.983	0.963	0.942	0.919	0.895	0.869	0.842	1.099	0.784	0.753	0.721	0.688	0.654	0.619	0.580	0.540
650		450			1.000	1.000	1.000	1.000	1.000	1.000	0.987	0.971	0.953	0.933	0.913	0.891	1.398	0.844	0.819	0.794	0.767	0.739	0.711	0.682	0.652
651	1200	500	14	20	1.000	1.000	1.000	1.000	1.000	1.000	1.000	0.991	0.976	0.960	0.944	0.926	1.737	0.888	0.868	0.846	0.824	0.802	0.778	0.754	0.729
652		550			1.000	1.000	1.000	1.000	1.000	1.000	1.000	1.000	0.993	0.980	0.967	0.952	2.116	0.921	0.904	0.886	0.867	0.848	0.828	0.808	0.787
653		600			1.000	1.000	1.000	1.000	1.000	1.000	1.000	1.000	1.000	0.995	0.984	0.972	2.536	0.945	0.931	0.916	0.900	0.884	0.867	0.850	0.832
654		400			1.000	1.000	1.000	1.000	1.000	0.990	0.972	0.953	0.932	0.910	0.887	0.863	1.216	0.812	0.785	0.758	0.729	0.700	0.671	0.641	0.611
655		450			1.000	1.000	1.000	1.000	1.000	1.000	0.993	0.978	0.961	0.944	0.925	0.906	1.529	0.864	0.842	0.820	0.796	0.772	0.747	0.722	0.697
656	1200	500	14	25	1.000	1.000	1.000	1.000	1.000	1.000	1.000	0.996	0.983	0.968	0.953	0.937	1.883	0.903	0.884	0.865	0.846	0.826	0.805	0.784	0.762
657		550			1.000	1.000	1.000	1.000	1.000	1.000	1.000	1.000	0.998	0.986	0.974	0.960	2.278	0.931	0.916	0.900	0.883	0.866	0.849	0.830	0.812
658		600			1.000	1.000	1.000	1.000	1.000	1.000	1.000	1.000	1.000	1.000	0.989	0.978	2.713	0.954	0.940	0.927	0.913	0.898	0.883	0.867	0.851

注：1. 表中 φ_b' 系按《新钢结构设计手册》公式（14－1）～（14－7）计算得出。

2. 表中 φ_b' 仅适用于 Q235，当为其他钢号时，可按《新钢结构设计手册》第 19 章中的说明换算。

18　紧固件的规格、尺寸及重量

18.0.1　普通 C 级六角头螺栓的规格（按《六角头螺栓 C 级》GB/T 5780—2016）。

A、B 级见《新钢结构设计手册》第 23 章标准名称。

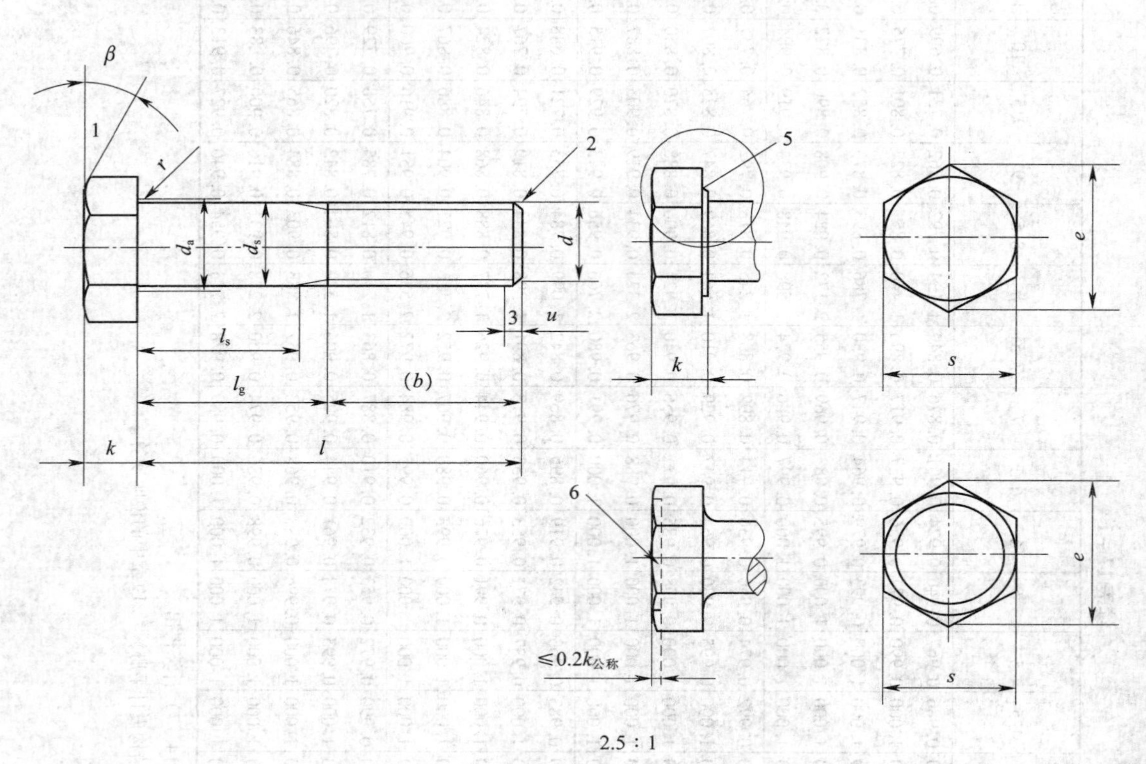

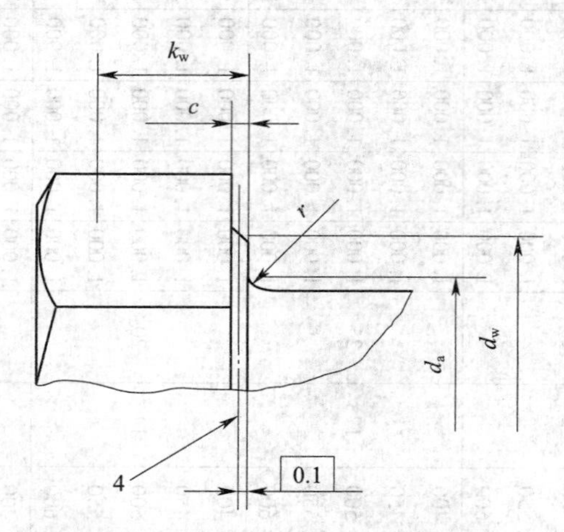

图 18－1　普通 C 级六角头螺栓规格

1—$\beta=15°\sim30°$；2—无特殊要求的末端；3—不完整螺纹的长度 $u\leqslant2P$；4—d_w 的仲裁基准；5—允许的垫圈面形式；6—允许的凹穴形式，由制造者选择

表 18－1 优选的螺纹规格

螺纹规格 d(mm)		M5	M6	M8	M10	M12	M16	M20
P(mm)		0.8	1	1.25	1.5	1.75	2	2.5
$b_{参考}$ (mm)	2)	16	18	22	26	30	38	46
	3)	22	24	28	32	36	44	52
	4)	35	37	41	45	49	57	65
c(mm) max		0.5	0.5	0.6	0.6	0.6	0.8	0.8
d_a(mm) max		6	7.2	10.2	12.2	14.7	18.7	24.4
d_s(mm)	max	5.48	6.48	8.58	10.58	12.7	16.7	20.84
	min	4.52	5.52	7.42	9.42	11.3	15.3	19.16
d_w(mm) min		6.74	8.74	11.47	14.47	16.47	22	27.7
e(mm) min		8.63	10.89	14.2	17.59	19.85	26.17	32.95
k(mm)	公称	3.5	4	5.3	6.4	7.5	10	12.5
	max	3.875	4.375	5.675	6.85	7.95	10.75	13.4
	min	3.125	3.625	4.925	5.95	7.05	9.25	11.6
k_w(mm) min		2.19	2.54	3.45	4.17	4.94	6.48	8.12
r(mm) min		0.2	0.25	0.4	0.4	0.6	0.6	0.8
s(mm)	公称 = max	8.00	10.00	13.00	16.00	18.00	24.00	30.00
	min	7.64	9.64	12.57	15.57	17.57	23.16	29.16

l(mm)			l_s 和 l_g													
公称	min	max	l_s min	l_g max	l_s min	l_g max	l_s min	l_g max	l_s min	l_g max	l_s min	l_g max	l_s min	l_g max	l_s min	l_g max
25	23.95	26.05	5	9												
30	28.95	31.05	10	14	7	12										
35	33.75	36.25	15	19	12	17										
40	38.75	41.25	20	24	17	22	11.75	18								
45	43.75	46.25	25	29	22	27	16.75	23	11.5	19						
50	48.75	51.25	30	34	27	32	21.75	28	16.5	24						
55	53.5	56.5			32	37	26.75	33	21.5	29	16.25	25				
60	58.5	61.5			37	42	31.75	38	26.5	34	21.25	30				
65	63.5	66.5					36.75	43	31.5	39	26.25	35	17	27		
70	68.5	71.5					41.75	48	36.5	44	31.25	40	22	32		
80	78.5	81.5					51.75	58	46.5	54	41.25	50	32	42	21.5	34
90	88.25	91.75							56.5	64	51.25	60	42	52	31.5	44
100	98.25	101.75							66.5	74	61.25	70	52	62	41.5	54

阶梯实线以上的规格推荐采用《六角头螺栓 全螺级 C 级》GB/T 5781

续表 18－1

螺纹规格 d(mm)		M24	M30	M36	M42	M48	M56	M64
P(mm)		3	3.5	4	4.5	5	5.5	6
$b_{参考}$ (mm)	2)	54	66	—	—	—	—	—
	3)	60	72	84	96	108	—	—
	4)	73	85	97	109	121	137	153
c(mm) max		0.8	0.8	0.8	1	1	1	1
d_a(mm) max		28.4	35.4	42.4	48.6	56.6	67	75
d_s(mm)	max	24.84	30.84	37	43	49	57.2	65.2
	min	23.16	29.16	35	41	47	54.8	62.8
d_w(mm) min		33.25	42.75	51.11	59.95	69.45	78.66	88.16
e(mm) min		39.55	50.85	60.79	71.3	82.6	93.56	104.86
k(mm)	公称	15	18.7	22.5	26	30	35	40
	max	15.9	19.75	23.55	27.05	31.05	36.25	41.25
	min	14.1	17.65	21.45	24.95	28.95	33.75	38.75
k_w(mm) min		9.87	12.36	15.02	17.47	20.27	23.63	27.13
r min		0.8	1	1	1.2	1.6	2	2
s(mm)	公称 = max	36	46	55.0	65.0	75.0	85.0	95.0
	min	35	45	53.8	63.1	73.1	82.8	92.8

l			l_s 和 l_g													
公称	min	max	l_s min	l_g max	l_s min	l_g max	l_s min	l_g max	l_s min	l_g max	l_s min	l_g max	l_s min	l_g max	l_s min	l_g max
25	23.95	26.05					阶梯实线以上的规格推荐采用《六角头螺栓　全螺级 C 级》GB/T 5781									
30	28.95	31.05														
35	33.75	36.25														
40	38.75	41.25														
45	43.75	46.25														
50	48.75	51.25														
55	53.5	56.5														
60	58.5	61.5														
65	63.5	66.5														
70	68.5	71.5														
80	78.5	81.5														
90	88.25	91.75														

注：长度 e 超过表 18－1 见 GB/T 5780—2016。

表 18－2　非优选的螺纹规格

螺纹规格 d(mm)			M14		M18		M22		M27		M33	
P(mm)			2		2.5		2.5		3		3.5	
$b_{参考}$(mm)	2)		34		42		50		60		—	
	3)		40		48		56		66		78	
	4)		53		61		69		79		91	
c(mm) max			0.6		0.8		0.8		0.8		0.8	
d_a(mm) max			16.7		21.2		26.4		32.4		38.4	
d_s(mm)	max		14.7		18.7		22.84		27.84		34	
	min		13.3		17.3		21.16		26.16		32	
d_w(mm) min			19.15		24.85		31.35		38		46.55	
e(mm) min			22.78		29.56		37.29		45.2		55.37	
k(mm)	公称		8.8		11.5		14		17		21	
	max		9.25		12.4		14.9		17.9		22.05	
	min		8.35		10.6		13.1		16.1		19.95	
k_w(mm) min			5.85		7.42		9.17		11.27		13.97	
r(mm) min			0.6		0.6		0.8		1		1	
s(mm)	公称＝max		21.00		27.00		34		41		50	
	min		20.16		26.16		33		40		49	
l(mm)			l_s 和 l_g									
公称	min	max	l_s min	l_g max	l_s min	l_g max	l_s min	l_g max	l_s min	l_g max	l_s min	l_g max
60	58.5	61.5	16	26	阶梯实线以上的规格推荐采用《六角头螺栓　全螺纹 C 级》GB/T 5781							
65	63.5	66.5	21	31								
70	68.5	71.5	26	36								
80	78.5	81.5	36	46	25.5	38						
90	88.25	91.75	46	56	35.5	48	27.5	40				
100	98.25	101.75	56	66	45.5	58	37.5	50				

注：同表 18－1 注。

续表 18-2

螺纹规格 d(mm)			M39		M45		M52		M60	
P(mm)			4		4.5		5		5.5	
$b_{参考}$(mm)	2)		—		—		—		—	
	3)		90		102		116		—	
	4)		103		115		129		145	
c(mm) max			1		1		1		1	
d_a(mm) max			45.4		52.6		62.6		71	
d_s(mm)	max		40		46		53.2		61.2	
	min		38		44		50.8		58.8	
d_w(mm) min			55.86		64.7		74.2		83.41	
e(mm) min			66.44		76.95		88.25		99.21	
k(mm)	公称		25		28		33		38	
	min		23.95		26.95		31.75		36.75	
	max		26.05		29.05		34.25		39.25	
k_w(mm) min			16.77		18.87		22.23		25.73	
r(mm) min			1		1.2		1.6		2	
s(mm)	公称 = max		60.0		70.0		80.0		90.0	
	min		58.8		68.1		78.1		87.8	
l(mm)			l_s 和 l_g							
公称	min	max	l_s min	l_g max	l_s min	l_g max	l_s min	l_g max	l_s min	l_g max
60	58.5	61.5	阶梯实线以上的规格推荐采用《六角头螺栓　全螺级 C 级》GB/T 5781							
65	63.5	66.5								
70	68.5	71.5								
80	78.5	81.5								
90	88.25	91.75								
100	98.25	101.75								

18.0.2　普通C级I型六角螺母的规格（按《I型六角螺母》GB/T 41—2015）。

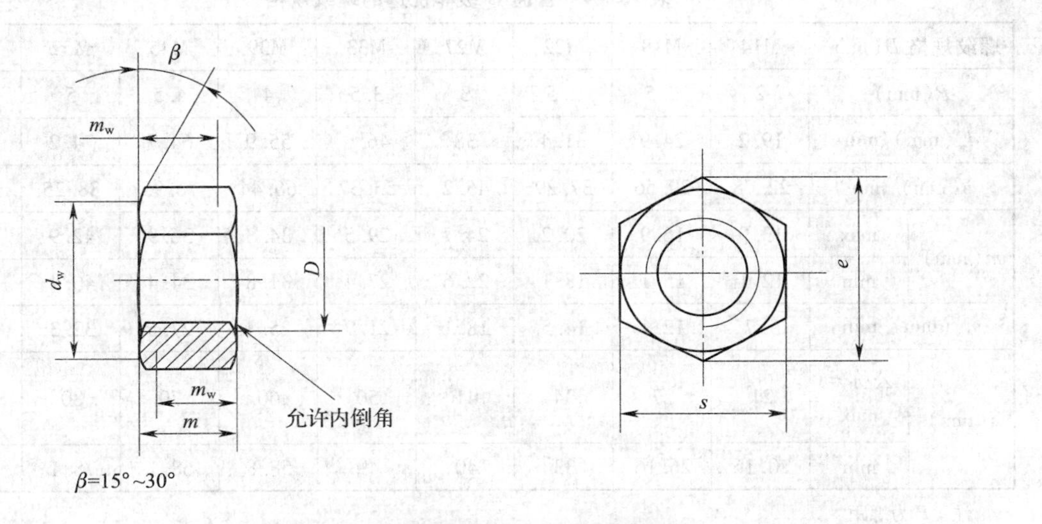

图18－2　普通C级I型六角螺母的规格

表18－3　普通C级优选的螺纹规格

螺纹规格 D(mm)		M5	M6	M8	M10	M12	M16	M20
P(mm)		0.8	1	1.25	1.5	1.75	2	2.5
d_w(mm) min		6.7	8.7	11.5	14.5	16.5	22	27.7
e(mm) min		8.63	10.89	14.20	17.59	19.85	26.17	32.95
m(mm)	max	5.6	6.4	7.9	9.5	12.2	15.9	19
	min	4.4	4.9	6.4	8	10.4	14.1	16.9
m_w(mm) min		3.5	3.7	5.1	6.4	8.3	11.3	13.5
s(mm)	公称＝max	8	10	13	16	18	24	30
	min	7.64	9.64	12.57	15.57	17.57	23.16	29.16
螺纹规格 D(mm)		M24	M30	M36	M42	M48	M56	M64
P(mm)		3	3.5	4	4.5	5	5.5	6
d_w(mm) min		33.3	42.8	51.1	60	69.5	78.7	88.2
e(mm) min		39.55	50.85	60.79	71.3	82.6	93.56	104.86
m(mm)	max	22.3	26.4	31.9	34.9	38.9	45.9	52.4
	min	20.2	24.3	29.4	32.4	36.4	43.4	49.4
m_w(mm) min		16.2	19.4	23.2	25.9	29.1	34.7	39.5
s(mm)	公称＝max	36	46	55	65	75	85	95
	min	35	45	53.8	63.1	73.1	82.8	92.8

注：P为螺距。

表 18－4 普通 C 级非优选的螺纹规格

螺纹规格 D(mm)		M14	M18	M22	M27	M33	M39	M45	M52	M60
P(mm)		2	2.5	2.5	3	3.5	4	4.5	5	5.5
d_w(mm) min		19.2	24.9	31.4	38	46.6	55.9	64.7	74.2	83.4
e(mm) min		22.78	29.56	37.29	45.2	55.37	66.44	76.95	88.25	99.21
m(mm)	max	13.9	16.9	20.2	24.7	29.5	34.3	36.9	42.9	48.9
	min	12.1	15.1	18.1	22.6	27.4	31.8	34.4	40.4	46.4
m_w(mm) min		9.7	12.1	14.5	18.1	21.9	25.4	27.5	32.3	37.1
s(mm)	公称 = max	21	27	34	41	50	60	70	80	90
	min	20.16	26.16	33	40	49	58.8	68.1	78.1	87.8

注：P 为螺距。

18.0.3 普通 C 级平垫圈的规格（按《平垫圈 C 级》GB/T 95—12002）。

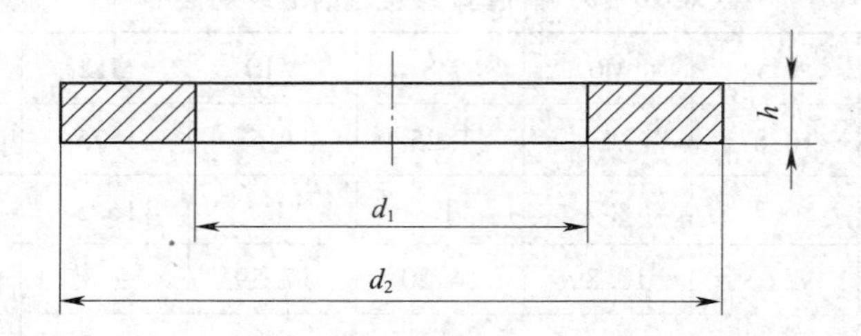

图 18－3 普通 C 级平垫圈规格

表 18－5 普通 C 级垫圈规格

规格（螺纹大径）	内径 d_1(mm)		外径 d_2(mm)		厚度 h(mm)		
	公称（min）	max	公称（max）	min	公称	max	min
5	5.5	5.8	10	9.1	1	1.2	0.8
6	6.6	6.96	12	10.9	1.6	1.9	1.3
8	9	9.36	16	14.9	1.6	1.9	1.3
10	11	11.43	20	18.7	2	2.3	1.7
12	13.5	13.93	24	22.7	2.5	2.8	2.2
14	15.5	15.93	28	26.7	2.5	2.8	2.2
16	17.5	17.93	30	28.7	3	3.6	2.4
20	22	22.52	37	35.4	3	3.6	2.4
24	26	26.52	44	42.4	4	4.6	3.4
30	33	33.62	56	54.1	4	4.6	3.4
36	39	40	66	64.1	5	6	4

18.0.4 钢结构用高强度大六角头螺栓（按《钢结构用高强度大六角头螺栓》GB/T 1228—2008）。

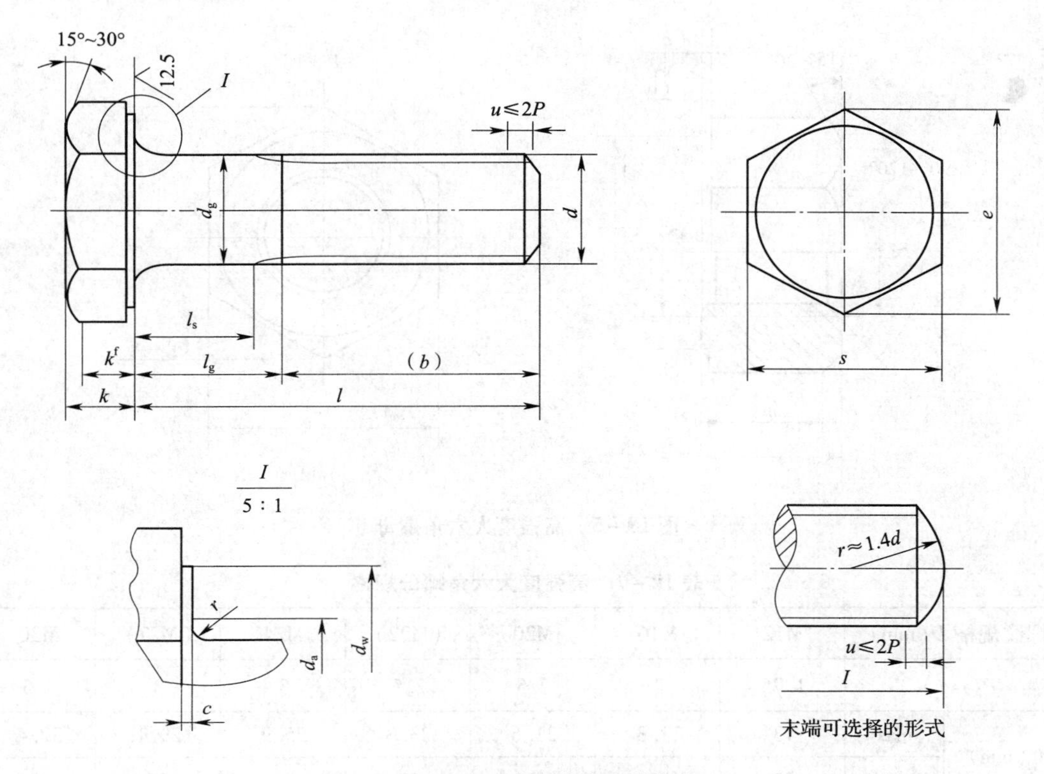

图 18－4　高强度大六角螺栓规格

表 18－6　高强度螺栓规格（mm）

螺纹规格 d		M12	M16	M20	（M22）	M24	（M27）	M30
P		1.75	2	2.5	2.5	3	3	3.5
c	max	0.8	0.8	0.8	0.8	0.8	0.8	0.8
	min	0.4	0.4	0.4	0.4	0.4	0.4	0.4
d_a	max	15.23	19.23	24.32	26.32	28.32	32.84	35.84
d_a	max	12.43	16.43	20.52	22.52	24.52	27.84	30.84
	min	11.57	15.57	19，48	21.48	23.48	26.16	29.16
d_w	min	19.2	24.9	31.4	33.3	38.0	42.8	46.5
e	min	22.78	29.56	37.29	39.55	45.20	50.85	55.37
k	公称	7.5	10	12.5	14	15	17	18.7
	max	7.95	10.75	13.40	14.90	15.90	17.90	19.75
	min	7.05	9.25	11.60	13.10	14.10	16.10	17.65
k'	min	4.9	6.5	8.1	9.2	9.9	11.3	12.4
r	min	1.0	1.0	1.5	1.5	1.5	2.0	2.0
s	max	21	27	34	36	41	46	50
	min	20.16	26.16	33	35	40	45	49

注：括号内的规格为第二选择系列。

18.0.5 钢结构用高强度大六角螺母的规格（按《钢结构用高强度大六角螺母》GB/T 1229—2006）。

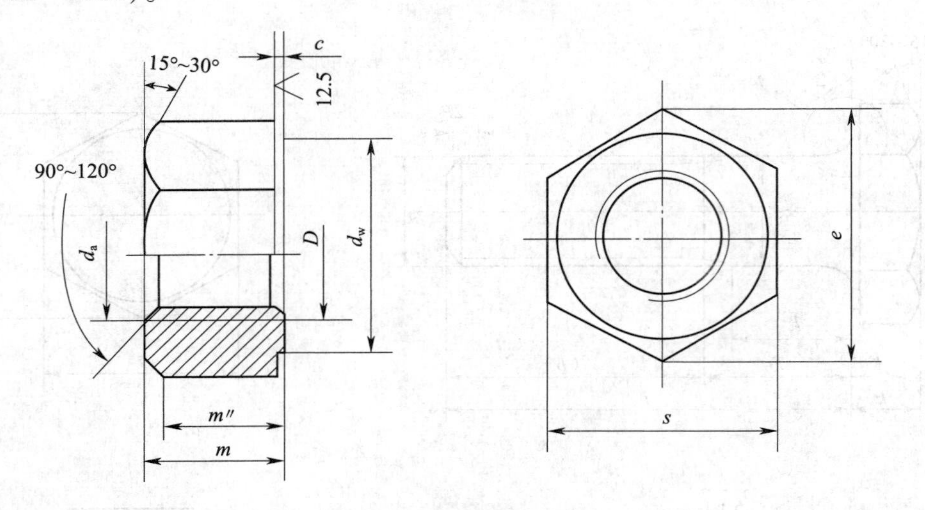

图 18－5　高强度大六角螺母

表 18－7　高强度大六角螺母规格

螺纹规格 D(mm)		M12	M16	M20	（M22）	M24	（M27）	M30
P(mm)		1.75	2	2.5	2.5	3	3	3.5
d_a(mm)	max	13	17.3	21.6	23.8	25.9	29.1	32.4
	min	12	16	20	22	24	27	30
d_w(mm)	min	19.2	24.9	31.4	33.3	38.0	42.8	46.5
e(mm)	min	22.78	29.56	37.29	39.55	45.20	50.85	55.37
m(mm)	max	12.3	17.1	20.7	23.6	24.2	27.6	30.7
	min	11.87	16.4	19.4	22.3	22.9	26.3	29.1
m'(mm)	min	9.5	13.1	15.5	17.8	18.3	21.0	23.3
m''(mm)	min	8.3	11.5	13.6	15.6	16.0	18.4	20.4
c(mm)	max	0.8	0.8	0.8	0.8	0.8	0.8	0.8
	min	0.4	0.4	0.4	0.4	0.4	0.4	0.4
s(mm)	max	21	27	34	36	41	46	50
	min	20.16	26.16	33	35	40	45	49
支承面对螺纹轴线的垂直度公差		0.29	0.38	0.47	0.50	0.57	0.54	0.70
每1000个钢螺母的理论质量（kg）		27.68	61.51	118.77	146.59	202.67	288.51	374.01

注：1　括号内的规格为第二选择系列。

2　P 为螺距。

18.0.6　钢结构用高强度螺栓垫圈的规格（按《钢结构用高强度垫圈》GB/T 1230—2006）。

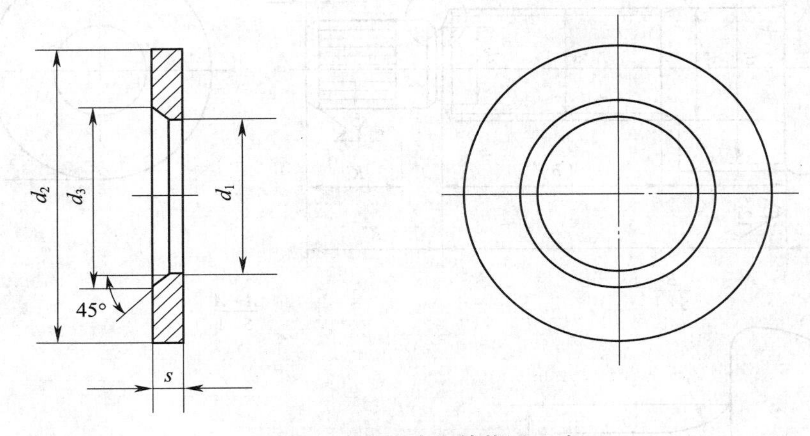

图 18-6　高强度螺栓垫圈尺寸

表 18-8　高强度螺栓垫圈规格

规格（螺纹大径）		12	16	20	(22)	24	(27)	30
d_1 (mm)	min	13	17	21	23	25	28	31
	max	13.43	17.43	21.52	23.52	25.52	28.52	31.62
d_2 (mm)	min	23.7	31.4	38.4	40.4	45.4	50.1	54.1
	max	25	33	40	42	47	52	56
s (mm)	公称	3.0	4.0	4.0	5.0	5.0	5.0	5.0
	min	2.5	3.5	3.5	4.5	4.5	4.5	4.5
	max	3.8	4.8	4.8	5.8	5.8	5.8	5.8
d_3 (mm)	min	15.23	19.23	24.32	26.32	28.32	32.84	35.84
	max	16.03	20.03	25.12	27.12	29.12	33.64	36.64
每 1000 个钢垫圈的理论质量（kg）		10.47	23.40	33.55	43.34	55.76	66.52	75.42

注：括号内的规格为第二选择系列。

18.0.7　钢结构用扭剪型高强度螺栓连接副（按《钢结构用扭剪型高强度螺栓连接副》GB/T 3632—2008）。

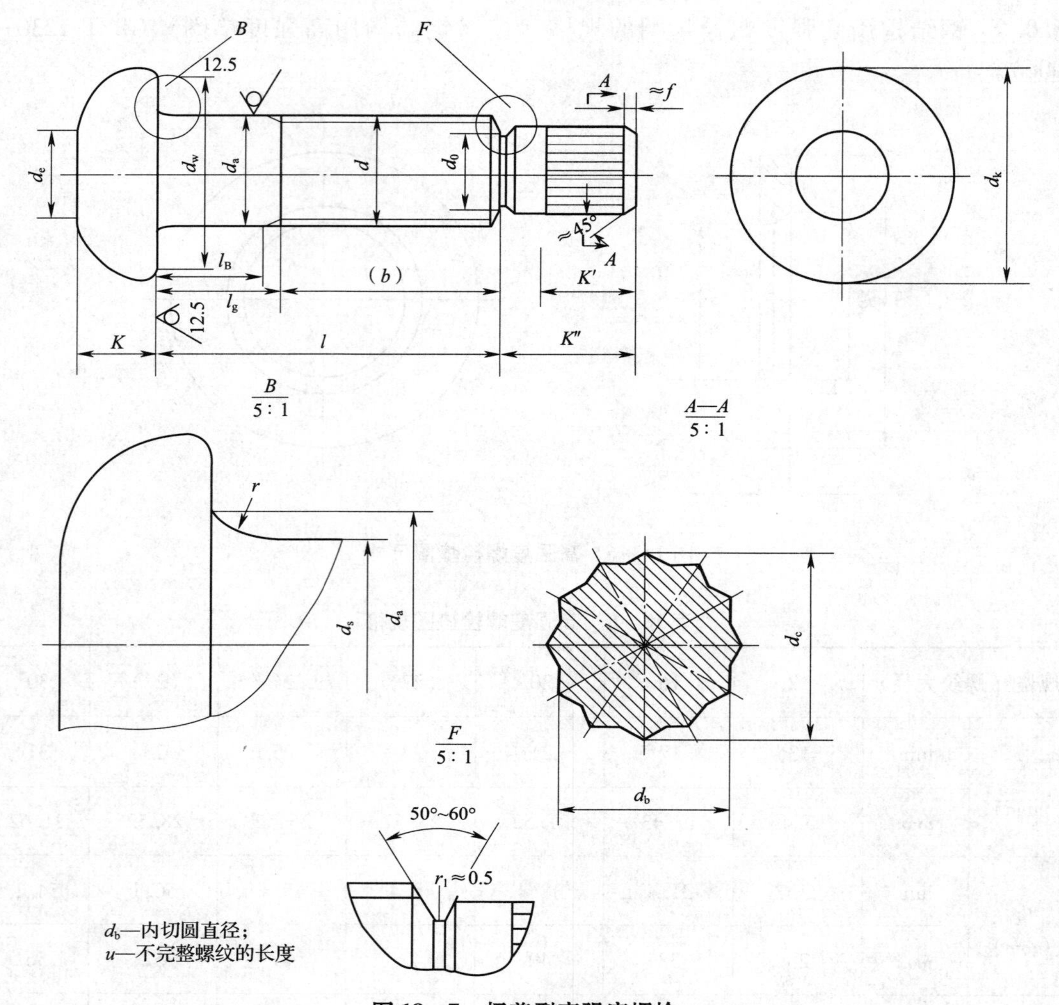

图 18-7 扭剪型高强度螺栓

表 18-9 扭剪型高强度螺栓尺寸（mm）

螺纹规格 d		M16	M20	（M22）[a]	M24	（M27）[a]	M30
P		2	2.5	2.5	3	3	3.5
d_L	max	18.83	24.4	26.4	28.4	32.84	35.84
d_a	max	16.43	20.52	22.52	24.52	27.84	30.84
	min	15.57	19.48	21.48	23.48	26.16	29.16
d_w	min	27.9	34.5	38.5	41.5	42.8	46.5
d_x	max	30	37	41	44	50	55
k	公称	10	13	14	15	17	19
	max	10.75	13.90	14.90	15.90	17.90	20.05
	min	9.25	12.10	13.10	14.10	16.10	17.95
k'	min	12	14	15	16	17	18

续表 18-9

螺纹规格 d			M16		M20		(M22)		M24		(M27)		M30	
k^{u}	max		17		19		21		23		24		25	
r	min		1.2		1.2		1.2		1.6		2.0		2.0	
d_0	≈		10.9		13.6		15.1		16.4		18.6		20.6	
d_b	公称		11.1		13.9		15.4		16.7		19.0		21.1	
	max		11.3		14.1		15.6		16.9		19.3		21.4	
	min		11.0		13.8		15.3		16.6		18.7		20.8	
d_c	≈		12.8		16.1		17.8		19.3		21.9		24.4	
d_I	≈		13		17		18		20		22		24	
l			无螺纹杆部长度 l_a 和夹紧长度 l_g											
公称	min	max	l_a min	l_g max	l_a min	l_g max	l_a min	l_g max	l_a min	l_g max	l_a min	l_g max	l_a min	l_g max
40	38.75	41.25	4	10										
45	43.75	46.25	9	15	2.5	10								
50	48.75	51.25	14	20	7.5	15	2.5	10						
55	53.5	56.5	14	20	12.5	20	7.5	15	1	10				
60	58.5	61.5	19	25	17.5	25	12.5	20	6	15				
65	63.5	66.5	24	30	17.5	25	17.5	25	11	20	6	15		
70	68.5	71.5	29	35	22.5	30	17.5	25	16	25	11	20	4.5	15
75	73.5	76.5	34	40	27.5	35	22.5	30	16	25	16	25	9.5	20
80	78.5	81.5	39	45	32.5	40	27.5	35	21	30	16	25	14.5	25
85	83.25	86.75	44	50	37.5	45	32.5	40	26	35	21	30	14.5	25
90	88.25	91.75	49	55	42.5	50	37.5	45	31	40	26	35	19.5	30
95	93.25	96.75	54	60	47.5	55	42.5	50	36	45	31	40	24.5	35
100	98.25	101.75	59	65	52.5	60	47.5	55	41	50	35	45	29.5	40
110	108.25	111.75	69	75	62.5	70	57.5	65	51	60	46	55	39.5	50
120	118.25	121.75	79	85	72.5	80	67.5	75	61	70	56	65	49.5	60
130	128	132	89	95	82.5	90	77.5	85	71	80	66	75	59.5	70
140	138	142			92.5	100	87.5	95	81	90	76	85	69.5	80
150	148	152			102.5	110	97.5	105	91	100	86	95	79.5	90
160	156	164			112.5	120	107.5	115	101	110	96	105	89.5	100
170	166	174					117.5	125	111	120	106	115	99.5	110
180	176	184					127.5	135	121	130	116	125	109.5	120
190	185.4	194.6					137.5	145	131	140	126	135	119.5	130
200	195.4	204.6					147.5	155	141	150	136	145	129.5	140
220	215.4	224.6					167.5	175	161	170	156	165	149.5	160

续表 18－9

螺纹规格 d	M16	M20	(M22)	M24	(M27)	M30	M16	M20	(M22)	M24	(M27)	M30
l 公称尺寸	(b)						每 1000 件钢螺栓的质量 ($\rho=7.85\text{kg/dm}^3$) /≈kg					
40							106.59					
45	30						114.07	194.59				
50							121.54	206.28	261.90			
55		35					128.12	217.99	276.12	332.89		
60			40				135.60	229.68	290.34	349.89		
65				45			143.08	239.98	304.57	366.88	490.64	
70					50		150.54	251.67	317.23	383.88	511.74	651.05
75						55	158.02	263.37	331.45	398.72	532.83	677.26
80							165.49	275.07	345.68	415.72	552.01	703.47
85	35						172.97	286.77	359.90	432.71	573.11	726.96
90							180.44	298.46	374.12	449.71	594.21	753.17
95		40					187.91	310.17	388.34	456.71	615.30	779.38
100							195.39	321.86	402.57	483.70	636.39	805.59
110			45				210.33	345.25	431.02	517.69	678.59	858.02
120							225.28	368.65	459.46	551.68	720.78	910.44
130				50			240.22	392.04	487.91	585.67	762.97	962.87
140					55	60		415.44	516.35	619.66	805.16	1015.29
150								438.83	544.80	653.65	847.35	1067.71
160								462.23	573.24	687.63	889.54	1120.14
170									601.69	721.62	931.73	1172.56
180									630.13	755.61	973.92	1224.98
190									658.58	789.61	1016.12	1277.40
200									687.03	823.59	1058.31	1329.83
220									743.91	891.57	1142.69	1434.67

注：1　括号内的规格为第二选择系列，应优先选用第一系列（不带括号）的规格。
　　2　P 为螺距。

18.0.8　钢结构用扭剪型高强度螺栓螺母规格（按《钢结构用扭剪型高强度螺栓连接副》GB/T 3632—2008）。

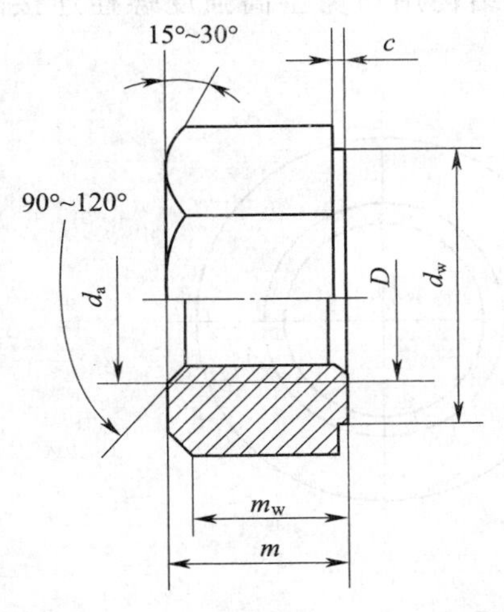

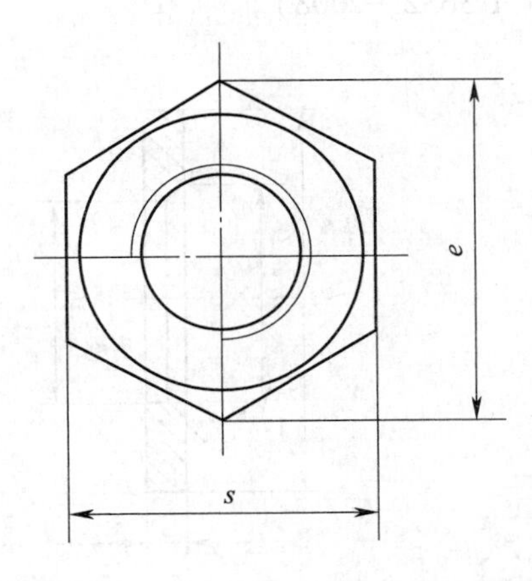

图 18－8　扭剪型高强度螺栓螺母

表 18－10　扭剪型高强度螺栓螺母尺寸（mm）

螺纹规格 D		M16	M20	（M22）	M24	（M27）	M30
P		2	2.5	2.5	3	3	3.5
d_a	max	17.3	21.6	23.8	25.9	29.1	32.4
	min	16	20	22	24	27	30
d_w	min	24.9	31.4	33.3	38.0	42.8	46.5
e	min	29.56	37.29	39.55	45.20	50.85	55.37
m	max	17.1	20.7	23.6	24.2	27.6	30.7
	min	16.4	19.4	22.3	22.9	26.3	29.1
m_w	min	11.5	13.6	15.6	16.0	18.4	20.4
c	max	0.8	0.8	0.8	0.8	0.8	0.8
	min	0.4	0.4	0.4	0.4	0.4	0.4
s	max	27	34	36	41	46	50
	min	26.16	33	35	40	45	49
支承面对螺纹轴线的全跳动公差		0.38	0.47	0.50	0.57	0.64	0.70
每1000件钢螺母的质量（$\rho=7.85kg/dm^3$）/≈kg		61.51	118.77	146.59	202.67	288.51	374.01

注：括号内的规格为第二选择系列，应优先选用第一系列（不带括号）的规格。

18.0.9 钢结构用扭剪型高强度垫圈规格（按《钢结构用扭剪型高强度螺栓连接副》GB/T 3632—2008）。

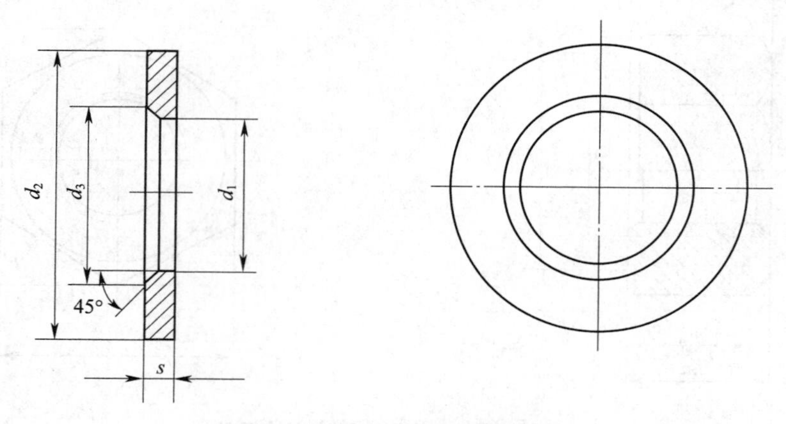

图 18-9 扭剪型高强度螺栓垫圈

表 18-11 扭剪型高强度螺栓垫圈尺寸（mm）

规格（螺纹大径）		16	20	（22）	24	（27）	30
d_1	min	17	21	33	25	28	31
	max	17.43	21.52	23.52	25.52	28.52	31.62
d_2	min	31.4	38.4	40.4	45.4	50.1	54.1
	max	33	40	42	47	52	55
h	公称	4.0	4.0	5.0	5.0	5.0	5.0
	min	3.5	3.5	4.5	4.5	4.5	4.5
	max	4.8	4.8	5.8	5.8	5.8	5.8
d_3	min	19.23	24.32	26.32	28.32	32.84	35.84
	max	20.03	25.12	27.12	29.12	33.64	36.64
每1000件钢垫圈的质量（$\rho=7.85\text{kg/dm}^3$）/≈kg		23.40	33.55	43.34	55.76	66.52	75.42

注：规格中括号内的数字为第二选择系列，应优先选用第一系列（不带括号）的规格。

18.0.10 标准型弹簧垫圈的规格（按《标准型弹簧垫圈》GB/T 93—1987）。

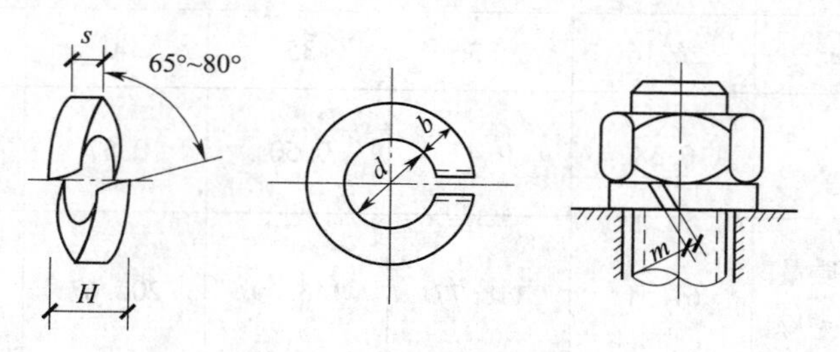

图 18-10 弹簧垫圈

表 18－12　标准型弹簧垫圈规格

规格（螺纹直径）	d		s、b			H		m＜
	min	max	公称	min	max	min	max	
10	10.2	10.9	2.6	2.45	2.75	5.2	6.5	1.3
12	12.2	12.9	3.1	2.95	3.25	6.2	7.75	1.55
（14）	14.2	14.9	3.6	3.4	3.8	7.2	9.0	1.8
16	16.2	16.9	4.1	3.9	4.3	8.2	10.25	2.05
（18）	18.2	19.04	4.5	4.3	4.7	9.0	11.25	2.25
20	20.2	21.04	5.0	4.8	5.2	10.0	12.5	2.5
（22）	22.5	23.34	5.5	5.3	5.7	11.0	13.75	2.75
24	24.5	25.5	6.0	5.8	6.2	12.0	15.0	3.0
（27）	27.5	28.5	6.8	6.5	7.1	13.6	17.0	3.4
30	30.5	31.5	7.5	7.2	7.8	15.0	18.75	3.75
（33）	33.5	34.7	8.5	8.2	8.8	17.0	21.25	4.25
36	36.5	37.7	9.0	8.7	9.3	18.0	22.5	4.5
（39）	39.5	40.7	10.0	9.7	10.3	20.0	25.0	5.0
42	42.5	43.7	10.5	10.2	10.8	21.0	26.25	5.25
（45）	45.5	46.7	11.0	10.7	11.3	22.0	27.5	5.5
48	48.5	49.7	12.0	11.7	12.3	24.0	30.0	6.0

注：1　尽可能不采用括号内的规格。

2　m 应大于 0。

18.0.11　轻型弹簧垫圈的规格（按《轻型弹簧垫圈》GB/T 859—1987）。

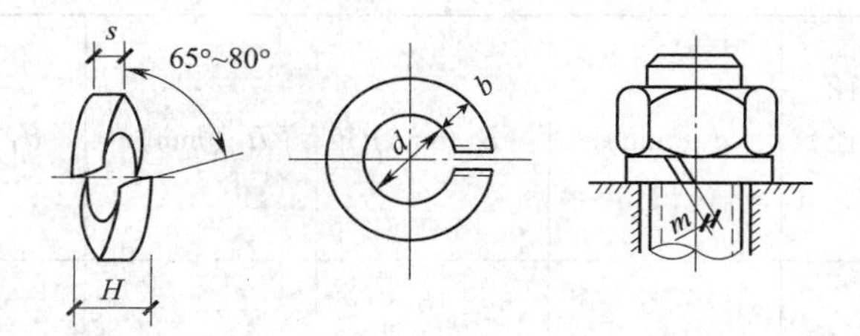

图 18－11　轻型弹簧垫圈

表 18－13　轻型弹簧垫圈规格

规格（螺纹直径）	d		s			b			H		m＜
	min	max	公称	min	max	公称	min	max	min	max	
10	10.2	10.9	2.0	1.9	2.1	3.0	2.85	3.15	4.0	5.0	1.0
12	12.2	12.9	2.5	2.35	2.65	3.5	3.3	3.7	5.0	6.25	1.25
（14）	14.2	14.9	3.0	2.85	3.15	4.0	3.8	4.2	6.0	7.5	1.5
16	16.2	16.9	3.2	3.0	3.4	4.5	4.3	4.7	6.4	8.0	1.6
（18）	18.2	19.04	3.6	3.4	3.8	5.0	4.8	5.2	7.2	9.0	1.8
20	20.2	21.04	4.0	3.8	4.2	5.5	5.3	5.7	8.0	10.0	2.0

续表 18－13

规格（螺纹直径）	d		s			b			H		m＜
	min	max	公称	min	max	公称	min	max	min	max	
（22）	22.5	23.34	4.5	4.3	4.7	6.0	5.8	6.2	9.0	11.25	2.25
24	24.5	25.5	5.0	4.8	5.2	7.0	6.7	7.3	10.0	12.5	2.5
（27）	27.5	28.5	5.5	5.3	5.7	8.0	7.7	8.3	11.0	13.75	2.75
30	30.5	31.5	6.0	5.8	6.2	9.0	8.7	9.3	12.0	15.0	3.0

注：1　尽可能不采用括号内的规格。
　　2　m 应大于 0。

18.0.12　工字钢用方斜垫圈的规格。

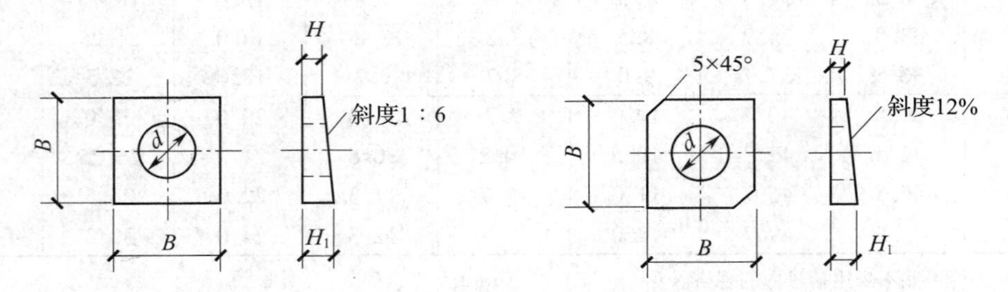

图 18－12　工字钢用方斜垫圈

表 18－14　工字钢方斜垫圈规格

种类	公称直径（螺纹直径）（mm）	d（mm）	B（mm）	H（mm）	H_1（mm）	每1000个垫圈重量（kg）≈
普通工字钢用方斜垫圈（《工字钢用方斜垫圈》GB/T 852—1988）	6	6.6	16	2	4.7	5.7
	8	9	18	2	5.0	7.1
	10	11	22	2	5.7	11.6
	12	13.5	28	2	6.7	18.5
	16	17.5	35	2	7.7	37.5
	（18）	20	40	3	9.7	63.7
	20	22	40	3	9.7	60.4
	（22）	24	40	3	9.7	56.9
	24	26	50	3	11.3	109.0
	（27）	30	50	3	11.3	102.0
	30	33	60	3	13.0	174.0
	36	39	70	3	14.7	259.0

注：括号内的规格不推荐采用。

18.0.13　槽钢用方斜垫圈的规格。

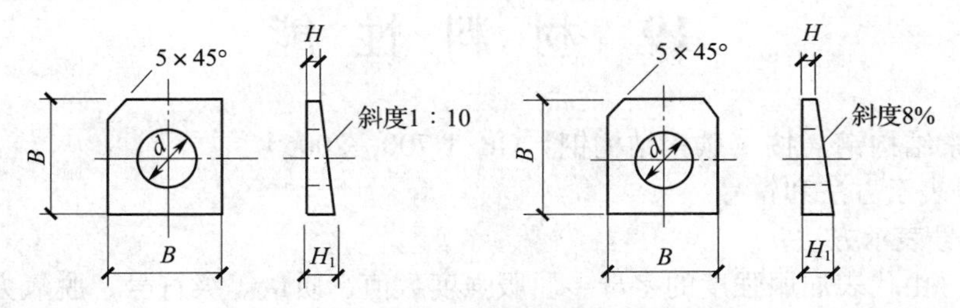

图 18－13　槽钢用方斜垫圈

表 18－15　槽钢用方斜垫圈规格

种类	公称直径（螺纹直径）（mm）	d（mm）	B（mm）	H（mm）	H_1（mm）	每1000个垫圈重量（kg）≈
普通槽钢用方斜垫圈（《槽钢用方斜垫圈》GB/T 853—1988）	6	6.6	16	2	3.6	4.5
	8	9	18	2	3.8	5.7
	10	11	22	2	4.2	9.2
	12	13.5	28	2	4.8	17.0
	16	17.5	35	2	5.2	28.0
	（18）	20	40	3	7.0	49.8
	20	22	40	3	7.0	47.3
	（22）	24	40	3	7.0	42.4
	24	26	50	3	8.0	84.0
	（27）	30	50	3	8.0	78.0
	30	33	60	3	9.0	130.0
	36	39	70	3	10.0	190.0

注：括号内的规格不推荐采用。

19 材料性能

19.0.1 碳素结构钢（按《碳素结构钢》GB/T 700—2006）。

1 牌号表示方法和符号。

（1）牌号表示方法。

钢的牌号由代表屈服强度的字母、屈服强度数值、质量等级符号、脱氧方法符号等4个部分按顺序组成。例如：Q235AF。

（2）符号。

Q——钢材屈服强度“屈”字汉语拼音首位字母；

A、B、C、D——分别为质量等级；

F——沸腾钢“沸”字汉语拼音首位字母；

Z——镇静钢“镇”字汉语拼音首位字母；

TZ——特殊镇静钢“特镇”两字汉语拼音首位字母。

在牌号组成表示方法中，“Z”与“TZ”符号可以省略。

2 尺寸、外形、重量及允许偏差。钢板、钢带、型钢和钢棒的尺寸、外形、重量及允许偏差应分别符合相应标准的规定。

3 技术要求。

（1）牌号和化学成分。

1）钢的牌号和化学成分（熔炼分析）应符合表19－1的规定。

表19－1 钢的牌号和化学成分

牌号	统一数字代号	等级	厚度（或直径）(mm)	脱氧方法	化学成分（质量分数）（%），不大于				
					C	Si	Mn	P	S
Q195	U11952	—		F、Z	0.12	0.30	0.50	0.035	0.040
Q215	U12152	A	—	F、Z	0.15	0.35	1.20	0.045	0.050
	U12155	B							0.045
Q235	U12352	A	—	F、Z	0.22	0.35	1.40	0.045	0.050
	U12355	B			0.20[h]				0.045
	U12358	C		Z	0.17			0.040	0.040
	U12359	D		TZ				0.035	0.035
Q275	U12752	A	—	F、Z	0.24	0.35	1.50	0.045	0.050
	U12755	B	<40	Z	0.21			0.045	0.045
			>40		0.22				
	U12758	C	—	Z	0.20			0.040	0.040
	U12759	D		TZ				0.035	0.35

注：1 表中为镇静钢、特殊镇静钢牌号的统一数字，沸腾钢牌号的统一数字代号如下：
Q195F——U11950；Q215AF——U12150，Q215BF——U12153；
Q235A——FU12350，Q235BF——U12353；Q275AF——U12750。

2 经需方同意，Q235B的碳含量可不大于0.22%。

①D 级钢应有足够细化晶粒的元素，并在质量证明书中注明细化晶粒元素的含量。当采用铝脱氧时，钢中酸溶铝含量应不小于 0.015%，或总铝含量应不小于 0.020%。

②钢中残余元素铬、镍、铜含量应各不大于 0.30%，氮含量应不大于 0.008%。如供方能保证，均可不做分析。

a. 氮含量允许超过表 19－1 的规定值，但氮含量每增加 0.001%，磷的最大含量应减少 0.005%，熔炼分析氮的最大含量应不大于 0.012%；如果钢中的酸溶铝含量不小于 0.015% 或总铝含量不小于 0.020%，氮含量的上限值可以不受限制。固定氮的元素应在质量证明书中注明。

b. 经需方同意，A 级钢的铜含量可不大于 0.35%。此时，供方应做铜含量的分析，并在质量证明书中注明其含量。

③钢中砷的含量应不大于 0.080%。用含砷矿冶炼生铁所冶炼的钢，砷含量由供需双方协议规定。如原料中不含砷，可不做砷的分析。

④在保证钢材力学性能符合本标准规定的情况下，各牌号 A 级钢的碳、锰、硅含量可以不作为交货条件，但其含量应在质量证明书中注明。

⑤在供应商品连铸坯、钢锭和钢坯时，为了保证轧制钢材各项性能达到本标准要求，可以根据需方要求规定各牌号的碳、锰含量下限。

2）成品钢材、连铸坯、钢坯的化学成分允许偏差应符合《钢的成品化学成分允许偏差》GB/T 222—2006 中表 1 的规定。

氮含量允许超过规定值，但必须符合 a 款的要求，成品分析氮含量的最大值应不大于 0.014%；如果钢中的铝含量达到 a 款规定的含量，并在质量证明书中注明，氮含量上限值可不受限制。

沸腾钢成品钢材和钢坯的化学成分偏差不作保证。

（2）冶炼方法。

钢由氧气转炉或电炉冶炼。除非需方有特殊要求并在合同中注明，冶炼方法一般由供方自行选择。

（3）交货状态。

钢材一般以热轧、控轧或正火状态交货。

（4）力学性能。

1）钢材的拉伸和冲击试验结果应符合表 19－2 的规定，弯曲试验结果应符合表 19－3的规定。

2）用 Q195 和 Q235B 级沸腾钢轧制的钢材，其厚度（或直径）不大于 25mm。

3）做拉伸和冷弯试验时，型钢和钢棒取纵向试样；钢板、钢带取横向试样，断后伸长率允许比表 2 降低 2%（绝对值）。窄钢带取横向试样如果受宽度限制时，可以取纵向试样。

4）如供方能保证冷弯试验符合表 3 的规定，可不作检验。A 级钢冷弯试验合格时，抗拉强度上限可以不作为交货条件。

5）厚度不小于 12mm 或直径不小于 16mm 的钢材应做冲击试验，试样尺寸为 10mm × 10mm × 55mm。经供需双方协议，厚度为 6mm ~ 12mm 或直径为 12mm ~ 16mm 的钢材可以做冲击试验，试样尺寸为 10mm × 7.5mm × 55mm 或 10mm × 5mm × 55mm 或 10mm × 产品厚度 × 55mm。在附录 A 中给出规定的冲击吸收功值，如：当采用 10mm × 5mm × 55mm 试样时，其试验结果应不小于规定值的 50%。

6）夏比（V 型缺口）冲击吸收功值按一组 3 个试样单值的算术平均值计算，允许其中 1 个试样的单个值低于规定值，但不得低于规定值的 70%。

表 19－2 钢材力学性能

牌号	等级	屈服强度[a] R_{eh}（N/mm²），不小于						抗拉强度[2] R_m（N/mm²）	断后伸长率 A（%）不小于					冲击试验（V 型缺口）	
		厚度（或直径）（mm）							厚度（或直径）（mm）					温度（℃）	冲击吸收功（纵向）不小于
		≤6	＞16～40	＞40～60	＞60～100	＞100～150	＞150～200		≤40	＞40～60	＞60～100	＞100～150	＞150～200		
Q195	—	195	185	—	—	—	—	315～430	33	—	—	—	—	—	—
Q215	A	215	205	195	185	175	165	335～450	31	30	29	27	26	—	—
	B													+20	27
Q235	A	235	225	215	215	195	185	370～500	26	25	24	22	21	—	—
	B													+20	27
	C													0	
	D													－20	
Q275	A	275	265	255	245	225	215	410～540	22	21	20	18	17	—	
	B													+20	27
	C													0	
	D													－20	

注：1 Q195 的屈服强度值仅供参考，不作交货条件。

2 厚度大于 100mm 的钢材，抗拉强度下限允许降低 20N/mm²。宽带钢（包括剪切钢板）抗拉强度上限不作交货条件。

3 厚度小于 25mm 的 Q235B 级钢材，如供方能保证冲击吸收功值合格，经需方同意。可不作检验。

表 19－3 钢材冷弯试验

牌号	试样方向	冷弯试验 180° $B=2a$①	
		钢材厚度（或直径）②（mm）	
		≤60	＞60～100
		弯心直径 d	
Q195	纵	0	—
	横	$0.5a$	
Q215	纵	$0.5a$	$1.5a$
	横	a	$2a$
Q235	纵	a	$2a$
	横	$1.5a$	$2.5a$
Q275	纵	$1.5a$	$2.5a$
	横	$2a$	$3a$

注：①B 为试样宽度，a 为试样厚度（或直径）。

②钢材厚度（或直径）大于 100mm 时，弯曲试验由双方协商确定。

如果没有满足上述条件，可从同一抽样产品上再取3个试样进行试验，先后6个试样的平均值不得低于规定值，允许有2个试样低于规定值，但其中低于规定值70%的试样只允许1个。

(5) 表面质量。

钢材的表面质量应分别符合钢板、钢带、型钢和钢棒等有关产品标准的规定。

4 试验方法。

(1) 每批钢材的检验项目、取样数量、取样方法和试验方法应符合表19－4的规定。

表19－4 试验方法

序号	检验项目	取样数量/个	取样方法	试验方法
1	化学分析	1（每炉）	GB/T 20066	第2章中GB/T 223系列标准、GB/T 4336
2	拉伸	1	GB/T 2975	GB/T 228
3	冷弯			GB/T 232
4	冲击	3		GB/T 229

注：表中的国家标准分别是《钢铁化学成分取样方法》GB/T 20066，《钢及钢产品力学性能试验取样位置及试样设备》GB/T 2975，《钢铁及合金化学分析方法》GB/T 223，《碳素钢和中低合金钢多元素含量的测定火花放电原子发射光谱法（常规法）》GB/T 4336，《金属材料室温拉伸试验》GB/T 228，《金属材料弯曲试验方法》GB/T 232，《金属材料夏比摆锤冲击试验方法》GB/T 229。

(2) 拉伸和冷弯试验，钢板、钢带试样的纵向轴线应垂直于轧制方向；型钢、钢棒和受宽度限制的窄钢带试样的纵向轴线应平行于轧制方向。

(3) 冲击试样的纵向轴线应平行轧制方向。冲击试样可以保留一个轧制面。

5 检验规则。

(1) 钢材的检查和验收由供方技术监督部门进行，需方有权对本标准或合同所规定的任一检验项目进行检查和验收。

(2) 钢材应成批验收，每批由同一牌号、同一炉号、同一质量等级、同一品种、同一尺寸、同一交货状态的钢材组成。每批重量应不大于60t。

公称容量比较小的炼钢炉冶炼的钢轧成的钢材，同一冶炼、浇注和脱氧方法、不同炉号、同一牌号的A级钢或B级钢，允许组成混合批，但每批各炉号含碳量之差不得大于0.02%，含锰量之差不得大于0.15%。

(3) 钢材的夏比（V型缺口）冲击试验结果不符合表19－2规定时，抽样产品应报废，再从该检验批的剩余部分取两个抽样产品，在每个抽样产品上各选取新的一组3个试样，这两组试样的复验结果均应合格，否则该批产品不得交货。

(4) 钢格其他检验项目的复验和检验规则应符合《钢板和钢带包装、标志及质量证明书的一般规定》GB/T 247和《型钢验收、包装、标志及质量证明书的一般规定》GB/T 2101的规定。

6 包装、标志、质量证明书。

钢材的包装、标志和质量证明书应符合《钢板和钢带包装、标志及质量证明书的一般规定》GB/T 247和《型钢验收、包装、标志及质量证明书的一般规定》GB/T 2101的规定。

19.0.2 低合金高强度结构钢（按照《低合金高强度结构钢》GB/T 1591—2008）。

未表达的规定可参照《低合金高强度结构钢》GB/T 1591—2008和19.0.1。

表 19－5 低合金高强度结构钢化学成分

牌号	质量等级	化学成分[1,2]（质量分数）（%）														
		C	Si	Mn	P	S	Nb	V	Ti	Cr	Ni	Cu	N	Mo	B	Als
					不大于											不小于
Q345	A	≤0. 20	≤0. 50	≤1. 70	0. 035	0. 035	0. 07	0. 15	0. 20	0. 30	0. 50	0. 30	0. 012	0. 10	—	—
	B				0. 035	0. 035										
	C				0. 030	0. 030										0. 015
	D	≤0. 18			0. 030	0. 025										
	E				0. 025	0. 020										
Q390	A	≤0. 20	≤0. 50	≤1. 70	0. 035	0. 035	0. 07	0. 20	0. 20	0. 30	0. 50	0. 30	0. 015	0. 10	—	—
	B				0. 035	0. 035										
	C				0. 030	0. 030										0. 015
	D				0. 030	0. 025										
	E				0. 025	0. 020										
Q420	A	≤0. 20	≤0. 50	≤1. 70	0. 035	0. 035	0. 07	0. 20	0. 20	0. 30	0. 80	0. 30	0. 015	0. 20	—	—
	B				0. 035	0. 035										
	C				0. 030	0. 030										0. 015
	D				0. 030	0. 025										
	E				0. 025	0. 020										

续表 19－5

牌号	质量等级	化学成分[1,2]（质量分数）（%）														
		C	Si	Mn	P	S	Nb	V	Ti	Cr	Ni	Cu	N	Mo	B	Als
					不大于											不小于
Q460	C	≤0.20	≤0.60	≤1.80	0.030	0.030	0.11	0.20	0.20	0.30	0.80	0.55	0.015	0.20	0.004	0.015
	D				0.030	0.025										
	E				0.025	0.020										
Q500	C	≤0.18	≤0.60	≤1.80	0.030	0.030	0.11	0.12	0.20	0.60	0.80	0.55	0.015	0.20	0.004	0.015
	D				0.030	0.025										
	E				0.025	0.020										
Q550	C	≤0.18	≤0.60	≤2.00	0.030	0.030	0.11	0.12	0.20	0.80	0.80	0.80	0.015	0.30	0.004	0.015
	D				0.030	0.025										
	E				0.025	0.020										
Q620	C	≤0.18	≤0.60	≤2.00	0.030	0.030	0.11	0.12	0.20	1.00	0.80	0.80	0.015	0.30	0.004	0.015
	D				0.030	0.025										
	E				0.025	0.020										
Q690	C	≤0.18	≤0.60	≤2.00	0.030	0.030	0.11	0.12	0.20	1.00	0.80	0.80	0.015	0.30	0.004	0.015
	D				0.030	0.025										
	E				0.025	0.020										

注：1　型材及棒材 P、S 含量可提高 0.005%，其中 A 级钢上限可为 0.045%。

2　当细化晶粒元素组合加入时，20(Nb + V + Ti) ≤0.22%，20(Mo + Cr) ≤0.30%。

1 各牌号除A级钢以外的钢材，当以热轧、控轧状态交货时，其最大碳当量值应符合表19-6的规定；当以正火、正火轧制、正火加回火状态交货时，其最大碳当量值应符合表19-7的规定；当以热机械轧制（TMCP）或热机械轧制加回火状态交货时，其最大碳当量值应符合表19-8的规定。碳当量（CEV）应由熔炼分析成分并采用公式（19-1）计算。

$$CEV = C + Mn/6 + (Cr + Mo + V)/5 + (Ni + Cu)/15 \qquad (19-1)$$

表19-6 热轧、控轧状态交货钢材的碳当量

牌号	碳当量（CEV）(%)		
	公称厚度或直径≤63ram	63mm<公称厚度或直径<250mm	公称厚度>250mm
Q345	≤0.44	≤0.47	≤0.47
Q390	≤0.45	≤0.48	≤0.48
Q420	≤0.45	≤0.48	≤0.48
Q460	≤0.46	≤0.49	—

表19-7 正火、正火轧制、正火加回火状态交货钢材的碳当量

牌号	碳当量（CEV）(%)		
	公称厚度≤63mm	63mm<公称厚度<120mm	63mm<公称厚度<250mm
Q345	≤0.45	≤0.48	≤0.48
Q390	≤0.46	≤0.48	≤0.49
Q420	≤0.48	≤0.50	≤0.52
Q460	≤0.53	≤0.54	≤0.55

表19-8 热机械热轧制（TMCP）或热机械轧制加回火状态交货钢材的碳当量

牌号	碳当量（CEV）(%)		
	公称厚度≤63mm	63mm<公称厚度<120mm	63mm<公称厚度<250mm
Q345	≤0.44	≤0.45	≤0.45
Q390	≤0.46	≤0.47	≤0.47
Q420	≤0.46	≤0.47	≤0.47
Q460	≤0.47	≤0.48	≤0.48
Q500	≤0.47	≤0.48	≤0.48
Q550	≤0.47	≤0.48	≤0.48
Q620	≤0.48	≤0.49	≤0.49
Q690	≤0.49	≤0.49	≤0.49

2 热机械轧制（TMCP）或热机械轧制加回火状态交货钢材的碳含量不大于0.12%时，可采用焊接裂纹敏感性指数（Pcm）代替碳当量评估钢材的可焊性。Pcm应由熔炼分析成分并采用公式（19-2）计算，其值应符合表19-8的规定。

$$Pcm = C + Si/30 + Mn/20 + Cu/20 + Ni/60 + Cr/20 + Mo/15 + V/10 + 5B \quad (19-2)$$

经供需双方协商，可指定采用碳当量或焊接裂纹敏感性指数作为衡量可焊性的指标，当未指定时，供方可任选其一。

表19-9 热机械轧制（TMCP）或热机械轧制加回火状态交货钢材Pcm值

牌号	Pcm（%）
Q345	≤0.20
Q390	≤0.20
Q420	≤0.20
Q460	≤0.20
Q500	≤0.25
Q550	≤0.25
Q620	≤0.25
Q690	≤0.25

3 钢材、钢坯的化学成分允许偏差应符合《钢的成品化学成分允许偏差》GB/T 222的规定。

4 当需方要求保证厚度方向性能钢材时，其化学成分应符合《厚度方向性能钢板》GB/T 5313的规定。

5 冶炼方法。

钢由转炉或电炉冶炼，必要时加炉外精炼。

6 交货状态。

钢材以热轧、控轧、正火、正火轧制或正火加回火、热机械轧制（TMCP）或热机械轧制加回火状态交货。

7 力学性能及工艺性能。

（1）拉伸试验，钢材拉伸试验的性能应符合表19-10的规定。

（2）夏比（V型）冲击试验。

1）钢材的夏比（V型）冲击试验的试验温度和冲击吸收能量应符合表19-11的规定。

2）厚度不小于6mm或直径不小于12mm的钢材应做冲击试验，冲击试样尺寸取10mm×10mm×55mm的标准试样；当钢材不足以制取标准试样时，应采用10mm×7.5mm×55mm或10mm×5mm×55mm小尺寸试样，冲击吸收能量应分别为不小于表19-11规定值的75%或50%，优先采用较大尺寸试样。

3）钢材的冲击试验结果按一组3个试样的算术平均值进行计算，允许其中有1个试验值低于规定值，但不应低于规定值的70%，否则，应从同一抽样产品上再取3个试样进行试验，先后6个试样试验结果的算术平均值不得低于规定值，允许有2个试样的试验结果低于规定值，但其中低于规定值70%的试样只允许有一个。

（3）Z向钢厚度方向断面收缩率应符合《厚度方向性能钢板》GB/T 5313的规定。

表 19－10　钢材的拉伸性能

牌号	质量等级	拉伸试验 1.2.3																					
		以下公称厚度（直径，边长）下屈服强度 R_{aL}（MPa）									以下公称厚度（直径，边长）抗拉强度 R_m（MPa）							断后伸长率（A）（%）公称厚度（直径，边长）					
		≤16mm	>16mm~40mm	>40mm~63mm	>63mm~80mm	>80mm~100mm	>100mm~150mm	>150mm~200mm	>200mm~250mm	>250mm~400mm	≤40mm	>40mm~63mm	>63mm~80mm	>80mm~100mm	>100mm~150mm	>150mm~250mm	>250mm~400mm	≤40mm	>40mm~63mm	>63mm~100mm	>100mm~150mm	>150mm~250mm	>250mm~400mm
Q345	A	≥345	≥335	≥325	≥315	≥305	≥285	≥275	≥265	—	470~630	470~630	470~630	470~630	450~600	450~600	—	≥20	≥19	≥19	≥18	≥17	—
	B																						
	C																	≥21	≥20	≥20	≥19	≥18	
	D									≥265							450~600						≥17
	E																						
Q390	A	≥390	≥370	≥350	≥330	≥330	≥310	—	—	—	490~650	490~650	490~650	490~650	470~620	—	—	≥20	≥19	≥19	≥18	—	—
	B																						
	C																						
	D																						
	E																						
Q420	A	≥420	≥400	≥380	≥360	≥360	≥340	—	—	—	520~680	520~6800	520~680	520~680	500~650	—	—	≥19	≥18	≥18	≥18	—	—
	B																						
	C																						
	D																						
	E																						

续表 19－10

牌号	质量等级	拉伸试验1.2.3																					
		以下公称厚度（直径，边长）下屈服强度 R_{aL}（MPa）									以下公称厚度（直径，边长）抗拉强度 R_m（MPa）							断后伸长率（A）（%）公称厚度（直径，边长）					
		≤16mm	>16mm~40mm	>40mm~63mm	>63mm~80mm	>80mm~100mm	>100mm~150mm	>150mm~200mm	>200mm~250mm	>250mm~400mm	≤40mm	>40mm~63mm	>63mm~80mm	>80mm~100rm	>100mm~150mm	>150mm~250mm	>250mm~400mm	≤40mm	>40mm~63mm	>63mm~100mm	>100mm~150mm	>150mm~250mm	>250mm~400mm
Q460	C	≥460	≥440	≥420	≥400	≥400	≥380	—	—	—	550~720	550~720	550~720	550~720	530~700	—	—	≥17	≥16	≥16	≥16	—	—
	D																						
	E																						
Q500	C	≥500	≥480	≥470	≥450	≥440	—	—	—	—	610~770	600~760	590~750	540~730	—	—	—	≥17	≥17	≥17	—	—	—
	D																						
	E																						
Q550	C	≥550	≥530	≥520	≥500	≥490	—	—	—	—	670~830	620~810	600~790	590~780	—	—	—	≥16	≥16	≥16	—	—	—
	D																						
	E																						
Q620	C	≥620	≥600	≥590	≥570	—	—	—	—	—	710~880	690~880	670~860	—	—	—	—	≥15	≥15	≥15	—	—	—
	D																						
	E																						
Q690	C	≥690	≥670	≥660	≥640						770~940	750~920	730~900	—	—	—	—	≥14	≥14	≥14	—	—	—
	D																						
	E																						

注：1　当屈服不明显时，可测量 $R_{p0.2}$ 代替下屈服强度。

2　宽度不小于600mm扁平材，拉伸试验取横向试样；宽度小于600mm的扁平材、型材及棒材取纵向试样，断后伸长率最小值相应提高1%（绝对值）。

3　厚度>250mm~400mm的数值适用于扁平材。

表 19－11　夏比（V 型）冲击试验的试验温度和冲击吸收能量

牌号	质量等级	试验温度（℃）	冲击吸收能量 KV_2（J）		
			公称厚度（直径、边长）		
			12mm～150mm	＞150mm～250mm	＞250mm～400mm
Q345	B	20	≥34	≥27	—
	C	0			
	D	－20			27
	E	－40			
Q390	B	20	≥34	—	—
	C	0			
	D	－20			
	E	－40			
Q420	B	20	≥34	—	—
	C	0			
	D	－20			
	E	－40			
Q460	C	0	≥34	—	—
	D	－20		—	—
	E	－40		—	—
Q500 Q550 Q620 Q690	C	0	＞55	—	—
	D	－20	＞47	—	—
	E	－40	＞31	—	—

注：冲击试验取纵向试样。

（4）当需方要求做弯曲试验时，弯曲试验应符合表 19－12 的规定。当供方保证弯曲合格时，可不做弯曲试验。

表 19－12　弯曲试验

牌号	试 样 方 向	180°弯曲试验 ［d＝弯心直径，试样厚度（直径）］	
		钢材厚度（直径，边长）	
		≤16mm	＞16～100mm
Q345 Q390 Q420 Q460	宽度不小于 600mm 扁平材，拉伸试验取横向试样。宽度小于 600mm 的扁平材、型材及棒材取纵向试样	$2a$	$3a$

8　表面质量。

钢材的表面质量应符合相关产品标准的规定。

9　特殊要求。

（1）根据供需双方协议，钢材可进行无损检验，其检验标准和级别应在协议或合同中明确。

（2）根据供需双方协议，可按本标准订购具有厚度方向性能要求的钢材。

（3）根据供需双方协议，钢材也可进行其他项目的检验。

10　试验方法。

钢材的各项检验的检验项目、取样数量、取样方法和试验方法应符合表 19－13 的规定。

表 19－13　钢材各项检验的检验项目、取样数量、取样方法和试验方法

序号	检验项目	取样数量/个	取样方法	试验方法
1	化学成分（熔炼分析）	1/炉	GB/T 20066	GB/T 223、GB/T 4336、GB/T 20125
2	拉伸试验	1/批	GB/T 2975	GB/T 228
3	弯曲试验	1/批	GB/T 2975	GB/T 232
4	冲击试验	3/批	GB/T 2975	GB/T 229
5	Z 向钢厚度方向断面收缩率	3/批	GB/T 5313	GB/T 5313
6	无损检验	逐张或逐件	按无损检验标准规定	协商
7	表面质量	逐张/逐件	—	目视及测量
8	尺寸、外形	逐张/逐件	—	合适的量具

注：表中的国家标准分别是《钢铁化学成分取样方法》GB/T 20066，《钢及钢产品力学性能试验取样位置及试样设备》GB/T 2925，《厚度方向性能钢板》GB/T 5313，《钢铁及合金化学分析方法》GB/T 223，《碳素钢和中低合金钢多元素含量的测定火花放电原子发射光谱法（常规法）》GB 4336，《低合金钢多的测定 电感耦合等离子体发射光谱法》GB/T 20125，《金属材料室温拉伸试验》GB/T 228，《金属材料弯曲试验方法》GB/T 232，《金属材料夏比摆锤冲击试验方法》GB/T 229。

11　检验规则。

（1）检查和验收。

钢材的检查和验收由供方进行，需方有权对本标准或合同中所规定的任一检验项目进行检查和验收。

（2）组批。

钢材应成批验收。每批应由同一牌号、同一质量等级、同一炉罐号、同一规格、同一轧制制度或同一热处理制度的钢材组成，每批重量不大于 60t。钢带的组批重量按相应产品标准产品标准规定。

各牌号的 A 级钢或 B 级钢允许同一牌号、同一质量等级、同一冶炼和浇注方法、不同炉罐号组成混合批。但每批不得多于 6 个炉罐号，且各炉罐号 C 含量之差不得大于 0.02%，Mn 含量之差不得大于 0.15%。

对于Z向钢的组批，应符合《厚度方向性能钢板》GB/T 5313的规定。

（3）复验与判定规则。

1）力学性能的复验与判定。

钢材的冲击试验结果不符合19.0.2条第7条（2）款3）项的规定时，抽样钢材应不予验收，再从该试验单元的剩余部分取两个抽样产品，在每个抽样产品上各选取新的一组3个试样，这两组试样的试验结果均应合格，否则该批钢材应拒收。钢材拉伸试验的复验与判定应符合《钢及钢产品　交货一般技术要求》GB/T 17505的规定。

2）其他检验项目的复验与判定。

钢材的其他检验项目的复验与判定应符合《钢及钢产品　交货一般技术要求》GB/T 17505的规定。

（4）力学性能和化学成分试验结果的修约。

除非在合同或订单中另有规定，当需要评定试验结果是否符合规定值，所给出力学性能和化学成分试验结果修约到与规定值的数位相一致，其修约方法应按《冶金技术标准的数值修约与检测数值的判定》YB/T 081的规定进行。碳当量应先按公式计算后修约。

12　包装、标志和质量证明书。

钢材的包装、标志和质量证明书应符合《钢板和钢带包装、标志及质量证明书的一般规定》GB/T 247、《型钢验收、包装、标志及质量证明书的一般规定》GB/T 2101的规定。

19.0.3　高强度螺栓。

1　性能等级及材料。

螺栓、螺母、垫圈的性能等级和推荐材料按表19－14的规定。经供需双方协议，也可使用其他材料，但应在订货合同中注明，并在螺栓或螺母产品上增加标志T（紧跟S或H）。

表19－14　螺栓、螺母、垫圈的性能等级和推荐材料

类别	性能等级	推荐材料	标准编号	适用规格
螺栓	10.9S	20MnTiB	GB/T 3077	≤M24
		ML20MnTiB	GB/T 5478	
		35VB	（附录A）	M27、M30
		35CrMn	GB/T 3077	
螺母	10H	45、35	GB/T 699	≤M30
		ML35	GB/T 6478	
垫圈	—	45、35	GB/T 699	

注：表中的国家标准分别是《合金结构钢》GB/T 3077，《冷镦和冷挤压用钢》GB/T 6478，《优质碳素结构钢》GB/T 699。

2　机械性能。

（1）螺栓机械性能。

1）原材料试件机械性能。

制造者应对螺栓的原材料取样，经与螺栓制造中相同的热处理工艺处理后，按《金属材料室温拉伸试验方法》GB/T 228制成试件进行拉伸试验，其结果应符合表19－15的规定。根据用户要求，可增加低温冲击试验，其结果应符合表 19－15 的规定。

表 19－15 高强度螺栓力学性能

性能等级	抗拉强度 R_m（MPa）	规定非比例延伸强度 R_{pa}（MPa）	断后伸长率 A（%）	断后收缩率 Z（%）	冲击吸收功 A_{RV2}（J）（－20℃）
		不小于			
10.9S	1040～1240	940	10	42	27

2）螺栓实物机械性能。

对螺栓实物进行楔负载试验时，当拉力载荷在表 19－16 规定的范围内，断裂应发生在螺纹部分或螺纹与螺杆交接处。

当螺栓 $l/d \leqslant 3$ 时，如不能进行楔负载试验，允许用拉力载荷试验或芯部硬度试验代替楔负载试验。拉力载荷应符合表 19－16 的规定，芯部硬度应符合表 19－17 的规定。

表 19－16 高强度螺栓公称应力和拉力载荷

螺纹规格 d		M16	M20	M22	M24	M27	M30
公称应力截面积 A（mm^2）		157	245	303	353	459	561
10.9S	拉力载荷（kN）	163～195	255～304	315～376	367～438	477～569	583～696

表 19－17 高强度螺栓硬度

性能等级 1	维氏硬度		洛氏硬度	
	min	max	min	max
10.9S	312HV30	367HV30	33HRC	39HRC

3）脱碳层。

螺栓的脱碳层按《紧固件机械性能 螺栓、螺钉和螺柱》GB/T 3098.1 表 3 的规定。

（2）螺母机械性能。

1）保证载荷。

螺母的保证载荷应符合表 19－18 的规定。

表 19－18 高强度螺栓保证应力和载荷

螺纹规格 D		M16	M20	M22	M24	M27	M30
公称应力截面积 A_a（mm^2）		157	245	303	353	459	561
保证应力 S_p（MPa）		1040					
10H	保证载荷（$A_a \times S_p$）（kN）	163	255	315	367	477	583

2）硬度。

螺母的硬度应符合表 19－19 的规定。

表 19－19 高强度螺栓螺母硬度

性能等级	洛氏硬度		维氏硬度	
	min	max	min	max
10H	98HRB	32HRC	222HV30	304HV30

(3) 垫圈硬度。

垫圈的硬度为 329HV30 ~436HV30（35HRC ~45HRC）。

3 连接副紧固轴力。

连接副紧固轴力应符合表 19－20 的规定。

表 19－20 高强度螺栓连接副紧固轴力

螺纹规格		M16	M20	M22	M24	M27	M30
每批紧固轴力的平均值（kN）	公称	110	171	209	248	319	391
	min	100	165	190	225	290	355
	max	121	188	230	272	351	430
紧固轴力标准偏差≤（kN）		10.0	15.5	19.0	22.5	29.0	35.5

当 l 小于表 19－21 中规定数值时，可不进行紧固轴力试验。

表 19－21 不进行紧固轴力试验的规定（mm）

螺纹规格	M16	M20	M22	M24	M27	M30
l	50	55	60	65	70	75

4 螺栓、螺母的螺纹。

螺纹的基本尺寸应符合 GB/T 196 对粗牙普通螺纹的规定。螺栓螺纹公差应符合 6g《普通螺纹 公差》GB/T 197，螺母螺纹公差带应符合 6H《紧固件表面缺陷 螺栓、螺钉和螺柱一般要求》GB/T 197 的规定。

5 表面缺陷。

(1) 螺栓、螺母的表面缺陷应符合《紧固件表面缺陷 螺栓、螺钉和螺柱一般要求》GB/T 5779.1 或《紧固件表面缺陷螺母》GB/T 5779.2 的规定。

(2) 垫圈表面不允许有裂纹、毛刺、浮锈和影响使用的凹痕、划伤。

6 其他尺寸及形位公差。

螺栓、螺母、垫圈的其他尺寸及形位公差应符合《紧固件公差 螺栓、螺钉、螺柱和螺母》GB/T 3103.1 或《紧固件公差 垫圈》GB/T 3103.3 有关 C 级产品的规定。

7 表面处理。

为保证连接副紧固轴力和防锈性能，螺栓、螺母和垫圈应进行表面处理（可以是相同的或不同的），并由制造者确定，经处理后的连接副紧固轴力应符合表 19－20 的规定。

8 试验方法。

(1) 试验环境温度。

试验应在室温（10℃ ~35℃）下进行，但冲击试验应在 －20℃ ±2℃下进行，连接副紧固轴力的仲裁试验应在20℃ ±2℃下进行。

（2）螺栓试验方法。

1）原材料试件试验。

①基本要求。

原材料拉伸试件和冲击试件应在同一根棒材上截取，并经同一热处理工艺处理。

②拉伸试验。

原材料经热处理后，按《金属材料 拉伸试验》GB/T 228 的规定制成拉伸试件。加工试件时，其直径减小量不应超过原材料直径的25%（约为截面积的44%），并以此确定试件直径。试验方法应符合《金属材料 拉伸试验》GB/T 228 的规定。

③冲击试验。

原材料经热处理后，按《金属材料夏比摆锤冲击试验方法》GB/T 229 图1标准夏比V型缺口冲击试件的规定制成试件，进行低温 -20℃冲击试验。试验方法应符合《金属材料夏比摆锤冲击试验方法》GB/T 229 的规定。

2）螺栓实物楔负载试验。

螺栓头下置 -10℃楔垫（见图 19 -1），在拉力试验机上将螺栓拧在带有内螺纹的专用夹具上（≥1d），然后进行拉力试验。10°楔垫尺寸及硬度应符合《紧固件机械性能 螺栓、螺钉和螺柱》GB/T 3098.1 的规定。

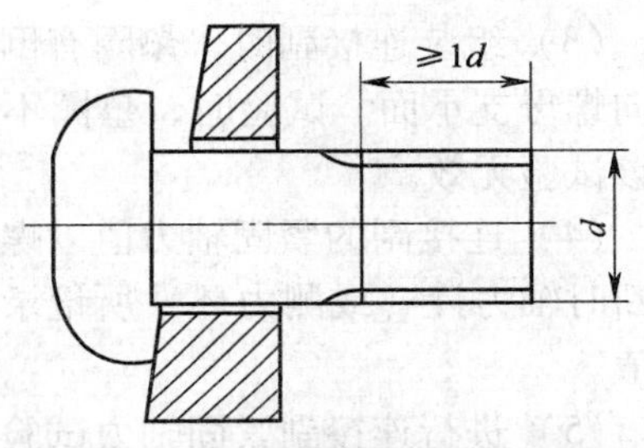

图 19 -1 高强度螺栓拉力试验图

3）芯部硬度试验。

试验在距螺杆末端等于一个螺纹直径的截面上1/2半径处进行。试验方法应符合《金属材料 洛氏硬度试验第1部分：试验方法（A、B、C、D、E、F、G、H、K、N、T标尺）》GB/T 230.1 或《金属材料 维氏硬度试验第1部分：试验方法第1部分：试验方法》GB/T 4340.1 的规定。验收时，如有争议，以维氏硬度（HV30）试验为仲裁试验。

4）脱碳试验。

螺栓的脱碳试验应符合 GB/T 3098.1 的规定。

9 螺母试验方法。

（1）保证载荷试验。

将螺母拧入螺纹芯棒（见图 19 -1 及《紧固件机械性能 螺母》GB/T 3098.2），试验时夹头的移动速度不应超过3mm/min。对螺母施加表10规定的保证载荷，持续15 s，螺母不应脱扣或破裂。当去除载荷后，应可用手将螺母旋出，或者借助扳手松开螺母（但不应超过半扣）后用手旋出。在试验中，如螺纹芯棒损坏，则该试验作废。

螺纹芯棒的硬度应≥45HRC，其螺纹公差为5h6g，但大径应控制在6g公差带靠近下限的1/4的范围内。

（2）硬度试验。

常规试验，螺母硬度试验应在支承面上进行，并取间隔为120°的三点平均值作为该螺母的硬度值。试验方法应符合《金属材料 洛氏硬度试验第1部分：试验方法（A、B、C、D、E、F、G、H、K、N、T标尺）》GB/T 230.1 或《金属材料 维氏硬度试验第1部分：试验方法》GB/T 4340.1 的规定。验收时，如有争议，应在通过螺母轴心线的纵向截面上，并尽量靠近螺纹大径处进行硬度试验。维氏硬度（HV30）试验为仲裁试验。

10 垫圈硬度试验。

垫圈硬度试验应在支承面上进行。试验方法按《金属材料 洛氏硬度试验第1部分：试验方法（A、B、C、D、E、F、G、H、K、N、T标尺）》GB/T 230.1或《金属材料 维氏硬度试验第1部分：试验方法》GB/T 4340.1的规定。验收时，如有争议，以维氏硬度（HV30）试验为仲裁试验。

11 连接副紧固轴力试验。

（1）连接副的紧固轴力试验在轴力计（或侧力环）上进行，每一连接副（一个螺栓、一个螺母和一个垫圈）只能试验一次，不得重复使用。

（2）连接副轴力用轴力计（或测力环）测定，其示值相对误差的绝对值不得大于测试轴力值的2%。轴力计的最小示值应在1kN以下。

（3）组装连接副时，垫圈有倒角的一侧应朝向螺母支承面。试验时，垫圈不得转动，否则该试验无效。

（4）连接副的紧固轴力值以螺栓梅花头被拧断时轴力计（或测力环）所记录的峰值为测定值。

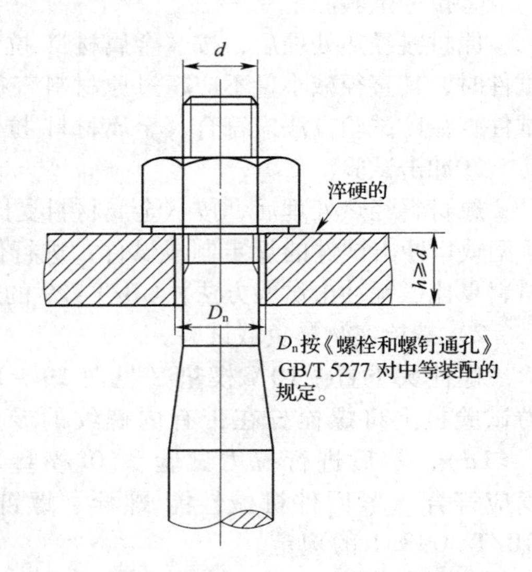

图19-2 高强度螺栓连接到紧固轴力试验图

（5）进行连接副紧固轴力试验时，应同时记录环境温度。试验所用的机具、仪表及连接副均应放置在该环境内至少2h以上。

12 检验规则。

（1）出厂检验按批进行。同一材料、炉号、螺纹规格、长度（当螺栓长度≤100mm时，长度相差≤15mm；螺栓长度>100mm时，长度相差≤20mm，可视为同一长度）、机械加工、热处理工艺及表面处理工艺的螺栓为同批；同一材料、炉号、螺纹规格、机械加工、热处理工艺及表面处理工艺的螺母为同批；同一材料、炉号、规格、机械加工、热处理工艺及表面处理工艺的垫圈为同批。分别为同批螺栓、螺母及垫圈组成的连接副为同批连接副。

同批钢结构用扭剪型高强度螺栓连接副的最大数量为3000套。

（2）连接副紧固轴力的检验按批抽取8套，8套连接副的紧固轴力平均值及标准偏差均应符合5.3的规定。

（3）螺栓楔负载、螺母保证载荷、螺母硬度和垫圈硬度的检验按批抽取，样本大小$n=8$，合格判定数$A_c=0$。螺栓、螺母、垫圈的尺寸、外观及表面缺陷的检验抽样方法应符合GB/T 90.1的规定。

（4）用户对产品质量有异议时，在正常运输和保管条件下，应在产品出厂之日起6个月内向供货方提出。如有争议，双方按本标准要求进行复验裁决。

13 标志与包装。

（1）螺栓应在头部顶面或球面用凸字制出性能等级和制造者的识别标志［见图19-3（a）］。其中，“•”可以省略；字母S表示钢结构用高强度螺栓；××为制造者的识别标志。

（2）螺母应在顶面用凹字制出性能等级和制造者的识别标志［见图 19－3（b）］。其中，字母 H 表示钢结构用高强度大六角螺母；××为制造者的识别标志。

（3）螺栓和螺母使用表 6 以外的材料时，应在螺栓及螺母产品上增加标志 T［见图 19－3（c），19－3（d）］。

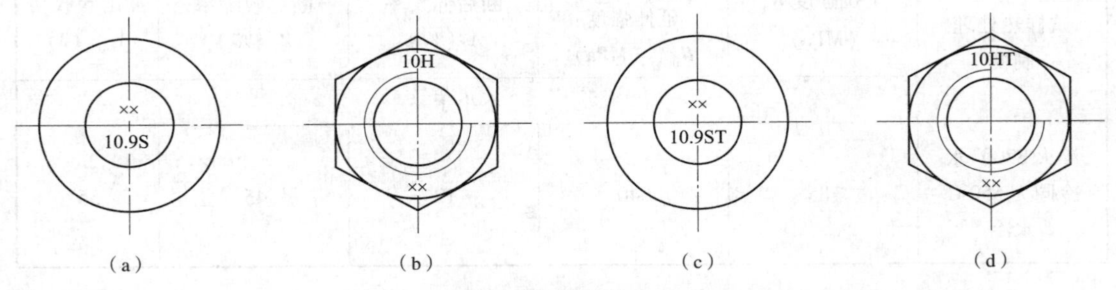

图 19－3　高强度螺栓标志与包装

（4）制造者应以批为单位提供产品质量检验报告证书，内容如下：

1）批号、规格和数量；

2）材料牌号、炉号、化学成分；

3）材料试件机械性能试验数据；

4）螺栓、螺母和垫圈机械性能试验数据；

5）连接副紧固轴力平均值、标准偏差和测试环境温度；

6）出厂日期。

（5）包装箱应牢固、防潮。箱内应按连接副的组合包装，不同批号的连接副不得混装。每箱质量不得超过 40kg。包装箱内的分装方法由制造者确定。

（6）包装箱外应有制造者、产品名称、标准编号、批号、规格、数量、毛重等明显标记。

14　标记。

（1）标记方法按《紧固件标记方法》GB/T 1237 的规定。

（2）标记示例。

由螺纹规格 d＝M20、公称长度 l＝100mm、性能等级为 10.9S 级、表面经防锈处理的钢结构用扭剪型高强度螺栓；螺纹规格 D＝M20、性能等级为 10H 级、表面经防锈处理的钢结构用高强大六角螺母和规格为 20mm，热处理硬度为 35HRC～45HRC、表面经防锈处理的钢结构用高强度垫圈组成的钢结构用扭剪型高强度螺栓连接副的标记：

连接副《钢结构用扭剪型高强度螺栓连接副》GB/T 3632　M20×100。

19.0.4　35V13 钢技术要求。

1　35VB 钢的化学成分应符合表 19－22 的规定。

表 19－22　35VB 钢化学成分规定

化学成分	C	Mn	Si	P	S	V	B	Cu
范围（%）	0.31～0.37	0.50～0.90	0.17～0.37	≤0.04	≤0.04	0.05～0.12	0.001～0.004	≤0.25

2 采用直径为25mm的试样毛坯，经热处理后的机械性能应符合表19－23的规定。

表19－23 35VB钢力学性能

试样热处理制度	抗拉强度 R_m（MPa）	规定非比例延伸强度 $R_{in.z}$（MPa）	断后伸长率 A（%）	断后收缩率 Z（%）	冲击吸收功 A_{kul}（J）
	不小于				
淬火870℃水冷同火550℃水冷	785	640	12	45	55

3 钢材应进行冷顶锻试验，不允许有裂口或裂缝。

4 其余技术条件按《合金结构钢》GB/T 3077的规定。

参考文献

[1] 国家标准. 钢结构设计标准（GB 50017—2017）. 北京：中国建筑工业出版社.
[2] 国家标准. 高层民用建筑钢结构技术规程（JGJ 99—2015）. 北京：中国建筑工业出版社.
[3] 国家标准. 建筑结构荷载规范（GB 50009—2012）. 北京：中国建筑工业出版社.
[4] 国家标准. 建筑抗震设计规范（2016 年版）（GB 50011—2010）. 北京：中国建筑工业出版社.
[5] 国家标准. 钢管混凝土结构技术规范（GB 50936—2014）. 北京：中国建筑工业出版社.
[6] 国家建筑标准设计，多高层民用建筑钢结构节点构造详图（04SG519）. 北京：中国建筑标准设计研究院.
[7] 国家建筑标准设计，高层民用建筑钢结构技术规程图示（16G108—7）. 北京：中国建筑标准设计研究院.
[8] 刘其祥，陈幼璠，陈青来. 现行建筑抗震设计规范多高层钢结构梁柱刚性连接设计方法的技术矛盾 [J]. 建筑结构，2010，40（6）：1－6.
[9] 刘其祥，陈幼璠，陈青来. 多高层钢结构梁柱刚性连接耐震型节点形式及计算方法 [J]. 建筑结构，2010，40（6）：7－12.
[10] 刘其祥，陈青来，陈幼璠.《建筑抗震设计规范》在多高层钢结构房屋抗侧力构件连接计算规定中隐存的安全问题 [J]. 建筑结构，2012，42（1）：75－80.
[11] 刘其祥，陈青来，陈幼璠.《建筑抗震设计规范》在多高层钢结构房屋抗侧力构件连接构造规定中存在的安全问题 [J]. 建筑结构，2012，42（2）：107－112.
[12] 于海丰，张耀春，张文元. 钢结构“强连接弱构件”抗震设计方法对比分析 [J]. 建筑结构，2008，38（7）：100－105 下转 112.
[13] 刘大海，杨翠如，钟锡根. 高层建筑抗震设计 [M]. 北京：中国建筑工业出版社，1993.
[14] 冯东，莫培佳，汪一骏. 钢结构抗侧力构件的连接、计算与分析 [J]. 北京交通大学学报，2015，6.
[15] 汪一骏，郁银泉等. 新钢结构设计手册 [M]. 北京：中国计划出版社.